BKI OBJEKTDATEN

Kosten abgerechneter Bauwerke

S9
Sonderband Passiv- und Effizienzhäuser

BKI Objektdaten:
Kosten abgerechneter Bauwerke
S9 Sonderband Passiv- und Effizienzhäuser

BKI Baukosteninformationszentrum (Hrsg.)
Stuttgart: BKI, 2026

Mitarbeit:
Hannes Spielbauer (Geschäftsführer)
Brigitte Lechler (Geschäftsführerin)
Dokumentation: Catrin Baumeister, Julia Bellmann, Anna Bertling, Annette Dyckmans, Heike Elsäßer, Sabine Egenberger, Sibylle Vogelmann, Henriette Ziegenbein
Produktmanagement: Annette Dyckmans, Tabea Stanfield
Jeannette Sturm

Fachautor:
Hans-Stefan Müller, Dipl.-Ing. (FH) Architekt und Energieberater

Layout, Satz:
Marvin Bisceglie
Hans-Peter Freund
Thomas Fütterer

Fachliche Begleitung:
Beirat Baukosteninformationszentrum
Stephan Weber (Vorsitzender)
Markus Lehrmann (stellv. Vorsitzender)
Prof. Dr. Bert Bielefeld
Markus Fehrs
Andrea Geister-Herbolzheimer
Prof. Dr. Wolfdietrich Kalusche
David Meuer
Elise Pischetsrieder
Markus Weise

Seelbergstraße 4
70372 Stuttgart
Kundenbetreuung: 0711 954 854-0
Telefax: 0711 954 854-54
Baukosten-Hotline: 0711 954 854-41
info@bki.de
www.bki.de

Titelabbildungen:
Bürogebäude (1300-0338) Arch.: hehnpohl architektur bda; Münster
Mehrfamilienhaus, TG(6100-1608) Arch.: Heiderich Architekten; Lünen
Kindertagesstätte (4400-0394) Arch.: Planungsring Mumm + Partner GbR; Treia

Vorwort BKI

Die Planung der Baukosten bedeutet eine wesentliche Architektenleistung mit gleicher Relevanz wie die räumliche, gestalterische oder konstruktive Planung. Kostenermittlungen in den verschiedenen Planungsphasen erfüllen eine Aufgabe mit besonderer Wichtigkeit. Sie dienen auch als Grundlage für weitergehende Leistungen, wie Kostenvergleiche, Kostenkontrolle und Kostensteuerung.

Dies gilt in besonderem Maße für das energiesparende und nachhaltige Bauen. Anforderungen an die energetische Qualität von Gebäuden, an den sommerlichen Wärmeschutz, an die Gebäudehülle und die Anlagentechnik sowie an einen ressourcenschonenden Umgang mit Materialien und Energie beeinflussen die Planung und damit auch die Baukosten. Für eine fundierte Kostenplanung sind deshalb belastbare Vergleichsdaten aus realisierten Bauvorhaben von besonderer Bedeutung. Energiesparendes und nachhaltiges Bauen stellt hohe Anforderungen an Planung, Konstruktion und Anlagentechnik und hat damit unmittelbaren Einfluss auf die Baukosten. Der in diesem Buch erstmalig enthaltene Fachbeitrag „Energieeffizientes Bauen im Wandel – Standards, Konzepte und nachhaltige Lösungen für Gebäude“ gibt hierzu einen Überblick über die Entwicklung des energiesparenden Bauens, sowie zentrale Konzepte für Neubau und energetische Modernisierung.

Kostenermittlungen sind meist nur so gut wie die angewendeten Daten und Methoden. Das Baukosteninformationszentrum BKI wurde 1996 von den Architektenkammern aller Bundesländer gegründet, um aktuelle Daten bereitzustellen und zielführende Methoden zu entwickeln und zu vermitteln.

Mit der Fachbuchreihe BKI Objektdaten veröffentlicht BKI Bauobjekte nach thematischen Gesichtspunkten. Das vorliegende Fachbuch „BKI Sonderband Passiv- und Effizienzhäuser S9“ enthält 63 Objekte aus dem Bereich des energieeffizienten Planens und Bauens.

Die energetische Qualität der Gebäude wird insbesondere durch die ausführliche textliche und graphische Dokumentation der Außenbauteile dieses Fachbuchs transparent.

Der Dank des BKI gilt allen Architekt*innen, die Daten und Unterlagen zur Verfügung stellen. Sie profitieren von der Dokumentationsarbeit durch BKI und unterstützen zugleich den eigenen Berufsstand. Das Ergebnis sind fundierte und anschauliche Dokumentationen, die sich zur Kostenermittlung von vergleichbaren Folgeobjekten und zu Akquisitionszwecken hervorragend eignen.

Zur Pflege der Baukostendatenbanken sucht BKI weitere Objekte aus allen Bundesländern. Bewerbungsbögen zur Projektdokumentation für Hochbauprojekte und Freianlagen stellt BKI im Internet unter www.bki.de/ objekt-veroeffentlichen.html zur Verfügung. Interessierte erhalten auch gerne persönlich Informationen über alle Möglichkeiten realisierte Projekte zu veröffentlichen, die damit verbundene Vergütung und weitere Vorteile.

Besonderer Dank gilt abschließend auch dem BKI-Beirat, der mit seinem Expertenwissen aus der Architektenpraxis, den Architekten- und Ingenieurkammern, Normausschüssen und Universitäten zum Gelingen der BKI-Fachinformationen beiträgt.

Wir wünschen allen Anwender*innen der Fachbuchreihe „BKI Objektdaten“ viel Erfolg in allen Phasen der Kostenplanung und vor allem eine große Übereinstimmung zwischen geplanten und realisierten Baukosten im Sinne zufriedener Bauherr*innen. Anregungen und Kritik zur Verbesserung der BKI-Fachbücher sind uns jederzeit willkommen.

Hannes Spielbauer - Geschäftsführer
Brigitte Lechler - Geschäftsführerin

Baukosteninformationszentrum
Deutscher Architektenkammern GmbH
Stuttgart, im September 2026

Inhalt

Benutzerhinweise

Kosten abgerechneter Objekte

Kostenkennwerte für Kostengruppen der 3. Ebene nach DIN 276

Anhang

Energetische Kennwerte - Übersicht nach Objekten

Obj.-Nr.	Objektbezeichnung	Spez. Jahresprimärenergie-bedarf kWh/(m²*a)	Spez. Jahresendenergiebedarf kWh/(m²*a)	Spez. Transmissionswärme-verlust W/(m²*K)	Mittlerer U-Wert (opake Bauteile) W/(m²*K)	Mittlerer U-Wert (transparente Bauteile) W/(m²*K)	CO_2-Emissionen kg/(m²*a)	Schichtaufbauten	Seite
1300-0307	Bürogebäude (15 AP)	97	–	–	0,17	1,20	–	•	76
1300-0316	Verwaltungsgebäude (191 AP)	49	67	–	0,16	0,98	–	•	82
1300-0319	Amtsverwaltung (36 AP)	82	–	0,33	–	–	–	•	88
1300-0330	Bürogebäude (15 AP)	80	137	0,35	0,18	1,20	23	•	108
1300-0332	Bürogebäude (10 AP), Doppelgarage	94	–	–	0,21	0,94	–	•	126
1300-0338	Bürogebäude (89 AP)	24	–	–	0,12	0,80	7	•	144
1300-0341	Bürogebäude (10 AP)	46	–	–	0,18	1,00	13	•	162
4100-0229	Grundschule (360 Schüler)	–	–	–	–	–	–	•	182
4100-0232	Schulmensa, Betreuungsräume	–	–	–	–	–	–	•	188
4100-0234	Grundschule (142 Schüler)	112	–	–	0,16	1,00	37	•	194
4100-0257	Ganztagsschule (100 Schüler)	133	–	–	0,13	0,95	–	•	200
4100-0261	Grundschule (150 Schüler)	27	81	–	0,12	1,00	–	•	206
4200-0042	Akademiegebäude	88	–	–	–	–	–	•	212
4400-0333	Kindertagesstätte (35 Kinder)	64	35	0,23	0,12	0,89	24	•	218
4400-0357	Kinderhaus (4 Gruppen, 74 Kinder)	44	99	0,28	0,13	0,82	9	•	238
4400-0378	Kindergarten (150 Kinder)	125	–	–	0,13	0,96	39	•	258
4400-0387	Kindertagesstätte (70 Kinder)	72	63	0,22	0,16	0,91	–	•	264
4400-0389	Kindertagesstätte (100 Kinder)	52	–	–	0,09	0,80	27	•	270
4400-0394	Kindertagesstätte (6 Gruppen)	50	–	0,36	0,14	1,14	11	•	284
4400-0398	Kindertagesstätte (60 Kinder)	115	–	–	0,14	1,00	–	•	290
4400-0399	Kindertagesstätte (100 Kinder)	104	58	0,35	0,15	1,10	38	•	296
4400-0419	Kinderhaus (2 Gruppen, 40 Kinder)	97	–	–	0,15	0,95	–	•	302
6100-1500	Mehrfamilienhaus (16 WE)	–	122	0,66	–	–	–	•	310
6100-1536	Mehrfamilienhaus (12 WE)	37	50	0,33	–	–	11	•	344
6100-1587	Mehrfamilienhaus (9 WE)	42	–	0,27	–	–	–	•	364
6100-1592	Einfamilienhaus	19	11	0,24	–	–	12	•	384
6100-1608	Mehrfamilienhaus (11 WE), TG	11	–	0,26	–	–	–	•	390
6100-1611	Tiny House	54	61	0,21	–	–	–	•	396
6100-1619	Reihenmittelhaus, Doppelcarport	14	8	0,20	–	–	5	•	402
6100-1630	Einfamilienhaus, Garage	39	35	0,30	–	–	9	•	408
6100-1631	Mehrfamilienhaus (2 WE)	30	–	0,26	–	–	9	•	414
6100-1634	Mehrfamilienhäuser (11 WE)	–	10	0,20	–	–	–	•	420
6100-1635	Mehrfamilienhaus (24 WE)	30	–	0,24	–	–	–	•	426
6100-1636	Mehrfamilienhaus (10 WE)	20	–	0,30	–	–	–	•	432
6100-1649	Mehrfamilienhaus (31 WE), Gewerbe	19	–	0,31	–	–	–	•	456
6100-1651	Mehrfamilienhaus (3 WE), Praxis	13	–	0,27	–	–	–	•	462
6100-1662	Mehrfamilienhäuser (37 WE), Kita	30	–	0,33	–	–	–	•	468
6100-1672	Einfamilienhaus	58	–	0,35	–	–	–	•	474
6100-1682	Wohn- und Geschäftshaus	26	–	0,33	–	–	–	•	490

Obj.-Nr.	Objektbezeichnung	Spez. Jahresprimärenergiebedarf kWh/(m²*a)	Spez. Jahresendenergiebedarf kWh/(m²*a)	Spez. Transmissionswärmeverlust W/(m²*K)	Mittlerer U-Wert (opake Bauteile) W/(m²*K)	Mittlerer U-Wert (transparente Bauteile) W/(m²*K)	CO_2-Emissionen kg/(m²*a)	Schichtaufbauten	Seite
6100-1687	Wohnheim (27 WE, 31 Betten)	16	–	0,38	–	–	–	•	496
6100-1688	Mehrgenerationenhaus	53	–	0,28	–	–	–	•	502
6100-1689	Wohn- und Geschäftshaus (9 WE, GE)	32	–	0,32	–	–	–	•	508
6100-1691	Mehrfamilienhaus (17 WE, 2 GE)	2	–	0,31	–	–	–	•	514
6100-1698	Zweifamilienhaus	20	–	0,26	–	–	–	•	520
6100-1706	Wohnanlage (148 WE), TG (86 STP)	16	–	0,24	–	–	–	•	526
6100-1726	Mehrfamilienhaus (11 WE)	30	19	0,29	–	–	–	•	532
6100-1730	Einfamilienhaus, Gästewohnung	22	–	0,22	–	–	–	•	552
6100-1733	Mehrfamilienhaus (11 WE)	119	–	0,56	–	–	26	•	558
6100-1744	Mehrfamilienhaus (12 WE)	8	–	0,31	–	–	6	•	586
6200-0122	Seniorenwohnanlage (27 WE)	18	54	0,27	–	–	3	•	592
6200-0129	Hospiz (12 Betten)	8	52	0,31	–	–	–	•	598
6200-0131	Wohnanlage (32 WE)	495	–	–	0,14	0,92	–	•	604
6400-0120	Jugendfreizeitstätte (100 Kinder)	59	79	0,20	0,10	0,82	–	•	610
6400-0123	Spielhaus	110	–	–	0,13	1,06	–	•	628
6400-0124	Bürgerhaus (120 Sitzplätze)	56	–	–	0,18	0,91	–	•	634
6500-0057	Kurparkpavillon, Café	53	181	0,35	–	–	34	•	640
6500-0061	Klostergaststätte (303 Sitzplätze)	222	123	–	0,11	0,90	–	•	646
6600-0038	Gästehaus, Hotel (28 Betten)	87	–	–	0,15	0,95	–	•	652
7600-0099	Feuerwehrgerätehaus (5 Fahrzeuge)	25	64	0,29	0,13	1,00	12	•	660
7600-0101	Feuerwehrgerätehaus (2 Fahrzeuge)	68	–	–	0,21	0,95	–	•	666
9100-0217	Stadtarchiv	32	–	–	0,16	0,90	–	•	674
9100-0219	Musikschule	61	–	–	0,14	0,90	–	•	680
9100-0228	Kammermusiksaal (80 Sitzplätze)	–	–	–	0,20	1,00	–	•	686

Einführung

In der Fachbuch-/eBook-Reihe „BKI Objektdaten“ werden für Kostenermittlungszwecke und Wirtschaftlichkeitsvergleiche realisierte und vollständig abgerechnete Bauwerke aus allen Bundesländern veröffentlicht.

Jährlich erscheinen mehrere Bände mit den im Laufe eines Jahres neu erhobenen Objekten der BKI-Baukostendatenbanken. Innerhalb dieser Reihe werden die einzelnen Bände je nach Baumaßnahme unterschieden in Neubau, Altbau, Innenräume und Außenanlagen.

Der hier vorliegende Band dokumentiert energiesparende Objekte aus den BKI Datenbanken und zeigt 63 Beispiele aus den Bereichen Neubau, Altbau und Modulbau.

Die Kostenkennwerte der Objekte dienen dazu, die Kosten von Bauprojekten im Vergleich mit den Kosten bereits realisierter Objekte zu ermitteln bzw. Kostenermittlungen mit büroeigenen Daten oder den Daten Dritter zu überprüfen, solange Kostenanschläge auf der Grundlage von Ausschreibungsergebnissen noch nicht vorliegen.

Dieser Vergleich wird erleichtert durch die eingesetzte „Normierung der Kostenkennwerte auf Bundesniveau“. Durch Übernahme der BKI Regionalfaktoren in die Datenbank ist es möglich die Objekte hinsichtlich des Bauortes zu bewerten. BKI rechnet so, als ob das Objekt nicht am Bauort, sondern in einer mit dem Bundesdurchschnitt identischen Region gebaut worden wäre. Diese regionale Normierung vereinfacht die Bewertung der Kostenkennwerte für den Anwender erheblich.

Unterstützt werden Kostenermittlungen nach DIN 276 in den frühen, für die Kostenentwicklung eines Projektes aber entscheidenden Planungsphasen. Dabei finden für überschlägige Kostenermittlungen z.B. das Aufstellen eines Kostenrahmens oder für Plausibilitätsprüfungen die groben Kostenkennwerte dieses Buchs Anwendung. Für differenziertere Kostenermittlungen auf der Ebene der Bauelemente sind in diesem Buch ebenfalls Kosteninformationen vorhanden.

Darüber hinaus enthält das Buch Planungskennwerte, die Wirtschaftlichkeitsprüfungen anhand von Flächenvergleichen ermöglichen. Die BKI-Baukostendatenbanken selbst umfassen einen wesentlich größeren Bestand an Altbau-, Neubau-und Außenanlagen-Objekten. Zugriff auf alle Einzelobjekte bietet auch die Software „BKI Kostenplaner“.

Benutzerhinweise

1. Definitionen
Kostenkennwerte sind Werte, die das Verhältnis von Kosten bestimmter Kostengruppen nach DIN 276:2018-12 zu bestimmten Bezugseinheiten nach DIN 277:2021-08 darstellen. Planungskennwerte im Sinne dieser Veröffentlichung sind Werte, die das Verhältnis bestimmter Flächen und Rauminhalte zur Nutzungsfläche (NUF) und Brutto-Grundfläche (BGF) darstellen, angegeben als Prozentsätze oder als Faktoren.

2. Kostenstand und Mehrwertsteuer
Kostenstand aller Kennwerte ist das 2. Quartal 2026. Alle Kostenkennwerte dieser Fachbuchreihe enthalten die Mehrwertsteuer. Die Angabe aller Kostenkennwerte erfolgt in Euro.
Die vorliegenden Kosten- und Planungskennwerte sind Orientierungswerte, Sie können nicht als Richtwerte im Sinne einer verpflichtenden Unter- oder Obergrenze angewendet werden.

Die Umrechnung von Kostendaten dieses Buchs wird durch ein Beispiel erläutert:
Ein Kostenkennwert von 500 €/m² BGF mit dem Kostenstand 2. Quartal 2026 soll auf den Kostenstand 3. Quartal 2021 umgerechnet werden. Verwendet wird die Indexreihe mit dem Basisjahr 2021=100.

Index 2. Quartal 2026 (2021=100) = 140,3
Index 3. Quartal 2021 (2021=100) = 102,1

$$\frac{500\ €/m^2\ BGF \times 102{,}1}{140{,}3} = 364\ €/m^2\ BGF$$

3. Datengrundlage
Grundlage der Tabellen sind die uns zur Verfügung gestellten Unterlagen von abgerechneten Bauwerken. Die Daten wurden mit größtmöglicher Sorgfalt daraus erhoben. Die vorliegenden Kosten- und Planungskennwerte dienen als Orientierungswerte für Projekte vergleichbarer Art. Sie sind dem Verwendungszweck entsprechend anzupassen unter Berücksichtigung der projektspezifisch unterschiedlichen Kosteneinflussgrößen. Für die Richtigkeit der im Rahmen einer Kostenermittlung eingesetzten Werte kann der Herausgeber keine Haftung übernehmen.

4. Konstruktion von Bauteilen
In den Tabellen „Energetische Angaben zu Außenbauteilen" werden vor allem die Schichtenfolge der Außenbauteile aufgeführt, mit den Dicken der einzelnen Schichten und der Wärmeleitfähigkeit Lambda (W/(m·K)) der verwendeten Materialien. Diese Angaben sollen den Anwender in die Lage versetzen, die energetische Qualität der Bauteile bewerten zu können. Die Angaben stammen von den Daten liefernden Büros. Eine Überarbeitung der Angaben fand im Hinblick auf eine verbesserte Brauchbarkeit in einer Datensammlung statt. So wurden die häufig angeführten Produktnamen entfernt (Neutralisierung) und die Rechtschreibung korrigiert. Die technischen Angaben wurden i.d.R. nicht verändert. Allerdings wurden fehlende Angaben von BKI sinnvoll ergänzt, und widersprüchliche Angaben, z.B. bei Materialangaben und Lambda-Wert oder Schichtaufbau und Konstruktionsdetail plausibel angepasst. Dabei ist es für BKI nicht immer möglich abschließend zu eruieren, welche Angabe angepasst werden müsste, bzw. welches Material letztendlich eingebaut wurde.

Schichtenfolgen, die nicht in die U-Wert-Berechnung einfließen, wie hinterlüftete Bekleidungen, werden nicht dargestellt und rechnerisch nicht erfasst. Schichten, die in einer Ebene nebeneinander liegen, sog. inhomogene Schichten, werden grafisch durch einen senkrechten Balken am linken Tabellenrand visualisiert.

Dach		
U-Wert: 0,09W/(m²·K)		
Gesamtdicke: 56,80cm	d [cm]	λ [W/(m·K)]
GK-Platte	1,30	0,250
Luftschicht	6,00	0,367
Holz	6,00	0,130
OSB-Platte	1,50	0,130
Dämmung Zellulose	40,00	0,040
Holz	40,00	0,130
Dämmung Holzfaser	8,00	0,044

5. Blatt-Typ Objektübersicht: Kostenkennwerte

Die jeder Objektdokumentation vorangestellten Kostenkennwerte €/m³ BRI, €/m² BGF und €/m² NUF beziehen sich auf die Kosten des Bauwerks (DIN 276: Summe Kostengruppe 300+400).

6. Kosteneinflüsse

Kosteneinflussgrößen sind beim Bauen von besonderer Bedeutung, da umwelt-, standort-, nutzer- und besonders herstellungs- sowie objektbedingte Faktoren eine erhebliche Relevanz aufweisen. Aus diesen Gründen ist eine genaue Anpassung der Kosten- und Planungskennwerte an die projektspezifisch unterschiedlichen Kosteneinflussgrößen erforderlich. (s. dazu BKI Handbuch Kostenplanung im Hochbau, Stgt. 2019).

Die in der Fachbuch-Reihe „BKI Baukosten" angebotenen Kostenkennwerte sind dafür nur bedingt geeignet, da sie Mittelwerte, gebildet auf der Grundlage verschiedener Objekte, darstellen. Das vorliegende Buch „BKI Objektdaten Sonderband Passiv- und Effizienzhäuser" bietet hingegen die Möglichkeit, einen Kostenwert durch eine Analyse der entsprechenden Eigenschaften des Objekts genau zu bewerten. Eine projektspezifische Anpassung bzw. die Auswahl eines Kostenkennwerts ist damit besser möglich.

7. Regionalisierung der Daten

Grundlage der BKI Regionalfaktoren sind Daten aus der amtlichen Bautätigkeitsstatistik der statistischen Landesämter, eigene Berechnungen auch unter Verwendung von Schwerpunktpositionen und regionale Umfragen. Zusätzlich wurden von BKI Verfahren entwickelt, um die Eingangsdaten auf Plausibilität prüfen und ggf. anpassen zu können. Auf der Grundlage dieser Berechnungen hat BKI einen bundesdeutschen Mittelwert gebildet. Anhand des Mittelwertes lassen sich die einzelnen Land- und Stadtkreise prozentual einordnen. Diese Prozentwerte wurden die Grundlage der BKI Deutschlandkarte mit „Regionalfaktoren für Deutschland".

Für die größeren Inseln Deutschlands wurden separate Regionalfaktoren ermittelt. Dazu wurde der zugehörige Landkreis in Festland und Inseln unterteilt. Alle Inseln eines Landkreises erhalten durch dieses Verfahren den gleichen Regionalfaktor. Der Regionalfaktor des Festlandes enthält keine Inseln mehr und ist daher gegenüber früheren Ausgaben verringert.

Die Kosten der Objekte der BKI Datenbanken wurden auf den Bundesdurchschnitt umgerechnet. Für den Anwender bedeutet die Umrechnung der Daten auf den Bundesdurchschnitt, dass einzelne Kostenkennwerte oder das Ergebnis einer Kostenermittlung mit dem Regionalfaktor des Standorts des geplanten Objekts multipliziert werden können. Die BKI Landkreisfaktoren befinden sich im Anhang des Buchs.

8. Urheberrechte

Alle Objektinformationen sind urheberrechtlich geschützt. Dies gilt auch für die daraus abgeleiteten Auswertungen (Statistiken). Die Urheberrechte liegen bei den jeweiligen Büros, Personen bzw. beim BKI. Es ist ausschließlich eine Anwendung der Daten im Rahmen der praktischen Kostenplanung im Hochbau zugelassen. Die Nutzung der Objektinformationen für einen anderen als den Vertragszweck ist nicht zulässig. Dies gilt auch für die daraus abgeleiteten Auswertungen (Statistiken). Eine Vervielfältigung des Werks oder von Teilen daraus außer für den Vertragszweck ist nur mit ausdrücklicher Genehmigung des Herausgebers gestattet. Auch eine Übersetzung oder Bearbeitung, insbesondere eine Übertragung des Werks oder Teilen daraus in elektronische Systeme, ist nur mit ausdrücklicher Genehmigung des Herausgebers gestattet.

Fotopräsentation der Objekte

Fotopräsentation der Objekte

1300-0307 Bürogebäude (15 AP) Seite 76

Steinwender Architekten GmbH
Lohe-Rickelshof

1300-0316 Verwaltungsgebäude (191 AP) Seite 82

RSE+ Architekten Ingenieure GmbH
Kassel

1300-0319 Amtsverwaltung (36 AP) Seite 88

Planungsring Mumm + Partner GbR
Treia

1300-0330 Bürogebäude (15 AP) Seite 108

pier7 architekten gmbh
Düsseldorf

1300-0332 Bürogebäude (10 AP), Doppelgarage Seite 126

A | CB Architektur
Ratzeburg

1300-0338 Bürogebäude (89 AP) Seite 144

hehnpohl architektur bda
Münster

© bölke-planung

1300-0341 Bürogebäude (10 AP) Seite 162

Siegmund Bölke und Partner mbB
Treuenbrietzen

© Thomas Kleiner

4100-0229 Grundschule (360 Schüler) Seite 182

Architektengruppe Rosengart + Partner BDA
Bremen

© Christian Tech

4100-0232 Schulmensa, Betreuungsräume Seite 188
Erweiterung

schmitt roggel architekten PartGmbB
Fulda

© ELZ Architekten BDA

4100-0234 Grundschule (142 Schüler) Seite 194
Erweiterung

ELZ Architekten BDA
Potsdam

© Hans Engels

4100-0257 Ganztagsschule (100 Schüler) Seite 200

Georgens Miklautz Partner GmbB und
dreier + lauterbach, München

© Reinhard Witt

4100-0261 Grundschule (150 Schüler) Seite 206

JF Architekten + Techniker
Husum

4200-0042 Akademiegebäude Seite 212

Numrich Albrecht Klumpp Gesellschaft von Architekten mbH, Berlin

4400-0333 Kindertagesstätte (35 Kinder) Seite 218

Wolfgang Helmle Freier Architekt
Ellwangen

4400-0357 Kinderhaus (4 Gruppen, 74 Kinder) Seite 238

goldbrunner + hrycyk architekten
München

4400-0378 Kindergarten (150 Kinder) Seite 258

Architekturbüro Obereisenbuchner
Pfaffenhofen

4400-0387 Kindertagesstätte (70 Kinder) Seite 264

BKSA Hamburg GmbH
Hamburg

4400-0389 Kindertagesstätte (100 Kinder) Seite 270

Hochbauamt Heidelberg und AAg Architekten GmbH
Heidelberg

© Planungsring Mumm + Partner

4400-0394 Kindertagesstätte (77 Kinder) Seite 284

Planungsring Mumm + Partner GbR
Treia

© Steffen Niendorf

4400-0398 Kindertagesstätte (60 Kinder) Seite 290

cubus plan gmbh
Berlin

© Thomas Ott, www.o2t.de

4400-0399 Kindertagesstätte (100 Kinder) Seite 296

raum-z architekten gmbh
Frankfurt am Main

© Hans Engels

4400-0419 Kinderhaus (2 Gruppen, 40 Kinder) Seite 302

Georgens Miklautz Partner, München
dreier + lauterbach, München

© Ostermann Architekten

6100-1500 Mehrfamilienhaus (16 WE) Seite 310
Instandsetzung

Ostermann Architekten
Hamburg

© Maren Reinker

6100-1536 Mehrfamilienhaus (12 WE) Seite 344
Modernisierung

Ingenieurbüro Gerdom
Bad Essen

6100-1587 Mehrfamilienhaus (9 WE) Seite 364

Plan-R-Architektenbüro Martin Brüdigam
Hamburg

6100-1592 Einfamilienhaus Seite 384

Sieckmann Walther Architekten
Hamburg

6100-1608 Mehrfamilienhaus (11 WE), TG Seite 390

Heiderich Architekten
Lünen

6100-1611 Tiny House Seite 396

DIESSBACHER ARCHITEKTUR GmbH
Traunstein

6100-1619 Reihenmittelhaus, Doppelcarport Seite 402

SCHNEEWEISS ARCHITEKTEN
Saarbrücken

6100-1630 Einfamilienhaus, Garage Seite 408

Wendling Architektur
Köln-Deutz

6100-1631 Mehrfamilienhaus (2 WE) Seite 414

Wendling Architektur
Köln-Deutz

6100-1634 Mehrfamilienhäuser (11 WE) Seite 420

Neustadtarchitekten
Hamburg

6100-1635 Mehrfamilienhaus (24 WE) Seite 426

Matthias Wegner, Potsdam und SWP
schäferwenningerprojekt GmbH, Berlin

6100-1636 Mehrfamilienhaus (10 WE) Seite 432
Umbau

Neumeier Architekten PartGmbB
Tittling

6100-1649 Mehrfamilienhaus (31 WE), GE Seite 456

Wandel Lorch Götze Wach GmbH
Frankfurt am Main

6100-1651 Mehrfamilienhaus (3 WE), Praxis Seite 462

brack architekten
Kempten

Fotopräsentation der Objekte

6100-1662 Mehrfamilienhäuser (37 WE), Kita Seite 468

RENNER HAINKE WIRTH ZIRN ARCHITEKTEN GMBH
Hamburg

6100-1672 Einfamilienhaus Seite 474

brack architekten
Kempten

6100-1682 Wohn- und Geschäftshaus (3 WE) Seite 490

.pg1 Architekten BDA
Kaiserslautern

6100-1687 Wohnheim (27 WE, 31 Betten) Seite 496

Fountis Jeschonnek Gesellschaft von Architekten mbH
Berlin

6100-1688 Mehrgenerationenhaus Seite 502

MZ Architektur Meier + Zeug
Rostock

6100-1689 Wohn- und Geschäftshaus (9 WE) Seite 508

kmg Architekten und Ingenieure Kablitz-Meinel-Guderian PartG mbB, Wittenberg

6100-1691 Mehrfamilienhaus (17 WE, 2 GE) Seite 514

⌂ Praeger Richter Architekten BDA
Berlin

6100-1698 Zweifamilienhaus Seite 520

⌂ sunder plaßmann . noll plan+bau gmbh
Kassel

6100-1706 Wohnanlage (148 WE), TG (86 STP) Seite 526

⌂ Architekten PETER + PASCHEN GmbH
Hamburg

6100-1726 Mehrfamilienhaus (11 WE) Seite 532

⌂ Architekturbüro Griebel
Lensahn

6100-1730 Einfamilienhaus, Gästewohnung Seite 552

⌂ Architekturbüro Huber
Kempten

6100-1733 Mehrfamilienhaus (11 WE) Instandsetzung Seite 558

⌂ Ahola Architekten Halle
Halle

Fotopräsentation der Objekte

6100-1744 Mehrfamilienhaus (12 WE) Seite 586

Christoph Harney Architekt
Kassel

6200-0122 Seniorenwohnanlage (27 WE) Seite 592

Brechtel Architekten PartG mbB
Köln

6200-0129 Hospiz (12 Betten) Seite 598

Planungsring Mumm + Partner GbR
Treia

6200-0131 Wohnanlage (32 WE) Seite 604

consilio pro
Möhnesee-Günne

6400-0120 Jugendfreizeitstätte (100 Kinder) Seite 610

brück.jordan architekten ingenieure PartGmbB
Würzburg

6400-0123 Spielhaus Seite 628

Hormann Architektur
www.janhormann.de

6400-0124 Bürgerhaus (120 Sitzplätze) Seite 634

querluft architekten GmbH
Straubing

6500-0057 Kurparkpavillon, Café Seite 640

dh bauplanung & betreuung GmbH
Soest

6500-0061 Klostergaststätte (303 Sitzplätze) Seite 646

fries architekten GmbH
Vallendar

6600-0038 Gästehaus, Hotel (28 Betten) Seite 652

A-Z Architekten BDA
Wiesbaden

7600-0099 Feuerwehrgerätehaus (5 Fahrzeuge) Seite 660

ZACHARIAS PLANUNGSGRUPPE GbR
Sankt Augustin

7600-0101 Feuerwehrgerätehaus (2 Fahrzeuge) Seite 666

architekten schäfer krause schulz mbB
Hannover

Fotopräsentation der Objekte

9100-0217 Stadtarchiv Seite 674

CODE UNIQUE Architekten GmbH
Dresden

9100-0219 Musikschule Seite 680

SIEKER ARCHITEKTEN
Bielefeld

9100-0228 Kammermusiksaal (80 Sitzplätze) Seite 686
Erweiterung

mamuth I Dipl.Ing. Timm Helbach I freier Architekt
dwb BDA, Mainz

Erläuterungen

1 — 1300-0338
Bürogebäude
(89 AP)

Kostenkennwerte für die Kosten des Bauwerks (Kostengruppen 300+400 nach DIN 276)

2 — 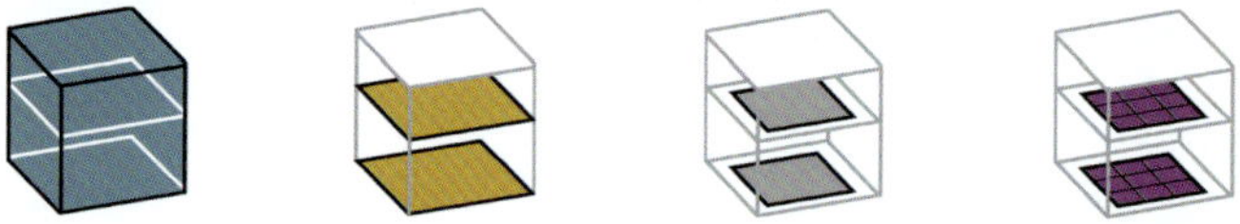

BRI 579 €/m³ | **BGF** 2.096 €/m² | **NUF** 3.340 €/m² | **NE** 49.269 €/NE

NE: Arbeitsplätze

7 — ●

3 —
Objekt:
a) Kennwerte: 3. Ebene DIN 276
b) BRI: 7.578 m³
BGF: 2.092 m²
NUF: 1.313 m²
c) Bauzeit: 61 Wochen
d) Bauende: 2025
e) Standard: mittel
f) Bundesland: Bayern
Kreis: Bamberg, Stadt

4 —
Architekt*in:
hehnpohl architektur bda
Hafenstraße 64
48153 Münster

Bauherr*in:
Alpha IC GmbH
Platz der Menschenrechte 1
96052 Bamberg

5 — 

© **BKI** Baukosteninformationszentrum

Kostenstand: 2. Quartal 2026, Bundesdurchschnitt, **inkl. 19% MwSt.**

6

Erläuterungen nebenstehender Tabellen und Abbildungen

Alle Kostenkennwerte enthalten die Mehrwertsteuer. Kostenstand: 2. Quartal 2026.
Kosten und Kostenkennwerte umgerechnet auf den Bundesdurchschnitt.

Objektübersicht

①
BKI-Objektnummer und -bezeichnung.

②
Kostenkennwerte für Bauwerkskosten (Kostengruppe 300+400 nach DIN 276) bezogen auf:

- BRI: Brutto-Rauminhalt (DIN 277)
- BGF: Brutto-Grundfläche (DIN 277)
- NUF: Nutzungsfläche (DIN 277)
- NE: Nutzeinheiten (z.B. Betten bei Heimen, Stellplätze bei Garagen)
  Wohnfläche nach der Wohnflächenverordnung WoFlV, nur bei Wohngebäuden

③
a) „Kennwerte" gibt die Kostengliederungstiefe nach DIN 276 an. Die BKI Objekte sind unterschiedlich detailliert dokumentiert: Eine Kurzdokumentation enthält Kosteninformationen bis zur 1. Ebene DIN 276, eine Grobdokumentation bis zur 2. Ebene DIN 276 und eine Langdokumentation bis zur 3. Ebene.
b) Angaben zu BRI, BGF, NUF und AWF
c) Angaben zur Bauzeit
d) Angaben zum Bauende
e) Angaben zum Standard
f) Angaben zum Kreis, Bundesland

④
Planendes und/oder ausführendes Architektur- oder Planungsbüro, sowie teilweise Angaben zum/zur Bauherr*in (bei Zustimmung).

⑤
Abbildungen des Objekts

⑥
Anzeige des Kostenstands

⑦
Bei Altbauten: Angaben zur baulichen Maßnahme - Erweiterung, Umbau, Modernisierung oder Instandsetzung
Bei Modulbauten: Angabe zur Konstruktionsart der Raumzellen

1300-0338
Bürogebäude
(89 AP)

①

②

Objektbeschreibung

Allgemeine Objektinformationen

Das dreigeschossige Bürogebäude wurde auf einem ehemaligen Militärareal errichtet. Die Architektursprache vermittelt zwischen dem Denkmalschutz im Umfeld und dem modernen Netto-Null-Büroneubau, der ohne aktive Heiz- und Kühltechnik auskommt. Dabei wurden hohe Anforderungen an Ressourcenschutz und Nachhaltigkeit erfüllt. Eine DGNB Zertifizierung in Gold wird angestrebt. (Zum Zeitpunkt der redaktionellen Bearbeitung noch nicht vorliegend.)

Nutzung

1 Erdgeschoss
Open-Space-Office, Social Hub, Café, Lager/Vorbereitung, Personal, Müllraum, Fahrradraum, Dusche, Spinde, WCs, Putzraum, Hausanschlussraum

2 Obergeschosse
1. OG: Büros, Besprechungsraum, Social Hub, Serverraum, WCs, Putzraum
2. OG: Büros, Besprechungsräume, Abstellräume, Kopierraum, WCs, Putzraum

1 Dachgeschoss
Technikzentrale

Nutzeinheiten

Arbeitsplätze: 89
Bürofläche: 1.044 m^2
Sitzplätze: 10

Grundstück

Bauraum: Freier Bauraum
Neigung: Ebenes Gelände
Bodenklasse: BK 3 bis BK 5

Markt

Hauptvergabezeit: 2.Quartal 2023
Baubeginn: 4.Quartal 2023
Bauende: 1.Quartal 2025
Konjunkturelle Gesamtlage: Durchschnitt
Regionaler Baumarkt: Durchschnitt

Baukonstruktion

Das Gebäude ist in Stahlbeton-Elementbauweise errichtet. Sowohl für die Fertigteil-Deckschalen als auch für die Ortbetonverfüllungen der Wände und -decken kam Recyclingbeton zum Einsatz. Die Innenwandflächen sind in sichtbar belassenem Beton ohne Sichtbeton-Klassifizierung ausgeführt. Der Ausbau ist klassisch mittels Leichtbau- und vereinzelten Glastrennwänden realisiert. Die Bürobereiche im Erdgeschoss und 1. Obergeschoss sind durch eine Treppe miteinander verbunden, die aus polygonalen Wandscheiben mit eingelassener Stahlkonsolen zur Aufnahme freitragender Treppenstufen erstellt wurde. Die Fassade besteht aus einem Wärmedämmverbundsystem mit keramischer Bekleidung aus geschnittenem Recyclingklinker. Die Fenster sind in Holz-Aluminium mit Festverglasung ausgeführt. Das Walmdach in Zimmermannsbauweise schließt die Gebäudehülle ab.

Technische Anlagen

Eine zentrale hocheffiziente Lüftungsanlage versorgt die Nutzungsbereiche des Lowtech Gebäudes mit Frischluft. Die Beleuchtung erfolgt durchgehend mit LED-Technik. Die Stehleuchten der Arbeitsplätze werden mittels Präsenzmeldern gesteuert. Eine vollintegrierte Photovoltaikanlage mit 22kWh Speicher produziert im Jahresdurchschnitt mehr Energie, als verbraucht wird. Raumsteuerung und Sonnenschutz werden mit einem KNX-System geregelt. Ergänzend sorgen eine übergeordnete Gebäudeautomation und ein kontinuierliches Energiemonitoring für einen effizienten Betrieb. Die Datenvernetzung erfolgt über WLAN. Die Brauchwarmwasserversorgung erfolgt dezentral über Durchlauferhitzer. Das Gebäude ist ausschließlich mit Strom, Glasfaser und Wasser erschlossen. In Kooperation mit einer Technischen Hochschule wurde ein Reallabor für den Betrieb eingerichtet, die Betriebsdaten werden veröffentlicht. Das Gebäude wurde im 11/2024 von der Fachzeitschrift "Moderne Gebäudetechnik" mit dem Deutschen-TGA-Award ausgezeichnet.

Energetische Kennwerte

Gesetzliche Grundlage: GEG 2020
Gebäudenutzfläche: 1.861,00 m^2
Gebäudevolumen: 7.088,00 m^3
A/V_e-Verhältnis (Kompaktheit): 0,33 m^{-1}
Hüllfläche des beheizten Volumens: 2.312,00 m^2
Mittlerer U-Wert (opake Bauteile): 0,12 $W/(m^2{\cdot}K)$
Mittlerer U-Wert (transparente Bauteile): 0,80 $W/(m^2{\cdot}K)$
Spez. Jahresprimärenergiebedarf: 23,88 $kWh/(m^2{\cdot}a)$
CO_2-Emissionen: 7,43 $kg/(m^2{\cdot}a)$

Kostenstand: 2.Quartal 2026, Bundesdurchschnitt, inkl. 19% MwSt.

Erläuterungen nebenstehender Tabellen und Abbildungen

Objektbeschreibung

①
Objektbeschreibung mit:
- Allgemeine Objektinformationen
- Angaben zur Nutzung
- Nutzeinheiten
- Grundstück
- Markt
- Baukonstruktion
- Technische Anlagen
- Sonstiges

②
Energetische Kennwerte:
Die Angaben stammen aus dem Energieausweis (EnEV / GEG), bzw. der Energiebedarfsberechnung oder aus dem Passivhaus-Projektierungspaket (PHPP). Die Werte unterscheiden sich aufgrund unterschiedlicher Rechenverfahren. Die Zielsetzung bundesweit vergleichbarer Ergebnisse bedingt bei der EnEV bundesweit einheitliche Klimadaten und weitere einheitliche Randbedingungen. Das PHPP Verfahren verfolgt das Ziel, den späteren Energieverbrauch möglichst genau zu prognostizieren. Es berücksichtigt daher individuelle Klimadaten und Randbedingungen und bezieht mehr energetisch wirksame Faktoren mit ein.

Energetische Angaben zu Außenbauteilen

① Bodenplatte
② Stahlbeton
③ Holz / Dämmung

Bodenplatte

U-Wert: 0,13 W/(m²·K)

Gesamtdicke: 73,04 cm	d[cm]	λ [W/(m·K)]
Estrich	5,50	1,200
PE-Folie	0,02	0,400
Trittschalldämmung	3,50	0,035
Stahlbeton	40,00	2,300
PE-Folie	0,02	0,400
Dämmung	24,00	0,038

Außenwand Sockel

U-Wert: 0,27 W/(m²·K)

Gesamtdicke: 49,30 cm	d[cm]	λ [W/(m·K)]
Stahlbeton	24,00	2,500
Dämmung	12,00	0,036
Luftschicht ruhend	1,80	0,156
Stahlbeton	11,50	2,500

Außenwand WDVS

U-Wert: 0,10 W/(m²·K)

Gesamtdicke: 59,00 cm	d[cm]	λ [W/(m·K)]
Stahlbeton	24,00	2,500
Dämmung	34,00	0,034
Klinker	1,00	0,990

Außenwand Gaube

U-Wert: 0,14 W/(m²·K)

Gesamtdicke: 34,25 cm	d[cm]	λ [W/(m·K)]
Holzfaserplatte	8,00	0,043
Dampfbremse	0,05	0,220
Holz	24,00	0,130
Dämmung	24,00	0,039
HWS-Platte	2,20	0,120

Dach

U-Wert: 0,14 W/(m²·K)

Gesamtdicke: 32,10 cm	d[cm]	λ [W/(m·K)]
Holzfaserplatte	8,00	0,043
Dampfbremse	0,05	0,220
Holz	24,00	0,130
Dämmung	24,00	0,039
Dampfsperre	0,05	0,500

Kostenstand: 2. Quartal 2026, Bundesdurchschnitt, inkl. 19% MwSt.

Erläuterungen nebenstehender Tabellen und Abbildungen

Energetische Angaben zu Außenbauteilen

①
Angabe des U-Werts und der Gesamtdicke des Bauteils. Es werden meist nur die wärmetechnisch wirksamen Schichten dargestellt und berücksichtigt. Es werden nicht immer alle Außenbauteile aufgeführt, sondern die für eine Beurteilung der energetischen Qualität des Objekts wesentlichen.
Die Berechnung erfolgt auf der Grundlage der DIN EN ISO 6946. Die U-Werte können von Berechnungen der Datenlieferanten aus verschiedenen Gründen leicht abweichen:

- Die DIN 6946 wurde auch für die Objekte aus Österreich herangezogen, die originär abweichend berechnet wurden.
- Falls nur Angaben zu Schichten und Schichtdicken vorlagen, jedoch keine Lambda-Werte, wurden für die verwendeten Materialien übliche Lambda-Werte von BKI eingesetzt.
- Es gibt leichte Abweichungen bei der Berechnung des U-Werts im PHPP Verfahren und bei Berechnungen die auf Finiten Elementen beruhen.

②
Schichtenfolge der Materialien der Außenbauteile, mit Angabe der Schichtdicke und des Lambda-Werts

③
Kennzeichnung inhomogener Schichten

1300-0338
Bürogebäude
(89 AP)

Planungskennwerte für Flächen und Rauminhalte nach DIN 277

(1)

Flächen des Grundstücks		Menge Einheit	% an GF
BF	Bebaute Fläche	584,00 m²	100,0
UF	Unbebaute Fläche	–	–
GF	Grundstücksfläche	584,00 m²	100,0

(2)

Grundflächen des Bauwerks		Menge Einheit	% an NUF	% an BGF
NUF	Nutzungsfläche	1.312,98 m²	100,0	62,8
TF	Technikfläche	171,68 m²	13,1	8,2
VF	Verkehrsfläche	382,10 m²	29,1	18,3
NRF	Netto-Raumfläche	1.866,76 m²	142,2	89,2
KGF	Konstruktions-Grundfläche	224,94 m²	17,1	10,8
BGF	Brutto-Grundfläche	2.091,70 m²	159,3	100,0

(3)

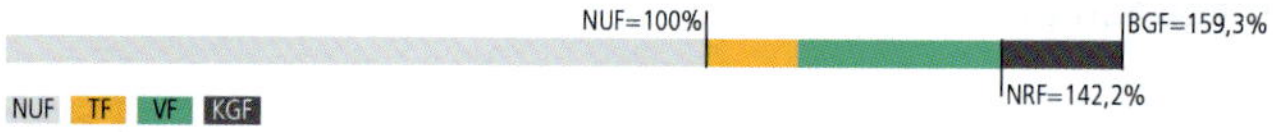

(4)

Brutto-Rauminhalt des Bauwerks		Menge Einheit	BRI/NUF (m)	BRI/BGF (m)
BRI	Brutto-Rauminhalt	7.578,22 m³	5,77	3,62

(5)

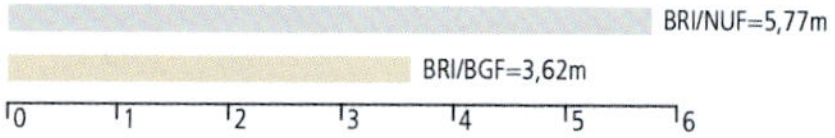

(6)

KG	Kostengruppen (2. Ebene)	Menge Einheit	Menge/NUF	Menge/BGF
310	Baugrube / Erdbau	787,16 m³BGI	0,60	0,38
320	Gründung, Unterbau	542,25 m²GRF	0,41	0,26
330	Außenwände/Vertikale Baukonstruktionen, außen	920,78 m²AWF	0,70	0,44
340	Innenwände/Vertikale Baukonstruktionen, innen	1.677,75 m²IWF	1,28	0,80
350	Decken/Horizontale Baukonstruktionen	1.582,28 m²DEF	1,21	0,76
360	Dächer	625,34 m²DAF	0,48	0,30

Kostenstand: 2. Quartal 2026, Bundesdurchschnitt, inkl. 19% MwSt.

Erläuterungen nebenstehender Planungskennwerte- und Baukostentabellen

Alle Kostenkennwerte enthalten die Mehrwertsteuer. Kostenstand: 2. Quartal 2026.
Kosten und Kostenkennwerte umgerechnet auf den Bundesdurchschnitt.

Planungskennwerte für Flächen und Rauminhalte nach DIN 277

In Ergänzung der Kostenkennwerttabellen werden für jedes Objekt Planungskennwerte angegeben, die zur Überprüfung der Vergleichbarkeit des Objekts mit der geplanten Baumaßnahme dienen.
Ein Planungskennwert im Sinne dieser Veröffentlichung ist ein Wert, der das Verhältnis bestimmter Flächen und Rauminhalte zur Nutzungsfläche (NUF) und Brutto-Grundfläche (BGF) darstellt, angegeben als Prozentwert oder als Faktor (Mengenverhältnis).

①
Bebaute und unbebaute Flächen des Grundstücks sowie deren Verhältnis in Prozent zur Grundstücksfläche (GF).

②
Grundflächen im Verhältnis zur Nutzungsfläche (NUF = 100%) und Brutto-Grundfläche (BGF = 100%) in Prozent.

③
Grafische Darstellung der Grundflächen im Verhältnis zur Nutzungsfläche (NUF = 100%)

④
Verhältnis von Brutto-Rauminhalt (BRI) zur Nutzungsfläche (NUF) und Brutto-Grundfläche (BGF), (BRI / BGF = mittlere Geschosshöhe), angegeben als Faktor (in Meter).

⑤
Grafische Darstellung der Verhältnisse Brutto-Rauminhalt (BRI) zur Nutzungsfläche (NUF = 100%) und Brutto-Grundfläche (BGF); (BRI / BGF = mittlere Geschosshöhe), angegeben als Faktor (in Meter).

⑥
Verhältnis der Mengen dieser Kostengruppen nach DIN 276 („Grobelemente") zur Nutzungsfläche (NUF) und Brutto-Grundfläche (BGF), angegeben als Faktor. Wenn aus der Grundlagenermittlung die Nutzungs- oder Brutto-Grundfläche für ein Projekt bekannt ist, ein Vorentwurf als Grundlage für Mengenermittlungen aber noch nicht vorliegt, so können mit diesen Faktoren die Grobelementmengen überschlägig ermittelt werden.

1300-0338
Bürogebäude
(89 AP)

Kostenkennwerte für die Kostengruppen der 1. Ebene DIN 276

(1)

KG	Kostengruppen (1. Ebene)	Einheit	Kosten €	€/Einheit	€/m² BGF	€/m³ BRI	% 300+400
100	Grundstück	m² GF	–	–	–	–	–
200	Vorbereitende Maßnahmen	m² GF	–	–	–	–	–
300	Bauwerk – Baukonstruktionen	m² BGF	3.062.755	1.464,24	1.464,24	404,15	69,8
400	Bauwerk – Technische Anlagen	m² BGF	1.322.199	632,12	632,12	174,47	30,2
	Bauwerk 300+400	**m² BGF**	**4.384.954**	**2.096,36**	**2.096,36**	**578,63**	**100,0**
500	Außenanlagen und Freiflächen	m² AF	8.921	–	4,27	1,18	0,2
600	Ausstattung und Kunstwerke	m² BGF	22.682	10,84	10,84	2,99	0,5
700	Baunebenkosten	m² BGF	–	–	–	–	–
800	Finanzierung	m² BGF	–	–	–	–	–

(2)

KG	Kostengruppe	Menge Einheit	Kosten €	€/Einheit	%
3+4	**Bauwerk**				**100,0**
300	**Bauwerk – Baukonstruktionen**	2.091,70 m² BGF	3.062.755	**1.464,24**	69,8

(3)

Stb-Fundamentplatte, Abdichtung, TSD, Estrich, Parkett, Bodenbeschichtung, Perimeterdämmung; Stb-Elementwände, Holz-Alufenster, Alu-Glastüren, WDVS mit Klinkerriemchen, Alu-Stehfalzbekleidung, Alu-Vorhangfassade, Betonkosmetik, Markisen; Stb-Wände, GK-Wände, Innentüren, Beschichtung, Wandfliesen, WC-Trennwände, mobile Trennwand, Glastrennwand; Stb-Elementdecken, Stb-Decke, Stb-Treppen, Stahltreppe, Einschubtreppe, TSD, Estrich, Parkett, Teppich, Bodenbeschichtung, Holz-Treppenbelag, Deckensegel, GK-Decken, Beschichtung; Holz-Walmdach, Dämmung, RWA-Dachfenster, Dachausstieg, Solar-Dachdeckung, Dachentwässerung; Fluchtwegpiktogramme

1300-0338
Bürogebäude
(89 AP)

Kostenkennwerte für die Kostengruppen der 2. Ebene DIN 276

KG	Kostengruppe	Menge Einheit	Kosten €	€/Einheit	%
300	**Bauwerk – Baukonstruktionen**				**100,0**
310	**Baugrube / Erdbau**	787,16 m³ BGI	70.348	**89,37**	2,3

Baugrubenaushub, lagern (732m³), Rohrgrabenaushub (55m³) * Pumpensümpfe (2St), Tauchpumpe (20d)

KG	Kostengruppe	Menge Einheit	Kosten €	€/Einheit	%
320	**Gründung, Unterbau**	542,25 m² GRF	350.140	**645,72**	11,4

(3)

Stb-Fundamentplatte (537m²), Stb-Aufzugsunterfahrt (5m²) * Bitumenabdichtung, EPS-TSD, Calciumsulfatestrich (481m²), Lamellenparkett (258m²), Epoxidharzbeschichtung (210m²), Sauberlaufmatte (9m²), Bodenfliesen (4m²) * Gründungspolster (770m³), Perimeterdämmung (542m²), Bitumendickbeschichtung, Perimeterdämmung, vertikal (60m²)

(4)

KG	Kostengruppe	Menge Einheit	Kosten €	€/Einheit	%
330	**Außenwände/Vert. Baukonstrukt., außen**	920,78 m² AWF	947.517	**1.029,04**	30,9

Stb-Elementwände (653m²) * Holz-Alufenster (215m²), Alu-Rohrrahmentüren (52m²) * Mineralwolldämmung (454m²), EPS-Lisenen (276m²), Armierungsputz, Klinkerriemchen (763m²), Alu-Stehfalzbekleidung (23m²), Alu-Vorhangfassade (8m²), Briefkastenanlagen (2St) * Ausbesserung Betonoberflächen, Reinigung (625m²) * Senkrechtmarkisen (230m²), Kassettenmarkisen (34m²) * Glas-Brüstungsgeländer (7m²)

Erläuterung nebenstehender Baukostentabelle

Alle Kostenkennwerte enthalten die Mehrwertsteuer. Kostenstand: 2. Quartal 2026
Kosten und Kostenkennwerte umgerechnet auf den Bundesdurchschnitt

Kostenkennwerte für die Kostengruppen der 1. und 2. Ebene DIN 276

①
Kostenübersicht, Kostenkennwerte in €/Einheit, €/m² BGF und €/m³ BRI für die Kostengruppen der 1. Ebene DIN 276. Anteil der jeweiligen Kostengruppe in Prozent an den Bauwerkskosten (Spalte: % 300+400). Die Bezugseinheiten der Kostenkennwerte entsprechen der DIN 277: 2021-08 bzw. der DIN 276:2018-12 Mengen und Bezugseinheiten.

②
Codierung und Bezeichnung der Ausführung zur Kostengruppe entsprechend der 1. Ebene nach DIN 276

③
Abgerechnete Leistungen zu dokumentierten Objekten mit BKI Objektnummer, Beschreibung, Menge, Einheit, Kosten, Kostenkennwert bezogen auf die Kostengruppeneinheit oder alternativ bezogen auf die übergeordnete Einheit.

Bei den Mengen handelt es sich um ausgeführte Mengen. Bei Altbauten wird zusätzlich eine Unterteilung in Abbrechen, Herstellen und Wiederherstellen vorgenommen. Für alle drei Kategorien werden Kosten, Mengen und Kostenkennwerte separat ermittelt. Für die Menge der Gesamtleistung wird der Mengenanteil aus Herstellen und Wiederherstellen addiert, nicht jedoch der Mengenanteil aus Abbruch.

④
Codierung und Bezeichnung der Ausführung zur Kostengruppe entsprechend der 2. Ebene nach DIN 276

1300-0338
Bürogebäude
(89 AP)

Kostenkennwerte für die Kostengruppen 300 der 2. und 3.Ebene DIN 276 (Übersicht)

①

②

KG	Kostengruppe	Menge Einheit	Kosten €	€/Einheit	% an 3+4
300	**Bauwerk – Baukonstruktionen**	**2.091,70 m²BGF**	**3.062.755,13**	**1.464,24**	**69,8**
310	**Baugrube / Erdbau**	**787,16 m³BGI**	**70.347,69**	**89,37**	**1,6**
311	Herstellung	787,16 m³BGI	65.109,52	82,71	1,5
312	Umschließung	–	–	–	–
313	Wasserhaltung	787,16 m³	5.238,17	6,65	0,1
314	Vortrieb	–	–	–	–
319	Sonstiges zur KG 310	–	–	–	–
320	**Gründung, Unterbau**	**542,25 m²GRF**	**350.140,22**	**645,72**	**8,0**
321	Baugrundverbesserung	–	–	–	–
322	Flachgründungen und Bodenplatten	542,25 m²	152.072,83	280,45	3,5
323	Tiefgründungen	–	–	–	–
324	Gründungsbeläge	480,84 m²	86.804,68	180,53	2,0
325	Abdichtungen und Bekleidungen	602,25 m²	111.262,70	184,75	2,5
326	Dränagen	–	–	–	–
329	Sonstiges zur KG 320	–	–	–	–
330	**Außenwände/Vert. Baukonstrukt., außen**	**920,78 m²AWF**	**947.516,79**	**1.029,04**	**21,6**
331	Tragende Außenwände	653,39 m²	142.924,47	218,74	3,3
332	Nichttragende Außenwände	–	–	–	–
333	Außenstützen	–	–	–	–
334	Außenwandöffnungen	267,39 m²	271.723,21	1.016,21	6,2
335	Außenwandbekleidungen, außen	793,84 m²	444.988,24	560,55	10,1
336	Außenwandbekleidungen, innen	624,72 m²	9.345,37	14,96	0,2
337	Element. Außenwandkonstruktionen	–	–	–	–
338	Lichtschutz zur KG 330	264,20 m²	70.474,67	266,75	1,6
339	Sonstiges zur KG 330	920,78 m²AWF	8.060,82	8,75	0,2
340	**Innenwände/Vert. Baukonstrukt., innen**	**1.677,75 m²IWF**	**494.684,87**	**294,85**	**11,3**
341	Tragende Innenwände	656,61 m²	141.251,95	215,12	3,2
342	Nichttragende Innenwände	801,33 m²	118.078,34	147,35	2,7
343	Innenstützen	–	–	–	–
344	Innenwandöffnungen	166,52 m²	148.296,83	890,56	3,4
345	Innenwandbekleidungen	2.073,08 m²	33.549,50	16,18	0,8
346	Elementierte Innenwandkonstruktionen	53,29 m²	41.243,57	773,95	0,9
347	Lichtschutz zur KG 340	–	–	–	–
349	Sonstiges zur KG 340	1.677,75 m²IWF	12.264,68	7,31	0,3
350	**Decken/Horizontale Baukonstruktionen**	**1.582,28 m²DEF**	**611.776,92**	**386,64**	**14,0**
351	Deckenkonstruktionen	1.581,30 m²	381.492,80	241,25	8,7
352	Deckenöffnungen	0,98 m²	1.239,33	1.264,62	< 0,1
353	Deckenbeläge	962,74 m²	160.076,43	166,27	3,7
354	Deckenbekleidungen	538,32 m²	67.110,54	124,67	1,5
355	Elementierte Deckenkonstruktionen	–	–	–	–
359	Sonstiges zur KG 350	1.582,28 m²DEF	1.857,81	1,17	< 0,1
360	**Dächer**	**625,34 m²DAF**	**233.287,13**	**373,06**	**5,3**
361	Dachkonstruktionen	618,03 m²	75.281,44	121,81	1,7
362	Dachöffnungen	2,78 m²	7.043,93	2.533,79	0,2
363	Dachbeläge	622,56 m²	127.352,35	204,56	2,9
364	Dachbekleidungen	618,30 m²	23.378,60	37,81	0,5
365	Elementierte Dachkonstruktionen	–	–	–	–
366	Lichtschutz zur KG 360	–	–	–	–
369	Sonstiges zur KG 360	625,34 m²DAF	230,81	0,37	< 0,1
370	**Infrastrukturanlagen**	**–**	**–**	**–**	**–**
380	**Baukonstruktive Einbauten**	**2.091,70 m²BGF**	**1.802,75**	**0,86**	**< 0,1**
390	**Sonst. Maßnahmen für Baukonstrukt.**	**2.091,70 m²BGF**	**353.198,80**	**168,86**	**8,1**

Kostenstand: 2. Quartal 2026, Bundesdurchschnitt, **inkl. 19% MwSt.**

Erläuterung nebenstehender Baukostentabelle

Alle Kostenkennwerte enthalten die Mehrwertsteuer. Kostenstand: 2. Quartal 2026.
Kosten und Kostenkennwerte umgerechnet auf den Bundesdurchschnitt

Kostenkennwerte für Kostengruppen der 2. und 3. Ebene DIN 276 (Übersicht)

①
Codierung und Bezeichnung der Kostengruppe entsprechend der 2. und 3. Ebene nach DIN 276

②
Abgerechneten Leistungen mit Menge, Einheit, Kostenkennwert in Euro pro Einheit, Kosten in Euro und prozentualer Anteil an den Kostengruppen 300 und 400 DIN 276

Sortierung nach Objekten

1300-0338
Bürogebäude
(89 AP)

Kostenkennwerte für die Kostengruppen der 3.Ebene DIN 276						
KG	**Kostengruppe**	**Menge Einheit**		**Kosten €**	**€/Einheit**	**%**
310	**Baugrube / Erdbau**					**100,0**
311	**Herstellung**	787,16	m³BGI	65.110	**82,71**	92,6
	Baugrubenaushub BK 3-5, lagern (732m³), Rohrgrabenaushub, t bis 2m (55m³), Planum (704m²)					
313	**Wasserhaltung**	787,16	m³	5.238	**6,65**	7,4
	Pumpensümpfe DN1.000 (2St), Tauchpumpe (20d)					
320	**Gründung, Unterbau**					**100,0**
322	**Flachgründungen und Bodenplatten**	542,25	m²	152.073	**280,45**	43,4
	Stb-Fundamentplatte, d=40cm, Schalung, Bewehrung (537m²), Stb-Aufzugsunterfahrt, t=60cm (5m²), Mehrspartenhauseinführung (1St)					
324	**Gründungsbeläge**	480,84	m²	86.805	**180,53**	24,8
	Bitumenabdichtung, EPS-Trittschalldämmung WLG 035, d=40mm, Calciumsulfat-Fließestrich (481m²), Hochkant-Lamellenparkett, Eiche (258m²), Epoxidharzbeschichtung, Acrylversiegelung (210m²), Sauberlaufmatte (9m²), Abdichtung, Bodenfliesen (4m²)					
325	**Abdichtungen und Bekleidungen**	602,25	m²	111.263	**184,75**	31,8
	Gründungspolster (770m³), Splittbett, Perimeterdämmung, d=240mm (542m²), Bitumendick-beschichtung, Perimeterdämmung, d=240mm, vertikal (60m²)					

① (311 Herstellung)
② (Beschreibung 322)

Sortierung nach Kostengruppen

330
Außenwände/
Vertikale
Baukonstruktionen,
außen

Kostenkennwerte für die Kostengruppen 300 der 3.Ebene DIN 276						
KG	**Kostengruppe**	**Menge Einheit**		**Kosten €**	**€/Einheit**	**%**
331	**Tragende Außenwände**					
	1300-0319 Amtsverwaltung (36 AP)	565,30	m²	249.190	**440,81**	18,3
	Stb-Wände C25/30, d=24cm, Schalung, Bewehrung (372m²), Stb-Über-/Unterzüge C25/30, d=24cm (194m²)					
	1300-0330 Bürogebäude (15 AP)	266,49	m²	100.270	**376,26**	19,6
	Stb-Wandsockel C25/30, d=20cm, h=50cm, Schalung, Bewehrung (20m²), Wanddurch-führungen (7St), Holzrahmenwände, d=27cm, KVH 8x24cm, außen MDF-Schalung, d=16mm, innen OSB-Schalung, d=15mm, Mineralwolldämmung WLG 035, d=240mm (246m²), Aussteifungsrahmen HEB180, h=2,89m, b=3,08m (1St)					
	1300-0332 Bürogebäude (10 AP), Doppelgarage	192,19	m²	46.394	**241,40**	19,7
	Porenbeton-Mauerwerk, d=36,5cm (192m²)					

① (331 Tragende Außenwände)
③ (Beschreibung 1300-0330)

Erläuterung nebenstehender Baukostentabelle

Alle Kostenkennwerte enthalten die Mehrwertsteuer. Kostenstand: 2. Quartal 2026.
Kosten und Kostenkennwerte umgerechnet auf den Bundesdurchschnitt.

Kostenkennwerte für die Kostengruppen 200-600 der 3. Ebene nach DIN 276

①
Codierung und Bezeichnung der Ausführung zur Kostengruppe entsprechend der 2. und 3. Ebene nach DIN 276

Sortierung nach Objekten

②
Abgerechnete Leistungen zu den dokumentierten Objekten mit Beschreibung, Menge, Einheit, Kosten, Kostenkennwert bezogen auf die Kostengruppeneinheit oder alternativ bezogen auf die übergeordnete Einheit.

Sortierung nach Kostengruppen

③
Abgerechnete Leistungen zu dokumentierten Objekten mit BKI Objektnummer, Beschreibung, Menge, Einheit, Kosten, Kostenkennwert bezogen auf die Kostengruppeneinheit oder alternativ bezogen auf die übergeordnete Einheit.

Bei den Mengen handelt es sich um ausgeführte Mengen.

1300-0338
Bürogebäude
(89 AP)

Kostenkennwerte für Leistungsbereiche nach STLB (Kosten des Bauwerks nach DIN 276)

	LB	Leistungsbereiche	Kosten €	€/m² BGF	€/m³ BRI	% an 3+4
	000	Baustellen-, Sicherheitseinr. inkl. 001, 089	334.163	159,80	44,10	7,6
	002	Erdarbeiten	65.110	31,10	8,60	1,5
	006	Spezialtiefbauarbeiten inkl. 005	–	–	–	–
	009	Entwässerungskanalarbeiten inkl. 011	13.542	6,50	1,80	0,3
	010	Drän- und Versickerarbeiten	–	–	–	–
①	012	Mauerarbeiten	–	–	–	–
	013	Betonarbeiten	883.172	422,20	116,50	20,1
	014	Natur-, Betonwerksteinarbeiten	–	–	–	–
	016	Zimmer- und Holzbauarbeiten	111.167	53,10	14,70	2,5
	017	Stahlbauarbeiten	–	–	–	–
	018	Abdichtungsarbeiten	23.112	11,00	3,00	0,5
	019	Kampfmittelräumarbeiten	–	–	–	–
	020	Dachdeckungsarbeiten	68.696	32,80	9,10	1,6
	021	Dachabdichtungsarbeiten	–	–	–	–
	022	Klempnerarbeiten	50.645	24,20	6,70	1,2
		Rohbau	**1.549.607**	**740,80**	**204,50**	**35,3**
	023	Putz- und Stuckarbeiten, Wärmedämmsysteme	393.850	188,30	52,00	9,0
②	024	Fliesen- und Plattenarbeiten	9.920	4,70	1,30	0,2
	025	Estricharbeiten	66.574	31,80	8,80	1,5
	026	Fenster, Außentüren inkl. 029, 032	214.109	102,40	28,30	4,9
	027	Tischlerarbeiten	72.691	34,80	9,60	1,7
	028	Parkett-, Holzpflasterarbeiten	76.267	36,50	10,10	1,7
	030	Rollladenarbeiten	70.475	33,70	9,30	1,6
	031	Metallbauarbeiten inkl. 035	256.034	122,40	33,80	5,8
	034	Maler- und Lackiererarb. - Beschicht. inkl. 037	36.669	17,50	4,80	0,8
	036	Bodenbelagarbeiten	81.665	39,00	10,80	1,9
	038	Vorgehängte hinterlüftete Fassaden	13.594	6,50	1,80	0,3
	039	Trockenbauarbeiten	212.430	101,60	28,00	4,8
		Ausbau	**1.504.278**	**719,20**	**198,50**	**34,3**
	040	Wärmeversorgungsanl. - Betriebseinr. inkl. 041	390	0,19	0,05	< 0,1
	042	Gas- u. Wasseranl. - Leitung., Armat. inkl. 043	42.277	20,20	5,60	1,0
	044	Abwasseranl. - Leitungen, Abläufe, Armaturen	19.240	9,20	2,50	0,4
	045	Gas, Wasser, Entwässerung - Ausstattung inkl. 046	53.904	25,80	7,10	1,2
	047	Dämm- und Brandschutzarb. an techn. Anlagen	95.761	45,80	12,60	2,2
	049	Feuerlöschanlagen, Feuerlöschgeräte	–	–	–	–
	050	Blitzschutz-/Erdungsanlagen, Überspannungssch.	7.388	3,50	0,97	0,2
	053	Niederspannungsanl. - Kabel inkl. 052, 054	432.153	206,60	57,00	9,9
	055	Sicherheits- u. Ersatzstromversorgungsanl.	–	–	–	–
	057	Gebäudesystemtechnik	105.263	50,30	13,90	2,4
	058	Leuchten und Lampen inkl. 059	76.670	36,70	10,10	1,7
	060	Such, Signal, Zeit, Anten., akust. Anl. inkl. 064	11.291	5,40	1,50	0,3
	061	Kommunikations- u. Übertragungsnetze inkl. 063	78.464	37,50	10,40	1,8
	069	Aufzüge	44.066	21,10	5,80	1,0
	070	Gebäudeautomation	–	–	–	–
	075	Raumlufttechnische Anlagen inkl. 078	343.319	164,10	45,30	7,8
		Gebäudetechnik	**1.310.186**	**626,40**	**172,90**	**29,9**
	084	Abbruch, Rückbau, Schadstoffsanierung	–	–	–	–
		Abbrucharbeiten	**–**	**–**	**–**	**–**
③		**Sonstige Leistungsbereiche**	**20.884**	**10,00**	**2,80**	**0,5**

Kostenstand: 2. Quartal 2026, Bundesdurchschnitt, inkl. 19% MwSt.

Erläuterung nebenstehender Baukostentabelle

Alle Kostenkennwerte enthalten die Mehrwertsteuer. Kostenstand: 2. Quartal 2026.
Kosten und Kostenkennwerte umgerechnet auf den Bundesdurchschnitt.

Kostenkennwerte für Leistungsbereiche nach STLB

①
LB-Nummer nach Standardleistungsbuch (STLB).
Bezeichnung des Leistungsbereichs (zum Teil abgekürzt).

Kostenkennwerte für Bauwerkskosten (Kostengruppe 300+400 nach DIN 276) je Leistungsbereich in €/m² Brutto-Grundfläche (BGF nach DIN 277).
Anteil der jeweiligen Leistungsbereiche in Prozent an den Bauwerkskosten (100%).

②
Kostenkennwerte und Prozentanteile für „Leistungsbereichspakete" als Zusammenfassung bestimmter Leistungsbereiche. Leistungsbereiche mit relativ geringem Kostenanteil wurden in Einzelfällen mit anderen Leistungsbereichen zusammengefasst.
Beispiel:
LB 000 Baustelleneinrichtung zusammengefasst mit
LB 001 Gerüstarbeiten und LB 089 Verkehrssicherungsarbeiten (Angabe: inkl. 001, 089).

③
Ergänzende, den STLB-Leistungsbereichen nicht zuzuordnende Leistungsbereiche, zusammengefasst mit den LB-Nr. 008, 033, 051.

Energieeffizientes Bauen – Standards, Konzepte und nachhaltige Lösungen für Gebäude

von Hans-Stefan Müller

Energieeffizientes Bauen – Standards, Konzepte und nachhaltige Lösungen für Gebäude

ein Beitrag von Hans-Stefan Müller

Die aktuelle Diskussion zur Nachhaltigkeit von Gebäuden wird leider oft auf die Dekarbonisierung der Heizungstechnik verkürzt. Dieses Buch möchte dazu beitragen, den Fokus wieder auf das Gebäude in der Komplexität seiner Einzelteile zu lenken. Ein nachhaltiges Gebäude entsteht aus dem Zusammenwirken von Gebäudehülle, Anlagentechnik und Nutzung. Alle Kriterien müssen gleichberechtigt betrachtet werden, wenn nachhaltige Gebäude entstehen sollen oder Gebäude modernisiert werden.

Gebäude müssen heute so geplant werden, dass die Treibhausgasemissionen[1] im Lebenszyklus verringert werden. Das gelingt nur mit energieeffizienten Gebäuden. Selbst bei klimafreundlichen Gebäuden im Effizienzhaus 40-Standard macht der Anteil der durch Heizung, Trinkwarmwasserbereitung, Lüftung und Kühlung verursachten Treibhausgas-Emissionen (EPB-Dienste Modul B6.1) etwa ein Drittel der Treibhausgas-Emissionen im Lebenszyklus[2] aus.

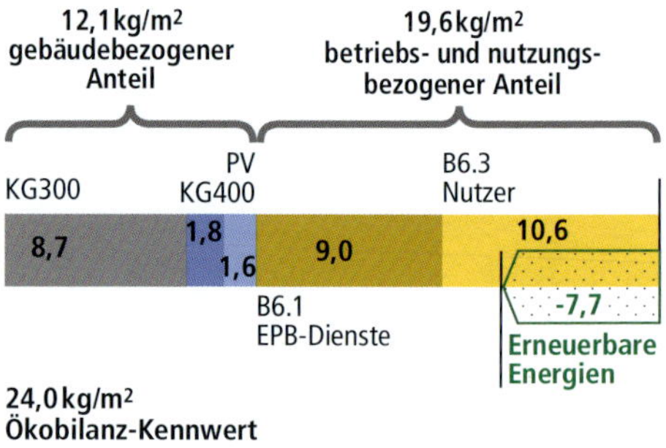

Abb. 1: Lebenszyklustreibhauspotential für ein Gebäude im Standard QNG-PLUS]

1. Treibhausgas-Emissionen sind die Emissionen der relevanten Treibhausgase (vor allem Kohlendioxid, Methan, Lachgas und Fluorkohlenwasserstoffe). Emissionen von Treibhausgasen werden in der Regel in kg CO_2-Äquivalenten angegeben (kg CO2e). In der Ökobilanz werden potentielle Emissionen von Treibhausgasen als Treibhauspotential (EN: global warming potential GWP) bezeichnet. Treibhausgasemissionen, das Treibhauspotential und CO_2-Emissionen können vereinfachend synonym betrachtet werden.
2. Der dargestellte Ökobilanz-Kennwert von 24 kg CO2e pro m^2 p.a. für das Lebenszyklus-Treibhaus-potential ist der Anforderungswert für die aktuelle öffentliche Förderung im Neubau (QNG-PLUS). Die Aufteilung in einzelne Kennwerte wurde aus den Anforderungswerten für Nichtwohngebäude nach QNG abgeleitet.

Mit dem zunehmenden Einsatz erneuerbarer Energien für die Wärmeerzeugung verringern sich zwar die Treibhausgas-Emissionen, jedoch ist die Nutzung von erneuerbaren Energien ebenfalls mit Treibhausgas-Emissionen und einem nicht unerheblichen Ressourcenverbrauch verbunden. Etwa 15 %[3] der durch PV-Strom substituierten Treibhausgas-Emissionen werden zum Beispiel benötigt, um PV-Anlagen herzustellen. Die Produktion von Biomasse bzw. Biogas ist möglicherweise mit deutlich höheren Treibhausgas-Emissionen verbunden. Außerdem benötigen Windkraftanlagen, Solaranlagen oder der Anbau von Biomasse Flächen, die meist in Konkurrenz zu anderen Nutzungen stehen oder dazu führen, dass Naturflächen versiegelt werden. Deshalb ist es wichtig, Gebäude so zu bauen bzw. zu modernisieren, dass insgesamt möglichst geringe schädliche Umweltwirkungen entstehen.

Nachhaltige Gebäudeplanung und integrale Planung

Nachhaltige Gebäude entstehen nicht zufällig. Sie sind das Ergebnis eines integralen Planungsprozesses. Nutzungskonzept, Gestaltung, Tragwerk, Bauphysik und technische Gebäudeausrüstung werden nicht einzeln und/oder nacheinander entwickelt, sondern aufeinander abgestimmt geplant. Das Ziel integraler Planung ist ein Gebäude, das nicht nur die gewünschten Funktionen erfüllt, sondern auch kosten- und damit energieeffizient betrieben werden kann.

Der wesentliche Unterschied einer **integralen Planung** zur konventionellen Planung liegt in der zeitlichen und fachlichen Verzahnung der an der Planung beteiligten Fachleute. Die Gebäudestruktur wird nicht nur aus den Erfordernissen der Funktion, der Gestaltung und den Anforderungen des Tragwerks geplant, sondern schließt bereits in einem sehr frühen Planungsstadium alle anderen Fachplaner (z. B. Bauphysik, Anlagentechnik, Brandschutz etc.) mit ein. Energieeffizienz entsteht nicht aus der Nutzung einzelner effizienter Teile, sondern aus dem Zusammenspiel von Gebäudehülle, Nutzung und Anlagentechnik. Steigende Kosten für die Bewirtschaftung von Gebäuden können nur vermieden werden, wenn effektive Anlagentechnik auf eine effiziente Gebäudehülle trifft und optimal in das Gebäude integriert wird. Dazu gehört:

- die optimale Nutzung von Flächen für solarthermische und PV-Anlagen,
- die Nutzung passiver solarer Gewinne und Schutz vor solarer Überhitzung im Sommer,
- gut gedämmte Bauteile und Planung wärmebrückenoptimierter Bauteile,
- eine luftdichte Gebäudehülle,
- die Verringerung von Rohrleitungen und Elektrokabeln,
- die Optimierung der Aufstellorte für technische Anlagen bezüglich Wartung, Schall-, Wärme- und Kälteemissionen und
- die Auswahl einer abgestimmten Anlagentechnik für Beheizung, Kühlung, Belüftung, Trinkwarmwasserbereitung und Beleuchtung auf der Grundlage von Heiz- und Kühllastberechnungen sowie Luftmengen entsprechend der geplanten Nutzung.

---

3. Musterberechnung PV-Anlage nach DIN V 18599, horizontal, K_{pk} = 0,216 kW/m² mit 20,3 m² erzeugt $Q_{f,prod,PV}$ = 3.181 kWh. Graue Emissionen nach QNG 251 kg CO2e p.a. Substitution von Netzstrom 1.692 kg CO2e p.a.

Nachhaltige Gebäudeplanung berücksichtigt mehr als nur den Energiebedarf oder die Art der Wärmeerzeugung. Eine umfassende Beschreibung des Nachhaltigkeitsbegriffs ermöglichen die 17 Ziele für nachhaltige Entwicklung (SDG)[4]. Für Gebäude haben sich Nachhaltigkeitszertifizierungssysteme etabliert, die meist auf den drei Säulen der Nachhaltigkeit basieren.

Abb. 2: 3 Säulen der Nachhaltigkeit

Für die öffentliche Förderung nachhaltiger Bauprojekte (KFN- und BEG-Förderung) bildet das **Qualitätssiegel Nachhaltiges Gebäude (QNG)**[5] den Mindeststandard für die Nachhaltigkeitsbewertung. Bei der Planung nachhaltiger Gebäude müssen nicht nur funktionelle und wirtschaftliche Erfordernisse betrachtet, sondern auch die Auswirkungen auf die Umwelt im gesamten Lebenszyklus des Gebäudes einbezogen werden. Mit Auswirkungen auf die Umwelt sind sowohl Umweltwirkungen im Rahmen von Ökobilanzen[6] als auch Auswirkungen auf das soziale Umfeld gemeint.

4. SDG steht für Sustainable Development Goals (Ziele für nachhaltige Entwicklung). Die 17 weltweiten Ziele der UN wurden 2015 beschlossen und sind auch als Agenda 2030 bekannt. https://sdgs.un.org/goals
5. Qualitätssiegel Nachhaltiges Gebäude (QNG) https://www.qng.info
6. In Ökobilanzen werden Umweltwirkungen über Indikatoren zu bestimmten umweltrelevanten Kennwerten dargestellt.

Die Effizienz eines Gebäudes hängt dabei nicht nur von U-Werten und der Effizienz der Anlagentechnik ab. Weitere wesentliche Parameter sind:

- das A/Ve-Verhältnis
- die Ausrichtung des Gebäudes
- die Optimierung von Grundrissen

Je geringer die Hüllfläche des Gebäudes im Verhältnis zum Gebäudevolumen ist **(A/V_e-Verhältnis)**, desto geringer ist der Wärmeverlust des Gebäudes durch Transmission. Größere kompakte Gebäude sind energieeffizienter als kleine stark gegliederte Gebäude.

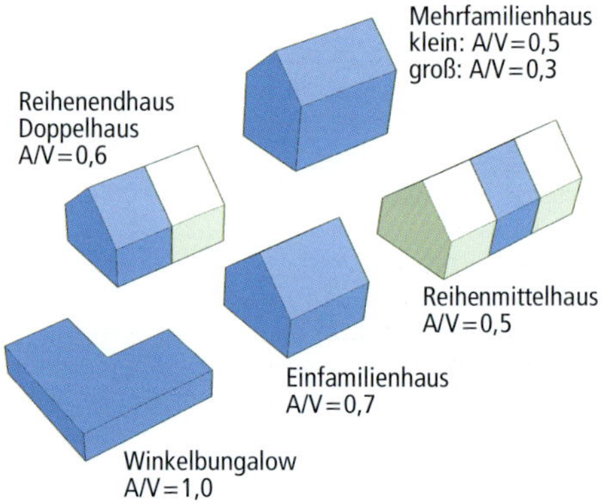

Abb. 3: A/V-Verhältnisse von verschiedenen Gebäuden

Die **Ausrichtung** eines Gebäudes (insbesondere der Fenster) hat sowohl funktionelle Aspekte als auch Einfluss auf den Energiebedarf des Gebäudes (solare Wärmeeinträge im Winter, mögliche ungünstige Erwärmung im Sommer). Bodentiefe **Fenster** können für die Blickbeziehung nach außen hilfreich sein. Auf die Belichtung mit Tageslicht haben sie nur einen geringen Einfluss. Im Sommer führen große Fensterflächen zu hohen Wärmeeinträgen, im Winter haben Fensterflächen (trotz passiver Wärmegewinne) einen deutlich höheren Wärmeverlust als opake Bauteile.

Grundrisse von Gebäuden sollten die Anpassungsfähigkeit (Größe der Nutzungseinheiten, Installationszonen, Geschosshöhen, Gebäudetiefen, Tragfähigkeit, Grundrissflexibilität u.a.) für zukünftig mögliche andere Nutzungen berücksichtigen. Räume sollten nicht nur funktional, sondern auch unter Berücksichtigung von Ausrichtung und Wärmebedarf im Gebäude angeordnet werden.

Für das Verständnis der laufenden Veränderungen von Gebäuden während der Nutzung ist das Konzept der Shearing Layer hilfreich.

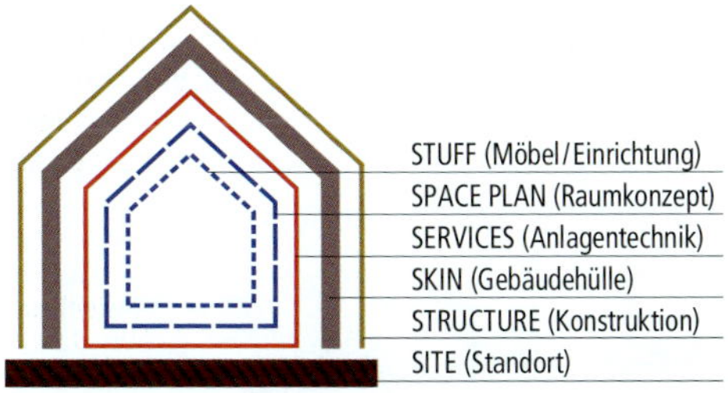

Abb. 4: Shearing Layer

Es zeigt, dass ein Gebäude aus verschiedenen Schichten (Layer) bzw. Gebäudeelementen mit unterschiedlichen Veränderungszyklen besteht. Während der Standort eine unbegrenzte Lebensdauer hat, können sich andere Gebäudeelemente im Lebenszyklus des Gebäudes verändern oder müssen erneuert werden. Gebäude sollten so gebaut werden, dass sie auf Anpassungen im Lebenszyklus vorbereitet sind (modulare Bauweise, trennbare Bauteilverbindungen, Rückbaukonzepte etc.).

Vergleich von Neubau und energetischer Modernisierung

Das im vorigen Abschnitt beschriebene System der Shearing Layer beschreibt die Gebäudehülle als einen Teil des Gebäudes mit einer kürzeren Lebensdauer im Vergleich zur Tragstruktur. Versteht man ein Gebäude in diesem Sinne, dann ist die Gebäudehülle kein Bauteil, dass über den gesamten Lebenszyklus eines Gebäudes unveränderlich ist.

An dieser Stelle soll deshalb der Neubau von Gebäuden mit dem Umbau von bestehenden Gebäuden unter Erhalt der Tragstruktur verglichen werden. Zur Vereinfachung wird nur das Bauteil Außenwand betrachtet. Zunächst wird das Treibhauspotential für eine neue Außenwand in verschiedenen Ausführungen berechnet. (→ **Abb. 5**)

Für die beispielhafte Außenwand aus Kalksandstein-Mauerwerk mit Wärmedämmverbundsystem ergibt sich ein Treibhauspotential (GWP)[7] von ca. 2,5 bis 2,7 kg CO2e/m² p.a. im gesamten Lebenszyklus (Emissionen durch den Abbruch einer möglicherweise vorhandenen Wand bleiben an dieser Stelle unberücksichtigt). Vergleicht man den Mehraufwand des Treibhauspotentials für die höhere Dämmschichtdicke (Außenwand mit dem U-Wert des Referenzgebäudes gegenüber einer energieoptimierten Außenwand[8]) mit den Einsparungen bei einer Beheizung mit einer Wärmepumpe, so kann man feststellen, dass die dickere Dämmschicht um den Faktor 5 effizienter ist als die Herstellung einer Außenwand mit dünnerer Dämmschicht. Ein neues Gebäude mit einer energieeffizienten Gebäudehülle hat also ein geringeres Treibhauspotential als ein weniger effizientes Gebäude.

7. Das Treibhauspotential (EN: global warming potential GWP) ist die berechnete Mengen an potentiellen Emissionen von Treibhausgasen im Rahmen einer Ökobilanz (EN: life cycle Assessment LCA).
8. Der Vergleich wurde nach QNG mit einer Außenwand aus KS-Mauerwerk mit WDVS aus Mineralwolle λ=0,035 W/(mK) durchgeführt. Die CO_2-Minderung durch Energieeinsparung wurde mit einem Gradtagszahlfaktor von 70kKh, einer Wärmepumpe mit einem COP = 3,0 und mit Netzstrom GWP = 0,53203 kg CO2e pro kWh berechnet.

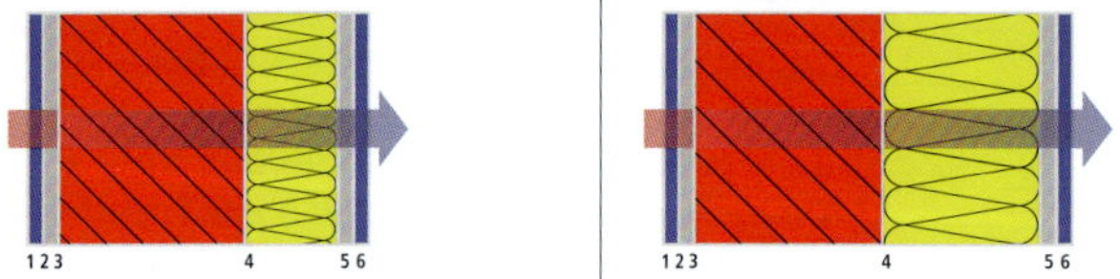

Außenwand KS 24 cm + 12 cm WDVS	Außenwand KS 24 cm + 20 cm WDVS
U-Wert: 0,27 W/(m^2K)	U-Wert: 0,17 W/(m^2K)
GWP nach QNG: 2,481 kg/m^2 p.a.	GWP nach QNG: 2,712 kg/m^2 p.a.

Abb. 5: Vergleich Außenwand Neubau Referenzgebäude und optimierte Außenwand

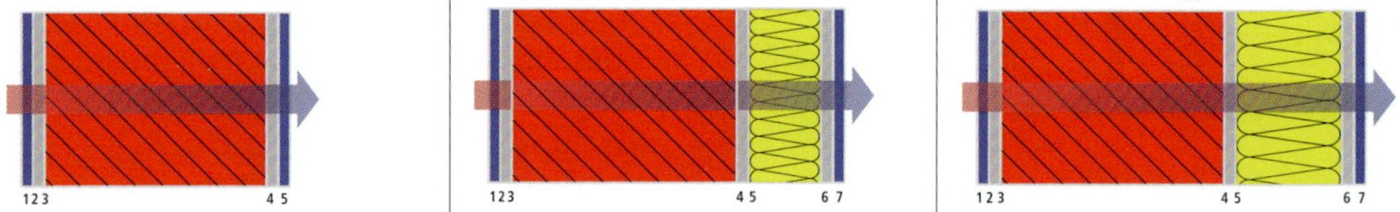

Außenwand MW 38 cm Bestand	Außenwand MW 38 cm + 12 cm WDVS	Außenwand MW 38 cm + 18 cm WDVS
U-Wert 1,30 W/(m^2K)	U-Wert: 0,24 W/(m^2K)	U-Wert: 0,17 W/(m^2K)
GWP: ohne Bewertung	Δ GWP nach QNG: 0,404 kg/m^2 p.a.	Δ GWP nach QNG: 0,577 kg/m^2 p.a.

Abb. 6: Vergleich energetische Modernisierung Bestands-Mauerwerk

Geht man davon aus, dass ein Gebäude bereits vorhanden ist und lediglich modernisiert werden muss, verringert sich das Treibhauspotential der Konstruktion erheblich (→ **Abb. 6**).

Für die Dämmung der Außenwand liegt das Treibhauspotential lediglich im Bereich von 0,4 bis 0,6 kg CO_2e/m^2 p.a. Der Aufwand beträgt also nur 15-25 % im Vergleich zum Neubau. Wird eine Außenwand aus Mauerwerk eines Bestandsgebäudes entsprechend den Mindestanforderungen nach GModG gedämmt, dann ist die Minderung des Treibhauspotentials durch die Energieeinsparung der energetischen Modernisierung um den Faktor 32 besser als der Aufwand für die Wärmedämmung[9].

Wird eine Dämmung so hergestellt, dass ein U-Wert von 0,17 W/(m^2K) erreicht wird, so ist der Quotient aus der Minderung des Treibhauspotentials und dem Aufwand immer noch bei 24.

Der Blick auf den gesamten Lebenszyklus von Gebäuden macht deutlich: Der wesentliche Teil der Treibhausgasemissionen eines Gebäudes steckt in der Tragstruktur. Gebäude abzubrechen, um dafür neue energieeffiziente Gebäude zu bauen, ist aus Sicht der Nachhaltigkeit nicht sinnvoll. Alte Gebäude mit einem hohen Energiebedarf einfach nur mit erneuerbaren Energien weiter zu betreiben, ist wegen des damit verbundenen hohen Energiebedarfs auch keine Lösung. Es wird deshalb darauf ankommen, wie die Tragstruktur vorhandener Gebäude weiter genutzt und durch energetische Modernisierung der Gebäudehülle in energieeffiziente Gebäude transformiert werden können.

Die Lebenszyklusbilanz zeigt zudem, dass hohe energetische Standards in Bezug auf die potentiellen Treibhausgas-Emissionen sinnvoll sind. Ziel dieses Buches ist es, die Kosten energetischer Maßnahmen transparent zu machen und Planer:innen Beispiele für anspruchsvolle energetisch optimierte Gebäude zu geben.

9. Der Vergleich wurde für eine Mauerwerkswand d=38cm und ρ=1600 kg/m^3 nach QNG durchgeführt. Für die Dämmung wurde Mineralwolle λ=0,035 W/(mK) verwendet. Die Minderung des Treibhauspotentials durch Energieeinsparung wurde mit einem Gradtagszahlfaktor von 70 kKh, einer Wärmepumpe mit einem COP = 3,0 und mit Netzstrom GWP = 0,53203 kg CO_2e pro kWh berechnet.

Entwicklung des energieeffizienten Bauens

Die Entwicklung des spezifischen, auf die Nutzfläche bezogenen Primärenergiebedarfs von neuen Gebäuden in Deutschland zeigt, dass der Primärenergiebedarf seit der Ölkrise in den 70iger Jahren immer weiter gesunken ist.

→ **Abb. 7**

Auch die Treibhausgas-Emissionen im Gebäudebereich sanken seit 1990.

→ **Abb. 8**

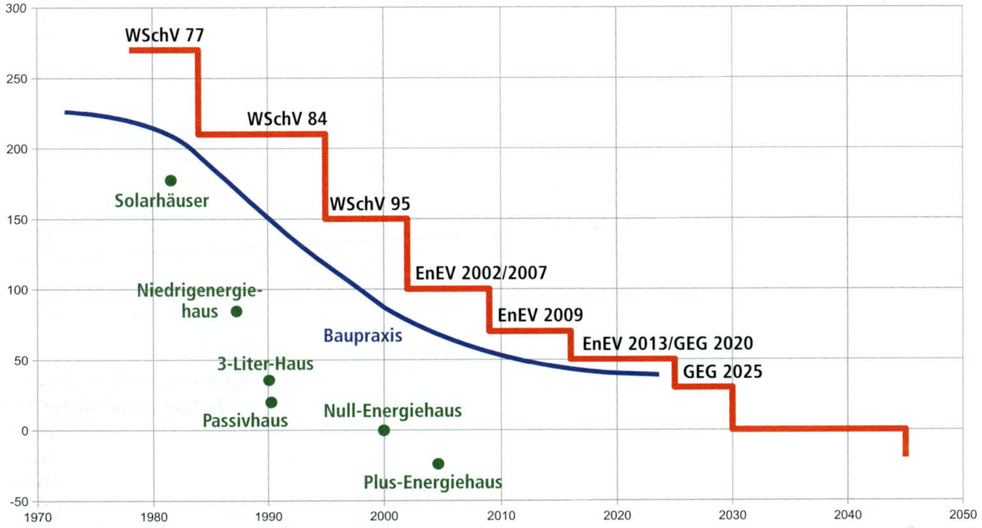

Abb. 7: Entwicklung des Primärenergieverbrauchs von Wohngebäuden in Deutschland

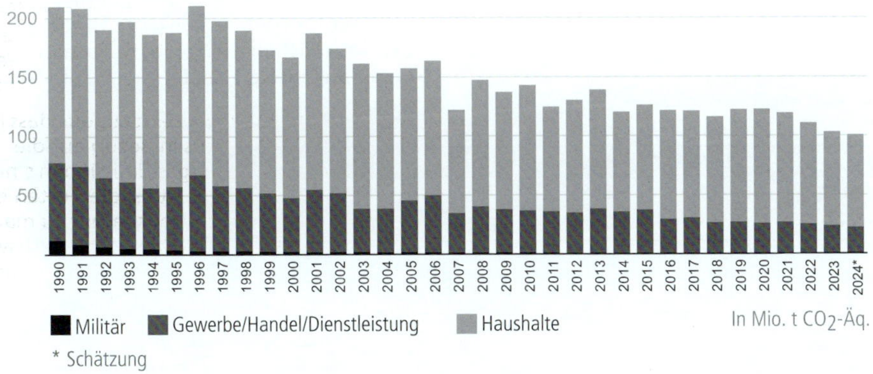

Abb. 8: Entwicklung der Treibhausgasemissionen im Gebäudesektor in Deutschland, Quelle: Deutsche Energie-Agentur (Hrsg.) (dena, 2026): DENA-GEBÄUDEREPORT 2026. Zahlen, Daten, Fakten zum Klimaschutz im Gebäudebestand

Allerdings gibt es Gründe für die deutlich geringere Verringerung der Treibhausgas-Emissionen im Gebäudesektor:

- Bei bestehenden Gebäuden gibt einen großen Bedarf an energetischer Modernisierung. Aufgrund niedriger energetischer Sanierungsraten trägt der Gebäudebestand wesentlich zu hohen Treibhausgas-Emissionen im Gebäudesektor bei.
- Die Wohnfläche pro Kopf hat sich seit den 1960iger Jahren in Deutschland nahezu verdoppelt. Noch 1990 lag die Wohnfläche pro Kopf noch bei etwa $35 m^2$. Inzwischen liegt die durchschnittliche Wohnfläche bei knapp $50 m^2$ pro Kopf.

In den nächsten Jahren wird es darauf ankommen, möglichst viele Bestandsgebäude umfassend energetisch zu modernisieren. Neue Gebäude sollten bereits jetzt so gebaut werden, dass sie in Zukunft klimaneutral mit geringem Energieaufwand betrieben werden können.

Und es müssen in der Gesellschaft tragfähige Konzepte entwickelt werden, wie der Flächenbedarf wieder reduziert werden kann. Dazu gehört auch die Optimierung von bestehenden Flächen und die Reduzierung des Verbrauchs von bisher unbebauten Flächen.

Effizienzhausstandards | Effizienzgebäudestandards

Der Effizienzhaus- bzw. Effizienzgebäudestandard hat sich in den letzten Jahren als Standard für effiziente Gebäude etabliert. Der Vorteil dieses Standards liegt in der sehr einfachen und gut nachvollziehbaren Systematik. Ein Effizienzhaus/Effizienzgebäude 100 entspricht dem Referenzgebäude nach den gesetzlichen Vorschriften (GEG 2020). Die Zahlen 40, 55, 70 und 85 geben an, dass das Gebäude nur noch den entsprechenden Anteil in Prozent an Primärenergie im Vergleich zum Referenzgebäude benötigt.

Mit der Einführung anspruchsvollerer gesetzlicher Anforderungen lassen sich die Anforderungen an Effizienzhäuser/-gebäude zwar nicht mehr 1:1 auf die gesetzlichen Mindestanforderungen übertragen. Da sich das bis Ende 2026 geltende Referenzgebäude jedoch seit seiner Einführung mit der EnEV 2009 nicht geändert hat, wurde mit dem Effizienzhaus/Effizienzgebäude ein seit langem geltender Standard geschaffen.

Ein **Effizienzhaus-Standard** beschreibt den **energetischen Standard für Wohngebäude**. Für die einzelnen Klassen bestehen Anforderungen hinsichtlich:

- des Primärenergiebedarfs Q_p und
- des spezifischen, auf die wärmeübertragende Umfassungsflache bezogenen Wärmetransferkoeffizienten für Transmission H'_T.

Die folgende → **Tabelle 1** gibt einen Überblick über die Anforderungswerte.

Der spezifische, auf die wärmeübertragende Umfassungsfläche bezogene Wärmetransferkoeffizient für Transmission (H'_T = mittlere U-Wert der Gebäudehülle) für ein Effizienzhaus ist 15 % höher als der Wert des Effizienzhausstandards.

Standard	EH 40	EH 55	EH 70	EH 85	EH 100	EH 115	EH Denkmal
Q_p in % von $Q_{p,Ref}$	40 %	55 %	70 %	85 %	100 %	115 %	160 %
H_T' in % von $H_{T,Ref}$	55 %	70 %	85 %	100 %	115 %	130 %	keine Anf.

Tab. 1
Anm.: Die Klassen EH 100 und EH 115 werden inzwischen nicht mehr gefördert.

Für **Nichtwohngebäude** gelten die folgenden Anforderungen an **Effizienzgebäude**, die sich lediglich durch die Anforderungen an die Gebäudehülle vom Effizienzhaus unterscheiden. → **Tabelle 2**

Standard	**EG 40**	**EG 55**	**EG 70**	**EG 100**	**EG Denkmal**
Q_p in % von $Q_{p,Ref}$	40 %	55 %	70 %	100 %	160 %
Maximale mittlere U-Werte für Zonen mit $\theta \geq 19\,°C$ (W/m²K)					
U_{opak}	0,18	0,22	0,26	0,34	keine Anf.
$U_{transparent/Vorhang}$	1,0	1,2	1,4	1,8	keine Anf.
U_{Licht}	1,6	2,0	2,4	3,0	keine Anf.
Maximale mittlere U-Werte für Zonen mit $12\,°C \leq \theta < 19\,°C$ (W/m²K)					
U_{opak}	0,24	0,28	0,32	0,4	keine Anf.
$U_{transparent/Vorhang}$	1,3	1,5	1,7	2,2	keine Anf.
U_{Licht}	2,0	2,5	2,8	3,6	keine Anf.

Tab. 2
Anm: Ein Standard für ein Effizienzgebäude 85 wurde für Nichtwohngebäude nie eingeführt. Die Klasse EG 100 wird inzwischen nicht mehr gefördert.

Die mittleren Anforderungswerte für einzelne Bauteile von Effizienzhäusern bzw. Effizienzgebäuden ergeben sich durch die Multiplikation der U-Werte des Referenzgebäudes mit dem Anforderungswerten von Effizienzhäusern für H'_T die U-Werte nach → **Tabelle 3**.

Da das Referenzgebäude ursprünglich nicht für eine pauschale Reduzierung von U-Werten geplant wurde, führt die Multiplikation aus den Tabellen für Wohngebäude für manche Bauteile zu ungewöhnlich niedrigen Werten beim EH 40. Das betrifft insbesondere Fenster mit einem mittleren rechnerischen Anforderungswert von $U_W \leq 0{,}715\,W/(m^2K)$.

Bauteil	**GEG Referenz-geb.**	**BEG Einzelm.**	**EH 40**	**EH 55**	**EH 70**	**EH 85**	**EH 100**	**EH 115**
Referenzwert für H'_T	100 %	-	55 %	70 %	85 %	100 %	115 %	130 %
Außenwand, Geschossdecken gegen Außenluft	0,28	0,20	0,154	0,196	0,238	0,280	0,322	0,364
Außenwand gegen Erdreich, Bodenplatte, Wände+Decken gegen unbeh. Räume	0,35	0,25	0,193	0,245	0,298	0,350	0,403	0,455
Dach, oberste Geschossdecke, Wände zu Abseiten	0,20	0,14	0,110	0,140	0,170	0,200	0,230	0,260
Fenster, Fenstertüren	1,3	0,95	0,715	0,910	1,105	1,300	1,495	1,690
Vorhangfassaden	(1,4)	1,3	0,770	0,980	1,190	1,400	1,610	1,820
Dachflächenfenster	1,4	1,0	0,770	0,980	1,190	1,400	1,610	1,820
Lichtkuppeln	2,7	1,5	1,485	1,890	2,295	2,700	3,105	3,510
Glasdächer	(2,7)	1,6	1,485	1,890	2,295	2,700	3,105	3,510
Außentüren	1,8	1,3	0,990	1,260	1,530	1,800	2,070	2,340
Wärmebrückenzuschlag	0,05	-	0,028	0,035	0,043	0,050	0,058	0,065

Tab. 3: resultierende mittlere Anforderungswerte für Bauteile von Effizienzhäusern / Effizienzgebäuden

Empfehlungen für Neubau und Modernisierung von Gebäuden

Für den Neubau von Gebäuden lässt sich ausgehend von den oben genannten Effizienzhaus- bzw. Effizienzgebäudestandards in der Regel ein **Primärenergiebedarf** in Höhe von 40-55 % des Referenzgebäudes problemlos realisieren.

Die **Planung der Hüllflächen** mit den verschiedenen U-Werten ist hingegen nicht direkt zu empfehlen. Die Differenzierung zwischen verschiedenen opaken Hüllflächen im Referenzgebäude (z.B. Dach und Außenwand) ist historisch bedingt. Physikalisch haben Dachflächen und Wandflächen von gut gedämmten Bauteilen bei gleichem U-Wert einen fast identischen Wärmeverlust. Deshalb werden an dieser Stelle drei Modelle für die Planung vorgeschlagen, die nur jeweils drei verschiedene U-Werte enthalten:

Bauteil	Bestandsgebäude	Neubau	optimierter Neubau
opake Bauteile zur Außenluft	0,18	0,16	0,14
Bauteile zum Erdreich und zu unbeheizten Räumen	0,25	0,22	0,20
transparente Bauteile, Türen	1,0	0,90	0,80
Wärmebrückenzuschlag ΔU_{WB}	Kat. B 0,03	Kat. B 0,03	0,01

Tab. 4

Das **Modell für Bestandsgebäude** (→ **Abb. 9**) ist ein leicht abgeschwächter Standard ein EH/EG 55, der jedoch darauf Rücksicht nimmt, dass bei Bestandsgebäuden im Mittel nicht alle Bauteile optimal modernisiert werden können. Gebäude, die nach diesem Modell geplant werden, haben etwa einen H'_T in Höhe von 72 % bis 77 % des Referenzgebäudes.

Das **Modell für neue Gebäude** (→ **Abb. 10**) erreicht in der Regel den Standard für ein EH 55. Gebäude nach diesem Modell erreichen einen H'_T in Höhe von etwa 65 % bis 70 % des Referenzgebäudes.

Für Gebäude, die den **Standard EH 40** (→ **Abb. 11**) erreichen sollen, sind in der Regel höhere Anforderungen an die Gebäudehülle notwendig. Bei einem moderaten Fensterflächenanteil lässt sich das folgende Modell gut als Grundlage für solche Gebäude nutzen. Das Modell eignet sich grundsätzlich auch als Grundlage für die Planung von **Passivhäusern**.

Modell für Bestandsgebäude:

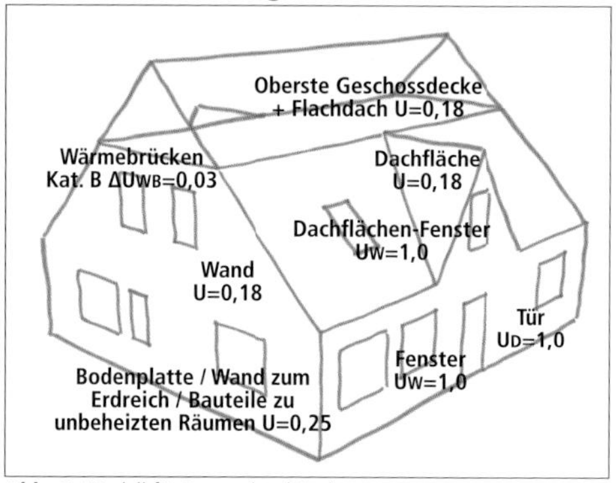

Abb. 9: Modell für Bestandsgebäude

Modell für neue Gebäude:

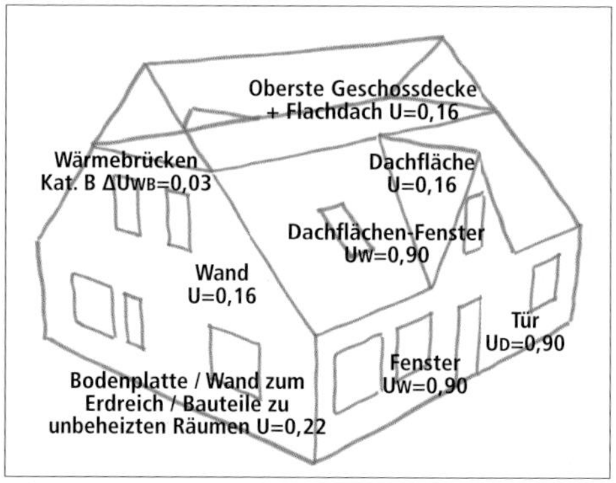

Abb. 10: Modell für neue Gebäude

Modell für einen optimierten Neubaustandard:

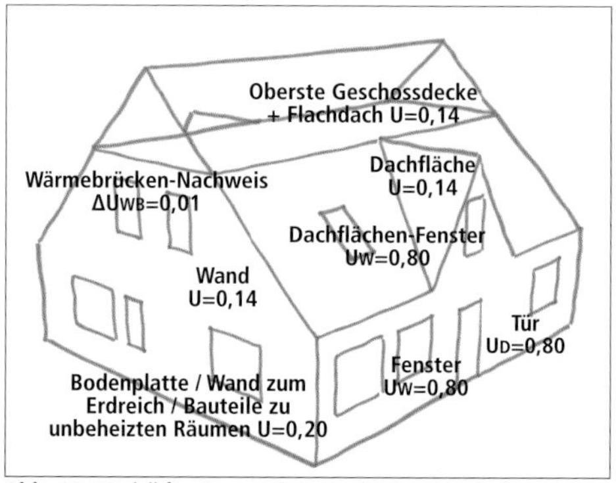

Abb. 11: Modell für einen optimierten Neubaustandard

Der Vorteil dieser vereinfachten Modelle ist eine homogene Gebäudehülle mit ähnlichen Wärmeverlusten aller Bauteile (ausgenommen Fenster und Türen). Die U-Werte der Fenster und Türen wurden an die aktuell unter Marktbedingungen verfügbaren Produkte angepasst. Bei homogenen Bauteilen lassen sich (soweit genügend Platz vorhanden ist) fast alle U-Werte bis zu einer unteren Grenze von etwa 0,10 W/(m²K) einigermaßen wirtschaftlich herstellen. Ein U-Wert unter 0,10 W/(m²K) sollte aus Gründen der Nachhaltigkeit mit alternativen Konzepten verglichen werden. Ein U-Wert größer als 0,20 W/(m²K) sollte für Bauteile zur Außenluft vermieden werden. Bauteile mit U-Werten unter 0,20 W/(m²K) eignen sich zudem gut zur Sicherstellung der Anforderungen für den sommerlichen Wärmeschutz, da bei üblichen Konstruktionen die Temperaturamplitudendämpfung zum Innenraum auch bei leichten Konstruktionen meist über dem Faktor 10 liegt und damit die Innentemperatur kaum noch von der Außentemperatur beeinflusst wird.

Nachhaltige Baukonstruktionen

Opake Konstruktionen, die an die Außenluft grenzen, sollten je nach Standard mit U-Werten zwischen 0,10 bis 0,20 W/(m²K) geplant werden. Das entspricht einem Wärmedurchlasswiderstand von 5 - 10 m²K/W. Umgerechnet auf eine Dämmschichtdicke von 0,035 W/(mK) wären das 17,5-35 cm. Für homogene Bauteile (z.B. Poroton-Ziegel) mit einer Wärmeleitfähigkeit von 0,10 W/(mK) sind das 50-100 cm. Nachhaltige Konstruktionen erreichen mit geringem Materialeinsatz hohe Wärmedurchlasswiderstände. Ein besonders niedriges Treibhauspotential haben Fachwerk-Konstruktionen aus Holz (z.B. Holzrahmenbau).

Die folgende Tabelle zeigt, wie verschiedene Bauteilaufbauten von Außenwänden mit etwa gleichem U-Wert sehr unterschiedliche Umweltwirkungen haben können:

Wandaufbau	U-Wert	GWP je m² p.a.	PENRT je m² p.a.
Holzrahmenbauweise 8/16 cm + 6 cm WDVS Dämmstoff Holzwolle, Trockenverfahren	0,17 W/(m²K)	1,114 kg CO2e	17,93 MJ
Außenwand aus Poroton T9, d=49 cm, geputzt	0,18 W/(m²K)	1,751 kg CO2e	18,10 MJ
Außenwand aus Stahlbeton 15 cm + WDVS 20 cm Mineralwolle λ = 0,035 W/(mK)	0,18 W/(m²K)	2,228 kg CO2e	19,27 MJ
Außenwand aus Porenbeton PP λ = 0,09 W/(mK)	0,18 W/(m²K)	2,304 kg CO2e	16,72 MJ
Außenwand aus Kalksandstein 25 cm + WDVS 20 cm Mineralwolle λ = 0,035 W/(mK)	0,17 W/(m²K)	2,712 kg CO2e	24,66 MJ
Außenwand aus Stahlbeton 15 cm + WDVS 20 cm EPS λ = 0,035 W/(mK)	0,18 W/(m²K)	2,228 kg CO2e	19,27 MJ
Außenwand aus Kalksandstein 25 cm + WDVS 18 cm EPS grau λ = 0,032 W/(mK)	0,17 W/(m²K)	2,891 kg CO2e	29,93 MJ
Außenwand aus Kalksandstein 25 cm + WDVS 24 cm Holzfaserdämmplatten, Trockenverfahren λ = 0,040 W/(mK)	0,17 W/(m²K)	2,919 kg CO2e	34,23 MJ
Außenwand aus Stahlbeton 20 cm + WDVS 20 cm EPS λ = 0,035 W/(mK)	0,18 W/(m²K)	3,076 kg CO2e	28,71 MJ
Außenwand aus Kalksandstein 25 cm + WDVS 13 cm Phenolharzschaum λ = 0,022 W/(mK)	0,17 W/(m²K)	3,096 kg CO2e	31,02 MJ
Außenwand aus Kalksandstein 25 cm + WDVS 15 cm PUR/PIR λ = 0,026 W/(mK)	0,17 W/(m²K)	3,176 kg CO2e	30,81 MJ
Außenwand aus Kalksandstein 25 cm + WDVS 20 cm EPS λ = 0,035 W/(mK)	0,17 W/(m²K)	3,211 kg CO2e	32,21 MJ
Außenwand aus Stahlbeton 25 cm + WDVS 20 cm EPS λ = 0,035 W/(mK)	0,18 W/(m²K)	3,426 kg CO2e	30,59 MJ

Tab. 5 Vergleich des Treibhauspotentials (GWP) und der Primärenergiebedarf für die Herstellung (PENRT) für verschiedene Wandkonstruktionen

Die Zusammenstellung der verschiedenen Konstruktionen (sortiert nach dem GWP) zeigt, dass eine gedämmte Fachwerkkonstruktion (z.B. Holzrahmenbau) die geringste Umweltwirkung in Bezug auf das Treibhauspotential hat. Auch die homogene Konstruktion aus hochwärmedämmenden Ziegeln (Poroton) kommt auf vergleichsweise gute Werte. Werden Materialien wie Kalksandstein oder Beton verwendet, hängt die Umweltwirkung stark von der Menge des verwendeten Konstruktionsmaterials ab. Dünne Betonbauteile oder dünnes Kalksandsteinmauerwerk erreichen ein deutlich geringeres Treibhauspotential. Daneben ist die Wahl des verwendeten Dämmstoffs von entscheidender Bedeutung.

In der folgenden Grafik (→ **Abb. 12**) werden verschiedene Dämmmaterialien miteinander verglichen. Der Vergleich bildet das GWP für verschiedene Dämmstoffe mit gleichem Wärmedurchlasswiderstand (die für den Vergleich verwendete Materialdicke wurde jeweils auf R=2,857 m^2K/W skaliert) ab.

Ob eine Konstruktion nachhaltig ist, lässt sich durch eine Berechnung über den Lebenszyklus (LCA) des Materials, Bauteils oder auch des Gesamtgebäudes erkennen. Dabei wird die Art der Konstruktion nicht nur von Nachhaltigkeitsaspekten beeinflusst, sondern auch von Anforderungen an die Tragfähigkeit, Resistenz gegen Umwelteinflüsse (insbesondere Feuchtigkeit), Konstruktionsdicke, Wärmedämmung, Schallschutz- und Brandschutzanforderungen. Im Allgemeinen kann man sagen, dass Konstruktionen mit einem geringen Materialeinsatz in der Regel nachhaltiger sind. Das bedeutet, dass schon der Entwurf des Tragwerks die Nachhaltigkeit von Konstruktionen stark beeinflussen kann. Über die Berechnung der Ökobilanz können für eine Vielzahl umweltrelevanter Indikatoren Kennwerte bestimmt werden, die Einfluss auf die Nachhaltigkeit haben. Für den Klimaschutz ist insbesondere das Treibhauspotential (GWP = global warming potential) entscheidend.

Der Anteil der Dämmstoffe am GWP der Gesamtkonstruktion liegt zwar mit 20 bis 35 % in einem relevanten Bereich. Die Verwendung von Dämmstoffen spart jedoch nachhaltig Energie und damit Ressourcen zu Erzeugung von Energie während des Betriebs. Sollen Konstruktionen mit Bezug auf Nachhaltigkeit und Kosten optimiert werden, kann dafür der BKI Konstruktionsatlas KA2 genutzt werden. Um eigene Konstruktionen zu optimieren, werden im BKI Energieplaner die relevanten Parameter (GWP, PENRT und U-Wert) während der Eingabe von Bauteilen direkt angezeigt.

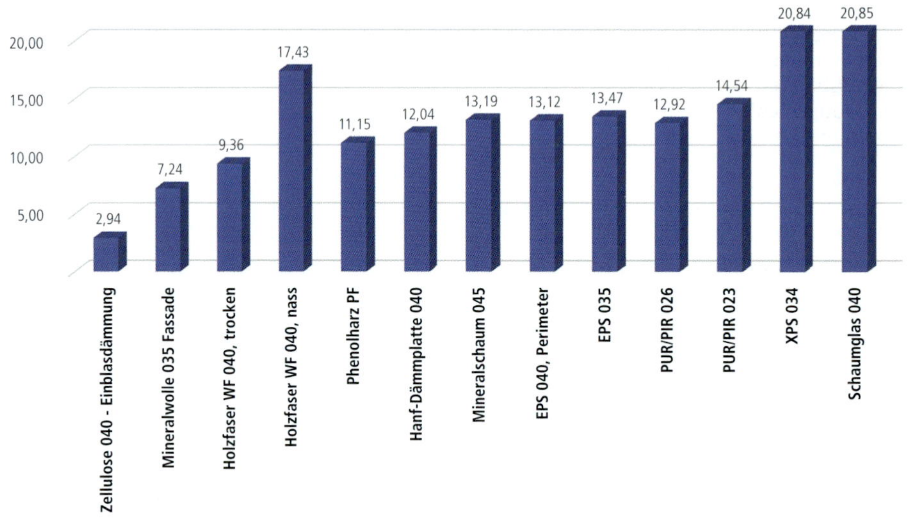

Abb. 12: Vergleich Dämmmaterialien

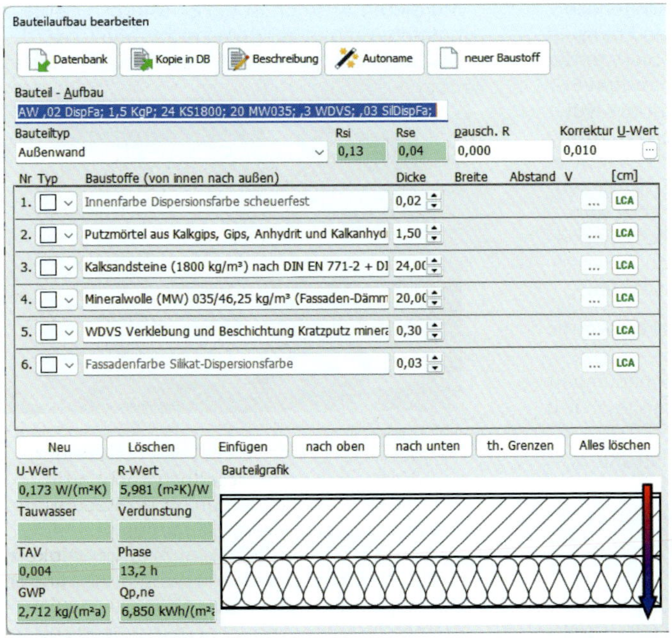

Abb. 13:
Bauteileingabe im BKI Energieplaner

Sommerlicher Wärmeschutz

Der sommerliche Wärmeschutz wird zunehmend eine immer anspruchsvollere Planungsaufgabe. Aus Gründen der Nachhaltigkeit ist es wichtig, einen möglichst wirkungsvollen sommerlichen Wärmeschutz über bauliche Maßnahmen zu realisieren. Dazu tragen einerseits ausreichend gedämmte Bauteile bei (siehe Empfehlungen für Neubau und Modernisierung von Gebäuden). Hauptsächlich wird die Wirksamkeit des sommerlichen Wärmeschutzes jedoch über die Größe der Fenster, die Eigenschaften der Verglasungen und die verwendeten Sonnenschutzvorrichtungen bestimmt. Zu empfehlen ist der **Nachweis nach dem Sonneneintragskennwertverfahren nach DIN 4108-2**. Dabei können Sonnenschutzvorrichtungen detailliert nach DIN EN ISO 52022-1 berechnet werden. Grundsätzlich lässt sich die Wirksamkeit von Maßnahmen zum sommerlichen Wärmeschutz auch über **Simulationsverfahren** sehr detailliert berechnen. Voraussetzung für eine realitätsnahe Simulation sind jedoch **realistische Randbedingungen**. Die Randbedingungen nach DIN 4108-2 sind für eine realistische Einschätzung der Maßnahmen zum sommerlichen Wärmeschutz meist nicht geeignet.

Nachhaltige Anlagentechnik

Nachhaltige Anlagentechnik orientiert sich vor allem daran, ob und in welchem Maße erneuerbare Energien zur Wärme- und/oder Kälteerzeugung genutzt werden können. Erneuerbare Energien werden in der EPBD und im GModG definiert.

Zu den erneuerbaren Energien gehören:

- Geothermie (geothermische Energie)
- Umweltwärme (Umgebungsenergie)
- Strom und Wärme aus solarer Strahlungsenergie
- Energie aus Windkraftanlagen
- grüner Wasserstoff und dessen Derivate
- Salzgradient-Energie
- Gezeiten, Wellen- oder sonstige Meeresenergie
- Wasserkraft
- feste, flüssige und gasförmige Biomasse (Definitionen in § 3 Abs. 3 und 4 GModG)

Als nachhaltig wird zudem Energie aus Abwärme technischer Prozesse eingestuft, wobei es darum geht, möglichst wenig Abwärme zu erzeugen. Bis 2050 sollen Gebäude so betrieben werden, dass durch den Betrieb der Anlagentechnik keine Treibhausgasemissionen mehr entstehen. Das bedeutet, dass ausschließlich die oben angeführten erneuerbaren Energien für den Betrieb der Anlagentechnik verwendet werden sollten. Nicht jede der genannten Erneuerbaren Energien eignet sich für die Nutzung in Gebäuden. Auch wenn die Erzeugung von Strom im Moment noch nicht CO_2-neutral ist, geht man davon aus, dass die Stromerzeugung bis 2050 vollständig emissionsfrei sein wird. Aus Gründen der Wirtschaftlichkeit sollten deshalb vor allem die folgenden Anlagen für die Wärmeerzeugung genutzt werden:

- Wärmeversorgung über Nah- und Fernwärme aus erneuerbaren Energien
- Wärmeversorgung über Strom-Wärmepumpen
- Abwärmenutzung über Lüftungsanlagen mit Wärmerückgewinnung
- Nutzung von Wärme aus solarer Strahlungsenergie (Solarthermie)
- Wärmeversorgung über Heizkessel mit regenerativen Energieträgern (Holz, Biogas, Bioöl)
- Wärmeversorgung über elektrische Systeme

Wegen der beschränkten Verfügbarkeit und daraus absehbaren hohen Wärmekosten sollten **die folgenden Energieträger vermieden werden**:

- grüner Wasserstoff und dessen Derivate (z. B. synthetische Gase (PtG) oder Öle (PtL))
- feste, flüssige und gasförmige Biomasse, sofern diese nicht selbst erzeugt wird

Fossile Energieträger (Erdgas, Erdöl, Kohle) können nur als Brückentechnologie für einen kurzen Zeitraum (max. 15-20 Jahre) angesehen werden, selbst dann, wenn die bei der Verbrennung entstehenden Treibhausgase abgeschieden werden (CSS - Carbon Capture and Storage). Es muss damit gerechnet werden, dass Erdgasnetze (gilt sinngemäß auch für Wasserstoffnetze) in Zukunft nur noch für Großverbraucher zur Verfügung stehen werden. Einige Kommunen haben bereits die Stilllegung ihrer Netze im Rahmen der Wärmeplanung beschlossen. Die Kapazität von Wärmenetzen ist auf einige große Kommunen und wenige dezentrale Netze beschränkt und kann vermutlich in den nächsten Jahren nicht in Größenordnungen ausgedehnt werden. Blockheizkraftwerke, Kraft-Wärme-Kopplung, Stromerzeugende Heizungen oder Brennstoffzellen werden üblicherweise mit Erdgas oder Wasserstoff betrieben. Mit diesen Anlagen ist ein emissionsfreier Gebäudebetrieb in der Regel nicht möglich (Erdgas) oder sehr teuer (Wasserstoff).

Abb. 13: Wärmepumpe

Aus diesen Gründen werden für die nachhaltige Wärmeerzeugung meist **Wärmepumpen** (→ **Abb. 13**) allein oder in Kombination mit Wärmerückgewinnung und Solarthermie verwendet. Wärmepumpen nutzen Umgebungswärme, geothermische Energie oder Energie aus kalten Wärmenetzen zur Beheizung und zur Kühlung von Gebäuden. Das Prinzip der Wärmepumpe besteht darin, die Temperatur der genutzten Wärmequelle für die Beheizung anzuheben. Dafür werden Kältemittel verwendet, die die mögliche Temperatur für die Beheizung nach oben beschränken. In der Regel können Wärmepumpen Temperaturen von bis zu ca. 55-60°C erzeugen. Deshalb ist es wichtig, dass Wärmepumpen mit niedrigen Systemtemperaturen betrieben werden. Vorzugsweise sind das Flächenheizsysteme (Boden-, Decken- oder Wandheizungen). Grundsätzlich ist auch der Betrieb mit Heizkörpern möglich. Werden höhere Temperaturen benötigt, dann benutzen Wärmepumpen in der Regel dafür Heizstäbe. Zur Verringerung der Leistung von Wärmepumpen und insbesondere auch der dafür notwendigen Wärmequellen eignet sich die Wärmerückgewinnung über Lüftungsanlagen (kontrollierte Wohnungslüftung bei Wohngebäuden). Die Wärmerückgewinnung von Lüftungsanlagen hat meist einen etwas höheren Wirkungsgrad als eine Wärmepumpe, vor allem bei niedrigen Außentemperaturen. Die Ergänzung mit solarthermischen Anlagen kann die Wärmepumpe von der Erwärmung von Trinkwasser entlasten. Wegen der potentiellen Gesundheitsgefahr von per- und polyfluorierte Alkylverbindungen (PFAS), sollten nur Wärmepumpen eingebaut werden, die mit sogenannten natürlichen Kältemitteln (R290 Propan, R600a Isobutan, R1270 Propen, R717 Ammoniak, R718 Wasser oder R744 Kohlendioxid) betrieben werden.

Grundsätzlich sind auch Anlagenkonzepte mit **direktelektrischen Heizsystemen** (Infrarotheizungen, Strahlungsheizungen, Speicherheizungen etc.) denkbar. Die Investitionskosten dieser Systeme sind meist sehr niedrig. Allerdings ist die Effizienz dieser Systeme meist um den Faktor 2,5-3 niedriger als bei Wärmepumpen und eignen sich deshalb vor allem für Gebäude, die nur temporär beheizt werden.

Wo **Nah- und Fernwärmenetze** bereits zur Verfügung stehen und die Betreiber ein plausibles Konzept zur CO_2-freien und kostengünstigen Wärmeerzeugung haben, ist der Anschluss an ein Wärmenetz grundsätzlich zu empfehlen. Ohne einen Dekarbonisierungsplan mit einem Konzept zur Vermeidung hoher Wärmepreise kann Fernwärme aber auch zum Kostenrisiko werden.

Für die Warmwasserbereitung in größeren Anlagen werden zunehmend **Wohnungsstationen** verwendet, die Wärme aus dem Heizungsnetz nutzen und das Warmwasser dann dezentral elektrisch auf die gewünschte Temperatur anheben.

Ergänzt werden Anlagenkonzepte für Gebäude meist durch **PV-Anlagen** zur Erzeugung von Strom. Damit kann meist teurer Strom aus dem Stromnetz substituiert werden. Soweit es möglich ist, können auch kleine dezentrale Windkraftanlagen zur Stromerzeugung genutzt werden.

Entscheidend für den effizienten Betrieb von technischen Anlagen von Gebäuden ist eine gute Steuerung der Systeme. Aus diesem Grund sind Anlagenkonzepte zu empfehlen, die ein **möglichst einfaches Regelungskonzept erfordern (LowTech)**. Anlagen, die nur mit Künstlicher Intelligenz gesteuert werden können, sind fehleranfällig und nicht unbedingt effizienter. Neue Anlagen sollten grundsätzlich nur mit **aufbereitetem Heizungswasser** (nach VDI 2035) betrieben und hydraulisch optimiert werden. Sinnvoll ist ein Anlagenmonitoring (elektronische Erfassung des Energieverbrauchs der verwendeten Energieträgerund der erzeugten Wärme / Kälte), um Fehler beim Betrieb der Anlagen zeitnah oder überhaupt zu erkennen. Bei größeren Anlagen ist die Planung der Anlagentechnik durch Fachplaner notwendig. Wärmepumpen müssen besonders sorgfältig auf der Grundlage einer Heizlastberechnung (DIN EN 12831) geplant werden. Besonders wichtig ist eine regelmäßige Wartung der Anlagen und die Überprüfung der Anlageneffizienz.

Fazit

Um neue nachhaltige Gebäude zu errichten und die Dekarbonisierung des Gebäudebestandes voranzutreiben, ist die Planung unter dem Aspekt der Energieeffizienz nicht nur sinnvoll, sondern geradezu notwendig. Eine effiziente Gebäudehülle ist auch eine der wesentlichen Voraussetzungen für die Umsetzung von Nachhaltigkeitszielen. Gut gedämmte Gebäude, die auch im Sommer möglichst ohne Kühlung auskommen, verringern Umweltwirkungen effektiver als anspruchsvolle Konzepte zur emissionsfreien Beheizung und Kühlung. Zudem ist der Betrieb energieeffizienter Gebäude langfristig meist günstiger.

Die energetische Modernisierung des Bestandes trägt besonders zur Vermeidung von Treibhausgasemissionen im Gebäudesektor bei. Wenn bestehende Gebäude nicht abgerissen, sondern neuen Nutzungen zugeführt werden, verringern sich auch die sogenannten „grauen Emissionen", die durch die Herstellung von Baumaterialien entstehen.

Vollständige Gliederung der Leistungsbereiche nach STLB-Bau

Als Beispiel für eine ausführungsorientierte Ergänzung der Kostengliederung werden im Folgenden die Leistungsbereiche des Standardleistungsbuches für das Bauwesen in einer Übersicht dargestellt.

000 Baustelleneinrichtungen, Sicherheitseinrichtungen
001 Gerüstarbeiten
002 Erdarbeiten
003 Landschaftsbauarbeiten
004 Landschaftsbauarbeiten, Pflanzen
005 Brunnenbauarbeiten und Aufschlussbohrungen
006 Spezialtiefbauarbeiten
007 Untertagebauarbeiten
008 Wasserhaltungsarbeiten
009 Entwässerungskanalarbeiten
010 Drän- und Versickerungsarbeiten
011 Abscheider- und Kleinkläranlagen
012 Mauerarbeiten
013 Betonarbeiten
014 Natur-, Betonwerksteinarbeiten
016 Zimmer- und Holzbauarbeiten
017 Stahlbauarbeiten
018 Abdichtungsarbeiten
019 Kampfmittelräumarbeiten
020 Dachdeckungsarbeiten
021 Dachabdichtungsarbeiten
022 Klempnerarbeiten
023 Putz- und Stuckarbeiten, Wärmedämmsysteme
024 Fliesen- und Plattenarbeiten
025 Estricharbeiten
026 Fenster, Außentüren
027 Tischlerarbeiten
028 Parkettarbeiten, Holzpflasterarbeiten
029 Beschlagarbeiten
030 Rollladenarbeiten
031 Metallbauarbeiten
032 Verglasungsarbeiten
033 Baureinigungsarbeiten
034 Maler- und Lackierarbeiten - Beschichtungen
035 Korrosionsschutzarbeiten an Stahlbauten
036 Bodenbelagsarbeiten
037 Tapezierarbeiten
038 Vorgehängte hinterlüftete Fassaden
039 Trockenbauarbeiten
040 Wärmeversorgungsanlagen - Betriebseinrichtungen
041 Wärmeversorgungsanlagen - Leitungen, Armaturen, Heizflächen
042 Gas- und Wasseranlagen - Leitungen, Armaturen
043 Druckrohrleitungen für Gas, Wasser und Abwasser
044 Abwasseranlagen - Leitungen, Abläufe, Armaturen
045 Gas-, Wasser- und Entwässerungsanlagen - Ausstattung, Elemente, Fertigbäder
046 Gas-, Wasser- und Entwässerungsanlagen - Betriebseinrichtungen
047 Dämm- und Brandschutzarbeiten an technischen Anlagen
049 Feuerlöschanlagen, Feuerlöschgeräte
050 Blitzschutz- / Erdungsanlagen, Überspannungsschutz
051 Kabelleitungstiefbauarbeiten
052 Mittelspannungsanlagen
053 Niederspannungsanlagen - Kabel / Leitungen, Verlegesysteme, Installationsgeräte
054 Niederspannungsanlagen - Verteilersysteme und Einbaugeräte
055 Sicherheits- und Ersatzstromversorgungsanlagen
057 Gebäudesystemtechnik
058 Leuchten und Lampen
059 Sicherheitsbeleuchtungsanlagen
060 Such-, Signal-, Zeitdienst-, Antennen-, elektroakustische Anlagen, Medientechnik
061 Kommunikations- und Übertragungsnetze
062 Kommunikationsanlagen
063 Gefahrenmeldeanlagen
064 Zutrittskontroll-, Zeiterfassungssysteme
069 Aufzüge
070 Gebäudeautomation
075 Raumlufttechnische Anlagen
078 Kälteanlagen für raumlufttechnische Anlagen
080 Straßen, Wege, Plätze
081 Betonerhaltungsarbeiten
082 Bekämpfender Holzschutz
084 Abbruch-, Rückbau- und Schadstoffsanierungsarbeiten
085 Rohrvortriebsarbeiten
087 Abfallentsorgung, Verwertung und Beseitigung
089 Verkehrssicherungsarbeiten
090 Baulogistik
091 Stundenlohnarbeiten
096 Bauarbeiten an Bahnübergängen
097 Bauarbeiten an Gleisen und Weichen
098 Witterungsschutzmaßnahmen

Häufig gestellte Fragen

Fragen zur Flächenberechnung (DIN 277):

1. Wie wird die BGF berechnet?	Die Brutto-Grundfläche ist die Summe der Grundflächen aller Grundrissebenen. Nicht dazu gehören die Grundflächen von nicht nutzbaren Dachflächen (Kriechböden) und von konstruktiv bedingten Hohlräumen (z. B. über abgehängter Decke). (DIN 277:2021-08) Bei den Gebäudearten Dachausbau und Aufstockung nur bezogen auf die Grundrissebene des Dachs.
2. Gehört der Keller bzw. eine Tiefgarage mit zur BGF?	Ja, im Gegensatz zur Geschossfläche nach § 20 Baunutzungsverordnung (BauNVo) gehört auch der Keller bzw. die Tiefgarage zur BGF.
3. Wie werden Luftgeschosse (z. B. Züblinhaus) nach DIN 277 berechnet?	Die Rauminhalte der Luftgeschosse zählen zum Regelfall der Raumumschließung (R) BRI (R). Die Grundflächen der untersten Ebene der Luftgeschosse und Stege, Treppen, Galerien etc. innerhalb der Luftgeschosse zählen zur Brutto-Grundfläche BGF (R). Vorsicht ist vor allem bei Kostenermittlungen mit Kostenkennwerten des Brutto-Rauminhalts geboten.
4. Welchen Flächen ist die Garage zuzurechnen?	Die Stellplatzflächen von Garagen werden zur Nutzungsfläche gezählt, die Fahrbahn ist Verkehrsfläche.
5. Wird die Diele oder ein Flur zur Nutzungsfläche gezählt?	Normalerweise nicht, da eine Diele oder ein Flur zur Verkehrsfläche gezählt wird. Wenn die Diele aber als Wohnraum genutzt werden kann, z. B. als Essplatz, wird sie zur Nutzungsfläche gezählt.
6. Zählt eine nicht umschlossene oder nicht überdeckte Terrasse einer Sporthalle, die als Eingang und Fluchtweg dient, zur Nutzungsfläche?	Die Terrasse ist nicht Bestandteil der Grundflächen des Bauwerks nach DIN 277. Sie bildet daher keine BGF und damit auch keine Nutzungsfläche. Die Funktion als Eingang oder Fluchtweg ändert daran nichts.

7. Zählt eine Außentreppe zum Keller zur BGF?	Wenn die Treppe allseitig umschlossen ist, z. B. mit einem Geländer, ist sie als Verkehrsfläche zu werten. Nach DIN 277:2021-08 gilt: Grundflächen und Rauminhalte sind nach ihrer Zugehörigkeit zu den folgenden Bereichen getrennt zu ermitteln: Regelfall der Raumumschließung (R): Räume und Grundflächen, die Nutzungen der Netto-Raumfläche entsprechend Tabelle 1 aufweisen und die bei allen Begrenzungsflächen des Raums (Boden, Decke, Wand) vollständig umschlossen sind. Dazu gehören nicht nur Innenräume, die von der Witterung geschützt sind, sondern auch solche allseitig umschlossenen Räume, die über Öffnungen mit dem Außenklima verbunden sind; Sonderfall der Raumumschließung (S): Räume und Grundflächen, die Nutzungen der Netto-Raumfläche entsprechend Tabelle 1 aufweisen und mit dem Bauwerk konstruktiv verbunden sind, jedoch nicht bei allen Begrenzungsflächen des Raums (Boden, Decke, Wand) vollständig umschlossen sind (z. B. Loggien, Balkone, Terrassen auf Flachdächern, unterbaute Innenhöfe, Eingangsbereiche, Außentreppen). Die Außentreppe stellt also demnach einen Sonderfall der Raumumschließung (S) dar. Wenn die Treppe allerdings über einen Tiefgarten ins UG führt, wird sie zu den Außenanlagen gezählt. Sie bildet dann keine BGF. Die Kosten für den Tiefgarten mit Treppe sind bei den Außenanlagen zu erfassen.
8. Ist eine Abstellkammer mit Heizung eine Technikfläche?	Es kommt auf die überwiegende Nutzung an. Wenn über 50% der Kammer zum Abstellen genutzt werden können, wird sie als Abstellraum gezählt. Es kann also Gebäude ohne Technikfläche geben.
9. Ist die NUF gleich der Wohnfläche?	Nein, die DIN 277 kennt den Begriff Wohnfläche nicht. Zur Nutzungsfläche gehören grundsätzlich keine Verkehrsflächen, während bei der Wohnfläche zumindest die Verkehrsflächen innerhalb der Wohnung hinzugerechnet werden. Die Abweichungen sind dadurch meistens nicht unerheblich.

Fragen zur Wohnflächenberechnung (WoFlV):

10. Wie wird die Wohnfläche (NE: Wohnfläche) bei Wohngebäuden bei BKI berechnet?	Die Berechnung der bei BKI auf der Startseite der Wohngebäude angegebenen "NE: Wohnfläche" erfolgt nach der Wohnflächenberechnung WoFlV.

11. Wird ein Hobbyraum im Keller zur Wohnfläche gezählt?	Wenn der Hobbyraum nicht innerhalb der Wohnung liegt, wird er nicht zur Wohnfläche gezählt. Beim Einfamilienhaus gilt: Das ganze Haus stellt die Wohnung dar. Der Hobbyraum liegt also innerhalb der Wohnung und wird mitgezählt, wenn er die Qualitäten eines Aufenthaltsraums nach LBO aufweist.
12. Wird eine Diele oder ein Flur zur Wohnfläche gezählt?	Wenn die Diele oder der Flur in der Wohnung liegt ja, ansonsten nicht.
13. In welchem Umfang sind Balkone oder Terrassen bei der Wohnfläche zu rechnen?	Balkone und Terrassen werden von BKI zu einem Viertel zur Wohnfläche gerechnet. Die Anrechnung zur Hälfte wird nicht verwendet, da sie in der WoFIV als Ausnahme definiert ist.
14. Zählt eine Empore/Galerie im Zimmer als eigene Wohnfläche oder Nutzungsfläche?	Wenn es sich um ein unlösbar mit dem Baukörper verbundenes Bauteil handelt, zählt die Empore mit. Anders beim nachträglich eingebauten Hochbett, das zählt zum Mobiliar. Für die verbleibende Höhe über der Empore ist die 1 bis 2m Regel nach WoFIV anzuwenden: „Die Grundflächen von Räumen und Raumteilen mit einer lichten Höhe von mindestens zwei Metern sind vollständig, von Räumen und Raumteilen mit einer lichten Höhe von mindestens einem Meter und weniger als zwei Metern sind zur Hälfte anzurechnen."

Fragen zur Kostengruppenzuordnung (DIN 276):

15. Wo werden Abbruchkosten zugeordnet?	Abbruchkosten ganzer Gebäude im Sinne von „Bebaubarkeit des Grundstücks herstellen" werden der KG 212 Abbruchmaßnahmen zugeordnet. Abbruchkosten einzelner Bauteile, insbesondere bei Sanierungen werden den jeweiligen Kostengruppen der 2. oder 3. Ebene (Wände, Decken, Dächer) zugeordnet. Wo diese Aufteilung nicht möglich ist, werden die Abbruchkosten der KG 394 Abbruchmaßnahmen zugeordnet, weil z. B. die Abbruchkosten verschiedenster Bauteile pauschal abgerechnet wurden. Analog gilt dies auch für die Kostengruppen 400 und 500.

16. Wo muss ich die Kosten des Aushubs für Abwasser- oder Wasserleitungen zuordnen?	Diese Kosten werden wie auch alle anderen Rohrgraben- und Schachtaushubskosten der KG 311 zugeordnet, sofern der Aushub unterhalb des Gebäudes anfällt. Die Kosten für Rohrgraben- und Schachtaushub zwischen Gebäudeaußenkante und Grundstücksgrenze gehören in die KG 511. Die Kosten des Rohrgraben- und Schachtaushubs innerhalb von Erschließungsflächen werden der KG 220 ff. oder KG 230 ff. zugeordnet.
17. Wie werden Eigenleistungen bewertet?	Nach DIN 276:2018-12, gilt: 4.2.11 Die Werte von unentgeltlich eingebrachten Gütern und Leistungen (z. B. Materialien, Eigenleistungen) sind den betreffenden Kostengruppen zuzurechnen, aber gesondert auszuweisen. Dafür sind die aktuellen Marktwerte dieser Güter und Leistungen zu ermitteln und einzusetzen. Nach HOAI §4 (2) gilt: Als anrechenbare Kosten nach Absatz 2 gelten ortsübliche Preise, wenn der Auftraggeber: • selbst Lieferungen oder Leistungen übernimmt • von bauausführenden Unternehmern oder von Lieferanten sonst nicht übliche Vergünstigungen erhält • Lieferungen oder Leistungen in Gegenrechnung ausführt oder • vorhandene oder vorbeschaffte Baustoffe oder Bauteile einbauen lässt.

Fragen zu Kosteneinflussfaktoren:

18. Welchen Einfluss hat die Konjunktur auf die Baukosten?	Der Einfluss der Konjunktur auf die Baukosten wird häufig überschätzt. Er ist meist geringer als der anderer Kosteneinflussfaktoren. BKI Untersuchungen haben ergeben, dass die Baukosten bei mittlerer Konjunktur manchmal höher sind als bei hoher Konjunktur.

19. Gibt es beim BKI Regionalfaktoren?

Der Anhang dieser Ausgabe enthält eine Liste der Regionalfaktoren aller deutschen Land- und Stadtkreise, sowie für die Nord- und Ostsee-Inseln. Die Faktoren wurden auf Grundlage von Daten aus den statistischen Landesämtern gebildet, die wiederum aus den Angaben der Antragsteller von Bauanträgen entstammen. Die Regionalfaktoren werden von BKI zusätzlich als farbiges Poster im DIN A1 Format angeboten.

Die Faktoren geben Aufschluss darüber, inwiefern die Baukosten in einer bestimmten Region Deutschlands teurer oder günstiger liegen als im Bundesdurchschnitt. Sie können dazu verwendet werden, die BKI Baukosten an das besondere Baupreisniveau einer Region anzupassen.

Die Angaben wurden durch Untersuchungen des BKI weitgehend verifiziert. Dennoch können Abweichungen zu den angegebenen Werten entstehen. In Grenznähe zu einem Land-Stadtkreis mit anderen Baupreisfaktoren sollte dessen Baupreisniveau mit berücksichtigt werden, da die Übergänge zwischen den Land-Stadtkreisen fließend sind. Die Besonderheiten des Einzelfalls können ebenfalls zu Abweichungen führen.

Siehe auch Benutzerhinweise, 7. Regionalisierung der Daten (Seite 12).

20. Standardzuordnung

Einige Gebäudearten werden vom BKI nach ihrem Standard in „einfach“, „mittel“ und „hoch“ unterteilt. Diese Unterteilung wurde immer dann vorgenommen, wenn der Standard als ein wesentlicher Kostenfaktor festgestellt wurde. Grundsätzlich gilt, dass immer mehrere Kosteneinflussfaktoren auf die Kosten und damit auf die Kostenkennwerte einwirken. Einige dieser vielen Faktoren seien hier aufgelistet:

- Zeitpunkt der Ausschreibung
- Art der Ausschreibung
- Regionale Konjunktur
- Gebäudegröße
- Lage der Baustelle, Erreichbarkeit

usw.

Wenn bei einem Gebäude große Mengen an Bauteilen hoher Qualität die übrigen Kosteneinflussfaktoren überlagern, dann wird von einem „hohen Standard“ gesprochen.

Für Gebäudearten mit Standardunterteilung gibt es in „BKI Baukosten Gebäude, Statistische Kostenkennwerte“ zu Beginn der jeweiligen Gebäudeart ein Arbeitsblatt zur Standardeinordnung.

21. Wie gehe ich mit der aktuellen Baukostenentwicklung um?	Zur Bewertung aktueller Baukostenentwicklungen führen wir zusätzlich Befragungen zur regionalen Baukosten-Niveaus nach Leistungsbereichen durch. Die Ergebnisse stellen wir den Anwender*innen der BKI-Fachbuchreihe zur Verfügung, unter: www.bki.de/baukostenentwicklungen. Damit können die Risiken kurzfristiger Materialpreis- und Lohnkosten-Veränderungen verbessert prognostiziert werden, wie sie die normkonforme Kostenplanung nach DIN 276 verlangt.

Fragen zur Handhabung der von BKI herausgegebenen Bücher:

22. Ist die MwSt. in den Kostenkennwerten enthalten?	Bei allen Kostenkennwerten in „BKI Baukosten" ist die gültige MwSt. enthalten (zum Zeitpunkt der Herausgabe 19%). In „BKI Baukosten Positionen Neubau, Statistische Kostenkennwerte" und „BKI Baukosten Positionen Altbau, Statistische Kostenkennwerte" werden die Kostenkennwerte, wie bei Positionspreisen üblich, zusätzlich ohne MwSt. dargestellt. Kostenstand und MwSt. wird auf jeder Seite als Fußzeile angegeben.
23. Hat das Baujahr der Objekte einen Einfluss auf die angegebenen Kosten?	Nein, alle Kosten wurden über den Baupreisindex auf einen einheitlichen zum Zeitpunkt der Herausgabe aktuellen Kostenstand umgerechnet. Der Kostenstand wird auf jeder Seite als Fußzeile angegeben. Allenfalls sind Korrekturen zwischen dem Kostenstand zum Zeitpunkt der Herausgabe und dem aktuellen Kostenstand durchzuführen.
24. Wo finde ich weitere Informationen zu den einzelnen Objekten einer Gebäudeart?	Alle Objekte einer Gebäudeart sind einzeln mit Kurzbeschreibung, Angabe der BGF und anderer wichtiger Kostenfaktoren aufgeführt. Die Objektdokumentationen sind veröffentlicht in den Fachbüchern „Objektdaten" und können als PDF-Datei unter ihrer Objektnummer bei BKI bestellt werden, Telefon: 0711 954 854-41.
25. Was mache ich, wenn ich keine passende Gebäudeart finde?	In aller Regel findet man verwandte Gebäudearten, deren Kostenkennwerte der 2. Ebene (Grobelemente) wegen ähnlicher Konstruktionsart übernommen werden können.

26. Wo findet man Kostenkennwerte für Abbruch?	Im Fachbuch „BKI Baukosten Gebäude Altbau - Statistische Kostenkennwerte" gibt es Elementarten zu Abbruch und Demontagearbeiten. Im Fachbuch „BKI Baukosten Positionen Altbau - Statistische Kostenkennwerte" gibt es Mustertexte für Teilleistungen zu „LB 384 - Abbruch und Rückbauarbeiten". Im Fachbuch „BKI Baupreise kompakt Altbau" gibt es Positionspreise und Kurztexte zu „LB 384 - Abbruch und Rückbauarbeiten". Die Mustertexte für Teilleistungen zu „LB 384 - Abbruch und Rückbauarbeiten" und deren Positionspreise sind auch bei den BKI Positionen und im BKI Kostenplaner enthalten.
27. Warum ist die Summe der Kostenkennwerte in der Kostengruppen (KG) 310-390 nicht gleich dem Kostenkennwert der KG 300, aber bei der KG 400 ist eine Summenbildung möglich?	In den Kostengruppen 310-390 ändern sich die Einheiten (310 Baugrube/Erdbau gemessen in m^3, 320 Gründung, Unterbau gemessen in m^2); eine Addition der Kostenkennwerte ist nicht möglich. In den Kostengruppen 410-490 ist die Bezugsgröße immer BGF, dadurch ist eine Addition prinzipiell möglich.
28. Manchmal stimmt die Summe der Kostenkennwerte der 2. Ebene der Kostengruppe 400 trotzdem nicht mit dem Kostenkennwert der 1. Ebene überein; warum nicht?	Die Anzahl der Objekte, die auf der 1. Ebene dokumentiert werden, kann von der Anzahl der Objekte der 2. Ebene abweichen. Dann weichen auch die Kostenkennwerte voneinander ab, da es sich um unterschiedliche Stichproben handelt. Es fallen auch nicht bei allen Objekten Kosten in jeder Kostengruppe an (Beispiel KG 461 Aufzugsanlagen).
29. Nutzungskosten, Lebenszykluskosten	Seit 2010 bringt BKI in Zusammenarbeit mit dem Institut für Bauökonomie der Universität Stuttgart ein Fachbuch mit Nutzungskosten ausgewählter Objekte heraus. Die Reihe wird kontinuierlich erweitert. Das Fachbuch Nutzungskosten Gebäude 2020/2021 fasst einzelne Objekte zu statistischen Auswertungen zusammen.
30. Lohn- und Materialkosten	BKI dokumentiert Baukosten nicht getrennt nach Lohn- und Materialanteil.
31. Gibt es Angaben zu Kostenflächenarten?	Nein, BKI hält die Grobelementmethode für geeigneter. Solange Grobelementmengen nicht vorliegen, besteht die Möglichkeit der Ableitung der Grobelementmengen aus den Verhältniszahlen von Vergleichsobjekten (siehe Planungskennwerte und Baukostensimulation).

32. Sind die Inhalte von „BKI Baukosten Gebäude (Teil 1), Statistische Kostenkennwerte" und „BKI Baukosten Bauelemente (Teil 2), Statistische Kostenkennwerte" auch im Kostenplaner enthalten?

Ja, im BKI Kostenplaner Statistik sind alle Objekte mit den Kosten bis zur 3. Ebene nach DIN 276 enthalten. Im BKI Kostenplaner Statistik plus sind zudem die vom BKI gebildeten Ausführungsklassen und Elementarten enthalten. Darüber hinaus ermöglicht der BKI Kostenplaner den Zugriff auf alle Einzeldokumentationen von tausenden Objekten.

33. Worin unterscheiden sich die Fachbuchreihen „BKI Baukosten" und „BKI Objektdaten"

In der Fachbuchreihe BKI Objektdaten erscheinen abgerechnete Einzelobjekte eines bestimmten Teilbereichs des Bauens (A=Altbau, N=Neubau, E=Energieeffizientes Bauen, IR=Innenräume, F=Freianlagen). In der Fachbuchreihe BKI Baukosten erscheinen hingegen statistische Kostenkennwerte von Gebäudearten, die aus den Einzelobjekten gebildet werden.
Die Kostenplanung mit Einzelobjekten oder mit statistischen Kostenkennwerten haben spezifische Vor- und Nachteile:
Planung mit Objektdaten (BKI Objektdaten):

- Vorteil: Wenn es gelingt ein vergleichbares Einzelobjekt oder passende Bauausführungen zu finden ist die Genauigkeit besser als mit statistischen Kostenkennwerten. Die Unsicherheit, die der Streubereich (von-bis-Werte) mit sich bringt, entfällt.
- Nachteil: Passende Vergleichsobjekte oder Bauausführungen zu finden kann mühsam oder erfolglos sein.

Planung mit statistischen Kostenkennwerten (BKI Baukosten):

- Vorteil: Über die BKI Gebäudearten ist man recht schnell am Ziel, aufwändiges Suchen entfällt.
- Nachteil: Genauere Prüfung, ob die Mittelwerte übernommen werden können oder noch nach oben oder unten angepasst werden müssen, ist unerlässlich.

34. In welchen Produkten dokumentiert BKI Positionspreise?

Preise für Positionen mit statistischer Auswertung werden in „BKI Baukosten Positionen, Statistische Kostenkennwerte Neubau (Teil 3) und Altbau (Teil 5)" und „BKI Baupreise kompakt Neu- und Altbau" herausgegeben.
In Software-Form sind Preise mit den vorformulierten BKI-Mustertexten in der Software „BKI Kostenplaner - Statistik plus [Positionen]" und „BKI Positionen" enthalten.
Ausgewählte Positionspreise enthalten die Fachbücher „Konstruktionsdetails K1 bis K4", „Objektdaten Technische Gebäudeausrüstung G1 bis G7" sowie die BKI „Objektdaten Freianlagen".
Im Sonderband Objektdaten S2 - Barrierefreies Bauen erscheint eine Auswahl von besonderen Positionen zum Barrierefreien Bauen.

35. Worin unterscheiden sich die Bände N1 bis N22 (A1 bis A13)

Die Bücher unterscheiden sich lediglich durch die Auswahl der dokumentierten Einzelobjekte. Der Aufbau der Bände ist gleich. In der BKI Fachbuchreihe Objektdaten erscheinen in unregelmäßigen Abständen Folgebände mit neu dokumentierten Einzelobjekten. Speziell bei den Altbaubänden A1 bis A13 ist es nützlich, alle Bände zu besitzen, da es im Bereich Altbau notwendig ist, mit passenden Vergleichsobjekten zu planen. Je mehr Vergleichsobjekte vorhanden sind, desto höher ist die „Trefferquote". Bände der Fachbuchreihe Objektdaten sollten deshalb langfristig aufbewahrt werden.

BKI plant für zukünftige Ausgaben des vorliegenden Fachbuchs zusätzlich sogenannte Aufwandsdaten zu erfassen. Sofern ausreichend Daten akquiriert werden können, erfolgt die Publikation dieser Daten wie im Folgenden beschrieben:

36. Was ist mit Aufwandsdaten gemeint?

Aufwandsdaten stellen den Zeitaufwand für Produktivleistungen eines Architekturauftrags dar. Als Produktivleistungen gelten:

- Beratung bzgl. Planung und die Ausführung des Bauvorhabens
- Erstellung von Zeichnungen, Berechnungen und Beschreibungen
- Koordination und Integration der Beiträge fachlich Beteiligter
- Erstellung von Genehmigungsunterlagen
- Vorbereitung und Mitwirken bei der Vergabe
- Objektüberwachung und Mitwirken bei der Abnahme u.v.m.

Produktivleistungen werden nicht nur von Mitarbeiter*innen, sondern auch von Inhaber*innen/Partner*innen und Dritten erbracht und den Personalaufwendungen zugeordnet.

In den BKI-Objektdokumentationen werden – soweit vom Objektplaner angegeben – die Aufwandsdaten für Produktivleistungen der Leistungsphasen 1 bis 8 dargestellt. Die Angabe des Zeitaufwands erfolgt in Arbeitstagen (1 AT = 8 Stunden).

Diese Liste wird laufend erweitert und im Internet unter www.bki.de/faq-kostenplanung.html veröffentlicht.

Abkürzungsverzeichnis

Abkürzung	Bezeichnung
à	zu (je)
a	Jahr (lat. annus)
AF	Außenanlagenfläche
Alu	Aluminium
AP	Arbeitsplätze
APP	Appartement
A/V_e	Verhältnis der wärmeübertragenden Umfassungsfläche (A) eines Gebäudes zum beheizten Gebäudevolumen (V_e)
AWF	Außenwandfläche
BF	Bebaute Fläche
BGF	Brutto-Grundfläche (Summe der Regelfall (R)- und Sonderfall (S)-Flächen nach DIN 277)
BGI	Baugrubeninhalt
BHKW	Blockheizkraftwerk
bis	oberer Grenzwert des Streubereichs um einen Mittelwert
BK	Bodenklasse
BRI	Brutto-Rauminhalt (Summe der Regelfall (R)- und Sonderfall (S)-Rauminhalte nach DIN 277)
BRI/BGF (m)	Verhältnis von Brutto-Rauminhalt zur Brutto-Grundfläche angegeben in Meter
BRI/NUF (m)	Verhältnis von Brutto-Rauminhalt zur Nutzungsfläche angegeben in Meter
BSH	Brettschichtholz
cm / m / m^2 / m^3	Zentimeter / Meter / Quadratmeter / Kubikmeter
CO_2	Kohlendioxid
d	Dicke
dB	Dezibel
dena	Deutsche Energie-Agentur GmbH
DN	Durchmesser Nennmaß
DAF	Dachfläche
DEF	Deckenfläche
DHH	Doppelhaushälfte
DIN 276	Kosten im Bauwesen (DIN 276:2018-12)
DIN 277	Grundflächen und Rauminhalte im Hochbau (DIN 277:2021-08)
DIN EN ISO 6946	Bauteile - Wärmedurchlasswiderstand und Wärmedurchgangskoeffizient - Berechnungsverfahren
EDV	elektronische Datenverarbeitung
EFH	Einfamilienhaus
EG	Erdgeschoss
ELA	elektroakustische Anlage
ELT	Elektrotechnik
ELW	Einliegerwohnung
EnEV	Energieeinsparverordnung
EPDM	Ethylen-Propylen-Dien-Kautschuk
EPS	Expandierter Polystyrol-Hartschaum
ESG	Einscheiben-Sicherheitsglas
ETW	Etagenwohnung
EVA	Ethylenvinylacetatcopolymer
FBH	Fußbodenheizung
Fläche/BGF (%)	Anteil der angegebenen Fläche zur Brutto-Grundfläche in Prozent
Fläche/NUF (%)	Anteil der angegebenen Fläche zur Nutzungsfläche in Prozent
FLB	Funktionale Leistungsbeschreibung
€/Einheit	Spaltenbezeichnung für Mittelwerte zu den Kosten bezogen auf eine Einheit der Bezugsgröße
€/m^2 BGF	Spaltenbezeichnung für Mittelwerte zu den Kosten bezogen auf Brutto-Grundfläche
GE	Gewerbeeinheit
GEG / GModG	Gebäudeenergiegesetz / Gebäudemodernisierungsgesetz

Abkürzungsverzeichnis (Fortsetzung)

Abkürzung	Bezeichnung
gem.	gemäß
GF	Grundstücksfläche oder Gipsfaserplatten
GK	Gipskarton
GRF	Gründungsfläche
GU	Generalunternehmer
h	Stunde
HxBxL	Höhe x Breite x Länge
HF	Holzfaser
HLS	Heizung, Lüftung, Sanitär
HLz	Hochlochziegel
HOAI	Honorarordnung für Architekten und Ingenieure
HPL	Laminatbeschichtung im Hochdruckpressverfahren (eng. High Pressure Laminate)
HT	Hochtemperatur-Abflussrohr
HW	Holzwolle
inkl.	inklusive
IWF	Innenwandfläche
Kfz	Kraftfahrzeug
KG	Kanalgrund(rohr) oder Kostengruppe
kg	Kilogramm
Kita	Kindertagesstätte
KGF	Konstruktions-Grundfläche (Summe der Regelfall (R)- und Sonderfall (S)-Flächen nach DIN 277)
KS	Kalksandstein
KVH	Konstruktionsvollholz
kW	Kilowatt
kWh/(m^2·a)	Kilowattstunden pro Quadratmeter und Jahr
kWh/a	Kilowattstunden pro Jahr
kg/(m^2·a)	Kilogramm pro Quadratmeter und Jahr
KWK	Kraftwärmekopplung
LB	Leistungsbereich
LPH	Leistungsphase
MDF	mitteldichte Faserplatte (Spanplatte)
Menge/BGF	Menge der genannten Kostengruppen-Bezugsgröße bezogen auf die Menge der Brutto-Grundfläche
Menge/NUF	Menge der genannten Kostengruppen-Bezugsgröße bezogen auf die Menge der Nutzungsfläche
MINT-Raum	Mathematik, Informatik, Naturwissenschaft und Technik-Raum
MSR-Technik	Messen, Steuern und Regeln (Teilbereich der Automatisierungstechnik)
MW	Mineralwolle
MwSt.	Mehrwertsteuer
m^{-1}	Einheit für A/V_e-Verhältnis
NE	Nutzeinheit
NF	Nut-Feder
NUF	Nutzungsfläche (Summe der Regelfall (R)- und Sonderfall (S)-Flächen nach DIN 277)
NRF	Netto-Raumfläche (Summe der Regelfall (R)- und Sonderfall (S)-Flächen nach DIN 277)
Obj.-Nr.	Nummer des Objekts in den BKI Baukostendatenbanken
OSB	Grobspanplatten (engl. oriented strand board)
OTS	Obertürschließer
PA	Polyamid
PE	Polyethylen
PP	Polypropylen
PR	Pfosten-Riegel
PS	Polystyrol

Abkürzungsverzeichnis (Fortsetzung)

Abkürzung	Bezeichnung
PHPP	Passivhaus-Projektierungspaket
PIR	Polyisocyanurate
psch	pauschal
PU/PUR	Polyurethan
PV	Photovoltaik
PVC	Polyvinylchlorid
restl.	restlich
RH	Raumhöhe oder Reihenhaus
RWA	Rauch- und Wärmeabzugsanlage
SMSB	Serielles, modulares und systemisches Bauen
STLB	Standardleistungsbuch
St	Stück
Stb	Stahlbeton
Stg	Steigungen/Stufen
STP	Stellplatz
t	Tonnen
T	Tiefe
TF	Technikfläche (Summe der Regelfall (R)- und Sonderfall (S)-Flächen nach DIN 277)
TGA	Technische Gebäudeausrüstung
TU	Totalunternehmer
TG	Tiefgarage
TSD	Trittschalldämmung
TVG	teilvorgespanntes Glas
UF	Unbebaute Fläche
UK	Unterkonstruktion
UP	Unterputz
U-Wert	Wärmedurchgangskoeffizient
U_w / U_g / U_f	U-Wert Fenster (engl. window) / U-Wert Glas (engl. glasing) / U-Wert Fensterflügel oder Rahmen (engl. frame)
VF	Verkehrsfläche (Summe der Regelfall (R)- und Sonderfall (S)-Flächen nach DIN 277)
VIP	Vakuumisolationspaneel
VSG	Verbund-Sicherheitsglas
von	unterer Grenzwert des Streubereichs um einen Mittelwert
WDVS	Wärmedämmverbundsystem
WE	Wohneinheit
WFL	Wohnfläche
WLG	Wärmeleitgruppe
WLS	Wärmeleitfähigkeitsstufe
WoFlV	Verordnung zur Berechnung der Wohnfläche (Wohnflächenverordnung)
WU	wasserundurchlässig (Betonqualität)
WRG	Wärmerückgewinnung
$W/(m^2 \cdot K)$	Watt pro Quadratmeter und Kelvin (Maßeinheit für Wärmedurchgangskoeffizienten)
$W/(m \cdot K)$	Watt pro Meter und Kelvin (Einheit der Wärmeleitfähigkeit (Lambda-Wert))
XPS	Extrudierter Polystyrol-Hartschaum
Ø	Mittelwert
λ	Lambda
%	Prozent
300+400	Zusammenfassung der Kostengruppen Bauwerk-Baukonstruktionen und Bauwerk-Technische Anlagen
% an 300+400	Kostenanteil der jeweiligen Kostengruppe an den Kosten des Bauwerks
% an 300	Kostenanteil der jeweiligen Kostengruppe an der Kostengruppe Bauwerk-Baukonstruktion
% an 400	Kostenanteil der jeweiligen Kostengruppe an der Kostengruppe Bauwerk-Technische Anlagen

Kosten abgerechneter Objekte

Büro- und Verwaltungsgebäude

1

1100 Parlamentsgebäude
1200 Gerichtsgebäude
• 1300 Bürogebäude

1300-0307
Bürogebäude
(15 AP)

Kostenkennwerte für die Kosten des Bauwerks (Kostengruppen 300+400 nach DIN 276)

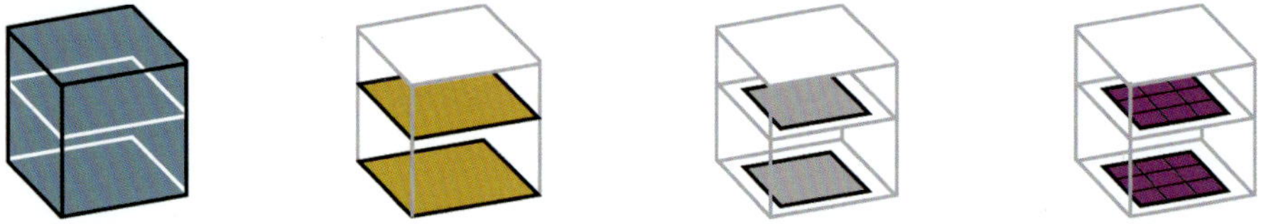

BRI 941 €/m³ | BGF 4.774 €/m² | NUF 6.882 €/m² | NE 178.850 €/NE

NE: Arbeitsplätze

Objekt:
Kennwerte: 1. Ebene DIN 276
BRI: 2.851 m³
BGF: 562 m²
NUF: 390 m²
Bauzeit: 52 Wochen
Bauende: 2020
Standard: hoch
Bundesland: Schleswig-Holstein
Kreis: Dithmarschen

Architekt*in:
Steinwender
Architekten GmbH
Loher Weg 37
25746 Lohe-Rickelshof

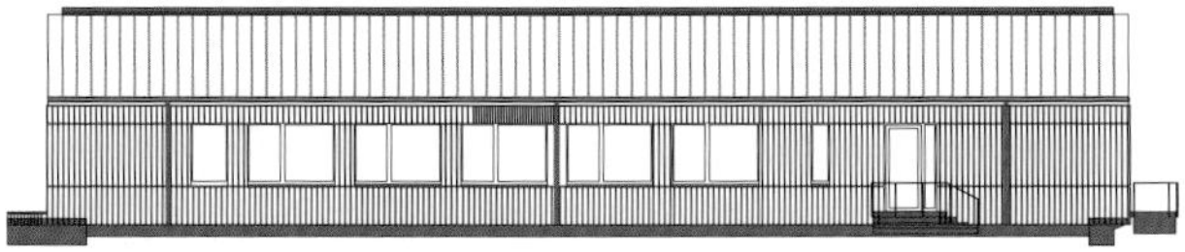
Ansicht Nord

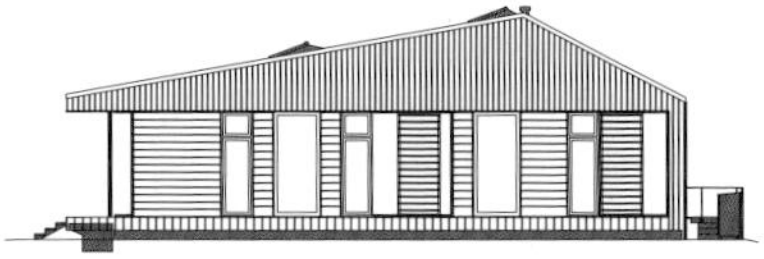
Ansicht Ost

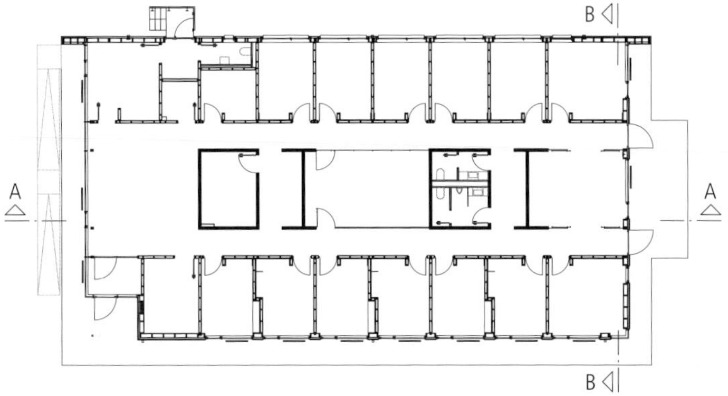

Erdgeschoss

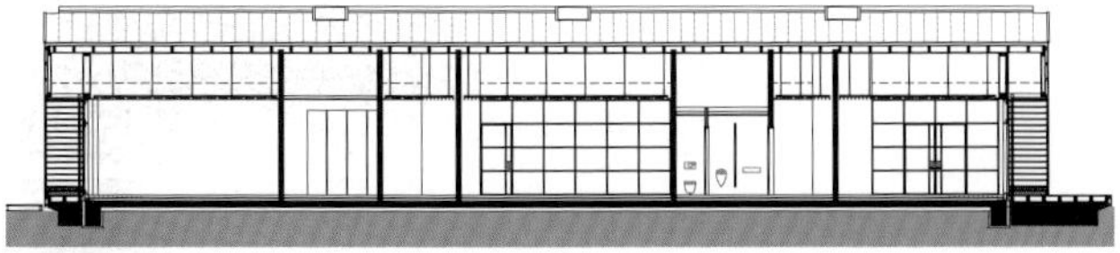
Schnitt A-A

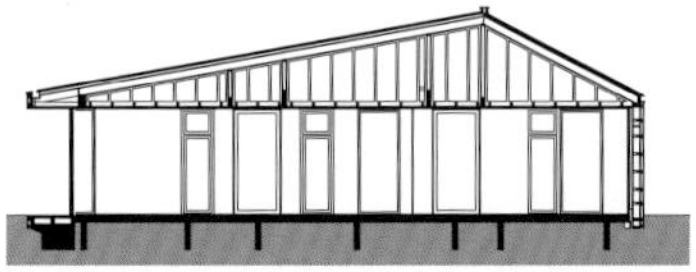
Schnitt B-B

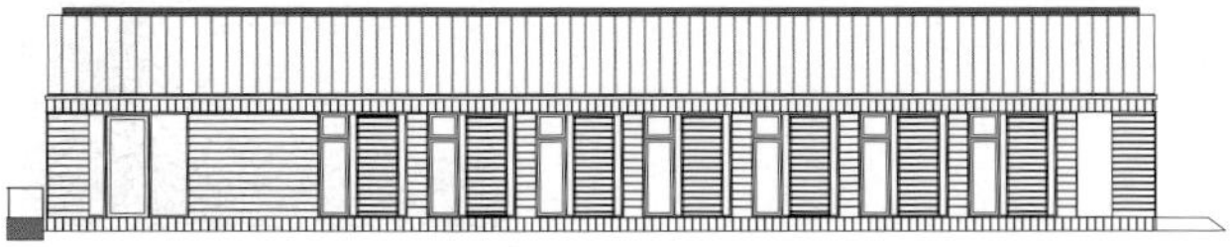
Ansicht Süd

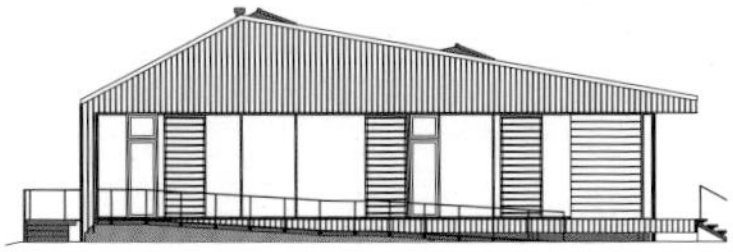
Ansicht West

Objektbeschreibung

Allgemeine Objektinformationen

Das eingeschossige Gebäude ist gegenüber dem Gelände um ca. 60cm angehoben, was dem Gebäude einen schwebenden Eindruck verleiht. Die mittige Kernzone nimmt neben Empfang und Besprechungsraum auch Nebenflächen auf und wird durch transparente Industrie-Glasfassaden abgetrennt. Es entsteht eine freundliche, transparente und von Tageslicht durchflutete Bürolandschaft.

Nutzung

1 Erdgeschoss
Foyer, Büros, Besprechungsraum, Kopierraum, Teeküche mit Aufenthaltsraum, Archiv, Umkleide, Dusche, WCs, Technikraum, Terrassen

Nutzeinheiten

Arbeitsplätze: 15

Grundstück

Bauraum: Beengter Bauraum
Neigung: Ebenes Gelände
Bodenklasse: BK 1 bis BK 3

Markt

Hauptvergabezeit: 3.Quartal 2019
Baubeginn: 3.Quartal 2019
Bauende: 3.Quartal 2020
Konjunkturelle Gesamtlage: über Durchschnitt
Regionaler Baumarkt: unter Durchschnitt

Baukonstruktion

Das Gebäude wurde in Mischbauweise errichtet und besteht aus zwei massiven, aussteifenden Kernen in Sichtbeton. Die Gründung erfolgte auf Fundamenten und einer Bodenplatte. Dach und Bürotrennwände sowie die geschlossenen Außenwände wurden aus vorgefertigten Holztafelelementen hergestellt. Die Fassade besteht im transparenten Bereich aus einer Alu-Pfosten-Riegelfassade mit dreifacher Sonnenschutzverglasung. Die geschlossenen Fassadenbereiche sind mit einer Lärchenholzschalung und Alu-Aufsatzplatten bekleidet. Die Bauweise mit Holzrahmenwänden ermöglichte eine sehr kurze Bauzeit, da sich alle Fassadenelemente parallel zur Rohbauerstellung vorfertigen ließen. Das asymmetrische Satteldach erhielt eine metallische Eindeckung und überdeckt den umlaufenden Steg, der auf drei Seiten Schutz vor Sonne und Regen bietet. Der sommerliche Wärmeschutz wird durch öffenbare, einbruchsichere Fassadenelemente und Dachflächenfenster sichergestellt (Nachtabkühlung). Die auskragenden Dachelemente verhindern, zusammen mit den verschiebbaren Horizontallamellen ein Aufheizen des Gebäudes im Sommer.

Technische Anlagen

Die Beheizung des Gebäudes erfolgt durch eine Luftwärmepumpe in Kombination mit einer Fußbodenheizung. Der Aufenthalts- und Besprechungsraum sind mit einer Kühlungsanlage ausgestattet.

Energetische Kennwerte

Gesetzliche Grundlage: EnEV 2013
Gebäudenutzfläche: 819,10 m^2
Gebäudevolumen: 2.457,30 m^3
A/V_e-Verhältnis (Kompaktheit): 0,53 m^{-1}
Hüllfläche des beheizten Volumens: 1.301,30 m^2
Mittlerer U-Wert (opake Bauteile): 0,17 $W/(m^2 \cdot K)$
Mittlerer U-Wert (transparente Bauteile): 1,20 $W/(m^2 \cdot K)$
Mittlerer U-Wert (Glasdächer, etc.): 1,30 $W/(m^2 \cdot K)$
Spez. Jahresprimärenergiebedarf: 96,50 $kWh/(m^2 \cdot a)$

Energetische Angaben zu Außenbauteilen

Bodenplatte

U-Wert: 0,21 W/(m²·K)

Gesamtdicke: 42,25 cm	d [cm]	λ [W/(m·K)]
Estrich	6,00	1,400
Trittschalldämmung	4,00	0,040
Bitumenbahn	0,25	0,170
Stahlbeton	20,00	2,100
Dämmung	12,00	0,035

Außenwand

U-Wert: 0,12 W/(m²·K)

Gesamtdicke: 63,50 cm	d [cm]	λ [W/(m·K)]
GK-Platte	12,50	0,210
OSB-Platte	15,00	0,130
Dämmung	20,00	0,035
Holz	20,00	0,130
Holzfaserplatte	16,00	0,070

Dach

U-Wert: 0,14 W/(m²·K)

Gesamtdicke: 50,70 cm	d [cm]	λ [W/(m·K)]
GK-Platte	12,50	0,210
OSB-Platte	2,20	0,130
Dämmung MW	20,00	0,035
Holz	20,00	0,130
Holzfaserplatte	16,00	0,070

Planungskennwerte für Flächen und Rauminhalte nach DIN 277

Flächen des Grundstücks		Menge Einheit	% an GF
BF	Bebaute Fläche	577,00 m²	31,2
UF	Unbebaute Fläche	1.271,00 m²	68,8
GF	Grundstücksfläche	1.848,00 m²	100,0

Grundflächen des Bauwerks		Menge Einheit	% an NUF	% an BGF
NUF	Nutzungsfläche	389,80 m²	100,0	69,4
TF	Technikfläche	11,90 m²	3,1	2,1
VF	Verkehrsfläche	103,30 m²	26,5	18,4
NRF	Netto-Raumfläche	505,00 m²	129,6	89,9
KGF	Konstruktions-Grundfläche	57,00 m²	14,6	10,1
BGF	Brutto-Grundfläche	562,00 m²	144,2	100,0

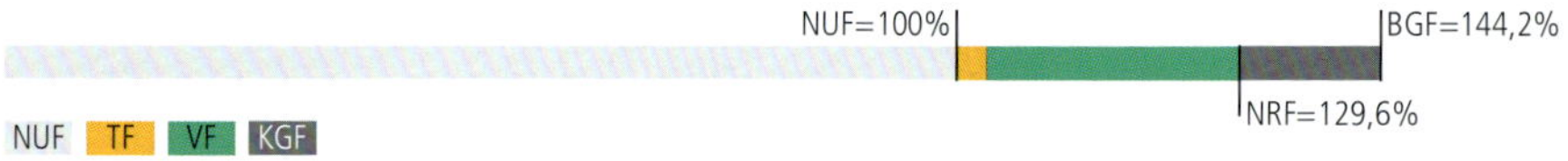

Brutto-Rauminhalt des Bauwerks		Menge Einheit	BRI/NUF (m)	BRI/BGF (m)
BRI	Brutto-Rauminhalt	2.851,00 m³	7,31	5,07

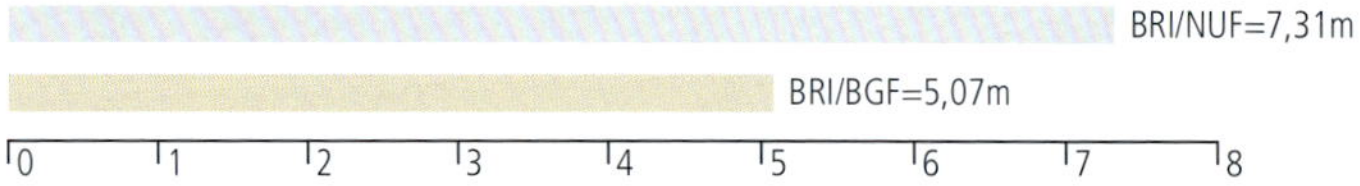

Kostenkennwerte für die Kostengruppen der 1.Ebene DIN 276

KG	Kostengruppen (1.Ebene)	Einheit	Kosten €	€/Einheit	€/m² BGF	€/m³ BRI	% 300+400
100	Grundstück	m² GF	–	–	–	–	–
200	Vorbereitende Maßnahmen	m² GF	–	–	–	–	–
300	Bauwerk – Baukonstruktionen	m² BGF	2.127.731	3.786,00	3.786,00	746,31	79,3
400	Bauwerk – Technische Anlagen	m² BGF	555.021	987,58	987,58	194,68	20,7
	Bauwerk 300+400	**m² BGF**	**2.682.752**	**4.773,58**	**4.773,58**	**940,99**	**100,0**
500	Außenanlagen und Freiflächen	m² AF	100.583	201,17	178,97	35,28	3,7
600	Ausstattung und Kunstwerke	m² BGF	–	–	–	–	–
700	Baunebenkosten	m² BGF	–	–	–	–	–
800	Finanzierung	m² BGF	–	–	–	–	–

KG	Kostengruppe	Menge Einheit	Kosten €	€/Einheit	%
3+4	**Bauwerk**				**100,0**
300	**Bauwerk – Baukonstruktionen**	562,00 m² BGF	2.127.731	**3.786,00**	79,3

Baugrubenaushub, Wasserhaltung; Bodenaustausch, Stb-Fundamente, Stb-Bodenplatte, Heizestrich, Fließestrich, Holzdielen, Teppichboden, Bodenfliesen, Abdichtung, Dämmung, Perimeterdämmung, Dränage, Terrassendielen; Holzrahmenbauwände, Stahlstützen, Alu-Pfosten-Riegel-Fassade, Alufenster, Dreifachverglasung, Sonnenschutzverglasung, Wärmedämmung, hinterlüftete Blechfassade, Lärchenholzfassade, textiler Sonnenschutz, Holz-Sonnenschutzlamellen; Stb-Wände, Sichtbeton, Holzrahmenbauwände, Glaswände, Holz-Stützen, Innenfenster, Ganzglastüren, Wandfliesen, Akustikelemente; Holzbalkendach, Dachfenster, Dämmung, Stehfalzdeckung, innenliegende Dachentwässerung, abgehängte GK-Akustikdecken, abgehängte Holzlamellendecken, Lärchenholzunterdecke; Teeküchen, Einbauschränke, Empfangstresen, Garderoben, Einbauregale, Akustikvorhang

KG	Kostengruppe	Menge Einheit	Kosten €	€/Einheit	%
400	**Bauwerk – Technische Anlagen**	562,00 m² BGF	555.021	**987,58**	20,7

Gebäudeentwässerung, Kalt- und Warmwasserleitungen, Sanitärobjekte; Luft-Wasser-Wärmepumpe, Fußbodenheizung; kontrollierte Be- und Entlüftung mit Wärmerückgewinnung, Klimaanlagen; Elektroinstallation, Beleuchtung, Sicherheitsleuchten; Datenübertragungsanlage; elektronische Zugangskontrolle

KG	Kostengruppe	Menge Einheit	Kosten €	€/Einheit	%
500	**Außenanlagen und Freiflächen**	500,00 m² AF	100.583	**201,17**	3,7

Oberbodenarbeiten; Wege, Stellplätze; Zäune, Treppen, Rampe; Regenrückhaltesystem; Fahrradständer, Müllplatzeinhausung; Bodenverbesserung, Gehölze, Rollrasen, Fertigstellungspflege

1300-0316
Verwaltungsgebäude
(191 AP)

Kostenkennwerte für die Kosten des Bauwerks (Kostengruppen 300+400 nach DIN 276)

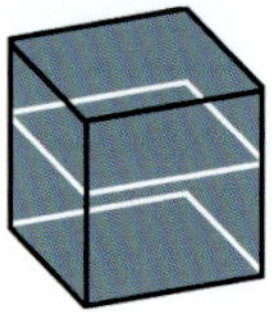

BRI 773 €/m³

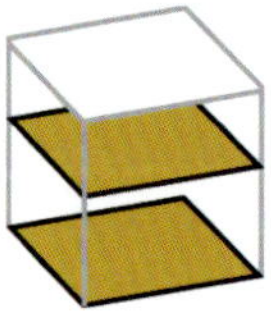

BGF 2.858 €/m²

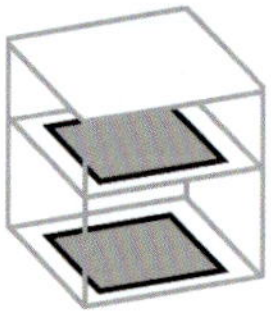

NUF 4.339 €/m²

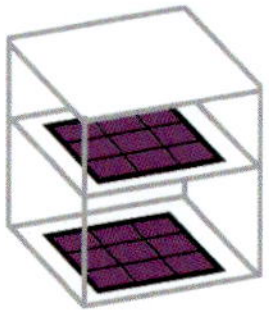

NE 90.233 €/NE

NE: Arbeitsplätze

Objekt:
Kennwerte: 1. Ebene DIN 276
BRI: 22.302 m³
BGF: 6.030 m²
NUF: 3.972 m²
Bauzeit: 104 Wochen
Bauende: 2023
Standard: hoch
Bundesland: Hessen
Kreis: Waldeck-Frankenberg

Architekt*in:
RSE+ Architekten
Ingenieure GmbH
Heinrich-Hertz-Straße 1
34123 Kassel

Bauherr*in:
Landkreis
Waldeck-Frankenberg
Südring 2
34497 Korbach

© Ali Moshiri

© Ali Moshiri

© Ali Moshiri

© Ali Moshiri

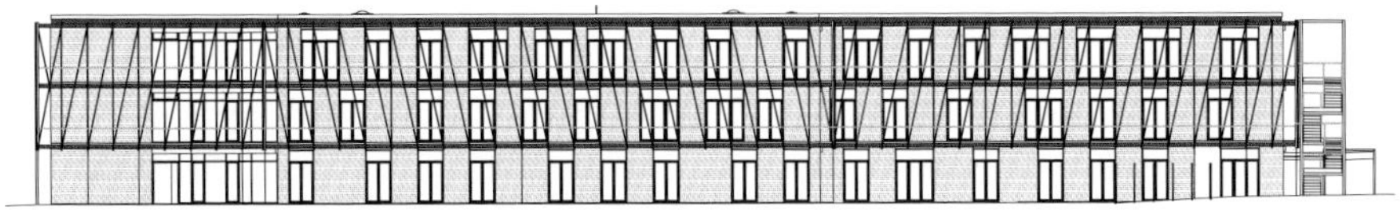

Ansicht Süd

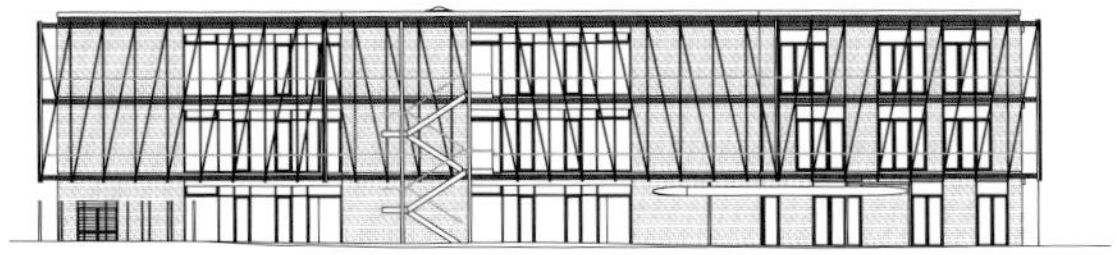

Ansicht Ost

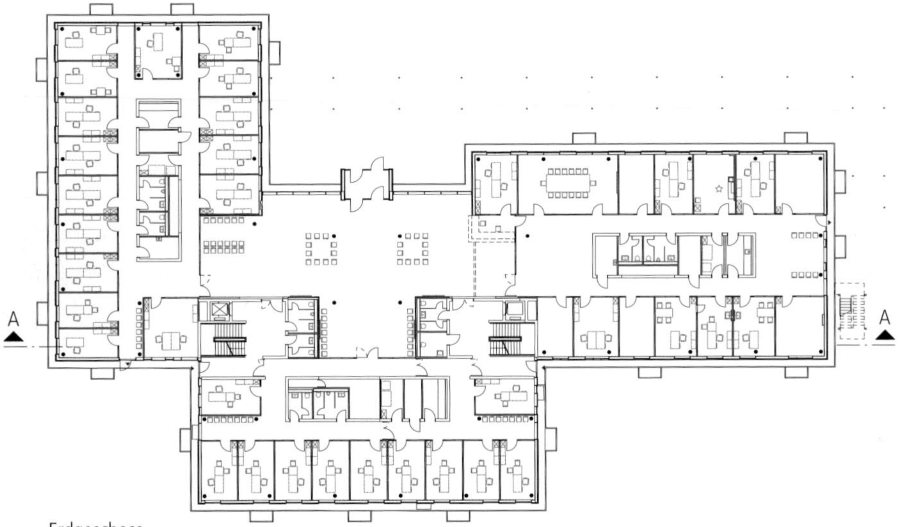

Erdgeschoss

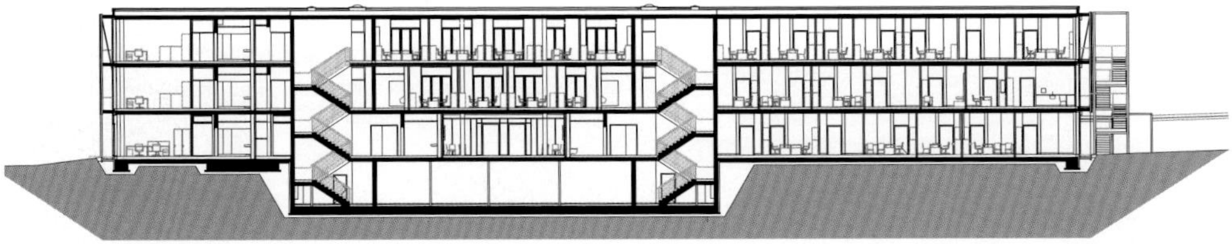

Schnitt A-A

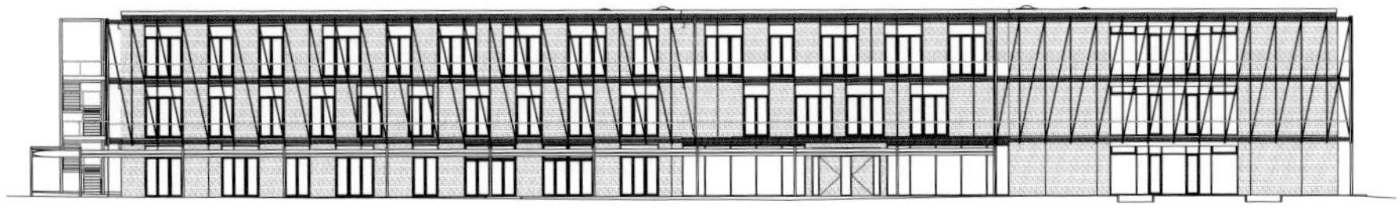

Ansicht Nord

Objektbeschreibung

Allgemeine Objektinformationen

Das neue Verwaltungsgebäude der Stadt besteht aus drei rechteckigen Baukörpern. Es ordnet sich um ein gemeinsames Zentrum, welches im Erdgeschoss eingeschossig überbaut ist. Die Anordnung der Baukörper zueinander markiert erkennbar den Haupteingang, hinter dem sich ein Foyer mit dem zentralen Besucherwartebereich befindet. In jedem der drei Baukörper befindet sich einer der Fachdienste Gesundheit, Jugend und Soziales, sodass für Besucher eine klare Orientierung innerhalb des Gebäudes gegeben ist.

Nutzung

1 Untergeschoss
Lagerräume, WCs, Duschen, Umkleideraum, Serverraum, Hausanschlussraum, Brandmeldeanlage, Technikräume, Flure, Treppenhäuser, Aufzüge

1 Erdgeschoss
Windfang, Foyer, Büroräume, Wartebereiche, Teeküchen, Kopierräume, WCs, Abstellraum, Technikräume, Flure, Treppenhäuser, Aufzüge

2 Obergeschosse
Büroräume, Wartebereiche, Teeküchen, Kopierräume, Besprechungsräume, Untersuchungsraum, Labor, WCs, Lagerräume, Technikräume, Wartungs- und Reinigungsbalkone, Flure, Treppenhäuser, Aufzüge

Nutzeinheiten

Arbeitsplätze: 191

Grundstück

Bauraum: Freier Bauraum
Neigung: Ebenes Gelände
Bodenklasse: BK 1 bis BK 4

Markt

Hauptvergabezeit: 1. Quartal 2021
Baubeginn: 1. Quartal 2021
Bauende: 1. Quartal 2023
Konjunkturelle Gesamtlage: Durchschnitt
Regionaler Baumarkt: Durchschnitt

Baukonstruktion

Die Außenwände des UG wurden in Stahlbeton hergestellt und auf einer Stb-Fundamentplatte gegründet. Die weiteren Geschosse wurden mit Stb-Stützen, Holzrahmenbauwänden und raumhohen Holzfenstern ausgeführt. Teilweise kam eine Alu-Holz-Pfosten-Riegelfassade zur Ausführung. Die Decken und das Dach wurden in Stahlbeton realisiert. Im Inneren des Gebäudes befinden sich aussteifende Stb-Kerne und GK-Wände. Die Fassade wurde mit vorgegrauter Holzschalung bekleidet. Die umlaufenden Stb-Wartungs- und Reinigungsbalkone erhielten eine Rankhilfe aus Stahlprofilen. Die Pflanzen sollen im Sommer für Verschattung sorgen. Das Dach ist mit einer extensiven Dachbegrünung ausgestattet.

Technische Anlagen

Die Beheizung des Gebäudes erfolgt mit einer Luft-Wärmepumpe und wird Mithilfe einer Fußbodenheizung im Gebäude verteilt. Für die Spitzenabdeckung wurde ein Fernwärmeanschluss realisiert. Das Gebäude verfügt über zwei Aufzüge. Des weiteren ist das Gebäude mit einer Datenübertragungsanlage, WLAN Access Points, elektroakustischen Anlagen, sowie einer Einbruchmeldeanlage inkl. Überwachung der Außenhaut ausgestattet. Regelungstechnik wurde für die Wärme- und Kälteerzeugungsanlage mit Schnittstelle zum KNX-Bussystem ausgeführt. Eine Wetterstation mit Wind- und Regensensor verdunkelt die Büroräume ebenfalls durch diese automatisierte Steuerung.

Energetische Kennwerte

Gesetzliche Grundlage: EnEV 2013
Gebäudenutzfläche: 6.840,00 m^2
Gebäudevolumen: 21.374,00 m^3
Hüllfläche des beheizten Volumens: 7.780,00 m^2
Mittlerer U-Wert (opake Bauteile): 0,16 $W/(m^2 \cdot K)$
Mittlerer U-Wert (transparente Bauteile): 0,98 $W/(m^2 \cdot K)$
Spez. Jahresprimärenergiebedarf: 49,39 $kWh/(m^2 \cdot a)$
Spez. Jahresendenergiebedarf: 67,37 $kWh/(m^2 \cdot a)$

Energetische Angaben zu Außenbauteilen

Bodenplatte UG

U-Wert: 0,25 W/(m²·K)

Gesamtdicke: 70,52 cm	d [cm]	λ [W/(m·K)]
Bodenbelag	2,00	1,300
Estrich	5,50	1,400
Trittschalldämmung	3,00	0,045
Dämmung	10,00	0,035
Bitumenbahn	0,02	0,170
Stahlbeton	50,00	2,100

Außenwand gegen Erdreich

U-Wert: 0,32 W/(m²·K)

Gesamtdicke: 40,05 cm	d [cm]	λ [W/(m·K)]
Stahlbeton	30,00	2,300
Dämmung	10,00	0,035
Abdichtung	0,05	0,170

Bodenplatte EG

U-Wert: 0,25 W/(m²·K)

Gesamtdicke: 47,00 cm	d [cm]	λ [W/(m·K)]
Bodenbelag	1,00	1,300
Estrich	7,00	1,400
Trittschalldämmung	3,00	0,045
Dämmung	10,00	0,035
Bitumenbahn	1,00	0,170
Stahlbeton	20,00	2,100
Sauberkeitsschicht	5,00	1,150

Außenwand hinterlüftet

U-Wert: 0,22 W/(m²·K)

Gesamtdicke: 24,25 cm	d [cm]	λ [W/(m·K)]
GK-Platte	1,25	0,250
OSB-Platte	1,50	0,130
Holz	18,00	0,130
Dämmung	18,00	0,040
Holz	2,00	0,130
Luftschicht ruhend	2,00	0,139
Holzfaserplatte	1,50	0,070

Dach

U-Wert: 0,18 W/(m²·K)

Gesamtdicke: 44,50 cm	d [cm]	λ [W/(m·K)]
Stahlbeton	25,00	2,500
Dampfsperre	1,00	0,170
Dämmung	10,00	0,035
Gefälledämmung	8,00	0,035
Dachdichtungsbahn	0,50	0,180

Planungskennwerte für Flächen und Rauminhalte nach DIN 277

Flächen des Grundstücks		Menge Einheit	% an GF
BF	Bebaute Fläche	5.458,00 m²	49,6
UF	Unbebaute Fläche	5.546,00 m²	50,4
GF	Grundstücksfläche	11.004,00 m²	100,0

Grundflächen des Bauwerks		Menge Einheit	% an NUF	% an BGF
NUF	Nutzungsfläche	3.972,26 m²	100,0	65,9
TF	Technikfläche	163,35 m²	4,1	2,7
VF	Verkehrsfläche	1.223,32 m²	30,8	20,3
NRF	Netto-Raumfläche	5.358,93 m²	134,9	88,9
KGF	Konstruktions-Grundfläche	671,07 m²	16,9	11,1
BGF	Brutto-Grundfläche	6.030,00 m²	151,8	100,0

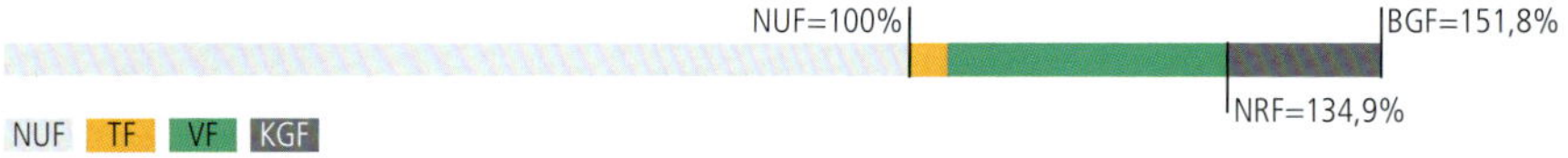

Brutto-Rauminhalt des Bauwerks		Menge Einheit	BRI/NUF (m)	BRI/BGF (m)
BRI	Brutto-Rauminhalt	22.302,00 m³	5,61	3,70

Kostenkennwerte für die Kostengruppen der 1.Ebene DIN 276

KG	Kostengruppen (1.Ebene)	Einheit	Kosten €	€/Einheit	€/m² BGF	€/m³ BRI	% 300+400
100	Grundstück	m² GF	–	–	–	–	–
200	Vorbereitende Maßnahmen	m² GF	–	–	–	–	–
300	Bauwerk – Baukonstruktionen	m² BGF	13.051.262	2.164,39	2.164,39	585,21	75,7
400	Bauwerk – Technische Anlagen	m² BGF	4.183.209	693,73	693,73	187,57	24,3
	Bauwerk 300+400	**m² BGF**	**17.234.471**	**2.858,12**	**2.858,12**	**772,78**	**100,0**
500	Außenanlagen und Freiflächen	m² AF	1.812.210	326,76	300,53	81,26	10,5
600	Ausstattung und Kunstwerke	m² BGF	–	–	–	–	–
700	Baunebenkosten	m² BGF	–	–	–	–	–
800	Finanzierung	m² BGF	–	–	–	–	–

KG	Kostengruppe	Menge Einheit	Kosten €	€/Einheit	%
3+4	**Bauwerk**				**100,0**
300	**Bauwerk – Baukonstruktionen**	6.030,00 m² BGF	13.051.262	**2.164,39**	75,7

Baugrubenaushub; Bodenaustausch, Stb-Fundamentplatten, Stb-Fundamente, Stb-Bodenplatte, Estrich, Beschichtung, Bodenfliesen, Abdichtung, Sauberkeitsschicht, Dämmung, kapillarbrechende Schicht; Stb-Wände, Holzrahmenwände, Stb-Stützen, Sichtbeton, Holzfenster, Dreifachverglasung, Wärmedämmung, hinterlüftete Holzfassade, Rankhilfen, GK-Bekleidung, Holz-Alu-Pfosten-Riegelfassade, Alu-Sonnenschutzlamellen; Stb-Wände, teilw Sichtbeton, GK-Wände, Holztüren, Brandschutztüren, Alutüren, Holzakustikbekleidung, Wandfliesen, Beschichtung, WC-Trennwände, System-Glaswände, System-Holztrennwände; Stb-Decken, teilw. Sichtbeton, Stb-Fertigteilbalkone, Stb-Treppen, Stahl-Fluchttreppen, Dämmung, Heizestrich, Nadelvliesbeläge, PVC, Bodenfliesen, Gitterrost, GK-Deckensegel, Schallschutzdecken, Balkongeländer, Treppengeländer, Rankgerüste; Stb-Flachdach, Oberlichter, Dämmung, Abdichtung, extensive Dachbegrünung, Dachentwässerung, abgehängte GK-Decken, Teeküchen

KG	Kostengruppe	Menge Einheit	Kosten €	€/Einheit	%
400	**Bauwerk – Technische Anlagen**	6.030,00 m² BGF	4.183.209	**693,73**	24,3

Gebäudeentwässerung, Hebeanlage, Kalt- und Warmwasserleitungen, Sanitärobjekte; Luft-Wasser-Wärmepumpe, Fernwärmeversorgung zur Spitzenabdeckung, Kaltwasser-Klimakassetten, Heizungspufferspeicher, Kältepufferspeicher, Fußbodenheizung; teilw. kontrollierte Be- und Entlüftung mit Wärmerückgewinnung, RWA-Anlagen; Notstromversorgung, Elektroinstallation, Beleuchtung, Sicherheitsbeleuchtung, Blitzschutzanlage; Datenübertragungsanlage, WLAN Access Points, Medienanschlüsse, elektroakustische Anlagen, Türsprech- und Türöffneranlagen, interne Brandmeldeanlage mit Aufschaltung auf vorhandene BMA, Einbruchmeldeanlage, Außenhautüberwachung, Rauchmelder, Notruftelefone; Personenaufzüge (2St); Regelungstechnik für Wärme- und Kälteerzeugungsanlage, KNX-Bussystem, automatisierte Steuerung Verdunklung, Wetterstation, Wind- und Regensensoren

KG	Kostengruppe	Menge Einheit	Kosten €	€/Einheit	%
500	**Außenanlagen und Freiflächen**	5.546,00 m² AF	1.812.210	**326,76**	10,5

Oberbodenarbeiten, Bodenarbeiten; Pflasterarbeiten für Wege, Plätze, Stellplätze; Außenbeleuchtungsanlagen; Fahrradständer; Oberbodenauftrag, Rasenfläche als Wildblumenwiese, Bepflanzung

1300-0319
Amtsverwaltung
(36 AP)

Kostenkennwerte für die Kosten des Bauwerks (Kostengruppen 300+400 nach DIN 276)

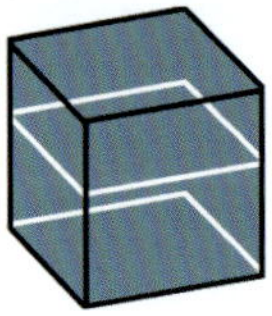

BRI 939 €/m³

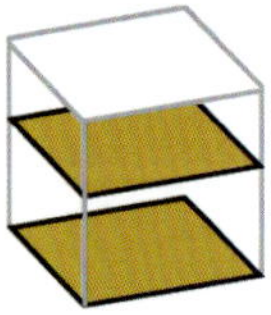

BGF 3.399 €/m²

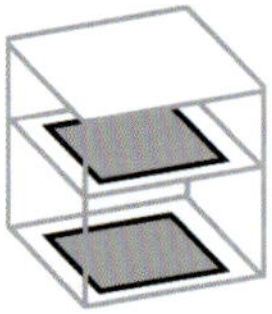

NUF 6.102 €/m²

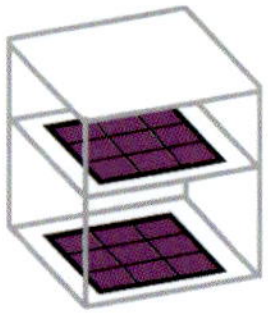

NE 168.992 €/NE

NE: Arbeitsplätze

Objekt:
Kennwerte: 3. Ebene DIN 276
BRI: 6.479 m³
BGF: 1.790 m²
NUF: 997 m²
Bauzeit: 78 Wochen
Bauende: 2023
Standard: mittel
Bundesland: Schleswig-Holstein
Kreis: Schleswig-Flensburg

Architekt*in:
Planungsring
Mumm + Partner GbR
Krim 2
24896 Treia

Bauherr*in:
Amtsverwaltung Haddeby
Rendsburger Straße 54c
24866 Busdorf

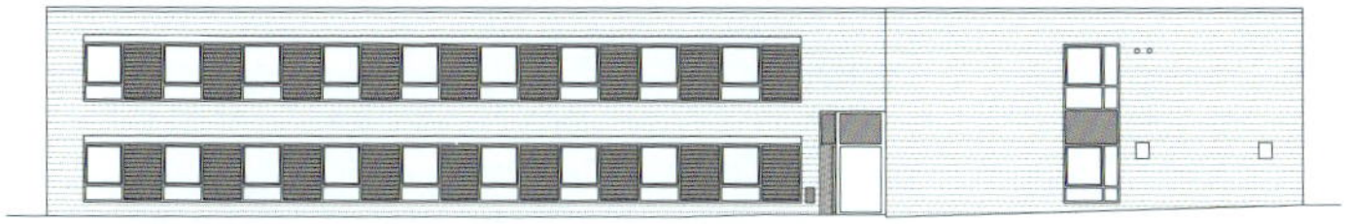

Ansicht Nord

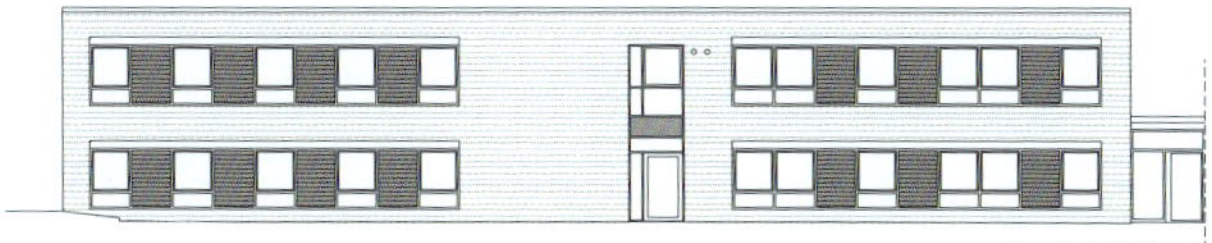

Ansicht West

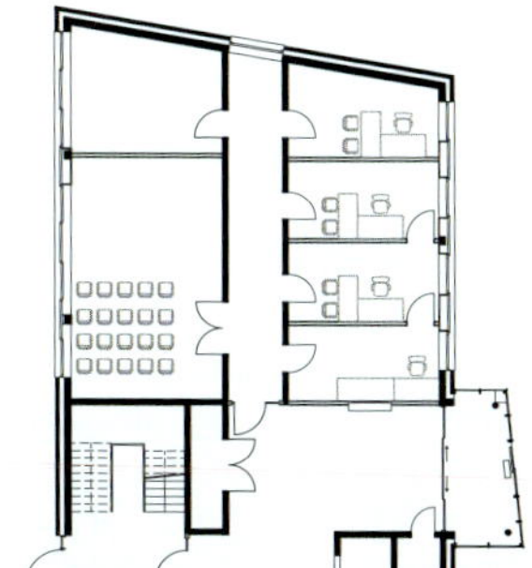
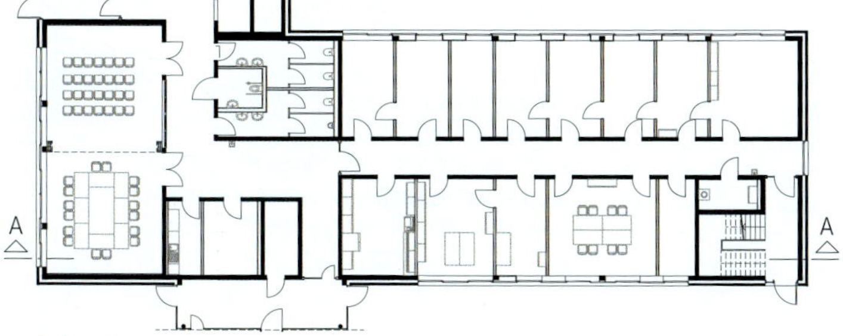

Erdgeschoss

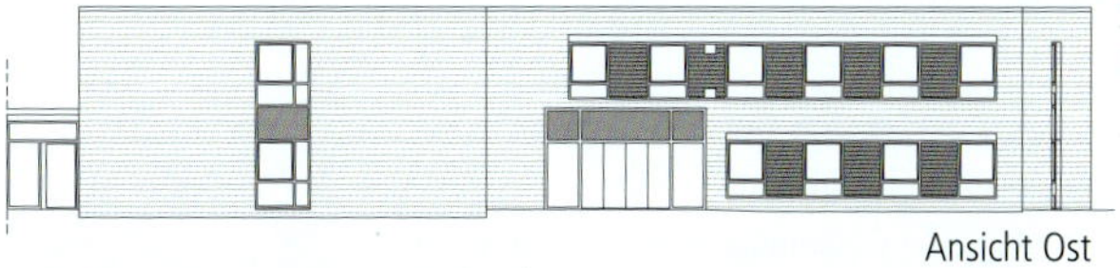

Ansicht Ost

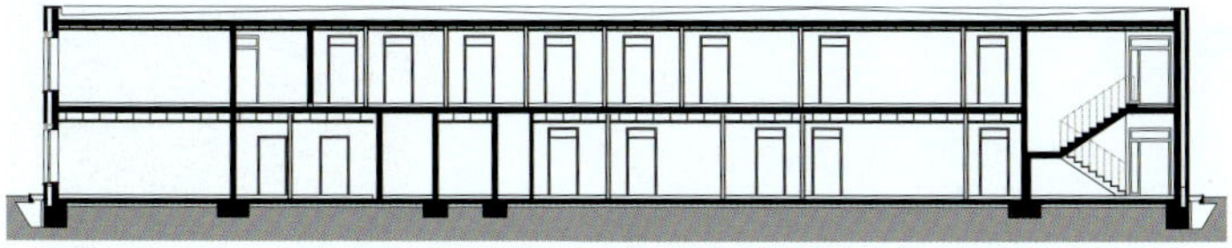

Schnitt A-A

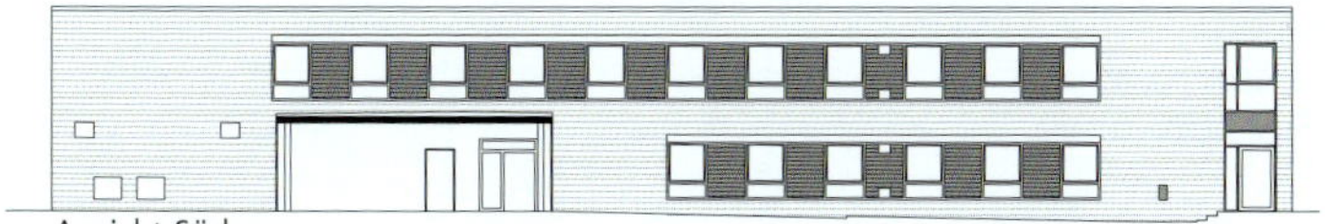

Ansicht Süd

Objektbeschreibung

Allgemeine Objektinformationen

Die neue Amtsverwaltung dient als modernes, kommunales Verwaltungszentrum für die acht Gemeinden des Amts. Der zweigeschossige Baukörper mit L-förmigem Grundriss ist über einen eingeschossigen Verbindungsbau an ein Bestandsgebäude angeschlossen. Alle Dienststellen und Sitzungsräume sind barrierefrei erreichbar.

Nutzung

1 Erdgeschoss
Standesamt, Archiv, Bürgerbüros, Foyer, Sitzungssaal, Teeküche, Garderobe, Poststelle, Büros, Besprechungsraum, Sanitätsraum, WCs, Putzmittelraum, Technik

1 Obergeschoss
Büros, Archive, Besprechungsräume, WCs, Kopierraum, Putzmittelraum, Technik

Nutzeinheiten

Arbeitsplätze: 36
Stellplätze: 46

Grundstück

Bauraum: Beengter Bauraum
Neigung: Geneigtes Gelände
Bodenklasse: BK 1

Markt

Hauptvergabezeit: 2.Quartal 2021
Baubeginn: 3.Quartal 2021
Bauende: 1.Quartal 2023
Konjunkturelle Gesamtlage: Durchschnitt
Regionaler Baumarkt: Durchschnitt

Baukonstruktion

Das Gebäude wurde in Massivbauweise mit Flachdach errichtet. Die tragenden Wände aus Kalksandstein und Stahlbeton werden durch einzelne Stahlbetonstützen ergänzt. Das helle, hinterlüftete Verblendmauerwerk wird durch anthrazitfarbene Bänder aus Kunststofffenstern mit Jalousien und geschlossenen Paneelen untergliedert. Die Treppenhäuser und der Eingangsbereich werden über Alu-Pfosten-Riegelfassaden belichtet. Tapeten mit Akzentbildern nehmen Bezug auf die Geschichte der Region.

Technische Anlagen

Der Neubau ist an die vorhandene Pelletheizung des Bestands angeschlossen und wird durch eine Wärmepumpe ergänzt. Die Räume werden mittels Fußbodenheizung mit Heizwärme versorgt. Auf dem Flachdach sind Photovoltaik-Module montiert, die mit einem Stromspeicher verbunden sind. Für die Sitzungsräume ist eine Zu- und Abluftanlage mit Wärmerückgewinnung installiert. Das Gebäude ist mit einer Einbruchmeldeanlage und einem Aufzug ausgestattet.

Sonstiges

Etwa 55% des für die Wärme- und Kälteversorgung des Gebäudes erforderlichen Energiebedarfs wird durch erneuerbare Energien erbracht. Durch die Photovoltaikanlage wird in Verbindung mit einem Stromspeicher ausreichend Strom für die Amtsverwaltung produziert.

Energetische Kennwerte

Gesetzliche Grundlage: EnEV 2013
Gebäudenutzfläche: 1.517,00 m²
Gebäudevolumen: 5.971,32 m³
Hüllfläche des beheizten Volumens: 2.847,90 m²
Spez. Transmissionswärmeverlust: 0,33 W/(m²·K)
Spez. Jahresprimärenergiebedarf: 82,40 kWh/(m²·a)

Energetische Angaben zu Außenbauteilen

Bodenplatte

U-Wert: 0,19 W/(m²·K)

Gesamtdicke: 50,40 cm	d [cm]	λ [W/(m·K)]
Estrich	6,00	1,400
Trittschalldämmung	3,00	0,040
Dämmung	4,00	0,035
Bitumenbahn	0,40	0,230
Stahlbeton	25,00	2,300
Perimeterdämmung	12,00	0,040

Außenwand

U-Wert: 0,18 W/(m²·K)

Gesamtdicke: 54,50 cm	d [cm]	λ [W/(m·K)]
Stahlbeton	24,00	2,300
Dämmung	18,00	0,035
Konstruktion mit Luftschicht	1,00	0,067
Klinker	11,50	1,200

Dach

U-Wert: 0,17 W/(m²·K)

Gesamtdicke: 46,00 cm	d [cm]	λ [W/(m·K)]
Stahlbeton	25,00	2,300
Bitumenanstrich	0,20	0,170
Dämmung	14,00	0,035
Gefälledämmung	6,00	0,035
Bitumenbahn	0,40	0,170
Bitumenbahn	0,40	0,170

1300-0319
Amtsverwaltung
(36 AP)

Planungskennwerte für Flächen und Rauminhalte nach DIN 277

Flächen des Grundstücks		Menge Einheit	% an GF
BF	Bebaute Fläche	–	–
UF	Unbebaute Fläche	–	–
GF	Grundstücksfläche	–	–

Grundflächen des Bauwerks		Menge Einheit	% an NUF	% an BGF
NUF	Nutzungsfläche	997,00 m²	100,0	55,7
TF	Technikfläche	32,15 m²	3,2	1,8
VF	Verkehrsfläche	380,23 m²	38,1	21,2
NRF	Netto-Raumfläche	1.409,38 m²	141,4	78,7
KGF	Konstruktions-Grundfläche	380,66 m²	38,2	21,3
BGF	Brutto-Grundfläche	1.790,04 m²	179,5	100,0

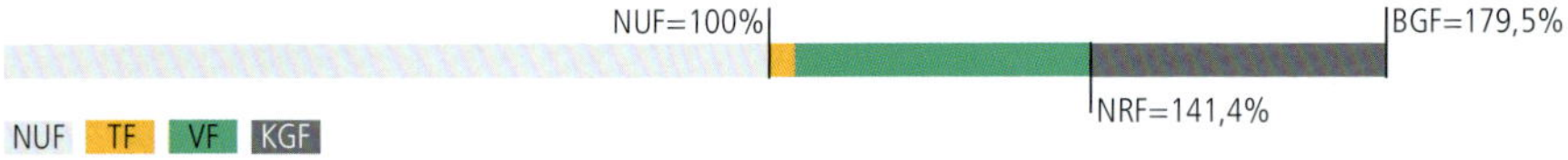

Brutto-Rauminhalt des Bauwerks		Menge Einheit	BRI/NUF (m)	BRI/BGF (m)
BRI	Brutto-Rauminhalt	6.479,20 m³	6,50	3,62

KG	Kostengruppen (2. Ebene)	Menge Einheit	Menge/NUF	Menge/BGF
310	Baugrube / Erdbau	166,64 m³ BGI	0,17	0,09
320	Gründung, Unterbau	861,97 m² GRF	0,87	0,48
330	Außenwände/Vertikale Baukonstruktionen, außen	1.017,61 m² AWF	1,02	0,57
340	Innenwände/Vertikale Baukonstruktionen, innen	1.990,54 m² IWF	2,00	1,11
350	Decken/Horizontale Baukonstruktionen	827,15 m² DEF	0,83	0,46
360	Dächer	933,27 m² DAF	0,94	0,52

Kostenkennwerte für die Kostengruppen der 1. Ebene DIN 276

KG	Kostengruppen (1. Ebene)	Einheit	Kosten €	€/Einheit	€/m² BGF	€/m³ BRI	% 300+400
100	Grundstück	m² GF	–	–	–	–	–
200	Vorbereitende Maßnahmen	m² GF	–	–	–	–	–
300	Bauwerk – Baukonstruktionen	m² BGF	4.174.668	2.332,16	2.332,16	644,32	68,6
400	Bauwerk – Technische Anlagen	m² BGF	1.909.052	1.066,49	1.066,49	294,64	31,4
	Bauwerk 300+400	**m² BGF**	**6.083.720**	**3.398,65**	**3.398,65**	**938,96**	**100,0**
500	Außenanlagen und Freiflächen	m² AF	171.116	–	95,59	26,41	2,8
600	Ausstattung und Kunstwerke	m² BGF	12.419	6,94	6,94	1,92	0,2
700	Baunebenkosten	m² BGF	–	–	–	–	–
800	Finanzierung	m² BGF	–	–	–	–	–

KG	Kostengruppe	Menge Einheit	Kosten €	€/Einheit	%
3+4	**Bauwerk**				**100,0**
300	**Bauwerk – Baukonstruktionen**	1.790,04 m² BGF	4.174.668	**2.332,16**	68,6

Stb-Flachgründung, Abdichtung, Estrich, PVC, Teppich, Bodenfliesen, Perimeterdämmung; Stb-Wände, Kunststofffenster/-türen, Verblendmauerwerk, Gipsputz, Tapete, Beschichtung, Alu-Pfosten-Riegelfassaden, Automatiktür, Raffstores; KS-Mauerwerk, GK-Wände F30, Stb-Stützen, Holztüren, Alu-Glastüren, Festverglasungen, Tapete mit Akzentbildern, Wandfliesen, WC-Trennwände, mobile Trennwand, Alu-Glaswand; Stb-Decken, Stb-Treppen, abgehängte Decken, Beschichtung, Geländer; Stb-Flachdächer, Dachausstieg, Gefälledämmung, Dachabdichtung, Dachentwässerung; Einbauküchen

KG	Kostengruppe	Menge Einheit	Kosten €	€/Einheit	%
400	**Bauwerk – Technische Anlagen**	1.790,04 m² BGF	1.909.052	**1.066,49**	31,4

Gebäudeentwässerung, Kalt- und Warmwasserleitungen, Sanitärobjekte; Luft-Wasser-Wärmepumpen, Heizungsrohre, Fußbodenheizung, Luftschleieranlage; Kompaktlüftungsgeräte mit WRG, Einzelraumlüfter, Split-Klimageräte; Photovoltaikanlage, Elektroinstallation, Beleuchtung, Blitzschutzanlage; Sprechanlage, Notruf, elektroakustische Anlagen, Feuerwehr-Antenne, Einbruchmeldeanlage, Datenübertragungsnetz; Personenaufzug; KNX-Jalousiesteuerung

KG	Kostengruppe	Menge Einheit	Kosten €	€/Einheit	%
500	**Außenanlagen und Freiflächen**	–	171.116	**–**	2,8

Rohrgrabenaushub; Stb-Fundamentplatte; Betonpflaster, Lagermaterial; Fernwärmeleitungen; Elektroinstallation, Autoladestationen, Fahrradladestationen, Außenbeleuchtung; Datenverkabelung

KG	Kostengruppe	Menge Einheit	Kosten €	€/Einheit	%
600	**Ausstattung und Kunstwerke**	1.790,04 m² BGF	12.419	**6,94**	0,2

Sanitärausstattung

Kostenkennwerte für die Kostengruppen der 2. Ebene DIN 276

KG	Kostengruppe	Menge Einheit	Kosten €	€/Einheit	%
300	**Bauwerk – Baukonstruktionen**				**100,0**
310	**Baugrube / Erdbau**	166,64 m^3 BGI	21.449	**128,72**	0,5
	Erdaushub (34m^3), Hinterfüllungen mit Lieferkies (85m^3), Rohrgrabenaushub, lagern, verfüllen (57m^3)				
320	**Gründung, Unterbau**	861,97 m^2 GRF	459.549	**533,14**	11,0
	Stb-Streifenfundamente (185m^3), Stb-Bodenplatte (827m^2), Stb-Aufzugsunterfahrt (11m^2) * Bitumenabdichtung (827m^2), Dämmung, Zementestrich (782m^2), PVC-Belag (289m^2), Teppich (267m^2), Bodenfliesen (229m^2), Bodenbeschichtung (8m^2) * Perimeterdämmung (655m^2), senkrecht (24m^2)				
330	**Außenwände/Vert. Baukonstrukt., außen**	1.017,61 m^2 AWF	1.361.509	**1.337,95**	32,6
	Stb-Wände (372m^2), Stb-Über-/Unterzüge (194m^2) * Stb-Attika (60m^2) * Stb-Stützen (90m) * Kunststofffenster/-türen (333m^2) * Mineralwolldämmung (567m^2), Perimeterdämmung (99m^2), Verblendmauerwerk (666m^2) * Gipsputz (524m^2), Vliestapete, Dispersionsbeschichtung (524m^2) * Alu-Pfosten-Riegelfassaden (36m^2), mit Automatik-Schiebetür (23m^2) * Lamellenraffstores (170m^2) * Handläufe (9m)				
340	**Innenwände/Vert. Baukonstrukt., innen**	1.990,54 m^2 IWF	892.319	**448,28**	21,4
	KS-Mauerwerk (657m^2), Stb-Wände (237m^2) * GK-Wände F30 (702m^2), KS-Mauerwerk (64m^2) * Stb-Stützen (19m) * Holztüren (200m^2), Alu-Glastüren (53m^2), Alu-Festverglasung (24m^2), Innenfenster (3m^2) * Gipsputz (1.965m^2), Vliestapeten, Dispersionsbeschichtung (2.405m^2), mit Akzentbildern (509m^2), Wandfliesen (49m^2), Spiegel (8m^2) * WC-Trennwände (43m^2), mobile Trennwand (17m^2), Alu-Glaswandelement, Automatik-Schiebetür (11m^2) * Handläufe (16m)				
350	**Decken/Horizontale Baukonstruktionen**	827,15 m^2 DEF	432.076	**522,37**	10,3
	Stb-Decken (802m^2), Stb-Fertigteiltreppen (25m^2) * Dämmung, Zementestrich (749m^2), Teppich (477m^2), PVC-Belag (193m^2), Bodenfliesen (74m^2) * MF-Rasterdecken (315m^2), GK-Akustikdecken (155m^2), GK-Friese (80m^2), Metalldecken (74m^2), GK-Decken (58m^2), Dispersionsbeschichtung (362m^2) * Stahlgeländer (89m)				
360	**Dächer**	933,27 m^2 DAF	618.367	**662,58**	14,8
	Stb-Flachdach (866m^2) * Dachausstieg (2m^2) * Gefälledämmung, Bitumenabdichtung (932m^2), Attikaabdeckungen (168m) Attikaabläufe (14St), Notabläufe (14St), Fallrohre (77m) * MF-Rasterdecken (315m^2), Metalldecken (80m^2), GK-Friese (58m^2), GK-Decken (31m^2), Dispersionsbeschichtung (296m^2) * Sekuranten (24St)				
380	**Baukonstruktive Einbauten**	1.790,04 m^2 BGF	16.677	**9,32**	0,4
	Einbauküche (1St), Teeküche (1St)				
390	**Sonst. Maßnahmen für Baukonstrukt.**	1.790,04 m^2 BGF	372.721	**208,22**	8,9
	Baustelleneinrichtungen (psch), Sanitärcontainer (1St), Baustrom (1St), Bauwasser (1St), Baubeleuchtung (psch), Verkehrssicherung (psch), Bauzaun (270m) * Arbeitsgerüst (1,371m^2), Treppentürme (2St) * Container für Baumischabfälle (1t) * Schließen von Fensteröffnungen (373m^2), Schutzabdeckungen (1.563m^2), Bauteilabklebungen (3.005m), Bauendreinigung (psch)				

KG	Kostengruppe	Menge Einheit	Kosten €	€/Einheit	%
400	**Bauwerk – Technische Anlagen**				**100,0**
410	**Abwasser-, Wasser-, Gasanlagen**	1.790,04 m²BGF	93.862	**52,44**	4,9
	PP-Rohre (111m), PVC-Kondensatleitungen (106m), KG-Rohre (51m) * Edelstahlrohre (216m), Rückspülfilter (1St), Druckminderer (1St), Ventile (5St), Hygienespülungen (3St), WCs (6St), barrierefrei (1St), Handwaschbecken (8St), barrierefrei (1St), Urinale (2St), Ausgussbecken (1St), Elektro-Durchlauferhitzer (12St), Außenarmaturen (2St) * Montageelemente (18St)				
420	**Wärmeversorgungsanlagen**	1.790,04 m²BGF	267.314	**149,33**	14,0
	Luft-Wasser-Wärmepumpen 40kW (2St), Pufferspeicher 1.000l (1St), Tauchheizkörper (4St), Umwälzpumpen (2St), PE-Xa-Rohre (60m) * Edelstahlrohre (272m) * Fußbodenheizung, Tackerplatten (1.479m²), PB-Rohre (5.766m), Heizkreisverteiler (8St), Stellantriebe (76St), Raumthermostate (56St), Luftschleieranlage 18,6kW, 3.600m³/h (1St)				
430	**Raumlufttechnische Anlagen**	1.790,04 m²BGF	306.515	**171,23**	16,1
	Kompaktlüftungsgeräte mit WRG, 1.100m³/h (3St), 500m³/h (3St), 185-235m³/h (2St), Nachheizregister (6St), Einzelraumlüfter (11St), Rechteckkanäle (141m²), Wickelfalzrohre (59m), Ovalrohre (54m), Flexrohre (18m), Luftdurchlässe (31St) * Multi-Split-Klimageräte, Kühlleistung 4,0-8,0kW, Heizleistung 4,4-9,6kW (2St), Heizblöcke (2St), Single-Split-Klimageräte, Kühlleistung 2,0-2,5kW, Heizleistung 2,5-3,2kW (5St), Kältemittelleitungen (302m)				
440	**Elektrische Anlagen**	1.790,04 m²BGF	974.126	**544,19**	51,0
	Photovoltaikanlage 375Wp (psch) * Wandlerschränke (3St), Zählerschränke (3St), Verteiler (6St), Mantelleitungen (9.923m), Starkstromkabel (288m), Installationskabel (1.368m), Steckdosen (378St), Schalter/Taster (172St), Bodentanks (10St), Präsenzmelder (32St) * Einlegeleuchten (108St), Stehleuchten (31St), Ein-/Aufbauleuchten (37St), Aufbaustrahler (4St), Lichtbänder (13St), Downlights (2St), Rettungszeichen-/Sicherheitsleuchten (26St), Überwachungszentrale (1St) * Fundamenterder (315m), Fang-/Ableitungen (518m)				
450	**Kommunikationstechnische Anlagen**	1.790,04 m²BGF	121.858	**68,08**	6,4
	Sprechanlage (1St), Notrufset (1St), Installationskabel (47m) * Bluetooth-Receiver (1St), Radio (1St), Einbaulautsprecher (6St), Installationskabel (82m) * Feuerwehr-Antenne (psch) * Einbruchmeldezentrale (1St), Bewegungsmelder (4St), Zutrittsleser (3St), Rauchmelder (2St) * Verteilerschränke (2St), Patchpanels (16St), Rangierfelder (3St), Datenkabel (7.314m), LWL-Kabel (143m), Datenanschlussdosen (381St)				
460	**Förderanlagen**	1.790,04 m²BGF	76.631	**42,81**	4,0
	Personenaufzug (1St), RWA-Schachtentrauchung (1St)				
480	**Gebäude- und Anlagenautomation**	1.790,04 m²BGF	22.885	**12,78**	1,2
	KNX-Wetterstation (1St), KNX-Jalousieaktoren (62St) * KNX-Dali-Gateways (2St), Logikmodule (2St), Binäreingänge (2St), Schaltaktoren (3St), Handumschaltung (1St) * EIB-Busleitungen (567m)				
490	**Sonst. Maßnahmen für techn. Anlagen**	1.790,04 m²BGF	45.862	**25,62**	2,4
	Hochdruck-Rohrreinigung (51m) * provisorischer Verteileranschluss (1St), provisorischer Datenanschluss (1St)				

KG	Kostengruppe	Menge Einheit	Kosten €	€/Einheit	%
500	**Außenanlagen und Freiflächen**				**100,0**
510	**Erdbau**	24,35 m³ EBR	7.556	**310,30**	4,4
	Rohrgrabenaushub, lagern, verfüllen (24m³)				
520	**Gründung, Unterbau**	–	1.069	–	0,6
	Stb-Fundamentplatte (8m²)				
530	**Oberbau, Deckschichten**	76,60 m² BFF	4.404	**57,50**	2,6
	Betonpflaster, Lagermaterial (77m²)				
550	**Technische Anlagen**	–	151.835	–	88,7
	Fernwärmeleitungen (118m) * Außenschrankverteiler (1St), Kombiableiter (17St), Kabelschächte (2St), Starkstromkabel (1.443m), Autoladestationen (3St), Fahrradladestationen (2St), LED-Poller-leuchten (25St), Mastleuchten (3St), Wandleuchten (2St), Strahler (1St), Bewegungsmelder (2St) * Patchfeld (1St), EIB-Busleitungen (795m), LWL-Kabel (155m), Daten-Außenkabel (144m)				
590	**Sonst. Maßnahmen für Außenanlagen u. Freiflächen**	–	6.252	–	3,7
	Baustelleneinrichtung (1St) * Aufnehmen und Lagern von Betonpflaster (77m²)				
600	**Ausstattung und Kunstwerke**				**100,0**
610	**Allgemeine Ausstattung**	1.790,04 m² BGF	12.419	**6,94**	100,0
	Handdesinfektionsspender (16St), Seifenspender (8St), Tropfschalen (24St), Abfallbehälter (13St), WC-Bürstengarnituren (7St), Hygienebeutelhalter (7St), WC-Reserverollenhalter (7St), WC-Papier-halter (6St), Papierhandtuchspender (6St)				

Kostenkennwerte für die Kostengruppen 300 der 2. und 3.Ebene DIN 276 (Übersicht)

KG	Kostengruppe	Menge Einheit	Kosten €	€/Einheit	% an 3+4
300	**Bauwerk – Baukonstruktionen**	**1.790,04 m² BGF**	**4.174.668,06**	**2.332,16**	**68,6**
310	**Baugrube / Erdbau**	**166,64 m³ BGI**	**21.449,30**	**128,72**	**0,4**
311	Herstellung	166,64 m³ BGI	21.449,30	128,72	0,4
312	Umschließung	–	–	–	–
313	Wasserhaltung	–	–	–	–
314	Vortrieb	–	–	–	–
319	Sonstiges zur KG 310	–	–	–	–
320	**Gründung, Unterbau**	**861,97 m² GRF**	**459.548,86**	**533,14**	**7,6**
321	Baugrundverbesserung	–	–	–	–
322	Flachgründungen und Bodenplatten	838,15 m²	254.564,74	303,72	4,2
323	Tiefgründungen	–	–	–	–
324	Gründungsbeläge	792,57 m²	155.498,45	196,20	2,6
325	Abdichtungen und Bekleidungen	211,25 m²	49.485,66	234,25	0,8
326	Dränagen	–	–	–	–
329	Sonstiges zur KG 320	–	–	–	–
330	**Außenwände/Vert. Baukonstrukt., außen**	**1.017,61 m² AWF**	**1.361.509,13**	**1.337,95**	**22,4**
331	Tragende Außenwände	565,30 m²	249.189,64	440,81	4,1
332	Nichttragende Außenwände	60,19 m²	23.431,49	389,29	0,4
333	Außenstützen	89,60 m	22.031,51	245,89	0,4
334	Außenwandöffnungen	333,33 m²	328.813,27	986,45	5,4
335	Außenwandbekleidungen, außen	668,22 m²	454.958,63	680,85	7,5
336	Außenwandbekleidungen, innen	523,83 m²	60.882,57	116,23	1,0
337	Element. Außenwandkonstruktionen	58,79 m²	100.344,88	1.706,84	1,6
338	Lichtschutz zur KG 330	170,10 m²	119.392,73	701,90	2,0
339	Sonstiges zur KG 330	1.017,61 m² AWF	2.464,43	2,42	< 0,1
340	**Innenwände/Vert. Baukonstrukt., innen**	**1.990,54 m² IWF**	**892.319,03**	**448,28**	**14,7**
341	Tragende Innenwände	893,63 m²	201.139,41	225,08	3,3
342	Nichttragende Innenwände	766,05 m²	90.271,90	117,84	1,5
343	Innenstützen	19,00 m	5.644,63	297,09	< 0,1
344	Innenwandöffnungen	259,64 m²	270.220,82	1.040,75	4,4
345	Innenwandbekleidungen	2.971,25 m²	248.686,41	83,70	4,1
346	Elementierte Innenwandkonstruktionen	71,22 m²	71.793,16	1.008,05	1,2
347	Lichtschutz zur KG 340	–	–	–	–
349	Sonstiges zur KG 340	1.990,54 m² IWF	4.562,71	2,29	< 0,1
350	**Decken/Horizontale Baukonstruktionen**	**827,15 m² DEF**	**432.076,31**	**522,37**	**7,1**
351	Deckenkonstruktionen	827,15 m²	208.820,30	252,46	3,4
352	Deckenöffnungen	–	–	–	–
353	Deckenbeläge	744,63 m²	127.865,62	171,72	2,1
354	Deckenbekleidungen	751,13 m²	74.307,95	98,93	1,2
355	Elementierte Deckenkonstruktionen	–	–	–	–
359	Sonstiges zur KG 350	827,15 m² DEF	21.082,44	25,49	0,3
360	**Dächer**	**933,27 m² DAF**	**618.367,38**	**662,58**	**10,2**
361	Dachkonstruktionen	865,77 m²	193.303,21	223,27	3,2
362	Dachöffnungen	1,56 m²	5.243,85	3.361,44	< 0,1
363	Dachbeläge	931,71 m²	346.907,46	372,33	5,7
364	Dachbekleidungen	778,47 m²	54.403,70	69,89	0,9
365	Elementierte Dachkonstruktionen	–	–	–	–
366	Lichtschutz zur KG 360	–	–	–	–
369	Sonstiges zur KG 360	933,27 m² DAF	18.509,14	19,83	0,3
370	**Infrastrukturanlagen**	**–**	**–**	**–**	**–**
380	**Baukonstruktive Einbauten**	**1.790,04 m² BGF**	**16.676,57**	**9,32**	**0,3**
390	**Sonst. Maßnahmen für Baukonstrukt.**	**1.790,04 m² BGF**	**372.721,48**	**208,22**	**6,1**

Kostenkennwerte für die Kostengruppen 400 der 2. und 3.Ebene DIN 276 (Übersicht)

KG	Kostengruppe	Menge Einheit	Kosten €	€/Einheit	% an 3+4
400	**Bauwerk – Technische Anlagen**	**1.790,04 m² BGF**	**1.909.052,10**	**1.066,49**	**31,4**
410	**Abwasser-, Wasser-, Gasanlagen**	**1.790,04 m² BGF**	**93.862,03**	**52,44**	**1,5**
411	Abwasseranlagen	1.790,04 m² BGF	23.163,14	12,94	0,4
412	Wasseranlagen	1.790,04 m² BGF	64.181,89	35,86	1,1
413	Gasanlagen	–	–	–	–
419	Sonstiges zur KG 410	1.790,04 m² BGF	6.517,00	3,64	0,1
420	**Wärmeversorgungsanlagen**	**1.790,04 m² BGF**	**267.313,91**	**149,33**	**4,4**
421	Wärmeerzeugungsanlagen	1.790,04 m² BGF	114.863,08	64,17	1,9
422	Wärmeverteilnetze	1.790,04 m² BGF	69.101,75	38,60	1,1
423	Raumheizflächen	1.790,04 m² BGF	83.349,09	46,56	1,4
424	Verkehrsheizflächen	–	–	–	–
429	Sonstiges zur KG 420	–	–	–	–
430	**Raumlufttechnische Anlagen**	**1.790,04 m² BGF**	**306.514,91**	**171,23**	**5,0**
431	Lüftungsanlagen	1.790,04 m² BGF	257.947,18	144,10	4,2
432	Teilklimaanlagen	1.790,04 m² BGF	48.567,74	27,13	0,8
433	Klimaanlagen	–	–	–	–
434	Kälteanlagen	–	–	–	–
439	Sonstiges zur KG 430	–	–	–	–
440	**Elektrische Anlagen**	**1.790,04 m² BGF**	**974.125,68**	**544,19**	**16,0**
441	Hoch- und Mittelspannungsanlagen	–	–	–	–
442	Eigenstromversorgungsanlagen	1.790,04 m² BGF	513.222,16	286,71	8,4
443	Niederspannungsschaltanlagen	–	–	–	–
444	Niederspannungsinstallationsanlagen	1.790,04 m² BGF	328.977,36	183,78	5,4
445	Beleuchtungsanlagen	1.790,04 m² BGF	115.562,58	64,56	1,9
446	Blitzschutz- und Erdungsanlagen	1.790,04 m² BGF	16.363,59	9,14	0,3
447	Fahrleitungssysteme	–	–	–	–
449	Sonstiges zur KG 440	–	–	–	–
450	**Kommunikationstechnische Anlagen**	**1.790,04 m² BGF**	**121.857,72**	**68,08**	**2,0**
451	Telekommunikationsanlagen	–	–	–	–
452	Such- und Signalanlagen	1.790,04 m² BGF	13.874,60	7,75	0,2
453	Zeitdienstanlagen	–	–	–	–
454	Elektroakustische Anlagen	1.790,04 m² BGF	3.327,98	1,86	< 0,1
455	Audiovisuelle Medien- u. Antennenanl.	1.790,04 m² BGF	824,29	0,46	< 0,1
456	Gefahrenmelde- und Alarmanlagen	1.790,04 m² BGF	19.366,56	10,82	0,3
457	Datenübertragungsnetze	1.790,04 m² BGF	84.464,30	47,19	1,4
458	Verkehrsbeeinflussungsanlagen	–	–	–	–
459	Sonstiges zur KG 450	–	–	–	–
460	**Förderanlagen**	**1.790,04 m² BGF**	**76.630,70**	**42,81**	**1,3**
461	Aufzugsanlagen	1.790,04 m² BGF	76.630,70	42,81	1,3
462	Fahrtreppen, Fahrsteige	–	–	–	–
463	Befahranlagen	–	–	–	–
464	Transportanlagen	–	–	–	–
465	Krananlagen	–	–	–	–
466	Hydraulikanlagen	–	–	–	–
469	Sonstiges zur KG 460	–	–	–	–
470	**Nutzungsspez. u. verfahrenstechn. Anl.**	**–**	**–**	**–**	**–**
480	**Gebäude- und Anlagenautomation**	**1.790,04 m² BGF**	**22.884,92**	**12,78**	**0,4**
490	**Sonst. Maßnahmen für techn. Anlagen**	**1.790,04 m² BGF**	**45.862,22**	**25,62**	**0,8**

Kostenkennwerte für die Kostengruppen der 3.Ebene DIN 276

KG	Kostengruppe	Menge Einheit	Kosten €	€/Einheit	%
310	**Baugrube / Erdbau**				**100,0**
311	**Herstellung**	166,64 m³BGl	21.449	**128,72**	100,0
	Erdaushub (34m³), Hinterfüllungen mit Lieferkies (85m³), Rohrgrabenaushub, t=60-90cm, lagern, verfüllen (57m³)				
320	**Gründung, Unterbau**				**100,0**
322	**Flachgründungen und Bodenplatten**	838,15 m²	254.565	**303,72**	55,4
	Stb-Streifenfundamente C20/25, 85x80cm, Schalung, Bewehrung (112m³), 90-120x50cm (73m³), Stb-Bodenplatte C25/30, d=18cm (827m²), Stb-Aufzugsunterfahrt C25/30, WU, d=25-40cm, Wandhöhe 120cm (11m²), Mehrspartenhauseinführung (1St), Rohrdurchführungen (16St)				
324	**Gründungsbeläge**	792,57 m²	155.498	**196,20**	33,8
	Bitumenabdichtung (827m²), EPS-Dämmung WLG 035, d=40mm, Zementestrich, d=80mm (782m²), Spachtelung, PVC-Bodenbelag (289m²), PVC-Sockel (165m), Teppich (267m²), Teppichsockel (249m), Bodenfliesen 60x30cm (196m²), 10x10cm (33m²), Fliesensockel (127m), Bodenbeschichtung (8m²)				
325	**Abdichtungen und Bekleidungen**	211,25 m²	49.486	**234,25**	10,8
	PE-Folie, XPS-Perimeterdämmung WLG 035, d=120mm (655m²), Bitumenbeschichtung, XPS-Perimeterdämmung WLG 035, d=140mm, senkrecht (24m²)				
330	**Außenwände/Vertikale Baukonstruktionen, außen**				**100,0**
331	**Tragende Außenwände**	565,30 m²	249.190	**440,81**	18,3
	Stb-Wände C25/30, d=24cm, Schalung, Bewehrung (372m²), Stb-Über-/Unterzüge C25/30, d=24cm (194m²)				
332	**Nichttragende Außenwände**	60,19 m²	23.431	**389,29**	1,7
	Stb-Attika C25/30, d=24cm, Schalung, Bewehrung (60m²)				
333	**Außenstützen**	89,60 m	22.032	**245,89**	1,6
	Stb-Stützen C25/30, 20-30x24cm, Schalung, Bewehrung (90m)				
334	**Außenwandöffnungen**	333,33 m²	328.813	**986,45**	24,2
	Kunststofffenster/-türen, Uw=0,9W/m²K, Dreifachverglasung, mehrteilig, 79 Festverglasungen, 71 Drehkippflügel, 55 Kunststoff-Verbundpaneele (333m²), Fensterbänke außen, Alu (165m), innen, Naturstein (105m), Durchwurfbriefkasten (1St)				
335	**Außenwandbekleidungen, außen**	668,22 m²	454.959	**680,85**	33,4
	Mineralwolldämmung WLG 035, d=180mm (567m²), Sockelabdichtung, Perimeterdämmung (99m²), Verblendmauerwerk, d=11,5cm, hinterlüftet, Dübelanker (666m²), Fensteranschlüsse, Abdichtung, Dämmung (436m), FT-Stürze (175m), Konsolanker (172m), Sockeldämmsteine (148m), Dämmung, Faserzementbekleidung (2m²)				
336	**Außenwandbekleidungen, innen**	523,83 m²	60.883	**116,23**	4,5
	Gipsputz Q3 (524m²), Spachtelung Q3 (450m²), GK-Verkofferungen (139m²), GK-Stützenbekleidung (20m²), Vliestapete, Dispersionsbeschichtung (524m²), in Laibungen (416m)				

KG	Kostengruppe	Menge Einheit	Kosten €	€/Einheit	%
337	**Element. Außenwandkonstruktionen**	58,79 m²	100.345	**1.706,84**	7,4
	Alu-Pfosten-Riegelfassaden, Uw=0,9W/m²K, Dreifachverglasung, 14 Festverglasungen, vier Eingangstüren, zwei Drehkippflügel, zwei Alu-Verbundpaneele (36m²), zweifach abgewinkelt, acht Festverglasungen, 13 Alu-Verbundpaneele, eine Automatik-Schiebetür, zweiflüglig (23m²)				
338	**Lichtschutz zur KG 330**	170,10 m²	119.393	**701,90**	8,8
	Alu-Lamellenraffstores, Motorantrieb, Schienenführung, Alukästen (170m²), Alu-Sturzblenden (165m)				
339	**Sonstiges zur KG 330**	1.017,61 m² AWF	2.464	**2,42**	0,2
	Handläufe, Edelstahl, D=40mm (9m)				
340	**Innenwände/Vertikale Baukonstruktionen, innen**				**100,0**
341	**Tragende Innenwände**	893,63 m²	201.139	**225,08**	22,5
	KS-Mauerwerk, d=20-24cm (657m²), KS-Fertigteilstürze (79m), Stb-Wände C25/30, d=20cm, Schalung, Bewehrung (237m²), Kernbohrungen (181St)				
342	**Nichttragende Innenwände**	766,05 m²	90.272	**117,84**	10,1
	GK-Wände F30, d=15cm, beidseitig doppelt beplankt, Mineralwolldämmung, d=80mm, Rw=56dB (671m²), d=24cm, Mineralwolldämmung, d=60mm, Rw=58dB (31m²), Revisionsklappen (3St), KS-Mauerwerk, d=11,5cm (64m²)				
343	**Innenstützen**	19,00 m	5.645	**297,09**	0,6
	Stb-Stützen C25/30, 20x24cm, Schalung, Bewehrung (16m), D=20cm (3m)				
344	**Innenwandöffnungen**	259,64 m²	270.221	**1.040,75**	30,3
	Holztüren, Vollspaneinlage, Rw=32dB, Oberfläche HPL, Stahlzargen, Beschichtung (142m²), Röhrenspaneinlage, Rw=27dB (37m²), T30 RS, Rw=32dB (21m²), Türantrieb (1St), Alu-Glas-Brandschutztüren T30 RS, einflüglig, Seitenteil, Oberlicht (39m²), Feststellanlagen (4St), Alu-Festverglasung (24m²), Alu-Glastürelemente, zweiflüglig, Oberlicht (14m²), Innenfenster (3m²)				
345	**Innenwandbekleidungen**	2.971,25 m²	248.686	**83,70**	27,9
	Gipsputz Q3 (1.965m²), Spachtelung Q3 (1.689m²), GK-Vorsatzschalen, doppelt beplankt, Mineralwolldämmung, d=40mm (138m²), GK-Verkofferungen (21m²), Vliestapeten, Dispersionsbeschichtung (2.405m²), mit Akzentbildern (509m²), Wandfliesen 10x10cm (49m²), Spiegel, flächenbündig (8m²)				
346	**Elementierte Innenwandkonstruktionen**	71,22 m²	71.793	**1.008,05**	8,0
	WC-Trennwände, Holzwerkstoff, Oberfläche HPL, vier Türen (43m²), mobile Trennwand, d=11,5cm, R=48dB, sechs Elemente, Alurahmen, Spanplattenbeplankung, Oberfläche HPL, Deckenführungsschiene (17m²), Alu-Glaswandelement, Automatik-Schiebetür, zweiflüglig, Oberlichter (11m²)				
349	**Sonstiges zur KG 340**	1.990,54 m² IWF	4.563	**2,29**	0,5
	Handläufe, Edelstahl, D=40mm (16m)				
350	**Decken/Horizontale Baukonstruktionen**				**100,0**
351	**Deckenkonstruktionen**	827,15 m²	208.820	**252,46**	48,3
	Stb-Decken C25/30, d=22cm, Sichtschalung, Bewehrung (802m²), Stb-Fertigteiltreppen C25/30, Laufbreite 150cm, 19 Stg, zweiläufig, Zwischenpodest (14m²), Laufbreite 140cm (12m²)				

KG	Kostengruppe	Menge Einheit	Kosten €	€/Einheit	%
353	**Deckenbeläge**	744,63 m²	127.866	**171,72**	29,6
	EPS-Dämmung WLG 035, d=40mm, Zementestrich, d=65mm (749m²), Abstellwinkel, L 180x100 (22m), Teppich (477m²), Teppichsockel (383m), Spachtelung, PVC-Bodenbelag (193m²), PVC-Sockel (179m), Bodenfliesen 60x30cm (33m²), 10x10cm (26m²), 60x10cm, auf Tritt-/Setzstufen, Treppensockel (15m²), Fliesensockel (48m)				
354	**Deckenbekleidungen**	751,13 m²	74.308	**98,93**	17,2
	Mineralfaser-Rasterdecken, Abhängehöhe 10cm (315m²), GK-Akustikdecken, Abhängehöhe 96cm (155m²), GK-Friese, b=35-50cm (80m²), Langfeld-Metalldecken, Abhängehöhe 90cm (74m²), GK-Decken, Abhängehöhe 40cm (58m²), Dispersionsbeschichtung (362m²)				
359	**Sonstiges zur KG 350**	827,15 m² DEF	21.082	**25,49**	4,9
	Treppen-/Brüstungsgeländer, Stahl, h=110cm, Pfosten 60x8mm, Ober-/Untergurte, vertikale Füllstäbe 40x10mm, Beschichtung, Handlauf D=40mm (89m)				
360	**Dächer**				**100,0**
361	**Dachkonstruktionen**	865,77 m²	193.303	**223,27**	31,3
	Stb-Flachdächer C25/30, d=22cm, Sichtschalung, Bewehrung (866m²)				
362	**Dachöffnungen**	1,56 m²	5.244	**3.361,44**	0,8
	Dachausstieg 1,25x1,25m (2m²)				
363	**Dachbeläge**	931,71 m²	346.907	**372,33**	56,1
	Bitumendampfsperre, EPS-Gefälledämmung WLG 035, d=140-300mm (911m²), Steinwolle-Gefälledämmung WLG 035, d=140-300mm (200m²), PUR-Dämmung WLG 030, d=100mm, h=40cm, vertikal (183m), Bitumenabdichtung, zweilagig (932m²), Randbohle, Alu-Attikaabdeckungen (168m), Wasserfangkästen, Attikaabläufe (14St), Notabläufe (14St), Fallrohre, Titanzink (77m), Standrohre (14St), Dunstrohre (4St), Flachdachentlüfter (4St)				
364	**Dachbekleidungen**	778,47 m²	54.404	**69,89**	8,8
	Mineralfaser-Rasterdecken, Abhängehöhe 10cm (315m²), Langfeld-Metalldecken, Abhängehöhe 90cm (80m²), GK-Friese, b=35cm (58m²), GK-Decken, Abhängehöhe 40cm (31m²), Dispersionsbeschichtung (296m²)				
369	**Sonstiges zur KG 360**	933,27 m² DAF	18.509	**19,83**	3,0
	Flachdach-Absturzsicherung (psch), Sekuranten (24St)				
380	**Baukonstruktive Einbauten**				**100,0**
381	**Allgemeine Einbauten**	1.790,04 m² BGF	16.677	**9,32**	100,0
	Einbauküche, Ober-/Unterschränke, Hochschrank, Kochfeld, Dunstabzug, Backofen, Mikrowelle, Spüle (1St), Teeküche, Ober-/Unterschränke, Hochschrank, Kochfeld, Dunstabzug, Spüle (1St)				

KG	Kostengruppe	Menge Einheit	Kosten €	€/Einheit	%
390	**Sonstige Maßnahmen für Baukonstruktionen**				**100,0**
391	**Baustelleneinrichtung**	1.790,04 m²BGF	221.118	**123,53**	59,3
	Baustelleneinrichtungen (psch), Sanitärcontainer, zwei WCs (1St), Baustromanschluss (1St), Baustromverteiler (3St), Bauwasseranschluss (1St), Baubeleuchtung (psch), Verkehrssicherung (psch), Bauzaun (270m), Schnurgerüst (psch), Absturzsicherungen (39m), Öffnungen abdecken (13St), Bauschilder (2St), Bautür (1St)				
392	**Gerüste**	1.790,04 m²BGF	83.590	**46,70**	22,4
	Arbeitsgerüst, Lastklasse 4 (1,371m²), Konsolen, b=64cm (474m), Überbrückung (6m), Treppentürme (2St), Raumgerüste, Treppenhäuser (8St), Schachtgerüst (1St)				
396	**Materialentsorgung**	1.790,04 m²BGF	721	**0,40**	0,2
	Container für Baumischabfälle (1t); Entsorgung, Deponiegebühren				
397	**Zusätzliche Maßnahmen**	1.790,04 m²BGF	67.292	**37,59**	18,1
	Schließen von Fensteröffnungen mit Folie (373m²), Schutzabdeckungen mit Folie (1.308m²), mit Hartfaserplatten (255m²), Bauteilabklebungen (3.005m), Bauendreinigung (psch), Ersatzlieferung Fensterbänke (62m)				
410	**Abwasser-, Wasser-, Gasanlagen**				**100,0**
411	**Abwasseranlagen**	1.790,04 m²BGF	23.163	**12,94**	24,7
	PP-Rohre DN50-110, Formstücke, Rohrdämmung (111m), PVC-Kondensatleitungen 25-32mm (106m), KG-Rohre DN100, Formstücke (51m), Rohrschotts (16St), Dachentlüftungshauben (4St), Geruchsverschlüsse (14St)				
412	**Wasseranlagen**	1.790,04 m²BGF	64.182	**35,86**	68,4
	Edelstahlrohre DN12-25, Formstücke, Rohrdämmung (216m), Brandschotts (7St), Automatik-Rückspülfilter (1St), Druckminderer (1St), Ventile (5St), Hygienespülungen (3St), WCs (6St), barrierefrei (1St), Handwaschbecken (8St), barrierefrei (1St), Urinale, Spülautomatik (2St), Ausgussbecken (1St), Elektro-Durchlauferhitzer 3,5kW (9St), 13,2kW (3St), Außenarmaturen, Einbauschränke, zwei Steckdosen (2St), Armaturen				
419	**Sonstiges zur KG 410**	1.790,04 m²BGF	6.517	**3,64**	6,9
	Montageelemente für Waschbecken (8St), barrierefrei (1St), für Wand-WCs (4St), barrierefrei (1St), für Stützgriffe (2St), für Urinale (2St), für Ausgussbecken (1St), Traverse (1St)				
420	**Wärmeversorgungsanlagen**				**100,0**
421	**Wärmeerzeugungsanlagen**	1.790,04 m²BGF	114.863	**64,17**	43,0
	Luft-Wasser-Wärmepumpen 40kW (2St), Warmwassermodul DN50 (1St), Masterregler (1St), Pufferspeicher 1.000l (1St), Tauchheizkörper 6kW (4St), differenzdruckloser Verteiler (1St), Umwälzpumpen DN32 (2St), Durchfluss-Schalter DN50 (2St), PE-Xa-Rohre DN50, gedämmt, Formstücke (60m), Stahl-Flexrohre DN25, gedämmt (7m)				

KG	Kostengruppe	Menge Einheit	Kosten €	€/Einheit	%
422	**Wärmeverteilnetze**	1.790,04 m²BGF	69.102	**38,60**	25,9

Edelstahlrohre DN15-40, Formstücke, Rohrdämmung (272m), Brandschotts (14St), Umwälzpumpen (2St), Luftgefäße (9St), Druckausdehnungsgefäße 50l (2St), Kugelhähne (18St), Ventile (6St), Schlammabscheider (2St), Messdosen für Leckwarnsystem (2St), Wasserzähler (1St), Enthärtungsarmatur (1St)

KG	Kostengruppe	Menge Einheit	Kosten €	€/Einheit	%
423	**Raumheizflächen**	1.790,04 m²BGF	83.349	**46,56**	31,2

Fußbodenheizung, EPS-Tackerplatten WLG 035, d=30mm (1.479m²), PB-Rohre 15mm (5.766m), Heizkreisverteiler, sieben bis zwölf Heizkreise, Verteilerschränke (8St), Differenzdruckregler (8St), Stellantriebe (76St), Raumthermostate (56St), Einzelraumregelungen (8St), Luftschleieranlage, Heizleistung 18,6kW, Volumenstrom 3.600m³/h (1St), Frostschutzthermostat (1St), Absperrventil (1St), Raumtemperatursensor (1St), Magnet-Türkontakt (1St)

KG	Kostengruppe	Menge Einheit	Kosten €	€/Einheit	%
430	**Raumlufttechnische Anlagen**				**100,0**
431	**Lüftungsanlagen**	1.790,04 m²BGF	257.947	**144,10**	84,2

Kompaktlüftungsgeräte mit WRG, Volumenstrom 1.100m³/h (3St), 500m³/h, dezentral (3St), 185-235m³/h, Wandmontage, Vorheizung, Bedienelement (2St), Motorabsperrklappen (6St), Nachheizregister (6St), CO_2-Fühler (9St), Kondensatpumpen (8St), Stahl-Rechteckkanäle, Formstücke, Dämmung (141m²), Wickelfalzrohre DN80-315, Formstücke, Rohrdämmung (59m), Stahl-Ovalrohre, Formstücke, Rohrdämmung (54m), Alu-Flexrohre DN80-250 (18m), Brandschotts (7St), Schalldämpfer (38St), Dralldurchlässe (14St), Luftventile (14St), Lüftungsgitter (3St), Wetterschutzgitter (13St), Fassadenauslässe (4St), Dachhauben (4St), Einzelraumlüfter (11St)

KG	Kostengruppe	Menge Einheit	Kosten €	€/Einheit	%
432	**Teilklimaanlagen**	1.790,04 m²BGF	48.568	**27,13**	15,8

Multi-Split-Klimageräte, Kühlleistung 8,0kW, Heizleistung 9,6kW, Wandmontage (1St), Kühlleistung 4,0kW, Heizleistung 4,4kW (1St), Umweltschutzwannen (2St), Heizblöcke (2St), Reparaturschalter (2St), Single-Split-Klimageräte, Kühlleistung 2,5kW, Heizleistung 3,2kW, in Rasterdecken, Fernbedienungen (3St), Kühlleistung 2,0kW, Heizleistung 2,5kW, Wandmontage, Fernbedienungen (2St), Kältemittelleitungen 1/4-3/8", Kupfer, gedämmt (302m), Brandschotts (3St)

KG	Kostengruppe	Menge Einheit	Kosten €	€/Einheit	%
440	**Elektrische Anlagen**				**100,0**
442	**Eigenstromversorgungsanlagen**	1.790,04 m²BGF	513.222	**286,71**	52,7

Photovoltaikanlage, Nennleistung 375Wp, 255 Module 176x104cm, Aufständerung (psch), Wechselrichter (2St), Wandlerzählerschrank (1St), Stromspeicher 50kW (1St), Solarkabel (1.000m), Starkstromkabel (75m)

KG	Kostengruppe	Menge Einheit	Kosten €	€/Einheit	%
444	**Niederspannungsinstallationsanlagen**	1.790,04 m²BGF	328.977	**183,78**	33,8

Wandlerschränke (3St), Zählerschränke (3St), Drehstromzähler (2St), Hauptverteiler (2St), Unterverteiler (4St), Sicherungslastschaltleisten (2St), Lasttrenner 630A (1St), Trenn-/Schutzschalter (157St), Sicherungen (179St), Kombiableiter (6St), Mantelleitungen (9.923m), Starkstromkabel (288m), Installationskabel (1.329m), Fernsprech-Außenkabel (39m), Leerrohre (501m), Brüstungskanäle (236m), Brandschutzkanäle (68m), Unterflurkanäle (20m), Brandschotts (47St), Steckdosen (378St), Schalter/Taster (172St), Bodentanks (10St), Präsenzmelder (32St)

KG	Kostengruppe	Menge Einheit	Kosten €	€/Einheit	%
445	**Beleuchtungsanlagen**	1.790,04 m² BGF	115.563	**64,56**	11,9
	LED-Einlegeleuchten 62,5x62,5cm (55St), dimmbar (32St), 120x30cm (21St), Stehleuchten, Licht-/Präsenzmelder (31St), Einbauleuchten (15St), LED-Aufbauleuchten (12St), LED-Spiegelleuchten (9St), Aufbaustrahler (4St), Lichtbänder, l=5,50m (4St), l=2,00m (4St), l=7,3m (3St), l-förmig, l=10,70m (1St), l=6,15m (1St), LED-Einbaudownlights (2St), Außenleuchte (1St), Rettungszeichenleuchten (18St), Sicherheitsleuchten (8St), BUS-Überwachungszentrale (1St), Fernmeldetableau (1St)				
446	**Blitzschutz- und Erdungsanlagen**	1.790,04 m² BGF	16.364	**9,14**	1,7
	Fundamenterder, Bandstahl 30x3,5mm (315m), Fangleitungen, Alu, D=8mm (200m), Ableitungen V4A, D=10mm (189m), Alu, D=8mm (129m), Anschlussfahnen (34St), Potenzialausgleichsschienen (3St), Mantelleitungen (145m), Klemmen (94St), Schellen (22St), Fangstangen (13St), Überbrückungen (9St)				
450	**Kommunikations-, sicherheits- und informationstechnische Anlagen**				**100,0**
452	**Such- und Signalanlagen**	1.790,04 m² BGF	13.875	**7,75**	11,4
	Sprechanlage, Türstation, Standsäule (1St), Innensprechanlage mit Gegensprechfunktion (1St), Notruf für barrierefreies WC (1St), Signalleuchte (1St), Zugraster (2St), Abstelltaster (1St), USV-Modul (1St), Installationskabel (47m)				
454	**Elektroakustische Anlagen**	1.790,04 m² BGF	3.328	**1,86**	2,7
	Bluetooth-Receiver (1St), Radio (1St), Decken-Einbaulautsprecher (6St), Installationskabel (82m)				
455	**Audiovisuelle Medien- u. Antennenanl.**	1.790,04 m² BGF	824	**0,46**	0,7
	Feuerwehr-Antenne (psch)				
456	**Gefahrenmelde- und Alarmanlagen**	1.790,04 m² BGF	19.367	**10,82**	15,9
	Einbruchmeldezentrale (1St), 2-Meldergruppenmodule (6St), Erweiterungsmodule, 16 Meldergruppen (2St), LCD-Bedienteil (1St), IP-Übertragungsgerät (1St), Türmodul (1St), Auswerteeinheit (1St), Bewegungsmelder (4St), Zutrittsleser (3St), Rauchmelder (2St), Reedkontakte (2St), Riegelschaltkontakte (2St)				
457	**Datenübertragungsnetze**	1.790,04 m² BGF	84.464	**47,19**	69,3
	19"-Verteilerschränke (2St), Patchpanels (16St), 19"-Rangierfelder (3St), Datenkabel, duplex (5.791m), simplex (1.523m), LWL-Kabel (143m), Datenanschlussdosen RJ45 (381St)				
460	**Förderanlagen**				**100,0**
461	**Aufzugsanlagen**	1.790,04 m² BGF	76.631	**42,81**	100,0
	Personenaufzug, barrierefrei, Tragkraft 630kg, acht Personen, Förderhöhe 3,41m, zwei Haltestellen (1St), RWA-Schachtentrauchung (1St)				
480	**Gebäude- und Anlagenautomation**				**100,0**
481	**Automationseinrichtungen**	1.790,04 m² BGF	13.662	**7,63**	59,7
	KNX-Wetterstation, Mast (1St), KNX-Jalousieaktoren (62St)				
482	**Schaltschränke, Automation**	1.790,04 m² BGF	7.039	**3,93**	30,8
	KNX-Dali-Gateways, Spannungsversorgung (2St), Logikmodule (2St), Binäreingänge, achtfach (2St), Schaltaktoren, vierfach (3St), Handumschaltung (1St)				

KG	Kostengruppe	Menge Einheit	Kosten €	€/Einheit	%
484	**Kabel, Leitungen und Verlegesysteme**	1.790,04 m²BGF	2.184	**1,22**	9,5
	EIB-Busleitungen (567m)				
490	**Sonstige Maßnahmen für technische Anlagen**				**100,0**
495	**Instandsetzungen**	1.790,04 m²BGF	42.618	**23,81**	92,9
	Hochdruck-Rohrreinigung (51m)				
498	**Provisorische technische Anlagen**	1.790,04 m²BGF	3.244	**1,81**	7,1
	Provisorischer Verteileranschluss (1St), provisorischer Datenanschluss (1St)				
510	**Erdbau**				**100,0**
511	**Herstellung**	24,35 m³EBR	7.556	**310,30**	100,0
	Rohrgrabenaushub, lagern, verfüllen (24m³)				
520	**Gründung, Unterbau**				**100,0**
522	**Gründungen und Bodenplatten**	8,10 m²	1.069	**131,97**	100,0
	Stb-Fundamentplatte C25/30, d=25cm, Schalung, Bewehrung (8m²)				
530	**Oberbau, Deckschichten**				**100,0**
533	**Plätze, Höfe, Terrassen**	76,60 m²	4.404	**57,50**	100,0
	Betonpflaster, Lagermaterial (77m²)				
550	**Technische Anlagen**				**100,0**
554	**Wärmeversorgungsanlagen**	–	28.861	–	19,0
	Fernwärmeleitungen DN25-40, gedämmt, Formstücke, Sandbett (118m)				
556	**Elektrische Anlagen**	–	114.825	–	75,6
	Außenschrankverteiler 130x114x32cm (1St), CEE-Einspeisesteckdose (1St), Kombiableiter (17St), Kabelschächte 60x80cm (2St), Starkstromkabel (1.443m), Autoladestationen (3St), Alu-Standsäulen (2St), Fahrradladestationen, drei Steckdosen (2St), LED-Pollerleuchten (25St), LED-Mastleuchten, h=3m (3St), LED-Wandleuchten (2St), LED-Strahler (1St), Bewegungsmelder (2St)				
557	**Kommunikationstechnische Anlagen**	–	8.150	–	5,4
	Patchfeld (1St), EIB-Busleitungen (795m), LWL-Kabel (155m), Daten-Außenkabel, simplex (144m)				
590	**Sonstige Maßnahmen für Außenanlagen und Freiflächen**				**100,0**
591	**Baustelleneinrichtung**	–	2.227	–	35,6
	Baustelleneinrichtung (1St)				
594	**Abbruchmaßnahmen**	–	4.025	–	64,4
	Aufnehmen und Lagern von Betonpflaster (77m²)				

Kostenkennwerte für Leistungsbereiche nach STLB (Kosten des Bauwerks nach DIN 276)

LB	Leistungsbereiche	Kosten €	€/m² BGF	€/m³ BRI	% an 3+4
000	Baustellen-, Sicherheitseinr. inkl. 001, 089	304.708	170,20	47,00	5,0
002	Erdarbeiten	21.449	12,00	3,30	0,4
006	Spezialtiefbauarbeiten inkl. 005	–	–	–	–
009	Entwässerungskanalarbeiten inkl. 011	47.894	26,80	7,40	0,8
010	Drän- und Versickerarbeiten	–	–	–	–
012	Mauerarbeiten	598.202	334,20	92,30	9,8
013	Betonarbeiten	1.086.288	606,90	167,70	17,9
014	Natur-, Betonwerksteinarbeiten	28.519	15,90	4,40	0,5
016	Zimmer- und Holzbauarbeiten	–	–	–	–
017	Stahlbauarbeiten	–	–	–	–
018	Abdichtungsarbeiten	22.092	12,30	3,40	0,4
019	Kampfmittelräumarbeiten	–	–	–	–
020	Dachdeckungsarbeiten	–	–	–	–
021	Dachabdichtungsarbeiten	334.938	187,10	51,70	5,5
022	Klempnerarbeiten	41.080	22,90	6,30	0,7
	Rohbau	**2.485.169**	**1.388,30**	**383,60**	**40,8**
023	Putz- und Stuckarbeiten, Wärmedämmsysteme	96.226	53,80	14,90	1,6
024	Fliesen- und Plattenarbeiten	69.668	38,90	10,80	1,1
025	Estricharbeiten	83.588	46,70	12,90	1,4
026	Fenster, Außentüren inkl. 029, 032	310.573	173,50	47,90	5,1
027	Tischlerarbeiten	209.092	116,80	32,30	3,4
028	Parkett-, Holzpflasterarbeiten	–	–	–	–
030	Rollladenarbeiten	119.393	66,70	18,40	2,0
031	Metallbauarbeiten inkl. 035	261.300	146,00	40,30	4,3
034	Maler- und Lackiererarb. - Beschicht. inkl. 037	203.143	113,50	31,40	3,3
036	Bodenbelagarbeiten	123.698	69,10	19,10	2,0
038	Vorgehängte hinterlüftete Fassaden	9.040	5,10	1,40	0,1
039	Trockenbauarbeiten	237.850	132,90	36,70	3,9
	Ausbau	**1.723.571**	**962,90**	**266,00**	**28,3**
040	Wärmeversorgungsanl. - Betriebseinr. inkl. 041	243.206	135,90	37,50	4,0
042	Gas- u. Wasseranl. - Leitung., Armat. inkl. 043	31.850	17,80	4,90	0,5
044	Abwasseranl. - Leitungen, Abläufe, Armaturen	12.651	7,10	2,00	0,2
045	Gas, Wasser, Entwässerung - Ausstattung inkl. 046	38.649	21,60	6,00	0,6
047	Dämm- und Brandschutzarb. an techn. Anlagen	66.460	37,10	10,30	1,1
049	Feuerlöschanlagen, Feuerlöschgeräte	–	–	–	–
050	Blitzschutz-/Erdungsanlagen, Überspannungssch.	16.364	9,10	2,50	0,3
053	Niederspannungsanl. - Kabel inkl. 052, 054	818.965	457,50	126,40	13,5
055	Sicherheits- u. Ersatzstromversorgungsanl.	–	–	–	–
057	Gebäudesystemtechnik	22.885	12,80	3,50	0,4
058	Leuchten und Lampen inkl. 059	115.563	64,60	17,80	1,9
060	Such, Signal, Zeit, Anten., akust. Anl. inkl. 064	13.971	7,80	2,20	0,2
061	Kommunikations- u. Übertragungsnetze inkl. 063	108.597	60,70	16,80	1,8
069	Aufzüge	76.631	42,80	11,80	1,3
070	Gebäudeautomation	–	–	–	–
075	Raumlufttechnische Anlagen inkl. 078	295.366	165,00	45,60	4,9
	Gebäudetechnik	**1.861.158**	**1.039,70**	**287,30**	**30,6**
084	Abbruch, Rückbau, Schadstoffsanierung	–	–	–	–
	Abbrucharbeiten	**–**	**–**	**–**	**–**
	Sonstige Leistungsbereiche	**13.821**	**7,70**	**2,10**	**0,2**

1300-0330
Bürogebäude
(15 AP)

Kostenkennwerte für die Kosten des Bauwerks (Kostengruppen 300+400 nach DIN 276)

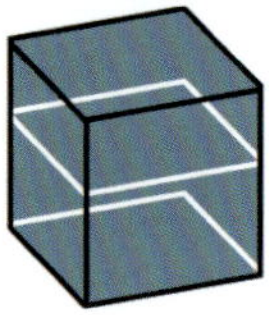

BRI 975 €/m³

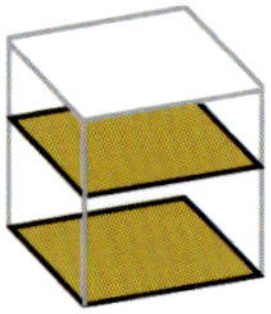

BGF 3.497 €/m²

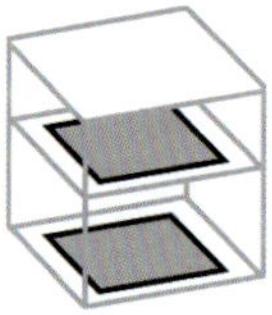

NUF 4.570 €/m²

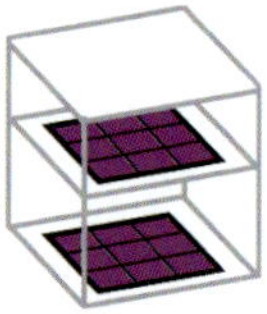

NE 101.737 €/NE

NE: Arbeitsplätze

Objekt:
Kennwerte: 3.Ebene DIN 276
BRI: 1.565 m³
BGF: 436 m²
NUF: 334 m²
Bauzeit: 48 Wochen
Bauende: 2022
Standard: mittel
Bundesland: Nordrhein-Westfalen
Kreis: Oberbergischer Kreis

Architekt*in:
pier7 architekten gmbh
Faunastraße 41
40239 Düsseldorf

Bauherr*in:
BAV - Bergischer Abfallwirtschaftsverband
Braunswerth 1-3
51766 Engelskirchen

© Michael Reisch

© Michael Reisch

© Michael Reisch

© Michael Reisch

Zeichnungen

Ansicht Nord

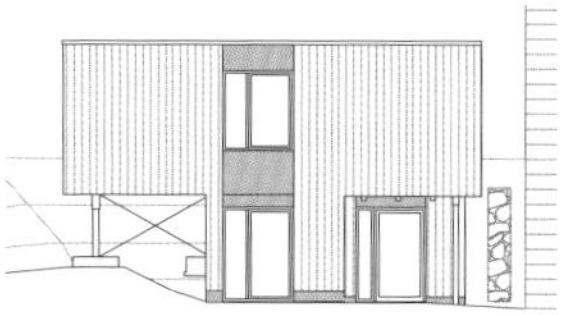

Ansicht Ost

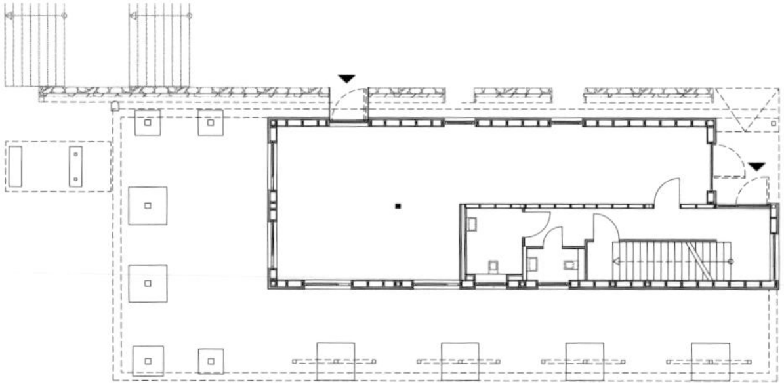

Erdgeschoss

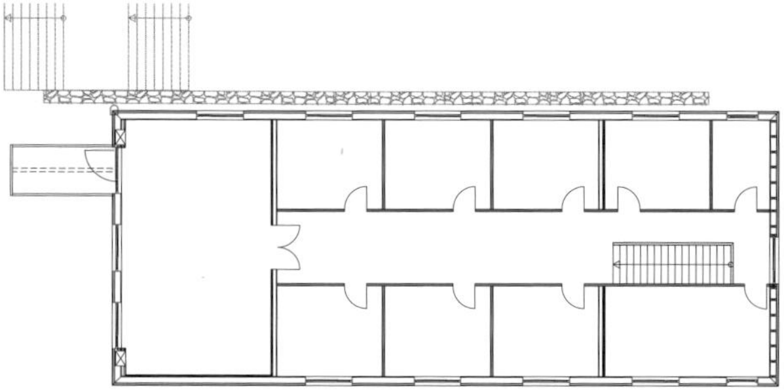

Obergeschoss

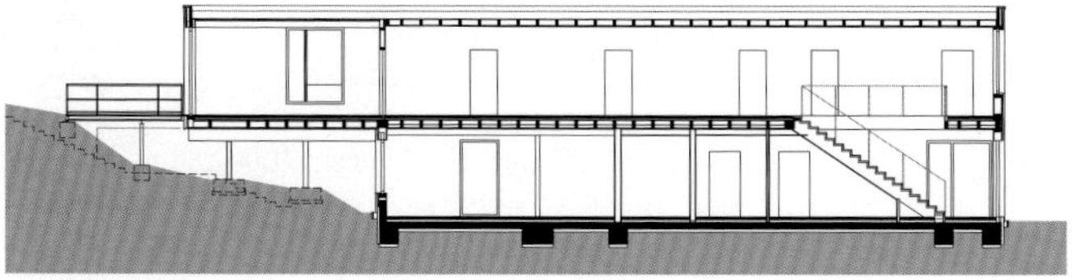

Schnitt A-A

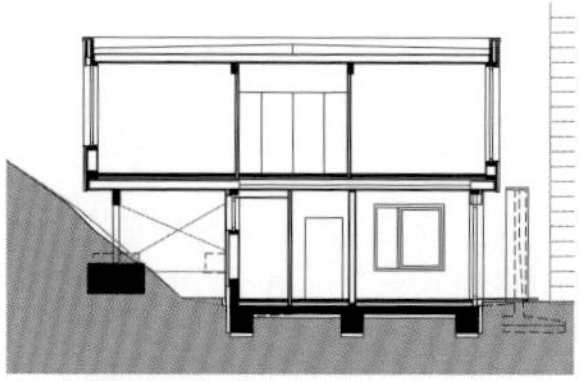

Schnitt B-B

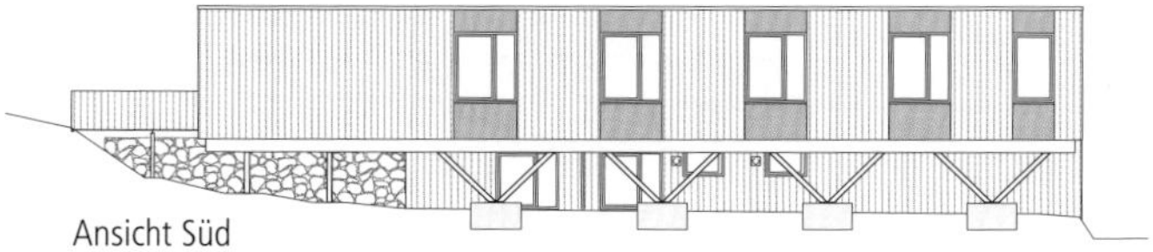

Ansicht Süd

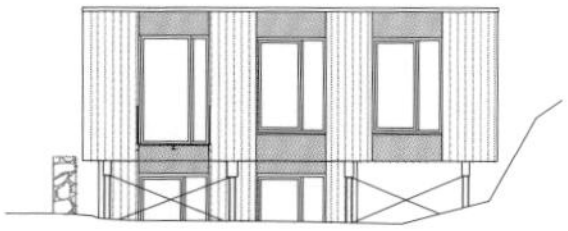

Ansicht West

Objektbeschreibung

Allgemeine Objektinformationen

Das zweigeschossige Büro- und Ausstellungsgebäude erweitert das Raumangebot eines Forschungs- und Lernstandorts auf einer ehemaligen Mülldeponie. Das Bauwerk rahmt, parallel mit dem bestehenden Transferzentrum, den Blick auf die Recyclingachse und den Deponiekegel. Der Eingriff erfolgte durch die geringe Grundfläche des Erdgeschosses mit kleinem Fußabdruck, das Obergeschoss ragt an zwei Seiten darüber hinaus. Der Ausstellungsbereich für Individualbesucher im Erdgeschoss kann später in Büroräume unterteilt werden. Im Obergeschoss flankieren die Büroräume einen Kombibereich mit offener Besprechungszone, am Ende ist der große Veranstaltungsraum. Die Trennwände zwischen den Büros können zugunsten eines Großraums rückgebaut werden. Beide Geschosse sind barrierefrei erschlossen.

Nutzung

1 Erdgeschoss
Ausstellung, WC, Technik, Flur

1 Obergeschoss
Büros, Meetingzone, Seminarräume, Veranstaltungsraum

Nutzeinheiten

Arbeitsplätze: 15

Grundstück

Bauraum: Beengter Bauraum
Neigung: Hanglage
Bodenklasse: BK 1 bis BK 3

Besonderer Kosteneinfluss Grundstück
Baufeld auf Deponiegelände

Markt

Hauptvergabezeit: 4. Quartal 2021
Baubeginn: 4. Quartal 2021
Bauende: 4. Quartal 2022
Konjunkturelle Gesamtlage: über Durchschnitt
Regionaler Baumarkt: unter Durchschnitt

Baukonstruktion

Das Gebäude wurde in Holzrahmenbauweise mit tragenden und aussteifenden Wänden, sowie Holz- und Stahlstützen konzipiert und besteht somit aus FSC-zertifizierten, nachwachsenden Rohstoffen. Die Gründung erfolgt über eine tragende Bodenplatte für das Erdgeschoss, sowie Punktfundamente für die V-Stützen im Bereich des Gebäudeüberstands. Die Geschossdecke und das Flachdach sind als Holzbalkendecken ausgeführt. Die nahezu bodentiefen Holzfenster sind im Obergeschoss teilweise mit Raffstores ausgestattet. Durch die Vorhangfassade mit offener Holzlattung ist die hellgrüne Wetterschutzbahn zu sehen. Die durch Schraubverbindungen montierten Bauteile können rückgebaut und sortenrein getrennt werden.

Technische Anlagen

Der Neubau wurde an das bestehende Nahenergienetz angeschlossen. Eine Fußbodenheizung sorgt für eine angenehme Raumtemperatur. Die Warmwasserbereitung erfolgt über einen Durchlauferhitzer. Der Veranstaltungsraum wird über ein dezentrales Lüftungsgerät mit Frischluft versorgt. Das Gebäude verfügt über ein Datennetzwerk und Gebäudeautomation.

Sonstiges

Energielieferant ist die Deponie selbst. Aus Bioabfällen wird Biogas gewonnen, die Abwärme der Deponie wird in Energie umgewandelt, die Photovoltaikanlagen auf den Dächern des Standorts produzieren Strom. Diese Energie wird in das Standorteigene Blockheizkraftwerk bzw. ins allgemeine Stromnetz eingespeist.

Energetische Kennwerte

Gesetzliche Grundlage: GEG 2020
Gebäudenutzfläche: 356,54 m^2
Gebäudevolumen: 1.461,32 m^3
A/V_e-Verhältnis (Kompaktheit): 0,74 m^{-1}
Hüllfläche des beheizten Volumens: 1.092,50 m^2
Spez. Transmissionswärmeverlust: 0,35 W/($m^2 \cdot K$)
Mittlerer U-Wert (opake Bauteile): 0,18 W/($m^2 \cdot K$)
Mittlerer U-Wert (transparente Bauteile): 1,20 W/($m^2 \cdot K$)
Mittlerer U-Wert (Glasdächer, etc.): 1,40 W/($m^2 \cdot K$)
Spez. Jahresprimärenergiebedarf: 79,80 kWh/($m^2 \cdot a$)
Spez. Jahresendenergiebedarf: 136,89 kWh/($m^2 \cdot a$)
CO_2-Emissionen: 22,79 kg/($m^2 \cdot a$)

Energetische Angaben zu Außenbauteilen

Bodenplatte

U-Wert: 0,29 W/(m²·K)

Gesamtdicke: 55,50 cm	d [cm]	λ [W/(m·K)]
Bodenbelag	0,50	0,230
Estrich	6,50	1,400
Trittschalldämmung	3,00	0,040
Dämmung	8,00	0,035
Bitumenbahn	0,50	0,170
Stahlbeton	22,00	2,100
Kies	15,00	1,600

Außenwand Sockel

U-Wert: 0,31 W/(m²·K)

Gesamtdicke: 32,10 cm	d [cm]	λ [W/(m·K)]
GK-Platte	1,50	0,250
Dampfsperre	0,20	0,170
Dämmung	2,00	0,035
Bitumenabdichtung	0,20	0,170
Stahlbeton	20,00	2,100
Bitumenabdichtung	0,20	0,170
Dämmung	8,00	0,035

Außenwand hinterlüftet

U-Wert: 0,19 W/(m²·K)

Gesamtdicke: 28,60 cm	d [cm]	λ [W/(m·K)]
GK-Platte	1,50	0,250
OSB-Platte	1,50	0,170
Holz	24,00	0,130
Dämmung	24,00	0,035
Holzfaserplatte	1,50	0,070
Abdichtung	0,10	0,170

Flachdach

U-Wert: 0,20 W/(m²·K)

Gesamtdicke: 38,10 cm	d [cm]	λ [W/(m·K)]
GK-Platte	1,50	0,250
Holz	18,00	0,130
Luftschicht ruhend	18,00	2,500
OSB-Platte	2,20	0,170
Dampfsperre	0,20	0,170
Dämmung	16,00	0,035
Abdichtung	0,20	0,170

Planungskennwerte für Flächen und Rauminhalte nach DIN 277

Flächen des Grundstücks		Menge Einheit	% an GF
BF	Bebaute Fläche	–	–
UF	Unbebaute Fläche	–	–
GF	Grundstücksfläche	–	–

Grundflächen des Bauwerks		Menge Einheit	% an NUF	% an BGF
NUF	Nutzungsfläche	333,90 m²	100,0	76,5
TF	Technikfläche	4,79 m²	1,4	1,1
VF	Verkehrsfläche	30,22 m²	9,1	6,9
NRF	Netto-Raumfläche	368,91 m²	110,5	84,5
KGF	Konstruktions-Grundfläche	67,43 m²	20,2	15,5
BGF	Brutto-Grundfläche	436,34 m²	130,7	100,0

Brutto-Rauminhalt des Bauwerks		Menge Einheit	BRI/NUF (m)	BRI/BGF (m)
BRI	Brutto-Rauminhalt	1.564,90 m³	4,69	3,59

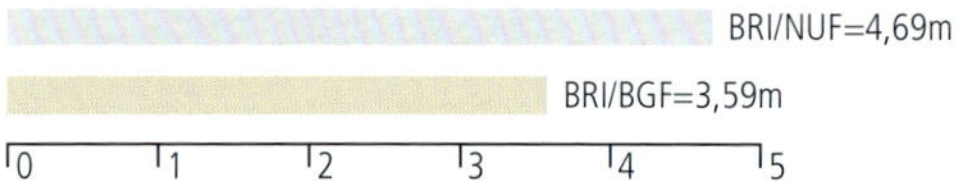

KG	Kostengruppen (2. Ebene)	Menge Einheit	Menge/NUF	Menge/BGF
310	Baugrube / Erdbau	174,35 m³ BGI	0,52	0,40
320	Gründung, Unterbau	296,14 m² GRF	0,89	0,68
330	Außenwände/Vertikale Baukonstruktionen, außen	365,29 m² AWF	1,09	0,84
340	Innenwände/Vertikale Baukonstruktionen, innen	323,95 m² IWF	0,97	0,74
350	Decken/Horizontale Baukonstruktionen	296,14 m² DEF	0,89	0,68
360	Dächer	291,19 m² DAF	0,87	0,67

Kostenkennwerte für die Kostengruppen der 1.Ebene DIN 276

KG	Kostengruppen (1.Ebene)	Einheit	Kosten €	€/Einheit	€/m² BGF	€/m³ BRI	% 300+400
100	Grundstück	m² GF	–	–	–	–	–
200	Vorbereitende Maßnahmen	m² GF	1.715	–	3,93	1,10	0,1
300	Bauwerk – Baukonstruktionen	m² BGF	1.209.619	2.772,19	2.772,19	772,97	79,3
400	Bauwerk – Technische Anlagen	m² BGF	316.430	725,19	725,19	202,20	20,7
	Bauwerk 300+400	**m² BGF**	**1.526.049**	**3.497,39**	**3.497,39**	**975,17**	**100,0**
500	Außenanlagen und Freiflächen	m² AF	23.382	–	53,59	14,94	1,5
600	Ausstattung und Kunstwerke	m² BGF	5.837	13,38	13,38	3,73	0,4
700	Baunebenkosten	m² BGF	–	–	–	–	–
800	Finanzierung	m² BGF	–	–	–	–	–

KG	Kostengruppe	Menge Einheit	Kosten €	€/Einheit	%
200	**Vorbereitende Maßnahmen**	–	1.715	**–**	0,1
	Abbruch von Rohrleitungen; Entsorgung				
3+4	**Bauwerk**				**100,0**
300	**Bauwerk – Baukonstruktionen**	436,34 m² BGF	1.209.619	**2.772,19**	79,3
	Stb-Fundamente, Stb-Bodenplatte, Abdichtung, Heizestrich, Vinyl, Bodenfliesen; Stb-Sockel, Holzrahmenwände, Stahlstützen, Holzfenster, Holz-Glastüren, hinterlüftete Lattenbekleidung, Faserzementbekleidung, GK-Bekleidung, Spachtelung, Beschichtung, Wandfliesen, Raffstores, Glasabsturzsicherungen; GK-Wände, Holzstützen, Glastüren, Holztüren; Holzbalkendecke, Holztreppe; Holz-Flachdach, Gefälledämmung, Kunststoffabdichtung, Dachentwässerung				
400	**Bauwerk – Technische Anlagen**	436,34 m² BGF	316.430	**725,19**	20,7
	Gebäudeentwässerung, Kaltwasserleitungen, Durchlauferhitzer; Nahwärmeübergabestation, Heizungsrohre, Fußbodenheizung; dezentrale Lüftungsgeräte; Elektroinstallation, Beleuchtung, Blitzschutz; Ruf-Kompaktset, Datennetzwerk; Gebäudeautomation				
500	**Außenanlagen und Freiflächen**	–	23.382	**–**	1,5
	Böschungsprofilierung; Abwasserleitung, Wasserleitung, Nahwärmeleitung				
600	**Ausstattung und Kunstwerke**	436,34 m² BGF	5.837	**13,38**	0,4
	Sanitärausstattung				

Kostenkennwerte für die Kostengruppen der 2. Ebene DIN 276

KG	Kostengruppe	Menge Einheit	Kosten €	€/Einheit	%
200	**Vorbereitende Maßnahmen**				**100,0**
210	**Herrichten**	–	1.715	–	100,0
	Abbruch von Rohrleitungen (28m); Entsorgung				
300	**Bauwerk – Baukonstruktionen**				**100,0**
310	**Baugrube / Erdbau**	174,35 m³ BGI	14.868	**85,28**	1,2
	Baugrubenaushub (44m³), Bodenabtrag, Böschungsbereiche (20m³), Aushub fördern, lagern (158m³), Arbeitsraum verfüllen, Kies-Sand-Gemisch (52m³), Rohrgrabenaushub, lagern, verfüllen (16m³)				
320	**Gründung, Unterbau**	296,14 m² GRF	126.534	**427,28**	10,5
	Fundamentaushub, lagern (186m³), Verfüllung mit Mineralgemisch (98m³), Stb-Fundamente (34m³), Stb-Bodenplatte (126m²) * Bitumenabdichtung (117m²), EPS-Dämmung, Zement-Heizestrich (109m²), Vinyl (95m²), Bodenfliesen (9m²) * Filterschicht (85m²), Bitumendickbeschichtung, Perimeterdämmung, vertikal (37m²) * Dränage (41m)				
330	**Außenwände/Vert. Baukonstrukt., außen**	365,29 m² AWF	512.188	**1.402,14**	42,3
	Stb-Wandsockel (20m²), Holzrahmenwände (246m²) * Stahlstützen (29m), Holzstütze (3m) * Holzfenster (84m²), Holz-Glastüren (19m²) * Abdichtung (20m²), hinterlüftete Lattenbekleidung, Holzlasur (307m²), Faserzementbekleidung (52m²) * XPS-Dämmung (24m²), Vakuumdämmung (4m²), GK-Bekleidung (260m²), Dispersionsbeschichtung (260m²), Wandfliesen (3m²) * Alu-Raffstores (28m²) * Faserzement-Umrahmung, Zugang (1St), Glasabsturzsicherungen (6St)				
340	**Innenwände/Vert. Baukonstrukt., innen**	323,95 m² IWF	135.123	**417,11**	11,2
	Holzrahmenwände (82m²) * GK-Wände (215m²) * Holzstützen (17m) * Glastüren (17m²), Holztüren (12m²), digitale Schließzylinder (10St) * GK-Bekleidung (203m²), GK-Installationsebene (72m²), Dispersionsbeschichtung (546m²), Wandfliesen (6m²)				
350	**Decken/Horizontale Baukonstruktionen**	296,14 m² DEF	191.177	**645,56**	15,8
	Holzbalkendecke, Zwischenbalkendämmung, OSB-Schalung (289m²), Holzwangentreppe (7m²), Stahlträger (18m), Gitterroste (7m²) * EPS-Dämmung, Zement-Heizestrich, Vinyl (252m²), Vinyl, Trittstufen (8m²) * hinterlüftete Lattenbekleidung, Holzlasur (161m²), MDF-Bekleidung, GK-Bekleidung F30 (123m²), Dispersionsbeschichtung (107m²), Brandschutzbeschichtung (7m²) * Glasgeländer (12m), Stahlgeländer (8m)				
360	**Dächer**	291,19 m² DAF	175.401	**602,36**	14,5
	Holz-Flachdach, OSB-Schalung (289m²) * EPS-Gefälledämmung, Kunststoffabdichtung (276m²), Attikaabläufe (2St), Notabläufe (2St), Regenfallrohre (12m) * GK-Bekleidung F30 (203m²), Akustikbekleidung (63m²), Dispersionsbeschichtung (260m²), Holzlasur auf Balken (89m²)				
380	**Baukonstruktive Einbauten**	436,34 m² BGF	5.397	**12,37**	0,4
	Schranktüren (3St) * Folienbeschriftungen (9St)				

KG	Kostengruppe	Menge Einheit	Kosten €	€/Einheit	%
390	**Sonst. Maßnahmen für Baukonstrukt.**	436,34 m² BGF	48.931	**112,14**	4,0
	Baustelleneinrichtungen (15St), Verkehrssicherung (10m), Baustrom (psch) * Fassadengerüst (590m²), Konsolverbreiterungen (74m), Überbrückungen (6m), Rollgerüst (psch) * Witterungsschutz (300m²), Folienabklebungen (231m²), Schutzabdeckungen von Glasbrüstungen (13m), Reserve-Faserzement-platten (3m²), Baureinigung (662m²)				
400	**Bauwerk – Technische Anlagen**				**100,0**
410	**Abwasser-, Wasser-, Gasanlagen**	436,34 m² BGF	29.370	**67,31**	9,3
	PVC-Rohre (64m), PP-Rohre (33m) * Mehrschichtverbundrohre (30m), Hauswasserstation (1St), Wasserzähler (1St), Systemtrenner (1St), Wand-WCs (2St), Waschtische (2St), Durchlauferhitzer (1St), Warmwasserspeicher (1St) * Installationselemente (4St)				
420	**Wärmeversorgungsanlagen**	436,34 m² BGF	56.688	**129,92**	17,9
	Nahwärmeübergabestation (1St), Wärmemengenzähler (1St), Membranausdehnungsgefäß (1St), Regulierventile (5St) * Mehrschichtverbundrohre (145m) * Fußbodenheizung, EPS-Dämmrollplatte, PE-Xa-Rohre (365m²), Heizkreisverteiler (3St), Stellantriebe (45St)				
430	**Raumlufttechnische Anlagen**	436,34 m² BGF	46.513	**106,60**	14,7
	Zu-/Abluftgeräte mit WRG (2St), Raumbedieneinheit (1St), Einzelraumlüfter (1St)				
440	**Elektrische Anlagen**	436,34 m² BGF	132.131	**302,82**	41,8
	NS-Hauptverteiler (1St), Stromzähler (1St), Stromwandler (3St), Kombiableiter (1St), Mantelleitungen (2.070m), Gummischlauchleitung (200m), Installationskabel (150m), Starkstromkabel (75m), Boden-tanks (23St), Steckdosen (103St), Schalter (2St) * Anbauleuchten (68St), LED-Downlights (14St), Wannenleuchte (1St), Sicherheitsleuchten (14St), Rettungszeichenleuchten (6St), Einzelbatterie-Über-wachungssystem (1St) * Ringerder (178m), Fangleitungen (150m)				
450	**Kommunikationstechnische Anlagen**	436,34 m² BGF	19.341	**44,33**	6,1
	Ruf-Kompaktset für barrierefreie WCs (2St) * Netzwerkschrank (1St), Modulträger (5St), Rangierfelder (3St), RJ45-Module (88St), Datenkabel (1.199m), Datenanschlussdosen (53St)				
480	**Gebäude- und Anlagenautomation**	436,34 m² BGF	30.390	**69,65**	9,6
	Miniserver (1St), Erweiterungseinheiten (11St), Wetterstation (1St), Präsenzmelder (18St), Rauch-melder (17St), Fünf-Punkt-Taster mit Raumklimasensor (16St), Raumtemperatursensoren (2St), Tauchtemperatursensoren (3St), Tauchtemperatur-Sicherheitswächter (1St), Bedientableau (1St) * Installations-/Datenkabel (400m)				
490	**Sonst. Maßnahmen für techn. Anlagen**	436,34 m² BGF	1.998	**4,58**	0,6
	Rollgerüst (1St), Fahrsteiger (1St) * Baureinigung von Leuchten (77St), WCs (2St), Waschtischen (2St), Haustechnik (psch)				
500	**Außenanlagen und Freiflächen**				**100,0**
510	**Erdbau**	93,60 m³ EBR	12.428	**132,77**	53,1
	Aushub einbauen (94m³), Böschungsprofilierung (224m²)				

KG	Kostengruppe	Menge Einheit	Kosten €	€/Einheit	%
550	**Technische Anlagen**	–	10.955	–	46,9

PVC-Rohre, Begleitheizung (10m) * Mehrschichtverbundrohre, Begleitheizung (10m) * Stahlrohre, Begleitheizung (5m)

KG	Kostengruppe	Menge Einheit	Kosten €	€/Einheit	%
600	**Ausstattung und Kunstwerke**				**100,0**
610	**Allgemeine Ausstattung**	436,34 m² BGF	5.837	**13,38**	100,0

Papierhandtuchspender (2St), Papierabfallbehälter (2St), Seifenspender (2St), Spiegel 141x60cm (2St), Hygieneabfallbehälter (2St), Hygienebeutelspender (2St), WC-Bürstengarnituren (2St), WC-Papierrollenhalter (1St), WC-Ersatzrollenhalter (2St), Wandhaken (2St)

Kostenkennwerte für die Kostengruppen 300 der 2. und 3. Ebene DIN 276 (Übersicht)

KG	Kostengruppe	Menge Einheit	Kosten €	€/Einheit	% an 3+4
300	**Bauwerk – Baukonstruktionen**	**436,34 m² BGF**	**1.209.618,86**	**2.772,19**	**79,3**
310	**Baugrube / Erdbau**	**174,35 m³ BGI**	**14.867,84**	**85,28**	**1,0**
311	Herstellung	174,35 m³ BGI	14.867,84	85,28	1,0
312	Umschließung	–	–	–	–
313	Wasserhaltung	–	–	–	–
314	Vortrieb	–	–	–	–
319	Sonstiges zur KG 310	–	–	–	–
320	**Gründung, Unterbau**	**296,14 m² GRF**	**126.534,17**	**427,28**	**8,3**
321	Baugrundverbesserung	–	–	–	–
322	Flachgründungen und Bodenplatten	296,14 m²	94.137,82	317,88	6,2
323	Tiefgründungen	–	–	–	–
324	Gründungsbeläge	108,66 m²	21.459,76	197,49	1,4
325	Abdichtungen und Bekleidungen	340,65 m²	8.301,32	24,37	0,5
326	Dränagen	296,14 m² GRF	2.635,26	8,90	0,2
329	Sonstiges zur KG 320	–	–	–	–
330	**Außenwände/Vert. Baukonstrukt., außen**	**365,29 m² AWF**	**512.187,50**	**1.402,14**	**33,6**
331	Tragende Außenwände	266,49 m²	100.269,64	376,26	6,6
332	Nichttragende Außenwände	–	–	–	–
333	Außenstützen	31,67 m	14.536,94	459,01	1,0
334	Außenwandöffnungen	98,80 m²	167.095,31	1.691,25	10,9
335	Außenwandbekleidungen, außen	365,03 m²	148.377,76	406,48	9,7
336	Außenwandbekleidungen, innen	268,56 m²	52.219,85	194,44	3,4
337	Element. Außenwandkonstruktionen	–	–	–	–
338	Lichtschutz zur KG 330	28,24 m²	10.384,63	367,73	0,7
339	Sonstiges zur KG 330	365,29 m² AWF	19.303,35	52,84	1,3
340	**Innenwände/Vert. Baukonstrukt., innen**	**323,95 m² IWF**	**135.123,21**	**417,11**	**8,9**
341	Tragende Innenwände	82,14 m²	21.819,38	265,64	1,4
342	Nichttragende Innenwände	213,39 m²	29.887,41	140,06	2,0
343	Innenstützen	16,65 m	1.010,06	60,66	< 0,1
344	Innenwandöffnungen	28,42 m²	48.113,24	1.692,94	3,2
345	Innenwandbekleidungen	559,24 m²	34.293,12	61,32	2,2
346	Elementierte Innenwandkonstruktionen	–	–	–	–
347	Lichtschutz zur KG 340	–	–	–	–
349	Sonstiges zur KG 340	–	–	–	–
350	**Decken/Horizontale Baukonstruktionen**	**296,14 m² DEF**	**191.177,00**	**645,56**	**12,5**
351	Deckenkonstruktionen	296,14 m²	82.090,82	277,20	5,4
352	Deckenöffnungen	–	–	–	–
353	Deckenbeläge	259,51 m²	41.699,48	160,69	2,7
354	Deckenbekleidungen	276,28 m²	41.374,61	149,76	2,7
355	Elementierte Deckenkonstruktionen	–	–	–	–
359	Sonstiges zur KG 350	296,14 m² DEF	26.012,10	87,84	1,7
360	**Dächer**	**291,19 m² DAF**	**175.401,21**	**602,36**	**11,5**
361	Dachkonstruktionen	288,58 m²	51.042,69	176,88	3,3
362	Dachöffnungen	–	–	–	–
363	Dachbeläge	291,19 m²	84.530,78	290,29	5,5
364	Dachbekleidungen	265,89 m²	39.827,72	149,79	2,6
365	Elementierte Dachkonstruktionen	–	–	–	–
366	Lichtschutz zur KG 360	–	–	–	–
369	Sonstiges zur KG 360	–	–	–	–
370	**Infrastrukturanlagen**	**–**	**–**	**–**	**–**
380	**Baukonstruktive Einbauten**	**436,34 m² BGF**	**5.397,23**	**12,37**	**0,4**
390	**Sonst. Maßnahmen für Baukonstrukt.**	**436,34 m² BGF**	**48.930,72**	**112,14**	**3,2**

Kostenkennwerte für die Kostengruppen 400 der 2. und 3. Ebene DIN 276 (Übersicht)

KG	Kostengruppe	Menge Einheit	Kosten €	€/Einheit	% an 3+4
400	**Bauwerk – Technische Anlagen**	**436,34 m² BGF**	**316.430,28**	**725,19**	**20,7**
410	**Abwasser-, Wasser-, Gasanlagen**	**436,34 m² BGF**	**29.369,61**	**67,31**	**1,9**
411	Abwasseranlagen	436,34 m² BGF	8.874,60	20,34	0,6
412	Wasseranlagen	436,34 m² BGF	18.298,36	41,94	1,2
413	Gasanlagen	–	–	–	–
419	Sonstiges zur KG 410	436,34 m² BGF	2.196,65	5,03	0,1
420	**Wärmeversorgungsanlagen**	**436,34 m² BGF**	**56.688,15**	**129,92**	**3,7**
421	Wärmeerzeugungsanlagen	436,34 m² BGF	17.522,32	40,16	1,1
422	Wärmeverteilnetze	436,34 m² BGF	13.618,18	31,21	0,9
423	Raumheizflächen	436,34 m² BGF	25.547,65	58,55	1,7
424	Verkehrsheizflächen	–	–	–	–
429	Sonstiges zur KG 420	–	–	–	–
430	**Raumlufttechnische Anlagen**	**436,34 m² BGF**	**46.512,65**	**106,60**	**3,0**
431	Lüftungsanlagen	436,34 m² BGF	46.512,65	106,60	3,0
432	Teilklimaanlagen	–	–	–	–
433	Klimaanlagen	–	–	–	–
434	Kälteanlagen	–	–	–	–
439	Sonstiges zur KG 430	–	–	–	–
440	**Elektrische Anlagen**	**436,34 m² BGF**	**132.131,07**	**302,82**	**8,7**
441	Hoch- und Mittelspannungsanlagen	–	–	–	–
442	Eigenstromversorgungsanlagen	–	–	–	–
443	Niederspannungsschaltanlagen	–	–	–	–
444	Niederspannungsinstallationsanlagen	436,34 m² BGF	68.533,74	157,06	4,5
445	Beleuchtungsanlagen	436,34 m² BGF	50.134,89	114,90	3,3
446	Blitzschutz- und Erdungsanlagen	436,34 m² BGF	13.462,44	30,85	0,9
447	Fahrleitungssysteme	–	–	–	–
449	Sonstiges zur KG 440	–	–	–	–
450	**Kommunikationstechnische Anlagen**	**436,34 m² BGF**	**19.341,06**	**44,33**	**1,3**
451	Telekommunikationsanlagen	–	–	–	–
452	Such- und Signalanlagen	436,34 m² BGF	661,33	1,52	< 0,1
453	Zeitdienstanlagen	–	–	–	–
454	Elektroakustische Anlagen	–	–	–	–
455	Audiovisuelle Medien- u. Antennenanl.	–	–	–	–
456	Gefahrenmelde- und Alarmanlagen	–	–	–	–
457	Datenübertragungsnetze	436,34 m² BGF	18.679,73	42,81	1,2
458	Verkehrsbeeinflussungsanlagen	–	–	–	–
459	Sonstiges zur KG 450	–	–	–	–
460	**Förderanlagen**	**–**	**–**	**–**	**–**
461	Aufzugsanlagen	–	–	–	–
462	Fahrtreppen, Fahrsteige	–	–	–	–
463	Befahranlagen	–	–	–	–
464	Transportanlagen	–	–	–	–
465	Krananlagen	–	–	–	–
466	Hydraulikanlagen	–	–	–	–
469	Sonstiges zur KG 460	–	–	–	–
470	**Nutzungsspez. u. verfahrenstechn. Anl.**	**–**	**–**	**–**	**–**
480	**Gebäude- und Anlagenautomation**	**436,34 m² BGF**	**30.389,67**	**69,65**	**2,0**
490	**Sonst. Maßnahmen für techn. Anlagen**	**436,34 m² BGF**	**1.998,09**	**4,58**	**0,1**

Kostenkennwerte für die Kostengruppen der 3.Ebene DIN 276

KG	Kostengruppe	Menge Einheit	Kosten €	€/Einheit	%
210	**Herrichten**				**100,0**
212	**Abbruchmaßnahmen**	–	1.715	–	100,0
	Abbruch von Rohrleitungen bis DN200 (28m), Trennschnitte (12St); Entsorgung				
310	**Baugrube / Erdbau**				**100,0**
311	**Herstellung**	174,35 m³BGI	14.868	**85,28**	100,0
	Baugrubenaushub, d bis 55cm (44m³), Bodenabtrag, Sand, Kies, Böschungsbereiche (20m³), Aushub laden, fördern, lagern (158m³), Arbeitsraum verfüllen, Kies-Sand-Gemisch (52m³), Rohrgrabenaushub, t bis 125cm, lagern, verfüllen (16m³), Planum (85m²)				
320	**Gründung, Unterbau**				**100,0**
322	**Flachgründungen und Bodenplatten**	296,14 m²	94.138	**317,88**	74,4
	Fundamentaushub, fördern, lagern (186m³), Verfüllung mit Mineralgemisch (98m³), Planum (174m²), Stb-Einzel/Streifenfundamente C25/30, Schalung, Bewehrung (34m³), Stb-Bodenplatte C25/30, d=22cm (126m²)				
324	**Gründungsbeläge**	108,66 m²	21.460	**197,49**	17,0
	Bitumenabdichtung (117m²), EPS-Dämmung WLG 035, d=40mm, Zement-Heizestrich, d=65mm (109m²), Vinyl (95m²), Holzsockel (63m), Abdichtung, Bodenfliesen 60x60cm (9m²), Fliesensockel (9m)				
325	**Abdichtungen und Bekleidungen**	340,65 m²	8.301	**24,37**	6,6
	Filterschicht, Kies-Sandgemisch, d=15cm, PE-Folie (85m²), Bitumendickbeschichtung, XPS-Perimeterdämmung, Dränmatte, vertikal (37m²)				
326	**Dränagen**	296,14 m²GRF	2.635	**8,90**	2,1
	Dränrohre DN100 (41m), Ummantelung, Splitt 11/16mm (8m³), Filtervlies (46m²)				
330	**Außenwände/Vertikale Baukonstruktionen, außen**				**100,0**
331	**Tragende Außenwände**	266,49 m²	100.270	**376,26**	19,6
	Stb-Wandsockel C25/30, d=20cm, h=50cm, Schalung, Bewehrung (20m²), Wanddurchführungen (7St), Holzrahmenwände, d=27cm, KVH 8x24cm, außen MDF-Schalung, d=16mm, innen OSB-Schalung, d=15mm, Mineralwolldämmung WLG 035, d=240mm (246m²), Aussteifungsrahmen HEB180, h=2,89m, b=3,08m (1St)				
333	**Außenstützen**	31,67 m	14.537	**459,01**	2,8
	V-Stützen HEB160 (17m), Stahlstützen HEB140 (9m), HEB100 (3m), Zugstäbe (4St), Holzstütze, KVH 16x16cm (3m)				
334	**Außenwandöffnungen**	98,80 m²	167.095	**1.691,25**	32,6
	Holzfenster/-Fenstertüren, Uw=1,25W/m²K, Drehkipp, fest (73m²), mit VSG (7m²), Holz-Glastüren, Ug=1,1W/m²K, Seitenteil (15m²), ohne Seitenteil (4m²), digitale Schließzylinder (4St), Fensterbänke innen, Holz (34m), außen, Alu (33m)				

KG	Kostengruppe	Menge Einheit	Kosten €	€/Einheit	%
335	**Außenwandbekleidungen, außen**	365,03 m²	148.378	**406,48**	29,0
	Bitumendickbeschichtung (20m²), Dränmatte (6m²), Fassadenbahn, Holzunterkonstruktion, vertikale Lattenbekleidung 5x3cm, Holzlasur (307m²), Holzunterkonstruktion, Faserzementbekleidung (52m²), in Laibungen (231m), Laibungsdämmung WLG 035, d=30mm (151m), Abdeckprofile, Alu (170m), Lüftungsgitter (145m), Verbundblechsockel (78m)				
336	**Außenwandbekleidungen, innen**	268,56 m²	52.220	**194,44**	10,2
	XPS-Dämmung WLG 035, d=30mm (24m²), Vakuumdämmung, d=40mm (4m²), GK-Bekleidung (260m²), in Laibungen (275m), GK-Vorsatzschalen (16m²), GK-Verkofferungen (16m²), Spachtelung Q3, Dispersionsbeschichtung (260m²), in Laibungen (158m), Brandschutzbeschichtung auf Stahlstützen (6m²), Wandfliesen 30x60cm (3m²)				
338	**Lichtschutz zur KG 330**	28,24 m²	10.385	**367,73**	2,0
	Alu-Außenraffstores, Motorantrieb (28m²), U-Blenden (13m)				
339	**Sonstiges zur KG 330**	365,29 m² AWF	19.303	**52,84**	3,8
	Faserzement-Umrahmung von Zugang, Stahlhohlprofil-UK 40x40mm, Laibungen 1,40x2,50m, Dach 1,40x1,60m (1St), Glasabsturzsicherungen 1,87x0,55m (5St), 1,25x0,55m (1St)				
340	**Innenwände/Vertikale Baukonstruktionen, innen**				**100,0**
341	**Tragende Innenwände**	82,14 m²	21.819	**265,64**	16,1
	Holzrahmenwände, d=14cm, KVH 6-8x14cm, beidseitig OSB-Schalung, d=15mm, Faserdämmung WLG 040, d=120mm (82m²), Aussteifungsrahmen HEB180, h=2,89m, b=3,50m (1St)				
342	**Nichttragende Innenwände**	213,39 m²	29.887	**140,06**	22,1
	GK-Metallständerwände, d=10cm, beidseitig doppelt beplankt, Mineralwolldämmung, d=40mm (200m²), GK-Doppelständerwände F30, d=30cm, beidseitig doppelt beplankt, Mineralwolldämmung, d=80mm (15m²), Flankendämmung (39m)				
343	**Innenstützen**	16,65 m	1.010	**60,66**	0,7
	Holzstützen, KVH 14x14cm (17m)				
344	**Innenwandöffnungen**	28,42 m²	48.113	**1.692,94**	35,6
	Glastüren, VSG, Holzzargen (17m²), Holztüren, ein-/zweiflüglig, Vollspaneinlage, Oberfläche CPL, Holz-/Stahlzarge (8m²), T30 (2m²), Holztür, Röhrenspaneinlage, Oberfläche HPL, Stahlzarge (2m²), digitale Schließzylinder (10St), OTS (3St), Türstopper (13St)				
345	**Innenwandbekleidungen**	559,24 m²	34.293	**61,32**	25,4
	GK-Bekleidung (203m²), GK-Installationsebene (72m²), Spachtelung Q3, Dispersionsbeschichtung (546m²), Wandfliesen 30x60cm (6m²), Brandschutzbeschichtung auf Stahlstützen (7m²)				
350	**Decken/Horizontale Baukonstruktionen**				**100,0**
351	**Deckenkonstruktionen**	296,14 m²	82.091	**277,20**	42,9
	Holzbalkendecke, KVH (11m³), BSH (6m³), Abbund (580m), Mineralwoll-Zwischenbalkendämmung WLG 035, d=220mm (161m²), d=140mm (116m²), OSB-Schalung, d=25mm (289m²), Holzwangentreppe, 18 Stg, Laufbreite 1,60m, Stahl-/OSB-Wangen, OSB-Tritt-/Setzstufen (7m²), Stahlträger U200 (8m), U160 (4m), HEB120 (6m), Gitterroste (7m²)				

KG	Kostengruppe	Menge Einheit	Kosten €	€/Einheit	%
353	**Deckenbeläge**	259,51 m²	41.699	**160,69**	21,8
	EPS-Dämmung WLG 035, d=40mm, Zement-Heizestrich, d=65mm, Vinyl (252m²), GK-Trockenestrich, Vinyl, Trittstufen (8m²), Setzstufen (5m²), Holzsockel (209m), Gitterrostbelag (7m²)				
354	**Deckenbekleidungen**	276,28 m²	41.375	**149,76**	21,6
	Fassadenbahn, Holzunterkonstruktion, Lattenbekleidung 5x3cm, Holzlasur (161m²), Dampfbremse (116m²), MDF-Bekleidung, GK-Bekleidung F30, einlagig (123m²), Spachtelung Q3, Dispersionsbeschichtung (107m²), Brandschutzbeschichtung auf Stahlträgern (7m²)				
359	**Sonstiges zur KG 350**	296,14 m² DEF	26.012	**87,84**	13,6
	Glas-Treppen-/Brüstungsgeländer, h=1,00m, Edelstahl-Handläufe (12m), Stahlgeländer, h=1,12m, Stahlhandläufe, Lattenfüllungen (8m)				
360	**Dächer**				**100,0**
361	**Dachkonstruktionen**	288,58 m²	51.043	**176,88**	29,1
	Holz-Flachdach, BSH (8m³), KVH (6m³), Abbund (744m), OSB-Schalung, d=22mm (289m²)				
363	**Dachbeläge**	291,19 m²	84.531	**290,29**	48,2
	Dampfsperre, EPS-Gefälledämmung WLG 035, d i.M. 200mm, Kunststoffabdichtung (276m²), Attikabohle 10x17cm, Attikaabdichtung, Verbundblechanschluss (73m), Flachdachdurchführungen (3St), Attikaabläufe (2St), Notabläufe (2St), Regenfallrohre DN70, Stahl (12m)				
364	**Dachbekleidungen**	265,89 m²	39.828	**149,79**	22,7
	GK-Bekleidung F30, einlagig (203m²), Akustikbekleidung, Mineralplatten (63m²), Spachtelung Q3, Dispersionsbeschichtung (260m²), Holzlasur auf Holzbalken (89m²)				
380	**Baukonstruktive Einbauten**				**100,0**
381	**Allgemeine Einbauten**	436,34 m² BGF	4.500	**10,31**	83,4
	Schranktüren, MDF, 35x230cm (1St), 75x230cm, gelocht (2St)				
386	**Orientierungs- und Informationssysteme**	436,34 m² BGF	897	**2,06**	16,6
	Folienbeschriftungen (9St)				
390	**Sonstige Maßnahmen für Baukonstruktionen**				**100,0**
391	**Baustelleneinrichtung**	436,34 m² BGF	28.148	**64,51**	57,5
	Baustelleneinrichtungen, Hauptgewerke (2St), Nebengewerke (13St), Verkehrssicherung (10m), Baustellen-WC (12Wo), Baustrom (psch), Bautür (1St), Bautreppe (1St), Absturzsicherung (1St)				
392	**Gerüste**	436,34 m² BGF	10.210	**23,40**	20,9
	Fassadengerüst, Lastklasse 3 (483m²), Lastklasse 4 (107m²), Aufstandsflächenbefestigung (31m²), Konsolverbreiterungen, b=70cm (74m), Überbrückungen (6m), Rollgerüst (psch)				
397	**Zusätzliche Maßnahmen**	436,34 m² BGF	10.572	**24,23**	21,6
	Witterungsschutz mit Plane (300m²), Folienabklebungen (231m²), Schutzabdeckungen von Bodenflächen (62m²), von Glasbrüstungen (13m), Reservefliesen (9St), Reserve-Faserzementplatten (3m²), Baureinigung von Wand-Bodenflächen (369m²), Glasflächen (128m²), Fassaden (60m²), Raffstores (35m²), Treppe (13m²), Türen (15St), Fensterbänken (74m)				

KG	Kostengruppe	Menge Einheit	Kosten €	€/Einheit	%
410	**Abwasser-, Wasser-, Gasanlagen**				**100,0**
411	**Abwasseranlagen**	436,34 m² BGF	8.875	**20,34**	30,2
	PVC-Rohre DN100, Formstücke, Sandbett (64m), PP-Rohre DN50-110, Formstücke, Rohrdämmung (33m), Siphon (1St)				
412	**Wasseranlagen**	436,34 m² BGF	18.298	**41,94**	62,3
	Mehrschichtverbundrohre DN12-20, gedämmt, Formstücke (30m), Hausanschluss (1St), Hauswasserstation (1St), Wasserzähler (1St), Systemtrenner (1St), Probenahmeventile (2St), Wand-WC (1St), barrierefrei (1St), Waschtisch (1St), barrierefrei (1St), Durchlauferhitzer 4,4kW (1St), Warmwasserspeicher 5l (1St), Geräte-Wasseranschlüsse (2St)				
419	**Sonstiges zur KG 410**	436,34 m² BGF	2.197	**5,03**	7,5
	Installationselemente für WCs (2St), für Waschtische (2St)				
420	**Wärmeversorgungsanlagen**				**100,0**
421	**Wärmeerzeugungsanlagen**	436,34 m² BGF	17.522	**40,16**	30,9
	Nahwärmeübergabestation (1St), Wärmemengenzähler (1St), Membranausdehnungsgefäß 25l (1St), Regulierventile (5St), Kugelhähne (5St), Sicherheitsventil (1St)				
422	**Wärmeverteilnetze**	436,34 m² BGF	13.618	**31,21**	24,0
	Mehrschichtverbundrohre DN15-20, gedämmt, Formstücke (145m)				
423	**Raumheizflächen**	436,34 m² BGF	25.548	**58,55**	45,1
	Fußbodenheizung, EPS-Dämmrollplatte WLG 035, d=30mm, PE-Xa-Rohre (365m²), Heizkreisverteiler, acht-/neunfach, Verteilerschränke (3St), Stellantriebe (45St), Regelklemmleisten (3St)				
430	**Raumlufttechnische Anlagen**				**100,0**
431	**Lüftungsanlagen**	436,34 m² BGF	46.513	**106,60**	100,0
	Dezentrale Zu-/Abluftgeräte, Volumenstrom 200-500m³/h, mit WRG (2St), Raumbedieneinheit (1St), Einzelraumlüfter, Volumenstrom 13-44m³/h, mit WRG (1St)				
440	**Elektrische Anlagen**				**100,0**
444	**Niederspannungsinstallationsanlagen**	436,34 m² BGF	68.534	**157,06**	51,9
	NS-Hauptverteiler, bestückt (1St), Drehstromzähler (1St), Stromwandler (3St), Kombiableiter (1St), Überspannungsableiter (1St), Lasttrenner (1St), FI-Schalter (8St), Neozed-Sicherungen (12St), Zeitschaltuhr (1St), Dämmerungsschalter (1St), Mantelleitungen NYM (2.070m), Gummischlauchleitung H05RN (200m), Installationskabel J-Y(ST)Y (150m), Starkstromkabel NYY (75m), Leerrohre (180m), Unterflurkanäle (74m), Kabelkanäle (14m), Steigtrassen (15m), Kabelrinnen (9m), Bodentanks (23St), Steckdosen (101St), CEE-Dosen (2St), Schalter (2St)				
445	**Beleuchtungsanlagen**	436,34 m² BGF	50.135	**114,90**	37,9
	LED-Anbauleuchten (50St), LED-Downlights (14St), LED-Außenleuchten (5St), Anbauleuchten (13St), Feuchtraum-Wannenleuchte (1St), Einzelbatterie-Sicherheitsleuchten (14St), Einzelbatterie-Rettungszeichenleuchten (6St), Einzelbatterie-Überwachungssystem (1St), Notlichteinbauelemente (4St)				

KG	Kostengruppe	Menge Einheit	Kosten €	€/Einheit	%
446	**Blitzschutz- und Erdungsanlagen**	436,34 m²BGF	13.462	**30,85**	10,2
	Ringerder 30x3,5mm, Edelstahl (125m), Stahl (53m), Alu-Fangleitungen, D=8mm (150m), Verbinder (56St), Anschlüsse (62St), Fangstangen (9St), Fangspitzen (10St), Erdungsschellen (10St), Potenzialausgleichsschiene (1St), Mantelleitungen (120m)				
450	**Kommunikations-, sicherheits- und informationstechnische Anlagen**				**100,0**
452	**Such- und Signalanlagen**	436,34 m²BGF	661	**1,52**	3,4
	Ruf-Kompaktset für barrierefreie WCs (2St)				
457	**Datenübertragungsnetze**	436,34 m²BGF	18.680	**42,81**	96,6
	Netzwerkschrank 42HE (1St), Schranklüfter, Temperaturregler, Leuchte (1St), 19"-Modulträger (5St), 19"-Rangierfelder (3St), RJ-45-Module (88St), Datenkabel Cat7 (1.199m), Datenanschlussdosen (53St)				
480	**Gebäude- und Anlagenautomation**				**100,0**
481	**Automationseinrichtungen**	436,34 m²BGF	28.600	**65,54**	94,1
	Miniserver (1St), Erweiterungseinheiten (11St), Wetterstation, Standrohr (1St), Präsenzmelder (18St), Rauchmelder (17St), Fünf-Punkt-Taster mit Raumklimasensor (16St), Raumtemperatursensoren (2St), Tauchtemperatursensoren (3St), Tauchtemperatur-Sicherheitswächter (1St), Bedientableau (1St)				
485	**Datenübertragungsnetze**	436,34 m²BGF	1.790	**4,10**	5,9
	Installations-/Datenkabel (400m)				
490	**Sonstige Maßnahmen für technische Anlagen**				**100,0**
492	**Gerüste**	436,34 m²BGF	1.812	**4,15**	90,7
	Rollgerüst (1St), Fahrsteiger, h bis 8m (1St)				
497	**Zusätzliche Maßnahmen**	436,34 m²BGF	186	**0,43**	9,3
	Baureinigung von Leuchten (71St), Rettungszeichenleuchten (6St), WCs (2St), Waschtischen (2St), Haustechnik (psch)				
510	**Erdbau**				**100,0**
511	**Herstellung**	93,60 m³EBR	12.428	**132,77**	100,0
	Aushub einbauen, verdichten (94m³), Böschungsprofilierung (224m²)				
550	**Technische Anlagen**				**100,0**
551	**Abwasseranlagen**	–	2.683	**–**	24,5
	PVC-Rohre DN100, Formstücke, Begleitheizung, Sandbett (10m)				
552	**Wasseranlagen**	–	2.578	**–**	23,5
	Mehrschichtverbundrohre DN20, Formstücke, Begleitheizung (10m)				
554	**Wärmeversorgungsanlagen**	–	5.694	**–**	52,0
	C-Stahlrohre DN50, Formstücke, Rohrdämmung, Begleitheizung (5m)				

Kostenkennwerte für Leistungsbereiche nach STLB (Kosten des Bauwerks nach DIN 276)

LB	Leistungsbereiche	Kosten €	€/m² BGF	€/m³ BRI	% an 3+4
000	Baustellen-, Sicherheitseinr. inkl. 001, 089	40.171	92,10	25,70	2,6
002	Erdarbeiten	50.596	116,00	32,30	3,3
006	Spezialtiefbauarbeiten inkl. 005	–	–	–	–
009	Entwässerungskanalarbeiten inkl. 011	4.465	10,20	2,90	0,3
010	Drän- und Versickerarbeiten	2.635	6,00	1,70	0,2
012	Mauerarbeiten	–	–	–	–
013	Betonarbeiten	74.260	170,20	47,50	4,9
014	Natur-, Betonwerksteinarbeiten	–	–	–	–
016	Zimmer- und Holzbauarbeiten	326.482	748,20	208,60	21,4
017	Stahlbauarbeiten	14.570	33,40	9,30	1,0
018	Abdichtungsarbeiten	17.244	39,50	11,00	1,1
019	Kampfmittelräumarbeiten	–	–	–	–
020	Dachdeckungsarbeiten	–	–	–	–
021	Dachabdichtungsarbeiten	69.787	159,90	44,60	4,6
022	Klempnerarbeiten	18.376	42,10	11,70	1,2
	Rohbau	**618.586**	**1.417,70**	**395,30**	**40,5**
023	Putz- und Stuckarbeiten, Wärmedämmsysteme	–	–	–	–
024	Fliesen- und Plattenarbeiten	4.732	10,80	3,00	0,3
025	Estricharbeiten	18.582	42,60	11,90	1,2
026	Fenster, Außentüren inkl. 029, 032	205.636	471,30	131,40	13,5
027	Tischlerarbeiten	38.724	88,70	24,70	2,5
028	Parkett-, Holzpflasterarbeiten	–	–	–	–
030	Rollladenarbeiten	10.385	23,80	6,60	0,7
031	Metallbauarbeiten inkl. 035	14.396	33,00	9,20	0,9
034	Maler- und Lackiererarb. - Beschicht. inkl. 037	59.965	137,40	38,30	3,9
036	Bodenbelagarbeiten	31.501	72,20	20,10	2,1
038	Vorgehängte hinterlüftete Fassaden	80.241	183,90	51,30	5,3
039	Trockenbauarbeiten	131.738	301,90	84,20	8,6
	Ausbau	**595.900**	**1.365,70**	**380,80**	**39,0**
040	Wärmeversorgungsanl. - Betriebseinr. inkl. 041	56.389	129,20	36,00	3,7
042	Gas- u. Wasseranl. - Leitung., Armat. inkl. 043	10.755	24,60	6,90	0,7
044	Abwasseranl. - Leitungen, Abläufe, Armaturen	2.624	6,00	1,70	0,2
045	Gas, Wasser, Entwässerung - Ausstattung inkl. 046	9.709	22,30	6,20	0,6
047	Dämm- und Brandschutzarb. an techn. Anlagen	4.036	9,20	2,60	0,3
049	Feuerlöschanlagen, Feuerlöschgeräte	–	–	–	–
050	Blitzschutz-/Erdungsanlagen, Überspannungssch.	13.462	30,90	8,60	0,9
053	Niederspannungsanl. - Kabel inkl. 052, 054	65.414	149,90	41,80	4,3
055	Sicherheits- u. Ersatzstromversorgungsanl.	–	–	–	–
057	Gebäudesystemtechnik	–	–	–	–
058	Leuchten und Lampen inkl. 059	50.135	114,90	32,00	3,3
060	Such, Signal, Zeit, Anten., akust. Anl. inkl. 064	661	1,50	0,42	< 0,1
061	Kommunikations- u. Übertragungsnetze inkl. 063	18.680	42,80	11,90	1,2
069	Aufzüge	–	–	–	–
070	Gebäudeautomation	30.390	69,60	19,40	2,0
075	Raumlufttechnische Anlagen inkl. 078	46.513	106,60	29,70	3,0
	Gebäudetechnik	**308.767**	**707,60**	**197,30**	**20,2**
084	Abbruch, Rückbau, Schadstoffsanierung	–	–	–	–
	Abbrucharbeiten	**–**	**–**	**–**	**–**
	Sonstige Leistungsbereiche	**2.796**	**6,40**	**1,80**	**0,2**

1300-0332
Bürogebäude
(10 AP)
Doppelgarage

Kostenkennwerte für die Kosten des Bauwerks (Kostengruppen 300+400 nach DIN 276)

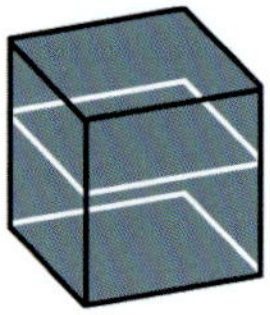
BRI 892 €/m³

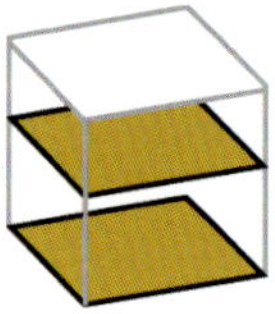
BGF 3.493 €/m²

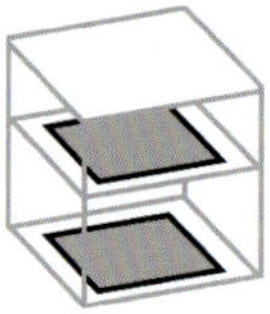
NUF 5.232 €/m²

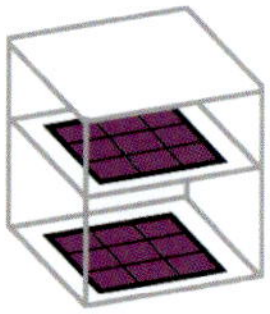
NE 94.585 €/NE
NE: Arbeitsplätze

Objekt:
Kennwerte: 3. Ebene DIN 276
BRI: 1.061 m³
BGF: 271 m²
NUF: 181 m²
Bauzeit: 78 Wochen
Bauende: 2023
Standard: mittel
Bundesland: Niedersachsen
Kreis: Hannover, Region

Architekt*in:
A | CB Architektur
Große Wallstraße 12
23909 Ratzeburg

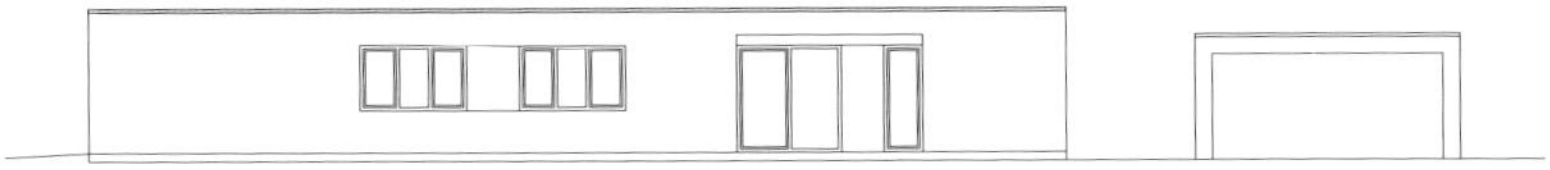

Ansicht Nord

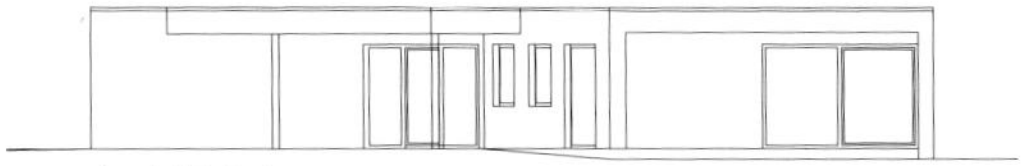

Ansicht Ost

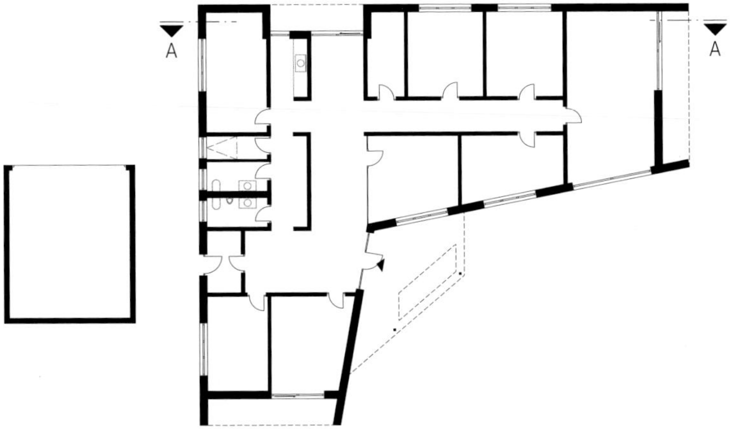

Erdgeschoss

Schnitt A-A

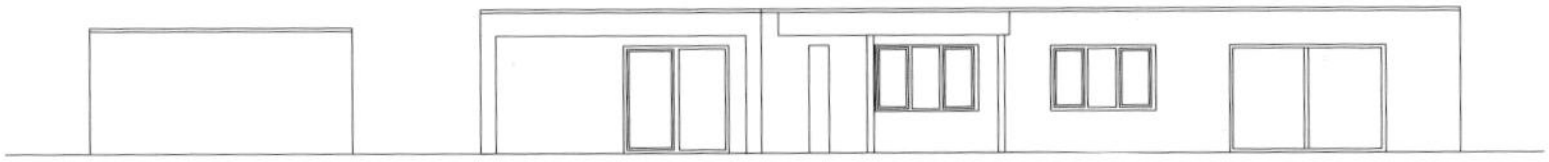

Ansicht Süd

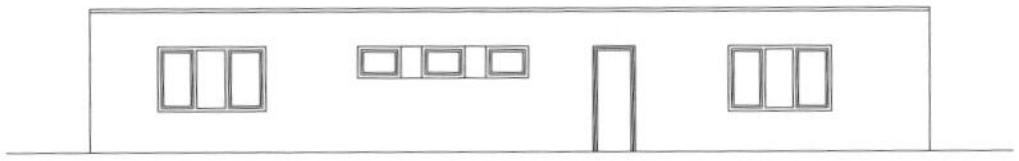

Ansicht West

Objektbeschreibung

Allgemeine Objektinformationen

Der Neubau des Bürogebäudes umfasst das Hauptgebäude und eine Garage. Der Baukörper präsentiert sich von außen in einer asymmetrischen Form, welche die Eingangssituation in den Vordergrund stellt. Im Inneren werden die Büros sowie die Nebenräume durch zwei orthogonal verlaufende Flure erschlossen.

Nutzung

1 Erdgeschoss
Büros, Besprechungsräume, Eingangsbereich, Meeting-Point, Garderobe, Teeküche, Aktenraum, Sanitärräume, Technik

Nutzeinheiten

Arbeitsplätze: 10

Grundstück

Bauraum: Freier Bauraum
Neigung: Ebenes Gelände
Bodenklasse: BK 1 bis BK 4

Markt

Hauptvergabezeit: 2. Quartal 2022
Baubeginn: 2. Quartal 2022
Bauende: 4. Quartal 2023
Konjunkturelle Gesamtlage: Durchschnitt
Regionaler Baumarkt: Durchschnitt

Baukonstruktion

Das nicht unterkellerte, eingeschossige Gebäude gründet auf Stahlbeton-Streifenfundamenten. Die Außenwände bestehen aus 36,5cm starken Porenbetonsteinen und sind mit einem weißen Außenputz versehen. Die Innenwände wurden als KS-Mauerwerk ausgeführt. Das Flachdach besteht aus einer Stahlbetonplatte, welche von innen sichtbar ist. Die natürliche Belichtung erfolgt durch großzügige Aluminium- und Kunststofffenster.

Technische Anlagen

Das Effizienzhaus 55-EE wird mit einer Luft-Wärmepumpe über eine Zentralheizung versorgt. Die Fußbodenheizung dient der Wärmeverteilung. Heizung, Beleuchtung und Jalousien können über KNX-Steuerung bedient werden.

Sonstiges

Wegen der Nutzung des Bürogebäudes als Steuerberatungskanzlei musste eine direkte Einsicht in das Gebäude eingedämmt werden. Für die datenschutzrelevante Nutzung sitzen die Fenster in Rücksprüngen, um vor äußeren Einblicken zu schützen.

Energetische Kennwerte

Gesetzliche Grundlage: GEG 2020
Gebäudevolumen: 947,70 m^3
Mittlerer U-Wert (opake Bauteile): 0,21 W/(m^2·K)
Mittlerer U-Wert (transparente Bauteile): 0,94 W/(m^2·K)
Spez. Jahresprimärenergiebedarf: 94,10 kWh/(m^2·a)

Energetische Angaben zu Außenbauteilen

Bodenplatte

U-Wert: 0,27 W/(m²·K)

Gesamtdicke: 38,25 cm	d [cm]	λ [W/(m·K)]
Estrich	6,00	1,400
Dämmung	12,00	0,035
Bitumenbahn	0,25	0,170
Stahlbeton	20,00	2,300

Außenwand

U-Wert: 0,31 W/(m²·K)

Gesamtdicke: 40,00 cm	d [cm]	λ [W/(m·K)]
Innenputz	1,50	0,870
Porenbeton	36,50	0,120
Außenputz	2,00	0,870

Dach

U-Wert: 0,19 W/(m²·K)

Gesamtdicke: 38,30 cm	d [cm]	λ [W/(m·K)]
Stahlbeton	20,00	2,300
Bitumenanstrich	0,10	0,170
Dämmung	18,00	0,035
Bitumenbahn	0,20	0,170

Planungskennwerte für Flächen und Rauminhalte nach DIN 277

Flächen des Grundstücks		Menge Einheit	% an GF
BF	Bebaute Fläche	363,38 m²	22,9
UF	Unbebaute Fläche	1.223,62 m²	77,1
GF	Grundstücksfläche	1.587,00 m²	100,0

Grundflächen des Bauwerks		Menge Einheit	% an NUF	% an BGF
NUF	Nutzungsfläche	180,77 m²	100,0	66,8
TF	Technikfläche	4,72 m²	2,6	1,7
VF	Verkehrsfläche	42,90 m²	23,7	15,8
NRF	Netto-Raumfläche	228,39 m²	126,3	84,3
KGF	Konstruktions-Grundfläche	42,38 m²	23,4	15,7
BGF	Brutto-Grundfläche	270,77 m²	149,8	100,0

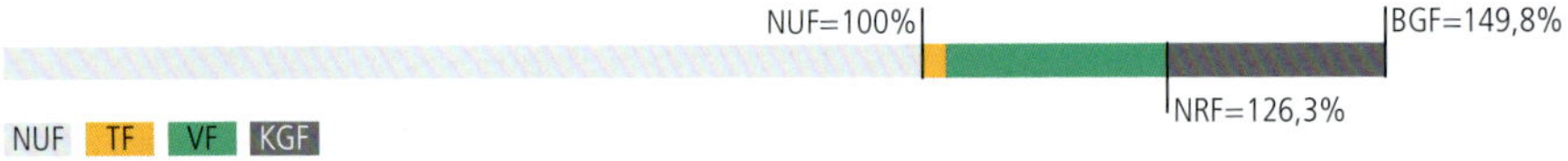

Brutto-Rauminhalt des Bauwerks		Menge Einheit	BRI/NUF (m)	BRI/BGF (m)
BRI	Brutto-Rauminhalt	1.060,67 m³	5,87	3,92

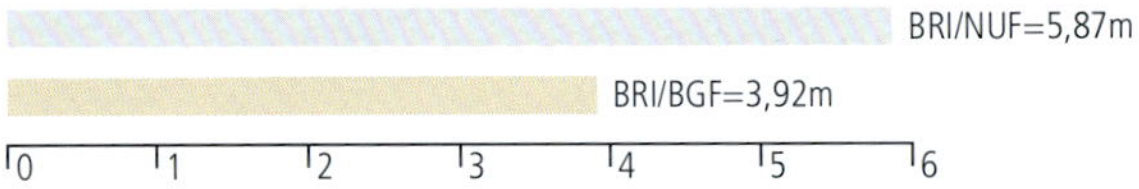

KG	Kostengruppen (2. Ebene)	Menge Einheit	Menge/NUF	Menge/BGF
310	Baugrube / Erdbau	332,72 m³ BGI	1,84	1,23
320	Gründung, Unterbau	270,00 m² GRF	1,49	1,00
330	Außenwände/Vertikale Baukonstruktionen, außen	293,93 m² AWF	1,63	1,09
340	Innenwände/Vertikale Baukonstruktionen, innen	283,18 m² IWF	1,57	1,05
350	Decken/Horizontale Baukonstruktionen	–	–	–
360	Dächer	305,00 m² DAF	1,69	1,13

Kostenkennwerte für die Kostengruppen der 1.Ebene DIN 276

KG	Kostengruppen (1. Ebene)	Einheit	Kosten €	€/Einheit	€/m² BGF	€/m³ BRI	% 300+400
100	Grundstück	m² GF	–	–	–	–	–
200	Vorbereitende Maßnahmen	m² GF	20.006	12,61	73,89	18,86	2,1
300	Bauwerk – Baukonstruktionen	m² BGF	755.574	2.790,47	2.790,47	712,36	79,9
400	Bauwerk – Technische Anlagen	m² BGF	190.278	702,73	702,73	179,39	20,1
	Bauwerk 300+400	**m² BGF**	**945.852**	**3.493,20**	**3.493,20**	**891,75**	**100,0**
500	Außenanlagen und Freiflächen	m² AF	299.738	890,73	1.106,98	282,59	31,7
600	Ausstattung und Kunstwerke	m² BGF	1.061	3,92	3,92	1,00	0,1
700	Baunebenkosten	m² BGF	–	–	–	–	–
800	Finanzierung	m² BGF	–	–	–	–	–

KG	Kostengruppe	Menge Einheit	Kosten €	€/Einheit	%
200	**Vorbereitende Maßnahmen**	1.587,00 m² GF	20.006	**12,61**	2,1
	Oberbodenabtrag, Grundstück mähen; Hausanschlüsse Wasser, Strom (psch)				
3+4	**Bauwerk**				**100,0**
300	**Bauwerk – Baukonstruktionen**	270,77 m² BGF	755.574	**2.790,47**	79,9
	Flachgründung, Estrich, Teppich, Bodenfliesen; Mauerwerk, Betonattika, Stahlstützen, Alufenster, Kunststofffenster, Silikonharzputz, -beschichtung, Raffstores, Senkrechtmarkisen; Mauerwerk, Holztüren, Gips-Kalkputz, Silikatbeschichtung, Wandfliesen, Glastrennwand; Stb-Flachdach, Stb-Vordach, Gefälledämmung, Dachentwässerung; Einbauküche, Einbauschrank				
400	**Bauwerk – Technische Anlagen**	270,77 m² BGF	190.278	**702,73**	20,1
	Gebäudeentwässerung, Kalt- und Warmwasserleitungen, Sanitärobjekte, Durchlauferhitzer; Luft-Wasser-Wärmepumpe, Heizungsrohre, Fußbodenheizung; Elektroinstallation, Beleuchtung, Erdung; Gegensprechanlage, Rauchmelder, Datennetzwerk; Gebäudeautomation				
500	**Außenanlagen und Freiflächen**	336,51 m² AF	299.738	**890,73**	31,7
	Bodenarbeiten; Flachgründungen, Zementestrich; Betonpflaster; Winkelstützmauer, Mauer, Garage: Mauerwerk, Sektionaltor, Alutür, Silikonharzputz, -beschichtung, Kalkzementputz, Stb-Decke, Gefälledämmung, Dachentwässerung; Oberflächenentwässerung, Elektroinstallation, Außenbeleuchtung; Briefkastenanlage; Oberbodenarbeiten, Rindenmulch				
600	**Ausstattung und Kunstwerke**	270,77 m² BGF	1.061	**3,92**	0,1
	Sanitärausstattung, Duschtrennwand				

Kostenkennwerte für die Kostengruppen der 2. Ebene DIN 276

KG	Kostengruppe	Menge Einheit	Kosten €	€/Einheit	%
200	**Vorbereitende Maßnahmen**				**100,0**
210	**Herrichten**	1.587,00 m²GF	11.308	**7,13**	56,5
	Oberboden abtragen, lagern (274m³), Grundstück mähen (1.587m²)				
230	**Nichtöffentliche Erschließung**	1.587,00 m²GF	8.699	**5,48**	43,5
	Hausanschlüsse Wasser (psch) * Hausanschluss Strom (psch)				
300	**Bauwerk – Baukonstruktionen**				**100,0**
310	**Baugrube / Erdbau**	332,72 m³BGI	21.010	**63,15**	2,8
	Bodenaushub, abfahren (333m³)				
320	**Gründung, Unterbau**	270,00 m²GRF	167.752	**621,30**	22,2
	Stb-Bodenplatte (270m²), Stb-Streifenfundamente (22m³), Stb-Einzelfundamente (4St) * Bitumenabdichtung (185m²) Zementestrich (228m²), Teppich (217m²), Bodenfliesen (11m²) * Geotextil (349m²), Mineralschotter (779t), Sauberkeitsschicht (270m²)				
330	**Außenwände/Vert. Baukonstrukt., außen**	293,93 m²AWF	235.896	**802,56**	31,2
	Porenbeton-Mauerwerk (192m²) * Betonattika (33m²) * Stahlstützen (6m) * Alu-Fensterelemente (38m²), Alu-Eingangselement (7m²), Kunststofffenster (22m²), Nebeneingangstür (2m²) * Kalkzement-Leichtputz, Silikonharzputz, Beschichtung (220m²) * Gips-Kalkputz (155m²), Silikatbeschichtung (153m²), Wandfliesen (2m²) * Raffstores (psch), Senkrechtmarkisen (18m²)				
340	**Innenwände/Vert. Baukonstrukt., innen**	283,18 m²IWF	107.776	**380,59**	14,3
	KS-Mauerwerk (240m²) * Holztüren (31m²) * Gips-Kalkputz (480m²), Silikatbeschichtung (470m²), Wandfliesen (10m²) * Glastrennwand (13m²)				
360	**Dächer**	305,00 m²DAF	181.813	**596,11**	24,1
	Stb-Elementflachdach, d=20cm (286m²), Stb-Vordach (19m²) * EPS-Gefälledämmung, Bitumenabdichtung (258m²), vertikal (82m), Alu-Attikaabdeckung (36m²), Attikaabläufe (3St), Fallrohre (3St) * Elementdecken schleifen, spachteln (234m²)				
380	**Baukonstruktive Einbauten**	270,77 m²BGF	15.822	**58,43**	2,1
	Einbauküche, Geräte (1St), Einbauschrank (1St), Tischplatte, Ablage (1St)				
390	**Sonst. Maßnahmen für Baukonstrukt.**	270,77 m²BGF	25.505	**94,19**	3,4
	Baustelleneinrichtungen (2St), Autokran (11h), Baustrom (12Wo) * Fassadengerüst (360m²) * Bautrocknung (psch), Schutzabdeckung Heizleitungen (psch)				
400	**Bauwerk – Technische Anlagen**				**100,0**
410	**Abwasser-, Wasser-, Gasanlagen**	270,77 m²BGF	14.811	**54,70**	7,8
	KG-Rohre (21m), PP-Rohre (11m), Duschrinne (1St) * Mehrschichtverbundrohre (82m), Hauswasserstation (1St), Wand-WCs (2St), Waschtische (2St), Urinal (1St), Brausebatterie (1St), Durchlauferhitzer (2St) * Montageelemente (5St)				

KG	Kostengruppe	Menge Einheit	Kosten €	€/Einheit	%
420	**Wärmeversorgungsanlagen**	270,77 m² BGF	57.787	**213,42**	30,4
	Luft-Wasser-Wärmepumpe (1St), Hydraulikstation (1St), Heizungsregler (1St), Ausdehnungsgefäß (1St), Schlammabscheider (1St), Enthärterstation (1St) * Edelstahlrohre (58m), PE-Xa-Doppelrohr (12m) * Fußbodenheizung, EPS-Dämmung, Noppen-Systemplatten, Alu-Verbundrohre (240m²), Heizkreisverteiler (3St)				
440	**Elektrische Anlagen**	270,77 m² BGF	71.756	**265,01**	37,7
	Zähleranlage (1St), Mantelleitungen (1.859m), Schalter, Steckdosen (93St), Anschluss Wärmepumpe (psch) * LED-Downlights (39St), LED-Pendelleuchten(2St) LED-Anbauleuchten (2St), LED-Einzelbatterie-Notleuchten (6St) * Ringerder (105m), Klemmen (60St)				
450	**Kommunikationstechnische Anlagen**	270,77 m² BGF	23.295	**86,03**	12,2
	Gegensprechanlage (1St) * Rauchmelder (12St) * Netzwerkschrank (1St), Hardware (psch), Datenkabel (750m), LWL-Kabel (35m), Datenanschlussdosen (24St)				
480	**Gebäude- und Anlagenautomation**	270,77 m² BGF	22.629	**83,57**	11,9
	KNX-Glastaster (11St), Dali-Gateways (2St), KNX-Fernwartungsmodul (1St), KNX-Binäreingänge (3St), Funkschaltuhr (1St), KNX-Aktoren (39St), KNX-Sensoren (11St) * KNX-Busleitungen (300m)				
500	**Außenanlagen und Freiflächen**				**100,0**
510	**Erdbau**	–	15.540	–	5,2
	Bodenaushub, abfahren (49m³), Rohrgrabenaushub, lagern, verfüllen (256m)				
520	**Gründung, Unterbau**	336,51 m² AF	29.014	**86,22**	9,7
	Stb-Bodenplatte (47m²), Stb-Streifenfundamente (15m³) * Abdichtung, EPS-Dämmung, Zementestrich (40m²) * Mineralschottergemisch (114t)				
530	**Oberbau, Deckschichten**	411,00 m² BFF	68.841	**167,50**	23,0
	Mineralschottergemisch (260t), Betonpflaster (410m²)				
540	**Baukonstruktionen**	336,51 m² AF	119.249	**354,37**	39,8
	Stb-Winkelstützmauer (69m²), KS-Mauerwerk (66m²) * Garage: Porenbeton-Mauerwerk (66m²), Sektionaltor (11m²), Alutür (3m²), Silikonharzputz, Beschichtung (68m²), Kalkzementputz (60m²), Stb-Elementdecke (47m²), Gefälledämmung, Abdichtung (38m²), vertikal (26m), Alu-Attikaabdeckung (7m²), Attikaablauf (1St), Fallrohr (1St)				
550	**Technische Anlagen**	336,51 m² AF	37.982	**112,87**	12,7
	KG-Rohre (150m), Kontrollschächte (3St), Entwässerungsrinnen (9m) * Starkstromkabel (250m), Fernmeldekabel (150m), Datenkabel (50m), Scheinwerfer (5St), Garage: Unterverteiler (1St), Mantelleitungen (60m), Steckdosen (8St), Schalter (2St), Anbauleuchten (3St)				
560	**Einbauten Außenanlagen u. Freiflächen**	336,51 m² AF	4.796	**14,25**	1,6
	Briefkastenanlage (1St)				
570	**Vegetationsflächen**	720,00 m² PSF	23.174	**32,19**	7,7
	Oberboden liefern, auftragen (720m²), Vegetationsfläche fräsen (605m²) * Geotextil, Rindenmulch (85m²) * Mähkante (158m)				

KG	Kostengruppe	Menge Einheit	Kosten €	€/Einheit	%
590	**Sonst. Maßnahmen für Außenanlagen u. Freiflächen**	336,51 m² AF	1.141	**3,39**	0,4
	Baustelleneinrichtung (psch), Schnurgerüst (1St)				
600	**Ausstattung und Kunstwerke**				**100,0**
610	**Allgemeine Ausstattung**	270,77 m² BGF	1.061	**3,92**	100,0
	WC-Papierrollenhalter (2St), Spiegel 60x80cm (2St), Duschtrennwand 140x200cm, freistehend (1st)				

Kostenkennwerte für die Kostengruppen 300 der 2. und 3. Ebene DIN 276 (Übersicht)

KG	Kostengruppe	Menge Einheit	Kosten €	€/Einheit	% an 3+4
300	**Bauwerk – Baukonstruktionen**	**270,77 m² BGF**	**755.574,42**	**2.790,47**	**79,9**
310	**Baugrube / Erdbau**	**332,72 m³ BGI**	**21.009,90**	**63,15**	**2,2**
311	Herstellung	332,72 m³ BGI	21.009,90	63,15	2,2
312	Umschließung	–	–	–	–
313	Wasserhaltung	–	–	–	–
314	Vortrieb	–	–	–	–
319	Sonstiges zur KG 310	–	–	–	–
320	**Gründung, Unterbau**	**270,00 m² GRF**	**167.751,66**	**621,30**	**17,7**
321	Baugrundverbesserung	–	–	–	–
322	Flachgründungen und Bodenplatten	270,00 m²	51.602,66	191,12	5,5
323	Tiefgründungen	–	–	–	–
324	Gründungsbeläge	228,39 m²	59.691,17	261,36	6,3
325	Abdichtungen und Bekleidungen	270,00 m²	56.457,83	209,10	6,0
326	Dränagen	–	–	–	–
329	Sonstiges zur KG 320	–	–	–	–
330	**Außenwände/Vert. Baukonstrukt., außen**	**293,93 m² AWF**	**235.896,44**	**802,56**	**24,9**
331	Tragende Außenwände	192,19 m²	46.393,97	241,40	4,9
332	Nichttragende Außenwände	32,80 m²	21.454,28	654,09	2,3
333	Außenstützen	6,00 m	750,55	125,09	< 0,1
334	Außenwandöffnungen	68,94 m²	91.907,81	1.333,16	9,7
335	Außenwandbekleidungen, außen	220,00 m²	42.721,55	194,19	4,5
336	Außenwandbekleidungen, innen	155,00 m²	9.694,84	62,55	1,0
337	Element. Außenwandkonstruktionen	–	–	–	–
338	Lichtschutz zur KG 330	–	22.973,44	–	2,4
339	Sonstiges zur KG 330	–	–	–	–
340	**Innenwände/Vert. Baukonstrukt., innen**	**283,18 m² IWF**	**107.775,65**	**380,59**	**11,4**
341	Tragende Innenwände	240,00 m²	24.587,87	102,45	2,6
342	Nichttragende Innenwände	–	–	–	–
343	Innenstützen	–	–	–	–
344	Innenwandöffnungen	30,65 m²	44.240,84	1.443,42	4,7
345	Innenwandbekleidungen	480,00 m²	29.184,09	60,80	3,1
346	Elementierte Innenwandkonstruktionen	12,53 m²	9.762,84	779,16	1,0
347	Lichtschutz zur KG 340	–	–	–	–
349	Sonstiges zur KG 340	–	–	–	–
350	**Decken/Horizontale Baukonstruktionen**	**–**	**–**	**–**	**–**
351	Deckenkonstruktionen	–	–	–	–
352	Deckenöffnungen	–	–	–	–
353	Deckenbeläge	–	–	–	–
354	Deckenbekleidungen	–	–	–	–
355	Elementierte Deckenkonstruktionen	–	–	–	–
359	Sonstiges zur KG 350	–	–	–	–
360	**Dächer**	**305,00 m² DAF**	**181.813,42**	**596,11**	**19,2**
361	Dachkonstruktionen	305,00 m²	78.599,91	257,70	8,3
362	Dachöffnungen	–	–	–	–
363	Dachbeläge	294,61 m²	98.438,76	334,13	10,4
364	Dachbekleidungen	234,44 m²	4.774,75	20,37	0,5
365	Elementierte Dachkonstruktionen	–	–	–	–
366	Lichtschutz zur KG 360	–	–	–	–
369	Sonstiges zur KG 360	–	–	–	–
370	**Infrastrukturanlagen**	**–**	**–**	**–**	**–**
380	**Baukonstruktive Einbauten**	**270,77 m² BGF**	**15.822,42**	**58,43**	**1,7**
390	**Sonst. Maßnahmen für Baukonstrukt.**	**270,77 m² BGF**	**25.504,94**	**94,19**	**2,7**

Kostenkennwerte für die Kostengruppen 400 der 2. und 3. Ebene DIN 276 (Übersicht)

KG	Kostengruppe	Menge Einheit	Kosten €	€/Einheit	% an 3+4
400	**Bauwerk – Technische Anlagen**	**270,77 m² BGF**	**190.278,05**	**702,73**	**20,1**
410	**Abwasser-, Wasser-, Gasanlagen**	**270,77 m² BGF**	**14.811,36**	**54,70**	**1,6**
411	Abwasseranlagen	270,77 m² BGF	3.270,82	12,08	0,3
412	Wasseranlagen	270,77 m² BGF	9.819,16	36,26	1,0
413	Gasanlagen	–	–	–	–
419	Sonstiges zur KG 410	270,77 m² BGF	1.721,39	6,36	0,2
420	**Wärmeversorgungsanlagen**	**270,77 m² BGF**	**57.786,76**	**213,42**	**6,1**
421	Wärmeerzeugungsanlagen	270,77 m² BGF	24.159,78	89,23	2,6
422	Wärmeverteilnetze	270,77 m² BGF	6.300,61	23,27	0,7
423	Raumheizflächen	270,77 m² BGF	27.326,35	100,92	2,9
424	Verkehrsheizflächen	–	–	–	–
429	Sonstiges zur KG 420	–	–	–	–
430	**Raumlufttechnische Anlagen**	**–**	**–**	**–**	**–**
431	Lüftungsanlagen	–	–	–	–
432	Teilklimaanlagen	–	–	–	–
433	Klimaanlagen	–	–	–	–
434	Kälteanlagen	–	–	–	–
439	Sonstiges zur KG 430	–	–	–	–
440	**Elektrische Anlagen**	**270,77 m² BGF**	**71.755,91**	**265,01**	**7,6**
441	Hoch- und Mittelspannungsanlagen	–	–	–	–
442	Eigenstromversorgungsanlagen	–	–	–	–
443	Niederspannungsschaltanlagen	–	–	–	–
444	Niederspannungsinstallationsanlagen	270,77 m² BGF	44.043,94	162,66	4,7
445	Beleuchtungsanlagen	270,77 m² BGF	24.130,09	89,12	2,6
446	Blitzschutz- und Erdungsanlagen	270,77 m² BGF	3.581,89	13,23	0,4
447	Fahrleitungssysteme	–	–	–	–
449	Sonstiges zur KG 440	–	–	–	–
450	**Kommunikationstechnische Anlagen**	**270,77 m² BGF**	**23.295,08**	**86,03**	**2,5**
451	Telekommunikationsanlagen	–	–	–	–
452	Such- und Signalanlagen	270,77 m² BGF	2.138,17	7,90	0,2
453	Zeitdienstanlagen	–	–	–	–
454	Elektroakustische Anlagen	–	–	–	–
455	Audiovisuelle Medien- u. Antennenanl.	–	–	–	–
456	Gefahrenmelde- und Alarmanlagen	270,77 m² BGF	150,22	0,55	< 0,1
457	Datenübertragungsnetze	270,77 m² BGF	21.006,69	77,58	2,2
458	Verkehrsbeeinflussungsanlagen	–	–	–	–
459	Sonstiges zur KG 450	–	–	–	–
460	**Förderanlagen**	**–**	**–**	**–**	**–**
461	Aufzugsanlagen	–	–	–	–
462	Fahrtreppen, Fahrsteige	–	–	–	–
463	Befahranlagen	–	–	–	–
464	Transportanlagen	–	–	–	–
465	Krananlagen	–	–	–	–
466	Hydraulikanlagen	–	–	–	–
469	Sonstiges zur KG 460	–	–	–	–
470	**Nutzungsspez. u. verfahrenstechn. Anl.**	**–**	**–**	**–**	**–**
480	**Gebäude- und Anlagenautomation**	**270,77 m² BGF**	**22.628,94**	**83,57**	**2,4**
490	**Sonst. Maßnahmen für techn. Anlagen**	**–**	**–**	**–**	**–**

Kostenkennwerte für die Kostengruppen der 3.Ebene DIN 276

KG	Kostengruppe	Menge Einheit	Kosten €	€/Einheit	%
210	**Herrichten**				**100,0**
214	**Herrichten der Geländeoberfläche**	1.587,00 m² GF	11.308	**7,13**	100,0
	Oberboden abtragen, lagern (274m³), Grundstück mähen (1.587m²)				
230	**Nichtöffentliche Erschließung**				**100,0**
232	**Wasserversorgung**	1.587,00 m² GF	6.075	**3,83**	69,8
	Hausanschluss Wasser (psch)				
235	**Stromversorgung**	1.587,00 m² GF	2.623	**1,65**	30,2
	Hausanschluss Strom (psch)				
310	**Baugrube / Erdbau**				**100,0**
311	**Herstellung**	332,72 m³ BGI	21.010	**63,15**	100,0
	Bodenaushub BK 2-4, t=80cm, abfahren (333m³)				
320	**Gründung, Unterbau**				**100,0**
322	**Flachgründungen und Bodenplatten**	270,00 m²	51.603	**191,12**	30,8
	Stb-Bodenplatte C25/30, d=22cm, Schalung, Bewehrung (270m²), Stb-Streifenfundamente 50x60cm (22m³), Fundamentaushub (2m³), Stb-Einzelfundamente 50x50x80cm (4St), Mehrspartenhauseinführung (1St)				
324	**Gründungsbeläge**	228,39 m²	59.691	**261,36**	35,6
	Bitumenabdichtung (185m²), Zementestrich, d=65mm (228m²), Kugelgarnteppich (217m²), Kunststoff-Kernsockel (238m), Abdichtung, Bodenfliesen (11m²), Fliesensockel (9m)				
325	**Abdichtungen und Bekleidungen**	270,00 m²	56.458	**209,10**	33,7
	Geotextil (349m²), Mineralschottergemisch 0/32mm (779t), Sauberkeitsschicht, Noppenfolie (270m²)				
330	**Außenwände/Vertikale Baukonstruktionen, außen**				**100,0**
331	**Tragende Außenwände**	192,19 m²	46.394	**241,40**	19,7
	Porenbeton-Mauerwerk, d=36,5cm (192m²)				
332	**Nichttragende Außenwände**	32,80 m²	21.454	**654,09**	9,1
	Betonattika, h=40cm, Randschalung (33m²)				
333	**Außenstützen**	6,00 m	751	**125,09**	0,3
	Stahlstützen, D=10cm (6m)				
334	**Außenwandöffnungen**	68,94 m²	91.908	**1.333,16**	39,0
	Alu-Fensterelemente, Uw=1,2W/m²K, Schiebetüren, Fest (22m²), Drehkipp, Fest (16m²), Alu-Eingangselement, Uw=1,3W/m²K, Seitenverglasungen (7m²), Kunststofffenster, Uw=1,2W/m²K (22m²), Kunststoff-Nebeneingangstür, Uw=1,3W/m²K (2m²), Fensterbänke außen, Aluminium (psch)				

1300-0332
Bürogebäude
(10 AP)
Doppelgarage

KG	Kostengruppe	Menge Einheit	Kosten €	€/Einheit	%
335	**Außenwandbekleidungen, außen**	220,00 m²	42.722	**194,19**	18,1
	Kalkzement-Leichtputz, Armierungsgewebe, Silikonharzputz, Beschichtung (220m²), in Laibungen (111m)				
336	**Außenwandbekleidungen, innen**	155,00 m²	9.695	**62,55**	4,1
	Gips-Kalkputz (155m²), Spachtelung, Silikatbeschichtung (153m²), in Laibungen (111m), Abdichtung, Wandfliesen (2m²)				
338	**Lichtschutz zur KG 330**	–	22.973	**–**	9,7
	Raffstores (psch), Senkrechtmarkisen (18m²)				
340	**Innenwände/Vertikale Baukonstruktionen, innen**				**100,0**
341	**Tragende Innenwände**	240,00 m²	24.588	**102,45**	22,8
	KS-Mauerwerk (240m²)				
344	**Innenwandöffnungen**	30,65 m²	44.241	**1.443,42**	41,0
	Holztüren, Oberfläche lackiert, Stahlzargen, lackiert (31m²)				
345	**Innenwandbekleidungen**	480,00 m²	29.184	**60,80**	27,1
	Gips-Kalkputz (480m²), Spachtelung, Silikatbeschichtung (470m²), in Laibungen (102m), GK-Vorsatzschale, Abdichtung, Wandfliesen (10m²)				
346	**Elementierte Innenwandkonstruktionen**	12,53 m²	9.763	**779,16**	9,1
	Glastrennwand, ESG 10mm, Edelstahlprofile, Türblatt, Oberlicht, zwei Festfelder (13m²)				
360	**Dächer**				**100,0**
361	**Dachkonstruktionen**	305,00 m²	78.600	**257,70**	43,2
	Stb-Elementflachdach, d=20cm, Schalung, Bewehrung (286m²), Stb-Vordach (19m²), Dämmelemente, tragend (29m)				
363	**Dachbeläge**	294,61 m²	98.439	**334,13**	54,1
	Voranstrich, EPS-Gefälledämmung WLG 035, d i.M. 184mm, Bitumenabdichtung (258m²), EPS-Dämmung WLG 035, d=120mm, Bitumenabdichtung, vertikal (82m), Alu-Attikaabdeckung, b=44cm (36m²), Attikaabläufe (3St), Notabläufe (3St), Wasserfangkästen, Fallrohre, Zink (3St)				
364	**Dachbekleidungen**	234,44 m²	4.775	**20,37**	2,6
	Elementdecken schleifen, Plattenanschlussfugen spachteln (234m²)				
380	**Baukonstruktive Einbauten**				**100,0**
381	**Allgemeine Einbauten**	270,77 m² BGF	15.822	**58,43**	100,0
	Einbauküche, Arbeitsplatte, Kochfeld, Backofen, Mikrowelle, Kühlschrank, Geschirrspüler, Spüle, Beleuchtung, Abfallsammler (1St), Einbauschrank 300x260x30cm, Garderobenstange, Einlegeböden (1St), Tischplatte, Ablage (1St)				

KG	Kostengruppe	Menge Einheit	Kosten €	€/Einheit	%
390	**Sonstige Maßnahmen für Baukonstruktionen**				**100,0**
391	**Baustelleneinrichtung**	270,77 m²BGF	10.430	**38,52**	40,9
	Baustelleneinrichtung, Hauptgewerk (1St), Nebengewerk (1St), Autokran (11h), Schnurgerüst (psch), Baustrom (12Wo)				
392	**Gerüste**	270,77 m²BGF	7.401	**27,33**	29,0
	Fassadengerüst, Lastklasse 3 (360m²)				
397	**Zusätzliche Maßnahmen**	270,77 m²BGF	7.673	**28,34**	30,1
	Bautrocknung (psch), Schutzabdeckung von Heizleitungen mit Mehrschichtplatten (psch)				
410	**Abwasser-, Wasser-, Gasanlagen**				**100,0**
411	**Abwasseranlagen**	270,77 m²BGF	3.271	**12,08**	22,1
	KG-Rohre DN100, Formstücke (21m), PP-Rohre DN50-90, Formstücke (11m), Duschrinne, Edelstahl, l=1,00m, Ablaufgehäuse DN50 (1St)				
412	**Wasseranlagen**	270,77 m²BGF	9.819	**36,26**	66,3
	Mehrschichtverbundrohre DN15-20, Formstücke, Rohrdämmung (82m), Hauswasserstation (1St), Wand-WCs (2St), Waschtische (2St), Urinal (1St), Brausebatterie (1St), Außenarmatur (1St), Durchlauferhitzer 21kW (1St), 5,7kW (1St)				
419	**Sonstiges zur KG 410**	270,77 m²BGF	1.721	**6,36**	11,6
	Montageelemente für Wand-WCs (2St), für Waschtische (2St), für Urinal (1St)				
420	**Wärmeversorgungsanlagen**				**100,0**
421	**Wärmeerzeugungsanlagen**	270,77 m²BGF	24.160	**89,23**	41,8
	Luft-Wasser-Wärmepumpe 9,2kW (1St), Hydraulikstation (1St), Heizungsregler (1St), Membran-Ausdehnungsgefäß 50l (1St), Schlammabscheider (1St), Enthärterstation (1St), Salzreduzierkartusche (1St)				
422	**Wärmeverteilnetze**	270,77 m²BGF	6.301	**23,27**	10,9
	Edelstahlrohre DN25-32, Formstücke, Rohrdämmung (58m), PE-Xa-Doppelrohre 2xDN32, gedämmt, Formstücke (12m)				
423	**Raumheizflächen**	270,77 m²BGF	27.326	**100,92**	47,3
	Fußbodenheizung, EPS-Dämmung WLG 035, d=100mm, Noppen-Systemplatten, Alu-Verbundrohre 16x2mm (228m²), Edelstahlverteiler, acht Heizkreise, Verteilerschränke (3St)				
440	**Elektrische Anlagen**				**100,0**
444	**Niederspannungsinstallationsanlagen**	270,77 m²BGF	44.044	**162,66**	61,4
	Zähleranlage, bestückt (1St), Mantelleitungen NYM (1.859m), Leerrohre (1.100m), Brüstungskanäle (12m), Schalter, Steckdosen (93St), Anschluss Wärmepumpe (psch)				
445	**Beleuchtungsanlagen**	270,77 m²BGF	24.130	**89,12**	33,6
	LED-Downlights (39St), LED-Pendelleuchten, Seilabhängungen (2St) LED-Anbauleuchten (2St), LED-Einzelbatterie-Notleuchten (6St)				

KG	Kostengruppe	Menge Einheit	Kosten €	€/Einheit	%
446	**Blitzschutz- und Erdungsanlagen**	270,77 m²BGF	3.582	**13,23**	5,0
	Ringerder, Flachstahl 30x3,5mm, feuerverzinkt (100m), Edelstahl (5m), Klemmen (60St), Potenzialausgleichsschienen (2St), Erdungsanschlüsse (4St), Mantelleitungen (25m)				
450	**Kommunikations-, sicherheits- und informationstechnische Anlagen**				**100,0**
452	**Such- und Signalanlagen**	270,77 m²BGF	2.138	**7,90**	9,2
	Gegensprechanlage (1St)				
456	**Gefahrenmelde- und Alarmanlagen**	270,77 m²BGF	150	**0,55**	0,6
	Rauchmelder (12St)				
457	**Datenübertragungsnetze**	270,77 m²BGF	21.007	**77,58**	90,2
	Netzwerkschrank 42HE, bestückt (1St), Internetgateway, Netzwerkrouter, Switch, Controller für WLAN, Videoüberwachung, Telefonanlage (psch), Datenkabel Cat7 (750m), LWL-Kabel (35m), Datenanschlussdosen 2xRJ45 (24St)				
480	**Gebäude- und Anlagenautomation**				**100,0**
481	**Automationseinrichtungen**	270,77 m²BGF	19.791	**73,09**	87,5
	KNX-Glastaster (11St), Dali-Gateways (2St), KNX-Fernwartungsmodul (1St), KNX-Binäreingänge (3St), Funkschaltuhr (1St), Stellantriebe für Heizkreisverteiler (25St), KNX-Heizungsaktoren (4St), KNX-Jalousieaktoren (2St), KNX-Schaltaktoren (2St), KNX-Präsenzmelder (8St), Bewegungsmelder (3St)				
485	**Datenübertragungsnetze**	270,77 m²BGF	2.838	**10,48**	12,5
	KNX-Busleitungen (300m)				
510	**Erdbau**				**100,0**
511	**Herstellung**	–	15.540	–	100,0
	Bodenaushub BK 2-4, t=80cm, abfahren (49m³), Rohrgrabenaushub BK 2-4, lagern, verfüllen (256m)				
520	**Gründung, Unterbau**				**100,0**
522	**Gründungen und Bodenplatten**	63,41 m²	14.511	**228,84**	50,0
	Stb-Bodenplatte C25/30, d=20cm, Schalung, Bewehrung (47m²), Fundamentaushub (41m³), Stb-Streifenfundamente 50x60cm, für Mauer (9m³), für Garage (6m³)				
523	**Gründungsbeläge**	40,38 m²	6.326	**156,65**	21,8
	Bitumenabdichtung, EPS-Dämmung WLG 035, d=120mm, Zementestrich, d=65mm (40m²)				
524	**Abdichtungen und Bekleidungen**	46,51 m²	8.178	**175,83**	28,2
	Geotextil (51m²), Mineralschottergemisch 0/32mm (114t)				
530	**Oberbau, Deckschichten**				**100,0**
533	**Plätze, Höfe, Terrassen**	411,00 m²	68.841	**167,50**	100,0
	Mineralschottergemisch 0/32mm (260t), Betonpflaster 20x10x8cm (410m²), Betonbordsteine 8x25x100cm (223m)				

KG	Kostengruppe	Menge Einheit	Kosten €	€/Einheit	%
540	**Baukonstruktionen**				**100,0**
543	**Wandkonstruktionen**	66,00 m²	35.892	**543,81**	30,1
	Stb-Winkelstützmauer, h=80cm (69m²), KS-Mauerwerk, d=24cm (66m²), Betonstütze/-ringbalken (39m), Mauerabdeckung, pulverbeschichtet (34m)				
545	**Überdachungen**	46,51 m²	83.357	**1.792,24**	69,9
	Garage: Porenbeton-Mauerwerk, d=24cm (66m²), Stb-Sturz (6m), Sektionaltor (11m²), Alutür (3m²), Kalkzementputz, Armierung, Silikonharzputz, Beschichtung (68m²), Kalkzementputz (60m²), Stb-Elementdecke (47m²), Gefälledämmung WLG 035, d=20-160mm, Abdichtung (38m²), Dämmung WLG 035, d=80mm, Abdichtung, vertikal (26m), Alu-Attikaabdeckung, b=23cm (7m²), Attikaablauf (1St), Notablauf (1St), Wasserfangkasten, Fallrohr, Zink (1St)				
550	**Technische Anlagen**				**100,0**
551	**Abwasseranlagen**	336,51 m² AF	22.365	**66,46**	58,9
	KG-Rohre DN100-150, Formstücke (150m), Kontrollschächte (3St), Entwässerungsrinnen (9m), Hofabläufe (2St)				
556	**Elektrische Anlagen**	336,51 m² AF	15.618	**46,41**	41,1
	Starkstromkabel NYY (250m), Fernmelde-Außenkabel A-2YF(L)2Y (150m), Datenaußenkabel Cat7 (50m), Leerrohre (106m), Scheinwerfer (5St), Garage: Unterverteiler, bestückt (1St), Mantelleitungen NYM (60m), Steckdosen (8St), Schalter (2St), Anbauleuchten (3St)				
560	**Einbauten in Außenanlagen und Freiflächen**				**100,0**
561	**Allgemeine Einbauten**	336,51 m² AF	4.796	**14,25**	100,0
	Briefkastenanlage (1St)				
570	**Vegetationsflächen**				**100,0**
571	**Vegetationstechn. Bodenbearbeitung**	720,00 m²	11.868	**16,48**	51,2
	Oberboden liefern, auftragen, d=10cm (720m²), Vegetationsfläche fräsen (605m²)				
573	**Pflanzflächen**	85,00 m²	1.834	**21,58**	7,9
	Geotextil, Rindenmulch (85m²)				
579	**Sonstiges zur KG 570**	720,00 m² PSF	9.472	**13,16**	40,9
	Mähkante (158m)				
590	**Sonstige Maßnahmen für Außenanlagen und Freiflächen**				**100,0**
591	**Baustelleneinrichtung**	336,51 m² AF	1.141	**3,39**	100,0
	Baustelleneinrichtung (psch), Schnurgerüst (1St)				

Kostenkennwerte für Leistungsbereiche nach STLB (Kosten des Bauwerks nach DIN 276)

LB	Leistungsbereiche	Kosten €	€/m² BGF	€/m³ BRI	% an 3+4
000	Baustellen-, Sicherheitseinr. inkl. 001, 089	17.832	65,90	16,80	1,9
002	Erdarbeiten	77.073	284,60	72,70	8,1
006	Spezialtiefbauarbeiten inkl. 005	–	–	–	–
009	Entwässerungskanalarbeiten inkl. 011	1.285	4,70	1,20	0,1
010	Drän- und Versickerarbeiten	–	–	–	–
012	Mauerarbeiten	70.982	262,10	66,90	7,5
013	Betonarbeiten	152.051	561,60	143,40	16,1
014	Natur-, Betonwerksteinarbeiten	–	–	–	–
016	Zimmer- und Holzbauarbeiten	–	–	–	–
017	Stahlbauarbeiten	751	2,80	0,71	< 0,1
018	Abdichtungsarbeiten	5.001	18,50	4,70	0,5
019	Kampfmittelräumarbeiten	–	–	–	–
020	Dachdeckungsarbeiten	–	–	–	–
021	Dachabdichtungsarbeiten	79.474	293,50	74,90	8,4
022	Klempnerarbeiten	18.965	70,00	17,90	2,0
	Rohbau	**423.414**	**1.563,70**	**399,20**	**44,8**
023	Putz- und Stuckarbeiten, Wärmedämmsysteme	50.884	187,90	48,00	5,4
024	Fliesen- und Plattenarbeiten	6.888	25,40	6,50	0,7
025	Estricharbeiten	6.938	25,60	6,50	0,7
026	Fenster, Außentüren inkl. 029, 032	101.995	376,70	96,20	10,8
027	Tischlerarbeiten	55.812	206,10	52,60	5,9
028	Parkett-, Holzpflasterarbeiten	–	–	–	–
030	Rollladenarbeiten	22.973	84,80	21,70	2,4
031	Metallbauarbeiten inkl. 035	–	–	–	–
034	Maler- und Lackiererarb. - Beschicht. inkl. 037	35.701	131,90	33,70	3,8
036	Bodenbelagarbeiten	45.299	167,30	42,70	4,8
038	Vorgehängte hinterlüftete Fassaden	–	–	–	–
039	Trockenbauarbeiten	–	–	–	–
	Ausbau	**326.492**	**1.205,80**	**307,80**	**34,5**
040	Wärmeversorgungsanl. - Betriebseinr. inkl. 041	56.950	210,30	53,70	6,0
042	Gas- u. Wasseranl. - Leitung., Armat. inkl. 043	6.211	22,90	5,90	0,7
044	Abwasseranl. - Leitungen, Abläufe, Armaturen	1.986	7,30	1,90	0,2
045	Gas, Wasser, Entwässerung - Ausstattung inkl. 046	5.228	19,30	4,90	0,6
047	Dämm- und Brandschutzarb. an techn. Anlagen	937	3,50	0,88	< 0,1
049	Feuerlöschanlagen, Feuerlöschgeräte	–	–	–	–
050	Blitzschutz-/Erdungsanlagen, Überspannungssch.	3.582	13,20	3,40	0,4
053	Niederspannungsanl. - Kabel inkl. 052, 054	44.044	162,70	41,50	4,7
055	Sicherheits- u. Ersatzstromversorgungsanl.	–	–	–	–
057	Gebäudesystemtechnik	–	–	–	–
058	Leuchten und Lampen inkl. 059	24.130	89,10	22,70	2,6
060	Such, Signal, Zeit, Anten., akust. Anl. inkl. 064	2.138	7,90	2,00	0,2
061	Kommunikations- u. Übertragungsnetze inkl. 063	21.157	78,10	19,90	2,2
069	Aufzüge	–	–	–	–
070	Gebäudeautomation	22.629	83,60	21,30	2,4
075	Raumlufttechnische Anlagen inkl. 078	–	–	–	–
	Gebäudetechnik	**188.993**	**698,00**	**178,20**	**20,0**
084	Abbruch, Rückbau, Schadstoffsanierung	–	–	–	–
	Abbrucharbeiten	**–**	**–**	**–**	**–**
	Sonstige Leistungsbereiche	**6.954**	**25,70**	**6,60**	**0,7**

1300-0338
Bürogebäude
(89 AP)

Kostenkennwerte für die Kosten des Bauwerks (Kostengruppen 300+400 nach DIN 276)

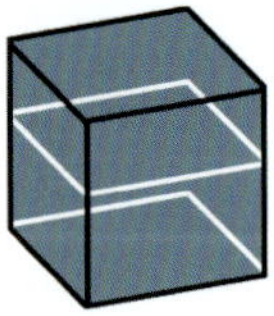

BRI 579 €/m³

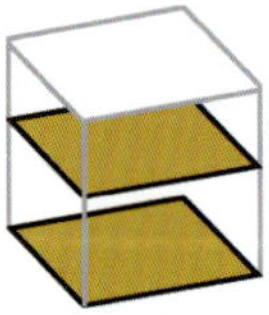

BGF 2.096 €/m²

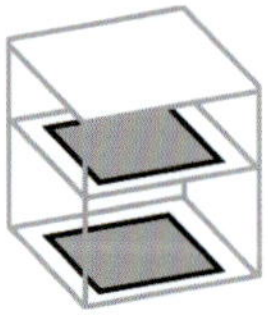

NUF 3.340 €/m²

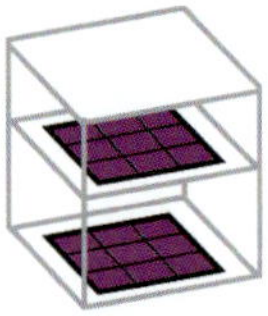

NE 49.269 €/NE

NE: Arbeitsplätze

Objekt:
Kennwerte: 3. Ebene DIN 276
BRI: 7.578 m³
BGF: 2.092 m²
NUF: 1.313 m²
Bauzeit: 61 Wochen
Bauende: 2025
Standard: mittel
Bundesland: Bayern
Kreis: Bamberg, Stadt

Architekt*in:
hehnpohl architektur bda
Hafenstraße 64
48153 Münster

Bauherr*in:
Alpha IC GmbH
Platz der Menschenrechte 1
96052 Bamberg

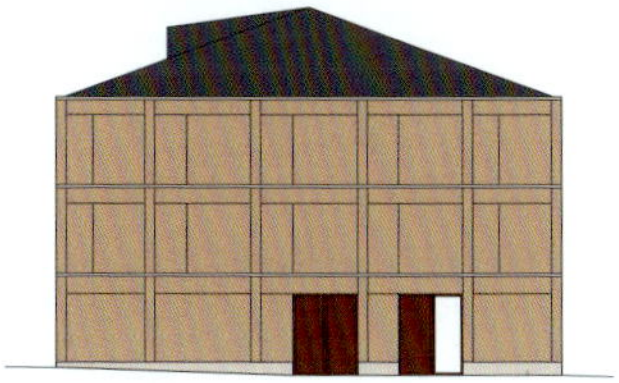

Ansicht Nord

Ansicht Ost

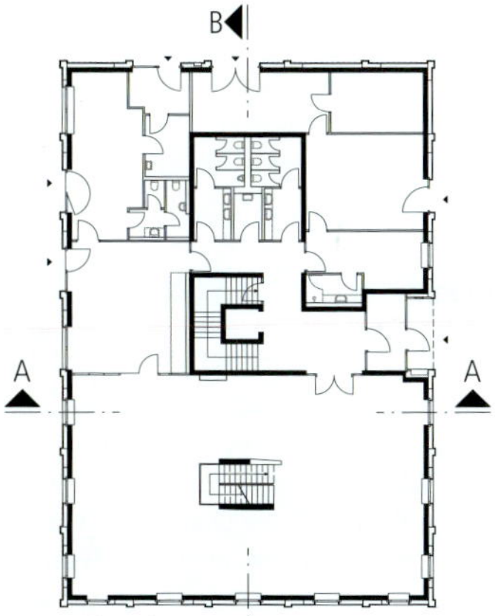

Erdgeschoss

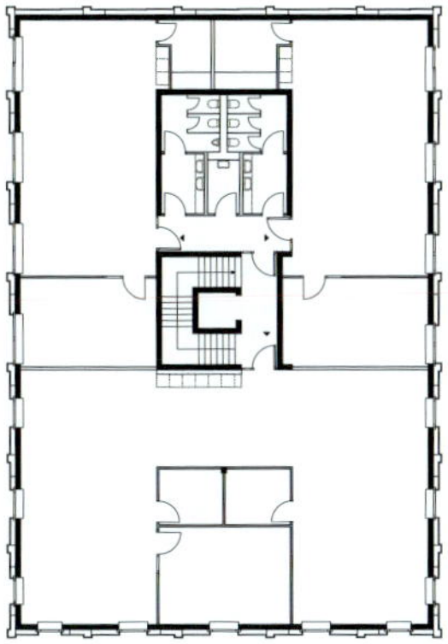

2. Obergeschoss

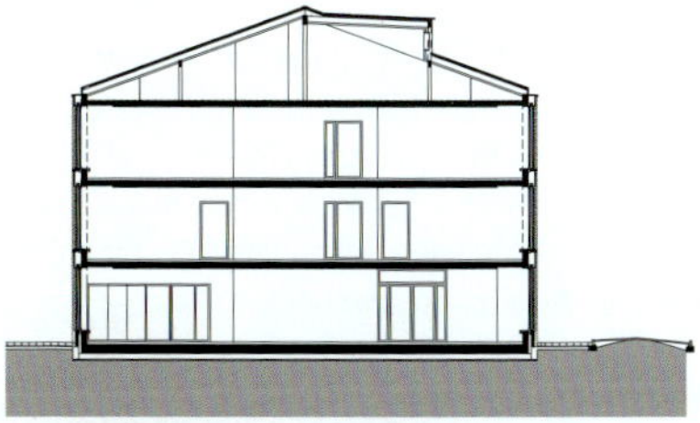

Schnitt A-A

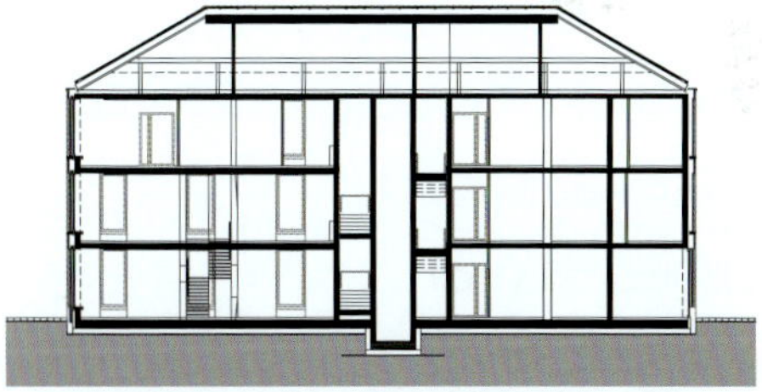

Schnitt B-B

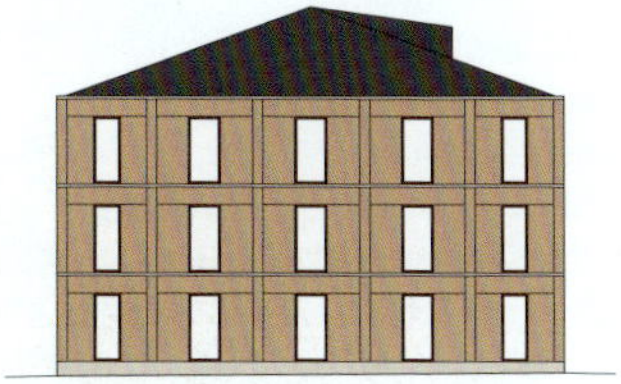

Ansicht Süd

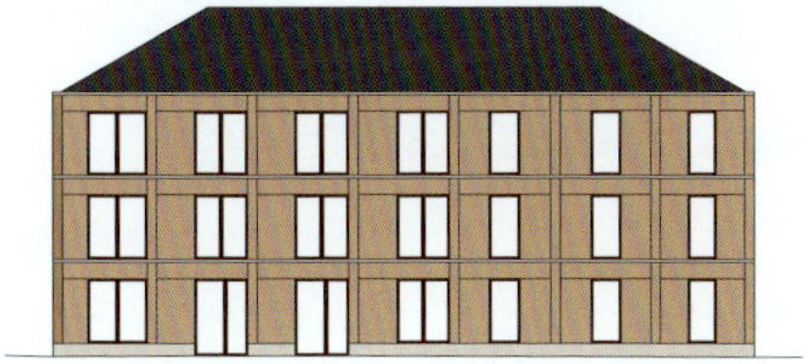

Ansicht West

Objektbeschreibung

Allgemeine Objektinformationen

Das dreigeschossige Bürogebäude wurde auf einem ehemaligen Militärareal errichtet. Die Architektursprache vermittelt zwischen dem Denkmalschutz im Umfeld und dem modernen Netto-Null-Büroneubau, der ohne aktive Heiz- und Kühltechnik auskommt. Dabei wurden hohe Anforderungen an Ressourcenschutz und Nachhaltigkeit erfüllt. Eine DGNB Zertifizierung in Gold wird angestrebt. (Zum Zeitpunkt der redaktionellen Bearbeitung noch nicht vorliegend.)

Nutzung

1 Erdgeschoss
Open-Space-Office, Social Hub, Café, Lager/Vorbereitung, Personal, Müllraum, Fahrradraum, Dusche, Spinde, WCs, Putzraum, Hausanschlussraum

2 Obergeschosse
1. OG: Büros, Besprechungsraum, Social Hub, Serverraum, WCs, Putzraum
2. OG: Büros, Besprechungsräume, Abstellräume, Kopierraum, WCs, Putzraum

1 Dachgeschoss
Technikzentrale

Nutzeinheiten

Arbeitsplätze: 89
Bürofläche: 1.044 m^2
Sitzplätze: 10

Grundstück

Bauraum: Freier Bauraum
Neigung: Ebenes Gelände
Bodenklasse: BK 3 bis BK 5

Markt

Hauptvergabezeit: 2.Quartal 2023
Baubeginn: 4.Quartal 2023
Bauende: 1.Quartal 2025
Konjunkturelle Gesamtlage: Durchschnitt
Regionaler Baumarkt: Durchschnitt

Baukonstruktion

Das Gebäude ist in Stahlbeton-Elementbauweise errichtet. Sowohl für die Fertigteil-Deckschalen als auch für die Ortbetonverfüllungen der Wände und -decken kam Recyclingbeton zum Einsatz. Die Innenwandflächen sind in sichtbar belassenem Beton ohne Sichtbeton-Klassifizierung ausgeführt. Der Ausbau ist klassisch mittels Leichtbau- und vereinzelten Glastrennwänden realisiert. Die Bürobereiche im Erdgeschoss und 1. Obergeschoss sind durch eine Treppe miteinander verbunden, die aus polygonalen Wandscheiben mit eingelassener Stahlkonsolen zur Aufnahme freitragender Treppenstufen erstellt wurde. Die Fassade besteht aus einem Wärmedämmverbundsystem mit keramischer Bekleidung aus geschnittenem Recyclingklinker. Die Fenster sind in Holz-Aluminium mit Festverglasung ausgeführt. Das Walmdach in Zimmermannsbauweise schließt die Gebäudehülle ab.

Technische Anlagen

Eine zentrale hocheffiziente Lüftungsanlage versorgt die Nutzungsbereiche des Lowtech Gebäudes mit Frischluft. Die Beleuchtung erfolgt durchgehend mit LED-Technik. Die Stehleuchten der Arbeitsplätze werden mittels Präsenzmeldern gesteuert. Eine vollintegrierte Photovoltaikanlage mit 22kWh Speicher produziert im Jahresdurchschnitt mehr Energie, als verbraucht wird. Raumsteuerung und Sonnenschutz werden mit einem KNX-System geregelt. Ergänzend sorgen eine übergeordnete Gebäudeautomation und ein kontinuierliches Energiemonitoring für einen effizienten Betrieb. Die Datenvernetzung erfolgt über WLAN. Die Brauchwarmwasserversorgung erfolgt dezentral über Durchlauferhitzer. Das Gebäude ist ausschließlich mit Strom, Glasfaser und Wasser erschlossen. In Kooperation mit einer Technischen Hochschule wurde ein Reallabor für den Betrieb eingerichtet, die Betriebsdaten werden veröffentlicht. Das Gebäude wurde im 11/2024 von der Fachzeitschrift "Moderne Gebäudetechnik" mit dem Deutschen-TGA-Award ausgezeichnet.

Energetische Kennwerte

Gesetzliche Grundlage: GEG 2020
Gebäudenutzfläche: 1.861,00 m^2
Gebäudevolumen: 7.088,00 m^3
A/V_e-Verhältnis (Kompaktheit): 0,33 m^{-1}
Hüllfläche des beheizten Volumens: 2.312,00 m^2
Mittlerer U-Wert (opake Bauteile): 0,12 $W/(m^2 \cdot K)$
Mittlerer U-Wert (transparente Bauteile): 0,80 $W/(m^2 \cdot K)$
Spez. Jahresprimärenergiebedarf: 23,88 $kWh/(m^2 \cdot a)$
CO_2-Emissionen: 7,43 $kg/(m^2 \cdot a)$

Energetische Angaben zu Außenbauteilen

Bodenplatte

U-Wert: 0,13 W/(m²·K)

Gesamtdicke: 73,04 cm	d [cm]	λ [W/(m·K)]
Estrich	5,50	1,200
PE-Folie	0,02	0,400
Trittschalldämmung	3,50	0,035
Stahlbeton	40,00	2,300
PE-Folie	0,02	0,400
Dämmung	24,00	0,038

Außenwand Sockel

U-Wert: 0,27 W/(m²·K)

Gesamtdicke: 49,30 cm	d [cm]	λ [W/(m·K)]
Stahlbeton	24,00	2,500
Dämmung	12,00	0,036
Luftschicht ruhend	1,80	0,156
Stahlbeton	11,50	2,500

Außenwand WDVS

U-Wert: 0,10 W/(m²·K)

Gesamtdicke: 59,00 cm	d [cm]	λ [W/(m·K)]
Stahlbeton	24,00	2,500
Dämmung	34,00	0,034
Klinker	1,00	0,990

Außenwand Gaube

U-Wert: 0,14 W/(m²·K)

Gesamtdicke: 34,25 cm	d [cm]	λ [W/(m·K)]
Holzfaserplatte	8,00	0,043
Dampfbremse	0,05	0,220
Holz	24,00	0,130
Dämmung	24,00	0,039
HWS-Platte	2,20	0,120

Dach

U-Wert: 0,14 W/(m²·K)

Gesamtdicke: 32,10 cm	d [cm]	λ [W/(m·K)]
Holzfaserplatte	8,00	0,043
Dampfbremse	0,05	0,220
Holz	24,00	0,130
Dämmung	24,00	0,039
Dampfsperre	0,05	0,500

Planungskennwerte für Flächen und Rauminhalte nach DIN 277

Flächen des Grundstücks		Menge Einheit	% an GF
BF	Bebaute Fläche	584,00 m²	100,0
UF	Unbebaute Fläche	–	–
GF	Grundstücksfläche	584,00 m²	100,0

Grundflächen des Bauwerks		Menge Einheit	% an NUF	% an BGF
NUF	Nutzungsfläche	1.312,98 m²	100,0	62,8
TF	Technikfläche	171,68 m²	13,1	8,2
VF	Verkehrsfläche	382,10 m²	29,1	18,3
NRF	Netto-Raumfläche	1.866,76 m²	142,2	89,2
KGF	Konstruktions-Grundfläche	224,94 m²	17,1	10,8
BGF	Brutto-Grundfläche	2.091,70 m²	159,3	100,0

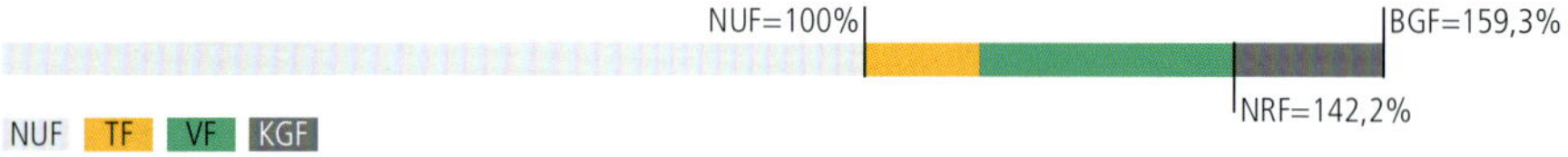

Brutto-Rauminhalt des Bauwerks		Menge Einheit	BRI/NUF (m)	BRI/BGF (m)
BRI	Brutto-Rauminhalt	7.578,22 m³	5,77	3,62

KG	Kostengruppen (2. Ebene)	Menge Einheit	Menge/NUF	Menge/BGF
310	Baugrube / Erdbau	787,16 m³ BGI	0,60	0,38
320	Gründung, Unterbau	542,25 m² GRF	0,41	0,26
330	Außenwände/Vertikale Baukonstruktionen, außen	920,78 m² AWF	0,70	0,44
340	Innenwände/Vertikale Baukonstruktionen, innen	1.677,75 m² IWF	1,28	0,80
350	Decken/Horizontale Baukonstruktionen	1.582,28 m² DEF	1,21	0,76
360	Dächer	625,34 m² DAF	0,48	0,30

Kostenkennwerte für die Kostengruppen der 1.Ebene DIN 276

KG	Kostengruppen (1.Ebene)	Einheit	Kosten €	€/Einheit	€/m² BGF	€/m³ BRI	% 300+400
100	Grundstück	m² GF	–	–	–	–	–
200	Vorbereitende Maßnahmen	m² GF	–	–	–	–	–
300	Bauwerk – Baukonstruktionen	m² BGF	3.062.755	1.464,24	1.464,24	404,15	69,8
400	Bauwerk – Technische Anlagen	m² BGF	1.322.199	632,12	632,12	174,47	30,2
	Bauwerk 300+400	**m² BGF**	**4.384.954**	**2.096,36**	**2.096,36**	**578,63**	**100,0**
500	Außenanlagen und Freiflächen	m² AF	8.921	–	4,27	1,18	0,2
600	Ausstattung und Kunstwerke	m² BGF	22.682	10,84	10,84	2,99	0,5
700	Baunebenkosten	m² BGF	–	–	–	–	–
800	Finanzierung	m² BGF	–	–	–	–	–

KG	Kostengruppe	Menge Einheit	Kosten €	€/Einheit	%
3+4	**Bauwerk**				**100,0**
300	**Bauwerk – Baukonstruktionen**	2.091,70 m² BGF	3.062.755	**1.464,24**	69,8

Stb-Fundamentplatte, Abdichtung, TSD, Estrich, Parkett, Bodenbeschichtung, Perimeterdämmung; Stb-Elementwände, Holz-Alufenster, Alu-Glastüren, WDVS mit Klinkerriemchen, Alu-Stehfalzbekleidung, Alu-Vorhangfassade, Betonkosmetik, Markisen; Stb-Wände, GK-Wände, Innentüren, Beschichtung, Wandfliesen, WC-Trennwände, mobile Trennwand, Glastrennwand; Stb-Elementdecken, Stb-Decke, Stb-Treppen, Stahltreppe, Einschubtreppe, TSD, Estrich, Parkett, Teppich, Bodenbeschichtung, Holz-Treppenbelag, Deckensegel, GK-Decken, Beschichtung; Holz-Walmdach, Dämmung, RWA-Dachfenster, Dachausstieg, Solar-Dachdeckung, Dachentwässerung; Fluchtwegpiktogramme

KG	Kostengruppe	Menge Einheit	Kosten €	€/Einheit	%
400	**Bauwerk – Technische Anlagen**	2.091,70 m² BGF	1.322.199	**632,12**	30,2

Gebäudeentwässerung, Kalt- und Warmwasserleitungen, Sanitärobjekte; Konvektor; Zu-/Abluftanlage mit WRG, Abluftventilator, Split-Klimagerät; Photovoltaikanlage, Elektroinstallation, Beleuchtung, Blitzschutzanlage; Sprechanlage, Notruf, Brandmeldeanlage, Datenübertragungsnetz; Personenaufzug; Gebäudeautomation

KG	Kostengruppe	Menge Einheit	Kosten €	€/Einheit	%
500	**Außenanlagen und Freiflächen**	–	8.921	**–**	0,2

Rohrgrabenaushub; Gebäudeentwässerung

KG	Kostengruppe	Menge Einheit	Kosten €	€/Einheit	%
600	**Ausstattung und Kunstwerke**	2.091,70 m² BGF	22.682	**10,84**	0,5

Sanitärausstattung

Kostenkennwerte für die Kostengruppen der 2. Ebene DIN 276

KG	Kostengruppe	Menge Einheit	Kosten €	€/Einheit	%
300	**Bauwerk – Baukonstruktionen**				**100,0**
310	**Baugrube / Erdbau**	787,16 m³ BGI	70.348	**89,37**	2,3
	Baugrubenaushub, lagern (732m³), Rohrgrabenaushub (55m³) * Pumpensümpfe (2St), Tauchpumpe (20d)				
320	**Gründung, Unterbau**	542,25 m² GRF	350.140	**645,72**	11,4
	Stb-Fundamentplatte (537m²), Stb-Aufzugsunterfahrt (5m²) * Bitumenabdichtung, EPS-TSD, Calciumsulfatestrich (481m²), Lamellenparkett (258m²), Epoxidharzbeschichtung (210m²), Sauberlaufmatte (9m²), Bodenfliesen (4m²) * Gründungspolster (770m³), Perimeterdämmung (542m²), Bitumendickbeschichtung, Perimeterdämmung, vertikal (60m²)				
330	**Außenwände/Vert. Baukonstrukt., außen**	920,78 m² AWF	947.517	**1.029,04**	30,9
	Stb-Elementwände (653m²) * Holz-Alufenster (215m²), Alu-Rohrrahmentüren (52m²) * Mineralwolldämmung (454m²), EPS-Lisenen (276m²), Armierungsputz, Klinkerriemchen (763m²), Alu-Stehfalzbekleidung (23m²), Alu-Vorhangfassade (8m²), Briefkastenanlagen (2St) * Ausbesserung Betonoberflächen, Reinigung (625m²) * Senkrechtmarkisen (230m²), Kassettenmarkisen (34m²) * Glas-Brüstungsgeländer (7m²)				
340	**Innenwände/Vert. Baukonstrukt., innen**	1.677,75 m² IWF	494.685	**294,85**	16,2
	Stb-Elementwände (617m²), Stb-Wände (40m²) * GK-Wände (478m²), GK-Schallschutzwände F30 (184m²), GK-Installationswände (90m²), GK-Schachtwände (50m²) * Holztüren (90m²), Alu-Rohrrahmentüren (67m²), Stahltüren (9m²) * Dispersionsbeschichtung (1.256m²), Ausbesserung Betonoberflächen, Reinigung (736m²), Wandfliesen (76m²), Spiegel (4m²) * WC-Trennwände (25m²), mobile Trennwand (15m²), Glastrennwand (13m²) * Handläufe (72m), Lüftungsgitter (1St)				
350	**Decken/Horizontale Baukonstruktionen**	1.582,28 m² DEF	611.777	**386,64**	20,0
	Stb-Elementdecken (1.410m²), Stb-Decke (136m²), Stb-FT-Treppen (27m²), Stahltreppe (8m²) * Bodeneinschubtreppe (1m²) * EPS-TSD, Calciumsulfatestrich (955m²), Lamellenparkett (423m²), Teppich (412m²), Epoxidharzbeschichtung (120m²), Holz-Treppenbelag (8m²) * Akustikdeckensegel (419m²), GK-Decken, Beschichtung (106m²), Alu-Decke (7m²), Beschichtung (6m²) * Absturzsicherung, Gitterrost (3m²)				
360	**Dächer**	625,34 m² DAF	233.287	**373,06**	7,6
	Holz-Walmdachkonstruktion, Holzfaser-Zwischensparrendämmung (618m²), Rauspundschalung (147m²) * RWA-Kunststoffdachfenster (2m²), Holz-Dachausstiegsfenster (1m²) * Unterspannbahn (594m²), Dachabdichtung (55m²), Lattungen (546m²), Solar-Dachdeckung (586m²), Rinnenkästen, Alu-Abdeckbleche (98m), Alu-Kastenrinnen, Begleitheizung (108m), Fallrohre (50m) * Dampfbremse (618m²), Holzfaserdämmung (595m²) * Einzel-Dachtritt (1St)				
380	**Baukonstruktive Einbauten**	2.091,70 m² BGF	1.803	**0,86**	< 0,1
	Fluchtwegpiktogramme (18St)				

KG	Kostengruppe	Menge Einheit	Kosten €	€/Einheit	%
390	**Sonst. Maßnahmen für Baukonstrukt.**	2.091,70 m²BGF	353.199	**168,86**	11,5
	Baustelleneinrichtung (psch), Kran (1St), Baucontainer (5St), Baustraße (psch), Bauzaun (150m), Bauwasser (psch), Baustrom (psch), Baubeleuchtung (psch), Bauschild (1St) * Fassadengerüst (2.017m²), Konsolverbreiterungen (590m), Treppenturm (1St) * Container für Holzabfälle (40m³), für Bauschutt (33m³), für Mischabfälle (33m³), für Verbrennungsabfälle (6m³) * Schutzabklebungen (731m), Schutzabdeckungen (psch)				
400	**Bauwerk – Technische Anlagen**				**100,0**
410	**Abwasser-, Wasser-, Gasanlagen**	2.091,70 m²BGF	141.728	**67,76**	10,7
	PP-Rohre (140m), KG-Rohre (137m), Edelstahlrohre (10m), Rückstauklappe (1St), Bodenabläufe (2St) * Edelstahlrohre (310m), Hygienespülungen (2St), Absperrventile (11St), Wasserzähler (1St), Wand-WCs (16St), Waschtische (6St), Doppelwaschtische (4St), Urinale (3St), Ausgussbecken (2St), Brause-Thermostat (1St), Durchlauferhitzer (22St) * Montageelemente (26St)				
420	**Wärmeversorgungsanlagen**	2.091,70 m²BGF	390	**0,19**	< 0,1
	Konvektor (1St)				
430	**Raumlufttechnische Anlagen**	2.091,70 m²BGF	421.323	**201,43**	31,9
	Zu-/Abluftgerät 10.000m³/h, mit WRG (1St), 900m³/h (1St), Heizregister 6-15kW (4St), Temperaturregelsysteme (3St), Rechteckkanäle (1.450m²), Wickelfalzrohre (169m), Alu-Flexrohre (48m), Schalldämpfer (90St), Brandschutzklappen (32St), Volumenstromregler (8St), Jalousieklappen (4St), Luftdurchlässe (53St), Abluftventilator 300m³/h (1St), Zeitschaltuhr (1St) * Split-Klimagerät, Außeneinheit 1.788m³/h, Kühl-/Heizleistung 3,5/4kW (1St), Inneneinheit (1St)				
440	**Elektrische Anlagen**	2.091,70 m²BGF	515.054	**246,24**	39,0
	Photovoltaikanlage, in Solardach integriert (psch), Stromspeicher (1St) * Zählerschrank (1St), Wandlerschrank (1St), Verteiler (11St), Kabel/Leitungen (6.963m), Steckdosen (260St), Bodentanks (7St), Präsenzmelder (39St), Helligkeitssensoren (9St), Schalter/Taster (9St) * LED-Einbaudownlights (68St), LED-Anbauleuchten (23St), LED-Lichtbänder (72m), Stromschienen-Lichteinsätze (51St), LED-Sicherheitsleuchten (11St), Einzelbatterie-Überwachungssystem (1St) * Blitzschutz, Erdung (psch)				
450	**Kommunikationstechnische Anlagen**	2.091,70 m²BGF	89.754	**42,91**	6,8
	Gegensprechanlagen (2St), Innensprechstellen, Monitore (6St), Notruf-Kompaktset (1St) * Brandmeldezentrale (1St), Alarmmodul (1St), Ein-/Ausgabemodule (2St), Rauchmelder, Signalsockel (19St), Handfeuermelder (6St), Brandmeldekabel (360m) * Server (psch), Datenkabel (1.224m), Datenanschlussdosen (91St)				
460	**Förderanlagen**	2.091,70 m²BGF	47.262	**22,59**	3,6
	Personenaufzug (psch)				
480	**Gebäude- und Anlagenautomation**	2.091,70 m²BGF	105.263	**50,32**	8,0
	Feldgeräte (psch), KNX-Glastaster (28St), KNX-Taster (5St), Energie-Verbrauchszähler (4St), Energiezähler (2St), KNX-Wetterstation (1St) * Schaltschränke (psch), Dali-Steuerung (psch), KNX-Interfaces (8St), KNX-Aktoren (29St), Aufsteck-Stromwandler (6St), Energie-Überwachungssystem (psch) * Bedien-/Managementeinrichtung (psch) * KNX-Busleitungen (1.500m), Datenkabel (500m)				

KG	Kostengruppe	Menge Einheit	Kosten €	€/Einheit	%
490	**Sonst. Maßnahmen für techn. Anlagen**	2.091,70 m² BGF	1.425	**0,68**	0,1
	Schutzabdeckungen von Lüftungsbauteilen (psch)				
500	**Außenanlagen und Freiflächen**				**100,0**
510	**Erdbau**	55,00 m³ EBR	4.318	**78,51**	48,4
	Rohrgrabenaushub (55m³)				
550	**Technische Anlagen**	–	4.603	–	51,6
	KG-Rohre (17m), Kontrollschacht (1St)				
600	**Ausstattung und Kunstwerke**				**100,0**
610	**Allgemeine Ausstattung**	2.091,70 m² BGF	22.682	**10,84**	100,0
	WC-Papierhalter (15St), Reservepapierhalter (16St), WC-Bürstengarnituren (16St), Hygieneabfallbehälter (11St), Hygienebeutelspender (11St), Seifenspender (10St), Papierhandtuchspender (10St), Papierabfallbehälter (10St)				

Kostenkennwerte für die Kostengruppen 300 der 2. und 3. Ebene DIN 276 (Übersicht)

KG	Kostengruppe	Menge Einheit	Kosten €	€/Einheit	% an 3+4
300	**Bauwerk – Baukonstruktionen**	**2.091,70 m² BGF**	**3.062.755,13**	**1.464,24**	**69,8**
310	**Baugrube / Erdbau**	**787,16 m³ BGI**	**70.347,69**	**89,37**	**1,6**
311	Herstellung	787,16 m³ BGI	65.109,52	82,71	1,5
312	Umschließung	–	–	–	–
313	Wasserhaltung	787,16 m³	5.238,17	6,65	0,1
314	Vortrieb	–	–	–	–
319	Sonstiges zur KG 310	–	–	–	–
320	**Gründung, Unterbau**	**542,25 m² GRF**	**350.140,22**	**645,72**	**8,0**
321	Baugrundverbesserung	–	–	–	–
322	Flachgründungen und Bodenplatten	542,25 m²	152.072,83	280,45	3,5
323	Tiefgründungen	–	–	–	–
324	Gründungsbeläge	480,84 m²	86.804,68	180,53	2,0
325	Abdichtungen und Bekleidungen	602,25 m²	111.262,70	184,75	2,5
326	Dränagen	–	–	–	–
329	Sonstiges zur KG 320	–	–	–	–
330	**Außenwände/Vert. Baukonstrukt., außen**	**920,78 m² AWF**	**947.516,79**	**1.029,04**	**21,6**
331	Tragende Außenwände	653,39 m²	142.924,47	218,74	3,3
332	Nichttragende Außenwände	–	–	–	–
333	Außenstützen	–	–	–	–
334	Außenwandöffnungen	267,39 m²	271.723,21	1.016,21	6,2
335	Außenwandbekleidungen, außen	793,84 m²	444.988,24	560,55	10,1
336	Außenwandbekleidungen, innen	624,72 m²	9.345,37	14,96	0,2
337	Element. Außenwandkonstruktionen	–	–	–	–
338	Lichtschutz zur KG 330	264,20 m²	70.474,67	266,75	1,6
339	Sonstiges zur KG 330	920,78 m² AWF	8.060,82	8,75	0,2
340	**Innenwände/Vert. Baukonstrukt., innen**	**1.677,75 m² IWF**	**494.684,87**	**294,85**	**11,3**
341	Tragende Innenwände	656,61 m²	141.251,95	215,12	3,2
342	Nichttragende Innenwände	801,33 m²	118.078,34	147,35	2,7
343	Innenstützen	–	–	–	–
344	Innenwandöffnungen	166,52 m²	148.296,83	890,56	3,4
345	Innenwandbekleidungen	2.073,08 m²	33.549,50	16,18	0,8
346	Elementierte Innenwandkonstruktionen	53,29 m²	41.243,57	773,95	0,9
347	Lichtschutz zur KG 340	–	–	–	–
349	Sonstiges zur KG 340	1.677,75 m² IWF	12.264,68	7,31	0,3
350	**Decken/Horizontale Baukonstruktionen**	**1.582,28 m² DEF**	**611.776,92**	**386,64**	**14,0**
351	Deckenkonstruktionen	1.581,30 m²	381.492,80	241,25	8,7
352	Deckenöffnungen	0,98 m²	1.239,33	1.264,62	< 0,1
353	Deckenbeläge	962,74 m²	160.076,43	166,27	3,7
354	Deckenbekleidungen	538,32 m²	67.110,54	124,67	1,5
355	Elementierte Deckenkonstruktionen	–	–	–	–
359	Sonstiges zur KG 350	1.582,28 m² DEF	1.857,81	1,17	< 0,1
360	**Dächer**	**625,34 m² DAF**	**233.287,13**	**373,06**	**5,3**
361	Dachkonstruktionen	618,03 m²	75.281,44	121,81	1,7
362	Dachöffnungen	2,78 m²	7.043,93	2.533,79	0,2
363	Dachbeläge	622,56 m²	127.352,35	204,56	2,9
364	Dachbekleidungen	618,30 m²	23.378,60	37,81	0,5
365	Elementierte Dachkonstruktionen	–	–	–	–
366	Lichtschutz zur KG 360	–	–	–	–
369	Sonstiges zur KG 360	625,34 m² DAF	230,81	0,37	< 0,1
370	**Infrastrukturanlagen**	**–**	**–**	**–**	**–**
380	**Baukonstruktive Einbauten**	**2.091,70 m² BGF**	**1.802,75**	**0,86**	**< 0,1**
390	**Sonst. Maßnahmen für Baukonstrukt.**	**2.091,70 m² BGF**	**353.198,80**	**168,86**	**8,1**

Kostenkennwerte für die Kostengruppen 400 der 2. und 3.Ebene DIN 276 (Übersicht)

KG	Kostengruppe	Menge Einheit	Kosten €	€/Einheit	% an 3+4
400	**Bauwerk – Technische Anlagen**	**2.091,70 m² BGF**	**1.322.199,32**	**632,12**	**30,2**
410	**Abwasser-, Wasser-, Gasanlagen**	**2.091,70 m² BGF**	**141.727,53**	**67,76**	**3,2**
411	Abwasseranlagen	2.091,70 m² BGF	39.704,90	18,98	0,9
412	Wasseranlagen	2.091,70 m² BGF	92.881,64	44,40	2,1
413	Gasanlagen	–	–	–	–
419	Sonstiges zur KG 410	2.091,70 m² BGF	9.140,99	4,37	0,2
420	**Wärmeversorgungsanlagen**	**2.091,70 m² BGF**	**390,26**	**0,19**	**< 0,1**
421	Wärmeerzeugungsanlagen	–	–	–	–
422	Wärmeverteilnetze	–	–	–	–
423	Raumheizflächen	2.091,70 m² BGF	390,26	0,19	< 0,1
424	Verkehrsheizflächen	–	–	–	–
429	Sonstiges zur KG 420	–	–	–	–
430	**Raumlufttechnische Anlagen**	**2.091,70 m² BGF**	**421.323,15**	**201,43**	**9,6**
431	Lüftungsanlagen	2.091,70 m² BGF	415.014,27	198,41	9,5
432	Teilklimaanlagen	–	–	–	–
433	Klimaanlagen	2.091,70 m² BGF	6.308,88	3,02	0,1
434	Kälteanlagen	–	–	–	–
439	Sonstiges zur KG 430	–	–	–	–
440	**Elektrische Anlagen**	**2.091,70 m² BGF**	**515.054,19**	**246,24**	**11,7**
441	Hoch- und Mittelspannungsanlagen	–	–	–	–
442	Eigenstromversorgungsanlagen	2.091,70 m² BGF	176.449,42	84,36	4,0
443	Niederspannungsschaltanlagen	–	–	–	–
444	Niederspannungsinstallationsanlagen	2.091,70 m² BGF	254.546,54	121,69	5,8
445	Beleuchtungsanlagen	2.091,70 m² BGF	76.670,41	36,65	1,7
446	Blitzschutz- und Erdungsanlagen	2.091,70 m² BGF	7.387,81	3,53	0,2
447	Fahrleitungssysteme	–	–	–	–
449	Sonstiges zur KG 440	–	–	–	–
450	**Kommunikationstechnische Anlagen**	**2.091,70 m² BGF**	**89.754,38**	**42,91**	**2,0**
451	Telekommunikationsanlagen	–	–	–	–
452	Such- und Signalanlagen	2.091,70 m² BGF	11.290,65	5,40	0,3
453	Zeitdienstanlagen	–	–	–	–
454	Elektroakustische Anlagen	–	–	–	–
455	Audiovisuelle Medien- u. Antennenanl.	–	–	–	–
456	Gefahrenmelde- und Alarmanlagen	2.091,70 m² BGF	21.558,31	10,31	0,5
457	Datenübertragungsnetze	2.091,70 m² BGF	56.905,42	27,21	1,3
458	Verkehrsbeeinflussungsanlagen	–	–	–	–
459	Sonstiges zur KG 450	–	–	–	–
460	**Förderanlagen**	**2.091,70 m² BGF**	**47.261,53**	**22,59**	**1,1**
461	Aufzugsanlagen	2.091,70 m² BGF	47.261,53	22,59	1,1
462	Fahrtreppen, Fahrsteige	–	–	–	–
463	Befahranlagen	–	–	–	–
464	Transportanlagen	–	–	–	–
465	Krananlagen	–	–	–	–
466	Hydraulikanlagen	–	–	–	–
469	Sonstiges zur KG 460	–	–	–	–
470	**Nutzungsspez. u. verfahrenstechn. Anl.**	**–**	**–**	**–**	**–**
480	**Gebäude- und Anlagenautomation**	**2.091,70 m² BGF**	**105.262,88**	**50,32**	**2,4**
490	**Sonst. Maßnahmen für techn. Anlagen**	**2.091,70 m² BGF**	**1.425,40**	**0,68**	**< 0,1**

Kostenkennwerte für die Kostengruppen der 3.Ebene DIN 276

KG	Kostengruppe	Menge Einheit	Kosten €	€/Einheit	%
310	**Baugrube / Erdbau**				**100,0**
311	**Herstellung**	787,16 m³BGI	65.110	**82,71**	92,6
	Baugrubenaushub BK 3-5, lagern (732m³), Rohrgrabenaushub, t bis 2m (55m³), Planum (704m²)				
313	**Wasserhaltung**	787,16 m³	5.238	**6,65**	7,4
	Pumpensümpfe DN1.000 (2St), Tauchpumpe (20d)				
320	**Gründung, Unterbau**				**100,0**
322	**Flachgründungen und Bodenplatten**	542,25 m²	152.073	**280,45**	43,4
	Stb-Fundamentplatte, d=40cm, Schalung, Bewehrung (537m²), Stb-Aufzugsunterfahrt, t=60cm (5m²), Mehrspartenhauseinführung (1St)				
324	**Gründungsbeläge**	480,84 m²	86.805	**180,53**	24,8
	Bitumenabdichtung, EPS-Trittschalldämmung WLG 035, d=40mm, Calciumsulfat-Fließestrich (481m²), Hochkant-Lamellenparkett, Eiche (258m²), Epoxidharzbeschichtung, Acrylversiegelung (210m²), Sauberlaufmatte (9m²), Abdichtung, Bodenfliesen (4m²)				
325	**Abdichtungen und Bekleidungen**	602,25 m²	111.263	**184,75**	31,8
	Gründungspolster (770m³), Splittbett, Perimeterdämmung, d=240mm (542m²), Bitumendickbeschichtung, Perimeterdämmung, d=240mm, vertikal (60m²)				
330	**Außenwände/Vertikale Baukonstruktionen, außen**				**100,0**
331	**Tragende Außenwände**	653,39 m²	142.924	**218,74**	15,1
	Stb-Elementwände, d=24cm, Schalung, Bewehrung (653m²)				
334	**Außenwandöffnungen**	267,39 m²	271.723	**1.016,21**	28,7
	Holz-Alufenster, ein-/zweiteilig, Festverglasungen (172m²), Drehkipp (43m²), Fensterbänke innen, Holz, t=35cm (84m), außen, Alu (83m), Alu-Rohrrahmentüren, zwei-/dreiteilig, einflüglig, Seitenteil, VSG (29m²), geschlossen (15m²), zweiflüglig, geschlossen (9m²)				
335	**Außenwandbekleidungen, außen**	793,84 m²	444.988	**560,55**	47,0
	Mineralwolldämmung WLG 035, d=220mm, Verdübelung (280m²), d=280mm (174m²), EPS-Lisenen WLG 035, d=340/280mm (276m²), Armierungsputz, Klinkerriemchen (763m²), an Lisenen (198m), in Laibungen (487m), Alu-Stehfalzbekleidung (23m²), hinterlüftete Alu-Vorhangfassade (8m²), Briefkastenanlage 86x68cm (1St), 42x90cm (1St)				
336	**Außenwandbekleidungen, innen**	624,72 m²	9.345	**14,96**	1,0
	Ausbesserung Betonoberflächen, Reinigung (625m²)				
338	**Lichtschutz zur KG 330**	264,20 m²	70.475	**266,75**	7,4
	Senkrechtmarkisen, Führungsschienen, Motorantrieb (230m²), Kassettenmarkisen, Ausladung 3m (34m²)				
339	**Sonstiges zur KG 330**	920,78 m²AWF	8.061	**8,75**	0,9
	Glas-Brüstungsgeländer, h=62,5cm (5m²), h=45cm (2m²)				

KG	Kostengruppe	Menge Einheit	Kosten €	€/Einheit	%
340	**Innenwände/Vertikale Baukonstruktionen, innen**				**100,0**
341	**Tragende Innenwände**	656,61 m²	141.252	**215,12**	28,6
	Stb-Elementwände, d=24cm, Schalung, Bewehrung (617m²), Stb-Wände, d=20-30cm (40m²)				
342	**Nichttragende Innenwände**	801,33 m²	118.078	**147,35**	23,9
	GK-Metallständerwände, d=10-12,5cm, beidseitig doppelt beplankt, Mineralwolldämmung, d=50mm (467m²), als Sicherheitswand, mit Stahleinlage (11m²), GK-Schallschutzwände F30, R'w=53-55dB, d=10-15cm, beidseitig doppelt beplankt, Mineralwolldämmung, d=50mm (138m²), einseitig Wandfläche gelocht (46m²), GK-Installationswände, d=15-35cm, beidseitig doppelt beplankt, Mineralwolldämmung, d=80mm (90m²), GK-Schachtwände (50m²)				
344	**Innenwandöffnungen**	166,52 m²	148.297	**890,56**	30,0
	Vollspantüren, Oberfläche HPL, Stahlzargen (60m²), mit Seitenteil, VSG (30m²), Alu-Rohrrahmentüren, teilweise T30, Seitenteile, Oberlichter, VSG (67m²), Stahltüren, Stahlzargen (9m²)				
345	**Innenwandbekleidungen**	2.073,08 m²	33.549	**16,18**	6,8
	GK-Vorsatzschalen, d=15-24,5cm, doppelt beplankt, Mineralwolldämmung, d=40mm (65m²), Dispersionsbeschichtung (1.256m²), Ausbesserung Betonoberflächen, Reinigung (736m²), Abdichtung, Wandfliesen (76m²), Spiegel, flächenbündig (4m²)				
346	**Elementierte Innenwandkonstruktionen**	53,29 m²	41.244	**773,95**	8,3
	WC-Trennwände, Vollspanplatten, d=30mm, Melaminharzbeschichtung, 14 Türen (25m²), mobile Trennwand, schallgedämmt (15m²), Glastrennwand, Glasrahmentür, zweiflüglig (13m²)				
349	**Sonstiges zur KG 340**	1.677,75 m² IWF	12.265	**7,31**	2,5
	Handläufe, Edelstahl (65m), Holz (7m), Lüftungsgitter 120x35cm (1St)				
350	**Decken/Horizontale Baukonstruktionen**				**100,0**
351	**Deckenkonstruktionen**	1.581,30 m²	381.493	**241,25**	62,4
	Stb-Elementdecken, d=22-28cm, Schalung, Bewehrung (1.410m²), Stb-Decke, d=22cm (136m²), Stb-Fertigteiltreppen, Laufbreite 1,40m, 6x7 Steigungen, Podeste (27m²), Stahltreppe, Laufbreite 1,00m, 21 Steigungen, Podest (8m²)				
352	**Deckenöffnungen**	0,98 m²	1.239	**1.264,62**	0,2
	Bodeneinschubtreppe 70x140cm (1m²)				
353	**Deckenbeläge**	962,74 m²	160.076	**166,27**	26,2
	EPS-Trittschalldämmung WLG 035, d=30-50mm, Calciumsulfat-Fließestrich (955m²), Hochkant-Lamellenparkett, Eiche (423m²), Teppich (412m²), Epoxidharzbeschichtung, Acrylversiegelung (120m²), Holz-Treppenbelag (8m²)				
354	**Deckenbekleidungen**	538,32 m²	67.111	**124,67**	11,0
	Akustikdeckensegel 120x60cm, Glaswolle, beschichtet, Abhängehöhe bis 50cm (419m²), GK-Decke, Abhängehöhe bis 75cm, Beschichtung (106m²), abgehängte Alu-Decke (7m²), Beschichtung Treppenstufen (6m²)				

KG	Kostengruppe	Menge Einheit	Kosten €	€/Einheit	%
359	**Sonstiges zur KG 350**	1.582,28 m² DEF	1.858	**1,17**	0,3
	Absturzsicherung 2,00x1,44m, Gitterrost, bündig UK-Decke (3m²)				
360	**Dächer**				**100,0**
361	**Dachkonstruktionen**	618,03 m²	75.281	**121,81**	32,3
	Walmdachkonstruktion, KVH (29m³), BSH (10m³), Abbund (1.333m), Holzfaser-Zwischensparrendämmung WLS 038, d=240mm (618m²), Rauspundschalung (147m²)				
362	**Dachöffnungen**	2,78 m²	7.044	**2.533,79**	3,0
	RWA-Kunststoffdachfenster, Motorantrieb (2m²), Holz-Dachausstiegsfenster (1m²)				
363	**Dachbeläge**	622,56 m²	127.352	**204,56**	54,6
	Unterspannbahn (594m²), Dachabdichtung (55m²), Lattungen (546m²), Solar-Dachdeckung, integrierte PV-Zellen (586m²), Rinnenkästen, b=37cm, Alu-Abdeckbleche (98m), Alu-Kastenrinnen, Begleitheizung (108m), Fallrohre, Stahl (46m), Alu (4m), Standrohre (4St)				
364	**Dachbekleidungen**	618,30 m²	23.379	**37,81**	10,0
	Dampfbremse (618m²), Holzfaserdämmung WLS 044, d=80mm (595m²)				
369	**Sonstiges zur KG 360**	625,34 m² DAF	231	**0,37**	< 0,1
	Einzel-Dachtritt (1St)				
380	**Baukonstruktive Einbauten**				**100,0**
386	**Orientierungs- und Informationssysteme**	2.091,70 m² BGF	1.803	**0,86**	100,0
	Fluchtwegpiktogramme, langnachleuchtend (18St)				
390	**Sonstige Maßnahmen für Baukonstruktionen**				**100,0**
391	**Baustelleneinrichtung**	2.091,70 m² BGF	278.859	**133,32**	79,0
	Baustelleneinrichtung (psch), Kran (1St), Bauleitungs-/Besprechungscontainer (2St), Sanitärcontainer (1St), Magazincontainer (1St), Mannschaftscontainer (1St), Baustraße (psch), Bauzaun (150m), Tor (1St), Bauwasser (psch), Baustrom (psch), Baubeleuchtung (psch), Schnurgerüst (1St), Meterrisse (45St), Schutzgeländer (330m), Absturzsicherungen Aufzugsschacht (3St), Bauschild, beleuchtet (1St)				
392	**Gerüste**	2.091,70 m² BGF	55.304	**26,44**	15,7
	Fassadengerüst, Lastklasse 3 (2.017m²), innenliegender Seitenschutz (886m), Konsolverbreiterungen (590m), Treppenturm (1St), Gitterträger (6m)				
396	**Materialentsorgung**	2.091,70 m² BGF	15.645	**7,48**	4,4
	Container für Holzabfälle (40m³), für Bauschutt (33m³), für Mischabfälle (33m³), für Verbrennungsabfälle (6m³); Entsorgung, Deponiegebühren				
397	**Zusätzliche Maßnahmen**	2.091,70 m² BGF	3.391	**1,62**	1,0
	Schutzabklebungen von Fenstern, Einbauteilen (731m), Schutzabdeckungen (psch)				

KG	Kostengruppe	Menge Einheit	Kosten €	€/Einheit	%
410	**Abwasser-, Wasser-, Gasanlagen**				**100,0**
411	**Abwasseranlagen**	2.091,70 m²BGF	39.705	**18,98**	28,0
	PP-Rohre DN50-100, Formstücke, Rohrdämmung (140m), KG-Rohre DN100-125, Formstücke (137m), Edelstahlrohre DN25, Formstücke (10m), Rückstauklappe (1St), Rohrschotts (14St), Bodenabläufe (2St), Geruchsverschlüsse (21St)				
412	**Wasseranlagen**	2.091,70 m²BGF	92.882	**44,40**	65,5
	Edelstahlrohre DN15-32, Formstücke, Rohrdämmung (310m), Rohrschotts (12St), Hygienespülungen (2St), Automatikfilter (1St), Rückflussverhinderer (1St), Absperrventile (11St), Wasserzähler (1St), Wand-WCs (15St), barrierefrei (1St), Urinale (3St), Waschtische (5St), barrierefrei (1St), Doppelwaschtische (4St), Ausgussbecken (2St), Brause-Thermostat (1St), Durchlauferhitzer 6,5kW (13St), 13,5kW (9St)				
419	**Sonstiges zur KG 410**	2.091,70 m²BGF	9.141	**4,37**	6,4
	Montageelemente für WCs (16St), für Waschtische (4St), für Urinale (3St), für Ausgussbecken (2St), für Dusche (1St)				
420	**Wärmeversorgungsanlagen**				**100,0**
423	**Raumheizflächen**	2.091,70 m²BGF	390	**0,19**	100,0
	Konvektor 1,5kW (1St)				
430	**Raumlufttechnische Anlagen**				**100,0**
431	**Lüftungsanlagen**	2.091,70 m²BGF	415.014	**198,41**	98,5
	Zu-/Abluftgerät, Volumenstrom 10.000m³/h, mit WRG (1St), Volumenstrom 900m³/h (1St), Heizregister 15kW (3St), 6kW (1St), Temperaturregelsysteme (3St), Rechteckkanäle, Formstücke, Kanaldämmung (1.450m²), Wickelfalzrohre DN80-250, Formstücke, Rohrdämmung (169m), Alu-Flexrohre DN100-200 (48m), Rohrschalldämpfer (78St), Kulissenschalldämpfer (12St), Brandschutzklappen (32St), Volumenstromregler (8St), Jalousieklappen (4St), Lüftungsgitter (114St), Tellerventile (42St), Abluftventilator, Volumenstrom 300m³/h (1St), Zeitschaltuhr (1St), Revisionsschalter (1St)				
433	**Klimaanlagen**	2.091,70 m²BGF	6.309	**3,02**	1,5
	Split-Klimagerät, Außeneinheit, Volumenstrom 1.788m³/h, Nennkühlleistung 3,5kW, Nennheizleistung 4kW (1St), Inneneinheit (1St), Reparaturschalter (1St), Brandschott (1St)				
440	**Elektrische Anlagen**				**100,0**
442	**Eigenstromversorgungsanlagen**	2.091,70 m²BGF	176.449	**84,36**	34,3
	Photovoltaikanlage 73,71kWp, in Solardach integriert (psch), Stromspeicher 22kWh (1St)				
444	**Niederspannungsinstallationsanlagen**	2.091,70 m²BGF	254.547	**121,69**	49,4
	Zählerschrank (1St), Wandlerschrank (1St), Unterverteiler (10St), Steigleitungsverteiler (1St), Überspannungsableiter (1St), Mantelleitungen NYM (4.730m), Steuerleitungen (1.603m), Installationskabel J-Y(ST)Y (600m), Starkstromkabel NYY (30m), Leerrohre (2.350m), Kabelrinnen (170m), Brüstungskanäle (12m), Brandschotts (6St), Steckdosen (260St), Herdanschlussdosen (10St), Bodentanks (7St), Präsenzmelder (39St), Helligkeitssensoren (9St), Schalter/Taster (9St)				

KG	Kostengruppe	Menge Einheit	Kosten €	€/Einheit	%
445	**Beleuchtungsanlagen**	2.091,70 m² BGF	76.670	**36,65**	14,9
	LED-Einbaudownlights (68St), LED-Anbauleuchten (23St), LED-Lichtbänder (72m), Stromschienen (96m), Stromschienen-Lichteinsätze (51St), Seilabhängungen, l bis 1m (18St), LED-Einzelbatterie-Sicherheitsleuchten (11St), Einzelbatterie-Überwachungssystem (1St)				
446	**Blitzschutz- und Erdungsanlagen**	2.091,70 m² BGF	7.388	**3,53**	1,4
	Blitzschutz, Erdung (psch), Banderdungsschellen (20St), Potenzialausgleichsschienen (5St), Mantelleitungen NYM (252m)				
450	**Kommunikations-, sicherheits- und informationstechnische Anlagen**				**100,0**
452	**Such- und Signalanlagen**	2.091,70 m² BGF	11.291	**5,40**	12,6
	Gegensprechanlagen, Wandeinbau, sechs Teilnehmer (1St), ein Teilnehmer (1St), Innensprechstellen, Monitore (6St), Notruf-Kompaktset (1St)				
456	**Gefahrenmelde- und Alarmanlagen**	2.091,70 m² BGF	21.558	**10,31**	24,0
	Brandmeldezentrale (1St), Alarmmodul (1St), Ein-/Ausgabemodule (2St), Notstromakkus (2St), Sicherungsverteiler (1St), Rauchmelder, Signalsockel (19St), Handfeuermelder (6St), Brandmeldekabel (360m)				
457	**Datenübertragungsnetze**	2.091,70 m² BGF	56.905	**27,21**	63,4
	Server (psch), Datenkabel Cat7 (1.224m), Datenanschlussdosen 2xRJ45 (88St), HDMI (3St)				
460	**Förderanlagen**				**100,0**
461	**Aufzugsanlagen**	2.091,70 m² BGF	47.262	**22,59**	100,0
	Personenaufzug, drei Haltestelle (psch)				
480	**Gebäude- und Anlagenautomation**				**100,0**
481	**Automationseinrichtungen**	2.091,70 m² BGF	21.064	**10,07**	20,0
	Feldgeräte (psch), KNX-Glastaster (28St), KNX-Taster (5St), Energie-Verbrauchszähler (4St), Energiezähler (2St), KNX-Wetterstation (1St)				
482	**Schaltschränke, Automation**	2.091,70 m² BGF	69.173	**33,07**	65,7
	Schaltschränke (psch), Dali-Steuerung (psch), Spannungsversorgungen (9St), KNX-Interfaces (8St), KNX-Jalousieaktoren, zwei- bis achtfach (12St), KNX-Schaltaktoren, zwei- bis 24-fach (8St), KNX-Dimmaktoren, zwei- bis vierfach (9St), Aufsteck-Stromwandler (6St), Energie-Überwachungssystem (psch)				
483	**Automationsmanagement**	2.091,70 m² BGF	3.486	**1,67**	3,3
	Bedien-/Managementeinrichtung (psch)				
485	**Datenübertragungsnetze**	2.091,70 m² BGF	11.541	**5,52**	11,0
	KNX-Busleitungen (1.500m), Datenkabel LIYCY (500m)				
490	**Sonstige Maßnahmen für technische Anlagen**				**100,0**
497	**Zusätzliche Maßnahmen**	2.091,70 m² BGF	1.425	**0,68**	100,0
	Schutzabdeckungen von Lüftungsbauteilen (psch)				

KG	Kostengruppe	Menge Einheit	Kosten €	€/Einheit	%
510	**Erdbau**				**100,0**
511	**Herstellung**	55,00 m³EBR	4.318	**78,51**	100,0
	Rohrgrabenaushub, t bis 2m (55m³)				
550	**Technische Anlagen**				**100,0**
551	**Abwasseranlagen**	–	4.603	–	100,0
	KG-Rohre DN150-200, Formstücke (17m), Kontrollschacht DN1.000 (1St)				

Kostenkennwerte für Leistungsbereiche nach STLB (Kosten des Bauwerks nach DIN 276)

LB	Leistungsbereiche	Kosten €	€/m² BGF	€/m³ BRI	% an 3+4
000	Baustellen-, Sicherheitseinr. inkl. 001, 089	334.163	159,80	44,10	7,6
002	Erdarbeiten	65.110	31,10	8,60	1,5
006	Spezialtiefbauarbeiten inkl. 005	–	–	–	–
009	Entwässerungskanalarbeiten inkl. 011	13.542	6,50	1,80	0,3
010	Drän- und Versickerarbeiten	–	–	–	–
012	Mauerarbeiten	–	–	–	–
013	Betonarbeiten	883.172	422,20	116,50	20,1
014	Natur-, Betonwerksteinarbeiten	–	–	–	–
016	Zimmer- und Holzbauarbeiten	111.167	53,10	14,70	2,5
017	Stahlbauarbeiten	–	–	–	–
018	Abdichtungsarbeiten	23.112	11,00	3,00	0,5
019	Kampfmittelräumarbeiten	–	–	–	–
020	Dachdeckungsarbeiten	68.696	32,80	9,10	1,6
021	Dachabdichtungsarbeiten	–	–	–	–
022	Klempnerarbeiten	50.645	24,20	6,70	1,2
	Rohbau	**1.549.607**	**740,80**	**204,50**	**35,3**
023	Putz- und Stuckarbeiten, Wärmedämmsysteme	393.850	188,30	52,00	9,0
024	Fliesen- und Plattenarbeiten	9.920	4,70	1,30	0,2
025	Estricharbeiten	66.574	31,80	8,80	1,5
026	Fenster, Außentüren inkl. 029, 032	214.109	102,40	28,30	4,9
027	Tischlerarbeiten	72.691	34,80	9,60	1,7
028	Parkett-, Holzpflasterarbeiten	76.267	36,50	10,10	1,7
030	Rollladenarbeiten	70.475	33,70	9,30	1,6
031	Metallbauarbeiten inkl. 035	256.034	122,40	33,80	5,8
034	Maler- und Lackiererarb. - Beschicht. inkl. 037	36.669	17,50	4,80	0,8
036	Bodenbelagarbeiten	81.665	39,00	10,80	1,9
038	Vorgehängte hinterlüftete Fassaden	13.594	6,50	1,80	0,3
039	Trockenbauarbeiten	212.430	101,60	28,00	4,8
	Ausbau	**1.504.278**	**719,20**	**198,50**	**34,3**
040	Wärmeversorgungsanl. - Betriebseinr. inkl. 041	390	0,19	0,05	< 0,1
042	Gas- u. Wasseranl. - Leitung., Armat. inkl. 043	42.277	20,20	5,60	1,0
044	Abwasseranl. - Leitungen, Abläufe, Armaturen	19.240	9,20	2,50	0,4
045	Gas, Wasser, Entwässerung - Ausstattung inkl. 046	53.904	25,80	7,10	1,2
047	Dämm- und Brandschutzarb. an techn. Anlagen	95.761	45,80	12,60	2,2
049	Feuerlöschanlagen, Feuerlöschgeräte	–	–	–	–
050	Blitzschutz-/Erdungsanlagen, Überspannungssch.	7.388	3,50	0,97	0,2
053	Niederspannungsanl. - Kabel inkl. 052, 054	432.153	206,60	57,00	9,9
055	Sicherheits- u. Ersatzstromversorgungsanl.	–	–	–	–
057	Gebäudesystemtechnik	105.263	50,30	13,90	2,4
058	Leuchten und Lampen inkl. 059	76.670	36,70	10,10	1,7
060	Such, Signal, Zeit, Anten., akust. Anl. inkl. 064	11.291	5,40	1,50	0,3
061	Kommunikations- u. Übertragungsnetze inkl. 063	78.464	37,50	10,40	1,8
069	Aufzüge	44.066	21,10	5,80	1,0
070	Gebäudeautomation	–	–	–	–
075	Raumlufttechnische Anlagen inkl. 078	343.319	164,10	45,30	7,8
	Gebäudetechnik	**1.310.186**	**626,40**	**172,90**	**29,9**
084	Abbruch, Rückbau, Schadstoffsanierung	–	–	–	–
	Abbrucharbeiten	**–**	**–**	**–**	**–**
	Sonstige Leistungsbereiche	**20.884**	**10,00**	**2,80**	**0,5**

1300-0341
Bürogebäude
(10 AP)

Kostenkennwerte für die Kosten des Bauwerks (Kostengruppen 300+400 nach DIN 276)

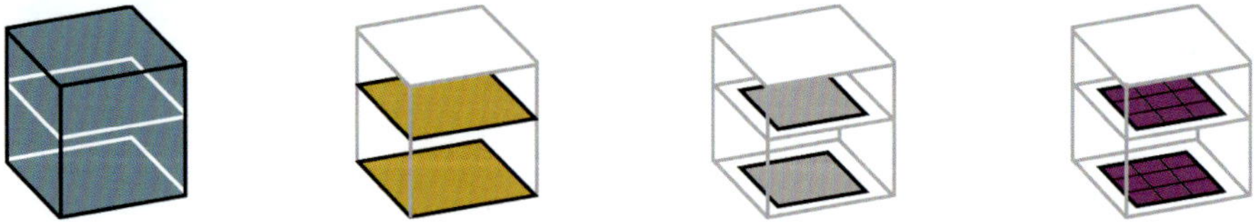

BRI	BGF	NUF	NE
969 €/m³	4.786 €/m²	7.737 €/m²	175.506 €/NE

NE: Arbeitsplätze

Objekt:
Kennwerte: 3. Ebene DIN 276
BRI: 1.811 m³
BGF: 367 m²
NUF: 227 m²
Bauzeit: 44 Wochen
Bauende: 2024
Standard: hoch
Bundesland: Brandenburg
Kreis: Potsdam-Mittelmark

Planer*in:
Architektur- und
Ingenieurbüro
Siegmund Bölke
und Partner mbB
Leipziger Straße 175
14929 Treuenbrietzen

Bauherr*in:
Energiequelle Invest GmbH
Hauptstraße 44
15806 Zossen

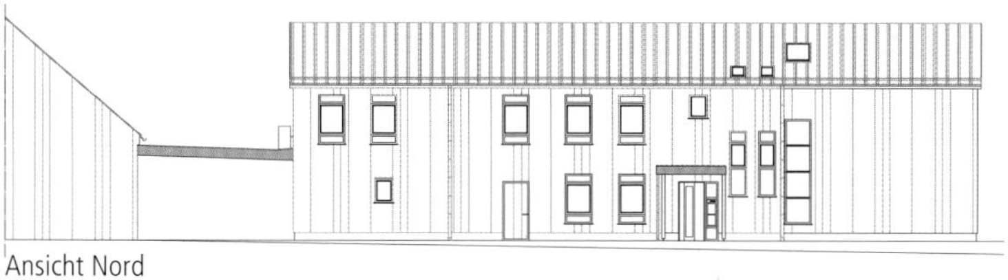

Ansicht Nord

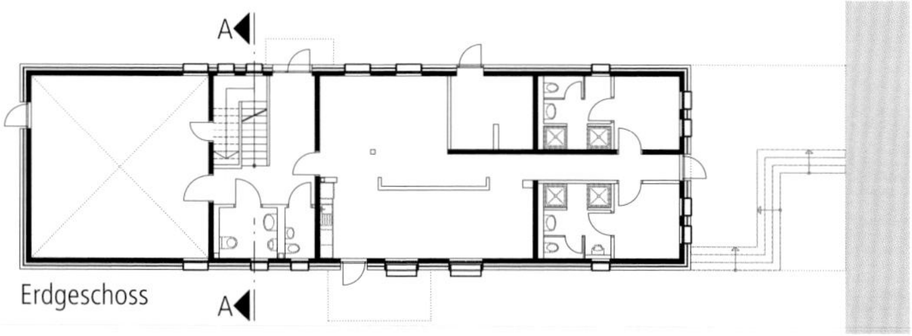

Erdgeschoss

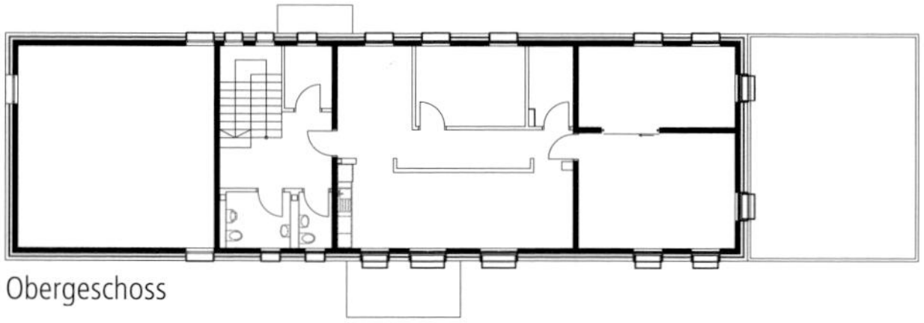

Obergeschoss

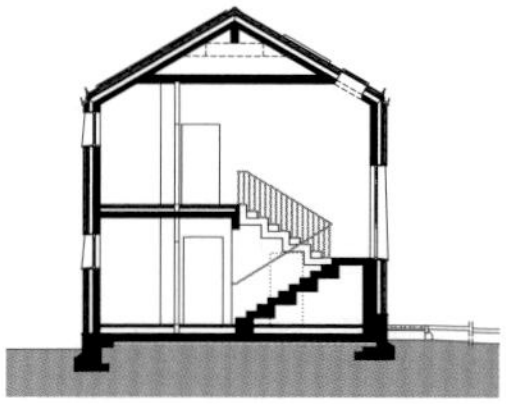

Schnitt A-A

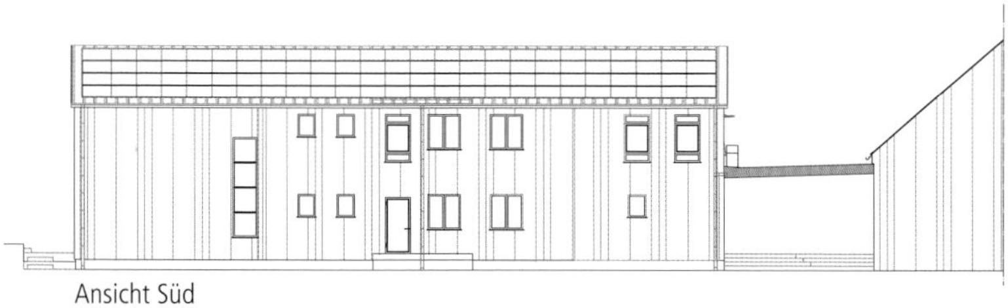

Ansicht Süd

Ansicht Ost

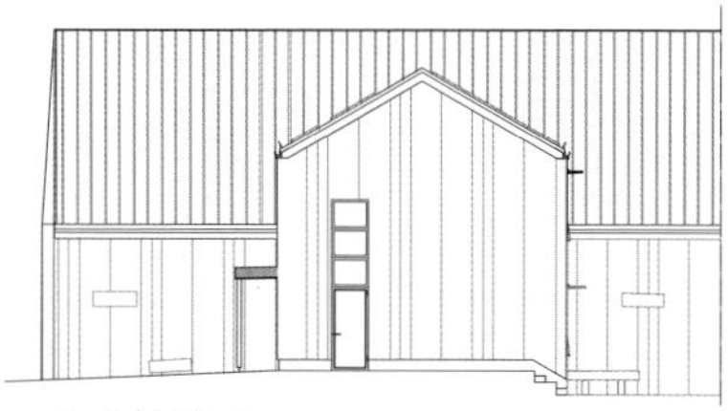

Ansicht West

Objektbeschreibung

Allgemeine Objektinformationen

Das Bürogebäude ist Teil eines Ensembles aus vier Gebäuden auf dem Grundstück eines ehemals geschlossenen Vierseithofs. Der Neubau ist durch eine Überdachung mit der bereits sanierten Scheune verbunden. Die Nutzungseinheiten des Bürogebäudes sind horizontal geschossweise angeordnet. Der Besprechungsraum nimmt den kompletten Westgiebel über zwei Etagen ein und kann wechselseitig genutzt werden.

Nutzung

1 Erdgeschoss
Büro, Beratungsraum, Pausenraum, Umkleiden, Sanitärräume, WCs, Stuhllager, Eingangsbereich, Hausanschlussraum

1 Obergeschoss
Empfang, Büros, Archiv, Lager, Serverraum, Pausenraum, WCs

Nutzeinheiten

Arbeitsplätze: 10

Grundstück

Bauraum: Freier Bauraum
Neigung: Ebenes Gelände
Bodenklasse: BK 1 bis BK 5

Markt

Hauptvergabezeit: 3.Quartal 2023
Baubeginn: 4.Quartal 2023
Bauende: 3.Quartal 2024
Konjunkturelle Gesamtlage: über Durchschnitt
Regionaler Baumarkt: unter Durchschnitt

Baukonstruktion

Das Massivholzhaus gründet mit einer Stahlbeton-Fundamentplatte auf Schaumglasschotter. Winkelstützmauern dienen als Fassadensockel. Alle tragenden Wände, die Decke und das Satteldach wurden aus leimfreiem Dübelholz hergestellt. Ca. 90% der Wände und der Decke sind in Sichtqualität ausgeführt und als fertige Oberfläche belassen. Eine zusätzliche Kehlbalkendecke im Dachgeschoss dient zur Leitungsführung der Haustechnik. Eine Holzunterkonstruktion trägt die Dämmung und die sibirisch Lärchenfassadenschalung. Fenster und Türen sowie Fensterbänke und Laibungsbekleidungen wurden ebenfalls aus Holz gefertigt. Extra tiefe Eichenfensterbänke dienen im Pausenraum zusätzlich als Tische. Alte Eichenbalken wurden aufgearbeitet und als Blockstufen verwendet. Nichttragende Trennwände wurden mit Lehmbauplatten ausgeführt, gespachtelt und beschichtet. Die Hohlböden sind mit Linoleum belegt.

Technische Anlagen

Das Bürogebäude ist über einen Wärmetauscher an das örtliche Nahwärmenetz angeschlossen. Die Verteilung der Heizwärme erfolgt über eine Fußbodenheizung. Warmwasser wird mit Durchlauferhitzern erzeugt. Split-Klimageräte kühlen die Büroräume, den Besprechungsraum sowie den Serverraum. Leuchten, Rauchmelder, eine Sprechanlage und ein Datenübertragungsnetz wurden installiert. Die Haustechnik ist über ein KNX-System geregelt.

Sonstiges

Das Bürogebäude befindet sich in einem energieautarken Ort mit zertifizierter Biogasanlage und regenerativer Stromerzeugung aus Windkraft. Es gibt keinen Anschluss an das öffentlich Abwasser-Entsorgungsnetz, daher sind Abwassersammelgruben eingebaut.

Energetische Kennwerte

Gesetzliche Grundlage: GEG 2020
Gebäudenutzfläche: 301,00 m^2
Gebäudevolumen: 1.522,80 m^3
A/V_e-Verhältnis (Kompaktheit): 0,59 m^{-1}
Hüllfläche des beheizten Volumens: 897,70 m^2
Mittlerer U-Wert (opake Bauteile): 0,18 $W/(m^2 \cdot K)$
Mittlerer U-Wert (transparente Bauteile): 1,00 $W/(m^2 \cdot K)$
Spez. Jahresprimärenergiebedarf: 45,90 $kWh/(m^2 \cdot a)$
CO_2-Emissionen: 13,15 $kg/(m^2 \cdot a)$

Energetische Angaben zu Außenbauteilen

Bodenplatte

U-Wert: 0,17 W/(m²·K)

Gesamtdicke: 47,02 cm	d [cm]	λ [W/(m·K)]
Schüttung	25,00	0,045
Abdichtung	0,02	0,300
Stahlbeton	22,00	2,500

Außenwand Sockel

U-Wert: 0,22 W/(m²·K)

Gesamtdicke: 46,23 cm	d [cm]	λ [W/(m·K)]
Holz	18,50	0,130
Dampfbremse	0,03	0,220
Luftschicht ruhend	4,00	0,250
Schüttung	10,00	0,037
Abdichtung	1,00	0,170
Stahlbeton	12,70	2,000

Außenwand

U-Wert: 0,20 W/(m²·K)

Gesamtdicke: 32,03 cm	d [cm]	λ [W/(m·K)]
Holz	18,50	0,130
Dampfsperre	0,03	0,040
Holz	10,00	0,130
Dämmung	10,00	0,036
Holzfaserplatte	3,50	0,038

Dach

U-Wert: 0,19 W/(m²·K)

Gesamtdicke: 29,43 cm	d [cm]	λ [W/(m·K)]
Holz	12,00	0,130
Dampfbremse	0,03	0,220
Holz	1,90	0,090
Holzfaserplatte	12,00	0,038
Holzfaserplatte	3,50	0,045

Planungskennwerte für Flächen und Rauminhalte nach DIN 277

Flächen des Grundstücks		Menge Einheit	% an GF
BF	Bebaute Fläche	–	–
UF	Unbebaute Fläche	–	–
GF	Grundstücksfläche	–	–

Grundflächen des Bauwerks		Menge Einheit	% an NUF	% an BGF
NUF	Nutzungsfläche	226,84 m²	100,0	61,9
TF	Technikfläche	5,37 m²	2,4	1,5
VF	Verkehrsfläche	56,61 m²	25,0	15,4
NRF	Netto-Raumfläche	288,82 m²	127,3	78,8
KGF	Konstruktions-Grundfläche	77,90 m²	34,3	21,2
BGF	Brutto-Grundfläche	366,72 m²	161,7	100,0

Brutto-Rauminhalt des Bauwerks		Menge Einheit	BRI/NUF (m)	BRI/BGF (m)
BRI	Brutto-Rauminhalt	1.811,28 m³	7,99	4,94

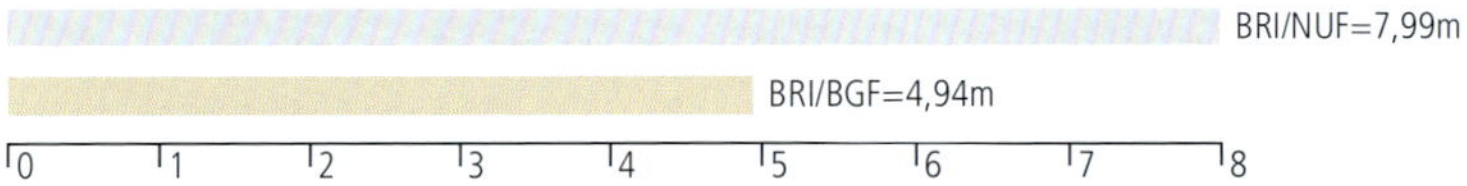

KG	Kostengruppen (2. Ebene)	Menge Einheit	Menge/NUF	Menge/BGF
310	Baugrube / Erdbau	194,01 m³ BGI	0,86	0,53
320	Gründung, Unterbau	190,92 m² GRF	0,84	0,52
330	Außenwände/Vertikale Baukonstruktionen, außen	491,09 m² AWF	2,17	1,34
340	Innenwände/Vertikale Baukonstruktionen, innen	371,90 m² IWF	1,64	1,01
350	Decken/Horizontale Baukonstruktionen	136,65 m² DEF	0,60	0,37
360	Dächer	286,03 m² DAF	1,26	0,78

Kostenkennwerte für die Kostengruppen der 1. Ebene DIN 276

KG	Kostengruppen (1. Ebene)	Einheit	Kosten €	€/Einheit	€/m² BGF	€/m³ BRI	% 300+400
100	Grundstück	m² GF	–	–	–	–	–
200	Vorbereitende Maßnahmen	m² GF	17.239	–	47,01	9,52	1,0
300	Bauwerk – Baukonstruktionen	m² BGF	1.383.000	3.771,27	3.771,27	763,55	78,8
400	Bauwerk – Technische Anlagen	m² BGF	372.064	1.014,57	1.014,57	205,41	21,2
	Bauwerk 300+400	**m² BGF**	**1.755.064**	**4.785,84**	**4.785,84**	**968,96**	**100,0**
500	Außenanlagen und Freiflächen	m² AF	31.052	–	84,67	17,14	1,8
600	Ausstattung und Kunstwerke	m² BGF	6.036	16,46	16,46	3,33	0,3
700	Baunebenkosten	m² BGF	–	–	–	–	–
800	Finanzierung	m² BGF	–	–	–	–	–

KG	Kostengruppe	Menge Einheit	Kosten €	€/Einheit	%
200	**Vorbereitende Maßnahmen**	–	17.239	–	1,0
	Aufnehmen und Lagern von Feldsteinen, Abbruch von Abwassergrube, Wandscheibe; Entsorgung, Deponiegebühren; archäologische Dokumentation				
3+4	**Bauwerk**				**100,0**
300	**Bauwerk – Baukonstruktionen**	366,72 m² BGF	1.383.000	**3.771,27**	78,8
	Stb-Fundamentplatte, Hohlböden, Linoleum, Bodenfliesen, Schaumglasschotter, Abdichtung, Stb-Winkelstützelemente; Massivholzwände, Stahlstützen, Holzfenster, Holz-Eingangstüren, Holzbekleidung, Sonnenschutz; Lehmbauwände, BSH-Stütze, Holztüren, Glastür, Lehmspachtelung, Lehmfarbbeschichtung, UV-Schutzbeschichtung, Wandfliesen, WC-Trennwände; Brettstapeldecke, Stb-Treppe, Holzstufen, Stahlgeländer; Brettstapel-Satteldach, Stahl-Überdachung, Trapezblech, Dachflächenfenster, Dämmung, Ziegeldeckung, Dachentwässerung, Dachbegrünung, Einschubtreppen; Teeküchen				
400	**Bauwerk – Technische Anlagen**	366,72 m² BGF	372.064	**1.014,57**	21,2
	Gebäudeentwässerung, Kalt- und Warmwasserleitungen, Sanitärobjekte, Durchlauferhitzer; Nahwärmeanschluss, Warmwasserspeicher, Heizungsrohre, Fußbodenheizung, Heizkörper; Einzelraumlüfter, Split-Klimageräte; Elektroinstallation, Beleuchtung; Videosprechanlage, Rauchmelder, Datenübertragungsnetz; Gebäudeautomation				
500	**Außenanlagen und Freiflächen**	–	31.052	–	1,8
	Erdarbeiten, Pumpensumpf; Stb-Abwassersammelgruben, Sickerschächte, Trinkwasserleitung, Kabelschutzrohre				
600	**Ausstattung und Kunstwerke**	366,72 m² BGF	6.036	**16,46**	0,3
	Sanitärausstattung				

Kostenkennwerte für die Kostengruppen der 2. Ebene DIN 276

KG	Kostengruppe	Menge Einheit	Kosten €	€/Einheit	%
200	**Vorbereitende Maßnahmen**				**100,0**
210	**Herrichten**	–	17.239	–	100,0
	Aufnehmen und Lagern von Feldsteinen (265t), Abbruch von Abwassergrube (16m³), Wandscheibe (5m²); Entsorgung, Deponiegebühren * archäologische Dokumentation (2d)				
300	**Bauwerk – Baukonstruktionen**				**100,0**
310	**Baugrube / Erdbau**	194,01 m³ BGI	41.467	**213,73**	3,0
	Baugrubenaushub, abfahren (194m²), Verfüllungen mit Kies (146m³), mit Naturschotter (77m³)				
320	**Gründung, Unterbau**	190,92 m² GRF	151.974	**796,01**	11,0
	Stb-Fundamentplatte (191m²), Hauseinführungen (2St) * Hohlböden, Trockenestrich (164m²), Linoleum (122m²), Bodenfliesen (41m²), Sauberlaufmatten (3m²) * Schaumglasschotter (46m³), Sauberkeitsschicht (162m²), Bitumenabdichtung (241m²), Stb-Winkelstützelemente, als Sockel und Geländestabilisierung (75m²), Schaumglasdämmung, vertikal (62m²) * Dränvlies (180m²)				
330	**Außenwände/Vert. Baukonstrukt., außen**	491,09 m² AWF	514.116	**1.046,89**	37,2
	Massivholzwände, Sichtqualität (428m²) * Überdachung: Stahlstützen (12m) * Holzfenster (48m²), Holz-Eingangstüren (15m²) * Dampfbremse, Holzfaserdämmung, hinterlüftete Holzbekleidung (410m²), Perimeterdämmung (19m²) * UV-Schutzbeschichtung (308m²), Wandfliesen (18m²) * Rollos (34m²), Markisoletten (17m²) * Holzvordach (3m²)				
340	**Innenwände/Vert. Baukonstrukt., innen**	371,90 m² IWF	238.388	**641,00**	17,2
	Massivholzwände, Sichtqualität (134m²) * Lehmbauwände (179m²), Lehmbauplatten-Schachtwände (10m²) * BSH-Stütze, Sichtqualität (3m) * Holztüren (26m²), Holzrahmentüren (9m²), Glasschiebetür (4m²) * Zementbauplatten (182m²), Holzfaserbekleidung (37m²), Lehmspachtelung, Lehmfarbbeschichtung (319m²), Lehmfeinputz in Laibungen (17m), UV-Schutzbeschichtung (260m²), Wandfliesen (68m²) * WC-Trennwände (10m²)				
350	**Decken/Horizontale Baukonstruktionen**	136,65 m² DEF	129.709	**949,21**	9,4
	Brettstapeldecke, Sichtqualität (129m²), Unterzüge (1m³), Stb-FT-Faltwerktreppe, Holzblockstufen (8m²) * Hohlböden, Trockenestrich (114m²), Linoleum (107m²), Bodenfliesen (7m²), Epoxidharzbeschichtung auf Stufen (3m²) * UV-Schutzbeschichtung (176m²) * Stahlgeländer (8m²)				
360	**Dächer**	286,03 m² DAF	217.928	**761,90**	15,8
	Brettstapel-Satteldach, Sichtqualität (221m²), Balken (4m³), Schalung (20m²), Überdachung: Stahlträger (57m), Trapezblech (48m²) * Dachflächenfenster (2m²) * Dampfbremse, Holzfaserdämmung (221m²), Ziegeldeckung (236m²), Kastenrinnen (54m), Fallrohre (33m), Überdachung: Dachbegrünung (48m²) * Holzfaserbekleidung, Lehmspachtelung, Lehmfarbbeschichtung (102m²), UV-Schutzbeschichtung (37m²) * Schneefanggitter (31m), Einschubtreppen (3St), Anschlagpunkt (1St)				
380	**Baukonstruktive Einbauten**	366,72 m² BGF	19.682	**53,67**	1,4
	Einbau-Teeküchen (2St)				

KG	Kostengruppe	Menge Einheit	Kosten €	€/Einheit	%
390	**Sonst. Maßnahmen für Baukonstrukt.**	366,72 m² BGF	69.737	**190,16**	5,0
	Baustelleneinrichtung (psch), Bautreppe (1St), Bauwasser (psch) * Fassadengerüst (666m²), Dachfanggerüst (53m), Raumgerüst (49m³), Überbrückungen (12m), Rollgerüste (2St) * Witterungsschutz (605m²), Schutzabdeckungen (150m²), Bauendreinigung (psch), Bauheizung (42d), Raumluftentfeuchter (42d) * provisorische Regenfallrohre (50m)				
400	**Bauwerk – Technische Anlagen**				**100,0**
410	**Abwasser-, Wasser-, Gasanlagen**	366,72 m² BGF	61.837	**168,62**	16,6
	KG-Rohre (43m) * Edelstahlrohre (249m), Automatikfilter, Druckminderer (1St), Absperrventile (9St), Funk-Wasserzähler (4St), Durchlauferhitzer (6St), Wand-WCs (6St), Waschtische (6St), Duschwannen, Duschabtrennungen (4St), Brausebatterien (4St), Urinale (3St), Ausgussbecken (1St) * Montageelemente (16St)				
420	**Wärmeversorgungsanlagen**	366,72 m² BGF	67.771	**184,80**	18,2
	Warmwasserspeicher (1St), Wärmemengenzähler (5St), Umwälzpumpe (1St) * Kupferrohre (162m), Edelstahlrohre (11m) * Fußbodenheizung, Verlegeplatten (271m²), Wärmeleitlamellen (1.373St), Mehrschichtverbundrohre (1.800m), Verteiler (4St), Thermoantriebe (31St), Röhrenheizkörper (2St)				
430	**Raumlufttechnische Anlagen**	366,72 m² BGF	60.354	**164,58**	16,2
	Einzelraumlüfter (4St), Wickelfalzrohre (22m), Alu-Flexrohre (4m), Lamellenhaube (1St) * Split-Klimageräte, Außengeräte (2St), Kassetten-Innengeräte (3St), Wand-Innengeräte (3St), Fernbedienungen (7St), Kältemittelleitungen (180m), Edelstahl-Kondensatleitungen (54m)				
440	**Elektrische Anlagen**	366,72 m² BGF	112.759	**307,48**	30,3
	Zählerschränke (2St), FI/LS-Schalter (58St), LS-Schalter (2St), Kombiableiter (2St), Leitungen/Kabel (1.613m), Steckdosen (49St), Unterflurdosen (22St), Schalter (3St) * Stromschienen-Spots (76St), Stromschienen-Linearleuchten (33St), Anbauleuchten (17St), Pendelleuchten (22St), Lichtleiste (1St), Feuchtraumleuchte (1St) * Potenzialausgleichsschiene (1St)				
450	**Kommunikationstechnische Anlagen**	366,72 m² BGF	16.084	**43,86**	4,3
	Videosprechanlage (1St) * Rauchmelder, Funkmodule (25St) * Wandverteiler (2St), Patchfelder (4St), Datenkabel (320m), Datendoppeldosen (41St)				
480	**Gebäude- und Anlagenautomation**	366,72 m² BGF	50.235	**136,99**	13,5
	KNX-Bedienpanels (3St), Raumtemperatur-Bedienpanels (6St), KNX-Regelbausteine (7St), Dali-Gateways (4St), Telefonwählgerät (1St), KNX-Wetterstation (1St), Feldgeräte (44St) * Server (1St), Spannungsversorgungen (4St), Sicherheitsbaustein (1St) * Mantelleitungen (120m) * Kommunikationskabel (322m), KNX-Busleitungen (207m)				
490	**Sonst. Maßnahmen für techn. Anlagen**	366,72 m² BGF	3.023	**8,24**	0,8
	Krankosten für Klima-Außengeräte (1St) * Innengerüst für Leuchtenmontage (psch)				
500	**Außenanlagen und Freiflächen**				**100,0**
510	**Erdbau**	118,66 m³ EBR	12.596	**106,15**	40,6
	Grubenaushub, abfahren (194m²), Verfüllung mit Naturschotter (44m³), Rohrgrabenaushub, lagern, verfüllen (42m³) * Pumpensumpf (psch)				

KG	Kostengruppe	Menge Einheit	Kosten €	€/Einheit	%
550	**Technische Anlagen**	–	18.456	–	59,4
	Stb-Abwassersammelgruben (2St), Sickerschächte (2St) * Trinkwasserleitung (60m) * PE-Kabelschutzrohre (50m)				
600	**Ausstattung und Kunstwerke**				**100,0**
610	**Allgemeine Ausstattung**	366,72 m²BGF	6.036	**16,46**	100,0
	Abfallbehälter 23l (6St), 6l (3St), WC-Papierrollenhalter (6St), WC-Bürstengarnituren (6St), WC-Seifenschaumspender (6St), Papierhandtuchspender (6St), Spiegel (6St)				

Kostenkennwerte für die Kostengruppen 300 der 2. und 3. Ebene DIN 276 (Übersicht)

KG	Kostengruppe	Menge Einheit	Kosten €	€/Einheit	% an 3+4
300	**Bauwerk – Baukonstruktionen**	**366,72 m² BGF**	**1.383.000,21**	**3.771,27**	**78,8**
310	**Baugrube / Erdbau**	**194,01 m³ BGI**	**41.466,51**	**213,73**	**2,4**
311	Herstellung	194,01 m³ BGI	41.466,51	213,73	2,4
312	Umschließung	–	–	–	–
313	Wasserhaltung	–	–	–	–
314	Vortrieb	–	–	–	–
319	Sonstiges zur KG 310	–	–	–	–
320	**Gründung, Unterbau**	**190,92 m² GRF**	**151.973,72**	**796,01**	**8,7**
321	Baugrundverbesserung	–	–	–	–
322	Flachgründungen und Bodenplatten	190,92 m²	31.523,93	165,12	1,8
323	Tiefgründungen	–	–	–	–
324	Gründungsbeläge	165,11 m²	55.550,04	336,44	3,2
325	Abdichtungen und Bekleidungen	265,51 m²	63.848,84	240,48	3,6
326	Dränagen	190,92 m² GRF	1.050,93	5,50	< 0,1
329	Sonstiges zur KG 320	–	–	–	–
330	**Außenwände/Vert. Baukonstrukt., außen**	**491,09 m² AWF**	**514.116,12**	**1.046,89**	**29,3**
331	Tragende Außenwände	427,86 m²	190.426,59	445,07	10,9
332	Nichttragende Außenwände	–	–	–	–
333	Außenstützen	12,18 m	1.556,37	127,78	< 0,1
334	Außenwandöffnungen	63,23 m²	122.234,41	1.933,17	7,0
335	Außenwandbekleidungen, außen	428,52 m²	152.724,08	356,40	8,7
336	Außenwandbekleidungen, innen	326,53 m²	11.664,64	35,72	0,7
337	Element. Außenwandkonstruktionen	–	–	–	–
338	Lichtschutz zur KG 330	50,38 m²	28.328,90	562,30	1,6
339	Sonstiges zur KG 330	491,09 m² AWF	7.181,12	14,62	0,4
340	**Innenwände/Vert. Baukonstrukt., innen**	**371,90 m² IWF**	**238.388,08**	**641,00**	**13,6**
341	Tragende Innenwände	134,09 m²	65.005,66	484,79	3,7
342	Nichttragende Innenwände	188,97 m²	40.351,66	213,53	2,3
343	Innenstützen	2,74 m	143,84	52,50	< 0,1
344	Innenwandöffnungen	38,92 m²	63.415,58	1.629,38	3,6
345	Innenwandbekleidungen	646,95 m²	65.591,22	101,39	3,7
346	Elementierte Innenwandkonstruktionen	9,92 m²	3.880,13	391,14	0,2
347	Lichtschutz zur KG 340	–	–	–	–
349	Sonstiges zur KG 340	–	–	–	–
350	**Decken/Horizontale Baukonstruktionen**	**136,65 m² DEF**	**129.709,10**	**949,21**	**7,4**
351	Deckenkonstruktionen	136,65 m²	72.436,23	530,09	4,1
352	Deckenöffnungen	–	–	–	–
353	Deckenbeläge	116,53 m²	43.085,67	369,74	2,5
354	Deckenbekleidungen	176,28 m²	5.195,78	29,47	0,3
355	Elementierte Deckenkonstruktionen	–	–	–	–
359	Sonstiges zur KG 350	136,65 m² DEF	8.991,43	65,80	0,5
360	**Dächer**	**286,03 m² DAF**	**217.927,61**	**761,90**	**12,4**
361	Dachkonstruktionen	269,30 m²	86.218,00	320,16	4,9
362	Dachöffnungen	2,23 m²	6.681,62	2.996,24	0,4
363	Dachbeläge	283,80 m²	96.450,87	339,86	5,5
364	Dachbekleidungen	139,91 m²	22.869,48	163,46	1,3
365	Elementierte Dachkonstruktionen	–	–	–	–
366	Lichtschutz zur KG 360	–	–	–	–
369	Sonstiges zur KG 360	286,03 m² DAF	5.707,66	19,95	0,3
370	**Infrastrukturanlagen**	**–**	**–**	**–**	**–**
380	**Baukonstruktive Einbauten**	**366,72 m² BGF**	**19.682,30**	**53,67**	**1,1**
390	**Sonst. Maßnahmen für Baukonstrukt.**	**366,72 m² BGF**	**69.736,79**	**190,16**	**4,0**

Kostenkennwerte für die Kostengruppen 400 der 2. und 3.Ebene DIN 276 (Übersicht)

KG	Kostengruppe	Menge Einheit	Kosten €	€/Einheit	% an 3+4
400	**Bauwerk – Technische Anlagen**	**366,72 m²BGF**	**372.063,53**	**1.014,57**	**21,2**
410	**Abwasser-, Wasser-, Gasanlagen**	**366,72 m²BGF**	**61.837,28**	**168,62**	**3,5**
411	Abwasseranlagen	366,72 m²BGF	12.371,45	33,74	0,7
412	Wasseranlagen	366,72 m²BGF	44.436,49	121,17	2,5
413	Gasanlagen	–	–	–	–
419	Sonstiges zur KG 410	366,72 m²BGF	5.029,34	13,71	0,3
420	**Wärmeversorgungsanlagen**	**366,72 m²BGF**	**67.770,90**	**184,80**	**3,9**
421	Wärmeerzeugungsanlagen	366,72 m²BGF	12.187,57	33,23	0,7
422	Wärmeverteilnetze	366,72 m²BGF	20.190,55	55,06	1,2
423	Raumheizflächen	366,72 m²BGF	35.392,78	96,51	2,0
424	Verkehrsheizflächen	–	–	–	–
429	Sonstiges zur KG 420	–	–	–	–
430	**Raumlufttechnische Anlagen**	**366,72 m²BGF**	**60.354,07**	**164,58**	**3,4**
431	Lüftungsanlagen	366,72 m²BGF	6.873,72	18,74	0,4
432	Teilklimaanlagen	–	–	–	–
433	Klimaanlagen	366,72 m²BGF	53.480,37	145,83	3,0
434	Kälteanlagen	–	–	–	–
439	Sonstiges zur KG 430	–	–	–	–
440	**Elektrische Anlagen**	**366,72 m²BGF**	**112.759,07**	**307,48**	**6,4**
441	Hoch- und Mittelspannungsanlagen	–	–	–	–
442	Eigenstromversorgungsanlagen	–	–	–	–
443	Niederspannungsschaltanlagen	–	–	–	–
444	Niederspannungsinstallationsanlagen	366,72 m²BGF	56.592,33	154,32	3,2
445	Beleuchtungsanlagen	366,72 m²BGF	55.963,13	152,60	3,2
446	Blitzschutz- und Erdungsanlagen	366,72 m²BGF	203,61	0,56	< 0,1
447	Fahrleitungssysteme	–	–	–	–
449	Sonstiges zur KG 440	–	–	–	–
450	**Kommunikationstechnische Anlagen**	**366,72 m²BGF**	**16.084,24**	**43,86**	**0,9**
451	Telekommunikationsanlagen	–	–	–	–
452	Such- und Signalanlagen	366,72 m²BGF	3.398,06	9,27	0,2
453	Zeitdienstanlagen	–	–	–	–
454	Elektroakustische Anlagen	–	–	–	–
455	Audiovisuelle Medien- u. Antennenanl.	–	–	–	–
456	Gefahrenmelde- und Alarmanlagen	366,72 m²BGF	3.653,01	9,96	0,2
457	Datenübertragungsnetze	366,72 m²BGF	9.033,16	24,63	0,5
458	Verkehrsbeeinflussungsanlagen	–	–	–	–
459	Sonstiges zur KG 450	–	–	–	–
460	**Förderanlagen**	**–**	**–**	**–**	**–**
461	Aufzugsanlagen	–	–	–	–
462	Fahrtreppen, Fahrsteige	–	–	–	–
463	Befahranlagen	–	–	–	–
464	Transportanlagen	–	–	–	–
465	Krananlagen	–	–	–	–
466	Hydraulikanlagen	–	–	–	–
469	Sonstiges zur KG 460	–	–	–	–
470	**Nutzungsspez. u. verfahrenstechn. Anl.**	**–**	**–**	**–**	**–**
480	**Gebäude- und Anlagenautomation**	**366,72 m²BGF**	**50.235,31**	**136,99**	**2,9**
490	**Sonst. Maßnahmen für techn. Anlagen**	**366,72 m²BGF**	**3.022,62**	**8,24**	**0,2**

Kostenkennwerte für die Kostengruppen der 3.Ebene DIN 276

KG	Kostengruppe	Menge Einheit	Kosten €	€/Einheit	%
210	**Herrichten**				**100,0**
212	**Abbruchmaßnahmen**	–	13.523	–	78,4
	Aufnehmen und Lagern von Feldsteinen (265t), Abbruch von Abwassergrube (16m³), Wandscheibe, d=24cm, h=2m (5m²); Entsorgung, Deponiegebühren				
216	**Kulturhistorische Funde**	–	3.716	–	21,6
	Archäologische Dokumentation (2d)				
310	**Baugrube / Erdbau**				**100,0**
311	**Herstellung**	194,01 m³BGI	41.467	**213,73**	100,0
	Baugrubenaushub BK 1-4, abfahren (194m²), Verfüllungen mit Kies (146m³), mit Naturschotter (77m³)				
320	**Gründung, Unterbau**				**100,0**
322	**Flachgründungen und Bodenplatten**	190,92 m²	31.524	**165,12**	20,7
	Stb-Fundamentplatte C25/30, d=22cm, Schalung, Bewehrung (191m²), Frostschürzen C20/25, d=20cm (16m³), Viersparten-Hauseinführungen (2St)				
324	**Gründungsbeläge**	165,11 m²	55.550	**336,44**	36,6
	Hohlböden, h=185mm, Trockenestrich, d=25mm (164m²), Linoleum (122m²), Linoleumsockel (89m), Holzsockel (11m), Abdichtung, Entkoppelungsmatten, Bodenfliesen (41m²), Fliesensockel (33m), Sauberlaufmatten (3m²)				
325	**Abdichtungen und Bekleidungen**	265,51 m²	63.849	**240,48**	42,0
	Schaumglasschotter WLG 040, d=20cm (46m³), Sauberkeitsschicht C12/15, d=5cm (162m²), Bitumenabdichtung (241m²), Stb-Winkelstützelemente, als Sockel und Geländestabilisierung (75m²), Magerbetonaufkantungen C12/15, 22x31cm (26m), Schaumglasdämmung WLS 036, d=14cm, vertikal (62m²), Hohlkehle (67m)				
326	**Dränagen**	190,92 m²GRF	1.051	**5,50**	0,7
	Dränvlies (180m²)				
330	**Außenwände/Vertikale Baukonstruktionen, außen**				**100,0**
331	**Tragende Außenwände**	427,86 m²	190.427	**445,07**	37,0
	Massivholzwände, d=17,5-18,5cm (29m²), einseitig Sichtqualität (399m²), BSH-/KVH-Träger (1m³)				
333	**Außenstützen**	12,18 m	1.556	**127,78**	0,3
	Überdachung: Stahlstützen 12x12cm (12m)				
334	**Außenwandöffnungen**	63,23 m²	122.234	**1.933,17**	23,8
	Holzfenster, U=0,9W/m²K, dreiteilig, Drehkipp, Ober-/Unterlicht (26m²), vierteilig, Sonnenschutzverglasung, Fest (8m²), einteilig, Drehkipp (7m²), zweiflüglig, Dreh (7m²), Fensterfalzlüfter (6St), Holz-Eingangstüren, Glasausschnitt (8m²), mit Oberlicht, dreiteilig (5m²), Holztür (2m²), Panikschloss (1St), Laibungsbekleidungen, Holz (142m), Fensterbänke innen, Holz (31m), außen, Alu (29m)				

KG	Kostengruppe	Menge Einheit	Kosten €	€/Einheit	%
335	**Außenwandbekleidungen, außen**	428,52 m²	152.724	**356,40**	29,7
	Dampfbremse, Holzfaserdämmung WLS 036, d=100mm, Holzfaser-Unterdeckplatten, WLG 040, d=35mm, hinterlüftete Holzbekleidung (410m²), in Laibungen (170m), Titanzink-Abdeckungen, b=40cm (29m), Schaumglas-Perimeterdämmung WLG 040, d=100mm (19m²), Alu-Sockelabdeckungen (78m)				
336	**Außenwandbekleidungen, innen**	326,53 m²	11.665	**35,72**	2,3
	UV-Schutzbeschichtung (308m²), Wandfliesen 20x50cm (18m²)				
338	**Lichtschutz zur KG 330**	50,38 m²	28.329	**562,30**	5,5
	Blendschutzrollos, innen (21m²), Markisoletten, außen, Motorantrieb (17m²), Verdunklungsrollos, innen, Motorantrieb (13m²)				
339	**Sonstiges zur KG 330**	491,09 m² AWF	7.181	**14,62**	1,4
	Vordach, zwei Holzstützen 12x12cm, Holzdachkonstruktion 12x10cm, Schalung, Bitumenabdichtung, Blechabdeckungen (3m²)				
340	**Innenwände/Vertikale Baukonstruktionen, innen**				**100,0**
341	**Tragende Innenwände**	134,09 m²	65.006	**484,79**	27,3
	Massivholzwände, d=18,5cm (9m²), beidseitig Sichtqualität (99m²), d=12,5cm, beidseitig Sichtqualität (26m²), BSH-/KVH-Träger (1m³)				
342	**Nichttragende Innenwände**	188,97 m²	40.352	**213,53**	16,9
	Lehmbauplatten-Montagewände, d=10-15cm, beidseitig einfach beplankt, Holzfaserdämmung, d=40-100mm (166m²), d=30cm, Holzfaserdämmung, d=240mm (13m²), Verstärkungen mit Zementbauplatten (40m²), Lehmbauplatten-Schachtwände, d bis 49cm, beidseitig einfach beplankt, Holzfaserdämmung, d=40-60mm (10m²)				
343	**Innenstützen**	2,74 m	144	**52,50**	< 0,1
	BSH-Stütze, Sichtqualität (3m)				
344	**Innenwandöffnungen**	38,92 m²	63.416	**1.629,38**	26,6
	Holztüren, Vollspaneinlage, Oberfläche HPL, Blockzargen (26m²), Holzrahmentüren, Oberfläche HPL, VSG-Füllungen, Blockzargen (9m²), Glasschiebetür (4m²)				
345	**Innenwandbekleidungen**	646,95 m²	65.591	**101,39**	27,5
	Zementbauplatten, zweilagig (182m²), als Verkofferung, einlagig (13m), Holzfaserbekleidung (37m²), Lehmbauplatten-Vorsatzschalen (30m²), Armierung, Lehmspachtelung, Lehmfarbbeschichtung (319m²), Lehmfeinputz in Laibungen (17m), UV-Schutzbeschichtung (260m²), Verbundplatten-Aufdopplung, d=6mm (34m²), Abdichtung, Wandfliesen 20x50cm (68m²)				
346	**Elementierte Innenwandkonstruktionen**	9,92 m²	3.880	**391,14**	1,6
	WC-Trennwände, zwei Türen (10m²)				

KG	Kostengruppe	Menge Einheit	Kosten €	€/Einheit	%
350	**Decken/Horizontale Baukonstruktionen**				**100,0**
351	**Deckenkonstruktionen**	136,65 m²	72.436	**530,09**	55,8
	Brettstapeldecke, d=16cm, Sichtqualität (129m²), Einlegebretter (110m), BSH-/KVH-Unterzüge (1m³), Stb-FT-Faltwerktreppe C30/37, Laufbreite 110cm, neun Steigungen, h=35cm, Zwischenpodest, neun Vollholzblockstufen, h=17,5cm (8m²)				
353	**Deckenbeläge**	116,53 m²	43.086	**369,74**	33,2
	Hohlböden, h=185mm, Trockenestrich, d=25mm (114m²), Linoleum (107m²), Linoleumsockel (103m), Holzsockel (21m), Abdichtung, Entkoppelungsmatten, Bodenfliesen (7m²), Fliesensockel (3m), Epoxidharzbeschichtung, auf neun Stufen (3m²)				
354	**Deckenbekleidungen**	176,28 m²	5.196	**29,47**	4,0
	UV-Schutzbeschichtung (176m²), Deckenrandbekleidung (5m)				
359	**Sonstiges zur KG 350**	136,65 m² DEF	8.991	**65,80**	6,9
	Treppengeländer, Flachstahl 50x20mm, Pulverbeschichtung (8m²)				
360	**Dächer**				**100,0**
361	**Dachkonstruktionen**	269,30 m²	86.218	**320,16**	39,6
	Brettstapel-Satteldach, d=12cm, Sichtqualität (221m²), Einlegebretter (190m), BSH-/KVH-Balken (4m³), Schalung auf Kehlbalken (20m²), Überdachung: Stahlträger IPE200 (57m), Flachstahlwinkel (6St), Trapezblech (48m²)				
362	**Dachöffnungen**	2,23 m²	6.682	**2.996,24**	3,1
	Dachflächenfenster, Uw=1,0W/m²K, Schwingflügel, Motorantrieb, Sensorsteuerung (1m²), mit Sonnenschutzrollo (1m²)				
363	**Dachbeläge**	283,80 m²	96.451	**339,86**	44,3
	Dampfbremse, Holzfaserdämmung WLS 036, d=120mm, Holzfaser-Unterdeckplatten, WLG 040, d=35mm (221m²), Lattungen, Ziegeldeckung (236m²), Trockenfirst (26m), Ortgänge (18m), Insektenschutzgitter (284m), Traufbohlen, Kastenrinnen, Titanzink (54m), Fallrohre DN100, Titanzink, Formstücke (33m), Titanzink-Abdeckungen, b=63cm (52m), Überdachung: Dachbegrünung (48m²)				
364	**Dachbekleidungen**	139,91 m²	22.869	**163,46**	10,5
	Traglattung (406m), Holzfaserbekleidung, Armierung, Lehmspachtelung, Lehmfarbbeschichtung (102m²), UV-Schutzbeschichtung (37m²), Laibungsbekleidung (4m)				
369	**Sonstiges zur KG 360**	286,03 m² DAF	5.708	**19,95**	2,6
	Schneefanggitter (31m), Einschubtreppen 70x140cm (3St), Edelstahl-Anschlagpunkt (1St)				
380	**Baukonstruktive Einbauten**				**100,0**
381	**Allgemeine Einbauten**	366,72 m² BGF	19.682	**53,67**	100,0
	Einbau-Teeküchen, Ober-/Unterschränke, Arbeitsplatte 165x60cm, zwei Mikrowellen, Geschirrspüler, Kühl-/Gefrierschrank, Spüle, Abfallsammler (2St)				

KG	Kostengruppe	Menge Einheit	Kosten €	€/Einheit	%
390	**Sonstige Maßnahmen für Baukonstruktionen**				**100,0**
391	**Baustelleneinrichtung**	366,72 m² BGF	37.050	**101,03**	53,1
	Baustelleneinrichtung (psch), Kran (76h), Bautreppe, neun Holzstufen, Geländer (1St), Baustellen-WC (1St), Bauwasser (psch)				
392	**Gerüste**	366,72 m² BGF	18.552	**50,59**	26,6
	Fassadengerüst, Lastklasse 3 (666m²), Konsolverbreiterungen, b bis 30cm (212m), Dachfanggerüst (53m), Raumgerüst (49m³), Überbrückungen (12m), Rollgerüste (2St)				
397	**Zusätzliche Maßnahmen**	366,72 m² BGF	13.149	**35,86**	18,9
	Witterungsschutz mit Planen (605m²), Schutzabdeckungen mit Folien (150m²), Bauendreinigung (psch), Bauheizung 15kW (42d), Raumluftentfeuchter (42d)				
398	**Provisorische Baukonstruktionen**	366,72 m² BGF	985	**2,69**	1,4
	Provisorische Regenfallrohre (50m)				
410	**Abwasser-, Wasser-, Gasanlagen**				**100,0**
411	**Abwasseranlagen**	366,72 m² BGF	12.371	**33,74**	20,0
	KG-Rohre DN100, Formstücke (43m), Siphons (7St)				
412	**Wasseranlagen**	366,72 m² BGF	44.436	**121,17**	71,9
	Edelstahlrohre DN12-32, Formstücke, Rohrdämmung (249m), Automatikfilter, Druckminderer (1St), Absperrventile (9St), Funk-Wasserzähler (4St), Durchlauferhitzer 6,5kW (4St), 13,5 kW (2St), Wand-WCs (6St), Waschtische (6St), Sensor-Waschtischarmaturen (6St), Duschwannen, Brausegarnituren, Duschabtrennungen, Pendeltüren, Acrylglas (4St), Brausebatterien (4St), Urinale (3St), Ausgussbecken (1St)				
419	**Sonstiges zur KG 410**	366,72 m² BGF	5.029	**13,71**	8,1
	Montageelemente für Wand-WCs (6St), für Waschtische (6St), für Urinale (3St), für Ausgussbecken (1St)				
420	**Wärmeversorgungsanlagen**				**100,0**
421	**Wärmeerzeugungsanlagen**	366,72 m² BGF	12.188	**33,23**	18,0
	Warmwasserspeicher 300l, Elektro-Heizeinsatz 2-6kW (1St), Temperatur-Differenzregelung (1St), Sicherheitscenter (1St), Ausdehnungsgefäß 50l (1St), Wärmemengenzähler (5St), Heizungsfüllarmatur (1St), Motorkugelhahn (1St), Umwälzpumpe (1St), Schlammabscheider (1St)				
422	**Wärmeverteilnetze**	366,72 m² BGF	20.191	**55,06**	29,8
	Kupferrohre DN12-32, Formstücke, Rohrdämmung (162m), Edelstahlrohre DN12, Formstücke (11m), Absperrventile (3St)				
423	**Raumheizflächen**	366,72 m² BGF	35.393	**96,51**	52,2
	Fußbodenheizung, EPS-Verlegeplatten, d=25mm (271m²), Wärmeleitlamellen (1.373St), Mehrschichtverbundrohre (1.800m), Verteiler, sechs bis acht Heizkreise, Verteilerschränke (4St), Thermoantriebe (31St), Regulierventile (4St), hydraulischer Abgleich (1St), Röhrenheizkörper, Thermostatventile (2St)				

KG	Kostengruppe	Menge Einheit	Kosten €	€/Einheit	%
430	**Raumlufttechnische Anlagen**				**100,0**
431	**Lüftungsanlagen**	366,72 m²BGF	6.874	**18,74**	11,4
	Einzelraumlüfter 60m³/h (4St), Wickelfalzrohre DN80-160, Formstücke, Rohrdämmung (22m), Alu-Flexrohre DN80 (4m), Dachdurchführung, Lamellenhaube (1St)				
433	**Klimaanlagen**	366,72 m²BGF	53.480	**145,83**	88,6
	Split-Klimageräte, Außengeräte 15,5kW (1St), 2,5kW (1St), Kassetten-Innengeräte 2,8kW (2St), 1,7kW (2St), Wand-Innengeräte 7,1kW (1St), 3,6kW (1St), 2,5kW (1St), Fernbedienungen (7St), Kältemittelleitungen 6-16x1mm, gedämmt (180m), Edelstahl-Kondensatleitungen DN20 (54m)				
440	**Elektrische Anlagen**				**100,0**
444	**Niederspannungsinstallationsanlagen**	366,72 m²BGF	56.592	**154,32**	50,2
	Zählerschränke (2St), FI/LS-Schalter (58St), LS-Schalter (2St), Kombiableiter (2St), Mantelleitungen NYM (1.523m), Starkstromkabel NYY (45m), Installationskabel J-Y(ST)Y (30m), A-2Y(L)Y (15m), Leerrohre (psch), Brandschott (1St), Steckdosen (49St), Unterflurdosen, bestückt (22St), Schalter (3St), Anschlüsse Heizung, Klimaanlage, Dachfenster, Sonnenschutz, Durchlauferhitzer (psch)				
445	**Beleuchtungsanlagen**	366,72 m²BGF	55.963	**152,60**	49,6
	Stromschienen-Spots (76St), Stromschienen-Linearleuchten (33St), Stromschienen (91m), Anbauleuchten (17St), Pendelleuchten (22St), Lichtleiste (1St), Feuchtraumleuchte (1St)				
446	**Blitzschutz- und Erdungsanlagen**	366,72 m²BGF	204	**0,56**	0,2
	Potenzialausgleichsschiene (1St), Banderdungsschellen (7St)				
450	**Kommunikations-, sicherheits- und informationstechnische Anlagen**				**100,0**
452	**Such- und Signalanlagen**	366,72 m²BGF	3.398	**9,27**	21,1
	Videosprechanlage, Türlautsprecher, Tasten, Videoverteiler, Kamera, Dome-Kamera (1St)				
456	**Gefahrenmelde- und Alarmanlagen**	366,72 m²BGF	3.653	**9,96**	22,7
	Rauchmelder, Funkmodule (25St)				
457	**Datenübertragungsnetze**	366,72 m²BGF	9.033	**24,63**	56,2
	Wandverteiler (2St), Patchfelder (4St), Datenkabel (320m), Datendoppeldosen Cat 6a (41St)				
480	**Gebäude- und Anlagenautomation**				**100,0**
481	**Automationseinrichtungen**	366,72 m²BGF	40.210	**109,65**	80,0
	KNX-Bedienpanels (3St), Raumtemperatur-Bedienpanels (6St), KNX-Regelbausteine (7St), Dali-Gateways (4St), Telefonwählgerät (1St), KNX-Wetterstation (1St), KNX-Taster (30St), Leckagesensor (4St), Jalousieaktoren (3St), Schaltaktoren (3St), Dimmaktor (1St), Heizungsaktor (1St), Binäreingang (1St), LED-Signalleuchte (1St)				
482	**Schaltschränke, Automation**	366,72 m²BGF	5.754	**15,69**	11,5
	Server (1St), Spannungsversorgungen (4St), Sicherheitsbaustein (1St), Linienkoppler (3St), USB-Schnittstellen (2St)				
484	**Kabel, Leitungen und Verlegesysteme**	366,72 m²BGF	804	**2,19**	1,6
	Mantelleitungen NYM (120m)				

KG	Kostengruppe	Menge Einheit	Kosten €	€/Einheit	%
485	**Datenübertragungsnetze**	366,72 m² BGF	3.468	**9,46**	6,9
	Kommunikationskabel (322m), KNX-Busleitungen (207m)				
490	**Sonstige Maßnahmen für technische Anlagen**				**100,0**
491	**Baustelleneinrichtung**	366,72 m² BGF	975	**2,66**	32,2
	Krankosten für Klima-Außengeräte (1St)				
492	**Gerüste**	366,72 m² BGF	2.048	**5,58**	67,8
	Innengerüst für Leuchtenmontage (psch)				
510	**Erdbau**				**100,0**
511	**Herstellung**	118,66 m³ EBR	12.198	**102,80**	96,8
	Grubenaushub BK 1-4, abfahren (194m²), Verfüllung mit Naturschotter (44m³), Rohrgrabenaushub BK 1-4, t=60cm, lagern, verfüllen (42m³)				
513	**Wasserhaltung**	–	398	–	3,2
	Pumpensumpf (psch)				
550	**Technische Anlagen**				**100,0**
551	**Abwasseranlagen**	–	15.596	–	84,5
	Stb-Abwassersammelgruben 24m³, Schachtdeckel (2St), Flanschrohre DN110 (12St), Alarmmelder (1St), Sickerschächte DN1.000, t bis 2,50m (2St)				
552	**Wasseranlagen**	–	1.572	–	8,5
	Trinkwasserleitung, Sandbett (60m)				
556	**Elektrische Anlagen**	–	1.288	–	7,0
	PE-Kabelschutzrohre DN110, Sandbett (50m)				

Kostenkennwerte für Leistungsbereiche nach STLB (Kosten des Bauwerks nach DIN 276)

LB	Leistungsbereiche	Kosten €	€/m² BGF	€/m³ BRI	% an 3+4
000	Baustellen-, Sicherheitseinr. inkl. 001, 089	58.625	159,90	32,40	3,3
002	Erdarbeiten	41.466	113,10	22,90	2,4
006	Spezialtiefbauarbeiten inkl. 005	–	–	–	–
009	Entwässerungskanalarbeiten inkl. 011	3.058	8,30	1,70	0,2
010	Drän- und Versickerarbeiten	1.051	2,90	0,58	< 0,1
012	Mauerarbeiten	–	–	–	–
013	Betonarbeiten	101.297	276,20	55,90	5,8
014	Natur-, Betonwerksteinarbeiten	–	–	–	–
016	Zimmer- und Holzbauarbeiten	542.570	1.479,50	299,60	30,9
017	Stahlbauarbeiten	–	–	–	–
018	Abdichtungsarbeiten	13.695	37,30	7,60	0,8
019	Kampfmittelräumarbeiten	–	–	–	–
020	Dachdeckungsarbeiten	68.680	187,30	37,90	3,9
021	Dachabdichtungsarbeiten	20.446	55,80	11,30	1,2
022	Klempnerarbeiten	21.240	57,90	11,70	1,2
	Rohbau	**872.129**	**2.378,20**	**481,50**	**49,7**
023	Putz- und Stuckarbeiten, Wärmedämmsysteme	50.573	137,90	27,90	2,9
024	Fliesen- und Plattenarbeiten	30.562	83,30	16,90	1,7
025	Estricharbeiten	–	–	–	–
026	Fenster, Außentüren inkl. 029, 032	102.220	278,70	56,40	5,8
027	Tischlerarbeiten	110.479	301,30	61,00	6,3
028	Parkett-, Holzpflasterarbeiten	–	–	–	–
030	Rollladenarbeiten	28.329	77,20	15,60	1,6
031	Metallbauarbeiten inkl. 035	24.454	66,70	13,50	1,4
034	Maler- und Lackiererarb. - Beschicht. inkl. 037	21.468	58,50	11,90	1,2
036	Bodenbelagarbeiten	27.163	74,10	15,00	1,5
038	Vorgehängte hinterlüftete Fassaden	–	–	–	–
039	Trockenbauarbeiten	117.704	321,00	65,00	6,7
	Ausbau	**512.951**	**1.398,80**	**283,20**	**29,2**
040	Wärmeversorgungsanl. - Betriebseinr. inkl. 041	63.313	172,60	35,00	3,6
042	Gas- u. Wasseranl. - Leitung., Armat. inkl. 043	18.091	49,30	10,00	1,0
044	Abwasseranl. - Leitungen, Abläufe, Armaturen	9.198	25,10	5,10	0,5
045	Gas, Wasser, Entwässerung - Ausstattung inkl. 046	26.683	72,80	14,70	1,5
047	Dämm- und Brandschutzarb. an techn. Anlagen	10.019	27,30	5,50	0,6
049	Feuerlöschanlagen, Feuerlöschgeräte	–	–	–	–
050	Blitzschutz-/Erdungsanlagen, Überspannungssch.	204	0,56	0,11	< 0,1
053	Niederspannungsanl. - Kabel inkl. 052, 054	56.310	153,60	31,10	3,2
055	Sicherheits- u. Ersatzstromversorgungsanl.	–	–	–	–
057	Gebäudesystemtechnik	–	–	–	–
058	Leuchten und Lampen inkl. 059	55.963	152,60	30,90	3,2
060	Such, Signal, Zeit, Anten., akust. Anl. inkl. 064	3.398	9,30	1,90	0,2
061	Kommunikations- u. Übertragungsnetze inkl. 063	12.686	34,60	7,00	0,7
069	Aufzüge	–	–	–	–
070	Gebäudeautomation	50.235	137,00	27,70	2,9
075	Raumlufttechnische Anlagen inkl. 078	59.883	163,30	33,10	3,4
	Gebäudetechnik	**365.983**	**998,00**	**202,10**	**20,9**
084	Abbruch, Rückbau, Schadstoffsanierung	–	–	–	–
	Abbrucharbeiten	**–**	**–**	**–**	**–**
	Sonstige Leistungsbereiche	**4.000**	**10,90**	**2,20**	**0,2**

Schulen und Kindergärten

4

- 4100 Allgemeinbildende Schulen
- 4200 Berufliche Schulen
- 4300 Sonderschulen
- 4400 Kindertagesstätten
- 4500 Weiterbildungseinrichtungen

4100-0229
Grundschule
(16 Klassen)
(360 Schüler)

Kostenkennwerte für die Kosten des Bauwerks (Kostengruppen 300+400 nach DIN 276)

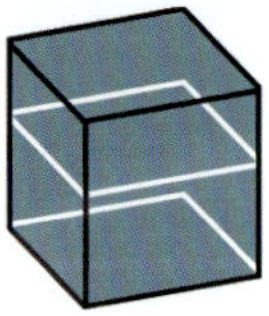

BRI 694 €/m³

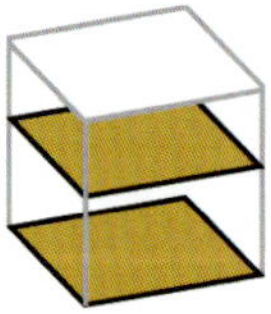

BGF 3.085 €/m²

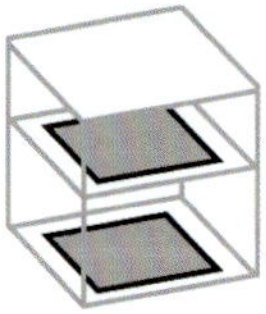

NUF 3.989 €/m²

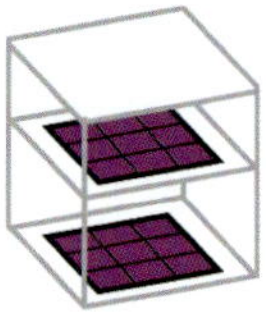

NE 45.038 €/NE

NE: Schüler

Objekt:
Kennwerte: 1.Ebene DIN 276
BRI: 23.361 m³
BGF: 5.256 m²
NUF: 4.064 m²
Bauzeit: 87 Wochen
Bauende: 2022
Standard: hoch
Bundesland: Bremen
Kreis: Bremen, Stadt

Architekt*in:
Architektengruppe
Rosengart + Partner BDA
Osterdeich 44
28203 Bremen

Bauherr*in:
Immobilien Bremen
Eigenbetrieb der Stadt-
gemeinde Bremen
Theodor-Heuss-Allee 14
28215 Bremen

© Thomas Kleiner

© Thomas Kleiner

© Thomas Kleiner

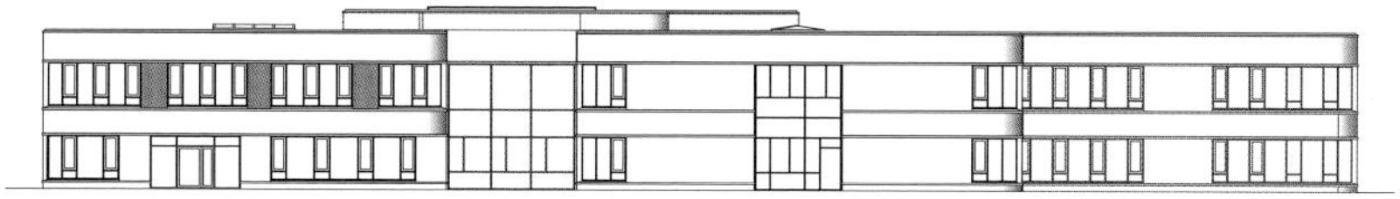

Ansicht Süd

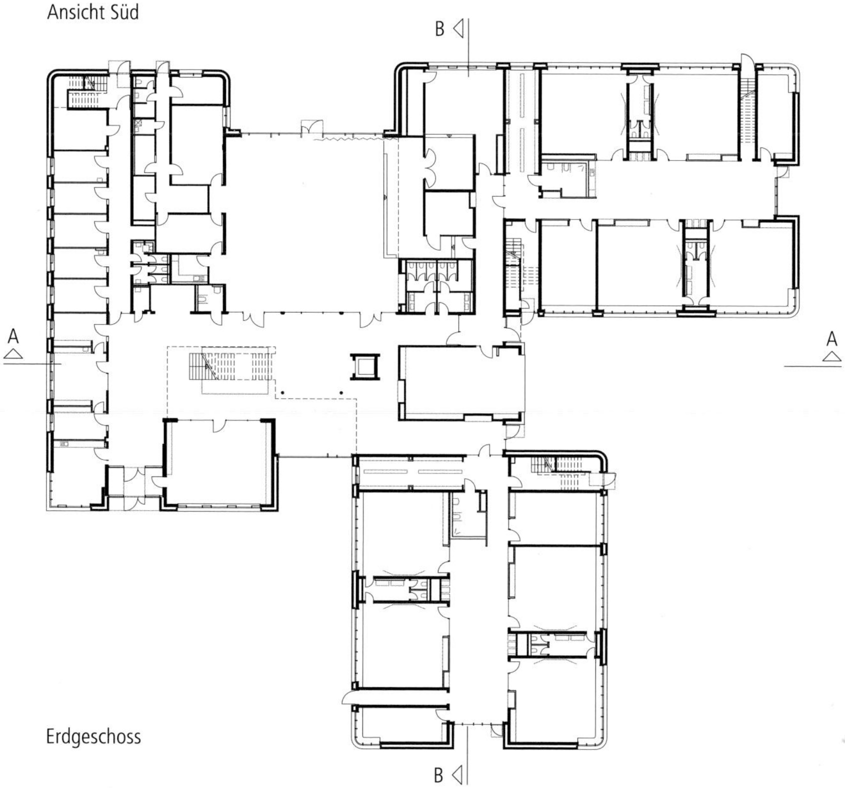

Erdgeschoss

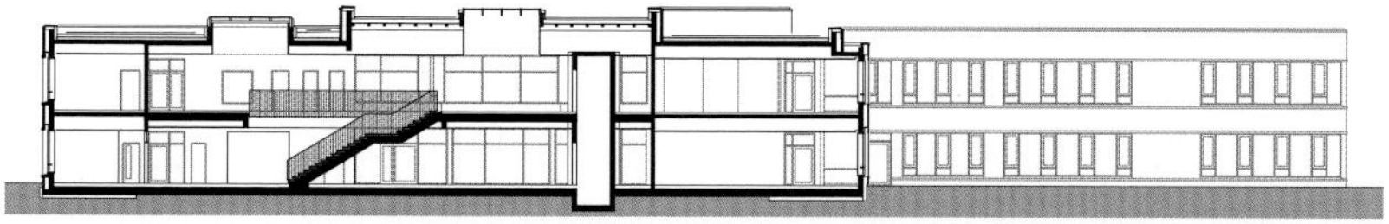

Schnitt A-A

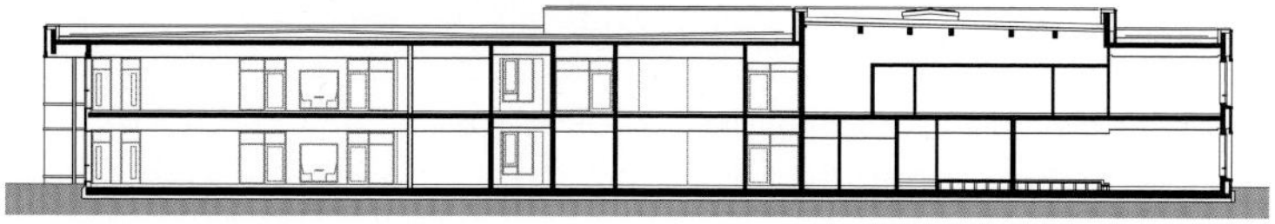

Schnitt B-B

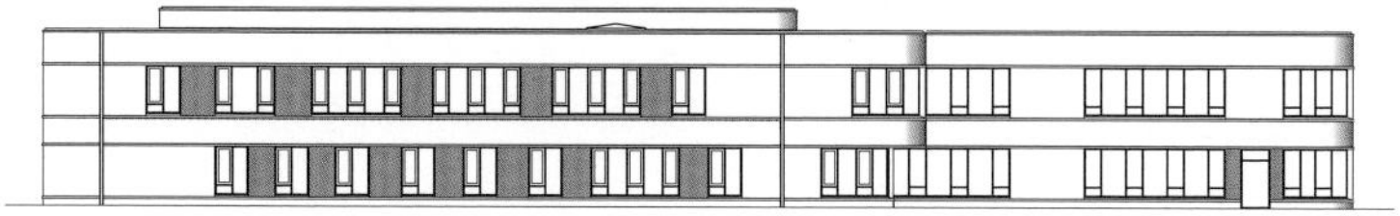

Ansicht West

Objektbeschreibung

Allgemeine Objektinformationen

Bei dem Neubau handelt es sich um eine Grundschule als vierzügige, gebundene Ganztagsschule, auch für Kinder mit Beeinträchtigungen in Wahrnehmung und Entwicklung. Es gibt Freizeit- und Mittagsangebote. Das Schulgebäude ist in vier Gebäudestrukturen unterteilt: Einem so genannten Verwaltungstrakt, zwei Clusterhäusern und einer Mensa.

Nutzung

1 Erdgeschoss
Foyer, Aula mit Mensa und Bühne, Küche, Spülküche, Besprechungsraum, Klassenräume, Differenzierungsraum, Musikraum, Bibliothek- und EDV-Raum, Forscherraum, Lernflure, Teeküche, Büroräume, Personalraum, Sozialpädagogik, Kopierraum, Erste-Hilfe-Raum, Garderoben, Hausmeister, WCs, Duschen, Umkleiden, Pflegebäder, Lagerräume, Abstellräume, Hausanschlussräume, Technikräume

1 Obergeschoss
Galerie mit Foyer, Besprechungsraum, Klassenräume, Teamräume, Differenzierungsraum, Bewegungsraum, Ruheraum, Werkraum, Bibliothek, Lernflure, Therapieraum, Garderoben, WCs, Pflegebäder, Lagerräume, Abstellräume, Serverraum, Batterieraum, ELA-Raum, Technikraum

Nutzeinheiten

Klassen: 16
Schüler: 360

Grundstück

Bauraum: Freier Bauraum
Neigung: Ebenes Gelände
Bodenklasse: BK 1 bis BK 3

Markt

Hauptvergabezeit: 3.Quartal 2020
Baubeginn: 4.Quartal 2020
Bauende: 3.Quartal 2022
Konjunkturelle Gesamtlage: Durchschnitt
Regionaler Baumarkt: über Durchschnitt

Baukonstruktion

Das Gebäude wurde in Massivbauweise mit zweischaligem Mauerwerk errichtet. Es gründet auf einer 40-80cm starken Fundamentplatte. Die tragenden Innenwände sind in Kalksandstein ausgeführt. Dem Grundriss folgend entstand ein System aus tragenden Wandschotten, auf denen die Stahlbetondecken lagern. Unterzüge sind so nicht notwendig. Nichttragende Innenwände wurden in Mauerwerk und Trockenbauweise erstellt. Die Stahlbeton-Dachfläche erhielt eine extensive Begrünung. Über dem Foyer wurde das Dach in einer Holzbinderkonstruktion mit Oberlichtfensterband in einer Größe von 2,40x4,00m hergestellt.

Technische Anlagen

Die Schule ist in Passivhausbauweise errichtet. Sie wird mechanisch belüftet. Im Obergeschoss befinden sich zwei Lüftungszentralen, aus denen das gesamte Gebäude versorgt wird. Die Lüftungsanlage ist ganzjährig in Betrieb. Zudem können alle Räume manuell über die Fenster belüftet werden. Das Gebäude erhielt einen Fernwärmeanschluss sowie auf dem Dach eine Photovoltaikanlage.

Sonstiges

Das Gebäude erhielt abgerundete Außenecken sowie ein Verblendmauerwerk mit Sichtbetonlisenen und Stützenvorlagen.

Energetische Kennwerte

Spez. Jahresheizwärmebedarf: 15,00 kWh/(m^2·a)
Differenzdruck-Messverfahren: 0,60 h^{-1}

Energetische Angaben zu Außenbauteilen

Bodenplatte

U-Wert: 0,26 W/(m²·K)

Gesamtdicke: 59,00 cm	d [cm]	λ [W/(m·K)]
Estrich	6,50	1,400
Trittschalldämmung	12,00	0,035
Bitumenbahn	0,50	0,170
Stahlbeton	40,00	2,300

Außenwand Klinker

U-Wert: 0,13 W/(m²·K)

Gesamtdicke: 61,50 cm	d [cm]	λ [W/(m·K)]
Innenputz	1,00	0,700
Stahlbeton	25,00	2,300
Dämmung	24,00	0,032
Klinker	11,50	1,200

Außenwand Beton

U-Wert: 0,13 W/(m²·K)

Gesamtdicke: 61,50 cm	d [cm]	λ [W/(m·K)]
Innenputz	1,00	0,700
Stahlbeton	25,00	2,300
Dämmung	24,00	0,032
Beton	11,50	2,300

Bauteil zu unbeheizten Räumen

U-Wert: 0,13 W/(m²·K)

Gesamtdicke: 50,00 cm	d [cm]	λ [W/(m·K)]
Innenputz	1,00	0,700
Stahlbeton	25,00	2,300
Dämmung	24,00	0,032

Decke gegen Außenluft unten

U-Wert: 0,11 W/(m²·K)

Gesamtdicke: 58,00 cm	d [cm]	λ [W/(m·K)]
Estrich	6,50	1,400
Trittschalldämmung	7,00	0,035
Bitumenbahn	0,50	0,170
Stahlbeton	20,00	2,300
Dämmung	24,00	0,035

Dach

U-Wert: 0,10 W/(m²·K)

Gesamtdicke: 56,30 cm	d [cm]	λ [W/(m·K)]
Stahlbeton	20,00	2,300
Dampfsperre	0,50	0,170
Dämmung	35,00	0,035
Bitumenanstrich	0,40	0,170
Bitumenbahn	0,40	0,170

Planungskennwerte für Flächen und Rauminhalte nach DIN 277

Flächen des Grundstücks		Menge Einheit	% an GF
BF	Bebaute Fläche	2.778,00 m²	25,3
UF	Unbebaute Fläche	8.207,00 m²	74,7
GF	Grundstücksfläche	10.985,00 m²	100,0

Grundflächen des Bauwerks		Menge Einheit	% an NUF	% an BGF
NUF	Nutzungsfläche	4.064,49 m²	100,0	77,3
TF	Technikfläche	167,80 m²	4,1	3,2
VF	Verkehrsfläche	328,68 m²	8,1	6,3
NRF	Netto-Raumfläche	4.560,97 m²	112,2	86,8
KGF	Konstruktions-Grundfläche	694,92 m²	17,1	13,2
BGF	Brutto-Grundfläche	5.255,89 m²	129,3	100,0

Brutto-Rauminhalt des Bauwerks		Menge Einheit	BRI/NUF (m)	BRI/BGF (m)
BRI	Brutto-Rauminhalt	23.361,28 m³	5,75	4,45

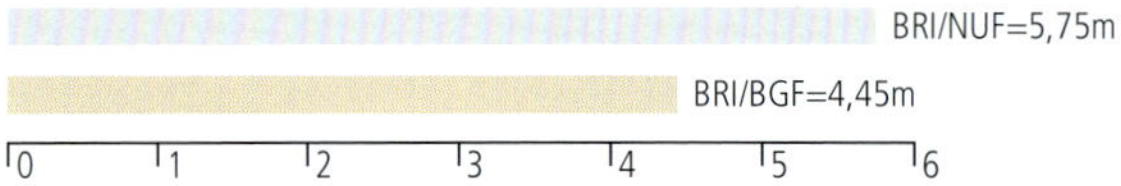

Kostenkennwerte für die Kostengruppen der 1.Ebene DIN 276

KG	Kostengruppen (1. Ebene)	Einheit	Kosten €	€/Einheit	€/m² BGF	€/m³ BRI	% 300+400
100	Grundstück	m² GF	–	–	–	–	–
200	Vorbereitende Maßnahmen	m² GF	–	–	–	–	–
300	Bauwerk – Baukonstruktionen	m² BGF	11.723.153	2.230,48	2.230,48	501,82	72,3
400	Bauwerk – Technische Anlagen	m² BGF	4.490.501	854,37	854,37	192,22	27,7
	Bauwerk 300+400	**m² BGF**	**16.213.654**	**3.084,85**	**3.084,85**	**694,04**	**100,0**
500	Außenanlagen und Freiflächen	m² AF	–	–	–	–	–
600	Ausstattung und Kunstwerke	m² BGF	–	–	–	–	–
700	Baunebenkosten	m² BGF	–	–	–	–	–
800	Finanzierung	m² BGF	–	–	–	–	–

KG	Kostengruppe	Menge Einheit	Kosten €	€/Einheit	%
3+4	**Bauwerk**				**100,0**
300	**Bauwerk – Baukonstruktionen**	5.255,89 m² BGF	11.723.153	**2.230,48**	72,3

Baugrundverbesserung, Stb-Fundamentplatte, Estrich, Heizestrich, Kautschukbelag, Betonwerkstein, Industrieparkett, Bodenfliesen, Abdichtung, Kiesschicht, Perimeterdämmung; Stb-Wände, Alu-Pfosten-Riegelfassade, Alu-Holzfenster, Dreifach-VSG-Verglasung, Wärmedämmung, Verblendmauerwerk mit vorgehängten Sichtbetonstürzen, -fensterbänken, -solbänken und -lisenen, runde Ecken mit Formsteinen, Alu-Raffstoreanlagen mit Motorantrieb; Innenmauerwerk, Stb-Wände, GK-Wände, Glaswände, Stb-Stützen, Innenfenster, Wandfliesen, Verblendmauerwerk, WC-Trennwände, Nurloch-Wandabsorber (Mensa); Stb-Filigrandecken, Stb-Treppen, Estrich, Heizestrich, Kautschukbelag, Betonwerkstein, Bodenfliesen, Schallschutzdecken, Hygienedecken (Küche), Stahl-Treppengeländer mit Eichen-Massivhandlauf; Stb-Dach, Holz-Brettschichtdachbinder (Mensa), Oberlicht-Glasbänder, Motorantrieb, als RWA, Oberlichtfenster, Attika, extensive Dachbegrünung, Kies, Entwässerung, Schallschutzdecken; Einbauschränke, Sitznischen, Einbauküchen, Einbaugarderoben

KG	Kostengruppe	Menge Einheit	Kosten €	€/Einheit	%
400	**Bauwerk – Technische Anlagen**	5.255,89 m² BGF	4.490.501	**854,37**	27,7

Gebäudeentwässerung, Kalt- und Warmwasserleitungen, Sanitärobjekte; Fernwärmeversorgung, Röhrenheizkörper; drei kontrollierte Be- und Entlüftungsanlagen mit Wärmerückgewinnung, RWA-Anlage; Elektroinstallation, PV-Anlage (684m²), Beleuchtung, Sicherheitsleuchten, Notstromversorgung; Datenübertragungsanlage, elektroakustische Anlagen, Antennenanlagen; Personenaufzug; Feuerlöscher

4100-0232
Schulmensa
(54 Sitzplätze)
Betreuungsräume

Erweiterung

Kostenkennwerte für die Kosten des Bauwerks (Kostengruppen 300+400 nach DIN 276)

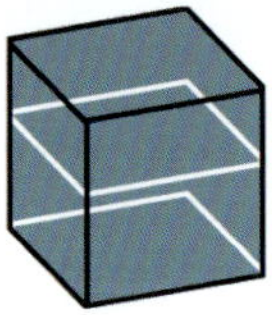

BRI 1.073 €/m³

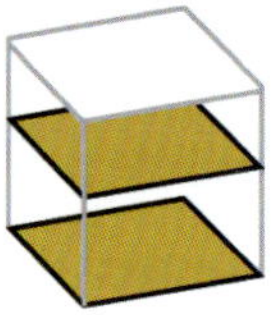

BGF 4.055 €/m²

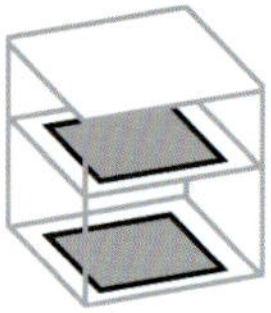

NUF 4.966 €/m²

Objekt:
Kennwerte: 1.Ebene DIN 276
BRI: 1.086 m³
BGF: 287 m²
NUF: 235 m²
Bauzeit: 35 Wochen
Bauende: 2021
Standard: mittel
Bundesland: Hessen
Kreis: Fulda

Architekt*in:
schmitt roggel
architekten PartGmbB
Friedensstraße 16
36043 Fulda

Bauherr*in:
Landkreis Fulda
Wörthstraße 15
36037 Fulda

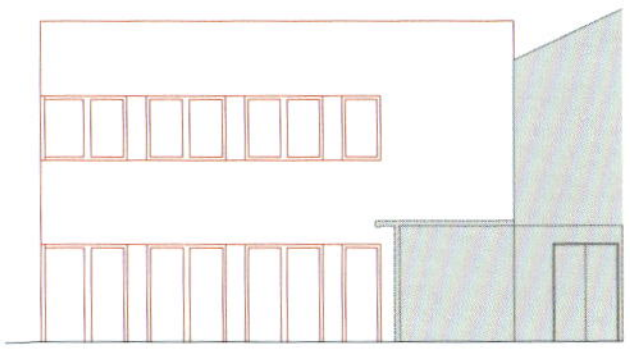

Ansicht Nord-Ost

Ansicht Süd-Ost

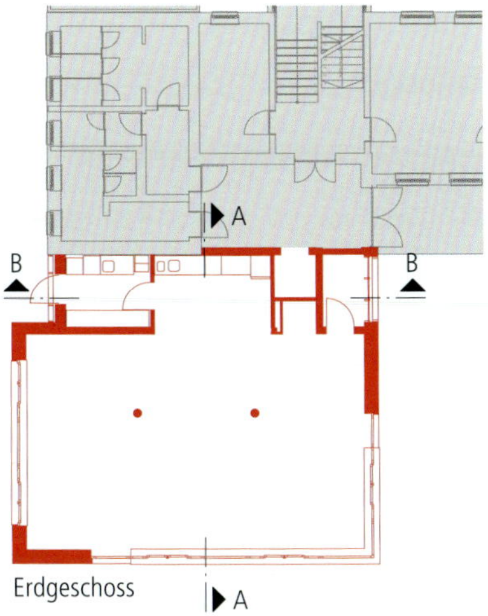

Erdgeschoss

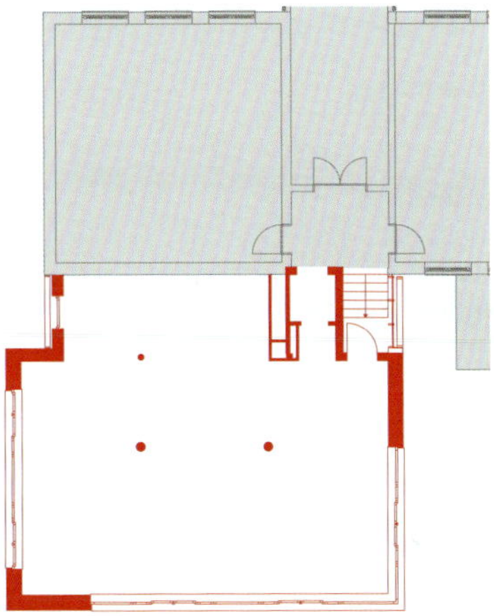

Obergeschoss

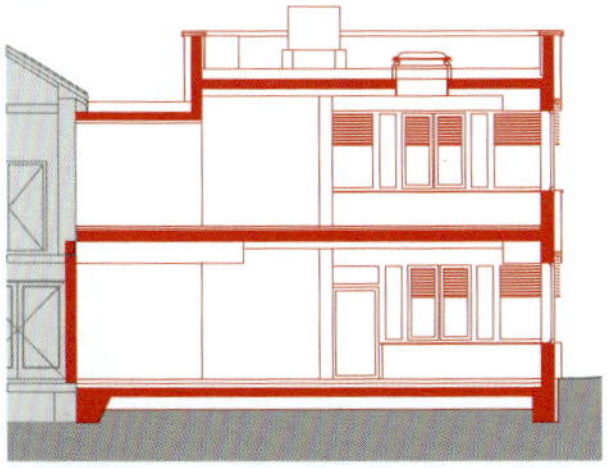

Schnitt A-A

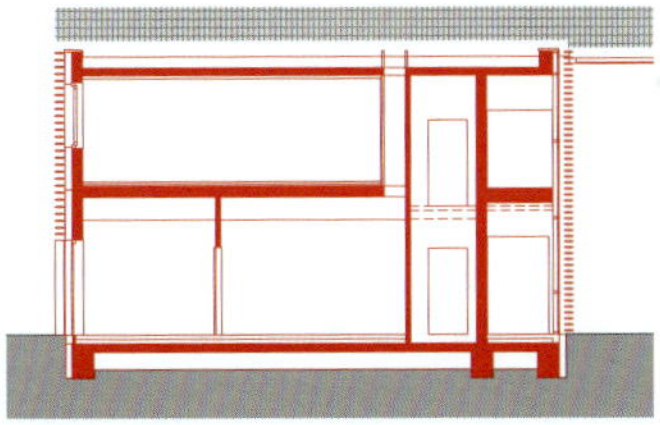

Schnitt B-B

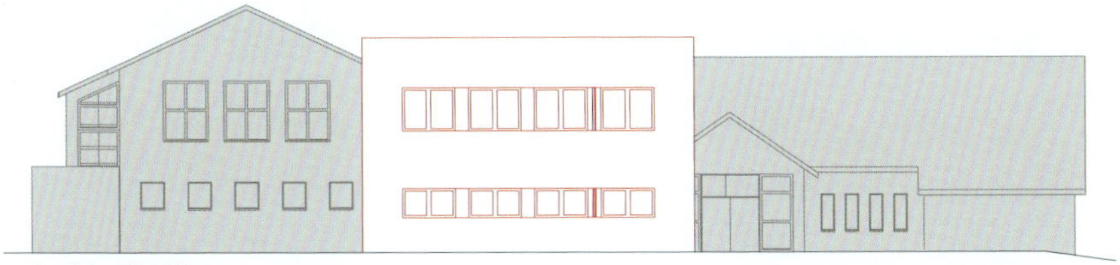

Ansicht Süd-West

4100-0232
Schulmensa
(54 Sitzplätze)
Betreuungsräume

Erweiterung

Objektbeschreibung

Allgemeine Objektinformationen

Die Grundschule benötigte für die Nachmittagsbetreuung der Schüler zusätzliche Räume und auch eine Mensa. Zu diesem Zweck wurde ein bestehender eingeschossiger Anbau rückgebaut und an dessen Stelle ein zweigeschossiger Neubau errichtet. Zudem wurde ein Aufzug eingebaut. Ein weiteres Treppenhaus wurde nicht notwendig. Der Übergang zwischen alt und neu wurde gestalterisch über einen Verbindungsbau gelöst.

Nutzung

1 Erdgeschoss
Mensa, Spülküche, Zubereitungsraum

1 Obergeschoss
Betreuungsraum

Nutzeinheiten

Klassen: 4
Schüler: 80
Sitzplätze: 54

Grundstück

Bauraum: Beengter Bauraum
Neigung: Ebenes Gelände
Bodenklasse: BK 3 bis BK 5

Markt

Hauptvergabezeit: 1.Quartal 2020
Baubeginn: 2.Quartal 2021
Bauende: 4.Quartal 2021
Konjunkturelle Gesamtlage: über Durchschnitt
Regionaler Baumarkt: unter Durchschnitt

Baubestand

Baujahr: 1956
Bauzustand: mittel
Aufwand: mittel
Grundrissänderungen: wenige
Tragwerkseingriffe: wenige
Nutzungsänderung: nein
Nutzung während der Bauzeit: ja

Baukonstruktion

Das Gebäude ist in Mauerwerk mit WDVS errichtet. Die Decken sind als Stb-Decken mit Stb-Stützen ausgebildet, um einen möglichst offenen Grundriss zu ermöglichen. Der Verbindungsbau ist in der Geschosshöhe im 2.OG etwas reduziert, um den Anschluss an das Satteldach zu erleichtern sowie die Verschneidung der Dächer zu vermeiden. Die Fensterbänder sind mit farbigen Glasfeldern durchsetzt, die das Stützenraster sichtbar machen und als Kunststoffelemente ausgeführt. Das Flachdach ist als Warmdach ausgebildet und bekiest.

Technische Anlagen

Der Neubau wurde an die bestehende Ölheizung der Schule angeschlossen. Aufgrund der zeitlich sehr begrenzten Nutzungsdauer am Tag wurden Wandheizkörper als Wärmeverteiler gewählt. Im Zuge des Anbaus wurde eine Lüftungsanlage installiert, die in einem nächsten Bauabschnitt auch den Altbau mit versorgen wird. Die Anlage befindet sich auf dem Flachdach des Anbau.

Energetische Angaben zu Außenbauteilen

Bodenplatte

U-Wert: 0,26 W/(m²·K)

Gesamtdicke: 40,03 cm	d [cm]	λ [W/(m·K)]
Linoleum	0,50	0,170
Estrich	6,50	1,400
Trittschalldämmung	3,00	0,035
Dämmung XPS	9,00	0,035
PE-Folie	0,01	0,330
Bitumenbahn	1,00	0,170
Stahlbeton	20,00	2,500
PE-Folie	0,02	0,330

Außenwand

U-Wert: 0,12 W/(m²·K)

Gesamtdicke: 50,00 cm	d [cm]	λ [W/(m·K)]
Innenputz	1,00	0,700
Ziegel	30,00	0,090
Dämmung PS	18,00	0,035
Außenputz	1,00	0,700

Dach

U-Wert: 0,18 W/(m²·K)

Gesamtdicke: 42,12 cm	d [cm]	λ [W/(m·K)]
Stahlbeton	18,00	2,500
Bitumenbahn	0,50	0,170
Dämmung XPS	16,00	0,035
Dämmung XPS	2,00	0,035
Bitumenbahn	0,02	0,170
Gummi/Kunststoff	0,60	0,100
Kiesschüttung	5,00	0,700

Planungskennwerte für Flächen und Rauminhalte nach DIN 277

Flächen des Grundstücks		Menge Einheit	% an GF
BF	Bebaute Fläche	1.122,16 m^2	30,6
UF	Unbebaute Fläche	2.542,27 m^2	69,4
GF	Grundstücksfläche	3.664,43 m^2	100,0

Erweiterung

Grundflächen des Bauwerks		Menge Einheit	% an NUF	% an BGF
NUF	Nutzungsfläche	234,72 m^2	100,0	81,7
TF	Technikfläche	–	–	–
VF	Verkehrsfläche	12,80 m^2	5,5	4,5
NRF	Netto-Raumfläche	247,52 m^2	105,5	86,1
KGF	Konstruktions-Grundfläche	39,94 m^2	17,0	13,9
BGF	Brutto-Grundfläche	287,46 m^2	122,5	100,0

Brutto-Rauminhalt des Bauwerks		Menge Einheit	BRI/NUF (m)	BRI/BGF (m)
BRI	Brutto-Rauminhalt	1.085,88 m^3	4,63	3,78

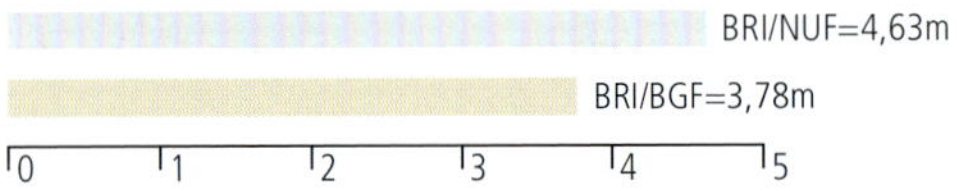

Kostenkennwerte für die Kostengruppen der 1.Ebene DIN 276

KG	Kostengruppen (1.Ebene)	Einheit	Kosten €	€/Einheit	€/m² BGF	€/m³ BRI	% 300+400
100	Grundstück	m² GF	–	–	–	–	–
200	Vorbereitende Maßnahmen	m² GF	–	–	–	–	–
300	Bauwerk – Baukonstruktionen	m² BGF	617.342	2.147,58	2.147,58	568,52	53,0
400	Bauwerk – Technische Anlagen	m² BGF	548.292	1.907,37	1.907,37	504,93	47,0
	Bauwerk 300+400	**m² BGF**	**1.165.634**	**4.054,94**	**4.054,94**	**1.073,45**	**100,0**
500	Außenanlagen und Freiflächen	m² AF	–	–	–	–	–
600	Ausstattung und Kunstwerke	m² BGF	–	–	–	–	–
700	Baunebenkosten	m² BGF	–	–	–	–	–
800	Finanzierung	m² BGF	–	–	–	–	–

KG	Kostengruppe	Menge Einheit	Kosten €	€/Einheit	%
3+4	**Bauwerk**				**100,0**
300	**Bauwerk – Baukonstruktionen**	287,46 m² BGF	617.342	**2.147,58**	53,0

- Abbrechen
  Öffnen der Fassade im Bereich der Verbindung zwischen Alt- und Neubau

- Herstellen
  Baugrubenaushub; Stb-Fundamente inkl. Anschluss an den Bestand, Stb-Bodenplatte, Estrich, Linoleum, Bodenfliesen, Abdichtung, Kiesfilterschicht, Perimeterdämmung; Mauerwerkswände, Stb-Stützen, Holzfenster, Alu-Pfosten-Riegelfassade, Holz-Alufenster, Dreifachverglasung, WDVS, teilw. Alu-Sonnenschutzlamellen; Innenmauerwerk, Stb-Wände, GK-Wände, Stb-Stützen, Einzug eines Stb-Unterzugs im Bestand, Wandfliesen; Stb-Decken inkl. Anschluss an den Bestand, Stb-Treppe mit 5 Stufen, Estrich, Linoleum, abgehängte Rasterdecken; Stb-Flachdach, Oberlicht als Dachausstieg, Dämmung, Abdichtung, Attika, Entwässerung, abgehängte Rasterdecke; Einbauküche

KG	Kostengruppe	Menge Einheit	Kosten €	€/Einheit	%
400	**Bauwerk – Technische Anlagen**	287,46 m² BGF	548.292	**1.907,37**	47,0

- Herstellen
  Gebäudeentwässerung, Kalt- und Warmwasserleitungen; Anschluss an die Bestands-Ölheizung, Plattenheizkörper; kontrollierte Be- und Entlüftung mit Wärmerückgewinnung, RWA-Anlage; Elektroinstallation, Beleuchtung, Blitzschutzanlage; Datenübertragungsanlage, elektroakustische Anlagen, Brandmeldeanlage; Personenaufzug

4100-0234
Grundschule
(6 Klassen)
(142 Schüler)

Erweiterung

Kostenkennwerte für die Kosten des Bauwerks (Kostengruppen 300+400 nach DIN 276)

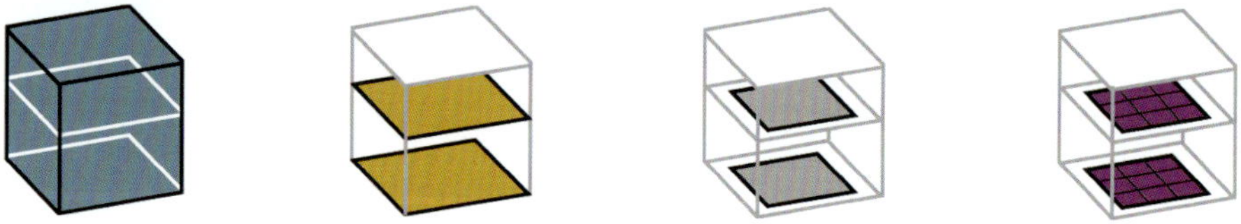

BRI 1.018 €/m³ | BGF 5.032 €/m² | NUF 8.321 €/m² | NE 51.705 €/NE

NE: Schüler

Objekt:
Kennwerte: 1. Ebene DIN 276
BRI: 7.211 m³
BGF: 1.459 m²
NUF: 882 m²
Bauzeit: 130 Wochen
Bauende: 2022
Standard: mittel
Bundesland: Brandenburg
Kreis: Prignitz

Architekt*in:
ELZ Architekten BDA
Behlertstraße 6b
14469 Potsdam

Bauherr*in:
Stadt Perleberg
Karl-Liebknecht-Straße 33
19348 Perleberg

© ELZ Architekten BDA

© ELZ Architekten BDA

© ELZ Architekten BDA

© ELZ Architekten BDA

Ansicht Nord

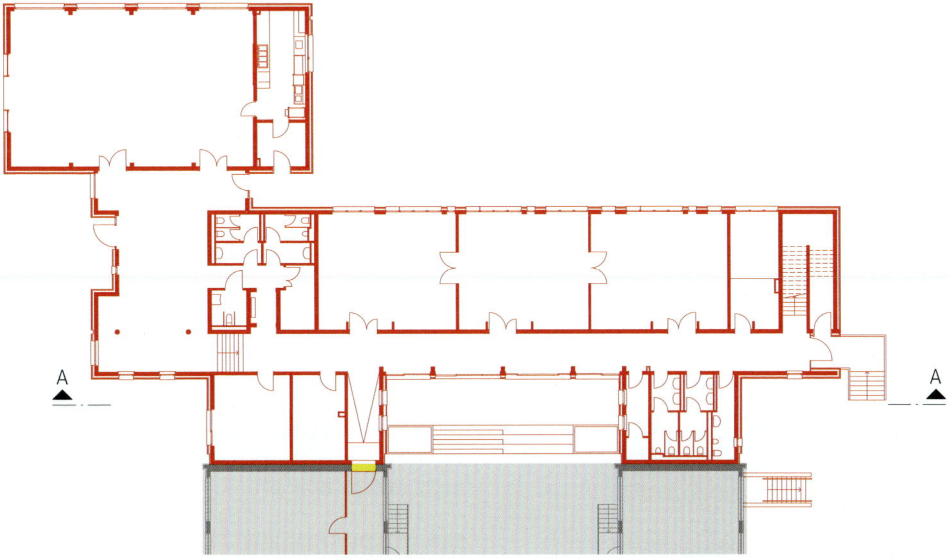

Erdgeschoss

Schnitt A-A

Ansicht West

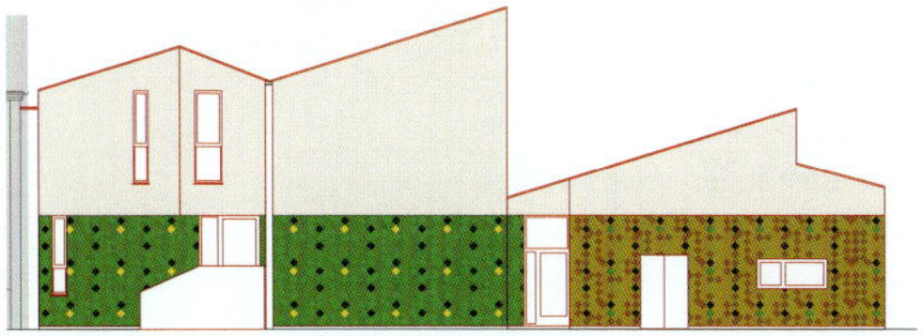

Ansicht Ost

Objektbeschreibung

Allgemeine Objektinformationen

Die bestehende Grundschule, ein Systembau aus den 1970er Jahren, wurde um einen zweigeschossigen Riegel für Hort- und Grundschulnutzung und einem eingeschossigen Mehrzweckgebäude für Aula und Cafeteria erweitert. Die Eingangsfassade liegt an einem neu gestalteten Stadtplatz. Die umgebende Nachkriegsbebauung umrahmt den offen gestaltete Grundriss des Erweiterungsbaus. Die mit farbigen Schindeln gestalteten EG-Fassaden bilden einen fließenden Übergang zu den Außenanlagen.

Nutzung

1 Erdgeschoss
Foyer, Mehrzweckraum, Sanitärräume, Küche, Lager, Horträume (3St), Lehrmittel, Garderobe, Aufzug, Treppenhäuser

1 Obergeschoss
Klassenräume (3St), Teilungsräume (2St), Lehrmittel, Sanitärräume, Aufzug, Treppenhäuser

Nutzeinheiten

Klassen: 6
Schüler: 142

Grundstück

Bauraum: Beengter Bauraum
Neigung: Ebenes Gelände
Bodenklasse: BK 3 bis BK 4

Markt

Hauptvergabezeit: 2. Quartal 2020
Baubeginn: 2. Quartal 2020
Bauende: 4. Quartal 2022
Konjunkturelle Gesamtlage: über Durchschnitt
Regionaler Baumarkt: Durchschnitt

Baubestand

Baujahr: 1971
Bauzustand: gut
Aufwand: mittel
Grundrissänderungen: wenige
Tragwerkseingriffe: einige
Nutzungsänderung: nein
Nutzung während der Bauzeit: ja

Baukonstruktion

Der Baugrund erwies sich als nur eingeschränkt tragfähig. Für die Gründung musste der Boden einen Meter tief abgetragen und ein Gründungspolster hergestellt werden. Die Erdgeschossebenen sind auf bewehrten Fundamentplatten gegründet. Die Außenwände sind in KS-Mauerwerk ausgeführt. Einzelne Stahlbetonwände dienen der Aussteifung. Die Fassaden sind im EG mit bunten Aluschindeln bekleidet, im OG kam ein WDVS zum Einsatz. Die Geschossdecke ist in Stahlbeton hergestellt. Auf dem Heizestrich sind die Böden mit Linoleum oder Betonwerkstein bzw. Fliesen belegt. Der sichtbare Dachstuhl aus Holzbindern und Pfetten wurde mittels OSB-Schalung und Aufsparrendämmung gedeckt. Die Dächer sind begrünt. Die Aula wird über eine dreifachverglaste Stahl-Pfosten-Riegel-Fassade belichtet und belüftet.

Technische Anlagen

Die Wärmeerzeugung des Neubaus erfolgt über zwei Luft/Luft Wärmepumpen, Fußbodenheizungen verteilen die Wärme in den Räumen. Zusätzlich wurden Heizkörper in Foyer und Mehrzweckraum verbaut um trotz großem Luftvolumen ausreichend heizen zu können. Die Lüftung der Räume erfolgt durch eine effektive Querlüftung über die großzügigen Fenster. Zusätzlich sind CO_2-Ampeln eingebaut, die schlechte Luftqualität signalisieren und gekoppelte Lüftungspaneele automatisch öffnen. Durch den Einbau eines Personenaufzugs ist das Gebäude barrierefrei.

Energetische Kennwerte

Gesetzliche Grundlage: EnEV 2013
Gebäudenutzfläche: 1.251,00 m^2
Gebäudevolumen: 6.154,00 m^3
A/V_e-Verhältnis (Kompaktheit): 0,49 m^{-1}
Hüllfläche des beheizten Volumens: 3.042,00 m^2
Mittlerer U-Wert (opake Bauteile): 0,16 W/(m^2·K)
Mittlerer U-Wert (transparente Bauteile): 1,00 W/(m^2·K)
Mittlerer U-Wert (Vorhangfassade): 1,40 W/(m^2·K)
Mittlerer U-Wert (Glasdächer, etc.): 1,30 W/(m^2·K)
Spez. Jahresprimärenergiebedarf: 111,60 kWh/(m^2·a)
CO_2-Emissionen: 36,89 kg/(m^2·a)

Energetische Angaben zu Außenbauteilen

Bodenplatte

U-Wert: 0,17 W/(m²·K)

Gesamtdicke: 56,50 cm	d [cm]	λ [W/(m·K)]
Estrich	6,50	1,400
Dämmung	3,00	0,035
Dämmung	3,00	0,035
Stahlbeton	30,00	2,100
Dämmung	14,00	0,038

Außenwand gegen Erdreich

U-Wert: 0,29 W/(m²·K)

Gesamtdicke: 39,00 cm	d [cm]	λ [W/(m·K)]
Stahlbeton	25,00	2,100
Abdichtung	2,00	100,000
Dämmung	12,00	0,038

Außenwand hinterlüftet Aluverkleidung

U-Wert: 0,24 W/(m²·K)

Gesamtdicke: 37,50 cm	d [cm]	λ [W/(m·K)]
Innenputz	1,50	1,000
Kalksandstein	24,00	1,100
Dämmung	12,00	0,032

Außenwand WDVS

U-Wert: 0,17 W/(m²·K)

Gesamtdicke: 45,50 cm	d [cm]	λ [W/(m·K)]
Innenputz	1,50	1,000
Kalksandstein	24,00	1,100
Dämmung	20,00	0,036

Außenwand hinterlüftet

U-Wert: 0,26 W/(m²·K)

Gesamtdicke: 34,00 cm	d [cm]	λ [W/(m·K)]
Holz	28,00	0,130
Dämmung	6,00	0,040

Decke gegen Außenluft unten

U-Wert: 0,11 W/(m²·K)

Gesamtdicke: 66,50 cm	d [cm]	λ [W/(m·K)]
Estrich	6,50	1,400
Dämmung	3,00	0,035
Dämmung	3,00	0,035
Stahlbeton	30,00	2,100
Dämmung	24,00	0,035

Flachdach

U-Wert: 0,17 W/(m²·K)

Gesamtdicke: 45,00 cm	d [cm]	λ [W/(m·K)]
Dämmung	20,00	0,035
Stahlbeton	25,00	2,100

Dach

U-Wert: 0,18 W/(m²·K)

Gesamtdicke: 21,45 cm	d [cm]	λ [W/(m·K)]
Holz	3,00	0,130
Dampfsperre	0,05	1.000,000
Dämmung	18,40	0,035

4100-0234
Grundschule
(6 Klassen)
(142 Schüler)

Planungskennwerte für Flächen und Rauminhalte nach DIN 277

Flächen des Grundstücks		Menge Einheit	% an GF
BF	Bebaute Fläche	845,00 m²	25,9
UF	Unbebaute Fläche	2.417,00 m²	74,1
GF	Grundstücksfläche	3.262,00 m²	100,0

Erweiterung

Grundflächen des Bauwerks		Menge Einheit	% an NUF	% an BGF
NUF	Nutzungsfläche	882,34 m²	100,0	60,5
TF	Technikfläche	34,52 m²	3,9	2,4
VF	Verkehrsfläche	352,53 m²	40,0	24,2
NRF	Netto-Raumfläche	1.269,39 m²	143,9	87,0
KGF	Konstruktions-Grundfläche	189,61 m²	21,5	13,0
BGF	Brutto-Grundfläche	1.459,00 m²	165,4	100,0

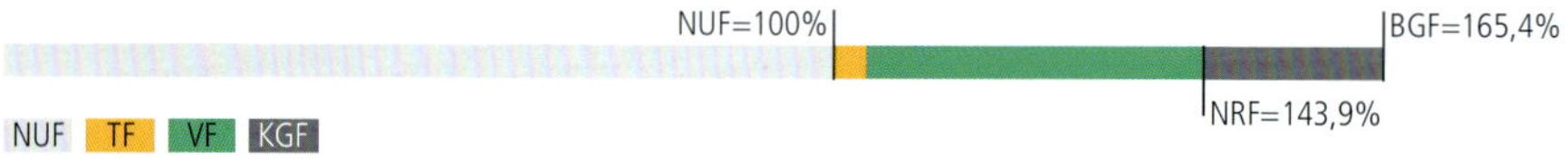

Brutto-Rauminhalt des Bauwerks		Menge Einheit	BRI/NUF (m)	BRI/BGF (m)
BRI	Brutto-Rauminhalt	7.210,55 m³	8,17	4,94

Kostenkennwerte für die Kostengruppen der 1. Ebene DIN 276

KG	Kostengruppen (1. Ebene)	Einheit	Kosten €	€/Einheit	€/m² BGF	€/m³ BRI	% 300+400
100	Grundstück	m² GF	–	–	–	–	–
200	Vorbereitende Maßnahmen	m² GF	–	–	–	–	–
300	Bauwerk – Baukonstruktionen	m² BGF	5.970.067	4.091,89	4.091,89	827,96	81,3
400	Bauwerk – Technische Anlagen	m² BGF	1.372.023	940,39	940,39	190,28	18,7
	Bauwerk 300+400	**m² BGF**	**7.342.091**	**5.032,28**	**5.032,28**	**1.018,24**	**100,0**
500	Außenanlagen und Freiflächen	m² AF	79.317	32,82	54,36	11,00	1,1
600	Ausstattung und Kunstwerke	m² BGF	561.489	384,85	384,85	77,87	7,6
700	Baunebenkosten	m² BGF	–	–	–	–	–
800	Finanzierung	m² BGF	–	–	–	–	–

KG	Kostengruppe	Menge Einheit	Kosten €	€/Einheit	%
3+4	**Bauwerk**				**100,0**
300	**Bauwerk – Baukonstruktionen**	1.459,00 m² BGF	5.970.067	**4.091,89**	81,3

- Herstellen

  Baugrubenaushub; Gründungspolster, Baugrundverbesserung, Betonrecycling, Stb-Fundamentplatte, Abdichtung, Dämmung, Heizestrich, Linoleum, Fliesen, Betonwerkstein, Magerbetonkeile; KS-Mauerwerk, Stb-Wände, Stb-Stützen, Holzfenster, Dreifachverglasung VSG, Außentüren Stahlrahmenprofile, WDVS, Dämmung, Aluminiumschindeln, Stahl-Pfosten-Riegel-Fassade, Raffstores; KS-Mauerwerk, GK-Wände, teilweise doppelt beplankt, Holzinnentüren, Stahlglasinnentüren, Holz-, Alu-Umfassungszargen, Wandfliesen, Beschichtung, WC-Trennwände; Stb-Decken, Stb-Treppen, Buchehandläufe; Holzbinder-Dachkonstruktion, Holzpfetten, Dachflächenfenster, Aufsparrendämmung, OSB-Schalung, Gründachaufbau, Akustikdecken, Beschichtung; Sekurantensystem

KG	Kostengruppe	Menge Einheit	Kosten €	€/Einheit	%
400	**Bauwerk – Technische Anlagen**	1.459,00 m² BGF	1.372.023	**940,39**	18,7

- Herstellen

  Gebäudeentwässerung, Kalt- und Warmwasserleitungen, Sanitärobjekte, Regenwasserrückhaltebecken; Luft-Luft-Wärmepumpe, Heizleitungen, Fußbodenheizung, Heizkörper; Lüftungsanlage innenliegende Räume; Elektroinstallation, Beleuchtung, Sicherheitsbeleuchtung, Blitzschutz; Erweiterung Hausalarmanlage, CO_2-Ampeln, Datenübertragungsanlage; Personenaufzug

KG	Kostengruppe	Menge Einheit	Kosten €	€/Einheit	%
500	**Außenanlagen und Freiflächen**	2.417,00 m² AF	79.317	**32,82**	1,1

- Herstellen

  Stb-Beton Außentreppen, Betonpflaster; Stahlgeländer; Fassadenrinnen

KG	Kostengruppe	Menge Einheit	Kosten €	€/Einheit	%
600	**Ausstattung und Kunstwerke**	1.459,00 m² BGF	561.489	**384,85**	7,6

- Herstellen

  Schulküchenmobiliar, Edelstahl-Ausgabeküche, Teeküche, Einbauschränke, Garderobenschränke, Einbausitzbänke, Schultische, Schulstühle

4100-0257
Ganztagsschule
(4 Klassen)
(100 Schüler)
Mensa
(135 Sitzplätze)

Kostenkennwerte für die Kosten des Bauwerks (Kostengruppen 300+400 nach DIN 276)

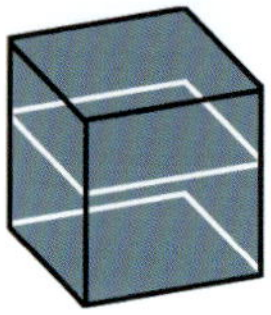

BRI 751 €/m³

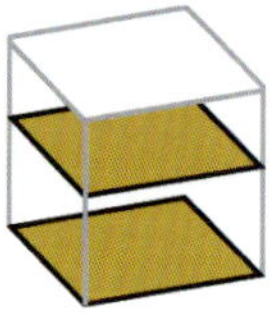

BGF 3.554 €/m²

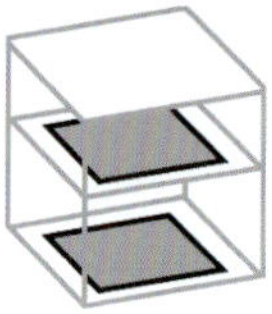

NUF 6.045 €/m²

Objekt:
Kennwerte: 1. Ebene DIN 276
BRI: 6.288 m³
BGF: 1.328 m²
NUF: 781 m²
Bauzeit: 78 Wochen
Bauende: 2021
Standard: mittel
Bundesland: Bayern
Kreis: Ebersberg

Architekt*in:
LPH 1-5:
Goergens Miklautz
Partner GmbB
Prinzregentenplatz 17
81675 München

LPH 6-9:
dreier + lauterbach
architekten und
ingenieure gmbh
Schulstraße 46
80634 München

Bauherr*in:
Gemeinde Anzing
Schulstraße 1
85646 Anzing

© Hans Engels

© Georgens Miklautz GmbB

© Hans Engels

© Georgens Miklautz GmbB

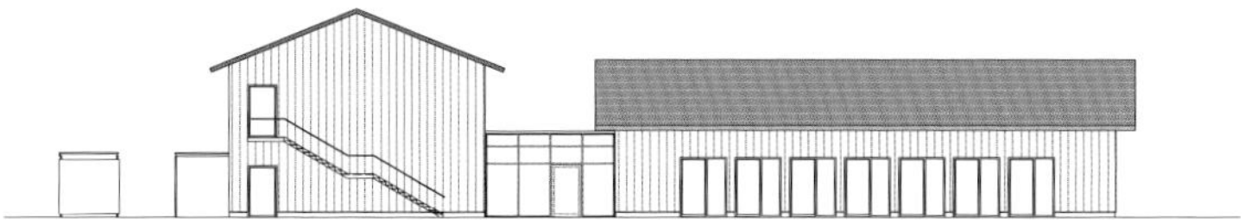

Ansicht Süd Flexhaus

Ansicht Süd Mensa

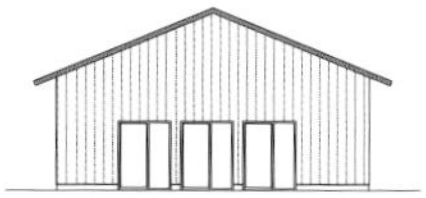

Ansicht Ost Mensa

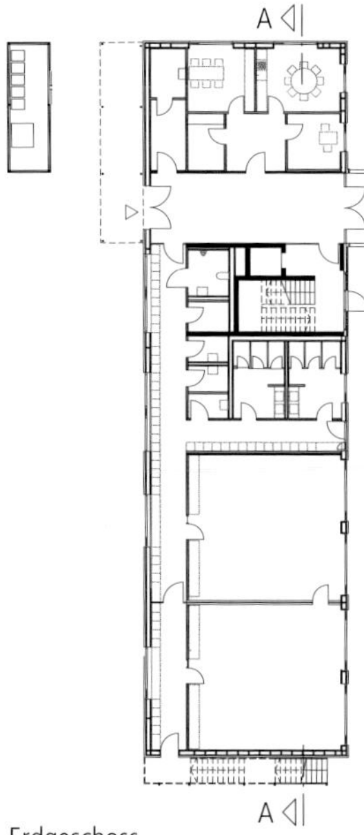
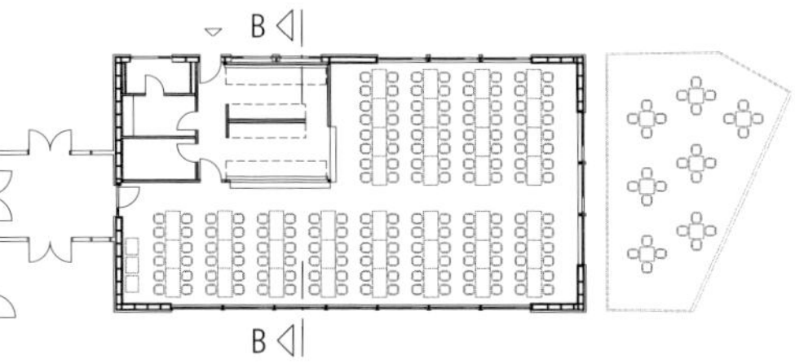

Erdgeschoss

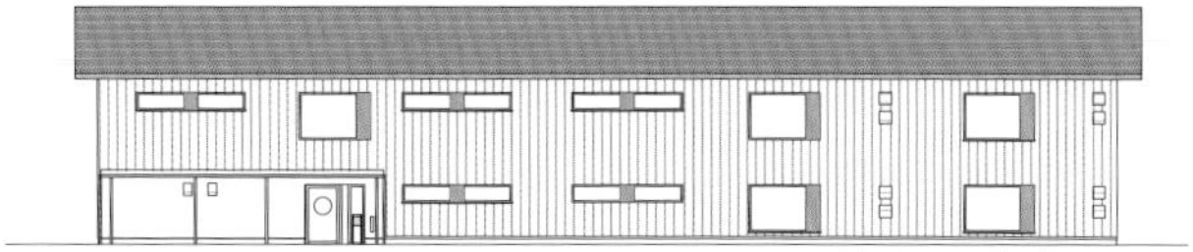

Ansicht West Flexhaus

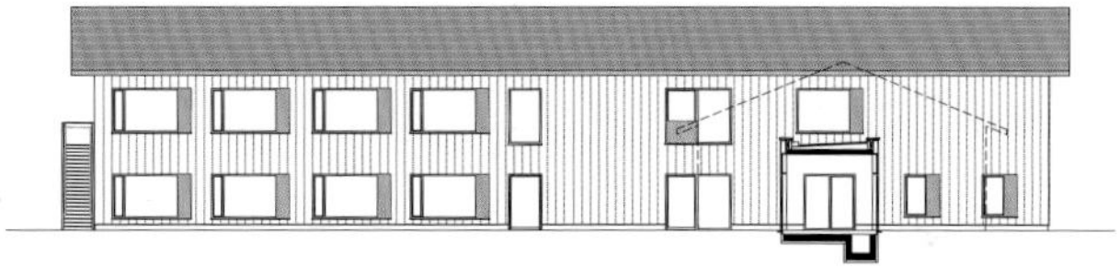

Ansicht Ost Flexhaus

Schnitt A-A

Schnitt B-B

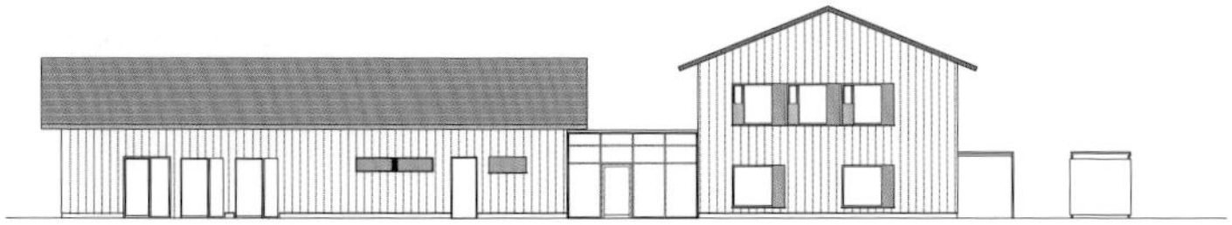

Ansicht Nord Mensa

Ansicht Nord Flexhaus

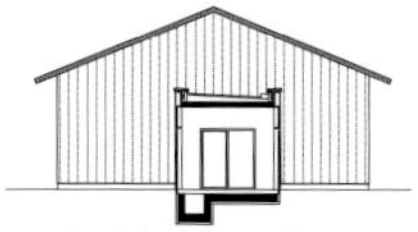

Ansicht West Mensa

4100-0257
Ganztagsschule
(4 Klassen)
(100 Schüler)
Mensa
(135 Sitzplätze)

Objektbeschreibung

Allgemeine Objektinformationen

Der Neubau erweitert die Gesamtschule um vier Klassenräume für jeweils 25 Kinder mit der Möglichkeit der Erweiterung um nochmals 25 Kinder. Die Mensa kann über einen Verbindungsgang erreicht werden und ist nur eingeschossig. Die Räume der Mensa können neben dem Schulbetrieb noch für Veranstaltungen der Gemeinde genutzt werden.

Nutzung

1 Erdgeschoss
Mensa: Speisesaal, Übergabeküche, Umkleideraum, Haustechnik, Sanitärräume
Schule: Gruppenräume (2St), Foyer, Verbindungsraum, Sanitärräume, Treppenhaus, Lager, Personalraum, Büro, Hausanschlussraum

1 Obergeschoss
Mensa: Technikempore
Schule: Gruppenräume (3St), Foyer, Flur, Garderobe, Treppenhaus, Sanitärräume

Nutzeinheiten

Gebäude: 2
Klassen: 4
Schüler: 100
Sitzplätze: 135

Grundstück

Bauraum: Freier Bauraum
Neigung: Ebenes Gelände
Bodenklasse: BK 1 bis BK 3

Markt

Hauptvergabezeit: 1. Quartal 2020
Baubeginn: 2. Quartal 2020
Bauende: 4. Quartal 2021
Konjunkturelle Gesamtlage: über Durchschnitt
Regionaler Baumarkt: unter Durchschnitt

Baukonstruktion

Konstruktiv wurde eine Holzhybridbauweise als wirtschaftlichste Bauweise gewählt. Aufgrund der Bodenverhältnisse sind die Gebäude nicht unterkellert, alle Technikräume sind räumlich optimiert in den beiden oberirdischen Geschossen untergebracht. Die Gründung erfolgt auf einer Stahlbeton-Fundamentplatte, die Außenwände bestehen aus einer gedämmten Holzrahmenkonstruktion, die sich konstruktiv auch im Dach fortsetzt. Die tragenden Innenwände sind aus massivem Brettsperrholz in Sichtqualität ausgeführt. Die Geschossdecken bestehen aus Holzbetonverbunddecken, die Treppenhauskerne sind massiv in Stahlbeton errichtet. Die Holz-Alufenster sind mit einer Dreifachverglasung ausgestattet und können mit einem textilen Sonnenschutz verschattet werden. Die Fassaden sind mit einer senkrechten Holzschalung bekleidet. Den oberen Gebäudeabschluss bildet ein Pfettendach. Innerhalb der Mensa ist über dem Küchenbereich eine Empore eingebaut, auf der die Lüftungstechnik untergebracht ist.

Technische Anlagen

Beheizt werden die Gebäude über einen Nahwärmeanschluss an den Hauptgebäuden. Die Fußbodenheizung ermöglicht auch die Gebäudekühlung im Sommer. Ein zentrales Lüftungsgerät versorgt die Räume mit der benötigten Frischluft. Die Küche wird mit einem separaten Lüftungssystem versorgt. Ein Personenaufzug erschließt das Obergeschoss barrierefrei.

Sonstiges

Die Baumaßnahme wurde während des laufenden Schulbetriebs durchgeführt.

Energetische Kennwerte

Gesetzliche Grundlage: EnEV 2013
Gebäudenutzfläche: 1.076,00 m^2
Gebäudevolumen: 4.094,00 m^3
Hüllfläche des beheizten Volumens: 2.759,90 m^2
Mittlerer U-Wert (opake Bauteile): 0,13 $W/(m^2 \cdot K)$
Mittlerer U-Wert (transparente Bauteile): 0,95 $W/(m^2 \cdot K)$
Mittlerer U-Wert (Vorhangfassade): 0,95 $W/(m^2 \cdot K)$
Spez. Jahresprimärenergiebedarf: 133,00 $kWh/(m^2 \cdot a)$

Energetische Angaben zu Außenbauteilen

Bodenplatte

U-Wert: 0,17 W/(m^2·K)

Gesamtdicke: 61,00 cm	d [cm]	λ [W/(m·K)]
Bodenbelag	1,00	1,300
Estrich	8,00	1,400
Trittschalldämmung	2,00	0,040
Dämmung	4,00	0,035
Stahlbeton	30,00	2,300
Dämmung	16,00	0,040

Außenwand Sockel

U-Wert: 0,26 W/(m^2·K)

Gesamtdicke: 32,00 cm	d [cm]	λ [W/(m·K)]
Dämmung	4,00	0,040
Luftschicht ruhend	2,00	0,139
Stahlbeton	16,00	2,300
Dämmung	10,00	0,040

Außenwand hinterlüftet

U-Wert: 0,15 W/(m^2·K)

Gesamtdicke: 32,00 cm	d [cm]	λ [W/(m·K)]
Dämmung	4,00	0,040
OSB-Platte	2,00	0,130
Holz	20,00	0,130
Dämmung	20,00	0,040
Holzfaserplatte	6,00	0,050

Flachdach begrünt

U-Wert: 0,15 W/(m^2·K)

Gesamtdicke: 34,00 cm	d [cm]	λ [W/(m·K)]
Holz	16,00	0,130
Dämmung	18,00	0,035

Steildach

U-Wert: 0,14 W/(m^2·K)

Gesamtdicke: 40,00 cm	d [cm]	λ [W/(m·K)]
Holz	36,00	0,130
Dämmung	36,00	0,040
Dämmung	4,00	0,046

4100-0257
Ganztagsschule
(4 Klassen)
(100 Schüler)
Mensa
(135 Sitzplätze)

Planungskennwerte für Flächen und Rauminhalte nach DIN 277

Flächen des Grundstücks		Menge Einheit	% an GF
BF	Bebaute Fläche	496,75 m²	9,4
UF	Unbebaute Fläche	4.803,25 m²	90,6
GF	Grundstücksfläche	5.300,00 m²	100,0

Grundflächen des Bauwerks		Menge Einheit	% an NUF	% an BGF
NUF	Nutzungsfläche	780,87 m²	100,0	58,8
TF	Technikfläche	82,63 m²	10,6	6,2
VF	Verkehrsfläche	275,14 m²	35,2	20,7
NRF	Netto-Raumfläche	1.138,64 m²	145,8	85,7
KGF	Konstruktions-Grundfläche	189,54 m²	24,3	14,3
BGF	Brutto-Grundfläche	1.328,18 m²	170,1	100,0

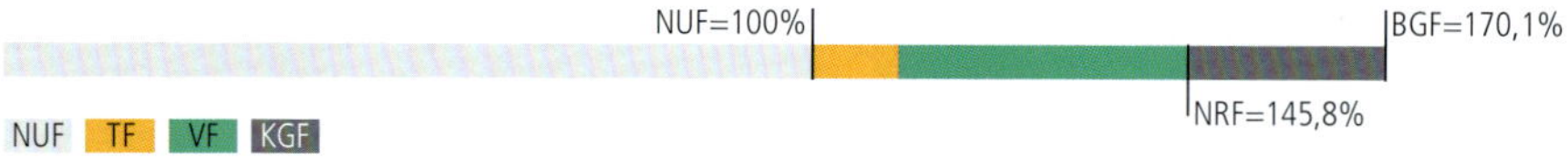

Brutto-Rauminhalt des Bauwerks		Menge Einheit	BRI/NUF (m)	BRI/BGF (m)
BRI	Brutto-Rauminhalt	6.287,88 m³	8,05	4,73

Kostenkennwerte für die Kostengruppen der 1. Ebene DIN 276

KG	Kostengruppen (1. Ebene)	Einheit	Kosten €	€/Einheit	€/m² BGF	€/m³ BRI	% 300+400
100	Grundstück	m² GF	–	–	–	–	–
200	Vorbereitende Maßnahmen	m² GF	–	–	–	–	–
300	Bauwerk – Baukonstruktionen	m² BGF	3.371.893	2.538,73	2.538,73	536,25	71,4
400	Bauwerk – Technische Anlagen	m² BGF	1.348.382	1.015,21	1.015,21	214,44	28,6
	Bauwerk 300+400	**m² BGF**	**4.720.275**	**3.553,94**	**3.553,94**	**750,69**	**100,0**
500	Außenanlagen und Freiflächen	m² AF	–	–	–	–	–
600	Ausstattung und Kunstwerke	m² BGF	–	–	–	–	–
700	Baunebenkosten	m² BGF	–	–	–	–	–
800	Finanzierung	m² BGF	–	–	–	–	–

KG	Kostengruppe	Menge Einheit	Kosten €	€/Einheit	%
3+4	**Bauwerk**				**100,0**
300	**Bauwerk – Baukonstruktionen**	1.328,18 m² BGF	3.371.893	**2.538,73**	71,4

Erdarbeiten; Stb-Fundamentplatte, Abdichtung, Dämmung, Heizestrich, Bodenfliesen, Linoleum, Sauberlaufzonen; Holzrahmenwände, Holz-Alufenster, Alutüren, Holzfaserdämmung, OSB, senkrechte Holzschalung, GK-Bekleidung, zementgebundene Plattenbekleidung, Beschichtung, textiler Sonnenschutz außen/innen; Brettsperrholzwände, Stb-Wände, GK-Wände, Holztüren, Stahl-Rohrrahmentüren, GK-Bekleidung, Beschichtung, Wandfliesen; Holz-Betonverbunddecken, Stb-Treppen, Dämmung, Heizestrich, Bodenfliesen, Linoleum, Holzakustikdecken, Gipskartondecken, Stahl-Fluchttreppe, Stahlwangengeländer; Pfettendach, Holzfaserdämmung, Ziegeldach, Dachentwässerung; Einbaumöbel

KG	Kostengruppe	Menge Einheit	Kosten €	€/Einheit	%
400	**Bauwerk – Technische Anlagen**	1.328,18 m² BGF	1.348.382	**1.015,21**	28,6

Gebäudeentwässerung, Kalt- und Warmwasserleitungen, Sanitärobjekte; Anschluss an die Nahwärmeversorgung, Fußbodenheizung; zentrale Lüftungsanlage, Küchenentlüftung, Abluftanlagen für innenliegende Sanitärräume; Elektroinstallation, Beleuchtung, Blitzschutzanlage; Telekommunikationsanlage, Sprechanlage, Zutrittskontrolle über Türsteuerung, Rauchwarnmelder, Brandmeldeanlage, Netzwerkverkabelung; Personenaufzug; küchentechnische Anlagen; Gebäudeautomation

4100-0261
Grundschule
(6 Klassen)
(150 Schüler)

Kostenkennwerte für die Kosten des Bauwerks (Kostengruppen 300+400 nach DIN 276)

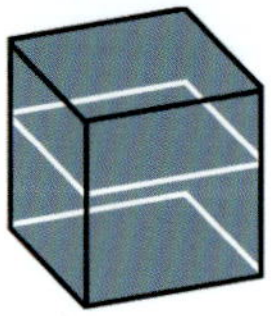

BRI 517 €/m³

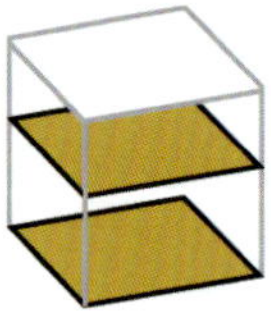

BGF 2.568 €/m²

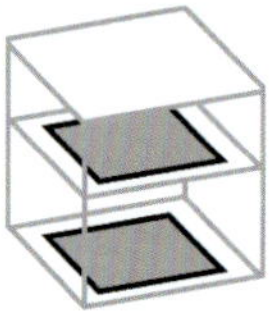

NUF 3.877 €/m²

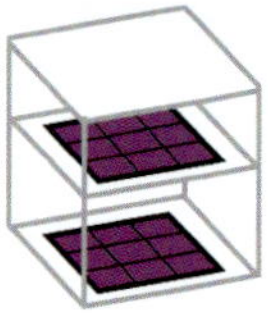

NE 43.791 €/NE

NE: Schüler

Objekt:
Kennwerte: 1. Ebene DIN 276
BRI: 12.706 m³
BGF: 2.558 m²
NUF: 1.694 m²
Bauzeit: 69 Wochen
Bauende: 2023
Standard: mittel
Bundesland: Schleswig-Holstein
Kreis: Nordfriesland

Architekt*in:
JF Architekten + Techniker
Dycker und Abt eGbR
Hafenstraße 9
25813 Husum

Bauherr*in:
Gemeinde Rantrum
Schulweg 19
25866 Mildstedt

© Reinhard Witt

© Reinhard Witt

© Reinhard Witt

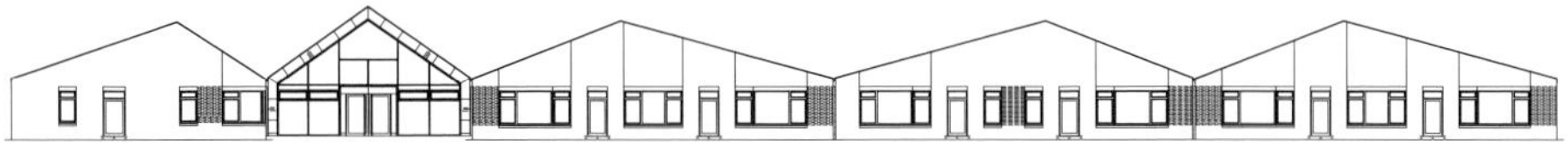

Ansicht Ost

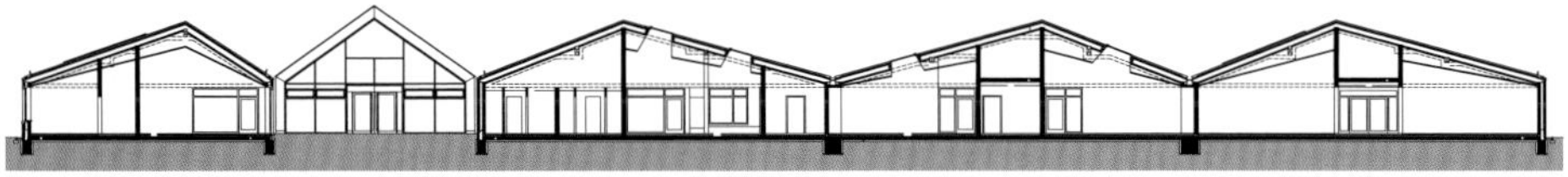

Schnitt A-A

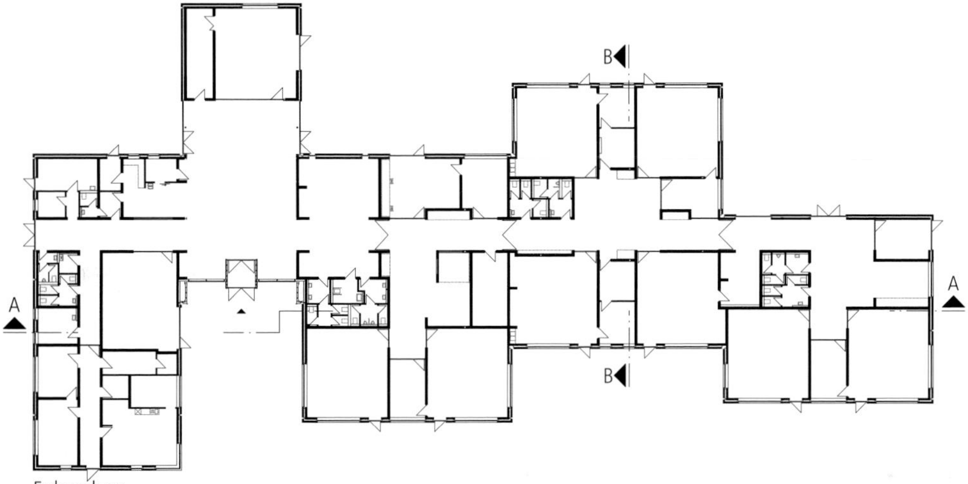

Erdgeschoss

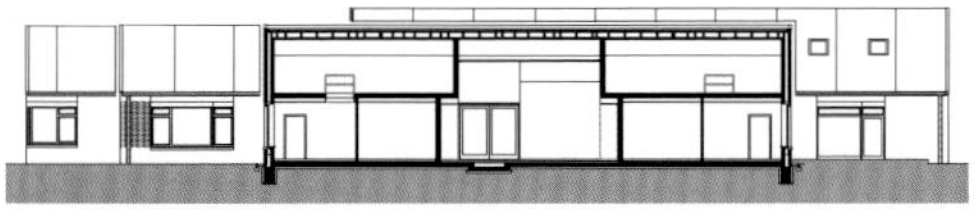

Schnitt B-B

Ansicht Süd

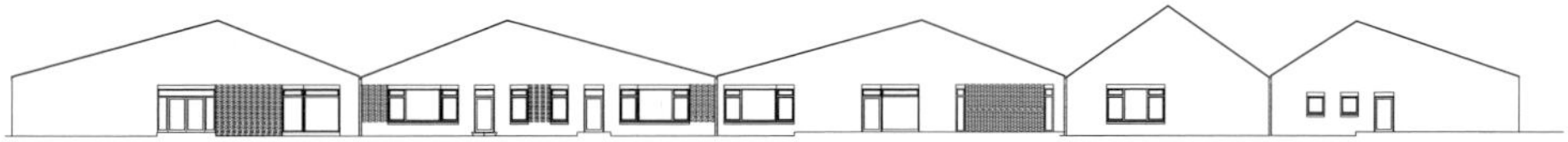

Ansicht West

Objektbeschreibung

Allgemeine Objektinformationen

Der Neubau zeichnet sich durch fünf miteinander verbundene, aber zueinander versetzt angeordnete Häuser aus, die durch ihre Maßstäblichkeit, ihre Satteldächer und ihre Materialität die dörflichen Strukturen aufnehmen. Den Mittelpunkt des Schulgebäudes bildet der sich in der äußeren und inneren Gestaltung von den übrigen Häusern leicht abgesetzte Baukörper mit dem nach außen durch seine Transparenz klar ablesbaren Eingangsbereich, an den sich die Schulaula anschließt.

Nutzung

1 Erdgeschoss
Klassenräume, Gemeinschaftsflächen, Differenzierungsräume, Arbeitsplätze, Lernecken, Betreuungsraum, Musikraum, Bibliothek, Forscherraum, Sammlungen, Kunst- und Werkraum, Aula mit Mensa, Ausgabeküche, Spülküche, Vorratsraum, Besprechungsraum und Krankenzimmer, Büros, Lehrerzimmer, Garderoben, WCs, Umkleide, Lehrmittel, Archiv, Lager, Hausanschlussraum, Geräteraum, Abfallgebäude, Fahrradunterstände

1 Obergeschoss
Technikräume, Lüftungstechnikräume

Nutzeinheiten

Klassen: 6
Schüler: 150

Grundstück

Bauraum: Freier Bauraum
Neigung: Geneigtes Gelände
Bodenklasse: BK 1 bis BK 4

Markt

Hauptvergabezeit: 4.Quartal 2021
Baubeginn: 1.Quartal 2022
Bauende: 2.Quartal 2023
Konjunkturelle Gesamtlage: Durchschnitt
Regionaler Baumarkt: unter Durchschnitt

Baukonstruktion

Gemäß Baugrunduntersuchung wurde eine Flachgründung ausgeführt. Das Gebäude ist in Massivbauweise aus Mauerwerk und Stahlbeton erstellt, die die Anforderung an Schall- und Brandschutz auf wirtschaftliche Art und Weise erfüllt. Die Fassaden sind mit hellen Klinkern verblendet, die komplette Giebelseite des Haupteingangs besteht aus einer Pfosten-Riegelfassade. Ansonsten sind Kunststofffenster mit Dreifachverglasung verbaut. Auf den Böden im Innenbereich liegen Kautschuk, Fallschutzboden oder Fliesen, teilweise ist eine Epoxidharzbeschichtung aufgebracht. Die Satteldächer bestehen aus Holzkonstruktionen, die mit Tonziegeln gedeckt sind. Teilweise sind abgehängte Akustikdecken vorhanden.

Technische Anlagen

Die Beheizung erfolgt mittels Fernwärme, die über eine Fußbodenheizung im Gebäude verteilt wird. Der benötigte Luftwechsel wird durch dezentrale Lüftungsanlagen mit Wärmerückgewinnung gewährleistet. Südorientierte PV-Module dienen der Eigenstromversorgung. Die Ausgabeküche ist mit Objekten aus Edelstahl ausgestattet.

Sonstiges

Die ausgeführten Materialien sind langlebig und verursachen keine höheren Wartungskosten.

Energetische Kennwerte

Gesetzliche Grundlage: GEG 2020
Gebäudenutzfläche: 2.195,60 m^2
Gebäudevolumen: 11.955,00 m^3
Hüllfläche des beheizten Volumens: 6.151,00 m^2
Mittlerer U-Wert (opake Bauteile): 0,12 $W/(m^2 \cdot K)$
Mittlerer U-Wert (transparente Bauteile): 1,00 $W/(m^2 \cdot K)$
Mittlerer U-Wert (Glasdächer, etc.): 1,40 $W/(m^2 \cdot K)$
Jahresprimärenergie: 60.148,00 kWh/a
Spez. Jahresprimärenergiebedarf: 27,39 $kWh/(m^2 \cdot a)$
Jahresendenergiebedarf: 178.425,00 kWh/a
Spez. Jahresendenergiebedarf: 81,26 $kWh/(m^2 \cdot a)$

Energetische Angaben zu Außenbauteilen

Bodenplatte

U-Wert: 0,18 W/(m²·K)

Gesamtdicke: 45,50 cm	d [cm]	λ [W/(m·K)]
Estrich	6,50	1,400
Dämmung	3,00	0,045
Dämmung	6,00	0,035
Stahlbeton	20,00	2,300
Dämmung	10,00	0,036

Außenwand

U-Wert: 0,19 W/(m²·K)

Gesamtdicke: 50,50 cm	d [cm]	λ [W/(m·K)]
Innenputz	1,50	0,510
Kalksandstein	17,50	0,990
Dämmung	16,00	0,035
Luftschicht	4,00	0,278
Klinker	11,50	0,810

Dach

U-Wert: 0,09 W/(m²·K)

Gesamtdicke: 54,00 cm	d [cm]	λ [W/(m·K)]
Holzfaserplatte	3,50	0,040
Dämmung	10,00	0,035
GK-Platte	1,25	0,250
GK-Platte	1,25	0,250
Holz	4,00	0,130
Dämmung	4,00	0,035
Luftschicht	2,50	1,875
Holz	2,50	0,130
Dämmung	28,00	0,035
Holz	24,00	0,130
Holzfaserplatte	3,50	0,040

Dach

U-Wert: 0,13 W/(m²·K)

Gesamtdicke: 36,50 cm	d [cm]	λ [W/(m·K)]
GK-Platte	1,25	0,250
GK-Platte	1,25	0,250
Dämmung	4,00	0,035
Holz	4,00	0,130
Luftschicht ruhend	2,50	0,139
Holz	2,50	0,130
Dämmung	24,00	0,035
Holz	24,00	0,130
Holzfaserplatte	3,50	0,040

Planungskennwerte für Flächen und Rauminhalte nach DIN 277

Flächen des Grundstücks		Menge Einheit	% an GF
BF	Bebaute Fläche	–	–
UF	Unbebaute Fläche	–	–
GF	Grundstücksfläche	–	–

Grundflächen des Bauwerks		Menge Einheit	% an NUF	% an BGF
NUF	Nutzungsfläche	1.694,43 m²	100,0	66,2
TF	Technikfläche	229,47 m²	13,5	9,0
VF	Verkehrsfläche	288,42 m²	17,0	11,3
NRF	Netto-Raumfläche	2.212,32 m²	130,6	86,5
KGF	Konstruktions-Grundfläche	346,06 m²	20,4	13,5
BGF	Brutto-Grundfläche	2.558,38 m²	151,0	100,0

Brutto-Rauminhalt des Bauwerks		Menge Einheit	BRI/NUF (m)	BRI/BGF (m)
BRI	Brutto-Rauminhalt	12.705,81 m³	7,50	4,97

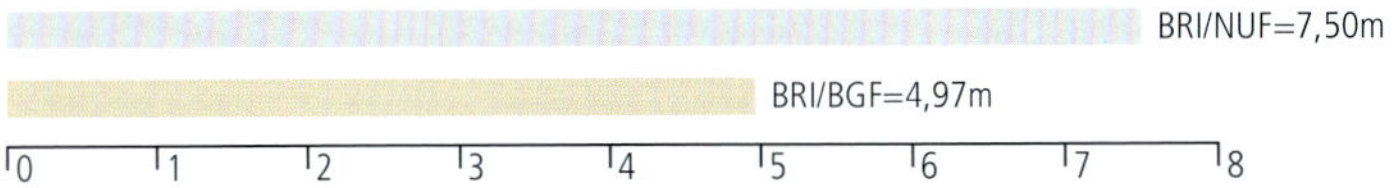

Kostenkennwerte für die Kostengruppen der 1.Ebene DIN 276

KG	Kostengruppen (1. Ebene)	Einheit	Kosten €	€/Einheit	€/m² BGF	€/m³ BRI	% 300+400
100	Grundstück	m² GF	–	–	–	–	–
200	Vorbereitende Maßnahmen	m² GF	–	–	–	–	–
300	Bauwerk – Baukonstruktionen	m² BGF	4.727.604	1.847,89	1.847,89	372,08	72,0
400	Bauwerk – Technische Anlagen	m² BGF	1.841.116	719,64	719,64	144,90	28,0
	Bauwerk 300+400	**m² BGF**	**6.568.720**	**2.567,53**	**2.567,53**	**516,99**	**100,0**
500	Außenanlagen und Freiflächen	m² AF	–	–	–	–	–
600	Ausstattung und Kunstwerke	m² BGF	–	–	–	–	–
700	Baunebenkosten	m² BGF	–	–	–	–	–
800	Finanzierung	m² BGF	–	–	–	–	–

KG	Kostengruppe	Menge Einheit	Kosten €	€/Einheit	%
3+4	**Bauwerk**				**100,0**
300	**Bauwerk – Baukonstruktionen**	2.558,38 m² BGF	4.727.604	**1.847,89**	72,0

Baugrubenaushub; Stb-Fundamente, Stb-Bodenplatte, Heizestrich, Kautschukbelag, Fallschutzboden, Bodenfliesen, Abdichtung, Perimeterdämmung; Mauerwerkswände, Stb-Stützen, Pfosten-Riegelfassade, Kunststofffenster, Dreifachverglasung, Wärmedämmung, Verblendfassade, Alu-Raffstores; Innenmauerwerk, Wandfliesen, mobile Trennwand; teilw. Stb-Decken, Bodeneinschubtreppen (6St), Estrich auf Trennlage, Epoxidharzbeschichtung, teilw. abgehängte Akustikdecken; Holzbalkendach, teilw. Dachfenster, Dämmung, Tondachziegel, Entwässerung, Akustikdecken aus Mineral- und Holzwolle-Leichtbauplatten mit zusätzlicher Dämmauflage, Eingangsüberdachung; Einbauschränke, Einbauregale, in Einbaumöbel integrierte Sitzmöbel

KG	Kostengruppe	Menge Einheit	Kosten €	€/Einheit	%
400	**Bauwerk – Technische Anlagen**	2.558,38 m² BGF	1.841.116	**719,64**	28,0

Gebäudeentwässerung, Kalt- und Warmwasserleitungen, Sanitärobjekte; Fernwärmeanschluss, Fußbodenheizung; dezentrale Lüftungsanlage mit Wärmerückgewinnung; Elektroinstallation, PV-Anlage (309m²), Beleuchtung, Sicherheitsleuchten; WLAN-Netz, elektroakustische Anlage, Brandmeldeanlage, Rauchmelder, Einbruchmeldeanlage; Ausgabeküche

4200-0042
Akademiegebäude
(160 Auszubildende)

Kostenkennwerte für die Kosten des Bauwerks (Kostengruppen 300+400 nach DIN 276)

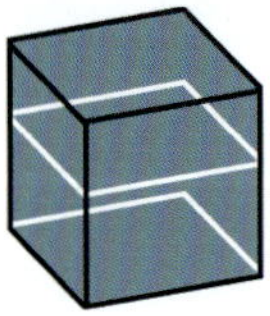

BRI 1.489 €/m³

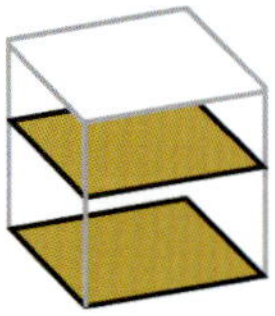

BGF 5.985 €/m²

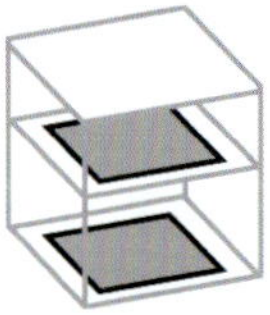

NUF 11.496 €/m²

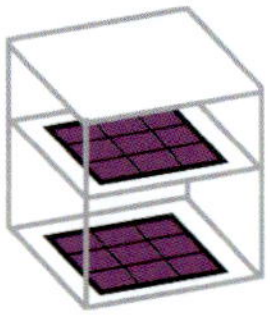

NE 39.374 €/NE

NE: Auszubildende

Objekt:
Kennwerte: 1. Ebene DIN 276
BRI: 4.231 m³
BGF: 1.053 m²
NUF: 548 m²
Bauzeit: 126 Wochen
Bauende: 2022
Standard: mittel
Bundesland: Berlin
Kreis: Berlin, Stadt

Architekt*in:
Numrich Albrecht Klumpp
Gesellschaft von
Architekten mbH
Stromstraße 3
10555 Berlin

Bauherr*in:
Berliner Immobilien-
management GmbH
Alexanderstraße 3
10178 Berlin

© Adel Bikulov | FZWANZIG

© Adel Bikulov | FZWANZIG

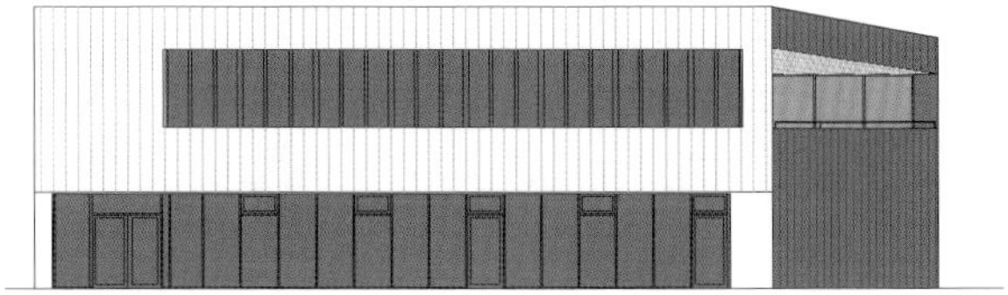

Ansicht West

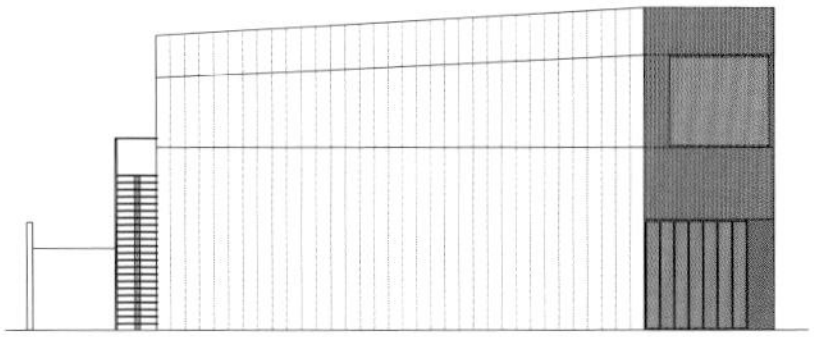

Ansicht Nord

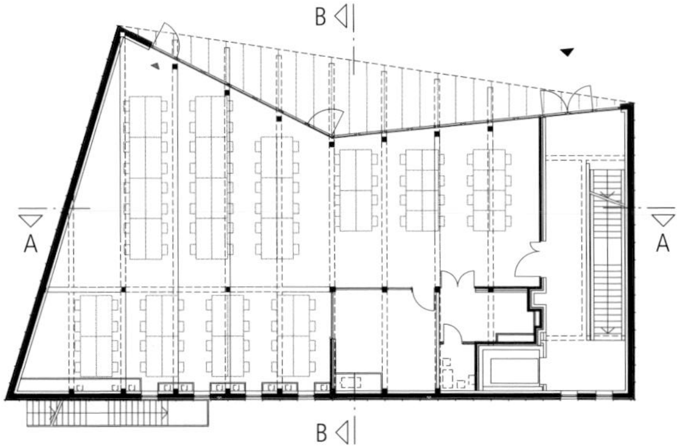

Erdgeschoss

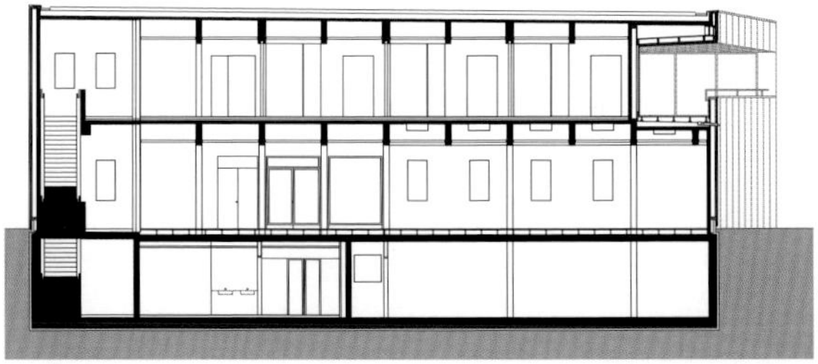

Schnitt A-A

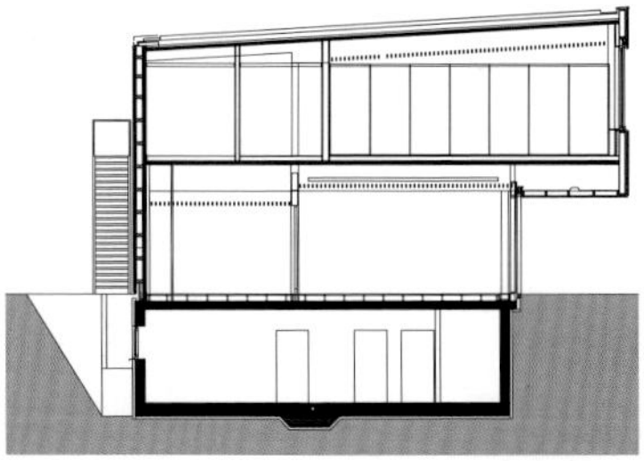

Schnitt B-B

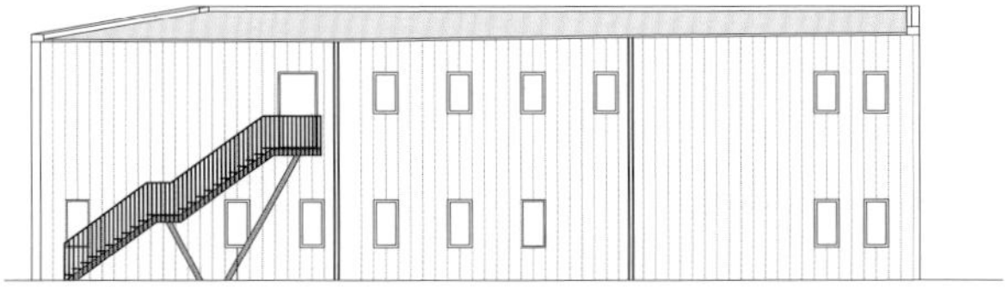

Ansicht Ost

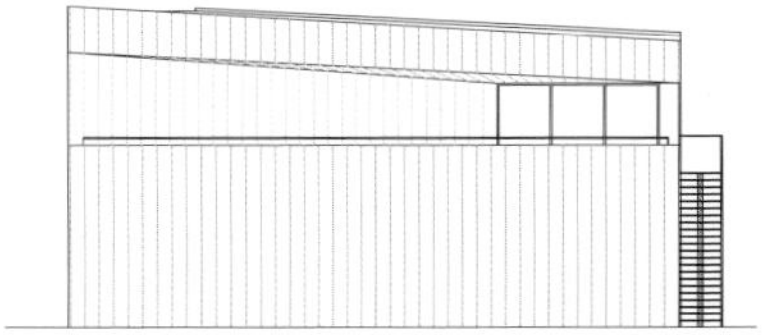

Ansicht Süd

Objektbeschreibung

Allgemeine Objektinformationen

Der klare zweigeschossige Erweiterungsbau im Garten der denkmalgeschützten Verwaltungsakademie wurde als Holzbau konzipiert. Das sehr begrenzte Baufeld im Hinterhof zwischen Grundstücksgrenze und dem erhaltenswerten Baumbestand wird durch die Geometrie des Neubaus optimal ausgenutzt. Die Holzkonstruktion des Hauses bleibt im Innenraum vollständig sichtbar und schafft somit eine hohe Aufenthaltsqualität.

Nutzung

1 Untergeschoss
WC-Anlagen, Abstellraum, Technikräume, Flure, Treppenhaus, Aufzug

1 Erdgeschoss
Prüfungsraum, Regieraum, Lagerraum, Treppenhaus, Aufzug

1 Obergeschoss
Seminarraum, unterteilbar, Büro, Teeküche, Treppenhaus, Aufzug, Loggia

Nutzeinheiten

Auszubildende: 160

Grundstück

Bauraum: Beengter Bauraum
Neigung: Ebenes Gelände
Bodenklasse: BK 3 bis BK 5

Besonderer Kosteneinfluss Grundstück
Bestehender Baumbestand musste berücksichtigt werden. Absenkung des Grundwassers.

Markt

Hauptvergabezeit: 2. Quartal 2020
Baubeginn: 1. Quartal 2020
Bauende: 2. Quartal 2022
Konjunkturelle Gesamtlage: Durchschnitt
Regionaler Baumarkt: über Durchschnitt

Baukonstruktion

Das Untergeschoss wurde in WU-Beton ausgeführt und gründet auf einer 50cm starken Fundamentplatte. Die darüberliegenden Geschosse sind in Holz ausgeführt. Die Fassaden wurden mit Zink-Stehfalzblech bekleidet und die Holzfenster mit einer Dreifachverglasung ausgestattet. Die Holzkonstruktion ist weitgehend sichtbar gehalten. Im Westen öffnet sich das Gebäude über eine fast vollständig verglaste und nach innen gerückte Fassade, die genügend Abstand zum Baumbestand hält. Flexible Trennwände ermöglichen es, die Nutzung zwischen vier Seminarräumen und einer vollständig offenen Fläche zu variieren, die im Süden durch eine Loggia erweitert werden kann. Das leicht geneigte Dach wurde als Gründach angelegt.

Technische Anlagen

Die Wärmeversorgung erfolgt über den Anschluss ans Fernwärmenetz. Die Sanitärräume und der Prüfungsraum im EG wurden mit Lüftungsanlagen mit Wärmerückgewinnung ausgestattet. Aufgrund der Wärmelasten der Computer mussten die Räume im EG und OG mit Kühlbalken ausgeführt werden.

Sonstiges

Das Gebäude erhält die Nachhaltigkeitszertifizierung des Bewertungssystems Nachhaltiges Bauen (BNB) in Silber.

Energetische Kennwerte

Gesetzliche Grundlage: EnEV 2013
Gebäudenutzfläche: 853,00 m^2
Spez. Jahresprimärenergiebedarf: 87,70 kWh/(m^2·a)

Energetische Angaben zu Außenbauteilen

Bodenplatte

U-Wert: 0,43 W/(m²·K)

Gesamtdicke: 48,00 cm	d [cm]	λ [W/(m·K)]
Stahlbeton	40,00	2,300
Dämmung	8,00	0,040

Außenwand gegen Erdreich

U-Wert: 0,45 W/(m²·K)

Gesamtdicke: 33,00 cm	d [cm]	λ [W/(m·K)]
Stahlbeton	25,00	2,300
Dämmung	8,00	0,040

Außenwand hinterlüftet - Holzständer

U-Wert: 0,16 W/(m²·K)

Gesamtdicke: 32,50 cm	d [cm]	λ [W/(m·K)]
Holz	2,50	0,130
Holz	4,00	0,130
Dämmung	4,00	0,040
OSB-Platte	2,00	0,130
Holz	22,00	0,130
Dämmung	22,00	0,040
Holzfaserplatte	2,00	0,100

Außenwand hinterlüftet - Massivholz

U-Wert: 0,16 W/(m²·K)

Gesamtdicke: 30,00 cm	d [cm]	λ [W/(m·K)]
Holz	12,00	0,130
Dämmung	18,00	0,035

Decke gegen Außenluft oben

U-Wert: 0,16 W/(m²·K)

Gesamtdicke: 30,40 cm	d [cm]	λ [W/(m·K)]
Holz	12,00	0,130
Dämmung	18,00	0,035
Abdichtung	0,40	0,170

Dach begrünt

U-Wert: 0,20 W/(m²·K)

Gesamtdicke: 29,00 cm	d [cm]	λ [W/(m·K)]
Holz	9,00	0,130
Schüttung	6,00	0,700
Dämmung	14,00	0,035

Planungskennwerte für Flächen und Rauminhalte nach DIN 277

Flächen des Grundstücks		Menge Einheit	% an GF
BF	Bebaute Fläche	339,89 m²	8,5
UF	Unbebaute Fläche	3.660,11 m²	91,5
GF	Grundstücksfläche	4.000,00 m²	100,0

Grundflächen des Bauwerks		Menge Einheit	% an NUF	% an BGF
NUF	Nutzungsfläche	548,02 m²	100,0	52,1
TF	Technikfläche	125,17 m²	22,8	11,9
VF	Verkehrsfläche	220,29 m²	40,2	20,9
NRF	Netto-Raumfläche	893,48 m²	163,0	84,9
KGF	Konstruktions-Grundfläche	159,12 m²	29,0	15,1
BGF	Brutto-Grundfläche	1.052,60 m²	192,1	100,0

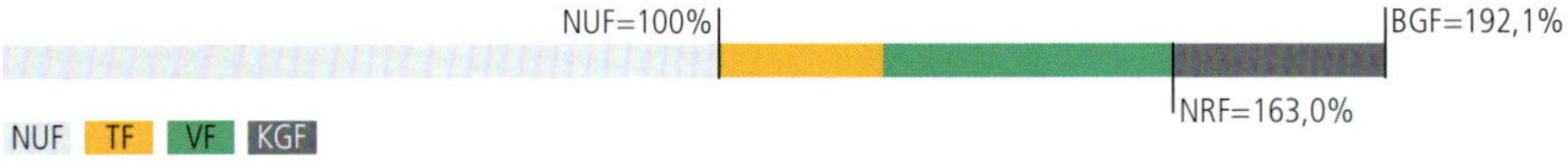

Brutto-Rauminhalt des Bauwerks		Menge Einheit	BRI/NUF (m)	BRI/BGF (m)
BRI	Brutto-Rauminhalt	4.231,05 m³	7,72	4,02

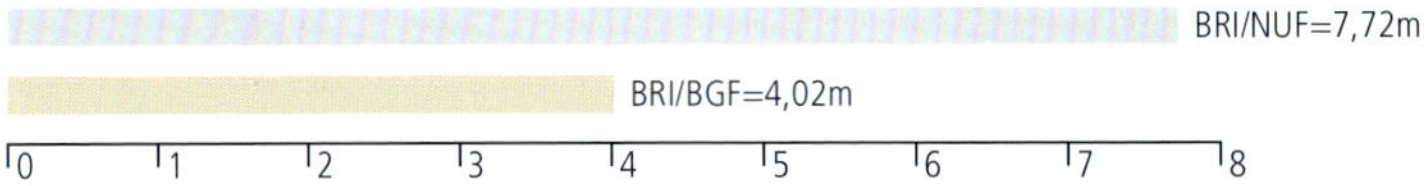

Kostenkennwerte für die Kostengruppen der 1.Ebene DIN 276

KG	Kostengruppen (1. Ebene)	Einheit	Kosten €	€/Einheit	€/m² BGF	€/m³ BRI	% 300+400
100	Grundstück	m² GF	–	–	–	–	–
200	Vorbereitende Maßnahmen	m² GF	360.826	90,21	342,80	85,28	5,7
300	Bauwerk – Baukonstruktionen	m² BGF	4.509.047	4.283,72	4.283,72	1.065,70	71,6
400	Bauwerk – Technische Anlagen	m² BGF	1.790.856	1.701,36	1.701,36	423,27	28,4
	Bauwerk 300+400	**m² BGF**	**6.299.903**	**5.985,09**	**5.985,09**	**1.488,97**	**100,0**
500	Außenanlagen und Freiflächen	m² AF	603.778	–	573,61	142,70	9,6
600	Ausstattung und Kunstwerke	m² BGF	–	–	–	–	–
700	Baunebenkosten	m² BGF	–	–	–	–	–
800	Finanzierung	m² BGF	–	–	–	–	–

KG	Kostengruppe	Menge Einheit	Kosten €	€/Einheit	%
200	**Vorbereitende Maßnahmen**	4.000,00 m² GF	360.826	**90,21**	5,7

Umverlegung Fernwärmeleitung

KG	Kostengruppe	Menge Einheit	Kosten €	€/Einheit	%
3+4	**Bauwerk**				**100,0**
300	**Bauwerk – Baukonstruktionen**	1.052,60 m² BGF	4.509.047	**4.283,72**	71,6

Baugrubenaushub, Verbau, Grundwasserabsenkung; Stb-Fundamentplatte, WU, Dämmung, Estrich, Beschichtung, Linoleum, Bodenfliesen; Stb-Wände, gedämmte Brettsperrholzelemente, Holzfenster, Holz-Schiebetüren, Dreifachverglasung, hinterlüftete Zink-Stehfalzfassade, Beschichtung, Terrassenbrüstungen Stehfalzdeckung; Stb-Wände, Brettsperrholzwände, GK-Wände, Holztüren, Verglasungen, Akustikplatten, Beschichtung, Wandfliesen, mobile Trennwände, Sanitärtrennwände; Stb-Decken, Brettschichtbinder, Brettsperrholzdecken, Stb-Treppen, Dämmung, Estrich, Doppelboden, Bodenfliesen, textiler Bodenbelag, Parkett, Terrassendielen, Holzlamellendecken, schallabsorbierende Dämmplatten, Holz-Treppengeländer; Brettschichtbinder, Brettsperrholzdach, Dämmung, Abdichtung, Dachbegrünung, Dachentwässerung, Holzlamellendecken

KG	Kostengruppe	Menge Einheit	Kosten €	€/Einheit	%
400	**Bauwerk – Technische Anlagen**	1.052,60 m² BGF	1.790.856	**1.701,36**	28,4

Gebäudeentwässerung, Kalt- und Warmwasserleitungen, Sanitärobjekte; Fernwärmeanschluss, Heizleitungen, Heizkörper; Lüftungsanlagen mit Wärmerückgewinnung, Kühlbalken; Elektroinstallation, Kabelkanäle, Doppelböden, Beleuchtung; EDV-Verkabelung; Personenaufzüge

KG	Kostengruppe	Menge Einheit	Kosten €	€/Einheit	%
500	**Außenanlagen und Freiflächen**	–	603.778	**–**	9,6

Zufahrten, Wege, Eingang pflastern, Traufstreifen; Vegetationsflächen, Bepflanzung, Rasen

4400-0333
Kindertagesstätte
(3 Gruppen)
(35 Kinder)

Kostenkennwerte für die Kosten des Bauwerks (Kostengruppen 300+400 nach DIN 276)

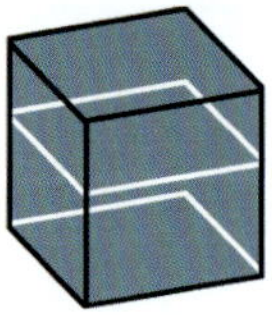

BRI 715 €/m³

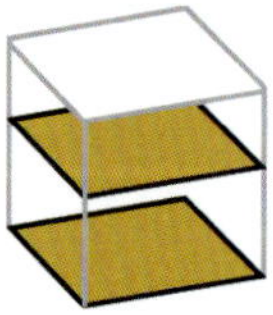

BGF 3.498 €/m²

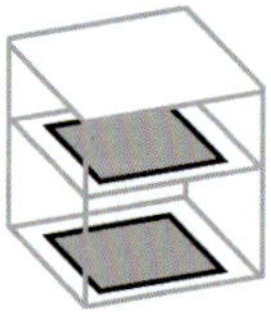

NUF 5.732 €/m²

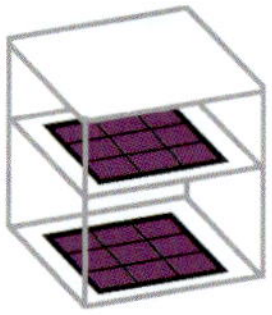

NE 64.464 €/NE
NE: Kinder

Objekt:
Kennwerte: 3.Ebene DIN 276
BRI: 3.156 m³
BGF: 645 m²
NUF: 394 m²
Bauzeit: 39 Wochen
Bauende: 2019
Standard: mittel
Bundesland: Baden-Württemberg
Kreis: Ostalbkreis

Architekt*in:
Wolfgang Helmle
Freier Architekt
Schloßvorstadt 7
73479 Ellwangen

Bauherr*in:
Reha-Südwest gGmbh
Kanalweg 40/42
76149 Karlsruhe

© Architekt Helmle

© Architekt Helmle

© Architekt Helmle

© Architekt Helmle

Ansicht Ost

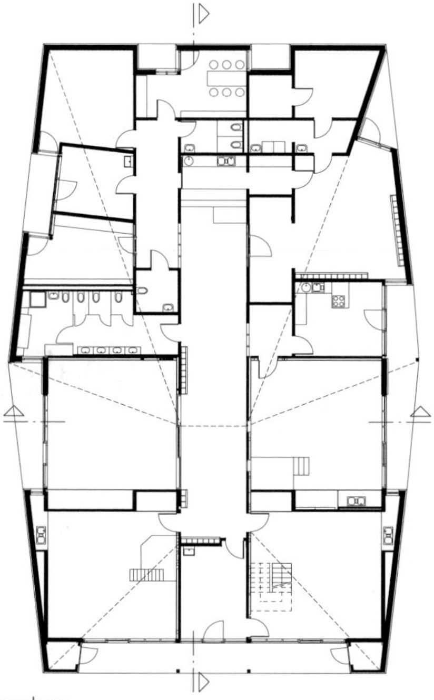

Erdgeschoss

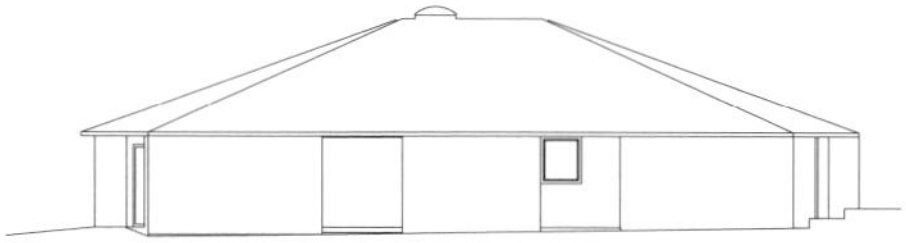

Ansicht Nord

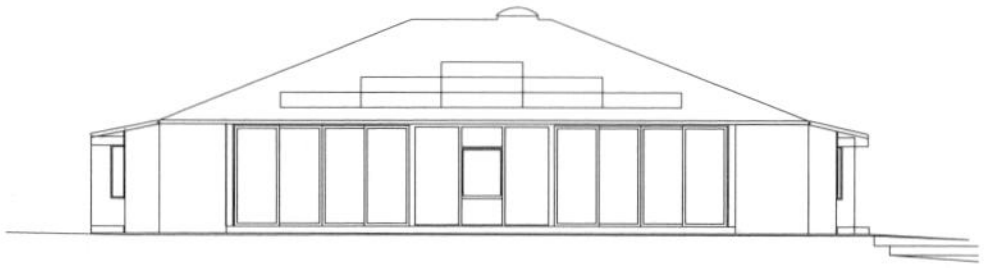

Ansicht Süd

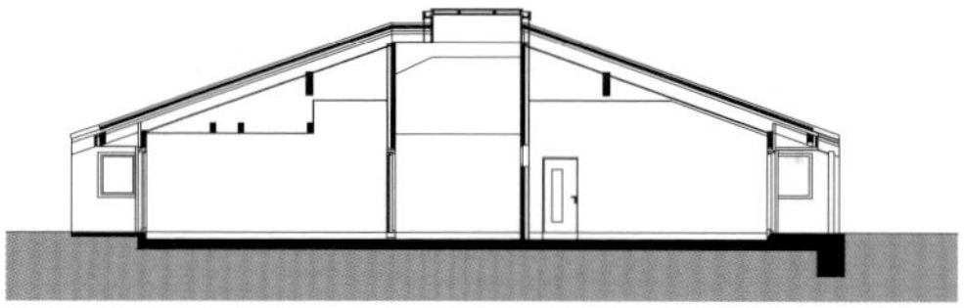

Querschnitt

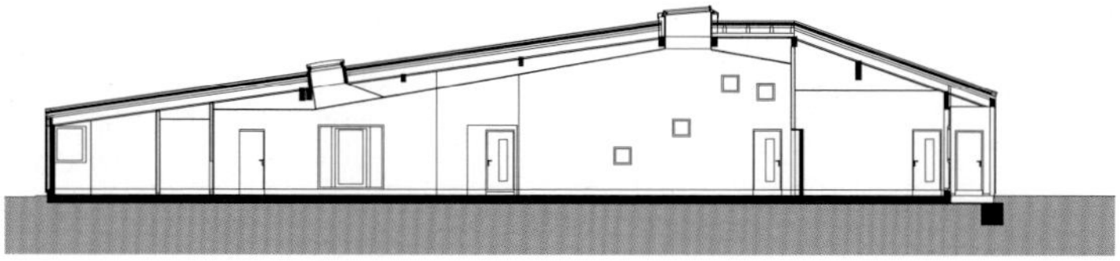

Längsschnitt

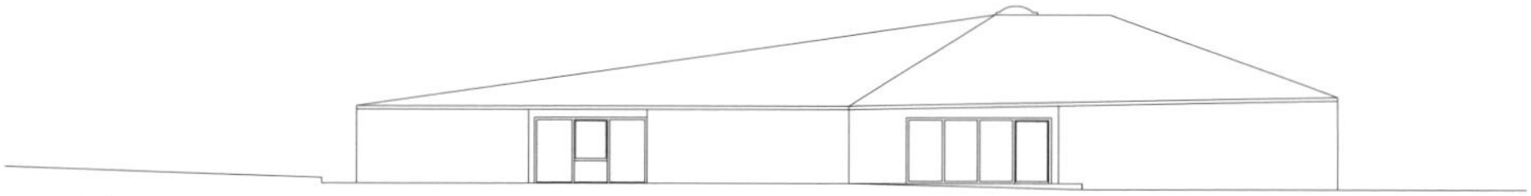

Ansicht West

Objektbeschreibung

Allgemeine Objektinformationen

Der Neubau einer inklusiven Kindertagesstätte ist als eingeschossiges Gebäude mit Spielgalerie und Walmdach ohne Unterkellerung konzipiert. Die Anordnung und Gliederung der Gruppenräume ist durch Vor- und Rücksprünge der Fassaden von außen ablesbar. Innen sind die Gruppen-, Neben- und Sanitärräume um einen zentralen Flur angeordnet, der sich an ein großzügiges Foyer mit Garderoben anschließt.

Nutzung

1 Erdgeschoss
Gruppenräume (3St), Intensivräume (3St), Ruheraum, Bewegungsraum, Sanitärräume, WC barrierefrei, Büro, Personalraum, Foyer, Garderobe, Küche, Technikräume, Putzraum, Waschen

1 Dachgeschoss
Spielgalerie

Nutzeinheiten

Gruppen: 3
Kinder: 35

Grundstück

Bauraum: Beengter Bauraum
Neigung: Geneigtes Gelände
Bodenklasse: BK 3

Markt

Hauptvergabezeit: 1. Quartal 2018
Baubeginn: 2. Quartal 2018
Bauende: 1. Quartal 2019
Konjunkturelle Gesamtlage: über Durchschnitt
Regionaler Baumarkt: unter Durchschnitt

Baukonstruktion

Das Gebäude steht auf einer Stahlbetonbodenplatte und wurde komplett aus Holz errichtet. Die Böden sind mit Parkett, Linoleum und Fliesen belegt. Die Innen- und Außenwände sind als Holzrahmenbau ausgeführt. Die Außenwände sind mit Zellulose gedämmt und zusätzlich von außen mit Holzweichfaserplatten beplankt. Eine Lärche-Schindelbekleidung und in Teilen eine HPL-Bekleidungen gestalten die Fassaden. Es wurden dreifachverglaste Alu-Pfosten-Riegel-Elemente und Fenster eingebaut. In den Gruppenräumen bestehen die Innenwände aus Brettsperrholz mit Weißtannenoberfläche. Trockenbauwände und die GF-Bekleidungen der Holzwände wurden beschichtet sowie Dreischichtplatten-Bekleidungen angebracht. Eine Holztreppe führt auf eine Spielgalerie aus Brettsperrholz. Das Walmdach wurde gedämmt und extensiv begrünt. Es wurden GK-Unterdecken ausgeführt. Für eine gute Raumakustik sorgen Akustikelementen aus Weißtanne.

Technische Anlagen

Die Energieversorgung erfolgt über eine solarthermische Anlage auf dem Dach, die Ihre Energie in einen Erdsolespeicher unter der Bodenplatte einspeist. Eine Fußbodenheizung sorgt für eine angenehme Raumtemperatur. Diese wird von einer Sole-Wasser-Wärmepumpe beheizt.

Sonstiges

Auf Nachhaltigkeit bezüglich Baustoffwahl und Energieverbrauch wurde Wert gelegt. Der Einsatz erneuerbarer Energien erfolgte mit dem Ziel der Energieautarkie. Ein weiterer wichtiger Aspekt war der Einbau gesundheitlich unbedenklicher Baustoffe. Sämtliche Räume sind barrierefrei erschlossen.

Energetische Kennwerte

Gesetzliche Grundlage: EnEV 2013
Gebäudenutzfläche: 535,00 m^2
Gebäudevolumen: 1.931,50 m^3
Hüllfläche des beheizten Volumens: 1.483,40 m^2
Spez. Transmissionswärmeverlust: 0,23 W/(m^2·K)
Mittlerer U-Wert (opake Bauteile): 0,12 W/(m^2·K)
Mittlerer U-Wert (transparente Bauteile): 0,89 W/(m^2·K)
Mittlerer U-Wert (Vorhangfassade): 0,89 W/(m^2·K)
Mittlerer U-Wert (Glasdächer, etc.): 1,00 W/(m^2·K)
Spez. Jahresprimärenergiebedarf: 63,50 kWh/(m^2·a)
Spez. Jahresendenergiebedarf: 35,30 kWh/(m^2·a)
CO_2-Emissionen: 24,00 kg/(m^2·a)

Energetische Angaben zu Außenbauteilen

Bodenplatte

U-Wert: 0,15 W/(m²·K)

Gesamtdicke: 73,44 cm	d [cm]	λ [W/(m·K)]
PE-Folie	0,02	2,300
Trittschalldämmung	3,00	0,040
Dämmung	10,00	0,035
Bitumenbahn	0,40	0,170
Stahlbeton	25,00	2,500
Stahlbeton	5,00	2,000
PE-Folie	0,02	2,300
Schaumglasschotter	30,00	0,110

Außenwand

U-Wert: 0,18 W/(m²·K)

Gesamtdicke: 26,84 cm	d [cm]	λ [W/(m·K)]
GF-Platte	1,25	0,320
OSB-Platte	1,50	0,130
Holz	16,00	0,130
Dämmung	16,00	0,040
Dämmung	8,00	0,045
Unterdeckbahn	0,09	0,130

Dach

U-Wert: 0,14 W/(m²·K)

Gesamtdicke: 35,89 cm	d [cm]	λ [W/(m·K)]
OSB-Platte	1,80	0,130
Holz	26,00	0,130
Dämmung	26,00	0,040
Holzfaserplatte	8,00	0,045
Unterdeckbahn	0,09	0,130

Planungskennwerte für Flächen und Rauminhalte nach DIN 277

Flächen des Grundstücks		Menge Einheit	% an GF
BF	Bebaute Fläche	675,68 m²	47,8
UF	Unbebaute Fläche	738,32 m²	52,2
GF	Grundstücksfläche	1.414,00 m²	100,0

Grundflächen des Bauwerks		Menge Einheit	% an NUF	% an BGF
NUF	Nutzungsfläche	393,65 m²	100,0	61,0
TF	Technikfläche	18,19 m²	4,6	2,8
VF	Verkehrsfläche	144,09 m²	36,6	22,3
NRF	Netto-Raumfläche	555,93 m²	141,2	86,2
KGF	Konstruktions-Grundfläche	89,05 m²	22,6	13,8
BGF	Brutto-Grundfläche	644,98 m²	163,8	100,0

Brutto-Rauminhalt des Bauwerks		Menge Einheit	BRI/NUF (m)	BRI/BGF (m)
BRI	Brutto-Rauminhalt	3.155,63 m³	8,02	4,89

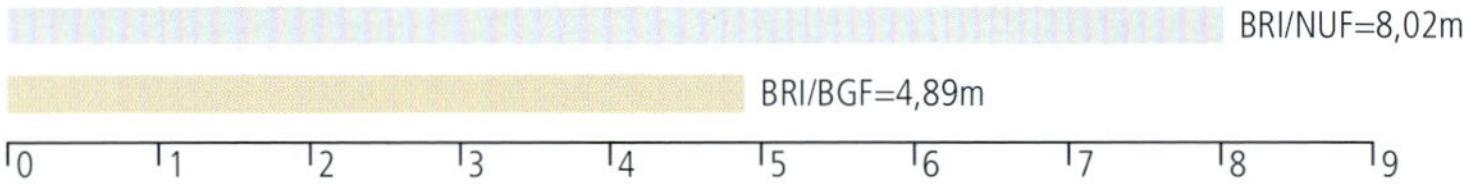

KG	Kostengruppen (2. Ebene)	Menge Einheit	Menge/NUF	Menge/BGF
310	Baugrube / Erdbau	1.330,62 m³ BGI	3,38	2,06
320	Gründung, Unterbau	602,52 m² GRF	1,53	0,93
330	Außenwände/Vertikale Baukonstruktionen, außen	374,42 m² AWF	0,95	0,58
340	Innenwände/Vertikale Baukonstruktionen, innen	791,22 m² IWF	2,01	1,23
350	Decken/Horizontale Baukonstruktionen	26,62 m² DEF	0,07	0,04
360	Dächer	722,46 m² DAF	1,84	1,12

Kostenkennwerte für die Kostengruppen der 1.Ebene DIN 276

KG	Kostengruppen (1.Ebene)	Einheit	Kosten €	€/Einheit	€/m²BGF	€/m³BRI	%300+400
100	Grundstück	m²GF	–	–	–	–	–
200	Vorbereitende Maßnahmen	m²GF	10.102	7,14	15,66	3,20	0,4
300	Bauwerk – Baukonstruktionen	m²BGF	1.760.765	2.729,95	2.729,95	557,98	78,0
400	Bauwerk – Technische Anlagen	m²BGF	495.482	768,21	768,21	157,02	22,0
	Bauwerk 300+400	**m²BGF**	**2.256.247**	**3.498,17**	**3.498,17**	**714,99**	**100,0**
500	Außenanlagen und Freiflächen	m²AF	16.367	–	25,38	5,19	0,7
600	Ausstattung und Kunstwerke	m²BGF	247.223	383,30	383,30	78,34	11,0
700	Baunebenkosten	m²BGF	–	–	–	–	–
800	Finanzierung	m²BGF	–	–	–	–	–

KG	Kostengruppe	Menge Einheit	Kosten €	€/Einheit	%
200	**Vorbereitende Maßnahmen**	1.414,00 m²GF	10.102	**7,14**	0,4

Bitumenbelag abbrechen, Asphalttragschicht einbauen, Oberboden abtragen, in Mieten lagern, Bäume fällen, Wurzelstöcke roden, beseitigen

KG	Kostengruppe	Menge Einheit	Kosten €	€/Einheit	%
3+4	**Bauwerk**				**100,0**
300	**Bauwerk – Baukonstruktionen**	644,98 m²BGF	1.760.765	**2.729,95**	78,0

Baugrundverbesserung, Stb-Flachgründung, Heizestrich, Parkett, Linoleum, Bodenfliesen, Glasschaumschotter; Holzrahmenwände, Holzstützen, Holz-Alu-Fenster-/Türelemente, Holzfaserdämmung, Holzschindelbekleidung, HPL-Bekleidung, Holz-Alu-Pfosten-Riegel-Fassaden, Markisen; Brettsperrholzwände, GK-Wände, Holz-Fenster-/Türelement, Hebeschiebetüren, GF-Bekleidungen, GK-Beplankung, Beschichtung, Dreischichtplatten-Bekleidungen, Wandfliesen, WC-Trennwandanlagen; Brettsperrholzdecke, Holztreppenanlage; Holz-Walmdach, Dachfenster, Dachbegrünung, Dachentwässerung, Akustikdecken, abgehängte Decken; Einbaumöbel

KG	Kostengruppe	Menge Einheit	Kosten €	€/Einheit	%
400	**Bauwerk – Technische Anlagen**	644,98 m²BGF	495.482	**768,21**	22,0

Gebäudeentwässerung, Kalt- und Warmwasserleitungen, Sanitärobjekte; Sole-Wasser-Wärmepumpe, Solarstation, Erdsolespeicher, Flachkollektoren, Heizungsrohre, Fußbodenheizung; Zu-/Abluftanlage; Elektroinstallation, Beleuchtung, Erdungsanlage; Personen-Notsignalanlage, Lautsprecheranlage, RWA-Anlage, Datenübertragungsnetz

KG	Kostengruppe	Menge Einheit	Kosten €	€/Einheit	%
500	**Außenanlagen und Freiflächen**	–	16.367	**–**	0,7

Pollerleuchten teilweise mit Steckdosen, Bewegungssensor, Notlicht

KG	Kostengruppe	Menge Einheit	Kosten €	€/Einheit	%
600	**Ausstattung und Kunstwerke**	644,98 m²BGF	247.223	**383,30**	11,0

Einrichtung, Möblierung, Sanitärausstattung, Ausstattung Bewegungsraum, Ausstattung Snoezelen

Kostenkennwerte für die Kostengruppen der 2. Ebene DIN 276

KG	Kostengruppe	Menge Einheit	Kosten €	€/Einheit	%
200	**Vorbereitende Maßnahmen**				**100,0**
210	**Herrichten**	1.414,00 m² GF	10.102	**7,14**	100,0
	Rohrgrabenbereich: Bitumenbelag und Unterbau abbrechen, entsorgen, Asphalttragschicht einbauen (10m²) * Oberboden abtragen, in Mieten lagern (1.427m²), Bäume fällen, Wurzelstöcke roden, beseitigen (3St)				
300	**Bauwerk – Baukonstruktionen**				**100,0**
310	**Baugrube / Erdbau**	1.330,62 m³ BGI	47.054	**35,36**	2,7
	Oberboden abfahren (282m³), Baugrubenaushub, lagern (569m³), lagern, abfahren (369m³), Rohrgrabenaushub (104m³), Handaushub (6m³), Rohrgraben auffüllen, Liefermaterial (39m³), Verfüllungen, Quarzsand (247m³), Planum (783m²) * Rohrgrabenverbau (36m²)				
320	**Gründung, Unterbau**	602,52 m² GRF	261.532	**434,06**	14,9
	Hydraulisches Bindemittel (18t) * Stb-Bodenplatte (603m²), Magerbetonauffüllungen (13m³), Einzelfundamente (2m³), Gebäudeeinführungen * Bitumenabdichtung, EPS-Dämmung, Heizestrich (554m²), Parkett (318m²), Linoleum (111m²), Bodenfliesen (130m²), Fußabstreifer (2St) * Geotextil, Glasschaumschotter, Sauberkeitsschicht (705m²), PE-Folie (603m²), vertikal, Perimeterdämmung (30m²) * Dränagerohre, Sickerpackung (122m), Spül-Kontrollschächte (4St), Anschluss an Kanal (1St)				
330	**Außenwände/Vert. Baukonstrukt., außen**	374,42 m² AWF	370.635	**989,89**	21,0
	Holzrahmenwände, Zellulosedämmung, OSB-Schalung (267m²) * Holzstützen (7m) * Holz-Alu-Fenster-/Türelemente (20m²) * Holzfaserdämmung (252m²), Lärche-Schindelbekleidung (192m²), HPL-Bekleidung (77m²), Perimeterdämmung (18m²) * GF-Bekleidung (243m²), GK-Vorsatzschale (37m²), Beschichtung (200m²), Dreischichtplatten-Bekleidung (47m²), Wandfliesen (9m²) * Holz-Alu-Pfosten-Riegel-Fassaden, Hebeschiebetüren (83m²), Holz-Alu-Haustürelement (4m²) * Markisen, Motorantriebe (86m²), Steuerung (1St), USV-Anlage (1St) * Briefkastenanlage (1St)				
340	**Innenwände/Vert. Baukonstrukt., innen**	791,22 m² IWF	348.762	**440,79**	19,8
	Holzrahmenwände, Zellulosedämmung, OSB-Schalung (343m²), Brettsperrholzwände (271m²) * GK-Wände (77m²) * Holz-Fenster-/Türelement, Hebeschiebetüren (14m²), Holz-Alu-Pfosten-Riegel-Konstruktionen (11m²), Schiebetüranlagen (31m²), Holz-Türelemente (15m²), T30 (2m²) * GF-Bekleidungen (573m²), Schallschutz-Vorsatzschalen (224m²), GK-Beplankung (27m²), Beschichtung (728m²), Dreischichtplatten-Bekleidung (230m²), Wandfliesen (71m²) * WC-Trennwandanlagen (21m²) * Handlauf (1St)				
350	**Decken/Horizontale Baukonstruktionen**	26,62 m² DEF	29.802	**1.119,55**	1,7
	Dreischicht-Brettsperrholzdecke (21m²), Stahlrahmen mit Stahlstütze für Galerie (1St) * Treppenanlage: 14 Stg zweiläufig mit Zwischenpodest, Treppenstufen, Eiche, Treppenwangen und Brüstungsplatte, Dreischichtplatte mit HPL-Bekleidung, unter Podest zwei Schiebetüren, auf Gegenseite eine Drehtüre, auf Galerie eine Drehtüre in Brüstungshöhe (5m²), Glas-Absturzsicherung, Brüstung (psch)				

KG	Kostengruppe	Menge Einheit	Kosten €	€/Einheit	%
360	**Dächer**	722,46 m²DAF	594.130	**822,37**	33,7
	Holz-Walmdach, Zellulosedämmung, OSB-Schalung (686m²) * Oberlichtband, RWA (4m²), Flachdachfenster (2m²) * Holzfaserdämmung (683m²), Dachabdichtung (716m²), Dränmatten (379m²), Wasserspeicher-/Dränschicht, Substrat (252m²), Systemerde (352m²), Bewässerungsmatten (631m²), Ansaat (589m²), Ziegelbruch (32m²), Dachrinnen (107m), Regenfallrohre (17m) * Holztragkonstruktion (104m²), Akustik-Brettsperrholz-Elemente (97m²), Dreischichtplatten (111m²), GK-Decken (183m²), GKF-Decken (42m²), GK-Bekleidung (110m²), Beschichtung (359m²), HPL-Bekleidung (71m²) * Wabenplissee (1m²) * Schneefanggitter (10m)				
380	**Baukonstruktive Einbauten**	644,98 m²BGF	60.302	**93,49**	3,4
	Spielpodest mit Geländerwange, drei Stufen, unter Podest, Schublade, Box für Bällebad (1St), Sitzbank (1St), Nische, Seite, Oberboden Birke-Multiplex, HPL-beschichtet (1St), Schlafkojen, Birke-Multiplex, beschichtet (4St), vordere Klappe mit Fangschutznetz (4St), Leiter (1St), offene Regale (2St), Garderoben, Sitzbank, Oberteil, Zweier,-Dreierelemente (15St) * Infosäule mit Sitzbank (1St), Schriftzug "STROMBOLI" (1St)				
390	**Sonst. Maßnahmen für Baukonstrukt.**	644,98 m²BGF	48.549	**75,27**	2,8
	Baustelleneinrichtung (psch), Bauzaun (126m), Schnurgerüst (1St), Baustellenzufahrt (112m³), Baustrom-, Bauwasseranschluss (psch), Baustellen-Trocken-WC (1St), Feuchtraumleuchten (2St) * Fassadengerüst (359m²), Dachfanggerüst (160m), Fahrgerüst (1St) * Witterungsschutz Holzbauteile (psch), Linoleumbelag mit Tetrapack schützen (96m²), Folienabdeckungen (133m²), Bautrockner für Estrich (7Wo) * provisorischer Fallrohranschlüsse, Kunststoffschläuche (6St)				
400	**Bauwerk – Technische Anlagen**				**100,0**
410	**Abwasser-, Wasser-, Gasanlagen**	644,98 m²BGF	102.777	**159,35**	20,7
	KG-Rohre (242m), Kontrollschächte (2St), Mehrschichtverbundrohre (168m), Bodenabläufe (2St), Edelstahlrinne (1St) * Edelstahlrohre (274m), Mehrschichtverbundrohre (224m), Flexschläuche (10m), Zirkulationspumpe (1St), Tiefspül-WCs (6St), barrierefrei, WC-Steuerung (1St), Waschtische (9St), Duschwanne (1St), Ausgussbecken (1St), Sicherheitsthermostate (12St), Elektronik-Batterien (11St), Außenarmaturen (2St), Stützklappgriffe (2St) * Montagewände (42m²), Montageelemente (19St)				
420	**Wärmeversorgungsanlagen**	644,98 m²BGF	171.584	**266,03**	34,6
	Sole-Wasser-Wärmepumpe (1St), Pufferspeicher (2St), Pumpen (2St), Solarstation (1St), Solarvorschaltgefäß (1St), Solar-Ausdehnungsgefäße (2St), Mischergruppe (1St), Erdsolespeicher: Registermatten, Heiz-/Kühlkreise möglich, PE-RT-Rohre (482m²), Glykol-Wasser-Gemisch (1St), Soleverteiler (4St), Flachkollektoren (8St), Regelung * Edelstahlrohre (159m), Edelstahlsolarleitungen (227m) * Fußbodenheizung (554m²), Fußbodenheizregister (247St), PE-RT-Rohre (920m), Heizkreisverteiler (4St), Anschlussgruppen (4St)				
430	**Raumlufttechnische Anlagen**	644,98 m²BGF	52.196	**80,93**	10,5
	Zu-/Abluftgerät, Volumenstrom, Deckenmontage (1St), Hydraulikeinheit (1St), Spiralfalzrohre (167m), Alu-Flexrohre (41m), Stahl-Formteile, Kanaldämmung (35m²), Drosselklappen (31St), Tellerventile (36St), Wetterschutzgitter (2St)				

KG	Kostengruppe	Menge Einheit	Kosten €	€/Einheit	%
440	**Elektrische Anlagen**	644,98 m² BGF	131.987	**204,64**	26,6
	Zählerschrank (1St), Verteilerschrank (1St), Kleinverteiler (2St), Mantelleitungen (5.041m), Gummischlauchleitungen (428m), Steuerleitungen (61m), Erdkabel (86m), Steckdosen (179t), Schalter/Taster (247St), Präsenzmelder (18St) * Anbauleuchten (8St), Einbaustrahler (10St), Lichtkanäle (137m), Notleuchten-, Sicherheitsleuchten (6St), Spots (3St) * Fundamenterder (326m), Anschlussfahnen (37St), Auffangleitungen (107m), Fangstangen (5St), Potenzialausgleichsschienen (2St)				
450	**Kommunikationstechnische Anlagen**	644,98 m² BGF	32.147	**49,84**	6,5
	Schwachstromverteilerkasten (1St), Ruf-Kompakt-Set (1St), Fernmeldeleitungen (35m) * Deckenlautsprecher (6St), Installationsverstärker (3St), Audio-Kabel (147m), Audio-Anschlussdosen (4St) * Rauchabzugszentrale (1St), Wind-/Regensensor (1St), RWA-Haupt-/Nebenbedienstellen (3St), Rauchwarnmelder (35St) * Netzwerkschrank (1St), Patchfelder (2St), C6A-Module (76St), Datenanschlussdosen (34St), Datenleitungen (1.062m), HDMI-Anschlussdosen (2St), HDMI-Kabel (10m)				
490	**Sonst. Maßnahmen für techn. Anlagen**	644,98 m² BGF	4.791	**7,43**	1,0
	Fahrgerüste (psch) * Elektroheizmobil für Estrichaufheizung, Leihgebühr (2St) * provisorischer Anschluss Dachkuppel für Lüftungszwecke, Parametrierung, Programmierung bauseitiges Bediengerät (1St)				
500	**Außenanlagen und Freiflächen**				**100,0**
550	**Technische Anlagen**	–	16.367	**–**	100,0
	Pollerleuchtenrohr mit drei Steckdosen, fünf CEE-Steckdosen, FI-Schalter, acht Sicherungen (1St), mit Bewegungssensor (3St), mit Notlicht (1St), Pollerleuchtenköpfe (5St), Erdstücke (5St), Erdkabel (89m)				
600	**Ausstattung und Kunstwerke**				**100,0**
610	**Allgemeine Ausstattung**	644,98 m² BGF	247.223	**383,30**	100,0
	Kindermöbel (psch), Büromöbel (psch), Regale (psch), WC-Papierrollenhalter (7St), WC-Bürstengarnitur (7St), WC Reservepapierhalter (7St), Garderobenhaken (7St), Badetuchhalter (1St), Hygienebeutelspende (2St), Seifenhalterkorb (1St)				

Kostenkennwerte für die Kostengruppen 300 der 2. und 3.Ebene DIN 276 (Übersicht)

KG	Kostengruppe	Menge Einheit	Kosten €	€/Einheit	% an 3+4
300	**Bauwerk – Baukonstruktionen**	**644,98 m² BGF**	**1.760.765,32**	**2.729,95**	**78,0**
310	**Baugrube / Erdbau**	**1.330,62 m³ BGI**	**47.054,43**	**35,36**	**2,1**
311	Herstellung	1.330,62 m³ BGI	46.750,02	35,13	2,1
312	Umschließung	36,00 m²	304,41	8,46	< 0,1
313	Wasserhaltung	–	–	–	–
314	Vortrieb	–	–	–	–
319	Sonstiges zur KG 310	–	–	–	–
320	**Gründung, Unterbau**	**602,52 m² GRF**	**261.531,92**	**434,06**	**11,6**
321	Baugrundverbesserung	–	5.932,09	–	0,3
322	Flachgründungen und Bodenplatten	602,52 m²	95.668,58	158,78	4,2
323	Tiefgründungen	–	–	–	–
324	Gründungsbeläge	558,79 m²	100.248,41	179,40	4,4
325	Abdichtungen und Bekleidungen	632,23 m²	53.208,72	84,16	2,4
326	Dränagen	602,52 m² GRF	6.474,12	10,75	0,3
329	Sonstiges zur KG 320	–	–	–	–
330	**Außenwände/Vert. Baukonstrukt., außen**	**374,42 m² AWF**	**370.634,76**	**989,89**	**16,4**
331	Tragende Außenwände	267,26 m²	54.710,06	204,71	2,4
332	Nichttragende Außenwände	–	–	–	–
333	Außenstützen	7,35 m	467,74	63,64	< 0,1
334	Außenwandöffnungen	19,67 m²	17.331,70	881,12	0,8
335	Außenwandbekleidungen, außen	286,93 m²	92.271,13	321,58	4,1
336	Außenwandbekleidungen, innen	256,50 m²	35.875,54	139,87	1,6
337	Element. Außenwandkonstruktionen	87,49 m²	138.062,50	1.578,04	6,1
338	Lichtschutz zur KG 330	86,00 m²	26.785,09	311,45	1,2
339	Sonstiges zur KG 330	374,42 m² AWF	5.131,03	13,70	0,2
340	**Innenwände/Vert. Baukonstrukt., innen**	**791,22 m² IWF**	**348.761,62**	**440,79**	**15,5**
341	Tragende Innenwände	613,59 m²	95.340,21	155,38	4,2
342	Nichttragende Innenwände	81,62 m²	12.781,71	156,60	0,6
343	Innenstützen	–	–	–	–
344	Innenwandöffnungen	74,29 m²	108.149,58	1.455,78	4,8
345	Innenwandbekleidungen	1.031,09 m²	122.963,45	119,26	5,4
346	Elementierte Innenwandkonstruktionen	21,72 m²	6.726,91	309,71	0,3
347	Lichtschutz zur KG 340	–	–	–	–
349	Sonstiges zur KG 340	791,22 m² IWF	2.799,75	3,54	0,1
350	**Decken/Horizontale Baukonstruktionen**	**26,62 m² DEF**	**29.802,44**	**1.119,55**	**1,3**
351	Deckenkonstruktionen	21,36 m²	8.167,33	382,37	0,4
352	Deckenöffnungen	–	–	–	–
353	Deckenbeläge	–	–	–	–
354	Deckenbekleidungen	–	–	–	–
355	Elementierte Deckenkonstruktionen	5,26 m²	17.677,89	3.360,82	0,8
359	Sonstiges zur KG 350	26,62 m² DEF	3.957,23	148,66	0,2
360	**Dächer**	**722,46 m² DAF**	**594.129,84**	**822,37**	**26,3**
361	Dachkonstruktionen	686,25 m²	210.020,10	306,04	9,3
362	Dachöffnungen	6,08 m²	22.473,56	3.696,31	1,0
363	Dachbeläge	716,38 m²	232.066,25	323,94	10,3
364	Dachbekleidungen	637,36 m²	127.449,59	199,96	5,6
365	Elementierte Dachkonstruktionen	–	–	–	–
366	Lichtschutz zur KG 360	1,44 m²	654,71	454,66	< 0,1
369	Sonstiges zur KG 360	722,46 m² DAF	1.465,64	2,03	< 0,1
370	**Infrastrukturanlagen**	**–**	**–**	**–**	**–**
380	**Baukonstruktive Einbauten**	**644,98 m² BGF**	**60.301,72**	**93,49**	**2,7**
390	**Sonst. Maßnahmen für Baukonstrukt.**	**644,98 m² BGF**	**48.548,56**	**75,27**	**2,2**

4400-0333
Kindertagesstätte
(3 Gruppen)
(35 Kinder)

Kostenkennwerte für die Kostengruppen 400 der 2. und 3. Ebene DIN 276 (Übersicht)

KG	Kostengruppe	Menge Einheit	Kosten €	€/Einheit	% an 3+4
400	**Bauwerk – Technische Anlagen**	**644,98 m² BGF**	**495.482,10**	**768,21**	**22,0**
410	**Abwasser-, Wasser-, Gasanlagen**	**644,98 m² BGF**	**102.777,33**	**159,35**	**4,6**
411	Abwasseranlagen	644,98 m² BGF	26.790,59	41,54	1,2
412	Wasseranlagen	644,98 m² BGF	65.403,78	101,40	2,9
413	Gasanlagen	–	–	–	–
419	Sonstiges zur KG 410	644,98 m² BGF	10.582,96	16,41	0,5
420	**Wärmeversorgungsanlagen**	**644,98 m² BGF**	**171.583,95**	**266,03**	**7,6**
421	Wärmeerzeugungsanlagen	644,98 m² BGF	99.469,38	154,22	4,4
422	Wärmeverteilnetze	644,98 m² BGF	34.891,52	54,10	1,5
423	Raumheizflächen	644,98 m² BGF	37.223,04	57,71	1,6
424	Verkehrsheizflächen	–	–	–	–
429	Sonstiges zur KG 420	–	–	–	–
430	**Raumlufttechnische Anlagen**	**644,98 m² BGF**	**52.196,30**	**80,93**	**2,3**
431	Lüftungsanlagen	644,98 m² BGF	52.196,30	80,93	2,3
432	Teilklimaanlagen	–	–	–	–
433	Klimaanlagen	–	–	–	–
434	Kälteanlagen	–	–	–	–
439	Sonstiges zur KG 430	–	–	–	–
440	**Elektrische Anlagen**	**644,98 m² BGF**	**131.987,04**	**204,64**	**5,8**
441	Hoch- und Mittelspannungsanlagen	–	–	–	–
442	Eigenstromversorgungsanlagen	–	–	–	–
443	Niederspannungsschaltanlagen	–	–	–	–
444	Niederspannungsinstallationsanlagen	644,98 m² BGF	68.933,50	106,88	3,1
445	Beleuchtungsanlagen	644,98 m² BGF	48.782,72	75,63	2,2
446	Blitzschutz- und Erdungsanlagen	644,98 m² BGF	14.270,81	22,13	0,6
447	Fahrleitungssysteme	–	–	–	–
449	Sonstiges zur KG 440	–	–	–	–
450	**Kommunikationstechnische Anlagen**	**644,98 m² BGF**	**32.146,84**	**49,84**	**1,4**
451	Telekommunikationsanlagen	–	–	–	–
452	Such- und Signalanlagen	644,98 m² BGF	2.658,82	4,12	0,1
453	Zeitdienstanlagen	–	–	–	–
454	Elektroakustische Anlagen	644,98 m² BGF	8.531,91	13,23	0,4
455	Audiovisuelle Medien- u. Antennenanl.	–	–	–	–
456	Gefahrenmelde- und Alarmanlagen	644,98 m² BGF	12.764,22	19,79	0,6
457	Datenübertragungsnetze	644,98 m² BGF	8.191,88	12,70	0,4
458	Verkehrsbeeinflussungsanlagen	–	–	–	–
459	Sonstiges zur KG 450	–	–	–	–
460	**Förderanlagen**	**–**	**–**	**–**	**–**
461	Aufzugsanlagen	–	–	–	–
462	Fahrtreppen, Fahrsteige	–	–	–	–
463	Befahranlagen	–	–	–	–
464	Transportanlagen	–	–	–	–
465	Krananlagen	–	–	–	–
466	Hydraulikanlagen	–	–	–	–
469	Sonstiges zur KG 460	–	–	–	–
470	**Nutzungsspez. u. verfahrenstechn. Anl.**	**–**	**–**	**–**	**–**
480	**Gebäude- und Anlagenautomation**	**–**	**–**	**–**	**–**
490	**Sonst. Maßnahmen für techn. Anlagen**	**644,98 m² BGF**	**4.790,63**	**7,43**	**0,2**

Kostenkennwerte für die Kostengruppen der 3.Ebene DIN 276

KG	Kostengruppe	Menge Einheit	Kosten €	€/Einheit	%
210	**Herrichten**				**100,0**
211	**Sicherungsmaßnahmen**	1.414,00 m² GF	2.309	**1,63**	22,9
	Rohrgrabenbereich: Bitumenbelag und Unterbau abbrechen, entsorgen, Asphalttragschicht einbauen (10m²)				
214	**Herrichten der Geländeoberfläche**	1.414,00 m² GF	7.793	**5,51**	77,1
	Oberboden abtragen, d=30cm, in Mieten lagern (1.427m²), Bäume fällen, Wurzelstöcke roden, beseitigen (3St)				
310	**Baugrube / Erdbau**				**100,0**
311	**Herstellung**	1.330,62 m³ BGI	46.750	**35,13**	99,4
	Oberboden abfahren (282m³), Baugrubenaushub BK 3-5, lagern (569m³), lagern, abfahren (369m³), Rohrgrabenaushub BK 3-5, t=1,25-3,00m (104m³), Handaushub (6m³), Rohrgraben auffüllen, Liefermaterial (39m³), Verfüllungen, Quarzsand, d=35cm, zweilagig (247m³), Planum (783m²)				
312	**Umschließung**	36,00 m²	304	**8,46**	0,6
	Rohrgrabenverbau, h bis 3,00m (36m²)				
320	**Gründung, Unterbau**				**100,0**
321	**Baugrundverbesserung**	–	5.932	**–**	2,3
	Hydraulisches Bindemittel, Zement/Kalk, in Lagen verteilen (18t)				
322	**Flachgründungen und Bodenplatten**	602,52 m²	95.669	**158,78**	36,6
	Stb-Bodenplatte, d=25cm, Schalung, Bewehrung (603m²), Magerbetonauffüllungen für Tiefergründung, unbewehrt (13m³), Einzelfundamente 2,50x0,40x0,60m (2m³), Mehrspartenhauseinführung (1St), Rohrdurchführungen (12St), Gebäudeeinführungen (4St)				
324	**Gründungsbeläge**	558,79 m²	100.248	**179,40**	38,3
	Bitumenabdichtungsbahnen (554m²), EPS-Dämmung, WLG 035, d=100mm (540m²), d=70mm (9m²), d=130mm (5m²), Calciumsulfat-Heizestrich CA-C35-F5, d=65mm (415m²), Zementheizestrich CT-C35-F5, bewehrt, d=65mm (130m²), d=70cm (9m²), Massivholzparkett, Eiche, d=8mm, geölt, gewachst (318m²), Holzsockel (111m), Linoleum, d=2,5mm (111m²), Holzsockel, lasiert (69m), Bodenfliesen 60x30cm (66m²), 30x30cm (64m²), Fliesensockel (79m), Fußabstreifer 200x200cm (2St)				
325	**Abdichtungen und Bekleidungen**	632,23 m²	53.209	**84,16**	20,3
	Geotextil 150-200g/m², Glasschaumschotter 10/75mm, d=30cm, PE-Folie, Sauberkeitsschicht C12/15, d=5cm (705m²), PE-Folie (603m²), vertikal, Perimeterdämmung WLG 035, d=60mm (30m²)				
326	**Dränagen**	602,52 m² GRF	6.474	**10,75**	2,5
	Dränagerohre DN100, Sickerpackung, Kies 16/32mm, Vlies (122m), Spül-Kontrollschächte DN315 (4St), Anschluss an bestehenden Kanal (1St)				

KG	Kostengruppe	Menge Einheit	Kosten €	€/Einheit	%
330	**Außenwände/Vertikale Baukonstruktionen, außen**				**100,0**
331	**Tragende Außenwände**	267,26 m²	54.710	**204,71**	14,8
	Holzrahmenwände, d=17,5cm, KVH 6/16cm, Zellulosedämmung WLG 040, d=160mm, OSB-Schalung, d=15mm (224m²), d=11,5cm (43m²), Holzschwellen 10x16cm (110m), 10x12cm (9m)				
333	**Außenstützen**	7,35 m	468	**63,64**	0,1
	Holzstützen 16x16cm (7m), Stahlprofil-Stützenfüße (3St)				
334	**Außenwandöffnungen**	19,67 m²	17.332	**881,12**	4,7
	Holz-Alu-Fenster Ug=0,7W/m²K, einflüglig, Drehkipp (10m²), festverglast (4m²), Rahmentüren (5m²), Fensterbänke, Multiplex, b=8-15cm, innen (7m), Alu, außen (9m), Laibungsbretter, Multiplex, innen (10m)				
335	**Außenwandbekleidungen, außen**	286,93 m²	92.271	**321,58**	24,9
	Holzfaserdämmung WLG 040, d=80mm (252m²), Fassadenbahn (267m²), Konterlattung 3x5cm, Sparschalung, d=3cm, Lärche-Schindelbekleidung, zweilagig (192m²), Holzunterkonstruktion, zweilagig, HPL-Bekleidung, d=6mm (77m²), Perimeterdämmung WLG 035, d=60mm (18m²), Sockelverwahrungen, Edelstahl (118m)				
336	**Außenwandbekleidungen, innen**	256,50 m²	35.876	**139,87**	9,7
	Gipsfaserplatten-Bekleidung, d=12,5mm (243m²), GK-Vorsatzschalen, einseitig, zweilagig beplankt, d=7,5cm, Mineralwolldämmung, d=40mm (37m²), Dispersionssilikat-Beschichtung (200m²), Dreischichtplatten-Bekleidung, Decklage Weißtanne, d=20mm (47m²), Wandfliesen (9m²)				
337	**Element. Außenwandkonstruktionen**	87,49 m²	138.063	**1.578,04**	37,3
	Holz-Alu-Pfosten-Riegel-Fassaden, Festverglasungen, teilweise farbig, Brüstungsverglasungen, Drehkippflügel, zweiteilige Hebeschiebetüren, barrierefrei, Ug=0,7W/m²K, VSG (83m²), Haustürelement, Holz-Alu-Eingangstür mit Glasausschnitt, Drehtür-Automatik, seitliche Festverglasung (4m²)				
338	**Lichtschutz zur KG 330**	86,00 m²	26.785	**311,45**	7,2
	Fassaden-Markisen, Motorantriebe (86m²), Sonnenschutzzentrale mit Messwertgebern (1St), USV-Anlage (1St)				
339	**Sonstiges zur KG 330**	374,42 m² AWF	5.131	**13,70**	1,4
	Briefkastenanlage, Edelstahl (1St), Gitterrost (1St)				
340	**Innenwände/Vertikale Baukonstruktionen, innen**				**100,0**
341	**Tragende Innenwände**	613,59 m²	95.340	**155,38**	27,3
	Holzrahmenwände, d=11,5cm, KVH 6/10cm, Zellulosedämmung WLG 040, d=100mm, OSB-Schalung, d=15mm (199m²), d=13,5cm (95m²), d=17,5cm (49m²), Dreischicht-Brettsperrholzwände, d=10cm (271m²)				
342	**Nichttragende Innenwände**	81,62 m²	12.782	**156,60**	3,7
	GK-Metallständerwände, d=15cm, Mineralwolldämmung, d=60mm, beidseitig doppelt beplankt (46m²), d=12,5cm (10m²), als Installationswände, d=30-37cm, Mineralwolldämmung, d=40mm, beidseitig doppelt beplankt (21m²), Abmauerung Brausewannen, Bimsplatten, d=6-8cm (4m²)				

KG	Kostengruppe	Menge Einheit	Kosten €	€/Einheit	%
344	**Innenwandöffnungen**	74,29 m²	108.150	**1.455,78**	31,0
	Holz-Fensterelement, dreiteilig, zwei Hebeschiebetüren, barrierefrei, Festverglasung (14m²), Holz-Alu-Pfosten-Riegel-Konstruktionen, dreiteilig, Blockrahmentür mit Glasausschnitt, zwei Festverglasungen (11m²), drei Schiebetüranlagen, je vier Schiebetüren, MDF-Platten, HPL-beschichtet (29m²), Holz-Schiebetürelement, vor Wand laufend, HPL-beschichtet (2m²), Fingerschutztürelemente, Röhrenspaneinlage, HPL-beschichtet (15m²), T30, HPL-beschichtet (2m²), Festverglasungen, VSG (2m²); Stahlumfassungszargen, VSG				
345	**Innenwandbekleidungen**	1.031,09 m²	122.963	**119,26**	35,3
	Gipsfaserplatten-Bekleidung, d=12,5mm, Q3 (573m²), GKF-Schallschutz-Vorsatzschalen, d=10,5cm, zweilagig beplankt, Mineralwolldämmung, d=60mm (201m²), GK-Vorsatzschale, zweilagig beplankt, d=7,5cm, Mineralwolldämmung, d=40mm (23m²), GK-Beplankung (27m²), Dispersionssilikat-Beschichtung (697m²), Dreischichtplatten-Bekleidung, Decklage Weißtanne, d=20mm (230m²), Wandfliesen 15x15cm (71m²), Spiegel 265x90cm, fliesenbündig (2m²), Acrylharzbeschichtung (18m²), Lasur (13m²)				
346	**Elementierte Innenwandkonstruktionen**	21,72 m²	6.727	**309,71**	1,9
	WC-Trennwandanlagen, Vollspanplatten, d=40mm, HPL-Schichtstoff, mit Frontwänden, Mittelwänden, drei Türen, h=2,00m (13m²), h=1,50m (8m²)				
349	**Sonstiges zur KG 340**	791,22 m² IWF	2.800	**3,54**	0,8
	Handlauf, Eiche (1St)				
350	**Decken/Horizontale Baukonstruktionen**				**100,0**
351	**Deckenkonstruktionen**	21,36 m²	8.167	**382,37**	27,4
	Dreischicht-Brettsperrholzdecke, d=10cm (21m²), Stahlrahmen mit Stahlstütze für Galerie (1St)				
355	**Elementierte Deckenkonstruktionen**	5,26 m²	17.678	**3.360,82**	59,3
	Treppenanlage: 14Stg 17x26cm, zweiläufig mit Zwischenpodest, Treppenstufen, Eiche Massiv, Treppenwangen und Brüstungsplatte, Dreischichtplatte mit HPL-Bekleidung, unter Podest zwei Schiebetüren, auf Gegenseite eine Drehtüre, auf Galerie eine Drehtüre in Brüstungshöhe (5m²)				
359	**Sonstiges zur KG 350**	26,62 m² DEF	3.957	**148,66**	13,3
	Glas-Absturzsicherung, Brüstung (psch)				
360	**Dächer**				**100,0**
361	**Dachkonstruktionen**	686,25 m²	210.020	**306,04**	35,3
	Sechseckiges Holz-Walmdach, abbinden, aufstellen, Sparren 10x26cm, Zellulosedämmung WLG 040, d=260mm, OSB-Schalung, d=18mm, unter Sparren (686m²)				
362	**Dachöffnungen**	6,08 m²	22.474	**3.696,31**	3,8
	Oberlichtband, Uw=1,0W/m²K, VSG, drei Module, ein Rauchabzugsoberlicht 1,00x1,60m, Motorantrieb, zwei feststehende Module 0,75x1,60m, drei innenliegende Sonnenschutz-Rollos, Motorantrieb, Alu-Eindeckrahmen, Holzunterkonstruktion (4m²), Flachdachfenster 1,20x1,20m, Uw=1,2W/m²K, Isolierglasscheibe, VSG, Acrylglaskuppel, Kunststoff-Aufsetzkranz, Motorantrieb (1m²), festverglast (1m²), Aufsetzkranzerhöhungen (2St)				

KG	Kostengruppe	Menge Einheit	Kosten €	€/Einheit	%
363	**Dachbeläge**	716,38 m²	232.066	**323,94**	39,1
	Holzfaserdämmung WLG 045, d=80mm, Unterspannbahn (683m²), Konterlattung, Dachschalung (687m²), Traufschalung (14m²), Vlies, Kunststoff-Dachabdichtung (716m²), Schubschwellen (189m), Dränmatten (379m²), Wasserspeicher-/Dränschicht, Filtervlies, Vegetationssubstrat, d=6cm (252m²), Systemerde, d=10cm (352m²), Bewässerungs-/Schutzmatten (631m²), Hydraulische Nassansaat (589m²), Ziegelbruch 8/16mm, b=30cm (32m²), Traufprofil, Edelstahl (107m), Dachrinnen, Titanzink (107m), Regenfallrohre DN100, Titanzink (17m)				
364	**Dachbekleidungen**	637,36 m²	127.450	**199,96**	21,5
	Holzlattenkonstruktion 30x98mm (208m²), Holztragkonstruktion (104m²), Dreischichtplatten, d=33mm, Decklage Weißtanne (111m²), Akustik-Brettsperrholz-Elemente, d=33mm, Weißtanne, Sichtqualität (97m²), GK-Decken, abgehängt, gelocht (99m²), glatt (84m²), GKF-Decken F30, Mineralwolldämmung, d=40mm (42m²), GK-Bekleidung (110m²), Dispersionssilikat-Beschichtung (359m²), Holzunterkonstruktion, zweilagig, HPL-Bekleidung, d=6mm, außen (71m²)				
366	**Lichtschutz zur KG 360**	1,44 m²	655	**454,66**	0,1
	Wabenplissee, Motorantrieb (1m²)				
369	**Sonstiges zur KG 360**	722,46 m² DAF	1.466	**2,03**	0,2
	Schneefanggitter (10m)				
380	**Baukonstruktive Einbauten**				**100,0**
381	**Allgemeine Einbauten**	644,98 m² BGF	55.830	**86,56**	92,6
	Spielpodest 2,25x1,74m, Birke-Multiplex, mit Geländerwange, d=40 mm, drei Stufen, Eiche massiv, unter Podest, Schublade, Box für Bällebad (1St), Sitzbank, rund, Birke-Multiplex, Linoleumbelag (1St), Nischenbekleidung, Birke-Multiplex, HPL-beschichtet (1St), Schlafkojen für 120-140er bauseitige Matratzen, Birke-Multiplex, beschichtet (4St), Schlafkojen oben, vordere Klappe mit Fangschutznetz (4St), Leiter (1St), offene Regale, eingepasst (2St), Garderoben, Sitzbank, Schuhablage, Oberteil, Dreierelemente (12St), Zweierelemente (3St)				
386	**Orientierungs- und Informationssysteme**	644,98 m² BGF	4.472	**6,93**	7,4
	Infosäule, MDF-Platte, beschichtet, mit Sitzbank, Birke-Multiplex, 2/3-Kreis, Sitzfläche mit Linoleum belegt (1St), Schriftzug "STROMBOLI" (1St)				
390	**Sonstige Maßnahmen für Baukonstruktionen**				**100,0**
391	**Baustelleneinrichtung**	644,98 m² BGF	34.590	**53,63**	71,2
	Baustelleneinrichtung (psch), Bauzaun (126m), Schnurgerüst (1St), Baustellenzufahrt, d=35cm (112m³), Baustrom-, Bauwasseranschluss (psch), Baustellen-Trocken-WC (1St), Feuchtraumleuchten (2St)				
392	**Gerüste**	644,98 m² BGF	9.207	**14,27**	19,0
	Fassadengerüst, Lastklasse 3 (359m²), Dachfanggerüst (160m), Fahrgerüst (1St)				
397	**Zusätzliche Maßnahmen**	644,98 m² BGF	4.617	**7,16**	9,5
	Witterungsschutz Holzbauteile (psch), Linoleumbelag mit Tetrapack schützen (96m²), Folienabdeckungen (133m²), Bautrockner für Estrich (7Wo)				

KG	Kostengruppe	Menge Einheit	Kosten €	€/Einheit	%
398	**Provisorische Baukonstruktionen**	644,98 m² BGF	135	**0,21**	0,3
	Provisorische Fallrohranschlüsse, Kunststoffschläuche (6St)				
410	**Abwasser-, Wasser-, Gasanlagen**				**100,0**
411	**Abwasseranlagen**	644,98 m² BGF	26.791	**41,54**	26,1
	KG-Rohre DN100-200, Formstücke (242m), Kontrollschächte DN1.000, t=1,75-2,75m (2St), Mehrschichtverbundrohre DN50-125, Formstücke, Rohrdämmung (168m), Bodenabläufe (2St), Edelstahlrinne (1St)				
412	**Wasseranlagen**	644,98 m² BGF	65.404	**101,40**	63,6
	Edelstahlrohre DN12-40, Formstücke, Rohrdämmung (274m), Mehrschichtverbundrohre DN12-20, Formstücke, Rohrdämmung (224m), Flexschläuche (10m), Zirkulationspumpe (1St), Rückspülfilter, Druckminderer (1St), Tiefspül-WCs (2St), für Kinder (3St), für Baby (1St), barrierefrei, WC-Steuerung, Funk (1St), Waschtische (2St), mit Griffmulden (7St), Duschwanne 80x80cm, Brausegarnitur (1St), Ausgussbecken (1St), Sicherheitsthermostate (12St), Waschtisch-Elektronik-Batterien (11St), Spültischarmatur (1St), Außenarmaturen (2St), Stützklappgriffe (2St)				
419	**Sonstiges zur KG 410**	644,98 m² BGF	10.583	**16,41**	10,3
	Installations-Montagewände, raumhoch (42m²), Montageelemente für Waschtisch (1St), barrierefrei (8St), für WCs (6St), barrierefrei (1St), für bodenstehendes WC (1St), für Stützklappgriffe (2St)				
420	**Wärmeversorgungsanlagen**				**100,0**
421	**Wärmeerzeugungsanlagen**	644,98 m² BGF	99.469	**154,22**	58,0
	Sole-Wasser-Wärmepumpe 6-24kW (1St), Speicher 300l (1St), Pufferspeicher 1.000l (1St), Ausdehnungsgefäß 150l (1St), Pumpen (2St), Solarstation (1St), Solarregler (1St), Solarvorschaltgefäß 35l (1St), Solar-Ausdehnungsgefäße 80l (2St), Mischergruppe (1St), Erdsolespeicher: Registermatten, Heiz-/Kühlkreise möglich, PE-RT-Rohre, Formstücke (482m²), Glykol-Wasser-Gemisch (1St), Soleverteiler (4St), Flachkollektoren 2,15x1,25x0,80m, 2kW (8St), Regelung, Fernzugriff (2St), Visualisierung				
422	**Wärmeverteilnetze**	644,98 m² BGF	34.892	**54,10**	20,3
	Edelstahlrohre DN25-50, Formstücke, Rohrdämmung (159m), Edelstahlsolarleitungen DN12-25, Formstücke, Rohrdämmung (227m), Lufttöpfe DN65-80 (4St), Kontrollschacht für Wärmepumpenleitungen DN1.500 (1St)				
423	**Raumheizflächen**	644,98 m² BGF	37.223	**57,71**	21,7
	Fußbodenheizung, EPS-Dämmplatte WLG 040, d=30-2mm (554m²), Fußbodenheizregister (247St), PE-RT-Rohre (920m), Heizkreisverteiler, sieben-elf Heizkreise (4St), Verteilerschränke (4St), Anschlussgruppen für Sole- oder Heizkreis (4St), Raumthermostate (15St), Raumtemperaturregler (6St), Ventilantriebe (35St), hydraulischer Abgleich (1St)				
430	**Raumlufttechnische Anlagen**				**100,0**
431	**Lüftungsanlagen**	644,98 m² BGF	52.196	**80,93**	100,0
	Zu-/Abluftgerät, Volumenstrom 1.350m³/h, Deckenmontage (1St), Hydraulikeinheit (1St), Spiralfalzrohre DN100-315, Formstücke (167m), Alu-Flexrohre DN100-125 (41m), Stahl-Formteile, Kanaldämmung (35m²), Rohrschalldämpfer (28St), Kanalschalldämpfer (1St), Drosselklappen (31St), Tellerventile DN100-125 (36St), Wetterschutzgitter 40x60cm (2St)				

KG	Kostengruppe	Menge Einheit	Kosten €	€/Einheit	%
440	**Elektrische Anlagen**				**100,0**
444	**Niederspannungsinstallationsanlagen**	644,98 m² BGF	68.934	**106,88**	52,2
	Zählerschrank (1St), Verteilerschrank (1St), Kleinverteiler (2St), Drehstromzähler (3St), Schutzschalter (82St), Schütze (4St), Blitzstrom-Kombi-Ableiter (1St), Jahresuhr (1St), Dämmerungsschalter (1St), Kabelrinnen (24m), Installationskanäle (29m), Mantelleitungen (5.041m), Fernmeldeleitungen (1.083m), Gummischlauchleitungen (428m), Steuerleitungen (61m), Erdkabel (86m), Steckdosen (175St), CEE-Steckdosen (4St), Schalter/Taster (243St), Jalousieschalter (1St), Präsenzmelder (18St), DALI-Potentiometer (2St), Automatikschalter (1St), Herdanschlussdose (1St)				
445	**Beleuchtungsanlagen**	644,98 m² BGF	48.783	**75,63**	37,0
	Feuchtraum-Anbauleuchten (6St), Anbauleuchten (2St), Einbau-Tiefstrahler (10St), Lichtkanäle, Anbau (47m), Einbau (2m), Pendel (10m), DALI-Lichtkanäle (78m), Notleuchten, selbstüberwachend (4St), Sicherheitsleuchten (2St), Spots (3St)				
446	**Blitzschutz- und Erdungsanlagen**	644,98 m² BGF	14.271	**22,13**	10,8
	Fundamenterder, Bandstahl (131m), Edelstahl, D=10mm (195m), Anschlussfahnen (37St), Erdeinführungen (6St), Ableitungen Alu/PVC, hinter Fassade (41m), Alu-Auffangleitungen, D=8mm (107m), Alu-Fangstangen, l=2,00m (5St), Klemmen (110St), Potenzialausgleichsschienen (2St)				
450	**Kommunikations-, sicherheits- und informationstechnische Anlagen**				**100,0**
452	**Such- und Signalanlagen**	644,98 m² BGF	2.659	**4,12**	8,3
	Schwachstromverteilerkasten (1St), LSA-Anschlussleisten (8St), Ruf-Kompakt-Set für barrierefreies WC (1St), Ruftaster mit Beruhigungslampe (1St), Einbaulautsprecher (1St), Innenstationen, Freisprechen (3St), Steuergerät (1St), Fernmeldeleitungen (35m)				
454	**Elektroakustische Anlagen**	644,98 m² BGF	8.532	**13,23**	26,5
	Deckenlautsprecher (6St), Installationsverstärker, Überträger (3St), Überträger, zweikanalig (2St), Audio-Kabel (50m), Cinch-Audiokabel (97m), Audio-Anschlussdosen (4St)				
456	**Gefahrenmelde- und Alarmanlagen**	644,98 m² BGF	12.764	**19,79**	39,7
	Rauchabzugszentrale (1St), Wind-/Regensensor (1St), RWA-Haupt-/Nebenbedienstellen (3St), Rauchwarnmelder, Funkmodul (32St), Funkhandtaster (3St), optische Brandmelder (3St)				
457	**Datenübertragungsnetze**	644,98 m² BGF	8.192	**12,70**	25,5
	Netzwerkschrank 21HE (1St), Patchfelder 24 Ports (2St), Steckdosen (6St), C6A-Module (76St), Datenanschlussdosen mit Abdeckplatte, 2xRJ45 (4St), Datenanschlussdosen 2xRJ45 (13St), Datenleitungen (1.062m), HDMI-Anschlussdosen (2St), HDMI-Kabel (10m)				
490	**Sonstige Maßnahmen für technische Anlagen**				**100,0**
492	**Gerüste**	644,98 m² BGF	1.182	**1,83**	24,7
	Fahrgerüste (psch)				
497	**Zusätzliche Maßnahmen**	644,98 m² BGF	3.355	**5,20**	70,0
	Elektroheizmobil für Estrichaufheizung, Leihgebühr (2St)				

KG	Kostengruppe	Menge Einheit	Kosten €	€/Einheit	%
498	**Provisorische technische Anlagen**	644,98 m²BGF	254	**0,39**	5,3
	Provisorische Anschluss Dachkuppel für Lüftungszwecke, Parametrierung, Programmierung bauseitiges Bediengerät (1St)				
550	**Technische Anlagen**				**100,0**
556	**Elektrische Anlagen**	–	16.367	–	100,0
	Pollerleuchtenrohr, h=1,15m, mit drei Steckdosen, fünf CEE-Steckdosen, FI-Schalter, acht Sicherungen (1St), h=0,875m, mit Bewegungssensor (3St), mit Notlicht (1St), Pollerleuchtenköpfe (5St), Erdstücke (5St), Erdkabel (89m)				

4400-0333
Kindertagesstätte
(3 Gruppen)
(35 Kinder)

Kostenkennwerte für Leistungsbereiche nach STLB (Kosten des Bauwerks nach DIN 276)

LB	Leistungsbereiche	Kosten €	€/m² BGF	€/m³ BRI	% an 3+4
000	Baustellen-, Sicherheitseinr. inkl. 001, 089	44.978	69,70	14,30	2,0
002	Erdarbeiten	30.500	47,30	9,70	1,4
006	Spezialtiefbauarbeiten inkl. 005	–	–	–	–
009	Entwässerungskanalarbeiten inkl. 011	17.784	27,60	5,60	0,8
010	Drän- und Versickerarbeiten	6.474	10,00	2,10	0,3
012	Mauerarbeiten	–	–	–	–
013	Betonarbeiten	169.162	262,30	53,60	7,5
014	Natur-, Betonwerksteinarbeiten	–	–	–	–
016	Zimmer- und Holzbauarbeiten	589.147	913,40	186,70	26,1
017	Stahlbauarbeiten	–	–	–	–
018	Abdichtungsarbeiten	4.745	7,40	1,50	0,2
019	Kampfmittelräumarbeiten	–	–	–	–
020	Dachdeckungsarbeiten	–	–	–	–
021	Dachabdichtungsarbeiten	130.783	202,80	41,40	5,8
022	Klempnerarbeiten	23.192	36,00	7,30	1,0
	Rohbau	**1.016.766**	**1.576,40**	**322,20**	**45,1**
023	Putz- und Stuckarbeiten, Wärmedämmsysteme	–	–	–	–
024	Fliesen- und Plattenarbeiten	36.850	57,10	11,70	1,6
025	Estricharbeiten	34.243	53,10	10,90	1,5
026	Fenster, Außentüren inkl. 029, 032	192.490	298,40	61,00	8,5
027	Tischlerarbeiten	283.653	439,80	89,90	12,6
028	Parkett-, Holzpflasterarbeiten	26.420	41,00	8,40	1,2
030	Rollladenarbeiten	27.440	42,50	8,70	1,2
031	Metallbauarbeiten inkl. 035	4.628	7,20	1,50	0,2
034	Maler- und Lackiererarb. - Beschicht. inkl. 037	15.359	23,80	4,90	0,7
036	Bodenbelagarbeiten	11.751	18,20	3,70	0,5
038	Vorgehängte hinterlüftete Fassaden	–	–	–	–
039	Trockenbauarbeiten	124.973	193,80	39,60	5,5
	Ausbau	**757.806**	**1.174,90**	**240,10**	**33,6**
040	Wärmeversorgungsanl. - Betriebseinr. inkl. 041	168.039	260,50	53,30	7,4
042	Gas- u. Wasseranl. - Leitung., Armat. inkl. 043	27.037	41,90	8,60	1,2
044	Abwasseranl. - Leitungen, Abläufe, Armaturen	9.006	14,00	2,90	0,4
045	Gas, Wasser, Entwässerung - Ausstattung inkl. 046	42.940	66,60	13,60	1,9
047	Dämm- und Brandschutzarb. an techn. Anlagen	15.391	23,90	4,90	0,7
049	Feuerlöschanlagen, Feuerlöschgeräte	–	–	–	–
050	Blitzschutz-/Erdungsanlagen, Überspannungssch.	14.271	22,10	4,50	0,6
053	Niederspannungsanl. - Kabel inkl. 052, 054	71.535	110,90	22,70	3,2
055	Sicherheits- u. Ersatzstromversorgungsanl.	–	–	–	–
057	Gebäudesystemtechnik	–	–	–	–
058	Leuchten und Lampen inkl. 059	48.783	75,60	15,50	2,2
060	Such, Signal, Zeit, Anten., akust. Anl. inkl. 064	11.191	17,40	3,50	0,5
061	Kommunikations- u. Übertragungsnetze inkl. 063	20.956	32,50	6,60	0,9
069	Aufzüge	–	–	–	–
070	Gebäudeautomation	–	–	–	–
075	Raumlufttechnische Anlagen inkl. 078	50.150	77,80	15,90	2,2
	Gebäudetechnik	**479.300**	**743,10**	**151,90**	**21,2**
084	Abbruch, Rückbau, Schadstoffsanierung	–	–	–	–
	Abbrucharbeiten	**–**	**–**	**–**	**–**
	Sonstige Leistungsbereiche	**2.376**	**3,70**	**0,75**	**0,1**

Kostenstand: 2. Quartal 2026, Bundesdurchschnitt, **inkl. 19% MwSt.**

4400-0357
Kinderhaus
(4 Gruppen)
(74 Kinder)

Kostenkennwerte für die Kosten des Bauwerks (Kostengruppen 300+400 nach DIN 276)

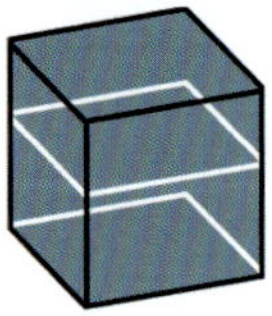

BRI 878 €/m³

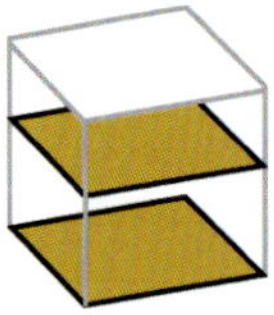

BGF 3.419 €/m²

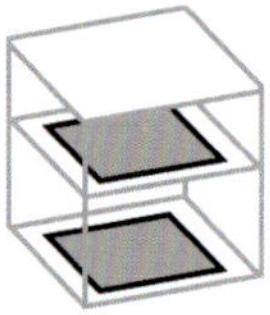

NUF 5.703 €/m²

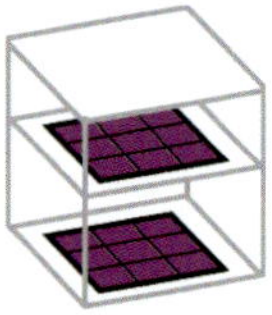

NE 46.623 €/NE

NE: Kinder

Objekt:
Kennwerte: 3. Ebene DIN 276
BRI: 3.931 m³
BGF: 1.009 m²
NUF: 605 m²
Bauzeit: 61 Wochen
Bauende: 2019
Standard: mittel
Bundesland: Bayern
Kreis: Landshut

Architekt*in:
goldbrunner + hrycyk architekten
Sommerstraße 9
81543 München

Bauherr*in:
Gemeinde St. Franziskus Bruckberg
Rathausplatz 1
84079 Bruckberg

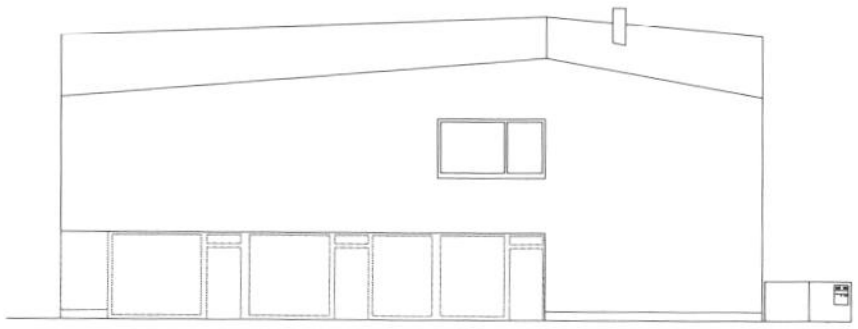

Ansicht Nord-Ost

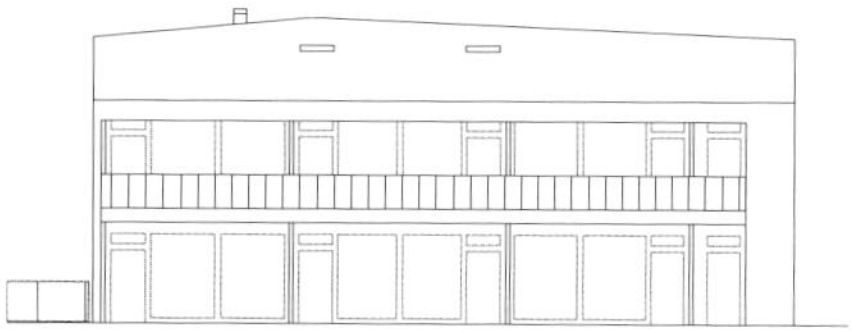

Ansicht Süd-West

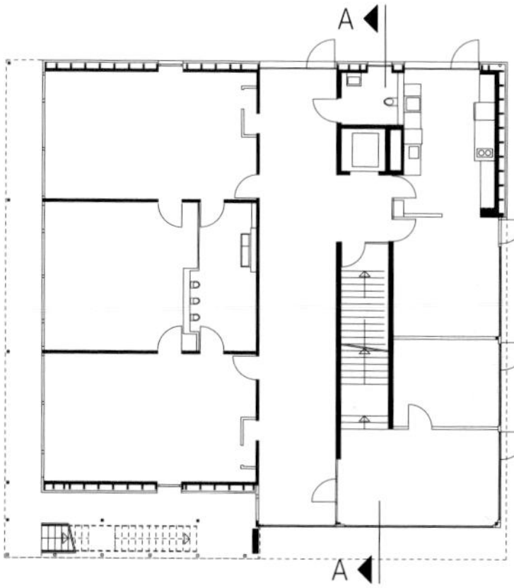

Erdgeschoss

Obergeschoss

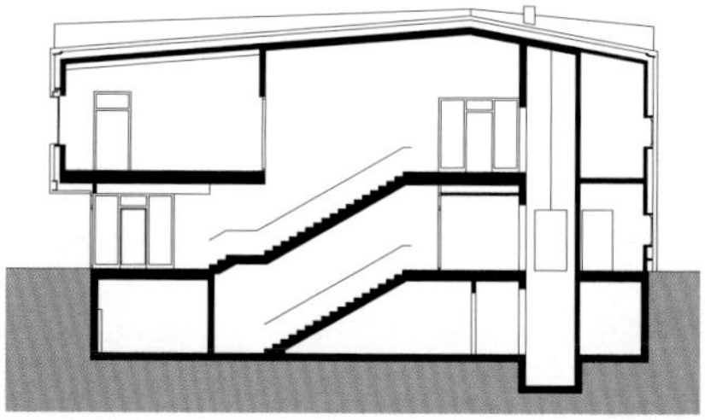

Schnitt A-A

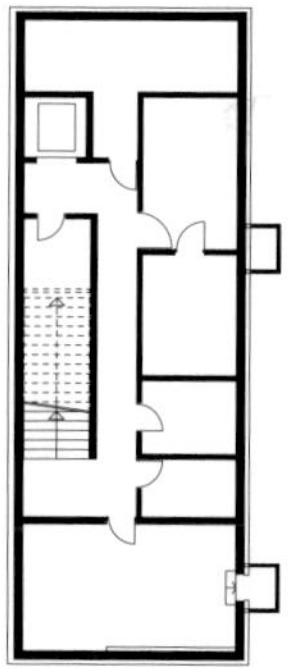

Untergeschoss

Ansicht Süd-Ost

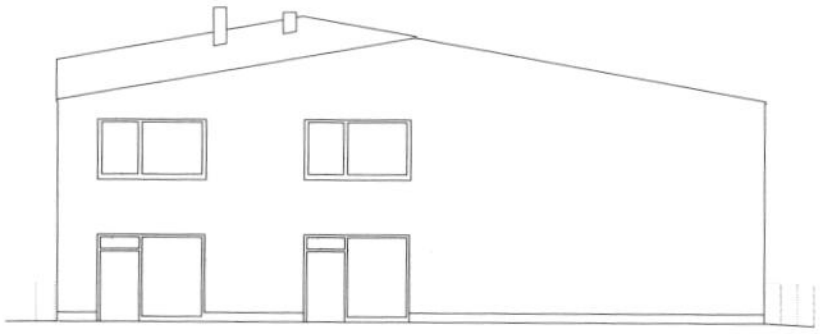

Ansicht Nord-West

4400-0357
Kinderhaus
(4 Gruppen)
(74 Kinder)

Objektbeschreibung

Allgemeine Objektinformationen

Das viergruppige Kinderhaus bildet mit dem bestehenden Schulgebäude einen neuen Platz als Treffpunkt der Kinder zwischen Kirche und Rathaus. Der Neubau fügt sich mit seinen drei geschlossenen Fassadenseiten in die dörfliche Ortsmitte gut ein. Der quadratische Baukörper öffnet sich zum Freispielbereich. Im Erdgeschoss befinden sich die Krippenkinder mit direkten Zugängen zum Freispielbereich, die Schüler aus der Grundschule gelangen über die zentrale Haupttreppe zu den beiden Hortgruppen im Obergeschoss. Durch das gemeinsame Foyer sind beide Einheiten unabhängig voneinander nutzbar.

Nutzung

1 Untergeschoss
Lager, Technik, Putzraum, Pelletlager, Flur, Treppenhaus

1 Erdgeschoss
Foyer, Spielflur, Krippenräume (2St), Schlafraum, Küche, Nebenraum, Büro, WCs, WC barrierefrei

1 Obergeschoss
Spielflur, Horträume (2St), Mehrzweckraum, Therapieraum, Nebenraum, Lager, Personalraum, WCs, WC-Personal

Nutzeinheiten

Gruppen: 4
Kinder: 74

Grundstück

Bauraum: Freier Bauraum
Neigung: Ebenes Gelände
Bodenklasse: BK 1 bis BK 7

Markt

Hauptvergabezeit: 2. Quartal 2018
Baubeginn: 3. Quartal 2018
Bauende: 3. Quartal 2019
Konjunkturelle Gesamtlage: über Durchschnitt
Regionaler Baumarkt: unter Durchschnitt

Baukonstruktion

Die Bodenplatte, der Aufzugschacht und der Treppenraum sind in Stahlbetonbauweise ausgeführt. Die Unterkellerung ist bis zur Oberkante der Kellerdecke in WU-Bauweise hergestellt. Alle weiteren Konstruktionen wurden in Holzmassivbauweise mit Brettsperrholzwänden, -decken und -dachflächen angefertigt. Die tragenden Holzoberflächen sind ebenso wie die Sichtbetonwände in ihrer natürlichen Oberfläche belassen. Vorsatzschalen aus Dreischichtplatten vor den Holzmassiv- und den Trockenbauwänden dienen dem Schallschutz. Die Fassaden sind mit einer unbehandelten, sägerauen Holzschalung bekleidet. Es kamen flächenbündige Holz-Aluminium-Fenster zum Einbau. Die hinterlüftete Dachfläche erhielt eine Stehfalzdeckung aus Kupferblech. Die Unterdecken sind mit abgehängten Holzwolle-Akustikplatten versehen. Die Dachentwässerung wird in einer umlaufenden, zurückversetzten Rinne und in verdeckt liegenden Fallleitungen geführt.

Technische Anlagen

Die Heizwärme und Warmwasserbereitung ist zentral über eine Pelletheizung im Untergeschoss sichergestellt. Alle Nutzräume werden über eine Fußbodenheizung erwärmt. Im Gebäude ist eine kontrollierte Be- und Entlüftungsanlage eingebaut. Das Gebäude ist barrierefrei und mit einem Aufzug ausgestattet.

Sonstiges

Alle Bauteile sind im Passivhausstandard und die umfassenden Hüllflächen mit einer Anforderung von U= mind. 0,15W/m²K ausgeführt.

Energetische Kennwerte

Gesetzliche Grundlage: EnEV 2013
Gebäudenutzfläche: 749,00 m²
Gebäudevolumen: 3.296,00 m³
A/V_e-Verhältnis (Kompaktheit): 0,45 m^{-1}
Hüllfläche des beheizten Volumens: 1.498,00 m²
Spez. Transmissionswärmeverlust: 0,28 W/(m²·K)
Mittlerer U-Wert (opake Bauteile): 0,13 W/(m²·K)
Mittlerer U-Wert (transparente Bauteile): 0,82 W/(m²·K)
Spez. Jahresprimärenergiebedarf: 43,80 kWh/(m²·a)
Spez. Jahresendenergiebedarf: 99,00 kWh/(m²·a)
CO_2-Emissionen: 9,00 kg/(m²·a)

Energetische Angaben zu Außenbauteilen

Bodenplatte UG

U-Wert: 0,18 W/(m²·K)

Gesamtdicke: 45,00 cm	d [cm]	λ [W/(m·K)]
Stahlbeton	25,00	2,300
Schaumglas	20,00	0,039

Außenwand gegen Erdreich

U-Wert: 0,19 W/(m²·K)

Gesamtdicke: 45,00 cm	d [cm]	λ [W/(m·K)]
Stahlbeton	25,00	2,300
Schaumglas	20,00	0,039

Bodenplatte EG

U-Wert: 0,12 W/(m²·K)

Gesamtdicke: 62,50 cm	d [cm]	λ [W/(m·K)]
Linoleum	0,50	0,120
Estrich	7,50	1,400
Trittschalldämmung	3,00	0,040
Dämmung PUR	6,00	0,025
Abdichtung	0,50	0,170
Stahlbeton	25,00	2,300
Schaumglas	20,00	0,039

Außenwand hinterlüftet

U-Wert: 0,14 W/(m²·K)

Gesamtdicke: 40,50 cm	d [cm]	λ [W/(m·K)]
Schutzbahn	0,50	0,160
Holzfaserplatte	6,00	0,040
Holzfaserplatte	20,00	0,044
Holz	20,00	0,130
Holz	12,00	0,130
Dämmung MW	2,00	0,035

Decke gegen Außenluft unten

U-Wert: 0,11 W/(m²·K)

Gesamtdicke: 70,50 cm	d [cm]	λ [W/(m·K)]
Linoleum	0,50	0,120
Estrich	7,00	1,400
Trittschalldämmung	3,00	0,040
Schüttung	8,00	1,400
Holz	26,00	0,130
Dämmung Zellulose	20,00	0,040
Holzfaserplatte	6,00	0,045

Dach Gruppenräume

U-Wert: 0,13 W/(m²·K)

Gesamtdicke: 44,50 cm	d [cm]	λ [W/(m·K)]
Sperrholz	18,00	0,090
Dämmung Zellulose	20,00	0,040
Holz	20,00	0,130
Holzfaserplatte	6,00	0,044
Dachbahn	0,50	0,170

Dach Spielflur

U-Wert: 0,14 W/(m²·K)

Gesamtdicke: 38,50 cm	d [cm]	λ [W/(m·K)]
Sperrholz	12,00	0,090
Dämmung Zellulose	20,00	0,040
Holz	20,00	0,130
Holzfaserplatte	6,00	0,044
Dachbahn	0,50	0,170

Dach Treppe

U-Wert: 0,17 W/(m²·K)

Gesamtdicke: 51,50 cm	d [cm]	λ [W/(m·K)]
Stahlbeton	25,00	2,100
Dämmung Zellulose	20,00	0,044
Holz	20,00	0,130
Holzfaserplatte	6,00	0,044
Dachbahn	0,50	0,170

Planungskennwerte für Flächen und Rauminhalte nach DIN 277

Flächen des Grundstücks		Menge Einheit	% an GF
BF	Bebaute Fläche	470,00 m^2	36,8
UF	Unbebaute Fläche	808,00 m^2	63,2
GF	Grundstücksfläche	1.278,00 m^2	100,0

Grundflächen des Bauwerks		Menge Einheit	% an NUF	% an BGF
NUF	Nutzungsfläche	605,00 m^2	100,0	60,0
TF	Technikfläche	65,00 m^2	10,7	6,4
VF	Verkehrsfläche	222,26 m^2	36,7	22,0
NRF	Netto-Raumfläche	892,26 m^2	147,5	88,4
KGF	Konstruktions-Grundfläche	116,74 m^2	19,3	11,6
BGF	Brutto-Grundfläche	1.009,00 m^2	166,8	100,0

Brutto-Rauminhalt des Bauwerks		Menge Einheit	BRI/NUF (m)	BRI/BGF (m)
BRI	Brutto-Rauminhalt	3.931,00 m^3	6,50	3,90

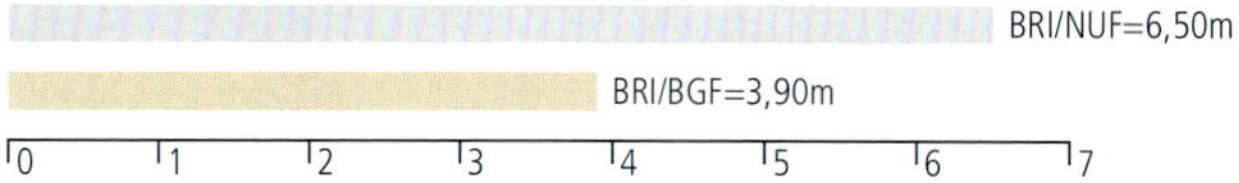

KG	Kostengruppen (2. Ebene)	Menge Einheit	Menge/NUF	Menge/BGF
310	Baugrube / Erdbau	1.532,00 m^3 BGI	2,53	1,52
320	Gründung, Unterbau	390,10 m^2 GRF	0,65	0,39
330	Außenwände/Vertikale Baukonstruktionen, außen	739,05 m^2 AWF	1,22	0,73
340	Innenwände/Vertikale Baukonstruktionen, innen	836,58 m^2 IWF	1,38	0,83
350	Decken/Horizontale Baukonstruktionen	586,18 m^2 DEF	0,97	0,58
360	Dächer	393,62 m^2 DAF	0,65	0,39

Kostenkennwerte für die Kostengruppen der 1. Ebene DIN 276

KG	Kostengruppen (1. Ebene)	Einheit	Kosten €	€/Einheit	€/m² BGF	€/m³ BRI	% 300+400
100	Grundstück	m² GF	–	–	–	–	–
200	Vorbereitende Maßnahmen	m² GF	1.737	1,36	1,72	0,44	< 0,1
300	Bauwerk – Baukonstruktionen	m² BGF	2.689.873	2.665,88	2.665,88	684,27	78,0
400	Bauwerk – Technische Anlagen	m² BGF	760.198	753,42	753,42	193,39	22,0
	Bauwerk 300+400	**m² BGF**	**3.450.070**	**3.419,30**	**3.419,30**	**877,66**	**100,0**
500	Außenanlagen und Freiflächen	m² AF	149.018	184,43	147,69	37,91	4,3
600	Ausstattung und Kunstwerke	m² BGF	12.218	12,11	12,11	3,11	0,4
700	Baunebenkosten	m² BGF	–	–	–	–	–
800	Finanzierung	m² BGF	–	–	–	–	–

KG	Kostengruppe	Menge Einheit	Kosten €	€/Einheit	%
200	**Vorbereitende Maßnahmen**	1.278,00 m² GF	1.737	**1,36**	< 0,1

Abbruch von Asphaltflächen; Entsorgung, Deponiegebühren

KG	Kostengruppe	Menge Einheit	Kosten €	€/Einheit	%
3+4	**Bauwerk**				**100,0**
300	**Bauwerk – Baukonstruktionen**	1.009,00 m² BGF	2.689.873	**2.665,88**	78,0

Baugrubenaushub, Stb-Bodenplatte, Stb-Streifenfundamente, Heizestrich, Linoleum, Bodenfliesen; Brettsperrholzwände, Stb-Wände, Stahlstützen, Holz-Alu-Fensterelemente, Holz-Alu-Türelemente, Holzfaserdämmplatten, Zelluloseeinblasdämmung, Weißtannen-Holzfassade, Wandfliesen, Fenstermarkisen; Brettsperrholzwände, Stb-Wände, GK-Wände, Holztüren, Stahltüren, Dispersionsbeschichtung; Brettsperrholzdecken, Stb-Decken, Stb-Treppen, Betonterrassenplatten, Holzwolle-Akustikdecken, Stahltreppe, Balkongeländer; Brettsperrholzdach, Stb-Satteldach, Lichtkuppeln, Zellulosedämmung, Doppelstehfalzdeckung, Dachentwässerung, Holzwolle-Akustikdecken; Einbaumöbel, Kücheneinrichtungen

KG	Kostengruppe	Menge Einheit	Kosten €	€/Einheit	%
400	**Bauwerk – Technische Anlagen**	1.009,00 m² BGF	760.198	**753,42**	22,0

Gebäudeentwässerung, Kalt- und Warmwasserleitungen, Sanitärobjekte; Pelletkessel, Heizleitungen, Fußbodenheizung; Lüftungsanlage; Elektroinstallation, Beleuchtung, Blitzschutzanlage; Sprechanlage, Brandmeldezentrale, Datenübertragungsnetz; Aufzugsanlage

KG	Kostengruppe	Menge Einheit	Kosten €	€/Einheit	%
500	**Außenanlagen und Freiflächen**	808,00 m² AF	149.018	**184,43**	4,3

Bodenarbeiten; Stb-Streifenfundamente; Zaun mit Toren, Nebengebäude, Stahlkonstruktion, Holzfassade, Brettsperrholzflachdach, extensive Dachbegrünung; Außenbeleuchtung

KG	Kostengruppe	Menge Einheit	Kosten €	€/Einheit	%
600	**Ausstattung und Kunstwerke**	1.009,00 m² BGF	12.218	**12,11**	0,4

Sanitärausstattung, Speisentransportbehälter, Servierwagen, Sitzwürfel

Kostenkennwerte für die Kostengruppen der 2. Ebene DIN 276

KG	Kostengruppe	Menge Einheit	Kosten €	€/Einheit	%
200	**Vorbereitende Maßnahmen**				**100,0**
210	**Herrichten**	1.278,00 m² GF	1.737	**1,36**	100,0
	Abbruch von Asphaltfläche (100m²); Entsorgung, Deponiegebühren				
300	**Bauwerk – Baukonstruktionen**				**100,0**
310	**Baugrube / Erdbau**	1.532,00 m³ BGI	35.694	**23,30**	1,3
	Baugrubenaushub BK 3-4, t bis 4,00m, laden, entsorgen (1.532m³), Planum (430m²), Rohrgrabenaushub BK 3-5, t bis 1,25m, wieder verfüllen (23m³), Liefermaterial, Riesel (48m³)				
320	**Gründung, Unterbau**	390,10 m² GRF	190.468	**488,25**	7,1
	Bodenaustausch, t=50cm, Auffüllung Kiessand (273m³) * Fundamentaushub, t=1,35m (72m³), Stb-Streifenfundamente (66m), Einzelfundament (4m³), Stb-Bodenplatte, d=25cm (364m²), Aufzugsunterfahrt (13m²), Pumpensumpf (1St), Bodendurchführungen DN400 (2St) * Bitumenabdichtung (207m²), PU-Dämmung, d=60mm, Heizestrich, d=70mm (212m²), Linoleum (196m²), Bodenfliesen (18m²), Fluchtstufe (1St), Gefällerampe für Pelletlager, Dreischichtplatte (2m²), Epoxidharzbeschichtung, Sauberlaufmatte, Alurahmen (8m²) * Sauberkeitsschicht, d=5cm (390m²), XPS-Dämmung, d=200mm (374m²), vertikal an Fundamenten (118m²)				
330	**Außenwände/Vert. Baukonstrukt., außen**	739,05 m² AWF	744.149	**1.006,90**	27,7
	Brettsperrholzwände, d=12cm (321m²), Vertikalrippen, l bis 4,40m (14St), Stb-Wände, d=25cm (160m²) * Stahlstützen (86m) * Holz-Alu-Fensterelemente (249m²), Holz-Alu-Türelemente (10m²), Klingel-/Sprechanlage (1St) * Holzfaserdämmung, Zelluloseeinblasdämmung (335m²), hinterlüftete Holzfassade (294m²), als offene Bekleidung Außentreppe (109m²), Perimeterdämmung (184m²) * Fichte-Vorsatzschalen (164m²), Wandfliesen (8m²) * Fenstermarkisen (105m²), Textilscreenkästen (34m) * Stb-Lichtschächte (2St)				
340	**Innenwände/Vert. Baukonstrukt., innen**	836,58 m² IWF	457.352	**546,69**	17,0
	Brettsperrholzwände, d=12cm (246m²), Stb-Wände, d=15-20cm (332m²) * GK-Metallständerwände, d=10cm (149m²) * Holztüren (29m²), mit beidseitiger Festverglasung (46m²), Stahlblechtüren, verzinkt (15m²) * GK-Vorsatzschalen (394m²), vor Installationswand (86m²), Dreischichtplatten, Fichte, Mineralwolldämmung (275m²), GK-Verkofferungen (54m²), GK-Ummantelung, Stahlstützen (57m), Dispersionsbeschichtung (152m²), Wandfliesen (66m²)				
350	**Decken/Horizontale Baukonstruktionen**	586,18 m² DEF	444.910	**759,00**	16,5
	Brettsperrholzdecken, d=18-30cm (322m²), als Balkone, d=12cm (79m²), Stb-Decken, d=20-25cm (130m²), Stb-Treppen (25m²), Unterzüge (17m), Stahlträger (44m), Stahlwinkel (47m), Plattform (21m²) * Schüttung (321m²), PU-Wärmedämmung (92m²), Heizestrich, d=65mm (415m²), Linoleum (376m²), Bodenfliesen (47m²), Betonterrassenplatten (50m²) * Holzwolle-Akustikdecken (290m²), Vorhangschienen (42m), GK-Trägerbekleidung (53m) * Stahlwangentreppe, l=7,87m, Geländer (9m²) * Balkongeländer (27m), Handlauf (24m)				

KG	Kostengruppe	Menge Einheit	Kosten €	€/Einheit	%
360	**Dächer**	393,62 m² DAF	441.378	**1.121,33**	16,4
	Brettsperrholzdach, d=120-180mm (365m²), Stb-Satteldach, d=25cm (27m²), Stahlträger (23m), BSH-Träger (51m) * Lichtkuppeln (2St) * Holzfaserplatten, d=60mm, Zellulosedämmung, d=200mm, Schalung (385m²), Aufdopplung ungedämmte Dachfläche (58m²), Doppelstehfalzdeckung (431m²), Kastenrinnen (85m), Dachabläufe DN70 (2St), Regenfallrohre DN70 (7m) * Holzwolle-Akustikdecken (219m²), GK-Decke (5m²), vertikale Schallschutzelemente, h=30cm, l=300cm (41m²), GK-Trägerbekleidung, dreiseitig (31m), GK-Verkofferungen (33m) * Seilsicherungssystem (psch)				
380	**Baukonstruktive Einbauten**	1.009,00 m² BGF	276.805	**274,34**	10,3
	Einbauschränke mit Küche, Computerarbeitsplatz, Aufstiegsmöglichkeit (2St), Einbauküche, Küchengeräte (1St), Spülschrank, Gewerbekühlschrank (1St), Durchschubspülmaschine (1St), Einbauschränke, h=3,13m (41m), Wickelkommode (1St), Garderobeninseln (2St), Anziehinsel, D=2,00m (2St), Spielplattform (2St), Garderobe, 26 Fächer, Sitzbank (1St), Arbeitsschränke (6St), Pinnwandelemente (22St), Sicherheitsnetze, h=1,80m (9m) * Boulderwand 6,46x3,16m, Fichte, Griffe (1St) * Beschilderungen (22St)				
390	**Sonst. Maßnahmen für Baukonstrukt.**	1.009,00 m² BGF	99.118	**98,23**	3,7
	Baustelleneinrichtungen (2St), Baustellen-WC (1St), Baustrom, Baustellenbeleuchtung, Bauschild (1St), Bautür (1St) * Fassadengerüst (1.219m²), Fahrgerüste bis 5,00m (2St), Montagegerüst, h=5,30m (psch) * Schutzfolien auf Dachflächen (125m²), Bodenbelägen (50m²), Sperrholzabdeckung auf Sichtbetontreppenstufen (39St), Absturzsicherungen (52m), Bauendreinigung (psch)				
400	**Bauwerk – Technische Anlagen**				**100,0**
410	**Abwasser-, Wasser-, Gasanlagen**	1.009,00 m² BGF	129.767	**128,61**	17,1
	KG-Rohre DN100-200 (132m), PE-Rohre DN100 (32m), PP-Rohre DN50-100 (93m), Brandschutzmanschetten (111St), Bodenabläufe DN100 (4St); Schmutzwasserpumpen (2St), Revisionsschächte DN1.000 (2St) * Edelstahlrohre DN15-35 (99m), Mehrschichtverbundrohre DN16-20 (205m), Enthärtungsanlage (1St), Tiefspül-WCs (9St), WC-Steuerungen (2St), Stützgriffe (2St), Waschlandschaft (1St), Speicher, 15l (1St), Waschtische (3St), barrierefrei (1St), Ausgussbecken (2St), Duschwanne (1St), Säuglingspflegebecken (1St), Werkraumbecken (1St) * Montageelemente (10St)				
420	**Wärmeversorgungsanlagen**	1.009,00 m² BGF	126.552	**125,42**	16,6
	Pelletkessel, 12-45kW (1St), Absaugsystem (1St), Pufferspeicher (1St), Druckausdehnungsgefäß (1St) * Kupferrohre DN15-42 (224m), Dreiwegeventile (2St), Heizungsverteiler (1St), Kugelhähne (18St) * Fußbodenheizung (621m²), Heizkreisverteiler, Verteilerschränke, Wohnungsstationen (4St), Stellantriebe (41St), Schaltzentralen (4St), Kompaktheizkörper (2St), Raumthermostate (23St) * Schornstein (12m)				
430	**Raumlufttechnische Anlagen**	1.009,00 m² BGF	162.566	**161,12**	21,4
	Lüftungsgeräte (2St), Volumenstromregler (12St), Stellantriebe (2St), Heizregister (1St), Luftkanäle (222m²), Kanalschalldämpfer (8St), Wickelfalzrohre DN100-400 (261m), Schalldämpfer DN100-160 (28St), Lüftungsrohre DN100-125, Brandschutzklappen (10St), Kanalrauchmelder (4St), Deckendrallauslässe (16St), Wandschlitzauslässe (18m), Lüftungsgitter (9St)				

KG	Kostengruppe	Menge Einheit	Kosten €	€/Einheit	%
440	**Elektrische Anlagen**	1.009,00 m² BGF	241.021	**238,87**	31,7
	Zählerschrank, Hauptverteiler (1St), Messschrank, Überspannungsschutzgerät (1St), Verteilerschrank (1St), Überspannungsschutzgerät (1St), Kleinverteiler (1St), FI-Schutzschalter (104St), LS-Schutzschalter (43St), Mantelleitungen (9.036m), Außenkabel A-2Y (65m), Steckdosen (167St), Schalter/Taster (53St) * LED-Einbauleuchten (60St), LED-Deckendownlights (14St), Wannenleuchten (12St), Spiegelleuchten (5St), Außenleuchten (psch) * Fundamenterder (396m), Alu-Fangleitungen (49m), Potenzialausgleichsschienen (2St)				
450	**Kommunikationstechnische Anlagen**	1.009,00 m² BGF	33.801	**33,50**	4,4
	Sprechanlage (1St), Netzgerät, Notrufset, Telefon-Gateway (1St), DECT-Repeater (2St) * Brandmeldezentrale (1St), Multisensormelder (37St), Blitzleuchte, Überspannungsschutz (1St), Druckknopfmelder (14St), Brandmeldekabel (918m) * Medienschrank, DSL-Router, Repeater (1St), Datenkabel Cat7 (1.044m), Datenanschlussdosen Cat6 (14St), Telefonanschlussdosen (3St)				
460	**Förderanlagen**	1.009,00 m² BGF	66.489	**65,90**	8,7
	Aufzugsanlage, Nutzlast 630kg, Förderhöhe 6,25m, drei Haltestellen (1St)				
500	**Außenanlagen und Freiflächen**				**100,0**
510	**Erdbau**	5,00 m³ EBR	152	**30,49**	0,1
	Rohrgrabenaushub, t bis 1,25 m (5m³)				
520	**Gründung, Unterbau**	808,00 m² AF	30.162	**37,33**	20,2
	Stb-Streifenfundamente (9m³) * Sauberkeitsschicht, d=5cm, XPS-Perimeterdämmung, d=30mm (10m²)				
540	**Baukonstruktionen**	808,00 m² AF	100.188	**124,00**	67,2
	Zaun, h=1,20m (26m), Toranlagen, einflüglig (2St), Briefkasten, Klingelanlage (1St) * Stb-Wand, d=20cm (34m²), Mauerabdeckung, Kupfer, b=50cm (9m) * Nebengebäude: Stahlkonstruktion 8,75x3,67m, h=2,74m (1St), Holzfassade, Weißtanne (38m²), Türflügel (2St), Brettsperrholzdach, d=10cm (30m²), BSH-Träger (15m), Attika (24m), extensive Dachbegrünung (17m²), Rollkiesschüttung (15m²), Dachablauf DN80 (1St), Fallrohre DN80 (3m)				
550	**Technische Anlagen**	808,00 m² AF	15.355	**19,00**	10,3
	LED-Kompaktstrahler, Traverse (12St), Alu-Lichtmasten, h=4m (4St), Mantelleitungen NYY (42m)				
590	**Sonst. Maßnahmen für Außenanlagen u. Freiflächen**	808,00 m² AF	3.160	**3,91**	2,1
	Abbruch von Streifenfundamenten (3m³); Entsorgung, Deponiegebühren				
600	**Ausstattung und Kunstwerke**				**100,0**
610	**Allgemeine Ausstattung**	1.009,00 m² BGF	12.218	**12,11**	100,0
	Pendeltüre (1St), Spiegel (9St), Ausgabe-Rollis (3St), Servierwagen (1St), Abfallbehälter (2St), Speisentransportbehälter, beheizt (3St), Sitzwürfel (8St)				

Kostenkennwerte für die Kostengruppen 300 der 2. und 3.Ebene DIN 276 (Übersicht)

KG	Kostengruppe	Menge Einheit	Kosten €	€/Einheit	% an 3+4
300	**Bauwerk – Baukonstruktionen**	**1.009,00 m² BGF**	**2.689.872,66**	**2.665,88**	**78,0**
310	**Baugrube / Erdbau**	**1.532,00 m³ BGI**	**35.693,69**	**23,30**	**1,0**
311	Herstellung	1.532,00 m³ BGI	35.693,69	23,30	1,0
312	Umschließung	–	–	–	–
313	Wasserhaltung	–	–	–	–
314	Vortrieb	–	–	–	–
319	Sonstiges zur KG 310	–	–	–	–
320	**Gründung, Unterbau**	**390,10 m² GRF**	**190.467,55**	**488,25**	**5,5**
321	Baugrundverbesserung	343,00 m²	13.615,31	39,69	0,4
322	Flachgründungen und Bodenplatten	367,36 m²	100.231,83	272,84	2,9
323	Tiefgründungen	–	–	–	–
324	Gründungsbeläge	222,08 m²	40.475,84	182,26	1,2
325	Abdichtungen und Bekleidungen	390,10 m²	36.144,59	92,65	1,0
326	Dränagen	–	–	–	–
329	Sonstiges zur KG 320	–	–	–	–
330	**Außenwände/Vert. Baukonstrukt., außen**	**739,05 m² AWF**	**744.149,06**	**1.006,90**	**21,6**
331	Tragende Außenwände	480,27 m²	158.129,51	329,25	4,6
332	Nichttragende Außenwände	–	–	–	–
333	Außenstützen	86,01 m	29.357,89	341,33	0,9
334	Außenwandöffnungen	258,78 m²	277.138,40	1.070,94	8,0
335	Außenwandbekleidungen, außen	542,67 m²	221.684,36	408,51	6,4
336	Außenwandbekleidungen, innen	171,33 m²	19.196,53	112,04	0,6
337	Element. Außenwandkonstruktionen	–	–	–	–
338	Lichtschutz zur KG 330	105,07 m²	32.213,12	306,59	0,9
339	Sonstiges zur KG 330	739,05 m² AWF	6.429,26	8,70	0,2
340	**Innenwände/Vert. Baukonstrukt., innen**	**836,58 m² IWF**	**457.352,40**	**546,69**	**13,3**
341	Tragende Innenwände	577,99 m²	179.068,26	309,81	5,2
342	Nichttragende Innenwände	164,29 m²	28.213,94	171,73	0,8
343	Innenstützen	–	–	–	–
344	Innenwandöffnungen	97,75 m²	153.504,18	1.570,38	4,4
345	Innenwandbekleidungen	848,79 m²	96.566,04	113,77	2,8
346	Elementierte Innenwandkonstruktionen	–	–	–	–
347	Lichtschutz zur KG 340	–	–	–	–
349	Sonstiges zur KG 340	–	–	–	–
350	**Decken/Horizontale Baukonstruktionen**	**586,18 m² DEF**	**444.909,89**	**759,00**	**12,9**
351	Deckenkonstruktionen	576,74 m²	212.621,46	368,66	6,2
352	Deckenöffnungen	–	–	–	–
353	Deckenbeläge	464,37 m²	98.182,92	211,43	2,8
354	Deckenbekleidungen	303,93 m²	81.623,10	268,56	2,4
355	Elementierte Deckenkonstruktionen	9,44 m²	25.021,35	2.650,57	0,7
359	Sonstiges zur KG 350	586,18 m² DEF	27.461,08	46,85	0,8
360	**Dächer**	**393,62 m² DAF**	**441.377,55**	**1.121,33**	**12,8**
361	Dachkonstruktionen	391,62 m²	138.592,42	353,90	4,0
362	Dachöffnungen	2,00 m²	19.522,97	9.761,49	0,6
363	Dachbeläge	431,42 m²	225.787,98	523,36	6,5
364	Dachbekleidungen	285,95 m²	52.816,83	184,71	1,5
365	Elementierte Dachkonstruktionen	–	–	–	–
366	Lichtschutz zur KG 360	–	–	–	–
369	Sonstiges zur KG 360	393,62 m² DAF	4.657,35	11,83	0,1
370	**Infrastrukturanlagen**	**–**	**–**	**–**	**–**
380	**Baukonstruktive Einbauten**	**1.009,00 m² BGF**	**276.804,79**	**274,34**	**8,0**
390	**Sonst. Maßnahmen für Baukonstrukt.**	**1.009,00 m² BGF**	**99.117,72**	**98,23**	**2,9**

Kostenkennwerte für die Kostengruppen 400 der 2. und 3.Ebene DIN 276 (Übersicht)

KG	Kostengruppe	Menge Einheit	Kosten €	€/Einheit	% an 3+4
400	**Bauwerk – Technische Anlagen**	**1.009,00 m²BGF**	**760.197,65**	**753,42**	**22,0**
410	**Abwasser-, Wasser-, Gasanlagen**	**1.009,00 m²BGF**	**129.767,35**	**128,61**	**3,8**
411	Abwasseranlagen	1.009,00 m²BGF	45.333,02	44,93	1,3
412	Wasseranlagen	1.009,00 m²BGF	79.894,74	79,18	2,3
413	Gasanlagen	–	–	–	–
419	Sonstiges zur KG 410	1.009,00 m²BGF	4.539,58	4,50	0,1
420	**Wärmeversorgungsanlagen**	**1.009,00 m²BGF**	**126.552,40**	**125,42**	**3,7**
421	Wärmeerzeugungsanlagen	1.009,00 m²BGF	32.438,67	32,15	0,9
422	Wärmeverteilnetze	1.009,00 m²BGF	43.021,50	42,64	1,2
423	Raumheizflächen	1.009,00 m²BGF	41.509,79	41,14	1,2
424	Verkehrsheizflächen	–	–	–	–
429	Sonstiges zur KG 420	1.009,00 m²BGF	9.582,42	9,50	0,3
430	**Raumlufttechnische Anlagen**	**1.009,00 m²BGF**	**162.566,00**	**161,12**	**4,7**
431	Lüftungsanlagen	1.009,00 m²BGF	162.566,00	161,12	4,7
432	Teilklimaanlagen	–	–	–	–
433	Klimaanlagen	–	–	–	–
434	Kälteanlagen	–	–	–	–
439	Sonstiges zur KG 430	–	–	–	–
440	**Elektrische Anlagen**	**1.009,00 m²BGF**	**241.021,37**	**238,87**	**7,0**
441	Hoch- und Mittelspannungsanlagen	–	–	–	–
442	Eigenstromversorgungsanlagen	–	–	–	–
443	Niederspannungsschaltanlagen	–	–	–	–
444	Niederspannungsinstallationsanlagen	1.009,00 m²BGF	157.898,99	156,49	4,6
445	Beleuchtungsanlagen	1.009,00 m²BGF	66.476,15	65,88	1,9
446	Blitzschutz- und Erdungsanlagen	1.009,00 m²BGF	16.646,24	16,50	0,5
447	Fahrleitungssysteme	–	–	–	–
449	Sonstiges zur KG 440	–	–	–	–
450	**Kommunikationstechnische Anlagen**	**1.009,00 m²BGF**	**33.801,27**	**33,50**	**1,0**
451	Telekommunikationsanlagen	–	–	–	–
452	Such- und Signalanlagen	1.009,00 m²BGF	4.378,98	4,34	0,1
453	Zeitdienstanlagen	–	–	–	–
454	Elektroakustische Anlagen	–	–	–	–
455	Audiovisuelle Medien- u. Antennenanl.	–	–	–	–
456	Gefahrenmelde- und Alarmanlagen	1.009,00 m²BGF	21.345,03	21,15	0,6
457	Datenübertragungsnetze	1.009,00 m²BGF	8.077,27	8,01	0,2
458	Verkehrsbeeinflussungsanlagen	–	–	–	–
459	Sonstiges zur KG 450	–	–	–	–
460	**Förderanlagen**	**1.009,00 m²BGF**	**66.489,27**	**65,90**	**1,9**
461	Aufzugsanlagen	1.009,00 m²BGF	66.489,27	65,90	1,9
462	Fahrtreppen, Fahrsteige	–	–	–	–
463	Befahranlagen	–	–	–	–
464	Transportanlagen	–	–	–	–
465	Krananlagen	–	–	–	–
466	Hydraulikanlagen	–	–	–	–
469	Sonstiges zur KG 460	–	–	–	–
470	**Nutzungsspez. u. verfahrenstechn. Anl.**	**–**	**–**	**–**	**–**
480	**Gebäude- und Anlagenautomation**	**–**	**–**	**–**	**–**
490	**Sonst. Maßnahmen für techn. Anlagen**	**–**	**–**	**–**	**–**

Kostenkennwerte für die Kostengruppen der 3.Ebene DIN 276

KG	Kostengruppe	Menge Einheit	Kosten €	€/Einheit	%
210	**Herrichten**				**100,0**
212	**Abbruchmaßnahmen**	1.278,00 m²GF	1.737	**1,36**	100,0
	Abbruch von Asphaltfläche (100m²); Entsorgung, Deponiegebühren				
310	**Baugrube / Erdbau**				**100,0**
311	**Herstellung**	1.532,00 m³BGI	35.694	**23,30**	100,0
	Baugrubenaushub BK 3-4, t bis 4,00m, laden, entsorgen (1.532m³), Planum (430m²), Rohrgrabenaushub BK 3-5, t bis 1,25m, wieder verfüllen (23m³)				
320	**Gründung, Unterbau**				**100,0**
321	**Baugrundverbesserung**	343,00 m²	13.615	**39,69**	7,1
	Bodenaustausch, t=50cm, Auffüllung Kiessand, Bodengruppe GW (273m³), Gründungssohle verdichten (430m²), Geotextil (434m²)				
322	**Flachgründungen und Bodenplatten**	367,36 m²	100.232	**272,84**	52,6
	Fundamentaushub BK 3-5, t=1,35m (72m³), Stb-Streifenfundamente C25/30, 40x78cm (29m), 40x1,00m (20m), 65x50cm (17m), Einzelfundament C25/30 (4m³), Stb-Bodenplatte C25/30, WU, d=25cm, Schalung, Bewehrung (364m²), Oberfläche flügelglätten (119m²), Aufzugsunterfahrt, t=1,35m (13m²), Pumpensumpf in Bodenplatte (1St), Bodendurchführungen DN400 (2St)				
324	**Gründungsbeläge**	222,08 m²	40.476	**182,26**	21,3
	Bitumenabdichtung (207m²), PU-Dämmung, WLS 024, d=60mm, EPS-TSD, d=30mm, Heizestrich, d=70mm (212m²), Linoleum (196m²), Abdichtung, Bodenfliesen (18m²), Fluchtstufe, Holz 1,00x0,30x0,20m (1St), Gefällerampe für Pelletlager, Dreischichtplatte, 40 Grad Neigung (2m²), Epoxidharzbeschichtung, Sauberlaufmatte, Alurahmen (8m²)				
325	**Abdichtungen und Bekleidungen**	390,10 m²	36.145	**92,65**	19,0
	Sauberkeitsschicht C8/10, d=5cm (390m²), XPS-Dämmung WLG 035, d=200mm, PE-Folie (374m²), vertikal an Fundamenten (118m²)				
330	**Außenwände/Vertikale Baukonstruktionen, außen**				**100,0**
331	**Tragende Außenwände**	480,27 m²	158.130	**329,25**	21,2
	Brettsperrholzwände, d=12cm, dreilagig, Industriequalität (321m²), Brettsperrholzstürze, h=32-40cm (29m), Unterzüge 20x28cm (17m), Vertikalrippen 12x12cm, l bis 4,40m (14St), Stb-Wände C25/30, WU, d=25cm, Schalung, Bewehrung (70m²), Sichtbeton (60m²), d=20cm (30m²)				
333	**Außenstützen**	86,01 m	29.358	**341,33**	3,9
	Stahlstützen, Quadratrohr 100x100mm, h=3,38m, feuerverzinkt (60m), Stahlverbundstützen 100x100mm, h=3,38m, F30-Betonverguss C30/37 (26m)				
334	**Außenwandöffnungen**	258,78 m²	277.138	**1.070,94**	37,2
	Holz-Alu-Fensterelemente, Festverglasungen, Drehkipptüren (249m²), Holz-Alu-Türelemente, Festverglasung, Türflügel mit Oberlicht (10m²), Alu-Fensterbänke (23m), Klingel-/Sprechanlage, flächenbündig, in Paneelfeld (1St)				

KG	Kostengruppe	Menge Einheit	Kosten €	€/Einheit	%
335	**Außenwandbekleidungen, außen**	542,67 m²	221.684	**408,51**	29,8
	Holzfaserdämmung, d=6cm, Holzunterkonstruktion, d=20cm, Zelluloseeinblasdämmung WLG 040, Fassadenbahn (335m²), hinterlüftete Holzfassade aus drei verschiedene Lattenformaten, b=110/70/30mm, Weißtanne (294m²), als offene Bekleidung Außentreppe (109m²), als Laibungsbekleidungen, t bis 240mm (157m), t=300mm (18m), als Dachrandbekleidung, h=60cm (19m), Fassadennischen 14x20cm, für Fallleitungen (36m), Sockelabschluss (39m), Perimeterdämmung, d=140mm (75m²), d=200mm (64m²)				
336	**Außenwandbekleidungen, innen**	171,33 m²	19.197	**112,04**	2,6
	Holz-Vorsatzschalen, d=12mm, oberflächenfertig (164m²), Wandfliesen 10x10cm (8m²)				
338	**Lichtschutz zur KG 330**	105,07 m²	32.213	**306,59**	4,3
	Fenstermarkisen, seitliche Seilführungen, Motorantriebe (105m²), Textilscreenkästen 15x18cm (34m)				
339	**Sonstiges zur KG 330**	739,05 m² AWF	6.429	**8,70**	0,9
	Stb-Lichtschacht C30/37, WU, 120x180x80cm, Gitterrost, befahrbar (1St), 120x110x80 (1St), Schachtleiter als Notausstieg (1St)				
340	**Innenwände/Vertikale Baukonstruktionen, innen**				**100,0**
341	**Tragende Innenwände**	577,99 m²	179.068	**309,81**	39,2
	Brettsperrholzwände, d=12cm (246m²), Stb-Wände C25/30, d=20cm, Sichtbeton, Schalung, Bewehrung (263m²), d=15cm (69m²), Ankerschienen (18St), Kernbohrungen (6St)				
342	**Nichttragende Innenwände**	164,29 m²	28.214	**171,73**	6,2
	GK-Metallständerwände, d=10cm, Mineralwolldämmung, beidseitig doppelt beplankt (110m²), als Installationswand, d=15-25cm (39m²), KS-Abmauerung, d=11,5cm (13m²), Trennwände, Fichte (2St)				
344	**Innenwandöffnungen**	97,75 m²	153.504	**1.570,38**	33,6
	Holztüren, Fichte, Blockzargen flächenbündig, Rw=32dB, mit beidseitiger Festverglasung, Oberlicht, OTS (29m²), mit Glasausschnitt, teilweise Oberlichter (46m²), Edelstahl-Drückergarnituren (29St), Festverglasung, Sicherheitsglas, Rw=47 dB (6m²), als Durchreiche (3m²), Stahlblechtüren, verzinkt (15m²), Fingerklemmschutz (15St), Panikbeschläge (2St)				
345	**Innenwandbekleidungen**	848,79 m²	96.566	**113,77**	21,1
	GK-Vorsatzschalen, d=24mm, Mineralwolldämmung, doppelt beplankt (394m²), selbsttragend vor Installationswand (54m²), einfach beplankt (32m²), Dreischichtplatten, d=18mm, Fichte, Nut/Feder, Mineralwolldämmung, d=20mm (170m²), d=12mm (105m²), GK-Verkofferungen (54m²), GK-Ummantelung, Stahlstützen, 10x10cm zweiseitig (57m), Holz-Ummantelung, Stahlstützen, 10x10cm, zweiseitig (5m), Dispersionsbeschichtung (152m²), Wandfliesen 10x10cm (66m²), Revisionstüren 40x40cm (3St)				

KG	Kostengruppe	Menge Einheit	Kosten €	€/Einheit	%
350	**Decken/Horizontale Baukonstruktionen**				**100,0**
351	**Deckenkonstruktionen**	576,74 m²	212.621	**368,66**	47,8
	Brettsperrholzdecken, d=26cm, fünflagig (148m²), d=18cm (119m²), d=30cm (55m²), als Brettsperrholzbalkone, d=12cm, 2% Gefälle, b=1,40m (79m²), BSH-Unterzüge 20x36cm (17m), BSH-Plattformen (21m²), Stb-Decken C25/30, d=20cm, Schalung, Bewehrung (116m²), d=25cm (14m²), Stb-Treppen C25/30, b=1,96m, 18+21 Steigungen, einläufig mit Podest, sandgestrahlt (25m²), Stb-Stürze C25/30, d=20cm, h=16-22cm (8m), h=44cm (3m), Stahlträger HEA200 (10m), HEA140 (2m), UPE220 (32m), Stahlwinkel 150x150mm (18m), 130x65mm (29m)				
353	**Deckenbeläge**	464,37 m²	98.183	**211,43**	22,1
	Schüttung, d=80mm, Trennlage (321m²), PU-Dämmung WLS 024, d=60mm (71m²), d=50mm (22m²), EPS-Trittschalldämmung, d=30mm, Heizestrich CT-C30-F5, d=65mm (415m²), Linoleum, d=2,5mm (376m²), Abdichtung, Bodenfliesen (47m²), Fliesensockel (35m), Trockenestrich (20m²), Korkunterlage, d=2mm (66m²), Laubengang: Abdichtung auf Holz, Betonterrassenplatten 30x30cm (50m²)				
354	**Deckenbekleidungen**	303,93 m²	81.623	**268,56**	18,3
	Holzwolle-Akustikdecken, d=25mm, Abhängehöhe 16-35cm, Akustikauflagen (290m²), Holzbekleidung, hinterlüftet, b=120mm, Weißtanne (14m²), Revisionsklappen 40x40cm (4St), Vorhangschienen, deckenbündig, Fries, b=15cm (42m), GK-Bekleidung F30, an Stahlträgern, dreiseitig (53m), Lüftungsgitter, b=60cm (64m), Leuchtenausschnitte (52St)				
355	**Elementierte Deckenkonstruktionen**	9,44 m²	25.021	**2.650,57**	5,6
	Stahlwangentreppe, ein Podest, 19 Steigungen, b=1,20m, l=7,87m, Gitterroststufen 20/10mm, Geländer beidseitig, Flachstahl 15x12mm, Handlauf DN30 (1St)				
359	**Sonstiges zur KG 350**	586,18 m² DEF	27.461	**46,85**	6,2
	Balkongeländer, Flachstahl 50x12mm, verzinkt, h=1,00m, Füllstäbe D=15mm (27m), Handlauf, Fichte, D=40mm (24m)				
360	**Dächer**				**100,0**
361	**Dachkonstruktionen**	391,62 m²	138.592	**353,90**	31,4
	Brettsperrholzdach, d=18cm, dreilagig, Neigung 10-15° (222m²), d=12cm (143m²), BSH-Träger 18x118cm (20m), 12x32-40cm (31m), Stb-Satteldach C25/30, d=25cm, Gefälle 20%, Schalung, Bewehrung (27m²), Stahlträger HEA200 (23m), Stahlwinkel 130x65mm (29m)				
362	**Dachöffnungen**	2,00 m²	19.523	**9.761,49**	4,4
	Lichtkuppeln 100x100cm, Kupferaufsatzkranz, Motorantriebe (2St), Dachausstieg (1St)				
363	**Dachbeläge**	431,42 m²	225.788	**523,36**	51,2
	Unterspannbahn, dreilagig, Holzfaserplatte WLG 045, d=60mm, Zellulosedämmung WLG 040, d=200mm, Tragriegel 6x20cm, Lattung, Schalung, d=24mm (385m²), Aufdopplung ungedämmte Dachfläche (58m²), Doppelstehfalzdeckung, Kupfer, d=0,7mm (431m²), Kastenrinnen 15x10cm, Kupfer (85m), Schneefangrohre, D=32mm (75m), Eisstopper (138St), Dachabläufe DN70 (2St), Regenfallrohre DN70, Kupfer (7m)				

KG	Kostengruppe	Menge Einheit	Kosten €	€/Einheit	%
364	**Dachbekleidungen**	285,95 m²	52.817	**184,71**	12,0
	Holzwolle-Akustikdecken, d=25mm, Abhängehöhe 16-35cm, Akustikauflagen (219m²), GK-Decke (5m²), vertikale Schallschutzelemente, h=30cm, l=300cm, Achsabstand 60cm (41m²), GK-Bekleidung F30, an Stahlträgern, dreiseitig (31m), GK-Verkofferung 60x62cm (33m), Leuchtenausschnitte (28St), Revisionsklappen 40x40cm (4St), Begleitheizung Dachrinnen, 18-36W/m (134m)				
369	**Sonstiges zur KG 360**	393,62 m² DAF	4.657	**11,83**	1,1
	Seilsicherungssystem (psch), persönliche Schutzausrüstung (1St)				
380	**Baukonstruktive Einbauten**				**100,0**
381	**Allgemeine Einbauten**	1.009,00 m² BGF	263.004	**260,66**	95,0
	Einbauschränke 3,50x0,60x2,10m, mit Küche, Computerarbeitsplatz, Aufstiegsmöglichkeit (2St), Einbauküche, Küchengeräte (1St), Spülschrank, Gewerbekühlschrank (1St), Durchschubspülmaschine (1St), Einbauschränke, h=3,13m (41m), Wickelkommode (1St), Garderobeninseln (2St), Anziehinseln, D=2,00m, drei Podesthöhen (2St), Spielplattformen (2St), Garderobe, 26 Fächer, Sitzbank (1St), Arbeitsschränke 160x60x90cm (6St), Pinnwandelemente (22St), Sicherheitsnetze, h=1,80m (9m)				
382	**Besondere Einbauten**	1.009,00 m² BGF	9.375	**9,29**	3,4
	Boulderwand 6,46x3,16m, Fichte, Griffe (1St)				
386	**Orientierungs- und Informationssysteme**	1.009,00 m² BGF	4.426	**4,39**	1,6
	Fluchtwegschilder (22St), Hinweisschilder (6St), Beschriftung an Fassade (16St), an Fenster (2St), an Türen (2St), an Klingel (2St)				
390	**Sonstige Maßnahmen für Baukonstruktionen**				**100,0**
391	**Baustelleneinrichtung**	1.009,00 m² BGF	42.874	**42,49**	43,3
	Baustelleneinrichtungen (2St), Baustellen-WC (1St), Baustrom, Anschlussschrank, Endverteilerschrank (1St), Gummischlauchleitungen (284m), Baustellenbeleuchtung, Feuchtraumwannenleuchten (10St), Bauschild (1St), Bautür (1St)				
392	**Gerüste**	1.009,00 m² BGF	42.252	**41,88**	42,6
	Fassadengerüst (1.219m²), Fahrgerüste bis 5,00m (2St), Montagegerüst, h=5,30m (psch), Flächengerüst über Treppe (psch)				
397	**Zusätzliche Maßnahmen**	1.009,00 m² BGF	13.991	**13,87**	14,1
	Schutzfolien auf Dachflächen (125m²), Bodenbelägen (50m²), Sperrholzabdeckung auf Sichtbetontreppenstufen (39St), Absturzsicherungen (52m), Bauendreinigung (psch)				
410	**Abwasser-, Wasser-, Gasanlagen**				**100,0**
411	**Abwasseranlagen**	1.009,00 m² BGF	45.333	**44,93**	34,9
	KG-Rohre DN100-200, Formstücke (132m), PE-Rohre DN100, Formstücke (32m), PP-Rohre DN50-100, hochschallgedämmt, Formstücke (93m), Brandschutzmanschetten (111St), Bodenabläufe DN100 (4St), Schmutzwasserpumpen (2St), Steueranlage (1St), Revisionsschacht DN1.000, h=1,75m (1St), h=2,00m (1St), Liefermaterial, Riesel (48m³)				

KG	Kostengruppe	Menge Einheit	Kosten €	€/Einheit	%
412	**Wasseranlagen**	1.009,00 m²BGF	79.895	**79,18**	61,6
	Edelstahlrohre DN15-35, Formstücke, Rohrdämmung (99m), Mehrschichtverbundrohre DN16-20, Formstücke, Rohrdämmung (205m), Außentresore Wasser, Strom (2St), Enthärtungsanlage (1St), Tiefspül-WCs (9St), Fernauslösungen, WC-Steuerung (2St), Stütz-Klappgriffe (2St), Spiel- und Waschlandschaft (1St), Speicher, 15l (1St), Waschtische (3St), barrierefrei (1St), Ausgussbecken (1St), Handwasch-Ausgussbecken-Kombination (1St), Duschwanne (1St), Säuglingspflegebecken (1St), Werkraumbecken (1St)				
419	**Sonstiges zur KG 410**	1.009,00 m²BGF	4.540	**4,50**	3,5
	Montageelemente für Kinder-WCs (3St), für Wand-WCs (6St), für Waschtisch (1St)				
420	**Wärmeversorgungsanlagen**				**100,0**
421	**Wärmeerzeugungsanlagen**	1.009,00 m²BGF	32.439	**32,15**	25,6
	Pelletkessel, 12,0-45,0kW, vollautomatisch (1St), Absaugsystem (1St), Schichtpufferspeicher, Isolierung (1St), Druckausdehnungsgefäß (1St)				
422	**Wärmeverteilnetze**	1.009,00 m²BGF	43.021	**42,64**	34,0
	Kupferrohre DN15-42, Formstücke, Rohrdämmung (224m), Dreiwegeventile (2St), Entleerungsventile (15St), Heizungsverteiler (1St), Kugelhähne (18St), Zeigerthermometer (9St)				
423	**Raumheizflächen**	1.009,00 m²BGF	41.510	**41,14**	32,8
	Fußbodenheizung, Verlegeplatten, PE-Xc Rohre (621m²), Heizkreisverteiler, Verteilerschränke, Wohnungsstationen (4St), Stellantriebe (41St), Schaltzentralen (4St), Kompaktheizkörper (2St), Raumthermostate (23St)				
429	**Sonstiges zur KG 420**	1.009,00 m²BGF	9.582	**9,50**	7,6
	Schornstein 39x39cm, einzügig (12m), Aufsatzkranz (1St), Kaminverwahrung (1St)				
430	**Raumlufttechnische Anlagen**				**100,0**
431	**Lüftungsanlagen**	1.009,00 m²BGF	162.566	**161,12**	100,0
	Lüftungsgerät, Volumenstrom 1.305m³/h, Rotationswärmeübertrager (1St), Lüftungsgerät, Volumenstrom 575m³/h, Plattenwärmetauscher (1St), Volumenstromregler (12St), Stellantriebe (2St), Heizregister (1St), Stahlkanäle, b=35-100cm, Dämmung (222m²), Kanalschalldämpfer (8St), Wickelfalzrohre DN100-400, Formstücke, Rohrdämmung (261m), Schalldämpfer DN100-160 (28St), Lüftungsrohre DN100-125, Kautschukdämmung (70m), Brandschutzklappen (10St), Kanalrauchmelder (4St), Deckendrallauslässe (16St), Wandschlitzauslässe (18m), Lüftungsgitter (9St)				
440	**Elektrische Anlagen**				**100,0**
444	**Niederspannungsinstallationsanlagen**	1.009,00 m²BGF	157.899	**156,49**	65,5
	Zählerschrank, Hauptverteiler, bis 250A, 80x80x27cm (1St), Messschrank, Überspannungsschutzgerät, Zählerwechselplatte (1St), Verteilerschrank 195x80x20cm (1St), Überspannungsschutzgerät (1St), Kleinverteiler (1St), Sonnenschutzzentrale (1St), FI-Schutzschalter (104St), Leitungsschutzschalter (43St), Lasttrennschalter (2St), Mantelleitungen NHXMH (6.665m), J-H (1.355m), NYY (455m), Steuerleitungen A05RN-F (561m), Außenkabel A-2Y (65m), Kabelrinnen (89m), Ausleger (477St), Leerrohre (671m), Steckdosen (167St), Schalter/Taster (53St), Abzweigdosen (462St), Jalousieschalter (15St), Präsenzmelder (13St)				

KG	Kostengruppe	Menge Einheit	Kosten €	€/Einheit	%
445	**Beleuchtungsanlagen**	1.009,00 m² BGF	66.476	**65,88**	27,6
	LED-Einbauleuchten, 36W (24St), LED-Hängeleuchten (36St), LED-Decken-Einbaudownlights (14St), Wannenleuchten, l=1,57m (12St), Spiegelleuchten (5St), Außenleuchten (psch)				
446	**Blitzschutz- und Erdungsanlagen**	1.009,00 m² BGF	16.646	**16,50**	6,9
	Fundamenterder, Bandstahl (396m), Anschlussfahnen (25St), Überspannungs-Ableiter, vierpolig (11St), Alu-Fangleitung, D=8mm (49m), Alu-Fangstangen, D=16mm (2St), Potenzialausgleichs-schienen (2St), Mantelleitungen NHXMH (372m)				
450	**Kommunikations-, sicherheits- und informationstechnische Anlagen**				**100,0**
452	**Such- und Signalanlagen**	1.009,00 m² BGF	4.379	**4,34**	13,0
	Sprechanlage (1St), Netzgerät, Notrufset, Telefon-Gateway (1St), DECT-Repeater (2St)				
456	**Gefahrenmelde- und Alarmanlagen**	1.009,00 m² BGF	21.345	**21,15**	63,1
	Brandmeldezentrale (1St), Multisensormelder, Meldesockel (37St), Blitzleuchte, Überspannungsschutz (1St), Druckknopfmelder (14St), Brandmeldekabel (918m)				
457	**Datenübertragungsnetze**	1.009,00 m² BGF	8.077	**8,01**	23,9
	Medienschrank, DSL-Router, Repeater (1St), Datenkabel Cat7 (1.044m), Module Cat6 (26St), Datenanschlussdosen Cat6 (14St), Telefonanschlussdosen (3St)				
460	**Förderanlagen**				**100,0**
461	**Aufzugsanlagen**	1.009,00 m² BGF	66.489	**65,90**	100,0
	Aufzugsanlage, Nutzlast 630 kg, Förderhöhe 6,25m, drei Haltestellen, Kabinenmaß 1, 10x1,40x2,20m (1St)				
510	**Erdbau**				**100,0**
511	**Herstellung**	5,00 m³ EBR	152	**30,49**	100,0
	Rohrgrabenaushub, t bis 1,25 m (5m³)				
520	**Gründung, Unterbau**				**100,0**
521	**Baugrundverbesserung**	1.081,16 m²	19.131	**17,69**	63,4
	Bodenaustausch, t=50cm, Auffüllung Kiessand, Bodengruppe GW (541m³), Geotextil (106m²)				
522	**Gründungen und Bodenplatten**	6,30 m²	10.339	**1.641,10**	34,3
	Fundamentaushub BK3-5, t=1,35m (39m³), Stb-Streifenfundamente C25/30, 0,70x9,00m, Schalung, Bewehrung (6m²)				
524	**Abdichtungen und Bekleidungen**	10,50 m²	693	**65,95**	2,3
	Sauberkeitsschicht C8/10, d=5cm, XPS-Perimeterdämmung, d=30mm (10m²)				
540	**Baukonstruktionen**				**100,0**
541	**Einfriedungen**	30,28 m²	27.202	**898,36**	27,2
	Zaun, h=1,20m feuerverzinkt, pulverbeschichtet, Flachstahl 50x12mm, Füllstäbe DN15 (26m), Toranlagen 1,10x1,20m, einflüglig (2St), Briefkasten, Klingelanlage (1St)				

KG	Kostengruppe	Menge Einheit	Kosten €	€/Einheit	%
543	**Wandkonstruktionen**	33,66 m²	12.806	**380,44**	12,8
	Stb-Wand C35/45, d=20cm, Sichtbeton, Schalung, Bewehrung (34m²), Mauerabdeckung, Kupfer, b=50cm (9m)				
545	**Überdachungen**	29,75 m²	60.180	**2.022,86**	60,1
	Nebengebäude: Stahlkonstruktion 8,75x3,67m, h=2,74m, aus Quadratstahlrohren 60x60x5mm (1St), Holzfassade 27x110mm, h=2,35m, Weißtanne (38m²), Türflügel 1,08x2,20m (2St), Brettsperrholzdach, d=10cm, dreilagig, Abdichtung (30m²), BSH-Träger 16x46cm (15m), Stahlwinkel 100x65x7mm (9m), Attika, KVH 6x16m (15m), 12x120cm (9m), extensive Dachbegrünung (17m²), Rollkiesschüttung 16/32mm, d=10cm (15m²), Kiesrandstreifen 16/32, b=40cm, Alu-Kiesrandleiste (24m), Dachablauf DN80 (1St), Fallrohre DN80, Formstücke (3m), Wasserspeier (1St)				
550	**Technische Anlagen**				**100,0**
556	**Elektrische Anlagen**	808,00 m² AF	15.355	**19,00**	100,0
	LED-Kompaktstrahler, Traverse (12St), Alu-Lichtmasten, h=4m (4St), Mantelleitungen NYY (42m)				
590	**Sonstige Maßnahmen für Außenanlagen und Freiflächen**				**100,0**
594	**Abbruchmaßnahmen**	808,00 m² AF	3.160	**3,91**	100,0
	Abbruch von Streifenfundamenten 30x50cm (3m³); Entsorgung, Deponiegebühren				

4400-0357
Kinderhaus
(4 Gruppen)
(74 Kinder)

Kostenkennwerte für Leistungsbereiche nach STLB (Kosten des Bauwerks nach DIN 276)

LB	Leistungsbereiche	Kosten €	€/m² BGF	€/m³ BRI	% an 3+4
000	Baustellen-, Sicherheitseinr. inkl. 001, 089	62.248	61,70	15,80	1,8
002	Erdarbeiten	57.861	57,30	14,70	1,7
006	Spezialtiefbauarbeiten inkl. 005	–	–	–	–
009	Entwässerungskanalarbeiten inkl. 011	944	0,94	0,24	< 0,1
010	Drän- und Versickerarbeiten	–	–	–	–
012	Mauerarbeiten	13.425	13,30	3,40	0,4
013	Betonarbeiten	393.569	390,10	100,10	11,4
014	Natur-, Betonwerksteinarbeiten	–	–	–	–
016	Zimmer- und Holzbauarbeiten	775.983	769,10	197,40	22,5
017	Stahlbauarbeiten	116.746	115,70	29,70	3,4
018	Abdichtungsarbeiten	3.685	3,70	0,94	0,1
019	Kampfmittelräumarbeiten	–	–	–	–
020	Dachdeckungsarbeiten	–	–	–	–
021	Dachabdichtungsarbeiten	22.983	22,80	5,80	0,7
022	Klempnerarbeiten	128.891	127,70	32,80	3,7
	Rohbau	**1.576.335**	**1.562,30**	**401,00**	**45,7**
023	Putz- und Stuckarbeiten, Wärmedämmsysteme	908	0,90	0,23	< 0,1
024	Fliesen- und Plattenarbeiten	31.330	31,10	8,00	0,9
025	Estricharbeiten	47.051	46,60	12,00	1,4
026	Fenster, Außentüren inkl. 029, 032	273.369	270,90	69,50	7,9
027	Tischlerarbeiten	489.132	484,80	124,40	14,2
028	Parkett-, Holzpflasterarbeiten	–	–	–	–
030	Rollladenarbeiten	29.334	29,10	7,50	0,9
031	Metallbauarbeiten inkl. 035	–	–	–	–
034	Maler- und Lackiererarb. - Beschicht. inkl. 037	2.788	2,80	0,71	< 0,1
036	Bodenbelagarbeiten	43.331	42,90	11,00	1,3
038	Vorgehängte hinterlüftete Fassaden	–	–	–	–
039	Trockenbauarbeiten	179.311	177,70	45,60	5,2
	Ausbau	**1.096.554**	**1.086,80**	**279,00**	**31,8**
040	Wärmeversorgungsanl. - Betriebseinr. inkl. 041	103.556	102,60	26,30	3,0
042	Gas- u. Wasseranl. - Leitung., Armat. inkl. 043	52.460	52,00	13,30	1,5
044	Abwasseranl. - Leitungen, Abläufe, Armaturen	36.475	36,10	9,30	1,1
045	Gas, Wasser, Entwässerung - Ausstattung inkl. 046	31.639	31,40	8,00	0,9
047	Dämm- und Brandschutzarb. an techn. Anlagen	26.708	26,50	6,80	0,8
049	Feuerlöschanlagen, Feuerlöschgeräte	–	–	–	–
050	Blitzschutz-/Erdungsanlagen, Überspannungssch.	16.646	16,50	4,20	0,5
053	Niederspannungsanl. - Kabel inkl. 052, 054	205.961	204,10	52,40	6,0
055	Sicherheits- u. Ersatzstromversorgungsanl.	–	–	–	–
057	Gebäudesystemtechnik	–	–	–	–
058	Leuchten und Lampen inkl. 059	24.428	24,20	6,20	0,7
060	Such, Signal, Zeit, Anten., akust. Anl. inkl. 064	2.684	2,70	0,68	< 0,1
061	Kommunikations- u. Übertragungsnetze inkl. 063	35.543	35,20	9,00	1,0
069	Aufzüge	66.489	65,90	16,90	1,9
070	Gebäudeautomation	–	–	–	–
075	Raumlufttechnische Anlagen inkl. 078	156.726	155,30	39,90	4,5
	Gebäudetechnik	**759.315**	**752,50**	**193,20**	**22,0**
084	Abbruch, Rückbau, Schadstoffsanierung	–	–	–	–
	Abbrucharbeiten	**–**	**–**	**–**	**–**
	Sonstige Leistungsbereiche	**17.866**	**17,70**	**4,50**	**0,5**

4400-0378
Kindergarten
(6 Gruppen)
(150 Kinder)

Kostenkennwerte für die Kosten des Bauwerks (Kostengruppen 300+400 nach DIN 276)

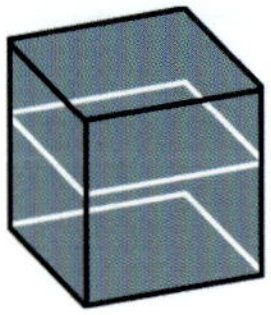

BRI 625 €/m³

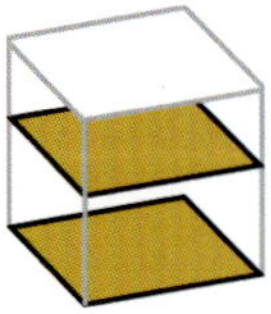

BGF 3.358 €/m²

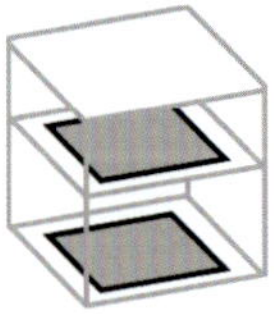

NUF 4.918 €/m²

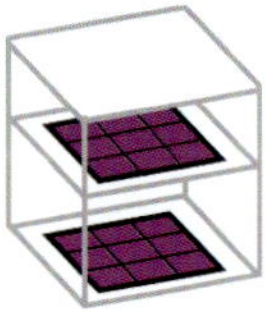

NE 36.651 €/NE
NE: Kinder

Objekt:
Kennwerte: 1. Ebene DIN 276
BRI: 8.792 m³
BGF: 1.637 m²
NUF: 1.118 m²
Bauzeit: 70 Wochen
Bauende: 2022
Standard: mittel
Bundesland: Bayern
Kreis: Pfaffenhofen a.d.Ilm

Architekt*in:
Architekturbüro
Obereisenbuchner
Schulstraße 13
85276 Pfaffenhofen

Bauherr*in:
Katholische Kirchenstiftung
Verklärung Christi
Kirchweg 3
85296 Rohrbach a.d.Ilm

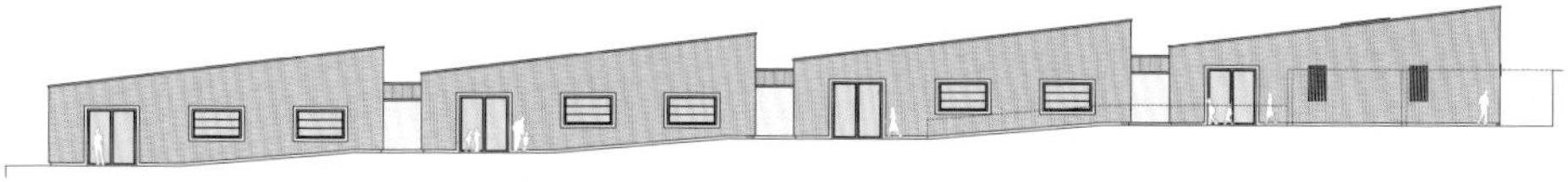

Ansicht Nord

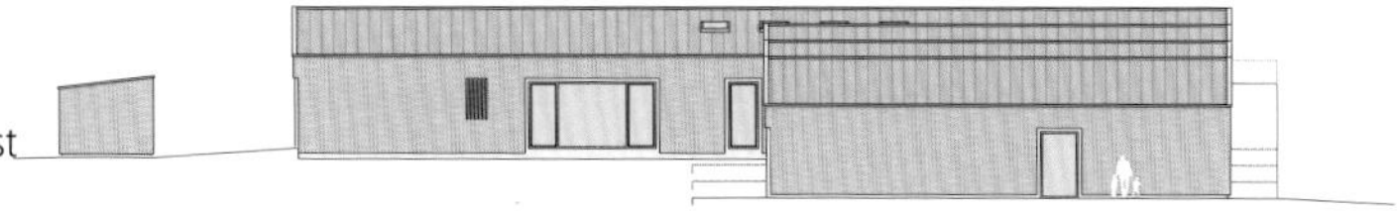

Ansicht Ost

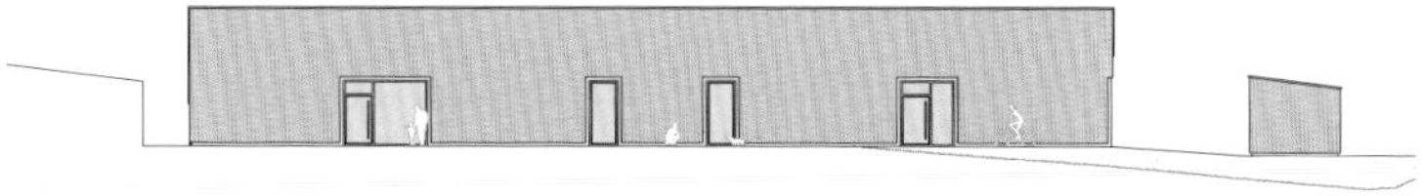

Ansicht West

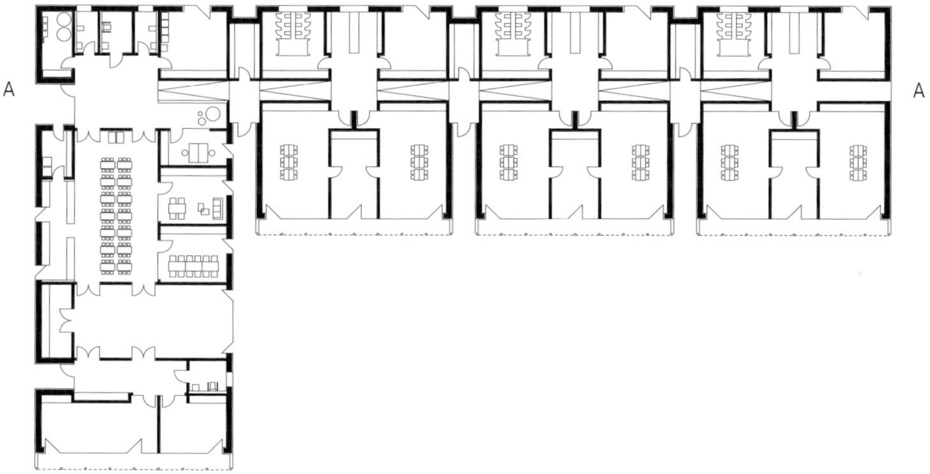

Erdgeschoss

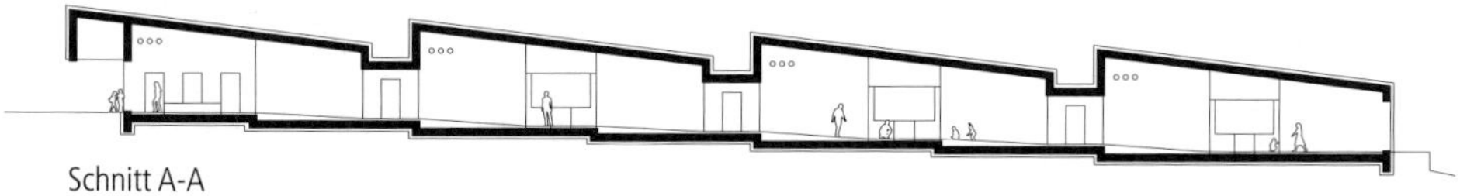

Schnitt A-A

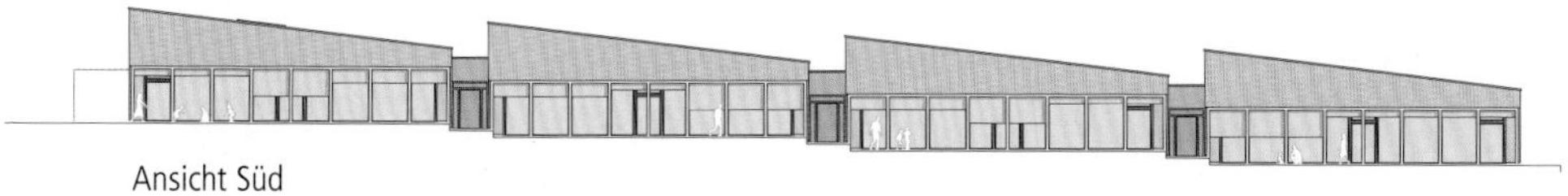

Ansicht Süd

4400-0378
Kindergarten
(6 Gruppen)
(150 Kinder)

Objektbeschreibung

Allgemeine Objektinformationen

Das L-förmige, eingeschossige Gebäude, wird durch drei Einschnitte in vier Baukörper gegliedert, welche sich entlang einer starken Hanglage kaskadenartig dem Gelände anpassen. Die innere Erschließung erfolgt entsprechend über sechs Rampen, wodurch eine umfassende Barrierefreiheit für die Inklusionseinrichtung geschaffen werden konnte.

Nutzung

1 Erdgeschoss
Gruppenräume, Garderoben, Nebenräume, Therapieraum, WCs, Personalräume, Küche, Speiseraum, Mehrzweckraum, Besprechung, Büroräume, Verwaltungsräume der Pfarrei, Technik, Flure

Nutzeinheiten

Gruppen: 6
Kinder: 150

Grundstück

Bauraum: Freier Bauraum
Neigung: Hanglage
Bodenklasse: BK 1 bis BK 5

Markt

Hauptvergabezeit: 3. Quartal 2020
Baubeginn: 1. Quartal 2021
Bauende: 3. Quartal 2022
Konjunkturelle Gesamtlage: über Durchschnitt
Regionaler Baumarkt: unter Durchschnitt

Baukonstruktion

Das Gebäude gründet auf einer Stahlbetonbodenplatte. Der vorgefundene Baugrund musste mittels Trockenmörtelsäulen verbessert werden. Die Wände wurden in Holzrahmenbauweise vorgefertigt und auf die Baustelle gebracht, darauf wurde eine hinterlüftete Holzschalung mit Holzfaserdämmung montiert. Die Fassadenschalung aus Fichtenholz mit mineralischer Beschichtung zur Vorvergrauung unterstützt die zurückhaltende äußere Erscheinung des Gebäudes in seinem Umfeld. Die Holz-Alufenster sind dreifachverglast und können mit Senkrechtmarkisen verschattet werden. Alle Konstruktionselemente sind in Holzrahmenbauweise vorgefertigt und mit Wärme- bzw. Schalldämmung aus Holzfaserplatten erstellt. Das Pultdach als Sparrendach wurde mit einer Doppelstehfalzdeckung gedeckt. Die Böden sind mit Linoleum und Fliesen belegt. Die Wände wurden nach der Installation mit GK bekleidet und beschichtet.

Technische Anlagen

Die Wärmeerzeugung erfolgt durch eine Luft-Wärmepumpe, eine Fußbodenheizung verteilt die Wärme in den Räumen. In den vier Baukörpern wurde jeweils eine mechanische Lüftungsanlage mit Wärmerückgewinnung verbaut. Auf den Dachflächen wurde eine PV-Anlage installiert.

Sonstiges

Südlich des Neubaus schließen Räume für die örtliche Pfarrei an. Trotz den individuellen, funktionalen und lokalen Anforderungen konnte der Baukörper durch eine hohe Vorfertigung aller Wand- und Dachelemente in kurzer Bauzeit realisiert werden.

Energetische Kennwerte

Gesetzliche Grundlage: EnEV 2013
Gebäudenutzfläche: 1.331,00 m^2
Gebäudevolumen: 7.662,50 m^3
A/V_e-Verhältnis (Kompaktheit): 0,60 m^{-1}
Hüllfläche des beheizten Volumens: 4.604,60 m^2
Mittlerer U-Wert (opake Bauteile): 0,13 $W/(m^2 \cdot K)$
Mittlerer U-Wert (transparente Bauteile): 0,96 $W/(m^2 \cdot K)$
Spez. Jahresprimärenergiebedarf: 124,90 $kWh/(m^2 \cdot a)$
CO_2-Emissionen: 38,80 $kg/(m^2 \cdot a)$

Energetische Angaben zu Außenbauteilen

Bodenplatte

U-Wert: 0,18 W/(m²·K)

Gesamtdicke: 54,00 cm	d [cm]	λ [W/(m·K)]
Estrich	8,00	1,400
Dämmung	3,00	0,045
Dämmung	8,00	0,040
Stahlbeton	25,00	2,300
Dämmung	10,00	0,041

Außenwand gegen Erdreich

U-Wert: 0,26 W/(m²·K)

Gesamtdicke: 43,50 cm	d [cm]	λ [W/(m·K)]
GK-Platte	2,50	0,250
Luftschicht ruhend	4,00	0,088
Holz	4,00	0,130
Stahlbeton	25,00	2,300
Dämmung	12,00	0,039

Außenwand hinterlüftet

U-Wert: 0,12 W/(m²·K)

Gesamtdicke: 45,00 cm	d [cm]	λ [W/(m·K)]
GK-Platte	2,50	0,250
Luftschicht ruhend	4,00	0,088
Holz	4,00	0,130
OSB-Platte	2,50	0,130
Dämmung	30,00	0,040
Holz	30,00	0,130
Holzfaserplatte	6,00	0,055

Dach hinterlüftet

U-Wert: 0,16 W/(m²·K)

Gesamtdicke: 34,50 cm	d [cm]	λ [W/(m·K)]
OSB-Platte	2,50	0,250
Dämmung	26,00	0,040
Holz	26,00	0,130
Holzfaserplatte	6,00	0,055

4400-0378
Kindergarten
(6 Gruppen)
(150 Kinder)

Planungskennwerte für Flächen und Rauminhalte nach DIN 277

Flächen des Grundstücks		Menge Einheit	% an GF
BF	Bebaute Fläche	1.570,89 m²	29,9
UF	Unbebaute Fläche	3.683,11 m²	70,1
GF	Grundstücksfläche	5.254,00 m²	100,0

Grundflächen des Bauwerks		Menge Einheit	% an NUF	% an BGF
NUF	Nutzungsfläche	1.117,90 m²	100,0	68,3
TF	Technikfläche	13,95 m²	1,2	0,9
VF	Verkehrsfläche	251,43 m²	22,5	15,4
NRF	Netto-Raumfläche	1.383,28 m²	123,7	84,5
KGF	Konstruktions-Grundfläche	253,81 m²	22,7	15,5
BGF	Brutto-Grundfläche	1.637,09 m²	146,4	100,0

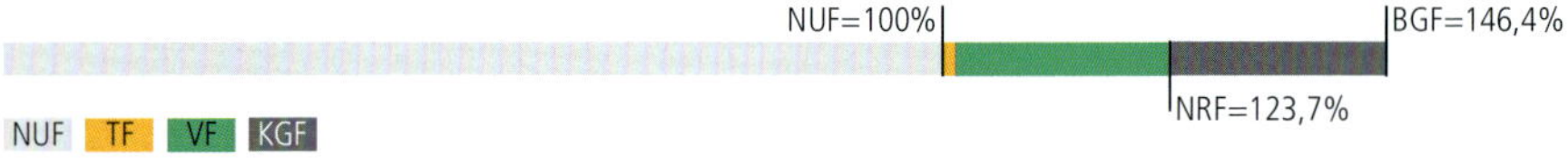

Brutto-Rauminhalt des Bauwerks		Menge Einheit	BRI/NUF (m)	BRI/BGF (m)
BRI	Brutto-Rauminhalt	8.791,92 m³	7,87	5,37

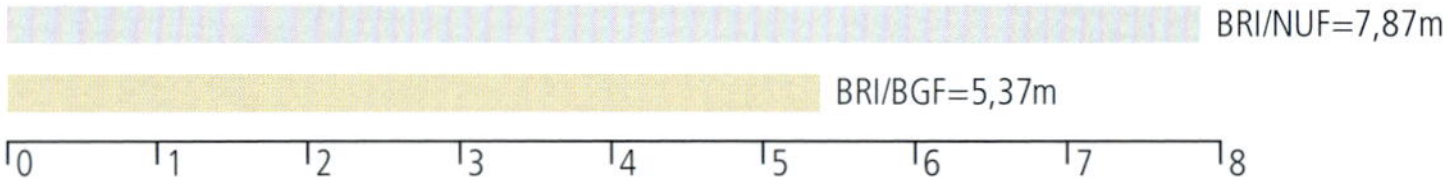

Kostenkennwerte für die Kostengruppen der 1.Ebene DIN 276

KG	Kostengruppen (1.Ebene)	Einheit	Kosten €	€/Einheit	€/m² BGF	€/m³ BRI	% 300+400
100	Grundstück	m² GF	–	–	–	–	–
200	Vorbereitende Maßnahmen	m² GF	–	–	–	–	–
300	Bauwerk – Baukonstruktionen	m² BGF	4.379.637	2.675,26	2.675,26	498,14	79,7
400	Bauwerk – Technische Anlagen	m² BGF	1.118.018	682,93	682,93	127,16	20,3
	Bauwerk 300+400	**m² BGF**	**5.497.656**	**3.358,19**	**3.358,19**	**625,31**	**100,0**
500	Außenanlagen und Freiflächen	m² AF	–	–	–	–	–
600	Ausstattung und Kunstwerke	m² BGF	–	–	–	–	–
700	Baunebenkosten	m² BGF	–	–	–	–	–
800	Finanzierung	m² BGF	–	–	–	–	–

KG	Kostengruppe	Menge Einheit	Kosten €	€/Einheit	%
3+4	**Bauwerk**				**100,0**
300	**Bauwerk – Baukonstruktionen**	1.637,09 m² BGF	4.379.637	**2.675,26**	79,7

Baugrubenaushub, Baugrundverbesserung mittels Trockenmörtelsäulen, Stb-Streifenfundamente, Stb-Bodenplatten, Stb-Rampen, Dämmung, Heizestrich, Linoleum, Bodenfliesen, Sauberlaufmatten, Sauberkeitsschicht, Perimeterdämmung; Stb-Aufkantung, Holzrahmenwände, Holzstützen, Holzfaserdämmung, Holz-Alufenster, -türen, hinterlüftete Fichtenholzschalung, GK-Installationsebenen, Beschichtung, Wandfliesen, Senkrechtmarkisen; Holzrahmen-Innenwände, Holzfaserdämmplatten, Holztüren, GK-Vorsatzschalen; Pfettendach (Pultdach), Holzrahmenelemente, Holzfaserdämmung, Dachflächenfenster, Metalldeckung Doppelstehfalz, Dachentwässerung, Akustikdecken, Beschichtung; Einbauschränke, Einbauküchen, Garderoben, Möbel

KG	Kostengruppe	Menge Einheit	Kosten €	€/Einheit	%
400	**Bauwerk – Technische Anlagen**	1.637,09 m² BGF	1.118.018	**682,93**	20,3

Gebäudeentwässerung, Kalt- und Warmwasserleitungen, Sanitärobjekte; Luft-Wärmepumpe, Fußbodenheizung, Durchlauferhitzer; dezentrale Lüftungsanlagen mit Wärmerückgewinnung (4St); Photovoltaikanlage, Elektroinstallation, Blitzschutzanlage, Beleuchtung; Datennetzwerk, Sprechanlage, Brandmeldeanlage; Küchengeräte

4400-0387
Kindertagesstätte
(5 Gruppen)
(70 Kinder)

Kostenkennwerte für die Kosten des Bauwerks (Kostengruppen 300+400 nach DIN 276)

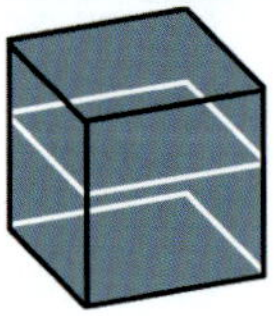

BRI 779€/m^3

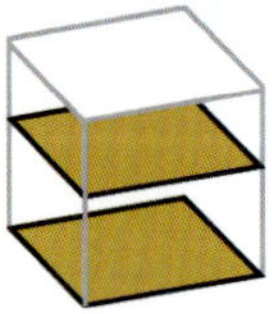

BGF 3.389€/m^2

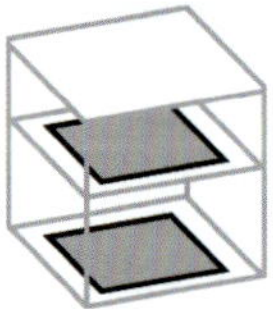

NUF 4.925€/m^2

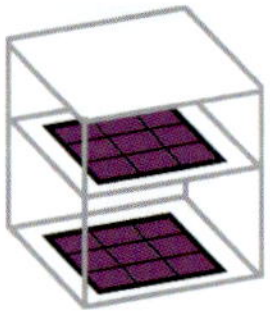

NE 52.436€/NE
NE: Kinder

Objekt:
Kennwerte: 1.Ebene DIN 276
BRI: 4.714m^3
BGF: 1.083m^2
NUF: 745m^2
Bauzeit: 61 Wochen
Bauende: 2021
Standard: mittel
Bundesland: Schleswig-Holstein
Kreis: Pinneberg

Architekt*in:
BKSA Hamburg GmbH
Jarrestraße 42a
22303 Hamburg

Bauherr*in:
Stadt Barmstedt
Am Markt 1
25355 Barmstedt

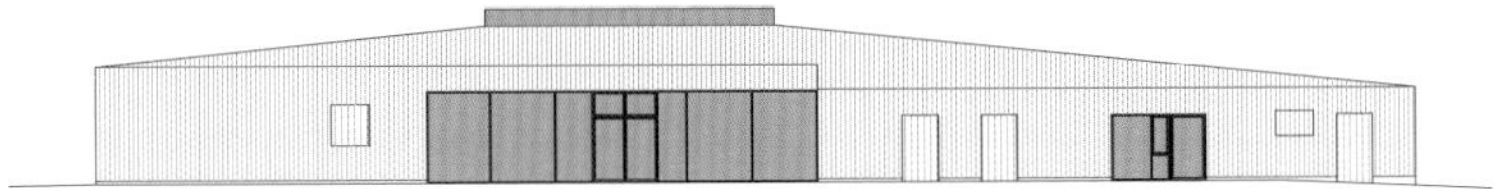

Ansicht Nord

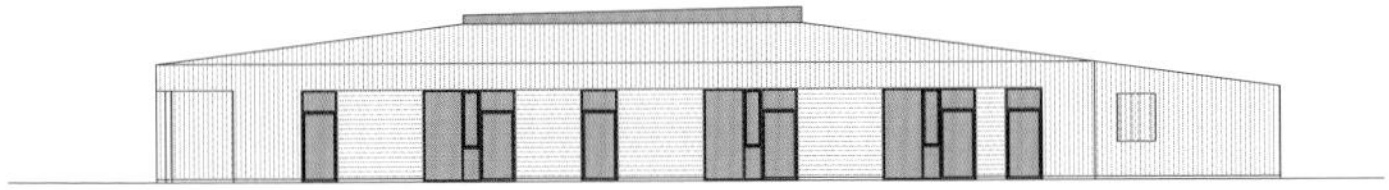

Ansicht Ost

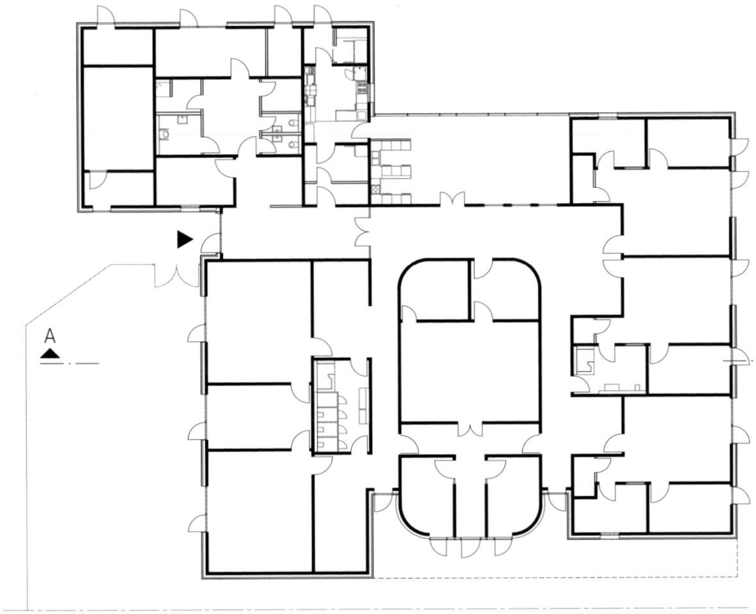

Erdgeschoss

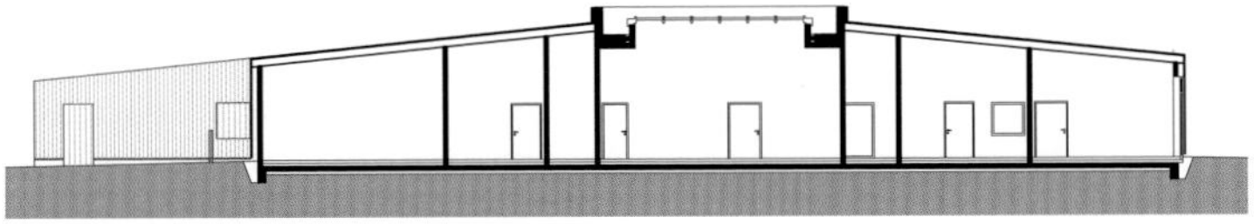

Schnitt A-A

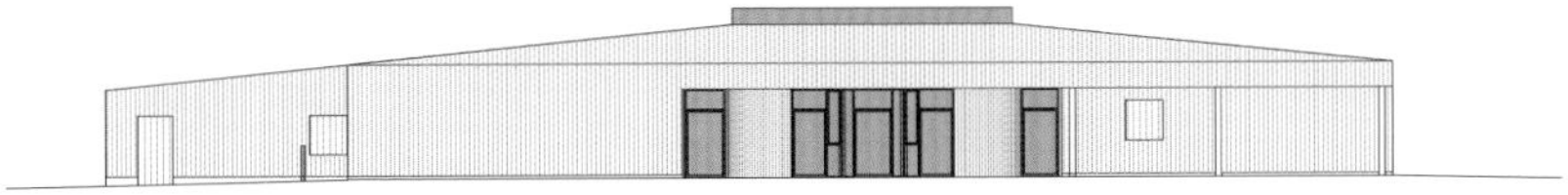

Ansicht Süd

4400-0387
Kindertagesstätte
(5 Gruppen)
(70 Kinder)

Objektbeschreibung

Allgemeine Objektinformationen

Die Kindertagesstätte wurde konzipiert für 70 Kinder in fünf Gruppen. Die Planung sah vor, dass eine spätere Erweiterung, um der Stadtentwicklung gerecht zu werden, problemlos durchgeführt werden kann.

Nutzung

1 Erdgeschoss
Gruppenräume, Schlafräume, Mehrzweck/Bewegungsraum, Werkraum, Küche, Kinderbistro, Sanitärräume, Personalräume, Anlieferung, Hauswirtschaftsraum, Büros, Technik, Abstellräume, Garderoben, Flure,

Nutzeinheiten

Gruppen: 5
Kinder: 70

Grundstück

Bauraum: Freier Bauraum
Neigung: Ebenes Gelände
Bodenklasse: BK 1 bis BK 4

Markt

Hauptvergabezeit: 1. Quartal 2020
Baubeginn: 2. Quartal 2020
Bauende: 2. Quartal 2021
Konjunkturelle Gesamtlage: über Durchschnitt
Regionaler Baumarkt: Durchschnitt

Baukonstruktion

Das Gebäude gründet auf umlaufenden Streifenfundamenten, es wurde in Massivbauweise errichtet. Alle tragenden und aussteifenden Bauteile wurden aus Kalksandsteinmauerwerk hergestellt. Für den zentralen Gebäudekern wurden teilweise runde Stahlbetonwände erstellt, die eine Sichtbetonoberfläche erhielten. An der Außenfassade wurde eine vertikale Holzlattung aus Lärchenholz angebracht, die als hinterlüftete Fassade ausgeführt ist. Die Alu-Pfosten-Riegelfassade ermöglicht den direkten Zugang zum Außenbereich. Die innenliegenden Räume erhielten Oberlichter. Ein außenliegender Sonnenschutz war gemäß KfW55 Anforderung nicht notwendig. Das Dach der Kita wurde als Holz-Sparrendach ausgeführt. Als oberste sichtbare Dachhaut kamen Trapezbleche zum Einsatz. Die Böden sind mit Linoleum, Nadelfilz und Betonwerkstein belegt. Die Nassräume wurden gefliest.

Technische Anlagen

Die Wärmeerzeugung erfolgt mit einem Gas-Brennwertgerät. In den Kinderbereichen ist eine Fußbodenheizung installiert. Die Personal- und Küchenbereiche werden mit Heizkörpern beheizt. Die Trinkwasserleitungen wurden in Edelstahl ausgeführt. Am Ende der Trinkwasserstränge wurden automatische Spüleinheiten installiert. Es wurden zwei zentrale Lüftungsanlagen eingebaut. In den Gruppenräumen sind Sensoren installiert, welche den CO_2, sowie den VOC-Wert erfassen. Anhand dieser Werte werden die Luftvolumenströme geregelt. Die Lüftungszentrale erhält eine flächendeckende Überwachung durch Rauchmelder, welche auf die Brandmeldeanlage aufgeschaltet sind. Das Dach des Gebäudes ist mit einer Photovoltaikanlage ausgestattet.

Energetische Kennwerte

Gesetzliche Grundlage: EnEV 2013
Gebäudenutzfläche: 1.045,00 m^2
Gebäudevolumen: 3.868,00 m^3
A/V_e-Verhältnis (Kompaktheit): 0,68 m^{-1}
Hüllfläche des beheizten Volumens: 2.633,00 m^2
Spez. Transmissionswärmeverlust: 0,22 $W/(m^2{\cdot}K)$
Mittlerer U-Wert (opake Bauteile): 0,16 $W/(m^2{\cdot}K)$
Mittlerer U-Wert (transparente Bauteile): 0,91 $W/(m^2{\cdot}K)$
Mittlerer U-Wert (Glasdächer, etc.): 0,80 $W/(m^2{\cdot}K)$
Spez. Jahresprimärenergiebedarf: 72,00 $kWh/(m^2{\cdot}a)$
Spez. Jahresendenergiebedarf: 63,00 $kWh/(m^2{\cdot}a)$

Energetische Angaben zu Außenbauteilen

Bodenplatte

U-Wert: 0,13 W/(m²·K)

Gesamtdicke: 52,30 cm	d [cm]	λ [W/(m·K)]
Estrich	6,00	1,400
Dämmung	14,00	0,035
Dampfsperre	0,30	0,170
Stahlbeton	20,00	2,600
Dämmung	12,00	0,038

Bodenplatte Technik

U-Wert: 0,15 W/(m²·K)

Gesamtdicke: 44,00 cm	d [cm]	λ [W/(m·K)]
Stahlbeton	20,00	2,600
Dämmung	24,00	0,038

Außenwand hinterlüftet

U-Wert: 0,20 W/(m²·K)

Gesamtdicke: 35,00 cm	d [cm]	λ [W/(m·K)]
Innenputz	1,50	0,700
Kalksandstein	17,50	0,790
Holz	16,00	0,130
Dämmung	16,00	0,032

Dach

U-Wert: 0,12 W/(m²·K)

Gesamtdicke: 54,90 cm	d [cm]	λ [W/(m·K)]
GK-Platte	2,00	0,250
Luftschicht ruhend	10,00	0,400
GK-Platte	2,50	0,210
Dämmung	4,00	0,035
Holz	24,00	0,130
Dämmung	24,00	0,032
Holzfaserplatte	2,00	0,045
Holz	8,00	0,130
Luftschicht ruhend	8,00	0,400
Holz	2,40	0,200

Flachdach

U-Wert: 0,15 W/(m²·K)

Gesamtdicke: 41,30 cm	d [cm]	λ [W/(m·K)]
Stahlbeton	18,00	2,500
Bitumenbahn	0,30	0,170
Dämmung	22,00	0,035
Kunststoffbahn	1,00	0,170

Planungskennwerte für Flächen und Rauminhalte nach DIN 277

Flächen des Grundstücks		Menge Einheit	% an GF
BF	Bebaute Fläche	1.083,00 m²	23,5
UF	Unbebaute Fläche	3.517,00 m²	76,5
GF	Grundstücksfläche	4.600,00 m²	100,0

Grundflächen des Bauwerks		Menge Einheit	% an NUF	% an BGF
NUF	Nutzungsfläche	745,33 m²	100,0	68,8
TF	Technikfläche	37,86 m²	5,1	3,5
VF	Verkehrsfläche	163,45 m²	21,9	15,1
NRF	Netto-Raumfläche	946,64 m²	127,0	87,4
KGF	Konstruktions-Grundfläche	136,36 m²	18,3	12,6
BGF	Brutto-Grundfläche	1.083,00 m²	145,3	100,0

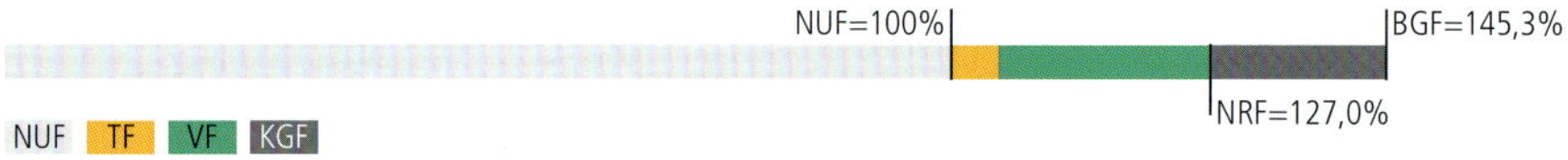

Brutto-Rauminhalt des Bauwerks		Menge Einheit	BRI/NUF (m)	BRI/BGF (m)
BRI	Brutto-Rauminhalt	4.713,78 m³	6,32	4,35

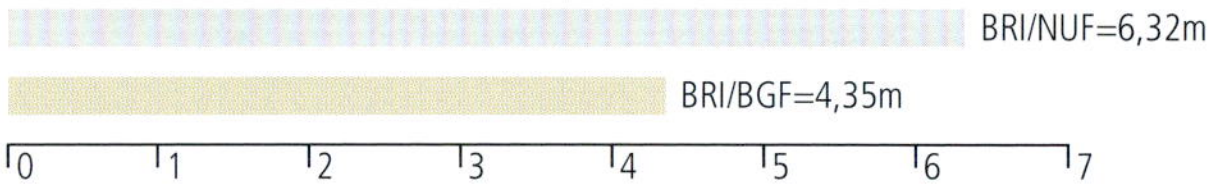

Kostenkennwerte für die Kostengruppen der 1.Ebene DIN 276

KG	Kostengruppen (1. Ebene)	Einheit	Kosten €	€/Einheit	€/m² BGF	€/m³ BRI	% 300+400
100	Grundstück	m² GF	–	–	–	–	–
200	Vorbereitende Maßnahmen	m² GF	–	–	–	–	–
300	Bauwerk – Baukonstruktionen	m² BGF	2.681.574	2.476,06	2.476,06	568,88	73,1
400	Bauwerk – Technische Anlagen	m² BGF	988.912	913,12	913,12	209,79	26,9
	Bauwerk 300+400	**m² BGF**	**3.670.486**	**3.389,18**	**3.389,18**	**778,67**	**100,0**
500	Außenanlagen und Freiflächen	m² AF	–	–	–	–	–
600	Ausstattung und Kunstwerke	m² BGF	–	–	–	–	–
700	Baunebenkosten	m² BGF	–	–	–	–	–
800	Finanzierung	m² BGF	–	–	–	–	–

KG	Kostengruppe	Menge Einheit	Kosten €	€/Einheit	%
3+4	**Bauwerk**				**100,0**
300	**Bauwerk – Baukonstruktionen**	1.083,00 m² BGF	2.681.574	**2.476,06**	73,1

Baugrubenaushub, Baugrubenverbau; Bodenaustausch, Stb-Streifenfundamente; Stb-Bodenplatte, Dämmung, Heizestrich, Linoleum, Betonwerkstein, Fliesen, Sportboden, Teppichböden, Abdichtung, Perimeterdämmung; Stb-Wände, KS-Mauerwerk, Stb-Stützen, Alufenster, Dreifachverglasung, Sonnenschutzverglasung, Dämmung, hinterlüftete Lärchenholzfassade, Innenputz, Wandfliesen, Beschichtung, Alu-Pfostenriegel-Fassade, Alu-Sonnenschutzlamellen; Stb-Wände, KS-Mauerwerk, GK-Wände, Stb-Stützen, Innenfenster, Holztüren, Putz, Wandfliesen, Beschichtung, Sanitärtrennwände; Holzbalken-Walmdach, Oberlichter, Stahltrapezblech, Dämmung, Folienabdichtung, Dachentwässerung, Kies, GK-Decke, Beschichtung; Einbauküche, Einbauschränke, Empfangstresen, Garderoben, Einbauregale

KG	Kostengruppe	Menge Einheit	Kosten €	€/Einheit	%
400	**Bauwerk – Technische Anlagen**	1.083,00 m² BGF	988.912	**913,12**	26,9

Gebäudeentwässerung, Kalt- und Warmwasserleitungen, Sanitärobjekte; Gas-Brennwertkessel, dezentrale Warmwasserbereiter, Fußbodenheizung, Heizkörper; zentrale Lüftungsanlagen; Photovoltaikanlage (28kW), Elektroinstallation, Beleuchtung, Sicherheitsbeleuchtung, Blitzschutz; Brandmeldeanlage, Datenverkabelung

4400-0389
Kindertagesstätte
(6 Gruppen)
(100 Kinder)

Holz-Raumzellen

Kostenkennwerte für die Kosten des Bauwerks (Kostengruppen 300+400 nach DIN 276)

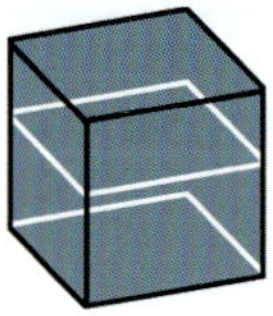

BRI 887 €/m³

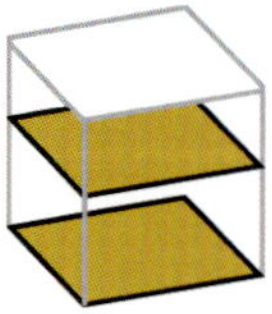

BGF 3.902 €/m²

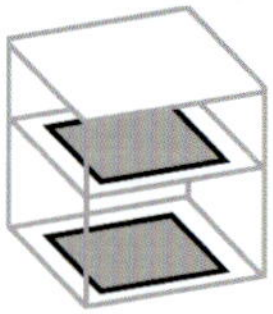

NUF 5.267 €/m²

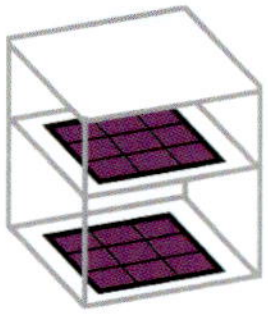

NE 64.416 €/NE
NE: Kinder

Objekt:
Kennwerte: 3. Ebene DIN 276
BRI: 7.264 m³
BGF: 1.651 m²
NUF: 1.223 m²
Bauzeit: 26 Wochen
Bauende: 2022
Standard: hoch
Bundesland: Baden-Württemberg
Kreis: Heidelberg, Stadt

Architekt*in:
Entwurf des Modulbaukastens:
Stadt Heidelberg
Hochbauamt

Grundstücksbezogene Planerleistungen:
AAg Architekten GmbH
Eppelheimer Straße 46
69115 Heidelberg

Bauherr*in:
Stadt Heidelberg
Hochbauamt
Römerstraße 5
69115 Heidelberg

Ausführung:
KAUFMANN BAUSYSTEME
Baien 115
A-6870 Reuthe

© Thilo Ross

© Thilo Ross

© Thilo Ross

© Thilo Ross

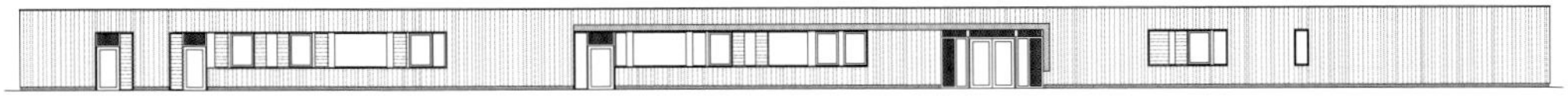

Ansicht West

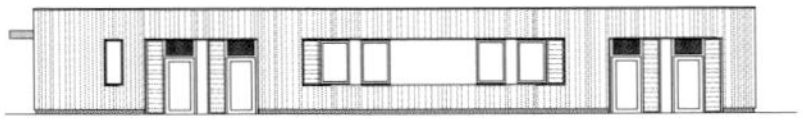

Ansicht Süd

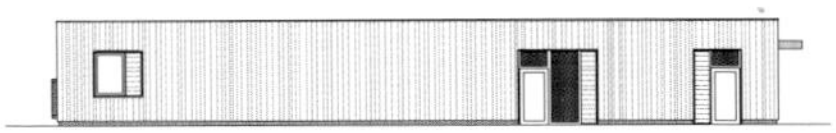

Ansicht Nord

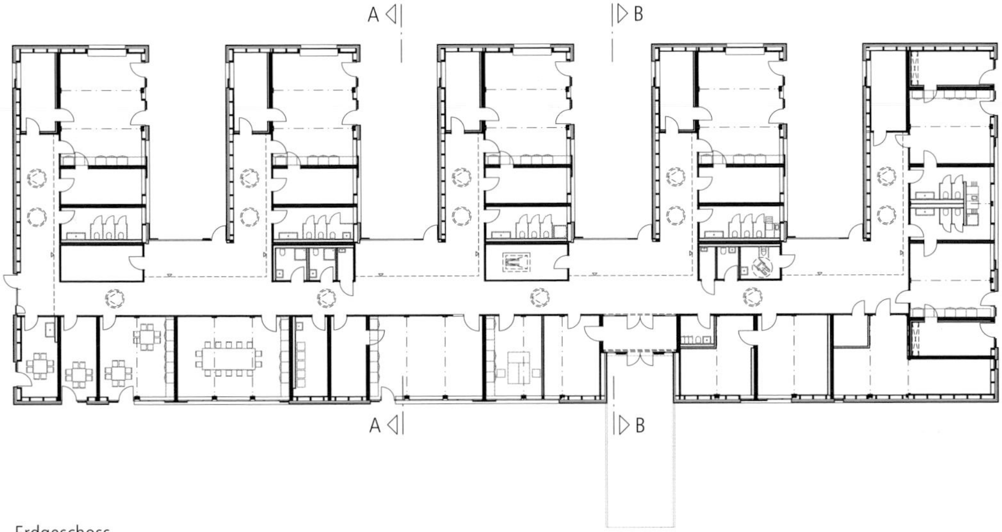

Erdgeschoss

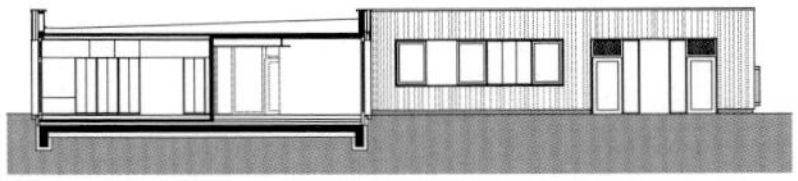

Schnitt A-A

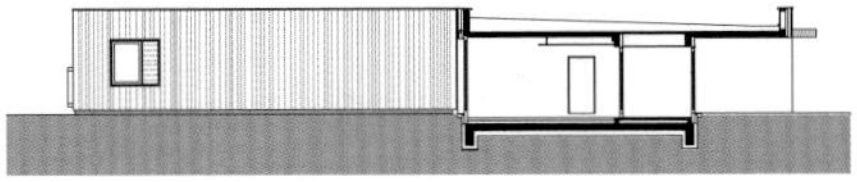

Schnitt B-B

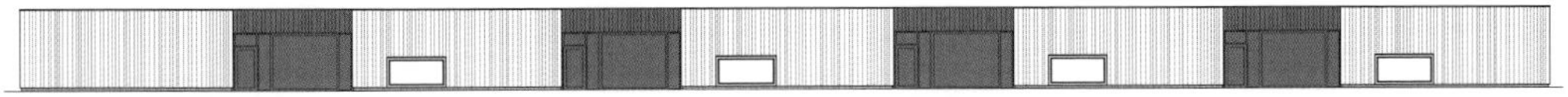

Ansicht Ost

4400-0389
Kindertagesstätte
(6 Gruppen)
(100 Kinder)

Objektbeschreibung

Allgemeine Objektinformationen

Als erstes Projekt einer Reihe von Kindertagesstätten in Modulbauweise wurde ein sechsgruppiger Kindergarten mit vier Kita- und zwei Krippengruppen in Niedrigenergiebauweise umgesetzt. Zur Ausführung kam eine Kammstruktur, die den Kitagruppen jeweils einen eigenen intimen Außenspielbereich bietet. Im linearen Verbindungstrakt sind die Verwaltungs- und Servicebereiche sowie Personal- und Mehrzweckraum untergebracht. Die Wände, Decken und Trennwände der Sanitärbereiche wurden jeweils unterschiedlich monochrom gestaltet und dienen zur Identifikationssteigerung der Kinder mit „ihrer" Gruppe.

Nutzung

1 Erdgeschoss
vier Gruppen Ü3: Gruppenräume, Schlafräume, Intensivräume, Garderoben, Sanitärräume, Spielflure, zwei Gruppen U3: Gruppenräume, Schlafräume, Garderoben, Sanitärräume, Materialräume, WCs/Duschen, Putzmittelräume, Besucher-WC, barrierefreies WC, Personalraum, Technikräume, Aufwärmküche, Küchenlager, Umkleideraum, Windfang, Kinderwagenraum, Büroleitung, Mehrzweckraum, Geräteraum, HWR, Besprechungsraum, Bildungsangebotsräume, Werkraum, Flur

Besonderer Kosteneinfluss Nutzung
Energiekonzeption Stadt Heidelberg

Nutzeinheiten

Gruppen: 6
Kinder: 100

Grundstück

Bauraum: Freier Bauraum
Neigung: Ebenes Gelände
Bodenklasse: BK 1 bis BK 5

Markt

Hauptvergabezeit: 2. Quartal 2021
Baubeginn: 3. Quartal 2021
Bauende: 1. Quartal 2022
Konjunkturelle Gesamtlage: über Durchschnitt
Regionaler Baumarkt: Durchschnitt

Baukonstruktion

Alle 60 Module des Kindergartens wurden aus Brettsperrholz einschließlich Außenwanddämmung in einer Montagehalle innerhalb eines Monats vorgefertigt. Die Raumeinheiten mit einem Modulmaß von 2,89x6,75m sind nahezu vollständig ausgebaut und oberflächenfertig geliefert. Die Montage der Module an der Baustelle erfolgte innerhalb weniger Tage auf die zuvor konventionell erstellte Stahlbetonbodenpatte. Der Boden und das Dach im Flurbereich bestehen aus Brettsperrholzelementen. Vor Ort wurde ein schwimmender Estrich eingebracht. Ebenso sind die Außenfassaden aus Lärchenholz und die Dachabdichtung samt Begrünung an der Baustelle montiert. Die sichtbaren Holzoberflächen wurden lasiert, die Böden sind mit Linoleum oder Fliesen belegt

Technische Anlagen

Das Gebäude ist an das Fernwärmenetz angeschlossen. Die gesamte Heizungs-, Sanitär-, Lüftungs- und Elektroinstallation wurde bereits in den Modulen vorinstalliert angeliefert und vor Ort endmontiert. Sämtliche Sanitärobjekte, Leuchten und Heizkörper werden bereits in der Montagehalle montiert.

Sonstiges

Um eine möglichst schnelle und sehr wirtschaftliche Umsetzung von Kindertagesstätten zu ermöglichen, hat das Heidelberger Hochbauamt in Zusammenarbeit mit Modulbaufirmen ein serielles Baukastensystem für Kindertagesstätten in Holzmodulbauweise entwickelt. Mit diesem lassen sich eine Vielzahl von ein- und zweigeschossigen Gebäudetypen mit differenzierten Grundrisstypologien realisieren. Das kleinteilige Modulraster kann flexibel auf unterschiedliche Rahmenbedingungen reagieren.

Energetische Kennwerte

Gesetzliche Grundlage: GEG 2020
Gebäudenutzfläche: 1.514,00 m^2
Gebäudevolumen: 5.354,00 m^3
A/V_e-Verhältnis (Kompaktheit): 0,77 m^{-1}
Hüllfläche des beheizten Volumens: 4.098,00 m^2
Mittlerer U-Wert (opake Bauteile): 0,09 $W/(m^2 \cdot K)$
Mittlerer U-Wert (transparente Bauteile): 0,80 $W/(m^2 \cdot K)$
Mittlerer U-Wert (Glasdächer, etc.): 0,80 $W/(m^2 \cdot K)$
Spez. Jahresprimärenergiebedarf: 51,80 $kWh/(m^2 \cdot a)$
CO_2-Emissionen: 26,65 $kg/(m^2 \cdot a)$

Energetische Angaben zu Außenbauteilen

Bodenplatte

U-Wert: 0,09 W/(m²·K)

Gesamtdicke: 78,50 cm	d [cm]	λ [W/(m·K)]
Estrich	6,50	1,400
Dämmung	3,00	0,035
Dämmung	3,00	0,035
Schüttung	3,00	0,110
Holz	10,00	0,130
Dämmung	10,00	0,035
Stahlbeton	25,00	2,100
Dämmung	18,00	0,037

Außenwand hinterlüftet

U-Wert: 0,11 W/(m²·K)

Gesamtdicke: 40,75 cm	d [cm]	λ [W/(m·K)]
GK-Platte	1,25	0,360
OSB-Platte	1,50	0,130
Holz	28,00	0,130
Dämmung	28,00	0,032
Holzfaserplatte	10,00	0,042

Dach

U-Wert: 0,09 W/(m²·K)

Gesamtdicke: 43,25 cm	d [cm]	λ [W/(m·K)]
Holz	9,00	0,692
Bitumenbahn	0,25	0,170
Dämmung	34,00	0,032

Planungskennwerte für Flächen und Rauminhalte nach DIN 277

Flächen des Grundstücks		Menge Einheit	% an GF
BF	Bebaute Fläche	1.651,00 m²	25,0
UF	Unbebaute Fläche	4.950,00 m²	75,0
GF	Grundstücksfläche	6.601,00 m²	100,0

Grundflächen des Bauwerks		Menge Einheit	% an NUF	% an BGF
NUF	Nutzungsfläche	1.223,00 m²	100,0	74,1
TF	Technikfläche	50,12 m²	4,1	3,0
VF	Verkehrsfläche	95,00 m²	7,8	5,8
NRF	Netto-Raumfläche	1.368,12 m²	111,9	82,9
KGF	Konstruktions-Grundfläche	282,88 m²	23,1	17,1
BGF	Brutto-Grundfläche	1.651,00 m²	135,0	100,0

Brutto-Rauminhalt des Bauwerks		Menge Einheit	BRI/NUF (m)	BRI/BGF (m)
BRI	Brutto-Rauminhalt	7.264,40 m³	5,94	4,40

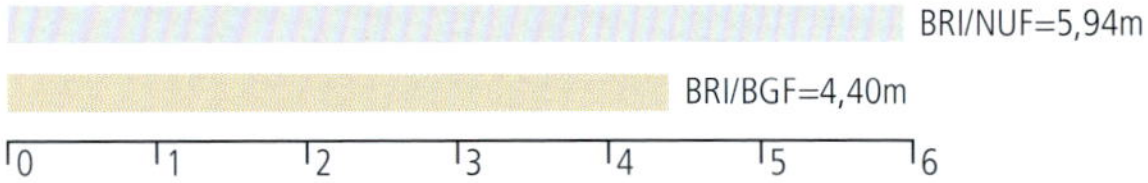

KG	Kostengruppen (2. Ebene)	Menge Einheit	Menge/NUF	Menge/BGF
310	Baugrube / Erdbau	1.619,60 m³ BGI	1,32	0,98
320	Gründung, Unterbau	1.504,55 m² GRF	1,23	0,91
330	Außenwände/Vertikale Baukonstruktionen, außen	1.385,00 m² AWF	1,13	0,84
340	Innenwände/Vertikale Baukonstruktionen, innen	1.341,00 m² IWF	1,10	0,81
350	Decken/Horizontale Baukonstruktionen	–	–	–
360	Dächer	1.570,00 m² DAF	1,28	0,95

Kostenkennwerte für die Kostengruppen der 1.Ebene DIN 276

KG	Kostengruppen (1.Ebene)	Einheit	Kosten €	€/Einheit	€/m² BGF	€/m³ BRI	% 300+400
100	Grundstück	m² GF	–	–	–	–	–
200	Vorbereitende Maßnahmen	m² GF	109.634	16,61	66,40	15,09	1,7
300	Bauwerk – Baukonstruktionen	m² BGF	4.828.000	2.924,29	2.924,29	664,61	75,0
400	Bauwerk – Technische Anlagen	m² BGF	1.613.575	977,33	977,33	222,12	25,0
	Bauwerk 300+400	**m² BGF**	**6.441.575**	**3.901,62**	**3.901,62**	**886,73**	**100,0**
500	Außenanlagen und Freiflächen	m² AF	185.150	37,40	112,14	25,49	2,9
600	Ausstattung und Kunstwerke	m² BGF	2.735	1,66	1,66	0,38	< 0,1
700	Baunebenkosten	m² BGF	–	–	–	–	–
800	Finanzierung	m² BGF	–	–	–	–	–

KG	Kostengruppe	Menge Einheit	Kosten €	€/Einheit	%
200	**Vorbereitende Maßnahmen**	6.601,00 m² GF	109.634	**16,61**	1,7
	Fläche freimachen, Grasnarbe abschieben; Abwasserentsorgung, Wasserversorgung, Stromversorgung				
3+4	**Bauwerk**				**100,0**
300	**Bauwerk – Baukonstruktionen**	1.651,00 m² BGF	4.828.000	**2.924,29**	75,0
	Stb-Flachgründung, Abdichtung, EPS-Dämmung, Brettsperrholz-Modulböden, TSD, Estrich, Linoleum, Bodenfliesen, Perimeterdämmung; Holzrahmen/Brettsperrholz-Modulaußenwände, innen Wohnsicht, lasiert, außen hinterlüftete Holzschalung, Holz-Alufenster, Sonnenschutz; Brettsperrholz-Modulinnenwände, Wohnsicht, lasiert, teilweise Industriesicht, Vorsatzschalen, Beschichtung; Brettsperrholz-Modulflachdach, Brettsperrholz-Flachdach, Gefälledämmung, Abdichtung, Dachbegrünung, Dachentwässerung, abgehängte Akustikdecken, Lasur, GK-Decken; Einbaumöbel, Spanplatte: Einbauschränke, WC-Regale, Garderoben, Wickeltische, WC-Trennwandsysteme, Teeküche, Rettungswegpläne, Briefkasten				
400	**Bauwerk – Technische Anlagen**	1.651,00 m² BGF	1.613.575	**977,33**	25,0
	Gebäudeentwässerung, Anschlusskasten für Fettabscheider, Kaltwasserleitungen, Sanitärobjekte, Durchlauferhitzer; Fernwärmeanschluss, Heizungsrohre, Heizkörper; Kompaktlüftungsgeräte mit WRG, Küchenlüftungsgerät, Einzelraumlüfter; Elektroinstallation, Blitzschutzanlage, Erdung; Brandmeldeanlage, Datenübertragungsnetz; Aufwärmküche, Feuerlöscher; Gebäudeautomation				
500	**Außenanlagen und Freiflächen**	4.950,00 m² AF	185.150	**37,40**	2,9
	Grabenaushub; Fettabscheider, Doppelpumpenstation, Gebäudeentwässerung, Betonschächte; Kabelschutzrohre, Kabelzugschacht; Schließanlage Außenzäune				
600	**Ausstattung und Kunstwerke**	1.651,00 m² BGF	2.735	**1,66**	< 0,1
	Sanitärausstattung; Beschilderung				

Kostenkennwerte für die Kostengruppen der 2. Ebene DIN 276

KG	Kostengruppe	Menge Einheit	Kosten €	€/Einheit	%
200	**Vorbereitende Maßnahmen**				**100,0**
210	**Herrichten**	6.601,00 m² GF	13.721	**2,08**	12,5
	Fläche freimachen, Gräser und Büsche roden (1.414m²), Grasnarbe abschieben, abfahren, entsorgen (1.414m²)				
220	**Öffentliche Erschließung**	6.601,00 m² GF	95.913	**14,53**	87,5
	Abwasserentsorgung (psch), Wasserversorgung (psch), Stromversorgung (psch)				
300	**Bauwerk – Baukonstruktionen**				**100,0**
310	**Baugrube / Erdbau**	1.619,60 m³ BGI	232.510	**143,56**	4,8
	Baugrubenaushub BK 3-4, t=50cm, abfahren (1.435m³), Zulage Laga Z1.1 (733m³), Grabenaushub BK 3-4, t bis 125cm, abfahren (184m³), Verfüllung mit Boden, Lagermaterial (373m³), mit KFT-Schotter (449m³), Planum (2.252m²)				
320	**Gründung, Unterbau**	1.504,55 m² GRF	1.483.700	**986,14**	30,7
	Fundamentaushub (447m³), Stb-Streifenfundamente (101m³), Stb-Bodenplatte (1.505m²) * Abdichtung, EPS-Dämmung (1.593m²), Brettsperrholz-Modulböden (972m²), Ausgleichsdämmung (397m²), TSD, Estrich (1.368m²), Linoleum (1.238m²), Bodenfliesen (130m²) * Geotextil (1.455m²), KFT-Schotter (323m³), Sauberkeitsschicht (1.233m²), XPS-Dämmung (1.554m²), vertikal (618m²), Noppenbahn (518m²)				
330	**Außenwände/Vert. Baukonstrukt., außen**	1.385,00 m² AWF	1.102.973	**796,37**	22,8
	Modulaußenwände, Holzrahmen, KVH 28x10cm, Mineralwolldämmung WLG 035, d=3x100mm, innen teilweise Brettsperrholz, d=8cm, teilweise Furnierschichtholz, d=2,5cm, Wohnsicht, lasiert, außen Hinterlüftungslattung, d=10cm, Traglattung, d=4cm, Wechselfalzschalung, Fichte, d=2cm, vorvergraut (875m²), Holz-Alu-Fensterelemente, Dreifachverglasung, Nachtlüftungsklappen mit integrierten Wetterschutzlamellen und Fliegengitter (331m²), Faserzement-Sockelbekleidungen (178m²), Raffstores, Motorantrieb (psch), Plissees (psch)				
340	**Innenwände/Vert. Baukonstrukt., innen**	1.341,00 m² IWF	844.074	**629,44**	17,5
	Brettsperrholz-Modulinnenwände, d=10cm, Wohnsicht, lasiert (1.149m²), Industriesicht (213m²), GK-Vorsatzschalen, Dispersionsbeschichtung (527m²), Vorsatzschalen, Dreischichtplatten, lasiert, Alu-UK, Mineralwolldämmung, d=40mm (192m²)				
360	**Dächer**	1.570,00 m² DAF	538.448	**342,96**	11,2
	Brettsperrholz-Modulflachdach, d=9cm (847m²), mit Industriesicht (125m²), Brettsperrholz-Flachdach, d=20cm (389m²), mit Wohnsicht (209m²), Lichtkuppeln (psch) * Bitumendampfsperre, EPS-Dämmung WLS 038, d=14cm, EPS-Gefälledämmung, d i.M. 18cm, Kunststoffabdichtung, Filterschicht, Substrat, Dachbegrünung (1.570m²), Dachentwässerung (psch) * Holzwolle-Akustikdecken, d=2,5cm, Holz-UK, d=12-39,5cm, Mineralwolldämmung, d=60mm (915m²), Lasur (209m²), GK-Decken, Holz-UK, d=14cm, Mineralwolldämmung, d=60mm, Dispersionsbeschichtung (119m²)				

KG	Kostengruppe	Menge Einheit	Kosten €	€/Einheit	%
380	**Baukonstruktive Einbauten**	1.651,00 m²BGF	317.653	**192,40**	6,6
	Einbaumöbel, Spanplatte: Einbauschränke, Oberfläche furniert (10St), WC-Regale, Oberfläche HPL (6St), Garderoben, Oberfläche furniert (5St), Wickeltische, Oberfläche HPL (2St), WC-Trennwandsysteme, HPL (6St), Teeküche, Mikrowelle (psch) * Rettungswegpläne (psch) * Briefkasten (psch)				
390	**Sonst. Maßnahmen für Baukonstrukt.**	1.651,00 m²BGF	308.642	**186,94**	6,4
	Baustelleneinrichtung (psch), Sanitärcontainer (psch), Bürocontainer (psch), Schnurgerüst (psch), Baustrom (psch), Bauwasser (psch) * Gerüste (psch) * Baureinigung (psch) * Schließanlage (psch)				
400	**Bauwerk – Technische Anlagen**				**100,0**
410	**Abwasser-, Wasser-, Gasanlagen**	1.651,00 m²BGF	344.033	**208,38**	21,3
	KG-Grundleitungen DN110-160, Formstücke (222m), Anschlusskasten für Fettabscheider (1St), Pumpensteuerung (1St), Hochdruckschlauch (20m), Abwasserleitungen im Gebäude (psch) * Kaltwasserleitungen, Sanitärobjekte, Durchlauferhitzer (psch)				
420	**Wärmeversorgungsanlagen**	1.651,00 m²BGF	300.030	**181,73**	18,6
	Fernwärmeanschluss (psch) * Heizungsrohre (psch) * Heizkörper (psch)				
430	**Raumlufttechnische Anlagen**	1.651,00 m²BGF	197.856	**119,84**	12,3
	Kompaktlüftungsgeräte mit Wärmerückgewinnung (13St), Küchenlüftungsgerät (1St), Einzelraumlüfter (18St), Lüftungsrohre, Luftdurchlässe (psch)				
440	**Elektrische Anlagen**	1.651,00 m²BGF	656.194	**397,45**	40,7
	Verteiler (psch), Mantelleitungen (psch), Installationsgeräte (psch), inklusive Brandmeldeanlage, Datenübertragungsnetz und MRS-Gebäudeautomation * Blitzschutzanlage (psch), Ringerder (740m), Ableitungen (340m), Klemmen (354St)				
470	**Nutzungsspez. u. verfahrenstechn. Anl.**	1.651,00 m²BGF	115.463	**69,94**	7,2
	Aufwärmküche (psch) * Feuerlöscher (psch)				
500	**Außenanlagen und Freiflächen**				**100,0**
510	**Erdbau**	256,66 m³EBR	20.237	**78,85**	10,9
	Grabenaushub BK 3-4, lagern, verfüllen (257m³)				
550	**Technische Anlagen**	4.950,00 m²AF	153.211	**30,95**	82,7
	PE-Fettabscheider 930l, Fettspeichervolumen 270l, Schlammfangvolumen 460l, Aufsatzsystem, Abdeckung (1St), Probenahmeschacht (1St), Fettschichtdicken-Messgerät (1St), PE-Doppelpumpenstation 900l, Nutzvolumen 270l, Abdeckung (1St), Tauchpumpen (2St), Lufteinperlung (1St), PP-Rohre DN110-160, Formstücke, Sandbett (187m), DN200-250 (56m), HDPE-Rohre DN100, Rohrstücke (37m), Betonschächte DN1.000, Abdeckungen (12St) * Kabelschutzrohre, Sandbett (196m), Kabelzugschacht (1St)				
590	**Sonst. Maßnahmen für Außenanlagen u. Freiflächen**	4.950,00 m²AF	11.702	**2,36**	6,3
	Baustelleneinrichtung (psch) * Schließanlage Außenzäune (psch)				

KG	Kostengruppe	Menge Einheit	Kosten €	€/Einheit	%
600	**Ausstattung und Kunstwerke**				**100,0**
610	**Allgemeine Ausstattung**	1.651,00 m² BGF	2.359	**1,43**	86,2
	Sanitärausstattung (psch)				
630	**Informationstechnische Ausstattung**	1.651,00 m² BGF	376	**0,23**	13,8
	Warnschilder, Flucht- und Rettungspläne (psch)				

Kostenkennwerte für die Kostengruppen 300 der 2. und 3. Ebene DIN 276 (Übersicht)

KG	Kostengruppe	Menge Einheit	Kosten €	€/Einheit	% an 3+4
300	**Bauwerk – Baukonstruktionen**	**1.651,00 m² BGF**	**4.828.000,03**	**2.924,29**	**75,0**
310	**Baugrube / Erdbau**	**1.619,60 m³ BGI**	**232.509,92**	**143,56**	**3,6**
311	Herstellung	–	–	–	–
312	Umschließung	–	–	–	–
313	Wasserhaltung	–	–	–	–
314	Vortrieb	–	–	–	–
319	Sonstiges zur KG 310	–	–	–	–
320	**Gründung, Unterbau**	**1.504,55 m² GRF**	**1.483.699,95**	**986,14**	**23,0**
321	Baugrundverbesserung	–	–	–	–
322	Flachgründungen und Bodenplatten	1.504,55 m²	177.526,47	117,99	2,8
323	Tiefgründungen	–	–	–	–
324	Gründungsbeläge	1.368,12 m²	1.124.891,25	822,22	17,5
325	Abdichtungen und Bekleidungen	2.122,45 m²	181.282,24	85,41	2,8
326	Dränagen	–	–	–	–
329	Sonstiges zur KG 320	–	–	–	–
330	**Außenwände/Vert. Baukonstrukt., außen**	**1.385,00 m² AWF**	**1.102.972,50**	**796,37**	**17,1**
331	Tragende Außenwände	–	–	–	–
332	Nichttragende Außenwände	–	–	–	–
333	Außenstützen	–	–	–	–
334	Außenwandöffnungen	–	–	–	–
335	Außenwandbekleidungen, außen	–	–	–	–
336	Außenwandbekleidungen, innen	–	–	–	–
337	Element. Außenwandkonstruktionen	–	–	–	–
338	Lichtschutz zur KG 330	–	–	–	–
339	Sonstiges zur KG 330	–	–	–	–
340	**Innenwände/Vert. Baukonstrukt., innen**	**1.341,00 m² IWF**	**844.074,19**	**629,44**	**13,1**
341	Tragende Innenwände	–	–	–	–
342	Nichttragende Innenwände	–	–	–	–
343	Innenstützen	–	–	–	–
344	Innenwandöffnungen	–	–	–	–
345	Innenwandbekleidungen	–	–	–	–
346	Elementierte Innenwandkonstruktionen	–	–	–	–
347	Lichtschutz zur KG 340	–	–	–	–
349	Sonstiges zur KG 340	–	–	–	–
350	**Decken/Horizontale Baukonstruktionen**	**–**	**–**	**–**	**–**
351	Deckenkonstruktionen	–	–	–	–
352	Deckenöffnungen	–	–	–	–
353	Deckenbeläge	–	–	–	–
354	Deckenbekleidungen	–	–	–	–
355	Elementierte Deckenkonstruktionen	–	–	–	–
359	Sonstiges zur KG 350	–	–	–	–
360	**Dächer**	**1.570,00 m² DAF**	**538.448,37**	**342,96**	**8,4**
361	Dachkonstruktionen	–	–	–	–
362	Dachöffnungen	–	–	–	–
363	Dachbeläge	–	–	–	–
364	Dachbekleidungen	–	–	–	–
365	Elementierte Dachkonstruktionen	–	–	–	–
366	Lichtschutz zur KG 360	–	–	–	–
369	Sonstiges zur KG 360	–	–	–	–
370	**Infrastrukturanlagen**	**–**	**–**	**–**	**–**
380	**Baukonstruktive Einbauten**	**1.651,00 m² BGF**	**317.652,66**	**192,40**	**4,9**
390	**Sonst. Maßnahmen für Baukonstrukt.**	**1.651,00 m² BGF**	**308.642,44**	**186,94**	**4,8**

Kostenkennwerte für die Kostengruppen 400 der 2. und 3. Ebene DIN 276 (Übersicht)

KG	Kostengruppe	Menge Einheit	Kosten €	€/Einheit	% an 3+4
400	**Bauwerk – Technische Anlagen**	**1.651,00 m² BGF**	**1.613.575,15**	**977,33**	**25,0**
410	**Abwasser-, Wasser-, Gasanlagen**	**1.651,00 m² BGF**	**344.032,50**	**208,38**	**5,3**
411	Abwasseranlagen	–	–	–	–
412	Wasseranlagen	–	–	–	–
413	Gasanlagen	–	–	–	–
419	Sonstiges zur KG 410	–	–	–	–
420	**Wärmeversorgungsanlagen**	**1.651,00 m² BGF**	**300.029,92**	**181,73**	**4,7**
421	Wärmeerzeugungsanlagen	–	–	–	–
422	Wärmeverteilnetze	–	–	–	–
423	Raumheizflächen	–	–	–	–
424	Verkehrsheizflächen	–	–	–	–
429	Sonstiges zur KG 420	–	–	–	–
430	**Raumlufttechnische Anlagen**	**1.651,00 m² BGF**	**197.855,86**	**119,84**	**3,1**
431	Lüftungsanlagen	–	–	–	–
432	Teilklimaanlagen	–	–	–	–
433	Klimaanlagen	–	–	–	–
434	Kälteanlagen	–	–	–	–
439	Sonstiges zur KG 430	–	–	–	–
440	**Elektrische Anlagen**	**1.651,00 m² BGF**	**656.193,62**	**397,45**	**10,2**
441	Hoch- und Mittelspannungsanlagen	–	–	–	–
442	Eigenstromversorgungsanlagen	–	–	–	–
443	Niederspannungsschaltanlagen	–	–	–	–
444	Niederspannungsinstallationsanlagen	–	–	–	–
445	Beleuchtungsanlagen	–	–	–	–
446	Blitzschutz- und Erdungsanlagen	–	–	–	–
447	Fahrleitungssysteme	–	–	–	–
449	Sonstiges zur KG 440	–	–	–	–
450	**Kommunikationstechnische Anlagen**	**–**	**–**	**–**	**–**
451	Telekommunikationsanlagen	–	–	–	–
452	Such- und Signalanlagen	–	–	–	–
453	Zeitdienstanlagen	–	–	–	–
454	Elektroakustische Anlagen	–	–	–	–
455	Audiovisuelle Medien- u. Antennenanl.	–	–	–	–
456	Gefahrenmelde- und Alarmanlagen	–	–	–	–
457	Datenübertragungsnetze	–	–	–	–
458	Verkehrsbeeinflussungsanlagen	–	–	–	–
459	Sonstiges zur KG 450	–	–	–	–
460	**Förderanlagen**	**–**	**–**	**–**	**–**
461	Aufzugsanlagen	–	–	–	–
462	Fahrtreppen, Fahrsteige	–	–	–	–
463	Befahranlagen	–	–	–	–
464	Transportanlagen	–	–	–	–
465	Krananlagen	–	–	–	–
466	Hydraulikanlagen	–	–	–	–
469	Sonstiges zur KG 460	–	–	–	–
470	**Nutzungsspez. u. verfahrenstechn. Anl.**	**1.651,00 m² BGF**	**115.463,26**	**69,94**	**1,8**
480	**Gebäude- und Anlagenautomation**	**–**	**–**	**–**	**–**
490	**Sonst. Maßnahmen für techn. Anlagen**	**–**	**–**	**–**	**–**

Kostenkennwerte für die Kostengruppen der 3.Ebene DIN 276

KG	Kostengruppe	Menge Einheit	Kosten €	€/Einheit	%
320	**Gründung, Unterbau**				**100,0**
322	**Flachgründungen und Bodenplatten**	1.504,55 m²	177.526	**117,99**	12,0
	Fundamentaushub, BK 3-4 (447m³), Stb-Streifenfundamente, Schalung, Bewehrung (101m³), Stb-Bodenplatte, d=20cm, Randschalung, Bewehrung (1.505m²)				
324	**Gründungsbeläge**	1.368,12 m²	1.124.891	**822,22**	75,8
	Bitumenabdichtung, EPS-Dämmung, d=100mm (1.593m²), Brettsperrholz-Modulböden, d=8cm, Schwellen, d=2cm (972m²), Ausgleichsdämmung, d=100mm (397m²), TSD, d=20-30mm, Estrich, d=60-65mm (1.368m²), Linoleum (1.238m²), Abdichtung, Bodenfliesen (130m²)				
325	**Abdichtungen und Bekleidungen**	2.122,45 m²	181.282	**85,41**	12,2
	Geotextil (1.455m²), KFT-Schotter 0/45mm, d=20cm (323m³), Sauberkeitsschicht C8/10, d=5cm (1.233m²), PE-Folie (1.428m²), XPS-Dämmung WLS 039, d=240mm (1.428m²), d=140mm, unter Fundamenten (126m²), vertikal (618m²), Noppenbahn (518m²)				

4400-0389
Kindertagesstätte
(6 Gruppen)
(100 Kinder)

Kostenkennwerte für Leistungsbereiche nach STLB (Kosten des Bauwerks nach DIN 276)

LB	Leistungsbereiche	Kosten €	€/m² BGF	€/m³ BRI	% an 3+4
000	Baustellen-, Sicherheitseinr. inkl. 001, 089	268.396	162,60	36,90	4,2
002	Erdarbeiten	256.269	155,20	35,30	4,0
006	Spezialtiefbauarbeiten inkl. 005	–	–	–	–
009	Entwässerungskanalarbeiten inkl. 011	17.571	10,60	2,40	0,3
010	Drän- und Versickerarbeiten	–	–	–	–
012	Mauerarbeiten	–	–	–	–
013	Betonarbeiten	186.668	113,10	25,70	2,9
014	Natur-, Betonwerksteinarbeiten	–	–	–	–
016	Zimmer- und Holzbauarbeiten	2.483.004	1.503,90	341,80	38,5
017	Stahlbauarbeiten	–	–	–	–
018	Abdichtungsarbeiten	221.918	134,40	30,50	3,4
019	Kampfmittelräumarbeiten	–	–	–	–
020	Dachdeckungsarbeiten	–	–	–	–
021	Dachabdichtungsarbeiten	–	–	–	–
022	Klempnerarbeiten	–	–	–	–
	Rohbau	**3.433.826**	**2.079,80**	**472,70**	**53,3**
023	Putz- und Stuckarbeiten, Wärmedämmsysteme	–	–	–	–
024	Fliesen- und Plattenarbeiten	–	–	–	–
025	Estricharbeiten	–	–	–	–
026	Fenster, Außentüren inkl. 029, 032	31.227	18,90	4,30	0,5
027	Tischlerarbeiten	429.039	259,90	59,10	6,7
028	Parkett-, Holzpflasterarbeiten	–	–	–	–
030	Rollladenarbeiten	2.220	1,30	0,31	< 0,1
031	Metallbauarbeiten inkl. 035	–	–	–	–
034	Maler- und Lackiererarb. - Beschicht. inkl. 037	261	0,16	0,04	< 0,1
036	Bodenbelagarbeiten	1.051.355	636,80	144,70	16,3
038	Vorgehängte hinterlüftete Fassaden	–	–	–	–
039	Trockenbauarbeiten	–	–	–	–
	Ausbau	**1.514.102**	**917,10**	**208,40**	**23,5**
040	Wärmeversorgungsanl. - Betriebseinr. inkl. 041	300.030	181,70	41,30	4,7
042	Gas- u. Wasseranl. - Leitung., Armat. inkl. 043	324.059	196,30	44,60	5,0
044	Abwasseranl. - Leitungen, Abläufe, Armaturen	–	–	–	–
045	Gas, Wasser, Entwässerung - Ausstattung inkl. 046	1.506	0,91	0,21	< 0,1
047	Dämm- und Brandschutzarb. an techn. Anlagen	–	–	–	–
049	Feuerlöschanlagen, Feuerlöschgeräte	2.416	1,50	0,33	< 0,1
050	Blitzschutz-/Erdungsanlagen, Überspannungssch.	25.860	15,70	3,60	0,4
053	Niederspannungsanl. - Kabel inkl. 052, 054	630.538	381,90	86,80	9,8
055	Sicherheits- u. Ersatzstromversorgungsanl.	–	–	–	–
057	Gebäudesystemtechnik	–	–	–	–
058	Leuchten und Lampen inkl. 059	–	–	–	–
060	Such, Signal, Zeit, Anten., akust. Anl. inkl. 064	–	–	–	–
061	Kommunikations- u. Übertragungsnetze inkl. 063	692	0,42	0,10	< 0,1
069	Aufzüge	–	–	–	–
070	Gebäudeautomation	–	–	–	–
075	Raumlufttechnische Anlagen inkl. 078	197.856	119,80	27,20	3,1
	Gebäudetechnik	**1.482.956**	**898,20**	**204,10**	**23,0**
084	Abbruch, Rückbau, Schadstoffsanierung	–	–	–	–
	Abbrucharbeiten	**–**	**–**	**–**	**–**
	Sonstige Leistungsbereiche	**10.690**	**6,50**	**1,50**	**0,2**

Kostenstand: 2. Quartal 2026, Bundesdurchschnitt, **inkl. 19% MwSt.**

4400-0394
Kindertagesstätte
(6 Gruppen)
(77 Kinder)

Kostenkennwerte für die Kosten des Bauwerks (Kostengruppen 300+400 nach DIN 276)

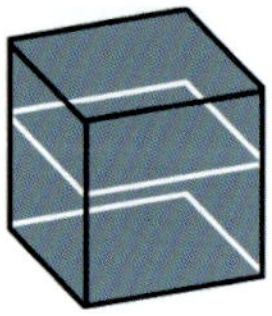

BRI 1.255 €/m^3

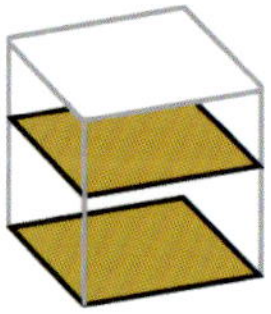

BGF 3.532 €/m^2

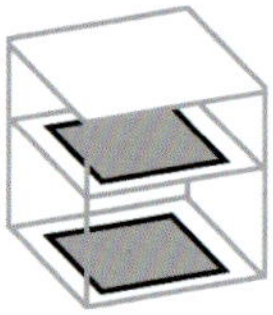

NUF 5.261 €/m^2

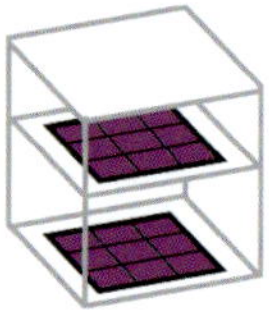

NE 63.658 €/NE

NE: Kinder

Objekt:
Kennwerte: 1.Ebene DIN 276
BRI: 3.906 m^3
BGF: 1.388 m^2
NUF: 932 m^2
Bauzeit: 82 Wochen
Bauende: 2023
Standard: mittel
Bundesland: Schleswig-Holstein
Kreis: Kiel, Stadt

Architekt*in:
Planungsring
Mumm + Partner GbR
Krim 2
24896 Treia

Bauherr*in:
Städtisches Krankenhaus
Kiel GmbH
Chemnitzstraße 33
24116 Kiel

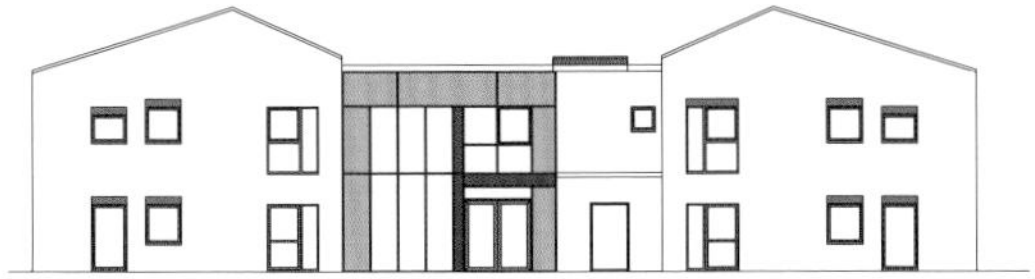

Ansicht Ost

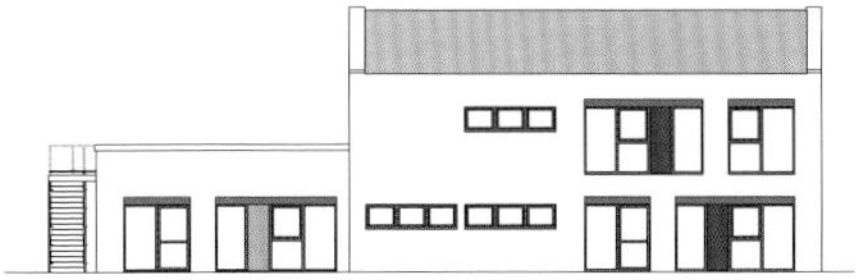

Ansicht Nord

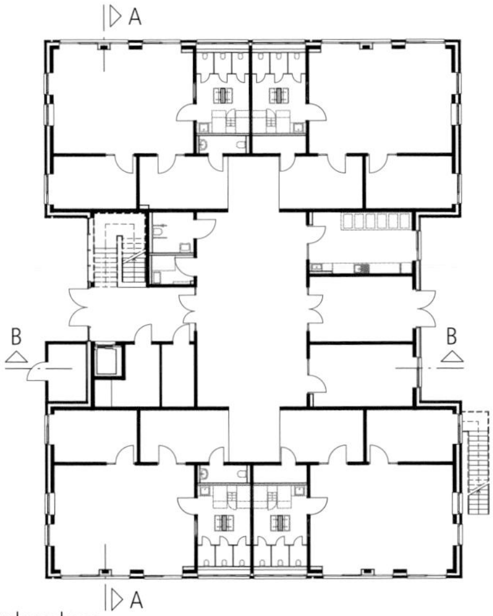

Erdgeschoss

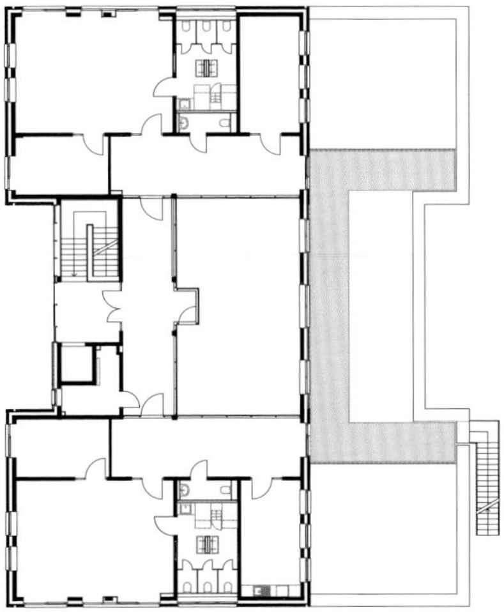

Obergeschoss

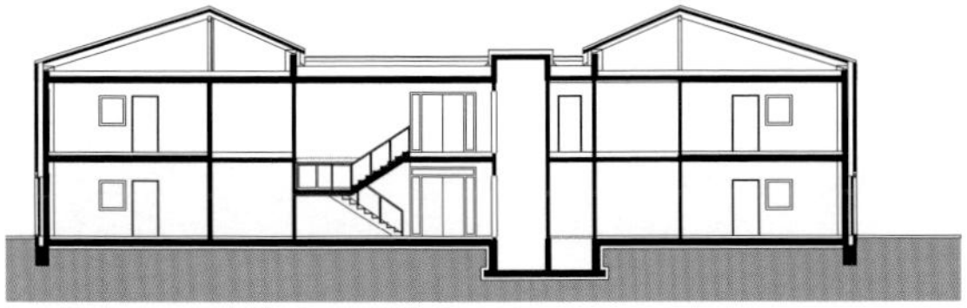

Schnitt A-A

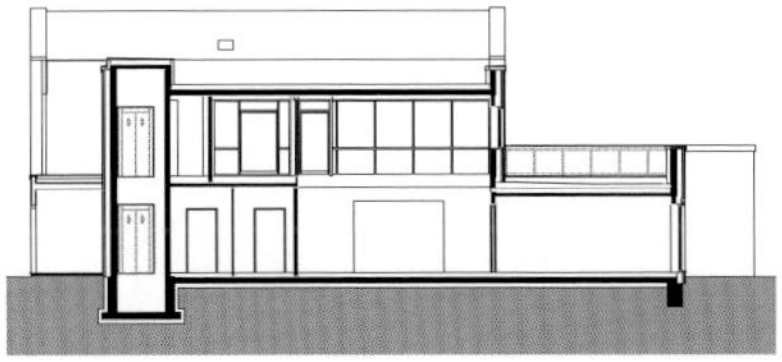

Schnitt B-B

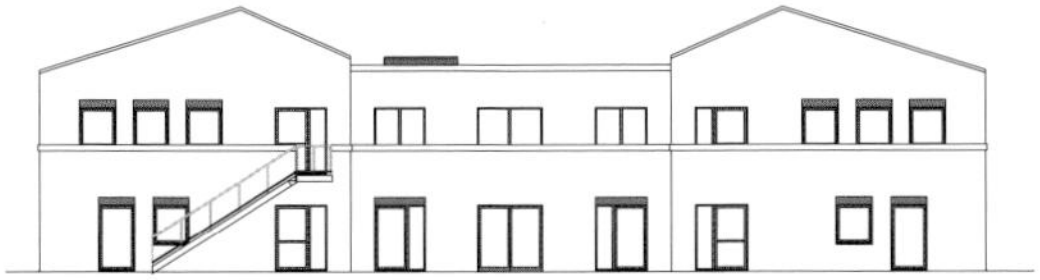

Ansicht West

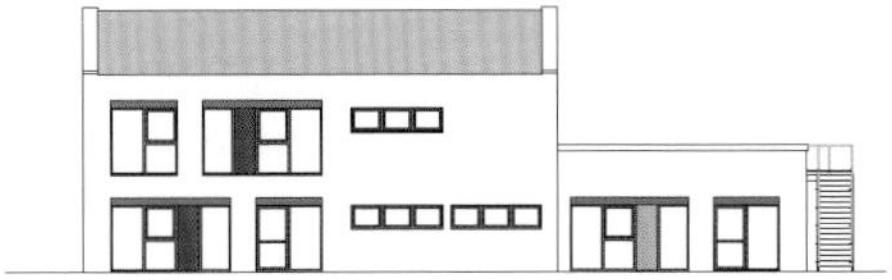

Ansicht Süd

Objektbeschreibung

Allgemeine Objektinformationen

Die Gestaltung sieht im Besonderen ein zweites Geschoss vor, das als Staffelgeschoss mit Dachterrasse ausgeführt wurde. Insgesamt beherbergt das Gebäude vier Krippen-, eine altersgemischte sowie eine Elementargruppe.

Nutzung

1 Erdgeschoss
Foyer als Multifunktionsraum, Gruppenräume, Ruheräume, Küche, Büro, Garderoben, WCs, Waschräume, Kinderwagenraum, Lager, Abstellräume, Hausanschlussraum, Technik, Treppenhaus, Aufzug

1 Obergeschoss
Gruppenräume, Therapieraum, Ruheraum, Personal, WCs, Waschräume, Lager, Abstellraum, Dachterrasse, Treppenhaus, Aufzug

Nutzeinheiten

Gruppen: 6
Kinder: 77

Grundstück

Bauraum: Beengter Bauraum
Neigung: Ebenes Gelände
Bodenklasse: BK 1 bis BK 4

Markt

Hauptvergabezeit: 4.Quartal 2021
Baubeginn: 4.Quartal 2021
Bauende: 2.Quartal 2023
Konjunkturelle Gesamtlage: Durchschnitt
Regionaler Baumarkt: über Durchschnitt

Baukonstruktion

Das Gebäude wurde in Massivbauweise mit KS-Mauerwerkswänden, Stb-Decken sowie Stb- und Holzbalkendächern errichtet. Die äußeren beiden Gebäudeteile wurden mit Klinker verblendet, das Dach jeweils als Satteldach ausgebildet. Der in der Mitte liegende Gebäudeteil wurde ebenfalls in KS-Mauerwerk erstellt, die Fassade ist hier mit einer Faserzement-Vorhangfassade verkleidet worden. Zur vertikalen Erschließung dienen eine Stb-Treppe und ein Aufzug.

Technische Anlagen

Die Gebäudebeheizung und Warmwasserbereitung erfolgt zentral über die Fernwärmeversorgung des angeschlossenen Krankenhauses. Eine Übergabestation wurde in der Kita installiert. Eine Fußbodenheizung erwärmt die Räume. In den Waschräumen wurden Kinder- bzw. Baby-WCs und Bambini-Waschtischanlagen installiert. Zusätzlich ist ein behindertengerechtes WC mit Dusche vorhanden. Die Abluft innenliegender Räume wird durch Einzelraumlüfter gewährleistet. Ein Aufzug ermöglicht die barrierefreie Zugänglichkeit.

Sonstiges

Das Gebäude zeichnet sich durch einen großzügigen Multifunktionsraum aus, der sich zentral im Gebäude befindet. Ein besonderes Highlight stellt die integrierte Rutsche dar, welche vom OG in den Multifunktionsraum im EG führt und somit ein spielerisches Element für die Kinder bietet. Der Außenbereich der Kita besticht durch seine großen Bäume. Dort wurden zusätzliche Parkplätze für die Kita geschaffen.

Energetische Kennwerte

Gesetzliche Grundlage: GEG 2020
Gebäudenutzfläche: 933,10 m^2
Gebäudevolumen: 2.689,00 m^3
Hüllfläche des beheizten Volumens: 2.074,70 m^2
Spez. Transmissionswärmeverlust: 0,36 $W/(m^2 \cdot K)$
Mittlerer U-Wert (opake Bauteile): 0,14 $W/(m^2 \cdot K)$
Mittlerer U-Wert (transparente Bauteile): 1,14 $W/(m^2 \cdot K)$
Spez. Jahresprimärenergiebedarf: 49,70 $kWh/(m^2 \cdot a)$
CO_2-Emissionen: 10,70 $kg/(m^2 \cdot a)$

Energetische Angaben zu Außenbauteilen

Bodenplatte

U-Wert: 0,22 W/(m²·K)

Gesamtdicke: 49,40 cm	d [cm]	λ [W/(m·K)]
Bodenbelag	1,00	1,000
Estrich	7,00	1,400
Trittschalldämmung	4,00	0,035
Bitumenbahn	0,40	0,230
Stahlbeton	25,00	2,300
Dämmung	12,00	0,040

Außenwand

U-Wert: 0,17 W/(m²·K)

Gesamtdicke: 50,50 cm	d [cm]	λ [W/(m·K)]
Innenputz	1,50	0,510
Kalksandstein	17,50	1,300
Dämmung	18,00	0,035
Luftschicht ruhend	2,00	0,139
Klinker	11,50	1,200

Außenwand hinterlüftet

U-Wert: 0,18 W/(m²·K)

Gesamtdicke: 37,00 cm	d [cm]	λ [W/(m·K)]
Innenputz	1,50	0,510
Kalksandstein	17,50	1,300
Dämmung	18,00	0,035

Dachterrasse

U-Wert: 0,13 W/(m²·K)

Gesamtdicke: 56,70 cm	d [cm]	λ [W/(m·K)]
GK-Platte	1,25	0,210
GK-Platte	1,25	0,210
Luftschicht ruhend	10,00	0,556
Stahlbeton	20,00	2,300
Abdichtung	0,20	0,170
Dämmung	14,00	0,035
Gefälledämmung	10,00	0,035

Decke gegen kalten Dachraum

U-Wert: 0,16 W/(m²·K)

Gesamtdicke: 52,50 cm	d [cm]	λ [W/(m·K)]
GK-Platte	1,25	0,210
GK-Platte	1,25	0,120
Luftschicht ruhend	10,00	0,556
Stahlbeton	20,00	2,300
Dämmung	20,00	0,035

Flachdach

U-Wert: 0,12 W/(m²·K)

Gesamtdicke: 60,70 cm	d [cm]	λ [W/(m·K)]
GK-Platte	1,25	0,210
GK-Platte	1,25	0,210
Luftschicht ruhend	10,00	0,556
Stahlbeton	20,00	2,300
Abdichtung	0,20	0,170
Dämmung	14,00	0,035
Gefälledämmung	14,00	0,035

4400-0394
Kindertagesstätte
(6 Gruppen)
(77 Kinder)

Planungskennwerte für Flächen und Rauminhalte nach DIN 277

Flächen des Grundstücks		Menge Einheit	% an GF
BF	Bebaute Fläche	688,35 m2	32,8
UF	Unbebaute Fläche	1.411,52 m2	67,2
GF	Grundstücksfläche	2.099,87 m2	100,0

Grundflächen des Bauwerks		Menge Einheit	% an NUF	% an BGF
NUF	Nutzungsfläche	931,66 m2	100,0	67,1
TF	Technikfläche	24,34 m2	2,6	1,8
VF	Verkehrsfläche	174,98 m2	18,8	12,6
NRF	Netto-Raumfläche	1.130,98 m2	121,4	81,5
KGF	Konstruktions-Grundfläche	257,00 m2	27,6	18,5
BGF	Brutto-Grundfläche	1.387,98 m2	149,0	100,0

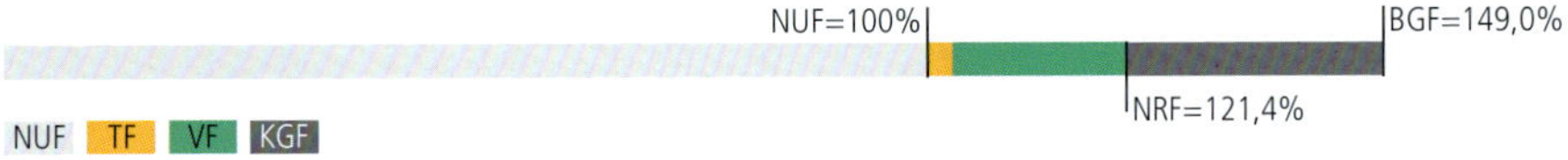

Brutto-Rauminhalt des Bauwerks		Menge Einheit	BRI/NUF (m)	BRI/BGF (m)
BRI	Brutto-Rauminhalt	3.906,00 m3	4,19	2,81

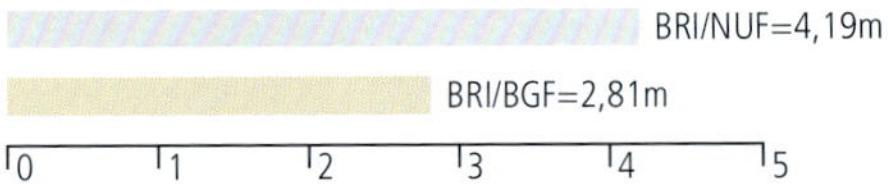

Kostenkennwerte für die Kostengruppen der 1.Ebene DIN 276

KG	Kostengruppen (1.Ebene)	Einheit	Kosten €	€/Einheit	€/m²BGF	€/m³BRI	%300+400
100	Grundstück	m²GF	–	–	–	–	–
200	Vorbereitende Maßnahmen	m²GF	155.884	74,24	112,31	39,91	3,2
300	Bauwerk – Baukonstruktionen	m²BGF	3.867.496	2.786,42	2.786,42	990,14	78,9
400	Bauwerk – Technische Anlagen	m²BGF	1.034.190	745,10	745,10	264,77	21,1
	Bauwerk 300+400	**m²BGF**	**4.901.686**	**3.531,52**	**3.531,52**	**1.254,91**	**100,0**
500	Außenanlagen und Freiflächen	m²AF	608.832	472,81	438,65	155,87	12,4
600	Ausstattung und Kunstwerke	m²BGF	45.319	32,65	32,65	11,60	0,9
700	Baunebenkosten	m²BGF	–	–	–	–	–
800	Finanzierung	m²BGF	–	–	–	–	–

KG	Kostengruppe	Menge Einheit	Kosten €	€/Einheit	%
200	**Vorbereitende Maßnahmen**	2.099,87 m²GF	155.884	**74,24**	3,2

Abbruchmaßnahmen, Baumfällung, Kampfmittelräumung; Verlegen Gashochdruckleitung; Ausgleichszahlung Baumfällungen

KG	Kostengruppe	Menge Einheit	Kosten €	€/Einheit	%
3+4	**Bauwerk**				**100,0**
300	**Bauwerk – Baukonstruktionen**	1.387,98 m²BGF	3.867.496	**2.786,42**	78,9

Baugrubenaushub; Stb-Fundamente, Stb-Bodenplatte, Heizestrich, PVC-Belag, Bodenfliesen, Abdichtung, Perimeterdämmung; Mauerwerkswände, Stb-Stützen, Alu-Pfosten-Riegelfassade, Aluminiumfenster, Dreifachverglasung, teilw. Sonnenschutzverglasung, Wärmedämmung, Ziegelfassade, hinterlüftete Faserzementfassade, Raffstores; Innenmauerwerk, GK-Wände, Innenfenster, Wandfliesen, WC-Trennwände; Stb-Decken, Stb-Treppen, Stahlaußentreppe, Heizestrich, PVC-Belag, Bodenfliesen, abgehängte GK-Decken, Schallschutzdecken, Stahlgeländer, Treppengeländer; Stb-Dach, Holzbalkendach, Dämmung, Dachziegel, Abdichtung, Attika, Kies, Entwässerung, abgehängte GK-Decke, Schallschutzdecke; Einbauküchen, Einbaumöbel

KG	Kostengruppe	Menge Einheit	Kosten €	€/Einheit	%
400	**Bauwerk – Technische Anlagen**	1.387,98 m²BGF	1.034.190	**745,10**	21,1

Gebäudeentwässerung, Kalt- und Warmwasserleitungen, Sanitärobjekte; Fernwärmeversorgung, Fußbodenheizung; Einzelraumlüfter, RWA-Anlage; Elektroinstallation, Beleuchtung, Sicherheitsleuchten, Blitzschutzanlage; Datenübertragungsanlage, Fernseh- und Antennenanlagen, Brandmeldeanlage; Personenaufzug; Feuerlöscher, elektronische Zugangskontrolle mit Chipkarten

KG	Kostengruppe	Menge Einheit	Kosten €	€/Einheit	%
500	**Außenanlagen und Freiflächen**	1.287,68 m²AF	608.832	**472,81**	12,4

Oberbodenarbeiten, Bodenarbeiten; Bodenaustausch, Geotextilien, Fundamente; Wege, Terrassen, Stellplätze, Spielplatzflächen; Zäune, Tore, Winkelstützmauern, Treppen; Abwasser, Wasserversorgungsleitungen, Außenbeleuchtung; Sitzbänke, Fahrradständer, Müllplatzeinhausung, Spielgeräte, Klettereinrichtungen; Oberbodenauftrag, Bodenverbesserung, Gehölze, Stauden, Bäume, Rollrasen, Fertigstellungspflege

KG	Kostengruppe	Menge Einheit	Kosten €	€/Einheit	%
600	**Ausstattung und Kunstwerke**	1.387,98 m²BGF	45.319	**32,65**	0,9

Ausstattung Badezimmer, Spielsachen, Rutsche, Plissees

4400-0398
Kindertagesstätte
(6 Gruppen)
(60 Kinder)

Kostenkennwerte für die Kosten des Bauwerks (Kostengruppen 300+400 nach DIN 276)

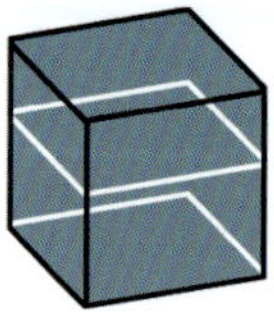

BRI 1.038 €/m³

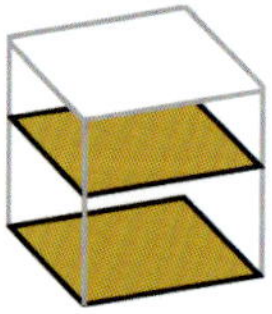

BGF 4.267 €/m²

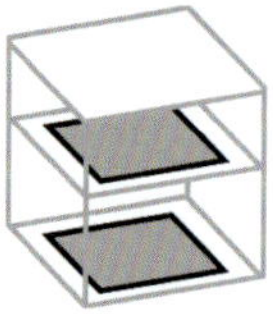

NUF 6.408 €/m²

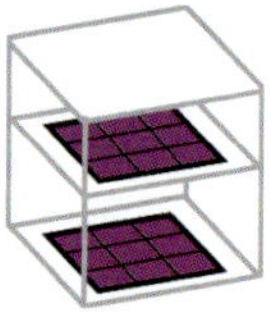

NE 43.235 €/NE

NE: Kinder

Objekt:
Kennwerte: 1. Ebene DIN 276
BRI: 2.499 m³
BGF: 608 m²
NUF: 405 m²
Bauzeit: 117 Wochen
Bauende: 2022
Standard: mittel
Bundesland: Mecklenburg-Vorpommern
Kreis: Vorpommern-Greifswald

Architekt*in:
cubus plan gmbh
Kirchstraße 2
12555 Berlin

Bauherr*in:
cjd Das Bildungs- und Sozialunternehmen
Am Kanal 1
17166 Dahmen

© Steffen Niendorf

© Steffen Niendorf

© cubus plan gmbh

© cubus plan gmbh

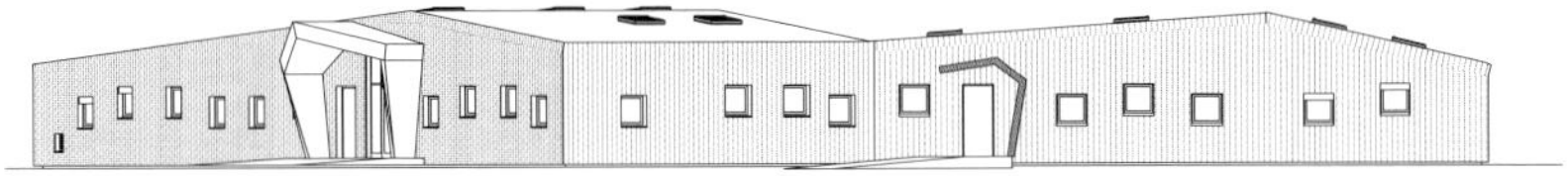

Ansicht Nord-Ost

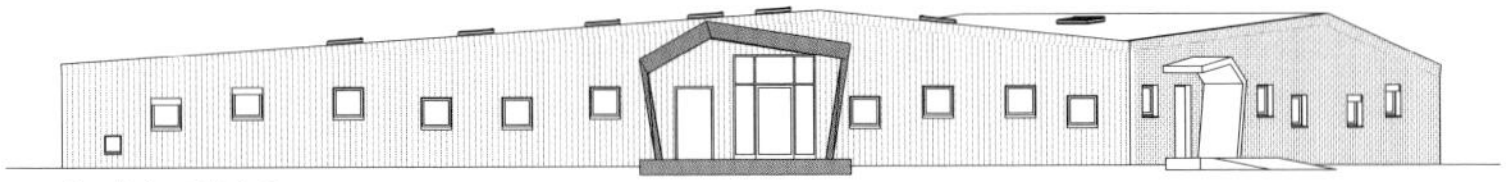

Ansicht Süd-Ost

Erdgeschoss

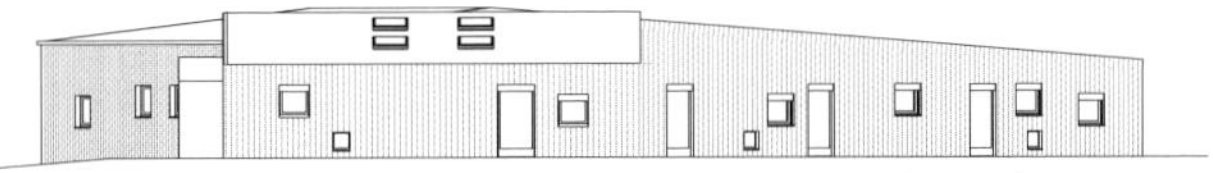

Ansicht Nord-West

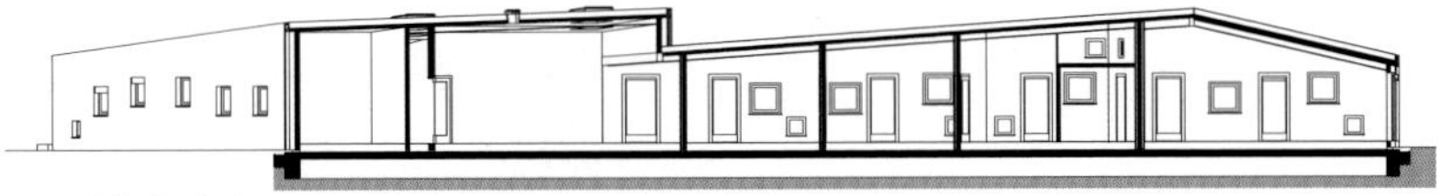

Schnitt A-A

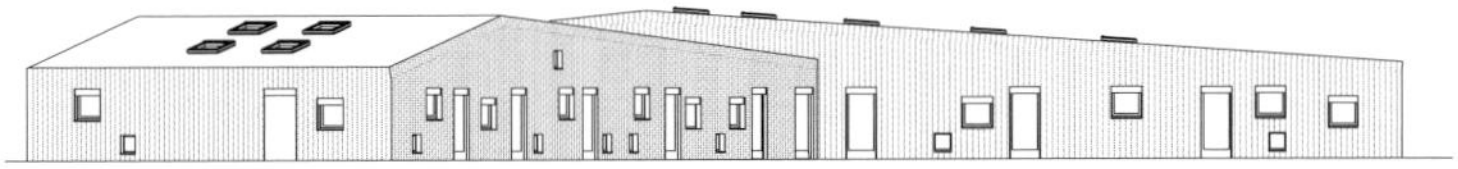

Ansicht West

Objektbeschreibung

Allgemeine Objektinformationen

Die deutsch-polnische Kindertagesstätte ist Teil eines transnationalen Projekts: drei Kitas, zwei Sprachen, ein Weg. Das eingeschossige Gebäude in Holzmassivbauweise ist für 42 Kita- und 18 Krippenkinder gebaut und setzt seinen Schwerpunkt auf Sprache und Bewegung. Der Entwurf wurde im Partizipationsverfahren erarbeitet, um eine möglichst hohe Nutzeridentifikation zu erreichen.

Nutzung

1 Erdgeschoss
Eingangsbereich, Windfang, Gruppenräume, Schlafräume, Kreativraum, Mehrzweckraum mit Bühne, Spielraum, Bauraum, Küche, Kinderküche, Abstellraum, Personalräume, Büro, Kinderwagenraum, Putzmittelraum, Hausanschlussraum, WCs, Personalumkleiden, Duschen, Spielflure, Terrassen

Nutzeinheiten

Gruppen: 6
Kinder: 60

Grundstück

Bauraum: Freier Bauraum
Neigung: Ebenes Gelände
Bodenklasse: BK 1 bis BK 3

Markt

Hauptvergabezeit: 4. Quartal 2020
Baubeginn: 1. Quartal 2020
Bauende: 2. Quartal 2022
Konjunkturelle Gesamtlage: Durchschnitt
Regionaler Baumarkt: unter Durchschnitt

Baukonstruktion

Das Gebäude gründet auf einer Bodenplatte mit Streifenfundamenten. Die Außenwände und tragenden Innenwände sind in Holzmassivbauweise im Werk vorgefertigt. Vor Ort wurde ein Ständerwerk vor die Außenwände gestellt und mit Zellulose ausgeblasen. Die Fassaden sind mit vertikal verlegter Thermokiefer bekleidet. Die Holzfenster erhielten eine Dreifachverglasung und können mit Raffstores verschattet werden. Für das Dach wurden die Massivholzelemente vor Ort montiert und mit EPS gedämmt. Es erfolgte eine bituminöse Abdichtung. Die nicht tragenden Innenwände sind in Trockenbauweise ausgeführt. Als Bodenbeläge wurden Linoleum und in Nassbereichen Fliesen gelegt. Die Decken sind mit Akustik-Gipskartonplatten abgehängt. Das Gebäude ist barrierefrei.

Technische Anlagen

Das Gebäude ist mittels einer Fußbodenheizung durch eine Luft-Wasser-Wärmepumpe beheizt. Diese wurde als Hybridsystem ausgeführt und für Spitzenlasten mit einer Gastherme unterstützt. Die Warmwassererzeugung ist als zentrale Versorgung mit Speicher ausgeführt. Die hauseigene Küche hat ein Zu- und Abluftsystem (Zuluft beheizt) entsprechend den Raumanforderungen. Eine Alarmanlage schützt das Gebäude vor Einbrüchen. Eine Brandmeldeanlage sichert im Brandfall die rasche Lokalisierung des Brandes. Die Beleuchtungsausführung erfolgt in energiesparenden LED-Varianten.

Sonstiges

Die Grundstruktur des Holzmassivbaus aus Brettsperrholz bilden zwei ineinander verschränkte Kuben, die sich wie Flügel des Strandläufers in Richtung des großzügigen Außenbereichs öffnen. Die Wände durchkreuzen das Gebäude und vermeiden bewusst Rechtwinkligkeit. In den Gruppenräumen ist eine Hochebene zum Spielen eingebaut und eine Bühne, die zeitgleich als Kletterelement und als Matratzenstauraum dient.

Energetische Kennwerte

Gesetzliche Grundlage: EnEV 2013
Gebäudenutzfläche: 523,42 m^2
Mittlerer U-Wert (opake Bauteile): 0,14 W/(m^2·K)
Mittlerer U-Wert (transparente Bauteile): 1,00 W/(m^2·K)
Spez. Jahresprimärenergiebedarf: 114,90 kWh/(m^2·a)

Energetische Angaben zu Außenbauteilen

Bodenplatte

U-Wert: 0,20 W/(m²·K)

Gesamtdicke: 45,02 cm	d [cm]	λ [W/(m·K)]
Stahlbeton	9,00	2,100
PE-Folie	0,02	0,300
Dämmung	16,00	0,035
Stahlbeton	20,00	2,100

Außenwand

U-Wert: 0,14 W/(m²·K)

Gesamtdicke: 34,00 cm	d [cm]	λ [W/(m·K)]
OSB-Platte	1,80	0,130
Holz	30,00	0,130
Dämmung	30,00	0,040
Holzfaserplatte	2,20	0,050

Dach

U-Wert: 0,16 W/(m²·K)

Gesamtdicke: 28,27 cm	d [cm]	λ [W/(m·K)]
Holz	10,00	0,130
PE-Folie	0,02	0,200
Dämmung	18,00	0,035
Bitumenbahn	0,25	0,170

Planungskennwerte für Flächen und Rauminhalte nach DIN 277

Flächen des Grundstücks		Menge Einheit	% an GF
BF	Bebaute Fläche	608,00 m²	8,1
UF	Unbebaute Fläche	6.875,00 m²	91,9
GF	Grundstücksfläche	7.483,00 m²	100,0

Grundflächen des Bauwerks		Menge Einheit	% an NUF	% an BGF
NUF	Nutzungsfläche	404,84 m²	100,0	66,6
TF	Technikfläche	9,84 m²	2,4	1,6
VF	Verkehrsfläche	110,04 m²	27,2	18,1
NRF	Netto-Raumfläche	524,72 m²	129,6	86,3
KGF	Konstruktions-Grundfläche	83,28 m²	20,6	13,7
BGF	Brutto-Grundfläche	608,00 m²	150,2	100,0

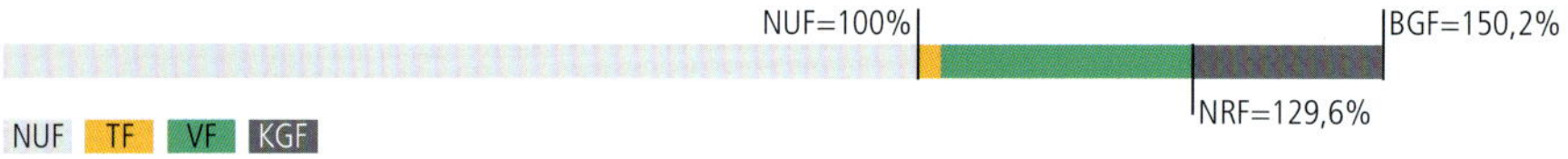

Brutto-Rauminhalt des Bauwerks		Menge Einheit	BRI/NUF (m)	BRI/BGF (m)
BRI	Brutto-Rauminhalt	2.498,55 m³	6,17	4,11

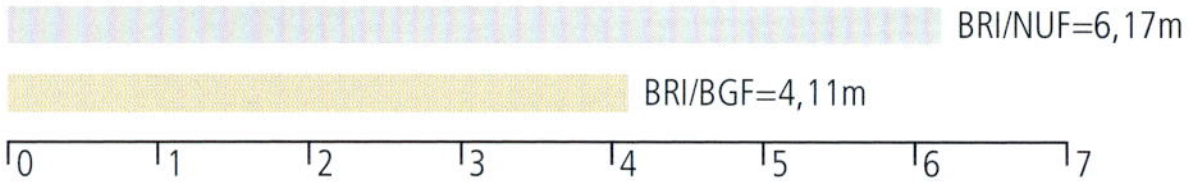

Kostenkennwerte für die Kostengruppen der 1. Ebene DIN 276

KG	Kostengruppen (1. Ebene)	Einheit	Kosten €	€/Einheit	€/m² BGF	€/m³ BRI	% 300+400
100	Grundstück	m² GF	–	–	–	–	–
200	Vorbereitende Maßnahmen	m² GF	–	–	–	–	–
300	Bauwerk – Baukonstruktionen	m² BGF	2.073.424	3.410,24	3.410,24	829,85	79,9
400	Bauwerk – Technische Anlagen	m² BGF	520.673	856,37	856,37	208,39	20,1
	Bauwerk 300+400	**m² BGF**	**2.594.097**	**4.266,61**	**4.266,61**	**1.038,24**	**100,0**
500	Außenanlagen und Freiflächen	m² AF	493.613	246,81	811,86	197,56	19,0
600	Ausstattung und Kunstwerke	m² BGF	76.838	126,38	126,38	30,75	3,0
700	Baunebenkosten	m² BGF	–	–	–	–	–
800	Finanzierung	m² BGF	–	–	–	–	–

KG	Kostengruppe	Menge Einheit	Kosten €	€/Einheit	%
3+4	**Bauwerk**				**100,0**
300	**Bauwerk – Baukonstruktionen**	608,00 m² BGF	2.073.424	**3.410,24**	79,9

Bodenarbeiten; Stb-Streifenfundamente, Stb-Bodenplatte, Abdichtung, Dämmung, Heizestrich, Linoleum, Bodenfliesen, Sauberkeitsschicht; Massivholzwände, Holzfenster, Dreifachverglasung, Holz-Eingangstür, Holzständerwerk, Zellulose-Einblasdämmung, Holzfaserplatte, vertikale Thermokieferbekleidung, Raffstores; Massivholzwände, holzsichtig, lasiert, GK-Wände, Holztüren, verglast, Innenfenster, GK-Vorsatzschalen, Beschichtung, Wandfliesen; Massivholzdachelemente, Dachflächenfenster, Dämmung, Bitumenabdichtung, Dachentwässerung, GK-Akustikdecken, Beschichtung

KG	Kostengruppe	Menge Einheit	Kosten €	€/Einheit	%
400	**Bauwerk – Technische Anlagen**	608,00 m² BGF	520.673	**856,37**	20,1

Gebäudeentwässerung, Kalt- und Warmwasserleitungen, Sanitärobjekte, Kinderwaschbecken-Anlage, Wasserspielecke: Luft-Wasser-Wärmepumpe, Gas-Brennwertgerät, Fußbodenheizung; dezentrale Abluftanlagen, Küchenzu-/Abluft, vorgeheizte Zuluft; Elektroinstallation, LED-Beleuchtung; Einbruchmeldeanlage, Brandmeldeanlage, Datenverkabelung; Küche

KG	Kostengruppe	Menge Einheit	Kosten €	€/Einheit	%
500	**Außenanlagen und Freiflächen**	2.000,00 m² AF	493.613	**246,81**	19,0

Pflasterflächen Wege, Terrassen, Eingänge, Spielsand; Vegetationsflächen, Bepflanzung

KG	Kostengruppe	Menge Einheit	Kosten €	€/Einheit	%
600	**Ausstattung und Kunstwerke**	608,00 m² BGF	76.838	**126,38**	3,0

Einbaumöbel

4400-0399
Kindertagesstätte
(4 Gruppen)
(100 Kinder)

Kostenkennwerte für die Kosten des Bauwerks (Kostengruppen 300+400 nach DIN 276)

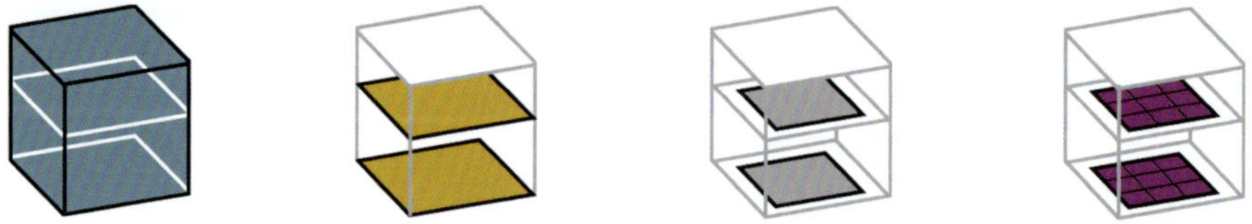

BRI 1.071 €/m³ | BGF 4.117 €/m² | NUF 7.171 €/m² | NE 43.793 €/NE

NE: Kinder

Stahl-Raumzellen

Objekt:
Kennwerte: 1. Ebene DIN 276
BRI: 4.089 m³
BGF: 1.064 m²
NUF: 611 m²
Bauzeit: 22 Wochen
Bauende: 2021
Standard: mittel
Bundesland: Hessen
Kreis: Groß-Gerau

Architekt*in:
raum-z architekten gmbh
Hanauer Landstraße 189
60314 Frankfurt am Main

Bauherr*in:
gewobau Gesellschaft
für Wohnen und Bauen
Rüsselsheim mbH
Marktstraße 40
65428 Rüsselsheim

Ausführung:
ALHO
Systembau GmbH
Hammer 1
51598 Friesenhagen

© Thomas Ott, www.o2t.de

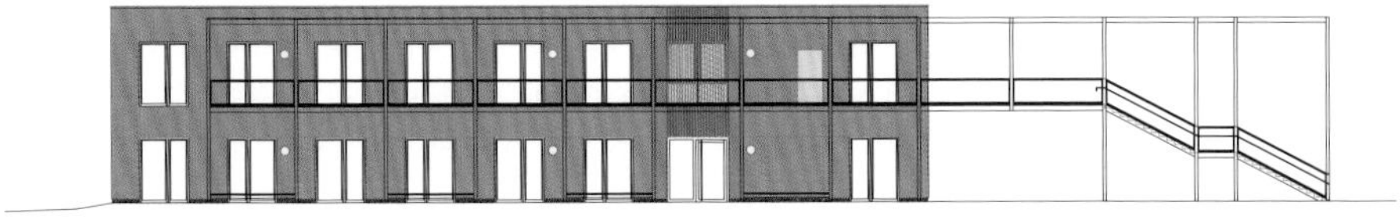

Ansicht Nord

Ansicht West

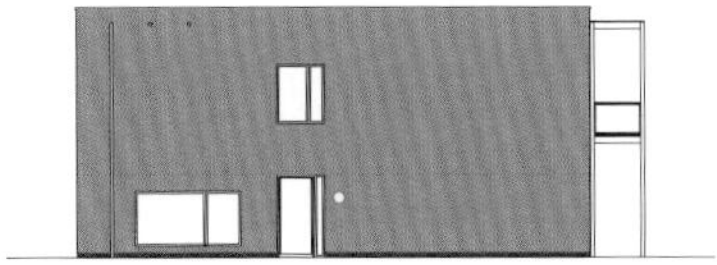

Ansicht Ost

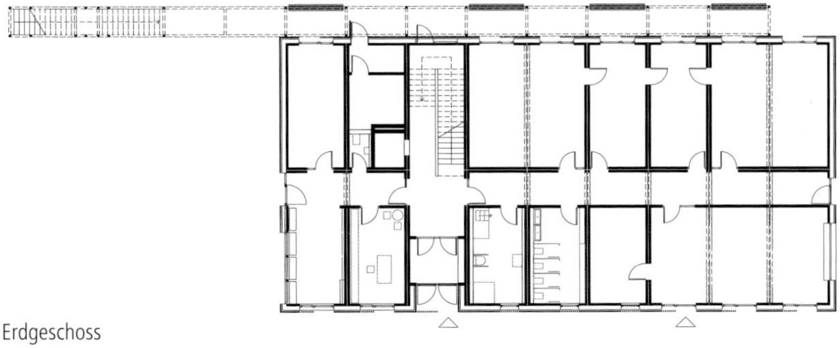

Erdgeschoss

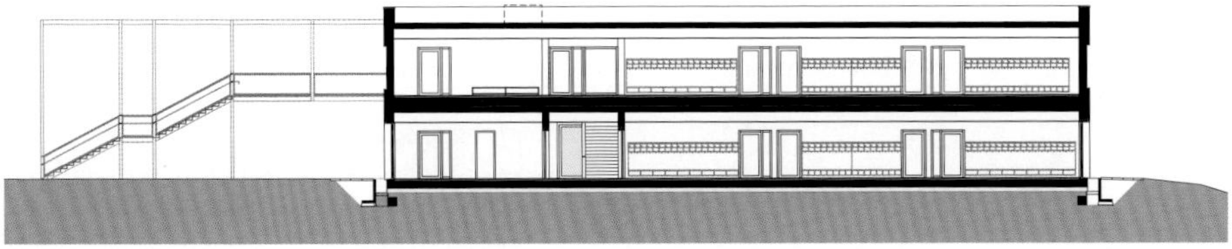

Längsschnitt

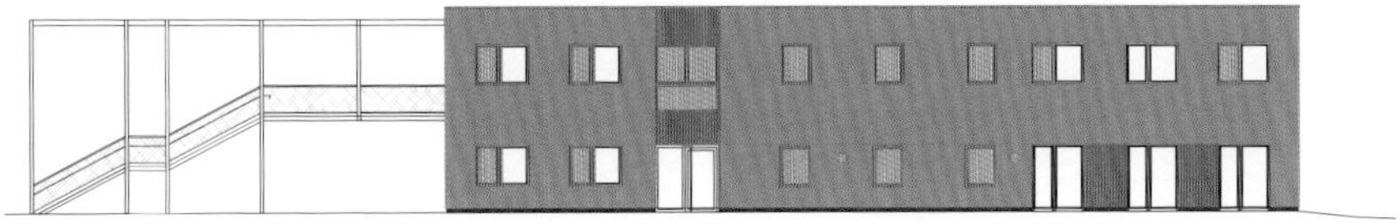

Ansicht Süd

Objektbeschreibung

Allgemeine Objektinformationen

Der zweigeschossige Neubau wurde als länglicher, rechteckiger Baukörper in Stahlmodulbauweise erstellt. Er bietet einer viergruppigen Kindertagesstätte Platz für 100 Kinder. Auf der gesamten Längsseite erstreckt sich ein Fluchtbalkon, der über eine einläufige Treppe die Verbindung zum Garten herstellt.

Nutzung

1 Erdgeschoss
Windfang, Matschschleuse, Gruppenräume, Nebenräume, Multifunktionsräume, Büro, Garderoben, WCs, Wickelraum/Dusche, Lager, Hausanschlussraum, Technik

1 Obergeschoss
Gruppenräume, Nebenräume, Multifunktionsräume, Küche, Hauswirtschaftsraum, Umkleide, Lager, Personalraum, WCs, Abstellräume, Technik

Nutzeinheiten

Gruppen: 4
Kinder: 100

Grundstück

Bauraum: Freier Bauraum
Neigung: Ebenes Gelände
Bodenklasse: BK 3 bis BK 4

Markt

Hauptvergabezeit: 1. Quartal 2021
Baubeginn: 2. Quartal 2021
Bauende: 4. Quartal 2021
Konjunkturelle Gesamtlage: über Durchschnitt
Regionaler Baumarkt: Durchschnitt

Baukonstruktion

Auf betonierten Streifenfundamenten wurden 18 Raummodule in Stahlmodulbauweise montiert. Die einzelnen Module bestehen aus Boden- und Dachstahlrahmen, welche durch biegesteif angeschlossene Stützen miteinander verbunden sind. Die Fassade ist als vorgehängte, hinterlüftete Fassade mit vertikaler Holzschalung bekleidet. Die Kunststofffenster sind mit Dreifachverglasung ausgestattet. Das Flachdach wurde als Gründach ausgeführt. Der Fluchtbalkon und die Brüstungen sind in einer leichten Stahlbauweise mit einem Gitterrost als Laufbelag ausgeführt und vor das Gebäude gestellt.

Technische Anlagen

Eine Luft-Wasser-Wärmepumpe versorgt das Gebäude mit Heizwärme und Warmwasser. Eine Fußbodenheizung verteilt die Wärme in den Räumen. Auf dem Flachdach sind 24 Photovoltaik-Module mit einer Leistung von je 320 Watt Peak und einer Gesamtleistung von ca. 7,7kW Peak aufgestellt. Zusätzlich ist ein Lüftungsgeräte zur ganzheitlichen, kontrollierten Raumlüftung mit Wärmerückgewinnung auf dem Dach platziert. Für die Küche wurde ein separates Lüftungsgerät installiert.

Sonstiges

Die vorgehängte hinterlüftete Fassade mit vertikaler Holzschalung ist so ausgeführt, dass in wenigen Sonderbereichen jede zweite Latte der sichtbaren Fassadenkonstruktion entfällt, wie z.B. vor Fenstern in untergeordneten Räumen.

Energetische Kennwerte

Gesetzliche Grundlage: EnEV 2013
Gebäudenutzfläche: 808,90 m^2
Gebäudevolumen: 2.097,60 m^3
Hüllfläche des beheizten Volumens: 1.575,40 m^2
Spez. Transmissionswärmeverlust: 0,35 $W/(m^2 \cdot K)$
Mittlerer U-Wert (opake Bauteile): 0,15 $W/(m^2 \cdot K)$
Mittlerer U-Wert (transparente Bauteile): 1,10 $W/(m^2 \cdot K)$
Mittlerer U-Wert (Glasdächer, etc.): 1,80 $W/(m^2 \cdot K)$
Jahresprimärenergie: 83.741,57 kWh/a
Spez. Jahresprimärenergiebedarf: 103,52 $kWh/(m^2 \cdot a)$
Jahresendenergiebedarf: 46.523,09 kWh/a
Spez. Jahresendenergiebedarf: 57,51 $kWh/(m^2 \cdot a)$
CO_2-Emissionen: 38,00 $kg/(m^2 \cdot a)$

Energetische Angaben zu Außenbauteilen

Bodenplatte

U-Wert: 0,21 W/(m²·K)

Gesamtdicke: 34,00 cm	d [cm]	λ [W/(m·K)]
Linoleum	0,50	0,170
Estrich	6,00	1,400
Dämmung	3,00	0,045
Dämmung	5,00	0,040
Stahl	0,10	50,000
Ruhende Luftschicht	2,00	0,088
PE-Folie	0,10	0,170
Stahl	17,00	50,000
Dämmung	17,00	0,040
Stahl	0,30	50,000

Außenwand

U-Wert: 0,17 W/(m²·K)

Gesamtdicke: 31,10 cm	d [cm]	λ [W/(m·K)]
GK-Platte	1,25	0,210
GK-Platte	1,25	0,210
PE-Folie	0,10	0,170
Metall	10,00	50,000
Dämmung	10,00	0,040
Gipsfaserplatte	1,25	0,360
Gipsfaserplatte	1,25	0,360
Dämmung	16,00	0,040

Dach

U-Wert: 0,15 W/(m²·K)

Gesamtdicke: 33,20 cm	d [cm]	λ [W/(m·K)]
GK-Platte	1,25	0,250
GK-Platte	1,25	0,250
PE-Folie	0,10	0,170
Stahl	12,00	50,000
Dämmung	12,00	0,040
Stahl	0,10	50,000
Ruhende Luftschicht	2,00	0,156
Dachdichtungsbahn	0,10	0,250
Dämmung	16,00	0,035
Bitumenbahn	0,40	0,170

Planungskennwerte für Flächen und Rauminhalte nach DIN 277

Flächen des Grundstücks		Menge Einheit	% an GF
BF	Bebaute Fläche	1.354,45 m²	15,9
UF	Unbebaute Fläche	7.151,55 m²	84,1
GF	Grundstücksfläche	8.506,00 m²	100,0

Grundflächen des Bauwerks		Menge Einheit	% an NUF	% an BGF
NUF	Nutzungsfläche	610,67 m²	100,0	57,4
TF	Technikfläche	28,49 m²	4,7	2,7
VF	Verkehrsfläche	228,13 m²	37,4	21,4
NRF	Netto-Raumfläche	867,29 m²	142,0	81,5
KGF	Konstruktions-Grundfläche	196,47 m²	32,2	18,5
BGF	Brutto-Grundfläche	1.063,76 m²	174,2	100,0

Brutto-Rauminhalt des Bauwerks		Menge Einheit	BRI/NUF (m)	BRI/BGF (m)
BRI	Brutto-Rauminhalt	4.088,86 m³	6,70	3,84

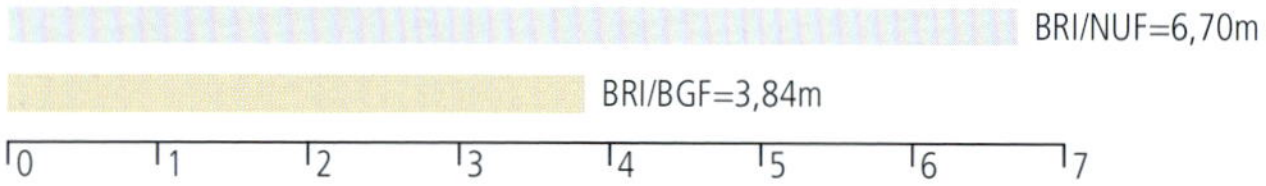

Kostenkennwerte für die Kostengruppen der 1.Ebene DIN 276

KG	Kostengruppen (1.Ebene)	Einheit	Kosten €	€/Einheit	€/m² BGF	€/m³ BRI	% 300+400
100	Grundstück	m² GF	–	–	–	–	–
200	Vorbereitende Maßnahmen	m² GF	–	–	–	–	–
300	Bauwerk – Baukonstruktionen	m² BGF	2.954.980	2.777,86	2.777,86	722,69	67,5
400	Bauwerk – Technische Anlagen	m² BGF	1.424.354	1.338,98	1.338,98	348,35	32,5
	Bauwerk 300+400	**m² BGF**	**4.379.334**	**4.116,84**	**4.116,84**	**1.071,04**	**100,0**
500	Außenanlagen und Freiflächen	m² AF	434.525	60,76	408,48	106,27	9,9
600	Ausstattung und Kunstwerke	m² BGF	–	–	–	–	–
700	Baunebenkosten	m² BGF	–	–	–	–	–
800	Finanzierung	m² BGF	–	–	–	–	–

KG	Kostengruppe	Menge Einheit	Kosten €	€/Einheit	%
3+4	**Bauwerk**				**100,0**
300	**Bauwerk – Baukonstruktionen**	1.063,76 m² BGF	2.954.980	**2.777,86**	67,5

Stb-Fundamente, Heiz-Trockenestrich, Linoleum, Bodenfliesen, Abdichtung; Stahlmodulbauwände, Kunststofffenster, Dreifachverglasung, Wärmedämmung, hinterlüftete Holzfassade, Gipsfaser-Bekleidung, Stoffsonnenschutz in Führungsschienen; Stahlmodulbauwände, GK-Wände, Glaswände, Wandfliesen, Beschichtung, WC-Trennwände; Stahlmodulbaudecken, Stb-Treppe, Stahlfluchttreppe, Heizestrich, Linoleum, Bodenfliesen, abgehängte GK-Decken, Schallschutzdecken, vorgesetzte Stahl-Fluchtbalkone mit Gitterrostbelag, Stahlgeländer, Handläufe, Treppengeländer; Stahlmodulbaudach, Dämmung, Zinkdeckung, Abdichtung, Attika, extensive Dachbegrünung, Entwässerung, abgehängte GK-Decken, Schallschutzdecken; Garderoben, Wickeltische

KG	Kostengruppe	Menge Einheit	Kosten €	€/Einheit	%
400	**Bauwerk – Technische Anlagen**	1.063,76 m² BGF	1.424.354	**1.338,98**	32,5

Gebäudeentwässerung, Kalt- und Warmwasserleitungen, Sanitärobjekte, Fettabscheider; Luft-Wasser-Wärmepumpe, Fußbodenheizung; automatische Raumbelüftung, Küchenabluftanlage, RWA-Anlage; PV-Anlage (39m²), Elektroinstallation, Beleuchtung, Sicherheitsleuchten; Antennenanlage, Rauchmelder, Datenverkabelung; Personenaufzug; küchentechnische Anlage, Feuerlöscher

KG	Kostengruppe	Menge Einheit	Kosten €	€/Einheit	%
500	**Außenanlagen und Freiflächen**	7.151,55 m² AF	434.525	**60,76**	9,9

Oberbodenarbeiten, Bodenarbeiten; Wege, Feuerwehrzufahrt, Plätze, betonierte Flächen, Spielplatzflächen; Zäune; Sitzbänke, Fahrradständer, Spielgeräte, Klettereinrichtungen; Oberbodenauftrag, Gehölze, Stauden, Rasen

4400-0419
Kinderhaus
(2 Gruppen)
(40 Kinder)

Kostenkennwerte für die Kosten des Bauwerks (Kostengruppen 300+400 nach DIN 276)

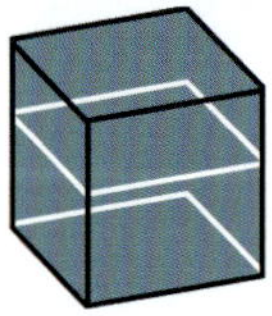

BRI 833 €/m³

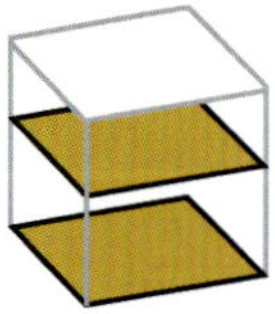

BGF 3.701 €/m²

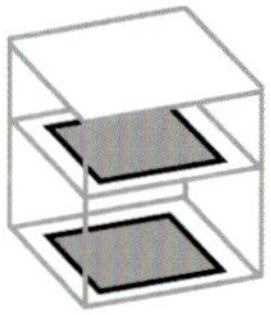

NUF 5.477 €/m²

Objekt:
Kennwerte: 1. Ebene DIN 276
BRI: 4.167 m³
BGF: 938 m²
NUF: 634 m²
Bauzeit: 78 Wochen
Bauende: 2021
Standard: mittel
Bundesland: Bayern
Kreis: Ebersberg

Architekt*in:
LPH 1-5:
Goergens Miklautz
Partner GmbB
Prinzregentenplatz 17
81675 München

LPH 6-9:
dreier + lauterbach
architekten und
ingenieure gmbh
Schulstraße 46
80634 München

Bauherr*in:
Gemeinde Anzing
Schulstraße 1
85646 Anzing

© Hans Engels

Zeichnungen

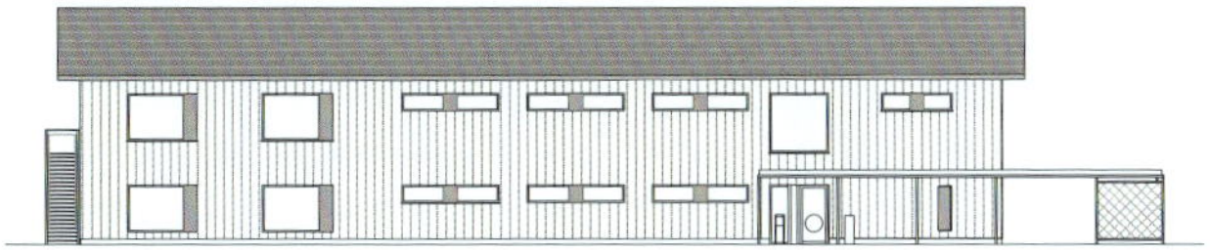
Ansicht Nord-Ost

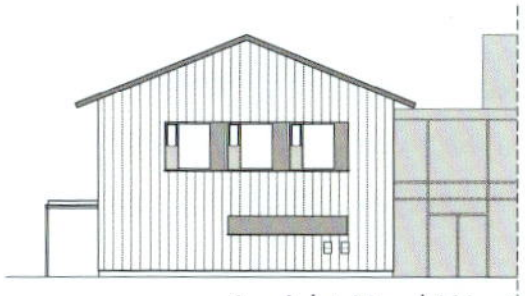
Ansicht Nord-West

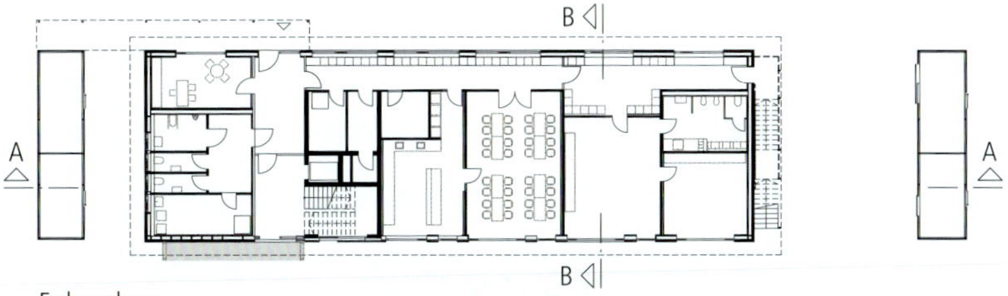

Erdgeschoss

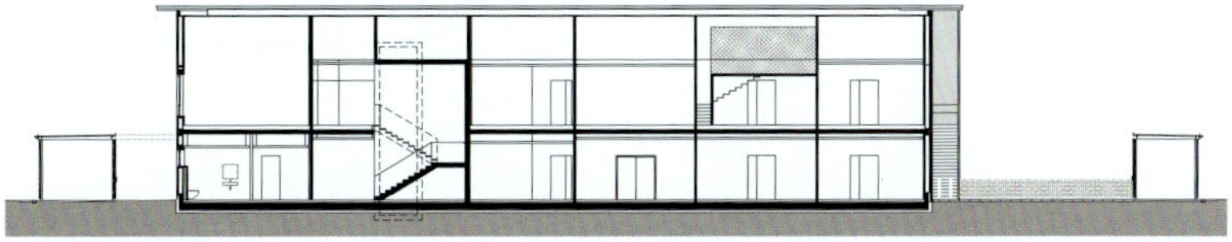
Schnitt A-A

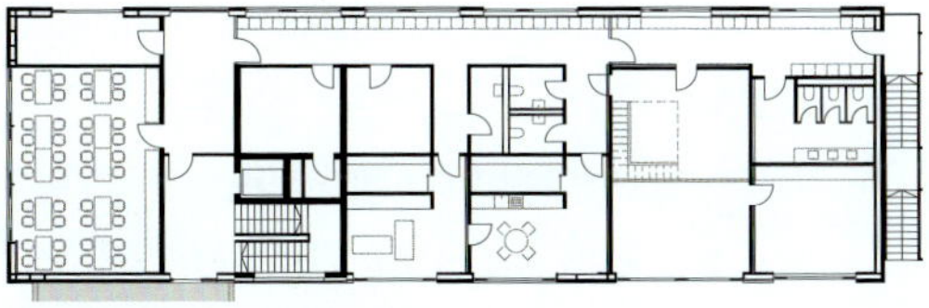
Obergeschoss

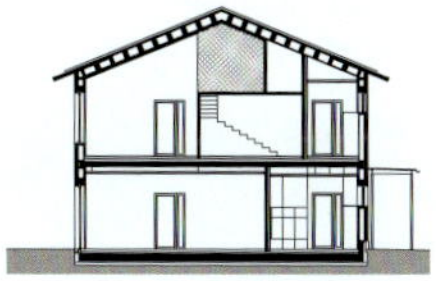
Schnitt B-B

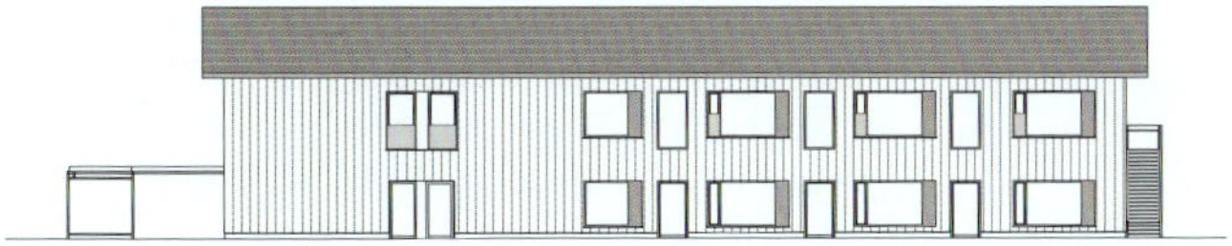
Ansicht Süd-West

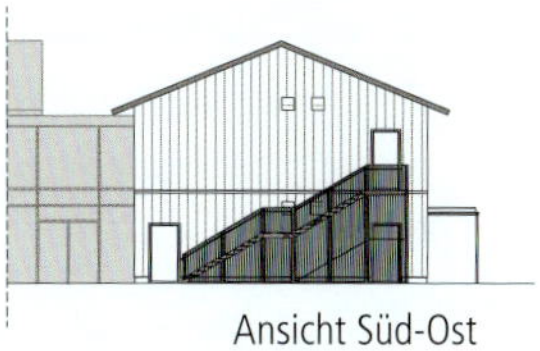
Ansicht Süd-Ost

4400-0419
Kinderhaus
(2 Gruppen)
(40 Kinder)

Objektbeschreibung

Allgemeine Objektinformationen

Die Kindertagesstätte bietet Platz für je eine einzügige Gruppe für Krippenkinder und Kindergartenkinder. Es besteht eine Erweiterungsmöglichkeit für vier weitere Gruppen.

Nutzung

1 Erdgeschoss
Gruppenräume, Nebenräume, Kinderbistro, Küche, Büro, Hausanschlussraum, Hauswirtschaftsraum, Sanitärräume, Flure, Garderoben,Treppenhaus, Aufzug

1 Obergeschoss
Gruppenräume, Nebenräume, Mehrzweckraum, Therapieraum, Personalraum, Technikraum, Lager, Sanitärräume, Flure, Garderoben,Treppenhaus, Aufzug

Nutzeinheiten

Gruppen: 2
Kinder: 40

Grundstück

Bauraum: Freier Bauraum
Neigung: Ebenes Gelände
Bodenklasse: BK 1 bis BK 3

Markt

Hauptvergabezeit: 1.Quartal 2020
Baubeginn: 2.Quartal 2020
Bauende: 4.Quartal 2021
Konjunkturelle Gesamtlage: über Durchschnitt
Regionaler Baumarkt: unter Durchschnitt

Baukonstruktion

Konstruktiv wurde eine Holzhybridbauweise als wirtschaftlichste Bauweise gewählt. Die Gründung erfolgt auf einer Stb-Bodenplatte. Das Gebäude ist nicht unterkellert, alle Technikräume sind räumlich optimiert in den beiden oberirdischen Geschossen untergebracht. Die Außenwände bestehen aus einer gedämmten Holzrahmenkonstruktion, die sich konstruktiv auch im Dach fortsetzt. Für die tragenden Innenwände wurde Brettsperrholz in Sichtqualität gewählt. Die Geschossdecken bestehen aus Holzbetonverbunddecken, die Treppenhauskerne sind massiv in Stahlbeton ausgeführt. Holzakustikdecken und GK-Decken sorgen für eine angenehme Raumakustik. Den oberen Gebäudeabschluss bildet ein Pfettendach, das mit Ziegeln gedeckt ist.

Technische Anlagen

Beheizt wird das Kinderhaus durch den Anschluss an eine Nahwärmeversorgung der benachbarten Schule. Eine vollflächig verlegte Fußbodenheizung verteilt die Wärme im Gebäude. Im Sommer kann die Heizfläche zur Kühlung eingesetzt werden. Ein zentrales Lüftungsgerät mit Wärmerückgewinnung versorgt das Gebäude mit Frischluft.

Sonstiges

Die vergleichsweise hohen Kosten pro Nutzeinheit Kind resultieren aus den im ersten Bauabschnitt bereits realisierten Räumlichkeiten, darunter eine gewerbliche Küche, ein Kinderbistro, ein großer Therapieraum, ein großer Mehrzweckraum, ein Personalraum mit Küchenzeile, ein Treppenhaus, Technikräume, ein Aufzug, Büroräume und Lagerräume. Diese Räume werden in den noch nicht realisierten Bauabschnitten 2 und 3 für die dort entstehenden Gruppenräume mitbenutzt. Der Nachweis für die energetischen Kennwerte wurde mit den noch nicht realisierten Bauabschnitten 2 und 3 geführt.

Energetische Kennwerte

Gesetzliche Grundlage: EnEV 2013
Gebäudenutzfläche: 1.270,00 m^2
Gebäudevolumen: 6.211,00 m^3
A/V_e-Verhältnis (Kompaktheit): 0,45 m^{-1}
Hüllfläche des beheizten Volumens: 2.776,00 m^2
Mittlerer U-Wert (opake Bauteile): 0,15 W/(m^2·K)
Mittlerer U-Wert (transparente Bauteile): 0,95 W/(m^2·K)
Mittlerer U-Wert (Vorhangfassade): 0,95 W/(m^2·K)
Spez. Jahresprimärenergiebedarf: 96,90 kWh/(m^2·a)

Energetische Angaben zu Außenbauteilen

Bodenplatte

U-Wert: 0,17 W/(m²·K)

Gesamtdicke: 61,00 cm	d [cm]	λ [W/(m·K)]
Bodenbelag	1,00	1,300
Estrich	8,00	1,400
Trittschalldämmung	2,00	0,040
Dämmung	4,00	0,035
Stahlbeton	30,00	2,300
Dämmung	16,00	0,040

Außenwand gegen Erdreich

U-Wert: 0,34 W/(m²·K)

Gesamtdicke: 28,00 cm	d [cm]	λ [W/(m·K)]
Stahlbeton	18,00	2,300
Dämmung	10,00	0,037

Außenwand Sockel

U-Wert: 0,27 W/(m²·K)

Gesamtdicke: 30,00 cm	d [cm]	λ [W/(m·K)]
Dämmung	4,00	0,040
Stahlbeton	16,00	2,300
Dämmung	10,00	0,040

Außenwand

U-Wert: 0,15 W/(m²·K)

Gesamtdicke: 32,00 cm	d [cm]	λ [W/(m·K)]
Holz	4,00	0,130
Dämmung	4,00	0,040
OSB-Platte	2,00	0,130
Holz	20,00	0,130
Dämmung	20,00	0,040
Dämmung	6,00	0,050

Außenwand Treppenhaus

U-Wert: 0,23 W/(m²·K)

Gesamtdicke: 34,00 cm	d [cm]	λ [W/(m·K)]
Stahlbeton	20,00	2,300
Dämmung	14,00	0,035

Flachdach

U-Wert: 0,15 W/(m²·K)

Gesamtdicke: 34,00 cm	d [cm]	λ [W/(m·K)]
Holz	16,00	0,130
Dämmung	18,00	0,035

Steildach

U-Wert: 0,17 W/(m²·K)

Gesamtdicke: 32,00 cm	d [cm]	λ [W/(m·K)]
Holz	28,00	0,130
Dämmung	28,00	0,040
Holzfaserplatte	4,00	0,046

Planungskennwerte für Flächen und Rauminhalte nach DIN 277

Flächen des Grundstücks		Menge Einheit	% an GF
BF	Bebaute Fläche	437,15 m²	17,0
UF	Unbebaute Fläche	2.133,11 m²	83,0
GF	Grundstücksfläche	2.570,26 m²	100,0

Grundflächen des Bauwerks		Menge Einheit	% an NUF	% an BGF
NUF	Nutzungsfläche	633,65 m²	100,0	67,6
TF	Technikfläche	32,83 m²	5,2	3,5
VF	Verkehrsfläche	124,17 m²	19,6	13,2
NRF	Netto-Raumfläche	790,65 m²	124,8	84,3
KGF	Konstruktions-Grundfläche	146,90 m²	23,2	15,7
BGF	Brutto-Grundfläche	937,55 m²	148,0	100,0

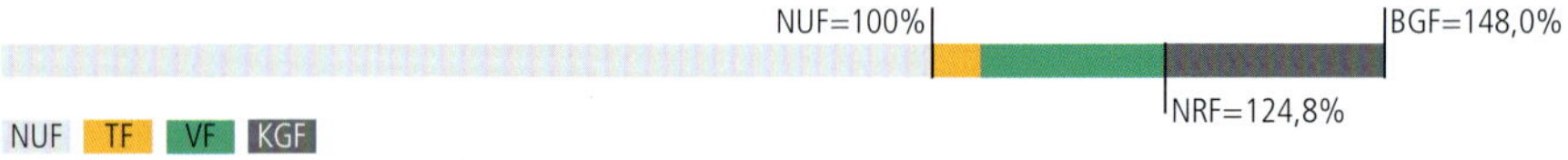

Brutto-Rauminhalt des Bauwerks		Menge Einheit	BRI/NUF (m)	BRI/BGF (m)
BRI	Brutto-Rauminhalt	4.166,82 m³	6,58	4,44

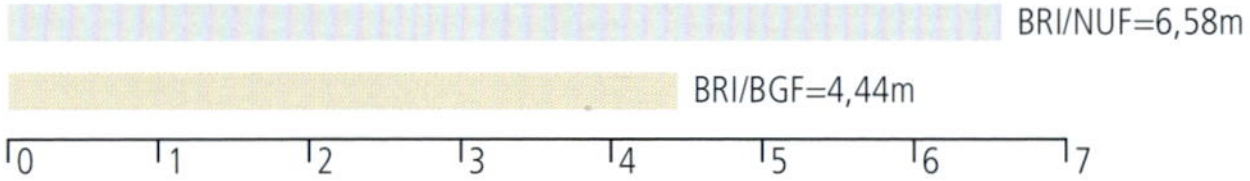

Kostenkennwerte für die Kostengruppen der 1.Ebene DIN 276

KG	Kostengruppen (1.Ebene)	Einheit	Kosten €	€/Einheit	€/m² BGF	€/m³ BRI	% 300+400
100	Grundstück	m² GF	–	–	–	–	–
200	Vorbereitende Maßnahmen	m² GF	–	–	–	–	–
300	Bauwerk – Baukonstruktionen	m² BGF	2.545.028	2.714,55	2.714,55	610,78	73,3
400	Bauwerk – Technische Anlagen	m² BGF	925.168	986,79	986,79	222,03	26,7
	Bauwerk 300+400	**m² BGF**	**3.470.196**	**3.701,35**	**3.701,35**	**832,82**	**100,0**
500	Außenanlagen und Freiflächen	m² AF	–	–	–	–	–
600	Ausstattung und Kunstwerke	m² BGF	–	–	–	–	–
700	Baunebenkosten	m² BGF	–	–	–	–	–
800	Finanzierung	m² BGF	–	–	–	–	–

KG	Kostengruppe	Menge Einheit	Kosten €	€/Einheit	%
3+4	**Bauwerk**				**100,0**
300	**Bauwerk – Baukonstruktionen**	937,55 m² BGF	2.545.028	**2.714,55**	73,3

Erdarbeiten; Stb-Bodenplatte, Abdichtung, Dämmung, Heizestrich, Bodenfliesen, Linoleumboden, Sauberlaufzonen; Holzrahmenwände, Holz-Alufenster, Alutüren, Holzfaserdämmung, OSB, senkrechte Holzschalung, GK-Bekleidung, zementgebundene Plattenbekleidung, Beschichtung, textiler Sonnenschutz; Brettsperrholzwände, Stb-Wände, GK-Wände, Holztüren, Stahl-Rohrrahmentüren, GK-Bekleidung, Beschichtung, Wandfliesen; Holz-Betonverbunddecken, Stb-Treppen, Dämmung, Heizestrich, Bodenfliesen, Linoleum, Holzakustikdecke, Gipskartondecke, Stahlwangengeländer, Stahl-Fluchttreppe; Pfettendach, Holzfaserdämmung, Dachziegel, Dachentwässerung; Einbaumöbel

KG	Kostengruppe	Menge Einheit	Kosten €	€/Einheit	%
400	**Bauwerk – Technische Anlagen**	937,55 m² BGF	925.168	**986,79**	26,7

Gebäudeentwässerung, Kalt- und Warmwasserleitungen, Sanitärobjekte; Nahwärmeversorgung, Fußbodenheizung; zentrale Lüftungsanlage, Abluftanlagen; Elektroinstallation, Beleuchtung, Blitzschutzanlage; Telekommunikationsanlage, Sprechanlage, Zutrittskontrolle über Türsteuerung, Rauchwarnmelder, Brandmeldeanlage, Netzwerkverkabelung; Personenaufzug; küchentechnische Anlagen; Gebäudeautomation

Wohngebäude

6

- 6100 Wohnhäuser
- 6200 Wohnheime
- 6300 Gemeinschaftsunterkünfte
- 6400 Betreuungseinrichtungen
- 6500 Verpflegungseinrichtungen
- 6600 Beherbergungsstätten

6100-1500
Mehrfamilienhaus
(16 WE)

Instandsetzung

Kostenkennwerte für die Kosten des Bauwerks (Kostengruppen 300+400 nach DIN 276)

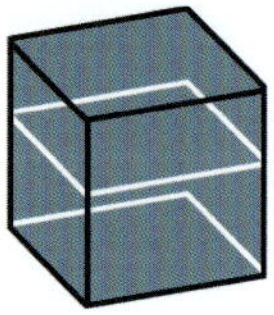

BRI **285 €/m³**

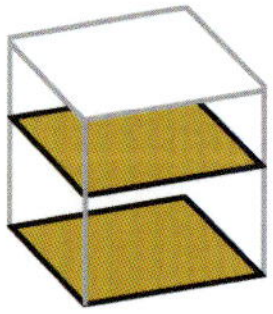

BGF **1.061 €/m²**

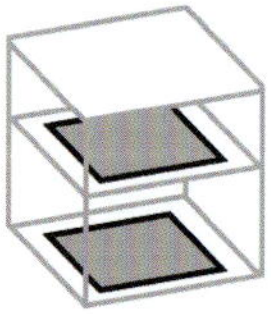

NUF **1.536 €/m²**

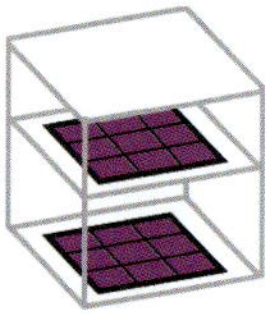

NE **1.549 €/NE**

NE: Wohnfläche

Objekt:
Kennwerte: 3. Ebene DIN 276
BRI: 11.644 m³
BGF: 3.124 m²
NUF: 2.158 m²
Bauzeit: 122 Wochen
Bauende: 2019
Standard: hoch
Bundesland: Hamburg
Kreis: Hamburg, Stadt

Architekt*in:
Ostermann Architekten
Lange Reihe 101
20099 Hamburg

vorher

nachher

Ansicht Nord

Ansicht Ost

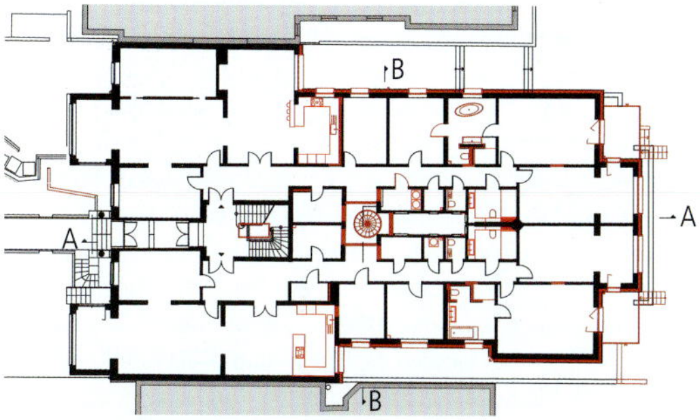

Erdgeschoss

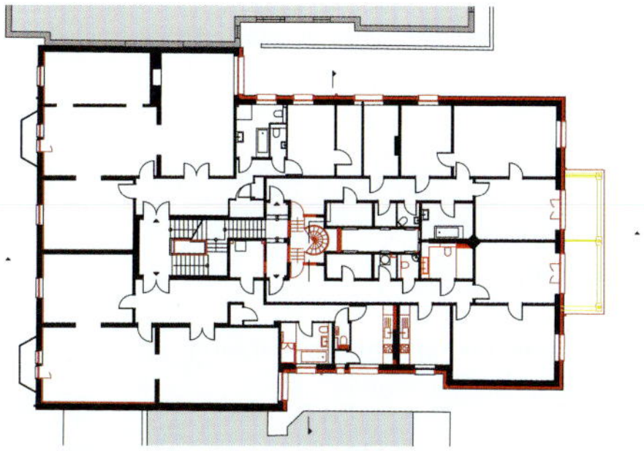

3. Obergeschoss

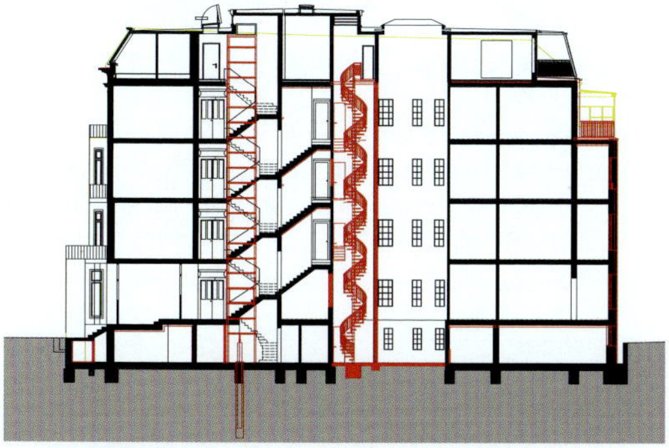

Schnitt A-A

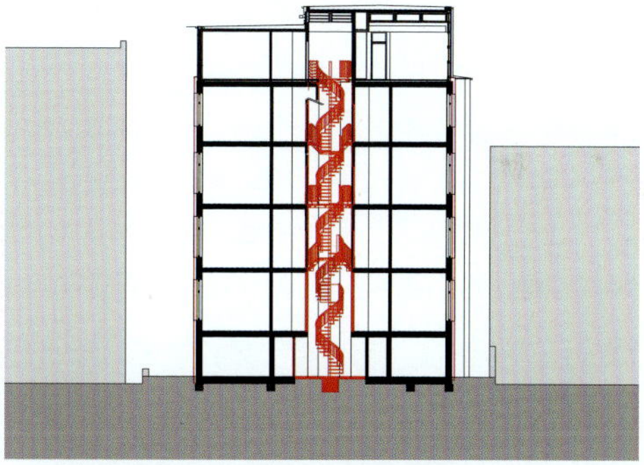

Schnitt B-B

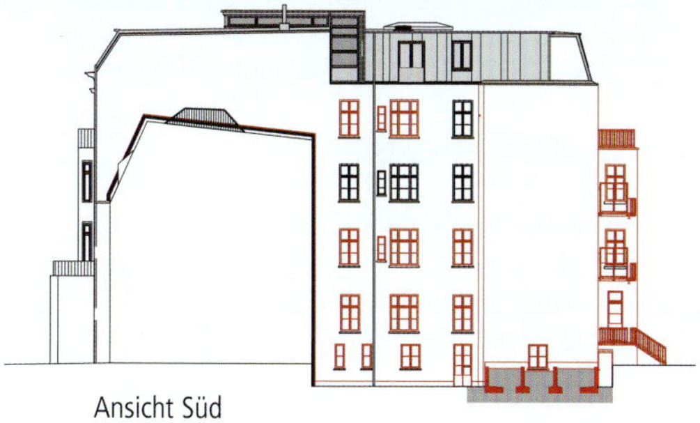

Ansicht Süd

Ansicht West

6100-1500
Mehrfamilienhaus
(16 WE)

Instandsetzung

Objektbeschreibung

Allgemeine Objektinformationen

Das Stadthaus aus dem Jahr 1895 wurde gemäß der städtebaulichen Erhaltungssatzung vollständig saniert. Die ursprüngliche Gestaltung im Stil des Historismus mit typischem Fassadenstuck und orange-roten Ziegelsteinen konnte wiederhergestellt werden. Im Zuge der Arbeiten wurden 16 Wohnungen umfassend saniert, modernisiert und die Gebäudehülle energetisch verbessert.

Nutzung

1 Untergeschoss
zwei Wohnungen, Fahrradkeller, Garagen, Technik, Keller

1 Erdgeschoss
zwei Wohnungen

3 Obergeschosse
je vier Wohnungen

Besonderer Kosteneinfluss Nutzung
Gestaltungssatzung, Brandschutz

Nutzeinheiten

Wohneinheiten: 16
Wohnfläche: 2.140 m²

Grundstück

Bauraum: Beengter Bauraum
Neigung: Ebenes Gelände
Bodenklasse: BK 1 bis BK 4

Markt

Hauptvergabezeit: 3. Quartal 2017
Baubeginn: 3. Quartal 2017
Bauende: 4. Quartal 2019
Konjunkturelle Gesamtlage: über Durchschnitt
Regionaler Baumarkt: über Durchschnitt

Baubestand

Baujahr: 1895
Bauzustand: schlecht
Aufwand: hoch
Grundrissänderungen: wenige
Tragwerkseingriffe: wenige
Nutzungsänderung: nein
Nutzung während der Bauzeit: ja

Baukonstruktion

Die Wände des Wohngebäudes bestehen aus Ziegelmauerwerk. Die OG-Decken sind in Holzbauweise errichtet, die Deckenfelder der ursprünglichen Bäder und Küchen sind massiv aus Beton. An der Straßenfassade wurden die Stuckelemente repariert, nachgeformt und ergänzt. Die Farbe auf den Ziegelsteinen wurde abgebeizt, defekte Steine wurden ausgetauscht und neu verfugt. Die vorderen Balkone sind saniert und die Geländer erneuert worden, auf der Hofseite konnten neue Balkone errichtet werden. Die im Lichthof eingefügte Stahl-Spindeltreppe dient als zweiter Rettungsweg. Im Treppenhaus wurden die Wand- und Deckenflächen überarbeitet, die Bodenbeläge aus Marmor und Holz instandgesetzt. Die Fenster wurden ausgetauscht oder instandgesetzt. Es wurde eine Schwammsanierung durchgeführt.

Technische Anlagen

Der Fernwärmeanschluss sowie die Heizungsleitungen und Heiztechnik wurden erneuert. Sämtliche Wasser- und Abwasserleitungen mussten ausgetauscht, die Bäder und WCs renoviert werden. Ein Aufzug konnte im Treppenauge platziert werden.

Sonstiges

Der Umbau des Dachgeschosses in Penthouse-Wohnungen ist unter der BKI-Objektnummer 6100-1501 dokumentiert. Die Kosten der Hausschwammsanierung sind sowohl in dieser als auch in einer separaten Dokumentation (Objektnummer 6100-1502) als eigenständige Maßnahme dokumentiert.

Energetische Kennwerte

Gesetzliche Grundlage: EnEV 2013
Gebäudenutzfläche: 2.772,50 m²
Spez. Transmissionswärmeverlust: 0,66 W/(m²·K)
Spez. Jahresendenergiebedarf: 122,10 kWh/(m²·a)

Energetische Angaben zu Außenbauteilen

Kellerdecke

U-Wert: 0,25 W/(m^2·K)

Gesamtdicke: 28,00 cm	d [cm]	λ [W/(m·K)]
Holz	2,00	1,300
Lehm	4,00	0,730
Stahlbeton	10,00	1,150
Dämmung	12,00	0,035

Außenwand Garten

U-Wert: 0,19 W/(m^2·K)

Gesamtdicke: 52,00 cm	d [cm]	λ [W/(m·K)]
Innenputz	1,00	1,000
Ziegel	33,00	0,810
Außenputz	1,00	1,000
Dämmung	16,00	0,035
Außenputz	1,00	1,000

Decke unter Loggia

U-Wert: 0,13 W/(m^2·K)

Gesamtdicke: 40,00 cm	d [cm]	λ [W/(m·K)]
Innenputz	0,50	0,700
Dämmung	14,00	0,045
Stahlbeton	12,00	1,150
Bitumenbahn	0,50	0,170
Dämmung	12,00	0,028
Bitumenbahn	1,00	0,170

Außenwand DG

U-Wert: 0,19 W/(m^2·K)

Gesamtdicke: 52,00 cm	d [cm]	λ [W/(m·K)]
Innenputz	1,00	1,000
Ziegel	33,00	0,810
Außenputz	1,00	1,000
Dämmung	16,00	0,035
Außenputz	1,00	1,000

Außenwand DG neu

U-Wert: 0,18 W/(m^2·K)

Gesamtdicke: 27,75 cm	d [cm]	λ [W/(m·K)]
GK-Platte	1,25	0,250
OSB-Platte	1,50	0,130
– Dämmung	6,00	0,035
– Holz	6,00	0,130
OSB-Platte	1,50	0,130
– Dämmung	16,00	0,035
– Holz	16,00	0,130
Holzfaserplatte	1,50	0,070

Dachterrasse

U-Wert: 0,14 W/(m^2·K)

Gesamtdicke: 37,02 cm	d [cm]	λ [W/(m·K)]
Holz	16,00	0,130
Aluminium	0,02	80,000
Dämmung	20,00	0,035
Bitumenbahn	1,00	0,170

Dach

U-Wert: 0,14 W/(m^2·K)

Gesamtdicke: 37,02 cm	d [cm]	λ [W/(m·K)]
Holz	16,00	0,100
Aluminium	0,02	80,000
Dämmung	10,00	0,040
Dämmung	10,00	0,037
Bitumenbahn	1,00	0,170

Planungskennwerte für Flächen und Rauminhalte nach DIN 277

Flächen des Grundstücks		Menge Einheit	% an GF
BF	Bebaute Fläche	630,00 m²	40,1
UF	Unbebaute Fläche	941,00 m²	59,9
GF	Grundstücksfläche	1.571,00 m²	100,0

Grundflächen des Bauwerks		Menge Einheit	% an NUF	% an BGF
NUF	Nutzungsfläche	2.157,80 m²	100,0	69,1
TF	Technikfläche	24,35 m²	1,1	0,8
VF	Verkehrsfläche	421,87 m²	19,6	13,5
NRF	Netto-Raumfläche	2.604,02 m²	120,7	83,4
KGF	Konstruktions-Grundfläche	519,98 m²	24,1	16,6
BGF	Brutto-Grundfläche	3.124,00 m²	144,8	100,0

Brutto-Rauminhalt des Bauwerks		Menge Einheit	BRI/NUF (m)	BRI/BGF (m)
BRI	Brutto-Rauminhalt	11.643,66 m³	5,40	3,73

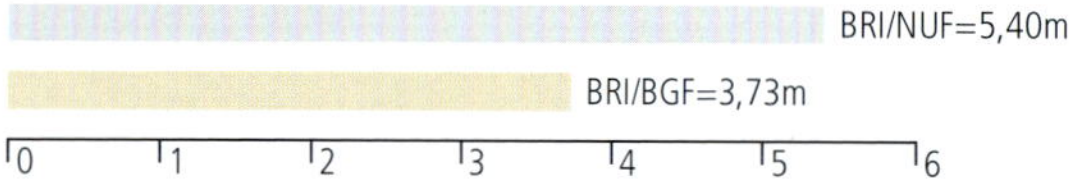

KG	Kostengruppen (2. Ebene)	Menge Einheit	Menge/NUF	Menge/BGF
310	Baugrube / Erdbau	–	–	–
320	Gründung, Unterbau	212,18 m² GRF	0,10	0,07
330	Außenwände/Vertikale Baukonstruktionen, außen	1.728,17 m² AWF	0,80	0,55
340	Innenwände/Vertikale Baukonstruktionen, innen	1.118,51 m² IWF	0,52	0,36
350	Decken/Horizontale Baukonstruktionen	665,33 m² DEF	0,31	0,21
360	Dächer	73,65 m² DAF	0,03	0,02

Kostenkennwerte für die Kostengruppen der 1.Ebene DIN 276

KG	Kostengruppen (1.Ebene)	Einheit	Kosten €	€/Einheit	€/m²BGF	€/m³BRI	%300+400
100	Grundstück	m²GF	–	–	–	–	–
200	Vorbereitende Maßnahmen	m²GF	2.451	1,56	0,78	0,21	< 0,1
300	Bauwerk – Baukonstruktionen	m²BGF	2.304.431	737,65	737,65	197,91	69,5
400	Bauwerk – Technische Anlagen	m²BGF	1.010.129	323,34	323,34	86,75	30,5
	Bauwerk 300+400	**m²BGF**	**3.314.560**	**1.061,00**	**1.061,00**	**284,67**	**100,0**
500	Außenanlagen und Freiflächen	m²AF	88.504	94,05	28,33	7,60	2,7
600	Ausstattung und Kunstwerke	m²BGF	44.932	14,38	14,38	3,86	1,4
700	Baunebenkosten	m²BGF	–	–	–	–	–
800	Finanzierung	m²BGF	–	–	–	–	–

KG	Kostengruppe	Menge Einheit	Kosten €	€/Einheit	%
200	**Vorbereitende Maßnahmen**	1.571,00 m²GF	2.451	**1,56**	< 0,1

- Herstellen (Kosten: 100,0%) — 2.451
  Baumschutz, Oberbodenabtrag

KG	Kostengruppe	Menge Einheit	Kosten €	€/Einheit	%
3+4	**Bauwerk**				**100,0**
300	**Bauwerk – Baukonstruktionen**	3.124,00 m²BGF	2.304.431	**737,65**	69,5

- Abbrechen (Kosten: 8,2%) — 189.374
  Abbruch von Bodenplatten, Fundamenten, Holzdielenbelag; Mauerwerk, Balkonwänden, Fenstern, Fassadenbeschichtung, Wandputz, Sichtschutzwänden; Innentüren, Innenfenstern, Beschichtung, Wandputz, Wandfliesen, Holzwänden; Holzdecken, Stb-Treppen, Deckenfenster, Teppich, Bodenfliesen, Linoleum, Estrich, Deckenputz, Tapete, Rohrputzdecke, Holztreppen, Geländer; Dachschalung, Bitumenabdichtung, Dachentwässerung; Einbaumöbeln; Entsorgung, Deponiegebühren

- Wiederherstellen (Kosten: 22,1%) — 509.551
  Schadhafte Dielen erneuern, Lagerhölzer ergänzen, Estrich ausgleichen, Bodenfliesen ergänzen; Schwammsanierung Mauerwerk, Holzfenster überarbeiten, Holz-Brüstungspaneele, Fensterinnenfutter, Fensterbänke erneuern, Garagentore überarbeiten, Haustürelement instandsetzen, schadhafte Ziegel ersetzen, Verfugung erneuern, Sichtmauerwerk imprägnieren, Stuckfassade instandsetzen, Tympanon in historischem Stil nachbilden, Bossenfugen schneiden, Holz-Laibungsbekleidungen ausbauen, wieder einbauen, Putz ausbessern, Beschichtung erneuern, Außentreppe überarbeiten; Mauerwerk ergänzen, Wohnungseingangstüren überarbeiten, Holztüren neu beschichten, Holzinnenfenster überarbeiten; Schwammsanierung Holzbalkendecke, Stb-Balkone sanieren, Holztreppe ausbessern, lackieren, Steingutbelag überarbeiten, Parkett erneuern, Treppen-/Deckenuntersichten instandsetzen, losen Deckenputz erneuern, historische Stuckprofile erneuern, Geländer überarbeiten; Estrich erneuern

- Herstellen (Kosten: 69,7%) — 1.605.505
  Stb-Streifenfundamente, Stb-Bodenplatten, Gefälleestrich, Epoxidharzbeschichtung, Bodenfliesen; Kunststoff-, Holzfenster, Garagentorantriebe, Perimeterdämmung, WDVS, Beschichtung auf Klinkerfassade, Wärmedämmputz, Markise, Sichtschutzwände; Ziegelmauerwerk, Türöffnungen herstellen, GK-Wand F90, Stahltüren, Innenputz, Spachtelung Q3, Tapete, Beschichtung, Wandfliesen, Kellertrennwände; Holzbalkendecke, Dielen, Sisal-Treppenläufer, Kellerdeckendämmung, GK-Decke, Schilfrohrdecke, Stahltreppen, Balkonanlagen; Dachabdichtung, Dämmung, Beschichtung, Riffelbohlenbelag, Dachentwässerung

KG	Kostengruppe	Menge Einheit	Kosten €	€/Einheit	%
400	**Bauwerk – Technische Anlagen**	3.124,00 m² BGF	1.010.129	**323,34**	30,5
	• Abbrechen (Kosten: 2,8%) Abbruch von Abwasserrohren, Bodenabläufen, Trinkwasserleitungen, WC, Gasleitungen; Hausstation, Warmwasserbereiter, Heizungsrohren, Heizkörpern; Zählern, Verteilern, Beleuchtungsanlage; Klingelanlage; Speiseaufzug; Entsorgung, Deponiegebühren		28.004		
	• Wiederherstellen (Kosten: 7,6%) Schlauchlinersanierung, Trinkwasserleitung ändern, Sanitärobjekte ersetzen; Sicherheitsventil erneuern, Thermostatventile austauschen		77.142		
	• Herstellen (Kosten: 89,6%) Gebäudeentwässerung, Rückstauautomaten, Kalt- und Warmwasserleitungen; Fernwärme-Kompaktstation, Speicherladesystem, Heizungsrohre, Heizkörper; Einzelraumlüfter, Wickelfalzrohre; Elektroinstallation, Beleuchtung, Blitzschutzanlage; Video-Sprechanlage; Datenverkabelung; Glas-Personenaufzug, Schachtgerüst		904.983		
500	**Außenanlagen und Freiflächen**	941,00 m² AF	88.504	**94,05**	2,7
	• Abbrechen (Kosten: 9,1%) Abbruch von Betonbodenplatte; Aufnehmen und Lagern von Gartenzaun, Abbruch von Trennwand, Außentreppen; Entsorgung, Deponiegebühren		8.080		
	• Wiederherstellen (Kosten: 1,2%) Wand reinigen, Putz überarbeiten; Rinne und Hofablauf reinigen		1.083		
	• Herstellen (Kosten: 89,6%) Bodenarbeiten; Mineralschottergemisch als Abstellfläche; Mauerpfeiler, Stb-Stützwände, Beton-Außentreppe, Beton-Winkelstufen; Außenbeleuchtung; digitale Paket- und Briefkastenanlage		79.341		
600	**Ausstattung und Kunstwerke**	3.124,00 m² BGF	44.932	**14,38**	1,4
	• Wiederherstellen (Kosten: 89,2%) Wand- und Deckenmalereien restaurieren: bildhafte Motive retuschieren, Wandflächen ausbessern, Decken-Kassettenfelder ergänzen, Farbfassungen von Stuck- und Deckenrandbereichen überarbeiten		40.087		
	• Herstellen (Kosten: 10,8%) Fahrradständer, Gardinen; Namensschilder		4.845		

Kostenkennwerte für die Kostengruppen der 2.Ebene DIN 276

KG	Kostengruppe	Menge Einheit	Kosten €	€/Einheit	%
200	**Vorbereitende Maßnahmen**				**100,0**
210	**Herrichten**	1.571,00 m²GF	2.451	**1,56**	100,0
	• Herstellen (Kosten: 100,0%) Baumschutz (2St) * Oberboden abtragen, abfahren (7m³)	1.571,00 m²GF	2.451	**1,56**	
300	**Bauwerk – Baukonstruktionen**				**100,0**
310	**Baugrube / Erdbau**	–	28.374	–	1,2
	• Herstellen (Kosten: 100,0%) Baugruben im Gebäude, t bis 80cm (20St), Handschachtung für Ringerder (25m), Kopflöcher für Tiefenerder (2St)	–	28.374	–	
320	**Gründung, Unterbau**	212,18 m²GRF	56.444	**266,02**	2,4
	• Abbrechen (Kosten: 10,1%) Abbruch von Betonbodenplatten (19m²), Fundamenten (2m³) * Holzdielen, Lagerhölzer, Sand/Schutt (51m²); Entsorgung, Deponiegebühren	50,79 m²GRF	5.709	**112,41**	
	• Wiederherstellen (Kosten: 8,3%) Schadhafte Dielen erneuern, Lagerhölzer ergänzen, Hohlräume mit Blähglasgranulat füllen (8m²), Unebenheiten im Estrich ausgleichen (14h), Bodenfliesen ergänzen (psch)	–	4.698	–	
	• Herstellen (Kosten: 81,6%) Stb-Streifenfundamente (2m³), Stb-Bodenplatten, d=20cm (57m²) * XPS-Dämmung, d=60-100mm (54m²), PIR-Dämmung, d=40mm, Gefälleestrich (25m²), Epoxidharzbeschichtung (200m²), Bodenfliesen (2m²), Glasmosaik (2m²)	204,18 m²GRF	46.036	**225,47**	

Instandsetzung

KG	Kostengruppe	Menge Einheit	Kosten €	€/Einheit	%
330	**Außenwände/Vert. Baukonstrukt., außen**	1.728,17 m² AWF	947.205	**548,10**	41,1
	• Abbrechen (Kosten: 7,9%) Abbruch von Mauerwerk (9h) * Balkonwänden (14m²), Mauerwerksbrüstung (1m²) * Kunststofffenstern (234m²), Holzfenstern (29m²) * Beschichtung (519m²), Gesimsen (68m) * Wandputz (138m²), Holz-Laibungsbekleidungen (12h) * Sichtschutzwänden (12m²), Stahlkonstruktion auf Loggia (psch), Brüstungsabdeckungen, Spaltklinker (28m); Entsorgung, Deponiegebühren	781,69 m² AWF	74.464	**95,26**	
	• Wiederherstellen (Kosten: 33,1%) Horizontalsperren, Bohrlochinjektionen (64m), Schwammsanierung Mauerwerk: Bohrlochtränkung (58m²), Wandflächen abflammen, fluten (85m²), Stahlstürze ersetzen (55m), instandsetzen (43m) * Holzfenster überarbeiten (74m²), warten (52St), Holz-Brüstungspaneele, Fensterinnenfutter erneuern (5St), neu beschichten (26m²), Garagentore überarbeiten (12m²), Haustür instandsetzen, Ornamente ergänzen (6m²) * schadhafte Ziegel ersetzen (830St), Verfugung erneuern, Sichtmauerwerk imprägnieren (101m²), Stuckfassade instandsetzen (580h), Tympanon in historischem Stil nachbilden (80h), Bossenfugen schneiden (120h), Kellerwände begradigen (25h) * Holz-Laibungsbekleidungen ausbauen, lagern, wieder einbauen (378m), neu beschichten (103h), Unebenheiten in Fensterlaibungen glattziehen (456m), Putz ausbessern (56h), Beschichtung erneuern (32h) * Außentreppe überarbeiten (13m²)	362,56 m² AWF	313.503	**864,69**	
	• Herstellen (Kosten: 59,0%) Wandöffnungen schließen (2m²), Sockelmauerwerk (1m²) * Kunststofffenster (232m²), Holzfenster (29m²), Falzlüfter (79St), Fensterinnenfutter, Brüstungsbekleidung, nach historischem Vorbild (23m), Zierleisten (212m), Holztüren (4m²), Stahltür (4m²), Garagentorantriebe (2St) * Bitumendickbeschichtung (32m²), Perimeterdämmung (12m²), WDVS, Steinwolldämmung, d=160mm, Silikatbeschichtung (1.068m²), Beschichtung auf Klinkerfassade (286m²) * Wärmedämmputz, d=20mm (83m²), Kalkputz (143m²), Malervlies (33m²), Silikatbeschichtung (173m²) * Markise (7m²) * Sichtschutzwände (5St), Natursteinbelag, Trittstufen (4St), Setzstufen (5St)	1.635,92 m² AWF	559.239	**341,85**	

KG	Kostengruppe	Menge Einheit	Kosten €	€/Einheit	%
340	**Innenwände/Vert. Baukonstrukt., innen**	1.118,51 m² IWF	399.925	**357,55**	17,4
	• Abbrechen (Kosten: 15,6%) Abbruch von Mauerwerk (7m³) * Ziegelmauerwerk (38m²), Gasbetonwänden (9m²) * Holztüren (38m²), Stahltüren (4m²), Innenfenstern (11m²) * Beschichtung, Spezialreinigungsverfahren (406m²), Wandputz (144m²), Wandfliesen (24m²), Tapete (13h) * Holzwänden (6m²); Entsorgung, Deponiegebühren	345,74 m² IWF	62.470	**180,68**	
	• Wiederherstellen (Kosten: 19,8%) Ausmauern von Fehlstellen bis 1,00m² (19m²) * Wohnungseingangstüren überarbeiten, Beschläge gangbar machen (76m²), Holztüren neu beschichten (26m²), Stoßgriffe brünieren (9St), Holzinnenfenster überarbeiten (43m²) * Schadstellen spachteln (421m²), Putz ausbessern (256h), Beschichtung erneuern (136h), Wandfliesen erneuern (3m²) * Holzhandlauf neu beschichten, Endstücke ergänzen (37m)	–	79.301	**–**	
	• Herstellen (Kosten: 64,6%) Ziegelmauerwerk, d=24cm (26m²), Öffnungen schließen (24m²), Türöffnungen herstellen, d=22cm (14m²), d=44cm (2m²), Türöffnungen ändern (12m²) * Ziegelmauerwerk, d=11,5cm (40m²), Öffnungen schließen (43m²), Türöffnungen herstellen, d=11cm (24m²), Türöffnungen ändern (8m²), GK-Wand F90, d=12,5cm (7m²) * Stahltüren (18m²), T30-RS (26m²) * Steinwolldämmung, d=60mm, Armierungsschicht (79m²), Kalkzementputz (338m²), Kalkputz (167m²), Spachtelung Q3, Tapete (100m²), Silikatbeschichtung (1.754m²), Dispersionsbeschichtung (102m²), Wandfliesen (38m²), GK-Vorsatzschalen (114h) * Kellertrennwände, Stahllamellen (49m²), Türen (8St) * Eckschutzschienen, Holz (11St)	972,99 m² IWF	258.154	**265,32**	

Instandsetzung

KG	Kostengruppe	Menge Einheit	Kosten €	€/Einheit	%
350	**Decken/Horizontale Baukonstruktionen**	665,33 m2 DEF	455.460	**684,56**	19,8
	• Abbrechen (Kosten: 7,1%)	287,87 m2 DEF	32.564	**113,12**	
	Abbruch von Holzdielen, Einschübe, Lehm/Schutt/Sand, Lattung (50m2), Deckenbalken (25m), Decke, Treppenpodest (12m2), Stb-Treppen (5m2) * Deckenfenster (5m2) * Teppich (104m2), Bodenfliesen (91m2), Linoleum (88m2), Estrich (38m2) * Putz (96m2), Beschichtung, Spezialreinigungsverfahren (73m2), Tapete (52m2), Rohrputzdecke, Schalung (19m2) * Holztreppen (2St); Entsorgung, Deponiegebühren * Stahltreppengeländer, lagern (30m)				
	• Wiederherstellen (Kosten: 23,9%)	176,91 m2 DEF	108.849	**615,27**	
	Schwammsanierung Holzbalkendecke (55m2), Stahlträger tauschen (18m), Balkonträger entrosten, Korrosionsschutz aufbringen, auffüttern (25m), Stb-Balkone instandsetzen, nicht tragfähige Betonteile abstemmen, Bewehrung entrosten, Korrosionsschutz, Oberfläche spachteln, Stirnkanten (11m), Untersichten (8m2) * Holztreppenstufen ausbessern (62St), Holztreppe schleifen, lackieren (65m2), Steingutbelag ausbessern, imprägnieren (36m2), Parkett erneuern, versiegeln (27m2), Ausbrüche in Betontreppe ausbessern (3m2) * Treppen-/Deckenuntersichten instandsetzen, Fehlstellen spachteln, beschichten (92m2), Treppenwangen überarbeiten, spachteln, beschichten (36m), losen Deckenputz erneuern, Fehlstellen spachteln (76m2), historische Stuckprofile erneuern (7St), als Stäbe (77m) * Stahl-Balkongeländer überarbeiten, Verzierungen aufarbeiten, entrosten, beschichten (23m2), Treppengeländer überarbeiten (22m)				
	• Herstellen (Kosten: 69,0%)	572,93 m2 DEF	314.048	**548,14**	
	Deckenbalken 12x24cm (35m), Einschubebene, Lattung, Sand, d=6cm (42m2), Holzdielen (50m2) * Sisal-Treppenläufer (102m2), Treppenläuferstangen (141St), Sauberlaufmatten (9m2), Estrich, Bodenfliesen (8m2), Holzstufen (3St) * Kellerdeckendämmung, d=120mm (251m2), GK-Decke (26m2), Lichtvouten (4m), Schalung, Schilfrohrmatten, Kalkputz (20m2), Spachtelung Q3 (52m2), Malervlies (122m2), Silikatbeschichtung (251m2), auf Treppenuntersichten (92m2) * Stahl-Spindeltreppe, D=180cm, 93 Steigungen, Pressroststufen, vier Austrittspodeste, drei Anschlusslaufstege, zwei Zwischenpodeste, Stahlgeländer (22m2), zwei Balkonanlagen als Turm mit drei Balkonen, Riffelbohlenbelag (46m2), Stahlwangentreppen, Lochblechstufen, Stahlgeländer (4m2)				
360	**Dächer**	73,65 m2 DAF	60.901	**826,93**	2,6
	• Abbrechen (Kosten: 16,9%)	77,43 m2 DAF	10.293	**132,94**	
	Abbruch von Schalung (19m2) * Bitumenabdichtung (77m2), Estrich (18m2), Regenfallrohren (64m), Dachrinnen (9m); Entsorgung, Deponiegebühren				
	• Wiederherstellen (Kosten: 3,9%)	15,12 m2 DAF	2.378	**157,26**	
	Estrich im Randbereich von Dachterrassen erneuern, b=20cm (15m2), Regenrinne reinigen (4h)				
	• Herstellen (Kosten: 79,2%)	73,65 m2 DAF	48.231	**654,88**	
	Kunststoffabdichtung, PMMA-Beschichtung, Versiegelung (39m2), PIR-Gefälledämmung, d=90-150mm, Bitumenabdichtung (23m2), TSF-Gummigranulatmatte, Riffelbohlenbelag (19m2), Glattstrich, Bodenfliesen (15m2), Kastenrinnen (16m), Regenfallrohre (5m), Standrohr (1St), Trittschutzbleche (9m) * WDVS, d=140mm (15m2)				

KG	Kostengruppe	Menge Einheit	Kosten €	€/Einheit	%
380	**Baukonstruktive Einbauten**	3.124,00 m² BGF	15.587	**4,99**	0,7
	• Abbrechen (Kosten: 8,0%) Abbruch von Einbauküche (3m³), Einbauschrank (1St), Kellerregalen (9h); Entsorgung, Deponiegebühren	3.124,00 m² BGF	1.242	**0,40**	
	• Wiederherstellen (Kosten: 5,3%) Küchenzeile ausbauen, nach Flaschnerarbeiten anpassen, wieder einbauen (7h), Schrankschiebetüren gangbar machen (2h)	3.124,00 m² BGF	823	**0,26**	
	• Herstellen (Kosten: 86,8%) Fahrradhängeparker (14St), Blumenkastenhalterungen (16St) * Fluchtwegschilder (7St)	3.124,00 m² BGF	13.522	**4,33**	
390	**Sonst. Maßnahmen für Baukonstrukt.**	3.124,00 m² BGF	340.534	**109,01**	14,8
	• Abbrechen (Kosten: 0,8%) Abbruch von Balkonplatte, Fliesenbelag, Stützen, Geländer, Treppe (psch); Entsorgung, Deponiegebühren	3.124,00 m² BGF	2.632	**0,84**	
	• Herstellen (Kosten: 99,2%) Baustelleneinrichtungen (5St), Kran (1St), Bauzaun (45m), Bautor (1St), Bauwasser (psch), Baustromverteiler (4St), Schwermetallfällungs-/Neutralisationsanlage (1St), Verkehrssicherung (539d) * Arbeitsgerüst (2.250m²), Konsolverbreiterungen (2.095m²), Planen (1.598m²), Schutznetze (1.560m²), Gitterträger (100m), Dachreiter (psch), Treppenturm (1St) * Deckenabfangungen für Schimmelsanierung (psch), Absicherung Stemmarbeiten: Holzbalken (2St), Drehsteifen (6St) * Entsorgung von Müll, Bauschutt (43m³), Sperrmüll (16m³) * Schutzfolien für Fenster (462m²), Bodenabdeckungen (343m²), Staubwände (49m²), Schutzabdeckungen für Möbel (psch), Möbel umräumen (164h), Bautrocknung (306d), Wärmestrahler (120d) * provisorische Regenfallrohre (5St)	3.124,00 m² BGF	337.902	**108,16**	
400	**Bauwerk – Technische Anlagen**				**100,0**
410	**Abwasser-, Wasser-, Gasanlagen**	3.124,00 m² BGF	318.707	**102,02**	31,6
	• Abbrechen (Kosten: 4,7%) Abbruch von Abwasserrohren bis DN100 (22m), Bodenabläufen (3St) * Trinkwasserleitungen DN32-50 (834m), WC (1St) * Stahlrohren (506m); Entsorgung, Deponiegebühren	3.124,00 m² BGF	14.998	**4,80**	
	• Wiederherstellen (Kosten: 20,4%) Schlauchlinersanierung DN100-150 (97m), Vorabreinigung (11h), Wurzelbeseitigung (15h), Anbindungen an Gerinne (12St), Abzweige öffnen (10St), Kamerabefahrungen (22St) * Trinkwasserleitung ändern (psch), Sanitärobjekte ersetzen: WCs (4St), Spülkästen (2St), Handwaschbecken (2St), Ab-/Überlaufgarnitur (1St), Armatur (1St)	3.124,00 m² BGF	65.027	**20,82**	
	• Herstellen (Kosten: 74,9%) PP-Rohre DN50-100 (290m), KG-Rohre DN100 (8m), Anbindungen (73St), Anschlüsse an Grundleitung (25St), Rückstauautomaten (2St), Bodenabläufe mit Rückstau (6St) * Kupferrohre DN15-54 (1.105m), Anbindungen, l bis 4,50m (18St), Wasserzähler (30St), Ventile (46St), Rückflussverhinderer (1St), Ausgussbecken (3St), Außenzapfstellen (4St), Warmwasserspeicher 5l (1St)	3.124,00 m² BGF	238.683	**76,40**	

Instandsetzung

KG	Kostengruppe	Menge Einheit	Kosten €	€/Einheit	%
420	**Wärmeversorgungsanlagen**	3.124,00 m²BGF	156.463	**50,08**	15,5
	• Abbrechen (Kosten: 4,7%)	3.124,00 m²BGF	7.332	**2,35**	
	Abbruch von Hausstation, Heizungspumpe (1St), Warmwasserbereiter 400l, Wärmetauscher (1St), Ausdehnungsgefäßen 350l (4St), Stahlrohren DN25-50 (20m) * Stahlrohren DN15-80 (180m), Steigsträngen DN25 (3St) * Heizkörpern (22St); Entsorgung, Deponiegebühren				
	• Wiederherstellen (Kosten: 6,5%)	3.124,00 m²BGF	10.094	**3,23**	
	Defektes Sicherheitsventil erneuern (1St) * Thermostatventile austauschen (42St)				
	• Herstellen (Kosten: 88,9%)	3.124,00 m²BGF	139.037	**44,51**	
	Fernwärme-Kompaktstation (1St), Speicherladesystem 500l (1St), Ausdehnungsgefäß 800l (1St), Trinkwasser-Temperaturregler (1St), Umwälzpumpen (2St), Stahlrohre DN25-50 (28m) * Kupferrohre DN12-54 (515m), Vorlauf-Entlüftungsleitung (psch), Strangregulierventile DN20-25 (28St), Anschlüsse an Bestand (82St) * Flachheizkörper, Anschluss an Bestand (11St)				
430	**Raumlufttechnische Anlagen**	3.124,00 m²BGF	33.346	**10,67**	3,3
	• Herstellen (Kosten: 100,0%)	3.124,00 m²BGF	33.346	**10,67**	
	Einzelraumlüfter, Schalter (22St), Wickelfalzrohre DN100-160 (138m), Alu-Flexrohre DN80 (20m), Rohrschalldämpfer (20St)				
440	**Elektrische Anlagen**	3.124,00 m²BGF	119.179	**38,15**	11,8
	• Abbrechen (Kosten: 4,3%)	3.124,00 m²BGF	5.179	**1,66**	
	Abbruch von Zählern (21St), Verteilern (18St) * Beleuchtungsanlage (psch); Entsorgung, Deponiegebühren				
	• Herstellen (Kosten: 95,7%)	3.124,00 m²BGF	114.000	**36,49**	
	Zählerschränke (3St), Kleinverteiler (18St), Mantelleitungen NYM (psch), Schalter/Taster (97St), Klingelschalter (14St), Steckdosen (46St), Autoladestationen (2St), Treppenlichtautomat (1St) * LED-Wannenleuchten (36St), Deckenanbauleuchten (14St), LED-Sicherheitsleuchten (9St), LED-Fassadenleuchten (8St), Scheinwerfer (7St) * Fangleitungen (277m), Ringerder (55m), Tiefenerder (18m), Klemmen (89St), Fangstangen (12St), Erdeinführungsstangen (7St), Potenzialausgleichsschienen (2St)				
450	**Kommunikationstechnische Anlagen**	3.124,00 m²BGF	40.063	**12,82**	4,0
	• Abbrechen (Kosten: 0,8%)	3.124,00 m²BGF	320	**0,10**	
	Abbruch von Klingelanlage (psch); Entsorgung, Deponiegebühren				
	• Herstellen (Kosten: 99,2%)	3.124,00 m²BGF	39.743	**12,72**	
	Sprechanlage, Türstation, CCD-Videokamera (1St), Video-Innenstationen (18St), Bus-Steuergerät (1St), Bus-Video-Verteiler (18St), Installationsleitungen J-Y(ST)Y (185m) * Datenanschlussdosen 2xRJ45, LWL-Kabel (18St)				
460	**Förderanlagen**	3.124,00 m²BGF	338.749	**108,43**	33,5
	• Abbrechen (Kosten: < 0,1%)	3.124,00 m²BGF	175	**0,06**	
	Abbruch von Speiseaufzug (1St); Entsorgung, Deponiegebühren				
	• Herstellen (Kosten: 99,9%)	3.124,00 m²BGF	338.573	**108,38**	
	Glas-Personenaufzug, Tragkraft 375kg, fünf Haltestellen, Hydraulikantrieb (1St), Schachtgerüst, Winkelkonstruktion, Verglasung (psch), Fensterfolien (psch), Natursteinbelag (psch), LED-Lichtdecke (psch), Programmierung TFT-Bildschirm (psch)				

KG	Kostengruppe	Menge Einheit	Kosten €	€/Einheit	%
490	**Sonst. Maßnahmen für techn. Anlagen**	3.124,00 m² BGF	3.622	**1,16**	0,4
	• Wiederherstellen (Kosten: 55,8%) Beschädigte Rohre reparieren (8St)	3.124,00 m² BGF	2.021	**0,65**	
	• Herstellen (Kosten: 44,2%) Provisorische Inbetriebnahme der Heizung (psch)	3.124,00 m² BGF	1.601	**0,51**	
500	**Außenanlagen und Freiflächen**				**100,0**
510	**Erdbau**	74,51 m³ EBR	9.153	**122,86**	10,3
	• Herstellen (Kosten: 100,0%) Rohrgrabenaushub, t bis 2,40m, lagern, wieder verfüllen (62m³), Bodenaushub, lagern (3m²), Füllboden, Liefermaterial (9m³)	74,51 m³ EBR	9.153	**122,86**	
520	**Gründung, Unterbau**	941,00 m² AF	2.674	**2,84**	3,0
	• Abbrechen (Kosten: 100,0%) Abbruch von Betonbodenplatte (9m²); Entsorgung, Deponiegebühren	941,00 m² AF	2.674	**2,84**	
530	**Oberbau, Deckschichten**	–	1.737	**–**	2,0
	• Herstellen (Kosten: 100,0%) Mineralschottergemisch als Abstellfläche (7m³)	–	1.737	**–**	
540	**Baukonstruktionen**	941,00 m² AF	32.101	**34,11**	36,3
	• Abbrechen (Kosten: 14,3%) Aufnehmen und Lagern von Gartenzaun (10h) * Abbruch von Trennwand 290x110x26cm (3m²) * Außentreppen (38h); Entsorgung, Deponiegebühren	941,00 m² AF	4.581	**4,87**	
	• Wiederherstellen (Kosten: 2,0%) Gartenwand reinigen, Putzrisse aufweiten, mit Reparaturmörtel schließen (7h)	941,00 m² AF	649	**0,69**	
	• Herstellen (Kosten: 83,7%) Pfeilersockel, Mauerpfeiler, Kapitelle, Abdeckplatten (4St) * Stb-Stützwände, d=20cm, Sichtbeton (13m²) * Beton-Außentreppe (49h), Beton-Winkelstufen (7St)	941,00 m² AF	26.871	**28,56**	
550	**Technische Anlagen**	941,00 m² AF	10.890	**11,57**	12,3
	• Wiederherstellen (Kosten: 4,0%) Rinne und Hofablauf reinigen	941,00 m² AF	433	**0,46**	
	• Herstellen (Kosten: 96,0%) Einbauleuchten (6St), Anbauleuchten (5St), Pollerleuchten (4St)	941,00 m² AF	10.457	**11,11**	
560	**Einbauten Außenanlagen u. Freiflächen**	941,00 m² AF	28.333	**30,11**	32,0
	• Herstellen (Kosten: 100,0%) Digitale Paket- und Briefkastenanlage, Briefkasten, sieben Paketkästen, Steuereinheit mit Touchscreen, 18 digitale Namensschilder (psch)	941,00 m² AF	28.333	**30,11**	

KG	Kostengruppe	Menge Einheit	Kosten €	€/Einheit	%
590	**Sonst. Maßnahmen für Außenanlagen u. Freiflächen**	941,00 m² AF	3.614	**3,84**	4,1
	• Abbrechen (Kosten: 22,8%) Abbrechen und Lagern von Metallzaun, Büsche ausgraben, Baum schneiden (14h); Entsorgung Grüngut	941,00 m² AF	825	**0,88**	
	• Herstellen (Kosten: 77,2%) Abstützung Gartenwand (psch) * Abbrechen und Lagern von Metallzaun, Büsche ausgraben, Baum schneiden (14h); Entsorgung Grüngut * Entsorgung von Sperrmüll (8m³) * Gartengegenstände umräumen (4h)	941,00 m² AF	2.789	**2,96**	
600	**Ausstattung und Kunstwerke**				**100,0**
610	**Allgemeine Ausstattung**	3.124,00 m² BGF	1.944	**0,62**	4,3
	• Herstellen (Kosten: 100,0%) Fahrradständer (4St), Gardinenstangen, Gardinen, Lagermaterial (16h), WC-Rollenhalter (psch)	3.124,00 m² BGF	1.944	**0,62**	
640	**Künstlerische Ausstattung**	3.124,00 m² BGF	40.087	**12,83**	89,2
	• Wiederherstellen (Kosten: 100,0%) Wand- und Deckenmalereien restaurieren: bildhafte Motive freilegen, kitten, retuschieren, Firnis auftragen (10St), obere Rahmen, Wand-, Sockelflächen spachteln, schleifen, beschichten (psch), Decken-Kassettenfelder freilegen, Fehlstellen ergänzen (3St), Farbfassungen von Stuck- und Deckenrandbereichen überarbeiten (psch)	3.124,00 m² BGF	40.087	**12,83**	
690	**Sonstige Ausstattung**	3.124,00 m² BGF	2.901	**0,93**	6,5
	• Herstellen (Kosten: 100,0%) Namensschilder, Messing (19St), Foliennummern (6St)	3.124,00 m² BGF	2.901	**0,93**	

Kostenkennwerte für die Kostengruppen 300 der 2. und 3. Ebene DIN 276 (Übersicht)

KG	Kostengruppe	Menge Einheit	Kosten €	€/Einheit	% an 3+4
300	**Bauwerk – Baukonstruktionen**	**3.124,00 m² BGF**	**2.304.430,84**	**737,65**	**69,5**
310	**Baugrube / Erdbau**	**–**	**28.374,44**	**–**	**0,9**
311	Herstellung	–	28.374,44	–	0,9
312	Umschließung	–	–	–	–
313	Wasserhaltung	–	–	–	–
314	Vortrieb	–	–	–	–
319	Sonstiges zur KG 310	–	–	–	–
320	**Gründung, Unterbau**	**212,18 m² GRF**	**56.443,71**	**266,02**	**1,7**
321	Baugrundverbesserung	–	–	–	–
322	Flachgründungen und Bodenplatten	57,02 m²	25.733,29	451,30	0,8
323	Tiefgründungen	–	–	–	–
324	Gründungsbeläge	212,18 m²	30.710,41	144,74	0,9
325	Abdichtungen und Bekleidungen	–	–	–	–
326	Dränagen	–	–	–	–
329	Sonstiges zur KG 320	–	–	–	–
330	**Außenwände/Vert. Baukonstrukt., außen**	**1.728,17 m² AWF**	**947.205,38**	**548,10**	**28,6**
331	Tragende Außenwände	–	65.002,77	–	2,0
332	Nichttragende Außenwände	–	865,94	–	< 0,1
333	Außenstützen	–	–	–	–
334	Außenwandöffnungen	361,27 m²	283.592,36	784,98	8,6
335	Außenwandbekleidungen, außen	1.467,94 m²	448.957,73	305,84	13,5
336	Außenwandbekleidungen, innen	316,30 m²	113.294,24	358,18	3,4
337	Element. Außenwandkonstruktionen	–	–	–	–
338	Lichtschutz zur KG 330	7,20 m²	5.439,85	755,53	0,2
339	Sonstiges zur KG 330	1.728,17 m² AWF	30.052,52	17,39	0,9
340	**Innenwände/Vert. Baukonstrukt., innen**	**1.118,51 m² IWF**	**399.925,07**	**357,55**	**12,1**
341	Tragende Innenwände	114,59 m²	51.483,74	449,29	1,6
342	Nichttragende Innenwände	120,98 m²	36.298,30	300,05	1,1
343	Innenstützen	–	–	–	–
344	Innenwandöffnungen	193,01 m²	77.170,46	399,83	2,3
345	Innenwandbekleidungen	1.753,86 m²	223.571,25	127,47	6,7
346	Elementierte Innenwandkonstruktionen	48,57 m²	7.065,02	145,46	0,2
347	Lichtschutz zur KG 340	–	–	–	–
349	Sonstiges zur KG 340	1.118,51 m² IWF	4.336,31	3,88	0,1
350	**Decken/Horizontale Baukonstruktionen**	**665,33 m² DEF**	**455.460,43**	**684,56**	**13,7**
351	Deckenkonstruktionen	–	55.786,00	–	1,7
352	Deckenöffnungen	–	210,58	–	< 0,1
353	Deckenbeläge	185,90 m²	67.868,35	365,08	2,0
354	Deckenbekleidungen	593,31 m²	83.258,93	140,33	2,5
355	Elementierte Deckenkonstruktionen	72,02 m²	173.527,01	2.409,36	5,2
359	Sonstiges zur KG 350	665,33 m² DEF	74.809,57	112,44	2,3
360	**Dächer**	**73,65 m² DAF**	**60.901,48**	**826,93**	**1,8**
361	Dachkonstruktionen	–	433,45	–	< 0,1
362	Dachöffnungen	–	–	–	–
363	Dachbeläge	73,65 m²	56.825,38	771,58	1,7
364	Dachbekleidungen	14,97 m²	3.642,66	243,33	0,1
365	Elementierte Dachkonstruktionen	–	–	–	–
366	Lichtschutz zur KG 360	–	–	–	–
369	Sonstiges zur KG 360	–	–	–	–
370	**Infrastrukturanlagen**	**–**	**–**	**–**	**–**
380	**Baukonstruktive Einbauten**	**3.124,00 m² BGF**	**15.586,52**	**4,99**	**0,5**
390	**Sonst. Maßnahmen für Baukonstrukt.**	**3.124,00 m² BGF**	**340.533,79**	**109,01**	**10,3**

Kostenkennwerte für die Kostengruppen 400 der 2. und 3.Ebene DIN 276 (Übersicht)

KG	Kostengruppe	Menge Einheit	Kosten €	€/Einheit	% an 3+4
400	**Bauwerk – Technische Anlagen**	**3.124,00 m² BGF**	**1.010.128,69**	**323,34**	**30,5**
410	**Abwasser-, Wasser-, Gasanlagen**	**3.124,00 m² BGF**	**318.707,38**	**102,02**	**9,6**
411	Abwasseranlagen	3.124,00 m² BGF	125.045,06	40,03	3,8
412	Wasseranlagen	3.124,00 m² BGF	190.852,23	61,09	5,8
413	Gasanlagen	3.124,00 m² BGF	2.810,10	0,90	< 0,1
419	Sonstiges zur KG 410	–	–	–	–
420	**Wärmeversorgungsanlagen**	**3.124,00 m² BGF**	**156.463,20**	**50,08**	**4,7**
421	Wärmeerzeugungsanlagen	3.124,00 m² BGF	48.611,00	15,56	1,5
422	Wärmeverteilnetze	3.124,00 m² BGF	86.636,95	27,73	2,6
423	Raumheizflächen	3.124,00 m² BGF	21.215,26	6,79	0,6
424	Verkehrsheizflächen	–	–	–	–
429	Sonstiges zur KG 420	–	–	–	–
430	**Raumlufttechnische Anlagen**	**3.124,00 m² BGF**	**33.345,69**	**10,67**	**1,0**
431	Lüftungsanlagen	3.124,00 m² BGF	33.345,69	10,67	1,0
432	Teilklimaanlagen	–	–	–	–
433	Klimaanlagen	–	–	–	–
434	Kälteanlagen	–	–	–	–
439	Sonstiges zur KG 430	–	–	–	–
440	**Elektrische Anlagen**	**3.124,00 m² BGF**	**119.178,70**	**38,15**	**3,6**
441	Hoch- und Mittelspannungsanlagen	–	–	–	–
442	Eigenstromversorgungsanlagen	–	–	–	–
443	Niederspannungsschaltanlagen	–	–	–	–
444	Niederspannungsinstallationsanlagen	3.124,00 m² BGF	84.644,34	27,09	2,6
445	Beleuchtungsanlagen	3.124,00 m² BGF	19.350,46	6,19	0,6
446	Blitzschutz- und Erdungsanlagen	3.124,00 m² BGF	15.183,90	4,86	0,5
447	Fahrleitungssysteme	–	–	–	–
449	Sonstiges zur KG 440	–	–	–	–
450	**Kommunikationstechnische Anlagen**	**3.124,00 m² BGF**	**40.063,23**	**12,82**	**1,2**
451	Telekommunikationsanlagen	–	–	–	–
452	Such- und Signalanlagen	3.124,00 m² BGF	32.097,36	10,27	1,0
453	Zeitdienstanlagen	–	–	–	–
454	Elektroakustische Anlagen	–	–	–	–
455	Audiovisuelle Medien- u. Antennenanl.	–	–	–	–
456	Gefahrenmelde- und Alarmanlagen	–	–	–	–
457	Datenübertragungsnetze	3.124,00 m² BGF	7.965,88	2,55	0,2
458	Verkehrsbeeinflussungsanlagen	–	–	–	–
459	Sonstiges zur KG 450	–	–	–	–
460	**Förderanlagen**	**3.124,00 m² BGF**	**338.748,92**	**108,43**	**10,2**
461	Aufzugsanlagen	3.124,00 m² BGF	338.748,92	108,43	10,2
462	Fahrtreppen, Fahrsteige	–	–	–	–
463	Befahranlagen	–	–	–	–
464	Transportanlagen	–	–	–	–
465	Krananlagen	–	–	–	–
466	Hydraulikanlagen	–	–	–	–
469	Sonstiges zur KG 460	–	–	–	–
470	**Nutzungsspez. u. verfahrenstechn. Anl.**	**–**	**–**	**–**	**–**
480	**Gebäude- und Anlagenautomation**	**–**	**–**	**–**	**–**
490	**Sonst. Maßnahmen für techn. Anlagen**	**3.124,00 m² BGF**	**3.621,55**	**1,16**	**0,1**

Kostenkennwerte für die Kostengruppen der 3.Ebene DIN 276

KG	Kostengruppe	Menge Einheit	Kosten €	€/Einheit	%
210	**Herrichten**				**100,0**
211	**Sicherungsmaßnahmen**	1.571,00 m²GF	179	**0,11**	7,3
	• Herstellen (Kosten: 100,0%) Baumschutz mit Brettern (2St)	1.571,00 m²GF	179	**0,11**	
214	**Herrichten der Geländeoberfläche**	1.571,00 m²GF	2.272	**1,45**	92,7
	• Herstellen (Kosten: 100,0%) Oberboden abtragen, abfahren (7m³)	1.571,00 m²GF	2.272	**1,45**	
310	**Baugrube / Erdbau**				**100,0**
311	**Herstellung**	–	28.374	–	100,0
	• Herstellen (Kosten: 100,0%) Baugruben im Gebäude, t bis 80cm (20St), Handschachtung für Ringerder (25m), Kopflöcher für Tiefenerder (2St)	–	28.374	–	
320	**Gründung, Unterbau**				**100,0**
322	**Flachgründungen und Bodenplatten**	57,02 m²	25.733	**451,30**	45,6
	• Abbrechen (Kosten: 13,3%) Abbruch von Betonbodenplatten (19m²), Fundamenten (2m³); Entsorgung, Deponiegebühren	19,13 m²	3.415	**178,50**	
	• Herstellen (Kosten: 86,7%) Stb-Streifenfundamente, Schalung, Bewehrung (2m³), Stb-Bodenplatten, d=20cm (57m²), Betonschwellen (6h)	57,02 m²	22.319	**391,42**	
324	**Gründungsbeläge**	212,18 m²	30.710	**144,74**	54,4
	• Abbrechen (Kosten: 7,5%) Abbruch von Holzdielen, Lagerhölzer, Sand/Schutt, d=3cm (51m²), Sockelfliesen, Trennschnitte (3m)	50,79 m²	2.295	**45,18**	
	• Wiederherstellen (Kosten: 15,3%) Sockelleisten demontieren, schadhafte Dielen abbrechen, Lagerhölzer reinigen, ergänzen, Hohlräume mit Blähglasgranulat füllen, neue Dielung verlegen, Sockelleisten wieder montieren (8m²), Unebenheiten im Estrich ausgleichen (14h), Bodenfliesen ergänzen (psch)	–	4.698	–	
	• Herstellen (Kosten: 77,2%) XPS-Dämmung, d=60-100mm (54m²), PIR-Dämmung, d=40mm, Gefälleestrich (25m²), Grundierung, Epoxidharzbeschichtung (200m²), als Sockel (250m), Abdichtung, Bodenfliesen (2m²), Glasmosaik (2m²), Sockelleisten, Holz (52m)	204,18 m²	23.717	**116,16**	

Instandsetzung

KG	Kostengruppe	Menge Einheit	Kosten €	€/Einheit	%
330	**Außenwände/Vertikale Baukonstruktionen, außen**				**100,0**
331	**Tragende Außenwände**	–	65.003	–	6,9
	• Abbrechen (Kosten: 1,2%) Abbruch von Ziegelmauerwerk, für Nischen (9h); Entsorgung, Deponiegebühren	–	809	–	
	• Wiederherstellen (Kosten: 90,9%) Horizontalsperren, Bohrlochinjektionen, Niederdruckverfahren (64m), Schwammsanierung Mauerwerk: Bohrlochtränkung (58m^2), Wandflächen abflammen, fluten (85m^2), Stahlstürze freilegen, ersetzen durch IPE100, wieder ausmauern (55m), instandsetzen, Rostschutzbeschichtung (43m), Risssanierung mit Spiralanker (19m)	–	59.103	–	
	• Herstellen (Kosten: 7,8%) Wandöffnungen schließen (2m^2), Sockelmauerwerk (1m^2), Betonbalken (1St)	2,65 m^2	5.091	**1.921,05**	
332	**Nichttragende Außenwände**	–	866	–	< 0,1
	• Abbrechen (Kosten: 100,0%) Abbruch von Balkonwänden (14m^2), Mauerwerksbrüstung (1m^2); Entsorgung, Deponiegebühren	15,14 m^2	866	**57,20**	
334	**Außenwandöffnungen**	361,27 m^2	283.592	**784,98**	29,9
	• Abbrechen (Kosten: 3,7%) Abbruch von Kunststofffenstern (232m^2), Holzfenstern (29m^2), Kellerfenstern (2m^2); Entsorgung, Deponiegebühren	262,31 m^2	10.622	**40,50**	
	• Wiederherstellen (Kosten: 15,4%) Holzfenster außenseitig überarbeiten, lose Beschichtung entfernen, Fehlstellen ausbessern, schleifen, neu beschichten (74m^2), innenseitig (6h), Deckleisten außen erneuern (35m), Holzrahmen ausbessern (1St), Fensterdichtungen erneuern (14m), Holzfenster warten, Beschläge nachjustieren, Bänder ölen (52St), Holz-Brüstungspaneele, Fensterinnenfutter, Fensterbänke ausbauen, entsorgen, Fenster abdichten, Hohlräume ausdämmen, neue Elemente montieren (5St), Fensterinnenfutter schleifen, neu beschichten (26m^2), Garagentore beidseitig überarbeiten, schleifen, Beschichtung erneuern, Beschläge gangbar machen, Treibriegel erneuern, Dichtung einbauen, einen Gangflügel erneuern (12m^2), Haustürelement instandsetzen, schleifen, fehlende Ornamente ergänzen, Scheiben austauschen, Beschläge gangbar machen, OTS ergänzen, Sperrriegel, Drücker, Trittbrett erneuern (6m^2)	92,25 m^2	43.642	**473,09**	
	• Herstellen (Kosten: 80,9%) Kunststoff-Fensterelemente, Uw=0,9W/m^2K, R'wR=32dB, Drehkipp-/Drehflügel, drei- bis siebenteilig (197m^2), ein- bis zweiteilig (22m^2), als Fenstertüren, ein- bis dreiteilig (13m^2), Holz-Fensterelemente, Uw=1,6W/m^2K, R'w=37dB, Drehkipp-/Drehflügel, zwei- bis fünfteilig (29m^2), Falzlüfter (79St), Fensterinnenfutter, Brüstungsbekleidung, nach historischem Vorbild (23m), Zierleisten (212m), Fensterbänke außen, Alu (100m), Naturstein (4m), innen, MDF (5m), Balkonaustritte, Alu (11m), Holztüren, einflüglig (4m^2), Stahltür, zweiflüglig (4m^2), Drehflügeltorantriebe, Zahnschienen, Lichtschranke (2St)	269,02 m^2	229.328	**852,44**	

KG	Kostengruppe	Menge Einheit	Kosten €	€/Einheit	%
335	**Außenwandbekleidungen, außen**	1.467,94 m²	448.958	**305,84**	47,4
	• Abbrechen (Kosten: 11,3%) Abbruch von Beschichtung mit Abbeizpaste (519m²), Gesimsen (68m); Entsorgung, Deponiegebühren	519,38 m²	50.749	**97,71**	
	• Wiederherstellen (Kosten: 28,6%) Schadhafte Ziegel ausstemmen, Ziegel in Sonderanfertigung herstellen, einsetzen, 12-24x11x5x5,5cm (800St), Ziegel ausstemmen, auf Pilzbefall untersuchen, neue Ziegel einsetzen (30St), Fugen ausräumen, erneuern im Schlämmverfahren, Sichtmauerwerk imprägnieren (101m²), Stuckfassade instandsetzen, lose Stuckteile/-elemente entfernen, erneuern (580h), Tympanon in historischem Stil nachbilden (80h), Bossenfugen schneiden (120h), Kellerwände begradigen, neu verputzen (25h)	270,31 m²	128.322	**474,72**	
	• Herstellen (Kosten: 60,1%) Bitumendickbeschichtung (32m²), Dichtungskehle (27m), XPS-Perimeterdämmung, Noppenbahn (12m²), WDVS, Steinwolldämmung WLS 035, d=160mm, Glattputz, Silikatbeschichtung (1.068m²), in Laibungen (445m), Sockelprofile (64m), Anschlüsse an Nachbargebäude (35m), Beschichtung auf Klinkerfassade (286m²), auf Fensterumrahmungen (105m), in Laibungen (246m), Dichtschlämme, Beschichtung, auf Fensterbänken (135m), Sockel: Spachtelung, Beschichtung (68h)	1.366,90 m²	269.887	**197,44**	
336	**Außenwandbekleidungen, innen**	316,30 m²	113.294	**358,18**	12,0
	• Abbrechen (Kosten: 5,5%) Abbruch von Wandputz (138m²), Holz-Laibungsbekleidungen (12h); Entsorgung, Deponiegebühren	137,61 m²	6.176	**44,88**	
	• Wiederherstellen (Kosten: 67,5%) Holz-Laibungsbekleidungen, b bis 100cm, t=20-30cm, ausbauen, lagern, nach Fenstereinbau wieder einbauen (378m), schleifen, neu beschichten (103h), anpassen (4h), Unebenheiten in Fensterlaibungen glattziehen (456m), Haken, Dübel entfernen, Löcher schließen (23h), Putz ausbessern (18h), Beschichtung erneuern (32h), Tapete entfernen, beschichten (8h)	–	76.456	–	
	• Herstellen (Kosten: 27,1%) Spritzbewurf, Wärmedämmputz, d=20mm, Armierung (83m²), Kalkoberputz (143m²), Spachtelung, Malervlies (33m²), Silikatbeschichtung (173m²), Holz-Laibungsbekleidungen, b=17-22cm, t=14-20cm, Lackbeschichtung (19m)	316,30 m²	30.663	**96,94**	
338	**Lichtschutz zur KG 330**	7,20 m²	5.440	**755,53**	0,6
	• Herstellen (Kosten: 100,0%) Markise 360x200cm (7m²)	7,20 m²	5.440	**755,53**	

KG	Kostengruppe	Menge Einheit	Kosten €	€/Einheit	%
339	**Sonstiges zur KG 330**	1.728,17 m² AWF	30.053	**17,39**	3,2
	• Abbrechen (Kosten: 17,4%) Abbruch von Sichtschutzwänden (12m²), Stahlkonstruktion auf Loggia (psch), Brüstungsabdeckungen, Spaltklinker (28m)	781,69 m² AWF	5.242	**6,71**	
	• Wiederherstellen (Kosten: 19,9%) Außentreppe überarbeiten: Putz und Risse an Stufenkanten abstemmen (13m²), unterseitige Stahlträger freilegen, entrosten, Rostschutz aufbringen, wieder verschließen (9m), Fehlstellen ausbessern (4m²), lose Untermauerung abbrechen, neu aufmauern (9h), Klinkerbelag abbrechen, Natursteinabdeckungen einbauen (1m²)	362,56 m² AWF	5.980	**16,49**	
	• Herstellen (Kosten: 62,7%) Sichtschutzwände, U-Profile, VSG-Verglasung, 180x170cm (5St), Natursteinbelag, Trittstufen 164x35x3cm (4St), Setzstufen 164x14x3cm (4St), 160x14x1cm (1St), Abdeckplatten 56x65x3cm (2St)	1.635,92 m² AWF	18.831	**11,51**	
340	**Innenwände/Vertikale Baukonstruktionen, innen**				**100,0**
341	**Tragende Innenwände**	114,59 m²	51.484	**449,29**	12,9
	• Abbrechen (Kosten: 11,4%) Abbruch von Mauerwerk (7m³); Entsorgung, Deponiegebühren	–	5.876	**–**	
	• Wiederherstellen (Kosten: 6,3%) Ausmauern von Fehlstellen bis 1,00m² (19m²)	18,85 m²	3.242	**171,98**	
	• Herstellen (Kosten: 82,3%) Ziegelmauerwerk, d=24cm (26m²), Stb-Ringbalken (8m), Öffnungen schließen, Ziegelmauerwerk (24m²), Türöffnungen herstellen, Ziegelmauerwerk, d=22cm, Trennschnitte, Sturzträger 2xHEB100 (14m²), d=44cm, Sturzträger 4xHEB100 (2m²), Türöffnungen ändern (12m²), Stahlträger HEA102, l=2,20m (2St), Rohrdurchführungen schließen (96St)	95,74 m²	42.366	**442,51**	
342	**Nichttragende Innenwände**	120,98 m²	36.298	**300,05**	9,1
	• Abbrechen (Kosten: 8,6%) Abbruch von Ziegelmauerwerk (38m²), Gasbetonwänden (9m²); Entsorgung, Deponiegebühren	47,32 m²	3.121	**65,96**	
	• Herstellen (Kosten: 91,4%) Ziegelmauerwerk, d=11,5cm (40m²), Öffnungen schließen, Ziegelmauerwerk (43m²), Türöffnungen herstellen, Ziegelmauerwerk, d=11cm, Trennschnitte, Sturzträger HEB100 (24m²), Türöffnungen ändern (8m²), Rohrdurchführungen schließen (73St), GK-Wand F90, d=12,5cm, beidseitig doppelt beplankt (7m²)	120,98 m²	33.177	**274,25**	

KG	Kostengruppe	Menge Einheit	Kosten €	€/Einheit	%
344	**Innenwandöffnungen**	193,01 m²	77.170	**399,83**	19,3
	• Abbrechen (Kosten: 3,6%)	52,84 m²	2.781	**52,63**	
	Abbruch von Holztüren, Zargen (38m²), Stahltüren (4m²), Innenfenstern, Stahl (6m²), Holz (5m²); Entsorgung, Deponiegebühren				
	• Wiederherstellen (Kosten: 31,5%)	145,52 m²	24.299	**166,98**	
	Wohnungseingangstüren einseitig überarbeiten, schleifen, spachteln, beschichten, Beschläge gangbar machen, als Kassettentüren, mit Sopraporte (49m²), als Blatttüren (27m²), Holztüren neu beschichten (21m²), Windfangtür, zweiflüglig, Oberlicht, beidseitig neu beschichten (5m²), Stoßgriffe brünieren (9St), Holzinnenfenster lichthofseitig überarbeiten, lose Beschichtung entfernen, Fehlstellen ausbessern, schleifen, Kit erneuern, neu beschichten (43m²), gebrochene Sprosse reparieren (4h), defekte Scheiben austauschen (4St)				
	• Herstellen (Kosten: 64,9%)	47,49 m²	50.091	**1.054,74**	
	Stahltüren (21m²), T30-RS, OTS (26m²), Revisionsklappen 50x50cm (2St), OTS für Wohnungseingangstüren (15St), Profilzylinder (27St), Drückergarnituren (9St), Spione (3St), Griffschalen (2St), Stoßgriff (1St)				
345	**Innenwandbekleidungen**	1.753,86 m²	223.571	**127,47**	55,9
	• Abbrechen (Kosten: 22,6%)	573,63 m²	50.574	**88,17**	
	Abbruch von Beschichtung, Spezialreinigungsverfahren (406m²), Wandputz (144m²), Wandfliesen (24m²), Tapete (13h), GK-Vorsatzschale (2h); Entsorgung, Deponiegebühren				
	• Wiederherstellen (Kosten: 22,4%)	–	50.095	**–**	
	Schadstellen spachteln, schleifen (421m²), Haken, Dübel entfernen, Löcher schließen (42h), Putz ausbessern, Unebenheiten spachteln (214h), Beschichtung erneuern (136h), Tapete entfernen, beschichten (10h), Holzvertäfelung instandsetzen (9h), Bekleidung entfernen, Vorsatzschale aufmauern (8h), Wandfliesen erneuern (3m²)				
	• Herstellen (Kosten: 55,0%)	1.753,86 m²	122.902	**70,07**	
	Steinwolldämmung WLS 035, d=60mm, Armierungsschicht (79m²), Kalkzementputz (338m²), Kalkputz (167m²), in Laibungen (242m), Schlitze schließen (294m), Spachtelung Q3, Tapete (100m²), Silikatbeschichtung (1.754m²), Dispersionsbeschichtung (102m²), Wandfliesen (38m²), GK-Vorsatzschalen (114h), Vormauerungen, Porenbeton (10h)				
346	**Elementierte Innenwandkonstruktionen**	48,57 m²	7.065	**145,46**	1,8
	• Abbrechen (Kosten: 1,7%)	6,09 m²	118	**19,30**	
	Abbruch von Holzwänden (6m²); Entsorgung, Deponiegebühren				
	• Herstellen (Kosten: 98,3%)	48,57 m²	6.947	**143,04**	
	Kellertrennwände, Stahllamellen (49m²), Türen (8St)				
349	**Sonstiges zur KG 340**	1.118,51 m² IWF	4.336	**3,88**	1,1
	• Wiederherstellen (Kosten: 38,4%)	–	1.665	**–**	
	Holzhandlauf schleifen, beschichten, neun Endstücke ergänzen (37m)				
	• Herstellen (Kosten: 61,6%)	972,99 m² IWF	2.671	**2,75**	
	Eckschutzschienen, Holz, l=180cm (11St)				

Instandsetzung

KG	Kostengruppe	Menge Einheit	Kosten €	€/Einheit	%
350	**Decken/Horizontale Baukonstruktionen**				**100,0**
351	**Deckenkonstruktionen**	–	55.786	–	12,2
	• Abbrechen (Kosten: 15,2%) Abbruch von Holzdielen, Einschübe, Lehm/Schutt/Sand, d bis 6cm, Lattung (50m²), Deckenbalken 12x24cm (25m), Decke, Treppenpodest (12m²), Stb-Treppen (5m²); Entsorgung, Deponiegebühren	66,76 m²	8.470	**126,87**	
	• Wiederherstellen (Kosten: 47,2%) Schwammsanierung Holzbalkendecke: geschädigte Holzteile ersetzen, Bohrlochimprägnierung, Holzschutz (55m²), Stahlträger tauschen (18m), Balkonträger freilegen, entrosten, Korrosionsschutz aufbringen, mit Reparaturmörtel auffüttern (25m), Stb-Balkone instandsetzen, nicht tragfähige Betonteile abstemmen, sandstrahlen, Bewehrung entrosten, Korrosionsschutz, Betoninstandsetzungsmörtel aufbringen, Oberfläche spachteln, Stirnkanten (11m), Untersichten (8m²)	63,19 m²	26.326	**416,62**	
	• Herstellen (Kosten: 37,6%) Deckenbalken 12x24cm (35m), Einschubebene, Lattung, Sand, d=6cm (42m²), Holzdielen (50m²), Deckendurchbrüche schließen (66St), Betonschwellen (4h)	–	20.990	–	
352	**Deckenöffnungen**	–	211	–	< 0,1
	• Abbrechen (Kosten: 100,0%) Abbruch von Deckenfenster, Einfachverglasung, Holzrahmen (5m²); Entsorgung, Deponiegebühren	5,04 m²	211	**41,78**	
353	**Deckenbeläge**	185,90 m²	67.868	**365,08**	14,9
	• Abbrechen (Kosten: 9,9%) Abbruch von Teppich (104m²), Bodenfliesen (91m²), Linoleum (22m²), auf Stufen (42m²), auf Podesten (24m²), Estrich (38m²); Entsorgung, Deponiegebühren, Ausbauen und Lagern von Sockelleisten (56m)	282,97 m²	6.714	**23,73**	
	• Wiederherstellen (Kosten: 44,1%) Holztreppenstufen schneiden, schleifen, Fehlstellen ausbessern (62St), Holztreppe schleifen, spachteln, lackieren, Trittstufen (41m²), Podeste (24m²), Setzstufen (133St), Steingutbelag mit Drahtbürste reinigen, Fehlstellen schließen, imprägnieren (36m²), Parkett erneuern, zerschnittene Stäbe austauschen, schleifen, versiegeln (27m²), Holzsockelleisten erneuern (34m), schleifen, lackieren (57m), Ausbrüche in Betontreppe ausbessern (3m²)	131,61 m²	29.950	**227,56**	
	• Herstellen (Kosten: 46,0%) Sisal-Treppenläufer, b=90cm (80m²), auf Podesten (22m²), Treppenläuferstangen, l=100cm (141St), Sauberlaufmatten (9m²), Estrich, Bodenfliesen (8m²), Holzstufen 90x20x18cm (3St), Holzschwelle (2m), Holzsockelleisten (17m)	119,70 m²	31.204	**260,69**	

KG	Kostengruppe	Menge Einheit	Kosten €	€/Einheit	%
354	**Deckenbekleidungen**	593,31 m²	83.259	**140,33**	18,3
	• Abbrechen (Kosten: 14,9%) Abbruch von Putz (96m²), Beschichtung, Spezialreinigungsverfahren (73m²), Tapete (52m²), Rohrputzdecke, Schalung (19m²); Entsorgung, Deponiegebühren	–	12.426	–	
	• Wiederherstellen (Kosten: 34,8%) Treppen-/Deckenuntersichten instandsetzen, Fehlstellen spachteln, schleifen, neu beschichten (92m²), Treppenwangen überarbeiten, lose Teile entfernen, spachteln, schleifen, neu beschichten (36m), losen Deckenputz erneuern, Fehlstellen spachteln, schleifen (76m²), historische Stuckprofile abnehmen, nachformen, wieder anbringen (7St), als Stäbe (77m)	169,05 m²	28.960	**171,31**	
	• Herstellen (Kosten: 50,3%) Kellerdeckendämmung WLS 035, d=120mm, verdübeln (251m²), GK-Decke (26m²), Lichtvouten (4m), Schalung, Schilfrohrmatten, Kalkputz (20m²), Spachtelung Q3 (52m²), Malervlies (122m²), Silikatbeschichtung (159m²), auf Treppenuntersichten (92m²), auf Stuckprofile (160m)	500,91 m²	41.873	**83,59**	
355	**Elementierte Deckenkonstruktionen**	72,02 m²	173.527	**2.409,36**	38,1
	• Abbrechen (Kosten: 1,0%) Abbruch von Holztreppen, 16 Steigungen (2St); Entsorgung, Deponiegebühren	4,90 m²	1.685	**343,81**	
	• Herstellen (Kosten: 99,0%) Stahl-Spindeltreppe, feuerverzinkt, D=180cm, Laufbreite 76,5cm, 93 Steigungen, Standrohr, D=121mm, h=18,99m, Pressroststufen, vier Austrittspodeste, drei Anschlusslaufstege, zwei Zwischenpodeste, Stahlgeländer, Pfosten, Handlauf, senkrechte Füllstäbe (22m²), zwei Balkonanlagen als Turm mit drei Balkonen, 3,30x2,30x12,00m, einbrennlackiert, Rahmen HEB140, Zwischenträger HEA140, Stützen HEB140, Alu-Wanne, Riffelbohlenbelag (46m²), wärmegedämmte Tragelemente, Auflager (18St), Stahlwangentreppen, feuerverzinkt, Laufbreite 100cm, sieben Steigungen 18/27cm, Lochblechstufen, beidseitig Stahlgeländer, h=90cm, Pfosten, Füllsegmente (4m²)	72,02 m²	171.842	**2.385,97**	
359	**Sonstiges zur KG 350**	665,33 m² DEF	74.810	**112,44**	16,4
	• Abbrechen (Kosten: 4,1%) Abbruch von Stahltreppengeländer, lagern (30m)	287,87 m² DEF	3.059	**10,63**	
	• Wiederherstellen (Kosten: 31,6%) Stahl-Balkongeländer überarbeiten, h=90-110cm, Ober-/Untergurt, senkrechte Füllstäbe, Verzierungen aufarbeiten, lose Farbschichten entfernen, reinigen, Fehlstellen entrosten, neu beschichten (23m²), Treppengeländer überarbeiten, kürzen, Handlauf erneuern, Edelstahl, D=25mm (22m)	176,91 m² DEF	23.613	**133,47**	
	• Herstellen (Kosten: 64,3%) Stahl-Balkongeländer, feuerverzinkt, Pfosten Quadratrohr Q40x5mm, h=90-110cm, Geländersegmente, Obergurt Quadratrohr Q 40x5mm, Füllstäbe Quadratstab 10x10mm (46m), Stabgeländer, h=95cm, mit Zierelementen, Pfosten Quadratrohr Q40x4mm (18m)	572,93 m² DEF	48.138	**84,02**	
360	**Dächer**				**100,0**
361	**Dachkonstruktionen**	–	433	–	0,7
	• Abbrechen (Kosten: 100,0%) Abbruch von Schalung (19m²); Entsorgung, Deponiegebühren	19,00 m²	433	**22,81**	

KG	Kostengruppe	Menge Einheit	Kosten €	€/Einheit	%
363	**Dachbeläge**	73,65 m²	56.825	**771,58**	93,3
	• Abbrechen (Kosten: 17,4%)	77,43 m²	9.860	**127,34**	
	Abbruch von Bitumenabdichtung (77m²), Estrich (18m²), Regenfallrohren (64m), Dachrinnen (9m); Entsorgung, Deponiegebühren				
	• Wiederherstellen (Kosten: 4,2%)	15,12 m²	2.378	**157,26**	
	Estrich im Randbereich von Dachterrassen erneuern, b=20cm (15m²), Regenrinne reinigen (4h)				
	• Herstellen (Kosten: 78,5%)	73,65 m²	44.588	**605,42**	
	Kunststoffabdichtung, PMMA-Beschichtung, Versiegelung (39m²), PIR-Gefälledämmung WLG 025, d=90-150mm, Bitumenabdichtung, zweilagig (23m²), TSF-Gummigranulatmatte, d=10mm, Riffelbohlen 140x24mm, Unterkonstruktion (19m²), Glattstrich, Bodenfliesen (15m²), Kastenrinnen (16m), Regenfallrohre, Formstücke (5m), Standrohr DN100 (1St), Trittschutzbleche (9m)				
364	**Dachbekleidungen**	14,97 m²	3.643	**243,33**	6,0
	• Herstellen (Kosten: 100,0%)	14,97 m²	3.643	**243,33**	
	WDVS, Mineralschaumdämmung WLG 045, d=140mm, Armierung, Oberputz (15m²)				
380	**Baukonstruktive Einbauten**				**100,0**
381	**Allgemeine Einbauten**	3.124,00 m² BGF	15.267	**4,89**	97,9
	• Abbrechen (Kosten: 8,1%)	3.124,00 m² BGF	1.242	**0,40**	
	Abbruch von Einbauküche (3m³), Einbauschrank (1St), Kellerregalen (9h); Entsorgung, Deponiegebühren				
	• Wiederherstellen (Kosten: 5,4%)	3.124,00 m² BGF	823	**0,26**	
	Küchenzeile ausbauen, nach Flaschnerarbeiten anpassen, wieder einbauen (7h), Schrankschiebetüren gangbar machen (2h)				
	• Herstellen (Kosten: 86,5%)	3.124,00 m² BGF	13.202	**4,23**	
	Fahrradhängeparker (14St), Blumenkastenhalterungen (16St)				
386	**Orientierungs- und Informationssysteme**	3.124,00 m² BGF	320	**0,10**	2,1
	• Herstellen (Kosten: 100,0%)	3.124,00 m² BGF	320	**0,10**	
	Fluchtwegschilder (7St)				
390	**Sonstige Maßnahmen für Baukonstruktionen**				**100,0**
391	**Baustelleneinrichtung**	3.124,00 m² BGF	77.058	**24,67**	22,6
	• Herstellen (Kosten: 100,0%)	3.124,00 m² BGF	77.058	**24,67**	
	Baustelleneinrichtungen (5St), Baustellen-WCs (2St), Baustellen-WC, Waschtisch (1St), Kran (1St), Autokran (4h), Bauzaun (45m), Bautor (1St), Bautüren (2St), Bauwasser (psch), Baustromverteiler (4St), Fassadenreinigung: Wasserauffangwanne (43m), Schwermetallfällungs-/Neutralisationsanlage (1St), Verkehrssicherung: Verkehrszeichen, Baken, Warnleuchten (539d), Schutzgitter, h=1,00m, Schranke (192m), Fahrbahnmarkierungen (180m), Wartungsfahrten (76St)				
392	**Gerüste**	3.124,00 m² BGF	195.565	**62,60**	57,4
	• Herstellen (Kosten: 100,0%)	3.124,00 m² BGF	195.565	**62,60**	
	Arbeitsgerüst, Lastklasse 3 (2.250m²), Konsolverbreiterungen, b=30cm (1.560m²), b bis 100cm (535m²), Planen (1.598m²), Schutznetze (1.560m²), Gitterträger (100m), Dachreiter, l=15,00m (psch), Treppenturm (1St), Innengerüste (psch), Rollgerüste (2St)				

KG	Kostengruppe	Menge Einheit	Kosten €	€/Einheit	%
393	**Sicherungsmaßnahmen**	3.124,00 m²BGF	2.540	**0,81**	0,7
	• Herstellen (Kosten: 100,0%) Deckenabfangungen für Schimmelsanierung (psch), Absicherung Stemmarbeiten: Holzbalken 300x20x8cm (2St), Drehsteifen (6St)	3.124,00 m²BGF	2.540	**0,81**	
394	**Abbruchmaßnahmen**	3.124,00 m²BGF	2.632	**0,84**	0,8
	• Abbrechen (Kosten: 100,0%) Abbruch von Balkonplatte, Fliesenbelag, Stützen, Geländer, Treppe (psch); Entsorgung, Deponiegebühren	3.124,00 m²BGF	2.632	**0,84**	
396	**Materialentsorgung**	3.124,00 m²BGF	11.848	**3,79**	3,5
	• Herstellen (Kosten: 100,0%) Entsorgung von Müll, Bauschutt (43m³), Sperrmüll (16m³)	3.124,00 m²BGF	11.848	**3,79**	
397	**Zusätzliche Maßnahmen**	3.124,00 m²BGF	46.698	**14,95**	13,7
	• Herstellen (Kosten: 100,0%) Schutzfolien für Fenster (462m²), Bodenabdeckungen mit Malervlies (343m²), Staubwände (49m²), Schutz von angrenzenden Bauteilen (24h), Schutzabdeckungen für Möbel (psch), Möbel umräumen (164h), zwei bis vier Bautrockner (306d), Wärmestrahler (120d)	3.124,00 m²BGF	46.698	**14,95**	
398	**Provisorische Baukonstruktionen**	3.124,00 m²BGF	4.192	**1,34**	1,2
	• Herstellen (Kosten: 100,0%) Provisorische Regenfallrohre (5St)	3.124,00 m²BGF	4.192	**1,34**	
410	**Abwasser-, Wasser-, Gasanlagen**				**100,0**
411	**Abwasseranlagen**	3.124,00 m²BGF	125.045	**40,03**	39,2
	• Abbrechen (Kosten: 2,7%) Abbruch von Abwasserrohren bis DN100 (22m), Bodenabläufen (3St), Strangentlüftung (psch), Standrohre freistemmen (12h); Entsorgung, Deponiegebühren	3.124,00 m²BGF	3.404	**1,09**	
	• Wiederherstellen (Kosten: 41,5%) Schlauchlinersanierung DN100-150 (97m), Vorabreinigung (11h), Wurzelbeseitigung (15h), Anbindungen an Gerinne (12St), Abzweige öffnen (10St), Kamerabefahrungen (22St)	3.124,00 m²BGF	51.933	**16,62**	
	• Herstellen (Kosten: 55,7%) PP-Rohre DN50-100, Formstücke (290m), KG-Rohre DN100, Formstücke (8m), Anbindungen (73St), Anschlüsse an Grundleitung (25St), Brandschutzmanschetten (55St), Rückstauautomaten (2St), Bodenabläufe mit Rückstau (6St), Kernbohrungen, D=130mm (48St), Deckendurchbrüche (45St)	3.124,00 m²BGF	69.708	**22,31**	

KG	Kostengruppe	Menge Einheit	Kosten €	€/Einheit	%
412	**Wasseranlagen**	3.124,00 m² BGF	190.852	**61,09**	59,9
	• Abbrechen (Kosten: 4,6%) Abbruch von Trinkwasserleitungen DN32-50 (834m), WC (1St); Entsorgung, Deponiegebühren	3.124,00 m² BGF	8.784	**2,81**	
	• Wiederherstellen (Kosten: 6,9%) Trinkwasserleitung ändern, Steigstränge absperren, Kellerverteilung entleeren, Leitung austauschen, wieder befüllen (psch), Sanitärobjekte abbrechen, ersetzen: WCs (4St), Spülkästen (2St), Handwaschbecken (2St), Ab-/Überlaufgarnitur (1St), Armatur (1St)	3.124,00 m² BGF	13.094	**4,19**	
	• Herstellen (Kosten: 88,5%) Kupferrohre DN15-35, Formstücke, Rohrdämmung (855m), DN42-54 (250m), Anbindungen, l bis 4,50m (18St), Wasserzähler (30St), Schrägsitzventile DN20-50 (30St), Regulierventile (16St), Rückflussverhinderer (1St), Brandschutzdurchführungen (70St), Kernbohrungen, D=80-120mm (94St), Deckendurchbrüche (24St), Ausgussbecken (3St), Außenzapfstellen (4St), Warmwasserspeicher 5l (1St)	3.124,00 m² BGF	168.975	**54,09**	
413	**Gasanlagen**	3.124,00 m² BGF	2.810	**0,90**	0,9
	• Abbrechen (Kosten: 100,0%) Abbruch von Stahlrohren (506m); Entsorgung, Deponiegebühren	3.124,00 m² BGF	2.810	**0,90**	
420	**Wärmeversorgungsanlagen**				**100,0**
421	**Wärmeerzeugungsanlagen**	3.124,00 m² BGF	48.611	**15,56**	31,1
	• Abbrechen (Kosten: 5,9%) Abbruch von Hausstation, Heizungspumpe (1St), Warmwasserbereiter 400l, Wärmetauscher (1St), Ausdehnungsgefäßen 350l (4St), Stahlrohren DN25-50, Rohrdämmung (20m); Entsorgung, Deponiegebühren	3.124,00 m² BGF	2.864	**0,92**	
	• Wiederherstellen (Kosten: 1,4%) Defektes Sicherheitsventil erneuern (1St)	3.124,00 m² BGF	670	**0,21**	
	• Herstellen (Kosten: 92,7%) Fernwärme-Kompaktstation, drei Heizkreise (1St), Speicherladesystem 500l (1St), Füllkombination (1St), Ausdehnungsgefäß 800l (1St), Trinkwasser-Temperaturregler (1St), Umwälzpumpen (2St), Entlüfter (8St), Stahlrohre DN25-50, Rohrdämmung (28m)	3.124,00 m² BGF	45.077	**14,43**	
422	**Wärmeverteilnetze**	3.124,00 m² BGF	86.637	**27,73**	55,4
	• Abbrechen (Kosten: 3,1%) Abbruch von Stahlrohren DN15-80, Rohrdämmung (180m), Steigsträngen DN25 (3St); Entsorgung, Deponiegebühren	3.124,00 m² BGF	2.647	**0,85**	
	• Herstellen (Kosten: 96,9%) Kupferrohre DN12-35, Formstücke, Rohrdämmung (460m), DN42-54 (55m), Vorlauf-Entlüftungsleitung (psch), Brandschutzdurchführungen DN22-35 (36St), Strangregulierventile DN20-25 (28St), Anschlüsse an Bestand (82St), Schnelllüfter (1St), Kernbohrungen, D=130-240mm (100St)	3.124,00 m² BGF	83.990	**26,89**	

KG	Kostengruppe	Menge Einheit	Kosten €	€/Einheit	%
423	**Raumheizflächen**	3.124,00 m2 BGF	21.215	**6,79**	13,6
	• Abbrechen (Kosten: 8,6%) Abbruch von Heizkörpern (22St); Entsorgung, Deponiegebühren	3.124,00 m2 BGF	1.821	**0,58**	
	• Wiederherstellen (Kosten: 44,4%) Thermostatventile austauschen (42St)	3.124,00 m2 BGF	9.424	**3,02**	
	• Herstellen (Kosten: 47,0%) Flachheizkörper, Anschluss an Bestand (11St)	3.124,00 m2 BGF	9.970	**3,19**	
430	**Raumlufttechnische Anlagen**				**100,0**
431	**Lüftungsanlagen**	3.124,00 m2 BGF	33.346	**10,67**	100,0
	• Herstellen (Kosten: 100,0%) Einzelraumlüfter, Schalter (22St), Wickelfalzrohre DN100-160, Formstücke (138m), Alu-Flexrohre DN80 (20m), Rohrschalldämpfer DN100-160 (20St), Brandschotts DN100-160 (28St), Kondensatanschlüsse (5St), Kernbohrungen, D=130-400mm (60St)	3.124,00 m2 BGF	33.346	**10,67**	
440	**Elektrische Anlagen**				**100,0**
444	**Niederspannungsinstallationsanlagen**	3.124,00 m2 BGF	84.644	**27,09**	71,0
	• Abbrechen (Kosten: 5,3%) Abbruch von Zählern (21St), Verteilern (18St); Entsorgung, Deponiegebühren	3.124,00 m2 BGF	4.526	**1,45**	
	• Herstellen (Kosten: 94,7%) Zählerschränke, bestückt (3St), Kleinverteiler, Zuleitungen (18St), Mantelleitungen NYM (psch), Leerrohre (106m), Kabelkanäle I90 (18m), Kabelrinnen (6m), Schalter/Taster (97St), Klingelschalter (14St), Steckdosen, doppelt (21St), einfach (4St), Autoladestationen (2St), Treppenlichtautomat (1St)	3.124,00 m2 BGF	80.118	**25,65**	
445	**Beleuchtungsanlagen**	3.124,00 m2 BGF	19.350	**6,19**	16,2
	• Abbrechen (Kosten: 3,4%) Abbruch von Beleuchtungsanlage (psch); Entsorgung, Deponiegebühren	3.124,00 m2 BGF	653	**0,21**	
	• Herstellen (Kosten: 96,6%) LED-Wannenleuchten (36St), Deckenanbauleuchten (14St), LED-Sicherheitsleuchten (9St), LED-Fassadenleuchten (8St), Scheinwerfer (7St)	3.124,00 m2 BGF	18.698	**5,99**	
446	**Blitzschutz- und Erdungsanlagen**	3.124,00 m2 BGF	15.184	**4,86**	12,7
	• Herstellen (Kosten: 100,0%) Alu-Fangleitungen, D=8mm (277m), Ringerder, D=10mm (55m), Tiefenerder (18m), Klemmen (89St), Alu-Fangstangen (12St), Alu-Fangspitzen (8St), VA-Erdeinführungsstangen, l=1,50m (7St), Potenzialausgleichsschienen (2St), Potenzialausgleichsleitung NYY-J (10m), Leerrohre (12m)	3.124,00 m2 BGF	15.184	**4,86**	
450	**Kommunikations-, sicherheits- und informationstechnische Anlagen**				**100,0**
452	**Such- und Signalanlagen**	3.124,00 m2 BGF	32.097	**10,27**	80,1
	• Abbrechen (Kosten: 1,0%) Abbruch von Klingelanlage (psch); Entsorgung, Deponiegebühren	3.124,00 m2 BGF	320	**0,10**	
	• Herstellen (Kosten: 99,0%) Sprechanlage, Türstation, CCD-Videokamera, 17 Klingeltaster, Lichttaster, Türlautsprecher (1St), Video-Innenstationen (18St), Bus-Steuergerät (1St), Bus-Video-Verteiler (18St), Installationsleitungen J-Y(ST)Y (185m)	3.124,00 m2 BGF	31.777	**10,17**	

Instandsetzung

KG	Kostengruppe	Menge Einheit	Kosten €	€/Einheit	%
457	**Datenübertragungsnetze**	3.124,00 m² BGF	7.966	**2,55**	19,9
	• Herstellen (Kosten: 100,0%) Datenanschlussdosen 2xRJ45, LWL-Kabel (18St)	3.124,00 m² BGF	7.966	**2,55**	
460	**Förderanlagen**				**100,0**
461	**Aufzugsanlagen**	3.124,00 m² BGF	338.749	**108,43**	100,0
	• Abbrechen (Kosten: < 0,1%) Abbruch von Speiseaufzug (1St); Entsorgung, Deponiegebühren	3.124,00 m² BGF	175	**0,06**	
	• Herstellen (Kosten: 99,9%) Glas-Personenaufzug, Tragkraft 375kg, fünf Haltestellen, Hydraulikantrieb, Fahrkorbmaße 162x69x240cm (1St), Schachtgerüst, Winkelkonstruktion, Verglasung mit Rahmen (psch), Fensterfolien (psch), Natursteinbelag (psch), LED-Lichtdecke (psch), Programmierung TFT-Bildschirm (psch)	3.124,00 m² BGF	338.573	**108,38**	
490	**Sonstige Maßnahmen für technische Anlagen**				**100,0**
495	**Instandsetzungen**	3.124,00 m² BGF	2.021	**0,65**	55,8
	• Wiederherstellen (Kosten: 100,0%) Beschädigte Rohre reparieren (8St)	3.124,00 m² BGF	2.021	**0,65**	
498	**Provisorische technische Anlagen**	3.124,00 m² BGF	1.601	**0,51**	44,2
	• Herstellen (Kosten: 100,0%) Provisorische Inbetriebnahme der Heizung (psch)	3.124,00 m² BGF	1.601	**0,51**	
510	**Erdbau**				**100,0**
511	**Herstellung**	74,51 m³ EBR	9.153	**122,86**	100,0
	• Herstellen (Kosten: 100,0%) Rohrgrabenaushub, t bis 2,40m, lagern, wieder verfüllen (62m³), Bodenaushub, lagern (3m²), Füllboden, Liefermaterial (9m³)	74,51 m³ EBR	9.153	**122,86**	
520	**Gründung, Unterbau**				**100,0**
522	**Gründungen und Bodenplatten**	–	2.674	–	100,0
	• Abbrechen (Kosten: 100,0%) Abbruch von Betonbodenplatte (9m²); Entsorgung, Deponiegebühren	9,36 m²	2.674	**285,73**	
530	**Oberbau, Deckschichten**				**100,0**
533	**Plätze, Höfe, Terrassen**	–	1.737	–	100,0
	• Herstellen (Kosten: 100,0%) Mineralschottergemisch als Abstellfläche (7m³)	–	1.737	–	
540	**Baukonstruktionen**				**100,0**
541	**Einfriedungen**	–	12.743	–	39,7
	• Abbrechen (Kosten: 6,7%) Aufnehmen und Lagern von Gartenzaun (10h)	–	855	–	
	• Herstellen (Kosten: 93,3%) Pfeilersockel 40x40x50cm, Mauerpfeiler 36x36x100cm, Kapitelle 40x40cm bis 45x45cm, h=15cm, Abdeckplatten 50x50cm bis 56x56cm (4St)	–	11.889	–	

KG	Kostengruppe	Menge Einheit	Kosten €	€/Einheit	%
543	**Wandkonstruktionen**	13,44 m²	7.574	**563,56**	23,6
	• Abbrechen (Kosten: 2,7%) Abbruch von Trennwand 290x110x26cm (3m²); Entsorgung, Deponiegebühren	3,19 m²	202	**63,17**	
	• Wiederherstellen (Kosten: 8,6%) Gartenwand reinigen, Putzrisse aufweiten, mit Reparaturmörtel schließen (7h)	–	649	–	
	• Herstellen (Kosten: 88,8%) Stb-Stützwände, d=20cm, Sichtbeton, Schalung, Bewehrung (13m²)	13,44 m²	6.723	**500,25**	
544	**Rampen, Treppen, Tribünen**	–	11.784	–	36,7
	• Abbrechen (Kosten: 29,9%) Abbruch von Außentreppen (38h); Entsorgung, Deponiegebühren	–	3.525	–	
	• Herstellen (Kosten: 70,1%) Beton-Außentreppe (49h), Beton-Winkelstufen (7St)	–	8.259	–	
550	**Technische Anlagen**				**100,0**
551	**Abwasseranlagen**	941,00 m² AF	433	**0,46**	4,0
	• Wiederherstellen (Kosten: 100,0%) Ablaufroste demontieren, Rinne reinigen, Roste wieder montieren (psch), Hofablauf reinigen (1St)	941,00 m² AF	433	**0,46**	
556	**Elektrische Anlagen**	941,00 m² AF	10.457	**11,11**	96,0
	• Herstellen (Kosten: 100,0%) Einbauleuchten (6St), Anbauleuchten (5St), Pollerleuchte (4St)	941,00 m² AF	10.457	**11,11**	
560	**Einbauten in Außenanlagen und Freiflächen**				**100,0**
561	**Allgemeine Einbauten**	941,00 m² AF	28.333	**30,11**	100,0
	• Herstellen (Kosten: 100,0%) Digitale Paket- und Briefkastenanlage, Briefkasten, 30x16,5x38,5cm, sieben Paketkästen 30-67x11-77x45cm, Steuereinheit mit Touchscreen, 18 digitale Namensschilder (psch)	941,00 m² AF	28.333	**30,11**	
590	**Sonstige Maßnahmen für Außenanlagen und Freiflächen**				**100,0**
593	**Sicherungsmaßnahmen**	941,00 m² AF	1.702	**1,81**	47,1
	• Herstellen (Kosten: 100,0%) Abstützung Gartenwand (psch)	941,00 m² AF	1.702	**1,81**	
594	**Abbruchmaßnahmen**	941,00 m² AF	825	**0,88**	22,8
	• Abbrechen (Kosten: 100,0%) Abbrechen und Lagern von Metallzaun, Büsche ausgraben, Baum schneiden (14h); Entsorgung Grüngut	941,00 m² AF	825	**0,88**	
596	**Materialentsorgung**	941,00 m² AF	763	**0,81**	21,1
	• Herstellen (Kosten: 100,0%) Entsorgung von Sperrmüll (8m³)	941,00 m² AF	763	**0,81**	
597	**Zusätzliche Maßnahmen**	941,00 m² AF	324	**0,34**	9,0
	• Herstellen (Kosten: 100,0%) Gartengegenstände umräumen (4h)	941,00 m² AF	324	**0,34**	

Instandsetzung

KG	Kostengruppe	Menge Einheit	Kosten €	€/Einheit	%
640	**Künstlerische Ausstattung**				**100,0**
642	**Künstl. Gestaltung des Bauwerks**	3.124,00 m² BGF	40.087	**12,83**	100,0

• Wiederherstellen (Kosten: 100,0%) — 3.124,00 m² BGF — 40.087 — **12,83**

Wand- und Deckenmalereien restaurieren: bildhafte Motive freilegen, 1,20x1,50m, kitten, retuschieren, Firnis auftragen (6St), 0,40x1,50m (4St), obere Rahmen, Wand-, Sockelflächen spachteln, schleifen, beschichten (psch), Decken-Kassettenfelder mit Skalpell und Mikrodampf freilegen, Fehlstellen ergänzen (3St), Farbfassungen von Stuck- und Deckenrandbereichen überarbeiten (psch)

Kostenkennwerte für Leistungsbereiche nach STLB (Kosten des Bauwerks nach DIN 276)

LB	Leistungsbereiche	Kosten €	€/m² BGF	€/m³ BRI	% an 3+4
000	Baustellen-, Sicherheitseinr. inkl. 001, 089	300.111	96,10	25,80	9,1
002	Erdarbeiten	28.374	9,10	2,40	0,9
006	Spezialtiefbauarbeiten inkl. 005	–	–	–	–
009	Entwässerungskanalarbeiten inkl. 011	50.380	16,10	4,30	1,5
	Wiederherstellen	50.380	16,10	4,30	1,5
010	Drän- und Versickerarbeiten	–	–	–	–
012	Mauerarbeiten	144.200	46,20	12,40	4,4
	Wiederherstellen	58.097	18,60	5,00	1,8
	Herstellen	86.103	27,60	7,40	2,6
013	Betonarbeiten	44.475	14,20	3,80	1,3
	Wiederherstellen	906	0,29	0,08	< 0,1
	Herstellen	43.569	13,90	3,70	1,3
014	Natur-, Betonwerksteinarbeiten	11.090	3,60	0,95	0,3
	Wiederherstellen	3.895	1,20	0,33	0,1
	Herstellen	7.196	2,30	0,62	0,2
016	Zimmer- und Holzbauarbeiten	28.651	9,20	2,50	0,9
	Wiederherstellen	8.047	2,60	0,69	0,2
	Herstellen	20.605	6,60	1,80	0,6
017	Stahlbauarbeiten	52.187	16,70	4,50	1,6
	Wiederherstellen	49.859	16,00	4,30	1,5
	Herstellen	2.328	0,75	0,20	< 0,1
018	Abdichtungsarbeiten	17.478	5,60	1,50	0,5
	Wiederherstellen	8.736	2,80	0,75	0,3
	Herstellen	8.742	2,80	0,75	0,3
019	Kampfmittelräumarbeiten	–	–	–	–
020	Dachdeckungsarbeiten	–	–	–	–
021	Dachabdichtungsarbeiten	28.661	9,20	2,50	0,9
022	Klempnerarbeiten	39.430	12,60	3,40	1,2
	Wiederherstellen	324	0,10	0,03	< 0,1
	Herstellen	39.106	12,50	3,40	1,2
	Rohbau	**745.038**	**238,50**	**64,00**	**22,5**
	Wiederherstellen	180.243	57,70	15,50	5,4
	Herstellen	564.794	180,80	48,50	17,0
023	Putz- und Stuckarbeiten, Wärmedämmsysteme	435.265	139,30	37,40	13,1
	Wiederherstellen	129.094	41,30	11,10	3,9
	Herstellen	306.171	98,00	26,30	9,2
024	Fliesen- und Plattenarbeiten	15.685	5,00	1,30	0,5
	Wiederherstellen	3.841	1,20	0,33	0,1
	Herstellen	11.845	3,80	1,00	0,4
025	Estricharbeiten	16.425	5,30	1,40	0,5
	Wiederherstellen	4.158	1,30	0,36	0,1
	Herstellen	12.267	3,90	1,10	0,4
026	Fenster, Außentüren inkl. 029, 032	256.991	82,30	22,10	7,8
	Wiederherstellen	47.211	15,10	4,10	1,4
	Herstellen	209.780	67,20	18,00	6,3
027	Tischlerarbeiten	70.215	22,50	6,00	2,1
	Wiederherstellen	54.420	17,40	4,70	1,6
	Herstellen	15.795	5,10	1,40	0,5

LB	Leistungsbereiche	Kosten €	€/m² BGF	€/m³ BRI	% an 3+4
028	Parkett-, Holzpflasterarbeiten	7.834	2,50	0,67	0,2
	Wiederherstellen	6.527	2,10	0,56	0,2
	Herstellen	1.307	0,42	0,11	< 0,1
030	Rollladenarbeiten	5.440	1,70	0,47	0,2
031	Metallbauarbeiten inkl. 035	286.607	91,70	24,60	8,6
	Wiederherstellen	22.151	7,10	1,90	0,7
	Herstellen	264.455	84,70	22,70	8,0
034	Maler- und Lackiererarb. - Beschicht. inkl. 037	213.066	68,20	18,30	6,4
	Wiederherstellen	111.028	35,50	9,50	3,3
	Herstellen	102.038	32,70	8,80	3,1
036	Bodenbelagarbeiten	37.708	12,10	3,20	1,1
038	Vorgehängte hinterlüftete Fassaden	–	–	–	–
039	Trockenbauarbeiten	55.565	17,80	4,80	1,7
	Wiederherstellen	771	0,25	0,07	< 0,1
	Herstellen	54.794	17,50	4,70	1,7
	Ausbau	**1.400.800**	**448,40**	**120,30**	**42,3**
	Wiederherstellen	379.201	121,40	32,60	11,4
	Herstellen	1.021.599	327,00	87,70	30,8
040	Wärmeversorgungsanl. - Betriebseinr. inkl. 041	136.004	43,50	11,70	4,1
	Wiederherstellen	11.432	3,70	0,98	0,3
	Herstellen	124.573	39,90	10,70	3,8
042	Gas- u. Wasseranl. - Leitung., Armat. inkl. 043	143.635	46,00	12,30	4,3
	Wiederherstellen	2.535	0,81	0,22	< 0,1
	Herstellen	141.100	45,20	12,10	4,3
044	Abwasseranl. - Leitungen, Abläufe, Armaturen	65.300	20,90	5,60	2,0
	Wiederherstellen	1.553	0,50	0,13	< 0,1
	Herstellen	63.748	20,40	5,50	1,9
045	Gas, Wasser, Entwässerung - Ausstattung inkl. 046	12.810	4,10	1,10	0,4
	Wiederherstellen	11.242	3,60	0,97	0,3
	Herstellen	1.568	0,50	0,13	< 0,1
047	Dämm- und Brandschutzarb. an techn. Anlagen	63.531	20,30	5,50	1,9
049	Feuerlöschanlagen, Feuerlöschgeräte	–	–	–	–
050	Blitzschutz-/Erdungsanlagen, Überspannungssch.	15.184	4,90	1,30	0,5
053	Niederspannungsanl. - Kabel inkl. 052, 054	68.339	21,90	5,90	2,1
055	Sicherheits- u. Ersatzstromversorgungsanl.	–	–	–	–
057	Gebäudesystemtechnik	–	–	–	–
058	Leuchten und Lampen inkl. 059	18.698	6,00	1,60	0,6
060	Such, Signal, Zeit, Anten., akust. Anl. inkl. 064	31.777	10,20	2,70	1,0
061	Kommunikations- u. Übertragungsnetze inkl. 063	7.966	2,50	0,68	0,2
069	Aufzüge	335.905	107,50	28,80	10,1
070	Gebäudeautomation	–	–	–	–
075	Raumlufttechnische Anlagen inkl. 078	29.927	9,60	2,60	0,9
	Gebäudetechnik	**929.076**	**297,40**	**79,80**	**28,0**
	Wiederherstellen	26.761	8,60	2,30	0,8
	Herstellen	902.314	288,80	77,50	27,2
084	Abbruch, Rückbau, Schadstoffsanierung	217.378	69,60	18,70	6,6
	Abbrechen	217.378	69,60	18,70	6,6
	Abbrucharbeiten	**217.378**	**69,60**	**18,70**	**6,6**
	Abbrechen	217.378	69,60	18,70	6,6
	Sonstige Leistungsbereiche	**22.268**	**7,10**	**1,90**	**0,7**
	Wiederherstellen	487	0,16	0,04	< 0,1
	Herstellen	21.781	7,00	1,90	0,7

Kostenstand: 2. Quartal 2026, Bundesdurchschnitt, **inkl. 19% MwSt.**

6100-1536
Mehrfamilienhaus
(12 WE)

Modernisierung

Kostenkennwerte für die Kosten des Bauwerks (Kostengruppen 300+400 nach DIN 276)

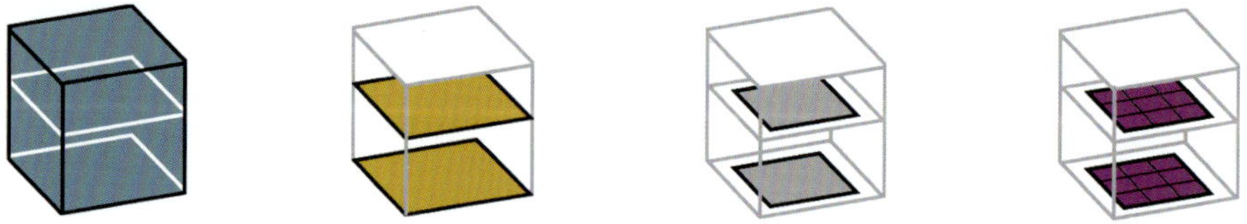

BRI 285€/m³ | **BGF 788€/m²** | **NUF 1.319€/m²** | **NE 1.458€/NE**

NE: Wohnfläche

Objekt:
Kennwerte: 3.Ebene DIN 276
BRI: 4.284m³
BGF: 1.551m²
NUF: 927m²
Bauzeit: 39 Wochen
Bauende: 2020
Standard: mittel
Bundesland: Niedersachsen
Kreis: Osnabrück

Architekt*in:
Ingenieurbüro Gerdom
Westenseite 23
49152 Bad Essen

Bauherr*in:
Hausverwaltung Kleinfeld

© Ingenieurbüro Gerdom

vorher

© Maren Reinker

nachher

Modernisierung

Ansicht Nord

Ansicht Ost

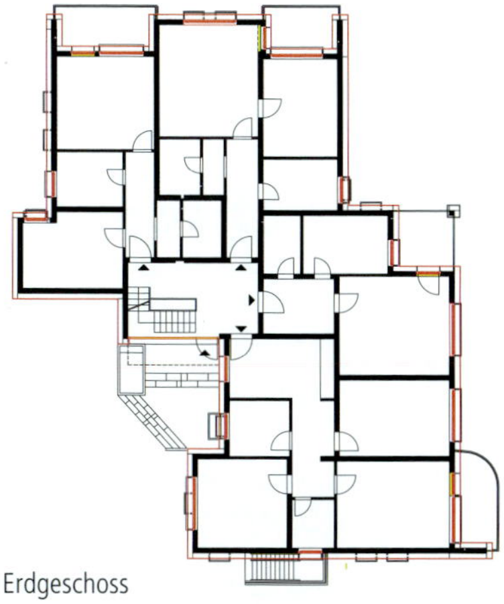

Erdgeschoss

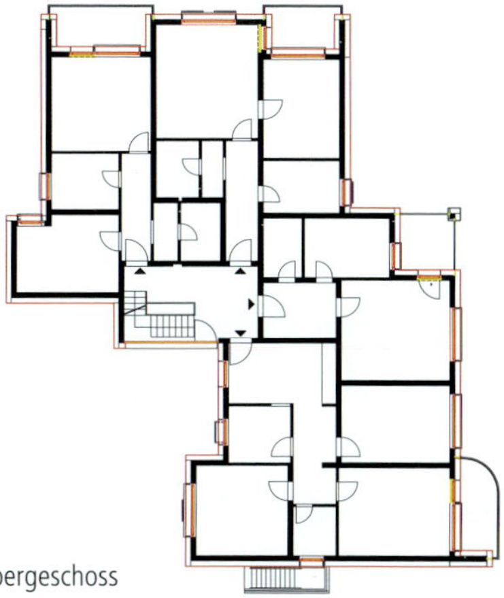

1. Obergeschoss

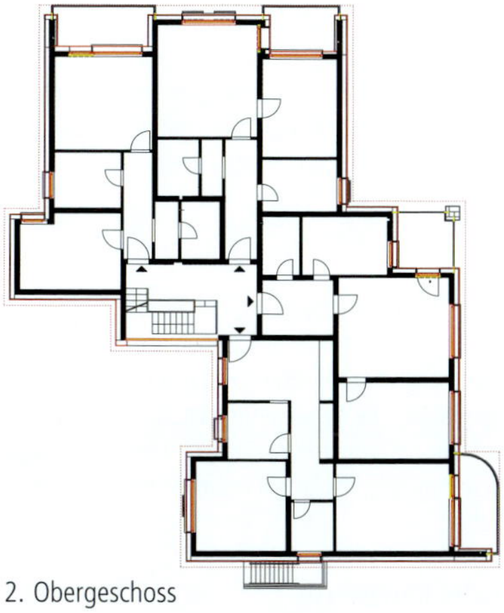

2. Obergeschoss

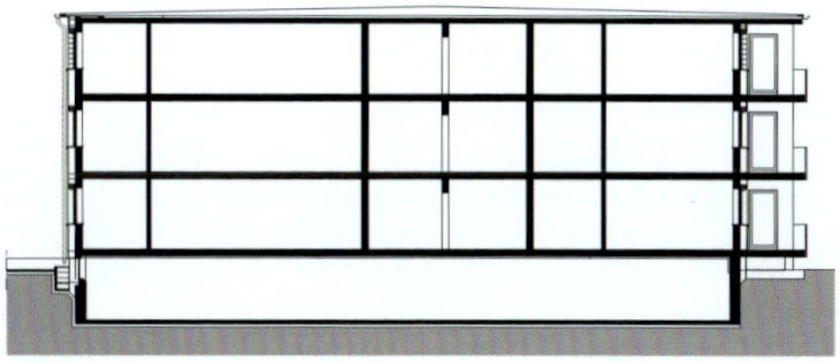

Schnitt A-A

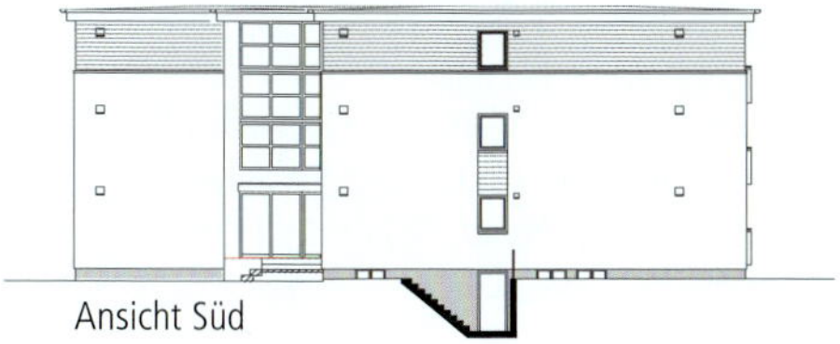

Ansicht Süd

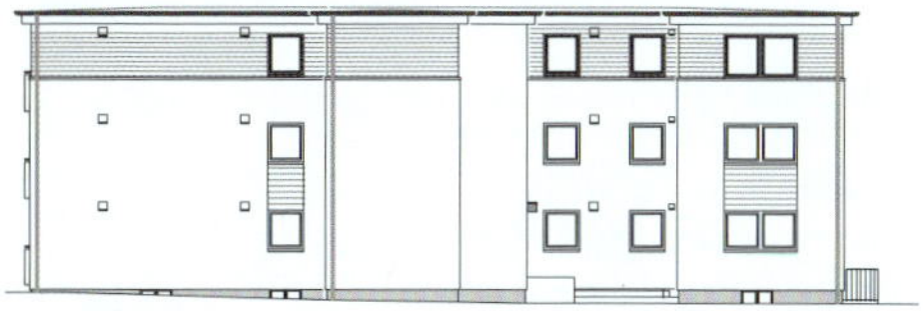

Ansicht West

Objektbeschreibung

Allgemeine Objektinformationen

Das dreigeschossige Wohngebäude mit zwölf Wohnungen war sowohl architektonisch als auch energetisch in die Jahre gekommen. Im Zuge der Sanierung wurde es umfassend modernisiert und erreicht nun den KfW-Effizienzhausstandard 70. Durch die abweichende Fassadengestaltung des obersten Geschosses wurde dieses optisch zurückgenommen, sodass das Gebäude insgesamt niedriger wirkt.

Nutzung

1 Untergeschoss
Abstellräume, Technik, Hausmeister, Fahrradabstellraum, Waschküche/Trockenraum

1 Erdgeschoss
vier WE: Wohnzimmer, Schlafzimmer, Küchen, Bäder, Flure

2 Obergeschosse
je vier WE: Wohnzimmer, Schlafzimmer, Küchen, Bäder, Flure

Nutzeinheiten

Wohneinheiten: 12
Wohnfläche: 838 m²

Grundstück

Bauraum: Freier Bauraum
Neigung: Ebenes Gelände
Bodenklasse: BK 3 bis BK 4

Markt

Hauptvergabezeit: 1. Quartal 2020
Baubeginn: 1. Quartal 2020
Bauende: 4. Quartal 2020
Konjunkturelle Gesamtlage: über Durchschnitt
Regionaler Baumarkt: unter Durchschnitt

Baubestand

Baujahr: 1978
Bauzustand: mittel
Aufwand: hoch
Grundrissänderungen: wenige
Tragwerkseingriffe: wenige
Nutzungsänderung: nein
Nutzung während der Bauzeit: ja

Baukonstruktion

Das in den 1970er-Jahren errichtete Massivgebäude wurde umfassend instand gesetzt und energetisch modernisiert. Die asbesthaltige Außenhaut wurde entfernt und durch ein Wärmedämmverbundsystem ersetzt. Im oberen Geschoss erhielt die Fassade eine hinterlüftete HPL-Bekleidung, die in Kombination mit den neuen Dachüberständen eine klare horizontale Gliederung schafft. Die vorgesetzte HPL-Bekleidung wird im Brüstungsbereich der Fenster fortgeführt und verleiht dem Gebäude ein harmonisches Erscheinungsbild. Die neuen Kunststofffenster mit Zweifach-Isolierverglasung aus Wärmeschutzglas sowie die vor das Mauerwerk gesetzten Rollläden tragen zusätzlich zur energetischen Verbesserung bei. Auch die Kellerdecke und das Flachdach wurden neu gedämmt. Das Projekt verdeutlicht, wie eine energetische Sanierung Bestandsgebäude nicht nur technisch, sondern auch architektonisch deutlich aufwerten kann.

Technische Anlagen

Die bestehende Ölheizung wurde demontiert und die Wärmeversorgung vollständig auf eine moderne Holzpellet-Heizanlage umgestellt. In den Wohnungen sorgen nun dezentrale Lüftungsgeräte mit Wärmerückgewinnung, die in die Außenwände integriert sind, für eine effiziente Frischluftversorgung. Die Elektroinstallation wurde überprüft und die Zählerschränke auf den aktuellen Stand der Technik gebracht. Zudem erhielten die Balkone neue Beleuchtungsanschlüsse und Steckdosen. Das Gebäude wurde außerdem mit einer zeitgemäßen Klingel- und Satellitenanlage ausgestattet.

Sonstiges

Mit der gelungenen Sanierung erhielt das Gebäude die Auszeichnung "Landespreis Grüne Hausnummer" der Klimaschutz- und Energieagentur Niedersachsen. Innerhalb der Wohnungen fanden keine Sanierungsmaßnahmen statt, lediglich die Balkone erhielten zusätzliche Elektroanschlüsse und Beleuchtung. Die Bewohner konnten in ihren Wohnungen verbleiben.

Energetische Kennwerte

Gesetzliche Grundlage: EnEV 2013
Gebäudenutzfläche: 1.030,00 m²
Spez. Transmissionswärmeverlust: 0,33 W/(m²·K)
Spez. Jahresprimärenergiebedarf: 37,00 kWh/(m²·a)
Spez. Jahresendenergiebedarf: 50,00 kWh/(m²·a)
CO_2-Emissionen: 11,00 kg/(m²·a)

Energetische Angaben zu Außenbauteilen

Kellerdecke

U-Wert: 0,36 W/(m²·K)

Gesamtdicke: 32,60 cm	d [cm]	λ [W/(m·K)]
Linoleum	0,10	0,170
Estrich	6,00	1,400
Dämmung	2,50	0,040
Stahlbeton	18,00	2,100
Dämmung	6,00	0,035

Außenwand

U-Wert: 0,14 W/(m²·K)

Gesamtdicke: 49,50 cm	d [cm]	λ [W/(m·K)]
Innenputz	1,50	0,870
Kalksandstein	24,00	0,990
Dämmung	24,00	0,035

Dach gegen Außenluft

U-Wert: 0,15 W/(m²·K)

Gesamtdicke: 41,73 cm	d [cm]	λ [W/(m·K)]
Innenputz	1,50	0,870
Stahlbeton	18,00	2,100
PE-Folie	0,03	0,200
Dämmung	22,00	0,035
Bitumenbahn	0,20	0,170

6100-1536
Mehrfamilienhaus
(12 WE)

Modernisierung

Planungskennwerte für Flächen und Rauminhalte nach DIN 277

Flächen des Grundstücks		Menge Einheit	% an GF
BF	Bebaute Fläche	361,37 m²	22,2
UF	Unbebaute Fläche	1.267,63 m²	77,8
GF	Grundstücksfläche	1.629,00 m²	100,0

Grundflächen des Bauwerks		Menge Einheit	% an NUF	% an BGF
NUF	Nutzungsfläche	926,79 m²	100,0	59,8
TF	Technikfläche	27,26 m²	2,9	1,8
VF	Verkehrsfläche	263,92 m²	28,5	17,0
NRF	Netto-Raumfläche	1.217,97 m²	131,4	78,5
KGF	Konstruktions-Grundfläche	332,83 m²	35,9	21,5
BGF	Brutto-Grundfläche	1.550,80 m²	167,3	100,0

Brutto-Rauminhalt des Bauwerks		Menge Einheit	BRI/NUF (m)	BRI/BGF (m)
BRI	Brutto-Rauminhalt	4.284,09 m³	4,62	2,76

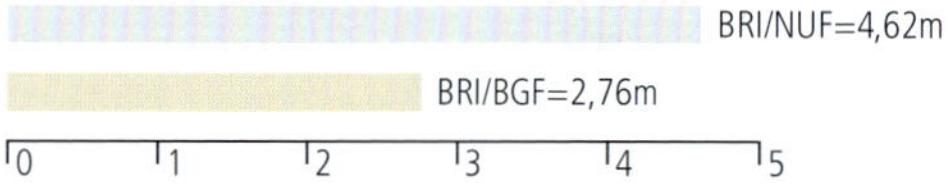

KG	Kostengruppen (2. Ebene)	Menge Einheit	Menge/NUF	Menge/BGF
310	Baugrube / Erdbau	11,25 m³ BGI	0,01	< 0,01
320	Gründung, Unterbau	15,60 m² GRF	0,02	0,01
330	Außenwände/Vertikale Baukonstruktionen, außen	1.219,88 m² AWF	1,32	0,79
340	Innenwände/Vertikale Baukonstruktionen, innen	35,05 m² IWF	0,04	0,02
350	Decken/Horizontale Baukonstruktionen	199,92 m² DEF	0,22	0,13
360	Dächer	423,69 m² DAF	0,46	0,27

Kostenkennwerte für die Kostengruppen der 1.Ebene DIN 276

KG	Kostengruppen (1.Ebene)	Einheit	Kosten €	€/Einheit	€/m² BGF	€/m³ BRI	% 300+400
100	Grundstück	m² GF	–	–	–	–	–
200	Vorbereitende Maßnahmen	m² GF	–	–	–	–	–
300	Bauwerk – Baukonstruktionen	m² BGF	951.972	613,86	613,86	222,21	77,9
400	Bauwerk – Technische Anlagen	m² BGF	270.085	174,16	174,16	63,04	22,1
	Bauwerk 300+400	**m² BGF**	**1.222.058**	**788,02**	**788,02**	**285,25**	**100,0**
500	Außenanlagen und Freiflächen	m² AF	39.784	–	25,65	9,29	3,3
600	Ausstattung und Kunstwerke	m² BGF	–	–	–	–	–
700	Baunebenkosten	m² BGF	–	–	–	–	–
800	Finanzierung	m² BGF	–	–	–	–	–

KG	Kostengruppe	Menge Einheit	Kosten €	€/Einheit	%
3+4	**Bauwerk**				**100,0**
300	**Bauwerk – Baukonstruktionen**	1.550,80 m² BGF	951.972	**613,86**	77,9

- Abbrechen (Kosten: 9,7%) — 92.439
  Abbruch von Außenfenstern, Fassadenbekleidung, asbesthaltig; Mauerwerk; Balkon-Betonplatten; Dachkies, Bitumenabdichtung, Dämmung, Dachblechen; Entsorgung, Deponiegebühren
- Wiederherstellen (Kosten: 4,1%) — 38.574
  Haustürüberdachung instand setzen; Gewebespachtelung auf Wandoberflächen, glattfilzen; Anarbeiten von Estrich an Terrassentüren, Balkongeländer demontieren, Ausfachungen austauschen, Pfosten kürzen, lackieren, wieder montieren
- Herstellen (Kosten: 86,2%) — 820.959
  Bodenaushub an Außenwänden lagern, wieder verfüllen; Holzboden, KVH, OSB; Kunststofffenster, Wärmeschutzverglasung, Haustüranlage; EPS-Dämmplatten, Putz, Beschichtung, hinterlüftete HPL-Bekleidung, Mineralwolldämmung, Sockelputz; T30-Rauchschutztüren, Mineralwolldämmung; Dachüberstände, Wärmedämmung, Bitumenabdichtung, Traufbleche, Dachentwässerung

KG	Kostengruppe	Menge Einheit	Kosten €	€/Einheit	%
400	**Bauwerk – Technische Anlagen**	1.550,80 m² BGF	270.085	**174,16**	22,1

- Abbrechen (Kosten: 1,4%) — 3.914
  Abbruch von Öltank, Schornsteine; Entsorgung, Deponiegebühren
- Wiederherstellen (Kosten: 0,4%) — 1.055
  Demontage der Kellerbeleuchtung, nach Dämmung der Kellerdecke, Wiedermontage der Beleuchtung
- Herstellen (Kosten: 98,2%) — 265.116
  Abwasserrohre an Bestand anschließen; Pelletkessel, Saugsystem, Pumpe, Pufferspeicher; Heizleitungen, Ausdehnungsgefäß, Heizkreisverteiler, Thermostatköpfe, Ventilunterteile, Abgasrohr, Schornsteinpaket; Wandventilatoren, Abluft-Ventilatoren; Elektroinstallation in Treppenhaus, Balkone, Beleuchtung, Erdung; Klingelanlage, Sat-Anlage

KG	Kostengruppe	Menge Einheit	Kosten €	€/Einheit	%
500	**Außenanlagen und Freiflächen**	–	39.784	**–**	3,3

- Abbrechen (Kosten: 10,8%) — 4.310
  Abbruch von Verbundpflaster; Treppenanlage; Entsorgung, Deponiegebühren
- Herstellen (Kosten: 89,2%) — 35.474
  Betonrechteckpflaster, Verbundpflaster, Rasenkantensteine, Traufstreifen; Betonblockstufen, Betonpalisaden; KG-Rohre; Oberboden liefern, Bepflanzung

Modernisierung

Kostenkennwerte für die Kostengruppen der 2. Ebene DIN 276

KG	Kostengruppe	Menge Einheit	Kosten €	€/Einheit	%
300	**Bauwerk – Baukonstruktionen**				**100,0**
310	**Baugrube / Erdbau**	11,25 m³ BGI	3.273	**290,95**	0,3
	• Herstellen (Kosten: 100,0%) Außenwände freilegen, Bodenaushub lagern, wieder verfüllen (11m³)	11,25 m³ BGI	3.273	**290,95**	
320	**Gründung, Unterbau**	15,60 m² GRF	1.071	**68,64**	0,1
	• Herstellen (Kosten: 100,0%) Holzboden: KVH (61m), OSB (16m²)	15,60 m² GRF	1.071	**68,64**	
330	**Außenwände/Vert. Baukonstrukt., außen**	1.219,88 m² AWF	633.520	**519,33**	66,5
	• Abbrechen (Kosten: 8,5%) Abbruch von Holz-Außenfenstern (175m²); Fassadenbekleidung, asbesthaltig, Mineralwolldämmung (904m²); Entsorgung, Deponiegebühren	1.078,70 m² AWF	53.698	**49,78**	
	• Wiederherstellen (Kosten: 0,3%) Haustürüberdachung instandsetzen (6m²)	6,00 m² AWF	2.014	**335,70**	
	• Herstellen (Kosten: 91,2%) KS-Mauerwerk (4m²) * Kunststofffenster, Wärmeschutzverglasung (137m²), Haustüranlage (10m²) * EPS-Dämmplatten, Putz, Beschichtung (643m²), Brandriegel (294m), hinterlüftete Holzbekleidung, Mineralwolldämmung (200m²), Sockelputz (75m²), Feinputz, Beschichtung (125m²) * Kalkzement-putz (5m²) * Handlauf (1St)	1.219,88 m² AWF	577.808	**473,66**	
340	**Innenwände/Vert. Baukonstrukt., innen**	35,05 m² IWF	23.880	**681,31**	2,5
	• Abbrechen (Kosten: 2,6%) Abbruch von Mauerwerk (1m²); Entsorgung, Deponiegebühren	0,81 m² IWF	622	**768,27**	
	• Wiederherstellen (Kosten: 3,7%) Gewebespachtelung auf Wandoberflächen, malerfertig gefilzt (12m²)	11,83 m² IWF	885	**74,80**	
	• Herstellen (Kosten: 93,7%) Porenbeton-Mauerwerk (5m²) * T30-Rauchschutztüren (7m²) * Mineralwolldämmung an Wandflächen (56m²)	35,05 m² IWF	22.373	**638,31**	
350	**Decken/Horizontale Baukonstruktionen**	199,92 m² DEF	54.961	**274,91**	5,8
	• Abbrechen (Kosten: 4,2%) Abbruch von Betonplatten (91m²); Entsorgung, Deponiegebühren	90,61 m² DEF	2.318	**25,59**	
	• Wiederherstellen (Kosten: 64,9%) Anarbeiten Estrich an Terrassentüren (13m) * Balkongeländer demontieren, Ausfachungen austauschen, Pfosten kürzen, lackieren, wieder montieren (74m²)	–	35.674	**–**	
	• Herstellen (Kosten: 30,9%) Mineralwolldämmung (200m²)	199,92 m² DEF	16.968	**84,87**	

KG	Kostengruppe	Menge Einheit	Kosten €	€/Einheit	%
360	**Dächer**	423,69 m²DAF	183.222	**432,44**	19,2
	• Abbrechen (Kosten: 19,5%)	401,23 m²DAF	35.800	**89,23**	
	Abbruch von Dachausstieg (1St) * Dachkies, Bitumenabdichtung, EPS-Dämmung (400m²), Dachblechen (110m), Attikabohlen (110m); Entsorgung, Deponiegebühren				
	• Herstellen (Kosten: 80,5%)	423,69 m²DAF	147.422	**347,95**	
	Flachdachausstieg (1m²) * Dachüberstände (106m), PIR Wärmedämmung, EPS-Gefälledämmung, Bitumenabdichtung (422m²), Traufbleche (110m), Stirnbrett (106m), Hängedachrinnen (110m), Regenfallrohre (64m) * Absturzsicherungen (12St)				
390	**Sonst. Maßnahmen für Baukonstrukt.**	1.550,80 m²BGF	52.045	**33,56**	5,5
	• Herstellen (Kosten: 100,0%)	1.550,80 m²BGF	52.045	**33,56**	
	Baustelleneinrichtung (psch), Baustrom, Bauwasser, Sanitärkabine (1St), Bauzaun (98m) * Fassadengerüst (1.104m²), Konsolverbreiterungen (560m), Treppenaufgang (1St) * Bauschutt (4m³) * Schutzabdeckungen mit Folien (21m²), Fensterreinigung (psch) * provisorische Dachentwässerung (psch)				
400	**Bauwerk – Technische Anlagen**				**100,0**
410	**Abwasser-, Wasser-, Gasanlagen**	1.550,80 m²BGF	3.903	**2,52**	1,4
	• Herstellen (Kosten: 100,0%)	1.550,80 m²BGF	3.903	**2,52**	
	KG-Rohre (psch)				
420	**Wärmeversorgungsanlagen**	1.550,80 m²BGF	106.401	**68,61**	39,4
	• Abbrechen (Kosten: 3,7%)	1.550,80 m²BGF	3.914	**2,52**	
	Abbruch von Öltank 9.500l (1St) * Schornstein, Schornsteinhaube (1St); Entsorgung, Deponiegebühren				
	• Herstellen (Kosten: 96,3%)	1.550,80 m²BGF	102.487	**66,09**	
	Pelletkessel (1St), Saugsystem (1St), Befüllsystem, Effizienzpumpe (1St), Pufferspeicher 750l (1St) * Stahlrohre (56m), Kupferrohre (7m), Ausdehnungsgefäß (1St), Heizkreisverteiler (3St), Thermostatköpfe (39St), Ventilunterteile (43St), Strangregulierventile (12St), Einrohrverteiler (54St), Dreiwegemischer (1St) * Abgasrohr (1St), Schornsteinpaket (10m), Energiesparzugregler (1St), Schornsteinkopf (1St)				
430	**Raumlufttechnische Anlagen**	1.550,80 m²BGF	76.019	**49,02**	28,1
	• Herstellen (Kosten: 100,0%)	1.550,80 m²BGF	76.019	**49,02**	
	Wandventilatoren (44St), Abluft-Ventilatoren (6St), Regler (12St), Wetterschutzhauben (42St), Rückschlagklappen (6St)				
440	**Elektrische Anlagen**	1.550,80 m²BGF	56.662	**36,54**	21,0
	• Wiederherstellen (Kosten: 1,9%)	1.550,80 m²BGF	1.055	**0,68**	
	Demontage der Kellerbeleuchtung, Leitungen verlängern, Wiedermontage Beleuchtung nach Dämmung der Kellerdecke (psch)				
	• Herstellen (Kosten: 98,1%)	1.550,80 m²BGF	55.607	**35,86**	
	FI-Schutzschalter (13St), Steuerleitungen (300m), Mantelleitungen (70m), Steckdosen (24St), Schalter/Taster (27St), Jalousienschalter (39St), Regler für Lüftungsanlage (12St), Taster, Leitungen für Flurverkabelung (psch), Arbeitsaufwand (442h) * Außenwandleuchten (12St), Deckenleuchte (1St) * Erdung Heizraum (psch)				

KG	Kostengruppe	Menge Einheit	Kosten €	€/Einheit	%
450	**Kommunikationstechnische Anlagen**	1.550,80 m²BGF	25.733	**16,59**	9,5
	• Herstellen (Kosten: 100,0%) Klingelanlage, freistehend, zwölf Briefkästen (1St) * Sat-Anlage (1St), BDA-Koaxialleitung (540m), Antennensteckdosen (12St)	1.550,80 m²BGF	25.733	**16,59**	
490	**Sonst. Maßnahmen für techn. Anlagen**	1.550,80 m²BGF	1.368	**0,88**	0,5
	• Herstellen (Kosten: 100,0%) Baustellenabfall (psch), Altöl aus Tanks (1.500l); Entsorgung, Deponiegebühren	1.550,80 m²BGF	1.368	**0,88**	
500	**Außenanlagen und Freiflächen**				**100,0**
530	**Oberbau, Deckschichten**	67,15 m²BFF	19.269	**286,96**	48,4
	• Abbrechen (Kosten: 11,0%) Abbruch von Verbundpflaster (61m²), Schnittkante Pflaster (19m); seitlich lagern	61,15 m²BFF	2.111	**34,52**	
	• Herstellen (Kosten: 89,0%) Schottertragschicht, Betonrechteckpflaster (14m²) * Schottertragschicht (5m³), Verbundpflaster (53m²) * Rasenkantensteine (80m), Traufstreifen, Kies (64m)	67,15 m²BFF	17.158	**255,52**	
540	**Baukonstruktionen**	–	9.818	–	24,7
	• Abbrechen (Kosten: 22,4%) Abbruch von Treppenanlage (psch); Entsorgung, Deponiegebühren	–	2.199	–	
	• Herstellen (Kosten: 77,6%) Betonblockstufen 35x15x100cm (17m), Betonpalisaden 15x12cm (8m)	–	7.618	–	
550	**Technische Anlagen**	–	3.681	–	9,3
	• Herstellen (Kosten: 100,0%) KG-Rohre (17m)	–	3.681	–	
570	**Vegetationsflächen**	2,00 m²PSF	4.843	**2.421,32**	12,2
	• Herstellen (Kosten: 100,0%) Oberboden liefern, auftragen (1m³) * Bepflanzung (2m²), Rindenmulch (1m³)	2,00 m²PSF	4.843	**2.421,32**	
590	**Sonst. Maßnahmen für Außenanlagen u. Freiflächen**	–	2.174	–	5,5
	• Herstellen (Kosten: 100,0%) Bauschutt, Stahlschrott (5m³); Entsorgung, Deponiegebühren	–	2.174	–	

Kostenkennwerte für die Kostengruppen 300 der 2. und 3. Ebene DIN 276 (Übersicht)

KG	Kostengruppe	Menge Einheit	Kosten €	€/Einheit	% an 3+4
300	**Bauwerk – Baukonstruktionen**	**1.550,80 m² BGF**	**951.972,42**	**613,86**	**77,9**
310	**Baugrube / Erdbau**	**11,25 m³ BGI**	**3.273,23**	**290,95**	**0,3**
311	Herstellung	11,25 m³ BGI	3.273,23	290,95	0,3
312	Umschließung	–	–	–	–
313	Wasserhaltung	–	–	–	–
314	Vortrieb	–	–	–	–
319	Sonstiges zur KG 310	–	–	–	–
320	**Gründung, Unterbau**	**15,60 m² GRF**	**1.070,71**	**68,64**	**< 0,1**
321	Baugrundverbesserung	–	–	–	–
322	Flachgründungen und Bodenplatten	–	–	–	–
323	Tiefgründungen	–	–	–	–
324	Gründungsbeläge	15,60 m²	1.070,71	68,64	< 0,1
325	Abdichtungen und Bekleidungen	–	–	–	–
326	Dränagen	–	–	–	–
329	Sonstiges zur KG 320	–	–	–	–
330	**Außenwände/Vert. Baukonstrukt., außen**	**1.219,88 m² AWF**	**633.520,29**	**519,33**	**51,8**
331	Tragende Außenwände	4,21 m²	1.975,04	469,13	0,2
332	Nichttragende Außenwände	–	–	–	–
333	Außenstützen	–	–	–	–
334	Außenwandöffnungen	166,96 m²	250.004,46	1.497,39	20,5
335	Außenwandbekleidungen, außen	978,31 m²	376.973,67	385,33	30,8
336	Außenwandbekleidungen, innen	4,86 m²	579,61	119,26	< 0,1
337	Element. Außenwandkonstruktionen	–	–	–	–
338	Lichtschutz zur KG 330	–	–	–	–
339	Sonstiges zur KG 330	1.219,88 m² AWF	3.987,49	3,27	0,3
340	**Innenwände/Vert. Baukonstrukt., innen**	**35,05 m² IWF**	**23.879,89**	**681,31**	**2,0**
341	Tragende Innenwände	–	–	–	–
342	Nichttragende Innenwände	4,92 m²	4.684,55	952,14	0,4
343	Innenstützen	–	–	–	–
344	Innenwandöffnungen	7,00 m²	12.757,83	1.822,55	1,0
345	Innenwandbekleidungen	67,94 m²	6.437,50	94,75	0,5
346	Elementierte Innenwandkonstruktionen	–	–	–	–
347	Lichtschutz zur KG 340	–	–	–	–
349	Sonstiges zur KG 340	–	–	–	–
350	**Decken/Horizontale Baukonstruktionen**	**199,92 m² DEF**	**54.960,56**	**274,91**	**4,5**
351	Deckenkonstruktionen	–	–	–	–
352	Deckenöffnungen	–	–	–	–
353	Deckenbeläge	–	6.025,74	–	0,5
354	Deckenbekleidungen	199,92 m²	16.967,66	84,87	1,4
355	Elementierte Deckenkonstruktionen	–	–	–	–
359	Sonstiges zur KG 350	199,92 m² DEF	31.967,13	159,90	2,6
360	**Dächer**	**423,69 m² DAF**	**183.222,39**	**432,44**	**15,0**
361	Dachkonstruktionen	–	–	–	–
362	Dachöffnungen	1,23 m²	5.985,42	4.866,20	0,5
363	Dachbeläge	422,46 m²	174.227,58	412,41	14,3
364	Dachbekleidungen	–	–	–	–
365	Elementierte Dachkonstruktionen	–	–	–	–
366	Lichtschutz zur KG 360	–	–	–	–
369	Sonstiges zur KG 360	423,69 m² DAF	3.009,39	7,10	0,2
370	**Infrastrukturanlagen**	**–**	**–**	**–**	**–**
380	**Baukonstruktive Einbauten**	**–**	**–**	**–**	**–**
390	**Sonst. Maßnahmen für Baukonstrukt.**	**1.550,80 m² BGF**	**52.045,35**	**33,56**	**4,3**

Kostenkennwerte für die Kostengruppen 400 der 2. und 3. Ebene DIN 276 (Übersicht)

KG	Kostengruppe	Menge Einheit	Kosten €	€/Einheit	% an 3+4
400	**Bauwerk – Technische Anlagen**	**1.550,80 m² BGF**	**270.085,49**	**174,16**	**22,1**
410	**Abwasser-, Wasser-, Gasanlagen**	**1.550,80 m² BGF**	**3.902,86**	**2,52**	**0,3**
411	Abwasseranlagen	1.550,80 m² BGF	3.902,86	2,52	0,3
412	Wasseranlagen	–	–	–	–
413	Gasanlagen	–	–	–	–
419	Sonstiges zur KG 410	–	–	–	–
420	**Wärmeversorgungsanlagen**	**1.550,80 m² BGF**	**106.400,96**	**68,61**	**8,7**
421	Wärmeerzeugungsanlagen	1.550,80 m² BGF	42.404,57	27,34	3,5
422	Wärmeverteilnetze	1.550,80 m² BGF	55.388,39	35,72	4,5
423	Raumheizflächen	–	–	–	–
424	Verkehrsheizflächen	–	–	–	–
429	Sonstiges zur KG 420	1.550,80 m² BGF	8.607,99	5,55	0,7
430	**Raumlufttechnische Anlagen**	**1.550,80 m² BGF**	**76.018,58**	**49,02**	**6,2**
431	Lüftungsanlagen	1.550,80 m² BGF	76.018,58	49,02	6,2
432	Teilklimaanlagen	–	–	–	–
433	Klimaanlagen	–	–	–	–
434	Kälteanlagen	–	–	–	–
439	Sonstiges zur KG 430	–	–	–	–
440	**Elektrische Anlagen**	**1.550,80 m² BGF**	**56.661,87**	**36,54**	**4,6**
441	Hoch- und Mittelspannungsanlagen	–	–	–	–
442	Eigenstromversorgungsanlagen	–	–	–	–
443	Niederspannungsschaltanlagen	–	–	–	–
444	Niederspannungsinstallationsanlagen	1.550,80 m² BGF	50.996,20	32,88	4,2
445	Beleuchtungsanlagen	1.550,80 m² BGF	4.660,29	3,01	0,4
446	Blitzschutz- und Erdungsanlagen	1.550,80 m² BGF	1.005,36	0,65	< 0,1
447	Fahrleitungssysteme	–	–	–	–
449	Sonstiges zur KG 440	–	–	–	–
450	**Kommunikationstechnische Anlagen**	**1.550,80 m² BGF**	**25.733,39**	**16,59**	**2,1**
451	Telekommunikationsanlagen	–	–	–	–
452	Such- und Signalanlagen	1.550,80 m² BGF	14.989,88	9,67	1,2
453	Zeitdienstanlagen	–	–	–	–
454	Elektroakustische Anlagen	–	–	–	–
455	Audiovisuelle Medien- u. Antennenanl.	1.550,80 m² BGF	10.743,49	6,93	0,9
456	Gefahrenmelde- und Alarmanlagen	–	–	–	–
457	Datenübertragungsnetze	–	–	–	–
458	Verkehrsbeeinflussungsanlagen	–	–	–	–
459	Sonstiges zur KG 450	–	–	–	–
460	**Förderanlagen**	**–**	**–**	**–**	**–**
461	Aufzugsanlagen	–	–	–	–
462	Fahrtreppen, Fahrsteige	–	–	–	–
463	Befahranlagen	–	–	–	–
464	Transportanlagen	–	–	–	–
465	Krananlagen	–	–	–	–
466	Hydraulikanlagen	–	–	–	–
469	Sonstiges zur KG 460	–	–	–	–
470	**Nutzungsspez. u. verfahrenstechn. Anl.**	**–**	**–**	**–**	**–**
480	**Gebäude- und Anlagenautomation**	**–**	**–**	**–**	**–**
490	**Sonst. Maßnahmen für techn. Anlagen**	**1.550,80 m² BGF**	**1.367,85**	**0,88**	**0,1**

Kostenkennwerte für die Kostengruppen der 3.Ebene DIN 276

KG	Kostengruppe	Menge Einheit	Kosten €	€/Einheit	%
310	**Baugrube / Erdbau**				**100,0**
311	**Herstellung**	11,25 m³BGI	3.273	**290,95**	100,0
	• Herstellen (Kosten: 100,0%) Außenwände freilegen, Bodenaushub BK 3-5, t bis 30cm, lagern, wieder verfüllen, verdichten (11m³)	11,25 m³BGI	3.273	**290,95**	
320	**Gründung, Unterbau**				**100,0**
324	**Gründungsbeläge**	15,60 m²	1.071	**68,64**	100,0
	• Herstellen (Kosten: 100,0%) Holzboden einbauen: KVH 10x10cm (61m), OSB, d=22mm (16m²)	15,60 m²	1.071	**68,64**	
330	**Außenwände/Vertikale Baukonstruktionen, außen**				**100,0**
331	**Tragende Außenwände**	4,21 m²	1.975	**469,13**	0,3
	• Herstellen (Kosten: 100,0%) KS-Mauerwerk an Fensterbrüstungen, d=24cm (4m²)	4,21 m²	1.975	**469,13**	
334	**Außenwandöffnungen**	166,96 m²	250.004	**1.497,39**	39,5
	• Abbrechen (Kosten: 7,9%) Abbruch von Holz-Außenfenstern (175m²), Innenfensterbänken (18m); Entsorgung, Deponiegebühren	175,00 m²	19.740	**112,80**	
	• Herstellen (Kosten: 92,1%) Kunststofffenster, Uw=0,9W/m²K, ein-zweiflüglig, festverglaste Seitenteile, Wärmeschutzverglasung (114m²), Festverglasung 4,50x5,00m, zwei Dreh-Kipp-Felder (23m²), Haustüranlage, festverglaste Seitenelemente (10m²), Fensterbänke innen, Naturstein, b=25-30cm (5m²), außen, Titanzink (64m)	166,96 m²	230.264	**1.379,16**	
335	**Außenwandbekleidungen, außen**	978,31 m²	376.974	**385,33**	59,5
	• Abbrechen (Kosten: 9,0%) Abbruch von Fassadenbekleidung, asbesthaltig, Unterkonstruktion, Mineralwolldämmung (904m²); Entsorgung, Deponiegebühren	903,70 m²	33.958	**37,58**	
	• Herstellen (Kosten: 91,0%) EPS-Dämmplatten WLG 035, d=240mm, verklebt, Putz, Kratzputzstruktur, armiert, Beschichtung (643m²), in Laibungen, b=24cm (159m), Brandriegel (294m), hinterlüftete HPL-Bekleidung, waagerechte Deckung, Unterkonstruktion, Mineralwolldämmung WLG 035, d=200mm (200m²), Feuchteschutzanstrich, Dämmplatten, d=200mm, b=90cm, Sockelputz, armiert, Beschichtung (75m²), Feinputz, Beschichtung (125m²), Sockelabschlussprofile (148m), Alu-Lüftungsprofil (176m), Kantprofile, Tropfprofile (88m), Bitumenabdichtung, Noppenbahn (24m²), Kantenschutzprofil (32m), Dämmung, Wandschutzprofil (10m²)	1.052,92 m²	343.016	**325,78**	
336	**Außenwandbekleidungen, innen**	4,86 m²	580	**119,26**	< 0,1
	• Herstellen (Kosten: 100,0%) Kalkzementputz, anputzen an Bestand (5m²), Hartschaumplatte aufdoppeln (1St)	4,86 m²	580	**119,26**	

KG	Kostengruppe	Menge Einheit	Kosten €	€/Einheit	%
339	**Sonstiges zur KG 330**	1.219,88 m² AWF	3.987	**3,27**	0,6
	• Wiederherstellen (Kosten: 50,5%) Haustürüberdachung instandsetzen, Gefälledämmung, Abdichtung, Verwahrungen entfernen, erneuern (6m²)	6,00 m² AWF	2.014	**335,70**	
	• Herstellen (Kosten: 49,5%) Handlauf Edelstahl, h=90cm (1St)	1.219,88 m² AWF	1.973	**1,62**	
340	**Innenwände/Vertikale Baukonstruktionen, innen**				**100,0**
342	**Nichttragende Innenwände**	4,92 m²	4.685	**952,14**	19,6
	• Abbrechen (Kosten: 13,3%) Abbruch von Mauerwerk, d=24cm (1m²); Entsorgung, Deponiegebühren	0,81 m²	622	**768,27**	
	• Herstellen (Kosten: 86,7%) Porenbeton-Mauerwerk, d=24cm (5m²)	4,92 m²	4.062	**825,67**	
344	**Innenwandöffnungen**	7,00 m²	12.758	**1.822,55**	53,4
	• Herstellen (Kosten: 100,0%) T30-Rauchschutztüren, Zargen, Obentürschließer (7m²)	7,00 m²	12.758	**1.822,55**	
345	**Innenwandbekleidungen**	67,94 m²	6.438	**94,75**	27,0
	• Wiederherstellen (Kosten: 13,7%) Gewebespachtelung auf Wandoberflächen, malerfertig gefilzt (12m²)	11,83 m²	885	**74,80**	
	• Herstellen (Kosten: 86,3%) Mineralwolldämmung WLG 035, d=40mm, an Wandflächen, 50cm ab UK Decke (56m²), Türlaibungen verputzt (psch)	56,11 m²	5.553	**98,96**	
350	**Decken/Horizontale Baukonstruktionen**				**100,0**
353	**Deckenbeläge**	–	6.026	**–**	11,0
	• Abbrechen (Kosten: 38,5%) Abbruch von Betonplatten 50x50cm (91m²); Entsorgung, Deponiegebühren	90,61 m²	2.318	**25,59**	
	• Wiederherstellen (Kosten: 61,5%) Anarbeiten Estrich an Terrassentüren, d=60mm (13m)	–	3.707	**–**	
354	**Deckenbekleidungen**	199,92 m²	16.968	**84,87**	30,9
	• Herstellen (Kosten: 100,0%) Mineralwolldämmung WLG 035, d=80mm, verklebt (200m²)	199,92 m²	16.968	**84,87**	
359	**Sonstiges zur KG 350**	199,92 m² DEF	31.967	**159,90**	58,2
	• Wiederherstellen (Kosten: 100,0%) Balkongeländer demontieren, Ausfachungen entsorgen, Pfosten kürzen, lackieren, neue HPL-Platten, t=8mm, einspannen, wieder montieren (74m²)	–	31.967	**–**	

KG	Kostengruppe	Menge Einheit	Kosten €	€/Einheit	%
360	**Dächer**				**100,0**
362	**Dachöffnungen**	1,23 m²	5.985	**4.866,20**	3,3
	• Abbrechen (Kosten: 3,0%) Abbruch von Dachausstieg mit Einschiebeleiter 0,85x1,45m (1St); Entsorgung, Deponiegebühren	1,23 m²	178	**144,48**	
	• Herstellen (Kosten: 97,0%) Flachdachausstieg 85x145cm, Scherentreppe (1m²)	1,23 m²	5.808	**4.721,72**	
363	**Dachbeläge**	422,46 m²	174.228	**412,41**	95,1
	• Abbrechen (Kosten: 20,4%) Abbruch von Dachkies, d=5cm, Bitumenabdichtung, vierlagig, EPS-Dämmung, d=60mm (400m²), Dachblechen, b=15cm (110m), Attikabohlen 6x25cm (110m); Entsorgung, Deponiegebühren	400,00 m²	35.623	**89,06**	
	• Herstellen (Kosten: 79,6%) Dachüberstand, b=50cm, Holzwerkstoffplatten, d=30mm mit Randbohlen befestigt (106m), PIR Wärmedämmung WLS 024, d=80mm, EPS-Gefälledämmung WLG 035, d=300-400mm, Bitumenabdichtung, zweilagig (422m²), Traufbleche, Einlaufbleche (110m), Stirnbrett (106m), Hängedachrinnen, kastenförmig, Zink (110m), Regenfallrohre, quadratisch (64m)	422,46 m²	138.605	**328,09**	
369	**Sonstiges zur KG 360**	423,69 m² DAF	3.009	**7,10**	1,6
	• Herstellen (Kosten: 100,0%) Absturzsicherungen (12St), Sicherungsset (1St)	423,69 m² DAF	3.009	**7,10**	
390	**Sonstige Maßnahmen für Baukonstruktionen**				**100,0**
391	**Baustelleneinrichtung**	1.550,80 m² BGF	7.139	**4,60**	13,7
	• Herstellen (Kosten: 100,0%) Baustelleneinrichtung (psch), Baustrom, Bauwasser, Sanitärkabine (1St), Bauzaun (98m)	1.550,80 m² BGF	7.139	**4,60**	
392	**Gerüste**	1.550,80 m² BGF	41.973	**27,07**	80,6
	• Herstellen (Kosten: 100,0%) Fassadengerüst, Lastklasse 3 (1.104m²), Konsolverbreiterungen (560m), Treppenaufgang, h=9,50 m (1St)	1.550,80 m² BGF	41.973	**27,07**	
396	**Materialentsorgung**	1.550,80 m² BGF	1.825	**1,18**	3,5
	• Herstellen (Kosten: 100,0%) Bauschutt (4m³); Entsorgung, Deponiegebühren	1.550,80 m² BGF	1.825	**1,18**	
397	**Zusätzliche Maßnahmen**	1.550,80 m² BGF	830	**0,54**	1,6
	• Herstellen (Kosten: 100,0%) Schutzabdeckungen mit Folien (21m²), Fensterreinigung, Treppenhaus (psch)	1.550,80 m² BGF	830	**0,54**	
398	**Provisorische Baukonstruktionen**	1.550,80 m² BGF	279	**0,18**	0,5
	• Herstellen (Kosten: 100,0%) provisorische Dachentwässerung (psch)	1.550,80 m² BGF	279	**0,18**	
410	**Abwasser-, Wasser-, Gasanlagen**				**100,0**
411	**Abwasseranlagen**	1.550,80 m² BGF	3.903	**2,52**	100,0
	• Herstellen (Kosten: 100,0%) KG-Rohre, Formstücke (psch), Dunstrohre über Dach (7St)	1.550,80 m² BGF	3.903	**2,52**	

KG	Kostengruppe	Menge Einheit	Kosten €	€/Einheit	%
420	**Wärmeversorgungsanlagen**				**100,0**
421	**Wärmeerzeugungsanlagen**	1.550,80 m² BGF	42.405	**27,34**	39,9
	• Abbrechen (Kosten: 6,6%) Abbruch von Öltank 9.500l, Tankraumklappe (1St); Entsorgung, Deponiegebühren	1.550,80 m² BGF	2.785	**1,80**	
	• Herstellen (Kosten: 93,4%) Pelletkessel, 35kW, vollautomatisch (1St), Pellets-Saugsystem (1St), Befüllsystem, Effizienzpumpe (1St), Pufferspeicher 750l (1St), Anlegefühler, l=4,00m (4St)	1.550,80 m² BGF	39.620	**25,55**	
422	**Wärmeverteilnetze**	1.550,80 m² BGF	55.388	**35,72**	52,1
	• Herstellen (Kosten: 100,0%) Stahlrohre DN28, Formstücke, Rohrdämmung (56m), Kupferrohre DN15-22 (7m), Ausdehnungsgefäß 200l (1St), Heizkreisverteiler, vierfach (3St), Thermostatköpfe (39St), Ventilunterteile (43St), Strangregulierventile (12St), Einrohrverteiler (54St), Dreiwegemischer, Stellmotor (1St)	1.550,80 m² BGF	55.388	**35,72**	
429	**Sonstiges zur KG 420**	1.550,80 m² BGF	8.608	**5,55**	8,1
	• Abbrechen (Kosten: 13,1%) Abbruch von Schornstein, Schornsteinhaube (1St); Entsorgung, Deponiegebühren	1.550,80 m² BGF	1.130	**0,73**	
	• Herstellen (Kosten: 86,9%) Abgasrohr (1St), Schornsteinpaket, Edelstahl DN150mm (10m), Reinigungselement (1m), Energiesparzugregler (1St), Schornsteinkopf (1St)	1.550,80 m² BGF	7.478	**4,82**	
430	**Raumlufttechnische Anlagen**				**100,0**
431	**Lüftungsanlagen**	1.550,80 m² BGF	76.019	**49,02**	100,0
	• Herstellen (Kosten: 100,0%) Wandventilatoren, d bis 74cm, schallgedämmt, Innenblenden (44St), Abluft-Ventilatoren (6St), Regler (12St), Wetterschutzhauben (42St), Wandeinbauhülsen (36St), Rückschlagklappen (6St), Kernbohrungen DN22 (41St)	1.550,80 m² BGF	76.019	**49,02**	
440	**Elektrische Anlagen**				**100,0**
444	**Niederspannungsinstallationsanlagen**	1.550,80 m² BGF	50.996	**32,88**	90,0
	• Herstellen (Kosten: 100,0%) FI-Schutzschalter, vierpolig (13St), Steuerleitungen (300m), Mantelleitungen NYM, Schutzrohr (70m), Steckdosen (12St), Außensteckdosen (12St), Schalter/Taster (27St), Jalousienschalter (39St), Regler für Lüftungsanlage (12St), Taster, Leitungen für Flurverkabelung (psch), Arbeitsaufwand (442h)	1.550,80 m² BGF	50.996	**32,88**	
445	**Beleuchtungsanlagen**	1.550,80 m² BGF	4.660	**3,01**	8,2
	• Wiederherstellen (Kosten: 22,6%) Demontage der Kellerbeleuchtung, Leitungen verlängern, Wiedermontage Beleuchtung nach Dämmung der Kellerdecke (psch)	1.550,80 m² BGF	1.055	**0,68**	
	• Herstellen (Kosten: 77,4%) Außenwandleuchten, Teleskopträger (12St), Deckenleuchte (1St)	1.550,80 m² BGF	3.605	**2,32**	
446	**Blitzschutz- und Erdungsanlagen**	1.550,80 m² BGF	1.005	**0,65**	1,8
	• Herstellen (Kosten: 100,0%) Erdung Heizraum (psch)	1.550,80 m² BGF	1.005	**0,65**	

KG	Kostengruppe	Menge Einheit	Kosten €	€/Einheit	%
450	**Kommunikations-, sicherheits- und informationstechnische Anlagen**				**100,0**
452	**Such- und Signalanlagen**	1.550,80 m² BGF	14.990	**9,67**	58,3
	• Herstellen (Kosten: 100,0%) Klingelanlage, freistehend, zwölf Briefkästen, Audiomodul, Sprachmodul (1St)	1.550,80 m² BGF	14.990	**9,67**	
455	**Audiovisuelle Medien- u. Antennenanl.**	1.550,80 m² BGF	10.743	**6,93**	41,7
	• Herstellen (Kosten: 100,0%) Sat-Anlage, D=85cm (1St), BDA-Koaxialleitung (540m), Antennensteckdosen (12St), Spannungs-versorgung-Multischalter (1St)	1.550,80 m² BGF	10.743	**6,93**	
490	**Sonstige Maßnahmen für technische Anlagen**				**100,0**
496	**Materialentsorgung**	1.550,80 m² BGF	1.368	**0,88**	100,0
	• Herstellen (Kosten: 100,0%) Baustellenabfall (psch), Altöl aus Tanks (1.500l); Entsorgung, Deponiegebühren	1.550,80 m² BGF	1.368	**0,88**	
530	**Oberbau, Deckschichten**				**100,0**
531	**Wege**	13,92 m²	3.066	**220,24**	15,9
	• Herstellen (Kosten: 100,0%) Schottertragschicht 0/32mm, d=15cm, Betonrechteckpflaster 21x10x8cm (14m²)	13,92 m²	3.066	**220,24**	
533	**Plätze, Höfe, Terrassen**	53,23 m²	8.185	**153,76**	42,5
	• Abbrechen (Kosten: 25,8%) Abbruch von Verbundpflaster (61m²), Schnittkante Pflaster (19m); seitlich lagern	61,15 m²	2.111	**34,52**	
	• Herstellen (Kosten: 74,2%) Schottertragschicht, d=20cm (5m³), Verbundpflaster verlegen, Lagermaterial (53m²)	53,23 m²	6.074	**114,10**	
539	**Sonstiges zur KG 530**	67,15 m² BFF	8.019	**119,42**	41,6
	• Herstellen (Kosten: 100,0%) Rasenkantensteine 25x5cm (80m), Kies für Traufstreifen b=30cm, t=10cm (64m), Drainagematte (12m)	67,15 m² BFF	8.019	**119,42**	
540	**Baukonstruktionen**				**100,0**
544	**Rampen, Treppen, Tribünen**	5,95 m²	9.818	**1.650,07**	100,0
	• Abbrechen (Kosten: 22,4%) Abbruch von Treppenanlage (psch); Entsorgung, Deponiegebühren	–	2.199	**–**	
	• Herstellen (Kosten: 77,6%) Betonblockstufen 35x15x100cm (17m), Betonpalisaden 15x12cm (8m)	5,95 m²	7.618	**1.280,42**	
550	**Technische Anlagen**				**100,0**
551	**Abwasseranlagen**	–	3.681	**–**	100,0
	• Herstellen (Kosten: 100,0%) KG-Rohre DN110-125, Formstücke, Sandbett (17m)	–	3.681	**–**	
570	**Vegetationsflächen**				**100,0**
571	**Vegetationstechn. Bodenbearbeitung**	–	3.991	**–**	82,4
	• Herstellen (Kosten: 100,0%) Oberboden liefern, auftragen (1m³)	–	3.991	**–**	

Modernisierung

KG	Kostengruppe	Menge Einheit	Kosten €	€/Einheit	%
573	**Pflanzflächen**	2,00 m²	851	**425,72**	17,6
	• Herstellen (Kosten: 100,0%) Bepflanzung liefern, pflanzen (2m²), Rindenmulch liefern (1m³)	2,00 m²	851	**425,72**	
590	**Sonstige Maßnahmen für Außenanlagen und Freiflächen**				**100,0**
596	**Materialentsorgung**	–	2.174	–	100,0
	• Herstellen (Kosten: 100,0%) Bauschutt, Stahlschrott (5m³); Entsorgung, Deponiegebühren	–	2.174	–	

Kostenkennwerte für Leistungsbereiche nach STLB (Kosten des Bauwerks nach DIN 276)

LB	Leistungsbereiche	Kosten €	€/m² BGF	€/m³ BRI	% an 3+4
000	Baustellen-, Sicherheitseinr. inkl. 001, 089	49.111	31,70	11,50	4,0
002	Erdarbeiten	3.273	2,10	0,76	0,3
006	Spezialtiefbauarbeiten inkl. 005	–	–	–	–
009	Entwässerungskanalarbeiten inkl. 011	2.448	1,60	0,57	0,2
010	Drän- und Versickerarbeiten	–	–	–	–
012	Mauerarbeiten	9.574	6,20	2,20	0,8
013	Betonarbeiten	–	–	–	–
014	Natur-, Betonwerksteinarbeiten	4.256	2,70	0,99	0,3
016	Zimmer- und Holzbauarbeiten	1.071	0,69	0,25	< 0,1
017	Stahlbauarbeiten	31.090	20,00	7,30	2,5
	Wiederherstellen	29.117	18,80	6,80	2,4
	Herstellen	1.973	1,30	0,46	0,2
018	Abdichtungsarbeiten	12.796	8,30	3,00	1,0
019	Kampfmittelräumarbeiten	–	–	–	–
020	Dachdeckungsarbeiten	–	–	–	–
021	Dachabdichtungsarbeiten	134.277	86,60	31,30	11,0
	Wiederherstellen	1.856	1,20	0,43	0,2
	Herstellen	132.421	85,40	30,90	10,8
022	Klempnerarbeiten	19.809	12,80	4,60	1,6
	Wiederherstellen	159	0,10	0,04	< 0,1
	Herstellen	19.651	12,70	4,60	1,6
	Rohbau	**267.706**	**172,60**	**62,50**	**21,9**
	Wiederherstellen	31.131	20,10	7,30	2,5
	Herstellen	236.575	152,60	55,20	19,4
023	Putz- und Stuckarbeiten, Wärmedämmsysteme	180.438	116,40	42,10	14,8
	Wiederherstellen	885	0,57	0,21	< 0,1
	Herstellen	179.553	115,80	41,90	14,7
024	Fliesen- und Plattenarbeiten	1.098	0,71	0,26	< 0,1
	Wiederherstellen	1.098	0,71	0,26	< 0,1
025	Estricharbeiten	2.610	1,70	0,61	0,2
	Wiederherstellen	2.610	1,70	0,61	0,2
026	Fenster, Außentüren inkl. 029, 032	208.596	134,50	48,70	17,1
027	Tischlerarbeiten	1.978	1,30	0,46	0,2
028	Parkett-, Holzpflasterarbeiten	–	–	–	–
030	Rollladenarbeiten	7.906	5,10	1,80	0,6
031	Metallbauarbeiten inkl. 035	10.768	6,90	2,50	0,9
034	Maler- und Lackiererarb. - Beschicht. inkl. 037	2.850	1,80	0,67	0,2
	Wiederherstellen	2.850	1,80	0,67	0,2
036	Bodenbelagarbeiten	–	–	–	–
038	Vorgehängte hinterlüftete Fassaden	157.449	101,50	36,80	12,9
039	Trockenbauarbeiten	21.960	14,20	5,10	1,8
	Ausbau	**595.654**	**384,10**	**139,00**	**48,7**
	Wiederherstellen	7.443	4,80	1,70	0,6
	Herstellen	588.211	379,30	137,30	48,1
040	Wärmeversorgungsanl. - Betriebseinr. inkl. 041	91.584	59,10	21,40	7,5
042	Gas- u. Wasseranl. - Leitung., Armat. inkl. 043	7.986	5,10	1,90	0,7
044	Abwasseranl. - Leitungen, Abläufe, Armaturen	–	–	–	–
045	Gas, Wasser, Entwässerung - Ausstattung inkl. 046	–	–	–	–
047	Dämm- und Brandschutzarb. an techn. Anlagen	–	–	–	–
049	Feuerlöschanlagen, Feuerlöschgeräte	–	–	–	–

6100-1536
Mehrfamilienhaus
(12 WE)

Modernisierung

LB	Leistungsbereiche	Kosten €	€/m² BGF	€/m³ BRI	% an 3+4
050	Blitzschutz-/Erdungsanlagen, Überspannungssch.	1.005	0,65	0,23	< 0,1
053	Niederspannungsanl. - Kabel inkl. 052, 054	55.657	35,90	13,00	4,6
	Wiederherstellen	1.055	0,68	0,25	< 0,1
	Herstellen	54.601	35,20	12,70	4,5
055	Sicherheits- u. Ersatzstromversorgungsanl.	–	–	–	–
057	Gebäudesystemtechnik	–	–	–	–
058	Leuchten und Lampen inkl. 059	–	–	–	–
060	Such, Signal, Zeit, Anten., akust. Anl. inkl. 064	24.665	15,90	5,80	2,0
061	Kommunikations- u. Übertragungsnetze inkl. 063	–	–	–	–
069	Aufzüge	–	–	–	–
070	Gebäudeautomation	–	–	–	–
075	Raumlufttechnische Anlagen inkl. 078	76.663	49,40	17,90	6,3
	Gebäudetechnik	**257.561**	**166,10**	**60,10**	**21,1**
	Wiederherstellen	1.055	0,68	0,25	< 0,1
	Herstellen	256.505	165,40	59,90	21,0
084	Abbruch, Rückbau, Schadstoffsanierung	96.354	62,10	22,50	7,9
	Abbrechen	96.354	62,10	22,50	7,9
	Abbrucharbeiten	**96.354**	**62,10**	**22,50**	**7,9**
	Abbrechen	96.354	62,10	22,50	7,9
	Sonstige Leistungsbereiche	**4.784**	**3,10**	**1,10**	**0,4**

6100-1587
Mehrfamilienhaus
(9 WE)

Kostenkennwerte für die Kosten des Bauwerks (Kostengruppen 300+400 nach DIN 276)

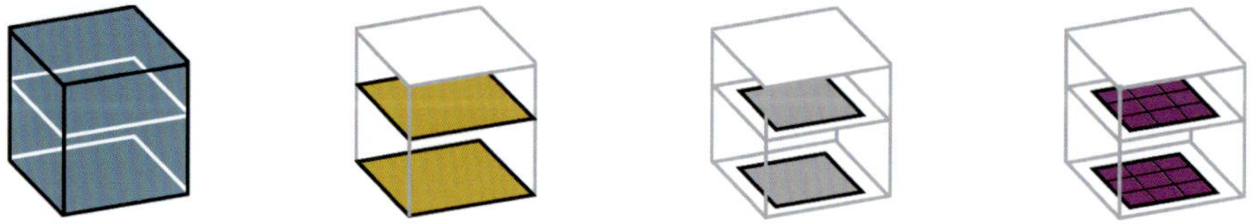

BRI 890 €/m³ | **BGF** 2.484 €/m² | **NUF** 3.789 €/m² | **NE** 3.895 €/NE

NE: Wohnfläche

Objekt:
Kennwerte: 3.Ebene DIN 276
BRI: 2.836 m³
BGF: 1.017 m²
NUF: 667 m²
Bauzeit: 56 Wochen
Bauende: 2021
Standard: mittel
Bundesland: Hamburg
Kreis: Hamburg, Stadt

Architekt*in:
Plan-R-Architektenbüro
Martin Brüdigam
Helenenstraße 14
22765 Hamburg

Bauherr*in:
Planungsgemeinschaft B48 GbR
WEG Brehmweg 48

© Plan-R-Architektenbüro

© Plan-R-Architektenbüro

© Plan-R-Architektenbüro

© Plan-R-Architektenbüro

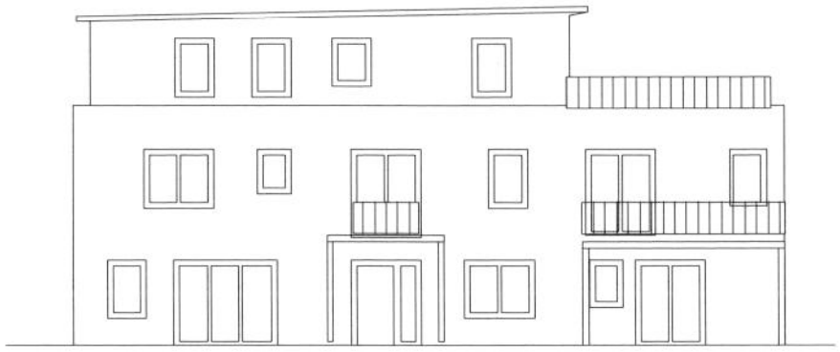

Ansicht Nord

Ansicht Ost

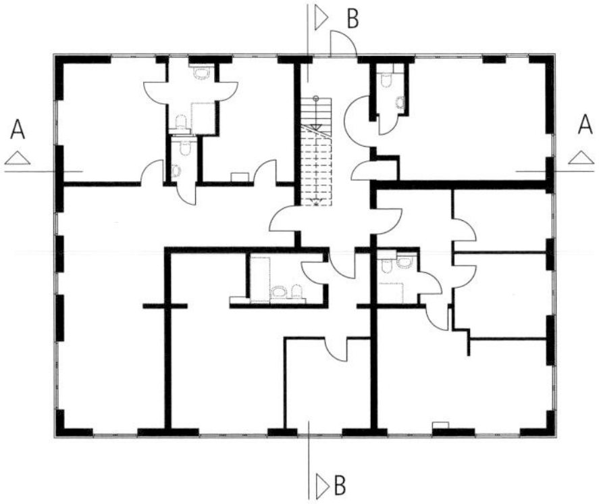

Erdgeschoss

Obergeschoss

Schnitt A-A

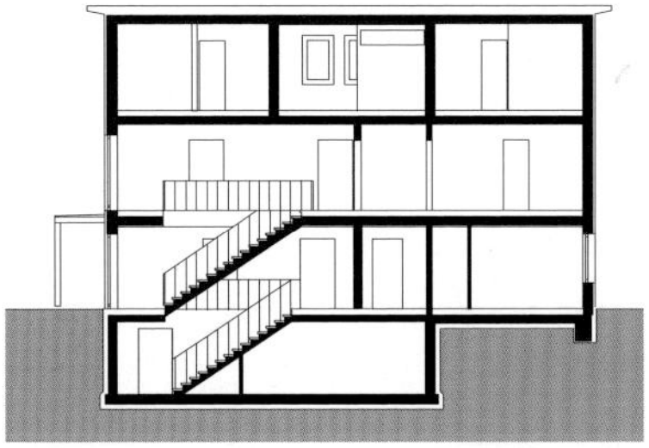

Schnitt B-B

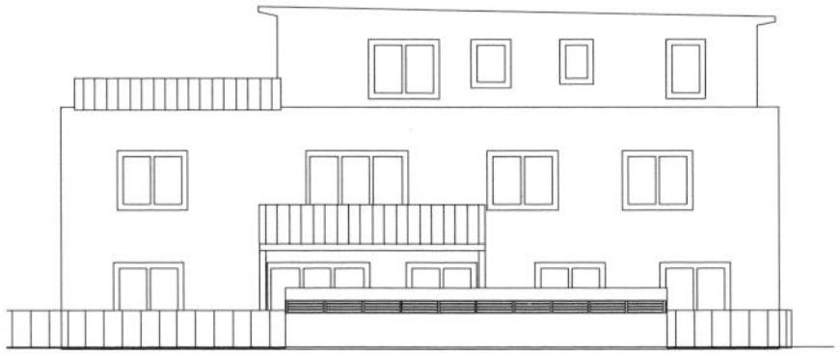

Ansicht Süd

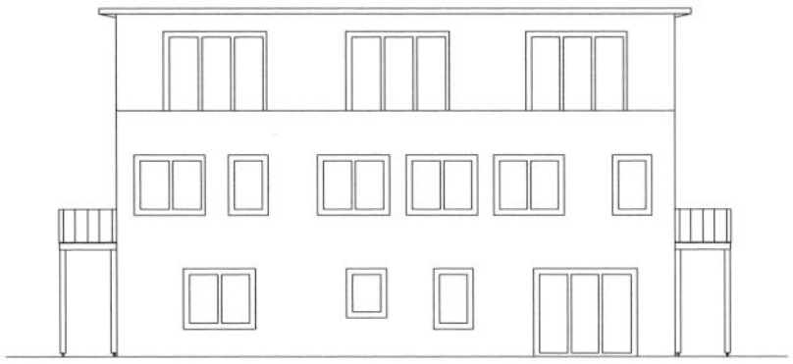

Ansicht West

Objektbeschreibung

Allgemeine Objektinformationen

Bei dem Neubau handelt es sich um einen Holzbau, der aus ökologischen Baustoffen besteht und überwiegend mit Holz realisiert ist. Für die Energieerzeugung wurde auf fossile Brennstoffe vollständig verzichtet.

Nutzung

1 Untergeschoss
Kellerräume, Werkstatt/Trockenraum, Technikraum

1 Erdgeschoss
vier Wohnungen

2 Obergeschosse
1.OG: zwei Etagenwohnungen, drei Maisonettewohnungen
2.OG: drei Maisonettewohnungen

Besonderer Kosteneinfluss Nutzung
Ökologische Bauweise mit nachwachsenden Rohstoffen.

Nutzeinheiten

Wohneinheiten: 9
Wohnfläche: 648 m^2

Grundstück

Bauraum: Freier Bauraum
Neigung: Ebenes Gelände
Bodenklasse: BK 1 bis BK 4

Besonderer Kosteneinfluss Grundstück
Teilweise Bodenaustausch

Markt

Hauptvergabezeit: 2.Quartal 2020
Baubeginn: 2.Quartal 2020
Bauende: 3.Quartal 2021
Konjunkturelle Gesamtlage: über Durchschnitt
Regionaler Baumarkt: über Durchschnitt

Baukonstruktion

Der Teilkeller wurde aus WU-Beton hergestellt. Alle Wände oberhalb der EG-Sohle sind in Holzrahmenbauweise mit Holzfaserdämmung, Holzfenstern und hinterlüfteter Holzfassade errichtet. Die Außenwände wurden bis auf die innere Vorsatzschale vorgefertigt und mittels Mobilkran errichtet. Die Fensterlaibungen sind mit farbenfroh beschichtetem Metall bekleidet. Im Innenbereich wurden die Holzbalkendecken teilweise holzsichtig belassen und lasiert. Die Fußböden sind überwiegend mit Parkett belegt. Auf den Balkonen und der Dachterrasse liegen Holzdielen.

Technische Anlagen

Für den Betrieb des Gebäudes werden ausschließlich erneuerbare Energien verwendet. Sechs ca. 100m tiefe Erdsonden liefern über eine Sole-Wasser-Wärmepumpe Wärme und Warmwasser. Sie wird durch eine Photovoltaikanlage auf dem Dach und einen Ökostromanschluss unterstützt. Die Wärme wird über Fußbodenheizungen in den Räumen verteilt. In den Sanitärräumen sind Badheizkörper eingebaut. Badentlüfter mit Feuchteregulierung und Fensterfalzöffnungen sorgen für Luftaustausch in den Wohnungen.

Sonstiges

Die drei Erdgeschosswohnungen sind barrierefrei ausgeführt. Die dazugehörige Außenanlage ist als eigenständiges Objekt mit der BKI-Objektnummer 6100-1588 dokumentiert.

Energetische Kennwerte

Gesetzliche Grundlage: EnEV 2013
Gebäudenutzfläche: 800,20 m^2
Gebäudevolumen: 2.500,70 m^3
A/V_e-Verhältnis (Kompaktheit): 0,50 m^{-1}
Hüllfläche des beheizten Volumens: 1.252,60 m^2
Spez. Transmissionswärmeverlust: 0,27 $W/(m^2 \cdot K)$
Spez. Jahresprimärenergiebedarf: 42,43 $kWh/(m^2 \cdot a)$
Anlagenaufwandszahl: 0,97

Energetische Angaben zu Außenbauteilen

Bodenplatte UG

U-Wert: 0,21 W/(m²·K)

Gesamtdicke: 46,00 cm	d [cm]	λ [W/(m·K)]
Stahlbeton	30,00	2,300
Dämmung XPS	16,00	0,036

Außenwand gegen Erdreich

U-Wert: 0,21 W/(m²·K)

Gesamtdicke: 46,00 cm	d [cm]	λ [W/(m·K)]
Stahlbeton WU	30,00	2,300
Dämmung XPS	16,00	0,036

Wand zu unbeheiztem Keller

U-Wert: 0,22 W/(m²·K)

Gesamtdicke: 39,00 cm	d [cm]	λ [W/(m·K)]
Kalksandstein	24,00	1,100
Dämmung	14,00	0,035
Holzwolleleichtbauplatte	1,00	0,100

Bodenplatte EG

U-Wert: 0,13 W/(m²·K)

Gesamtdicke: 54,00 cm	d [cm]	λ [W/(m·K)]
Estrich	6,50	1,400
Dämmung	3,50	0,040
Dämmung XPS	8,00	0,035
Stahlbeton	20,00	2,400
Dämmung XPS	16,00	0,036

Kellerdecke

U-Wert: 0,13 W/(m²·K)

Gesamtdicke: 53,00 cm	d [cm]	λ [W/(m·K)]
Estrich	6,50	1,400
Dämmung	3,50	0,040
Dämmung XPS	8,00	0,035
Stahlbeton	20,00	2,300
Dämmung	14,00	0,035
Holzwolleleichtbauplatte	1,00	0,100

Außenwand

U-Wert: 0,16 W/(m²·K)

Gesamtdicke: 31,20 cm	d [cm]	λ [W/(m·K)]
GK-Platte	1,80	0,250
Holz	6,00	0,130
Dämmung HF	6,00	0,039
OSB-Platte	1,20	0,130
Holz	20,00	0,130
Dämmung HF	20,00	0,039
Holzfaserplatte	2,20	0,140

Dach

U-Wert: 0,12 W/(m²·K)

Gesamtdicke: 54,30 cm	d [cm]	λ [W/(m·K)]
GK-Platte	2,50	0,250
Ruhende Luftschicht	2,00	1,110
Holz	8,00	0,130
Dämmung HF	8,00	0,040
Holz	16,00	0,130
Ruhende Luftschicht	16,00	1,670
OSB-Platte	1,80	0,130
Dämmung HF	24,00	0,040

Planungskennwerte für Flächen und Rauminhalte nach DIN 277

Flächen des Grundstücks		Menge Einheit	% an GF
BF	Bebaute Fläche	309,90 m²	31,0
UF	Unbebaute Fläche	690,10 m²	69,0
GF	Grundstücksfläche	1.000,00 m²	100,0

Grundflächen des Bauwerks		Menge Einheit	% an NUF	% an BGF
NUF	Nutzungsfläche	666,55 m²	100,0	65,5
TF	Technikfläche	21,36 m²	3,2	2,1
VF	Verkehrsfläche	117,67 m²	17,7	11,6
NRF	Netto-Raumfläche	805,58 m²	120,9	79,2
KGF	Konstruktions-Grundfläche	211,39 m²	31,7	20,8
BGF	Brutto-Grundfläche	1.016,97 m²	152,6	100,0

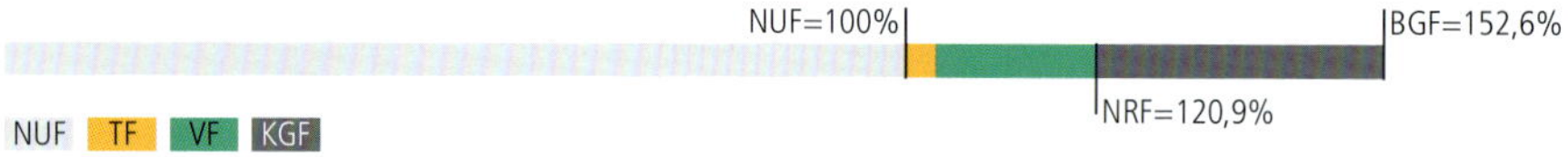

Brutto-Rauminhalt des Bauwerks		Menge Einheit	BRI/NUF (m)	BRI/BGF (m)
BRI	Brutto-Rauminhalt	2.836,36 m³	4,26	2,79

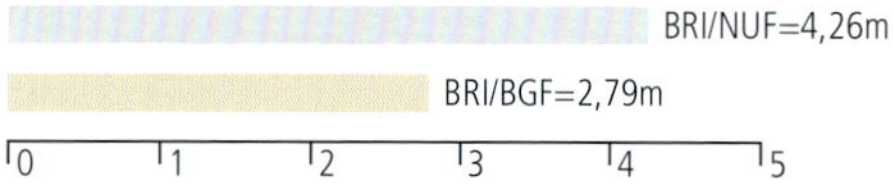

KG	Kostengruppen (2. Ebene)	Menge Einheit	Menge/NUF	Menge/BGF
310	Baugrube / Erdbau	526,81 m³ BGI	0,79	0,52
320	Gründung, Unterbau	296,09 m² GRF	0,44	0,29
330	Außenwände/Vertikale Baukonstruktionen, außen	711,72 m² AWF	1,07	0,70
340	Innenwände/Vertikale Baukonstruktionen, innen	1.042,72 m² IWF	1,56	1,03
350	Decken/Horizontale Baukonstruktionen	600,34 m² DEF	0,90	0,59
360	Dächer	297,80 m² DAF	0,45	0,29

Kostenkennwerte für die Kostengruppen der 1.Ebene DIN 276

KG	Kostengruppen (1. Ebene)	Einheit	Kosten €	€/Einheit	€/m² BGF	€/m³ BRI	% 300+400
100	Grundstück	m² GF	–	–	–	–	–
200	Vorbereitende Maßnahmen	m² GF	60.220	60,22	59,22	21,23	2,4
300	Bauwerk – Baukonstruktionen	m² BGF	1.982.755	1.949,67	1.949,67	699,05	78,5
400	Bauwerk – Technische Anlagen	m² BGF	542.994	533,93	533,93	191,44	21,5
	Bauwerk 300+400	**m² BGF**	**2.525.749**	**2.483,60**	**2.483,60**	**890,49**	**100,0**
500	Außenanlagen und Freiflächen	m² AF	149.463	211,26	146,97	52,70	5,9
600	Ausstattung und Kunstwerke	m² BGF	–	–	–	–	–
700	Baunebenkosten	m² BGF	–	–	–	–	–
800	Finanzierung	m² BGF	–	–	–	–	–

KG	Kostengruppe	Menge Einheit	Kosten €	€/Einheit	%
200	**Vorbereitende Maßnahmen**	1.000,00 m² GF	60.220	**60,22**	2,4

Suchschachtungen, Abbruch von Gebäude, Schadstoffsanierung, Oberboden abtragen, Boden umsetzen in Kampfmittelverdachtsflächen; Hausanschluss Wasser

KG	Kostengruppe	Menge Einheit	Kosten €	€/Einheit	%
3+4	**Bauwerk**				**100,0**
300	**Bauwerk – Baukonstruktionen**	1.016,97 m² BGF	1.982.755	**1.949,67**	78,5

Stb-Bodenplatte, Fundamente, Estrich, Parkett Bodenbeschichtung, Bodenfliesen, Linoleum; Holzrahmenwände, Stb-Wände, Holzfenster, Holzfassade, Installationsebene, Innenputz, Silikatbeschichtung, Lehmfarbe, Wandfliesen, Wabenplissees; KS-Mauerwerk, Holztüren, Innenfenster, Holz-Lattenverschläge; Holzbalkendecken, Weitspannträgersystem, Holzbalkone, Stb-Decke, Glasboden, Holzwangentreppen; Holzbalkendach, Oberlichter, Abdichtung, Extensivbegrünung, Holzterrasse, Dachentwässerung, Holzlasur, Stahlgeländer; Standbriefkasten

KG	Kostengruppe	Menge Einheit	Kosten €	€/Einheit	%
400	**Bauwerk – Technische Anlagen**	1.016,97 m² BGF	542.994	**533,93**	21,5

Gebäudeentwässerung, Kalt- und Warmwasserleitungen, Sanitärobjekte; Sole-Wasser-Wärmepumpe, Pufferspeicher, Kühlstation, Heizungsrohre, Fußbodenheizung, Badheizkörper; Badentlüfter, Kleinraumventilator; Photovoltaikanlage, Elektroinstallation, Beleuchtung, Blitzschutz; Türsprechanlage, Lautsprecherverkabelung, Antennenanschlüsse, Rauchwarnmelder, Datenverkabelung

KG	Kostengruppe	Menge Einheit	Kosten €	€/Einheit	%
500	**Außenanlagen und Freiflächen**	707,50 m² AF	149.463	**211,26**	5,9

Bodenarbeiten; Holzterrasse; KG-Rohre, Kontrollschächte, Retentionszisterne, Erdsondenanlage, Außenbeleuchtung

Kostenkennwerte für die Kostengruppen der 2. Ebene DIN 276

KG	Kostengruppe	Menge Einheit	Kosten €	€/Einheit	%
200	**Vorbereitende Maßnahmen**				**100,0**
210	**Herrichten**	1.000,00 m² GF	33.047	**33,05**	54,9
	Suchschachtungen (3St) * Abbruch von Gebäude mit Keller (psch), Entkernung und Separierung der anfallenden Materialien (psch), Schadstoffsanierung (psch) * Oberboden abtragen, in Mieten aufsetzen (395m³) * Boden umsetzen im Bereich von Kampfmittelverdachtsflächen (1St), Dokumentation erstellen (psch)				
220	**Öffentliche Erschließung**	1.000,00 m² GF	27.173	**27,17**	45,1
	Kopfloch (1St), Hausanschluss Wasser (1St), Wasserleitung verlegen (14m)				
300	**Bauwerk – Baukonstruktionen**				**100,0**
310	**Baugrube / Erdbau**	526,81 m³ BGI	49.214	**93,42**	2,5
	Baugrubenaushub, laden, entsorgen (527m³), Oberboden entsorgen (113t), belasteten Boden entsorgen (78m³), Hinterfüllung, Lagermaterial (165m³) * Trägerbohlenwand, h bis 3,00m (54m²)				
320	**Gründung, Unterbau**	296,09 m² GRF	161.837	**546,58**	8,2
	Sand-Kies-Gemisch (191m³) * Stb-Bodenplatten, d=25-30cm (296m²), Streifenfundamente (12m³), Einzelfundamente (8St) * Glaswolldämmung, d=20mm (164m²), Zementheizestrich (164m²), Dreischichtparkett (130m²), Hochkant-Lamellenparkett (26m²), Fußbodenbeschichtung (101m²), Bodenfliesen (5m²), Linoleum (2m²) * Perimeterdämmung (176m²) * Dränrohre (62m), Kontrollschächte (2St), Pumpenschacht (1St), Hebeanlage, Tauchmotorpumpen (2St)				
330	**Außenwände/Vert. Baukonstrukt., außen**	711,72 m² AWF	511.788	**719,09**	25,8
	Holzrahmenwände, d=234mm, Weichfaserplatte, Holzfaserdämmung, OSB-Beplankung (460m²), Stb-Elementwände, d=30cm (99m²) * Holzfenster/-türen, Sonnenschutzverglasung (149m²), als Falttür (25m²), Haustürelement (4m²) * Perimeterdämmung (64m²), Fassadenschalung, Lasur (465m²), Blechlaibungen (272m) * Installationsebene, d=60mm (430m²), GK-Beplankung, Q3, Silikatbeschichtung (305m²), OSB-Beplankung, Lehmbauplatten, Lehmfarbe (130m²), Innenputz, Silikatbeschichtung (37m²), Wandfliesen (7m²) * Wabenplissees (18m²) * Lichtschächte (3St), Absturzsicherung (1m²)				
340	**Innenwände/Vert. Baukonstrukt., innen**	1.042,72 m² IWF	402.241	**385,76**	20,3
	Holzrahmenwände als Wohnungstrennwände, d=345mm, GK-/OSB-Beplankung, Holzfaserdämmung (125m²), d=175m (94m²), KS-Mauerwerk, d=20 und 24cm (45m²) * Holzrahmenwände, d=240mm, GK-Beplankung, Holzfaserdämmung (217m²), d=95mm (247m²), als F90 (10m²), GK-Installationswände (103m²), GK-Steigeschächte (46m²) * Holztüren, HPL, Stahlzargen (58m²), Brandschutztüren (4m²), Massivholztüren (26m²), Schiebetüren (5m²), Innenfenster (5m²) * GK-Beplankungen (579m²), Wandfliesen (98m²), GK-Vorwandinstallation (67m²), Silikatbeschichtung Q3 (1.320m²) * Holz-Lattenverschläge (57m²)				

KG	Kostengruppe	Menge Einheit	Kosten €	€/Einheit	%
350	**Decken/Horizontale Baukonstruktionen**	600,34 m2 DEF	444.382	**740,22**	22,4
	Holzbalkendecken, d=26cm, OSB-Beplankung, Holzfaserdämmung (452m2), Weitspannträgersystem (psch), vorgesetzte Holzbalkone (17m2), Stb-Elementdecke, d=20cm (111m2) * Glasboden in Deckenöffnung (1m2) * Schallschutzschüttung, GK-Schalung (407m2), Glaswolldämmung, Zementestrich (492m2), Dreischichtparkett (406m2), Bodenfliesen (44m2), Linoleum (41m2), Holz-Balkondielen (17m2) * Kellerdeckendämmung (100m2), GK-Bekleidung, Q3, Silikatbeschichtung (364m2), GK-Bekleidung, Dreischichtplatte, Holzlasur (53m2) * Holzwangentreppen, gerade (10m2), viertelgewendelt (10m2) * Stahl-Balkongeländer (16m2)				
360	**Dächer**	297,80 m2 DAF	276.683	**929,09**	14,0
	Holzbalkendach, OSB-Beplankung, Holzfaserdämmung, d=80mm (290m2), Weitspannträgersystem aus Hauptträger 2xUA150, Nebenträger CD-Tragprofil (psch) * Oberlichter 80x80cm, fest verglast (3St), mit Motorantrieb (1St) * Holzweichfaserdämmung, d=240mm (201m2), Flachdachabdichtung (312m2), Extensivbegrünung (39m2), Kiesstreifen (18m2), Holz-Terrassendielen (33m2), Attikaabdeckung (43m), Fallrohre (38m) * GK-Bekleidung, Dreischichtplatte, Holzlasur (161m2), Silikatbeschichtung (75m2) * Stahl-Attikageländer (22m2), Seilsicherungssystem				
380	**Baukonstruktive Einbauten**	1.016,97 m2 BGF	3.169	**3,12**	0,2
	Edelstahl-Standbriefkasten 70x160x43,5cm, neun Einheiten (1St)				
390	**Sonst. Maßnahmen für Baukonstrukt.**	1.016,97 m2 BGF	133.441	**131,21**	6,7
	Baustelleneinrichtungen (6St), Baukran (1St), Baustellen-WC (1St), Baustraße (97m2), Bauzaun (38m), Bautreppen (5St), Bauwasser, Baustrom * Fassadengerüst (psch) * Baureinigung (psch), Schutzabdeckung Boden (563m2), Bauheizung mit Heizlüftern (6St)				
400	**Bauwerk – Technische Anlagen**				**100,0**
410	**Abwasser-, Wasser-, Gasanlagen**	1.016,97 m2 BGF	137.909	**135,61**	25,4
	PP-Rohre DN50-125 (232m), Schmutzwasserhebeanlage (1St) * Edelstahlrohre DN12-40 (456m), Kunststoffverbundrohre DN12-15, Rohrdämmung (282m), Hauswasserstation (1St), Regenwassernutzungsanlage, Hauswasserautomat (1St), Waschtische (10St), Handwaschbecken (3St), Ausgussbecken (2St), Tiefspül-WCs (13St), Badewannen (4St), Duschrinnen, Brausegarnituren (5St) * Montageelemente (27St)				
420	**Wärmeversorgungsanlagen**	1.016,97 m2 BGF	217.752	**214,12**	40,1
	Sole-Wasser-Wärmepumpe 26kW, Pufferspeicher 300l (1St), Trinkwasser-Pufferspeicher 1.000l, Frischwasserstation (1St), Heizkreis-Pufferspeicher 957l (1St), Kühlstation 25kW (1St) * Stahlrohre DN15-54, Rohrdämmung (321m) * Ausgleichsdämmung für Fußbodenheizung (635m2), Hohlkammerplatten, Klettrohre DN17, gebundene Schüttung (685m2), Heizkreisverteiler (12St), Raumthermostate (46St), PE-X-Rohre DN16-25 (104m), Rohrdämmung (90m), Badheizkörper (9St)				
430	**Raumlufttechnische Anlagen**	1.016,97 m2 BGF	17.642	**17,35**	3,2
	Badentlüfter (4St), mit Feuchteregelung (12St), Kleinraumventilator, automatische Kellerentfeuchtung (1St), Wickelfalzrohre DN80-150 (80m), Flexrohre DN80 (16m), Lüftungsventile (3St), Flachdachhauben (6St)				

KG	Kostengruppe	Menge Einheit	Kosten €	€/Einheit	%
440	**Elektrische Anlagen**	1.016,97 m²BGF	150.171	**147,67**	27,7
	Photovoltaikanlage 18,5kWp (1St) * Zählerschränke (2St), Allgemeinverteiler (1St), Wohnungsverteiler (9St), Mantelleitungen (5.465m), Steckdosen (467St), Schalter, Taster (185St), Dimmer (4St), Präsenzmelder (5St), Jalousietaster (1St), Geräte-Brandschutzdosen (149St) * LED-Decken-/Wandleuchten (32St), LED-Wannenleuchten (4St), LED-Hausnummernleuchte (1St) * Fundamenterder (105m), Ringerder (114m), Potenzialausgleichsschiene (1St), Mantelleitungen (26m)				
450	**Kommunikationstechnische Anlagen**	1.016,97 m²BGF	17.793	**17,50**	3,3
	Busleitungen (347m), Wohnungsstationen für Türsprechanlage (11St), Einbautürlautsprecher (1St), Klingeltaster (9St) * Lautsprecherkabel (59m), Lautsprechersteckdosen (10St) * Koaxialkabel (616m), Antennensteckdosen (27St), HDMI-Kabel (5m), HDMI-Anschlussdosen (2St) * Rauchwarnmelder (2St) * Datenkabel (487m), Datenanschlussdosen (47St), Patchkabel (5St)				
490	**Sonst. Maßnahmen für techn. Anlagen**	1.016,97 m²BGF	1.727	**1,70**	0,3
	Kamerabefahrung, Fräsarbeiten an verstopfter Grundregenwasserleitung (1St), Rohrbruch Brauchwasseranschluss beseitigen (1h)				
500	**Außenanlagen und Freiflächen**				**100,0**
510	**Erdbau**	–	17.132	–	11,5
	Aushub Zisterne (20m³), Rohrgräben (190m), Kopfloch, Gehwegplatten aufnehmen, wieder verlegen (1St)				
530	**Oberbau, Deckschichten**	59,81 m²BFF	29.688	**496,38**	19,9
	Terrassen mit Unterkonstruktion herstellen, im Kiesbett, Belag Holz-Terrassendielen (60m²)				
550	**Technische Anlagen**	707,50 m²AF	102.643	**145,08**	68,7
	KG-Rohre DN100-150 (213m), Kontrollschächte (3St) * Retentionszisterne 7.500l, Nutzvolumen 4.500l (1St), Trinkwasserleitung, Hauseinführung (psch) * Erdsondenanlage 26,7kW, sechs Bohrungen, t=95m (570m) * Pollerleuchten (8St), LED-Wandleuchten (6St), Erdkabel (21m)				

Kostenkennwerte für die Kostengruppen 300 der 2. und 3. Ebene DIN 276 (Übersicht)

KG	Kostengruppe	Menge Einheit	Kosten €	€/Einheit	% an 3+4
300	**Bauwerk – Baukonstruktionen**	**1.016,97 m² BGF**	**1.982.755,33**	**1.949,67**	**78,5**
310	**Baugrube / Erdbau**	**526,81 m³ BGI**	**49.213,99**	**93,42**	**1,9**
311	Herstellung	526,81 m³ BGI	31.798,64	60,36	1,3
312	Umschließung	53,79 m²	17.415,35	323,77	0,7
313	Wasserhaltung	–	–	–	–
314	Vortrieb	–	–	–	–
319	Sonstiges zur KG 310	–	–	–	–
320	**Gründung, Unterbau**	**296,09 m² GRF**	**161.836,78**	**546,58**	**6,4**
321	Baugrundverbesserung	636,50 m²	5.696,28	8,95	0,2
322	Flachgründungen und Bodenplatten	296,09 m²	74.301,44	250,94	2,9
323	Tiefgründungen	–	–	–	–
324	Gründungsbeläge	265,12 m²	35.064,48	132,26	1,4
325	Abdichtungen und Bekleidungen	306,78 m²	24.578,21	80,12	1,0
326	Dränagen	296,09 m² GRF	22.196,35	74,96	0,9
329	Sonstiges zur KG 320	–	–	–	–
330	**Außenwände/Vert. Baukonstrukt., außen**	**711,72 m² AWF**	**511.788,02**	**719,09**	**20,3**
331	Tragende Außenwände	558,76 m²	132.534,52	237,19	5,2
332	Nichttragende Außenwände	–	–	–	–
333	Außenstützen	–	–	–	–
334	Außenwandöffnungen	152,96 m²	172.639,49	1.128,66	6,8
335	Außenwandbekleidungen, außen	584,68 m²	124.733,41	213,34	4,9
336	Außenwandbekleidungen, innen	477,58 m²	71.480,43	149,67	2,8
337	Element. Außenwandkonstruktionen	–	–	–	–
338	Lichtschutz zur KG 330	17,52 m²	4.772,97	272,43	0,2
339	Sonstiges zur KG 330	711,72 m² AWF	5.627,21	7,91	0,2
340	**Innenwände/Vert. Baukonstrukt., innen**	**1.042,72 m² IWF**	**402.241,48**	**385,76**	**15,9**
341	Tragende Innenwände	264,00 m²	73.474,04	278,31	2,9
342	Nichttragende Innenwände	622,50 m²	139.099,95	223,45	5,5
343	Innenstützen	–	–	–	–
344	Innenwandöffnungen	99,66 m²	100.807,44	1.011,51	4,0
345	Innenwandbekleidungen	1.418,40 m²	82.594,14	58,23	3,3
346	Elementierte Innenwandkonstruktionen	56,56 m²	6.265,91	110,78	0,2
347	Lichtschutz zur KG 340	–	–	–	–
349	Sonstiges zur KG 340	–	–	–	–
350	**Decken/Horizontale Baukonstruktionen**	**600,34 m² DEF**	**444.382,03**	**740,22**	**17,6**
351	Deckenkonstruktionen	579,63 m²	161.469,74	278,57	6,4
352	Deckenöffnungen	0,64 m²	3.791,71	5.924,55	0,2
353	Deckenbeläge	508,53 m²	144.934,38	285,01	5,7
354	Deckenbekleidungen	505,66 m²	66.893,13	132,29	2,6
355	Elementierte Deckenkonstruktionen	20,07 m²	50.589,08	2.520,63	2,0
359	Sonstiges zur KG 350	600,34 m² DEF	16.703,99	27,82	0,7
360	**Dächer**	**297,80 m² DAF**	**276.682,92**	**929,09**	**11,0**
361	Dachkonstruktionen	295,24 m²	64.814,67	219,53	2,6
362	Dachöffnungen	2,56 m²	10.318,66	4.030,73	0,4
363	Dachbeläge	301,41 m²	134.574,40	446,48	5,3
364	Dachbekleidungen	236,00 m²	39.708,20	168,26	1,6
365	Elementierte Dachkonstruktionen	–	–	–	–
366	Lichtschutz zur KG 360	–	–	–	–
369	Sonstiges zur KG 360	297,80 m² DAF	27.266,99	91,56	1,1
370	**Infrastrukturanlagen**	**–**	**–**	**–**	**–**
380	**Baukonstruktive Einbauten**	**1.016,97 m² BGF**	**3.169,29**	**3,12**	**0,1**
390	**Sonst. Maßnahmen für Baukonstrukt.**	**1.016,97 m² BGF**	**133.440,83**	**131,21**	**5,3**

Kostenkennwerte für die Kostengruppen 400 der 2. und 3. Ebene DIN 276 (Übersicht)

KG	Kostengruppe	Menge Einheit	Kosten €	€/Einheit	% an 3+4
400	**Bauwerk – Technische Anlagen**	**1.016,97 m² BGF**	**542.994,03**	**533,93**	**21,5**
410	**Abwasser-, Wasser-, Gasanlagen**	**1.016,97 m² BGF**	**137.909,41**	**135,61**	**5,5**
411	Abwasseranlagen	1.016,97 m² BGF	19.997,31	19,66	0,8
412	Wasseranlagen	1.016,97 m² BGF	111.628,20	109,77	4,4
413	Gasanlagen	–	–	–	–
419	Sonstiges zur KG 410	1.016,97 m² BGF	6.283,89	6,18	0,2
420	**Wärmeversorgungsanlagen**	**1.016,97 m² BGF**	**217.751,65**	**214,12**	**8,6**
421	Wärmeerzeugungsanlagen	1.016,97 m² BGF	105.912,86	104,15	4,2
422	Wärmeverteilnetze	1.016,97 m² BGF	28.499,77	28,02	1,1
423	Raumheizflächen	1.016,97 m² BGF	83.339,02	81,95	3,3
424	Verkehrsheizflächen	–	–	–	–
429	Sonstiges zur KG 420	–	–	–	–
430	**Raumlufttechnische Anlagen**	**1.016,97 m² BGF**	**17.642,39**	**17,35**	**0,7**
431	Lüftungsanlagen	1.016,97 m² BGF	17.642,39	17,35	0,7
432	Teilklimaanlagen	–	–	–	–
433	Klimaanlagen	–	–	–	–
434	Kälteanlagen	–	–	–	–
439	Sonstiges zur KG 430	–	–	–	–
440	**Elektrische Anlagen**	**1.016,97 m² BGF**	**150.170,91**	**147,67**	**5,9**
441	Hoch- und Mittelspannungsanlagen	–	–	–	–
442	Eigenstromversorgungsanlagen	1.016,97 m² BGF	28.792,26	28,31	1,1
443	Niederspannungsschaltanlagen	–	–	–	–
444	Niederspannungsinstallationsanlagen	1.016,97 m² BGF	108.639,48	106,83	4,3
445	Beleuchtungsanlagen	1.016,97 m² BGF	8.044,36	7,91	0,3
446	Blitzschutz- und Erdungsanlagen	1.016,97 m² BGF	4.694,83	4,62	0,2
447	Fahrleitungssysteme	–	–	–	–
449	Sonstiges zur KG 440	–	–	–	–
450	**Kommunikationstechnische Anlagen**	**1.016,97 m² BGF**	**17.792,53**	**17,50**	**0,7**
451	Telekommunikationsanlagen	–	–	–	–
452	Such- und Signalanlagen	1.016,97 m² BGF	5.634,62	5,54	0,2
453	Zeitdienstanlagen	–	–	–	–
454	Elektroakustische Anlagen	1.016,97 m² BGF	1.006,24	0,99	< 0,1
455	Audiovisuelle Medien- u. Antennenanl.	1.016,97 m² BGF	4.531,38	4,46	0,2
456	Gefahrenmelde- und Alarmanlagen	1.016,97 m² BGF	1.983,81	1,95	< 0,1
457	Datenübertragungsnetze	1.016,97 m² BGF	4.636,51	4,56	0,2
458	Verkehrsbeeinflussungsanlagen	–	–	–	–
459	Sonstiges zur KG 450	–	–	–	–
460	**Förderanlagen**	**–**	**–**	**–**	**–**
461	Aufzugsanlagen	–	–	–	–
462	Fahrtreppen, Fahrsteige	–	–	–	–
463	Befahranlagen	–	–	–	–
464	Transportanlagen	–	–	–	–
465	Krananlagen	–	–	–	–
466	Hydraulikanlagen	–	–	–	–
469	Sonstiges zur KG 460	–	–	–	–
470	**Nutzungsspez. u. verfahrenstechn. Anl.**	**–**	**–**	**–**	**–**
480	**Gebäude- und Anlagenautomation**	**–**	**–**	**–**	**–**
490	**Sonst. Maßnahmen für techn. Anlagen**	**1.016,97 m² BGF**	**1.727,14**	**1,70**	**< 0,1**

Kostenkennwerte für die Kostengruppen der 3. Ebene DIN 276

KG	Kostengruppe	Menge Einheit	Kosten €	€/Einheit	%
210	**Herrichten**				**100,0**
211	**Sicherungsmaßnahmen**	1.000,00 m²GF	1.979	**1,98**	6,0
	Suchschachtungen (3St)				
212	**Abbruchmaßnahmen**	1.000,00 m²GF	24.844	**24,84**	75,2
	Abbruch von Gebäude mit Keller, Sohle und Fundamenten (psch), Entkernung und Separierung der anfallenden Materialien (psch), Schadstoffsanierung (psch); Entsorgung, Deponiegebühren				
214	**Herrichten der Geländeoberfläche**	1.000,00 m²GF	966	**0,97**	2,9
	Oberboden abtragen, d=30cm, in Mieten aufsetzen (395m³)				
215	**Kampfmittelräumung**	1.000,00 m²GF	5.258	**5,26**	15,9
	Boden umsetzen im Bereich von Kampfmittelverdachtsflächen (1St), GPS-gestützte Absteckung oder Endaufmaß der Kampfmittelsondierflächen (1St), Bericht, Dokumentation und Freigabe erstellen (psch)				
220	**Öffentliche Erschließung**				**100,0**
222	**Wasserversorgung**	1.000,00 m²GF	27.173	**27,17**	100,0
	Kopfloch, t bis 1,60m (1St), Hausanschluss Wasser (1St), Wasserleitung mit Horizontalpressgerät verlegen (14m), Kopfloch für Regenwasseranschluss (1St), Aushub				
310	**Baugrube / Erdbau**				**100,0**
311	**Herstellung**	526,81 m³BGI	31.799	**60,36**	64,6
	Baugrubenaushub BK 3-4, laden, entsorgen (527m³), Oberboden, lagernd, laden, entsorgen (113t), belasteten Boden Z2, lagernd, laden entsorgen (78m³), Schürfen, t bis 1,00m (5St), Hinterfüllung, Lagermaterial (165m³), Planum (360m²)				
312	**Umschließung**	53,79 m²	17.415	**323,77**	35,4
	Trägerbohlenwand, h bis 3,00m (54m²), Träger wieder ziehen, Autokran (psch)				
320	**Gründung, Unterbau**				**100,0**
321	**Baugrundverbesserung**	636,50 m²	5.696	**8,95**	3,5
	Sand-Kies-Gemisch, d=50cm, in Schichten einbauen, verdichten (191m³)				
322	**Flachgründungen und Bodenplatten**	296,09 m²	74.301	**250,94**	45,9
	Stb-Bodenplatte C20/25, WU, d=30cm, Schalung, Bewehrung (135m²), d=25cm (161m²), Streifenfundamente C20/25, WU (12m³), Einzelfundamente (8St), Fundamentaushub (12m³), Sohlendurchführungen (10St)				
324	**Gründungsbeläge**	265,12 m²	35.064	**132,26**	21,7
	Flächenabdichtung (200m²), Glaswolldämmung WLS 032, d=20mm (164m²), Zementheizestrich CTF-F5, d=64mm (162m²), Zementestrich CT-C30-F5, d=45mm (2m²), Dreischichtparkett, d=10mm (130m²), Hochkant-Lamellenparkett, d=10mm (26m²), Holzsockel (90m), Spachtelung, Fußbodenbeschichtung (101m²), Sockelstrich, h=10cm (92m), Bodenfliesen (5m²), Linoleum (2m²)				

KG	Kostengruppe	Menge Einheit	Kosten €	€/Einheit	%
325	**Abdichtungen und Bekleidungen**	306,78 m²	24.578	**80,12**	15,2
	Sauberkeitsschicht C8/10, d=5cm (307m²), XPS-Perimeterdämmung WLG 035, d=160mm (176m²), PE-Folie (584m²)				
326	**Dränagen**	296,09 m² GRF	22.196	**74,96**	13,7
	PVC-Dränrohre DN100, Formstücke (62m), Filterpackung (15m), Filtervlies (50m), Kontrollschächte DN315 (2St), Beton-Pumpenschacht DN1.000, Anschlüsse Dränage, Druckleitung (1St), Hebeanlage Dränage: Tauchmotorpumpen 6,5m³/h (2St), Tauchschalterpaket (1St), Steuergerät für Doppelanlage, mit Alarm (1St), Rückschlagklappen (2St), Druckrohrleitungen (6St)				
330	**Außenwände/Vertikale Baukonstruktionen, außen**				**100,0**
331	**Tragende Außenwände**	558,76 m²	132.535	**237,19**	25,9
	Holzrahmenwände, d=234mm, KVH 60x200mm, außen Weichfaserplatte 22mm, Holzfaserdämmung WLG 040, innen OSB-3-Beplankung 12mm (460m²), Stb-Elementwände C20/25, d=30cm, Bewehrung (99m²)				
334	**Außenwandöffnungen**	152,96 m²	172.639	**1.128,66**	33,7
	Holzfenster und Fenstertüren, Lärche, Drehkipp- und Drehflügel, Farbbeschichtung, zweifarbig, Sonnenschutzverglasung, Ug=0,4W/m²K, Fenstertüren mit barrierefreier Schwelle, Fensterfalzlüftungen (149m²), Ausführung Fenstertüren als Falttür mit barrierefreier Schwelle (25m²), Haustürelement mit Seitenteil, Wärmeschutzverglasung, Ug=0,6W/m²K, Griffstange (4m²), Fensterbänke außen, Alu (59m), Fensterbänke innen, Leimholz Eiche, geölt (39m), Fichte, lackiert (18m)				
335	**Außenwandbekleidungen, außen**	584,68 m²	124.733	**213,34**	24,4
	XPS-Perimeterdämmung WLG 040, d=160mm, Noppenbahn (120m²), Fassadenschalung Douglasie, Unterkonstruktion, Leistenbreite 120mm (357m²), Leistenbreite 70mm (108m²), Lasurbeschichtung (465m²), Blechlaibungen, farbig beschichtet, Abwicklung 20cm (272m)				
336	**Außenwandbekleidungen, innen**	477,58 m²	71.480	**149,67**	14,0
	Installationsebene, Holzfaserdämmung WLG 040, d=60mm (430m²), GK-Beplankung, Spachtelung Q3, Silikatbeschichtung (305m²), OSB-Beplankung, d=15mm, Lehmbauplatten, Armierung, Spachtelung, Lehmfarbe (130m²), Innenputz, Silikatbeschichtung (37m²), Wandfliesen (7m²), GK-Laibungen, t=20cm (100m)				
338	**Lichtschutz zur KG 330**	17,52 m²	4.773	**272,43**	0,9
	Wabenplissees, lichtdurchlässig, raumseitig (18m²)				
339	**Sonstiges zur KG 330**	711,72 m² AWF	5.627	**7,91**	1,1
	Stb-Lichtschächte, ohne Boden (3St), Absturzsicherung, Flachstahlgeländer, h=90cm, Ober-, Untergurt, vertikale Stäbe (1m²)				

KG	Kostengruppe	Menge Einheit	Kosten €	€/Einheit	%
340	**Innenwände/Vertikale Baukonstruktionen, innen**				**100,0**
341	**Tragende Innenwände**	264,00 m²	73.474	**278,31**	18,3
	Wohnungstrennwände als Holzrahmenwände, d=345mm, zweiteilig, KVH 60x120mm, beidseitig GK-Beplankung 2x12,5mm, OSB-Beplankung 18mm, Holzfaserdämmung, d=2x120mm, gedämmte Fuge 20mm (125m²), Holzrahmenwände, d=175mm, KVH 60x120mm, beidseitig GK-Beplankung 18mm, OSB-Beplankung 18mm, Holzfaserdämmung, d=120mm (94m²), KS-Mauerwerk, d=24cm (23m²), d=20cm (22m²)				
342	**Nichttragende Innenwände**	622,50 m²	139.100	**223,45**	34,6
	Wohnungstrennwände als Holzrahmenwände, d=240mm, zweiteilig, KVH 60x100mm und 60x60mm, beidseitig GK-Beplankung, Holzfaserdämmung, d=100mm und 60mm, Luftfuge 30mm (217m²), Holzrahmenwände, d=95mm, KVH 60x60mm, beidseitig GK-Beplankung, Holzfaserdämmung, d=60mm (247m²), als F90 (10m²), GK-Installationswände, d=165mm, GK-Beplankung, Holzfaserdämmung, d=120mm (64m²), d=185mm (39m²), GK-Steigeschächte (46m²)				
344	**Innenwandöffnungen**	99,66 m²	100.807	**1.011,51**	25,1
	Holztüren, Röhrenspan, Oberfläche HPL, Stahlzargen (58m²), Massivholz-Brandschutztüren, Oberfläche HPL, Stahlzargen, beschichtet (4m²), Massivholztüren (5m²), als Wohnungseingangstüren, RwP 47db (19m²), RS/SD (3m²), Schiebetüren (5m²), Oberlichter, Holzrahmen festverglast, Sprossen (2m²), Holzinnenfenster, festverglast, anteilig Klarglas, farbiges Glas, beidseitiger Spiegel (3m²), Gleitschienenschließer (13St), Edelstahlgarnituren				
345	**Innenwandbekleidungen**	1.418,40 m²	82.594	**58,23**	20,5
	GK-Beplankungen, d=18mm (579m²), Wandfliesen (98m²), GK-Vorwandinstallation (67m²), Spachtelung Q3, Silikatbeschichtung (1.320m²)				
346	**Elementierte Innenwandkonstruktionen**	56,56 m²	6.266	**110,78**	1,6
	Holz-Lattenverschläge, h=2,06m, sechs Lattentüren, Hängeschlösser (57m²)				
350	**Decken/Horizontale Baukonstruktionen**				**100,0**
351	**Deckenkonstruktionen**	579,63 m²	161.470	**278,57**	36,3
	Holzbalkendecken, KVH 8x24cm und 10x24cm, OSB-Beplankung auf nicht sichtbarer Balkenlage, Holzfaserdämmung WLG 040, d=80mm (452m²), Weitspannträgersystem aus Hauptträger 2xUA150, Auflagerung auf tragenden Wänden, Spannweite max. 5m, Nebenträger CD-Tragprofil (psch), vorgesetzte Balkone mit Holzbalkenlage, Schalung, Holzstützen (17m²), Stb-Elementdecke C25/30, d=20cm, Schalung, Bewehrung (111m²), Stb-Unterzug, 20x30cm (3m), Stb-Balken, 18x22cm (68m)				
352	**Deckenöffnungen**	0,64 m²	3.792	**5.924,55**	0,9
	Begehbarer Glasboden in Deckenöffnung, Edelstahlrahmen 80x80cm, VSG-Verglasung, d=32mm (1m²)				
353	**Deckenbeläge**	508,53 m²	144.934	**285,01**	32,6
	Ausgleich-, Schallschutzschüttung, d=50mm (387m²), d=110mm (20m²), GK-Schalung, d=9,5mm (407m²), Glaswolldämmung WLS 032, d=20mm (492m²), Zementheizestrich CTF-F5, d=64-67,5mm (454m²), Zementestrich CT-C30-F5, d=45mm (38m²), Dreischichtparkett, d=10mm (406m²), Holzsockel (375m), Abdichtung, Bodenfliesen (44m²), Fliesensockel (26m), Linoleum (41m²), Sauberlaufmatte 180x120cm (1St), Holz-Balkondielen, UK, Gefälledämmung (17m²)				

KG	Kostengruppe	Menge Einheit	Kosten €	€/Einheit	%
354	**Deckenbekleidungen**	505,66 m²	66.893	**132,29**	15,1
	Mineralwoll-Mehrschichtplatten WLG 035, d=150mm, als Kellerdeckendämmung (100m²), GK-Bekleidung, d=2x12,5mm, Spachtelung Q3, Silikatbeschichtung (364m²), GK-Bekleidung, d=12,5mm, Dreischichtplatte, d=19mm, Lärche, Holzlasur (53m²)				
355	**Elementierte Deckenkonstruktionen**	20,07 m²	50.589	**2.520,63**	11,4
	Holzwangentreppen mit Treppen- und Brüstungsgeländern, einläufig, gerade, Laufbreite 110cm, 17 Steigungen, Haupttreppe im Treppenhaus (10m²), als Wohnungstreppe in Maisonettewohnungen, viertelgewendelt, Laufbreite 85cm, 16 Steigungen (10m²)				
359	**Sonstiges zur KG 350**	600,34 m² DEF	16.704	**27,82**	3,8
	Stahl-Balkongeländer, Ober-, Untergurt, Füllstabe 50x10mm, verzinkt, beschichtet (16m²), Stirnseitenbekleidung für Balkone, dreiseitig, Alublech 3mm (18m)				
360	**Dächer**				**100,0**
361	**Dachkonstruktionen**	295,24 m²	64.815	**219,53**	23,4
	Holzbalkendach, KVH 8x24cm und 10x24cm, OSB-Beplankung 22mm auf nicht sichtbarer Balkenlage, Holzfaserdämmung WLG 040, d=80mm (290m²), Glattkantbretter 21x143mm, als Stirnbrett (60m), Ortgangunterschlag, Profilholz 19mm (35m²), Weitspannträgersystem aus Hauptträger 2xUA150 á 50cm, Auflagerung auf tragenden Wänden, Spannweite max. 5m, Nebenträger CD-Tragprofil á 40cm (psch), Holzbalkenlage als Vordach, Schalung, Holzstützen (5m²)				
362	**Dachöffnungen**	2,56 m²	10.319	**4.030,73**	3,7
	Flachglas-Oberlichter 80x80cm, fest verglast (3St), mit Motorantrieb (1St)				
363	**Dachbeläge**	301,41 m²	134.574	**446,48**	48,6
	Dampfsperre (330m²), Holzweichfaserdämmung, d=240mm (201m²), Flachdachabdichtung (312m²), Kastenrinne in Abdichtung (19m), Schutz-/Speichervlies (62m²), Wasserspeicherelement (54m²), Extensivsubstrat (39m²), Kiesstreifen (18m²), Holz-Terrassendielen, UK, Gefälledämmung (33m²), Alu-Attikaabdeckung (43m), Fallrohre, Titanzink (38m), Dunstrohre (6St), Flachdachabläufe (4St), Gefälledämmung 20-50mmm, Bitumenabdichtung (5m²)				
364	**Dachbekleidungen**	236,00 m²	39.708	**168,26**	14,4
	GK-Bekleidung 12,5mm, Dreischichtplatte, d=19mm, Lärche, Holzlasur (161m²), Spachtelung Q3, Silikatbeschichtung (75m²)				
369	**Sonstiges zur KG 360**	297,80 m² DAF	27.267	**91,56**	9,9
	Stahl-Attikageländer, Ober-, Untergurt, Füllstabe 60x10mm, verzinkt, beschichtet (22m²), Handlaufrahmen auf Attikageländer, Ober-, Untergurt, Zwischenstäbe 60x10mm, verzinkt, beschichtet (5m), Seilsicherungssystem, acht Anschlagpunkte (psch)				
380	**Baukonstruktive Einbauten**				**100,0**
389	**Sonstiges zur KG 380**	1.016,97 m² BGF	3.169	**3,12**	100,0
	Edelstahl-Standbriefkasten 70x160x43,5cm, neun Einheiten, pulverbeschichtet (1St)				

KG	Kostengruppe	Menge Einheit	Kosten €	€/Einheit	%
390	**Sonstige Maßnahmen für Baukonstruktionen**				**100,0**
391	**Baustelleneinrichtung**	1.016,97 m²BGF	90.275	**88,77**	67,7
	Baustelleneinrichtung, Hauptgewerk (1St), Nebengewerke (5St), Baukran (1St), Baustellen-WC (1St), Baustraße (97m²), Bauzaun (38m), Bautreppen (5St), Bauwasser, Baustrom				
392	**Gerüste**	1.016,97 m²BGF	31.911	**31,38**	23,9
	Fassadengerüst (psch)				
397	**Zusätzliche Maßnahmen**	1.016,97 m²BGF	11.255	**11,07**	8,4
	Baureinigung (psch), Schutzabdeckung Boden, Abdeckkarton (563m²), Bauheizung mit Heizlüftern 3,3kW (6St)				
410	**Abwasser-, Wasser-, Gasanlagen**				**100,0**
411	**Abwasseranlagen**	1.016,97 m²BGF	19.997	**19,66**	14,5
	PP-Rohre DN50-125, Formstücke (232m), Schmutzwasserhebeanlage (1St), Brandschutzmanschetten (24St)				
412	**Wasseranlagen**	1.016,97 m²BGF	111.628	**109,77**	80,9
	Edelstahlrohre DN12-40, Formstücke, Rohrdämmung (456m), Mehrschichtverbundrohre DN12-15, Rohrdämmung (282m), Hauswasserstation (1St), Rückspülautomatik (1St), Ventile (24St), Wasserzähler-Montageblöcke (24St), Regenwassernutzungsanlage, Hauswasserautomat, Saug-, Druckschlauch (1St), Waschtische (10St), Handwaschbecken (3St), Ausgussbecken (2St), Tiefspül-WCs (13St), Badewannen (4St), Duschrinnen, Brausegarnituren (5St), WM-Anschlüsse (9St), Spülenanschlüsse (9St), Armaturen				
419	**Sonstiges zur KG 410**	1.016,97 m²BGF	6.284	**6,18**	4,6
	Montageelemente für WCs (13St), für Waschtische (13St), für Ausgussbecken (1St)				
420	**Wärmeversorgungsanlagen**				**100,0**
421	**Wärmeerzeugungsanlagen**	1.016,97 m²BGF	105.913	**104,15**	48,6
	Sole-Wasser-Wärmepumpe 26kW, Pufferspeicher 300l, Heizwasserverteiler (1St), TW-Pufferspeicher 1.000l, zwei Einschraubheizkörper 7,5kW, Frischwasserstation (1St), Heizkreis-Pufferspeicher 957l, Kompressor, Steuereinheit für Nieder- und Hochtemperaturregelung (1St), passive Kühlstation, Kühllast 25kW, Wärmetauscher (1St), passiver Kühlregler (1St), Soleleitung DN50, gedämmt (19m), Heizkreisverteilung (1St), Pumpen (2St), Wasserzähler (1St), Füllwasserenthärter (1St)				
422	**Wärmeverteilnetze**	1.016,97 m²BGF	28.500	**28,02**	13,1
	Stahlrohre DN15-54, Formstücke, Rohrdämmung (321m), Strangabsperrventile (6St), Strangregulierventile (6St), Wärmemengenzähler, bauseits (12St)				
423	**Raumheizflächen**	1.016,97 m²BGF	83.339	**81,95**	38,3
	EPS-Ausgleichsdämmung, d=20mm, für Fußbodenheizung (635m²), Hohlkammerplatte mit Klettvlies, d=3mm, PE-X-Klettrohre DN17, gebundene Schüttung (685m²), Anbindeleitungen unter Dämmung (76St), Verteilerschränke (10St), Heizkreisverteiler (12St), Stellantriebe (63St), Raumthermostate heizen/kühlen (46St), PE-X-Rohre DN16-25 (104m), Rohrdämmung (90m), Badheizkörper (9St)				

KG	Kostengruppe	Menge Einheit	Kosten €	€/Einheit	%
430	**Raumlufttechnische Anlagen**				**100,0**
431	**Lüftungsanlagen**	1.016,97 m²BGF	17.642	**17,35**	100,0
	Badentlüfter (4St), mit Feuchteregelung (12St), Kleinraumventilator, automatische Kellerentfeuchtung (1St), Rohreinschubventilator (1St), Wickelfalzrohre DN80-150, Formstücke (80m), Flexrohre DN80 (16m), Telefonieschalldämpfer (1St), Lüftungsventile (3St), Brandschutzschotts (8St), Brandschutzklappe (1St), Flachdachhauben (6St)				
440	**Elektrische Anlagen**				**100,0**
442	**Eigenstromversorgungsanlagen**	1.016,97 m²BGF	28.792	**28,31**	19,2
	Photovoltaikanlage 18,5kWp (1St)				
444	**Niederspannungsinstallationsanlagen**	1.016,97 m²BGF	108.639	**106,83**	72,3
	Zählerschränke, bestückt (2St), Allgemeinverteiler, bestückt (1St), Wohnungsverteiler, bestückt (9St), Mantelleitungen (5.465m), Mikro-Leerrohre (218m), Kunststoffpanzerrohre (66m), Profilschiene, Bügelschellen (18m), Kabeltrasse (9m), Kabelanschlusskästen (2St), Ringraumdichtung (1St), Steckdosen (467St), Schalter, Taster (185St), Dimmer (4St), Präsenzmelder (5St), Jalousietaster (1St), Herdanschlussdosen (11St), Geräte-Brandschutzdosen (149St)				
445	**Beleuchtungsanlagen**	1.016,97 m²BGF	8.044	**7,91**	5,4
	LED-Deckenleuchten (22St), LED-Wandleuchten (10St), LED-Wannenleuchten (4St), LED-Hausnummernleuchte (1St), LED-Downlight (1St)				
446	**Blitzschutz- und Erdungsanlagen**	1.016,97 m²BGF	4.695	**4,62**	3,1
	Fundamenterder (105m), Ringerder, Edelstahl (114m), Anschlussfahnen, Edelstahl (8m), Potenzialausgleichschiene (1St), Mantelleitungen (26m)				
450	**Kommunikations-, sicherheits- und informationstechnische Anlagen**				**100,0**
452	**Such- und Signalanlagen**	1.016,97 m²BGF	5.635	**5,54**	31,7
	Busleitungen (347m), Wohnungsstationen für Türsprechanlage (11St), Einbautürlautsprecher, Ruftastenbeleuchtung, für Briefkastenanlage (1St), Klingeltaster (9St)				
454	**Elektroakustische Anlagen**	1.016,97 m²BGF	1.006	**0,99**	5,7
	Lautsprecherkabel (59m), Lautsprechersteckdosen (10St)				
455	**Audiovisuelle Medien- u. Antennenanl.**	1.016,97 m²BGF	4.531	**4,46**	25,5
	Koaxialkabel (616m), Antennensteckdosen (27St), Antennen-Abzweiger, zwei-achtfach (9St), HDMI-Kabel (5m), HDMI-Anschlussdosen (2St)				
456	**Gefahrenmelde- und Alarmanlagen**	1.016,97 m²BGF	1.984	**1,95**	11,1
	Rauchwarnmelder (2St)				
457	**Datenübertragungsnetze**	1.016,97 m²BGF	4.637	**4,56**	26,1
	Datenkabel Cat7 (487m), Datenanschlussdosen Cat6, einfach (35St), zweifach (6St), Switch (1St), Patchkabel (5St)				

KG	Kostengruppe	Menge Einheit	Kosten €	€/Einheit	%
490	**Sonstige Maßnahmen für technische Anlagen**				**100,0**
495	**Instandsetzungen**	1.016,97 m² BGF	1.727	**1,70**	100,0
	Kamerabefahrung, Fräsarbeiten an verstopfter Grundregenwasserleitung (1St), anschließend Rohrbruch Brauchwasseranschluss beseitigen (1h), defekte Bauwasserleitung reparieren (2h), defekten, eingefrorenen Bauwasseranschluss reparieren, Heizband einbauen, isolieren (16h)				
510	**Erdbau**				**100,0**
511	**Herstellung**	–	17.132	–	100,0
	Aushub Zisterne (20m³), Rohrgräben (190m), Kopfloch, Gehwegplatten aufnehmen, wieder verlegen (1St)				
530	**Oberbau, Deckschichten**				**100,0**
533	**Plätze, Höfe, Terrassen**	59,81 m²	29.688	**496,38**	100,0
	Terrassen mit Unterkonstruktion herstellen, im Kiesbett, Belag Holz-Terrassendielen (60m²)				
550	**Technische Anlagen**				**100,0**
551	**Abwasseranlagen**	707,50 m² AF	18.550	**26,22**	18,1
	KG-Rohre DN100-150, Sandbett (213m), Kontrollschächte (2St), PVC-Kontrollschacht DN400/600 (1St)				
552	**Wasseranlagen**	707,50 m² AF	10.262	**14,50**	10,0
	Retentionszisterne 7.500l, Retention 3.000l, Nutzvolumen 4.500l, Domschacht (1St), Trinkwasserleitung, Schutzrohr, Hauseinführung (psch)				
554	**Wärmeversorgungsanlagen**	707,50 m² AF	61.048	**86,29**	59,5
	Erdsondenanlage 26,7kW, sechs Bohrungen, t=95m, PE-Erdwärmesonde mit Ethylenglycol-Wasser-Gemisch, mit wärmeleitender Ton-, Zementsuspension verpressen (570m), Verteilerschacht (1St), Bohrgut entsorgen (psch)				
556	**Elektrische Anlagen**	707,50 m² AF	12.782	**18,07**	12,5
	Pollerleuchten (8St), LED-Wandleuchten (6St), Leerrohre (psch), Kabelschutzrohre DN50-110 (136m), Erdkabel NYY (21m)				

Kostenkennwerte für Leistungsbereiche nach STLB (Kosten des Bauwerks nach DIN 276)

LB	Leistungsbereiche	Kosten €	€/m² BGF	€/m³ BRI	% an 3+4
000	Baustellen-, Sicherheitseinr. inkl. 001, 089	123.791	121,70	43,60	4,9
002	Erdarbeiten	38.217	37,60	13,50	1,5
006	Spezialtiefbauarbeiten inkl. 005	17.415	17,10	6,10	0,7
009	Entwässerungskanalarbeiten inkl. 011	1.727	1,70	0,61	< 0,1
010	Drän- und Versickerarbeiten	22.196	21,80	7,80	0,9
012	Mauerarbeiten	7.148	7,00	2,50	0,3
013	Betonarbeiten	198.152	194,80	69,90	7,8
014	Natur-, Betonwerksteinarbeiten	–	–	–	–
016	Zimmer- und Holzbauarbeiten	516.025	507,40	181,90	20,4
017	Stahlbauarbeiten	–	–	–	–
018	Abdichtungsarbeiten	4.161	4,10	1,50	0,2
019	Kampfmittelräumarbeiten	–	–	–	–
020	Dachdeckungsarbeiten	–	–	–	–
021	Dachabdichtungsarbeiten	100.639	99,00	35,50	4,0
022	Klempnerarbeiten	34.472	33,90	12,20	1,4
	Rohbau	**1.063.942**	**1.046,20**	**375,10**	**42,1**
023	Putz- und Stuckarbeiten, Wärmedämmsysteme	2.248	2,20	0,79	< 0,1
024	Fliesen- und Plattenarbeiten	44.131	43,40	15,60	1,7
025	Estricharbeiten	54.692	53,80	19,30	2,2
026	Fenster, Außentüren inkl. 029, 032	7.586	7,50	2,70	0,3
027	Tischlerarbeiten	340.606	334,90	120,10	13,5
028	Parkett-, Holzpflasterarbeiten	69.653	68,50	24,60	2,8
030	Rollladenarbeiten	4.773	4,70	1,70	0,2
031	Metallbauarbeiten inkl. 035	41.319	40,60	14,60	1,6
034	Maler- und Lackiererarb. - Beschicht. inkl. 037	92.137	90,60	32,50	3,6
036	Bodenbelagarbeiten	13.321	13,10	4,70	0,5
038	Vorgehängte hinterlüftete Fassaden	–	–	–	–
039	Trockenbauarbeiten	244.727	240,60	86,30	9,7
	Ausbau	**915.193**	**899,90**	**322,70**	**36,2**
040	Wärmeversorgungsanl. - Betriebseinr. inkl. 041	206.525	203,10	72,80	8,2
042	Gas- u. Wasseranl. - Leitung., Armat. inkl. 043	50.607	49,80	17,80	2,0
044	Abwasseranl. - Leitungen, Abläufe, Armaturen	15.564	15,30	5,50	0,6
045	Gas, Wasser, Entwässerung - Ausstattung inkl. 046	56.242	55,30	19,80	2,2
047	Dämm- und Brandschutzarb. an techn. Anlagen	28.069	27,60	9,90	1,1
049	Feuerlöschanlagen, Feuerlöschgeräte	–	–	–	–
050	Blitzschutz-/Erdungsanlagen, Überspannungssch.	4.695	4,60	1,70	0,2
053	Niederspannungsanl. - Kabel inkl. 052, 054	136.338	134,10	48,10	5,4
055	Sicherheits- u. Ersatzstromversorgungsanl.	–	–	–	–
057	Gebäudesystemtechnik	–	–	–	–
058	Leuchten und Lampen inkl. 059	8.044	7,90	2,80	0,3
060	Such, Signal, Zeit, Anten., akust. Anl. inkl. 064	10.708	10,50	3,80	0,4
061	Kommunikations- u. Übertragungsnetze inkl. 063	7.085	7,00	2,50	0,3
069	Aufzüge	–	–	–	–
070	Gebäudeautomation	–	–	–	–
075	Raumlufttechnische Anlagen inkl. 078	17.529	17,20	6,20	0,7
	Gebäudetechnik	**541.405**	**532,40**	**190,90**	**21,4**
084	Abbruch, Rückbau, Schadstoffsanierung	–	–	–	–
	Abbrucharbeiten	**–**	**–**	**–**	**–**
	Sonstige Leistungsbereiche	**5.209**	**5,10**	**1,80**	**0,2**

6100-1592
Einfamilienhaus

Kostenkennwerte für die Kosten des Bauwerks (Kostengruppen 300+400 nach DIN 276)

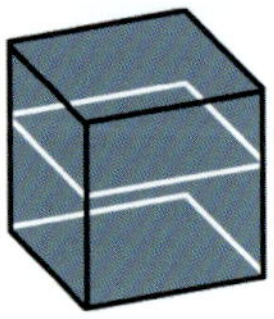

BRI 944 €/m³

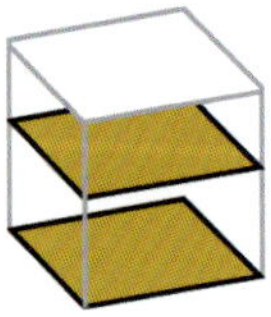

BGF 3.535 €/m²

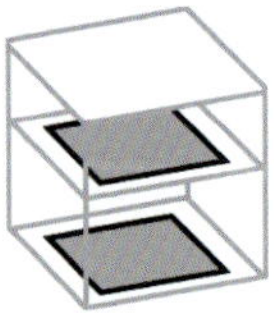

NUF 5.598 €/m²

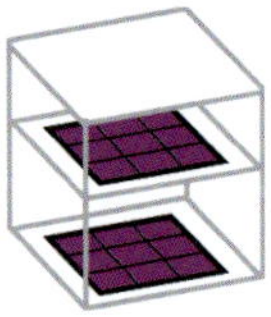

NE 5.321 €/NE

NE: Wohnfläche

Objekt:
Kennwerte: 1. Ebene DIN 276
BRI: 2.074 m³
BGF: 554 m²
NUF: 350 m²
Bauzeit: 52 Wochen
Bauende: 2021
Standard: hoch
Bundesland: Hamburg
Kreis: Hamburg, Stadt

Architekt*in:
Sieckmann Walther
Architekten
Paul-Dessau-Straße 6
22761 Hamburg

© Jakob Börner

Ansicht Nord

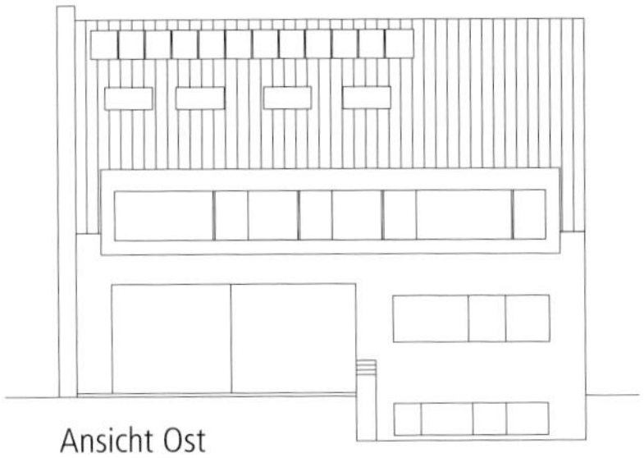

Ansicht Ost

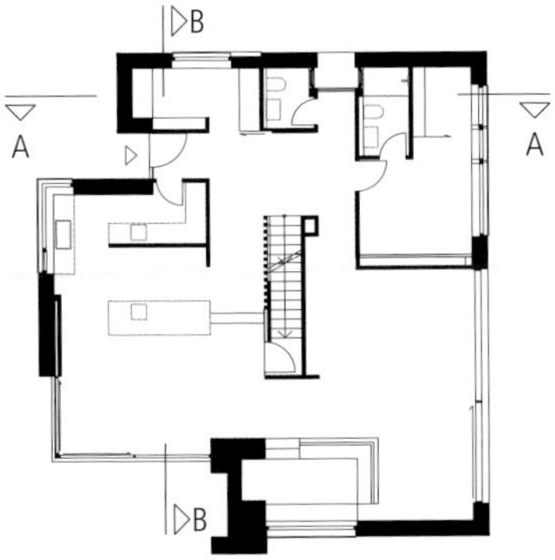

Erdgeschoss

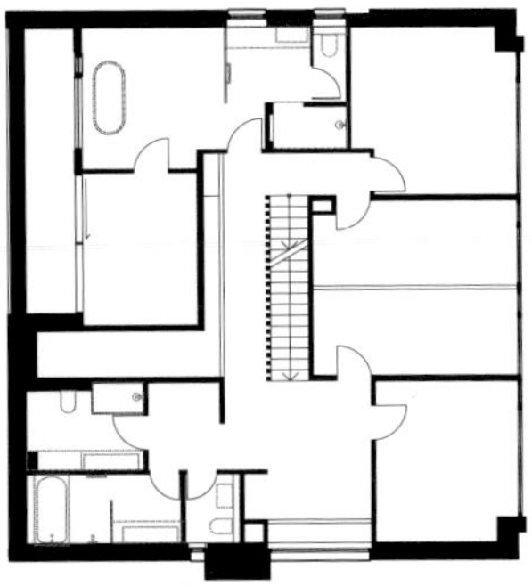

1. Obergeschoss

Schnitt A-A

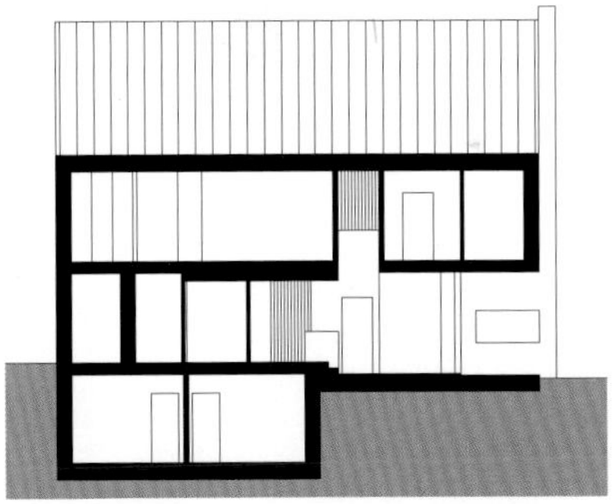

Schnitt B-B

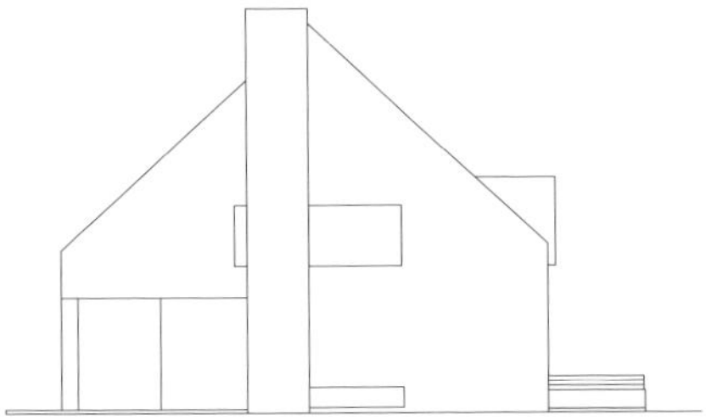

Ansicht Süd

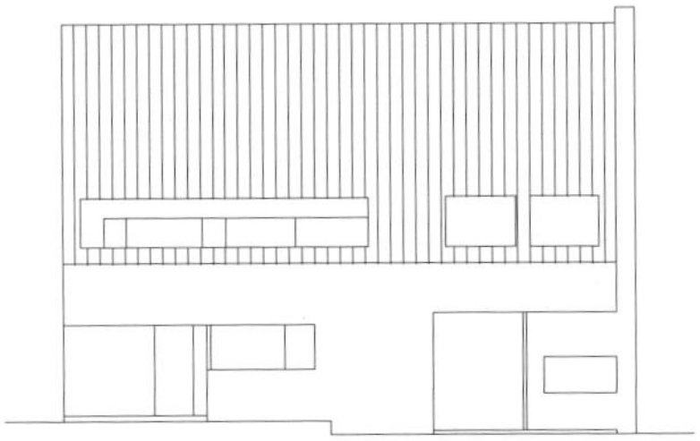

Ansicht West

Objektbeschreibung

Allgemeine Objektinformationen

Bei dem Gebäude handelt es sich um ein Einfamilienhaus in Holzbauweise, das als KfW-Effizienzhaus 40 plus realisiert worden ist.

Nutzung

1 Untergeschoss
Arbeitszimmer, Werkstatt, Fitnessraum, Sauna, Dusche, Abstellräume, Haustechnik

1 Erdgeschoss
Wohnraum, Esszimmer, Küche, Kamin-Lounge, Arbeitsecke, Gästezimmer, Garderobe, WC, Bad

2 Dachgeschosse
Elternzimmer, Kinderzimmer, Lounge, Ankleidezimmer, Bäder, Loggia, Spielgalerie, Musikzimmer

Nutzeinheiten

Wohneinheiten: 1
Wohnfläche: 368 m^2

Grundstück

Bauraum: Freier Bauraum
Neigung: Ebenes Gelände
Bodenklasse: BK 1 bis BK 2

Markt

Hauptvergabezeit: 2. Quartal 2020
Baubeginn: 2. Quartal 2020
Bauende: 2. Quartal 2021
Konjunkturelle Gesamtlage: über Durchschnitt
Regionaler Baumarkt: über Durchschnitt

Baukonstruktion

Der Neubau gründet auf einer Stahlbeton-Bodenplatte. Das Untergeschoss ist ebenfalls in Stahlbeton ausgeführt. Die oberirdischen Geschosse sind als Kombination aus Massivholz- und Holzrahmenwänden erstellt, die Decken als Holz-Rippendecke, z.T. mit Akustikoberflächen. Das Dach besteht aus Holz-Kastenelementen mit Akustikoberflächen.

Technische Anlagen

Eine Erdwärmepumpe versorgt das Haus mit Wärme, die über eine Fußbodenheizung an die Räume abgegeben wird. Zusätzlich kann ein Kamin zur Wärmeerzeugung genutzt werden. Für ein angenehmes Raumklima wurde eine Be- und Entlüftungsanlage mit Wärmerückgewinnung eingebaut. Mit einer Indach-PV-Anlage wird Strom erzeugt und in einem Batteriespeicher vorgehalten.

Energetische Kennwerte

Gesetzliche Grundlage: EnEV 2013
Gebäudenutzfläche: 421,19 m^2
Gebäudevolumen: 1.605,21 m^3
Hüllfläche des beheizten Volumens: 936,70 m^2
Spez. Transmissionswärmeverlust: 0,24 W/(m^2·K)
Spez. Jahresprimärenergiebedarf: 18,85 kWh/(m^2·a)
Spez. Jahresendenergiebedarf: 10,50 kWh/(m^2·a)
Spez. Jahresheizwärmebedarf: 41,20 kWh/(m^2·a)
CO_2-Emissionen: 12,00 kg/(m^2·a)
Anlagenaufwandszahl: 0,60

Energetische Angaben zu Außenbauteilen

Bodenplatte

U-Wert: 0,16 W/(m²·K)

Gesamtdicke: 51,50 cm	d [cm]	λ [W/(m·K)]
Holz	1,50	0,130
Estrich	6,50	1,400
Dämmung XPS	3,00	0,035
Dämmung XPS	9,50	0,032
Stahlbeton	25,00	2,500
Dämmung XPS	6,00	0,028

Außenwand gegen Erdreich

U-Wert: 0,22 W/(m²·K)

Gesamtdicke: 43,50 cm	d [cm]	λ [W/(m·K)]
Innenputz	1,50	1,000
Stahlbeton	30,00	2,500
Dämmung XPS	12,00	0,028

Außenwand

U-Wert: 0,15 W/(m²·K)

Gesamtdicke: 38,50 cm	d [cm]	λ [W/(m·K)]
Gipsfaserplatte	1,50	0,320
Brettschichtholz	12,00	0,110
Dämmung Zellulose	18,00	0,039
Holz	18,00	0,130
Dämmung HF	6,00	0,042
Außenputz	1,00	1,000

Decke gegen Außenluft unten

U-Wert: 0,13 W/(m²·K)

Gesamtdicke: 66,50 cm	d [cm]	λ [W/(m·K)]
Holz	1,50	0,130
Estrich	7,50	1,400
Dämmung XPS	3,00	0,035
OSB-Platte	1,50	0,130
Kiesschüttung	5,00	0,700
Brettschichtholz	23,00	0,229
Dämmung Zellulose	18,00	0,039
Holz	18,00	0,130
Dämmung HF	6,00	0,042
Außenputz	1,00	1,000

Steildach

U-Wert: 0,13 W/(m²·K)

Gesamtdicke: 43,60 cm	d [cm]	λ [W/(m·K)]
Brettschichtholz	19,60	0,090
Dämmung Zellulose	18,00	0,039
Holz	18,00	0,130
Dämmung HF	6,00	0,042

Flachdach

U-Wert: 0,13 W/(m²·K)

Gesamtdicke: 38,10 cm	d [cm]	λ [W/(m·K)]
Brettschichtholz	19,60	0,090
Dämmung XPS	18,00	0,032
Bitumenbahn	0,50	0,170

Planungskennwerte für Flächen und Rauminhalte nach DIN 277

Flächen des Grundstücks		Menge Einheit	% an GF
BF	Bebaute Fläche	225,00 m²	17,6
UF	Unbebaute Fläche	1.055,00 m²	82,4
GF	Grundstücksfläche	1.280,00 m²	100,0

Grundflächen des Bauwerks		Menge Einheit	% an NUF	% an BGF
NUF	Nutzungsfläche	349,79 m²	100,0	63,1
TF	Technikfläche	6,20 m²	1,8	1,1
VF	Verkehrsfläche	85,54 m²	24,5	15,4
NRF	Netto-Raumfläche	441,53 m²	126,2	79,7
KGF	Konstruktions-Grundfläche	112,46 m²	32,2	20,3
BGF	Brutto-Grundfläche	553,99 m²	158,4	100,0

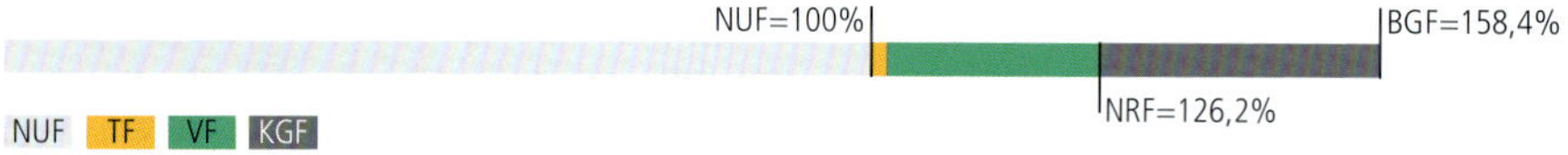

Brutto-Rauminhalt des Bauwerks		Menge Einheit	BRI/NUF (m)	BRI/BGF (m)
BRI	Brutto-Rauminhalt	2.074,00 m³	5,93	3,74

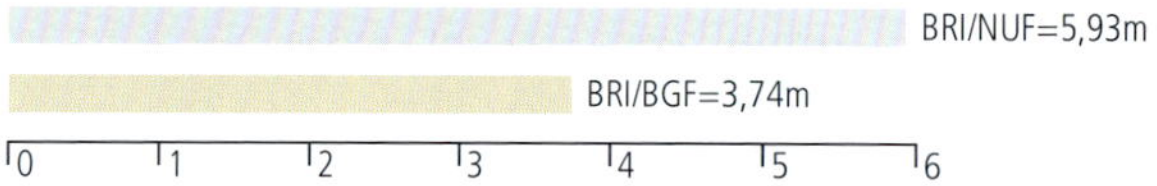

Kostenkennwerte für die Kostengruppen der 1. Ebene DIN 276

KG	Kostengruppen (1. Ebene)	Einheit	Kosten €	€/Einheit	€/m² BGF	€/m³ BRI	% 300+400
100	Grundstück	m² GF	–	–	–	–	–
200	Vorbereitende Maßnahmen	m² GF	50.148	39,18	90,52	24,18	2,6
300	Bauwerk – Baukonstruktionen	m² BGF	1.571.406	2.836,52	2.836,52	757,67	80,2
400	Bauwerk – Technische Anlagen	m² BGF	386.780	698,17	698,17	186,49	19,8
	Bauwerk 300+400	**m² BGF**	**1.958.185**	**3.534,69**	**3.534,69**	**944,16**	**100,0**
500	Außenanlagen und Freiflächen	m² AF	–	–	–	–	–
600	Ausstattung und Kunstwerke	m² BGF	–	–	–	–	–
700	Baunebenkosten	m² BGF	–	–	–	–	–
800	Finanzierung	m² BGF	–	–	–	–	–

KG	Kostengruppe	Menge Einheit	Kosten €	€/Einheit	%
200	**Vorbereitende Maßnahmen**	1.280,00 m² GF	50.148	**39,18**	2,6

Abbrucharbeiten

KG	Kostengruppe	Menge Einheit	Kosten €	€/Einheit	%
3+4	**Bauwerk**				**100,0**
300	**Bauwerk – Baukonstruktionen**	553,99 m² BGF	1.571.406	**2.836,52**	80,2

Baugrubenaushub; Stb-Fundamentplatte, WU-Beton, Estrich, Heizestrich, Sichtestrich, Eichenparkett, Bodenfliesen, Abdichtung, Dämmung; Stb-WU-Wände (KG), Brettsperrholzwände, Holzrahmenwände, Alu-Holzfenster, Dreifachverglasung, Wärmedämmung, Waschputzfassade, GK-Bekleidung, teilw. außenliegende Jalousien; Innenmauerwerk (KG), Brettsperrholzwände, Holzrahmenwände, Wandfliesen; Holz-Rippendecken, Holztreppen, Heizestrich, Sichtestrich, Eichenparkett, Bodenfliesen, GK-Decken, Akustik-Holzdeckenbekleidungen, Handläufe; Hohlkasten-Dachelemente, Dachfenster, Dämmung, Flachziegel-Dachdeckung, Akustik-Holzdeckenbekleidungen, Dachentwässerung; Einbauküche, Einbauschränke

KG	Kostengruppe	Menge Einheit	Kosten €	€/Einheit	%
400	**Bauwerk – Technische Anlagen**	553,99 m² BGF	386.780	**698,17**	19,8

Gebäudeentwässerung, Regenwasserzisterne, Hebeanlage, Kalt- und Warmwasserleitungen, Sanitärobjekte; Erdwärmepumpe, Fußbodenheizung, Kamin, Schornstein; kontrollierte Be- und Entlüftung mit Wärmerückgewinnung; Elektroinstallation, LED-Beleuchtung, Indach-PV-Anlage (47m²), Batteriespeicher; Datenübertragungsanlage, Fernseh- und Antennenanlagen, Rauchmelder

6100-1608
Mehrfamilienhaus
(11 WE)
TG (9 STP)

Kostenkennwerte für die Kosten des Bauwerks (Kostengruppen 300+400 nach DIN 276)

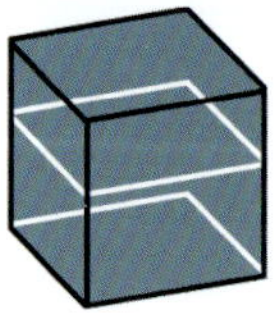

BRI 835 €/m³

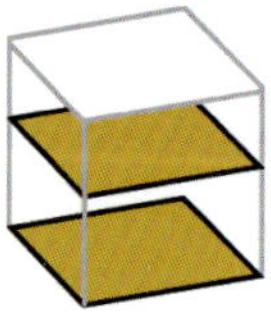

BGF 2.501 €/m²

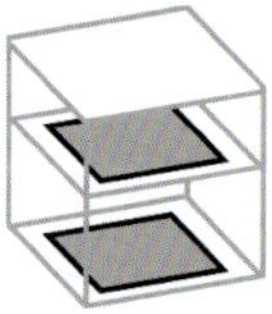

NUF 3.543 €/m²

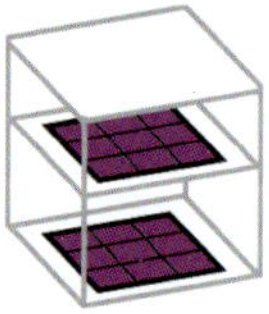

NE 4.506 €/NE

NE: Wohnfläche

Objekt:
Kennwerte: 1.Ebene DIN 276
BRI: 4.753 m³
BGF: 1.588 m²
NUF: 1.120 m²
Bauzeit: 61 Wochen
Bauende: 2022
Standard: hoch
Bundesland: Nordrhein-Westfalen
Kreis: Dortmund, Stadt

Architekt*in:
Heiderich Architekten
Hüttenallee 65
44534 Lünen

© Heiderich Architekten

© Heiderich Architekten

Ansicht Nord

Ansicht Ost

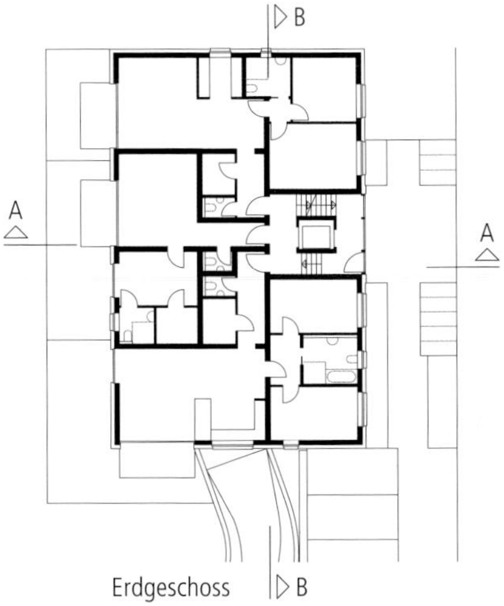

Erdgeschoss

2. Obergeschoss

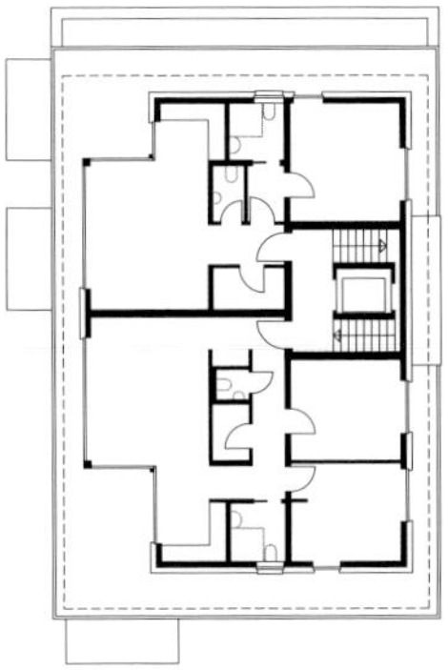

3. Obergeschoss

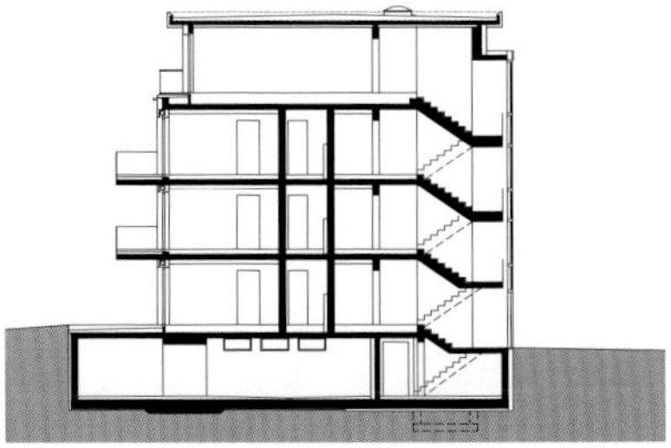

Schnitt A-A

Schnitt B-B

Ansicht Süd

Ansicht West

Objektbeschreibung

Allgemeine Objektinformationen

Das Mehrfamilienhaus mit Tiefgarage steht auf einem Eckgrundstück. Mit seinen Terrassen und Balkonen entwickelt das Gebäude eine Beziehung zwischen Innen- und Außenraum. So entstand ein modernes Mehrfamilienhaus mit klaren Linien, offen gestalteten Räumen und viel Licht. Die elf hochwertige Mietwohnungen besitzen im Erdgeschoss einen Gartenanteil, alle anderen haben großzügige Balkone oder Dachterrassen.

Nutzung

1 Untergeschoss
Tiefgarage mit neun Stellplätzen

1 Erdgeschoss
drei Wohneinheiten

2 Obergeschosse
drei Wohneinheiten

1 Dachgeschoss
zwei Wohneinheiten

Besonderer Kosteneinfluss Nutzung
Das Gebäude wurde mit einem KfW-Programm 40+ gefördert und entspricht einem sehr hohen energetischen Standard.

Nutzeinheiten

Stellplätze: 9
Wohneinheiten: 11
Wohnfläche: 881 m²

Grundstück

Bauraum: Freier Bauraum
Neigung: Ebenes Gelände
Bodenklasse: BK 1 bis BK 5

Markt

Hauptvergabezeit: 1. Quartal 2021
Baubeginn: 1. Quartal 2021
Bauende: 2. Quartal 2022
Konjunkturelle Gesamtlage: über Durchschnitt
Regionaler Baumarkt: Durchschnitt

Baukonstruktion

Der kompakte Baukörper ist in Massivbauweise gebaut. Die Stahlbetonbodenplatte und die Kellerwände gegen das Erdreich bestehen aus WU-Beton. Bei den Zwischendecken kamen Stb-Elementdecken zum Einsatz. Die Außenwände sind aus Porenbeton mit einem hellgrau verputzten WDVS im KfW 40+ Standard. Das Staffelgeschoss ist dunkelgrau abgesetzt. Bei den Innenwänden handelt es sich um Kalksandstein und um Trockenbauelemente. Aufgrund der großen Spannweiten in den beiden Wohnungen im Staffelgeschoss ist das Hauptdach als Brettsperrholzdecke ausgeführt. Bei den Kunststofffenstern handelt es sich um Dreifachverglasungen. Die verglaste Eingangsfassade besteht aus Aluelementen. Das Treppenhaus hat einen hellen Naturstein erhalten. Die Sanitärräume sind mit Feinsteinzeug ausgestattet, in den Wohn- und Schlafräumen ist Vinylboden verbaut. Die Dachterrassen werden durch ein Ganzglasgeländer umfasst und haben einen keramischen Plattenbelag auf Stelzlagern. Bei der Absturzsicherung der Balkone handelt es sich um HPL-Platten.

Technische Anlagen

Für die Raumheizung und Trinkwassererwärmung des Gebäudes sorgen Wohnungsübergabestationen in jeder Wohnung. Die Anlagen werden mit einer Sole-Wasser-Wärmepumpe mit Tiefenbohrungen betrieben. Der benötigte Luftwechsel wird dezentral durch Lüftungsanlagen mit Wärmerückgewinnung in jeder Wohnung gewährleistet. Es gibt eine PV-Anlage auf dem Flachdach. Der erzeugte Strom wird für Heizung, Lüftung und Ladestationen für E-Mobilität verwendet. Alle Stellplätze in der Tiefgarage sind neben zwei weiteren Stellplätzen im Außenbereich mit Ladestationen für E-Mobilität ausgestattet. Alle Wohnungen sind barrierefrei und mit dem Aufzug erreichbar.

Energetische Kennwerte

Gesetzliche Grundlage: GEG 2020
Gebäudenutzfläche: 1.082,00 m²
Gebäudevolumen: 3.381,00 m³
Hüllfläche des beheizten Volumens: 1.503,90 m²
Spez. Transmissionswärmeverlust: 0,26 W/(m²·K)
Spez. Jahresprimärenergiebedarf: 11,10 kWh/(m²·a)
Anlagenaufwandszahl: 0,25

Energetische Angaben zu Außenbauteilen

Bodenplatte

U-Wert: 0,18 W/(m²·K)

Gesamtdicke: 52,40 cm	d [cm]	λ [W/(m·K)]
Estrich	4,00	1,400
Dämmung EPS	8,00	0,040
Bitumenbahn	0,40	0,230
Stahlbeton	30,00	2,100
Dämmung XPS	10,00	0,030

Außenwand gegen Erdreich

U-Wert: 0,19 W/(m²·K)

Gesamtdicke: 46,00 cm	d [cm]	λ [W/(m·K)]
Stahlbeton	25,00	2,100
Bitumenanstrich	1,00	0,170
Dämmung EPS	20,00	0,040

Kellerdecke

U-Wert: 0,10 W/(m²·K)

Gesamtdicke: 46,40 cm	d [cm]	λ [W/(m·K)]
Fliesen	1,00	1,300
Estrich	5,00	1,400
Dämmung	20,00	0,022
Bitumenbahn	0,40	0,170
Stahlbeton	20,00	2,100

Außenwand

U-Wert: 0,12 W/(m²·K)

Gesamtdicke: 46,45 cm	d [cm]	λ [W/(m·K)]
Innenputz	1,50	0,700
Porenbeton	24,00	0,140
Dämmung EPS	20,00	0,032
Außenputz	0,80	1,000
Außenputz	0,15	0,750

Decke gegen Außenluft oben

U-Wert: 0,12 W/(m²·K)

Gesamtdicke: 46,32 cm	d [cm]	λ [W/(m·K)]
Innenputz	1,50	0,700
Stahlbeton	20,00	2,100
Dampfsperre	0,40	0,170
Dämmung EPS	8,00	0,040
Dämmung	16,00	0,026
Bitumenbahn	0,42	0,170

Dach

U-Wert: 0,09 W/(m²·K)

Gesamtdicke: 44,65 cm	d [cm]	λ [W/(m·K)]
GK-Platte	1,25	0,250
Dämmung MW	6,00	0,035
Holz	6,00	0,130
Holz	14,00	0,130
Dampfsperre	0,40	0,170
Dämmung EPS	7,00	0,040
Dämmung	16,00	0,026

Planungskennwerte für Flächen und Rauminhalte nach DIN 277

Flächen des Grundstücks		Menge Einheit	% an GF
BF	Bebaute Fläche	383,71 m²	32,5
UF	Unbebaute Fläche	795,29 m²	67,5
GF	Grundstücksfläche	1.179,00 m²	100,0

Grundflächen des Bauwerks		Menge Einheit	% an NUF	% an BGF
NUF	Nutzungsfläche	1.120,48 m²	100,0	70,6
TF	Technikfläche	27,50 m²	2,5	1,7
VF	Verkehrsfläche	191,59 m²	17,1	12,1
NRF	Netto-Raumfläche	1.339,57 m²	119,6	84,4
KGF	Konstruktions-Grundfläche	247,93 m²	22,1	15,6
BGF	Brutto-Grundfläche	1.587,50 m²	141,7	100,0

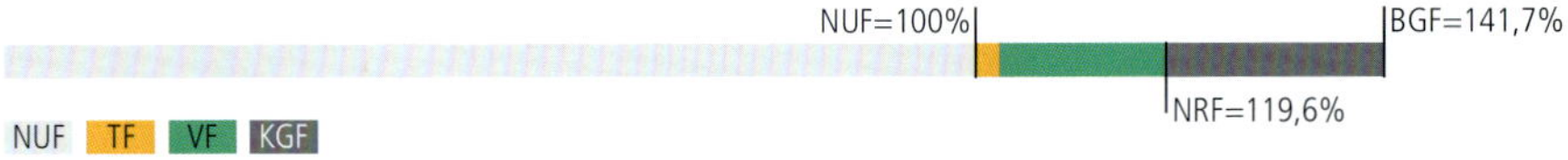

Brutto-Rauminhalt des Bauwerks		Menge Einheit	BRI/NUF (m)	BRI/BGF (m)
BRI	Brutto-Rauminhalt	4.753,00 m³	4,24	2,99

Kostenkennwerte für die Kostengruppen der 1.Ebene DIN 276

KG	Kostengruppen (1.Ebene)	Einheit	Kosten €	€/Einheit	€/m² BGF	€/m³ BRI	% 300+400
100	Grundstück	m² GF	–	–	–	–	–
200	Vorbereitende Maßnahmen	m² GF	70.857	60,10	44,63	14,91	1,8
300	Bauwerk – Baukonstruktionen	m² BGF	2.983.075	1.879,10	1.879,10	627,62	75,1
400	Bauwerk – Technische Anlagen	m² BGF	986.754	621,58	621,58	207,61	24,9
	Bauwerk 300+400	**m² BGF**	**3.969.829**	**2.500,68**	**2.500,68**	**835,23**	**100,0**
500	Außenanlagen und Freiflächen	m² AF	207.575	238,22	130,76	43,67	5,2
600	Ausstattung und Kunstwerke	m² BGF	–	–	–	–	–
700	Baunebenkosten	m² BGF	–	–	–	–	–
800	Finanzierung	m² BGF	–	–	–	–	–

KG	Kostengruppe	Menge Einheit	Kosten €	€/Einheit	%
200	**Vorbereitende Maßnahmen**	1.179,00 m² GF	70.857	**60,10**	1,8

Anschluss Versorger, Anschluss Schmutz-/Regenwasser

KG	Kostengruppe	Menge Einheit	Kosten €	€/Einheit	%
3+4	**Bauwerk**				**100,0**
300	**Bauwerk – Baukonstruktionen**	1.587,50 m² BGF	2.983.075	**1.879,10**	75,1

Baugrubenaushub; Stb-Fundamentplatte WU, Estrich, Perimeterdämmung, Schotterschicht; Stb-Wände WU, Porenbetonmauerwerk, Kunststofffenster mit Dreifachverglasung, Tiefgaragentor, WDVS, Innenputz, Beschichtung, Wandfliesen, Aluminium-Eingangsfassade; KS-Mauerwerk, Trockenbauwände, Innentüren, Beschichtung, Wandfliesen; Stb-Elementdecken, Stb-Balkone, Stb-Treppen, Heizestrich, Natursteinbelag, Feinsteinzeug, Vinylbelag, HPL-Platten-Balkongeländer; Brettsperrholzdecke als Hauptdach, Bitumendächer mit Dämmung und Dachentwässerung, Feinsteinzeug auf Stelzlagern, Ganzglasgeländer

KG	Kostengruppe	Menge Einheit	Kosten €	€/Einheit	%
400	**Bauwerk – Technische Anlagen**	1.587,50 m² BGF	986.754	**621,58**	24,9

Gebäudeentwässerung, Kalt- und Warmwasserleitungen, Sanitärobjekte; Sole-Wasser-Wärmepumpe mit Tiefenbohrungen, Pufferspeicher, Heizungsleitungen, Fußbodenheizung; Lüftungsanlagen mit WRG, Lüftungsleitungen; Elektroinstallationen, PV-Anlage, Beleuchtung, Ladestationen für E-Mobilität

KG	Kostengruppe	Menge Einheit	Kosten €	€/Einheit	%
500	**Außenanlagen und Freiflächen**	871,36 m² AF	207.575	**238,22**	5,2

Terrassen Betonplatten, Pflasterflächen Stellplätze, Zaunanlage, Tiefgaragenrampe, Gartenhäuser, Fahrradboxen, Mülleinfassung, Grundstückentwässerung, Grünflächen

Kostenkennwerte für die Kosten des Bauwerks (Kostengruppen 300+400 nach DIN 276)

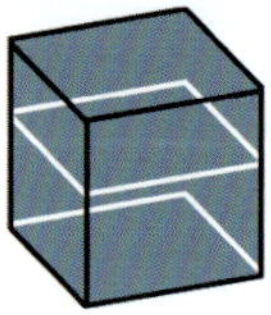

BRI 965 €/m^3

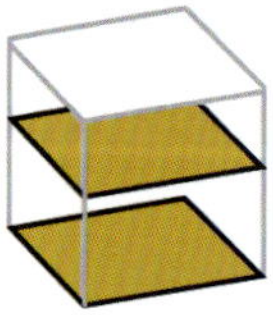

BGF 3.744 €/m^2

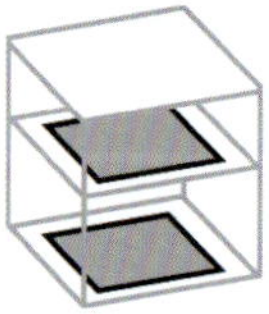

NUF 6.255 €/m^2

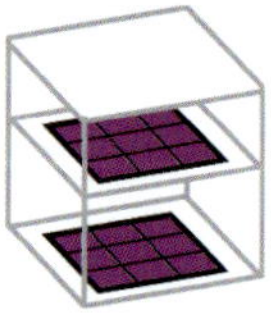

NE 5.280 €/NE

NE: Wohnfläche

Objekt:
Kennwerte: 1. Ebene DIN 276
BRI: 115 m^3
BGF: 30 m^2
NUF: 18 m^2
Bauzeit: 18 Wochen
Bauende: 2021
Standard: hoch
Bundesland: Bayern
Kreis: Traunstein

Architekt*in:
DIESSBACHER ARCHITEKTUR GmbH
Marienstraße 9
83278 Traunstein

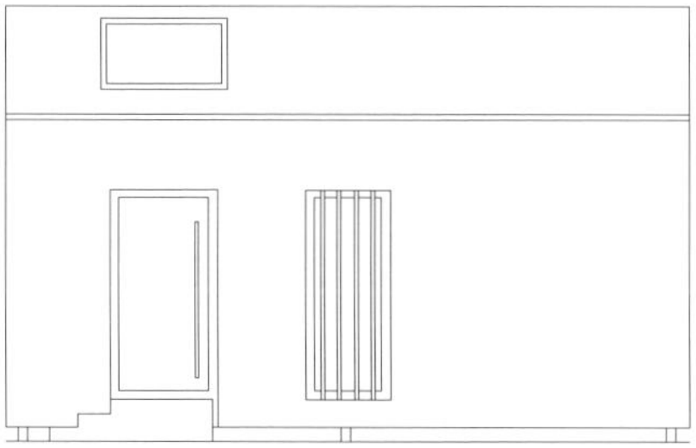

Ansicht Nord

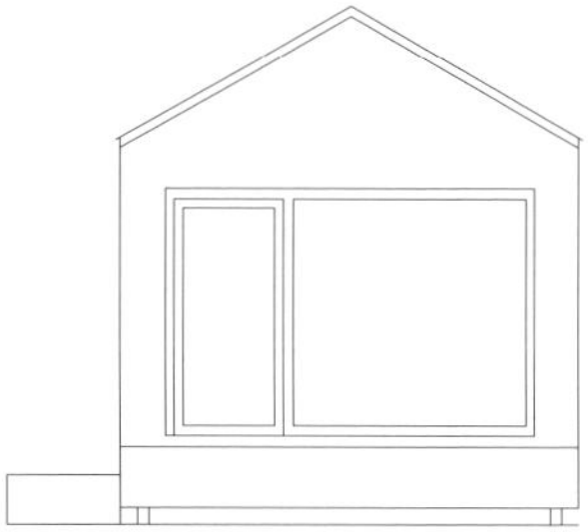

Ansicht West

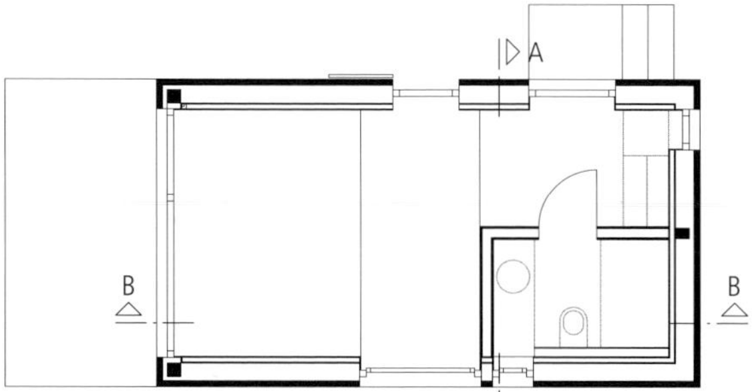

Erdgeschoss

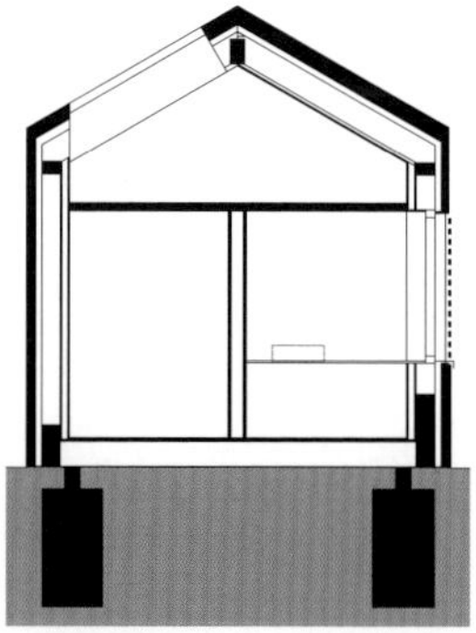

Schnitt A-A

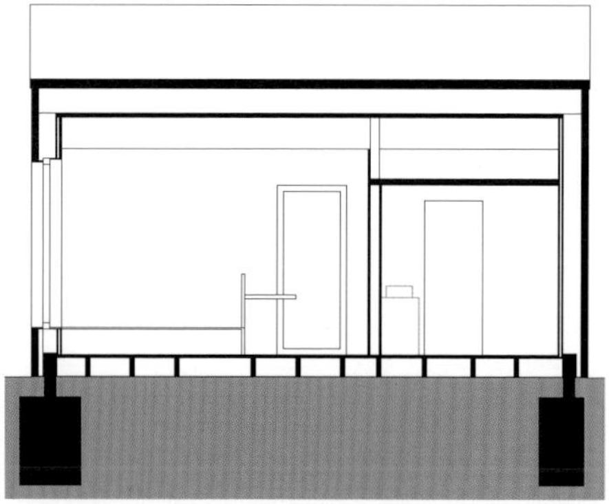

Schnitt B-B

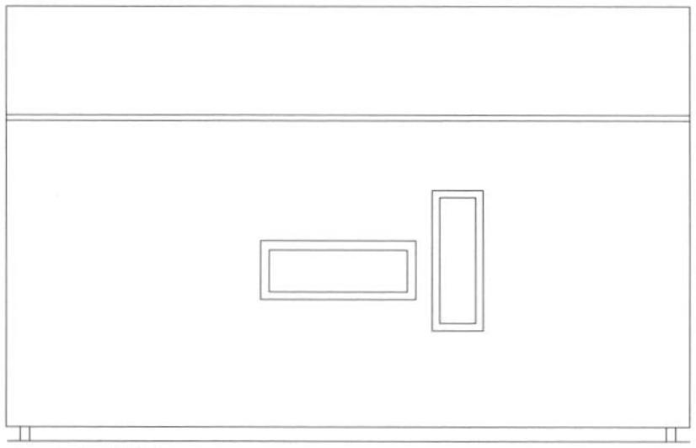

Ansicht Süd

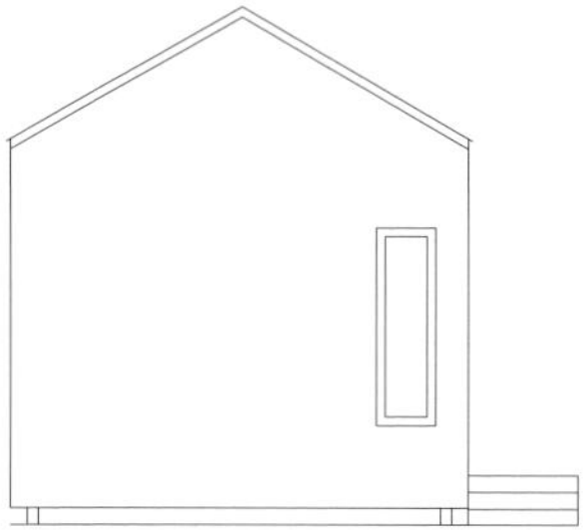

Ansicht Ost

Objektbeschreibung

Allgemeine Objektinformationen

Das Tiny House ergänzt das bestehende Zweifamilienhaus um eine eigene kleine Wohneinheit. Durch seine reduzierte Formensprache und seine Außenhaut aus unbehandelter Lärche fügt es sich wie ein Gartenhaus ganz selbstverständlich in die Umgebung ein. Es wird vor allem als privates Gästehaus genutzt, ist aber auch Rückzugsort und Yogaraum für die Bauherren.

Nutzung

1 Erdgeschoss
Wohnen

Nutzeinheiten

Wohnfläche: 21 m^2

Grundstück

Bauraum: Freier Bauraum
Neigung: Ebenes Gelände
Bodenklasse: BK 1 bis BK 3

Markt

Hauptvergabezeit: 4. Quartal 2020
Baubeginn: 4. Quartal 2020
Bauende: 1. Quartal 2021
Konjunkturelle Gesamtlage: über Durchschnitt
Regionaler Baumarkt: unter Durchschnitt

Baukonstruktion

Das kleine Haus ist in Holzrahmenbauweise errichtet. Der Boden besteht aus einer Holzbalkenlage, die auf Einzelfundamenten aufgeständert steht. Das Satteldach wurde als klassischer zimmermannsmäßiger Dachstuhl aufgestellt. Die Verwendung ökologische Baustoffe war ein wichtiger Bestandteil des Projekts. Die Dämmung der Wände, des Dachs und des Balkenbodens erfolgte mit Holzfaser-Einblasdämmung. Es wurden Holzfenster mit Dreifach-Wärmeschutzverglasung eingebaut. Außen erhielt das Häuschen eine vertikale Schalung aus unbehandeltem Lärchenholz in verschiedenen Brettbreiten. Die Dachuntersicht innen besteht aus Fichten-Dreischichtplatten, der Fußboden aus Fichtendielen.

Technische Anlagen

Das Tiny House wird durch Fernwärme von der Luft-Wasser-Wärmepumpe des Hauptwohnhauses mit versorgt. Aufgrund der geringen Fläche und des hohen Energiestandards (KfW 40) ist die Versorgung unproblematisch möglich. Strom- und Wasserversorgung funktionieren ebenfalls über den Anschluss an das Hauptwohngebäude.

Sonstiges

Es gibt eine Schlafgalerie mit großem Dachfenster, das zum einen auf der Galerie Platz schafft, zum anderen den Blick in die Sterne ermöglicht. Der Wohnraum ist in einem Teilbereich durch ein Podest erhöht. Dieses Podest bietet Stauraum mittels Schubladen und gliedert den Raum. Das Podest sowie die anderen Einbauten wie Küchenzeile, Esstisch, Waschtisch und Schlafgalerie mit Treppe wurden von der Architektin geplant und von einem Schreiner umgesetzt.

Energetische Kennwerte

Gesetzliche Grundlage: EnEV 2013
Gebäudenutzfläche: 35,60 m^2
Gebäudevolumen: 111,40 m^3
A/V_e-Verhältnis (Kompaktheit): 1,26 m^{-1}
Hüllfläche des beheizten Volumens: 140,90 m^2
Spez. Transmissionswärmeverlust: 0,21 W/(m^2·K)
Spez. Jahresprimärenergiebedarf: 54,13 kWh/(m^2·a)
Spez. Jahresendenergiebedarf: 61,20 kWh/(m^2·a)
Spez. Jahresheizwärmebedarf: 48,00 kWh/(m^2·a)
Anlagenaufwandszahl: 0,89

Energetische Angaben zu Außenbauteilen

Bodenplatte

U-Wert: 0,20 W/(m²·K)

Gesamtdicke: 28,95 cm	d [cm]	λ [W/(m·K)]
Parkett	1,50	0,130
OSB-Platte	2,20	0,130
Dämmung Zellulose	24,00	0,039
Holz	24,00	0,130
Leichtbetonbauplatte	1,25	0,290

Außenwand hinterlüftet

U-Wert: 0,14 W/(m²·K)

Gesamtdicke: 33,10 cm	d [cm]	λ [W/(m·K)]
Holz	1,50	0,130
Dämmung HF	6,00	0,040
Holz	6,00	0,130
OSB-Platte	1,50	0,130
Dämmung Zellulose	18,00	0,039
Holz	18,00	0,130
Dämmung HF	6,00	0,039
PE-Folie	0,10	2,300

Dach hinterlüftet

U-Wert: 0,14 W/(m²·K)

Gesamtdicke: 36,10 cm	d [cm]	λ [W/(m·K)]
GK-Platte	1,50	0,250
Luftschicht	3,00	0,156
Holz	3,00	0,130
OSB-Platte	1,50	0,130
Dämmung Zellulose	24,00	0,039
Holz	24,00	0,130
Dämmung HF	6,00	0,039
PE-Folie	0,10	0,039

Planungskennwerte für Flächen und Rauminhalte nach DIN 277

Flächen des Grundstücks		Menge Einheit	% an GF
BF	Bebaute Fläche	284,98 m^2	24,1
UF	Unbebaute Fläche	899,02 m^2	75,9
GF	Grundstücksfläche	1.184,00 m^2	100,0

Grundflächen des Bauwerks		Menge Einheit	% an NUF	% an BGF
NUF	Nutzungsfläche	17,67 m^2	100,0	59,9
TF	Technikfläche	–	–	–
VF	Verkehrsfläche	3,26 m^2	18,4	11,0
NRF	Netto-Raumfläche	20,93 m^2	118,4	70,9
KGF	Konstruktions-Grundfläche	8,59 m^2	48,6	29,1
BGF	Brutto-Grundfläche	29,52 m^2	167,1	100,0

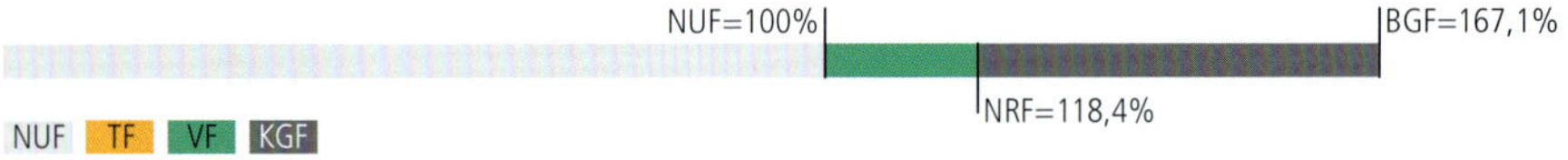

Brutto-Rauminhalt des Bauwerks		Menge Einheit	BRI/NUF (m)	BRI/BGF (m)
BRI	Brutto-Rauminhalt	114,54 m^3	6,48	3,88

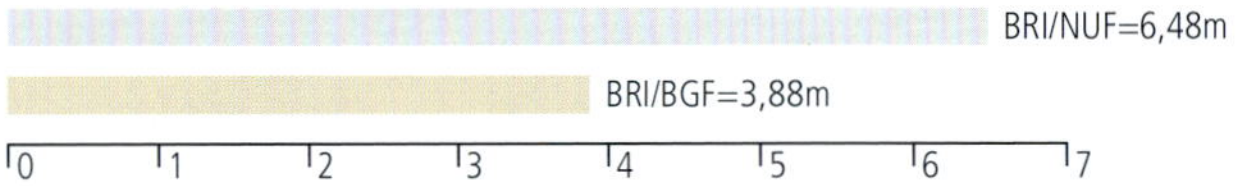

Kostenkennwerte für die Kostengruppen der 1. Ebene DIN 276

KG	Kostengruppen (1. Ebene)	Einheit	Kosten €	€/Einheit	€/m² BGF	€/m³ BRI	% 300+400
100	Grundstück	m² GF	–	–	–	–	–
200	Vorbereitende Maßnahmen	m² GF	–	–	–	–	–
300	Bauwerk – Baukonstruktionen	m² BGF	83.940	2.843,49	2.843,49	732,84	76,0
400	Bauwerk – Technische Anlagen	m² BGF	26.578	900,34	900,34	232,04	24,0
	Bauwerk 300+400	**m² BGF**	**110.518**	**3.743,83**	**3.743,83**	**964,88**	**100,0**
500	Außenanlagen und Freiflächen	m² AF	–	–	–	–	–
600	Ausstattung und Kunstwerke	m² BGF	–	–	–	–	–
700	Baunebenkosten	m² BGF	–	–	–	–	–
800	Finanzierung	m² BGF	–	–	–	–	–

KG	Kostengruppe	Menge Einheit	Kosten €	€/Einheit	%
3+4	**Bauwerk**				**100,0**
300	**Bauwerk – Baukonstruktionen**	29,52 m² BGF	83.940	**2.843,49**	76,0

Erdarbeiten, Stb-Streifenfundamente, Holzbalkenlage, Zellulosefaserdämmung, Fichtendielen, Bodenfliesen, Abdichtung; Holzrahmen-Außenwände, Holzfenster mit Dreifach-Wärmeschutzverglasung, Eingangstür, Außenschalung Lärche, Dispersionsbeschichtung, Wandfliesen; Holzrahmen-Innenwände, Innentür; Holzdachstuhl, Holzfaserdämmung, Dachfenster, Ziegeldeckung, GK-Bekleidung, Dachentwässerung; Schlafgalerie mit Stahl-Holztreppe, Podest im Wohnbereich als Stauraum, Einbauküchenzeile

KG	Kostengruppe	Menge Einheit	Kosten €	€/Einheit	%
400	**Bauwerk – Technische Anlagen**	29,52 m² BGF	26.578	**900,34**	24,0

Gebäudeentwässerung, Anschluss an bestehenden Revisionsschacht, Kalt- und Warmwasserleitungen, Sanitärobjekte; Fernwärmeanschluss an bestehende Luft-Wasser-Wärmepumpe von Wohnhaus, Wandheizung; Elektroinstallation, Anschluss an bestehendes Wohnhaus

6100-1619
Reihenmittelhaus
Doppelcarport

Kostenkennwerte für die Kosten des Bauwerks (Kostengruppen 300+400 nach DIN 276)

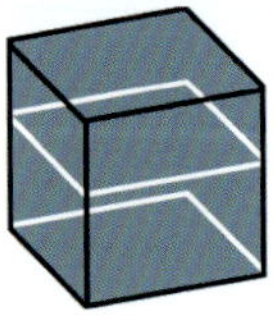

BRI 1.062 €/m³

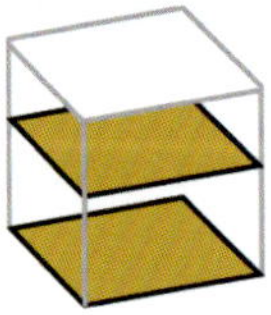

BGF 3.294 €/m²

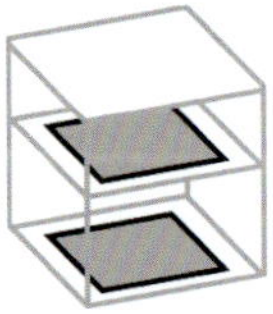

NUF 5.030 €/m²

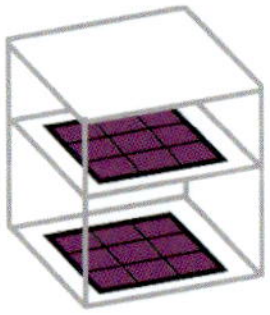

NE 4.322 €/NE

NE: Wohnfläche

Objekt:
Kennwerte: 1. Ebene DIN 276
BRI: 913 m³
BGF: 294 m²
NUF: 193 m²
Bauzeit: 83 Wochen
Bauende: 2021
Standard: hoch
Bundesland: Saarland
Kreis: Saarbrücken, Regionalverband

Architekt*in:
SCHNEEWEISS ARCHITEKTEN
Neumarkt 11
66117 Saarbrücken

© Marco Kany DWB

© Marco Kany DWB

© Marco Kany DWB

© Marco Kany DWB

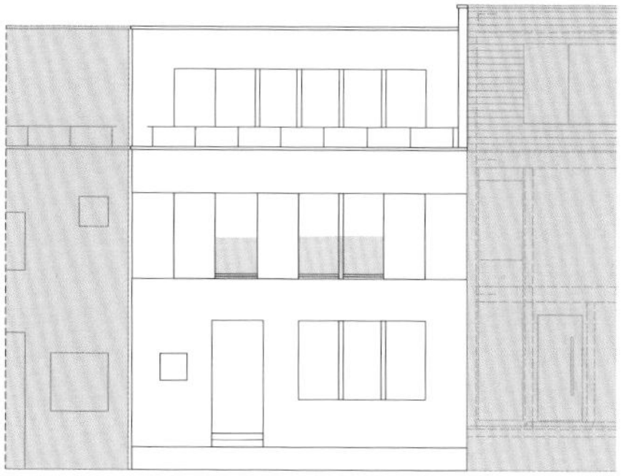

Ansicht Nord

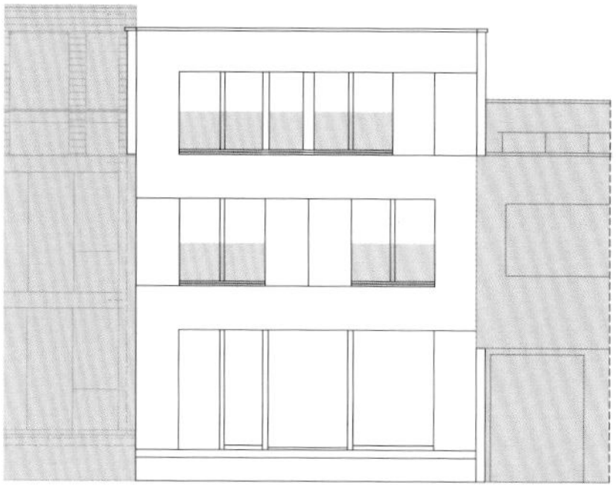

Ansicht Süd

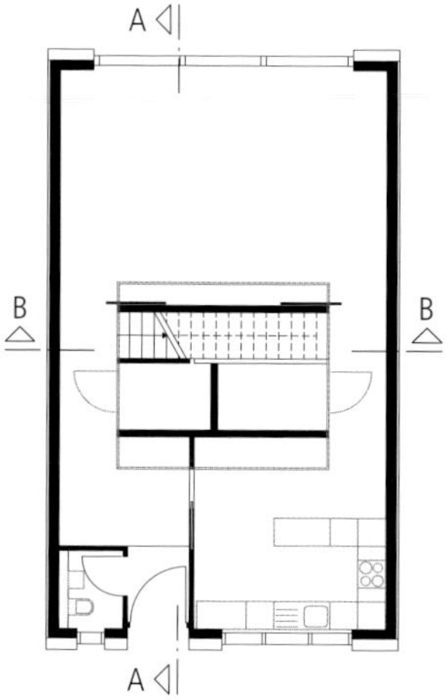

Erdgeschoss

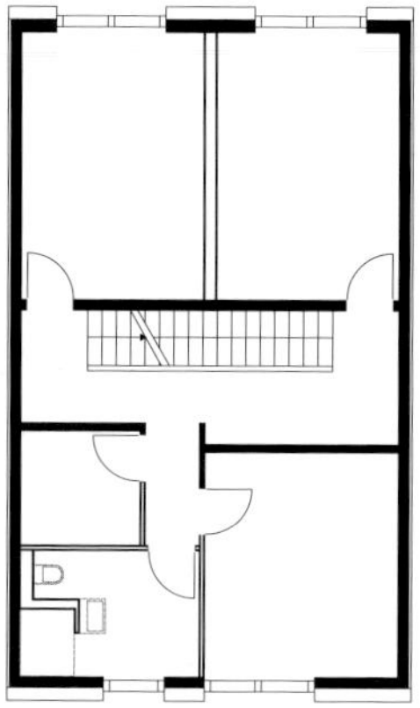

Obergeschoss

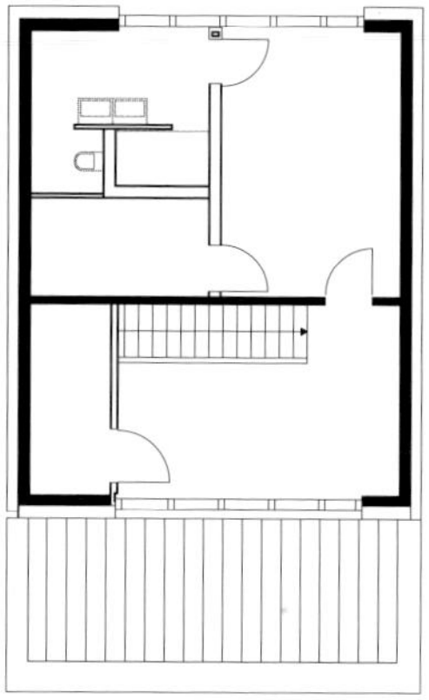

Dachgeschoss

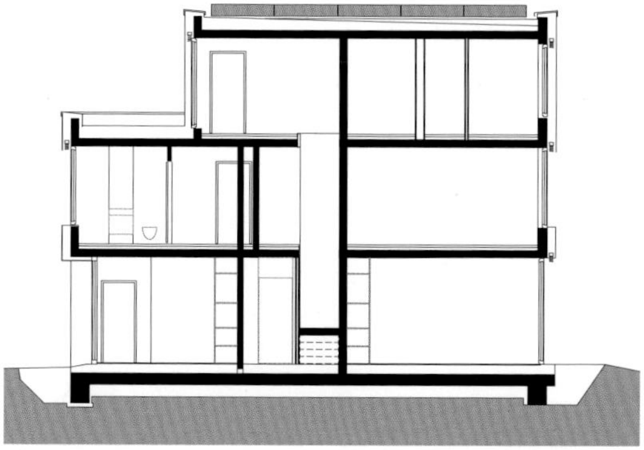

Schnitt A-A

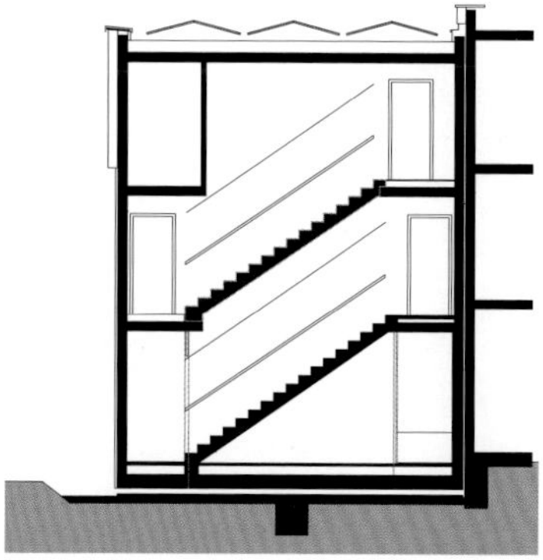

Schnitt B-B

Objektbeschreibung

Allgemeine Objektinformationen

Die Bauherrn hatten den Wunsch nach einem extrem sparsamen, zukunftsfähigen Haus, das zugleich alle Voraussetzungen für altersgerechtes Wohnen in Zukunft erfüllen sollte.

Nutzung

1 Erdgeschoss
Wohn-Essraum, Küche, Hausanschlussraum, WC, Abstellraum

1 Obergeschoss
Kinderzimmer, Gäste, Hauswirtschaftsraum, Bad

1 Dachgeschoss
Schlafraum, Ankleide, Arbeitsgalerie, Bad, Technikraum, Dachterrasse

Nutzeinheiten

Wohneinheiten: 1
Wohnfläche: 224 m^2

Grundstück

Bauraum: Beengter Bauraum
Neigung: Geneigtes Gelände
Bodenklasse: BK 2 bis BK 5

Markt

Hauptvergabezeit: 2. Quartal 2020
Baubeginn: 2. Quartal 2020
Bauende: 4. Quartal 2021
Konjunkturelle Gesamtlage: über Durchschnitt
Regionaler Baumarkt: über Durchschnitt

Baukonstruktion

Aufgrund der großen Spannweiten ist der Neubau in Massivbauweise erstellt. Tragende Wände sind aus Stahlbeton und Mauerwerk. Alle Fenster sind in Holz mit Dreifachverglasung und Sonnenschutz ausgeführt. Die Dämmung erfolgt über ein mineralisches Wärmedämmverbundsystem mit mineralischem Putzaufbau. Im Innenbereich sind die Wände aus Stahlbeton, teilweise in Sichtbeton. Nichttragende Wände sind als GK-Wände ausgeführt. Auf dem Heizestrich liegen Parkett oder Bodenfliesen, auf der Dachterrasse sind Dielen verlegt. Das Stahlbeton-Flachdach ist gedämmt und mit einer Photovoltaikanlage ausgestattet.

Technische Anlagen

Der geringe Restwärmebedarf des Gebäudes wird über ein Kombigerät, bestehend aus einer Luft-Wasser-Wärmepumpe und einer Lüftungsanlage mit Wärmerückgewinnung, produziert. Über eine Fußbodenheizung wird die Wärme in den Räumen verteilt. Der Strombedarf wird unter Berücksichtigung der Jahresbilanz komplett über eine Photovoltaikanlage auf dem Dach gedeckt.

Sonstiges

Das Haus erfüllt den KfW 40 Plus-Standard.

Energetische Kennwerte

Gesetzliche Grundlage: EnEV 2013
Gebäudenutzfläche: 266,60 m^2
Gebäudevolumen: 833,24 m^3
A/V_e-Verhältnis (Kompaktheit): 0,41 m^{-1}
Hüllfläche des beheizten Volumens: 339,91 m^2
Spez. Transmissionswärmeverlust: 0,20 $W/(m^2 \cdot K)$
Spez. Jahresprimärenergiebedarf: 14,15 $kWh/(m^2 \cdot a)$
Spez. Jahresendenergiebedarf: 7,87 $kWh/(m^2 \cdot a)$
CO_2-Emissionen: 5,00 $kg/(m^2 \cdot a)$
Anlagenaufwandszahl: 0,38

Energetische Angaben zu Außenbauteilen

Bodenplatte

U-Wert: 0,11 W/(m²·K)

Gesamtdicke: 66,00 cm	d [cm]	λ [W/(m·K)]
Estrich	5,00	1,400
Dämmung GF	12,00	0,036
Trittschalldämmung	0,50	0,045
Dämmung PIR	10,00	0,024
Ausgleichsschicht	8,00	0,056
Bitumenbahn	0,50	0,170
Stahlbeton	30,00	2,300

Außenwand

U-Wert: 0,16 W/(m²·K)

Gesamtdicke: 43,00 cm	d [cm]	λ [W/(m·K)]
Stahlbeton	20,00	2,300
Dämmung MW	22,00	0,037
Außenputz	1,00	1,000

Dachterrasse

U-Wert: 0,16 W/(m²·K)

Gesamtdicke: 36,20 cm	d [cm]	λ [W/(m·K)]
Stahlbeton	20,00	2,300
Bitumenbahn	0,50	0,170
Dämmung PIR	14,70	0,024
Bitumenbahn	1,00	0,170

Dach

U-Wert: 0,12 W/(m²·K)

Gesamtdicke: 46,50 cm	d [cm]	λ [W/(m·K)]
Stahlbeton	20,00	2,300
Bitumenbahn	0,50	0,230
Dämmung PS	25,00	0,032
Bitumenbahn	1,00	0,170

Planungskennwerte für Flächen und Rauminhalte nach DIN 277

Flächen des Grundstücks		Menge Einheit	% an GF
BF	Bebaute Fläche	97,50 m²	37,4
UF	Unbebaute Fläche	163,15 m²	62,6
GF	Grundstücksfläche	260,65 m²	100,0

Grundflächen des Bauwerks		Menge Einheit	% an NUF	% an BGF
NUF	Nutzungsfläche	192,72 m²	100,0	65,5
TF	Technikfläche	8,18 m²	4,2	2,8
VF	Verkehrsfläche	40,26 m²	20,9	13,7
NRF	Netto-Raumfläche	241,16 m²	125,1	81,9
KGF	Konstruktions-Grundfläche	53,16 m²	27,6	18,1
BGF	Brutto-Grundfläche	294,32 m²	152,7	100,0

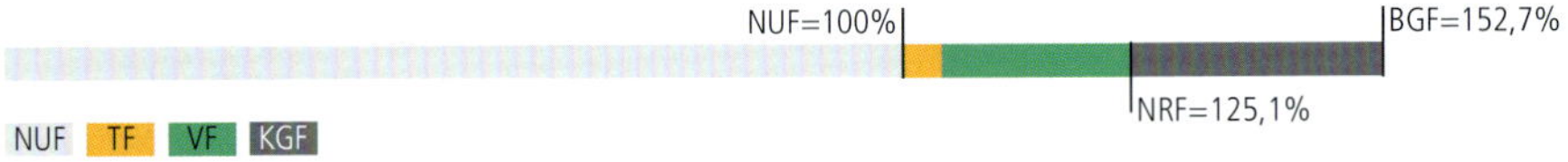

Brutto-Rauminhalt des Bauwerks		Menge Einheit	BRI/NUF (m)	BRI/BGF (m)
BRI	Brutto-Rauminhalt	913,17 m³	4,74	3,10

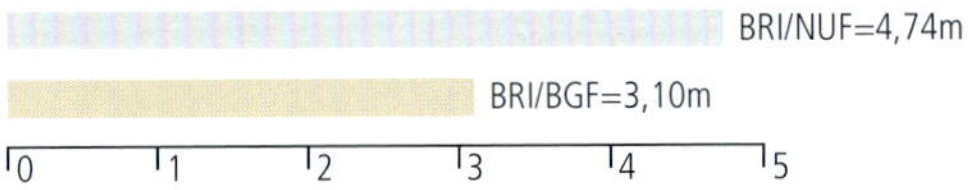

Kostenkennwerte für die Kostengruppen der 1. Ebene DIN 276

KG	Kostengruppen (1. Ebene)	Einheit	Kosten €	€/Einheit	€/m² BGF	€/m³ BRI	% 300+400
100	Grundstück	m² GF	–	–	–	–	–
200	Vorbereitende Maßnahmen	m² GF	–	–	–	–	–
300	Bauwerk – Baukonstruktionen	m² BGF	723.946	2.459,72	2.459,72	792,78	74,7
400	Bauwerk – Technische Anlagen	m² BGF	245.433	833,90	833,90	268,77	25,3
	Bauwerk 300+400	**m² BGF**	**969.379**	**3.293,62**	**3.293,62**	**1.061,55**	**100,0**
500	Außenanlagen und Freiflächen	m² AF	115.622	822,05	392,84	126,62	11,9
600	Ausstattung und Kunstwerke	m² BGF	–	–	–	–	–
700	Baunebenkosten	m² BGF	–	–	–	–	–
800	Finanzierung	m² BGF	–	–	–	–	–

KG	Kostengruppe	Menge Einheit	Kosten €	€/Einheit	%
3+4	**Bauwerk**				**100,0**
300	**Bauwerk – Baukonstruktionen**	294,32 m² BGF	723.946	**2.459,72**	74,7

Baugrubenaushub; Stb-Fundamente, Stb-Bodenplatte, Heizestrich, Parkett, Bodenfliesen, Abdichtung, Kiesfilterschicht, Dämmung, Perimeterdämmung, Dränage; Stb-Wände, Mauerwerkswände, Holzfenster, Dreifachverglasung, WDVS, Sonnenschutz an allen Fenstern; Innenmauerwerk, Stb-Wände, teilw. Sichtbeton, GK-Wände, Wandfliesen; Stb-Decken, Stb-Treppen, allseits in Sichtbeton, Heizestrich, Parkett, Bodenfliesen, Treppengeländer, Handläufe; Stb-Dach, Dämmung, Abdichtung, Attika, Dachentwässerung

KG	Kostengruppe	Menge Einheit	Kosten €	€/Einheit	%
400	**Bauwerk – Technische Anlagen**	294,32 m² BGF	245.433	**833,90**	25,3

Gebäudeentwässerung, Kalt- und Warmwasserleitungen, Sanitärobjekte; Luft-Wasser-Wärmepumpe, Fußbodenheizung; kontrollierte Be- und Entlüftung mit Wärmerückgewinnung; Elektroinstallation, PV-Anlage (43m²); Fernseh- und Antennenanlagen, Rauchmelder

KG	Kostengruppe	Menge Einheit	Kosten €	€/Einheit	%
500	**Außenanlagen und Freiflächen**	140,65 m² AF	115.622	**822,05**	11,9

Oberbodenarbeiten, Bodenarbeiten, Erdbaumaßnahmen; Gründungsmaßnahmen; Wege, Terrassen, Stellplätze; Winkelstützmauern, Treppen, Geländer, Doppel-Carport: Stahlstützen, Schiebetor, Lärchenholz-Wandbekleidung; Stahldach, Trapezblech, extensives Gründach; Oberbodenauftrag, Stauden, Rasen

6100-1630
Einfamilienhaus
Garage

Kostenkennwerte für die Kosten des Bauwerks (Kostengruppen 300+400 nach DIN 276)

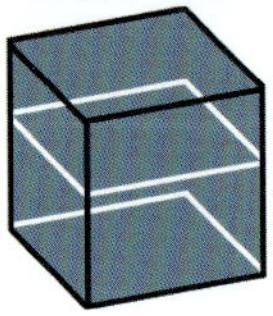

BRI 1.162 €/m³

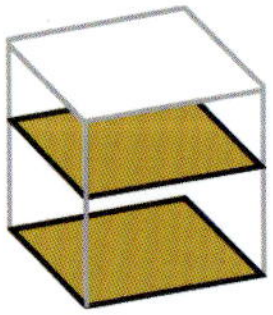

BGF 3.201 €/m²

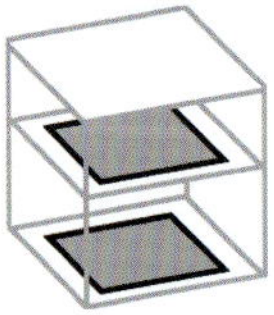

NUF 5.245 €/m²

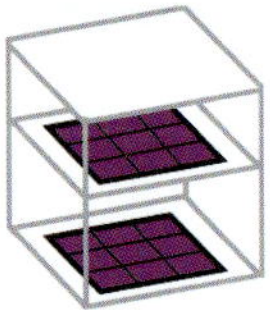

NE 5.241 €/NE

NE: Wohnfläche

Objekt:
Kennwerte: 1.Ebene DIN 276
BRI: 824 m³
BGF: 299 m²
NUF: 182 m²
Bauzeit: 61 Wochen
Bauende: 2021
Standard: hoch
Bundesland: Nordrhein-Westfalen
Kreis: Mettmann

Architekt*in:
Wendling Architektur
Tempelstraße 2
50679 Köln-Deutz

© Ben Van Skyhawk

© Ben Van Skyhawk

© Ben Van Skyhawk

© Ben Van Skyhawk

© Ben Van Skyhawk

© Ben Van Skyhawk

© Ben Van Skyhawk

© Ben Van Skyhawk

Kostenstand: 2. Quartal 2026, Bundesdurchschnitt, **inkl. 19% MwSt.**

Zeichnungen

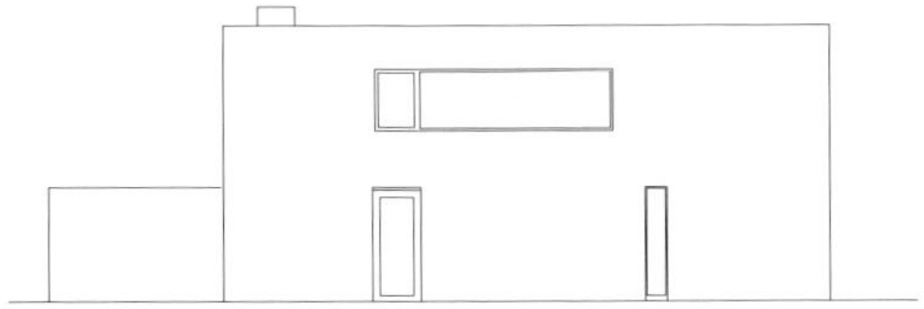

Ansicht Nord-Ost

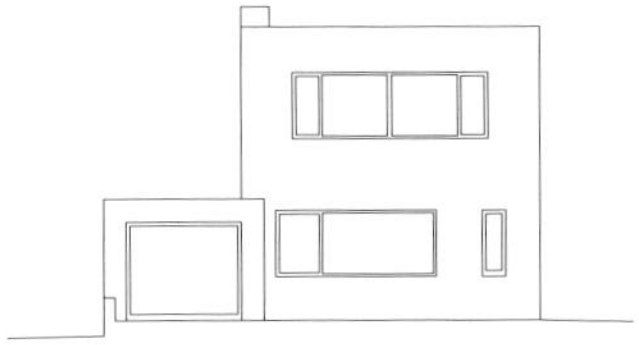

Ansicht Nord-West

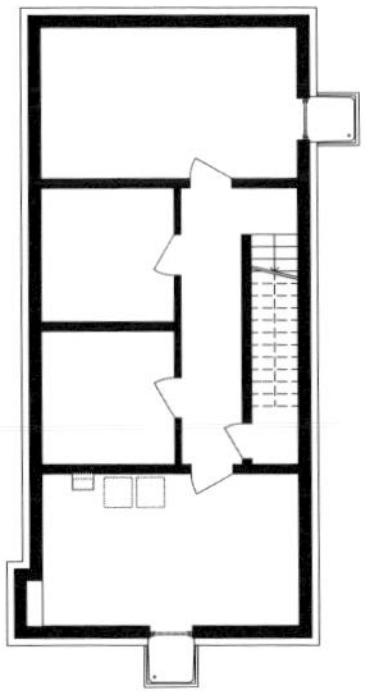

Untergeschoss

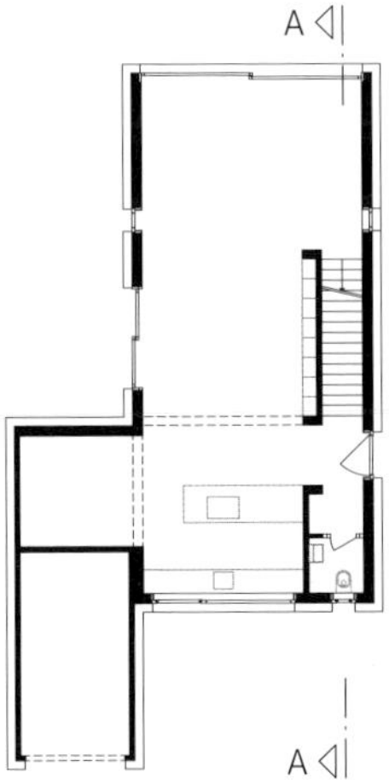

Erdgeschoss

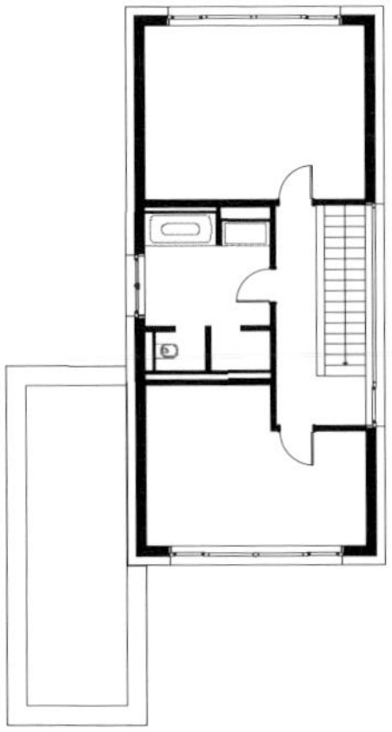

Obergeschoss

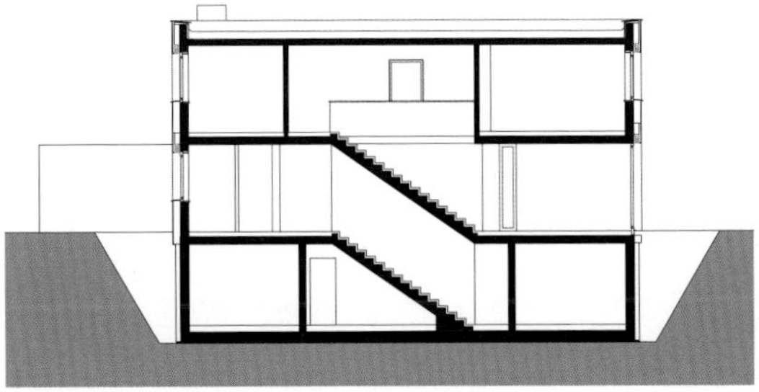

Schnitt A-A

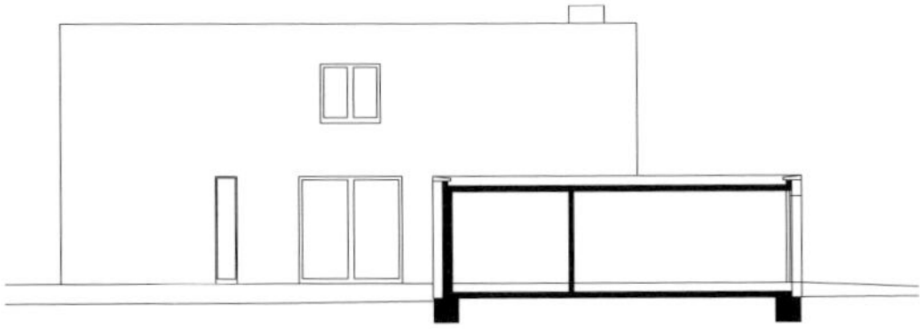

Ansicht Süd-Ost

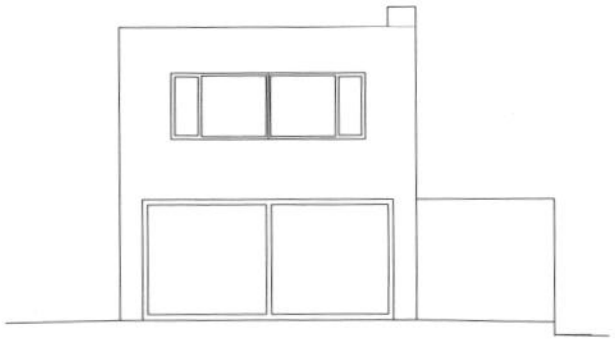

Ansicht Süd-West

Objektbeschreibung

Allgemeine Objektinformationen

Das Einfamilienhaus befindet sich in einem ruhigen Stadtteil, der durch freistehende Wohnhäuser geprägt wird. Der Neubau besteht aus drei Baukörpern: Fahrradhaus, Garage und Haupthaus bilden einen städtebaulichen Dreiklang aus klein, mittel und groß. Die drei Baukörper staffeln sich von der Straße bis zum Haus und bilden ein homogenes Ensemble.

Nutzung

1 Untergeschoss
Hobbyraum, Abstellräume, Waschküche, Flur, Treppe

1 Erdgeschoss
Wohnzimmer, Essküche, WC, Treppe

1 Obergeschoss
Schlafzimmer, Kinderzimmer, Bad, Flur, Treppe

Nutzeinheiten

Stellplätze: 2
Wohneinheiten: 1
Wohnfläche: 183 m^2

Grundstück

Bauraum: Freier Bauraum
Neigung: Ebenes Gelände
Bodenklasse: BK 2 bis BK 5

Markt

Hauptvergabezeit: 1. Quartal 2020
Baubeginn: 3. Quartal 2020
Bauende: 4. Quartal 2021
Konjunkturelle Gesamtlage: über Durchschnitt
Regionaler Baumarkt: Durchschnitt

Baukonstruktion

Das Gebäude gründet auf einer Stb-Platte, die mit den Stahlbetonwänden des UGs als Weiße Wanne ausgebildet wurde. Die Wände der darüberliegenden Geschosse wurden in Kalksandstein gemauert. Geschossdecken und das Flachdach wurden wie die einläufige Treppe aus Stahlbeton hergestellt. Die Böden und die Treppen wurden mit Eichenholz belegt. Auch die Innentüren und die Fenster sind aus Eichenhölzern gefertigt. Die dreifachverglasten Fenster sind zudem schalldämmend ausgeführt. Sämtliche Innenwände sind weiß verputzt. Außen wurde die Fassade mit einem Wärmedämmverbundsystem belegt und erhielt eine graue Beschichtung aus einer natürlichen Pigmentfarbe.

Technische Anlagen

Beheizt wird das Gebäude über ein Gasheizungssystem in Verbindung mit einer solarthermischen Anlage. Verteilt wird die Wärme über eine Fußbodenheizung.

Energetische Kennwerte

Gesetzliche Grundlage: EnEV 2013
Gebäudenutzfläche: 263,22 m^2
Gebäudevolumen: 822,57 m^3
A/V_e-Verhältnis (Kompaktheit): 0,69 m^{-1}
Hüllfläche des beheizten Volumens: 569,98 m^2
Spez. Transmissionswärmeverlust: 0,30 W/(m^2·K)
Spez. Jahresprimärenergiebedarf: 38,94 kWh/(m^2·a)
Spez. Jahresendenergiebedarf: 34,96 kWh/(m^2·a)
CO_2-Emissionen: 8,94 kg/(m^2·a)

Energetische Angaben zu Außenbauteilen

Bodenplatte

U-Wert: 0,19 W/(m²·K)

Gesamtdicke: 49,80 cm	d [cm]	λ [W/(m·K)]
Estrich	6,50	1,200
Dämmung	4,00	0,035
Bitumenbahn	0,30	0,170
Stahlbeton	25,00	2,500
Dämmung	14,00	0,038

Außenwand gegen Erdreich

U-Wert: 0,21 W/(m²·K)

Gesamtdicke: 42,50 cm	d [cm]	λ [W/(m·K)]
Innenputz	1,50	1,000
Stahlbeton	25,00	2,500
Dämmung	16,00	0,035

Außenwand

U-Wert: 0,19 W/(m²·K)

Gesamtdicke: 49,00 cm	d [cm]	λ [W/(m·K)]
Innenputz	1,50	0,400
Kalksandstein	24,00	0,990
Dämmung	22,00	0,045
Außenputz	1,50	0,870

Dach

U-Wert: 0,17 W/(m²·K)

Gesamtdicke: 40,20 cm	d [cm]	λ [W/(m·K)]
Innenputz	1,00	0,700
Stahlbeton	18,00	2,100
Dampfsperre	0,40	0,170
Dämmung	20,00	0,035
Abdichtung	0,30	0,170
Abdichtung	0,50	0,170

Planungskennwerte für Flächen und Rauminhalte nach DIN 277

Flächen des Grundstücks		Menge Einheit	% an GF
BF	Bebaute Fläche	130,00 m²	22,1
UF	Unbebaute Fläche	458,00 m²	77,9
GF	Grundstücksfläche	588,00 m²	100,0

Grundflächen des Bauwerks		Menge Einheit	% an NUF	% an BGF
NUF	Nutzungsfläche	182,49 m²	100,0	61,0
TF	Technikfläche	18,16 m²	10,0	6,1
VF	Verkehrsfläche	20,73 m²	11,4	6,9
NRF	Netto-Raumfläche	221,38 m²	121,3	74,0
KGF	Konstruktions-Grundfläche	77,68 m²	42,6	26,0
BGF	Brutto-Grundfläche	299,06 m²	163,9	100,0

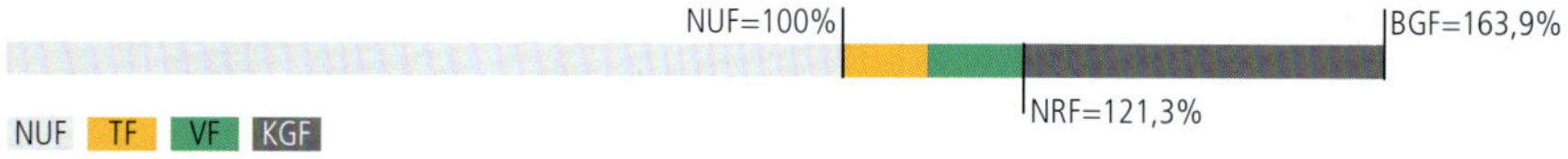

Brutto-Rauminhalt des Bauwerks		Menge Einheit	BRI/NUF (m)	BRI/BGF (m)
BRI	Brutto-Rauminhalt	824,00 m³	4,52	2,76

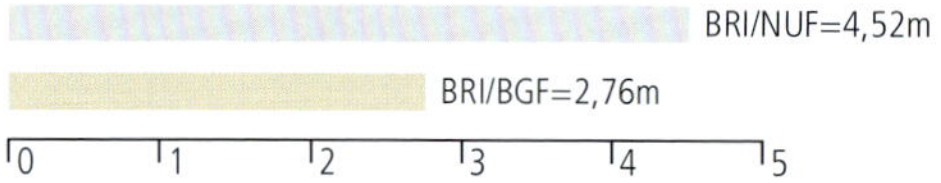

Kostenkennwerte für die Kostengruppen der 1.Ebene DIN 276

KG	Kostengruppen (1.Ebene)	Einheit	Kosten €	€/Einheit	€/m² BGF	€/m³ BRI	% 300+400
100	Grundstück	m² GF	–	–	–	–	–
200	Vorbereitende Maßnahmen	m² GF	–	–	–	–	–
300	Bauwerk – Baukonstruktionen	m² BGF	801.468	2.679,96	2.679,96	972,66	83,7
400	Bauwerk – Technische Anlagen	m² BGF	155.719	520,69	520,69	188,98	16,3
	Bauwerk 300+400	**m² BGF**	**957.187**	**3.200,65**	**3.200,65**	**1.161,63**	**100,0**
500	Außenanlagen und Freiflächen	m² AF	109.851	239,85	367,32	133,31	11,5
600	Ausstattung und Kunstwerke	m² BGF	–	–	–	–	–
700	Baunebenkosten	m² BGF	–	–	–	–	–
800	Finanzierung	m² BGF	–	–	–	–	–

KG	Kostengruppe	Menge Einheit	Kosten €	€/Einheit	%
3+4	**Bauwerk**				**100,0**
300	**Bauwerk – Baukonstruktionen**	299,06 m² BGF	801.468	**2.679,96**	83,7

Stb-Bodenplatte WU, Dämmung, Estrich, Parkett, Fliesen; Stb-Wände WU, KS-Mauerwerk, Eichenholzfenster, Holzeingangstüre, Garagentor, WDVS, Innenputz, Beschichtung, Wandfliesen; KS-Innenwände, Holztüren, Innenputz, GK-Vorsatzschalen, Beschichtung; Stb-Decke, Stb-Treppe, Estrich, Parkett, Fliesen; Stb-Flachdach, Dämmung, Dachabdichtung, Dachentwässerung; Einbaumöbel, Einbauküche

KG	Kostengruppe	Menge Einheit	Kosten €	€/Einheit	%
400	**Bauwerk – Technische Anlagen**	299,06 m² BGF	155.719	**520,69**	16,3

Gebäudeentwässerung, Warm- und Kaltwasserleitungen, Sanitärobjekte; Gasheizsystem, solarthermische Anlage, Heizleitungen, Fußbodenheizung; Elektroinstallation, Beleuchtung, Einbauleuchten

KG	Kostengruppe	Menge Einheit	Kosten €	€/Einheit	%
500	**Außenanlagen und Freiflächen**	458,00 m² AF	109.851	**239,85**	11,5

Einfahrt, Terrasse, Gartengestaltung, Bepflanzung

6100-1631
Mehrfamilienhaus
(2 WE)

Kostenkennwerte für die Kosten des Bauwerks (Kostengruppen 300+400 nach DIN 276)

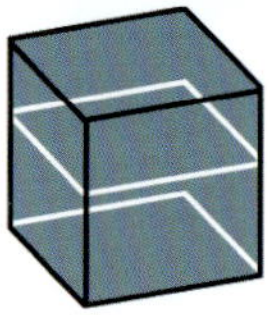

BRI 755 €/m³

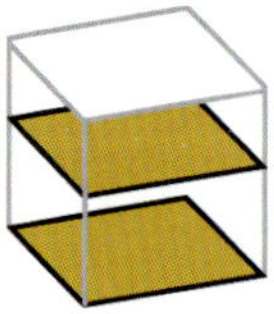

BGF 2.783 €/m²

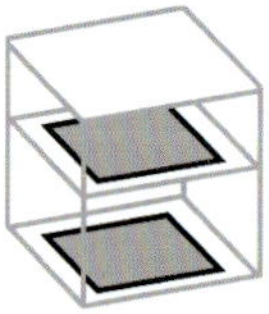

NUF 4.129 €/m²

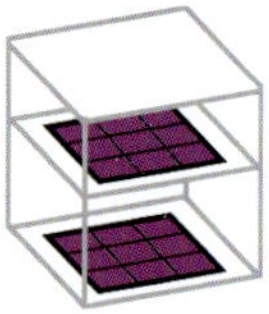

NE 3.840 €/NE

NE: Wohnfläche

Objekt:
Kennwerte: 1.Ebene DIN 276
BRI: 923 m³
BGF: 250 m²
NUF: 169 m²
Bauzeit: 52 Wochen
Bauende: 2022
Standard: mittel
Bundesland: Nordrhein-Westfalen
Kreis: Rheinisch-Bergischer Kreis

Architekt*in:
Wendling Architektur
Tempelstraße 2
50679 Köln-Deutz

© Ben Van Skyhawk

© Ben Van Skyhawk

© Ben Van Skyhawk

© Ben Van Skyhawk

© Ben Van Skyhawk

Ansicht Ost

Ansicht West

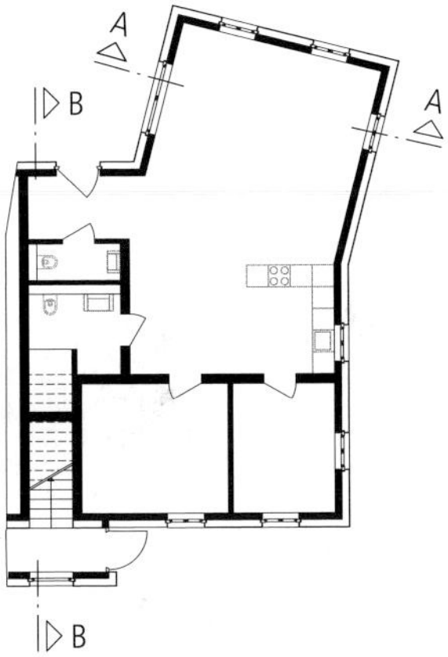

Erdgeschoss

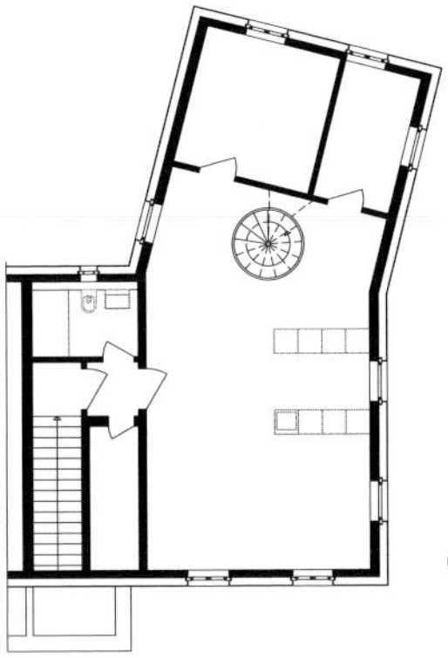

Obergeschoss

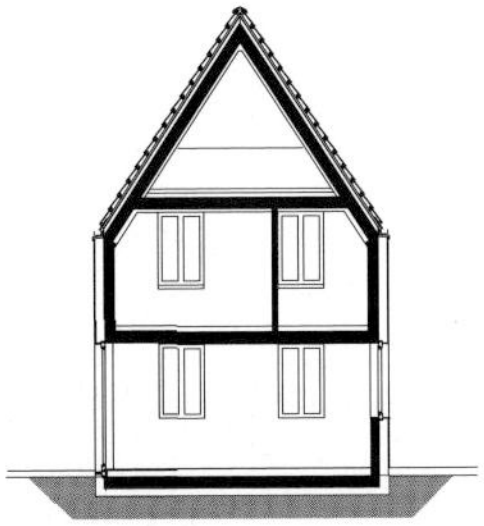

Schnitt A-A

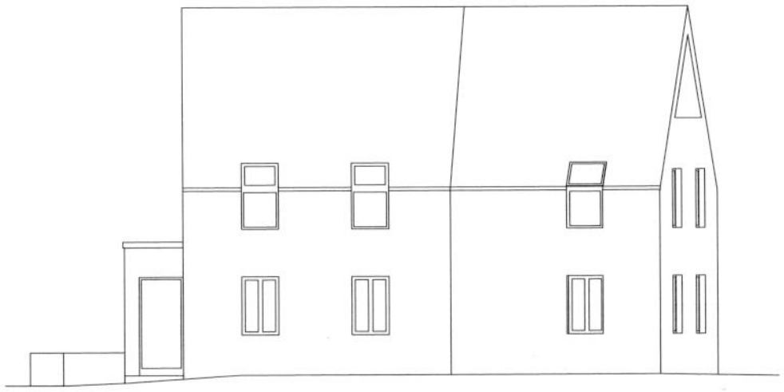

Ansicht Nord

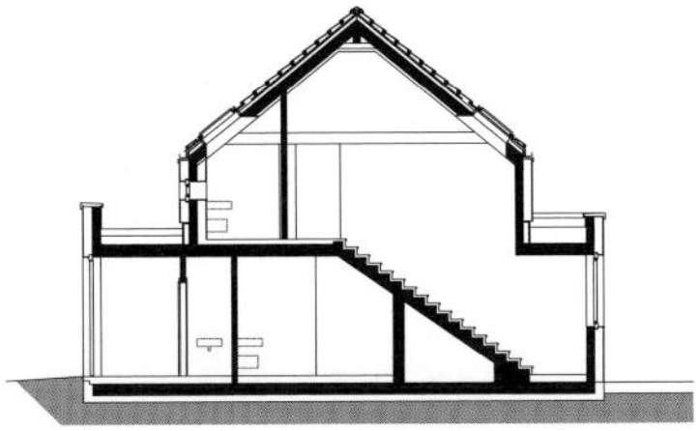

Schnitt B-B

Objektbeschreibung

Allgemeine Objektinformationen

Auf dem Grundstück befand sich eine marode Doppelhaushälfte in Fachwerkbauweise. Statt einer unwirtschaftlichen Sanierung wurde ein Neubau der Doppelhaushälfte realisiert.

Nutzung

1 Erdgeschoss
Treppe ins OG, Eingang, Gäste-WC, Wohn-, Essküche, Schlafzimmer, Gästezimmer, Bad

1 Obergeschoss
Eingang, Dusch-WC, Wohn-, Essküche, Schlafzimmer, Büro, Bad, Abstellraum, Wendeltreppe ins DG

1 Dachgeschoss
Loggia

Besonderer Kosteneinfluss Nutzung
Es wurde Wert auf einen hohen Schallschutz gelegt.
Der Neubau entspricht einem KfW-Effizienzhaus 55 nach den verschärften Anforderungen der EnEV 2013 ab 2016.

Nutzeinheiten

Wohneinheiten: 2
Wohnfläche: 181 m²

Grundstück

Bauraum: Freier Bauraum
Neigung: Ebenes Gelände
Bodenklasse: BK 2 bis BK 5

Besonderer Kosteneinfluss Grundstück
Es lag eine Gestaltungssatzung vor.

Markt

Hauptvergabezeit: 1. Quartal 2021
Baubeginn: 2. Quartal 2021
Bauende: 2. Quartal 2022
Konjunkturelle Gesamtlage: über Durchschnitt
Regionaler Baumarkt: Durchschnitt

Baukonstruktion

Bei dem Neubau handelt es sich um eine Massivkonstruktion aus Kalksandstein und Stahlbeton, die auf einer Stb-Fundamentplatte gründet. Das Dachgeschoss wurde als Sparrendach auf einem Betonwiderlager hergestellt. Die Böden sind mit Parkett und Fliesen belegt, eine moderne Stahl-Spindeltreppe erschließt das Dachgeschoss. Dort befindet sich eine Loggia unter dem Steildach. Die Wände haben einen mineralischen Aufbau und sind sowohl innen als auch außen verputzt. Es wurden hoch schallgedämmte Aluminiumfenster mit Dreifachverglasung eingebaut. Das gesamte Haus ist mit einem mineralischen WDVS versehen.

Technische Anlagen

Das KfW-Effizienzhaus 55 erfüllt die verschärften Anforderungen der EnEV 2013 ab 2016. Beheizt wird das Gebäude über eine Fußbodenheizung mit einem hybriden Heizungssystem bestehend aus einer Luft-Wärmepumpe und einer Gas-Brennwerttherme in Verbindung mit einer PV-Anlage.

Sonstiges

Bei diesem Projekt wurde besonders auf den Einsatz von nachhaltigen und hochwertigen Materialien geachtet: ökologische Dämmstoffe, Aluminium-Fenster, Parkett aus Eschenholz und die Spindeltreppe aus Stahl.

Energetische Kennwerte

Gesetzliche Grundlage: EnEV 2013
Gebäudenutzfläche: 283,32 m²
Gebäudevolumen: 885,37 m³
A/V_e-Verhältnis (Kompaktheit): 0,60 m^{-1}
Hüllfläche des beheizten Volumens: 529,89 m²
Spez. Transmissionswärmeverlust: 0,26 W/(m²·K)
Spez. Jahresprimärenergiebedarf: 29,89 kWh/(m²·a)
Jahresheizwärmebedarf: 22,42 kWh/a
CO_2-Emissionen: 8,79 kg/(m²·a)

Energetische Angaben zu Außenbauteilen

Bodenplatte

U-Wert: 0,15 W/(m²·K)

Gesamtdicke: 54,60 cm	d [cm]	λ [W/(m·K)]
Estrich	6,50	1,400
Dämmung	9,00	0,035
Bitumenbahn	0,10	0,170
Stahlbeton	25,00	2,500
Dämmung	14,00	0,035

Außenwand

U-Wert: 0,23 W/(m²·K)

Gesamtdicke: 38,50 cm	d [cm]	λ [W/(m·K)]
Innenputz	1,50	0,400
Kalksandstein	17,50	0,990
Dämmung	18,00	0,045
Außenputz	1,50	0,870

Decke unter Loggia

U-Wert: 0,12 W/(m²·K)

Gesamtdicke: 39,65 cm	d [cm]	λ [W/(m·K)]
GK-Platte	1,25	0,250
Luftschicht ruhend	3,00	0,188
Holz	3,00	0,130
Dampfsperre	0,40	0,170
Dämmung	24,00	0,035
Holz	24,00	0,130
OSB-Platte	2,20	0,130
Dämmung	8,00	0,035
Abdichtung	0,30	0,170
Abdichtung	0,50	0,170

Dachterrasse

U-Wert: 0,18 W/(m²·K)

Gesamtdicke: 34,20 cm	d [cm]	λ [W/(m·K)]
Innenputz	1,00	0,700
Stahlbeton	20,00	2,100
Dampfsperre	0,40	0,170
Dämmsystem	12,00	0,023
Abdichtung	0,30	0,170
Abdichtung	0,50	0,170

Steildach

U-Wert: 0,15 W/(m²·K)

Gesamtdicke: 32,25 cm	d [cm]	λ [W/(m·K)]
GK-Platte	1,25	0,250
Luftschicht ruhend	3,00	0,188
Dämmung	22,00	0,035
Holz	22,00	0,130
Holzfaserplatte	6,00	0,040

Planungskennwerte für Flächen und Rauminhalte nach DIN 277

Flächen des Grundstücks		Menge Einheit	% an GF
BF	Bebaute Fläche	124,26 m²	33,7
UF	Unbebaute Fläche	245,00 m²	66,3
GF	Grundstücksfläche	369,26 m²	100,0

Grundflächen des Bauwerks		Menge Einheit	% an NUF	% an BGF
NUF	Nutzungsfläche	168,71 m²	100,0	67,4
TF	Technikfläche	–	–	–
VF	Verkehrsfläche	20,35 m²	12,1	8,1
NRF	Netto-Raumfläche	189,06 m²	112,1	75,6
KGF	Konstruktions-Grundfläche	61,18 m²	36,3	24,4
BGF	Brutto-Grundfläche	250,24 m²	148,3	100,0

Brutto-Rauminhalt des Bauwerks		Menge Einheit	BRI/NUF (m)	BRI/BGF (m)
BRI	Brutto-Rauminhalt	923,00 m³	5,47	3,69

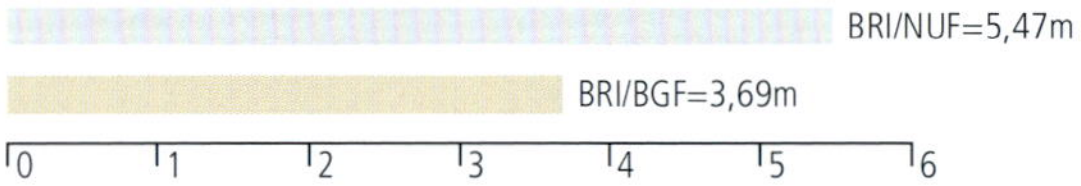

Kostenkennwerte für die Kostengruppen der 1. Ebene DIN 276

KG	Kostengruppen (1. Ebene)	Einheit	Kosten €	€/Einheit	€/m² BGF	€/m³ BRI	% 300+400
100	Grundstück	m² GF	–	–	–	–	–
200	Vorbereitende Maßnahmen	m² GF	–	–	–	–	–
300	Bauwerk – Baukonstruktionen	m² BGF	614.086	2.453,99	2.453,99	665,32	88,2
400	Bauwerk – Technische Anlagen	m² BGF	82.455	329,50	329,50	89,33	11,8
	Bauwerk 300+400	**m² BGF**	**696.541**	**2.783,49**	**2.783,49**	**754,65**	**100,0**
500	Außenanlagen und Freiflächen	m² AF	89.608	365,75	358,09	97,08	12,9
600	Ausstattung und Kunstwerke	m² BGF	–	–	–	–	–
700	Baunebenkosten	m² BGF	–	–	–	–	–
800	Finanzierung	m² BGF	–	–	–	–	–

KG	Kostengruppe	Menge Einheit	Kosten €	€/Einheit	%
3+4	**Bauwerk**				**100,0**
300	**Bauwerk – Baukonstruktionen**	250,24 m² BGF	614.086	**2.453,99**	88,2

Stb-Fundamentplatte, Abdichtung, Dämmung, Heizestrich, Parkett, Fliesen, Perimeterdämmung; Stb-Außenwände, KS-Mauerwerk, Alu-Fenster, dreifachverglast, Alu-Türen, Dämmung, Außenputz, Beschichtung, Innenputz, Beschichtung; KS-Innenwände, GK-Wände, Holztüren, Innenputz, Beschichtung, Wandfliesen; Stb-Decke, Holzbalkendecke, Stb-Fertigteiltreppe, Stahl-Wendeltreppen, Heizestrich, Parkett, Fliesen, Terrassenbelag, Stahl-Treppengeländer; Holzdachstuhl, Zwischensparrendämmung, Schalung, Ziegeldeckung, Dachentwässerung

KG	Kostengruppe	Menge Einheit	Kosten €	€/Einheit	%
400	**Bauwerk – Technische Anlagen**	250,24 m² BGF	82.455	**329,50**	11,8

Gebäudeentwässerung, Kalt- und Warmwasserleitungen, Sanitärobjekte; Luft-Wärmepumpe, Gas-Brennwertkessel, solarthermische Anlage, Heizleitungen, Fußbodenheizung, Heizkörper; Elektroinstallation, Beleuchtung

KG	Kostengruppe	Menge Einheit	Kosten €	€/Einheit	%
500	**Außenanlagen und Freiflächen**	245,00 m² AF	89.608	**365,75**	12,9

Pflasterbeläge für Einfahrt, Stellplätze, Terrassen; Pflanzflächen, Bepflanzung

6100-1634
Mehrfamilienhäuser
(2 Gebäude, 11 WE)

Kostenkennwerte für die Kosten des Bauwerks (Kostengruppen 300+400 nach DIN 276)

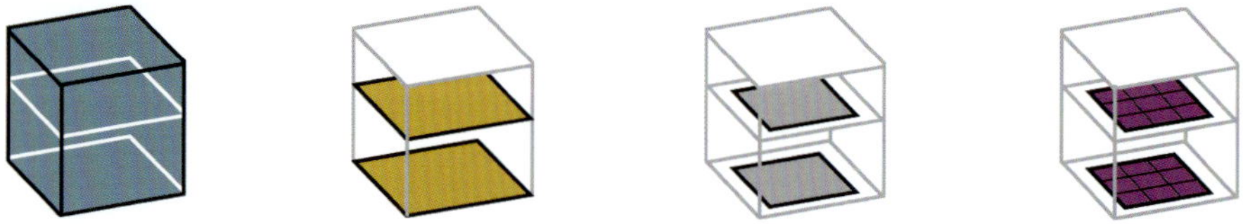

BRI 951 €/m³ | **BGF** 2.814 €/m² | **NUF** 4.128 €/m² | **NE** 4.831 €/NE

NE: Wohnfläche

Objekt:
Kennwerte: 1. Ebene DIN 276
BRI: 4.691 m³
BGF: 1.585 m²
NUF: 1.080 m²
Bauzeit: 65 Wochen
Bauende: 2022
Standard: mittel
Bundesland: Niedersachsen
Kreis: Stade

Architekt*in:
Neustadtarchitekten
Röhrigstraße 11
22763 Hamburg

Bauherr*in:
DSW Immobilien GmbH & CoKG
Thuner Straße 86a
21680 Stade

Ansicht West Haus 1 und 2

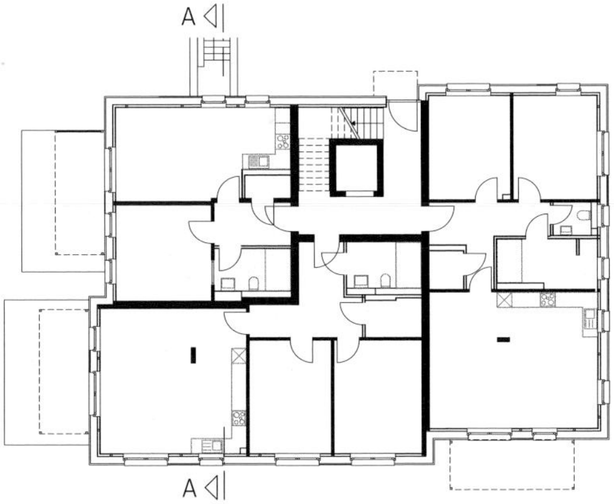

Erdgeschoss Haus 1

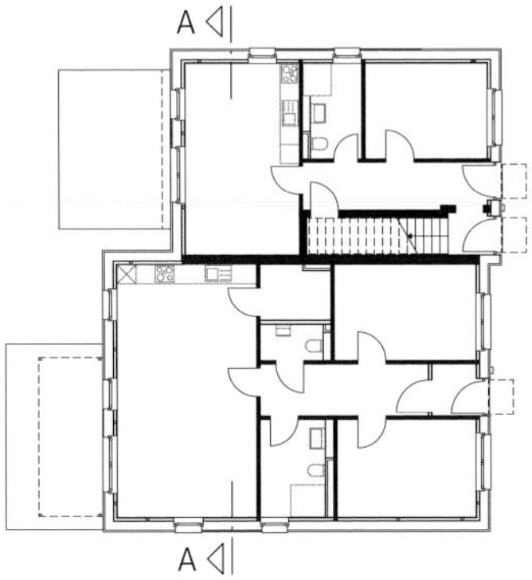

Erdgeschoss Haus 2

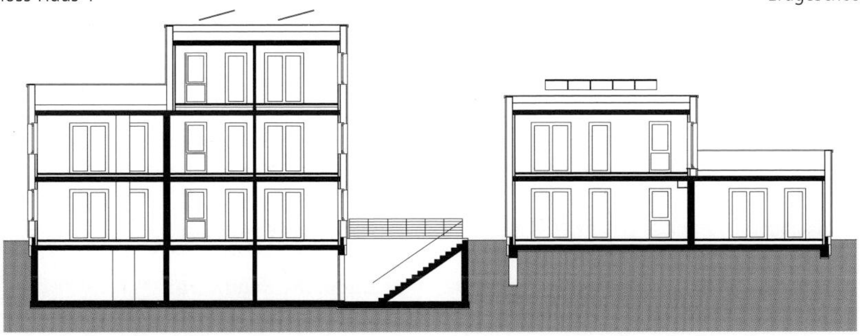

Schnitt A-A

Ansicht Ost Haus 1 und 2

Objektbeschreibung

Allgemeine Objektinformationen

Im Rahmen der inneren Nachverdichtung wurden elf barrierefreie Wohneinheiten (individuelles Eigentum) von 53-130m² in zwei Gebäuden auf einem ehemaligen Gärtnereigrundstück errichtet. Das Gelände wurde um einen Meter angehoben. Es entstand ein Plusenergiehaus in Holzhybrid-Bauweise mit großer PV-Anlage und Mieterstrommodell. Das regenerative Heizsystem nutzt die Energie aus Sonne, Luft und Erde.

Nutzung

1 Untergeschoss
Abstellräume, Fahrradräume Hausanschlussraum, Technikräume

1 Erdgeschoss
Wohn-Essräume mit Küchenbereichen, Schlafräume, Bäder, WCs, Abstellräume, Terrassen

1 Obergeschoss
Wohn-Essräume mit Küchenbereichen, Schlafräume, Fitnessraum, Bäder, WCs, Abstellräume, Balkone, Dachterrasse

1 Dachgeschoss
Wohn-Essräume mit Küchenbereichen, Schlafräume, Bäder, WC, Abstellräume, Balkon, Dachterrassen

Nutzeinheiten

Wohneinheiten: 11
Wohnfläche: 923m²

Grundstück

Bauraum: Freier Bauraum
Neigung: Ebenes Gelände
Bodenklasse: BK 1 bis BK 3

Besonderer Kosteneinfluss Grundstück
Wasserhaltung mit Grundwasserabsenkung während der Bauzeit

Markt

Hauptvergabezeit: 1.Quartal 2021
Baubeginn: 2.Quartal 2021
Bauende: 3.Quartal 2022
Konjunkturelle Gesamtlage: Durchschnitt
Regionaler Baumarkt: Durchschnitt

Besonderer Kosteneinfluss Markt
Materialpreissteigerung während der Bauphase

Baukonstruktion

Errichtet wurden die Gebäude in hybrider Bauweise im KfW 40+EE -Standard auf Stahlbetonfundamenten. Die innere tragende massive Konstruktion wurde kombiniert mit nicht tragenden Fassaden in vorgefertigter Holzrahmenbauweise mit Zellulosedämmung. Die Kunststofffenster sind dreifachverglast, teilweise mit Sonnenschutzverglasung ausgestattet. Als Fassadenbekleidung wurden Putz, Holz und Faserzement gewählt. Auf dem Heizestrich liegen Parkett oder Bodenfliesen. Vorgestellte Stahlbalkone haben einen Holzbelag erhalten. Die Stahlbetondächer erhielten eine extensive Begrünung.

Technische Anlagen

Das Energiesystem für Heizung und Warmwasser besteht aus einer Wärmepumpe, die ihre Energie aus hybriden PVT-Modulen und vier Erdwärmekörben bezieht. Das System ist zu 80% regenerativ und wird ergänzt durch 20% PV-Strom vom Dach oder Ökostrom aus dem Netz. Die große PV-Fläche besteht aus PVT-Modulen mit einer Leistung von 11,5kWp und einer PV-Anlage mit einer Leistung von 31,7kWp. Die Wärmepumpe geht im Sommer in den umgekehrten Betrieb und kühlt damit die Räume um 2-3°C herunter. Das Regenwasser versickert auf dem Gelände.

Energetische Kennwerte

Gesetzliche Grundlage: GEG 2020
Gebäudenutzfläche: 933,10m²
Gebäudevolumen: 2.916,00m³
A/V_e-Verhältnis (Kompaktheit): 0,47m⁻¹
Hüllfläche des beheizten Volumens: 1.385,10m²
Spez. Transmissionswärmeverlust: 0,20W/(m²·K)
Spez. Jahresendenergiebedarf: 9,58kWh/(m²·a)
Anlagenaufwandszahl: 0,79

Energetische Angaben zu Außenbauteilen

Bodenplatte

U-Wert: 0,16 W/(m²·K)

Gesamtdicke: 50,00 cm	d [cm]	λ [W/(m·K)]
Estrich	7,00	1,400
Dämmung MW	3,00	0,040
Dämmung EPS	15,00	0,030
Stahlbeton	25,00	2,300

Außenwand hinterlüftet

U-Wert: 0,13 W/(m²·K)

Gesamtdicke: 37,50 cm	d [cm]	λ [W/(m·K)]
GK-Platte	2,50	0,250
Dämmung HF	6,00	0,040
OSB-Platte	1,50	0,130
Dämmung Zellulose	24,00	0,040
Holz	24,00	0,130
Dämmung HF	3,50	0,045

Dach

U-Wert: 0,11 W/(m²·K)

Gesamtdicke: 50,00 cm	d [cm]	λ [W/(m·K)]
Stahlbeton	22,00	2,500
Dämmung PUR	10,00	0,024
Dämmung EPS	17,00	0,039
Dachdichtungsbahn	1,00	0,170

6100-1634
Mehrfamilienhäuser
(2 Gebäude, 11 WE)

Planungskennwerte für Flächen und Rauminhalte nach DIN 277

Flächen des Grundstücks		Menge Einheit	% an GF
BF	Bebaute Fläche	546,00 m²	39,9
UF	Unbebaute Fläche	823,00 m²	60,1
GF	Grundstücksfläche	1.369,00 m²	100,0

Grundflächen des Bauwerks		Menge Einheit	% an NUF	% an BGF
NUF	Nutzungsfläche	1.080,36 m²	100,0	68,2
TF	Technikfläche	35,47 m²	3,3	2,2
VF	Verkehrsfläche	157,78 m²	14,6	10,0
NRF	Netto-Raumfläche	1.273,61 m²	117,9	80,4
KGF	Konstruktions-Grundfläche	311,03 m²	28,8	19,6
BGF	Brutto-Grundfläche	1.584,64 m²	146,7	100,0

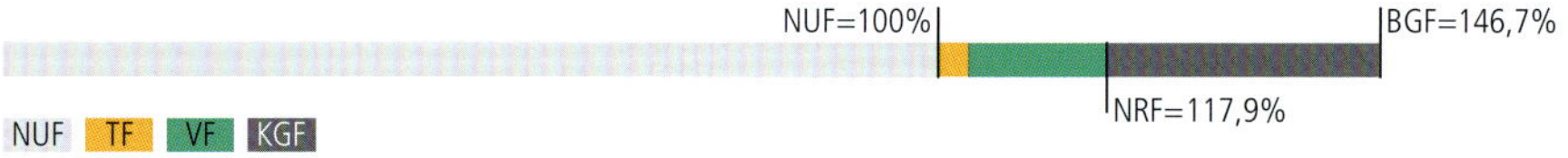

Brutto-Rauminhalt des Bauwerks		Menge Einheit	BRI/NUF (m)	BRI/BGF (m)
BRI	Brutto-Rauminhalt	4.691,00 m³	4,34	2,96

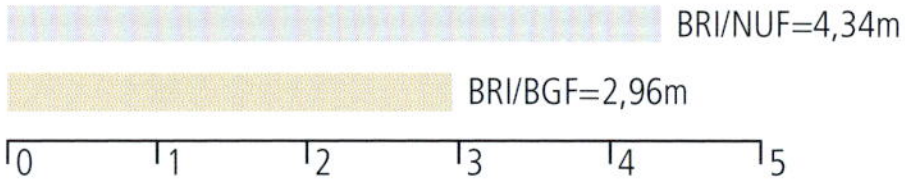

Kostenkennwerte für die Kostengruppen der 1.Ebene DIN 276

KG	Kostengruppen (1.Ebene)	Einheit	Kosten €	€/Einheit	€/m² BGF	€/m³ BRI	% 300+400
100	Grundstück	m² GF	–	–	–	–	–
200	Vorbereitende Maßnahmen	m² GF	105.515	77,07	66,59	22,49	2,4
300	Bauwerk – Baukonstruktionen	m² BGF	3.246.781	2.048,91	2.048,91	692,13	72,8
400	Bauwerk – Technische Anlagen	m² BGF	1.212.761	765,32	765,32	258,53	27,2
	Bauwerk 300+400	**m² BGF**	**4.459.543**	**2.814,23**	**2.814,23**	**950,66**	**100,0**
500	Außenanlagen und Freiflächen	m² AF	251.421	985,97	158,66	53,60	5,6
600	Ausstattung und Kunstwerke	m² BGF	–	–	–	–	–
700	Baunebenkosten	m² BGF	–	–	–	–	–
800	Finanzierung	m² BGF	–	–	–	–	–

KG	Kostengruppe	Menge Einheit	Kosten €	€/Einheit	%
200	**Vorbereitende Maßnahmen**	1.369,00 m² GF	105.515	**77,07**	2,4

Asbest-Altlastenbeseitigung; Stromanschlüsse für E-Mobilität und Photovoltaikanlage

KG	Kostengruppe	Menge Einheit	Kosten €	€/Einheit	%
3+4	**Bauwerk**				**100,0**
300	**Bauwerk – Baukonstruktionen**	1.584,64 m² BGF	3.246.781	**2.048,91**	72,8

Baugrubenaushub, Wasserhaltung; Stb-Fundamentplatte, Stb-Fundamente, Stb-Bodenplatte, WU-Beton, Heizestrich, Beschichtung, Parkett, Bodenfliesen, Abdichtung, Perimeterdämmung, Sauberkeitsschicht; Stb-Wände WU-Beton (KG), nichttragende Holzrahmenwände, Mauerwerk mit Stb-Stützen (Carport), Stahlstützen, Kunststofffenster, Dreifachverglasung, teilw. Sonnenschutzverglasung, Zellulosedämmung, hinterlüftete Putzfassade, Holzfassade, Faserzementfassade, GK-Bekleidung; Innenmauerwerk, GK-Wände mit Holzfaserdämmung, Wandfliesen, elementierte Kellertrennwände; Stb-Decken, vorgestellte Stahlbalkone mit Holzbelag, Stb-Treppen, Heizestrich, Parkett, Bodenfliesen, Stahlgeländer, Treppengeländer; Stb-Dach, Stahlprofile mit Trapezblech (Carport), Oberlicht, Dämmung, Abdichtung, Attika, extensive Dachbegrünung, Dachentwässerung

KG	Kostengruppe	Menge Einheit	Kosten €	€/Einheit	%
400	**Bauwerk – Technische Anlagen**	1.584,64 m² BGF	1.212.761	**765,32**	27,2

Gebäudeentwässerung, Kalt- und Warmwasserleitungen, Sanitärobjekte; Erdwärmepumpe, Warmwasserbereitung über Trinkwasserstationen, Fußbodenheizung, auch zum Kühlen; kontrollierte Be- und Entlüftung mit Wärmerückgewinnung, RWA-Anlage; Elektroinstallation, PV-Anlage (62m²), Tragkonstruktion für weitere 162m² PV-Module (inkl. 48.000 € Zuschuss für Energiegenossenschaft im Mieterstrommodell), E-Mobilität vorbereitet, Außenbeleuchtung; Datenübertragungsanlage, Fernseh- und Antennenanlagen, Rauchmelder; Personenaufzug

KG	Kostengruppe	Menge Einheit	Kosten €	€/Einheit	%
500	**Außenanlagen und Freiflächen**	255,00 m² AF	251.421	**985,97**	5,6

Oberbodenarbeiten, Geländeaufschüttung 1m; Wege, Terrassen; Winkelstützmauern; Fahrradständer, Müllbehälter; Oberbodenauftrag, Stauden, Rasen

6100-1635
Mehrfamilienhaus
(24 WE)
Sozialzentrum

Kostenkennwerte für die Kosten des Bauwerks (Kostengruppen 300+400 nach DIN 276)

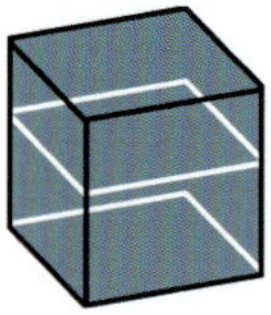

BRI 654 €/m3

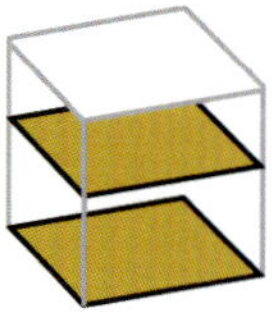

BGF 2.119 €/m2

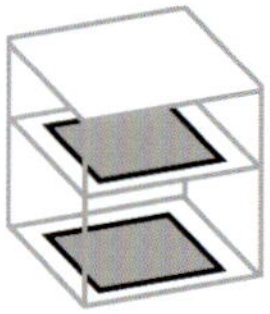

NUF 3.179 €/m2

Objekt:
Kennwerte: 1. Ebene DIN 276
BRI: 9.738 m3
BGF: 3.005 m2
NUF: 2.002 m2
Bauzeit: 61 Wochen
Bauende: 2022
Standard: mittel
Bundesland: Brandenburg
Kreis: Brandenburg a.d. Havel

Architekt*in:
LPH 1-5
Matthias Wegner
Holzmarktstraße 11
14467 Potsdam

LPH 6-8
SWP schäferwenninger-
projekt GmbH
Steinstraße 41
12307 Berlin

Bauherr*in:
Volkssolidarität Landes-
verband Brandenburg e. V.
Benzstraße 10
14482 Potsdam

Ansicht Nord-Ost

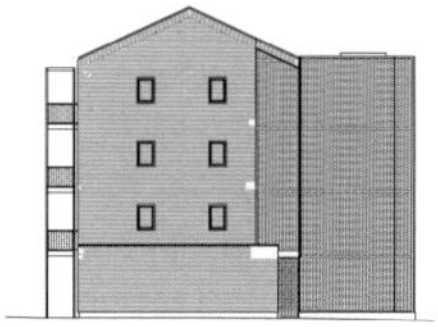

Ansicht Süd-Ost

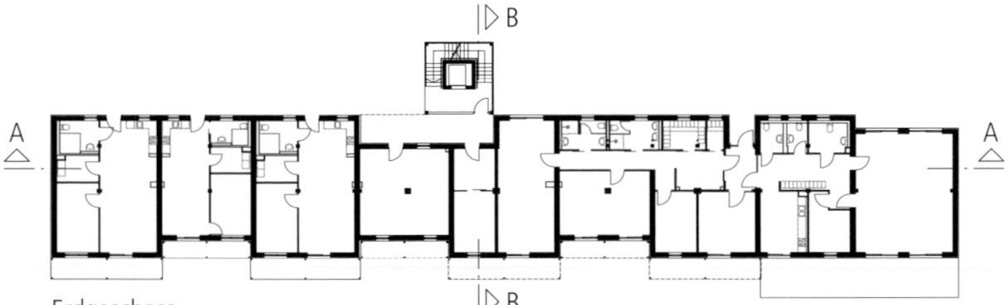

Erdgeschoss

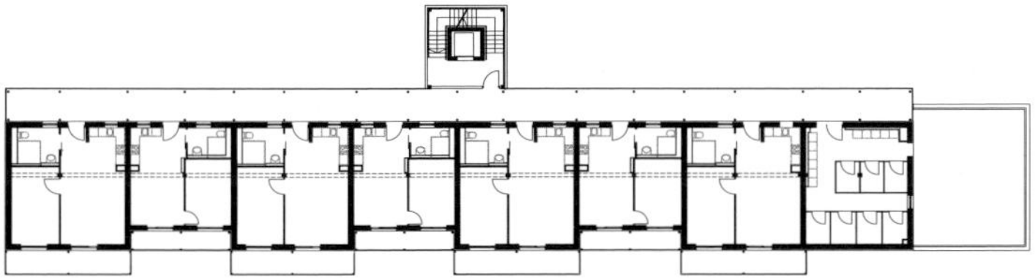

1.-3. Obergeschoss

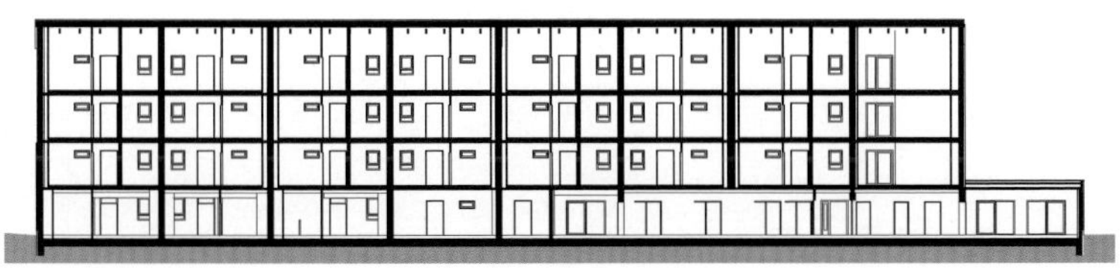

Schnitt A-A

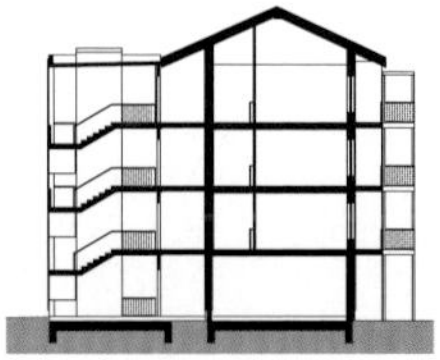

Schnitt B-B

Ansicht Nord-West

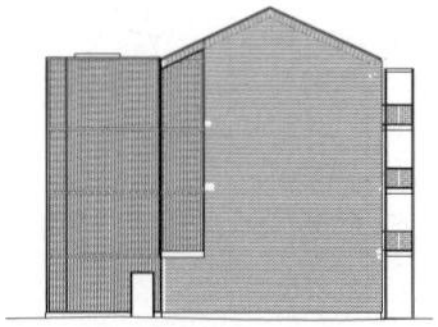

Ansicht Süd-West

Objektbeschreibung

Allgemeine Objektinformationen

Der Neubau mit 24 Wohneinheiten auf vier Geschossen wurde in nachhaltiger Holzrahmenbauweise erstellt. Im Erdgeschoss befindet sich ein Sozialzentrum mit Begegnungsstätte und die Räumen eines ambulanten Pflegedienstes. Das Gebäude ist insgesamt 68m lang und 17m tief. Ein gesundes Wohnklima und ein KfW 40 Standard zeichnen das Gebäude aus.

Nutzung

1 Erdgeschoss
drei Wohnungen, Abstellräume, Technikräume, Begegnungsstätte, Sanitärräume, Büros Pflegedienst, Umkleideräume

2 Obergeschosse
sieben Wohnungen, Abstellräume, Wäscherei

1 Dachgeschoss
sieben Wohnungen, Abstellräume, Wäscherei

Besonderer Kosteneinfluss Nutzung
Nachträglich geforderte Fluchttreppen an den Gebäudegiebeln.

Nutzeinheiten

Bürofläche: 135 m²
Versammlungsraumfläche: 496 m²
Wohneinheiten: 24
Wohnfläche: 1.371 m²

Grundstück

Bauraum: Freier Bauraum
Neigung: Ebenes Gelände
Bodenklasse: BK 3 bis BK 4

Markt

Hauptvergabezeit: 1.Quartal 2021
Baubeginn: 4.Quartal 2021
Bauende: 4.Quartal 2022
Konjunkturelle Gesamtlage: Durchschnitt
Regionaler Baumarkt: Durchschnitt

Baukonstruktion

Der Bau ist als Hybridbau errichtet. Das Tragwerk gründet auf Stb-Streifenfundamenten und einer 30cm starken Stb-Bodenplatte, das Treppenhaus, der Aufzugschacht und die tragenden Balkonelemente sind in Stahlbeton gefertigt. Die übrigen Tragelemente bestehen aus einem Holzskelettbau, aus Leimholzstützen und -trägern. Dieses Skelett wird mittels Holzrahmbau-Elementen ausgefüllt. Alle nichttragenden Wände bestehen aus Trockenbau, teilweise aus Strohbauplatten. Die Geschossdecken sind aus Massivholzdecken hergestellt, auf dem schwimmend verlegten Estrich wurde Vinyl oder Fliesen verlegt. Für die Fassadengestaltung wurde ein Wärmeverbundsystem gewählt. Es wurden dreifachverglaste Fenster eingebaut. Die Balkon- und Laubenganggeländer sind in Stahl gefertigt und weiß beschichtet.

Technische Anlagen

Ein Fernwärmeanschluss versorgt die Wohnungen mit Wärme. Die Verteilung erfolgt über eine Fußbodenheizung, zusätzlich sind die Bäder mit einem Handtuch-Heizkörper ausgestattet. Die Warmwasserversorgung erfolgt zentral über die Fernwärme-Übergabestation mit einem Speicher im Haustechnikraum. Jede Wohnung erhält eine Zu- und Abluftanlage. Ein Personenaufzug wurde eingebaut.

Sonstiges

Alle Wohnungen sind mit Küchen ausgestattet. Im Außenbereich wurde eine Retentionsanlage und Versickerungsmulden modelliert. Außenmobiliar steht den Bewohnern zur Verfügung.

Energetische Kennwerte

Gesetzliche Grundlage: GEG 2020
Gebäudenutzfläche: 1.405,30 m²
Gebäudevolumen: 5.530,20 m³
A/V_e-Verhältnis (Kompaktheit): 0,40 m^{-1}
Hüllfläche des beheizten Volumens: 2.211,00 m²
Spez. Transmissionswärmeverlust: 0,24 W/(m²·K)
Spez. Jahresprimärenergiebedarf: 29,68 kWh/(m²·a)
Anlagenaufwandszahl: 0,58

Energetische Angaben zu Außenbauteilen

Bodenplatte

U-Wert: 0,21 W/(m²·K)

Gesamtdicke: 51,53 cm	d [cm]	λ [W/(m·K)]
Estrich	6,00	1,400
Abdichtung	0,03	0,330
Dämmung	15,00	0,035
Abdichtung	0,50	0,170
Stahlbeton	30,00	2,300

Außenwand

U-Wert: 0,17 W/(m²·K)

Gesamtdicke: 47,80 cm	d [cm]	λ [W/(m·K)]
GK-Platte	1,50	0,250
Luftschicht ruhend	1,00	0,670
Dämmung	4,00	0,040
GF-Platte	1,80	0,320
GF-Platte	1,80	0,320
Holz	9,00	0,240
Dämmung	3,00	0,040
Holz	9,00	0,240
GK-Platte	1,80	0,320
GK-Platte	1,80	0,320
Dämmung	12,00	0,040
Außenputz	1,10	1,000

Außenwand

U-Wert: 0,12 W/(m²·K)

Gesamtdicke: 42,47 cm	d [cm]	λ [W/(m·K)]
GK-Platte	1,50	0,250
Luftschicht ruhend	1,00	0,067
Dämmung	4,00	0,040
Dampfbremse	0,02	0,330
GF-Platte	1,80	0,320
GF-Platte	1,80	0,320
Holz	24,00	0,130
Dämmung	24,00	0,035
GF-Platte	1,25	0,320
Dämmung	6,00	0,040
Außenputz	1,10	1,000

Flachdach

U-Wert: 0,11 W/(m²·K)

Gesamtdicke: 36,80 cm	d [cm]	λ [W/(m·K)]
Holz	16,00	0,130
Dampfbremse	0,30	0,330
Dämmung	20,00	0,025
Bitumenbahn	0,50	0,170

Dach

U-Wert: 0,16 W/(m²·K)

Gesamtdicke: 30,25 cm	d [cm]	λ [W/(m·K)]
GF-Platte	1,25	0,300
Luftschicht ruhend	3,00	0,156
Dampfbremse	0,50	0,330
Holz	24,00	0,130
Dämmung	24,00	0,035
Holzfaserplatte	1,50	0,100

Planungskennwerte für Flächen und Rauminhalte nach DIN 277

Flächen des Grundstücks		Menge Einheit	% an GF
BF	Bebaute Fläche	813,86 m²	28,7
UF	Unbebaute Fläche	2.018,14 m²	71,3
GF	Grundstücksfläche	2.832,00 m²	100,0

Grundflächen des Bauwerks		Menge Einheit	% an NUF	% an BGF
NUF	Nutzungsfläche	2.002,44 m²	100,0	66,6
TF	Technikfläche	24,00 m²	1,2	0,8
VF	Verkehrsfläche	519,00 m²	25,9	17,3
NRF	Netto-Raumfläche	2.545,44 m²	127,1	84,7
KGF	Konstruktions-Grundfläche	459,25 m²	22,9	15,3
BGF	Brutto-Grundfläche	3.004,69 m²	150,1	100,0

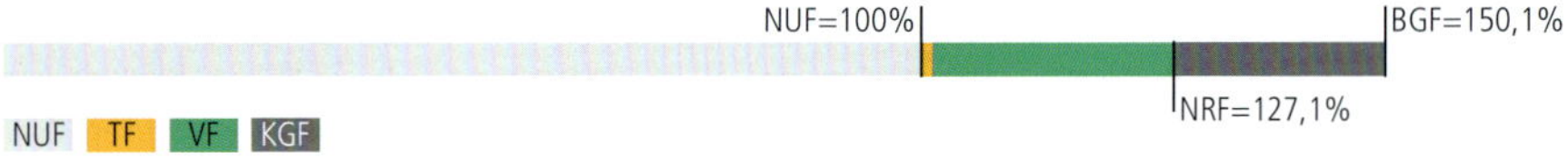

Brutto-Rauminhalt des Bauwerks		Menge Einheit	BRI/NUF (m)	BRI/BGF (m)
BRI	Brutto-Rauminhalt	9.737,66 m³	4,86	3,24

Kostenkennwerte für die Kostengruppen der 1.Ebene DIN 276

KG	Kostengruppen (1. Ebene)	Einheit	Kosten €	€/Einheit	€/m² BGF	€/m³ BRI	% 300+400
100	Grundstück	m² GF	–	–	–	–	–
200	Vorbereitende Maßnahmen	m² GF	–	–	–	–	–
300	Bauwerk – Baukonstruktionen	m² BGF	5.155.577	1.715,84	1.715,84	529,45	81,0
400	Bauwerk – Technische Anlagen	m² BGF	1.210.936	403,02	403,02	124,36	19,0
	Bauwerk 300+400	**m² BGF**	**6.366.513**	**2.118,86**	**2.118,86**	**653,80**	**100,0**
500	Außenanlagen und Freiflächen	m² AF	376.554	–	125,32	38,67	5,9
600	Ausstattung und Kunstwerke	m² BGF	125.421	41,74	41,74	12,88	2,0
700	Baunebenkosten	m² BGF	–	–	–	–	–
800	Finanzierung	m² BGF	–	–	–	–	–

KG	Kostengruppe	Menge Einheit	Kosten €	€/Einheit	%
3+4	**Bauwerk**				**100,0**
300	**Bauwerk – Baukonstruktionen**	3.004,69 m² BGF	5.155.577	**1.715,84**	81,0

Baugrubenaushub; Stb-Streifenfundamente, Stb-Bodenplatte, Dämmung, Estrich, Vinyl, Bodenfliesen, Sauberkeitsschicht, Perimeterdämmung; Holzrahmenwände, Holzstützen, Fenster, dreifachverglast, Eingangstüren, WDVS, GK-Bekleidung, Beschichtung; Holz-Innenwände, BSH-Stützen, Strohwände, GK-Wände, Holztüren, Innenputz, Holzbekleidung, Beschichtung; Massivholzdecken, Stb-Treppen, Balkone, Laubengänge, Estrich, Vinyl, Bodenfliesen, Balkonbeläge, Abhangdecken, Stahlgeländer; Holzpfetten, Massivholzdach, Wellplatten, Dämmung, Stehfalzdeckung, Dachentwässerung

KG	Kostengruppe	Menge Einheit	Kosten €	€/Einheit	%
400	**Bauwerk – Technische Anlagen**	3.004,69 m² BGF	1.210.936	**403,02**	19,0

Gebäudeentwässerung, Kalt- und Warmwasserleitungen, Sanitärobjekte, Warmwasserspeicher; Fernwärmeanschluss, Heizungsrohre, Fußbodenheizung, Handtuch-Heizkörper mit E-Patrone für Sommerbetrieb; Zu- und Abluftanlage je WE; Elektroinstallation, Beleuchtung, Starkstromversorgung; Fernmeldeanlage

KG	Kostengruppe	Menge Einheit	Kosten €	€/Einheit	%
500	**Außenanlagen und Freiflächen**	–	376.554	**–**	5,9

Frostschutzschicht, Pflasterbeläge auf Wegen, auf Terrassen, auf Stellplätzen; Geländeentwässerung, Retentionsanlage, Versickerungsmulden; Beleuchtung, LED-Pollerleuchten; Fahrradständer, Sitzbänke; Pflanzflächen, Bäume, Hecken, Stauden, Bodendecker, Rasen

KG	Kostengruppe	Menge Einheit	Kosten €	€/Einheit	%
600	**Ausstattung und Kunstwerke**	3.004,69 m² BGF	125.421	**41,74**	2,0

Einbauküchen, Geräte

6100-1636
Mehrfamilienhaus
(10 WE)

Umbau

Kostenkennwerte für die Kosten des Bauwerks (Kostengruppen 300+400 nach DIN 276)

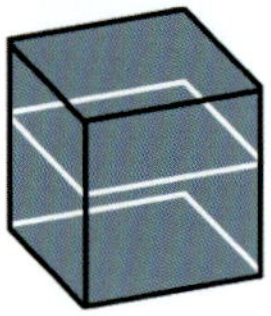

BRI 532 €/m³

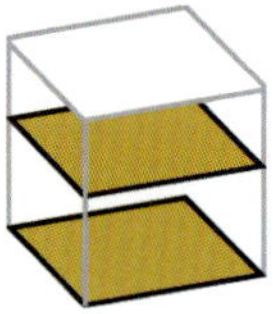

BGF 1.590 €/m²

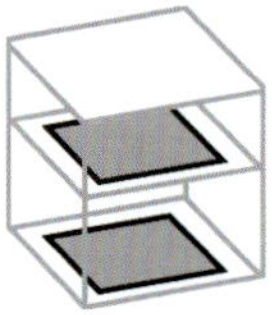

NUF 2.642 €/m²

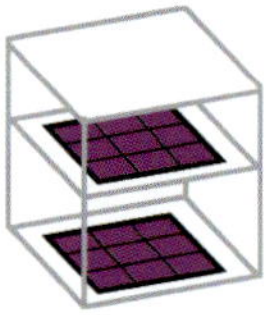

NE 2.621 €/NE
NE: Wohnfläche

Objekt:
Kennwerte: 3. Ebene DIN 276
BRI: 3.706 m³
BGF: 1.240 m²
NUF: 746 m²
Bauzeit: 74 Wochen
Bauende: 2022
Standard: mittel
Bundesland: Bayern
Kreis: Deggendorf

Architekt*in:
Neumeier Architekten
PartGmbB
Muth 2a
94104 Tittling

vorher

nachher

vorher

nachher

Umbau

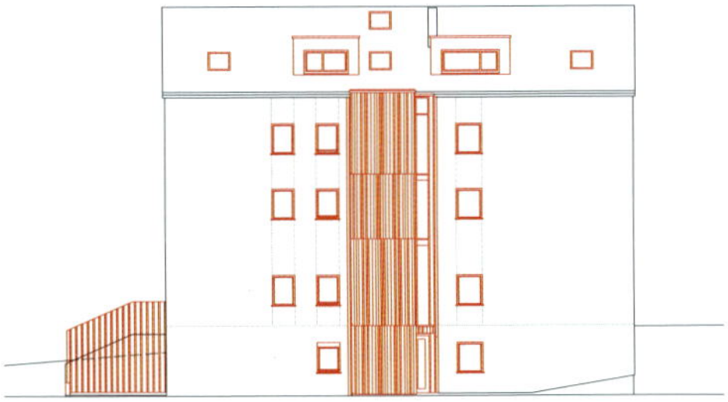

Ansicht Nord

Ansicht Ost

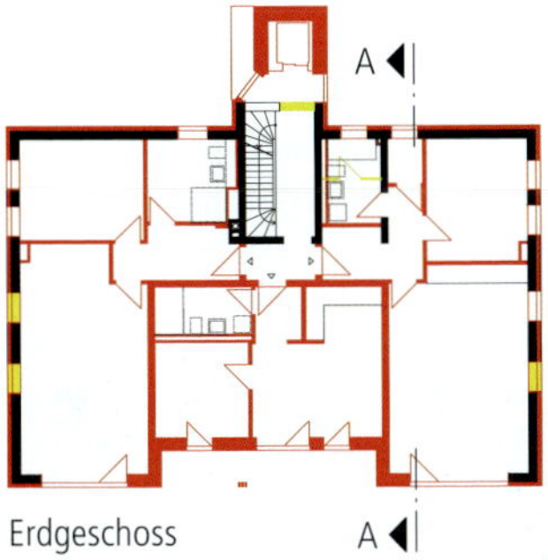

Erdgeschoss

1. -2. Obergeschoss

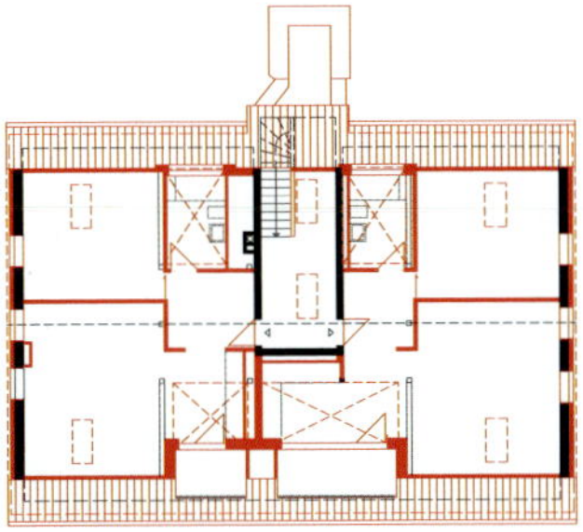

Dachgeschoss

Untergeschoss

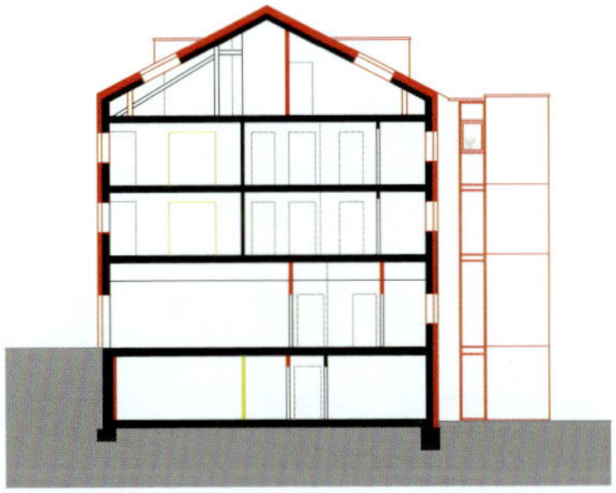

Schnitt A-A

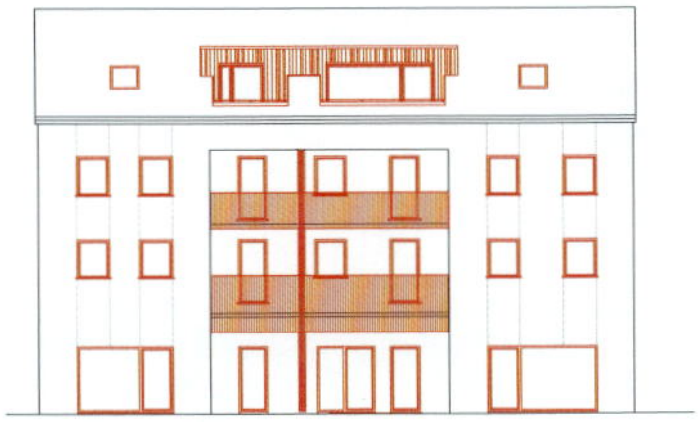

Ansicht Süd

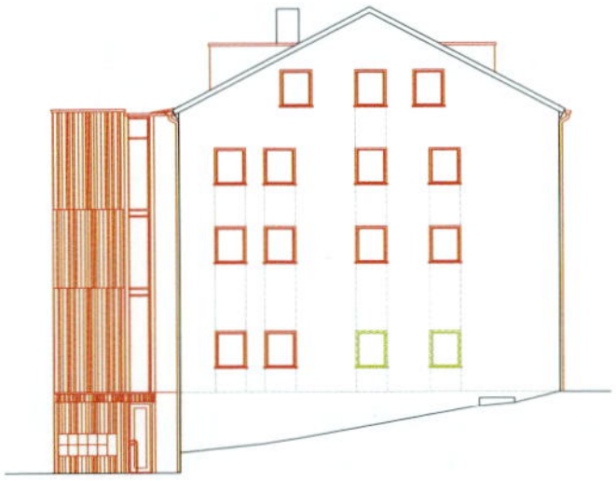

Ansicht West

6100-1636
Mehrfamilienhaus
(10 WE)

Umbau

Objektbeschreibung

Allgemeine Objektinformationen

Ein gemischt genutztes Gebäude aus den 70er-Jahren wurde zur reinen Wohnnutzung umgebaut und energetisch saniert. Die ehemalige Ladenzone im Erdgeschoss ist in drei Wohnungen umgenutzt. Im neu ausgebauten Dachgeschoss sind zwei Wohnungen mit Dachgauben und Dachterrassen angeordnet.

Nutzung

1 Untergeschoss
2-Zimmer-Wohnung, Kellerräume, Technikräume, Pelletlager

1 Erdgeschoss
drei 2-Zimmer-Wohnungen

2 Obergeschosse
je zwei 4-Zimmer-Wohnungen

1 Dachgeschoss
zwei 3-Zimmer-Wohnungen

Nutzeinheiten

Wohneinheiten: 10
Wohnfläche: 752 m^2

Grundstück

Bauraum: Beengter Bauraum
Neigung: Geneigtes Gelände
Bodenklasse: BK 2 bis BK 3

Markt

Hauptvergabezeit: 1. Quartal 2021
Baubeginn: 1. Quartal 2021
Bauende: 3. Quartal 2022
Konjunkturelle Gesamtlage: über Durchschnitt
Regionaler Baumarkt: unter Durchschnitt

Baubestand

Baujahr: 1970
Bauzustand: mittel
Aufwand: mittel
Grundrissänderungen: einige
Tragwerkseingriffe: wenige
Nutzungsänderung: ja
Nutzung während der Bauzeit: nein

Baukonstruktion

Die Fassade des massiven Bestandsgebäudes wurde wärmegedämmt und wieder als Putzfassade gestaltet. Kunststofffenster mit Dreifachverglasung und erhöhtem Schallschutz zur Straße ersetzen die alten Fenster. Das Dach ist statisch ertüchtigt und neu mit Betondachsteinen gedeckt. Der Terrazzoboden im Treppenhaus samt Kragarmtreppe wurde aufbereitet und erhalten. Die Innenwandflächen wurden ausgebessert und beschichtet. Der neue Aufzugsanbau ist als Stahlbetonkonstruktion vor das Gebäude gestellt, die Gauben sind in Holzbauweise errichtet. Die Erweiterungsbauteile setzen sich mit vorvergrauten Holzbekleidungen zum Bestand ab.

Technische Anlagen

Die alte Ölheizung wurde durch eine moderne Pelletanlage mit Pelletlager in den vorhandenen Kellerräumen ersetzt. Die Heizungs- und Warmwasserversorgung erfolgt zentral. Die Wohnungen sind mit Heizkörpern ausgestattet. Der Mindestluftwechsel wird über Zuluft im Fensterfalz und Absaugung in den Bädern erreicht, eine Wärmerückgewinnung war nicht notwendig. Die Elektroinstallation erfolgte konventionell ohne Smart-Home Ausstattung. Zur barrierefreien Erreichbarkeit ist ein Außenaufzug angebaut.

Sonstiges

Im Treppenhaus sind die originalen Kragarmtreppenstufen erhalten, die sich heutzutage auf diese Weise nicht mehr so einfach realisieren lassen würden. Das Gebäude erreicht den Energiestandard KfW Effizienzhaus 55. Die Außenanlage zum Gebäude ist unter der BKI-Objektnummer 6100-1637 dokumentiert.

Energetische Kennwerte

Gesetzliche Grundlage: EnEV 2013
Gebäudenutzfläche: 1.043,90 m^2
Gebäudevolumen: 3.262,10 m^3
A/V_e-Verhältnis (Kompaktheit): 0,46 m^{-1}
Hüllfläche des beheizten Volumens: 1.488,70 m^2
Spez. Transmissionswärmeverlust: 0,30 W/(m^2·K)
Spez. Jahresprimärenergiebedarf: 19,77 kWh/(m^2·a)
Anlagenaufwandszahl: 0,46

Energetische Angaben zu Außenbauteilen

Bodenplatte

U-Wert: 0,41 W/(m²·K)

Gesamtdicke: 31,05 cm	d[cm]	λ[W/(m·K)]
Estrich	5,00	1,400
Dämmung	2,00	0,045
Dämmung	4,00	0,024
Bitumenbahn	0,05	0,170
Stahlbeton	20,00	2,000

Außenwand gegen Erdreich

U-Wert: 0,29 W/(m²·K)

Gesamtdicke: 41,50 cm	d[cm]	λ[W/(m·K)]
Innenputz	0,50	0,700
Dämmung	10,00	0,040
Mauerwerk Bestand	31,00	0,400

Außenwand Bestand Keller

U-Wert: 0,18 W/(m²·K)

Gesamtdicke: 49,50 cm	d[cm]	λ[W/(m·K)]
Mauerwerk	33,00	0,400
Dämmung	16,00	0,035
Außenputz	0,50	0,700

Kellerdecke

U-Wert: 0,23 W/(m²·K)

Gesamtdicke: 41,00 cm	d[cm]	λ[W/(m·K)]
Estrich	5,00	1,600
Dämmung	2,00	0,045
Dämmung	4,00	0,035
Stahlbeton Bestand	20,00	2,000
Dämmung	9,00	0,040
Holzfaserplatte zementgebunden	1,00	0,100

Außenwand Bestand

U-Wert: 0,18 W/(m²·K)

Gesamtdicke: 49,50 cm	d[cm]	λ[W/(m·K)]
Mauerwerk Bestand	33,00	0,400
Dämmung	16,00	0,035
Außenputz	0,50	0,700

Außenwand Gaube

U-Wert: 0,17 W/(m²·K)

Gesamtdicke: 31,05 cm	d[cm]	λ[W/(m·K)]
GK-Platte	2,50	0,250
Holz	3,00	0,300
Luftschicht ruhend	3,00	1,667
OSB-Platte	1,50	0,130
PE-Folie	0,05	0,330
Holz	20,00	0,130
Dämmung	20,00	0,035
Holzfaserplatte	4,00	0,047

Dach Gaube

U-Wert: 0,17 W/(m²·K)

Gesamtdicke: 28,57 cm	d[cm]	λ[W/(m·K)]
GK-Platte	2,50	0,250
PE-Folie	0,05	0,330
Holz	7,50	0,130
Dämmung	7,50	0,035
Holz	16,00	0,130
Dämmung	16,00	0,035
OSB-Platte	2,50	0,130
Unterspannbahn	0,02	0,500

Dach

U-Wert: 0,14 W/(m²·K)

Gesamtdicke: 31,57 cm	d[cm]	λ[W/(m·K)]
GK-Platte	2,50	0,250
PE-Folie	0,05	0,330
Holz	5,00	0,130
Dämmung	5,00	0,032
Holz	16,00	0,130
Dämmung	16,00	0,035
Holzfaserplatte	8,00	0,045
Unterspannbahn	0,02	0,500

6100-1636
Mehrfamilienhaus
(10 WE)

Planungskennwerte für Flächen und Rauminhalte nach DIN 277

Flächen des Grundstücks		Menge Einheit	% an GF
BF	Bebaute Fläche	259,00 m^2	22,4
UF	Unbebaute Fläche	897,00 m^2	77,6
GF	Grundstücksfläche	1.156,00 m^2	100,0

Umbau

Grundflächen des Bauwerks		Menge Einheit	% an NUF	% an BGF
NUF	Nutzungsfläche	745,94 m^2	100,0	60,2
TF	Technikfläche	42,00 m^2	5,6	3,4
VF	Verkehrsfläche	191,10 m^2	25,6	15,4
NRF	Netto-Raumfläche	979,04 m^2	131,2	79,0
KGF	Konstruktions-Grundfläche	260,49 m^2	34,9	21,0
BGF	Brutto-Grundfläche	1.239,53 m^2	166,2	100,0

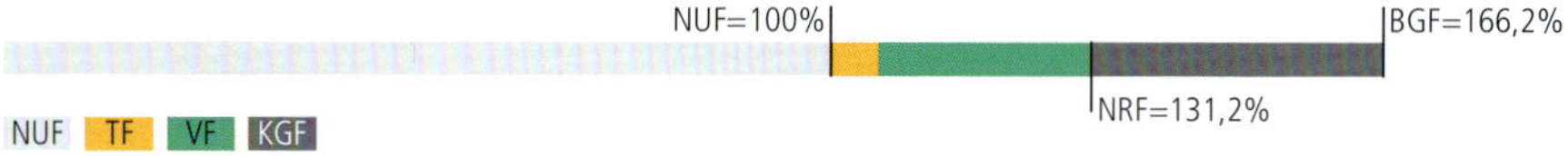

Brutto-Rauminhalt des Bauwerks		Menge Einheit	BRI/NUF (m)	BRI/BGF (m)
BRI	Brutto-Rauminhalt	3.706,17 m^3	4,97	2,99

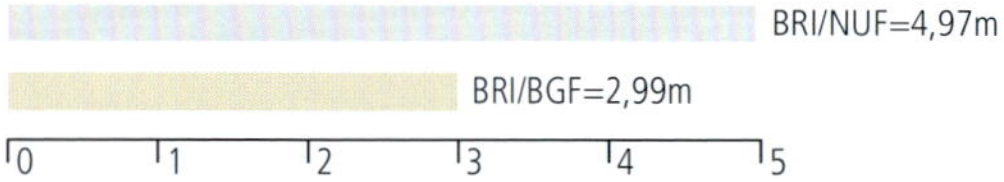

KG	Kostengruppen (2. Ebene)	Menge Einheit	Menge/NUF	Menge/BGF
310	Baugrube / Erdbau	114,83 m^3 BGI	0,15	0,09
320	Gründung, Unterbau	114,89 m^2 GRF	0,15	0,09
330	Außenwände/Vertikale Baukonstruktionen, außen	1.160,87 m^2 AWF	1,56	0,94
340	Innenwände/Vertikale Baukonstruktionen, innen	886,57 m^2 IWF	1,19	0,72
350	Decken/Horizontale Baukonstruktionen	811,44 m^2 DEF	1,09	0,66
360	Dächer	312,24 m^2 DAF	0,42	0,25

Kostenkennwerte für die Kostengruppen der 1.Ebene DIN 276

KG	Kostengruppen (1.Ebene)	Einheit	Kosten €	€/Einheit	€/m² BGF	€/m³ BRI	% 300+400
100	Grundstück	m² GF	–	–	–	–	–
200	Vorbereitende Maßnahmen	m² GF	827	0,72	0,67	0,22	< 0,1
300	Bauwerk – Baukonstruktionen	m² BGF	1.488.316	1.200,71	1.200,71	401,58	75,5
400	Bauwerk – Technische Anlagen	m² BGF	482.750	389,46	389,46	130,26	24,5
	Bauwerk 300+400	**m² BGF**	**1.971.067**	**1.590,17**	**1.590,17**	**531,83**	**100,0**
500	Außenanlagen und Freiflächen	m² AF	35.565	39,65	28,69	9,60	1,8
600	Ausstattung und Kunstwerke	m² BGF	7.659	6,18	6,18	2,07	0,4
700	Baunebenkosten	m² BGF	–	–	–	–	–
800	Finanzierung	m² BGF	–	–	–	–	–

KG	Kostengruppe	Menge Einheit	Kosten €	€/Einheit	%
200	**Vorbereitende Maßnahmen**	1.156,00 m² GF	827	**0,72**	< 0,1

- Abbrechen (Kosten: 100,0%) 827
  Abbruch von bitumenhaltiger Befestigung; Entsorgung, Deponiegebühren

KG	Kostengruppe	Menge Einheit	Kosten €	€/Einheit	%
3+4	**Bauwerk**				**100,0**
300	**Bauwerk – Baukonstruktionen**	1.239,53 m² BGF	1.488.316	**1.200,71**	75,5

- Abbrechen (Kosten: 2,6%) 38.114
  Abbruch von Betonfundamenten, Estrich; Mauerwerksbrüstungen, Glasbausteinen, Kunststofffenstern, Laibungsputz, Lichtschächten; Beschichtung; Holzbalken, Dachflächenfenstern, Betonsteindeckung, Dachentwässerung; Entsorgung, Deponiegebühren

- Wiederherstellen (Kosten: 7,8%) 115.720
  Terrazzobelag aufarbeiten, Kellerboden ausbessern, Risse verpressen, Dränleitungen spülen; Fensterbankhöhen abgleichen, Wandoberfläche ausbessern, Putzfehlstellen schließen, Risse armieren, Beschichtung erneuern; Risse in Rohdecke verharzen, Stahl-Treppengeländer neu lackieren, Handlauf überarbeiten; Holzdachkonstruktion ertüchtigen

- Herstellen (Kosten: 89,7%) 1.334.482
  Stb-Fundamentplatte, Bodenbeschichtung; Stb-Wände, Öffnungen herstellen, Holzrahmenwände, Kunststofffenster, WDVS, Holzfassade, Alu-Pfosten-Riegelfassade, Alu-Glastür, Sonnenschutz, Vordach; Ziegelmauerwerk, GK-Wände, Innentüren, Putz, Beschichtung, Wandfliesen, Kellertrennwände; Stb-Decken, Estrich, Vinyl, Bodenfliesen, Terrazzo, Deckendämmung, GK-Decken, Geländer; Dacheinschnitte herstellen, Gauben-Flachdächer, Dachdämmung, Stb-Flachdach, Dachflächenfenster, Betonsteindeckung, Dachabdichtung, Dachentwässerung, GK-Bekleidung

KG	Kostengruppe	Menge Einheit	Kosten €	€/Einheit	%
400	**Bauwerk – Technische Anlagen**	1.239,53 m² BGF	482.750	**389,46**	24,5

- Abbrechen (Kosten: 3,5%) 16.735
  Abbruch von Betonrohren, Sanitäranlagen; Ölheizungsanlage, Öltank; Zähleranlage, Elektroinstallation; Entsorgung, Deponiegebühren

- Herstellen (Kosten: 96,5%) 466.016
  Gebäudeentwässerung, Kalt- und Warmwasserleitungen, Sanitärobjekte; Pelletheizung, Heizungsrohre, Heizkörper, Kaminanlage; Einzelraumlüfter; Elektroinstallation, Beleuchtung, Erdung; Telefonverkabelung, Sprechanlage, Sat-Antennenanlage, Datenverkabelung; Personenaufzug

KG	Kostengruppe	Menge Einheit	Kosten €	€/Einheit	%
500	**Außenanlagen und Freiflächen**	897,00 m²AF	35.565	**39,65**	1,8
	• Abbrechen (Kosten: 33,1%) Abbruch von bitumenhaltiger Befestigung; Entsorgung, Deponiegebühren, Aufnehmen und Lagern von Frostschutzschicht, Naturbordsteinen		11.761		
	• Herstellen (Kosten: 66,9%) Grabenaushub; Holz-Stützwandbekleidung, Stahlgeländer; Gebäudeentwässerung, Elektroinstallation, Lichtmasten		23.804		
600	**Ausstattung und Kunstwerke**	1.239,53 m²BGF	7.659	**6,18**	0,4
	• Herstellen (Kosten: 100,0%) Sanitärausstattung		7.659		

Kostenkennwerte für die Kostengruppen der 2.Ebene DIN 276

KG	Kostengruppe	Menge Einheit	Kosten €	€/Einheit	%
200	**Vorbereitende Maßnahmen**				**100,0**
210	**Herrichten**	1.156,00 m^2 GF	827	**0,72**	100,0
	• Abbrechen (Kosten: 100,0%) Abbruch von bitumenhaltiger Befestigung (18m²); Entsorgung, Deponiegebühren	1.156,00 m^2 GF	827	**0,72**	
300	**Bauwerk – Baukonstruktionen**				**100,0**
310	**Baugrube / Erdbau**	114,83 m^3 BGI	12.243	**106,62**	0,8
	• Herstellen (Kosten: 100,0%) Außenwände freilegen, Bodenaushub, Bauschutt, abfahren (83m³), Baugrubenaushub, Bauschutt, entsorgen (32m³), Hinterfüllungen mit Liefermaterial (30m³)	114,83 m^3 BGI	12.243	**106,62**	
320	**Gründung, Unterbau**	114,89 m^2 GRF	41.068	**357,46**	2,8
	• Abbrechen (Kosten: 8,1%) Abbruch von Betonfundamenten (psch) * Estrich (10m²); Entsorgung, Deponiegebühren	–	3.325	–	
	• Wiederherstellen (Kosten: 3,4%) Terrazzobelag reinigen, polieren, imprägnieren (9m²), Kellerboden ausbessern, Risse verpressen (14m²) * Dränleitungen spülen, Schwemmmaterial entsorgen (75m)	23,43 m^2 GRF	1.410	**60,18**	
	• Herstellen (Kosten: 88,5%) Stb-Fundamentplatte, WU (7m²) * abdichtung, Dämmschüttung, PU-Dämmung, PE-TSD, Zementestrich (75m²), Vinylbelag (61m²), Verbundestrich, Epoxidharzbeschichtung (10m²), Bodenfliesen (5m²), Terrazzoplatten (3m²), Loggia: Verbundestrich, Bodenfliesen (12m²) * Kies-Schottertragschicht (6m³), XPS-Dämmung (11m²) * Sickerpackung (6m³)	95,56 m^2 GRF	36.333	**380,21**	
330	**Außenwände/Vert. Baukonstrukt., außen**	1.160,87 m^2 AWF	596.928	**514,21**	40,1
	• Abbrechen (Kosten: 3,9%) Abbruch von Mauerwerksbrüstungen (13m²), Glasbausteinen (9m²) * Kunststofffenstern (82m²), Kellerfenstern (3m²) * Laibungsputz (psch) * Lichtschächten (3St); Entsorgung, Deponiegebühren	107,13 m^2 AWF	23.292	**217,42**	
	• Wiederherstellen (Kosten: 5,8%) Fensterbankhöhen abstemmen, aufbetonieren (45h) * Wandoberfläche ausbessern, Putzfehlstellen schließen (36h) * Putzflächen überarbeiten, Fehlstellen ausbessern, Risse aufschneiden, armieren (103h), Wandflächen spachteln, neu beschichten (476m²)	475,82 m^2 AWF	34.581	**72,68**	
	• Herstellen (Kosten: 90,3%) Stb-Wände (73m²), Fensteröffnungen herstellen (13m²), Holzrahmenwände (42m²) * Holzwände (40m²), HLz-Mauerwerk (24m²) * Kunststofffenster (142m²) * Perimeterdämmung (41m²), WDVS (795m²), Holzfassade (121m²), Titanzinkbekleidung (24m²) * GK-Bekleidung (50m²), Innenputz (42m²), Beschichtung (78m²), Wandfliesen (25m²) * Alu-Pfosten-Riegelfassade (24m²), Alu-Glastür (3m²) * Rollläden (38m²), Markisen (12m²) * Stb-Vordach, Blechabdeckung (1St), Absturzsicherungen (10m), Lichtschacht (1St)	1.160,87 m^2 AWF	539.055	**464,35**	

Umbau

KG	Kostengruppe	Menge Einheit	Kosten €	€/Einheit	%
340	**Innenwände/Vert. Baukonstrukt., innen**	886,57 m²IWF	261.613	**295,08**	17,6
	• Abbrechen (Kosten: 0,4%) Abbruch von Beschichtung (14h); Entsorgung, Deponiegebühren	–	959	–	
	• Wiederherstellen (Kosten: 13,5%) Putzflächen überarbeiten, Fehlstellen ausbessern, Risse aufschneiden, armieren (135h), Wandflächen spachteln (624m²), neu beschichten (726m²)	725,65 m²IWF	35.360	**48,73**	
	• Herstellen (Kosten: 86,1%) Ziegelmauerwerk (96m²), Türöffnungen herstellen in Mauerwerk (15m²) * GK-Wände F30 (245m²), HLz-Mauerwerk (44m²) * Holztüren (92m²), Stahltüren T30 (7m²) * Wandputz (347m²), GK-Vorsatzschalen (248m²), Wanddämmung (44m²), Beschichtung (550m²), Wandfliesen (126m²) * Keller-Systemtrennwände (75m²)	873,52 m²IWF	225.294	**257,91**	
350	**Decken/Horizontale Baukonstruktionen**	811,44 m²DEF	248.444	**306,18**	16,7
	• Wiederherstellen (Kosten: 10,8%) Risse verharzen (11h) * Terrazzobelag reinigen, polieren, imprägnieren (46m²) * Risse schließen, armieren (16h), Deckenflächen spachteln, neu beschichten (461m²), Beschichtung erneuern (119m²) * Stahl-Treppengeländer schleifen, lackieren (42h), Handlauf reinigen, Stäbe einharzen (4h)	579,85 m²DEF	26.851	**46,31**	
	• Herstellen (Kosten: 89,2%) Stb-Decken (5m²), Kragstufen einspannen (2m²) * Dämmungen, Estrich (694m²), Vinyl (611m²), Bodenfliesen (58m²), Terrazzo (25m²), Kastenrinnen (15m) * Deckendämmungen (108m²), GK-Decken, Beschichtung (196m²), Zementbauplatten-Decke (8m²), Silikonharzbeschichtung (19m²) * Sicherungsnetz (32m²), Treppengeländer (2m²), Balkongeländer: Stahl-UK (15m), Holz-Lamellenfüllung (175m)	694,45 m²DEF	221.593	**319,09**	
360	**Dächer**	312,24 m²DAF	203.726	**652,47**	13,7
	• Abbrechen (Kosten: 5,2%) Abbruch von Holzbalken (2m³) * Dachflächenfenstern (2St) * Betonsteindeckung (325m²), Dachrinnen (38m), Fallrohren (37m); Entsorgung, Deponiegebühren	327,00 m²DAF	10.538	**32,23**	
	• Wiederherstellen (Kosten: 8,6%) Sparrenköpfe kürzen, aufdoppeln (45St), First-/Mittelpfetten unterstützen, mit Pfetten (18m), mit Holzstützen (12m), Ortgang aufdoppeln (87m), Schubhölzer ergänzen (40m), Windsogbefestigungen erneuern (psch) * Holzbalken schleifen, lasieren (10h)	–	17.518	–	
	• Herstellen (Kosten: 86,2%) Dachsparren abschneiden (14St), Koppelbalken (9m), Auswechslungen (26m), Gauben-Flachdächer (42m²), Zwischensparrendämmung (255m²), Stb-Flachdach (7m²) * Dachflächenfenster (5m²) * Aufdachdämmungen (214m²), Betonsteindeckung (250m²), Kunststoffabdichtung (57m²), Betonplatten (14m²), Entwässerungs-/Dachrinnen (41m), Fallrohre (50m) * Dämmung, GK-Bekleidung, Beschichtung (166m²), WDVS (10m²) * Schneefanghaken (500St), Trittroste (12St)	312,24 m²DAF	175.671	**562,61**	
390	**Sonst. Maßnahmen für Baukonstrukt.**	1.239,53 m²BGF	124.293	**100,27**	8,4
	• Herstellen (Kosten: 100,0%) Baustelleneinrichtungen (9St), Kran (1St) * Fassaden-/Arbeitsgerüste (992m²), Dachfanggerüst (72m), Treppenturm (11m), Gerüstplanen (800m²) * Bauteilabklebungen (349m²), Abdeckungen auf Stufen (70St), Schutzabdeckungen (psch), Baureinigung (psch) * Fallrohrprovisorium (50m) * Schließanlage (1St)	1.239,53 m²BGF	124.293	**100,27**	

KG	Kostengruppe	Menge Einheit	Kosten €	€/Einheit	%
400	**Bauwerk – Technische Anlagen**				**100,0**
410	**Abwasser-, Wasser-, Gasanlagen**	1.239,53 m² BGF	140.147	**113,06**	29,0
	• Abbrechen (Kosten: 2,0%)	1.239,53 m² BGF	2.848	**2,30**	
	Abbruch von Betonrohren (1m³) * Sanitäranlagen (psch); Entsorgung, Deponiegebühren				
	• Herstellen (Kosten: 98,0%)	1.239,53 m² BGF	137.299	**110,77**	
	PP-Schallschutzrohre (psch), Bodenabläufe (4St) * Edelstahlrohre, Zirkulationssystem (psch), Wasserzähler (11St), Wand-WCs (12St), Waschtische (12St), Badewannen (8St), Wannen-/Brausearmaturen (12St) * Montageelemente (12St)				
420	**Wärmeversorgungsanlagen**	1.239,53 m² BGF	177.418	**143,13**	36,8
	• Abbrechen (Kosten: 3,4%)	1.239,53 m² BGF	6.039	**4,87**	
	Abbruch von Ölheizungsanlage (psch), Öltank (psch); Entsorgung, Deponiegebühren				
	• Herstellen (Kosten: 96,6%)	1.239,53 m² BGF	171.380	**138,26**	
	Pelletkessel 48kW (1St), Pufferspeicher 800l (2St), Pelletbunker (psch) * Heizungsrohre (psch) * Profilheizkörper (45St), Badheizkörper (10St) * Kaminanlage, Rauchrohranlage (psch), Kaminbekleidung, Titanzink (7m²)				
430	**Raumlufttechnische Anlagen**	1.239,53 m² BGF	6.788	**5,48**	1,4
	• Herstellen (Kosten: 100,0%)	1.239,53 m² BGF	6.788	**5,48**	
	Einzelraumlüfter (12St)				
440	**Elektrische Anlagen**	1.239,53 m² BGF	75.850	**61,19**	15,7
	• Abbrechen (Kosten: 10,3%)	1.239,53 m² BGF	7.848	**6,33**	
	Abbruch von Zähleranlage (psch), Elektroinstallation (psch); Entsorgung, Deponiegebühren				
	• Herstellen (Kosten: 89,7%)	1.239,53 m² BGF	68.002	**54,86**	
	Wandschränke (2St), Zählerfelder (4St), Verteilerfeld (1St), Sicherungsverteiler (10St), Mantelleitungen (3.182m), Starkstromkabel (138m), Steckdosen (441St), Herdanschlüsse (6St), Schalter/Taster (114St), Bewegungsmelder (20St) * LED-Leuchten (32St), LED-Strahler (14St), LED-Außenleuchten (12St) * Ringerder (16m), Erdungskabel (28m)				
450	**Kommunikationstechnische Anlagen**	1.239,53 m² BGF	20.815	**16,79**	4,3
	• Herstellen (Kosten: 100,0%)	1.239,53 m² BGF	20.815	**16,79**	
	Telefonverteiler (1St), Telefonkabel (374m) * Audio-Sprechanlage (1St) * Sat-Antennenanlage (1St), Koaxialkabel (776m), Antennenanschlussdosen (20St) * Medienverteiler (10St), Datenkabel (494m), Datenanschlussdosen (30St)				
460	**Förderanlagen**	1.239,53 m² BGF	61.284	**49,44**	12,7
	• Herstellen (Kosten: 100,0%)	1.239,53 m² BGF	61.284	**49,44**	
	Personenaufzug (1St)				
490	**Sonst. Maßnahmen für techn. Anlagen**	1.239,53 m² BGF	449	**0,36**	< 0,1
	• Herstellen (Kosten: 100,0%)	1.239,53 m² BGF	449	**0,36**	
	Montagegerüst (1St)				

KG	Kostengruppe	Menge Einheit	Kosten €	€/Einheit	%
500	**Außenanlagen und Freiflächen**				**100,0**
510	**Erdbau**	84,65 m³EBR	7.529	**88,94**	21,2
	• Herstellen (Kosten: 100,0%) Kabelgrabenaushub, lagern, verfüllen (85m³)	84,65 m³EBR	7.529	**88,94**	
530	**Oberbau, Deckschichten**	–	11.761	–	33,1
	• Abbrechen (Kosten: 100,0%) Abbruch von bitumenhaltiger Befestigung (343m²); Entsorgung, Deponiegebühren, Aufnehmen und Lagern von Frostschutzschicht (28m²), Naturbordsteinen (19m)	342,87 m²BFF	11.761	**34,30**	
540	**Baukonstruktionen**	897,00 m²AF	7.884	**8,79**	22,2
	• Herstellen (Kosten: 100,0%) Stützwandbekleidung: Holz-UK (32m), Stahlgeländer, Mauerabdeckung (4m), Holzlamellen-bekleidung (210m)	897,00 m²AF	7.884	**8,79**	
550	**Technische Anlagen**	897,00 m²AF	8.391	**9,35**	23,6
	• Herstellen (Kosten: 100,0%) PP-Rohre (55m) * Außenschrankverteiler (1St), Erdkabel (85m), Lichtmasten (3St)	897,00 m²AF	8.391	**9,35**	
600	**Ausstattung und Kunstwerke**				**100,0**
610	**Allgemeine Ausstattung**	1.239,53 m²BGF	7.659	**6,18**	100,0
	• Herstellen (Kosten: 100,0%) Spiegel, mit Beleuchtung (12St), WC-Bürstengarnituren (12St), WC-Papierrollenhalter (12St), Handtuchhalter (12St)	1.239,53 m²BGF	7.659	**6,18**	

Kostenkennwerte für die Kostengruppen 300 der 2. und 3. Ebene DIN 276 (Übersicht)

KG	Kostengruppe	Menge Einheit	Kosten €	€/Einheit	% an 3+4
300	**Bauwerk – Baukonstruktionen**	**1.239,53 m² BGF**	**1.488.316,30**	**1.200,71**	**75,5**
310	**Baugrube / Erdbau**	**114,83 m³ BGI**	**12.242,71**	**106,62**	**0,6**
311	Herstellung	114,83 m³ BGI	12.242,71	106,62	0,6
312	Umschließung	–	–	–	–
313	Wasserhaltung	–	–	–	–
314	Vortrieb	–	–	–	–
319	Sonstiges zur KG 310	–	–	–	–
320	**Gründung, Unterbau**	**114,89 m² GRF**	**41.068,41**	**357,46**	**2,1**
321	Baugrundverbesserung	–	–	–	–
322	Flachgründungen und Bodenplatten	7,52 m²	7.079,01	941,36	0,4
323	Tiefgründungen	–	–	–	–
324	Gründungsbeläge	114,89 m²	32.019,07	278,69	1,6
325	Abdichtungen und Bekleidungen	10,35 m²	1.255,70	121,32	< 0,1
326	Dränagen	114,89 m² GRF	714,62	6,22	< 0,1
329	Sonstiges zur KG 320	–	–	–	–
330	**Außenwände/Vert. Baukonstrukt., außen**	**1.160,87 m² AWF**	**596.928,49**	**514,21**	**30,3**
331	Tragende Außenwände	127,75 m²	79.257,78	620,41	4,0
332	Nichttragende Außenwände	58,68 m²	20.227,74	344,71	1,0
333	Außenstützen	–	–	–	–
334	Außenwandöffnungen	142,06 m²	111.673,27	786,10	5,7
335	Außenwandbekleidungen, außen	992,26 m²	233.814,21	235,64	11,9
336	Außenwandbekleidungen, innen	578,38 m²	61.623,93	106,55	3,1
337	Element. Außenwandkonstruktionen	26,55 m²	57.694,53	2.173,05	2,9
338	Lichtschutz zur KG 330	50,45 m²	14.312,12	283,69	0,7
339	Sonstiges zur KG 330	1.160,87 m² AWF	18.324,90	15,79	0,9
340	**Innenwände/Vert. Baukonstrukt., innen**	**886,57 m² IWF**	**261.612,65**	**295,08**	**13,3**
341	Tragende Innenwände	111,23 m²	39.841,78	358,19	2,0
342	Nichttragende Innenwände	159,28 m²	40.660,23	255,28	2,1
343	Innenstützen	–	–	–	–
344	Innenwandöffnungen	98,98 m²	59.262,06	598,73	3,0
345	Innenwandbekleidungen	1.425,21 m²	115.866,14	81,30	5,9
346	Elementierte Innenwandkonstruktionen	74,98 m²	5.982,45	79,79	0,3
347	Lichtschutz zur KG 340	–	–	–	–
349	Sonstiges zur KG 340	–	–	–	–
350	**Decken/Horizontale Baukonstruktionen**	**811,44 m² DEF**	**248.444,21**	**306,18**	**12,6**
351	Deckenkonstruktionen	–	14.283,92	–	0,7
352	Deckenöffnungen	–	–	–	–
353	Deckenbeläge	740,35 m²	169.313,88	228,69	8,6
354	Deckenbekleidungen	811,44 m²	43.104,55	53,12	2,2
355	Elementierte Deckenkonstruktionen	–	–	–	–
359	Sonstiges zur KG 350	811,44 m² DEF	21.741,87	26,79	1,1
360	**Dächer**	**312,24 m² DAF**	**203.726,45**	**652,47**	**10,3**
361	Dachkonstruktionen	261,95 m²	48.944,85	186,85	2,5
362	Dachöffnungen	4,67 m²	19.141,35	4.098,79	1,0
363	Dachbeläge	307,57 m²	95.708,07	311,17	4,9
364	Dachbekleidungen	178,95 m²	31.593,69	176,55	1,6
365	Elementierte Dachkonstruktionen	–	–	–	–
366	Lichtschutz zur KG 360	1,56 m²	2.255,70	1.445,96	0,1
369	Sonstiges zur KG 360	312,24 m² DAF	6.082,80	19,48	0,3
370	**Infrastrukturanlagen**	**–**	**–**	**–**	**–**
380	**Baukonstruktive Einbauten**	**–**	**–**	**–**	**–**
390	**Sonst. Maßnahmen für Baukonstrukt.**	**1.239,53 m² BGF**	**124.293,38**	**100,27**	**6,3**

Kostenkennwerte für die Kostengruppen 400 der 2. und 3.Ebene DIN 276 (Übersicht)

KG	Kostengruppe	Menge Einheit	Kosten €	€/Einheit	% an 3+4
400	**Bauwerk – Technische Anlagen**	**1.239,53 m² BGF**	**482.750,40**	**389,46**	**24,5**
410	**Abwasser-, Wasser-, Gasanlagen**	**1.239,53 m² BGF**	**140.147,02**	**113,06**	**7,1**
411	Abwasseranlagen	1.239,53 m² BGF	37.843,75	30,53	1,9
412	Wasseranlagen	1.239,53 m² BGF	96.994,45	78,25	4,9
413	Gasanlagen	–	–	–	–
419	Sonstiges zur KG 410	1.239,53 m² BGF	5.308,83	4,28	0,3
420	**Wärmeversorgungsanlagen**	**1.239,53 m² BGF**	**177.418,48**	**143,13**	**9,0**
421	Wärmeerzeugungsanlagen	1.239,53 m² BGF	76.964,86	62,09	3,9
422	Wärmeverteilnetze	1.239,53 m² BGF	32.609,30	26,31	1,7
423	Raumheizflächen	1.239,53 m² BGF	59.710,58	48,17	3,0
424	Verkehrsheizflächen	–	–	–	–
429	Sonstiges zur KG 420	1.239,53 m² BGF	8.133,74	6,56	0,4
430	**Raumlufttechnische Anlagen**	**1.239,53 m² BGF**	**6.787,55**	**5,48**	**0,3**
431	Lüftungsanlagen	1.239,53 m² BGF	6.787,55	5,48	0,3
432	Teilklimaanlagen	–	–	–	–
433	Klimaanlagen	–	–	–	–
434	Kälteanlagen	–	–	–	–
439	Sonstiges zur KG 430	–	–	–	–
440	**Elektrische Anlagen**	**1.239,53 m² BGF**	**75.850,03**	**61,19**	**3,8**
441	Hoch- und Mittelspannungsanlagen	–	–	–	–
442	Eigenstromversorgungsanlagen	–	–	–	–
443	Niederspannungsschaltanlagen	–	–	–	–
444	Niederspannungsinstallationsanlagen	1.239,53 m² BGF	70.062,93	56,52	3,6
445	Beleuchtungsanlagen	1.239,53 m² BGF	4.856,31	3,92	0,2
446	Blitzschutz- und Erdungsanlagen	1.239,53 m² BGF	930,78	0,75	< 0,1
447	Fahrleitungssysteme	–	–	–	–
449	Sonstiges zur KG 440	–	–	–	–
450	**Kommunikationstechnische Anlagen**	**1.239,53 m² BGF**	**20.814,52**	**16,79**	**1,1**
451	Telekommunikationsanlagen	1.239,53 m² BGF	1.005,49	0,81	< 0,1
452	Such- und Signalanlagen	1.239,53 m² BGF	5.701,00	4,60	0,3
453	Zeitdienstanlagen	–	–	–	–
454	Elektroakustische Anlagen	–	–	–	–
455	Audiovisuelle Medien- u. Antennenanl.	1.239,53 m² BGF	3.412,39	2,75	0,2
456	Gefahrenmelde- und Alarmanlagen	–	–	–	–
457	Datenübertragungsnetze	1.239,53 m² BGF	10.695,64	8,63	0,5
458	Verkehrsbeeinflussungsanlagen	–	–	–	–
459	Sonstiges zur KG 450	–	–	–	–
460	**Förderanlagen**	**1.239,53 m² BGF**	**61.283,73**	**49,44**	**3,1**
461	Aufzugsanlagen	1.239,53 m² BGF	61.283,73	49,44	3,1
462	Fahrtreppen, Fahrsteige	–	–	–	–
463	Befahranlagen	–	–	–	–
464	Transportanlagen	–	–	–	–
465	Krananlagen	–	–	–	–
466	Hydraulikanlagen	–	–	–	–
469	Sonstiges zur KG 460	–	–	–	–
470	**Nutzungsspez. u. verfahrenstechn. Anl.**	**–**	**–**	**–**	**–**
480	**Gebäude- und Anlagenautomation**	**–**	**–**	**–**	**–**
490	**Sonst. Maßnahmen für techn. Anlagen**	**1.239,53 m² BGF**	**449,06**	**0,36**	**< 0,1**

Kostenkennwerte für die Kostengruppen der 3.Ebene DIN 276

KG	Kostengruppe	Menge Einheit	Kosten €	€/Einheit	%
210	**Herrichten**				**100,0**
212	**Abbruchmaßnahmen**	1.156,00 m²GF	827	**0,72**	100,0
	• Abbrechen (Kosten: 100,0%) Abbruch von bitumenhaltiger Befestigung (18m²), Trennschnitte (13m); Entsorgung, Deponiegebühren	1.156,00 m²GF	827	**0,72**	
310	**Baugrube / Erdbau**				**100,0**
311	**Herstellung**	114,83 m³BGI	12.243	**106,62**	100,0
	• Herstellen (Kosten: 100,0%) Außenwände freilegen, Bodenaushub BK 3-4, Bauschutt, t bis 1,50m, lagern, laden, abfahren (83m³), Baugrubenaushub BK 3-4, Bauschutt, t=1,70m, lagern, laden, entsorgen (32m³), Hinterfüllungen mit Frostschutzkies, Liefermaterial (15m³), mit Boden BK 3-4, Liefermaterial (15m³), Planum (79m²)	114,83 m³BGI	12.243	**106,62**	
320	**Gründung, Unterbau**				**100,0**
322	**Flachgründungen und Bodenplatten**	7,52 m²	7.079	**941,36**	17,2
	• Abbrechen (Kosten: 40,9%) Abbruch von Betonfundamenten (psch); Entsorgung, Deponiegebühren	–	2.898	**–**	
	• Herstellen (Kosten: 59,1%) Stb-Fundamentplatte C25/30, WU, d=40cm, Schalung, Bewehrung (4m²), d=20cm (3m²)	7,52 m²	4.181	**555,97**	
324	**Gründungsbeläge**	114,89 m²	32.019	**278,69**	78,0
	• Abbrechen (Kosten: 1,3%) Abbruch von Estrich (10m²); Entsorgung, Deponiegebühren	10,44 m²	427	**40,91**	
	• Wiederherstellen (Kosten: 3,7%) Terrazzobelag reinigen, polieren, imprägnieren (9m²), Kellerboden ausbessern, Risse verpressen (14m²)	23,43 m²	1.188	**50,69**	
	• Herstellen (Kosten: 95,0%) Bitumenabdichtung, Dämmschüttung, d=20-40mm, PU-Dämmung, d=50mm, PE-TSD, Zement-estrich, d=35-50mm, faserarmiert (75m²), Vinylbelag (61m²), Sockelleisten (45m), Verbundestrich, Epoxidharzbeschichtung (10m²), Abdichtung, Bodenfliesen (5m²), Fliesensockel (4m), Terrazzoplatten (3m²), Sauberlaufmatte 80x60cm (1St), Sockelleisten (16m), Loggia: Zement-Verbundestrich, d=50mm, Abdichtung, Bodenfliesen (12m²), Fliesensockel (15m)	91,46 m²	30.404	**332,43**	
325	**Abdichtungen und Bekleidungen**	10,35 m²	1.256	**121,32**	3,1
	• Herstellen (Kosten: 100,0%) Kies-Schottertragschicht 8/32mm, d=30cm (6m³), Sauberkeitsschicht C8/10, d=5cm (9m²), XPS-Dämmung WLG 040, d=100mm (8m²), vertikal (3m²)	10,35 m²	1.256	**121,32**	
326	**Dränagen**	114,89 m²GRF	715	**6,22**	1,7
	• Wiederherstellen (Kosten: 31,1%) Dränleitungen spülen, Schwemmmaterial entsorgen (75m)	23,43 m²GRF	222	**9,49**	
	• Herstellen (Kosten: 68,9%) Sickerpackung, Kies 8/16mm (6m³)	95,56 m²GRF	492	**5,15**	

KG	Kostengruppe	Menge Einheit	Kosten €	€/Einheit	%
330	**Außenwände/Vertikale Baukonstruktionen, außen**				**100,0**
331	**Tragende Außenwände**	127,75 m²	79.258	**620,41**	13,3
	• Herstellen (Kosten: 100,0%) Stb-Wände C25/30, d=24cm, Schalung, Bewehrung (73m²), Fensteröffnungen herstellen in Mauerwerk, d=30cm, Trennschnitte, Auflagertaschen, Ziegel-/Stahlstürze, beschichtet (13m²), Stahlstürze IPB260, l bis 4m (2St), Holzrahmenwände, d=24cm, KVH 6x20cm, Holzfaserdämmung WLG 035, d=200mm, innen OSB-Schalung, d=15mm, außen Holzfaser-Unterdeckplatten WLS 047, d=40mm (42m²)	127,75 m²	79.258	**620,41**	
332	**Nichttragende Außenwände**	58,68 m²	20.228	**344,71**	3,4
	• Abbrechen (Kosten: 25,5%) Abbruch von Mauerwerksbrüstungen, d=15-35cm, Trennschnitte (13m²), Glasbausteinen (9m²); Entsorgung, Deponiegebühren	22,07 m²	5.161	**233,85**	
	• Wiederherstellen (Kosten: 16,1%) Fensterbankhöhen abstemmen, aufbetonieren (45h)	–	3.261	**–**	
	• Herstellen (Kosten: 58,4%) Abseitenwände, KVH 16x16cm, einseitig OSB-Schalung (33m²), Holzrahmenwand, d=11,5cm (7m²), HLz-Mauerwerk, d=30cm (19m²), Öffnungen schließen, HLz-Mauerwerk, d=30cm (2m²), Heizkörpernischen ausmauern (3m²)	58,68 m²	11.806	**201,19**	
334	**Außenwandöffnungen**	142,06 m²	111.673	**786,10**	18,7
	• Abbrechen (Kosten: 12,6%) Abbruch von Kunststofffenstern (82m²), Kellerfenstern (3m²); Entsorgung, Deponiegebühren	85,06 m²	14.088	**165,62**	
	• Herstellen (Kosten: 87,4%) Kunststofffenster/-türen, Uw<0,75W/m²K, einteilig, Drehkipp, teilw. Schallschutzverglasung (103m²), zweiteilig, Drehkipp/fest, VSG (31m²), Dreh/Drehkipp (4m²), Kunststoff-Kellerfenster, UW<1,3W/m²K, einteilig, Drehkipp (4m²), Fensterfalzlüfter (91St), Fensterbänke außen, Alu (70m), Titanzink (4m), innen, HPL (60m), Türbleche (5m)	142,06 m²	97.585	**686,93**	
335	**Außenwandbekleidungen, außen**	992,26 m²	233.814	**235,64**	39,2
	• Wiederherstellen (Kosten: 2,2%) Wandoberfläche ausbessern, Putzfehlstellen schließen (36h)	–	5.260	**–**	
	• Herstellen (Kosten: 97,8%) Bitumendickbeschichtung (79m²), XPS-Perimeterdämmung WLG 040, d=160-180mm (41m²), Noppenbahn (69m²), XPS-Sockeldämmung WLG 035, d=160mm (32m²), Mineralwolldämmung WLG 035, d=160mm, Verdübelung (766m²), Gewebespachtelung, Silikonharzputz, Beschichtung (795m²), in Laibungen (268m), Außenputz (12m²), Holz-UK, Mineralwolldämmung WLG 035, d=180mm (93m²), Holzfassade, lasiert (121m²), in Laibungen (39m), Schalung, Titanzinkbekleidung (24m²), in Laibungen (8m)	992,26 m²	228.554	**230,34**	

KG	Kostengruppe	Menge Einheit	Kosten €	€/Einheit	%
336	**Außenwandbekleidungen, innen**	578,38 m²	61.624	**106,55**	10,3
	• Abbrechen (Kosten: 4,2%) Abbruch von Laibungsputz (psch); Entsorgung, Deponiegebühren	–	2.602	–	
	• Wiederherstellen (Kosten: 42,3%) Putzflächen überarbeiten, Fehlstellen ausbessern, Risse aufschneiden, armieren (103h), Wandflächen spachteln, neu beschichten (476m²)	475,82 m²	26.060	**54,77**	
	• Herstellen (Kosten: 53,5%) GK-Bekleidung (50m²), in Laibungen (249m), Gipsputz (27m²), in Laibungen (46m), Kalkzementputz, in Laibungen (165m), Mineralschaumdämmung WLG 040, d=100mm, Armierung, Kalkzementputz (15m²), Trägerbekleidung F90 (5m²), Beschichtung (78m²), Abdichtung, Wandfliesen (25m²), in Laibungen (17m), Abschlussprofile, Edelstahl (7m)	102,56 m²	32.962	**321,39**	
337	**Element. Außenwandkonstruktionen**	26,55 m²	57.695	**2.173,05**	9,7
	• Herstellen (Kosten: 100,0%) Alu-Pfosten-Riegelfassade, Uw<1,3W/m²K, Dreifachverglasung, innen VSG (24m²), Öffnungsflügel, Drehkipp, Alu-Fensterbank (1St), Alu-Glasrahmentür, Uw<1,7W/m²K, VSG (3m²)	26,55 m²	57.695	**2.173,05**	
338	**Lichtschutz zur KG 330**	50,45 m²	14.312	**283,69**	2,4
	• Herstellen (Kosten: 100,0%) Aufsatzrollläden, Kunststoff (27m²), Vorbaurollläden, Kunststoff (11m²), Senkrechtmarkisen, Alublende (12m²)	50,45 m²	14.312	**283,69**	
339	**Sonstiges zur KG 330**	1.160,87 m² AWF	18.325	**15,79**	3,1
	• Abbrechen (Kosten: 7,9%) Abbruch von Lichtschächten (3St); Entsorgung, Deponiegebühren	107,13 m² AWF	1.441	**13,45**	
	• Herstellen (Kosten: 92,1%) Stb-Fertigteil-Vordach C25/30, WU, 1,00x3,32m, Schalung, Bewehrung, Kunststoffabdichtung, Verbundblechabdeckung (1St), tragende Wärmedämmelemente (3St), Absturzsicherungen, Vierkantprofile (10m), Fertigteil-Lichtschacht 1,25x0,60x1,40m, Gitterrost (1St), Lichtschachtabdeckungen, Aufsetzrahmen, Gitterrost (2St)	1.160,87 m² AWF	16.884	**14,54**	
340	**Innenwände/Vertikale Baukonstruktionen, innen**				**100,0**
341	**Tragende Innenwände**	111,23 m²	39.842	**358,19**	15,2
	• Herstellen (Kosten: 100,0%) Ziegelmauerwerk, d=24cm, Anschluss an Bestandsmauerwerk (95m²), Ziegelstürze (3m), Maueranschlussschienen (27m), Öffnungen schließen, Mauerwerk, d=36,5cm (1m²), Türöffnungen herstellen, in Mauerwerk, d=24cm, Trennschnitte, Auflagertaschen, Stahlstürze (15m²)	111,23 m²	39.842	**358,19**	
342	**Nichttragende Innenwände**	159,28 m²	40.660	**255,28**	15,5
	• Herstellen (Kosten: 100,0%) GK-Wände F30, d=12,5cm, beidseitig doppelt beplankt, Mineralwolldämmung (231m²), d=25cm (14m²), Türöffnungen (13St), Nischen (8St), HLz-Mauerwerk, d=11,5cm (44m²), Ziegelsturz (1m)	159,28 m²	40.660	**255,28**	

KG	Kostengruppe	Menge Einheit	Kosten €	€/Einheit	%
344	**Innenwandöffnungen**	98,98 m²	59.262	**598,73**	22,7
	• Herstellen (Kosten: 100,0%)	98,98 m²	59.262	**598,73**	
	Holztüren, Röhrenspan, Holzumfassungszargen, Oberfläche CPL (66m²), als Schiebetür (4m²), Vollholztüren, Oberfläche HPL, R'w=27dB (13m²), R'w=37dB (6m²), T30 RS (2m²), RS (2m²), Stahltüren T30, Stahlzargen, Beschichtung (7m²)				
345	**Innenwandbekleidungen**	1.425,21 m²	115.866	**81,30**	44,3
	• Abbrechen (Kosten: 0,8%)	–	959	–	
	Abbruch von Beschichtung (14h); Entsorgung, Deponiegebühren				
	• Wiederherstellen (Kosten: 30,5%)	725,65 m²	35.360	**48,73**	
	Putzflächen überarbeiten, Fehlstellen ausbessern, Risse aufschneiden, armieren (135h), Wandflächen spachteln (624m²), neu beschichten (726m²)				
	• Herstellen (Kosten: 68,7%)	699,56 m²	79.547	**113,71**	
	Gipsputz (192m²), Kalkzementputz (141m²), GK-Vorsatzschalen (214m²), als Schachtwand, Rw=36dB (34m²), Trägerbekleidung F90 (22m²), Mineralschaumdämmung WLG 040, d=100mm, Armierung, Kalkzementputz (14m²), Holzwolle-Mehrschichtdämmung WLG 040, d=100mm (9m²), Beschichtung (550m²), Abdichtung, Wandfliesen (126m²), Abschlussprofile, Edelstahl (34m), EPS-Dämmung WLG 035, d=100mm (23m²)				
346	**Elementierte Innenwandkonstruktionen**	74,98 m²	5.982	**79,79**	2,3
	• Herstellen (Kosten: 100,0%)	74,98 m²	5.982	**79,79**	
	Keller-Systemtrennwände, Holzprofile an verzinkten Winkeleisen, Systemhöhe 2,20m, zehn Türen, zehn Oberlichter (75m²)				
350	**Decken/Horizontale Baukonstruktionen**				**100,0**
351	**Deckenkonstruktionen**	–	14.284	**–**	5,7
	• Wiederherstellen (Kosten: 10,9%)	–	1.562	–	
	Risse verharzen (11h)				
	• Herstellen (Kosten: 89,1%)	7,31 m²	12.722	**1.740,36**	
	Stb-Decken C25/30, d=16cm, Schalung, Bewehrung (5m²), Kragstufen einspannen, Stahlbeton (2m²)				
353	**Deckenbeläge**	740,35 m²	169.314	**228,69**	68,1
	• Wiederherstellen (Kosten: 3,0%)	45,90 m²	5.144	**112,06**	
	Terrazzobelag reinigen, polieren, imprägnieren (46m²)				
	• Herstellen (Kosten: 97,0%)	694,45 m²	164.170	**236,40**	
	EPS-Dämmung, d=10-50mm, TSD, OSB-Trockenestrich (257m²), Dämmschüttung, d=20-40mm (402m²), PE-TSD, Zementestrich, d=35-50mm, faserarmiert (235m²), Zement-Dünnestrich, d=10-12mm, faserarmiert (202m²), Vinylbelag (611m²), Sockelleisten (524m), Abdichtung, Bodenfliesen (48m²), Fliesensockel (43m), Terrazzoplatten (25m²), Sockelleisten (45m), Balkone: Zement-Verbundestrich, d=50mm, Abdichtung, Bodenfliesen (10m²), Fliesensockel (13m), Kastenrinnen (15m), Fallrohre (6m)				

KG	Kostengruppe	Menge Einheit	Kosten €	€/Einheit	%
354	**Deckenbekleidungen**	811,44 m²	43.105	**53,12**	17,3
	• Wiederherstellen (Kosten: 35,7%) Risse schließen, armieren (16h), Bestandsdecken spachteln (461m²), neu beschichten , Beschichtung erneuern (559m²)	558,85 m²	15.379	**27,52**	
	• Herstellen (Kosten: 64,3%) EPS-Dämmung WLG 035, d=100mm (78m²), HWL-Dämmung WLG 040, d=100mm (30m²), GK-Decken, Abhängehöhe 15-70cm, Beschichtung (196m²), Balkonuntersicht: Zementbauplatten, Abhängehöhe 70cm, Stirnbekleidung (8m²), Silikatbeschichtung (19m²)	252,59 m²	27.726	**109,77**	
359	**Sonstiges zur KG 350**	811,44 m² DEF	21.742	**26,79**	8,8
	• Wiederherstellen (Kosten: 21,9%) Stahl-Treppengeländer schleifen, reinigen, lackieren (42h), Handlauf reinigen, Stäbe einharzen (4h)	579,85 m² DEF	4.766	**8,22**	
	• Herstellen (Kosten: 78,1%) Sicherungsnetz, Edelstahl, Spanner (32m²), Treppengeländer, h=1m (2m²), Balkongeländer: Stahl-Quadratrohre-UK (15m), Holzlamellenfüllung, KVH 40x40mm, l=1,18-1,84m (175m)	694,45 m² DEF	16.976	**24,44**	
360	**Dächer**				**100,0**
361	**Dachkonstruktionen**	261,95 m²	48.945	**186,85**	24,0
	• Abbrechen (Kosten: 0,6%) Abbruch von Holzbalken 10x12cm, l=5,00m (2m³); Entsorgung, Deponiegebühren	–	286	**–**	
	• Wiederherstellen (Kosten: 34,0%) Sparrenköpfe kürzen, l=40cm, aufdoppeln 10x7,4cm, l=35cm (45St), First-/Mittelpfetten unterstützen, mit Pfetten 16x12cm (18m), mit Holzstützen 16x16cm (12m), Ortgang aufdoppeln 7,5x10cm (87m), Schubhölzer ergänzen (40m), Windsogbefestigungen erneuern (psch)	–	16.633	**–**	
	• Herstellen (Kosten: 65,4%) Dachsparren abschneiden, Kragsparren rückverankern, für Dacheinschnitte (14St), Koppelbalken 10x10-15cm (9m), Auswechslungen (26m), Aufschieblinge (5St), Gauben-Flachdächer, Sparren 10x16cm, l=2,00m, Schalung, d=24mm (42m²), Holzfaser-Zwischensparrendämmung WLG 035, d=160mm (220m²), d=80mm (35m²), Stb-Flachdach C25/30, d=20cm, Schalung, Bewehrung (7m²), Stb-Attiken C25/30 (1m³)	261,95 m²	32.026	**122,26**	
362	**Dachöffnungen**	4,67 m²	19.141	**4.098,79**	9,4
	• Abbrechen (Kosten: 2,3%) Abbruch von Dachflächenfenstern (2St); Entsorgung, Deponiegebühren	2,00 m²	434	**216,89**	
	• Herstellen (Kosten: 97,7%) Dachflächenfenster, Uw=1,0W/m²K, 66x118cm, Alu-Eindeckrahmen (5St), als RWA (1St)	4,67 m²	18.708	**4.005,90**	

KG	Kostengruppe	Menge Einheit	Kosten €	€/Einheit	%
363	**Dachbeläge**	307,57 m²	95.708	**311,17**	47,0
	• Abbrechen (Kosten: 10,3%)	325,00 m²	9.818	**30,21**	
	Abbruch von Betonsteindeckung (325m²), Dachrinnen (38m), Fallrohren (37m), Verwahrungen (psch); Entsorgung, Deponiegebühren				
	• Herstellen (Kosten: 89,7%)	307,57 m²	85.890	**279,25**	
	Aufsparrendämmung WLG 045, d=100mm, Holzfaser (180m²), WLS 036, Steinwolle (15m²), Unterspannbahn (95m²), Lattungen (200m²), Trauf-/Ortgangschalung (74m²), Betonsteindeckung (250m²), Kunststoffabdichtung (57m²), PUR-Dämmung WLS 024, d=100mm, TSD, Betonplatten (14m²), EPS-Gefälledämmung WLG 035, d i.M. 160mm, Kies (5m²), Attikaabdeckungen, Verbundblech (44m), Entwässerungsrinne (5m), Notüberläufe (9St), Dachabläufe (2St), Dachrinnen, Titanzink (36m), Fallrohre, Titanzink (50m)				
364	**Dachbekleidungen**	178,95 m²	31.594	**176,55**	15,5
	• Wiederherstellen (Kosten: 2,8%)	–	885	–	
	Holzbalken schleifen, reinigen, lasieren (10h)				
	• Herstellen (Kosten: 97,2%)	178,95 m²	30.709	**171,60**	
	Dampfsperre (250m²), Mineralwolldämmung WLS 032, d=40mm, GK-Bekleidung, Beschichtung (166m²), in Laibungen (52m), WDVS, Mineralwolldämmung WLG 035, d=80mm, Verdübelung, Armierungsspachtelung, Oberputz (10m²), Lasur Sparrenköpfe (45St)				
366	**Lichtschutz zur KG 360**	1,56 m²	2.256	**1.445,96**	1,1
	• Herstellen (Kosten: 100,0%)	1,56 m²	2.256	**1.445,96**	
	Markisetten 66x118cm, Motorantrieb (2St)				
369	**Sonstiges zur KG 360**	312,24 m² DAF	6.083	**19,48**	3,0
	• Herstellen (Kosten: 100,0%)	312,24 m² DAF	6.083	**19,48**	
	Schneefanghaken (500St), Trittroste (12St), Sicherheitsdachhaken (3St), Flachstahlhandläufe (6m)				
390	**Sonstige Maßnahmen für Baukonstruktionen**				**100,0**
391	**Baustelleneinrichtung**	1.239,53 m² BGF	60.310	**48,66**	48,5
	• Herstellen (Kosten: 100,0%)	1.239,53 m² BGF	60.310	**48,66**	
	Baustelleneinrichtungen, Hauptgewerk (1St), Nebengewerke (8St), Kran (1St), Chemietoilette (1St), Absturzsicherungen (4St), Baustrom (psch), Schnurgerüst (psch), Meterrisse (10St), Bautür (1St)				
392	**Gerüste**	1.239,53 m² BGF	45.177	**36,45**	36,3
	• Herstellen (Kosten: 100,0%)	1.239,53 m² BGF	45.177	**36,45**	
	Fassadengerüst, Lastklasse 4, b=90-120cm (746m²), Arbeitsgerüst (176m²), Konsolverbreiterungen, b=30cm (313m), Dachfanggerüst (72m), Treppenturm (11m), Gerüstplanen (800m²)				
397	**Zusätzliche Maßnahmen**	1.239,53 m² BGF	16.089	**12,98**	12,9
	• Herstellen (Kosten: 100,0%)	1.239,53 m² BGF	16.089	**12,98**	
	Bauteilabklebungen (349m²), Hartfaserabdeckungen auf Terrazzostufen (70St), Schutzabdeckungen, Folie, Papier, Vlies (psch), Grobreinigung (17h), Feinreinigung (psch)				

KG	Kostengruppe	Menge Einheit	Kosten €	€/Einheit	%
398	**Provisorische Baukonstruktionen**	1.239,53 m²BGF	172	**0,14**	0,1
	• Herstellen (Kosten: 100,0%) Fallrohrprovisorium, Schlauchfolie (50m)	1.239,53 m²BGF	172	**0,14**	
399	**Sonstiges zur KG 390**	1.239,53 m²BGF	2.546	**2,05**	2,0
	• Herstellen (Kosten: 100,0%) Schließanlage, Doppelzylinder, drei Schlüssel (16St), Zylinderverlängerungen (49St), Blindzylinder (1St), Generalhauptschlüssel (1St), Gruppenschlüssel (5St)	1.239,53 m²BGF	2.546	**2,05**	
410	**Abwasser-, Wasser-, Gasanlagen**				**100,0**
411	**Abwasseranlagen**	1.239,53 m²BGF	37.844	**30,53**	27,0
	• Abbrechen (Kosten: 1,5%) Abbruch von Betonrohren (1m³); Entsorgung, Deponiegebühren	1.239,53 m²BGF	557	**0,45**	
	• Herstellen (Kosten: 98,5%) PP-Schallschutzrohre DN50-100, Formstücke (psch), Brandschutzmanschetten (psch), Bodenabläufe (4St), Röhrensiphons (12St), Ablaufgarnituren (8St)	1.239,53 m²BGF	37.287	**30,08**	
412	**Wasseranlagen**	1.239,53 m²BGF	96.994	**78,25**	69,2
	• Abbrechen (Kosten: 2,4%) Abbruch von Sanitäranlagen (psch); Entsorgung, Deponiegebühren	1.239,53 m²BGF	2.291	**1,85**	
	• Herstellen (Kosten: 97,6%) Edelstahlrohre, Formstücke, Rohrdämmung, Zirkulationssystem (psch), Rohrschotts (psch), Wasserzähler (11St), Waschtische (12St), Wand-WCs (12St), Stahl-Badewannen (8St), Brausearmaturen (12St), Außenarmatur (1St)	1.239,53 m²BGF	94.704	**76,40**	
419	**Sonstiges zur KG 410**	1.239,53 m²BGF	5.309	**4,28**	3,8
	• Herstellen (Kosten: 100,0%) Montageelemente für WCs (12St)	1.239,53 m²BGF	5.309	**4,28**	
420	**Wärmeversorgungsanlagen**				**100,0**
421	**Wärmeerzeugungsanlagen**	1.239,53 m²BGF	76.965	**62,09**	43,4
	• Abbrechen (Kosten: 7,8%) Abbruch von Ölheizungsanlage (psch), Öltank (psch); Entsorgung, Deponiegebühren	1.239,53 m²BGF	6.039	**4,87**	
	• Herstellen (Kosten: 92,2%) Pelletkessel 48kW, Zubehör (1St), Pufferspeicher 800l (2St), Pelletbunker (psch)	1.239,53 m²BGF	70.926	**57,22**	
422	**Wärmeverteilnetze**	1.239,53 m²BGF	32.609	**26,31**	18,4
	• Herstellen (Kosten: 100,0%) Heizungsrohre, Formstücke, Rohrdämmung, Brandschotts (psch), Kugelhähne (11St), Schlammabscheider (1St), Druckausdehnungsgefäß (1St), Kesselanschlussgruppe (1St), Ventile (2St), Entlüfter (4St), Kernbohrungen, D=70-100mm (800cm)	1.239,53 m²BGF	32.609	**26,31**	
423	**Raumheizflächen**	1.239,53 m²BGF	59.711	**48,17**	33,7
	• Herstellen (Kosten: 100,0%) Profilheizkörper (45St), Badheizkörper (10St)	1.239,53 m²BGF	59.711	**48,17**	

KG	Kostengruppe	Menge Einheit	Kosten €	€/Einheit	%
429	**Sonstiges zur KG 420**	1.239,53 m² BGF	8.134	**6,56**	4,6
	• Herstellen (Kosten: 100,0%)	1.239,53 m² BGF	8.134	**6,56**	
	Kaminanlage, Rauchrohranlage, Zubehör (psch), Kaminbekleidung, Titanzink (7m²)				
430	**Raumlufttechnische Anlagen**				**100,0**
431	**Lüftungsanlagen**	1.239,53 m² BGF	6.788	**5,48**	100,0
	• Herstellen (Kosten: 100,0%)	1.239,53 m² BGF	6.788	**5,48**	
	Einzelraumlüfter (10St), mit WRG (2St)				
440	**Elektrische Anlagen**				**100,0**
444	**Niederspannungsinstallationsanlagen**	1.239,53 m² BGF	70.063	**56,52**	92,4
	• Abbrechen (Kosten: 11,2%)	1.239,53 m² BGF	7.848	**6,33**	
	Abbruch von Zähleranlage (psch), Elektroinstallation (psch); Entsorgung, Deponiegebühren				
	• Herstellen (Kosten: 88,8%)	1.239,53 m² BGF	62.215	**50,19**	
	Wandschränke 140x130/80x21cm (2St), Zählerfelder (4St), Verteilerfeld (1St), SHU-Schalter (11St), Sicherungsverteiler, bestückt (10St), FI-Schalter (1St), LS-Schalter (8St), FI/LS-Schalter (7St), Mantelleitungen NYM (3.182m), Starkstromkabel NYY (138m), Leerrohre (639m), Kabelrinnen (21m), Kabelkanäle (18m), Brandschutzbandagen (16m), Steckdosen (441St), Herdanschlüsse (6St), Schalter/Taster (114St), Bewegungsmelder (20St), Kernbohrungen, D=100mm (240cm)				
445	**Beleuchtungsanlagen**	1.239,53 m² BGF	4.856	**3,92**	6,4
	• Herstellen (Kosten: 100,0%)	1.239,53 m² BGF	4.856	**3,92**	
	LED-Rundleuchten (16St), LED-Außenwandleuchten (12St), LED-Einbaustrahler (11St), LED-Badleuchten (10St), LED-Wannenleuchten (6St), LED-Strahler (3St)				
446	**Blitzschutz- und Erdungsanlagen**	1.239,53 m² BGF	931	**0,75**	1,2
	• Herstellen (Kosten: 100,0%)	1.239,53 m² BGF	931	**0,75**	
	Ringerder, Edelstahl, D=10mm (16m), Klemmen (5St), Potenzialausgleichsschienen (3St), Erdungskabel (28m)				
450	**Kommunikations-, sicherheits- und informationstechnische Anlagen**				**100,0**
451	**Telekommunikationsanlagen**	1.239,53 m² BGF	1.005	**0,81**	4,8
	• Herstellen (Kosten: 100,0%)	1.239,53 m² BGF	1.005	**0,81**	
	Telefonverteilerkasten 60x60x20cm (1St), Telefonkabel (374m)				
452	**Such- und Signalanlagen**	1.239,53 m² BGF	5.701	**4,60**	27,4
	• Herstellen (Kosten: 100,0%)	1.239,53 m² BGF	5.701	**4,60**	
	Audio-Sprechanlage, Türstation, zehn Innenstationen (1St)				
455	**Audiovisuelle Medien- u. Antennenanl.**	1.239,53 m² BGF	3.412	**2,75**	16,4
	• Herstellen (Kosten: 100,0%)	1.239,53 m² BGF	3.412	**2,75**	
	Sat-Antennenanlage, Parabolspiegel 85cm, Dachhalterung, Multischalter (1St), Koaxialkabel (776m), Antennenanschlussdosen (20St)				
457	**Datenübertragungsnetze**	1.239,53 m² BGF	10.696	**8,63**	51,4
	• Herstellen (Kosten: 100,0%)	1.239,53 m² BGF	10.696	**8,63**	
	Medienverteiler, bestückt (10St), Datenkabel Cat7 (494m), Datenanschlussdosen (30St)				

KG	Kostengruppe	Menge Einheit	Kosten €	€/Einheit	%
460	**Förderanlagen**				**100,0**
461	**Aufzugsanlagen**	1.239,53 m² BGF	61.284	**49,44**	100,0
	• Herstellen (Kosten: 100,0%) Personenaufzug, Tragkraft 630kg, acht Personen, vier Haltestellen, getriebelos mit Permanentmagnet, Traggurte (1St), Terrazzobelag (2m²)	1.239,53 m² BGF	61.284	**49,44**	
490	**Sonstige Maßnahmen für technische Anlagen**				**100,0**
492	**Gerüste**	1.239,53 m² BGF	449	**0,36**	100,0
	• Herstellen (Kosten: 100,0%) Montagegerüst (1St)	1.239,53 m² BGF	449	**0,36**	
510	**Erdbau**				**100,0**
511	**Herstellung**	84,65 m³ EBR	7.529	**88,94**	100,0
	• Herstellen (Kosten: 100,0%) Kabelgrabenaushub BK 3-5, t bis 1,25m, lagern, verfüllen (85m³)	84,65 m³ EBR	7.529	**88,94**	
530	**Oberbau, Deckschichten**				**100,0**
533	**Plätze, Höfe, Terrassen**	–	11.761	–	100,0
	• Abbrechen (Kosten: 100,0%) Abbruch von bitumenhaltiger Befestigung (343m²), Trennschnitte (62m); Entsorgung, Deponiegebühren, Aufnehmen und Lagern von Frostschutzschicht, d=30-50cm (28m²), Naturbordsteinen (19m)	342,87 m²	11.761	**34,30**	
540	**Baukonstruktionen**				**100,0**
543	**Wandkonstruktionen**	13,50 m²	7.884	**583,97**	100,0
	• Herstellen (Kosten: 100,0%) Stützwandbekleidung: Holz-UK, Kanthölzer 60x60mm (32m), Geländer, h=1,00m, Quadratrohr, Mauerabdeckung (4m), Holzlamellenbekleidung, KVH 60x40mm, l=0,98-3,35m (210m), Alu-Sockelblech (4m)	13,50 m²	7.884	**583,97**	
550	**Technische Anlagen**				**100,0**
551	**Abwasseranlagen**	897,00 m² AF	2.630	**2,93**	31,3
	• Herstellen (Kosten: 100,0%) PP-Rohre DN100-125, Formstücke (55m)	897,00 m² AF	2.630	**2,93**	
556	**Elektrische Anlagen**	897,00 m² AF	5.762	**6,42**	68,7
	• Herstellen (Kosten: 100,0%) Außenschrankverteiler 112x115x32cm (1St), Erdkabel NYY (85m), Lichtmasten, h=4m (3St)	897,00 m² AF	5.762	**6,42**	

Kostenkennwerte für Leistungsbereiche nach STLB (Kosten des Bauwerks nach DIN 276)

LB	Leistungsbereiche	Kosten €	€/m² BGF	€/m³ BRI	% an 3+4
000	Baustellen-, Sicherheitseinr. inkl. 001, 089	107.181	86,50	28,90	5,4
002	Erdarbeiten	12.777	10,30	3,40	0,6
006	Spezialtiefbauarbeiten inkl. 005	–	–	–	–
009	Entwässerungskanalarbeiten inkl. 011	574	0,46	0,15	< 0,1
010	Drän- und Versickerarbeiten	715	0,58	0,19	< 0,1
	Wiederherstellen	222	0,18	0,06	< 0,1
	Herstellen	492	0,40	0,13	< 0,1
012	Mauerarbeiten	80.623	65,00	21,80	4,1
013	Betonarbeiten	74.320	60,00	20,10	3,8
	Wiederherstellen	4.823	3,90	1,30	0,2
	Herstellen	69.497	56,10	18,80	3,5
014	Natur-, Betonwerksteinarbeiten	12.822	10,30	3,50	0,7
	Wiederherstellen	6.163	5,00	1,70	0,3
	Herstellen	6.658	5,40	1,80	0,3
016	Zimmer- und Holzbauarbeiten	127.693	103,00	34,50	6,5
	Wiederherstellen	16.633	13,40	4,50	0,8
	Herstellen	111.060	89,60	30,00	5,6
017	Stahlbauarbeiten	–	–	–	–
018	Abdichtungsarbeiten	9.512	7,70	2,60	0,5
019	Kampfmittelräumarbeiten	–	–	–	–
020	Dachdeckungsarbeiten	50.863	41,00	13,70	2,6
021	Dachabdichtungsarbeiten	31.684	25,60	8,50	1,6
022	Klempnerarbeiten	31.683	25,60	8,50	1,6
	Rohbau	**540.447**	**436,00**	**145,80**	**27,4**
	Wiederherstellen	27.841	22,50	7,50	1,4
	Herstellen	512.606	413,50	138,30	26,0
023	Putz- und Stuckarbeiten, Wärmedämmsysteme	233.914	188,70	63,10	11,9
	Wiederherstellen	32.537	26,20	8,80	1,7
	Herstellen	201.376	162,50	54,30	10,2
024	Fliesen- und Plattenarbeiten	56.517	45,60	15,20	2,9
025	Estricharbeiten	52.249	42,20	14,10	2,7
026	Fenster, Außentüren inkl. 029, 032	99.653	80,40	26,90	5,1
027	Tischlerarbeiten	48.002	38,70	13,00	2,4
028	Parkett-, Holzpflasterarbeiten	–	–	–	–
030	Rollladenarbeiten	14.312	11,50	3,90	0,7
031	Metallbauarbeiten inkl. 035	85.313	68,80	23,00	4,3
	Wiederherstellen	965	0,78	0,26	< 0,1
	Herstellen	84.349	68,00	22,80	4,3
034	Maler- und Lackiererarb. - Beschicht. inkl. 037	92.814	74,90	25,00	4,7
	Wiederherstellen	54.377	43,90	14,70	2,8
	Herstellen	38.438	31,00	10,40	2,0
036	Bodenbelagarbeiten	100.547	81,10	27,10	5,1
038	Vorgehängte hinterlüftete Fassaden	–	–	–	–
039	Trockenbauarbeiten	125.963	101,60	34,00	6,4
	Ausbau	**909.285**	**733,60**	**245,30**	**46,1**
	Wiederherstellen	87.878	70,90	23,70	4,5
	Herstellen	821.407	662,70	221,60	41,7
040	Wärmeversorgungsanl. - Betriebseinr. inkl. 041	157.298	126,90	42,40	8,0
042	Gas- u. Wasseranl. - Leitung., Armat. inkl. 043	49.176	39,70	13,30	2,5
044	Abwasseranl. - Leitungen, Abläufe, Armaturen	30.331	24,50	8,20	1,5

LB	Leistungsbereiche	Kosten €	€/m² BGF	€/m³ BRI	% an 3+4
045	Gas, Wasser, Entwässerung - Ausstattung inkl. 046	37.474	30,20	10,10	1,9
047	Dämm- und Brandschutzarb. an techn. Anlagen	33.969	27,40	9,20	1,7
049	Feuerlöschanlagen, Feuerlöschgeräte	–	–	–	–
050	Blitzschutz-/Erdungsanlagen, Überspannungssch.	931	0,75	0,25	< 0,1
053	Niederspannungsanl. - Kabel inkl. 052, 054	58.022	46,80	15,70	2,9
055	Sicherheits- u. Ersatzstromversorgungsanl.	–	–	–	–
057	Gebäudesystemtechnik	–	–	–	–
058	Leuchten und Lampen inkl. 059	4.856	3,90	1,30	0,2
060	Such, Signal, Zeit, Anten., akust. Anl. inkl. 064	9.113	7,40	2,50	0,5
061	Kommunikations- u. Übertragungsnetze inkl. 063	11.701	9,40	3,20	0,6
069	Aufzüge	60.888	49,10	16,40	3,1
070	Gebäudeautomation	–	–	–	–
075	Raumlufttechnische Anlagen inkl. 078	6.788	5,50	1,80	0,3
	Gebäudetechnik	**460.547**	**371,50**	**124,30**	**23,4**
084	Abbruch, Rückbau, Schadstoffsanierung	54.849	44,20	14,80	2,8
	Abbrechen	54.849	44,20	14,80	2,8
	Abbrucharbeiten	**54.849**	**44,20**	**14,80**	**2,8**
	Abbrechen	54.849	44,20	14,80	2,8
	Sonstige Leistungsbereiche	**5.938**	**4,80**	**1,60**	**0,3**

6100-1649
Mehrfamilienhaus
(31 WE)
Gewerbe (3 GE)

Kostenkennwerte für die Kosten des Bauwerks (Kostengruppen 300+400 nach DIN 276)

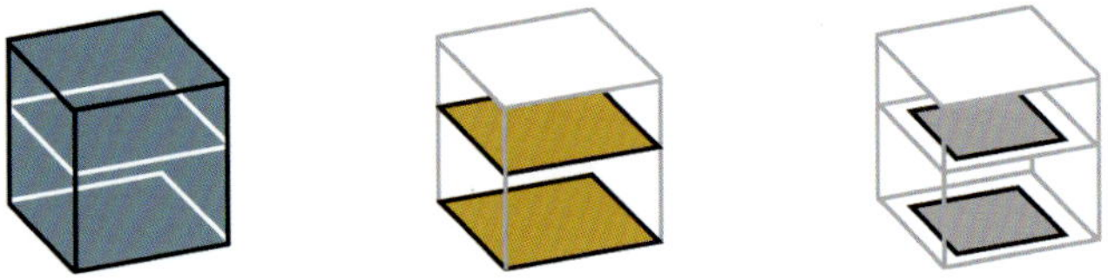

BRI 1.097 €/m³ BGF 3.458 €/m² NUF 4.982 €/m²

Objekt:
Kennwerte: 1.Ebene DIN 276
BRI: 14.888 m³
BGF: 4.722 m²
NUF: 3.278 m²
Bauzeit: 87 Wochen
Bauende: 2023
Standard: mittel
Bundesland: Baden-Württemberg
Kreis: Mannheim, Stadt

Architekt*in:
Wandel Lorch
Götze Wach GmbH
Kaiserstraße 39
60329 Frankfurt am Main

Bauherr*in:
Wohnwerk Rhein-Neckar
GmbH & Co. KG
Albert-Camus-Allee 1
54294 Trier

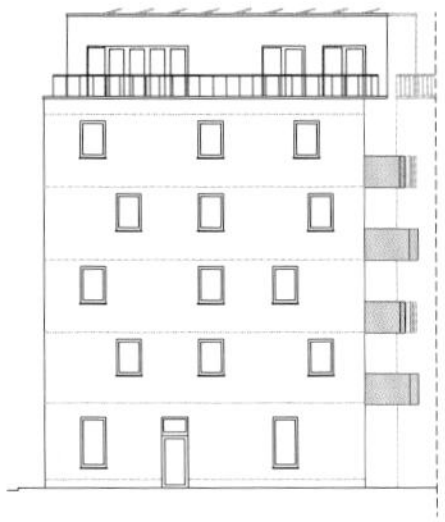
Ansicht Ost

Ansicht Nord-Ost

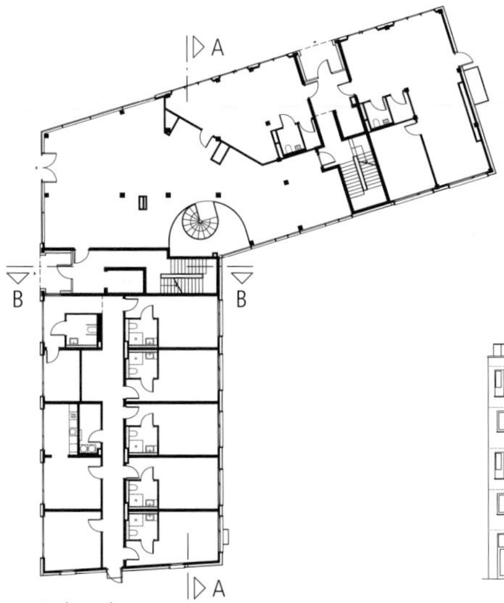

Erdgeschoss

Ansicht Süd-West

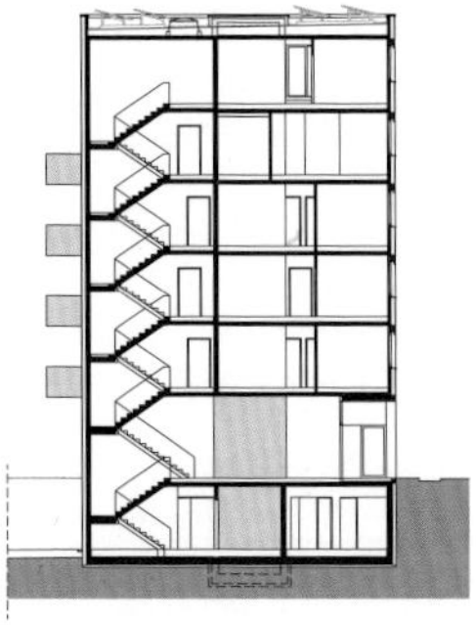
Schnitt B-B

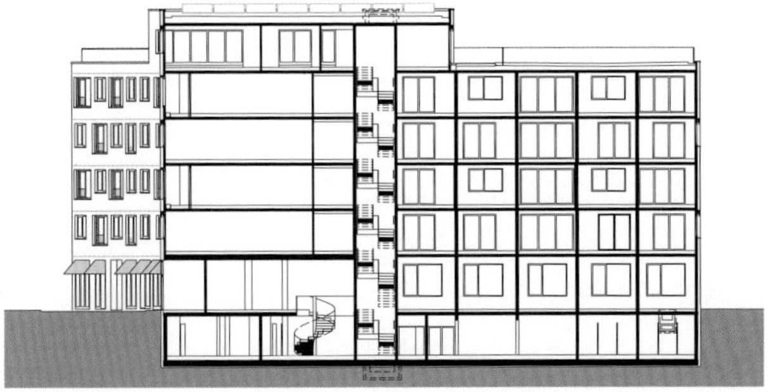
Schnitt A-A

6100-1649
Mehrfamilienhaus
(31 WE)
Gewerbe (3 GE)

Objektbeschreibung

Allgemeine Objektinformationen

Das Bauvorhaben ist Teil eines neuen Quartiers mit besonderem Fokus auf Nachhaltigkeit, klimagerechte Stadtentwicklung und sozialem Miteinander. Das Gebäude versucht einen Paradigmenwechsel im Wohnungsbau. Durch die Kombination unterschiedlicher Wohnformen mit gemeinschaftlich genutzten Räumen wird eine Reduktion der Wohnfläche pro Bewohner auf ca. 30m² erreicht. Im EG und UG befinden sich drei kleine Gewerbeeinheiten.

Nutzung

1 Untergeschoss
Gewerbe: Büros, Besprechungsraum
Allgemein: Gemeinschaftszone, Fitnessraum, WCs, Abstellräume, Fahrradkeller, Müllraum, Traforäume, Schaltraum, Techniräume, Terrasse

1 Erdgeschoss
Gewerbe: Büros, WCs
1 Wohnung: Wohnraum, Speiseraum, Küche, Schlafräume, Büro, Bäder, WCs, Abstellraum

4 Obergeschosse
28 Wohnungen: Wohnen, Essen, Küche, Schlafräume, Bäder, Balkone

1 Dachgeschoss
2 Wohnungen: Wohnen, Essen, Küche, Schlafräume, Bäder, Abstellräume, Terrassen

Nutzeinheiten

Wohneinheiten: 31
Wohnfläche: 2.753m²

Grundstück

Bauraum: Freier Bauraum
Neigung: Ebenes Gelände
Bodenklasse: BK 3 bis BK 4

Markt

Hauptvergabezeit: 4. Quartal 2020
Baubeginn: 2. Quartal 2021
Bauende: 1. Quartal 2023
Konjunkturelle Gesamtlage: über Durchschnitt
Regionaler Baumarkt: über Durchschnitt

Baukonstruktion

Zentrales Ziel der Planung im Sinne des Einsatzes von nachwachsenden Rohstoffen war es, das Gebäude möglichst weitgehend in Holzbauweise zu errichten. Das UG, Teile der Decke über dem EG sowie beide Treppenhauskerne wurden in Beton ausgeführt. Das übrige Gebäude wurde als massiver Holzbau errichtet. Die Böden wurden mit Parkett, Fliesen und textilen Belägen ausgestattet. Die Kunststoff- und Aluminiumfenster sowie die Pfosten-Riegelfassaden sind mit einer Dreifachverglasung versehen. Die Fassaden erhielten ein Wärmedämmverbundsystem. Die Balkone wurden in einer Stahl-Holzkonstruktion vor die Fassade gehängt. Das Dach erhielt eine extensive Begrünung.

Technische Anlagen

Das Gebäude wurde an das Fernwärmenetz angeschlossen. Die Heizungsverteilung erfolgt über Fußbodenheizung und Plattenheizkörper. Innenliegende Badezimmer erhielten eine Abluftanlage mit integriertem Feuchtesensor für die Raumentlüftung. Auf der Dachfläche befindet sich eine PV-Anlage, die im Mieterstrommodell genutzt wird. Zwei Aufzüge dienen der barrierefreien Erschließung.

Sonstiges

Die unterschiedlichen Farbkonzepte der Eingänge und Treppenhäuser bieten den Bewohnern eine Möglichkeit der Identifikation mit dem Gebäude. Das Gebäude erfüllt den KfW-Energieeffizienzstandard 40. Die energetischen Werte und die Schichtaufbauten beziehen sich auf den Wohngebäudeteil.

Energetische Kennwerte

Gesetzliche Grundlage: GEG 2020
Gebäudenutzfläche: 3.349,60m²
Gebäudevolumen: 10.467,50m³
A/V_e-Verhältnis (Kompaktheit): 0,27m⁻¹
Hüllfläche des beheizten Volumens: 2.867,20m²
Spez. Transmissionswärmeverlust: 0,31W/(m²·K)
Jahresprimärenergie: 62.225,00kWh/a
Spez. Jahresprimärenergiebedarf: 18,60kWh/(m²·a)
Jahresendenergiebedarf: 137.479,00kWh/a
Jahresheizwärmebedarf: 77.105,00kWh/a
Spez. Jahresheizwärmebedarf: 23,02kWh/(m²·a)

Energetische Angaben zu Außenbauteilen

Außenwand

U-Wert: 0,16 W/(m²·K)

Gesamtdicke: 33,00 cm	d [cm]	λ [W/(m·K)]
GK-Platte	1,00	0,250
GK-Platte	1,00	0,250
Holz	10,00	0,130
Klebstoff	1,00	1,600
Dämmung	18,00	0,035
Armierung	1,00	1,000
Außenputz	1,00	0,250

Dach

U-Wert: 0,08 W/(m²·K)

Gesamtdicke: 45,50 cm	d [cm]	λ [W/(m·K)]
Holz	14,00	0,130
Bitumenbahn	0,50	0,170
Dämmung	16,00	0,023
Gefälledämmung	15,00	0,035

Planungskennwerte für Flächen und Rauminhalte nach DIN 277

Flächen des Grundstücks		Menge Einheit	% an GF
BF	Bebaute Fläche	794,00 m²	53,9
UF	Unbebaute Fläche	679,00 m²	46,1
GF	Grundstücksfläche	1.473,00 m²	100,0

Grundflächen des Bauwerks		Menge Einheit	% an NUF	% an BGF
NUF	Nutzungsfläche	3.277,67 m²	100,0	69,4
TF	Technikfläche	59,46 m²	1,8	1,3
VF	Verkehrsfläche	715,75 m²	21,8	15,2
NRF	Netto-Raumfläche	4.052,88 m²	123,7	85,8
KGF	Konstruktions-Grundfläche	669,43 m²	20,4	14,2
BGF	Brutto-Grundfläche	4.722,31 m²	144,1	100,0

Brutto-Rauminhalt des Bauwerks		Menge Einheit	BRI/NUF (m)	BRI/BGF (m)
BRI	Brutto-Rauminhalt	14.887,80 m³	4,54	3,15

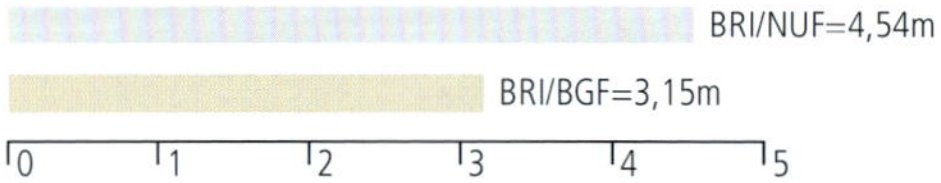

Kostenkennwerte für die Kostengruppen der 1.Ebene DIN 276

KG	Kostengruppen (1.Ebene)	Einheit	Kosten €	€/Einheit	€/m² BGF	€/m³ BRI	% 300+400
100	Grundstück	m² GF	–	–	–	–	–
200	Vorbereitende Maßnahmen	m² GF	–	–	–	–	–
300	Bauwerk – Baukonstruktionen	m² BGF	12.235.092	2.590,91	2.590,91	821,82	74,9
400	Bauwerk – Technische Anlagen	m² BGF	4.093.416	866,83	866,83	274,95	25,1
	Bauwerk 300+400	**m² BGF**	**16.328.509**	**3.457,74**	**3.457,74**	**1.096,77**	**100,0**
500	Außenanlagen und Freiflächen	m² AF	515.121	682,28	109,08	34,60	3,2
600	Ausstattung und Kunstwerke	m² BGF	–	–	–	–	–
700	Baunebenkosten	m² BGF	–	–	–	–	–
800	Finanzierung	m² BGF	–	–	–	–	–

KG	Kostengruppe	Menge Einheit	Kosten €	€/Einheit	%
3+4	**Bauwerk**				**100,0**
300	**Bauwerk – Baukonstruktionen**	4.722,31 m² BGF	12.235.092	**2.590,91**	74,9

Baugrubenaushub, Baugrubenverbau; Stb-Fundamentplatte, Estrich, Epoxidharz-Beschichtung, Linoleum, Teppichboden, Bodenfliesen, Abdichtung, Sauberkeitsschicht, Perimeterdämmung; Stb-Wände, massive Brettsperrholzwände, BSH-Stützen, Stb-Stützen, Kunststofffenster, Alu-Fenster, WDVS, GK-Bekleidung, Pfosten-Riegelfassade, feststehende Markisen, Rollläden, Zip-Screens, Fassadenbegrünung, Rankgerüst; massive Brettsperrholzwände, Stb-Wände, GK-Wände, Glaswände, Stb-Stützen, Holztüren, Wandfliesen, Beschichtung; Stb-Decken, Sicht-Brettsperrholzdecken, Stb-Fertigteilbalkone, Brettsperrholzplatten, Stb-Treppen, Dämmung, Estrich, Heizestrich, Teppichboden, Parkett, Bodenfliesen, teilw. abgehängte GK-Decken, Glasgeländer, Treppengeländer; Massives Brettsperrholzdach, Dämmung, Abdichtung, Attika, Terrassenplatten, extensive Dachbegrünung, Dachentwässerung, teilw. abgehängte GK-Decken, Beschichtung

KG	Kostengruppe	Menge Einheit	Kosten €	€/Einheit	%
400	**Bauwerk – Technische Anlagen**	4.722,31 m² BGF	4.093.416	**866,83**	25,1

Gebäudeentwässerung, Kalt- und Warmwasserleitungen, Sanitärobjekte; Fernwärmeversorgung, Wohnungstationen für Warmwasser und Heizung, Plattenheizkörper, Fußbodenheizung; Einzelraumlüfter, RWA-Anlagen; Elektroinstallation, PV-Anlage (58 m²); Datenübertragungsanlage; Personenaufzüge (2St)

KG	Kostengruppe	Menge Einheit	Kosten €	€/Einheit	%
500	**Außenanlagen und Freiflächen**	755,00 m² AF	515.121	**682,28**	3,2

Oberbodenarbeiten, Bodenarbeiten; Terrassenbeläge; Treppen, Rampen, Sitzstufen; Oberbodenauftrag, Böschungssicherungen, Gehölze, Stauden, Rasen

6100-1651
Mehrfamilienhaus
(3 WE)
Praxis

Kostenkennwerte für die Kosten des Bauwerks (Kostengruppen 300+400 nach DIN 276)

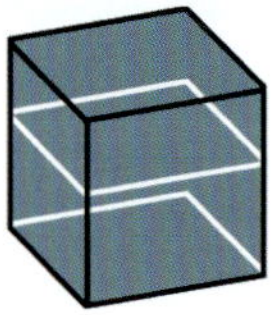

BRI 641 €/m³

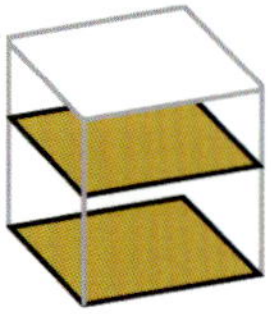

BGF 1.942 €/m²

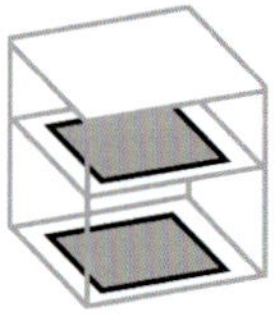

NUF 2.961 €/m²

Objekt:
Kennwerte: 1. Ebene DIN 276
BRI: 1.943 m³
BGF: 641 m²
NUF: 420 m²
Bauzeit: 70 Wochen
Bauende: 2022
Standard: hoch
Bundesland: Bayern
Kreis: Oberallgäu

Architekt*in:
brack architekten
Brennergasse 9
87435 Kempten

Zeichnungen

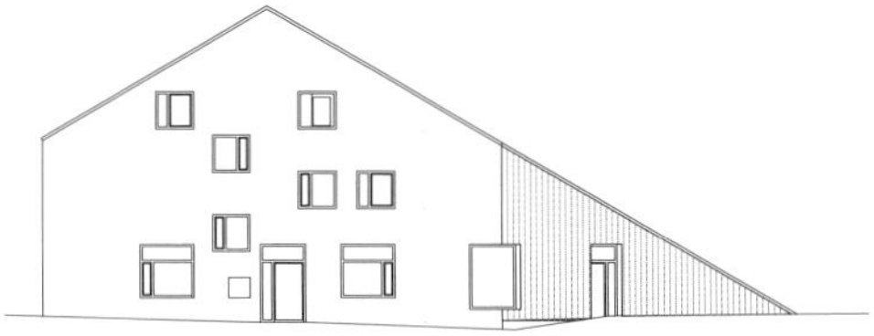

Ansicht Nord

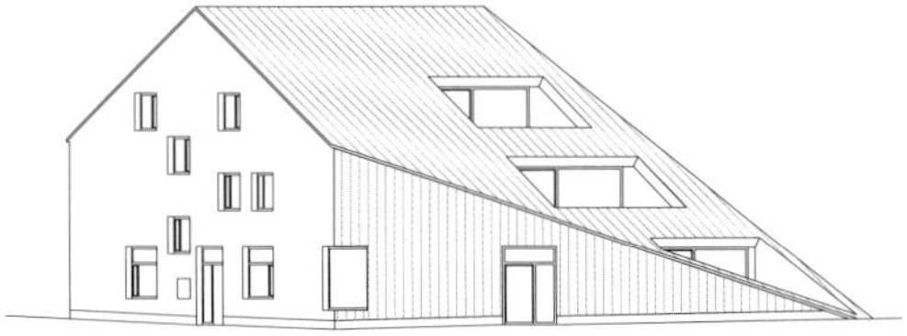

Ansicht West

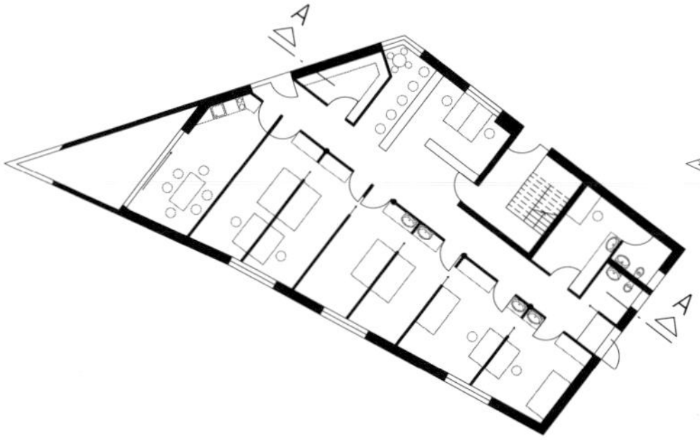

Erdgeschoss

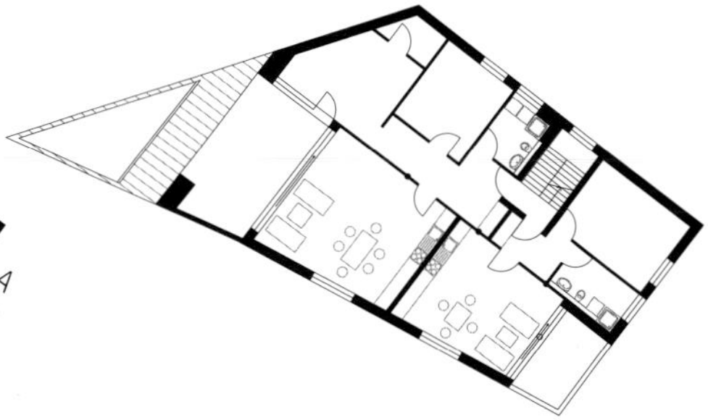

Obergeschoss

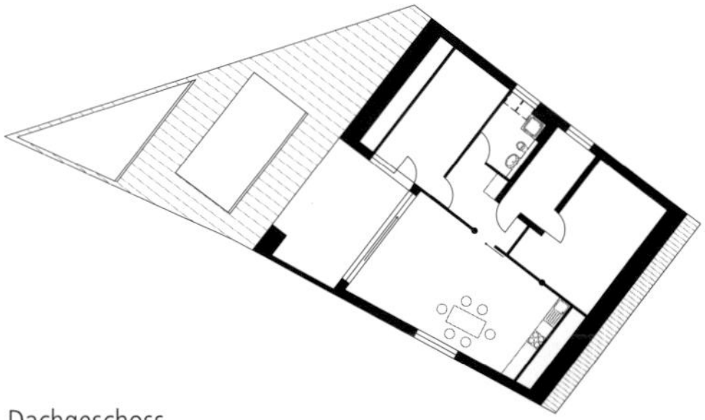

Dachgeschoss

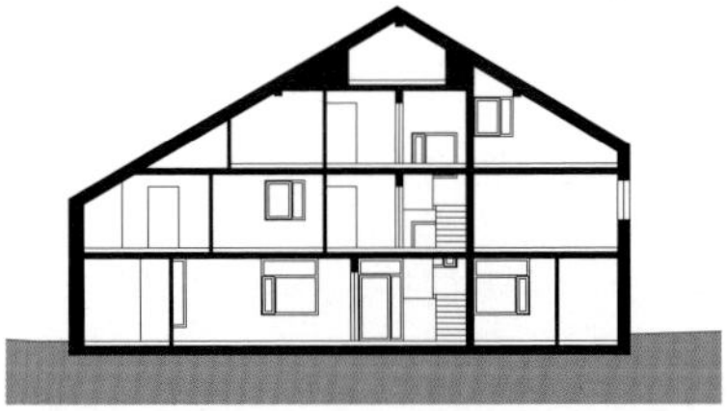

Schnitt A-A

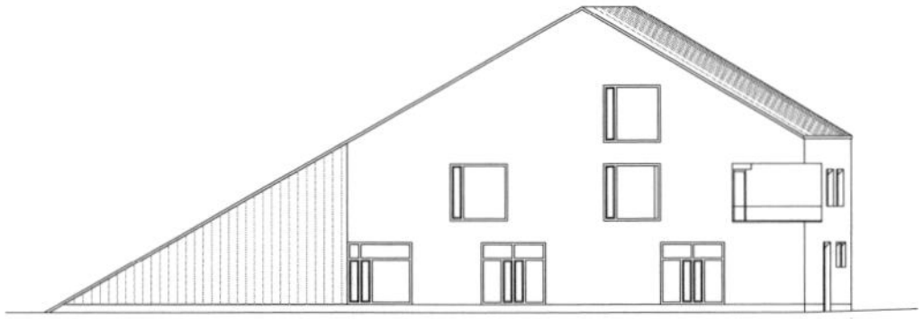

Ansicht Süd

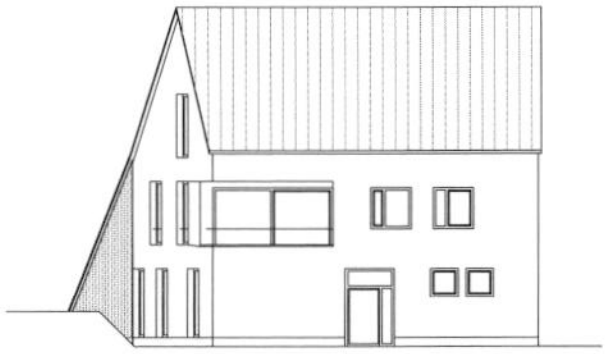

Ansicht Ost

6100-1651
Mehrfamilienhaus
(3 WE)
Praxis

Objektbeschreibung

Allgemeine Objektinformationen

Auf einem sehr schmalen und auf zwei Seiten spitz zulaufenden Grundstück sollten eine Praxis und drei Wohnungen untergebracht werden. Durch eine geschickte Anwendung der gültigen Abstandsflächenregeln entstand ein Gebäude mit einer rollstuhlgerechten Praxis auf 200m² Nutzungsfläche im Erdgeschoss sowie drei individuelle 2- bzw. 3-Zimmer-Wohnungen in Ober- und Dachgeschoss. Jede Wohnung verfügt über einen großzügigen Freibereich wie Terrasse, Dachterrasse oder Loggia.

Nutzung

1 Erdgeschoss
Praxis: Empfang, Wartebereich, Behandlungszimmer, Labor, WCs, Personalraum, Lager, Flur, Terrasse

1 Obergeschoss
2 WE: Wohn- Essküche, Schlafen, Bad, Flur, Loggia
Treppenhaus

1 Dachgeschoss
1 WE: Wohn- Essküche, Schlafen, Bad, Flur, Dachterrasse
Treppenhaus, Technik

Nutzeinheiten

Wohneinheiten: 3
Wohnfläche: 239m²

Grundstück

Bauraum: Beengter Bauraum
Neigung: Geneigtes Gelände
Bodenklasse: BK 3 bis BK 5

Besonderer Kosteneinfluss Grundstück
Besonderen Auflagen durch die Nähe der Bahnlinie und Staatsstraße

Markt

Hauptvergabezeit: 3. Quartal 2020
Baubeginn: 4. Quartal 2020
Bauende: 1. Quartal 2022
Konjunkturelle Gesamtlage: über Durchschnitt
Regionaler Baumarkt: unter Durchschnitt

Baukonstruktion

Der Neubau gründet auf einer Stahlbeton-Bodenplatte mit Aufkantung. Das Treppenhaus wurde ebenfalls in Stahlbeton hergestellt, alle Außenwände sind in Holzständerbauweise mit Holz-Weichfaserdämmung gefertigt. Es wurden Holz-Alufenster eingebaut, die Fassaden sind teilweise verputzt, teilweise holzverschalt. Aus Gründen des Schallschutzes wurden die Decken als sichtbare Massivholzdecken mit erhöhtem Trittschallschutz errichtet. Die Böden wurden mit Linoleum und Fliesen belegt, auf den Terrassenböden sind Lärchenholzdielen verbaut. Die mit Fliesen belegte Stahlbetontreppe erhielt ein massives Stahlplattengeländer. Das Dach ist mit einer Edelstahl-Banddeckung eingedeckt.

Technische Anlagen

Eine Solewärmepumpe mit drei ca. 100m tiefen Erdsonden versorgt das Gebäude mit Wärme. Eine Fußbodenheizung verteilt die Heizwärme in allen Geschossen. Die Frischwasserbereitung erfolgt mit Hilfe von Wohnungsstationen in jeder Einheit. Eine PV-Anlage mit 27kWp sorgt für die Eigenstromversorgung. Das Erdgeschoss wird Mithilfe einer zentralen Lüftungsanlage mit Wärmerückgewinnung mit Frischluft versorgt.

Sonstiges

Die Außenanlage zu dem Gebäude ist unter der Objektnummer 6100-1653 separat dokumentiert.

Energetische Kennwerte

Gesetzliche Grundlage: EnEV 2013
Gebäudenutzfläche: 545,00m²
Gebäudevolumen: 1.702,00m³
Hüllfläche des beheizten Volumens: 908,00m²
Spez. Transmissionswärmeverlust: 0,27W/(m²·K)
Spez. Jahresprimärenergiebedarf: 12,53kWh/(m²·a)

Energetische Angaben zu Außenbauteilen

Bodenplatte

U-Wert: 0,17 W/(m²·K)

Gesamtdicke: 80,05 cm	d [cm]	λ [W/(m·K)]
Fliesen	1,00	1,300
Estrich	6,50	1,400
Trittschalldämmung	3,50	0,045
Dämmung	4,00	0,040
Abdichtung	0,05	0,170
Stahlbeton	25,00	2,300
Schaumglasschotter	40,00	0,105

Außenwand

U-Wert: 0,16 W/(m²·K)

Gesamtdicke: 33,50 cm	d [cm]	λ [W/(m·K)]
GF-Platte	1,00	0,320
Dämmung	4,00	0,040
Holz	4,00	0,130
OSB-Platte	1,50	0,130
Dämmung	20,00	0,040
Holz	20,00	0,130
Holzfaserplatte	6,00	0,050
Außenputz	1,00	1,000

Dachterrasse

U-Wert: 0,15 W/(m²·K)

Gesamtdicke: 32,55 cm	d [cm]	λ [W/(m·K)]
Holz	20,00	0,130
Dampfsperre	0,40	0,170
Dämmung	12,00	0,025
Abdichtung	0,15	0,170

Dach

U-Wert: 0,15 W/(m²·K)

Gesamtdicke: 35,57 cm	d [cm]	λ [W/(m·K)]
GK-Platte	1,25	0,250
OSB-Platte	1,50	0,130
PE-Folie	0,02	0,330
Dämmung	24,00	0,040
Holz	24,00	0,130
Holz	2,50	0,130
Abdichtung	0,31	2,300
Holzfaserplatte	6,00	0,042

Planungskennwerte für Flächen und Rauminhalte nach DIN 277

Flächen des Grundstücks		Menge Einheit	% an GF
BF	Bebaute Fläche	254,44 m²	38,4
UF	Unbebaute Fläche	408,56 m²	61,6
GF	Grundstücksfläche	663,00 m²	100,0

Grundflächen des Bauwerks		Menge Einheit	% an NUF	% an BGF
NUF	Nutzungsfläche	420,39 m²	100,0	65,6
TF	Technikfläche	17,70 m²	4,2	2,8
VF	Verkehrsfläche	81,51 m²	19,4	12,7
NRF	Netto-Raumfläche	519,60 m²	123,6	81,1
KGF	Konstruktions-Grundfläche	121,40 m²	28,9	18,9
BGF	Brutto-Grundfläche	641,00 m²	152,5	100,0

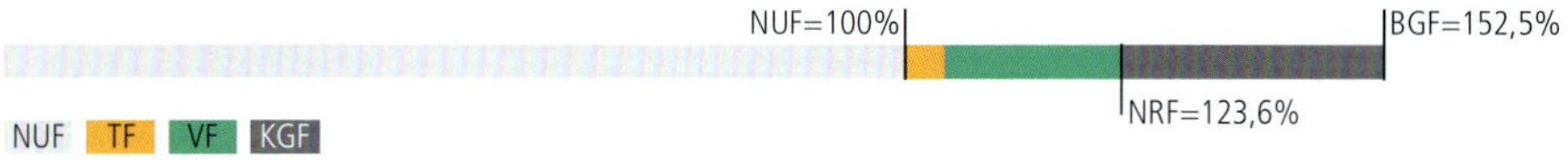

Brutto-Rauminhalt des Bauwerks		Menge Einheit	BRI/NUF (m)	BRI/BGF (m)
BRI	Brutto-Rauminhalt	1.942,77 m³	4,62	3,03

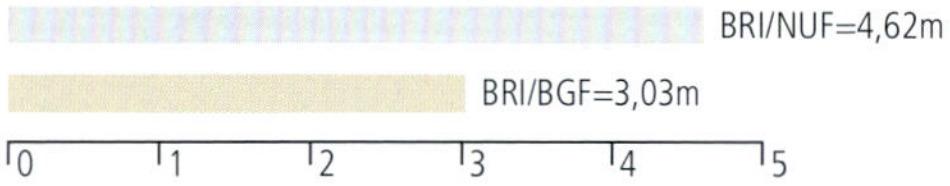

Kostenkennwerte für die Kostengruppen der 1.Ebene DIN 276

KG	Kostengruppen (1.Ebene)	Einheit	Kosten €	€/Einheit	€/m² BGF	€/m³ BRI	% 300+400
100	Grundstück	m² GF	–	–	–	–	–
200	Vorbereitende Maßnahmen	m² GF	–	–	–	–	–
300	Bauwerk – Baukonstruktionen	m² BGF	980.531	1.529,69	1.529,69	504,71	78,8
400	Bauwerk – Technische Anlagen	m² BGF	264.179	412,14	412,14	135,98	21,2
	Bauwerk 300+400	**m² BGF**	**1.244.711**	**1.941,83**	**1.941,83**	**640,69**	**100,0**
500	Außenanlagen und Freiflächen	m² AF	–	–	–	–	–
600	Ausstattung und Kunstwerke	m² BGF	–	–	–	–	–
700	Baunebenkosten	m² BGF	–	–	–	–	–
800	Finanzierung	m² BGF	–	–	–	–	–

KG	Kostengruppe	Menge Einheit	Kosten €	€/Einheit	%
3+4	**Bauwerk**				**100,0**
300	**Bauwerk – Baukonstruktionen**	641,00 m² BGF	980.531	**1.529,69**	78,8

Bodenarbeiten; Stb-Bodenplatte, Abdichtung, Dämmung, Heizestrich, Bodenfliesen, Linoleum, Lärchenholzdielen, Schaumglasschotter; Stb-Aufkantung, Stb-Wände, Holzrahmenwände, Dämmung, Holz-Alufenster, Holz-Alutüre, OSB-Platten, Holzfaserdämmplatten, Putz, Holzbekleidung, Gipsfaserplatten, Beschichtung, Wandfliesen, Raffstores; Stb-Wände, GK-Wände, Holz-Schiebetüren, Holztüren, Gipsfaserplatten, Beschichtung, Wandfliesen; Massivholzdecken, Stb-Treppe, Dämmung, Heizestrich, Linoleum, Bodenfliesen, Lärchen-Terrassendielen, abgehängte Rasterdecken, massives Stahlplattengeländer; Holz-Sparren-Pfettendach, Weichfaserdämmung, Schalung, Edelstahl-Banddeckung, Dachentwässerung

KG	Kostengruppe	Menge Einheit	Kosten €	€/Einheit	%
400	**Bauwerk – Technische Anlagen**	641,00 m² BGF	264.179	**412,14**	21,2

Gebäudeentwässerung, Kalt- und Warmwasserleitungen, Wohnungsstationen, Sanitärobjekte; Wasser-Sole-Wärmepumpe 20kW, 100m tiefe Erdsonden, Pufferspeicher 950l, Fußbodenheizung; zentrale Lüftungsanlage mit Wärmerückgewinnung, feuchtegesteuerte Bad-Entlüfter; PV-Anlage 126m², Elektroinstallation, Beleuchtung; LAN-Anschlüsse

6100-1662
Mehrfamilienhäuser
(3 Gebäude, 37 WE)
Kindertagesstätte
(2 Gruppen, 34 Kinder)

Kostenkennwerte für die Kosten des Bauwerks (Kostengruppen 300+400 nach DIN 276)

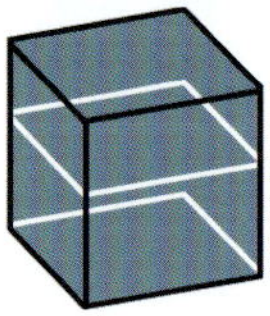
BRI 678 €/m³

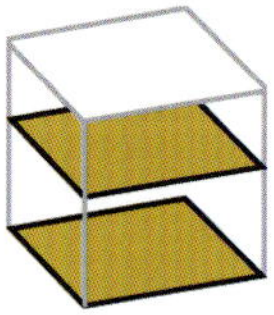
BGF 2.300 €/m²

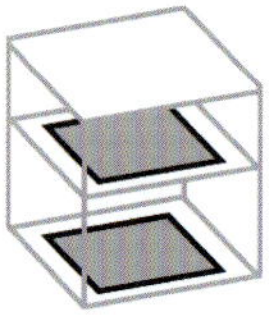
NUF 3.718 €/m²

Objekt:
Kennwerte: 1. Ebene DIN 276
BRI: 14.494 m³
BGF: 4.275 m²
NUF: 2.644 m²
Bauzeit: 104 Wochen
Bauende: 2023
Standard: mittel
Bundesland: Hamburg
Kreis: Hamburg, Stadt

Architekt*in:
RENNER HAINKE WIRTH
ZIRN ARCHITEKTEN GMBH
Bernstorffstraße 69
22767 Hamburg

Bauherr*in:
Bauverein
Reiherstieg eG
Georg-Wilhelm-Straße 127a
21107 Hamburg

© Stephanie Brinkkoetter

© Stephanie Brinkkoetter

© Stephanie Brinkkoetter

© Stephanie Brinkkoetter

© Stephanie Brinkkoetter

Ansicht Nord-West Haus A und B

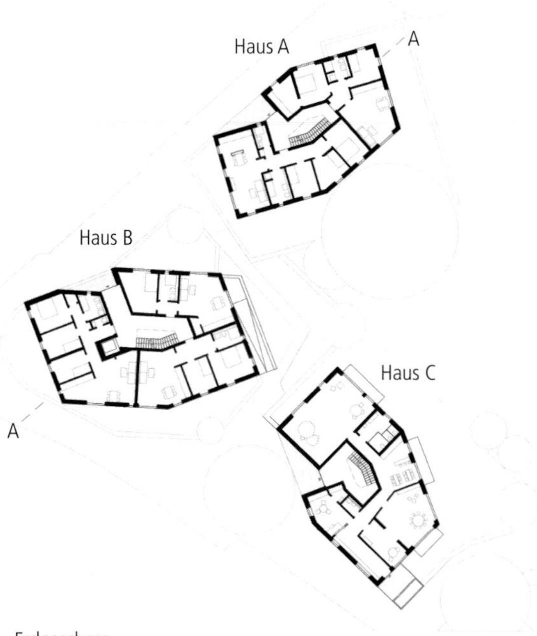

Erdgeschoss

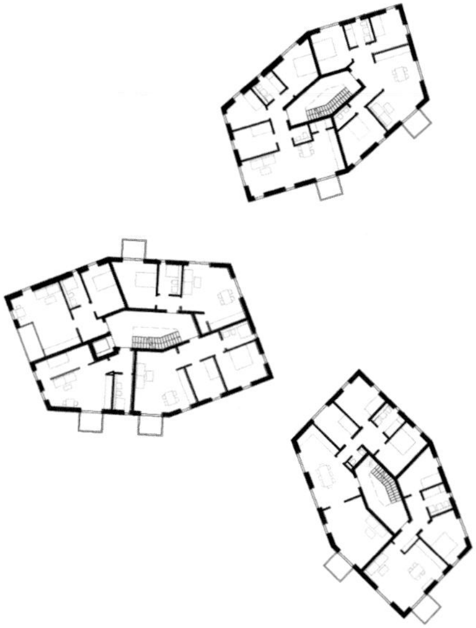

Obergeschoss

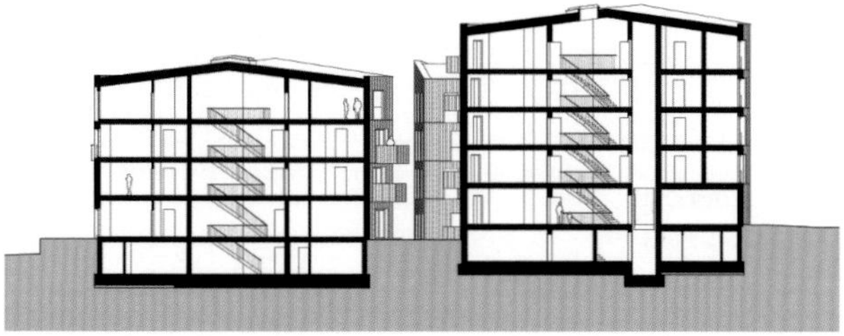

Schnitt A-A

6100-1662
Mehrfamilienhäuser
(3 Gebäude, 37 WE)
Kindertagesstätte
(2 Gruppen, 34 Kinder)

Objektbeschreibung

Allgemeine Objektinformationen

Das Baugrundstück wurde mit drei rautenförmigen vier-, bzw. fünfgeschossigen Gebäuden bebaut. Das Konzept, einen urbanen, kosten- und flächensparenden Wohnungsbau umzusetzen, wurde dabei konsequent verfolgt. Im Erdgeschoss von Haus C wurde eine Kita mit zwei Gruppen für 34 Kinder realisiert, die das neue Quartier belebt. Die Wohngebäude sind voll unterkellert.

Nutzung

1 Untergeschoss
Abstellräume, Kinderwagenraum, Fahrradabstellräume, Hausanschlussräume, Technikräume

1 Erdgeschoss
Wohn-Essraum mit Küche, Schlafräume, Arbeitsraum, Bäder, Abstellräume, Terrassen, Gruppenräume, Gruppennebenräume, Küche mit Speiseraum, Therapieraum, Personal, Garderoben, WCs, Lager

4 Obergeschosse
Wohn-Essraum mit Küche, Wohnraum, Küche, Schlafräume, Arbeitsraum, Bäder, WCs, Abstellräume, Balkone, Loggien

Nutzeinheiten

Gebäude: 3
Gruppen: 2
Kinder: 34
Wohneinheiten: 37
Wohnfläche: 2.339m^2

Grundstück

Bauraum: Beengter Bauraum
Neigung: Geneigtes Gelände
Bodenklasse: BK 1 bis BK 4

Markt

Hauptvergabezeit: 2.Quartal 2021
Baubeginn: 2.Quartal 2021
Bauende: 2.Quartal 2023
Konjunkturelle Gesamtlage: Durchschnitt
Regionaler Baumarkt: über Durchschnitt

Baukonstruktion

Die drei Gebäude sind in Massivbauweise in Stahlbeton und Kalksandstein errichtet. Die Dächer sind als geneigte Stahlbetondecken realisiert und extensiv begrünt. Die Keller wurden in WU-Betonbauweise errichtet, um die hydrologischen Anforderungen zu erfüllen. Die Fassade ist aus einem individuell gekanteten Aluminiumblech als Vorhangfassade ausgeführt worden. Die Blechfugen verspringen an den Fensteröffnungen und erzeugen ein abwechslungsreiches, flächiges Gesamtfassadenbild. Die eingeschossig eingeschnittenen Hauseingangsbereiche sind mit einer Natursteinfassade bekleidet. Die Fenster wurden in Kunststoff ausgeführt und dreifachverglast. In der Kita kamen Holzfenster zur Ausführung.

Technische Anlagen

Die Gebäude wurden im KfW Effizienzhaus 55-Standard errichtet. Sie werden über je eine Heizungsanlage für den bivalenten Betrieb beheizt. Dabei wird die Wärme über eine Luft-Wärmepumpe erzeugt. In den Tagen unter 3°C unterstützt eine Gas-Brennwerttherme die Versorgung der Häuser. Die Wärme wird über eine Fußbodenheizung in den Wohnungen verteilt. Die Lüftung erfolgt über eine Abluftanlage. Der sommerliche Wärmeschutz wird durch Sonnenschutzverglasung sichergestellt.

Sonstiges

Die Fassaden verbinden durch ihre Materialien und Strukturen die verschiedenen Charakteristiken der umliegenden Viertel. Auf einem benachbarten Grundstück ist auf dem Abstandsgrün eine ebenerdige Stellplatzanlage für 18 Pkws errichtet worden.

Energetische Kennwerte

Gesetzliche Grundlage: EnEV 2013
Gebäudenutzfläche: 1.018,22m^2
Gebäudevolumen: 3.181,93m^3
A/V$_e$-Verhältnis (Kompaktheit): 0,42m^{-1}
Hüllfläche des beheizten Volumens: 1.332,24m^2
Spez. Transmissionswärmeverlust: 0,33W/(m^2·K)
Spez. Jahresprimärenergiebedarf: 30,47kWh/(m^2·a)
Anlagenaufwandszahl: 0,67

Energetische Angaben zu Außenbauteilen

Kellerdecke

U-Wert: 0,25 W/(m²·K)

Gesamtdicke: 39,00 cm	d [cm]	λ [W/(m·K)]
Estrich	7,00	1,400
Trittschalldämmung	3,00	0,032
Dämmung	9,00	0,035
Stahlbeton	20,00	2,300

Außenwand hinterlüftet

U-Wert: 0,18 W/(m²·K)

Gesamtdicke: 35,00 cm	d [cm]	λ [W/(m·K)]
Innenputz	1,50	0,700
Kalksandstein	17,50	1,100
Dämmung	16,00	0,032

Dach

U-Wert: 0,11 W/(m²·K)

Gesamtdicke: 53,50 cm	d [cm]	λ [W/(m·K)]
Stahlbeton	20,00	2,300
Dämmung	32,00	0,035
Bitumenbahn	1,50	0,170

6100-1662
Mehrfamilienhäuser
(3 Gebäude, 37 WE)
Kindertagesstätte
(2 Gruppen, 34 Kinder)

Planungskennwerte für Flächen und Rauminhalte nach DIN 277

Flächen des Grundstücks		Menge Einheit	% an GF
BF	Bebaute Fläche	880,00 m²	48,2
UF	Unbebaute Fläche	946,00 m²	51,8
GF	Grundstücksfläche	1.826,00 m²	100,0

Grundflächen des Bauwerks		Menge Einheit	% an NUF	% an BGF
NUF	Nutzungsfläche	2.644,40 m²	100,0	61,9
TF	Technikfläche	149,04 m²	5,6	3,5
VF	Verkehrsfläche	566,21 m²	21,4	13,2
NRF	Netto-Raumfläche	3.359,65 m²	127,0	78,6
KGF	Konstruktions-Grundfläche	914,94 m²	34,6	21,4
BGF	Brutto-Grundfläche	4.274,59 m²	161,6	100,0

Brutto-Rauminhalt des Bauwerks		Menge Einheit	BRI/NUF (m)	BRI/BGF (m)
BRI	Brutto-Rauminhalt	14.493,99 m³	5,48	3,39

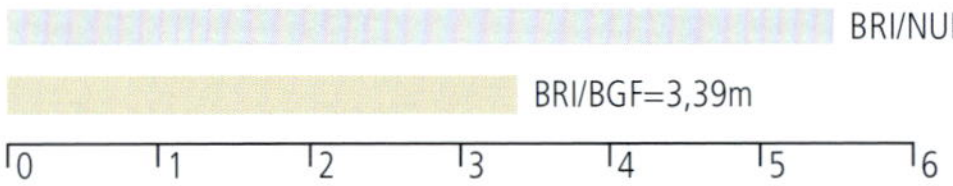

Kostenkennwerte für die Kostengruppen der 1.Ebene DIN 276

KG	Kostengruppen (1.Ebene)	Einheit	Kosten €	€/Einheit	€/m² BGF	€/m³ BRI	% 300+400
100	Grundstück	m² GF	–	–	–	–	–
200	Vorbereitende Maßnahmen	m² GF	–	–	–	–	–
300	Bauwerk – Baukonstruktionen	m² BGF	7.276.744	1.702,33	1.702,33	502,05	74,0
400	Bauwerk – Technische Anlagen	m² BGF	2.556.119	597,98	597,98	176,36	26,0
	Bauwerk 300+400	**m² BGF**	**9.832.863**	**2.300,31**	**2.300,31**	**678,41**	**100,0**
500	Außenanlagen und Freiflächen	m² AF	614.592	649,67	143,78	42,40	6,3
600	Ausstattung und Kunstwerke	m² BGF	–	–	–	–	–
700	Baunebenkosten	m² BGF	–	–	–	–	–
800	Finanzierung	m² BGF	–	–	–	–	–

KG	Kostengruppe	Menge Einheit	Kosten €	€/Einheit	%
3+4	**Bauwerk**				**100,0**
300	**Bauwerk – Baukonstruktionen**	4.274,59 m² BGF	7.276.744	**1.702,33**	74,0

Baugrubenaushub, Baugrubenverbau, Wasserhaltung; Stb-Fundamentplatten, WU-Beton, PU-Beschichtung, Sauberkeitsschicht; Stb-Wände, WU-Beton, KS-Mauerwerk, Holzfenster, Kunststofffenster, Dreifachverglasung, teilw. Sonnenschutzverglasung, Wärmedämmung, hinterlüftete Fassade aus individuell gekanteten Aluminiumblechen, Natursteinfassade, Rollläden; Innenmauerwerk, Stb-Wände, GK-Wände, Glaswände, Wandfliesen, Beschichtung, WC-Trennwände; Stb-Decken, Stb-Fertigteilbalkone, Stb-Treppen, Heizestrich, PVC-Belag, Betonwerkstein, Bodenfliesen, teilw. Schallschutzdecken, Stahlgeländer, Glasgeländer, Treppengeländer; Stb-Flachdach, Oberlichter, Dachfenster, Dämmung, Abdichtung, Attika, extensive Dachbegrünung, innenliegende Dachentwässerung, Eingangsüberdachungen

KG	Kostengruppe	Menge Einheit	Kosten €	€/Einheit	%
400	**Bauwerk – Technische Anlagen**	4.274,59 m² BGF	2.556.119	**597,98**	26,0

Gebäudeentwässerung, Kalt- und Warmwasserleitungen, Sanitärobjekte; Luft-Wärmepumpe, Gas-Brennwerttherme, Fußbodenheizung; Abluftanlage, RWA-Anlage; Elektroinstallation, LED-Beleuchtung; Fernseh- und Antennenanlagen; Rauchmelder; Personenaufzug

KG	Kostengruppe	Menge Einheit	Kosten €	€/Einheit	%
500	**Außenanlagen und Freiflächen**	946,00 m² AF	614.592	**649,67**	6,3

Oberbodenarbeiten, Bodenarbeiten; Wege, Terrassen, Spielplatz; Zäune, Tore; Winkelstützwände, Stufen; Sitzbänke, Unterflurmüllentsorgung; Spielgeräte; Oberbodenauftrag, Bepflanzung, Rasen

6100-1672
Einfamilienhaus

Kostenkennwerte für die Kosten des Bauwerks (Kostengruppen 300+400 nach DIN 276)

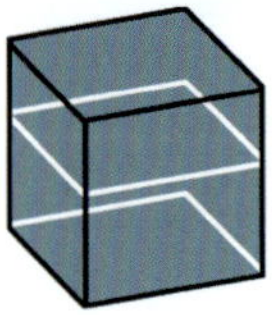

BRI 898 €/m³

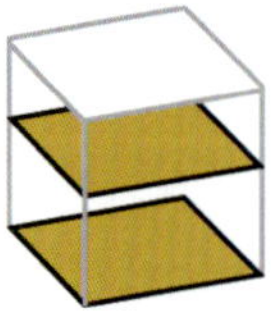

BGF 2.963 €/m²

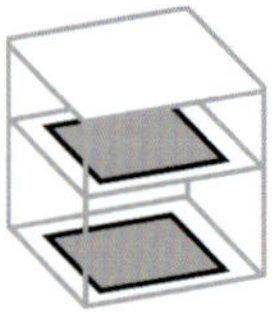

NUF 3.889 €/m²

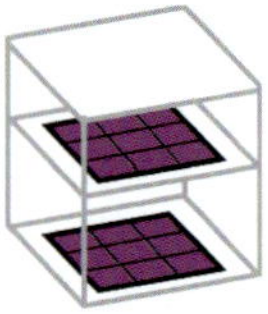

NE 3.407 €/NE

NE: Wohnfläche

Objekt:
Kennwerte: 3. Ebene DIN 276
BRI: 436 m³
BGF: 132 m²
NUF: 101 m²
Bauzeit: 39 Wochen
Bauende: 2022
Standard: mittel
Bundesland: Bayern
Kreis: Starnberg

Architekt*in:
brack architekten
Brennergasse 9
87435 Kempten

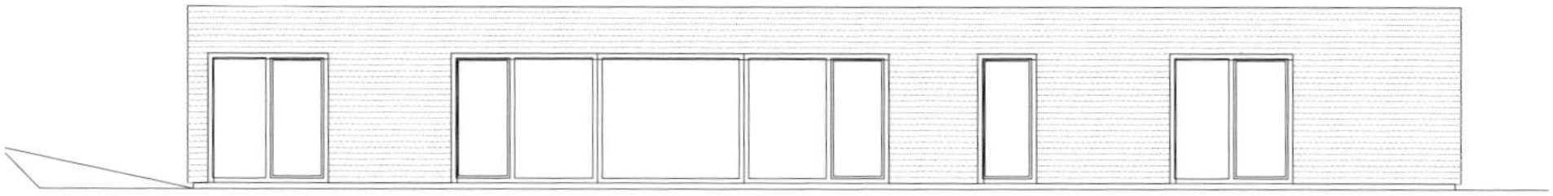

Ansicht Ost

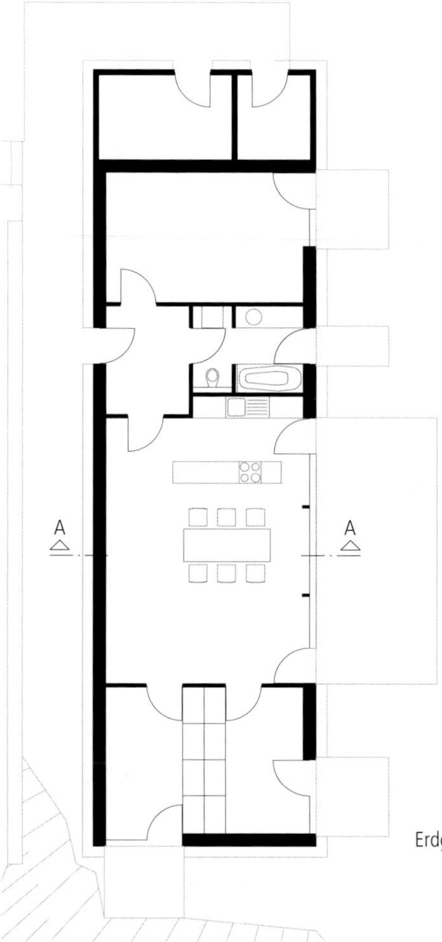

Erdgeschoss

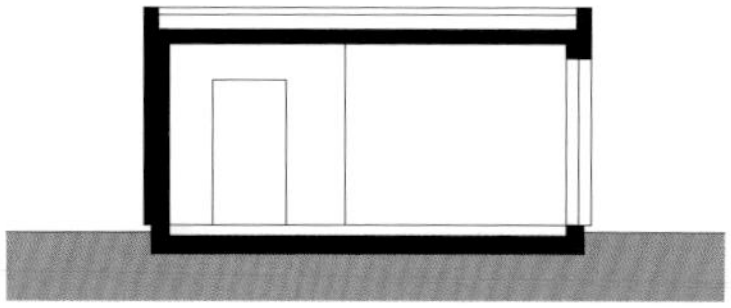

Schnitt A-A

Ansicht Süd

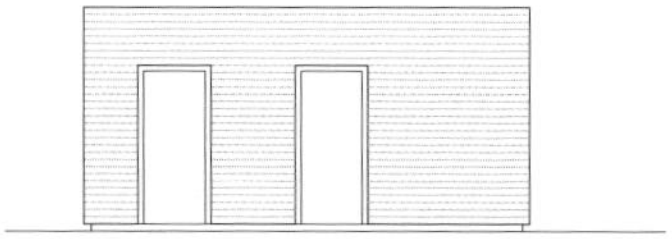

Ansicht Nord

Ansicht West

Objektbeschreibung

Allgemeine Objektinformationen

Das eingeschossige Einfamilienhaus entstand als Ersatzneubau für einen zum Wohngebäude umgebauten Hühnerstall. Für den Neubau war die Grundfläche des Bestands zu übernehmen.

Nutzung

1 Erdgeschoss
Wohnen/Essen/Küche, Schlafzimmer, Kinderzimmer (2St), Bad, Windfang, Abstellraum, Technikraum

Nutzeinheiten

Wohneinheiten: 1
Wohnfläche: 115m²

Grundstück

Bauraum: Beengter Bauraum
Neigung: Ebenes Gelände
Bodenklasse: BK 3 bis BK 5

Markt

Hauptvergabezeit: 4. Quartal 2021
Baubeginn: 1. Quartal 2022
Bauende: 4. Quartal 2022
Konjunkturelle Gesamtlage: über Durchschnitt
Regionaler Baumarkt: unter Durchschnitt

Baukonstruktion

Der Neubau gründet mit einer Stahlbeton-Fundamentplatte auf einer Schicht aus Schaumglasschotter. Die in Holzrahmenbauweise errichteten Außenwände stehen auf einem Stahlbetonsockel. Sie sind außenseitig mit Holzfaserdämmung und einer Nut- und Federschalung aus Lärche bekleidet. Die hohen Holz-Aluminiumfenster wurden mit Dreifachverglasung ausgeführt. Die Holzeingangstüren erhielten außen eine Deckschale aus Aluminium. Das Massivholz-Flachdach wurde extensiv begrünt. Innen kamen mit Gipskarton bekleidete Massivholzwände und Gipskartonwände zur Ausführung. Die Oberflächen wurden gespachtelt und beschichtet. Linoleum und Fliesen dienen als Bodenbelag.

Technische Anlagen

Das Gebäude wird durch eine Wärmepumpe beheizt und mit Warmwasser versorgt. Die Temperierung erfolgt über eine Fußbodenheizung. Die Photovoltaikanlage mit 4,05kWp dient der Eigenstromversorgung. LED-Lichtbänder sowie eine Antennenanlage wurden installiert.

Sonstiges

Die Außenanlage ist unter der BKI-Objektnummer 6100-1676 dokumentiert.

Energetische Kennwerte

Gesetzliche Grundlage: GEG 2020
Gebäudenutzfläche: 142,00m²
Gebäudevolumen: 443,70m³
A/V_e-Verhältnis (Kompaktheit): 0,88m^{-1}
Hüllfläche des beheizten Volumens: 388,60m²
Spez. Transmissionswärmeverlust: 0,35W/(m²·K)
Spez. Jahresprimärenergiebedarf: 58,36kWh/(m²·a)
Anlagenaufwandszahl: 0,76
PV-Anlage: 3,64kWp

Energetische Angaben zu Außenbauteilen

Bodenplatte

U-Wert: 0,20 W/(m²·K)

Gesamtdicke: 59,02 cm	d [cm]	λ [W/(m·K)]
Estrich	6,00	1,400
PE-Folie	0,02	0,330
Trittschalldämmung	3,00	0,040
Stahlbeton	10,00	2,000
Schaumglasschotter	40,00	0,103

Außenwand hinterlüftet

U-Wert: 0,18 W/(m²·K)

Gesamtdicke: 26,95 cm	d [cm]	λ [W/(m·K)]
GK-Platte	1,25	0,250
OSB-Platte	1,10	0,130
Holz	5,00	0,030
Dämmung	5,00	0,040
OSB-Platte	1,60	0,130
Holz	16,00	0,130
Dämmung	16,00	0,040
Holzfaserplatte	2,00	0,045

Dach

U-Wert: 0,12 W/(m²·K)

Gesamtdicke: 51,92 cm	d [cm]	λ [W/(m·K)]
GK-Platte	1,25	0,250
Holz	16,00	0,130
Dampfsperre	0,05	0,130
Dämmung	24,00	0,035
Dachdichtungsbahn	0,31	0,190
Dachdichtungsbahn	0,31	0,190
Kies	10,00	0,700

Planungskennwerte für Flächen und Rauminhalte nach DIN 277

Flächen des Grundstücks		Menge Einheit	% an GF
BF	Bebaute Fläche	464,26 m²	10,8
UF	Unbebaute Fläche	3.851,74 m²	89,2
GF	Grundstücksfläche	4.316,00 m²	100,0

Grundflächen des Bauwerks		Menge Einheit	% an NUF	% an BGF
NUF	Nutzungsfläche	100,75 m²	100,0	76,2
TF	Technikfläche	4,70 m²	4,7	3,6
VF	Verkehrsfläche	6,90 m²	6,8	5,2
NRF	Netto-Raumfläche	112,35 m²	111,5	85,0
KGF	Konstruktions-Grundfläche	19,88 m²	19,7	15,0
BGF	Brutto-Grundfläche	132,23 m²	131,2	100,0

Brutto-Rauminhalt des Bauwerks		Menge Einheit	BRI/NUF (m)	BRI/BGF (m)
BRI	Brutto-Rauminhalt	436,34 m³	4,33	3,30

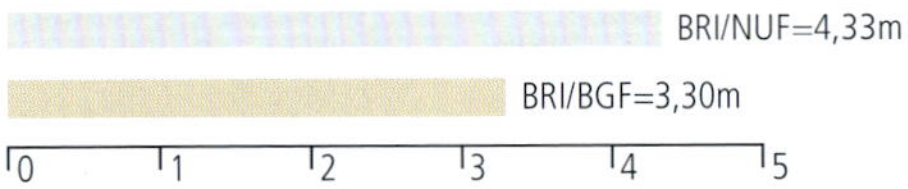

KG	Kostengruppen (2. Ebene)	Menge Einheit	Menge/NUF	Menge/BGF
310	Baugrube / Erdbau	99,98 m³ BGI	0,99	0,76
320	Gründung, Unterbau	126,74 m² GRF	1,26	0,96
330	Außenwände/Vertikale Baukonstruktionen, außen	183,41 m² AWF	1,82	1,39
340	Innenwände/Vertikale Baukonstruktionen, innen	86,51 m² IWF	0,86	0,65
350	Decken/Horizontale Baukonstruktionen	–	–	–
360	Dächer	132,23 m² DAF	1,31	1,00

Kostenkennwerte für die Kostengruppen der 1.Ebene DIN 276

KG	Kostengruppen (1.Ebene)	Einheit	Kosten €	€/Einheit	€/m² BGF	€/m³ BRI	% 300+400
100	Grundstück	m² GF	–	–	–	–	–
200	Vorbereitende Maßnahmen	m² GF	34.125	7,91	258,07	78,21	8,7
300	Bauwerk – Baukonstruktionen	m² BGF	292.336	2.210,82	2.210,82	669,97	74,6
400	Bauwerk – Technische Anlagen	m² BGF	99.520	752,63	752,63	228,08	25,4
	Bauwerk 300+400	**m² BGF**	**391.857**	**2.963,45**	**2.963,45**	**898,05**	**100,0**
500	Außenanlagen und Freiflächen	m² AF	6.144	5,46	46,47	14,08	1,6
600	Ausstattung und Kunstwerke	m² BGF	1.095	8,28	8,28	2,51	0,3
700	Baunebenkosten	m² BGF	–	–	–	–	–
800	Finanzierung	m² BGF	–	–	–	–	–

KG	Kostengruppe	Menge Einheit	Kosten €	€/Einheit	%
200	**Vorbereitende Maßnahmen**	4.316,00 m² GF	34.125	**7,91**	8,7
	Abbruch von Wohnhaus, Gartenhaus, Dachdeckungen, Betonplatten, Erdtank verfüllen, Bäume fällen				
3+4	**Bauwerk**				**100,0**
300	**Bauwerk – Baukonstruktionen**	132,23 m² BGF	292.336	**2.210,82**	74,6
	Stb-Fundamentplatte, Heizestrich, Linoleum, Bodenbeschichtung, Bodenfliesen, Schaumglasschotter; Holzrahmenwände, Stb-Sockelaufkantung, Massivholzattika, Holz-Alufenster, Holz-Alu-Eingangstüren, Dämmung, Holzschalung, Sockelputz, Beschichtung, GK-Installationsebene, Glasvordach; Massivholzwände, GK-Wände, Holztüren, GK-Bekleidung, Beschichtung, Wandfliesen; Brettsperrholz-Flachdach, Gefälledämmung, Dachabdichtung, Gründach, Kies, Dachentwässerung				
400	**Bauwerk – Technische Anlagen**	132,23 m² BGF	99.520	**752,63**	25,4
	Gebäudeentwässerung, Kalt- und Warmwasserleitungen, Sanitärobjekte; Luft-Wasser-Wärmepumpe, Heizleitungen, Fußbodenheizung; Einzelraumlüfter; Photovoltaikanlage, Elektroinstallation, Beleuchtung, Erdung; Türsprechanlage, Sat-Anlage, Rauchmelder, Datenverkabelung				
500	**Außenanlagen und Freiflächen**	1.125,00 m² AF	6.144	**5,46**	1,6
	Beton-Absetzschacht, Sprechanlage, Ladestation, Außenkabel				
600	**Ausstattung und Kunstwerke**	132,23 m² BGF	1.095	**8,28**	0,3
	Badewannenabtrennung				

Kostenkennwerte für die Kostengruppen der 2. Ebene DIN 276

KG	Kostengruppe	Menge Einheit	Kosten €	€/Einheit	%
200	**Vorbereitende Maßnahmen**				**100,0**
210	**Herrichten**	4.316,00 m² GF	34.125	**7,91**	100,0
	Abbruch von Wohnhaus (411m³), Gartenhaus (43m³), Dachdeckungen (273m²), Betonplatten (80m²); Entsorgung, Deponiegebühren * Erdtank verfüllen (3m³), Bäume fällen (2St)				
300	**Bauwerk – Baukonstruktionen**				**100,0**
310	**Baugrube / Erdbau**	99,98 m³ BGI	2.918	**29,19**	1,0
	Baugrubenaushub, abfahren (90m³), Rohrgrabenaushub, lagern, verfüllen (10m³)				
320	**Gründung, Unterbau**	126,74 m² GRF	62.015	**489,31**	21,2
	Stb-Fundamentplatte, WU (127m²) * Bitumenabdichtung (113m²), EPS-Dämmung (108m²), XPS-Dämmung (5m²), Zement-Heizestrich (113m²), Linoleum (92m²), Bodenbeschichtung (14m²), Bodenfliesen (5m²) * Schaumglasschotter (172m³), Bitumendickbeschichtung, Perimeterdämmung, Sockelputz, Beschichtung, vertikal (7m²) * PVC-Dränrohre DN100 (138m)				
330	**Außenwände/Vert. Baukonstrukt., außen**	183,41 m² AWF	107.250	**584,76**	36,7
	Holzrahmenwände (94m²), Stb-Sockelaufkantung (25m²) * Massivholzattika (21m²) * Holz-Alu-Fenstertüren/Festverglasungen (35m²), Holz-Alu-Eingangstüren (8m²) * Holzfaserdämmung, Nut/Federschalung (232m²), Bitumendickbeschichtung, Perimeterdämmung (19m²), Sockelputz, Beschichtung (25m²) * GK-Installationsebene (104m²), Beschichtung (70m²), Wandfliesen (2m²) * Ganzglasvordach (1St)				
340	**Innenwände/Vert. Baukonstrukt., innen**	86,51 m² IWF	19.558	**226,08**	6,7
	Massivholzwände (59m²) * GK-Wände (19m²) * Holztüren (9m²) * GK-Bekleidung (118m²), Beschichtung (100m²), Wandfliesen (15m²)				
360	**Dächer**	132,23 m² DAF	80.039	**605,30**	27,4
	Brettsperrholz-Flachdach (126m²) * PIR-Gefälledämmung (118m²), Bitumenabdichtung (146m²), Drän-/Speicherelemente, Extensivsubstrat, Trockensaat (75m²), Kiesrandstreifen (27m²), Attikaabdeckung (56m), Dachabläufe (2St), Notüberläufe (2St), Fallrohre (8m) * GK-Bekleidung, Beschichtung (100m²)				
390	**Sonst. Maßnahmen für Baukonstrukt.**	132,23 m² BGF	20.556	**155,45**	7,0
	Baustelleneinrichtung (psch), Kran (1St), Baustromanschluss (1St), Zufahrtsrampe (34m²) * Fassadengerüst (240m²), Dachfanggerüst (57m) * Baureinigung (psch)				
400	**Bauwerk – Technische Anlagen**				**100,0**
410	**Abwasser-, Wasser-, Gasanlagen**	132,23 m² BGF	17.000	**128,56**	17,1
	PP-Grundleitungen DN100-150 (57m), PP-Schalldämmrohre DN50-100 * Edelstahlrohre DN12-25 (40m), Systemtrenner (1St), Rückspülfilter (1St), Tiefspül-WC (1St), Waschtisch (1St), Badewanne (1St), Brausegarnitur (1St) * Montageelement (1St)				

KG	Kostengruppe	Menge Einheit	Kosten €	€/Einheit	%
420	**Wärmeversorgungsanlagen**	132,23 m²BGF	33.306	**251,88**	33,5
	Luft-Wasser-Wärmepumpe, Heizleistung 2,3-6,5kW (1St), Multifunktionsspeicher (1St) * Stahlrohre DN12-25 (37m), Strangabsperrventil (1St) * Fußbodenheizung, Tackersystem, PS-Dämmung, d=30-35mm (108m²), PE-X-Rohre (800m), Edelstahlverteiler (1St), Stellantriebe (8St)				
430	**Raumlufttechnische Anlagen**	132,23 m²BGF	621	**4,70**	0,6
	Einzelraumlüfter (1St)				
440	**Elektrische Anlagen**	132,23 m²BGF	43.633	**329,98**	43,8
	Photovoltaikanlage (20m²), Wechselrichter (1St), Solarkabel (200m) * Zählerkasten (1St), Unterverteiler (1St), Zeitschalter (1St), Kabel (318m), Steckdosen (36St), Bodendose (1St), Dimmer/Schalter (15St), Raumthermostate (5St), Bewegungsmelder (1St) * LED-Lichtbänder (50m), Außenwandleuchten (5St), Wannenleuchten (3St) * Fundamenterder (126m), Erdungsschiene (1St)				
450	**Kommunikationstechnische Anlagen**	132,23 m²BGF	4.960	**37,51**	5,0
	Klingeltaster, Sprechstelle (1St), Rufgenerator (1St), Funkmodul (1St) * Sat-Anlage (1St), Antennenanschlussdosen (5St) * Rauchmelder (5St) * Patchfeld (1St), Datenanschlussdosen (6St)				
500	**Außenanlagen und Freiflächen**				**100,0**
550	**Technische Anlagen**	1.125,00 m²AF	6.144	**5,46**	100,0
	Beton-Absetzschacht DN1.000 (1St) * Sprechanlage, Türstation (psch), Ladestation 11kW (1St), Außenkabel (52m)				
600	**Ausstattung und Kunstwerke**				**100,0**
610	**Allgemeine Ausstattung**	132,23 m²BGF	1.095	**8,28**	100,0
	Badewannenabtrennung 100x150cm, ESG, Faltpendeltür (1St)				

Kostenkennwerte für die Kostengruppen 300 der 2. und 3.Ebene DIN 276 (Übersicht)

KG	Kostengruppe	Menge Einheit	Kosten €	€/Einheit	% an 3+4
300	**Bauwerk – Baukonstruktionen**	**132,23 m² BGF**	**292.336,30**	**2.210,82**	**74,6**
310	**Baugrube / Erdbau**	**99,98 m³ BGI**	**2.917,92**	**29,19**	**0,7**
311	Herstellung	99,98 m³ BGI	2.917,92	29,19	0,7
312	Umschließung	–	–	–	–
313	Wasserhaltung	–	–	–	–
314	Vortrieb	–	–	–	–
319	Sonstiges zur KG 310	–	–	–	–
320	**Gründung, Unterbau**	**126,74 m² GRF**	**62.015,21**	**489,31**	**15,8**
321	Baugrundverbesserung	–	–	–	–
322	Flachgründungen und Bodenplatten	126,74 m²	28.203,60	222,53	7,2
323	Tiefgründungen	–	–	–	–
324	Gründungsbeläge	112,78 m²	14.391,84	127,61	3,7
325	Abdichtungen und Bekleidungen	133,98 m²	16.480,07	123,00	4,2
326	Dränagen	126,74 m² GRF	2.939,69	23,19	0,8
329	Sonstiges zur KG 320	–	–	–	–
330	**Außenwände/Vert. Baukonstrukt., außen**	**183,41 m² AWF**	**107.249,92**	**584,76**	**27,4**
331	Tragende Außenwände	119,26 m²	21.661,52	181,63	5,5
332	Nichttragende Außenwände	21,48 m²	7.077,11	329,47	1,8
333	Außenstützen	–	–	–	–
334	Außenwandöffnungen	42,67 m²	32.076,94	751,74	8,2
335	Außenwandbekleidungen, außen	156,79 m²	31.936,82	203,69	8,2
336	Außenwandbekleidungen, innen	103,93 m²	11.063,10	106,45	2,8
337	Element. Außenwandkonstruktionen	–	–	–	–
338	Lichtschutz zur KG 330	–	–	–	–
339	Sonstiges zur KG 330	183,41 m² AWF	3.434,41	18,73	0,9
340	**Innenwände/Vert. Baukonstrukt., innen**	**86,51 m² IWF**	**19.558,27**	**226,08**	**5,0**
341	Tragende Innenwände	59,10 m²	6.507,68	110,11	1,7
342	Nichttragende Innenwände	18,52 m²	2.057,33	111,09	0,5
343	Innenstützen	–	–	–	–
344	Innenwandöffnungen	8,89 m²	2.793,31	314,21	0,7
345	Innenwandbekleidungen	118,30 m²	8.199,97	69,32	2,1
346	Elementierte Innenwandkonstruktionen	–	–	–	–
347	Lichtschutz zur KG 340	–	–	–	–
349	Sonstiges zur KG 340	–	–	–	–
350	**Decken/Horizontale Baukonstruktionen**	**–**	**–**	**–**	**–**
351	Deckenkonstruktionen	–	–	–	–
352	Deckenöffnungen	–	–	–	–
353	Deckenbeläge	–	–	–	–
354	Deckenbekleidungen	–	–	–	–
355	Elementierte Deckenkonstruktionen	–	–	–	–
359	Sonstiges zur KG 350	–	–	–	–
360	**Dächer**	**132,23 m² DAF**	**80.039,18**	**605,30**	**20,4**
361	Dachkonstruktionen	126,19 m²	23.691,08	187,74	6,0
362	Dachöffnungen	–	–	–	–
363	Dachbeläge	132,23 m²	49.756,67	376,29	12,7
364	Dachbekleidungen	99,74 m²	6.591,43	66,09	1,7
365	Elementierte Dachkonstruktionen	–	–	–	–
366	Lichtschutz zur KG 360	–	–	–	–
369	Sonstiges zur KG 360	–	–	–	–
370	**Infrastrukturanlagen**	**–**	**–**	**–**	**–**
380	**Baukonstruktive Einbauten**	**–**	**–**	**–**	**–**
390	**Sonst. Maßnahmen für Baukonstrukt.**	**132,23 m² BGF**	**20.555,79**	**155,45**	**5,2**

Kostenstand: 2. Quartal 2026, Bundesdurchschnitt, **inkl. 19% MwSt.**

Kostenkennwerte für die Kostengruppen 400 der 2. und 3. Ebene DIN 276 (Übersicht)

KG	Kostengruppe	Menge Einheit	Kosten €	€/Einheit	% an 3+4
400	**Bauwerk – Technische Anlagen**	**132,23 m² BGF**	**99.520,31**	**752,63**	**25,4**
410	**Abwasser-, Wasser-, Gasanlagen**	**132,23 m² BGF**	**16.999,73**	**128,56**	**4,3**
411	Abwasseranlagen	132,23 m² BGF	7.530,18	56,95	1,9
412	Wasseranlagen	132,23 m² BGF	8.946,47	67,66	2,3
413	Gasanlagen	–	–	–	–
419	Sonstiges zur KG 410	132,23 m² BGF	523,09	3,96	0,1
420	**Wärmeversorgungsanlagen**	**132,23 m² BGF**	**33.306,27**	**251,88**	**8,5**
421	Wärmeerzeugungsanlagen	132,23 m² BGF	26.700,51	201,92	6,8
422	Wärmeverteilnetze	132,23 m² BGF	1.293,02	9,78	0,3
423	Raumheizflächen	132,23 m² BGF	5.312,73	40,18	1,4
424	Verkehrsheizflächen	–	–	–	–
429	Sonstiges zur KG 420	–	–	–	–
430	**Raumlufttechnische Anlagen**	**132,23 m² BGF**	**621,34**	**4,70**	**0,2**
431	Lüftungsanlagen	132,23 m² BGF	621,34	4,70	0,2
432	Teilklimaanlagen	–	–	–	–
433	Klimaanlagen	–	–	–	–
434	Kälteanlagen	–	–	–	–
439	Sonstiges zur KG 430	–	–	–	–
440	**Elektrische Anlagen**	**132,23 m² BGF**	**43.632,61**	**329,98**	**11,1**
441	Hoch- und Mittelspannungsanlagen	–	–	–	–
442	Eigenstromversorgungsanlagen	132,23 m² BGF	8.741,69	66,11	2,2
443	Niederspannungsschaltanlagen	–	–	–	–
444	Niederspannungsinstallationsanlagen	132,23 m² BGF	24.815,26	187,67	6,3
445	Beleuchtungsanlagen	132,23 m² BGF	7.330,19	55,44	1,9
446	Blitzschutz- und Erdungsanlagen	132,23 m² BGF	2.745,47	20,76	0,7
447	Fahrleitungssysteme	–	–	–	–
449	Sonstiges zur KG 440	–	–	–	–
450	**Kommunikationstechnische Anlagen**	**132,23 m² BGF**	**4.960,36**	**37,51**	**1,3**
451	Telekommunikationsanlagen	–	–	–	–
452	Such- und Signalanlagen	132,23 m² BGF	402,32	3,04	0,1
453	Zeitdienstanlagen	–	–	–	–
454	Elektroakustische Anlagen	–	–	–	–
455	Audiovisuelle Medien- u. Antennenanl.	132,23 m² BGF	3.286,50	24,85	0,8
456	Gefahrenmelde- und Alarmanlagen	132,23 m² BGF	225,31	1,70	< 0,1
457	Datenübertragungsnetze	132,23 m² BGF	1.046,22	7,91	0,3
458	Verkehrsbeeinflussungsanlagen	–	–	–	–
459	Sonstiges zur KG 450	–	–	–	–
460	**Förderanlagen**	**–**	**–**	**–**	**–**
461	Aufzugsanlagen	–	–	–	–
462	Fahrtreppen, Fahrsteige	–	–	–	–
463	Befahranlagen	–	–	–	–
464	Transportanlagen	–	–	–	–
465	Krananlagen	–	–	–	–
466	Hydraulikanlagen	–	–	–	–
469	Sonstiges zur KG 460	–	–	–	–
470	**Nutzungsspez. u. verfahrenstechn. Anl.**	**–**	**–**	**–**	**–**
480	**Gebäude- und Anlagenautomation**	**–**	**–**	**–**	**–**
490	**Sonst. Maßnahmen für techn. Anlagen**	**–**	**–**	**–**	**–**

Kostenkennwerte für die Kostengruppen der 3. Ebene DIN 276

KG	Kostengruppe	Menge Einheit	Kosten €	€/Einheit	%
210	**Herrichten**				**100,0**
212	**Abbruchmaßnahmen**	4.316,00 m²GF	33.436	**7,75**	98,0
	Abbruch von Wohnhaus (411m³), Gartenhaus (43m³), Dachdeckung (273m²), Betonplatten (80m²); Entsorgung, Deponiegebühren				
214	**Herrichten der Geländeoberfläche**	4.316,00 m²GF	689	**0,16**	2,0
	Erdtank verfüllen (3m³), Bäume fällen, Wurzelstöcke roden (2St)				
310	**Baugrube / Erdbau**				**100,0**
311	**Herstellung**	99,98 m³BGI	2.918	**29,19**	100,0
	Baugrubenaushub BK 3-5, abfahren (90m³), Rohrgrabenaushub BK 3-5, t bis 1m, lagern, verfüllen (10m³)				
320	**Gründung, Unterbau**				**100,0**
322	**Flachgründungen und Bodenplatten**	126,74 m²	28.204	**222,53**	45,5
	Stb-Fundamentplatte C25/30, WU, d=25cm, Schalung, Bewehrung (127m²), Mehrspartenhausanschluss (1St)				
324	**Gründungsbeläge**	112,78 m²	14.392	**127,61**	23,2
	Bitumenabdichtung (113m²), EPS-Dämmung WLG 040, d=50mm (108m²), XPS-Dämmung WLG 040, d=80mm (5m²), Zement-Heizestrich, d=70-75mm, Trocknungsbeschleuniger (113m²), Linoleum (92m²), Linoleumsockel (53m), Bodenbeschichtung, Sockel (14m²), Abdichtung, Bodenfliesen 60x60cm (5m²)				
325	**Abdichtungen und Bekleidungen**	133,98 m²	16.480	**123,00**	26,6
	Geotextil (210m²), Schaumglasschotter (172m³), PE-Folie (137m²), Bitumendickbeschichtung, Perimeterdämmung WLS 037, d=120mm, Armierung, Sockelputz, Dichtschlämme, Beschichtung, vertikal (7m²)				
326	**Dränagen**	126,74 m²GRF	2.940	**23,19**	4,7
	PVC-Dränrohre DN100, Formstücke (138m)				
330	**Außenwände/Vertikale Baukonstruktionen, außen**				**100,0**
331	**Tragende Außenwände**	119,26 m²	21.662	**181,63**	20,2
	Holzrahmenwände, KVH/BSH 6x16cm, Holzfaserdämmung, d=160mm, innenseitig OSB-Schalung, d=15mm (94m²), Stb-Sockelaufkantung C25/30, d=14cm, h=35cm, Schalung, Bewehrung (25m²)				
332	**Nichttragende Außenwände**	21,48 m²	7.077	**329,47**	6,6
	Massivholzattika, d=16cm, h=40cm (21m²)				
334	**Außenwandöffnungen**	42,67 m²	32.077	**751,74**	29,9
	Holz-Alu-Fenstertüren, Uw=0,8W/m²K, zweiteilig, Drehkipp, Festverglasung (27m²), einteilig, Festverglasung (6m²), Drehkipp (2m²), Holzeingangstüren, U=1,3W/m²K, außenseitig Aluschale (5m²), mit Glasausschnitt (2m²)				

KG	Kostengruppe	Menge Einheit	Kosten €	€/Einheit	%
335	**Außenwandbekleidungen, außen**	156,79 m²	31.937	**203,69**	29,8
	Fassadenbahn, Holzfaserdämmung, d=60mm, Holz-UK, Nut-/Federschalung, Lärche (132m²), in Laibungen (51m), Flüssigkunststoffabdichtung (20m), Bitumendickbeschichtung, Perimeterdämmung WLS 037, d=120mm (19m²), Armierung, Sockelputz, Dichtschlämme, Beschichtung (25m²), in Laibungen (6m)				
336	**Außenwandbekleidungen, innen**	103,93 m²	11.063	**106,45**	10,3
	GK-Installationsebene, doppelt beplankt, Dämmung, d=40mm, Spachtelung Q3 (104m²), in Laibungen (70m), über Fenstern (15m), Dispersions-Silikatbeschichtung (70m²), in Laibungen (52m), Wandfliesen 60x30cm (2m²)				
339	**Sonstiges zur KG 330**	183,41 m² AWF	3.434	**18,73**	3,2
	Ganzglasvordach 1,50x1,00m, VSG, freitragend (1St)				
340	**Innenwände/Vertikale Baukonstruktionen, innen**				**100,0**
341	**Tragende Innenwände**	59,10 m²	6.508	**110,11**	33,3
	Massivholzwände, d=6cm (59m²)				
342	**Nichttragende Innenwände**	18,52 m²	2.057	**111,09**	10,5
	GK-Wände, d=10-15cm, beidseitig doppelt beplankt, Dämmung, d=40mm, Spachtelung Q3 (19m²)				
344	**Innenwandöffnungen**	8,89 m²	2.793	**314,21**	14,3
	Holztüren, Oberfläche lackiert, Umfassungszargen (9m²)				
345	**Innenwandbekleidungen**	118,30 m²	8.200	**69,32**	41,9
	GK-Bekleidung, Spachtelung Q3 (118m²), GK-Vorsatzschale (1m²), GK-Verkofferung (1m²), Dispersions-Silikatbeschichtung (100m²), Abdichtung, Wandfliesen (15m²), Abmauerung Badewanne (1St)				
360	**Dächer**				**100,0**
361	**Dachkonstruktionen**	126,19 m²	23.691	**187,74**	29,6
	Brettsperrholz-Flachdach, d=16cm (126m²)				
363	**Dachbeläge**	132,23 m²	49.757	**376,29**	62,2
	Dampfsperre, PIR-Gefälledämmung WLS 023, d i.M. 164mm (118m²), Linienentwässerungskeile (4St), Bitumenabdichtung, zweilagig (146m²), Schutzvlies, Drän-/Speicherelemente, Extensivsubstrat, Trockensaat (75m²), Kiesrandstreifen 16/32mm, b=50cm (27m²), Ortgangschalung, Attikaabdeckung, Edelstahl (56m), Dachabläufe (2St), Notüberläufe (2St), Fallrohre, Edelstahl (8m), Standrohre (2St)				
364	**Dachbekleidungen**	99,74 m²	6.591	**66,09**	8,2
	GK-Bekleidung, Spachtelung, Dispersions-Silikatbeschichtung (100m²)				
390	**Sonstige Maßnahmen für Baukonstruktionen**				**100,0**
391	**Baustelleneinrichtung**	132,23 m² BGF	16.584	**125,42**	80,7
	Baustelleneinrichtung (psch), Kran (1St), Schnurgerüst (1St), Baustromanschluss (1St), Baustellen-WC (1St), Bauzaun (39m), Zufahrtsrampe, Frostschutzkies (34m²)				

KG	Kostengruppe	Menge Einheit	Kosten €	€/Einheit	%
392	**Gerüste**	132,23 m²BGF	3.210	**24,28**	15,6
	Fassadengerüst, Lastklasse 3 (240m²), Dachfanggerüst (57m)				
397	**Zusätzliche Maßnahmen**	132,23 m²BGF	761	**5,76**	3,7
	Baureinigung von Linoleum (92m²), Fliesen (24m²), Fenstern (41m²), Sanitärobjekten (psch), Türen (5St), Technik-/Abstellraum (14m²)				
410	**Abwasser-, Wasser-, Gasanlagen**				**100,0**
411	**Abwasseranlagen**	132,23 m²BGF	7.530	**56,95**	44,3
	PP-Grundleitungen DN100-150, Formstücke (57m), PP-Schalldämmrohre DN50-100, Formstücke, Rohrdämmung (9m)				
412	**Wasseranlagen**	132,23 m²BGF	8.946	**67,66**	52,6
	Edelstahlrohre DN12-25, Formstücke, Rohrdämmung (40m), Systemtrenner (1St), Zähleranschlussgarnitur (1St), Rückspülfilter (1St), Schrägsitzventile (3St), Mischventil (1St), Tiefspül-WC (1St), Waschtisch mit Möbel (1St), Badewanne (1St), Brausegarnitur (1St), Außenarmatur (1St), Geräteventil (1St)				
419	**Sonstiges zur KG 410**	132,23 m²BGF	523	**3,96**	3,1
	Montageelement für WC (1St)				
420	**Wärmeversorgungsanlagen**				**100,0**
421	**Wärmeerzeugungsanlagen**	132,23 m²BGF	26.701	**201,92**	80,2
	Luft-Wasser-Wärmepumpe, Heizleistung 2,3-6,5kW (1St), Multifunktionsspeicher 830l (1St), Pumpenbaugruppe (1St), Sicherheitsgruppe (1St), Umschaltventil (1St), Luft-Schlammabscheider (1St)				
422	**Wärmeverteilnetze**	132,23 m²BGF	1.293	**9,78**	3,9
	Stahlrohre DN12-25, Formstücke, Rohrdämmung (37m), Strangabsperrventil (1St), Kugelhahn (1St)				
423	**Raumheizflächen**	132,23 m²BGF	5.313	**40,18**	16,0
	Fußbodenheizung, Tackersystem, PS-Dämmung WLS 045, d=30-35mm (108m²), PE-X-Rohre 17x2mm (800m), Edelstahlverteiler, elf Heizkreise, Verteilerschrank (1St), Stellantriebe (8St), Kugelhahn (1St)				
430	**Raumlufttechnische Anlagen**				**100,0**
431	**Lüftungsanlagen**	132,23 m²BGF	621	**4,70**	100,0
	Einzelraumlüfter 100m³/h, Außenwandhülse (1St)				
440	**Elektrische Anlagen**				**100,0**
442	**Eigenstromversorgungsanlagen**	132,23 m²BGF	8.742	**66,11**	20,0
	Photovoltaikanlage 4,05kWp, ballastiert, zwölf Module (20m²), Wechselrichter (1St), Solarkabel (200m)				
444	**Niederspannungsinstallationsanlagen**	132,23 m²BGF	24.815	**187,67**	56,9
	Zählerkasten (1St), Unterverteiler (1St), FI-LS-Kombischalter (2St), LS-Schalter (2St), Zeitschalter (1St), Flachbandkabel (197m), Mantelleitungen NYM (77m), Solarkabel (44m), Leerrohre (33m), Kabelkanal (4m), Steckdosen (36St), Bodendose (1St), Dimmer (9St), Schalter (6St), Raumthermostate (5St), Bewegungsmelder (1St)				

KG	Kostengruppe	Menge Einheit	Kosten €	€/Einheit	%
445	**Beleuchtungsanlagen**	132,23 m²BGF	7.330	**55,44**	16,8
	LED-Lichtbänder (50m), Aluprofile, l=2,50-4,40m (12St), Schaltnetzteile (8St), Außenwandleuchten (5St), Feuchtraum-Wannenleuchten (3St)				
446	**Blitzschutz- und Erdungsanlagen**	132,23 m²BGF	2.745	**20,76**	6,3
	Fundamenterder V4A (66m), verzinkt (60m), Verbinder (36St), Erdungsschiene (1St), Anschlussfahne (1St), Mantelleitungen NYM (16m)				
450	**Kommunikations-, sicherheits- und informationstechnische Anlagen**				**100,0**
452	**Such- und Signalanlagen**	132,23 m²BGF	402	**3,04**	8,1
	Klingeltaster, Sprechstelle (1St), Rufgenerator (1St), Funkmodul (1St)				
455	**Audiovisuelle Medien- u. Antennenanl.**	132,23 m²BGF	3.287	**24,85**	66,3
	Sat-Anlage (1St), Antennenanschlussdosen (5St)				
456	**Gefahrenmelde- und Alarmanlagen**	132,23 m²BGF	225	**1,70**	4,5
	Rauchmelder (5St)				
457	**Datenübertragungsnetze**	132,23 m²BGF	1.046	**7,91**	21,1
	Patchfeld (1St), Datenanschlussdosen (6St)				
550	**Technische Anlagen**				**100,0**
551	**Abwasseranlagen**	1.125,00 m²AF	2.254	**2,00**	36,7
	Beton-Absetzschacht DN1.000, t=3,25m, Schachtabdeckung (1St)				
556	**Elektrische Anlagen**	1.125,00 m²AF	3.890	**3,46**	63,3
	Sprechanlage, Türstation (psch), Ladestation 11kW (1St), Außenkabel (52m), Kabelschutzrohre DN50 (50m)				

Kostenkennwerte für Leistungsbereiche nach STLB (Kosten des Bauwerks nach DIN 276)

LB	Leistungsbereiche	Kosten €	€/m² BGF	€/m³ BRI	% an 3+4
000	Baustellen-, Sicherheitseinr. inkl. 001, 089	19.795	149,70	45,40	5,1
002	Erdarbeiten	4.950	37,40	11,30	1,3
006	Spezialtiefbauarbeiten inkl. 005	–	–	–	–
009	Entwässerungskanalarbeiten inkl. 011	5.582	42,20	12,80	1,4
010	Drän- und Versickerarbeiten	2.940	22,20	6,70	0,8
012	Mauerarbeiten	–	–	–	–
013	Betonarbeiten	44.625	337,50	102,30	11,4
014	Natur-, Betonwerksteinarbeiten	–	–	–	–
016	Zimmer- und Holzbauarbeiten	76.336	577,30	174,90	19,5
017	Stahlbauarbeiten	–	–	–	–
018	Abdichtungsarbeiten	6.488	49,10	14,90	1,7
019	Kampfmittelräumarbeiten	–	–	–	–
020	Dachdeckungsarbeiten	–	–	–	–
021	Dachabdichtungsarbeiten	45.626	345,10	104,60	11,6
022	Klempnerarbeiten	4.131	31,20	9,50	1,1
	Rohbau	**210.472**	**1.591,70**	**482,40**	**53,7**
023	Putz- und Stuckarbeiten, Wärmedämmsysteme	6.349	48,00	14,50	1,6
024	Fliesen- und Plattenarbeiten	4.329	32,70	9,90	1,1
025	Estricharbeiten	4.665	35,30	10,70	1,2
026	Fenster, Außentüren inkl. 029, 032	35.511	268,60	81,40	9,1
027	Tischlerarbeiten	2.793	21,10	6,40	0,7
028	Parkett-, Holzpflasterarbeiten	–	–	–	–
030	Rollladenarbeiten	–	–	–	–
031	Metallbauarbeiten inkl. 035	–	–	–	–
034	Maler- und Lackiererarb. - Beschicht. inkl. 037	3.703	28,00	8,50	0,9
036	Bodenbelagarbeiten	6.931	52,40	15,90	1,8
038	Vorgehängte hinterlüftete Fassaden	–	–	–	–
039	Trockenbauarbeiten	22.404	169,40	51,30	5,7
	Ausbau	**86.686**	**655,60**	**198,70**	**22,1**
040	Wärmeversorgungsanl. - Betriebseinr. inkl. 041	33.168	250,80	76,00	8,5
042	Gas- u. Wasseranl. - Leitung., Armat. inkl. 043	5.711	43,20	13,10	1,5
044	Abwasseranl. - Leitungen, Abläufe, Armaturen	1.948	14,70	4,50	0,5
045	Gas, Wasser, Entwässerung - Ausstattung inkl. 046	3.130	23,70	7,20	0,8
047	Dämm- und Brandschutzarb. an techn. Anlagen	767	5,80	1,80	0,2
049	Feuerlöschanlagen, Feuerlöschgeräte	–	–	–	–
050	Blitzschutz-/Erdungsanlagen, Überspannungssch.	2.745	20,80	6,30	0,7
053	Niederspannungsanl. - Kabel inkl. 052, 054	33.557	253,80	76,90	8,6
055	Sicherheits- u. Ersatzstromversorgungsanl.	–	–	–	–
057	Gebäudesystemtechnik	–	–	–	–
058	Leuchten und Lampen inkl. 059	7.330	55,40	16,80	1,9
060	Such, Signal, Zeit, Anten., akust. Anl. inkl. 064	3.689	27,90	8,50	0,9
061	Kommunikations- u. Übertragungsnetze inkl. 063	1.272	9,60	2,90	0,3
069	Aufzüge	–	–	–	–
070	Gebäudeautomation	–	–	–	–
075	Raumlufttechnische Anlagen inkl. 078	621	4,70	1,40	0,2
	Gebäudetechnik	**93.938**	**710,40**	**215,30**	**24,0**
084	Abbruch, Rückbau, Schadstoffsanierung	–	–	–	–
	Abbrucharbeiten	**–**	**–**	**–**	**–**
	Sonstige Leistungsbereiche	**761**	**5,80**	**1,70**	**0,2**

6100-1682
Wohn- und
Geschäftshaus
(3 WE, 20 AP)

Kostenkennwerte für die Kosten des Bauwerks (Kostengruppen 300+400 nach DIN 276)

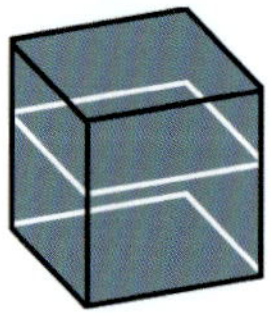

BRI 806 €/m³

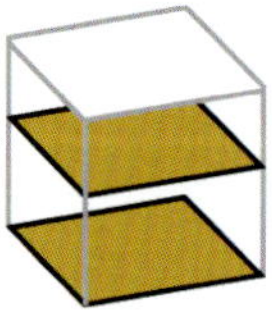

BGF 2.419 €/m²

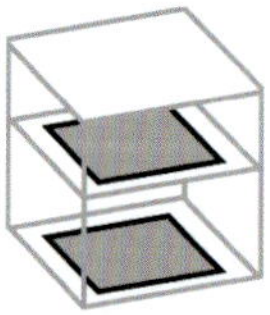

NUF 3.935 €/m²

Objekt:
Kennwerte: 1.Ebene DIN 276
BRI: 3.291 m³
BGF: 1.097 m²
NUF: 674 m²
Bauzeit: 78 Wochen
Bauende: 2023
Standard: hoch
Bundesland: Rheinland-Pfalz
Kreis: Kaiserslautern, Stadt

Architekt*in:
.pg1 Architekten BDA
Rudolf-Breitscheid-Straße 43
67655 Kaiserslautern

© Michael Heinrich

Ansicht Ost

Ansicht West

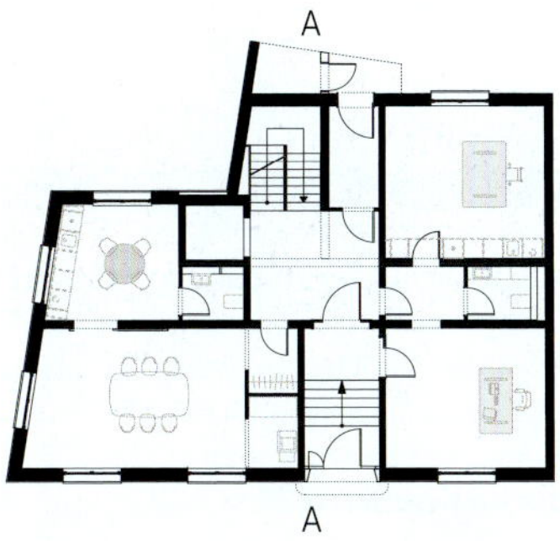

Erdgeschoss

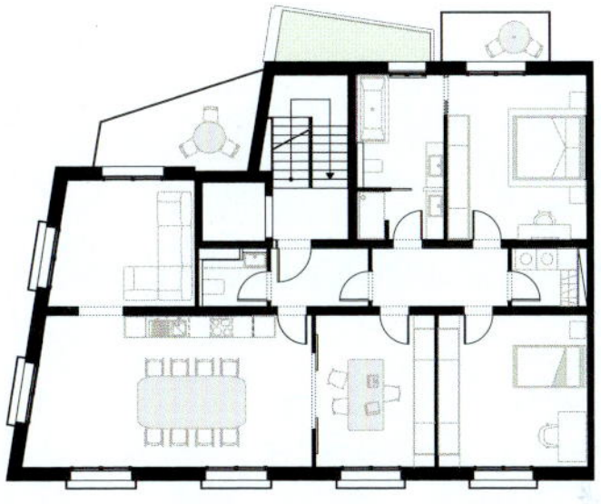

2. Obergeschoss

Ansicht Süd

Schnitt A-A

Objektbeschreibung

Allgemeine Objektinformationen

Der Neubau des Wohn- und Geschäftshauses in innerstädtischer Lage befindet sich in gründerzeitlichem Bestand. Bei der Bebauung der herausfordernden Ecksituation wurden die historischen Achsen und die umgebenden historischen Bestandsgebäude präzise berücksichtigt.

Nutzung

1 Untergeschoss
Abstellräume, Technik, Waschküche, Flur, Treppenhaus, Aufzug

1 Erdgeschoss
Büroräume, WC, Eingang, Diele, Treppenhaus, Aufzug

2 Obergeschosse
1.OG: Büroräume, WC, Eingang, Diele, Treppenhaus, Aufzug
2.-4.OG: Wohnküchen, Wohnzimmer, Schlafzimmer, Bäder, WCs, HWR, Loggien, Balkone, Flure, Treppenhaus, Aufzug

1 Dachgeschoss
Dachterrasse

Nutzeinheiten

Arbeitsplätze: 20
Bürofläche: 295 m^2
Wohneinheiten: 3
Wohnfläche: 394 m^2

Grundstück

Bauraum: Baulücke
Neigung: Ebenes Gelände
Bodenklasse: BK 3 bis BK 6

Markt

Hauptvergabezeit: 3. Quartal 2021
Baubeginn: 4. Quartal 2021
Bauende: 2. Quartal 2023
Konjunkturelle Gesamtlage: über Durchschnitt
Regionaler Baumarkt: Durchschnitt

Baukonstruktion

Der monolithischer Massivbau aus Bimssteinen gründet auf einer Stahlbetonbodenplatte und Stahlbeton-Streifenfundamenten. Die Stahlbetondecken sind mit Betonkernaktivierung ausgestattet. In die Putzfassaden wurden Holzfenster mit Dreifachverglasung eingebaut. Die Holzfenster und die faltbaren Klappläden verleihen dem Gebäude einen besonderen Charme und ermöglichen den Bewohnern eine individuelle Gestaltung des Lichteinfalls. Alle bodentiefen Fenster sind mit französischen Balkonen ausgestattet. Das Stahlbeton-Flachdach wurde begrünt und das Satteldach mit Stehfalz-Zinkblech eingedeckt. Die Böden wurden mit Wasserglas geschliffen oder mit Bodenfliesen belegt.

Technische Anlagen

Das Gebäude wird mit einer Luftwärmepumpe in Kombination mit Fernwärme beheizt und gekühlt, wobei die effiziente Verteilung der Heizung in den Betondecken für eine optimale Wärmeausnutzung sorgt. Das Gebäude ist mit einem Personenaufzug ausgestattet.

Sonstiges

Die Grundrisse sind so flexibel ausgelegt, dass auf den jeweiligen Nutzungsbedarf,- gleich ob Gewerbe- oder Wohnnutzung, auch nachträglich reagiert werden kann. Das Gebäude erfüllt den KfW 55-Standard nach EnEV 2016.

Energetische Kennwerte

Gesetzliche Grundlage: EnEV 2013
Gebäudenutzfläche: 470,00 m^2
Gebäudevolumen: 1.470,00 m^3
A/V_e-Verhältnis (Kompaktheit): 0,37 m^{-1}
Hüllfläche des beheizten Volumens: 545,20 m^2
Spez. Transmissionswärmeverlust: 0,33 $W/(m^2 \cdot K)$
Spez. Jahresprimärenergiebedarf: 26,40 $kWh/(m^2 \cdot a)$
Spez. Jahresheizwärmebedarf: 24,00 $kWh/(m^2 \cdot a)$
Anlagenaufwandszahl: 0,78

Energetische Angaben zu Außenbauteilen

Außenwand

U-Wert: 0,21 W/(m2·K)

Gesamtdicke: 39,00 cm	d [cm]	λ [W/(m·K)]
Innenputz	1,00	50,000
Porenbeton	36,50	0,080
Außenputz	1,50	0,870

Dach

U-Wert: 0,12 W/(m2·K)

Gesamtdicke: 48,70 cm	d [cm]	λ [W/(m·K)]
Stahlbeton	20,00	2,500
Bitumenbahn	0,50	0,170
Dämmung	28,00	0,035
Dachdichtungsbahn	0,20	50,000

Planungskennwerte für Flächen und Rauminhalte nach DIN 277

Flächen des Grundstücks		Menge Einheit	% an GF
BF	Bebaute Fläche	184,50 m²	65,9
UF	Unbebaute Fläche	95,50 m²	34,1
GF	Grundstücksfläche	280,00 m²	100,0

Grundflächen des Bauwerks		Menge Einheit	% an NUF	% an BGF
NUF	Nutzungsfläche	674,30 m²	100,0	61,5
TF	Technikfläche	40,70 m²	6,0	3,7
VF	Verkehrsfläche	161,90 m²	24,0	14,8
NRF	Netto-Raumfläche	876,90 m²	130,0	79,9
KGF	Konstruktions-Grundfläche	220,00 m²	32,6	20,1
BGF	Brutto-Grundfläche	1.096,90 m²	162,7	100,0

Brutto-Rauminhalt des Bauwerks		Menge Einheit	BRI/NUF (m)	BRI/BGF (m)
BRI	Brutto-Rauminhalt	3.290,85 m³	4,88	3,00

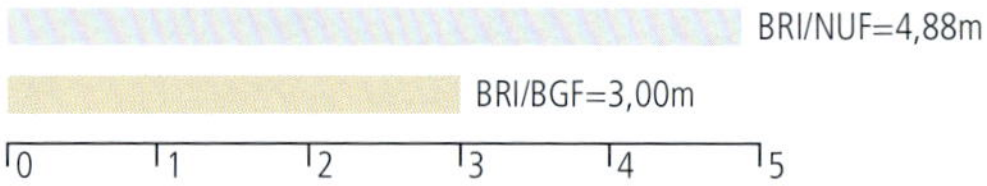

Kostenkennwerte für die Kostengruppen der 1.Ebene DIN 276

KG	Kostengruppen (1.Ebene)	Einheit	Kosten €	€/Einheit	€/m²BGF	€/m³BRI	%300+400
100	Grundstück	m²GF	–	–	–	–	–
200	Vorbereitende Maßnahmen	m²GF	6.138	21,92	5,60	1,87	0,2
300	Bauwerk – Baukonstruktionen	m²BGF	2.121.764	1.934,33	1.934,33	644,75	80,0
400	Bauwerk – Technische Anlagen	m²BGF	531.880	484,89	484,89	161,62	20,0
	Bauwerk 300+400	**m²BGF**	**2.653.643**	**2.419,22**	**2.419,22**	**806,37**	**100,0**
500	Außenanlagen und Freiflächen	m²AF	–	–	–	–	–
600	Ausstattung und Kunstwerke	m²BGF	–	–	–	–	–
700	Baunebenkosten	m²BGF	–	–	–	–	–
800	Finanzierung	m²BGF	–	–	–	–	–

KG	Kostengruppe	Menge Einheit	Kosten €	€/Einheit	%
200	**Vorbereitende Maßnahmen**	280,00 m²GF	6.138	**21,92**	0,2

Rückbau von Holzkiosk für den Wiederaufbau

KG	Kostengruppe	Menge Einheit	Kosten €	€/Einheit	%
3+4	**Bauwerk**				**100,0**
300	**Bauwerk – Baukonstruktionen**	1.096,90 m²BGF	2.121.764	**1.934,33**	80,0

Erdaushub; Streifenfundamente, Stb-Bodenplatte, Abdichtung, Dämmung, Estrich, Beschichtung; Stb-Wände, Sichtbeton, Bimsmauerwerk, Stahltüren, Holzfenster, Dreifachverglasung, Außenputz, Beschichtung, Kalkputz, Beschichtung, Alu-Faltklappläden; Stb-Wände, KS-Sichtmauerwerk, GK-Wände, Bimsmauerwerk, Holztüren, Kalkputz, Beschichtung, Wandfliesen; Stb-Decken mit Bauteilaktivierung, Stb-Elementdecken, Stb-Treppen, Dämmung, Estrich, Wasserglas geschliffener Estrich, Bodenfliesen, Metall-Treppengeländer, französische Balkone mit verzinkten Geländern; Stb-Flachdach, Satteldach in Holzkonstruktion, Zwischensparrendämmung, Zink-Stehfalzeindeckung, Dämmung, extensive Dachbegrünung, Dachentwässerung; Einbauküchen

KG	Kostengruppe	Menge Einheit	Kosten €	€/Einheit	%
400	**Bauwerk – Technische Anlagen**	1.096,90 m²BGF	531.880	**484,89**	20,0

Gebäudeentwässerung, Kalt- und Warmwasserleitungen, Sanitärobjekte; Luftwärmepumpe in Kombination mit Fernwärme zur Heizung/Kühlung, Betonkernaktivierung in Decken; Abluftanlage in Sanitärbereichen; Elektroinstallation, LED-Beleuchtung; Videosprechanlage, Rauchmelder, Netzwerkverkabelung; Personenaufzug

6100-1687
Wohnheim
(27 WE, 31 Betten)

Kostenkennwerte für die Kosten des Bauwerks (Kostengruppen 300+400 nach DIN 276)

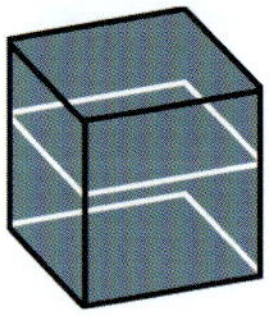

BRI 369 €/m³

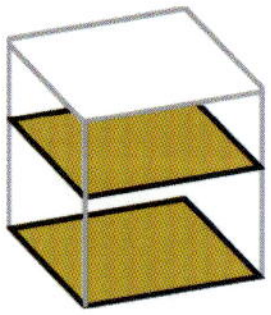

BGF 2.270 €/m²

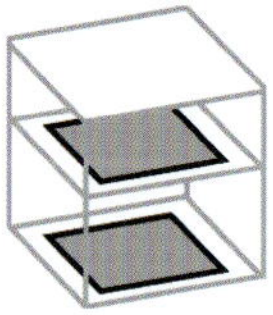

NUF 3.505 €/m²

Objekt:
Kennwerte: 1. Ebene DIN 276
BRI: 13.942 m³
BGF: 2.268 m²
NUF: 1.469 m²
Bauzeit: 96 Wochen
Bauende: 2022
Standard: mittel
Bundesland: Brandenburg
Kreis: Dahme-Spreewald

Architekt*in:
Fountis Jeschonnek
Gesellschaft von
Architekten mbH
Görzallee 299
14167 Berlin

Bauherr*in:
Hoffnungstaler Stiftung
Lobetal
Bodelschwingstraße 27
16321 Bernau

Ansicht Nord

Ansicht Ost

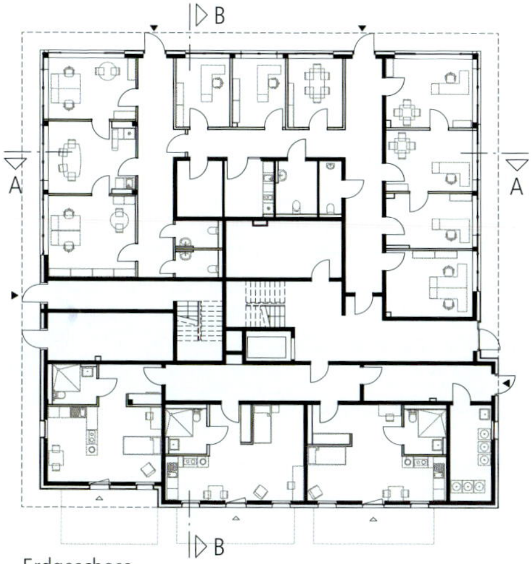

Erdgeschoss

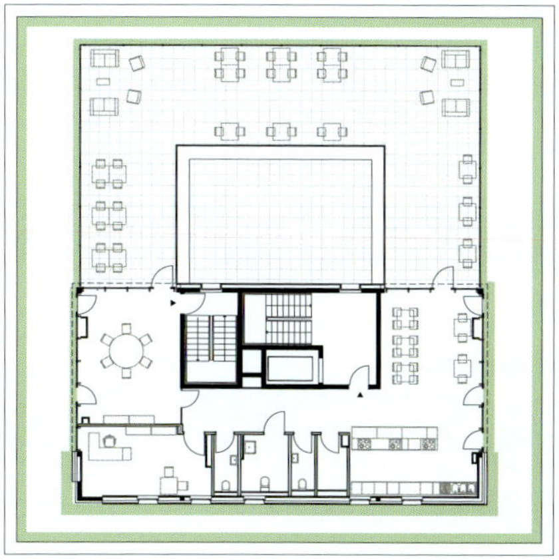

Dachgeschoss

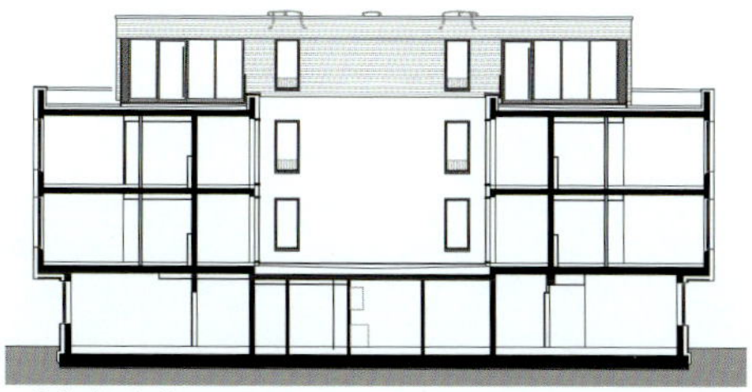

Schnitt A-A

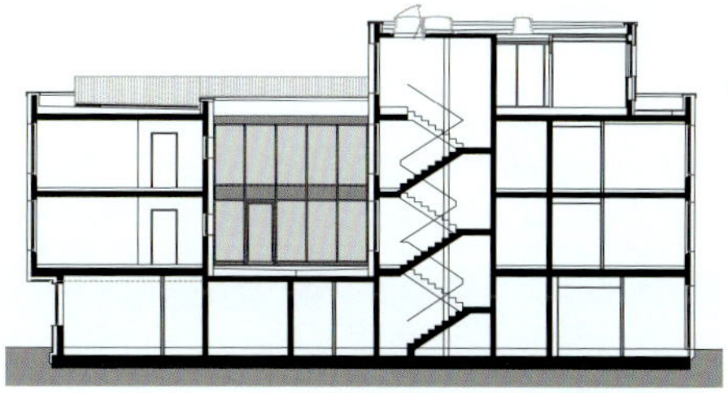

Schnitt B-B

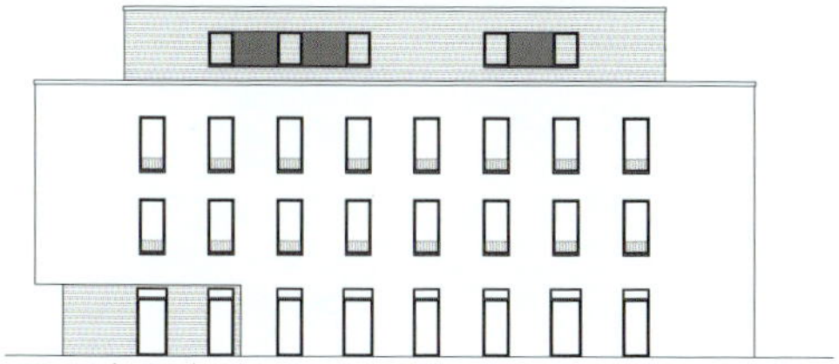

Ansicht Süd

Ansicht West

6100-1687
Wohnheim
(27 WE, 31 Betten)

Objektbeschreibung

Allgemeine Objektinformationen

In dem viergeschossigen Gebäude entstanden 27 Wohnungen für 31 Menschen mit seelischer Behinderung, davon sind drei Wohnungen rollstuhlgerecht ausgestattet. Um ein Atrium im Zentrum des Gebäudes sind die Appartements der Bewohner angeordnet. Im EG befinden sich Verwaltungsräume für die ambulante und psychologische Betreuung der Bewohner.

Nutzung

1 Erdgeschoss
Foyer, Appartements mit Bädern, Pantryküchen (3St), Verwaltungsräume, Besprechungsräume, Sanitärräume, Teeküche, Archiv, Abstellräume, Waschmaschinenraum, Technik, Flure, Treppenhäuser, Aufzug

2 Obergeschosse
Appartements mit Bädern, Pantryküchen (14St), Personalräume, Flure, Treppenhäuser, Aufzug, Innenhof

1 Dachgeschoss
Gemeinschaftsraum mit Küche, WCs, Büro, Besprechung, Lagerraum, Treppenhäuser, Aufzug, Dachterrasse

Nutzeinheiten

Betten: 31
Wohneinheiten: 27
Wohnfläche: 1.088 m^2

Grundstück

Bauraum: Freier Bauraum
Neigung: Geneigtes Gelände
Bodenklasse: BK 3

Markt

Hauptvergabezeit: 1. Quartal 2020
Baubeginn: 2. Quartal 2020
Bauende: 1. Quartal 2022
Konjunkturelle Gesamtlage: Durchschnitt
Regionaler Baumarkt: Durchschnitt

Baukonstruktion

Der nicht unterkellerte Neubau gründet auf einer Stahlbetonfundamentplatte. Die Außenwände sind im EG massiv in Stahlbeton errichtet, ebenfalls alle Geschossdecken. Die Wände der Obergeschosse sind in Kalksandstein gemauert und mit einem Wärmedämmverbundsystem bekleidet. Die Alufenster erhielten eine Dreifachverglasung und können mit Raffstores verschattet werden. Das Staffelgeschoss in Holzrahmenbauweise ist mit Holzfassade und einem Flachdach aus Leimholzbindern ausgeführt. Die Böden sind mit Vinyl und Bodenfliesen belegt. Auf der Dachterrasse und im Innenhof wurden auf den begehbaren Bereichen Terrassenplatten verlegt. Die Dachflächen sind als Gründach ausgeführt.

Technische Anlagen

Die Wärmeversorgung des Gebäudes erfolgt über ein Fernwärmenetz. Eine Fußbodenheizung verteilt die Wärme im ganzen Haus. Ein Aufzug gewährleistet die vertikale Erschließung. Außerdem verfügt das Wohnhaus über Türsprechanlagen in allen Appartements.

Energetische Kennwerte

Gesetzliche Grundlage: EnEV 2013
Gebäudenutzfläche: 1.836,00 m^2
Gebäudevolumen: 6.498,00 m^3
Hüllfläche des beheizten Volumens: 2.694,00 m^2
Spez. Transmissionswärmeverlust: 0,38 $W/(m^2 \cdot K)$
Spez. Jahresprimärenergiebedarf: 15,70 $kWh/(m^2 \cdot a)$

Energetische Angaben zu Außenbauteilen

Bodenplatte

U-Wert: 0,20 W/(m²·K)

Gesamtdicke: 49,07 cm	d [cm]	λ [W/(m·K)]
Estrich	7,00	1,400
PE-Folie	0,02	0,330
Trittschalldämmung	3,00	0,045
Dämmung	10,00	0,035
Schüttung	9,00	0,080
Bitumenbahn	0,05	0,170
Stahlbeton	20,00	20,000

Außenwand

U-Wert: 0,20 W/(m²·K)

Gesamtdicke: 39,00 cm	d [cm]	λ [W/(m·K)]
Innenputz	1,50	0,700
Stahlbeton	20,00	2,300
Kalksandstein	20,00	1,100
Dämmung	16,00	0,035
Außenputz	1,50	1,000

Decke gegen Außenluft unten

U-Wert: 0,19 W/(m²·K)

Gesamtdicke: 58,52 cm	d [cm]	λ [W/(m·K)]
Estrich	7,00	1,400
PE-Folie	0,02	0,330
Dämmung	3,00	0,045
Dämmung	3,00	0,035
Stahlbeton	32,00	2,500
Dämmung	12,00	0,035
Außenputz	1,50	1,000

Dach Staffelgeschoss (Holzbalken)

U-Wert: 0,17 W/(m²·K)

Gesamtdicke: 22,55 cm	d [cm]	λ [W/(m·K)]
OSB-Platte	1,50	0,130
Bitumenbahn	0,05	0,230
Dämmung	20,00	0,035
Bitumenbahn	1,00	0,170

Außenwand hinterlüftet

U-Wert: 0,16 W/(m²·K)

Gesamtdicke: 33,75 cm	d [cm]	λ [W/(m·K)]
GK-Platte	1,25	0,290
Luftschicht	4,00	1,668
OSB-Platte	2,50	0,130
Holz	20,00	0,130
Dämmung	20,00	0,040
Holzfaserplatte	6,00	0,040

Dach

U-Wert: 0,17 W/(m²·K)

Gesamtdicke: 43,00 cm	d [cm]	λ [W/(m·K)]
Stahlbeton	22,00	2,500
Dämmung	20,00	0,035
Bitumenanstrich	1,00	0,170

Planungskennwerte für Flächen und Rauminhalte nach DIN 277

Flächen des Grundstücks		Menge Einheit	% an GF
BF	Bebaute Fläche	601,73 m²	26,8
UF	Unbebaute Fläche	1.646,27 m²	73,2
GF	Grundstücksfläche	2.248,00 m²	100,0

Grundflächen des Bauwerks		Menge Einheit	% an NUF	% an BGF
NUF	Nutzungsfläche	1.468,72 m²	100,0	64,8
TF	Technikfläche	20,23 m²	1,4	0,9
VF	Verkehrsfläche	443,87 m²	30,2	19,6
NRF	Netto-Raumfläche	1.932,82 m²	131,6	85,2
KGF	Konstruktions-Grundfläche	334,75 m²	22,8	14,8
BGF	Brutto-Grundfläche	2.267,57 m²	154,4	100,0

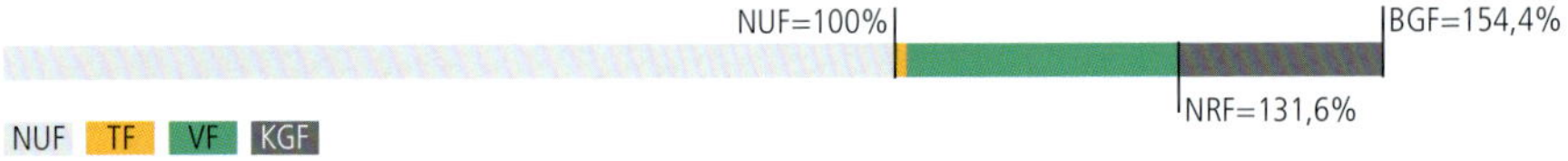

Brutto-Rauminhalt des Bauwerks		Menge Einheit	BRI/NUF (m)	BRI/BGF (m)
BRI	Brutto-Rauminhalt	13.941,93 m³	9,49	6,15

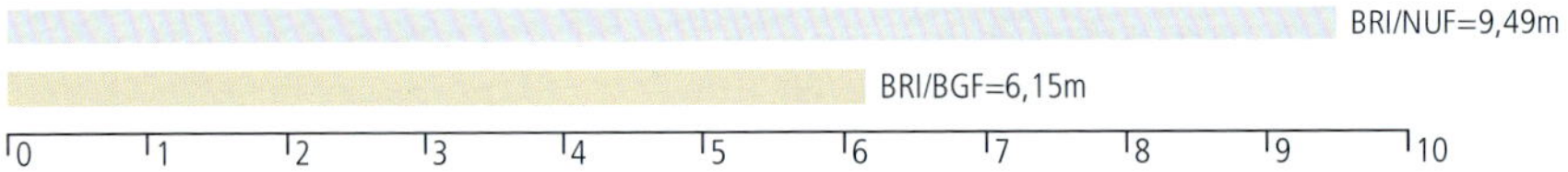

Kostenkennwerte für die Kostengruppen der 1. Ebene DIN 276

KG	Kostengruppen (1. Ebene)	Einheit	Kosten €	€/Einheit	€/m² BGF	€/m³ BRI	% 300+400
100	Grundstück	m² GF	–	–	–	–	–
200	Vorbereitende Maßnahmen	m² GF	–	–	–	–	–
300	Bauwerk – Baukonstruktionen	m² BGF	3.781.092	1.667,46	1.667,46	271,20	73,4
400	Bauwerk – Technische Anlagen	m² BGF	1.366.775	602,75	602,75	98,03	26,6
	Bauwerk 300+400	**m² BGF**	**5.147.866**	**2.270,21**	**2.270,21**	**369,24**	**100,0**
500	Außenanlagen und Freiflächen	m² AF	–	–	–	–	–
600	Ausstattung und Kunstwerke	m² BGF	–	–	–	–	–
700	Baunebenkosten	m² BGF	–	–	–	–	–
800	Finanzierung	m² BGF	–	–	–	–	–

KG	Kostengruppe	Menge Einheit	Kosten €	€/Einheit	%
3+4	**Bauwerk**				**100,0**
300	**Bauwerk – Baukonstruktionen**	2.267,57 m² BGF	3.781.092	**1.667,46**	73,4

Baugrubenaushub; Stb-Fundamentplatte, Abdichtung, Wärmedämmung, Zementestrich, Vinylbelag, Perimeterdämmung; Stb-Wände, KS-Wände, Holzrahmenwände, OSB-Beplankung, Alufenster, Dreifachverglasung, Alu-Eingangselemente, WDVS, Beschichtung, Holzfaserdämmplatten, Holzschalung, GK-Beplankung, Beschichtung, Wandfliesen, Lamellenraffstores; Stb-Wände, KS-Mauerwerk, GK-Wände, Stb-Attika, Holztüren, Brandschutztüren, Glas-Automatiktüren, Putz, Wandfliesen, GK-Beplankung, Beschichtung; Stb-Decken, Stb-Treppen, Dämmung, Heizestrich, Vinylbelag, Bodenfliesen, abgehängte Decken, Beschichtung, Treppengeländer; Stb-Flachdach, Leimholzbinder, Holzdachkonstruktion, Oberlichter, Dämmung, Aufsparrendämmung, Schalung, Abdichtung, Terrassenplatten, Gründach, Dachentwässerung, Geländer

KG	Kostengruppe	Menge Einheit	Kosten €	€/Einheit	%
400	**Bauwerk – Technische Anlagen**	2.267,57 m² BGF	1.366.775	**602,75**	26,6

Gebäudeentwässerung, Kalt- und Warmwasserleitungen, Sanitärobjekte; Fernwärme, Fußbodenheizung, Heizkörper; Elektroinstallation, Beleuchtung; Telekommunikationsanlagen, Türsprechanlagen, Sat-Anlagen, Daten-Übertragungsnetze; Personenaufzug; Küchenausstattung

6100-1688
Mehrgenerationenhaus
(2 WE, 1 GE)

Kostenkennwerte für die Kosten des Bauwerks (Kostengruppen 300+400 nach DIN 276)

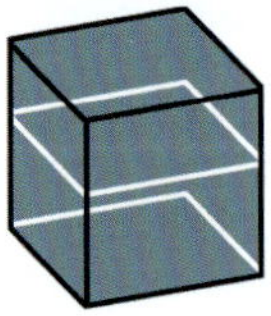

BRI 1.012 €/m^3

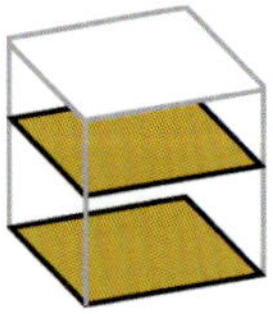

BGF 3.255 €/m^2

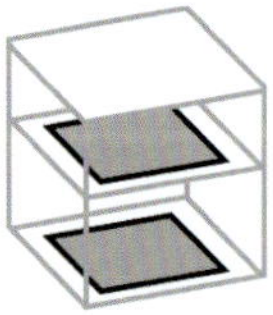

NUF 4.363 €/m^2

Objekt:
Kennwerte: 1. Ebene DIN 276
BRI: 2.620 m^3
BGF: 814 m^2
NUF: 608 m^2
Bauzeit: 76 Wochen
Bauende: 2022
Standard: hoch
Bundesland: Mecklenburg-Vorpommern
Kreis: Rostock, Stadt

Architekt*in:
MZ Architektur
Meier + Zeug
Immenbarg 2
18109 Rostock

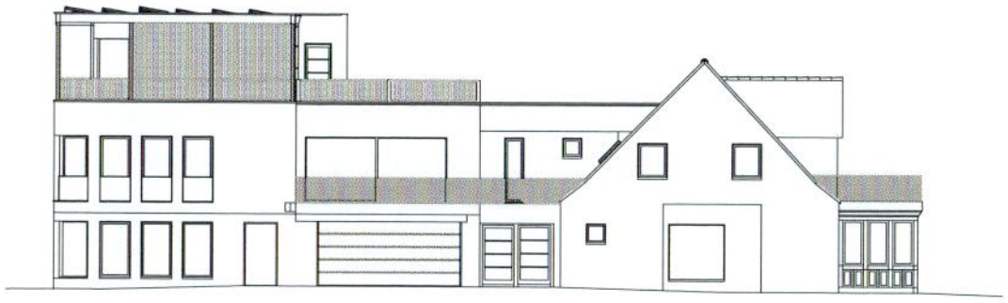

Ansicht West

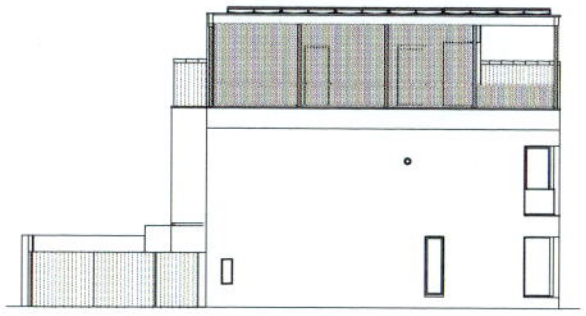

Ansicht Nord

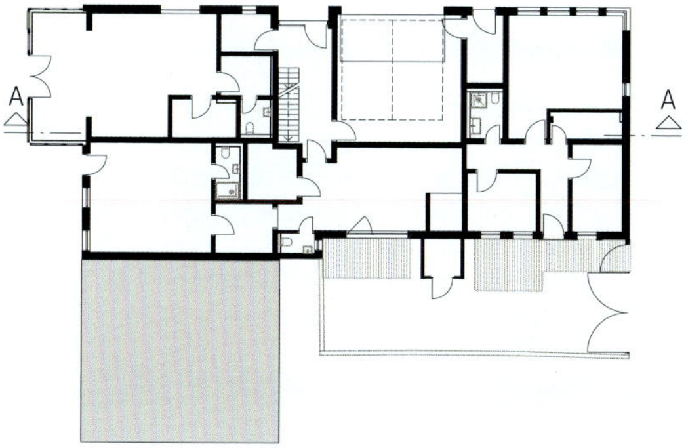

Erdgeschoss

1. Obergeschoss

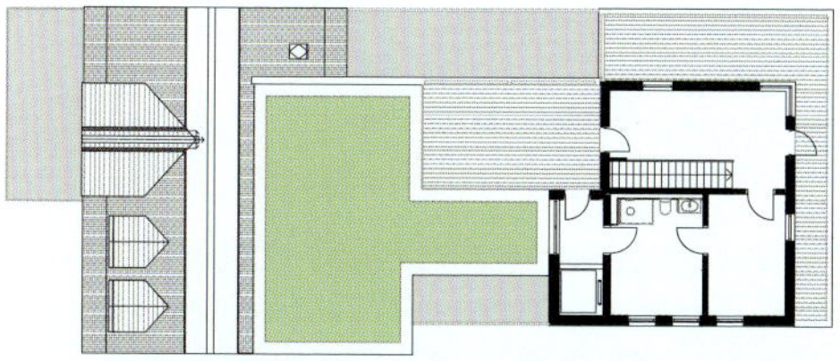

2. Obergeschoss

Schnitt A-A

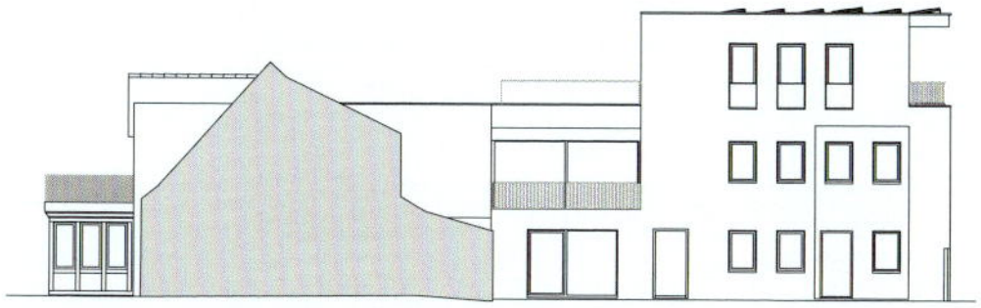

Ansicht Ost

Ansicht Süd

Objektbeschreibung

Allgemeine Objektinformationen

Das Mehrgenerationenhaus enthält eine Hauptwohnung, eine Einliegerwohnung und eine Gewerbeeinheit. Der Ersatzneubau umfasst ein eingeschossiges Vorderhaus mit Satteldach, einen mittleren Gebäudeteil mit Dachterrasse und Gründach und ein dreigeschossiges Flachdachgebäude mit zurückspringendem Staffelgeschoss, von dem ein Gartenhof erschlossen wird.

Nutzung

1 Erdgeschoss
Hauptwohnung: Eingang, Treppe, Entree mit Aufzug, Zimmer, Bad, WC, Abstellräume, Technik, Doppelgarage
Einliegerwohnung: Wohn-/Esszimmer, Schlafzimmer, Küche, Bad, Flur, Terrasse
Gewerbe: Verkaufsraum, WC, Küche, Lager

2 Obergeschosse
Hauptwohnung: Wohn-/Essküche, Schlafräume, Ankleide, Atelier, Bäder, WC, Vorraum Aufzug, Terrassen

Nutzeinheiten

Stellplätze: 3
Verkaufsfläche: 69 m²
Wohneinheiten: 2
Wohnfläche: 450 m²

Grundstück

Bauraum: Beengter Bauraum
Neigung: Ebenes Gelände
Bodenklasse: BK 2 bis BK 6

Markt

Hauptvergabezeit: 1. Quartal 2021
Baubeginn: 3. Quartal 2021
Bauende: 4. Quartal 2022
Konjunkturelle Gesamtlage: Durchschnitt
Regionaler Baumarkt: Durchschnitt

Baukonstruktion

Die Gründung erfolgte auf Stb-Streifenfundamenten und Stb-Bodenplatten. Die Außenwände bestehen aus Kalksandstein mit WDVS und hinterlüfteter Holzbekleidung. Das Staffelgeschoss wurde in Holzrahmenbauweise erstellt. Die Geschossdecken und eine Treppe sind in Stahlbeton ausgeführt, die Treppe im OG ist aus Holz. Die Steildächer und das Flachdach des Hinterhauses wurden als Holzbalkendächer erstellt. Der Laubengang dient der Privatsphäre und besteht aus vertikalen Lärchenholzlamellen. Die Böden sind mit Parkett und Bodenfliesen belegt.

Technische Anlagen

Die Wärmeversorgung erfolgt durch eine Luft-Wärmepumpe. Die Wärme wird im EG über eine Fußbodenheizung verteilt. In den OGs sind Deckenheizungen zum Heizen und Kühlen eingebaut. Auf dem Flachdach ist eine Photovoltaikanlage installiert. Es wurde eine Alarmanlage eingebaut. Ein Aufzug verbindet die Etagen barrierefrei. Das Niveau für das KfW-Effizienzhaus 55 wurde erreicht.

Sonstiges

Zusätzlich zur Dachterrasse befindet sich über dem ersten Geschoss ein ca. 70 m² großes Gründach, welches neben den optischen Vorteilen auch Regenwasser zurückhält, verschmutzte Luft filtert, Strahlung absorbiert und somit zur Verbesserung des Stadtklimas beiträgt.

Energetische Kennwerte

Gesetzliche Grundlage: EnEV 2013
Gebäudenutzfläche: 541,00 m²
Gebäudevolumen: 1.948,00 m³
Hüllfläche des beheizten Volumens: 1.138,00 m²
Spez. Transmissionswärmeverlust: 0,28 W/(m²·K)
Spez. Jahresprimärenergiebedarf: 53,10 kWh/(m²·a)

Energetische Angaben zu Außenbauteilen

Bodenplatte

U-Wert: 0,14 W/(m²·K)

Gesamtdicke: 51,02 cm	d [cm]	λ [W/(m·K)]
Estrich	7,00	1,400
Dampfsperre	0,02	0,330
Trittschalldämmung	3,00	0,040
Dämmung	3,00	0,035
Dämmung	12,00	0,023
Abdichtung	1,00	0,170
Stahlbeton	25,00	2,300

Außenwand Massiv EG

U-Wert: 0,18 W/(m²·K)

Gesamtdicke: 44,00 cm	d [cm]	λ [W/(m·K)]
Innenputz	1,00	0,700
Kalksandstein	24,00	1,100
Dämmung	18,00	0,035
Außenputz	1,00	1,000

Außenwand Kalksandstein

U-Wert: 0,18 W/(m²·K)

Gesamtdicke: 37,50 cm	d [cm]	λ [W/(m·K)]
Innenputz	1,00	0,700
Kalksandstein	17,50	1,100
Dämmung	18,00	0,035
Außenputz	1,00	1,000

Dachterrasse

U-Wert: 0,13 W/(m²·K)

Gesamtdicke: 44,02 cm	d [cm]	λ [W/(m·K)]
Stahlbeton	26,00	2,300
Dampfbremse	0,02	0,330
Dämmung	17,00	0,023
Abdichtung	1,00	0,170

Außenwand Holzbau

U-Wert: 0,14 W/(m²·K)

Gesamtdicke: 33,60 cm	d [cm]	λ [W/(m·K)]
GK-Platte	2,50	0,250
Holz	6,00	0,130
Dämmung	6,00	0,038
OSB-Platte	1,60	0,130
Holz	20,00	0,130
Dämmung	20,00	0,035
Dämmung	3,50	0,047

Außenwand Gaube

U-Wert: 0,14 W/(m²·K)

Gesamtdicke: 32,50 cm	d [cm]	λ [W/(m·K)]
OSB-Platte	1,50	0,130
Holz	6,00	0,130
Dämmung	6,00	0,038
OSB-Platte	1,50	0,130
Holz	20,00	0,130
Dämmung	20,00	0,035
Holzfaserplatte	3,50	0,047

Decke Gauben

U-Wert: 0,19 W/(m²·K)

Gesamtdicke: 27,52 cm	d [cm]	λ [W/(m·K)]
GK-Platte	2,50	0,250
Holz	3,00	0,130
Luftschicht ruhend	3,00	0,313
Dampfbremse	0,02	0,330
Holz	22,00	0,130
Dämmung	22,00	0,035

Dach

U-Wert: 0,19 W/(m²·K)

Gesamtdicke: 27,52 cm	d [cm]	λ [W/(m·K)]
GK-Platte	2,50	0,250
Holz	3,00	0,130
Luftschicht ruhend	3,00	0,313
Dampfbremse	0,02	0,330
Holz	22,00	0,130
Dämmung	22,00	0,035

Planungskennwerte für Flächen und Rauminhalte nach DIN 277

Flächen des Grundstücks		Menge Einheit	% an GF
BF	Bebaute Fläche	365,30 m^2	79,6
UF	Unbebaute Fläche	93,35 m^2	20,4
GF	Grundstücksfläche	458,65 m^2	100,0

Grundflächen des Bauwerks		Menge Einheit	% an NUF	% an BGF
NUF	Nutzungsfläche	607,63 m^2	100,0	74,6
TF	Technikfläche	12,28 m^2	2,0	1,5
VF	Verkehrsfläche	71,61 m^2	11,8	8,8
NRF	Netto-Raumfläche	691,52 m^2	113,8	84,9
KGF	Konstruktions-Grundfläche	122,83 m^2	20,2	15,1
BGF	Brutto-Grundfläche	814,35 m^2	134,0	100,0

Brutto-Rauminhalt des Bauwerks		Menge Einheit	BRI/NUF (m)	BRI/BGF (m)
BRI	Brutto-Rauminhalt	2.620,00 m^3	4,31	3,22

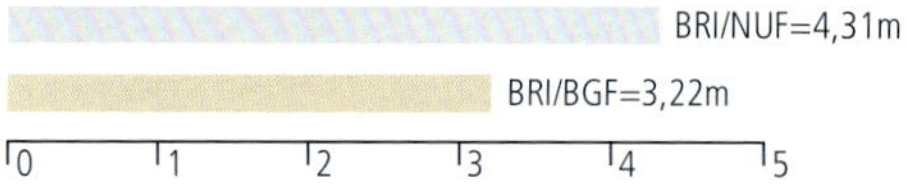

Kostenkennwerte für die Kostengruppen der 1. Ebene DIN 276

KG	Kostengruppen (1. Ebene)	Einheit	Kosten €	€/Einheit	€/m² BGF	€/m³ BRI	% 300+400
100	Grundstück	m² GF	–	–	–	–	–
200	Vorbereitende Maßnahmen	m² GF	–	–	–	–	–
300	Bauwerk – Baukonstruktionen	m² BGF	1.987.720	2.440,87	2.440,87	758,67	75,0
400	Bauwerk – Technische Anlagen	m² BGF	663.158	814,34	814,34	253,11	25,0
	Bauwerk 300+400	**m² BGF**	**2.650.878**	**3.255,21**	**3.255,21**	**1.011,79**	**100,0**
500	Außenanlagen und Freiflächen	m² AF	–	–	–	–	–
600	Ausstattung und Kunstwerke	m² BGF	–	–	–	–	–
700	Baunebenkosten	m² BGF	–	–	–	–	–
800	Finanzierung	m² BGF	–	–	–	–	–

KG	Kostengruppe	Menge Einheit	Kosten €	€/Einheit	%
3+4	**Bauwerk**				**100,0**
300	**Bauwerk – Baukonstruktionen**	814,35 m² BGF	1.987.720	**2.440,87**	75,0

Baugrubenaushub; Stb-Streifenfundamente; Stb-Bodenplatten, Abdichtung, Dämmung, Heizestrich, Parkett, Bodenfliesen, Perimeterdämmung, Sauberkeitsschicht; Mauerwerkswände, Holzrahmenwände im OG, Kunststofffenster, Dreifachverglasung, Eingangstüren, Garagentor, WDVS, hinterlüftete Holzfassade, Eternitbekleidung, Innenputz, GK-Bekleidung, Wandfliesen, Beschichtung; KS-Mauerwerk, GK-Wände, Holztüren, Innenputz, Beschichtung, Wandfliesen; Stb-Decken, Stb-Treppen, Dämmung, Heizestrich, Parkett, Bodenfliesen, abgehängte GK-Decken, Beschichtung, Treppengeländer, Terrassengeländer; Stb-Flachdach, Holzbalken-Flachdach, Holzsparrendach, OSB-Platten, Dämmung, Gefälledämmung, Abdichtung, Dachbegrünung, Terrassendielen, Dachentwässerung, abgehängte GK-Decke

KG	Kostengruppe	Menge Einheit	Kosten €	€/Einheit	%
400	**Bauwerk – Technische Anlagen**	814,35 m² BGF	663.158	**814,34**	25,0

Gebäudeentwässerung, Kalt- und Warmwasserleitungen, Durchlauferhitzer, Sanitärobjekte; Luft-Wasser-Wärmepumpen, Pufferspeicher, Fußbodenheizung; Einzelraumlüfter; PV-Anlagen, Elektroinstallation, Beleuchtung, Blitzschutzanlagen; Datenübertragungsanlage, Fernseh- und Antennenanlagen, Rauchmelder; Personenaufzug

6100-1689
Wohn- und
Geschäftshaus
(9 WE, 1 GE)

Kostenkennwerte für die Kosten des Bauwerks (Kostengruppen 300+400 nach DIN 276)

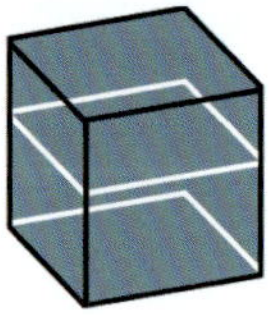

BRI 999 €/m³

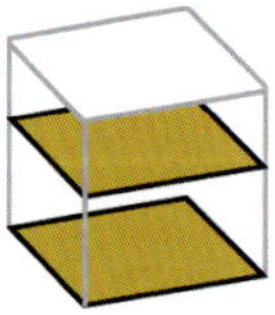

BGF 3.289 €/m²

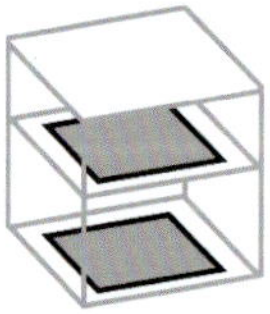

NUF 4.988 €/m²

Objekt:
Kennwerte: 1. Ebene DIN 276
BRI: 6.685 m³
BGF: 2.031 m²
NUF: 1.340 m²
Bauzeit: 96 Wochen
Bauende: 2023
Standard: hoch
Bundesland: Sachsen-Anhalt
Kreis: Wittenberg

Architekt*in:
kmg Architekten und
Ingenieure Kablitz-Meinel
-Guderian PartG mbB
Berliner Straße 1
06886 Wittenberg

Ansicht West

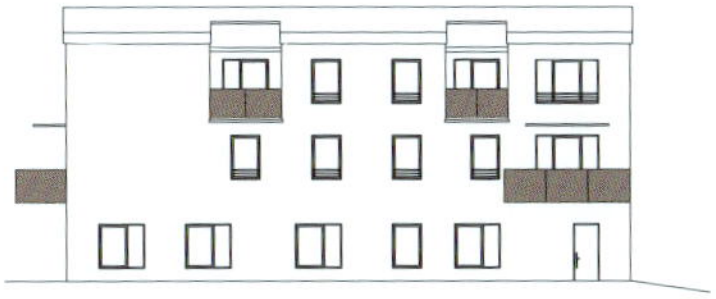

Ansicht Nord

Erdgeschoss

1. Obergeschoss

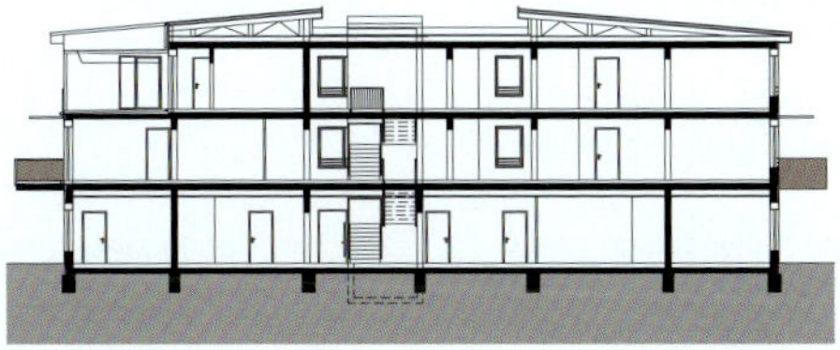

Schnitt A-A

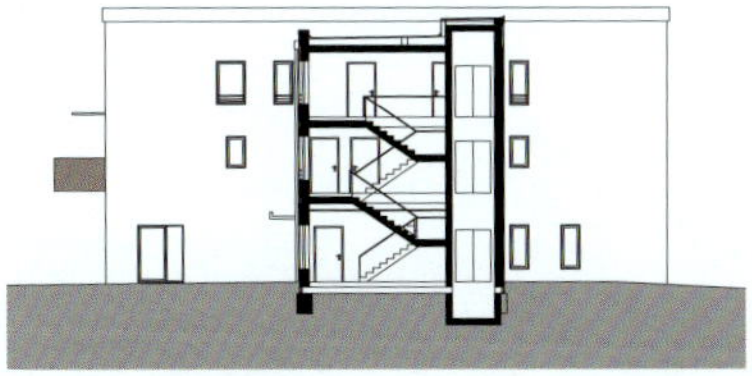

Schnitt B-B

Ansicht Ost

Ansicht Süd

6100-1689
Wohn- und
Geschäftshaus
(9 WE, 1 GE)

Objektbeschreibung

Allgemeine Objektinformationen

Der Neubau besteht aus zwei dreigeschossigen Gebäudeteilen die durch einen zentralen Erschließungstrakt miteinander verbunden sind. Im östlichen Gebäudeteil befindet sind im Erdgeschoss eine Gewerbeeinheit mit Büroräumen. Im westlichen Flügel wurden Gemeinschaftsräume wie Abstellräume, Technik aber auch ein großer Raum für die Mieter mit einer Küche und WCs zur gemeinsamen Nutzung und Begegnung bereitgestellt. Auf einem tiefer gelegenen Grundstücksteil wurde ein eingeschossiges Gebäude für den Regiebetrieb erstellt. Im Anschluss daran ist Platz für einen Carport sowie für sieben Fertiggaragen, in denen Werkzeuge und Material gelagert werden.

Nutzung

1 Erdgeschoss
Gewerbeeinheit: Empfang, Büros, Archiv, WCs, Flur, Technik
Allgemeinflächen: Mehrzweckraum, WCs, Küche, Lager, Garderobe, Abstellräume, Fahrradraum, Technik, Flure, Treppenhaus, Aufzug
Nebengebäude: Pausenraum, Umkleideräume, WCs, Duschen, Technik, Fertiggaragen als Werkzeug-, Materiallager (7St), Carport

2 Obergeschosse
Wohnräume, Schlafräume, Küchen, Bäder, Abstellräume, Flure, Balkone, Treppenhaus, Aufzug

Nutzeinheiten

Arbeitsplätze: 11
Bürofläche: 151 m^2
Fahrzeugstellplätze: 6
Gebäude: 2
Stellplätze: 17
Wohneinheiten: 9
Wohnfläche: 760 m^2

Grundstück

Bauraum: Freier Bauraum
Neigung: Geneigtes Gelände
Bodenklasse: BK 3 bis BK 6

Markt

Hauptvergabezeit: 1. Quartal 2021
Baubeginn: 1. Quartal 2021
Bauende: 1. Quartal 2023
Konjunkturelle Gesamtlage: Durchschnitt
Regionaler Baumarkt: Durchschnitt

Baukonstruktion

Die Gebäude gründen auf Stb-Streifenfundamenten und einer Stb-Bodenplatte. Die Außenwände sind aus 36cm starken Wärmedämmziegeln erstellt. Die Geschossdecken wurden massiv in Stahlbeton errichtet. Die Dächer der zwei Gebäudeteile erhielten ein Holz-Sparrendach mit Aufsparrendämmung und einer Kunststoffabdichtung. Das Dach des Zwischenbaus wurde betoniert. Es wurden Kunststofffenster mit Dreifachverglasung in die verputzten Fassaden eingebaut. Alle Balkone erhielten ein Glasdach, die Geländer sind mit Faserzementplatten bekleidet. Die Fahrzeugunterstände wurden mit einer Stahlkonstruktion und Trapezblecheindeckung errichtet.

Technische Anlagen

Das Objekt wird mit einer Sole-Wasser-Wärmepumpe beheizt. Auf den Dächern ist eine Photovoltaikanlage mit 266 Modulen und einer Gesamtleistung von 99,75kVA installiert. Sie speist einen Batteriespeicher mit einer Kapazität von 75kVA. Das Gebäude besitzt eine Blitzschutzanlage sowie eine Einbruchmeldeanlage. An den Eingängen wurden Videosprechstellen eingebaut. Im Fahrradabstellraum stehen Ladestellen für E-Bikes zur Verfügung. Ein Personenaufzug erschließt die Wohnungen barrierefrei.

Sonstiges

Die Außenanlage ist mit drei Elektroladestation für sechs Pkw-Stellplätze ausgestattet.

Energetische Kennwerte

Gesetzliche Grundlage: EnEV 2013
Gebäudenutzfläche: 1.550,50 m^2
Gebäudevolumen: 4.845,00 m^3
A/V_e-Verhältnis (Kompaktheit): 0,47 m^{-1}
Hüllfläche des beheizten Volumens: 2.260,00 m^2
Spez. Transmissionswärmeverlust: 0,32 $W/(m^2 \cdot K)$
Spez. Jahresprimärenergiebedarf: 32,30 $kWh/(m^2 \cdot a)$

Energetische Angaben zu Außenbauteilen

Bodenplatte

U-Wert: 0,26 W/(m²·K)

Gesamtdicke: 44,90 cm	d [cm]	λ [W/(m·K)]
Bodenbelag	1,00	0,170
Estrich	6,50	1,400
Dämmung	3,00	0,035
Dämmung	9,00	0,035
Stahlbeton	25,00	2,300
PE-Folie	0,40	0,350

Außenwand

U-Wert: 0,26 W/(m²·K)

Gesamtdicke: 39,50 cm	d [cm]	λ [W/(m·K)]
Innenputz	1,50	0,350
Ziegel	36,50	0,100
Außenputz	1,50	0,350

Decke gegen Außenluft oben

U-Wert: 0,18 W/(m²·K)

Gesamtdicke: 34,50 cm	d [cm]	λ [W/(m·K)]
Stahlbeton	20,00	2,300
Dämmung	14,00	0,027
Bitumenbahn	0,50	0,170

Decke gegen Außenluft oben

U-Wert: 0,14 W/(m²·K)

Gesamtdicke: 38,70 cm	d [cm]	λ [W/(m·K)]
Stahlbeton	20,00	2,300
Dämmung	18,00	0,026
Bitumenbahn	0,50	0,170
Kunststoffbahn	0,20	0,170

Decke gegen kalten Dachraum

U-Wert: 0,18 W/(m²·K)

Gesamtdicke: 38,00 cm	d [cm]	λ [W/(m·K)]
Stahlbeton	20,00	2,300
Dämmung	18,00	0,035

6100-1689
Wohn- und
Geschäftshaus
(9 WE, 1 GE)

Planungskennwerte für Flächen und Rauminhalte nach DIN 277

Flächen des Grundstücks		Menge Einheit	% an GF
BF	Bebaute Fläche	957,51 m^2	23,7
UF	Unbebaute Fläche	3.089,49 m^2	76,3
GF	Grundstücksfläche	4.047,00 m^2	100,0

Grundflächen des Bauwerks		Menge Einheit	% an NUF	% an BGF
NUF	Nutzungsfläche	1.339,55 m^2	100,0	65,9
TF	Technikfläche	45,01 m^2	3,4	2,2
VF	Verkehrsfläche	339,60 m^2	25,4	16,7
NRF	Netto-Raumfläche	1.724,16 m^2	128,7	84,9
KGF	Konstruktions-Grundfläche	307,28 m^2	22,9	15,1
BGF	Brutto-Grundfläche	2.031,44 m^2	151,7	100,0

Brutto-Rauminhalt des Bauwerks		Menge Einheit	BRI/NUF (m)	BRI/BGF (m)
BRI	Brutto-Rauminhalt	6.685,45 m^3	4,99	3,29

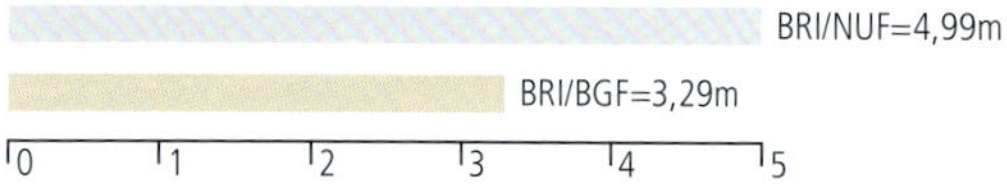

Kostenkennwerte für die Kostengruppen der 1.Ebene DIN 276

KG	Kostengruppen (1.Ebene)	Einheit	Kosten €	€/Einheit	€/m² BGF	€/m³ BRI	% 300+400
100	Grundstück	m² GF	–	–	–	–	–
200	Vorbereitende Maßnahmen	m² GF	103.173	25,49	50,79	15,43	1,5
300	Bauwerk – Baukonstruktionen	m² BGF	4.470.503	2.200,66	2.200,66	668,69	66,9
400	Bauwerk – Technische Anlagen	m² BGF	2.211.111	1.088,45	1.088,45	330,73	33,1
	Bauwerk 300+400	**m² BGF**	**6.681.614**	**3.289,10**	**3.289,10**	**999,43**	**100,0**
500	Außenanlagen und Freiflächen	m² AF	833.091	249,13	410,10	124,61	12,5
600	Ausstattung und Kunstwerke	m² BGF	45.949	22,62	22,62	6,87	0,7
700	Baunebenkosten	m² BGF	–	–	–	–	–
800	Finanzierung	m² BGF	–	–	–	–	–

KG	Kostengruppe	Menge Einheit	Kosten €	€/Einheit	%
200	**Vorbereitende Maßnahmen**	4.047,00 m² GF	103.173	**25,49**	1,5

Geländeoberfläche abräumen; Hausanschluss Abwasser, Wasser

KG	Kostengruppe	Menge Einheit	Kosten €	€/Einheit	%
3+4	**Bauwerk**				**100,0**
300	**Bauwerk – Baukonstruktionen**	2.031,44 m² BGF	4.470.503	**2.200,66**	66,9

Baugrubenaushub; Stb-Streifenfundamente, Stb-Bodenplatten, Abdichtung, Dämmung, Estrich, Bodenfliesen, Vinylbeläge; Porotonmauerwerk, Kunststofffenster, Dreifachverglasung, Automatiktüren, Putz, Beschichtung, Wandfliesen, Rollläden; KS-Wände, Stahltüren, rauchdicht, Holztüren, Putz, Beschichtung, Wandfliesen; Stb-Decken, Stb-Treppen, Stb-Balkone, Dämmung, Estrich, Vinylböden, Bodenfliesen, Treppengeländer, Balkongeländer; Fachwerkbinder-Dachkonstruktion, Stb-Flachdach, Holzbalken-Flachdach, Balkonüberdachungen, Glas, Aufsparrendämmung, Gefälledämmung, Kunststoffabdichtung, Dachentwässerung, Fahrzeugunterstand: Stahlüberdachung, Trapezblech, Dachentwässerung

KG	Kostengruppe	Menge Einheit	Kosten €	€/Einheit	%
400	**Bauwerk – Technische Anlagen**	2.031,44 m² BGF	2.211.111	**1.088,45**	33,1

Gebäudeentwässerung, Kalt- und Warmwasserleitungen, Sanitärobjekte; Sole-Wasser-Wärmepumpe 50kW, 17 Erdsonden; PV-Anlage, Batteriespeicher, Elektroinstallation, Ladestationen, Beleuchtung, Blitzschutz; Video-Türsprechanlage, Rauchmelder, Einbruchmeldeanlage; Personenaufzug

KG	Kostengruppe	Menge Einheit	Kosten €	€/Einheit	%
500	**Außenanlagen und Freiflächen**	3.344,00 m² AF	833.091	**249,13**	12,5

Gepflasterte Zufahrten, Pkw-Stellplätze, Spielplatzfläche; Winkelstützmauern, Betonblockstufen; Hebeanlage; Vegetationsflächen, Bepflanzung, Rasen

KG	Kostengruppe	Menge Einheit	Kosten €	€/Einheit	%
600	**Ausstattung und Kunstwerke**	2.031,44 m² BGF	45.949	**22,62**	0,7

Büromöbel

6100-1691
Mehrfamilienhaus
(17 WE, 2 GE)

Kostenkennwerte für die Kosten des Bauwerks (Kostengruppen 300+400 nach DIN 276)

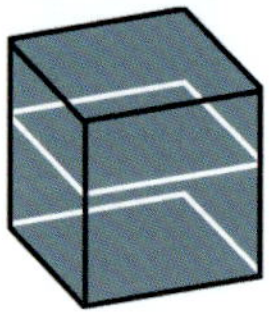

BRI **740 €/m³**

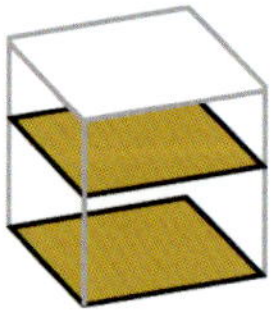

BGF **2.273 €/m²**

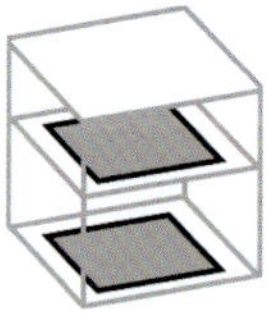

NUF **3.200 €/m²**

Objekt:
Kennwerte: 1.Ebene DIN 276
BRI: 8.309 m³
BGF: 2.703 m²
NUF: 1.921 m²
Bauzeit: 126 Wochen
Bauende: 2022
Standard: mittel
Bundesland: Berlin
Kreis: Berlin, Stadt

Architekt*in:
Praeger Richter
Architekten BDA
Florastraße 86 A
13187 Berlin

Schnitt A-A

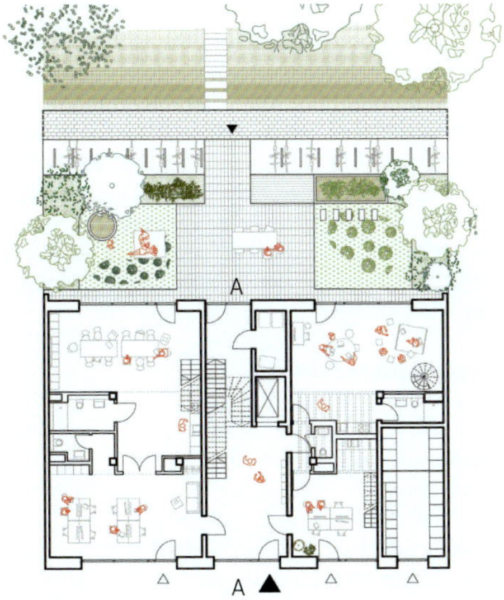

Erdgeschoss

Regelgrundrisse

Objektbeschreibung

Allgemeine Objektinformationen

Auf sieben Geschossen befinden sich 13 Eigentumswohnungen und drei förderfähige Wohnungen. Dazu sind im Erdgeschoss zwei kiezgebundene Gewerbeeinheiten und im Dachgeschoss eine Gästewohnung untergebracht.

Nutzung

1 Erdgeschoss
zwei Gewerbeeinheiten: Büros/Verkaufsräume, WCs, Müllraum, Treppenhaus, Aufzug

5 Obergeschosse
16 WE: Wohn-/Esszimmer, Küchen, Schlafzimmer, Flure, Bäder, Kinderzimmer, Balkone, Treppenhaus, Aufzug

1 Dachgeschoss
Gemeinschafts-Dachterrasse, Gästewohnung

Nutzeinheiten

Bürofläche: 188 m^2
Wohneinheiten: 17
Wohnfläche: 1.465 m^2

Grundstück

Bauraum: Baulücke
Neigung: Ebenes Gelände
Bodenklasse: BK 3 bis BK 6

Markt

Hauptvergabezeit: 1. Quartal 2020
Baubeginn: 1. Quartal 2020
Bauende: 3. Quartal 2022
Konjunkturelle Gesamtlage: über Durchschnitt
Regionaler Baumarkt: über Durchschnitt

Baukonstruktion

Die dauerhafte Tragstruktur, wie Bodenplatte, Stützen und Decken sind in Stahlbeton errichtet. Sie ermöglicht auf Dauer eine hohe Nutzungsflexibilität. Die Fassade ist komplett als rückbaubare Holzkonstruktion ausgeführt und mit vorgegrauter Lärchenschalung vor einer Hinterlüftungsebene bekleidet. Es wurden Holzfenster mit einer Dreifachverglasung eingebaut. Sonnenschutzvorhänge sorgen für eine Verschattung der Glasflächen. Der Innenausbau der Wohnungen als kurzlebigster Teil des Hauses wurde weitestgehend verbundstofffrei und mit nachwachsenden Baustoffen umgesetzt. Für die Zimmerwände in den Wohnungen wurde nach diesen Prinzipien eigens eine trocken montierbare Holzständerwand entwickelt. Die Materialien werden sicht- und lösbar verschraubt, gelegt, gesteckt und können wieder abmontiert und an anderer Stelle wieder eingesetzt werden. Oberflächen bleiben teilweise unbehandelt oder werden wohngesund lasiert. Die Böden mit einer Schüttung und Trockenestrichplatten sind mit Fertigparkett belegt.

Technische Anlagen

Beheizt wird das Gebäude mit einer Biogas gespeisten Kraft-Wärme-Kopplungsanlage. Die Verteilung der Wärme erfolgt über Fußbodenheizung.

Sonstiges

Die für die Fassade und den Innenausbau verwendeten Baumaterialien sind demontierbar und sortenrein trennbar. Sie können somit leicht wiederverwendet werden. Dies ermöglicht den einfachen und nachhaltigen Umbau oder Nutzungsänderungen bei Bedarf. Es kommt zu einem Re-Use-Effekt. BIM-Modelle halten die Deklarierung der Bauteile fest und Produktdaten machen die Zeiten des Einbaus abrufbar, sodass auch Jahrzehnte später der beste Umgang mit Demontage und Wiederverwendung für jeden Baustoff gefunden werden kann.

Energetische Kennwerte

Gesetzliche Grundlage: EnEV 2013
Gebäudenutzfläche: 2.444,40 m^2
Gebäudevolumen: 7.638,70 m^3
A/V_e-Verhältnis (Kompaktheit): 0,24 m^{-1}
Hüllfläche des beheizten Volumens: 1.849,80 m^2
Spez. Transmissionswärmeverlust: 0,31 $W/(m^2 \cdot K)$
Spez. Jahresprimärenergiebedarf: 1,95 $kWh/(m^2 \cdot a)$
Anlagenaufwandszahl: 0,05

Energetische Angaben zu Außenbauteilen

Bodenplatte

U-Wert: 0,15 W/(m²·K)

Gesamtdicke: 106,00 cm	d [cm]	λ [W/(m·K)]
Estrich	6,00	1,200
Stahlbeton	80,00	1,500
Dämmung	20,00	0,035

Außenwand gegen Erdreich

U-Wert: 0,19 W/(m²·K)

Gesamtdicke: 53,00 cm	d [cm]	λ [W/(m·K)]
Stahlbeton	35,00	1,350
Dämmung	18,00	0,037

Außenwand hinterlüftet (EG Hof)

U-Wert: 0,15 W/(m²·K)

Gesamtdicke: 50,50 cm	d [cm]	λ [W/(m·K)]
Stahlbeton	25,00	2,300
Dämmung	22,00	0,039
Holzfaserplatte	3,50	0,047

Außenwand (EG Straße)

U-Wert: 0,18 W/(m²·K)

Gesamtdicke: 50,50 cm	d [cm]	λ [W/(m·K)]
Stahlbeton	14,00	2,300
Luftschicht ruhend	4,50	0,271
Dämmung	18,00	0,035
Stahlbeton	14,00	2,300

Decke gegen Außenluft oben

U-Wert: 0,15 W/(m²·K)

Gesamtdicke: 39,00 cm	d [cm]	λ [W/(m·K)]
Leichtbeton	25,00	0,700
Dämmung	14,00	0,023

Außenwand hinterlüftet (OG)

U-Wert: 0,13 W/(m²·K)

Gesamtdicke: 37,00 cm	d [cm]	λ [W/(m·K)]
Holz	2,70	0,130
Holz	5,00	0,130
Holzfaserplatte	5,00	0,040
OSB-Platte	1,80	0,130
Holz	24,00	0,130
Dämmung	24,00	0,040
Holzfaserplatte	3,50	0,047

Außenwand hinterlüftet (Staffelgeschoss)

U-Wert: 0,10 W/(m²·K)

Gesamtdicke: 43,00 cm	d [cm]	λ [W/(m·K)]
Holz	2,70	0,130
Holz	5,00	0,130
Holzfaserplatte	5,00	0,040
OSB-Platte	1,80	0,130
Holz	24,00	0,130
Dämmung	24,00	0,040
Holzfaserplatte	3,50	0,047
Dämmung	6,00	0,035

Dach (Staffelgeschoss)

U-Wert: 0,10 W/(m²·K)

Gesamtdicke: 50,00 cm	d [cm]	λ [W/(m·K)]
Leichtbeton	25,00	0,700
Dämmung	25,00	0,025

Planungskennwerte für Flächen und Rauminhalte nach DIN 277

Flächen des Grundstücks		Menge Einheit	% an GF
BF	Bebaute Fläche	230,00 m²	41,8
UF	Unbebaute Fläche	320,00 m²	58,2
GF	Grundstücksfläche	550,00 m²	100,0

Grundflächen des Bauwerks		Menge Einheit	% an NUF	% an BGF
NUF	Nutzungsfläche	1.920,62 m²	100,0	71,0
TF	Technikfläche	61,63 m²	3,2	2,3
VF	Verkehrsfläche	311,66 m²	16,2	11,5
NRF	Netto-Raumfläche	2.293,91 m²	119,4	84,9
KGF	Konstruktions-Grundfläche	409,37 m²	21,3	15,1
BGF	Brutto-Grundfläche	2.703,28 m²	140,8	100,0

Brutto-Rauminhalt des Bauwerks		Menge Einheit	BRI/NUF (m)	BRI/BGF (m)
BRI	Brutto-Rauminhalt	8.309,00 m³	4,33	3,07

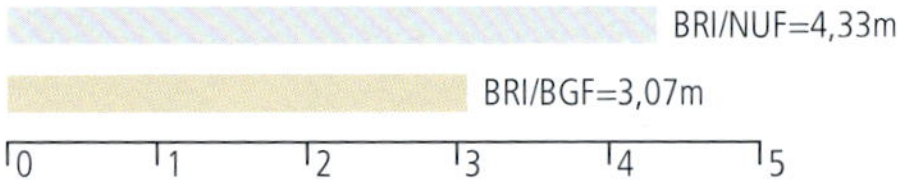

Kostenkennwerte für die Kostengruppen der 1. Ebene DIN 276

KG	Kostengruppen (1. Ebene)	Einheit	Kosten €	€/Einheit	€/m² BGF	€/m³ BRI	% 300+400
100	Grundstück	m² GF	–	–	–	–	–
200	Vorbereitende Maßnahmen	m² GF	324.677	590,32	120,10	39,08	5,3
300	Bauwerk – Baukonstruktionen	m² BGF	4.994.759	1.847,67	1.847,67	601,13	81,3
400	Bauwerk – Technische Anlagen	m² BGF	1.150.678	425,66	425,66	138,49	18,7
	Bauwerk 300+400	**m² BGF**	**6.145.438**	**2.273,33**	**2.273,33**	**739,61**	**100,0**
500	Außenanlagen und Freiflächen	m² AF	–	–	–	–	–
600	Ausstattung und Kunstwerke	m² BGF	–	–	–	–	–
700	Baunebenkosten	m² BGF	–	–	–	–	–
800	Finanzierung	m² BGF	–	–	–	–	–

KG	Kostengruppe	Menge Einheit	Kosten €	€/Einheit	%
200	**Vorbereitende Maßnahmen**	550,00 m² GF	324.677	**590,32**	5,3
3+4	**Bauwerk**				**100,0**
300	**Bauwerk – Baukonstruktionen**	2.703,28 m² BGF	4.994.759	**1.847,67**	81,3

Baugrubenaushub; Baugrundverbesserung, Stb-Bodenplatte, Abdichtung, Anhydritestrich, Beschichtung, Perimeterdämmung; Stb-Außenwände, Stb-Sandwichwände, gedämmt, hinterlüftet, Holzrahmenwände, Holzfaserdämmung, OSB, Holzfenster, Dreifach-Wärmeschutzverglasung, Holz-Eingangselemente, Holzbekleidung, Beschichtung; Stb-Wände, oberflächenfertig, Holzständerwände, Holztüren, Holzbekleidung, Lasurbeschichtung, Wandfliesen; Stb-Decken, Stb-Treppen, Stahltreppen, Stb-Balkone, oberflächenfertig, Dämmung, Estrich, Linoleum, Bodenfliesen, Parkett, Terrassendielen, Stahl-Balkongeländer, Treppengeländer; Stb-Flachdach, oberflächenfertig, Dämmung, Abdichtung, Dachbegrünung, Terrassendielen, Terrassengeländer, Dachentwässerung

KG	Kostengruppe	Menge Einheit	Kosten €	€/Einheit	%
400	**Bauwerk – Technische Anlagen**	2.703,28 m² BGF	1.150.678	**425,66**	18,7

Gebäudeentwässerung, Kalt- und Warmwasserleitungen, Sanitärobjekte; Kraft-Wärme-Kopplung mit Biogas, Fußbodenheizung; dezentrale Lüftungsanlagen; Elektroinstallation, Beleuchtung; Telekommunikationsanlage; Personenaufzug

6100-1698
Zweifamilienhaus

Kostenkennwerte für die Kosten des Bauwerks (Kostengruppen 300+400 nach DIN 276)

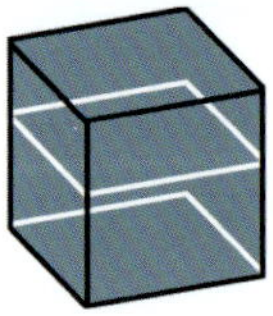

BRI 859 €/m³

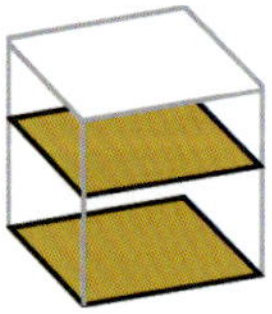

BGF 2.510 €/m²

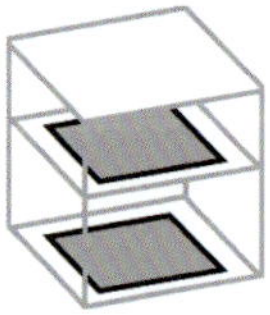

NUF 4.155 €/m²

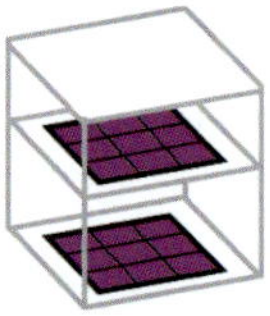

NE 4.958 €/NE

NE: Wohnfläche

Objekt:
Kennwerte: 1.Ebene DIN 276
BRI: 680 m³
BGF: 233 m²
NUF: 141 m²
Bauzeit: 52 Wochen
Bauende: 2022
Standard: mittel
Bundesland: Hessen
Kreis: Kassel

Architekt*in:
sunder plaßmann . noll
plan+bau gmbh
Treppenstraße 2
34117 Kassel

Bauherr*in:
Anne Walther
Ahneweg 48
34292 Ahnatal Weimar

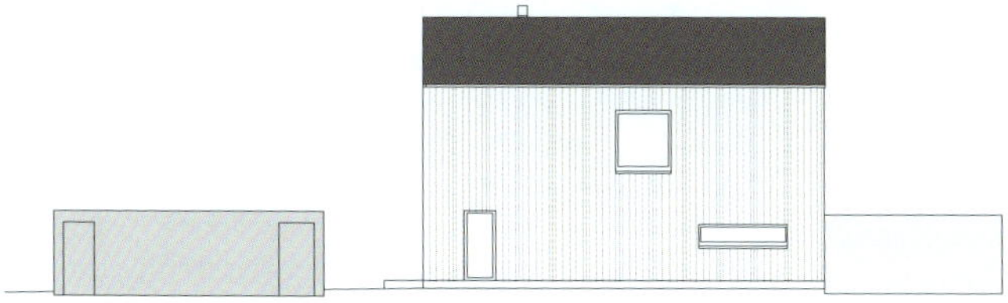

Ansicht Nord-West

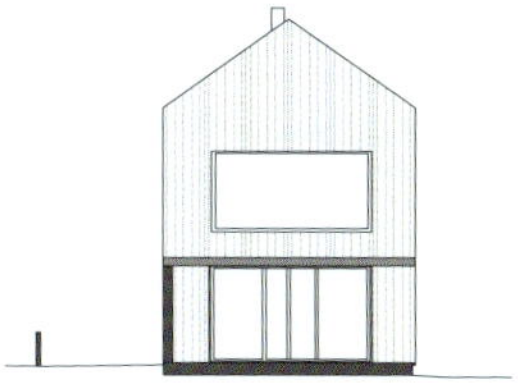

Ansicht Süd-West

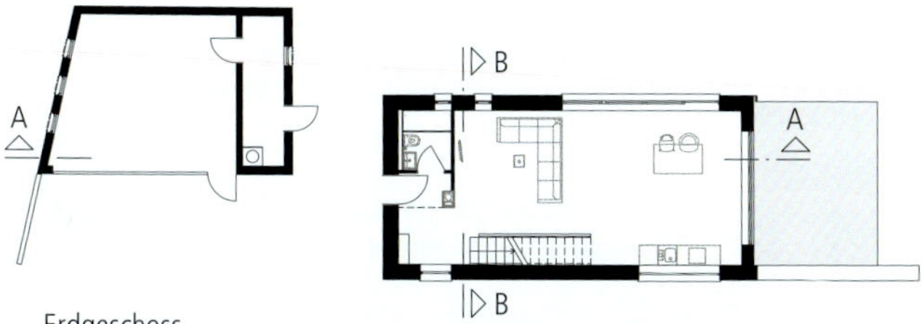

Erdgeschoss

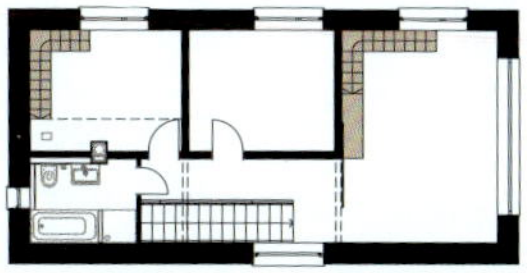

Obergeschoss

Schnitt A-A

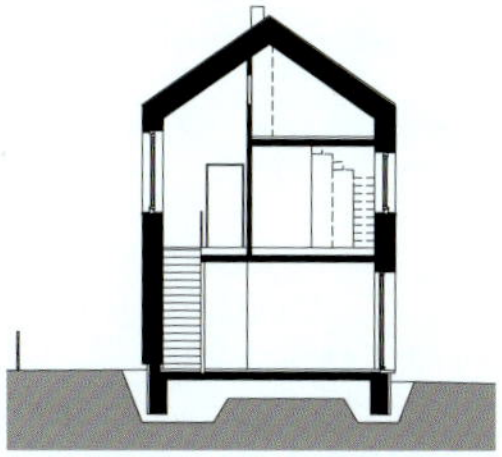

Schnitt B-B

Ansicht Süd-Ost

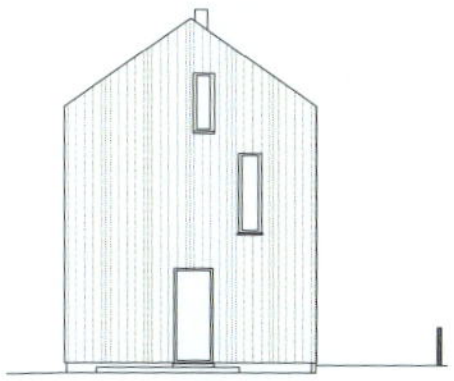

Ansicht Nord-Ost

Objektbeschreibung

Allgemeine Objektinformationen

Mit diesem Gebäude wurde der Anspruch der Bauherrin an modernes, energiesparendes und ökologisch nachhaltiges Wohnen umgesetzt. Es ist für zwei Wohneinheiten vorgesehen, wird allerdings momentan als eine Wohneinheit genutzt.

Nutzung

1 Erdgeschoss
Wohnküche, Bad, Treppe, Terrasse, Garage, Hausanschlussraum

1 Obergeschoss
Schlafräume, Bad, Flur, Treppen

1 Dachgeschoss
Galerien

Nutzeinheiten

Stellplätze: 2
Wohneinheiten: 2
Wohnfläche: 118 m²

Grundstück

Bauraum: Beengter Bauraum
Neigung: Ebenes Gelände
Bodenklasse: BK 1 bis BK 3

Markt

Hauptvergabezeit: 1.Quartal 2021
Baubeginn: 1.Quartal 2021
Bauende: 1.Quartal 2022
Konjunkturelle Gesamtlage: über Durchschnitt
Regionaler Baumarkt: unter Durchschnitt

Baukonstruktion

Das Effizienzhaus 40+ gründet auf Stb-Streifenfundamenten und ist in Holzrahmenbauweise mit einer Holzfassade aus heimischer Lärche errichtet. Die sägeraue und unbehandelte Bekleidung aus unterschiedlich breiten Lärchendielen lässt das Gebäude angenehm roh erscheinen. Die geölten Holzfenster wurden mit einer Dreifachverglasung ausgestattet. Gebrauchte Innenfenster und Türen wurden recycelt und eingebaut, um dem Interieur einen einzigartigen Charme zu verleihen. Die Dachdeckung erfolgte als Ziegeldeckung. Die Böden im EG bestehen aus versiegeltem Estrich, im OG aus Holzdielen.

Technische Anlagen

Das Gebäude wird mit einer Luftwärmepumpe beheizt. Die Photovoltaik-Elemente fügen sich in die dunkle Ziegeldeckung des Daches ein. Sie dienen der Warmwassererzeugung, werden heizungsunterstützend eingesetzt und produzieren den Stromverbrauch des Hauses. Die gesamte Haustechnik wurde in der Garage untergebracht. Im EG des Wohngebäudes wurde darüber hinaus ein Scheitholzofen eingebaut.

Sonstiges

Das Atelier und das Treppenhaus erstrecken sich bis zum First und schaffen eine großzügige Raumhöhe. Das Gebäude entspricht den Kriterien eines Passivhauses.

Energetische Kennwerte

Gesetzliche Grundlage: GEG 2020
Gebäudenutzfläche: 165,90 m²
Gebäudevolumen: 518,40 m³
A/V_e-Verhältnis (Kompaktheit): 0,76 m^{-1}
Hüllfläche des beheizten Volumens: 392,00 m²
Spez. Transmissionswärmeverlust: 0,26 W/(m²·K)
Spez. Jahresprimärenergiebedarf: 20,24 kWh/(m²·a)
Anlagenaufwandszahl: 0,78

Energetische Angaben zu Außenbauteilen

Bodenplatte

U-Wert: 0,15 W/(m²·K)

Gesamtdicke: 64,05 cm	d [cm]	λ [W/(m·K)]
Estrich	6,00	1,400
Dämmung	12,00	0,032
Bitumenbahn	0,05	0,170
Stahlbeton	16,00	2,000
Tragschicht Recyclingmaterial	30,00	0,120

Außenwand hinterlüftet

U-Wert: 0,12 W/(m²·K)

Gesamtdicke: 41,00 cm	d [cm]	λ [W/(m·K)]
GK-Platte	1,20	0,250
Holz	4,00	0,130
Dämmung	4,00	0,035
OSB-Platte	1,80	0,130
Holz	24,00	0,130
Dämmung	24,00	0,040
Holzfaserplatte	10,00	0,045

Dach hinterlüftet

U-Wert: 0,12 W/(m²·K)

Gesamtdicke: 36,70 cm	d [cm]	λ [W/(m·K)]
GK-Platte	1,20	0,254
Holz	4,00	0,130
Dämmung	4,00	0,035
OSB-Platte	1,50	0,130
Holz	24,00	0,092
Dämmung	24,00	0,040
Holzfaserplatte	6,00	0,040

Planungskennwerte für Flächen und Rauminhalte nach DIN 277

Flächen des Grundstücks		Menge Einheit	% an GF
BF	Bebaute Fläche	114,35 m²	21,2
UF	Unbebaute Fläche	425,65 m²	78,8
GF	Grundstücksfläche	540,00 m²	100,0

Grundflächen des Bauwerks		Menge Einheit	% an NUF	% an BGF
NUF	Nutzungsfläche	140,61 m²	100,0	60,4
TF	Technikfläche	6,85 m²	4,9	2,9
VF	Verkehrsfläche	30,88 m²	22,0	13,3
NRF	Netto-Raumfläche	178,34 m²	126,8	76,6
KGF	Konstruktions-Grundfläche	54,38 m²	38,7	23,4
BGF	Brutto-Grundfläche	232,72 m²	165,5	100,0

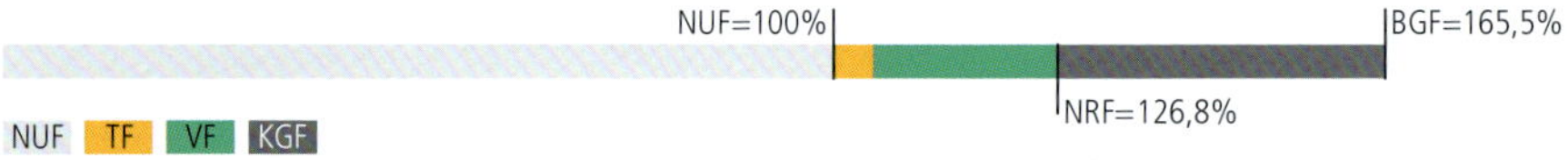

Brutto-Rauminhalt des Bauwerks		Menge Einheit	BRI/NUF (m)	BRI/BGF (m)
BRI	Brutto-Rauminhalt	680,29 m³	4,84	2,92

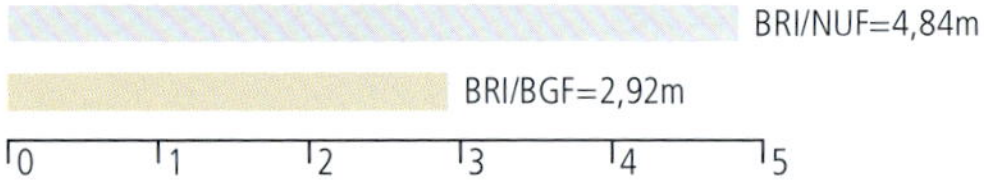

Kostenkennwerte für die Kostengruppen der 1.Ebene DIN 276

KG	Kostengruppen (1. Ebene)	Einheit	Kosten €	€/Einheit	€/m² BGF	€/m³ BRI	% 300+400
100	Grundstück	m² GF	–	–	–	–	–
200	Vorbereitende Maßnahmen	m² GF	–	–	–	–	–
300	Bauwerk – Baukonstruktionen	m² BGF	438.735	1.885,25	1.885,25	644,92	75,1
400	Bauwerk – Technische Anlagen	m² BGF	145.465	625,06	625,06	213,83	24,9
	Bauwerk 300+400	**m² BGF**	**584.200**	**2.510,31**	**2.510,31**	**858,75**	**100,0**
500	Außenanlagen und Freiflächen	m² AF	–	–	–	–	–
600	Ausstattung und Kunstwerke	m² BGF	–	–	–	–	–
700	Baunebenkosten	m² BGF	–	–	–	–	–
800	Finanzierung	m² BGF	–	–	–	–	–

KG	Kostengruppe	Menge Einheit	Kosten €	€/Einheit	%
3+4	**Bauwerk**				**100,0**
300	**Bauwerk – Baukonstruktionen**	232,72 m² BGF	438.735	**1.885,25**	75,1

Baugrubenaushub; Stb-Fundamente, Stb-Bodenplatte, Heizestrich, Beschichtung, Bodenfliesen, Abdichtung, Kiesfilterschicht, Perimeterdämmung; Holzrahmenwände, Holzfenster, Dreifachverglasung, Garagentor, Wärmedämmung, hinterlüftete Lärchenholzfassade, Gipsfaser-Bekleidung, teilw. Seekieferbekleidung, Verschattungselement mit Stahlrahmen und Holzbeplankung; GK-Wände, Holzrahmenwände, Wandfliesen, Beschichtung; Holz-Brettstapeldecken, Holztreppen, Heizestrich, Dielen, Bodenfliesen, Treppengeländer; Holzsparrendach, Dämmung, Flachdachziegel, Dachentwässerung, Dachbegrünung (Garage), Seekieferbekleidung

KG	Kostengruppe	Menge Einheit	Kosten €	€/Einheit	%
400	**Bauwerk – Technische Anlagen**	232,72 m² BGF	145.465	**625,06**	24,9

Gebäudeentwässerung, Kalt- und Warmwasserleitungen, Sanitärobjekte; Luft-Wasser-Wärmepumpe, Durchlauferhitzer, Scheitholzofen, Schornstein; Lüftungsanlage; PV-Anlage (5kWh), Elektroinstallation, Elektrospeicher; Glasfaseranlage, Rauchmelder

6100-1706
Wohnanlage
(10 Gebäude, 148 WE)
TG (86 STP)

Kostenkennwerte für die Kosten des Bauwerks (Kostengruppen 300+400 nach DIN 276)

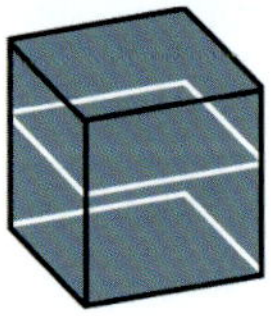

BRI 641 €/m³

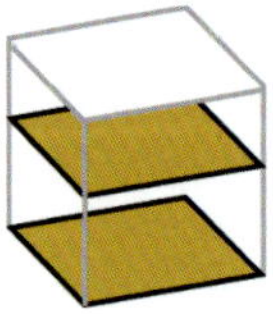

BGF 1.983 €/m²

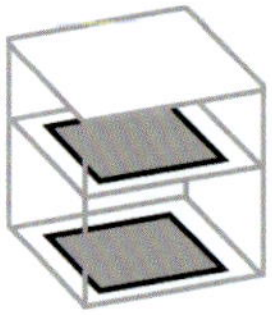

NUF 3.051 €/m²

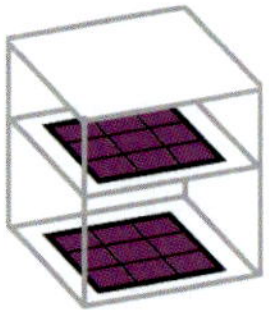

NE 3.747 €/NE

NE: Wohnfläche

Objekt:
Kennwerte: 1. Ebene DIN 276
BRI: 65.296 m³
BGF: 21.101 m²
NUF: 13.714 m²
Bauzeit: 121 Wochen
Bauende: 2023
Standard: mittel
Bundesland: Hamburg
Kreis: Hamburg, Stadt

Architekt*in:
Architekten PETER
+ PASCHEN GmbH
Ballindamm 15
20095 Hamburg

Bauherr*in:
FRANK Projektentwicklung
Nord GmbH
Stadtdeich 7
20097 Hamburg

© Piet Niemann

Ansicht Nord

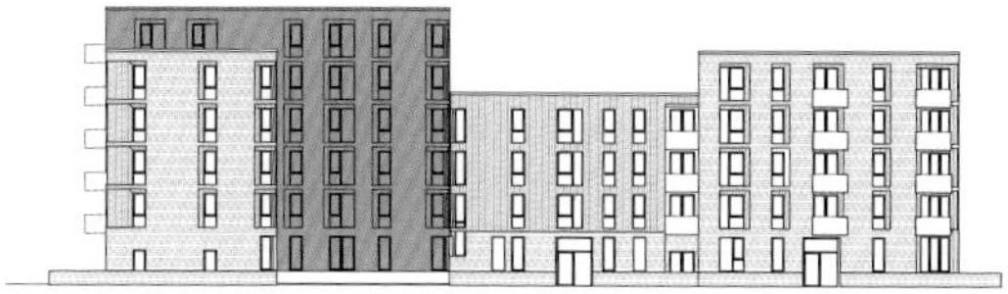

Ansicht Ost

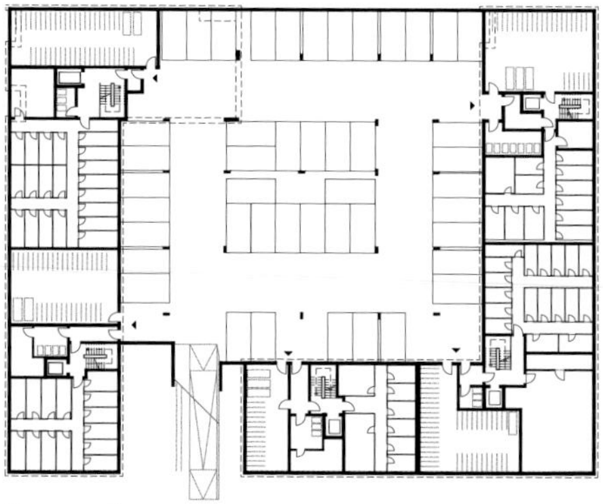

Untergeschoss

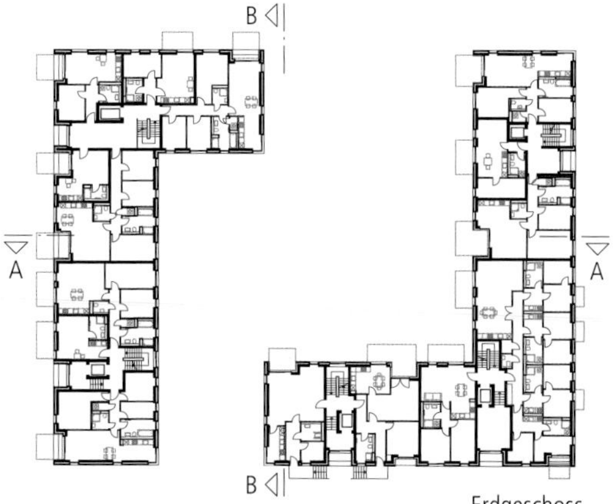

Erdgeschoss

4. Obergeschoss

Schnitt A-A

Schnitt B-B

Ansicht Süd

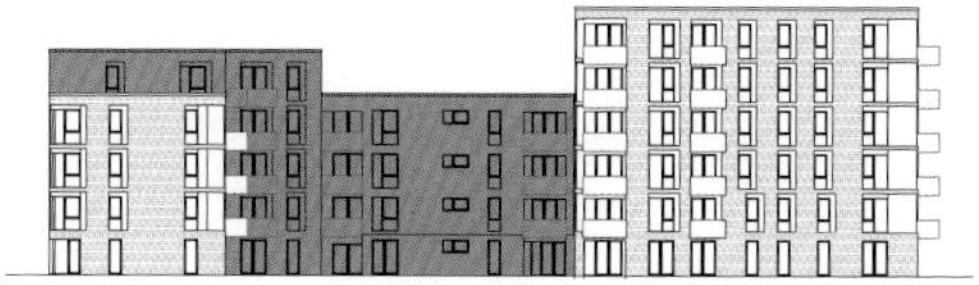

Ansicht West

6100-1706
Wohnanlage
(10 Gebäude, 148 WE)
TG (86 STP)

Objektbeschreibung

Allgemeine Objektinformationen

Je zwei L-förmige Baukörper bilden einen nördlichen und einen südlichen Wohnblock. Die Wohnblöcke sind in jeweils fünf Häuser mit einem gemeinsamen Innenhof und einer Tiefgarage unterteilt. Die Baukörper definieren sich durch höhere Gebäudeteile an den Blockecken und niedrigere zu den Hofzugängen. Es entwickelt sich so eine spannungsvolle Silhouette zum öffentlichen Raum. Die Fassaden mit ihrer einheitlichen Materialität des rötlichen Klinkers unterstreichen die Gleichwertigkeit aller Fassadenseiten. Hochformatige, bodentiefe Fenster prägen die Lochfassade und entwickeln ein beruhigtes übergeordnetes Fassadenraster, in dem sich Balkone und Loggien harmonisch integrieren.

Nutzung

1 Untergeschoss
Tiefgarage, Abstellräume, Hausmeisterräume, WCs, Kinderwagenräume, Fahrradkeller, Traforaum, Hausanschlussräume, Heizungsraum, Technikräume, Treppenhäuser

1 Erdgeschoss
Wohn-Essräume mit Küchen, Schlafräume, Kinderzimmer, Büroräume, Bäder, Abstellräume, Treppenhäuser, Terrassen

3 Obergeschosse
Wohn-Essräume mit Küchen, Schlafräume, Kinderzimmer, Büroräume, Bäder, Abstellräume, Treppenhäuser, Balkone, Dachterrassen

1 Dachgeschoss
Wohn-Essräume mit Küchen, Schlafräume, Kinderzimmer, Büroräume, Bäder, Abstellräume, Treppenhäuser, Balkone, Dachterrassen

Nutzeinheiten

Stellplätze: 86
Wohneinheiten: 148
Wohnfläche: 11.167 m^2

Grundstück

Bauraum: Freier Bauraum
Neigung: Ebenes Gelände
Bodenklasse: BK 3 bis BK 4

Markt

Hauptvergabezeit: 3. Quartal 2020
Baubeginn: 4. Quartal 2020
Bauende: 1. Quartal 2023
Konjunkturelle Gesamtlage: über Durchschnitt
Regionaler Baumarkt: über Durchschnitt

Baukonstruktion

Die Gründung erfolgt auf einer WU-Sohle. Die tragende Struktur ist als Massivbau ausgebildet, mit Stb-Wänden, -Stützen und -Decken. Die tragenden Wände in den Obergeschossen sind vornehmlich aus Mauerwerk erstellt. Die Außenwände im KG sind aus WU-Beton. In den oberen Geschossen bestehen sie aus zweischaligem Mauerwerk mit Kerndämmung. Das Flachdach ist als Warmdach mit extensiver Dachbegrünung ausgeführt. Die hochwärmedämmenden Fenster bestehen aus Kunststoff und sind mit einer Dreifachverglasung ausgestattet.

Technische Anlagen

Die Wohnanlage wird über ein projekteigenes Nahwärmenetz mittels BHKW versorgt. In den Wohnungen wird die Wärme über Fußbodenheizung verteilt. Die Warmwasserversorgung erfolgt über dezentrale Trinkwasserstationen. Die Entwässerung erfolgt im Trennsystem mit Anschluss an das öffentliche Siel. Das Regenwasser wird in einer Muldenrigolen-Versickerungsanlage gesammelt. Auf den Dächern ist eine PV-Anlage installiert.

Sonstiges

Die Erschließung der gemeinschaftlich genutzten Kinderspielfläche erfolgt über die zwei Baukörperfugen. Die Freiräume zwischen öffentlichen und privaten Außenbereichen generieren die Verbindungen zu den umliegenden Quartieren. Die energetischen Werte betreffen das Haus Dieselstraße 59-63.

Energetische Kennwerte

Gesetzliche Grundlage: EnEV 2013
Gebäudenutzfläche: 4.340,90 m^2
Gebäudevolumen: 13.565,20 m^3
A/V_e-Verhältnis (Kompaktheit): 0,33 m^{-1}
Hüllfläche des beheizten Volumens: 4.526,20 m^2
Spez. Transmissionswärmeverlust: 0,24 W/($m^2 \cdot K$)
Spez. Jahresprimärenergiebedarf: 15,75 kWh/($m^2 \cdot a$)
Anlagenaufwandszahl: 0,59

Energetische Angaben zu Außenbauteilen

Decke TG

U-Wert: 0,13 W/(m²·K)

Gesamtdicke: 46,02 cm	d [cm]	λ [W/(m·K)]
Estrich	6,00	1,400
PE-Folie	0,02	0,330
Trittschalldämmung	2,00	0,032
Dämmung	8,00	0,024
Stahlbeton	20,00	2,300
Dämmung	10,00	0,032

Außenwand Riemchen

U-Wert: 0,14 W/(m²·K)

Gesamtdicke: 43,00 cm	d [cm]	λ [W/(m·K)]
Innenputz	1,00	0,700
Kalksandstein	17,50	1,100
Dämmung	22,00	0,032
Klinker	2,50	0,960

Außenwand hinterlüftet

U-Wert: 0,17 W/(m²·K)

Gesamtdicke: 36,50 cm	d [cm]	λ [W/(m·K)]
Innenputz	1,00	0,700
Kalksandstein	17,50	1,100
Dämmung	18,00	0,032

Dach

U-Wert: 0,10 W/(m²·K)

Gesamtdicke: 48,03 cm	d [cm]	λ [W/(m·K)]
Stahlbeton	24,00	2,300
Dämmung	24,00	0,024
PE-Folie	0,03	0,330

Planungskennwerte für Flächen und Rauminhalte nach DIN 277

Flächen des Grundstücks		Menge Einheit	% an GF
BF	Bebaute Fläche	3.168,00 m²	33,3
UF	Unbebaute Fläche	6.342,00 m²	66,7
GF	Grundstücksfläche	9.510,00 m²	100,0

Grundflächen des Bauwerks		Menge Einheit	% an NUF	% an BGF
NUF	Nutzungsfläche	13.714,21 m²	100,0	65,0
TF	Technikfläche	303,83 m²	2,2	1,4
VF	Verkehrsfläche	3.992,53 m²	29,1	18,9
NRF	Netto-Raumfläche	18.010,57 m²	131,3	85,4
KGF	Konstruktions-Grundfläche	3.090,83 m²	22,5	14,6
BGF	Brutto-Grundfläche	21.101,40 m²	153,9	100,0

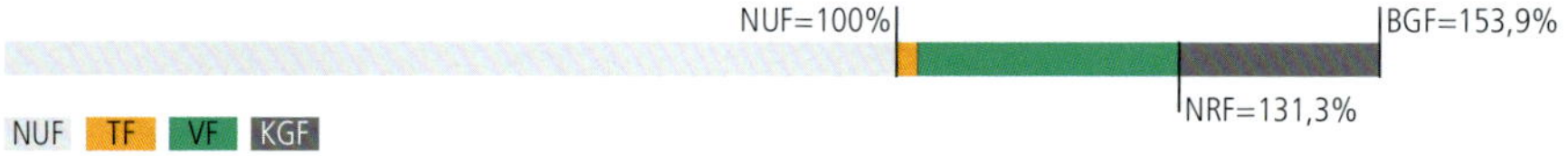

Brutto-Rauminhalt des Bauwerks		Menge Einheit	BRI/NUF (m)	BRI/BGF (m)
BRI	Brutto-Rauminhalt	65.296,00 m³	4,76	3,09

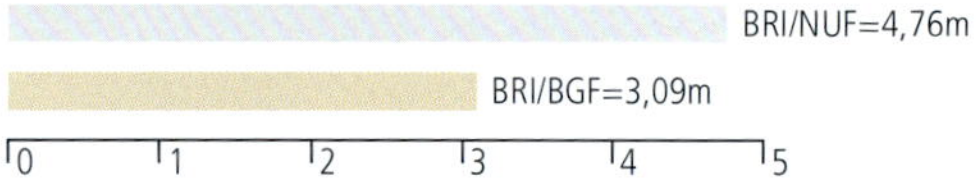

Kostenkennwerte für die Kostengruppen der 1.Ebene DIN 276

KG	Kostengruppen (1. Ebene)	Einheit	Kosten €	€/Einheit	€/m² BGF	€/m³ BRI	% 300+400
100	Grundstück	m² GF	–	–	–	–	–
200	Vorbereitende Maßnahmen	m² GF	–	–	–	–	–
300	Bauwerk – Baukonstruktionen	m² BGF	31.793.355	1.506,69	1.506,69	486,91	76,0
400	Bauwerk – Technische Anlagen	m² BGF	10.048.687	476,21	476,21	153,89	24,0
	Bauwerk 300+400	**m² BGF**	**41.842.041**	**1.982,90**	**1.982,90**	**640,81**	**100,0**
500	Außenanlagen und Freiflächen	m² AF	–	–	–	–	–
600	Ausstattung und Kunstwerke	m² BGF	–	–	–	–	–
700	Baunebenkosten	m² BGF	–	–	–	–	–
800	Finanzierung	m² BGF	–	–	–	–	–

KG	Kostengruppe	Menge Einheit	Kosten €	€/Einheit	%
3+4	**Bauwerk**				**100,0**
300	**Bauwerk – Baukonstruktionen**	21.101,40 m² BGF	31.793.355	**1.506,69**	76,0

Baugrubenaushub, Verbau; Stb-Fundamentplatte, WU, Beschichtung, Estrich, Bodenfliesen; Stb-Wände, WU, Mauerwerkswände, Alu-Haustüren, Kunststofffenster, Dreifachverglasung, teilw. Schallschutzverglasung, Garagentore, Wärmedämmung, Ziegelfassade, Briefkastenanlagen; Innenmauerwerk, Stb-Wände, GK-Wände, Wohnungseingangstüren, Holztüren, Putz, Wandfliesen, Beschichtung, elementierte Kellertrennwände; Stb-Decken, Stb-Fertigteilbalkone, Stb-Treppen, Dämmung, Heizestrich, Parkett, Bodenfliesen, Balkone mit Holzbelägen, Stahlgeländer, Stahl-Treppengeländer; Stb-Flachdach, WU, Oberlichter, Dämmung, Abdichtung, Attiken, extensive Dachbegrünung, Dachentwässerung, Betonwerksteinbeläge; Einbauküchen, Fahrradständer

KG	Kostengruppe	Menge Einheit	Kosten €	€/Einheit	%
400	**Bauwerk – Technische Anlagen**	21.101,40 m² BGF	10.048.687	**476,21**	24,0

Gebäudeentwässerung, Kalt- und Warmwasserleitungen, Sanitärobjekte; eigenes Nahwärmenetz mit BHKW, Wärmepumpe mit Solar- und Umweltwärme aus Abwasser, Gas-Brennwerttherme zur Spitzenlastabdeckung, Warmwasserversorgung mit dezentralen Wärmetauschern, Fußbodenheizung; Abluftventilatoren, RWA-Anlagen; PV-Anlage (2.144m²), Elektroinstallation; Datenübertragungsanlage, Breitbandkabel-Netzanlage, Antennen- und Datendosen, Rauchmelder; zehn Personenaufzüge

6100-1726
Mehrfamilienhaus
(11 WE)

Kostenkennwerte für die Kosten des Bauwerks (Kostengruppen 300+400 nach DIN 276)

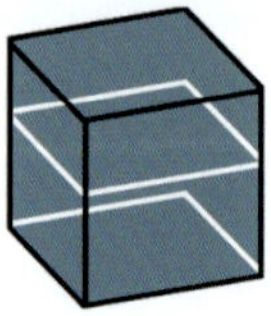

BRI 917 €/m³

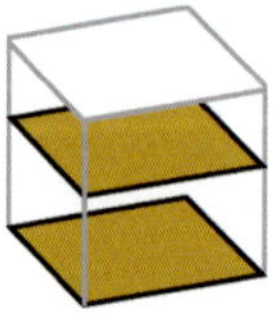

BGF 2.646 €/m²

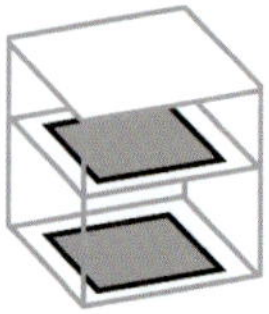

NUF 3.869 €/m²

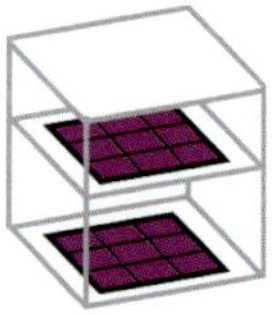

NE 4.572 €/NE

NE: Wohnfläche

Objekt:
Kennwerte: 3. Ebene DIN 276
BRI: 4.284 m³
BGF: 1.484 m²
NUF: 1.015 m²
Bauzeit: 87 Wochen
Bauende: 2023
Standard: hoch
Bundesland: Schleswig-Holstein
Kreis: Ostholstein

Architekt*in:
Architekturbüro Griebel
Eutiner Straße 4a
23738 Lensahn

Bauherr*in:
Gunnar, Sven Schröder
Elisabethstraße 35
23701 Eutin

© Architekturbüro Griebel

© Architekturbüro Griebel

© Architekturbüro Griebel

© Architekturbüro Griebel

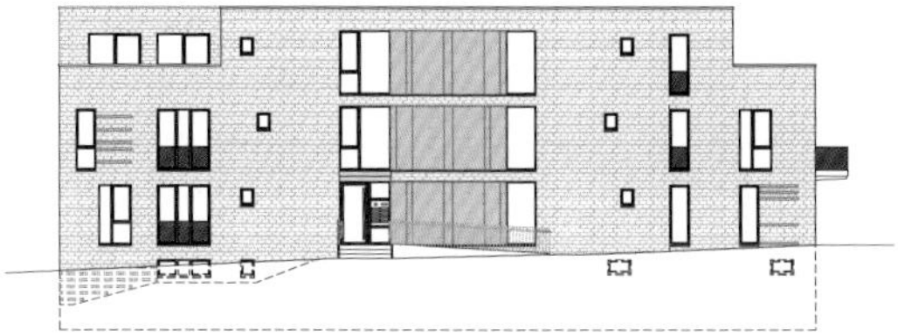
Ansicht Nord-West

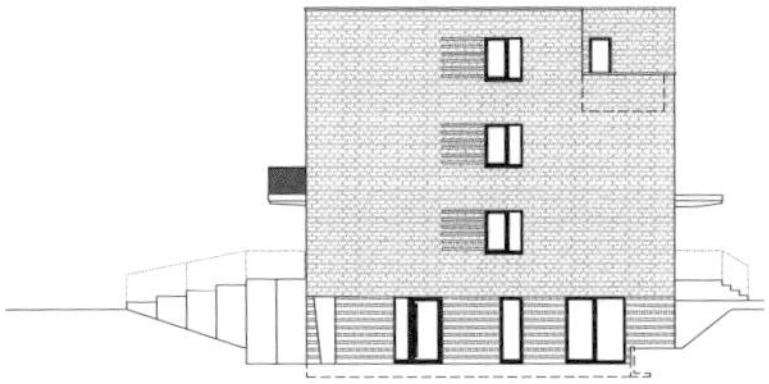
Ansicht Nord-Ost

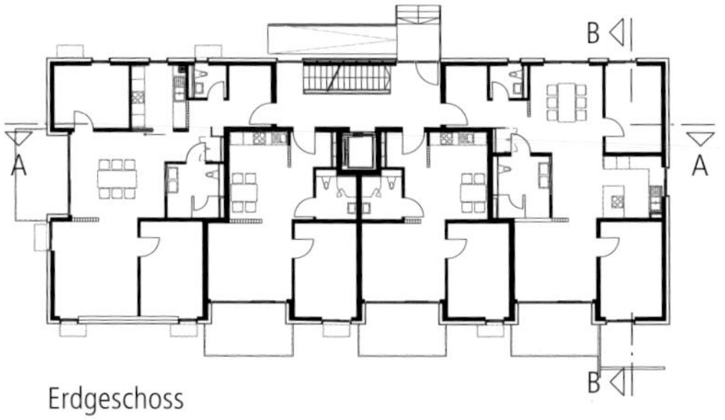

Erdgeschoss

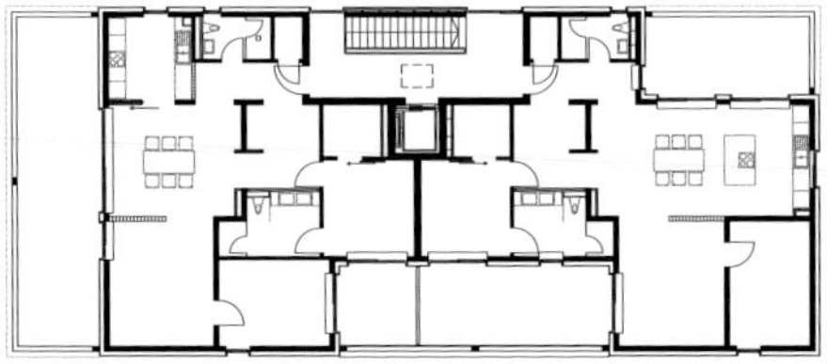
Staffelgeschoss

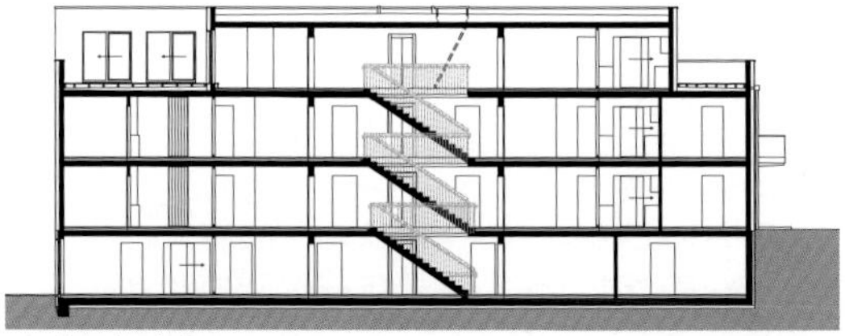
Schnitt A-A

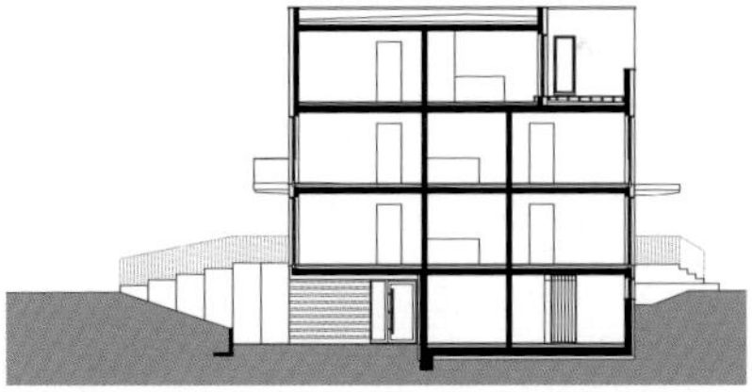
Schnitt B-B

Ansicht Süd-Ost

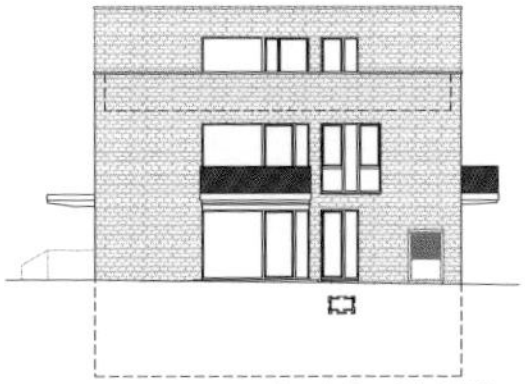
Ansicht Süd-West

Objektbeschreibung

Allgemeine Objektinformationen

Das Mehrfamilienhaus verfügt über insgesamt elf Komfortwohnungen mit Terrassen oder Balkonen und eine Aufzugsanlage. Die zwei Penthousewohnungen haben jeweils zwei großzügige Dachterrassen. Das Gebäude ist vollflächig unterkellert und auf der Hangseite um eine Souterrainwohnung im Untergeschoss ergänzt.

Nutzung

1 Untergeschoss
1 WE: Wohnen, Schlafen, Küche, Bad, Terrassen, Abstellräume, Waschküche, Haustechnik

1 Erdgeschoss
4 WE: Wohn- Essräume, Küchen, Schlafräume, Bäder, WCs, Terrassen

1 Obergeschoss
4 WE: Wohn- Essräume, Küchen, Schlafräume, Bäder, WCs, Balkone

1 Dachgeschoss
2 WE: Wohn- Essräume, Küchen, Schlafräume, Bäder, WCs, Dachterrassen

Nutzeinheiten

Stellplätze: 11
Wohneinheiten: 11
Wohnfläche: 859 m^2

Grundstück

Bauraum: Beengter Bauraum
Neigung: Geneigtes Gelände
Bodenklasse: BK 1 bis BK 4

Markt

Hauptvergabezeit: 4. Quartal 2021
Baubeginn: 1. Quartal 2022
Bauende: 4. Quartal 2023
Konjunkturelle Gesamtlage: über Durchschnitt
Regionaler Baumarkt: unter Durchschnitt

Baukonstruktion

Das Objekt ist als konventioneller Massivbau in Kalksandsteinbauweise mit außenliegendem Wärmedämmverbundsystem und Flachverblendern errichtet. Gegründet ist das Gebäude auf einer Stahlbetonfundamentplatte. Die Kellerwände bestehen aus Stahlbeton-Fertigteilen. Sowohl die Geschossdecken als auch das Flachdach sind als Elementdecken mit Aufbeton ausgeführt. Die farbigen, bodentiefen Kunststofffenster sind mit einer Dreifachverglasung ausgestattet und können mit Raffstores verschattet werden. Die Böden sind mit hochwertigem Parkett und Fliesen belegt.

Technische Anlagen

Das Gebäude wird mittels einer Gas-Hybrid-Wärmepumpe mit Wärme versorgt. Eine Fußbodenheizung verteilt die Heizwärme in den Räumen. Die Be- und Entlüftung erfolgt über dezentrale Abluftgeräte ohne Wärmerückgewinnung und Nachströmungsöffnungen über Fenster-Falzlüfter. Ein Personenaufzug erschließt die Geschosse barrierefrei.

Sonstiges

Im Außenbereich sind elf Stellplätze angelegt, der Eingangsbereich ist mit einer Rampe ausgestattet, die eine barrierefreie Erschließung ermöglicht.

Energetische Kennwerte

Gesetzliche Grundlage: GEG 2020
Gebäudenutzfläche: 1.049,40 m^2
Gebäudevolumen: 3.279,35 m^3
A/V_e-Verhältnis (Kompaktheit): 0,50 m^{-1}
Hüllfläche des beheizten Volumens: 1.656,04 m^2
Spez. Transmissionswärmeverlust: 0,29 $W/(m^2 \cdot K)$
Spez. Jahresprimärenergiebedarf: 29,57 $kWh/(m^2 \cdot a)$
Spez. Jahresendenergiebedarf: 19,00 $kWh/(m^2 \cdot a)$

Energetische Angaben zu Außenbauteilen

Bodenplatte

U-Wert: 0,18 W/(m²·K)

Gesamtdicke: 55,00 cm	d [cm]	λ [W/(m·K)]
Estrich	7,00	1,400
Dämmung	6,00	0,035
Stahlbeton	30,00	2,100
Dämmung	12,00	0,035

Außenwand gegen Erdreich

U-Wert: 0,31 W/(m²·K)

Gesamtdicke: 36,50 cm	d [cm]	λ [W/(m·K)]
Innenputz	0,50	0,350
Stahlbeton	24,00	1,150
Dämmung	10,00	0,035
Klinker	2,00	0,810

Innenwand

U-Wert: 0,29 W/(m²·K)

Gesamtdicke: 34,50 cm	d [cm]	λ [W/(m·K)]
Innenputz	0,50	0,350
Kalksandstein	24,00	0,790
Dämmung	10,00	0,035

Kellerdecke

U-Wert: 0,19 W/(m²·K)

Gesamtdicke: 45,00 cm	d [cm]	λ [W/(m·K)]
Estrich	7,00	1,400
Dämmung	6,00	0,035
Stahlbeton	22,00	2,100
Dämmung	10,00	0,032

Außenwand

U-Wert: 0,20 W/(m²·K)

Gesamtdicke: 36,00 cm	d [cm]	λ [W/(m·K)]
Innenputz	0,50	0,350
Kalksandstein	17,50	0,790
Dämmung	16,00	0,035
Klinker	2,00	0,810

Dach

U-Wert: 0,12 W/(m²·K)

Gesamtdicke: 50,00 cm	d [cm]	λ [W/(m·K)]
Stahlbeton	22,00	1,350
Dämmung	28,00	0,035

Planungskennwerte für Flächen und Rauminhalte nach DIN 277

Flächen des Grundstücks		Menge Einheit	% an GF
BF	Bebaute Fläche	395,00 m²	38,2
UF	Unbebaute Fläche	639,00 m²	61,8
GF	Grundstücksfläche	1.034,00 m²	100,0

Grundflächen des Bauwerks		Menge Einheit	% an NUF	% an BGF
NUF	Nutzungsfläche	1.014,92 m²	100,0	68,4
TF	Technikfläche	25,58 m²	2,5	1,7
VF	Verkehrsfläche	199,92 m²	19,7	13,5
NRF	Netto-Raumfläche	1.240,42 m²	122,2	83,6
KGF	Konstruktions-Grundfläche	243,58 m²	24,0	16,4
BGF	Brutto-Grundfläche	1.484,00 m²	146,2	100,0

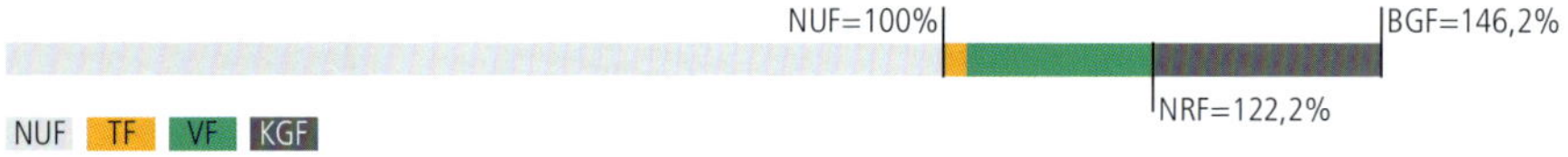

Brutto-Rauminhalt des Bauwerks		Menge Einheit	BRI/NUF (m)	BRI/BGF (m)
BRI	Brutto-Rauminhalt	4.284,00 m³	4,22	2,89

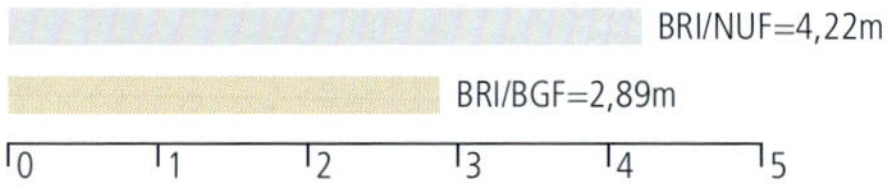

KG	Kostengruppen (2. Ebene)	Menge Einheit	Menge/NUF	Menge/BGF
310	Baugrube / Erdbau	1.742,20 m³ BGI	1,72	1,17
320	Gründung, Unterbau	347,00 m² GRF	0,34	0,23
330	Außenwände/Vertikale Baukonstruktionen, außen	949,22 m² AWF	0,94	0,64
340	Innenwände/Vertikale Baukonstruktionen, innen	1.622,72 m² IWF	1,60	1,09
350	Decken/Horizontale Baukonstruktionen	974,40 m² DEF	0,96	0,66
360	Dächer	377,36 m² DAF	0,37	0,25

Kostenkennwerte für die Kostengruppen der 1.Ebene DIN 276

KG	Kostengruppen (1. Ebene)	Einheit	Kosten €	€/Einheit	€/m² BGF	€/m³ BRI	% 300+400
100	Grundstück	m² GF	–	–	–	–	–
200	Vorbereitende Maßnahmen	m² GF	73.968	71,54	49,84	17,27	1,9
300	Bauwerk – Baukonstruktionen	m² BGF	2.965.781	1.998,51	1.998,51	692,29	75,5
400	Bauwerk – Technische Anlagen	m² BGF	961.269	647,76	647,76	224,39	24,5
	Bauwerk 300+400	**m² BGF**	**3.927.050**	**2.646,26**	**2.646,26**	**916,68**	**100,0**
500	Außenanlagen und Freiflächen	m² AF	274.156	429,04	184,74	64,00	7,0
600	Ausstattung und Kunstwerke	m² BGF	45.493	30,66	30,66	10,62	1,2
700	Baunebenkosten	m² BGF	–	–	–	–	–
800	Finanzierung	m² BGF	–	–	–	–	–

KG	Kostengruppe	Menge Einheit	Kosten €	€/Einheit	%
200	**Vorbereitende Maßnahmen**	1.034,00 m² GF	73.968	**71,54**	1,9

Abbruch von Wohnhaus, Garage, Pflasterflächen, Inventar; Oberbodenabtrag, Wurzelstöcke, Bäume, Gehölz roden; Hausanschlüsse Wasser, Gas, Strom

KG	Kostengruppe	Menge Einheit	Kosten €	€/Einheit	%
3+4	**Bauwerk**				**100,0**
300	**Bauwerk – Baukonstruktionen**	1.484,00 m² BGF	2.965.781	**1.998,51**	75,5

Bodenaustausch, Kiessand, Stb-Flachgründung, Zementestrich, Bodenbeschichtung, Perimeterdämmung, Dränage; Stb-Wände, KS-Mauerwerk, Stb-Stützen, Kunststofffenster, Alutüren, Dämmung, Klinkerriemchen-, Faserzementbekleidung, Raffstores; Porenbeton-Mauerwerk, Holztrennwände, Innentüren, Innenputz, Beschichtung, Wandfliesen, Dämmung, Holzverschläge; Stb-Elementdecken, Stb-Balkone, Stb-Treppen, Heizestrich, Parkett, Bodenfliesen, Deckendämmung, Silikonharzputz, Beschichtung, Geländer; Elementflachdächer, Flachdachausstieg, Tageslichtspots, Gefälledämmung, Dachabdichtung, Terrassenbeläge, Dachentwässerung; Einbauküchen

KG	Kostengruppe	Menge Einheit	Kosten €	€/Einheit	%
400	**Bauwerk – Technische Anlagen**	1.484,00 m² BGF	961.269	**647,76**	24,5

Gebäudeentwässerung, Hebeanlage, Kalt- und Warmwasserleitungen, Sanitärobjekte; Luft-Wasser-Wärmepumpe, Gas-Brennwertgerät, Fußbodenheizung, Heizkörper, Abgasanlage; RWA-Anlage, Einzelraumlüfter, Lüftungsrohre; Elektroinstallation, Datennetzwerk, Beleuchtung; Video-Gegensprechanlage, Multimediaverteiler; Personenaufzug

KG	Kostengruppe	Menge Einheit	Kosten €	€/Einheit	%
500	**Außenanlagen und Freiflächen**	639,00 m² AF	274.156	**429,04**	7,0

Bodenarbeiten; Pflaster, Terrassenplatten, Traufstreifen; Doppelstabmattenzaun, Winkelstützwände, L-Winkelsteine, Außentreppen; Oberflächenentwässerung, Elektroverkabelung; Verkehrsschild; Bepflanzungen; Abbruch von Bestandsmauer, Gehweg

KG	Kostengruppe	Menge Einheit	Kosten €	€/Einheit	%
600	**Ausstattung und Kunstwerke**	1.484,00 m² BGF	45.493	**30,66**	1,2

Duschabtrennungen, Spiegel

Kostenkennwerte für die Kostengruppen der 2. Ebene DIN 276

KG	Kostengruppe	Menge Einheit	Kosten €	€/Einheit	%
200	**Vorbereitende Maßnahmen**				**100,0**
210	**Herrichten**	1.034,00 m² GF	50.266	**48,61**	68,0
	Abbruch von Wohnhaus, Garage, Mauern (1.250m³), Pflasterflächen (150m²), Inventar (10t) * Oberboden abtragen (300m³), Wurzelstöcke entfernen (10St), Bäume, Gehölz roden (psch); Entsorgung, Deponiegebühren				
230	**Nichtöffentliche Erschließung**	1.034,00 m² GF	23.702	**22,92**	32,0
	Hausanschlüsse Wasser (1St) * Gas (1St) * Strom (1St)				
300	**Bauwerk – Baukonstruktionen**				**100,0**
310	**Baugrube / Erdbau**	1.742,20 m³ BGI	98.396	**56,48**	3,3
	Baugrubenaushub, laden, entsorgen (1.725m³), Planum (500m²), Verfüllung (438m³), Rohrgrabenaushub, entsorgen (10m³), lagern, verfüllen (7m³) * offene Wasserhaltung (psch), Absetzbecken (1St), Sickerleitung (50m)				
320	**Gründung, Unterbau**	347,00 m² GRF	185.630	**534,96**	6,3
	Bodenaustausch, Kiessand (288m³) * Stb-Fundamente (10m³), Stb-Bodenplatte (340m²), Stb-Aufzugunterfahrt (7m²) * Bitumenabdichtung (345m²), Dämmung (296m²), Zementestrich (236m²), Heizstrich (63m²), Bodenbeschichtung (121m²), Bodenfliesen (99m²), Parkett (41m²) * Sauberkeitsschicht (210m²), Abdichtung, Perimeterdämmung (167m²) * Dränrohre, Geotextil (90m), Dränschicht (25m³), Kontrollschächte (3St)				
330	**Außenwände/Vert. Baukonstrukt., außen**	949,22 m² AWF	756.849	**797,34**	25,5
	Stb-Wände (182m²), KS-Mauerwerk (462m²) * KS-Brüstungen (46m²) * Stb-Stützen (11m) * Kunststofffenster (203m²), Alu-Eingangselement (6m²), Alu-Eingangstür (5m²) * Perimeterdämmung, Bitumendickbeschichtung (220m²), Dämmung, Klinkerriemchen (673m²), Mineralwolldämmung, Faserzementbekleidung (33m²) * Gipsputz (496m²), Kalkzementputz (84m²), Lehmfarbbeschichtung (564m²), Wandfliesen (25m²) * Außenraffstores (28m²) * Lichtschächte (7St), Brüstungsgeländer (3m²)				
340	**Innenwände/Vert. Baukonstrukt., innen**	1.622,72 m² IWF	521.719	**321,51**	17,6
	Stb-Wände (90m²), KS-Mauerwerk (806m²) * Porenbeton-Mauerwerk (440m²), Holztrennwände (58m²) * Stb-Stütze (3m) * Wohnungseingangstüren (24m²), Holztüren (66m²), Schiebetüren (17m²), Stahltüren T30-RS (16m²), Oberlichtverglasungen (6m²) * Gipsputz (1.693m²), Kalkzementputz (599m²), Lehmfarbbeschichtung (2.323m²), Wandfliesen (86m²), Innendämmung, Gipsputz (71m²) * Holzlattenverschläge, Türen (38m)				
350	**Decken/Horizontale Baukonstruktionen**	974,40 m² DEF	717.660	**736,52**	24,2
	Stb-Elementdecken (923m²), Stb-FT-Balkone (37m²), Stb-FT-Treppen (14m²), Stb-FT-Vordach (3m²) * Dämmung (604m²), Heizestrich (740m²), Zementestrich (44m²), Parkett (581m²), Bodenfliesen (232m²), Balkonabdichtung, Bodenfliesen (30m²), Terrassenrinnen (15m) * Elementdecken beispachteln (578m²), GK-Decken (25m²), Tapeten, Lehmfarbbeschichtung (603m²), Holzwolledämmung (119m²), Silikonharzputz (45m²), Mineralwolldämmung, Putz, Silikatbeschichtung (29m²) * Glasgeländer (17m²), Stahlgeländer (30m), Balkontrennwand (1St)				

KG	Kostengruppe	Menge Einheit	Kosten €	€/Einheit	%
360	**Dächer**	377,36 m²DAF	354.021	**938,15**	11,9
	Stb-Elementflachdächer (345m²) * Flachdachausstieg (1m²), Tageslichtspots (3St) * Gefälledämmung, Bitumenabdichtung (324m²), Attikaabdeckungen (41m²), Bitumendickbeschichtung, Terrassenplatten (87m²), Attikaabläufe (7St), Regenfallrohre (57m), Terrassenrinnen (18m) * Elementdecken beispachteln, Lehmfarbbeschichtung (309m²) * Sekuranten (4St)				
380	**Baukonstruktive Einbauten**	1.484,00 m²BGF	132.120	**89,03**	4,5
	Einbauküchen (11St), Kochinsel (1St)				
390	**Sonst. Maßnahmen für Baukonstrukt.**	1.484,00 m²BGF	199.385	**134,36**	6,7
	Baustelleneinrichtungen (4St), Baustraße (400m²), Lagercontainer (2St), Bürocontainer (1St), Baustrom, Bauwasser (psch), Bauzaun (140m) * Fassadengerüst (1.016m²), Fußgängertunnel (36m), Auffangnetze (315m²), Treppenturm (psch) * Reparatur Wasser-, Sturmschaden (psch) * Entsorgung Bauabfälle (psch) * Schutzabdeckungen (1.148m²), Baureinigung (psch), Heizgerät (15d) * Schließanlage (1St)				
400	**Bauwerk – Technische Anlagen**				**100,0**
410	**Abwasser-, Wasser-, Gasanlagen**	1.484,00 m²BGF	288.288	**194,26**	30,0
	PE-Rohre (253m), KG-Rohre (50m), Hebeanlage (1St), Duschrinnen (11St), Bodenabläufe (3St) * Metallverbundrohre (720m), Frischwasserstation (1St), Hauswasserstation (1St), Enthärtungsanlage (1St), WCs (17St), Waschtische (11St), Doppelwaschtische (6St), Duscharmaturen (11St), Ausgussbecken (1St), Außenarmaturen (5St) * Montageelemente (6St)				
420	**Wärmeversorgungsanlagen**	1.484,00 m²BGF	266.750	**179,75**	27,7
	Luft-Wasser-Wärmepumpe (1St), Gas-Brennwertgerät (1St), Hocheffizienzpumpe (1St), Energiespeicher (2St), hydraulische Weichen (2St), Ventile (3St), Kleinverteiler (3St), Mischergruppen (2St), Kupfer-Gasrohre (9m) * Kupferrohre (220m) * Fußbodenheizung, Verlegeplatten (810m²), Heizkreisverteiler (12St), Wärmemengenzähler (12St), Anschlussmodule (12St), Designheizkörper (9St), Heizkörper, elektrisch (4St) * Abgasanschluss (1St), Abgasrohre (6m)				
430	**Raumlufttechnische Anlagen**	1.484,00 m²BGF	41.036	**27,65**	4,3
	RWA-Anlage (1St), Ventilatoreneinsätze (34St), Wickelfalzrohre (67m), Wetterschutzgitter (2St)				
440	**Elektrische Anlagen**	1.484,00 m²BGF	262.973	**177,21**	27,4
	Hauptverteilerschrank (1St), Zählerplätze (13St), Unterverteiler (13St), Zeitschaltuhr (1St), Stromkreiszuleitungen (125St), Verkabelung (psch), Steckdosen (520St), Schalter/Taster (211St), Herdanschlussdosen (11St), Decken/Wandauslässen (230St), Rauchmelder (33St), Netzwerkanschlussdosen (46St), Internetbuchsen (40St) * Beleuchtung (psch)				
450	**Kommunikationstechnische Anlagen**	1.484,00 m²BGF	32.874	**22,15**	3,4
	Video-Gegensprechanlage (1St), Türöffneranlage (1St) * Multimediaverteiler (11St)				
460	**Förderanlagen**	1.484,00 m²BGF	51.184	**34,49**	5,3
	Personenaufzug (1St)				
490	**Sonst. Maßnahmen für techn. Anlagen**	1.484,00 m²BGF	18.165	**12,24**	1,9
	Baustelleneinrichtung (psch) * Bauschuttentsorgung (psch)				

KG	Kostengruppe	Menge Einheit	Kosten €	€/Einheit	%
500	**Außenanlagen und Freiflächen**				**100,0**
510	**Erdbau**	48,24 m³ EBR	11.380	**235,90**	4,2
	Rohrgrabenaushub (48m³), Schutzwall herstellen (psch)				
530	**Oberbau, Deckschichten**	313,25 m² BFF	99.516	**317,69**	36,3
	Unterbau, Pflaster (198m²), Anarbeiten an Straße (68m²) * Unterbau, Terrassenplatten (47m²) * Unterbau, Pflaster (126m²) * Traufstreifen, Kies (45m)				
540	**Baukonstruktionen**	639,00 m² AF	55.654	**87,10**	20,3
	Doppelstabmattenzaun (73m²) * Winkelstützelemente (41m²), L-Winkelsteine (21m²) * Stb-Außentreppe, Podest, Rampe (13m²), Stb-Blockstufen (4m²)				
550	**Technische Anlagen**	639,00 m² AF	71.644	**112,12**	26,1
	PVC-Rohre (116m), KG-Rohre (29m), PE-Hebeanlage (1St), Kontrollschächte (6St), Hofabläufe (4St), Entwässerungsrinnen (7St), Regenwasserdrossel (1St) * Leerrohre, Elektroverteilung (psch), Vorverkabelung für E-Ladestation (psch)				
560	**Einbauten Außenanlagen u. Freiflächen**	639,00 m² AF	337	**0,53**	0,1
	Verkehrsschild versetzen (psch)				
570	**Vegetationsflächen**	308,85 m² PSF	31.708	**102,66**	11,6
	Pflanzflächen herstellen, Bepflanzungen (psch)				
590	**Sonst. Maßnahmen für Außenanlagen u. Freiflächen**	639,00 m² AF	3.918	**6,13**	1,4
	Abbruch von Bestandsmauern (40m), Gehweg (psch); Entsorgung, Deponiegebühren * provisorische Entwässerung (5h)				
600	**Ausstattung und Kunstwerke**				**100,0**
610	**Allgemeine Ausstattung**	1.484,00 m² BGF	45.493	**30,66**	100,0
	Duschabtrennungen, Versiegelung (39m²), Wandspiegel (17St)				

Kostenkennwerte für die Kostengruppen 300 der 2. und 3.Ebene DIN 276 (Übersicht)

KG	Kostengruppe	Menge Einheit	Kosten €	€/Einheit	% an 3+4
300	**Bauwerk – Baukonstruktionen**	**1.484,00 m² BGF**	**2.965.781,45**	**1.998,51**	**75,5**
310	**Baugrube / Erdbau**	**1.742,20 m³ BGI**	**98.396,43**	**56,48**	**2,5**
311	Herstellung	1.742,20 m³ BGI	88.875,44	51,01	2,3
312	Umschließung	–	–	–	–
313	Wasserhaltung	1.742,20 m³	9.520,98	5,46	0,2
314	Vortrieb	–	–	–	–
319	Sonstiges zur KG 310	–	–	–	–
320	**Gründung, Unterbau**	**347,00 m² GRF**	**185.630,40**	**534,96**	**4,7**
321	Baugrundverbesserung	347,00 m²	17.941,17	51,70	0,5
322	Flachgründungen und Bodenplatten	347,00 m²	79.277,58	228,47	2,0
323	Tiefgründungen	–	–	–	–
324	Gründungsbeläge	295,75 m²	70.641,77	238,86	1,8
325	Abdichtungen und Bekleidungen	374,00 m²	11.689,10	31,25	0,3
326	Dränagen	347,00 m² GRF	6.080,80	17,52	0,2
329	Sonstiges zur KG 320	–	–	–	–
330	**Außenwände/Vert. Baukonstrukt., außen**	**949,22 m² AWF**	**756.848,79**	**797,34**	**19,3**
331	Tragende Außenwände	655,70 m²	137.725,16	210,04	3,5
332	Nichttragende Außenwände	78,54 m²	18.873,44	240,30	0,5
333	Außenstützen	10,65 m	3.339,90	313,61	< 0,1
334	Außenwandöffnungen	214,98 m²	172.134,59	800,70	4,4
335	Außenwandbekleidungen, außen	894,12 m²	350.435,45	391,93	8,9
336	Außenwandbekleidungen, innen	576,39 m²	43.572,95	75,60	1,1
337	Element. Außenwandkonstruktionen	–	–	–	–
338	Lichtschutz zur KG 330	27,64 m²	14.154,01	512,08	0,4
339	Sonstiges zur KG 330	949,22 m² AWF	16.613,29	17,50	0,4
340	**Innenwände/Vert. Baukonstrukt., innen**	**1.622,72 m² IWF**	**521.719,30**	**321,51**	**13,3**
341	Tragende Innenwände	908,71 m²	154.169,67	169,66	3,9
342	Nichttragende Innenwände	501,81 m²	81.109,55	161,63	2,1
343	Innenstützen	2,60 m	2.326,42	894,78	< 0,1
344	Innenwandöffnungen	128,64 m²	86.246,06	670,45	2,2
345	Innenwandbekleidungen	2.479,84 m²	189.755,32	76,52	4,8
346	Elementierte Innenwandkonstruktionen	83,56 m²	8.112,29	97,08	0,2
347	Lichtschutz zur KG 340	–	–	–	–
349	Sonstiges zur KG 340	–	–	–	–
350	**Decken/Horizontale Baukonstruktionen**	**974,40 m² DEF**	**717.660,47**	**736,52**	**18,3**
351	Deckenkonstruktionen	974,40 m²	328.482,96	337,11	8,4
352	Deckenöffnungen	–	–	–	–
353	Deckenbeläge	826,84 m²	235.157,00	284,40	6,0
354	Deckenbekleidungen	795,91 m²	64.863,78	81,50	1,7
355	Elementierte Deckenkonstruktionen	–	–	–	–
359	Sonstiges zur KG 350	974,40 m² DEF	89.156,74	91,50	2,3
360	**Dächer**	**377,36 m² DAF**	**354.021,37**	**938,15**	**9,0**
361	Dachkonstruktionen	357,00 m²	95.442,50	267,35	2,4
362	Dachöffnungen	1,66 m²	18.378,13	11.071,16	0,5
363	Dachbeläge	377,36 m²	227.515,64	602,91	5,8
364	Dachbekleidungen	296,97 m²	11.377,26	38,31	0,3
365	Elementierte Dachkonstruktionen	–	–	–	–
366	Lichtschutz zur KG 360	–	–	–	–
369	Sonstiges zur KG 360	377,36 m² DAF	1.307,83	3,47	< 0,1
370	**Infrastrukturanlagen**	**–**	**–**	**–**	**–**
380	**Baukonstruktive Einbauten**	**1.484,00 m² BGF**	**132.119,51**	**89,03**	**3,4**
390	**Sonst. Maßnahmen für Baukonstrukt.**	**1.484,00 m² BGF**	**199.385,19**	**134,36**	**5,1**

Kostenkennwerte für die Kostengruppen 400 der 2. und 3. Ebene DIN 276 (Übersicht)

KG	Kostengruppe	Menge Einheit	Kosten €	€/Einheit	% an 3+4
400	**Bauwerk – Technische Anlagen**	**1.484,00 m² BGF**	**961.268,65**	**647,76**	**24,5**
410	**Abwasser-, Wasser-, Gasanlagen**	**1.484,00 m² BGF**	**288.287,95**	**194,26**	**7,3**
411	Abwasseranlagen	1.484,00 m² BGF	59.767,63	40,27	1,5
412	Wasseranlagen	1.484,00 m² BGF	226.124,29	152,37	5,8
413	Gasanlagen	–	–	–	–
419	Sonstiges zur KG 410	1.484,00 m² BGF	2.396,03	1,61	< 0,1
420	**Wärmeversorgungsanlagen**	**1.484,00 m² BGF**	**266.749,69**	**179,75**	**6,8**
421	Wärmeerzeugungsanlagen	1.484,00 m² BGF	80.382,46	54,17	2,0
422	Wärmeverteilnetze	1.484,00 m² BGF	48.612,44	32,76	1,2
423	Raumheizflächen	1.484,00 m² BGF	134.248,95	90,46	3,4
424	Verkehrsheizflächen	–	–	–	–
429	Sonstiges zur KG 420	1.484,00 m² BGF	3.505,85	2,36	< 0,1
430	**Raumlufttechnische Anlagen**	**1.484,00 m² BGF**	**41.035,71**	**27,65**	**1,0**
431	Lüftungsanlagen	1.484,00 m² BGF	41.035,71	27,65	1,0
432	Teilklimaanlagen	–	–	–	–
433	Klimaanlagen	–	–	–	–
434	Kälteanlagen	–	–	–	–
439	Sonstiges zur KG 430	–	–	–	–
440	**Elektrische Anlagen**	**1.484,00 m² BGF**	**262.972,57**	**177,21**	**6,7**
441	Hoch- und Mittelspannungsanlagen	–	–	–	–
442	Eigenstromversorgungsanlagen	–	–	–	–
443	Niederspannungsschaltanlagen	–	–	–	–
444	Niederspannungsinstallationsanlagen	1.484,00 m² BGF	232.036,56	156,36	5,9
445	Beleuchtungsanlagen	1.484,00 m² BGF	30.936,02	20,85	0,8
446	Blitzschutz- und Erdungsanlagen	–	–	–	–
447	Fahrleitungssysteme	–	–	–	–
449	Sonstiges zur KG 440	–	–	–	–
450	**Kommunikationstechnische Anlagen**	**1.484,00 m² BGF**	**32.873,64**	**22,15**	**0,8**
451	Telekommunikationsanlagen	–	–	–	–
452	Such- und Signalanlagen	1.484,00 m² BGF	24.436,35	16,47	0,6
453	Zeitdienstanlagen	–	–	–	–
454	Elektroakustische Anlagen	–	–	–	–
455	Audiovisuelle Medien- u. Antennenanl.	1.484,00 m² BGF	8.437,30	5,69	0,2
456	Gefahrenmelde- und Alarmanlagen	–	–	–	–
457	Datenübertragungsnetze	–	–	–	–
458	Verkehrsbeeinflussungsanlagen	–	–	–	–
459	Sonstiges zur KG 450	–	–	–	–
460	**Förderanlagen**	**1.484,00 m² BGF**	**51.184,39**	**34,49**	**1,3**
461	Aufzugsanlagen	1.484,00 m² BGF	51.184,39	34,49	1,3
462	Fahrtreppen, Fahrsteige	–	–	–	–
463	Befahranlagen	–	–	–	–
464	Transportanlagen	–	–	–	–
465	Krananlagen	–	–	–	–
466	Hydraulikanlagen	–	–	–	–
469	Sonstiges zur KG 460	–	–	–	–
470	**Nutzungsspez. u. verfahrenstechn. Anl.**	**–**	**–**	**–**	**–**
480	**Gebäude- und Anlagenautomation**	**–**	**–**	**–**	**–**
490	**Sonst. Maßnahmen für techn. Anlagen**	**1.484,00 m² BGF**	**18.164,69**	**12,24**	**0,5**

Kostenkennwerte für die Kostengruppen der 3.Ebene DIN 276

KG	Kostengruppe	Menge Einheit	Kosten €	€/Einheit	%
210	**Herrichten**				**100,0**
212	**Abbruchmaßnahmen**	1.034,00 m²GF	33.202	**32,11**	66,1
	Abbruch von Wohnhaus, Garage, Mauern (1.250m³), Pflasterflächen (150m²), Inventar (10t); Entsorgung, Deponiegebühren				
214	**Herrichten der Geländeoberfläche**	1.034,00 m²GF	17.064	**16,50**	33,9
	Oberboden abtragen, d=35cm, entsorgen (300m³), Wurzelstöcke entfernen (10St), Bäume, Gehölz roden, entsorgen (psch)				
230	**Nichtöffentliche Erschließung**				**100,0**
232	**Wasserversorgung**	1.034,00 m²GF	1.933	**1,87**	8,2
	Hausanschluss Wasser (1St)				
233	**Gasversorgung**	1.034,00 m²GF	223	**0,22**	0,9
	Hausanschluss Gas (1St)				
235	**Stromversorgung**	1.034,00 m²GF	21.546	**20,84**	90,9
	Hausanschluss Strom (1St)				
310	**Baugrube / Erdbau**				**100,0**
311	**Herstellung**	1.742,20 m³BGI	88.875	**51,01**	90,3
	Baugrubenaushub BK 4-5, t bis 3,75m, laden, entsorgen (1.725m³), Planum (500m²), Hinterfüllung mit Sand, Liefermaterial (438m³), Grabenaushub, t=40cm, laden, entsorgen (10m³), Rohrgrabenaushub, b=30cm, t bis 0,80m, lagern, verfüllen (7m³)				
313	**Wasserhaltung**	1.742,20 m³	9.521	**5,46**	9,7
	Offene Wasserhaltung, abpumpen Dränagewasser (psch), Absetzbecken, DN1.000mm, t=1,50m (1St), Sickerleitung DN100 (50m)				
320	**Gründung, Unterbau**				**100,0**
321	**Baugrundverbesserung**	347,00 m²	17.941	**51,70**	9,7
	Bodenaustausch, t bis 3,75m, Kiessand 0/32mm (288m³)				
322	**Flachgründungen und Bodenplatten**	347,00 m²	79.278	**228,47**	42,7
	Fundamentaushub, lösen, lagern (20m³), Stb-Fundamente C25/30 (10m³), Stb-Bodenplatten C25/30, d=30cm, Schalung, Bewehrung (340m²), Stb-Aufzugunterfahrt C25/30, WU, d=25cm, t=64cm (7m²)				
324	**Gründungsbeläge**	295,75 m²	70.642	**238,86**	38,1
	Bitumenabdichtung (345m²), EPS-Dämmung WLG 035, d=80mm (236m²), d=50mm (60m²), Zementestrich, d=55mm (236m²), Zement-Heizstrich, d=75mm, bewehrt (63m²), PU-Bodenbeschichtung (121m²), Abdichtung, Bodenfliesen 60x60cm (99m²), Fliesensockel (112m), Dreischicht-Parkett, Eiche, geölt (41m²), Holzsockel (33m), Sauberlaufmatte 1,60x1,20m (2m²)				

KG	Kostengruppe	Menge Einheit	Kosten €	€/Einheit	%
325	**Abdichtungen und Bekleidungen**	374,00 m²	11.689	**31,25**	6,3
	Sauberkeitsschicht, Noppenbahn (210m²), XPS-Perimeterdämmung WLG 034, d=120mm (140m²), Bitumendickbeschichtung, XPS-Perimeterdämmung WLG 035, d=100mm, Noppenbahn, vertikal (27m²)				
326	**Dränagen**	347,00 m² GRF	6.081	**17,52**	3,3
	Drängrabenaushub, t=0,50m, abfahren (25m³), Dränrohre DN150, Formstücke, Geotextil (90m), Dränschicht, Kiessand 2/8mm (25m³), Kontrollschächte DN300, h=3,25m (2St), h=1,00m (1St)				
330	**Außenwände/Vertikale Baukonstruktionen, außen**				**100,0**
331	**Tragende Außenwände**	655,70 m²	137.725	**210,04**	18,2
	Stb-Wände C25/30, d=24cm, WU, Schalung, Bewehrung (182m²), KS-Mauerwerk, d=17,5cm (443m²), d=24cm (19m²), Stb-Ringanker C25/30, 17,5x25cm (46m), EPDM-Mauerkragen (9St)				
332	**Nichttragende Außenwände**	78,54 m²	18.873	**240,30**	2,5
	KS-Attiken/-Brüstungen, d=17,5cm (46m²), Stb-Ringanker C25/30, 17,5x25cm, Schalung, Bewehrung (135m)				
333	**Außenstützen**	10,65 m	3.340	**313,61**	0,4
	Stb-Stützen C25/30, 17,5x25cm, Schalung, Bewehrung (11m)				
334	**Außenwandöffnungen**	214,98 m²	172.135	**800,70**	22,7
	Kunststofffenster, Dreifachverglasung, Uw=0,7W/m²K, SSK3 (9m²), bodentief bis fünfteilig (194m²), Alufensterbänke (56m), Steinfensterbänke (6m), Alu-Eingangselement, Seitenteil dreiteilig, Festverglasung, Briefkastenelement (6m²), Alu-Nebeneingangstür, Seitenteil feststehend (5m²)				
335	**Außenwandbekleidungen, außen**	894,12 m²	350.435	**391,93**	46,3
	Bitumendickbeschichtung, XPS-Perimeterdämmung, Noppenbahn (220m²), EPS-Dämmplatten WLS 034, d=160mm, verdübelt, Flächenarmierung, Keramik-Klinkerriemchen (606m²), an Balkonen (30m²), an Sockeln (37m²), in Laibungen (357m), Brandriegel (286m), Schwerlastkonsolen (12St), Mineralwolldämmung WLS 032, d=120mm, Unterkonstruktion, Faserzementbekleidung, d=8mm (33m²)				
336	**Außenwandbekleidungen, innen**	576,39 m²	43.573	**75,60**	5,8
	Gipsputz, Q3 (496m²), in Laibungen (99m), Kalkzementputz (84m²), in Laibungen (12m), Lehmfarbbeschichtung (564m²), Wandfliesen 60x120cm (25m²)				
338	**Lichtschutz zur KG 330**	27,64 m²	14.154	**512,08**	1,9
	Außenraffstores, bis dreiteilig, motorbetrieben (28m²)				
339	**Sonstiges zur KG 330**	949,22 m² AWF	16.613	**17,50**	2,2
	Kunststofflichtschächte 1,25x1,30x0,60m, Rost begehbar (7St), Glas-Brüstungsgeländer, h=86cm (3St)				

KG	Kostengruppe	Menge Einheit	Kosten €	€/Einheit	%
340	**Innenwände/Vertikale Baukonstruktionen, innen**				**100,0**
341	**Tragende Innenwände**	908,71 m²	154.170	**169,66**	29,6
	Stb-Wände C25/30, d=24cm, Schalung, Bewehrung (90m²), KS-Mauerwerk, d=24cm (481m²), d=17,5cm (325m²), Fertigteilstürze, b=88,5-101m (16St), Stb-Ringanker C25/30, 17,5x12,5cm (100m)				
342	**Nichttragende Innenwände**	501,81 m²	81.110	**161,63**	15,5
	Porenbeton-Mauerwerk, d=11,5cm (440m²), Stürze, l=0,885m (30St), Stb-Ringanker C25/30, 11,5x25cm (16m), Holztrennwände, b=0,78-1,98m, KVH 60x120mm, senkrecht auf Stahlkonstruktion, raumhoch, beschichtet (58m²)				
343	**Innenstützen**	2,60 m	2.326	**894,78**	0,4
	Stb-Stütze C25/30, 25x40cm, Schalung, Bewehrung (3m)				
344	**Innenwandöffnungen**	128,64 m²	86.246	**670,45**	16,5
	Wohnungseingangstüren, 42dB, Bodendichtung (24m²), Holztüren, Röhrenspaneinlagen, Umfassungszargen (66m²), Schiebetüren, in Wand (13m²), Schiebetüren, vor Wand (4m²), Stahltüren T30-RS, Stahlzargen (16m²), Holz-Oberlichtverglasungen, VSG, Kunststein-Fensterbänke (6m²)				
345	**Innenwandbekleidungen**	2.479,84 m²	189.755	**76,52**	36,4
	Gipsputz Q3 (1.693m²), in Laibungen (351m), Kalkzementputz (599m²), in Laibungen (22m), GK/OSB-Vorsatzschalen, Steinwolldämmung, Vliestapeten (117m²), GK-Verkofferungen (11m), Brandschutzbekleidung, zweiseitig (13m), Lehmfarbbeschichtung (2.323m²), Abdichtung, Wandfliesen 60x120cm (86m²), Innendämmung WLG 035, d=100mm, Gipsputz (71m²)				
346	**Elementierte Innenwandkonstruktionen**	83,56 m²	8.112	**97,08**	1,6
	Holz-Lattenverschläge, h=2,20m, Holzprofile 19x55mm auf Winkeleisen 28x22mm (38m), Lattentüren 80x195cm (12St)				
350	**Decken/Horizontale Baukonstruktionen**				**100,0**
351	**Deckenkonstruktionen**	974,40 m²	328.483	**337,11**	45,8
	Stb-Elementdecken C25/30, d=22cm, Schalung, Bewehrung (923m²), Stb-Fertigbalkone, d=22cm (37m²), Stb-Fertigteiltreppen, b=1,10m, t=17cm, einläufig, 18 Stg (9m²), 17 Stg (5m²), Stb-Fertigteilvordach 1,96x1,76m (3m²)				
353	**Deckenbeläge**	826,84 m²	235.157	**284,40**	32,8
	EPS-Dämmung WLG 035, d=20-50mm (580m²), d=80mm (24m²), Zement-Heizestrich, d=85mm, bewehrt (740m²), Zementestrich, d=55mm (44m²), Dreischicht-Parkett, Eiche, geölt (581m²), Holzsockel (465m), Abdichtung, Bodenfliesen 60x60-120cm (203m²), Mosaik 5x5cm (4m²), Fliesensockel (148m), Stufenfliesen 30/20x110cm (24m²), Balkonabdichtung, Bodenfliesen 60x40cm, Stelzlager (30m²), Terrassenrinnen (15m)				
354	**Deckenbekleidungen**	795,91 m²	64.864	**81,50**	9,0
	Elementdecken beispachteln (578m²), abgehängte GK-Decken (25m²), Vliestapeten, Lehmfarbbeschichtung (603m²), Holzwolledämmung (119m²), Silikonharz-Kratzputz (45m²), Mineralwolldämmung WLG 035, d=160mm, Glattputz, Silikatbeschichtung (29m²)				

KG	Kostengruppe	Menge Einheit	Kosten €	€/Einheit	%
359	**Sonstiges zur KG 350**	974,40 m² DEF	89.157	**91,50**	12,4
	Ganzglas-Balkongeländer, h=1,20m (17m²), Brüstungsgeländer, senkrechte Flachstahlstäbe, b=50mm, h=0,90m (15m), als Treppengeländer (15m), Handlauf, Edelstahl (29m), Balkontrennwand 2,76x2,20m (1St)				
360	**Dächer**				**100,0**
361	**Dachkonstruktionen**	357,00 m²	95.442	**267,35**	27,0
	Stb-Elementflachdächer C25/30, d=22cm, Schalung, Bewehrung (345m²)				
362	**Dachöffnungen**	1,66 m²	18.378	**11.071,16**	5,2
	Flachdachausstieg 120x90cm, Acryl-Lichtkuppel (1m²), Tageslichtspots, DN35, Acryl-Lichtkuppeln (3St)				
363	**Dachbeläge**	377,36 m²	227.516	**602,91**	64,3
	Bitumenbahn (323m²), EPS-Gefälledämmung WLG 035, i.M. 293mm (240m²), PUR-Gefälledämmung WLS 023, i. M. 148mm (84m²), Bitumenabdichtung, zweilagig (324m²), Holzbohlen, Alu-Attikaabdeckungen, b=38cm (41m²), Bautenschutzmatten, Bitumendickbeschichtung, Terrassenplatten (87m²), Attikaabläufe (7St), Regenfallrohre DN100 (57m), Terrassenrinnen (18m)				
364	**Dachbekleidungen**	296,97 m²	11.377	**38,31**	3,2
	Elementdecken spachteln, Vliestapeten, Lehmfarbbeschichtung (309m²)				
369	**Sonstiges zur KG 360**	377,36 m² DAF	1.308	**3,47**	0,4
	Sekuranten (4St)				
380	**Baukonstruktive Einbauten**				**100,0**
381	**Allgemeine Einbauten**	1.484,00 m² BGF	132.120	**89,03**	100,0
	Einbauküchen (11St), Kochinsel (1St)				
390	**Sonstige Maßnahmen für Baukonstruktionen**				**100,0**
391	**Baustelleneinrichtung**	1.484,00 m² BGF	110.999	**74,80**	55,7
	Baustelleneinrichtung, Hauptgewerk (1St), Nebengewerke (3St), Baustraße (400m²), Lagercontainer (2St), Bauwagen (1St), WC-Container (1St), Mobil-WCs (23St), Baustrom, Baubeleuchtung, Bauwasser (psch), Bautür (1St), Bauzaun, h=2,00m (140m), Bauschild, 1,50x1,60m (1St)				
392	**Gerüste**	1.484,00 m² BGF	63.521	**42,80**	31,9
	Fassadengerüst, Lastklasse 3 (1.016m²), Konsolverbreiterung (360m), Fußgängertunnel (36m), Auffangnetze (315m²), Rollgerüste (4m²), Treppenturm (psch)				
396	**Materialentsorgung**	1.484,00 m² BGF	678	**0,46**	0,3
	Entsorgung Baumischabfälle (psch)				
397	**Zusätzliche Maßnahmen**	1.484,00 m² BGF	17.183	**11,58**	8,6
	Schutzabdeckungen mit Planen (528m²), mit Pappe (622m²), Baureinigung (psch), mobiles Heizgerät (15d)				

KG	Kostengruppe	Menge Einheit	Kosten €	€/Einheit	%
399	**Sonstiges zur KG 390**	1.484,00 m²BGF	7.004	**4,72**	3,5
	Schließanlage (1St)				
410	**Abwasser-, Wasser-, Gasanlagen**				**100,0**
411	**Abwasseranlagen**	1.484,00 m²BGF	59.768	**40,27**	20,7
	PE-Rohre DN50-110, schallgedämmt, Formstücke, Rohrdämmung (253m), KG-Rohre DN200, Formstücke (50m), Hebeanlage (1St), Duschrinnen (11St), Bodenabläufe DN50 (3St), PP-Siphons (22St), Rohrschotts (18St)				
412	**Wasseranlagen**	1.484,00 m²BGF	226.124	**152,37**	78,4
	Metallverbundrohre DN16-50, Formstücke, Rohrdämmung (720m), Frischwasserstation (1St), Zirkulationspumpe (1St), Hauswasserstation (1St), Sicherheitsgruppe (1St), Wasserzähler (11St), Zirkulations-Regulierventile (4St), Enthärtungsanlage (1St), WCs (17St), Waschtische (11St), Doppelwaschtische (6St), Duscharmaturen (11St), Ausgussbecken (1St), Wasseranschlüsse (27St), Außenarmaturen (5St)				
419	**Sonstiges zur KG 410**	1.484,00 m²BGF	2.396	**1,61**	0,8
	Montageelemente für Waschtische (6St)				
420	**Wärmeversorgungsanlagen**				**100,0**
421	**Wärmeerzeugungsanlagen**	1.484,00 m²BGF	80.382	**54,17**	30,1
	Luft-Wasser-Wärmepumpe 16,6kW (1St), Gas-Brennwertgerät 45kW (1St), Hocheffizienzpumpe (1St), Ausdehnungsgefäße 25-80l (4St), Energiespeicher 500l (1St), 210l (1St), hydraulische Weichen (2St), Kältemittelleitungsset (15m), Wärmemengenzähler (1St), Dreiwege-Umschaltventile (2St), Schlammabscheidesets (2St), Temperaturfühler (8St), Zweiwege-Zonenventil (1St), Kleinverteiler (3St), Mischergruppen (2St), Anschlussgruppe (1St), Pumpengruppe (1St), Kupfer-Gasrohre DN28, Formstücke (9m), Gasströmungswächter, Gaszähler (1St)				
422	**Wärmeverteilnetze**	1.484,00 m²BGF	48.612	**32,76**	18,2
	Kupferrohre DN22-54, Formstücke, Dämmung (220m), Strangabsperrventile (12St)				
423	**Raumheizflächen**	1.484,00 m²BGF	134.249	**90,46**	50,3
	Fußbodenheizung, Verlegeplatten (810m²), Heizkreisverteiler, fünf bis zehn Heizkreise, Verteilerschränke (12St), Wärmemengenzähler (12St), Anschlussmodule (12St), Stellantriebe (88St), Thermostate (77St), Kugelhähne (24St), Designheizkörper (9St), Heizkörper, elektrisch (4St)				
429	**Sonstiges zur KG 420**	1.484,00 m²BGF	3.506	**2,36**	1,3
	Abgasanschluss, Dachdurchführung, Erweiterungssatz (1St), PP-Rohre DN110 (5m), Stahlrohr DN160/110 (1m)				
430	**Raumlufttechnische Anlagen**				**100,0**
431	**Lüftungsanlagen**	1.484,00 m²BGF	41.036	**27,65**	100,0
	RWA-Anlage (1St), Einzelraumlüfter (34St), Wickelfalzrohre DN100-140, Formstücke, Rohrdämmung (67m), Brandschutzschotts (17St), Wetterschutzgitter (2St)				

KG	Kostengruppe	Menge Einheit	Kosten €	€/Einheit	%
440	**Elektrische Anlagen**				**100,0**
444	**Niederspannungsinstallationsanlagen**	1.484,00 m² BGF	232.037	**156,36**	88,2
	Hauptverteilerschrank, bestückt (1St), Zählerplätze (13St), Unterverteiler (13St), Stromkreiszuleitungen NYM (125St), Verkabelung von Steckdosen (520St), Schalter/Taster (211St), Herdanschlussdosen (11St), Decken/Wandauslässen (230St), Rauchmelder (33St), Netzwerkanschlussdosen (46St), Internetbuchsen RJ45 (40St), Brandschutzschotts (5St), Zeitschaltuhr (1St)				
445	**Beleuchtungsanlagen**	1.484,00 m² BGF	30.936	**20,85**	11,8
	Beleuchtung (psch)				
450	**Kommunikations-, sicherheits- und informationstechnische Anlagen**				**100,0**
452	**Such- und Signalanlagen**	1.484,00 m² BGF	24.436	**16,47**	74,3
	Video-Gegensprechanlage, Verkabelung, 11 WE (1St), Türöffneranlage (1St)				
455	**Audiovisuelle Medien- u. Antennenanl.**	1.484,00 m² BGF	8.437	**5,69**	25,7
	Multimediaverteiler, verkabelt (11St)				
460	**Förderanlagen**				**100,0**
461	**Aufzugsanlagen**	1.484,00 m² BGF	51.184	**34,49**	100,0
	Personenaufzug, Tragkraft 630kg, acht Personen, Förderhöhe 8,48m (1St)				
490	**Sonstige Maßnahmen für technische Anlagen**				**100,0**
491	**Baustelleneinrichtung**	1.484,00 m² BGF	17.570	**11,84**	96,7
	Baustelleneinrichtung (psch)				
496	**Materialentsorgung**	1.484,00 m² BGF	594	**0,40**	3,3
	Bauschuttentsorgung (psch)				
510	**Erdbau**				**100,0**
511	**Herstellung**	48,24 m³ EBR	11.380	**235,90**	100,0
	Rohrgrabenaushub, t bis1,20m (48m³), Schutzwall herstellen (psch)				
530	**Oberbau, Deckschichten**				**100,0**
531	**Wege**	266,00 m²	47.632	**179,07**	47,9
	Unterbau, Pflaster (198m²), Anarbeiten an Straße (68m²), an Einfahrt (psch), Kleinpflaster (52m)				
533	**Plätze, Höfe, Terrassen**	47,25 m²	28.538	**603,98**	28,7
	Unterbau, Terrassenplatten (47m²), Bordsteine in Beton (92m), Terrasseneinfassung in Beton (35m), Großpflaster (10m)				
534	**Stellplätze**	126,00 m²	18.468	**146,57**	18,6
	Unterbau, Pflaster (126m²), Betonbordsteine (50m)				
539	**Sonstiges zur KG 530**	313,25 m² BFF	4.878	**15,57**	4,9
	Traufstreifen, Kies (45m)				

KG	Kostengruppe	Menge Einheit	Kosten €	€/Einheit	%
540	**Baukonstruktionen**				**100,0**
541	**Einfriedungen**	72,70 m²	9.896	**136,12**	17,8
	Doppelstabmattenzaun, h=1,83m (54m²), h=1,04m (19m²)				
543	**Wandkonstruktionen**	62,20 m²	28.164	**452,79**	50,6
	Winkelstützelemente, b=1,00m, h=1,25-1,50m (23m²), h=2,50-3,00m (15m²), h=1,00m (4m²), L-Winkelsteine, b=0,60-1,00m (21m²)				
544	**Rampen, Treppen, Tribünen**	16,90 m²	17.595	**1.041,10**	31,6
	Stb-Außentreppe C25/30, b=1,40m, vier Stufen 17x29cm, Podest, Rampe (13m²), Stb-Blockstufen C25/30, b=1,00m (4m²)				
550	**Technische Anlagen**				**100,0**
551	**Abwasseranlagen**	639,00 m² AF	55.926	**87,52**	78,1
	PVC-Rohre DN150, Formstücke (116m), KG-Rohre (29m), PE-Hebeanlage, t=2,20m, zwei Motorpumpen, Druckleitung DN40 (1St), Kontrollschächte DN1.000, t=2,00m (3St), DN400 (3St), Hofabläufe (4St), Entwässerungsrinnen (7St), Regenwasserdrossel (1St)				
556	**Elektrische Anlagen**	639,00 m² AF	15.718	**24,60**	21,9
	Leerrohre, Elektroverteilung im Erdreich (psch), Vorverkabelung für E-Ladestation (psch)				
560	**Einbauten in Außenanlagen und Freiflächen**				**100,0**
563	**Orientierungs- und Informationssysteme**	639,00 m² AF	337	**0,53**	100,0
	Verkehrsschild versetzen (psch)				
570	**Vegetationsflächen**				**100,0**
573	**Pflanzflächen**	308,85 m²	31.708	**102,66**	100,0
	Pflanzflächen herstellen, Bepflanzungen (psch)				
590	**Sonstige Maßnahmen für Außenanlagen und Freiflächen**				**100,0**
594	**Abbruchmaßnahmen**	639,00 m² AF	3.455	**5,41**	88,2
	Abbruch von Bestandsmauern (40m), Gehweg (psch); Entsorgung, Deponiegebühren				
597	**Zusätzliche Maßnahmen**	639,00 m² AF	463	**0,73**	11,8
	Provisorische Entwässerung (5h)				

Kostenkennwerte für Leistungsbereiche nach STLB (Kosten des Bauwerks nach DIN 276)

LB	Leistungsbereiche	Kosten €	€/m² BGF	€/m³ BRI	% an 3+4
000	Baustellen-, Sicherheitseinr. inkl. 001, 089	193.042	130,10	45,10	4,9
002	Erdarbeiten	107.693	72,60	25,10	2,7
006	Spezialtiefbauarbeiten inkl. 005	–	–	–	–
009	Entwässerungskanalarbeiten inkl. 011	–	–	–	–
010	Drän- und Versickerarbeiten	15.602	10,50	3,60	0,4
012	Mauerarbeiten	399.439	269,20	93,20	10,2
013	Betonarbeiten	691.350	465,90	161,40	17,6
014	Natur-, Betonwerksteinarbeiten	–	–	–	–
016	Zimmer- und Holzbauarbeiten	–	–	–	–
017	Stahlbauarbeiten	–	–	–	–
018	Abdichtungsarbeiten	49.346	33,30	11,50	1,3
019	Kampfmittelräumarbeiten	–	–	–	–
020	Dachdeckungsarbeiten	–	–	–	–
021	Dachabdichtungsarbeiten	190.555	128,40	44,50	4,9
022	Klempnerarbeiten	57.281	38,60	13,40	1,5
	Rohbau	**1.704.308**	**1.148,50**	**397,80**	**43,4**
023	Putz- und Stuckarbeiten, Wärmedämmsysteme	217.670	146,70	50,80	5,5
024	Fliesen- und Plattenarbeiten	133.176	89,70	31,10	3,4
025	Estricharbeiten	57.334	38,60	13,40	1,5
026	Fenster, Außentüren inkl. 029, 032	222.549	150,00	51,90	5,7
027	Tischlerarbeiten	261.553	176,20	61,10	6,7
028	Parkett-, Holzpflasterarbeiten	–	–	–	–
030	Rollladenarbeiten	14.154	9,50	3,30	0,4
031	Metallbauarbeiten inkl. 035	52.428	35,30	12,20	1,3
034	Maler- und Lackiererarb. - Beschicht. inkl. 037	125.267	84,40	29,20	3,2
036	Bodenbelagarbeiten	114.115	76,90	26,60	2,9
038	Vorgehängte hinterlüftete Fassaden	23.151	15,60	5,40	0,6
039	Trockenbauarbeiten	33.838	22,80	7,90	0,9
	Ausbau	**1.255.235**	**845,80**	**293,00**	**32,0**
040	Wärmeversorgungsanl. - Betriebseinr. inkl. 041	253.029	170,50	59,10	6,4
042	Gas- u. Wasseranl. - Leitung., Armat. inkl. 043	99.536	67,10	23,20	2,5
044	Abwasseranl. - Leitungen, Abläufe, Armaturen	34.451	23,20	8,00	0,9
045	Gas, Wasser, Entwässerung - Ausstattung inkl. 046	140.694	94,80	32,80	3,6
047	Dämm- und Brandschutzarb. an techn. Anlagen	42.074	28,40	9,80	1,1
049	Feuerlöschanlagen, Feuerlöschgeräte	–	–	–	–
050	Blitzschutz-/Erdungsanlagen, Überspannungssch.	–	–	–	–
053	Niederspannungsanl. - Kabel inkl. 052, 054	230.110	155,10	53,70	5,9
055	Sicherheits- u. Ersatzstromversorgungsanl.	–	–	–	–
057	Gebäudesystemtechnik	–	–	–	–
058	Leuchten und Lampen inkl. 059	30.936	20,80	7,20	0,8
060	Such, Signal, Zeit, Anten., akust. Anl. inkl. 064	32.874	22,20	7,70	0,8
061	Kommunikations- u. Übertragungsnetze inkl. 063	–	–	–	–
069	Aufzüge	51.184	34,50	11,90	1,3
070	Gebäudeautomation	–	–	–	–
075	Raumlufttechnische Anlagen inkl. 078	41.036	27,70	9,60	1,0
	Gebäudetechnik	**955.925**	**644,20**	**223,10**	**24,3**
084	Abbruch, Rückbau, Schadstoffsanierung	–	–	–	–
	Abbrucharbeiten	**–**	**–**	**–**	**–**
	Sonstige Leistungsbereiche	**11.583**	**7,80**	**2,70**	**0,3**

6100-1730
Einfamilienhaus
Gästewohnung

Kostenkennwerte für die Kosten des Bauwerks (Kostengruppen 300+400 nach DIN 276)

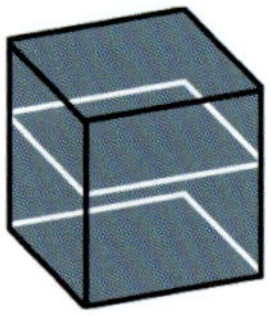

BRI 1.291 €/m³

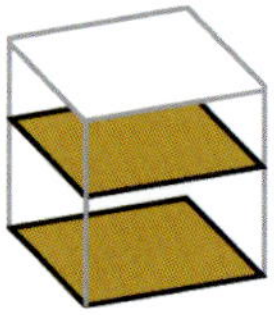

BGF 3.792 €/m²

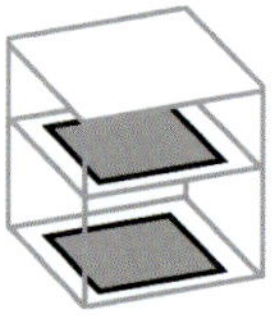

NUF 5.583 €/m²

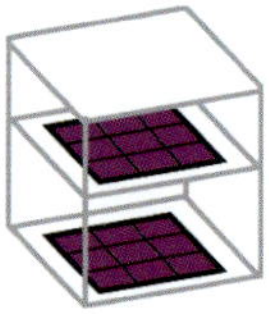

NE 7.955 €/NE

NE: Wohnfläche

Objekt:
Kennwerte: 1. Ebene DIN 276
BRI: 1.973 m³
BGF: 672 m²
NUF: 456 m²
Bauzeit: 87 Wochen
Bauende: 2022
Standard: hoch
Bundesland: Bayern
Kreis: Oberallgäu

Architekt*in:
Architekturbüro Huber
Poststraße 8
87435 Kempten

© Célia Uhalde

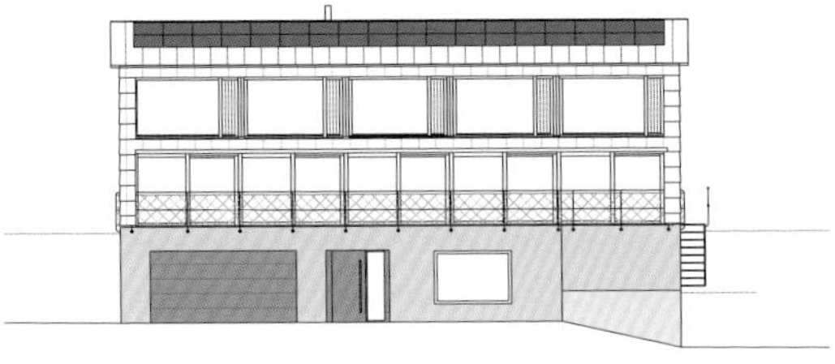

Ansicht Süd

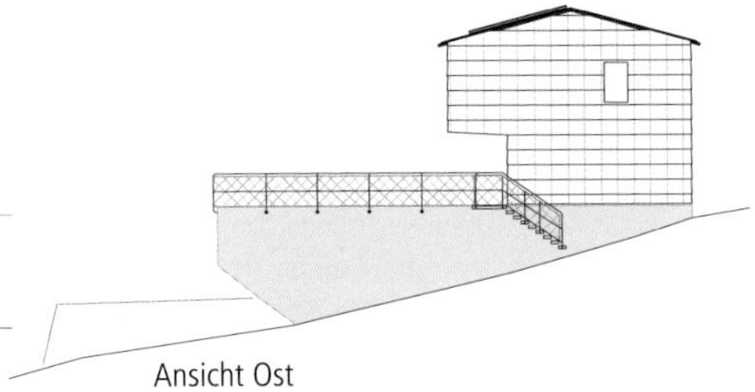

Ansicht Ost

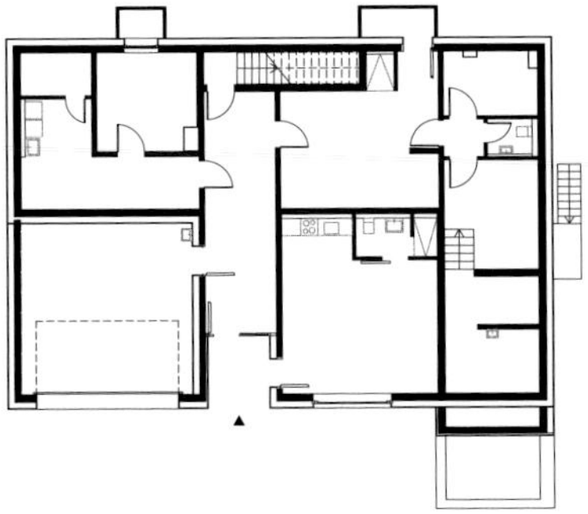

Untergeschoss

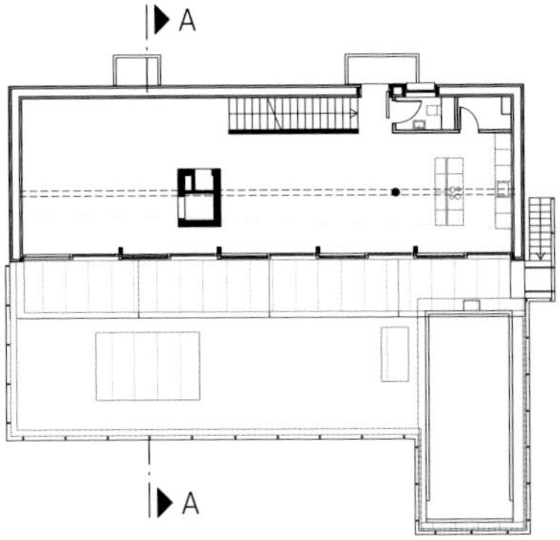

Erdgeschoss

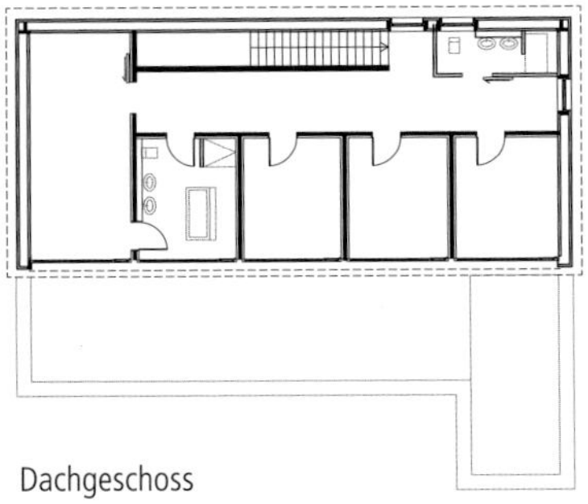

Dachgeschoss

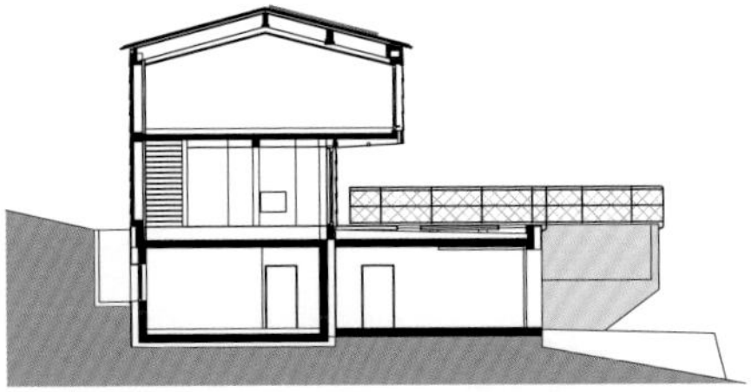

Schnitt A-A

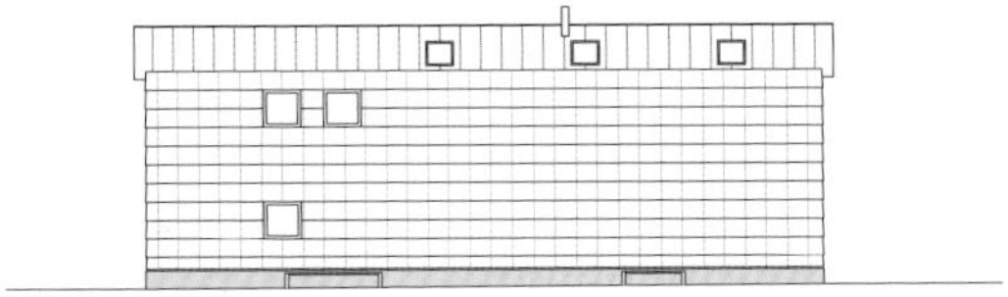

Ansicht Nord

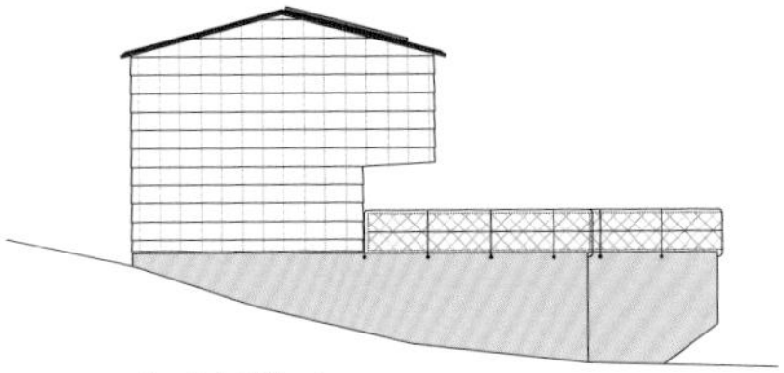

Ansicht West

Objektbeschreibung

Allgemeine Objektinformationen

Das weitläufige Grundstück des Einfamilienhauses befindet sich an einem nach Südwesten abfallenden Hang. Der Baukörper wurde dabei so positioniert, dass sich die Breitseite nach Süden zum Tal hin ausrichtet. Diese örtlichen Gegebenheiten greift das neue Gebäude auf und inszeniert den Ausblick als zentrales Entwurfsthema. Der massive Sockel bildet die Basis für einen Holzbau, der oben aufgesetzt wird.

Nutzung

1 Untergeschoss
separater Wohnraum, Bad; Büro, HWR, Abstellraum, Flur, Saunabereich, WC, Weinkeller, Technik, Garage

1 Erdgeschoss
Wohn-/Essraum, Küche, Speisekammer, WC, Treppe, Terrasse, Pool

1 Obergeschoss
Schlafzimmer, Ankleide, Bäder, Kinderzimmer, Flur, Treppe

Nutzeinheiten

Stellplätze: 4
Wohneinheiten: 2
Wohnfläche: 320 m^2

Grundstück

Bauraum: Freier Bauraum
Neigung: Hanglage
Bodenklasse: BK 1 bis BK 4

Markt

Hauptvergabezeit: 3. Quartal 2020
Baubeginn: 3. Quartal 2020
Bauende: 2. Quartal 2022
Konjunkturelle Gesamtlage: über Durchschnitt
Regionaler Baumarkt: unter Durchschnitt

Baukonstruktion

Der Neubau gründet auf einer Stahlbeton-Fundamentplatte. Die Außenwände des Untergeschosses und die darüberliegend Decke sind betoniert, die darüberliegenden Geschosse sind in Holzrahmenbauweise errichtet. Die Fassaden des Holzbaus sind mit Schindeln bekleidet, im Innenbereich ist eine Holzschalung auf der Installationsebene aufgebracht. Die Holzfenster sind mit einer Dreifachverglasung ausgeführt. Die Innenwände sind teilweise, da statisch gefordert, in Brettsperrholz gefertigt. Sämtliche Bodenbeläge der Wohnräume sind mit Massivholzdielenböden belegt, im UG kamen Natursteinfliesen zum Einsatz.

Technische Anlagen

Eine Wärmepumpe mit Erdsonden versorgt das Gebäude mit Heizwärme. Eine Fußbodenheizung verteilt die Wärme in den Räumen. Auf dem Dach ist eine Photovoltaikanlage installiert, der erzeugte Strom kann in einer Batterieeinheit gespeichert werden. Eine zentrale Lüftungsanlage mit Wärmerückgewinnung sorgt für regelmäßigen Luftaustausch. Die Pooltechnik im Keller filtert, temperiert das Wasser des Außenpools.

Sonstiges

Die notwendige Neuaufstellung eines Bebauungsplanes legte besonderen Augenmerk auf artenschutzrechtliche Belange aufgrund eines auf dem Grundstück vorhandenem Biotops. Alle sichtbaren Holzteile wurden in Weißtanne aus dem nahegelegenen Bregenzerwald gefertigt. Für die Fassade wurden eigens gefertigte Bretterschindeln aus Weißtanne verwendet. Das Gebäude wurde als KfW-Effizienzhaus 40+ nach den verschärften Anforderungen der EnEV 2013 ab 2016 realisiert.

Energetische Kennwerte

Gesetzliche Grundlage: EnEV 2013
Gebäudenutzfläche: 488,60 m^2
Hüllfläche des beheizten Volumens: 1.015,00 m^2
Spez. Transmissionswärmeverlust: 0,22 W/(m^2·K)
Jahresprimärenergie: 10.653,00 kWh/a
Spez. Jahresprimärenergiebedarf: 21,80 kWh/(m^2·a)
Jahresheizwärmebedarf: 5.918,00 kWh/a
Spez. Jahresheizwärmebedarf: 12,10 kWh/(m^2·a)
Differenzdruck-Messverfahren: 1,50 h^{-1}

Energetische Angaben zu Außenbauteilen

Bodenplatte

U-Wert: 0,15 W/(m²·K)

Gesamtdicke: 58,20 cm	d [cm]	λ [W/(m·K)]
Bodenbelag	2,00	1,000
Estrich	7,00	1,400
Dämmung	2,00	0,045
Dämmung	6,00	0,035
Abdichtung	0,20	0,170
Stahlbeton	25,00	2,500
Dämmung	16,00	0,040

Außenwand gegen Erdreich

U-Wert: 0,16 W/(m²·K)

Gesamtdicke: 47,50 cm	d [cm]	λ [W/(m·K)]
Stahlbeton WU	25,00	2,500
Bitumenbahn	0,50	0,170
Dämmung	22,00	0,036

Außenwand Pool

U-Wert: 0,19 W/(m²·K)

Gesamtdicke: 37,15 cm	d [cm]	λ [W/(m·K)]
Stahlbeton	25,00	2,500
Dampfsperre	0,15	0,170
Dämmung	12,00	0,024

Terrasse

U-Wert: 0,14 W/(m²·K)

Gesamtdicke: 44,55 cm	d [cm]	λ [W/(m·K)]
Stahlbeton	24,00	2,500
Dampfsperre	0,15	0,170
Dämmung	10,00	0,024
Gefälledämmung	10,00	0,035
Abdichtung	0,40	0,230

Außenwand hinterlüftet

U-Wert: 0,10 W/(m²·K)

Gesamtdicke: 40,90 cm	d [cm]	λ [W/(m·K)]
Holz	1,90	0,130
Holz	6,00	0,130
Dämmung	6,00	0,040
Holzfaserplatte	1,50	0,130
Dämmung	28,00	0,040
Holzfaserplatte	3,50	0,045

Decke Terrasse

U-Wert: 0,14 W/(m²·K)

Gesamtdicke: 52,00 cm	d [cm]	λ [W/(m·K)]
Bodenbelag	2,00	0,130
Estrich	6,00	1,400
Dämmung FBH	2,00	0,035
Schüttung	6,00	2,000
Holz	18,00	0,130
Holz	10,00	0,130
Dämmung	10,00	0,032
Holz	8,00	0,130
Dämmung	8,00	0,032

Dach

U-Wert: 0,11 W/(m²·K)

Gesamtdicke: 50,00 cm	d [cm]	λ [W/(m·K)]
GK-Platte	2,00	0,230
Luftschicht ruhend	3,00	1,875
Holzwerkstoffplatte	1,50	0,130
Holz	40,00	0,130
Dämmung	40,00	0,040
Holzfaserplatte	3,50	0,046

Planungskennwerte für Flächen und Rauminhalte nach DIN 277

Flächen des Grundstücks		Menge Einheit	% an GF
BF	Bebaute Fläche	263,00 m²	10,4
UF	Unbebaute Fläche	2.263,00 m²	89,6
GF	Grundstücksfläche	2.526,00 m²	100,0

Grundflächen des Bauwerks		Menge Einheit	% an NUF	% an BGF
NUF	Nutzungsfläche	456,04 m²	100,0	67,9
TF	Technikfläche	45,11 m²	9,9	6,7
VF	Verkehrsfläche	57,52 m²	12,6	8,6
NRF	Netto-Raumfläche	558,67 m²	122,5	83,2
KGF	Konstruktions-Grundfläche	112,83 m²	24,7	16,8
BGF	Brutto-Grundfläche	671,50 m²	147,2	100,0

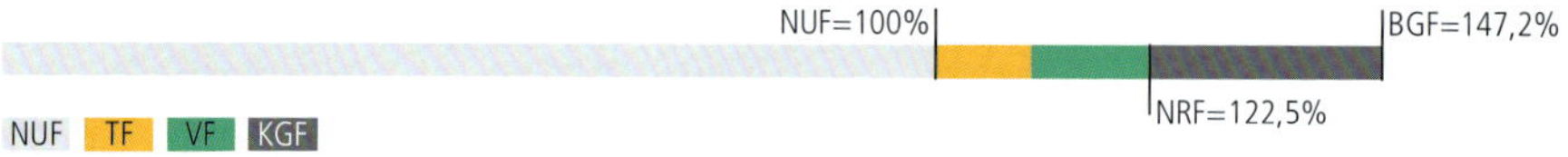

Brutto-Rauminhalt des Bauwerks		Menge Einheit	BRI/NUF (m)	BRI/BGF (m)
BRI	Brutto-Rauminhalt	1.972,99 m³	4,33	2,94

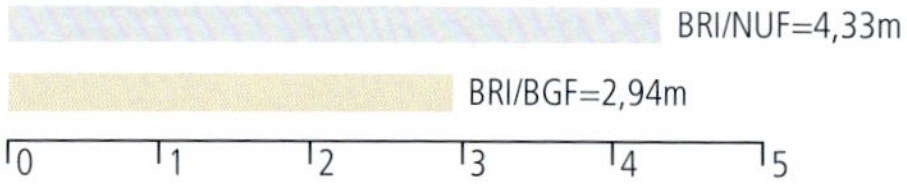

Kostenkennwerte für die Kostengruppen der 1.Ebene DIN 276

KG	Kostengruppen (1.Ebene)	Einheit	Kosten €	€/Einheit	€/m² BGF	€/m³ BRI	% 300+400
100	Grundstück	m² GF	–	–	–	–	–
200	Vorbereitende Maßnahmen	m² GF	–	–	–	–	–
300	Bauwerk – Baukonstruktionen	m² BGF	2.017.041	3.003,78	3.003,78	1.022,33	79,2
400	Bauwerk – Technische Anlagen	m² BGF	529.117	787,96	787,96	268,18	20,8
	Bauwerk 300+400	**m² BGF**	**2.546.157**	**3.791,75**	**3.791,75**	**1.290,51**	**100,0**
500	Außenanlagen und Freiflächen	m² AF	118.744	52,47	176,83	60,18	4,7
600	Ausstattung und Kunstwerke	m² BGF	–	–	–	–	–
700	Baunebenkosten	m² BGF	–	–	–	–	–
800	Finanzierung	m² BGF	–	–	–	–	–

KG	Kostengruppe	Menge Einheit	Kosten €	€/Einheit	%
3+4	**Bauwerk**				**100,0**
300	**Bauwerk – Baukonstruktionen**	671,50 m² BGF	2.017.041	**3.003,78**	79,2

Baugrubenaushub; Stb-Fundamentplatte, WU, Abdichtung, Schüttung, Heizestrich, Bodenfliesen; Stb-Wände, WU, Holzrahmenwände, Holzfenster, Dreifachverglasung, Holz-Eingangstüre, Sektionaltor, WDVS, Perimeterdämmung, Holzschindeln, Holzschalung auf Installationsebene, Dämmung, geflockt; Stb-Wände, Brettschichtholzwände, Holzrahmenwände, oberflächenfertig, Holztüren, Holzschalung auf Installationsebene; Stb-Decke, Brettschichtholzdecke, Stb-Treppe, Holztreppe, Dämmung, Heizestrich, Holzdielenbelag, Bodenfliesen, Holz-Terrassendielen, Terrassengeländer; Satteldach, Pfettendach mit Zwischensparrendämmung, Dämmung, Blechdach, Dachentwässerung; Außenpool in Stahlbetonbauweise; Einbauschränke

KG	Kostengruppe	Menge Einheit	Kosten €	€/Einheit	%
400	**Bauwerk – Technische Anlagen**	671,50 m² BGF	529.117	**787,96**	20,8

Gebäudeentwässerung, Kalt- und Warmwasserleitungen, Sanitärobjekte; Wasser-Wärmepumpe, Sondenbohrungen, Fußbodenheizung; zentrale Lüftungsanlage; PV-Anlage, Batteriespeicher, Elektroinstallation, Beleuchtung; Pooltechnik

KG	Kostengruppe	Menge Einheit	Kosten €	€/Einheit	%
500	**Außenanlagen und Freiflächen**	2.263,00 m² AF	118.744	**52,47**	4,7

Vegetationsflächen, Neupflanzung Gehölze, Hecken; Wiederherstellen von Bachlauf, Biotop, Schutzmaßnahmen

6100-1733
Mehrfamilienhaus
(11 WE)

Instandsetzung

Kostenkennwerte für die Kosten des Bauwerks (Kostengruppen 300+400 nach DIN 276)

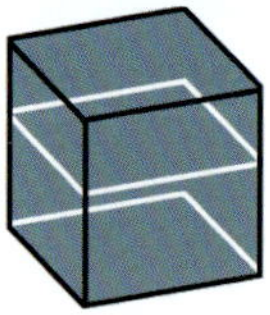

BRI 713 €/m³

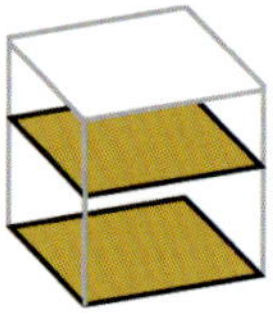

BGF 2.698 €/m²

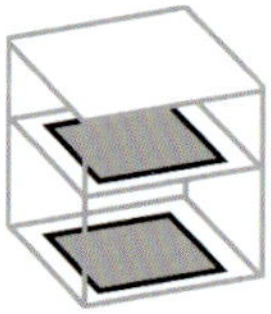

NUF 4.632 €/m²

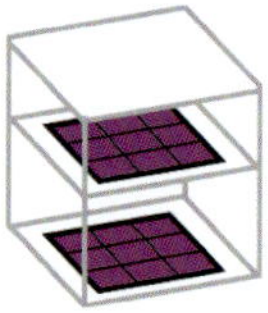

NE 4.618 €/NE

NE: Wohnfläche

Objekt:
Kennwerte: 3. Ebene DIN 276
BRI: 6.143 m³
BGF: 1.624 m²
NUF: 946 m²
Bauzeit: 96 Wochen
Bauende: 2024
Standard: mittel
Bundesland: Sachsen-Anhalt
Kreis: Halle (Saale), Stadt

Architekt*in:
Ahola Architekten Halle
Schulstraße 8
06108 Halle

© Ahola Architekten

© Ahola Architekten

© Ahola Architekten

© Ahola Architekten

© Ahola Architekten

Ansicht West

Ansicht Nord

Erdgeschoss

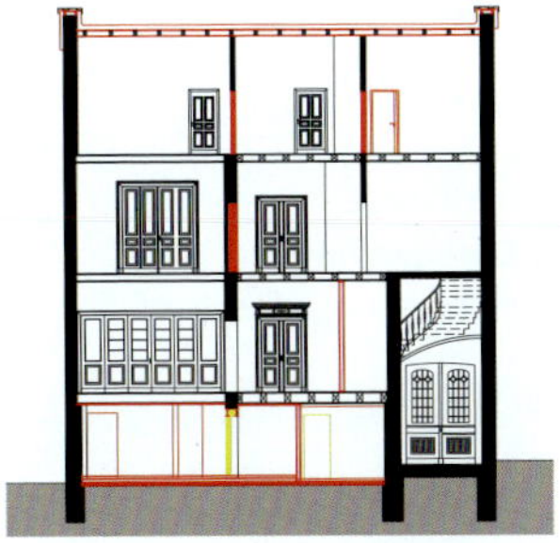

Schnitt B-B

Dachgeschoss

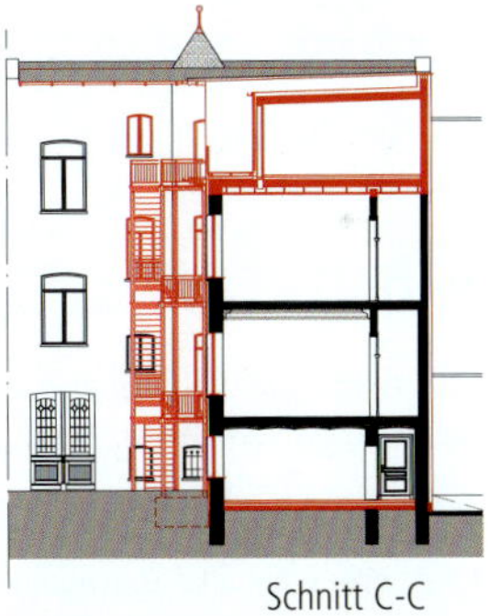

Schnitt C-C

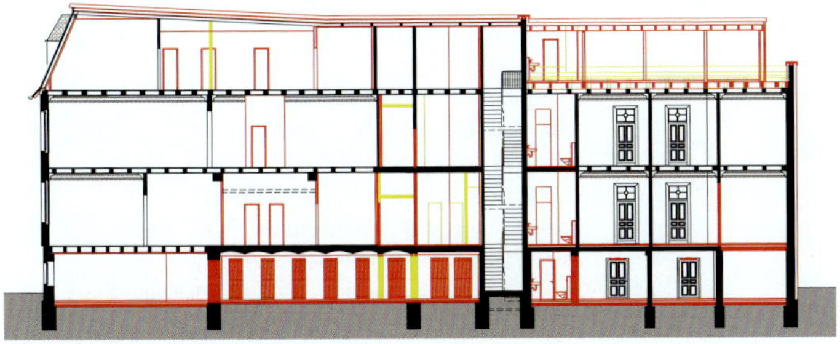

Schnitt A-A

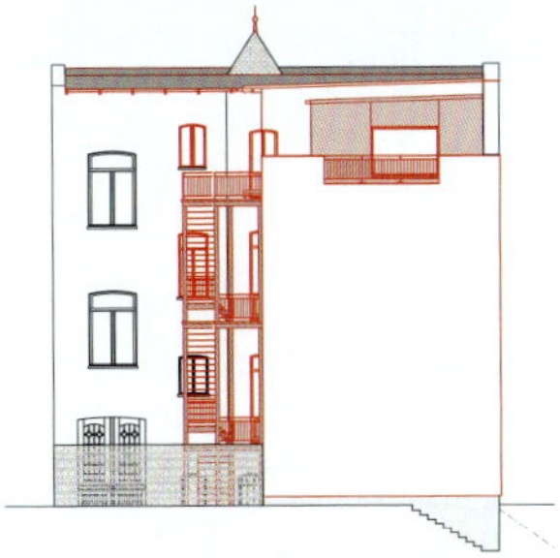

Ansicht Süd

Objektbeschreibung

Allgemeine Objektinformationen

Das viergeschossige Einzeldenkmal mit insgesamt elf Mietwohnungen wurde komplett saniert. Auf dem Seitenflügel wurde ein neues Penthouse errichtet.

Nutzung

1 Untergeschoss
zwei Wohnungen, Eingangshalle, Kinderwagen-/Fahrradabstellraum, Mieterkeller, Müllraum, Technik, Flure

1 Erdgeschoss
drei Wohnungen, Treppenhäuser, Balkone

1 Obergeschoss
drei Wohnungen, Treppenhäuser, Balkone

1 Dachgeschoss
drei Wohnungen, Treppenhäuser, Balkone, Dachterrasse

Nutzeinheiten

Wohneinheiten: 11
Wohnfläche: 949 m^2

Grundstück

Bauraum: Beengter Bauraum
Neigung: Ebenes Gelände

Markt

Hauptvergabezeit: 1. Quartal 2022
Baubeginn: 2. Quartal 2022
Bauende: 1. Quartal 2024
Konjunkturelle Gesamtlage: unter Durchschnitt
Regionaler Baumarkt: Durchschnitt

Baubestand

Baujahr: 1880
Bauzustand: mittel
Aufwand: mittel
Grundrissänderungen: einige
Tragwerkseingriffe: einige
Nutzungsänderung: nein
Nutzung während der Bauzeit: nein

Baukonstruktion

Das Bestandsgebäude ist in Massivbauweise mit Holzbalkendecken errichtet. Die straßenseitige Klinkerfassade wurde instandgesetzt, hofseitig ist die Fassade mit einem WDVS bekleidet. Die Fenster wurden ausgetauscht oder instandgesetzt. Die Decken und die Dächer sind statisch ertüchtigt, die Dachbeläge wurden erneuert. Der erdschlüssige Boden wurde abgebrochen und durch Betonbodenplatten mit schwimmendem Heizestrich und Linoleumbelag ersetzt. In den Kellerräumer ist eine Epoxidharzbeschichtung aufgebracht. Das Parkett konnte teilweise ausgebessert werden. Als neue Beläge wurden Parkett, Linoleum und Bodenfliesen eingesetzt. Die Marmor- und Holztreppen sind instandgesetzt. Die historische Wandbekleidung im Treppenhaus wurde originalgetreu überarbeitet. Die Beschichtungen an Wänden und Decken wurden abgewaschen, der Putz ausgebessert und neu beschichtet. Die Instandsetzung der vorhandenen Stuckelemente war sehr kostenintensiv. Eine Schwammsanierung musste durchgeführt werden. Das neue Penthouse ist in Holzrahmenbauweise ausgeführt, die Brandwand zum Nachbarhof wurde gemauert. Eine Balkonanlage ist in Kombination mit dem zweiten Rettungsweg im Hof als Stahlkonstruktion vorgestellt.

Technische Anlagen

Die Wasserleitungen und die Sanitärobjekte wurden erneuert. Eine Gasheizung in Kombination mit Solarthermie ersetzt die alten Kachelöfen. Neu installierte Heizkörper und in Teilbereichen eine Fußbodenheizung erwärmen die Räume. Die Elektroinstallationen und die Allgemeinbeleuchtung wurden ersetzt. Das Gebäude ist mit einer Sprechanlage, Antennenverkabelung und einem Datennetzwerk ausgerüstet.

Sonstiges

Das Einzeldenkmal erfüllt den KfW-Standard "Effizienzhaus Denkmal".

Energetische Kennwerte

Gesetzliche Grundlage: GEG 2020
Gebäudenutzfläche: 1.039,50 m^2
Gebäudevolumen: 4.507,00 m^3
A/V_e-Verhältnis (Kompaktheit): 0,44 m^{-1}
Hüllfläche des beheizten Volumens: 1.980,20 m^2
Spez. Transmissionswärmeverlust: 0,56 $W/(m^2 \cdot K)$
Spez. Jahresprimärenergiebedarf: 118,50 $kWh/(m^2 \cdot a)$
CO_2-Emissionen: 26,04 $kg/(m^2 \cdot a)$
Anlagenaufwandszahl: 1,07

Energetische Angaben zu Außenbauteilen

Bodenplatte Keller

U-Wert: 0,31 W/(m²·K)

Gesamtdicke: 31,75 cm	d [cm]	λ [W/(m·K)]
Estrich	6,00	1,400
Dämmung	2,50	0,040
Dämmung	8,00	0,035
Abdichtung	0,25	0,170
Stahlbeton	15,00	2,300

Kellerdecke

U-Wert: 0,32 W/(m²·K)

Gesamtdicke: 28,00 cm	d [cm]	λ [W/(m·K)]
Ziegel	20,00	0,406
Dämmung	8,00	0,035

Außenwand Mauerwerk

U-Wert: 0,21 W/(m²·K)

Gesamtdicke: 55,00 cm	d [cm]	λ [W/(m·K)]
Ziegel	40,00	0,805
Dämmung	14,00	0,035
Außenputz	1,00	1,000

Außenwand Holz

U-Wert: 0,20 W/(m²·K)

Gesamtdicke: 25,45 cm	d [cm]	λ [W/(m·K)]
GK-Platte	1,25	0,210
OSB-Platte	2,20	0,130
Holz	16,00	0,130
Dämmung	16,00	0,038
Holzfaserplatte	6,00	0,047

Flachdach

U-Wert: 0,16 W/(m²·K)

Gesamtdicke: 16,96 cm	d [cm]	λ [W/(m·K)]
Holz	2,40	0,130
Dampfsperre	0,06	0,500
Dämmung	14,00	0,023
Abdichtung	0,50	0,170

Dach

U-Wert: 0,25 W/(m²·K)

Gesamtdicke: 25,35 cm	d [cm]	λ [W/(m·K)]
GK-Platte	1,25	0,250
Holz	4,00	0,130
Luftschicht	4,00	0,180
Holz	20,00	0,180
Dämmung	20,00	0,035
Abdichtung	0,10	0,270

Planungskennwerte für Flächen und Rauminhalte nach DIN 277

Flächen des Grundstücks		Menge Einheit	% an GF
BF	Bebaute Fläche	436,63 m²	78,7
UF	Unbebaute Fläche	118,37 m²	21,3
GF	Grundstücksfläche	555,00 m²	100,0

Grundflächen des Bauwerks		Menge Einheit	% an NUF	% an BGF
NUF	Nutzungsfläche	946,19 m²	100,0	58,2
TF	Technikfläche	27,39 m²	2,9	1,7
VF	Verkehrsfläche	293,36 m²	31,0	18,1
NRF	Netto-Raumfläche	1.266,94 m²	133,9	78,0
KGF	Konstruktions-Grundfläche	357,50 m²	37,8	22,0
BGF	Brutto-Grundfläche	1.624,44 m²	171,7	100,0

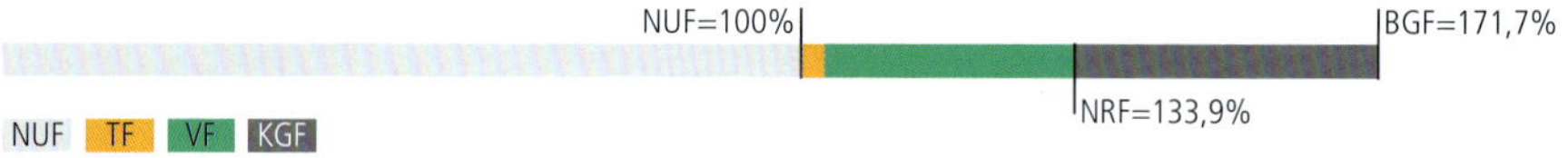

Brutto-Rauminhalt des Bauwerks		Menge Einheit	BRI/NUF (m)	BRI/BGF (m)
BRI	Brutto-Rauminhalt	6.143,30 m³	6,49	3,78

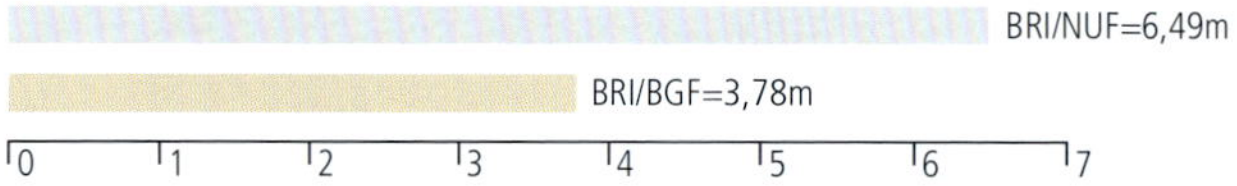

KG	Kostengruppen (2. Ebene)	Menge Einheit	Menge/NUF	Menge/BGF
310	Baugrube / Erdbau	111,03 m³ BGI	0,12	0,07
320	Gründung, Unterbau	263,33 m² GRF	0,28	0,16
330	Außenwände/Vertikale Baukonstruktionen, außen	1.304,77 m² AWF	1,38	0,80
340	Innenwände/Vertikale Baukonstruktionen, innen	3.632,09 m² IWF	3,84	2,24
350	Decken/Horizontale Baukonstruktionen	1.083,13 m² DEF	1,15	0,67
360	Dächer	426,92 m² DAF	0,45	0,26

Kostenkennwerte für die Kostengruppen der 1.Ebene DIN 276

KG	Kostengruppen (1.Ebene)	Einheit	Kosten €	€/Einheit	€/m² BGF	€/m³ BRI	% 300+400
100	Grundstück	m² GF	–	–	–	–	–
200	Vorbereitende Maßnahmen	m² GF	–	–	–	–	–
300	Bauwerk – Baukonstruktionen	m² BGF	3.553.881	2.187,76	2.187,76	578,50	81,1
400	Bauwerk – Technische Anlagen	m² BGF	828.949	510,30	510,30	134,94	18,9
	Bauwerk 300+400	**m² BGF**	**4.382.830**	**2.698,06**	**2.698,06**	**713,43**	**100,0**
500	Außenanlagen und Freiflächen	m² AF	111.315	690,76	68,53	18,12	2,5
600	Ausstattung und Kunstwerke	m² BGF	2.027	1,25	1,25	0,33	< 0,1
700	Baunebenkosten	m² BGF	–	–	–	–	–
800	Finanzierung	m² BGF	–	–	–	–	–

KG	Kostengruppe	Menge Einheit	Kosten €	€/Einheit	%
3+4	**Bauwerk**				**100,0**
300	**Bauwerk – Baukonstruktionen**	1.624,44 m² BGF	3.553.881	**2.187,76**	81,1

- Abbrechen (Kosten: 6,8%) 241.092
  Abbruch von Ziegelpflaster, Estrich/Terrazzo, Dielenboden; Aufnehmen und Lagern von Attika, Fenstern, Abbruch von Fenstern, Fassadenbewuchs; Mauerwerk, Holzständerwand, Holztüren, Beschichtung, Wandputz, Tapete, Wandfliesen, WC-Trennwänden; Aufnehmen und Lagern von Dielung, Abbruch von Dielung, Ziegel-Kappendecke, Balkon, Stahlträgern, Holztreppe, Parkett, Linoleum/PVC, GK-/Holzbekleidungen; Pultdach, Schalung, Bitumenabdichtung, Bitumenschindeln, Dachentwässerung, Deckenputz; Metallbriefkästen, Einbaumöbel; Entsorgung, Deponiegebühren

- Wiederherstellen (Kosten: 18,6%) 660.249
  Fundamente ausbessern; Horizontalabdichtung, Holzkastenfenster/Holzeingangstüren denkmalgerecht aufarbeiten, Klinkerfassade überarbeiten, Stuckornamente ausbessern, Schwammsanierung Mauerwerk; Holztüren aufarbeiten, Holztür mit Supraporte restaurieren, historische Wandbekleidung überarbeiten; Stahlträger entrosten, Deckenbalken verstärken, Dielung ergänzen, Schwammsanierung Holzbalkendecke, Parkett aufarbeiten, Holztreppe überarbeiten, Marmortreppe instandsetzen, Stuckfriese/-rosetten sanieren, Holztreppe; Sparren aufdoppeln, Gauben-Eckpfosten ersetzen, Schalung nachnageln, Schwammsanierung Sparrendach, Holztraufkasten neu beschichten, Gesimskasten/Zierbretter erneuern

- Herstellen (Kosten: 74,6%) 2.652.541
  Betonbodenplatten, Stb-Fundamente, Abdichtung, Dämmung, Heizestrich, Linoleum, Epoxidharzbeschichtung; HLz-Mauerwerk, Holzrahmenwände, Stahlstütze, Holzfenster, WDVS, HPL-Bekleidung, Textilscreens; GK-Wände, KS-Pfeiler, Holzstütze, Innentüren, Kalkzementputz, Spachtelung, Beschichtung, Wandfliesen, Kellertrennwände, Glaswände; Holzbalkendecke, Ziegel-Einhangdecke, Stahlunterzüge, Estrich, Parkett, Bodenfliesen, GK-Decken, Dämmung, Malervlies, Stahl-Fluchttreppen-/Balkonanlage; Holzbalken-Flachdach, Lichtkuppel, Dämmung, Dachabdichtung, Faserzementdeckung, Dachentwässerung; Einbauküchen

KG	Kostengruppe	Menge Einheit	Kosten €	€/Einheit	%
400	**Bauwerk – Technische Anlagen**	1.624,44 m² BGF	828.949	**510,30**	18,9
	• Abbrechen (Kosten: 3,8%) Abbruch von Wasserleitungen, Sanitärobjekten; Wandheizgerät, Heizungsrohren, Heizkörpern, Kachelöfen, Schornsteinen; Elektroinstallation, Leuchten; Antennenmast; Entsorgung, Deponiegebühren		31.118		
	• Herstellen (Kosten: 96,2%) Gebäudeentwässerung, Kalt- und Warmwasserleitungen, Sanitärobjekte; Gas-Brennwertkessel, Pufferspeicher, Frischwasserstation, Solaranlage, Heizungsrohre, Heizkörper, Fußbodenheizung, Abgasanlage; Einzelraumlüfter, Lüftungsrohre; Tragkonstruktion für Photovoltaikanlage, Elektroinstallation, Allgemeinbeleuchtung, Erdung; Sprechanlage, Antennenverkabelung, Datenübertragungsnetz		797.831		
500	**Außenanlagen und Freiflächen**	161,15 m² AF	111.315	**690,76**	2,5
	• Abbrechen (Kosten: 3,6%) Aufnehmen und Lagern von Ziegelpflaster, Abbruch von Ziegelpflaster * Roden von Vegetation; Entsorgung, Deponiegebühren		4.018		
	• Wiederherstellen (Kosten: 4,3%) Mosaikpflaster aufnehmen, lagern, neu verlegen		4.791		
	• Herstellen (Kosten: 92,1%) Bodenarbeiten; Schottertragschicht; Trittplatten, Betonpflaster, Ziegelpflaster, Kiestraufe; Beton-Winkelstützwände, Betonblockstufen, Betonrampe; Gebäude-/Oberflächenentwässerung, Hebeanlage; Oberbodenauftrag		102.505		
600	**Ausstattung und Kunstwerke**	1.624,44 m² BGF	2.027	**1,25**	< 0,1
	• Abbrechen (Kosten: 1,1%) Abbau von Metallregal; Entsorgung, Deponiegebühren		22		
	• Herstellen (Kosten: 98,9%) Eckvorhangstangen		2.005		

Kostenkennwerte für die Kostengruppen der 2.Ebene DIN 276

KG	Kostengruppe	Menge Einheit	Kosten €	€/Einheit	%
300	**Bauwerk – Baukonstruktionen**				**100,0**
310	**Baugrube / Erdbau**	111,03 m³BGI	34.622	**311,82**	1,0
	• Herstellen (Kosten: 100,0%) Aushub im Gebäude, lagern, verfüllen (63m³), abfahren (38m³), Planum, im Gebäude (251m²), Baugrubenaushub, lagern (11m³)	111,03 m³BGI	34.622	**311,82**	
320	**Gründung, Unterbau**	263,33 m²GRF	126.740	**481,30**	3,6
	• Abbrechen (Kosten: 12,1%) Abbruch von Ziegelpflaster (132m²), Estrich-/Terrazzo (105m²), Dielenboden (100m²), Lagerhölzer (24m²), Schüttung (5m³); Entsorgung, Deponiegebühren	237,57 m²GRF	15.386	**64,76**	
	• Wiederherstellen (Kosten: 1,0%) Fundamente aus Bruchsteinmauerwerk ausbessern (36m²)	36,16 m²GRF	1.252	**34,63**	
	• Herstellen (Kosten: 86,9%) Betonbodenplatten (251m²), Stb-Einzelfundamente (12m³) * Bitumenabdichtung (154m²), EPS-Dämmung (160m²), Heizestrich (182m²), Linoleum (149m²), Epoxidharzbeschichtung (77m²), Bodenfliesen (33m²), Sauberlaufmatten (5m²) * Sauberkeitsschicht (12m²), Ausgleichsputz, Bitumendickbeschichtung, vertikal (36m²), Noppenbahn (48m²)	263,33 m²GRF	110.102	**418,11**	
330	**Außenwände/Vert. Baukonstrukt., außen**	1.304,77 m²AWF	895.713	**686,49**	25,2
	• Abbrechen (Kosten: 2,3%) Aufnehmen und Lagern von Attika (16h) * Abbruch von Holzfenstern (24m²), Ausbauen und Lagern von Holz-/Kunststofffenstern (12m²) * Abbruch von Fassadenbewuchs (236m²), Pflanzbeet (psch) * Beschichtung (402m²), Wandputz (276m²), Dämmtapete (40m²) * Ausbauen und Lagern von Fenstergittern (6St), Abbruch von Außentreppe (2m²), Fenstergitter (1St); Entsorgung, Deponiegebühren	753,68 m²AWF	20.542	**27,26**	
	• Wiederherstellen (Kosten: 27,3%) Horizontalabdichtung, Druckinjektionen (115m) * Holzkastenfenster denkmalgerecht aufarbeiten (23m²), defekte Einfachgläser austauschen (12m²), Holzeingangstüren denkmalgerecht aufarbeiten (12m²), mit Oberlicht (8m²), Kellerfenster einstellen (19m²) * Fassade reinigen (120m²), Klinkerfassade überarbeiten, hydrophobieren (95m²), Klinkersteine austauschen/reparieren (34St), Stuckornamente/Putzflächen ausbessern, Farbfassung überarbeiten (psch) * Schwammsanierung Mauerwerk (43m²)	181,78 m²AWF	244.756	**1.346,44**	
	• Herstellen (Kosten: 70,4%) HLz-Mauerwerk (44m²), Holzrahmenwände (35m²) * Stahlstütze F90 (3m) * Holzfenster-/türelemente, denkmalgerecht (81m²), Holzfenstertüren (17m²) * Ausgleichsputz, Bitumendickbeschichtung (11m²), Sockeldämmung (94m²), Sockelputz (64m²), WDVS (792m²), Beschichtung (857m²), Dämmung, HPL-Bekleidung (36m²), Faserzementbekleidung (4m²) * Kalkzementputz (403m²), Kalk-Zement-Pinselputz (19m²), GK-Bekleidung (66m²), Spachtelung Q3 (1.130m²), Malervlies (22m²), Beschichtung (1.110m²), Wandfliesen (38m²) * Vorbautextilscreens (17m²) * Brüstungs-/Simsabdeckungen (17m)	1.242,99 m²AWF	630.414	**507,18**	

KG	Kostengruppe	Menge Einheit	Kosten €	€/Einheit	%
340	**Innenwände/Vert. Baukonstrukt., innen**	3.632,09 m² IWF	794.604	**218,77**	22,4
	• Abbrechen (Kosten: 11,8%)	1.280,74 m² IWF	93.381	**72,91**	
	Abbruch von Mauerwerk, verputzt (200m²) * Mauerwerk, verputzt (136m²), Holzständerwand, verputzt (17m²) * Holztüren (61m²) * Beschichtung (840m²), Wandputz (576m²), Tapete (250m²), GK-Bekleidung (41m²), Wandfliesen (11m²), Holzbekleidung (2m²) * WC-Trennwänden (6m²); Entsorgung, Deponiegebühren				
	• Wiederherstellen (Kosten: 16,2%)	153,79 m² IWF	128.719	**836,98**	
	Horizontalabdichtung, Druckinjektionen (34m) * Holztüren aufarbeiten, Beschichtung erneuern, teilweise Glasfüllungen (50m²), als Falttür (12m²), als Wohnungseingangstüren (10m²), als Schiebetür (7m²), Drückergarnituren aufarbeiten (10St), erneuern (3St), Holzaufsatz überarbeiten (1St), Holztür originalgetreu restaurieren, mit Supraporte (4m²) * historische Wandbekleidung überarbeiten, Schad-/Fehlstellen ersetzen (70m²)				
	• Herstellen (Kosten: 72,0%)	1.815,38 m² IWF	572.504	**315,36**	
	HLz-Mauerwerk (69m²), Öffnungen/Nische schließen (24m²), herstellen (28m²) * GK-Wände (312m²), GK-Installationswände (88m²), GF-Wände (26m²), HLz-Mauerwerk (72m²) * KS-Pfeiler (11m), Holzstütze (3m) * Holztüren (48m²), Kassettentüren (17m²), Stahltüre T30 RS (5m²) * Kalkzementputz (1.079m²), Kalk-Zement-Pinselputz (38m²), Spachtelung Q3 (3.016m²), Malervlies (61m²), Beschichtung (3.138m²), Wandfliesen (194m²) * Kellertrennwände (67m²), Glaswände (13m²)				
350	**Decken/Horizontale Baukonstruktionen**	1.083,13 m² DEF	1.031.430	**952,27**	29,0
	• Abbrechen (Kosten: 2,5%)	451,10 m² DEF	25.496	**56,52**	
	Aufnehmen und Lagern von Dielung, Schüttung, Fehlböden (64m²), Abbruch von Dielung, Schüttung, Fehlböden (60m²), Ziegel-Kappendecke (22m²), Balkon (6m²), Stahlträgern (14m), Holztreppe (2m²) * Parkett (54m²), Linoleum/PVC (41m²), Holzpodesten (8m²), Bodenfliesen (4m²), Aufnehmen und Lagern von Dielenboden (7m²) * Abbruch von Beschichtung (386m²), GK-/Holzbekleidungen (64m²); Entsorgung, Deponiegebühren				
	• Wiederherstellen (Kosten: 24,2%)	421,48 m² DEF	249.315	**591,52**	
	Stahlträger entrosten (20m), Deckenbalken verstärken (60m), Dielung ergänzen (29m²), Schwammsanierung Holzbalkendecke (25m²) * Parkett aufarbeiten (56m²), schleifen, versiegeln (295m²), Holztreppe überarbeiten (17m²), Marmortreppe instandsetzen (6m²) * Stuckfriese sanieren (225m), nachbilden (24m), Stuckrosetten sanieren (7St), nachbilden (3St), Deckenputz ausbessern (32m²) * Holztreppe erneuern (3m²) * Holz-Geländerstäbe ersetzen (4St), Geländer neu beschichten (20m)				
	• Herstellen (Kosten: 73,4%)	1.083,13 m² DEF	756.619	**698,55**	
	Holzbalkendecke, OSB-Schalung (68m²), Fehlböden (123m²), Ziegel-Einhangdecke (22m²), Stb-Decke (3m²), Stahlunterzüge (31St), Holzunterzug (1St) * EPS-Dämmung (89m²), TSD (311m²), Estrich (398m²), Parkett (306m²), Linoleum (134m²), Bodenfliesen (66m²) * GK-Decken (339m²), Dämmung (117m²), Spachtelung Q3 (969m²), Malervlies (370m²), Beschichtung (827m²), Silikatbeschichtung (969m²) * Stahl-Fluchttreppen-/Balkonanlage (114m²) * Stahl-Fluchttreppen-/Balkongeländer (105m)				

KG	Kostengruppe	Menge Einheit	Kosten €	€/Einheit	%
360	**Dächer**	426,92 m²DAF	361.994	**847,92**	10,2
	• Abbrechen (Kosten: 23,8%) Abbruch von Pultdach, Holzkonstruktion, Schalung (75m²), Holzschalung (126m²) * Bitumenabdichtung (383m²), Bitumenschindeln (88m²), Dachrinnen (42m), Fallrohren (42m), Blechabdeckungen (26m) * Putz, Schilfrohrmatten, Sparschalung (158m²) * Schneefanggitter (9m); Entsorgung, Deponiegebühren	383,12 m²DAF	85.998	**224,47**	
	• Wiederherstellen (Kosten: 10,0%) Sparren aufdoppeln (11m), fäulnisgeschädigte Gauben-Eckpfosten ersetzen (4St), Schalung nachnageln (276m²), Schalung ergänzen (8m²), Schwammsanierung Sparrendach: geschädigte Holzbalken ersetzen (14m), Schnittflächen chemisch schützen (1m²) * Holztraufkasten neu beschichten (20m), Gesimskasten nach historischem Vorbild erneuern (11m), Zierbretter erneuern (20m)	284,49 m²DAF	36.206	**127,27**	
	• Herstellen (Kosten: 66,2%) Holzbalken-Flachdach, OSB-Schalung (108m²), Schalung (34m²), Zwischensparrendämmung (50m²) * Lichtkuppel (1St) * PU-Dämmung (347m²), EPS-Gefälledämmung (35m²), Bitumenabdichtung (417m²), Attikaabdeckungen, Titanzink (66m), Dachrinnen, Titanzink (69m), Regenfallrohre (66m), Faserzementdeckung (84m²) * GK-Decken (214m²), GK-Bekleidung (48m²), Spachtelung Q3 (257m²), Malervlies (370m²), Beschichtung (267m²), Holzlasur (56m²) * Absturzsicherungen (2St)	417,19 m²DAF	239.789	**574,77**	
380	**Baukonstruktive Einbauten**	1.624,44 m²BGF	53.289	**32,80**	1,5
	• Abbrechen (Kosten: 0,5%) Abbruch von Metallbriefkästen (7St), Holzregalen (2St), Holzarbeitsplatte (1St), Hängeschrank (1St); Entsorgung, Deponiegebühren	1.624,44 m²BGF	288	**0,18**	
	• Herstellen (Kosten: 99,5%) Einbauküchen (4St), Briefkastenanlage (1St)	1.624,44 m²BGF	53.001	**32,63**	
390	**Sonst. Maßnahmen für Baukonstrukt.**	1.624,44 m²BGF	255.489	**157,28**	7,2
	• Herstellen (Kosten: 100,0%) Baustelleneinrichtungen (8St), Baustellen-WCs (3St), Bauzaun (28m), Verkehrssicherung (psch) * Standgerüste (1.112m²), Gerüstüberbauung (18m²), Dachstuhlgerüst (1St), Raumgerüste (238m³), in Treppenhäusern (3St) * Entsorgen von Schutt, Baumaterialien (16m³), Altholz (1m³) * Schutzabdeckungen (1.728m²), Witterungsschutz (276m²), Notdächer (3St), Öffnungen schließen (10St), Baureinigung (psch) * provisorisches Regenfallrohr (1St) * Schließanlage, Zylinder (16St)	1.624,44 m²BGF	255.489	**157,28**	
400	**Bauwerk – Technische Anlagen**				**100,0**
410	**Abwasser-, Wasser-, Gasanlagen**	1.624,44 m²BGF	195.255	**120,20**	23,6
	• Abbrechen (Kosten: 1,1%) Abbruch von Wasserleitungen (psch), WCs (6St), Spülkästen (5St), Waschbecken (5St), Badewannen (2St), Boilern (2St), Duschwanne (1St); Entsorgung, Deponiegebühren	1.624,44 m²BGF	2.164	**1,33**	
	• Herstellen (Kosten: 98,9%) PVC-Rohre (85m), PP-Rohre, schalloptimiert (207m), Bodenabläufe (2St), Ablaufrinnen, Duschelemente (11St) * Edelstahlrohre (394m), Mehrschichtverbundrohre (385m), Kernbohrungen (32St), Hauswasserstation (1St), Wand-WCs (14St), Waschtische (14St), Spülen (4St), Badewannen (3St), Brausebatterien (11St), Ausgussbecken (1St), Außenarmatur (1St) * Montageelemente (26St)	1.624,44 m²BGF	193.091	**118,87**	

KG	Kostengruppe	Menge Einheit	Kosten €	€/Einheit	%
420	**Wärmeversorgungsanlagen**	1.624,44 m²BGF	296.059	**182,25**	35,7
	• Abbrechen (Kosten: 9,2%)	1.624,44 m²BGF	27.256	**16,78**	
	Abbruch von Wandheizgerät (psch) * Heizungsrohren, Dämmung, Messtechnik, Verteilern (psch) * Heizkörpern (16St), Kachelöfen (6St), Ofen (1St) * Schornsteinen (19m³); Entsorgung, Deponiegebühren				
	• Herstellen (Kosten: 90,8%)	1.624,44 m²BGF	268.803	**165,47**	
	Gas-Brennwertkessel (1St), Pufferspeicher (1St), Heizkreisverteiler (1St), Frischwasserstation (1St), Nachspeisestation (1St), Zirkulationspumpe (1St), Flachdachkollektoren (24m²), Solarstation (1St), Kupfer-Solarrohre (85m), Gas-Edelstahlrohre (9m) * Stahlrohre (645m), Absperr-/Regulierventile (18St) * Badheizkörper (14St), Ventilheizkörper (34St), Fußbodenheizung, EPS-Verlegeplatten (253m²), PE-Xa-Rohre (1.333m), Verteiler (3St), Thermoantriebe (15St) * Abgassystem (1St), Abgasrohre (19m)				
430	**Raumlufttechnische Anlagen**	1.624,44 m²BGF	20.380	**12,55**	2,5
	• Herstellen (Kosten: 100,0%)	1.624,44 m²BGF	20.380	**12,55**	
	Einzelraumlüfter (13St), Wickelfalzrohre (57m), Alu-Flexrohre (14m), Rohrschalldämpfer (13St)				
440	**Elektrische Anlagen**	1.624,44 m²BGF	268.361	**165,20**	32,4
	• Abbrechen (Kosten: 0,6%)	1.624,44 m²BGF	1.667	**1,03**	
	Abbruch von Elektroleitungen, Installationsgeräten (psch) * Leuchtstoffröhren (13St), Deckenleuchten (11St); Entsorgung, Deponiegebühren				
	• Herstellen (Kosten: 99,4%)	1.624,44 m²BGF	266.694	**164,18**	
	Tragkonstruktion für Photovoltaikanlage (psch) * Zählerschrank (1St), Kleinverteiler (12St), Mantelleitungen (7.557m), Starkstromkabel (37m), Steckdosen (461St), Schalter/Taster (207St), Lichtauslässe (156St), Herdanschlussdosen (12St), Raumthermostate (11St) * LED-Decken-/Wandleuchten (25St), LED-Außenwandleuchten (18St), Pendelleuchte (1St), LED-Lichtprofile (4St) * Tiefenerder (1St)				
450	**Kommunikationstechnische Anlagen**	1.624,44 m²BGF	48.895	**30,10**	5,9
	• Abbrechen (Kosten: < 0,1%)	1.624,44 m²BGF	32	**0,02**	
	Abbruch von Antennenmast (1St); Entsorgung, Deponiegebühren				
	• Herstellen (Kosten: 99,9%)	1.624,44 m²BGF	48.863	**30,08**	
	Sprechanlage (1St), Installationskabel (400m) * Stammleitungsverteiler (11St), Koaxialkabel (750m), BK-Antennendosen (26St) * Kommunikationsverteiler (11St), LAN-Kabel (1.100m), Datenanschlussdosen (72St), Anschlussmodule (94St)				
500	**Außenanlagen und Freiflächen**				**100,0**
510	**Erdbau**	82,12 m³EBR	17.274	**210,35**	15,5
	• Herstellen (Kosten: 100,0%)	82,12 m³EBR	17.274	**210,35**	
	Bodenaushub, mit Bauschutt durchmischt, abfahren (42m³), Grabenaushub, lagern, verfüllen (36m²), abfahren (4m³)				
520	**Gründung, Unterbau**	161,15 m²AF	65	**0,40**	< 0,1
	• Herstellen (Kosten: 100,0%)	161,15 m²AF	65	**0,40**	
	Schottertragschicht (1m²)				

KG	Kostengruppe	Menge Einheit	Kosten €	€/Einheit	%
530	**Oberbau, Deckschichten**	73,15 m² BFF	37.316	**510,13**	33,5
	• Abbrechen (Kosten: 6,8%) Aufnehmen und Lagern von Ziegelpflaster (36m²), Abbruch von Ziegelpflaster (22m²); Entsorgung, Deponiegebühren	57,99 m² BFF	2.547	**43,92**	
	• Wiederherstellen (Kosten: 12,8%) Mosaikpflaster aufnehmen, lagern, neu verlegen (13m²)	12,65 m² BFF	4.791	**378,76**	
	• Herstellen (Kosten: 80,3%) Trittplatten (2m²) * Schottertragschicht, Betonpflaster (50m²), Ziegelpflaster, Lagermaterial (8m²) * Kiestraufe (7m²)	60,50 m² BFF	29.978	**495,51**	
540	**Baukonstruktionen**	161,15 m² AF	3.789	**23,51**	3,4
	• Herstellen (Kosten: 100,0%) Beton-Winkelstützwände (2m²) * Betonblockstufen (3St), Ortbetonrampe (1St)	161,15 m² AF	3.789	**23,51**	
550	**Technische Anlagen**	161,15 m² AF	42.039	**260,87**	37,8
	• Herstellen (Kosten: 100,0%) PVC-Rohre (45m), Rückstau-Hebeanlage, PE-Schacht (1St), PE-Druckrohre (5m), PP-Schacht (1St), Entwässerungsrinnen (2St), Hofablauf (1St)	161,15 m² AF	42.039	**260,87**	
570	**Vegetationsflächen**	54,30 m² PSF	6.937	**127,76**	6,2
	• Abbrechen (Kosten: 21,2%) Roden von Vegetation (psch); Entsorgung, Deponiegebühren	–	1.472	**–**	
	• Herstellen (Kosten: 78,8%) Oberboden liefern, auftragen, d=30cm (16m³)	54,30 m² PSF	5.466	**100,65**	
590	**Sonst. Maßnahmen für Außenanlagen u. Freiflächen**	161,15 m² AF	3.896	**24,18**	3,5
	• Herstellen (Kosten: 100,0%) Baustelleneinrichtungen (3St)	161,15 m² AF	3.896	**24,18**	
600	**Ausstattung und Kunstwerke**				**100,0**
610	**Allgemeine Ausstattung**	1.624,44 m² BGF	2.027	**1,25**	100,0
	• Abbrechen (Kosten: 1,1%) Abbau von Metallregal (1St); Entsorgung, Deponiegebühren	1.624,44 m² BGF	22	**0,01**	
	• Herstellen (Kosten: 98,9%) Eckvorhangstangen, Decken-/Wandbefestigung (3St)	1.624,44 m² BGF	2.005	**1,23**	

6100-1733
Mehrfamilienhaus
(11 WE)

Instandsetzung

Kostenkennwerte für die Kostengruppen 300 der 2. und 3. Ebene DIN 276 (Übersicht)

KG	Kostengruppe	Menge Einheit	Kosten €	€/Einheit	% an 3+4
300	**Bauwerk – Baukonstruktionen**	**1.624,44 m² BGF**	**3.553.880,61**	**2.187,76**	**81,1**
310	**Baugrube / Erdbau**	**111,03 m³ BGI**	**34.621,51**	**311,82**	**0,8**
311	Herstellung	111,03 m³ BGI	34.621,51	311,82	0,8
312	Umschließung	–	–	–	–
313	Wasserhaltung	–	–	–	–
314	Vortrieb	–	–	–	–
319	Sonstiges zur KG 310	–	–	–	–
320	**Gründung, Unterbau**	**263,33 m² GRF**	**126.739,90**	**481,30**	**2,9**
321	Baugrundverbesserung	–	–	–	–
322	Flachgründungen und Bodenplatten	263,33 m²	40.645,49	154,35	0,9
323	Tiefgründungen	–	–	–	–
324	Gründungsbeläge	263,29 m²	75.345,69	286,17	1,7
325	Abdichtungen und Bekleidungen	299,49 m²	10.748,72	35,89	0,2
326	Dränagen	–	–	–	–
329	Sonstiges zur KG 320	–	–	–	–
330	**Außenwände/Vert. Baukonstrukt., außen**	**1.304,77 m² AWF**	**895.712,94**	**686,49**	**20,4**
331	Tragende Außenwände	82,54 m²	58.857,32	713,08	1,3
332	Nichttragende Außenwände	–	1.527,17	–	< 0,1
333	Außenstützen	3,25 m	952,32	293,02	< 0,1
334	Außenwandöffnungen	156,53 m²	265.620,80	1.696,93	6,1
335	Außenwandbekleidungen, außen	1.045,62 m²	425.657,01	407,09	9,7
336	Außenwandbekleidungen, innen	1.148,24 m²	123.580,42	107,63	2,8
337	Element. Außenwandkonstruktionen	–	–	–	–
338	Lichtschutz zur KG 330	16,62 m²	12.027,35	723,67	0,3
339	Sonstiges zur KG 330	1.304,77 m² AWF	7.490,57	5,74	0,2
340	**Innenwände/Vert. Baukonstrukt., innen**	**3.632,09 m² IWF**	**794.604,23**	**218,77**	**18,1**
341	Tragende Innenwände	–	84.802,61	–	1,9
342	Nichttragende Innenwände	498,47 m²	122.583,08	245,92	2,8
343	Innenstützen	14,35 m	1.526,25	106,36	< 0,1
344	Innenwandöffnungen	153,10 m²	220.155,29	1.437,98	5,0
345	Innenwandbekleidungen	3.402,30 m²	348.038,94	102,30	7,9
346	Elementierte Innenwandkonstruktionen	76,69 m²	17.498,06	228,17	0,4
347	Lichtschutz zur KG 340	–	–	–	–
349	Sonstiges zur KG 340	–	–	–	–
350	**Decken/Horizontale Baukonstruktionen**	**1.083,13 m² DEF**	**1.031.429,82**	**952,27**	**23,5**
351	Deckenkonstruktionen	–	143.408,10	–	3,3
352	Deckenöffnungen	–	–	–	–
353	Deckenbeläge	925,78 m²	223.461,33	241,38	5,1
354	Deckenbekleidungen	969,16 m²	220.064,39	227,07	5,0
355	Elementierte Deckenkonstruktionen	113,97 m²	345.498,05	3.031,48	7,9
359	Sonstiges zur KG 350	1.083,13 m² DEF	98.997,95	91,40	2,3
360	**Dächer**	**426,92 m² DAF**	**361.993,60**	**847,92**	**8,3**
361	Dachkonstruktionen	426,28 m²	79.647,51	186,84	1,8
362	Dachöffnungen	0,64 m²	4.051,25	6.330,09	< 0,1
363	Dachbeläge	416,55 m²	215.944,14	518,41	4,9
364	Dachbekleidungen	323,51 m²	61.580,34	190,35	1,4
365	Elementierte Dachkonstruktionen	–	–	–	–
366	Lichtschutz zur KG 360	–	–	–	–
369	Sonstiges zur KG 360	426,92 m² DAF	770,37	1,80	< 0,1
370	**Infrastrukturanlagen**	**–**	**–**	**–**	**–**
380	**Baukonstruktive Einbauten**	**1.624,44 m² BGF**	**53.289,15**	**32,80**	**1,2**
390	**Sonst. Maßnahmen für Baukonstrukt.**	**1.624,44 m² BGF**	**255.489,46**	**157,28**	**5,8**

Kostenkennwerte für die Kostengruppen 400 der 2. und 3. Ebene DIN 276 (Übersicht)

KG	Kostengruppe	Menge Einheit	Kosten €	€/Einheit	% an 3+4
400	**Bauwerk – Technische Anlagen**	**1.624,44 m² BGF**	**828.949,20**	**510,30**	**18,9**
410	**Abwasser-, Wasser-, Gasanlagen**	**1.624,44 m² BGF**	**195.254,96**	**120,20**	**4,5**
411	Abwasseranlagen	1.624,44 m² BGF	57.393,13	35,33	1,3
412	Wasseranlagen	1.624,44 m² BGF	130.746,77	80,49	3,0
413	Gasanlagen	–	–	–	–
419	Sonstiges zur KG 410	1.624,44 m² BGF	7.115,07	4,38	0,2
420	**Wärmeversorgungsanlagen**	**1.624,44 m² BGF**	**296.058,85**	**182,25**	**6,8**
421	Wärmeerzeugungsanlagen	1.624,44 m² BGF	97.659,44	60,12	2,2
422	Wärmeverteilnetze	1.624,44 m² BGF	75.939,76	46,75	1,7
423	Raumheizflächen	1.624,44 m² BGF	96.456,04	59,38	2,2
424	Verkehrsheizflächen	–	–	–	–
429	Sonstiges zur KG 420	1.624,44 m² BGF	26.003,61	16,01	0,6
430	**Raumlufttechnische Anlagen**	**1.624,44 m² BGF**	**20.379,50**	**12,55**	**0,5**
431	Lüftungsanlagen	1.624,44 m² BGF	20.379,50	12,55	0,5
432	Teilklimaanlagen	–	–	–	–
433	Klimaanlagen	–	–	–	–
434	Kälteanlagen	–	–	–	–
439	Sonstiges zur KG 430	–	–	–	–
440	**Elektrische Anlagen**	**1.624,44 m² BGF**	**268.360,85**	**165,20**	**6,1**
441	Hoch- und Mittelspannungsanlagen	–	–	–	–
442	Eigenstromversorgungsanlagen	1.624,44 m² BGF	14.044,89	8,65	0,3
443	Niederspannungsschaltanlagen	–	–	–	–
444	Niederspannungsinstallationsanlagen	1.624,44 m² BGF	230.657,74	141,99	5,3
445	Beleuchtungsanlagen	1.624,44 m² BGF	20.414,98	12,57	0,5
446	Blitzschutz- und Erdungsanlagen	1.624,44 m² BGF	3.243,24	2,00	< 0,1
447	Fahrleitungssysteme	–	–	–	–
449	Sonstiges zur KG 440	–	–	–	–
450	**Kommunikationstechnische Anlagen**	**1.624,44 m² BGF**	**48.895,03**	**30,10**	**1,1**
451	Telekommunikationsanlagen	–	–	–	–
452	Such- und Signalanlagen	1.624,44 m² BGF	12.878,44	7,93	0,3
453	Zeitdienstanlagen	–	–	–	–
454	Elektroakustische Anlagen	–	–	–	–
455	Audiovisuelle Medien- u. Antennenanl.	1.624,44 m² BGF	10.102,45	6,22	0,2
456	Gefahrenmelde- und Alarmanlagen	–	–	–	–
457	Datenübertragungsnetze	1.624,44 m² BGF	25.914,16	15,95	0,6
458	Verkehrsbeeinflussungsanlagen	–	–	–	–
459	Sonstiges zur KG 450	–	–	–	–
460	**Förderanlagen**	**–**	**–**	**–**	**–**
461	Aufzugsanlagen	–	–	–	–
462	Fahrtreppen, Fahrsteige	–	–	–	–
463	Befahranlagen	–	–	–	–
464	Transportanlagen	–	–	–	–
465	Krananlagen	–	–	–	–
466	Hydraulikanlagen	–	–	–	–
469	Sonstiges zur KG 460	–	–	–	–
470	**Nutzungsspez. u. verfahrenstechn. Anl.**	**–**	**–**	**–**	**–**
480	**Gebäude- und Anlagenautomation**	**–**	**–**	**–**	**–**
490	**Sonst. Maßnahmen für techn. Anlagen**	**–**	**–**	**–**	**–**

Instandsetzung

Kostenkennwerte für die Kostengruppen der 3. Ebene DIN 276

KG	Kostengruppe	Menge Einheit	Kosten €	€/Einheit	%
310	**Baugrube / Erdbau**				**100,0**
311	**Herstellung**	111,03 m^3 BGI	34.622	**311,82**	100,0
	• Herstellen (Kosten: 100,0%) Aushub im Gebäude, BK 3-5, t=73-113cm, für Gräben/Schächte, lagern, verfüllen (63m^3), t=10cm, für Bodenplatte, abfahren (38m^3), Planum, im Gebäude (251m^2), Baugrubenaushub BK 3-5, lagern (11m^3)	111,03 m^3 BGI	34.622	**311,82**	
320	**Gründung, Unterbau**				**100,0**
322	**Flachgründungen und Bodenplatten**	263,33 m^2	40.645	**154,35**	32,1
	• Herstellen (Kosten: 100,0%) Betonbodenplatten C20/25, d=15cm (251m^2), Bodendurchführungen DN100 (14St), Fundamentaushub BK 3-5, t=1,00m (28m^3), Stb-Einzelfundamente, Schalung, Bewehrung (12m^3)	263,33 m^2	40.645	**154,35**	
324	**Gründungsbeläge**	263,29 m^2	75.346	**286,17**	59,4
	• Abbrechen (Kosten: 20,4%) Abbruch von Ziegelpflaster (132m^2), Estrich/Terrazzo, d=8cm (105m^2), Dielenboden (100m^2), Lagerhölzer (24m^2), Schüttung (5m^3), Bodenfliesen (3m^2); Entsorgung, Deponiegebühren	240,69 m^2	15.386	**63,92**	
	• Herstellen (Kosten: 79,6%) Bitumenabdichtung (154m^2), EPS-Dämmung WLG 035, d=80-100mm (160m^2), Zement-Heizestrich, d=60-65mm (182m^2), Linoleum (149m^2), Holzsockel (164m), Epoxidharzbeschichtung, Versiegelung (77m^2), Abdichtung, Bodenfliesen (33m^2), Fliesensockel (33m), Sauberlaufmatten (5m^2), Blockstufen (4St)	263,29 m^2	59.960	**227,73**	
325	**Abdichtungen und Bekleidungen**	299,49 m^2	10.749	**35,89**	8,5
	• Wiederherstellen (Kosten: 11,6%) Fundamente aus Bruchsteinmauerwerk reinigen, Fugen ausbessern, Fehlstellen schließen (36m^2)	36,16 m^2	1.252	**34,63**	
	• Herstellen (Kosten: 88,4%) PE-Folie (251m^2), Sauberkeitsschicht C20/25, d=5cm, unter Fundamenten (12m^2), Ausgleichsputz, Füllspachtelung, Bitumendickbeschichtung, vertikal (36m^2), Noppenbahn (48m^2)	299,49 m^2	9.497	**31,71**	
330	**Außenwände/Vertikale Baukonstruktionen, außen**				**100,0**
331	**Tragende Außenwände**	82,54 m^2	58.857	**713,08**	6,6
	• Wiederherstellen (Kosten: 51,6%) Horizontalabdichtung, Druckinjektionen, Mauerwerk, d=42cm (115m), Brüstungen anpassen (37m), Mauerwerk ausbessern (psch)	–	30.361	–	
	• Herstellen (Kosten: 48,4%) HLz-Mauerwerk, d=24cm (44m^2), Stb-Ringanker (38m), Holzrahmenwände, KVH 6-10x16cm, Holzfaserdämmung, d=16cm, außen OSB-Schalung, d=15mm (35m^2), BSH-Riegel 16x16/32cm (8m), Mauerwerksöffnung vergrößern, Ziegelstürze einbauen (4m^2)	82,54 m^2	28.496	**345,24**	
332	**Nichttragende Außenwände**	–	1.527	–	0,2
	• Abbrechen (Kosten: 100,0%) Aufnehmen und Lagern von Attika, Klinkermauerwerk (16h)	–	1.527	–	

KG	Kostengruppe	Menge Einheit	Kosten €	€/Einheit	%
333	**Außenstützen**	3,25 m	952	**293,02**	0,1
	• Herstellen (Kosten: 100,0%) Stahlstütze F90, HEB100, einbetoniert C25/30, 19x19cm, Schalung (3m)	3,25 m	952	**293,02**	
334	**Außenwandöffnungen**	156,53 m²	265.621	**1.696,93**	29,7
	• Abbrechen (Kosten: 0,8%) Abbruch von Holzfenstern (24m²); Entsorgung, Deponiegebühren, Ausbauen und Lagern von Holz-/Kunststofffenstern (12m²)	35,28 m²	2.121	**60,12**	
	• Wiederherstellen (Kosten: 35,9%) Holzkastenfenster denkmalgerecht aufarbeiten, mehrteilig, Dreh-/Kippflügel: Beschichtung entfernen, Schadstellen ausbessern, Flügel gangbar machen, neu lackieren, Oliven aufarbeiten (23m²), defekte Einfachgläser austauschen (12m²), Holzeingangstüren denkmalgerecht aufarbeiten, ein-/zweiflüglig, mit Zarge: Beschichtung entfernen, Schadstellen ausbessern, Türblätter gangbar machen, Schlösser erneuern, Dichtung ergänzen, neu lackieren (12m²), mit Oberlicht (8m²), Wechselgarnituren erneuern (2St), Kellerfenster prüfen, einstellen (19m²), Fensterbänke erneuern (2St)	61,78 m²	95.228	**1.541,41**	
	• Herstellen (Kosten: 63,4%) Holzfensterelemente, denkmalgerecht, Uw=1,1W/m²K, zwei-/dreiflüglig, Drehkipp/Dreh, teilweise Oberlichter, mit Stichbogen (46m²), als Fenstertüren, mit glasteilenden Sprossen (29m²), einflüglig (6m²), Fenstergriffe (84St), Holzfenstertüren, Uw=1,1W/m²K, ein-/zweiflüglig, Festverglasungen (17m²), Fensterbänke innen, Holz (47m), außen, Zink (8m), denkmalgerecht (44m), Balkonaustritte, Granit (10m)	94,75 m²	168.272	**1.775,95**	
335	**Außenwandbekleidungen, außen**	1.045,62 m²	425.657	**407,09**	47,5
	• Abbrechen (Kosten: 0,8%) Abbruch von Fassadenbewuchs (236m²), Pflanzbeet (psch); Entsorgung, Deponiegebühren	235,60 m²	3.618	**15,36**	
	• Wiederherstellen (Kosten: 26,3%) Fassade reinigen (120m²), Klinkerfassade überarbeiten, Fugen öffnen, schlämmen, Klinkerflächen nachreinigen, hydrophobieren (95m²), Klinkersteine austauschen/reparieren (34St), Fehlstellen farblich nacharbeiten (17h), Stuckornamente ausbessern, Risse schließen, lose Teile nachdübeln, fehlende Teile ergänzen (psch), Putz ausbessern, Risse schließen (psch), Farbfassung von Putzflächen/Stuckelementen überarbeiten (psch), Fensterbänke/Gesimse aus Klinker überarbeiten (29m)	120,00 m²	111.822	**931,85**	
	• Herstellen (Kosten: 72,9%) Ausgleichsputz, Füllspachtelung, Bitumendickbeschichtung (11m²), Noppenbahn (14m²), Sockeldämmung WLG 035, d=60-120mm (94m²), Armierung, Sockelputz (64m²), Dichtschlämme (46m²), Mineralwolldämmung WLG 035, d=60-120mm, Verdübelung, Armierung, mineralischer Oberputz (792m²), in Laibungen (227m), Silikatbeschichtung (857m²), in Laibungen (244m), Holzfaserdämmung WLS 046, d=60mm, HPL-Bekleidung (36m²), Faserzementbekleidung (4m²), Laibungsbekleidung, Porenbeton, d=2-6cm, t=22cm (186m), Blechabdeckungen (29m)	925,62 m²	310.217	**335,14**	

Instandsetzung

KG	Kostengruppe	Menge Einheit	Kosten €	€/Einheit	%
336	**Außenwandbekleidungen, innen**	1.148,24 m²	123.580	**107,63**	13,8
	• Abbrechen (Kosten: 8,6%) Abbruch von Leimfarbbeschichtung (402m²), Wandputz (276m²), Laibungsputz (85m), Dämmtapete (40m²); Entsorgung, Deponiegebühren	718,40 m²	10.614	**14,77**	
	• Wiederherstellen (Kosten: 5,9%) Schwammsanierung Mauerwerk: Putz entfernen, Fugen auskratzen, Mauerwerk abflammen, Myzel entfernen, Bohrlochinjektage, Oberfläche fluten (43m²)	42,62 m²	7.345	**172,33**	
	• Herstellen (Kosten: 85,5%) Armierungsgewebe (42m²), Kalkzementputz (403m²), auf Kleinflächen (18St), in Laibungen (174m), Kalk-Zement-Pinselputz (19m²), in Laibungen (53m), GK-Vorsatzschalen (69m²), GK-Bekleidung (66m²), Spachtelung Q3 (1.130m²), in Laibungen (87m), Malervlies (22m²), Dispersionsbeschichtung (956m²), in Laibungen (85m), Silikatbeschichtung (154m²), in Laibungen (36m), Abdichtung, Wandfliesen 30x60cm (38m²)	1.148,24 m²	105.622	**91,99**	
338	**Lichtschutz zur KG 330**	16,62 m²	12.027	**723,67**	1,3
	• Herstellen (Kosten: 100,0%) Vorbautextilscreens (17m²)	16,62 m²	12.027	**723,67**	
339	**Sonstiges zur KG 330**	1.304,77 m² AWF	7.491	**5,74**	0,8
	• Abbrechen (Kosten: 35,5%) Ausbauen und Lagern von Fenstergittern (6St), Abbruch von Außentreppe, Ziegelmauerwerk (2m²), Fenstergitter (1St); Entsorgung, Deponiegebühren	753,68 m² AWF	2.662	**3,53**	
	• Herstellen (Kosten: 64,5%) Brüstungsabdeckung, Zink (9m), Simsabdeckungen, Titanzink (8m)	1.242,99 m² AWF	4.828	**3,88**	
340	**Innenwände/Vertikale Baukonstruktionen, innen**				**100,0**
341	**Tragende Innenwände**	–	84.803	**–**	10,7
	• Abbrechen (Kosten: 51,2%) Abbruch von Mauerwerk, verputzt, d=18-42cm (200m²); Entsorgung, Deponiegebühren	200,33 m²	43.413	**216,71**	
	• Wiederherstellen (Kosten: 6,3%) Horizontalabdichtung, Druckinjektionen, Mauerwerk, d=24-39cm (34m)	–	5.346	**–**	
	• Herstellen (Kosten: 42,5%) HLz-Mauerwerk, d=17,5-24cm (62m²), d=36-42cm (7m²), Stb-Ringanker (34m), Öffnungen schließen, HLz-Mauerwerk, d=24-42cm (21m²), Nische schließen, HLz-Mauerwerk, d=30cm (3m²), Öffnungen herstellen, Mauerwerk, d=17,5-24cm, Laibungen aufmauern, Betonstürze (20m²), d=32-42cm (7m²), Nischen in Mauerwerk herstellen, 70x33x20cm (1m²)	121,78 m²	36.043	**295,97**	

KG	Kostengruppe	Menge Einheit	Kosten €	€/Einheit	%
342	**Nichttragende Innenwände**	498,47 m²	122.583	**245,92**	15,4
	• Abbrechen (Kosten: 16,3%)	153,28 m²	19.921	**129,96**	
	Abbruch von Mauerwerk, verputzt, d=12-15cm (136m²), Holzständerwand, verputzt (17m²); Entsorgung, Deponiegebühren				
	• Herstellen (Kosten: 83,7%)	498,47 m²	102.662	**205,95**	
	GK-Metallständerwände Q3, d=12-15cm, beidseitig doppelt beplankt, Mineralwolldämmung, d=80mm (280m²), d=15cm, als Installationswand (88m²), GK-Metallständerwände, d=10cm, beidseitig einfach beplankt, Mineralwolldämmung, d=80mm (32m²), GF-Holzständerwände, d=13cm, beidseitig einfach beplankt, Holzwolledämmung, d=100mm (26m²), Öffnungen schließen, HLz-Mauerwerk, d=15cm (38m²), HLz-Mauerwerk, d=11,5cm, Kleinflächen (34m²)				
343	**Innenstützen**	14,35 m	1.526	**106,36**	0,2
	• Herstellen (Kosten: 100,0%)	14,35 m	1.526	**106,36**	
	KS-Pfeiler 36,5x30cm (11m), Holzstütze, KVH 10x16cm (3m)				
344	**Innenwandöffnungen**	153,10 m²	220.155	**1.437,98**	27,7
	• Abbrechen (Kosten: 2,9%)	61,06 m²	6.342	**103,86**	
	Abbruch von Holztüren (55m²), Holzlattentüren (6m²); Entsorgung, Deponiegebühren				
	• Wiederherstellen (Kosten: 46,7%)	83,33 m²	102.762	**1.233,19**	
	Holztüren aufarbeiten, prüfen, gangbar machen, Schadstellen ausbessern, Schlösser tauschen, Beschichtung erneuern: zweiflüglig (25m²), einflüglig, teilweise mit Oberlicht (25m²), als Falttür, sechs Türblätter, vier Glasausschnitte (12m²), als Wohnungseingangstüren, mit Glasfüllungen (10m²), als Schiebetür, zweiflüglig (7m²), Drückergarnituren aufarbeiten (10St), erneuern (3St), Türblätter umarbeiten (7St), defekte Verglasungen erneuern (4St), Füllungen reparieren (2St), Glasfüllung durch Holzfüllung ersetzen (1St), Sockelstücke ergänzen (14St), Holzaufsatz überarbeiten (1St), Holztür originalgetreu restaurieren, mit Supraporte (4m²)				
	• Herstellen (Kosten: 50,4%)	69,77 m²	111.052	**1.591,69**	
	Holztüren, Röhrenspan, Oberfläche HPL, Holzumfassungszargen (29m²), Holz-Wohnungseingangstüren nach historischem Vorbild, mit Holzfüllungen, Holzzargen (19m²), Kassettentüren, formgepresst, Röhrenspan, Holz-Profilzargen (17m²), Blendrahmen (psch), Stahltüren T30 RS, Stahlzargen (5m²), OTS (10St), Wechsel-Türbeschläge (8St), Zimmer-/WC-Türbeschläge (31St)				

KG	Kostengruppe	Menge Einheit	Kosten €	€/Einheit	%
345	**Innenwandbekleidungen**	3.402,30 m²	348.039	**102,30**	43,8
	• Abbrechen (Kosten: 6,8%) Abbruch von Leimfarbbeschichtung (840m²), Wandputz (576m²), Laibungsputz (47m), Tapete (250m²), GK-Bekleidung, Unterkonstruktion (25m²), GK-Verkofferung, b=25cm (16m²), Wandfliesen (11m²), Holzbekleidung (2m²); Entsorgung, Deponiegebühren	1.720,14 m²	23.576	**13,71**	
	• Wiederherstellen (Kosten: 5,9%) Historische Wandbekleidung zerlegen, schadhafte Bauteile profilgleich erneuern (35m²), vier Füllleisten ergänzen, 22 Schwundrisse ausleimen, Holzschäden reparieren, 15 Zierkappen ergänzen (35m²)	70,46 m²	20.611	**292,52**	
	• Herstellen (Kosten: 87,3%) Armierungsgewebe (88m²), Kalkzementputz (1.079m²), auf Kleinflächen (48St), in Laibungen (32m), Kalk-Zement-Pinselputz (38m²), in Laibungen (111m), Installationsschlitze schließen (377m), GK-Vorsatzschalen (260m²), seitlicher Abschluss (122m), Spachtelung Q3 (3.016m²), in Laibungen (40m), Malervlies (61m²), Dispersionsbeschichtung (2.633m²), in Laibungen (50m), Silikatbeschichtung (505m²), in Laibungen (36m), Abdichtung, Wandfliesen 30x60cm (194m²)	3.331,84 m²	303.852	**91,20**	
346	**Elementierte Innenwandkonstruktionen**	76,69 m²	17.498	**228,17**	2,2
	• Abbrechen (Kosten: 0,7%) Abbruch von WC-Trennwänden, zwei Türen (6m²); Entsorgung, Deponiegebühren	6,00 m²	130	**21,64**	
	• Herstellen (Kosten: 99,3%) Kellertrennwände, neun Türen (67m²), Glaswände, eine Tür (13m²)	79,69 m²	17.368	**217,95**	
350	**Decken/Horizontale Baukonstruktionen**				**100,0**
351	**Deckenkonstruktionen**	–	143.408	**–**	13,9
	• Abbrechen (Kosten: 10,9%) Aufnehmen und Lagern von Dielung, Schüttung, Fehlböden (64m²), Abbruch von Dielung, Schüttung, Fehlböden (60m²), Ziegel-Kappendecke (22m²), Balkon (6m²), Stahlträgern (14m), Holztreppe (2m²); Entsorgung, Deponiegebühren	154,17 m²	15.673	**101,66**	
	• Wiederherstellen (Kosten: 41,0%) Stahlträger entrosten, Korrosionsschutz aufbringen (20m), Deckenbalken verstärken mit U180 (41m), mit U140 (19m), Fehlstellen in Dielung ergänzen (29m²), Schwammsanierung Holzbalkendecke: Dielenboden absaugen, aufnehmen, Schüttung entfernen (22m²), anhaftendes Myzel entfernen (15m²), geschädigte Holzbalken gesund schneiden, ersetzen (29m), Schnittflächen chemisch schützen (2m²), Balkenköpfe anschuhen, luftumspülte Auflager herstellen (11St), neue Schüttung einbauen, Blindboden verlegen (25m²)	–	58.758	**–**	
	• Herstellen (Kosten: 48,1%) Holzbalkendecke, KVH (4m³), OSB-Schalung (68m²), Schüttung, Lagermaterial (64m²), Fehlböden, Dielen (123m²), Ziegel-Einhangdecke, d=18cm, Aufbeton C25/30, d=3cm (22m²), Stb-Decke C25/30, d=20cm, Schalung, Bewehrung (3m²), Stahlunterzüge HEB120-160, l=1,50-2,43m (25St), IPE180-240, l=2,70-3,66m (6St), Holzunterzug 14x20cm, l=4,5m (1St)	–	68.977	**–**	

KG	Kostengruppe	Menge Einheit	Kosten €	€/Einheit	%
353	**Deckenbeläge**	925,78 m²	223.461	**241,38**	21,7
	• Abbrechen (Kosten: 1,6%) Abbruch von Parkett (54m²), Linoleum/PVC (41m²), Ausgleichsmassen (14m²), Holzpodesten (8m²), Bodenfliesen (4m²), Fliesensockel (10m), Holzschwelle (1m²); Entsorgung, Deponiegebühren, Aufnehmen und Lagern von Dielenboden (7m²)	132,86 m²	3.514	**26,45**	
	• Wiederherstellen (Kosten: 27,1%) Parkett aufarbeiten, Schadstellen herauslösen, mit Altparkett ergänzen (33m²), Dielung schleifen, Parkett ergänzen (23m²), Parkett schleifen, versiegeln (295m²), Holztreppe überarbeiten, schleifen, neu beschichten von Trittstufen (17m²), von Setzstufen (8m²), von Wangen (56m), von Holzsockeln (38m), Marmortreppe instandsetzen (6m²), Schadstellen aufarbeiten (15St), Risse verschließen (16St), Setzstufe erneuern (1m²), Tritt-/Setzstufen reinigen, schleifen, imprägnieren (10m²), Silikonfugen ergänzen (53m)	418,85 m²	60.488	**144,41**	
	• Herstellen (Kosten: 71,4%) EPS-Dämmung WLG 035, d=20-30mm (89m²), Trittschalldämmung (311m²), Zementestrich, d=50mm (81m²), Trockenestrich (227m²), Dünnestrich (90m²), Ausgleichsschüttung, d=5-25cm (38m²), Dreischichtparkett, geölt (306m²), Linoleum (105m²), auf Podesten (15m²), auf Trittstufen (14m²), Holzsockel (625m), Massivholzschwellen (14St), Abdichtung, Bodenfliesen (60m²), im Gefälle (6m²), Fliesensockel (62m)	506,93 m²	159.460	**314,56**	
354	**Deckenbekleidungen**	969,16 m²	220.064	**227,07**	21,3
	• Abbrechen (Kosten: 2,9%) Abbruch von Leimfarbbeschichtung (386m²), GK-Bekleidung (40m²), GK-Decke (21m²), Holzbekleidung (3m²); Entsorgung, Deponiegebühren	451,10 m²	6.309	**13,99**	
	• Wiederherstellen (Kosten: 53,9%) Stuckelemente sanieren, prüfen, reinigen, Farbschichten entfernen, Fehlstellen ergänzen, Risse schließen, neu beschichten: umlaufende Stuckfriese (225m), Stuckrosetten (7St), Friese nachbilden (24m), Stuckrosetten nachbilden (3St), schadhaften Deckenputz ausbessern (32m²)	309,08 m²	118.685	**384,00**	
	• Herstellen (Kosten: 43,2%) GK-Decken, Abhängehöhe 25-50cm (339m²), GK-Verkofferung (23m²), Wärmedämmung WLG 035 (117m²), Spachtelung Q3 (969m²), Malervlies (370m²), Dispersionsbeschichtung (827m²), Silikatbeschichtung (142m²)	969,16 m²	95.070	**98,10**	
355	**Elementierte Deckenkonstruktionen**	113,97 m²	345.498	**3.031,48**	33,5
	• Wiederherstellen (Kosten: 2,4%) Holztreppe demontieren, Geländer bergen, säubern, aufgesattelte Holztreppe entsprechend Bestand herstellen, einbauen, Geländer montieren (3m²)	2,63 m²	8.248	**3.136,27**	
	• Herstellen (Kosten: 97,6%) Stahl-Fluchttreppen-/Balkonanlage, Quadratrohrstützen 12x12cm, Kastenprofilrahmen 10x20cm, Tragriegel 20x12cm, Holzbelag, Gitterroststufen, Flachstahlwangen (114m²)	113,97 m²	337.250	**2.959,11**	

KG	Kostengruppe	Menge Einheit	Kosten €	€/Einheit	%
359	**Sonstiges zur KG 350**	1.083,13 m² DEF	98.998	**91,40**	9,6
	• Wiederherstellen (Kosten: 3,2%) Defekte Holz-Geländerstäbe ersetzen (3St), Baluster mit Schnitzwerk ersetzen (1St), Holz-Treppen-geländer neu beschichten (20m)	421,48 m² DEF	3.136	**7,44**	
	• Herstellen (Kosten: 96,8%) Stahl-Fluchttreppen-/Balkongeländer, Quadratrohr-Pfosten/Ober-/Untergurte 40x40mm, Handlauf, Rundrohr 42mm, Flachstahlfüllung 60x5mm (105m)	1.083,13 m² DEF	95.862	**88,50**	
360	**Dächer**				**100,0**
361	**Dachkonstruktionen**	426,28 m²	79.648	**186,84**	22,0
	• Abbrechen (Kosten: 30,2%) Abbruch von Pultdach, Holzkonstruktion, Schalung (75m²), Holzschalung (126m²); Entsorgung, Deponiegebühren	201,21 m²	24.061	**119,58**	
	• Wiederherstellen (Kosten: 28,8%) Sparren aufdoppeln, KVH 4x22cm (11m), fäulnisgeschädigte Gauben-Eckpfosten ersetzen (4St), Schalung reinigen, entnageln, nachnageln (276m²), Schalung ergänzen (8m²), Schwammsanierung Sparrendach: geschädigte Holzbalken gesund schneiden, ersetzen (14m), Schnittflächen chemisch schützen (1m²)	284,49 m²	22.939	**80,63**	
	• Herstellen (Kosten: 41,0%) Holzbalken-Flachdach, KVH (5m³), OSB-Schalung (108m²), Rauspundschalung, Dachüberstände (34m²), Mineralwoll-Zwischensparrendämmung WLG 035, d=200mm (50m²)	141,79 m²	32.648	**230,25**	
362	**Dachöffnungen**	0,64 m²	4.051	**6.330,09**	1,1
	• Herstellen (Kosten: 100,0%) Lichtkuppel (1St)	0,64 m²	4.051	**6.330,09**	
363	**Dachbeläge**	416,55 m²	215.944	**518,41**	59,7
	• Abbrechen (Kosten: 23,9%) Abbruch von Bitumenabdichtung, vierlagig (383m²), vertikal (52m), Bitumenschindeln (88m²), Wand-anschlüssen (53m), Dachrinnen, Trauf-/Tropfblechen (42m), Fallrohren (42m), Blechabdeckungen (26m)	383,12 m²	51.650	**134,81**	
	• Herstellen (Kosten: 76,1%) Dampfsperre (455m²), PU-Dämmung WLS 023, d=140mm (347m²), d=60mm, an Attika (81m), EPS-Gefälledämmung, d i.M. 8cm (35m²), Bitumenabdichtung, zweilagig (382m²), beschiefert (35m²), Attikaabdichtung (63m), Attikaabdeckungen, Titanzink (66m), Anschlussbleche, Titanzink (65m), Walzblei (29m), Sanitärlüfter (9St), Traufbleche, Dachrinnen, Titanzink (69m), Regenfallrohre, Titan-zink (66m), Dachrandprofile, Alu (16m), Faserzementdeckung (84m²)	416,55 m²	164.294	**394,42**	

KG	Kostengruppe	Menge Einheit	Kosten €	€/Einheit	%
364	**Dachbekleidungen**	323,51 m²	61.580	**190,35**	17,0
	• Abbrechen (Kosten: 16,7%) Abbruch von Putz, Schilfrohrmatten, Sparschalung (158m²); Entsorgung, Deponiegebühren	158,44 m²	10.259	**64,75**	
	• Wiederherstellen (Kosten: 21,5%) Holztraufkasten schleifen, neu beschichten (20m), Gesimskasten nach historischem Vorbild erneuern (11m), Zierbretter erneuern, beschichten (20m)	–	13.267	**–**	
	• Herstellen (Kosten: 61,8%) GK-Decken, Abhängehöhe 25-50cm (214m²), GK-Bekleidung (48m²), Spachtelung Q3 (257m²), Malervlies (370m²), Dispersionsbeschichtung (239m²), Silikatbeschichtung (28m²), Holzlasur (56m²)	323,51 m²	38.054	**117,63**	
369	**Sonstiges zur KG 360**	426,92 m² DAF	770	**1,80**	0,2
	• Abbrechen (Kosten: 3,6%) Abbruch von Schneefanggitter (9m); Entsorgung, Deponiegebühren	383,12 m² DAF	28	**0,07**	
	• Herstellen (Kosten: 96,4%) Absturzsicherungen (2St), Sicherheitsdachhaken (6St)	417,19 m² DAF	742	**1,78**	
380	**Baukonstruktive Einbauten**				**100,0**
381	**Allgemeine Einbauten**	1.624,44 m² BGF	53.289	**32,80**	100,0
	• Abbrechen (Kosten: 0,5%) Abbruch von Metallbriefkästen (7St), Holzregalen (2St), Holzarbeitsplatte (1St), Hängeschrank (1St); Entsorgung, Deponiegebühren	1.624,44 m² BGF	288	**0,18**	
	• Herstellen (Kosten: 99,5%) Einbauküchen, mit Spülmaschine, Herd, Kühlschrank (4St), Briefkastenanlage, elf Briefkästen, ein Mitteilungskasten (1St)	1.624,44 m² BGF	53.001	**32,63**	
390	**Sonstige Maßnahmen für Baukonstruktionen**				**100,0**
391	**Baustelleneinrichtung**	1.624,44 m² BGF	118.867	**73,17**	46,5
	• Herstellen (Kosten: 100,0%) Baustelleneinrichtungen, Hauptgewerk (1St), Nebengewerke (7St), Baustellen-WCs (3St), Bauzaun (28m), Verkehrssicherung (psch), Schrägaufzug (1St), Bauwasseranschluss (psch), Baustellenleuchten (36St), Schotterfläche (31m²)	1.624,44 m² BGF	118.867	**73,17**	
392	**Gerüste**	1.624,44 m² BGF	74.171	**45,66**	29,0
	• Herstellen (Kosten: 100,0%) Standgerüste, Lastklasse 4 (905m²), Lastklasse 3 (207m²), Gerüstüberbauung (18m²), Gerüstverbreiterungen (159m), Dachfanggerüst (10m), Dachstuhlgerüst (1St), Gerüsttreppen (12m), Leiterturm (12m), Gitterträger (18m), Staubnetz (150m²), Geländer (42m), Absturzsicherung Penthouse (psch), Raumgerüste (238m³), in Treppenhäusern (3St)	1.624,44 m² BGF	74.171	**45,66**	
396	**Materialentsorgung**	1.624,44 m² BGF	5.021	**3,09**	2,0
	• Herstellen (Kosten: 100,0%) Entsorgen von Schutt, Baumaterialien (16m³), Altholz (1m³), Sperrmüll (psch), lagernden Glaselementen (12St)	1.624,44 m² BGF	5.021	**3,09**	

KG	Kostengruppe	Menge Einheit	Kosten €	€/Einheit	%
397	**Zusätzliche Maßnahmen**	1.624,44 m² BGF	54.373	**33,47**	21,3
	• Herstellen (Kosten: 100,0%)	1.624,44 m² BGF	54.373	**33,47**	
	Schutzabdeckungen (1.722m²), Witterungsschutz mit Planen (276m²), OSB-Abdeckung von Stufen (6m²), Notdächer (3St), Öffnungen mit Folie schließen (10St), Baureinigung (psch), Innenhof beräumen (18h)				
398	**Provisorische Baukonstruktionen**	1.624,44 m² BGF	704	**0,43**	0,3
	• Herstellen (Kosten: 100,0%)	1.624,44 m² BGF	704	**0,43**	
	Provisorisches Regenfallrohr (1St)				
399	**Sonstiges zur KG 390**	1.624,44 m² BGF	2.354	**1,45**	0,9
	• Herstellen (Kosten: 100,0%)	1.624,44 m² BGF	2.354	**1,45**	
	Schließanlage, Zylinder (16St), Schlüssel (45St)				
410	**Abwasser-, Wasser-, Gasanlagen**				**100,0**
411	**Abwasseranlagen**	1.624,44 m² BGF	57.393	**35,33**	29,4
	• Herstellen (Kosten: 100,0%)	1.624,44 m² BGF	57.393	**35,33**	
	PVC-Rohre DN110, Formstücke, Sandbett (85m), PP-Rohre DN50-100, schalloptimiert, Formstücke (207m), Brandschotts (29St), Bodenabläufe (2St), Ablaufrinnen, Duschelemente (11St), Designroste (4St), Siphons (31St)				
412	**Wasseranlagen**	1.624,44 m² BGF	130.747	**80,49**	67,0
	• Abbrechen (Kosten: 1,7%)	1.624,44 m² BGF	2.164	**1,33**	
	Abbruch von Wasserleitungen (psch), WCs (6St), Spülkästen (5St), Waschbecken (5St), Badewannen (2St), Boilern (2St), Duschwanne (1St); Entsorgung, Deponiegebühren				
	• Herstellen (Kosten: 98,3%)	1.624,44 m² BGF	128.582	**79,15**	
	Edelstahlrohre DN12-32, Formstücke, Rohrdämmung (394m), Mehrschichtverbundrohre DN12-25, Formstücke, gedämmt (385m), Kernbohrungen (32St), Hauswasserstation (1St), Freistromventile (11St), Regulierventile (5St), Wasserzählerblöcke (15St), Wand-WCs (14St), Möbelwaschtische (14St), Spülen (4St), Badewannen (3St), Brausebatterien (11St), Brausesets (8St), Ausgussbecken (1St), Außenarmatur (1St), Armaturen				
419	**Sonstiges zur KG 410**	1.624,44 m² BGF	7.115	**4,38**	3,6
	• Herstellen (Kosten: 100,0%)	1.624,44 m² BGF	7.115	**4,38**	
	Montageelemente für Wand-WCs (14St), für Waschtische (12St)				
420	**Wärmeversorgungsanlagen**				**100,0**
421	**Wärmeerzeugungsanlagen**	1.624,44 m² BGF	97.659	**60,12**	33,0
	• Abbrechen (Kosten: < 0,1%)	1.624,44 m² BGF	97	**0,06**	
	Abbruch von Wandheizgerät (psch); Entsorgung, Deponiegebühren				
	• Herstellen (Kosten: 99,9%)	1.624,44 m² BGF	97.562	**60,06**	
	Gas-Brennwertkessel 69kW (1St), Pufferspeicher 965l (1St), Ausdehnungsgefäß 250l (1St), Heizkreisverteiler, drei Heizkreise (1St), Frischwasserstation (1St), Systemregler (1St), Nachspeisestation (1St), Zirkulationspumpe (1St), Flachdachkollektoren (24m²), Solarstation (1St), Reglermodul (1St), Vorschaltgefäß 40l (1St), Ausdehnungsgefäß 140l (1St), Kupfer-Solarrohre DN20-25, Formstücke, Rohrdämmung (85m), Gas-Edelstahlrohre, Formstücke (9m)				

KG	Kostengruppe	Menge Einheit	Kosten €	€/Einheit	%
422	**Wärmeverteilnetze**	1.624,44 m²BGF	75.940	**46,75**	25,7
	• Abbrechen (Kosten: 1,1%) Abbruch von Heizungsrohren, Dämmung, Messtechnik, Verteilern (psch); Entsorgung, Deponiegebühren	1.624,44 m²BGF	831	**0,51**	
	• Herstellen (Kosten: 98,9%) Stahlrohre DN12-50, Formstücke, Rohrdämmung (645m), Kernbohrungen (12St), Schlitze (35m), Absperr-/Regulierventile (18St)	1.624,44 m²BGF	75.109	**46,24**	
423	**Raumheizflächen**	1.624,44 m²BGF	96.456	**59,38**	32,6
	• Abbrechen (Kosten: 5,0%) Abbruch von Heizkörpern (16St), Kachelöfen (6St), Ofen (1St); Entsorgung, Deponiegebühren	1.624,44 m²BGF	4.837	**2,98**	
	• Herstellen (Kosten: 95,0%) Badheizkörper (14St), Ventilheizkörper (34St), Fußbodenheizung, EPS-Klettplatten WLS 032, d=25mm (192m²), PE-Xa-Rohre 16x2mm (1.026m), Verteiler, sechs Heizkreise (3St), Thermoantriebe (15St), EPS-Systemverlegeplatten, d=25mm (61m²), Alu-Wärmeleitlamellen (293St), PE-Xa-Rohre 14x2mm (307m)	1.624,44 m²BGF	91.619	**56,40**	
429	**Sonstiges zur KG 420**	1.624,44 m²BGF	26.004	**16,01**	8,8
	• Abbrechen (Kosten: 82,6%) Abbruch von Schornsteinen (19m³); Entsorgung, Deponiegebühren	1.624,44 m²BGF	21.490	**13,23**	
	• Herstellen (Kosten: 17,4%) Abgassystem für Gas-Brennwertkesselanlage (1St), Abgasrohre, D=110mm (19m)	1.624,44 m²BGF	4.514	**2,78**	
430	**Raumlufttechnische Anlagen**				**100,0**
431	**Lüftungsanlagen**	1.624,44 m²BGF	20.380	**12,55**	100,0
	• Herstellen (Kosten: 100,0%) Einzelraumlüfter (13St), Wickelfalzrohre DN80-125, Formstücke (57m), Alu-Flexrohre DN80 (14m), Rohrschalldämpfer (13St), Brandschotts (12St), Kondensatleitungen DN15 (3St)	1.624,44 m²BGF	20.380	**12,55**	
440	**Elektrische Anlagen**				**100,0**
442	**Eigenstromversorgungsanlagen**	1.624,44 m²BGF	14.045	**8,65**	5,2
	• Herstellen (Kosten: 100,0%) Vorbereitung für Photovoltaikanlage, Trägerschienen, Ständer (psch)	1.624,44 m²BGF	14.045	**8,65**	
444	**Niederspannungsinstallationsanlagen**	1.624,44 m²BGF	230.658	**141,99**	86,0
	• Abbrechen (Kosten: 0,6%) Abbruch von Elektroleitungen, Installationsgeräten (psch); Entsorgung, Deponiegebühren	1.624,44 m²BGF	1.299	**0,80**	
	• Herstellen (Kosten: 99,4%) Zählerschrank (1St), Kleinverteiler (12St), SLS-Schalter (12St), Kombiableiter (1St), FI-Schalter (3St), Sicherungen (36St), Astroschaltuhr (1St), Mantelleitungen NYM (7.557m), Starkstromkabel NYY (37m), Leerrohre (100m), Kabelrinnen (33m), Schlitze (749m), Durchbohrungen (231St), Steckdosen (461St), Schalter/Taster (207St), Lichtauslässe (156St), Herdanschlussdosen (12St), Raumthermostate (11St)	1.624,44 m²BGF	229.359	**141,19**	

KG	Kostengruppe	Menge Einheit	Kosten €	€/Einheit	%
445	**Beleuchtungsanlagen**	1.624,44 m² BGF	20.415	**12,57**	7,6
	• Abbrechen (Kosten: 1,8%) Abbruch von Leuchtstoffröhren (13St), Deckenleuchten (7St), Rasterdeckenleuchten (4St); Entsorgung, Deponiegebühren	1.624,44 m² BGF	368	**0,23**	
	• Herstellen (Kosten: 98,2%) LED-Decken-/Wandleuchten (21St), LED-Außenwandleuchten (18St), Pendelleuchte, fünfflammig (1St), LED-Ovalleuchten (4St), LED-Lichtprofile, l=3m (4St)	1.624,44 m² BGF	20.047	**12,34**	
446	**Blitzschutz- und Erdungsanlagen**	1.624,44 m² BGF	3.243	**2,00**	1,2
	• Herstellen (Kosten: 100,0%) Tiefenerder V4A (1St), Haupterdungsschiene (1St), Schutzausgleichsverbindung Heizung (psch)	1.624,44 m² BGF	3.243	**2,00**	
450	**Kommunikations-, sicherheits- und informationstechnische Anlagen**				**100,0**
452	**Such- und Signalanlagen**	1.624,44 m² BGF	12.878	**7,93**	26,3
	• Herstellen (Kosten: 100,0%) Sprechanlage, elf Wohnungsstationen, zwei Türstationen, elf Etagenrufe (1St), Installationskabel J-Y(ST)Y (400m)	1.624,44 m² BGF	12.878	**7,93**	
455	**Audiovisuelle Medien- u. Antennenanl.**	1.624,44 m² BGF	10.102	**6,22**	20,7
	• Abbrechen (Kosten: 0,3%) Abbruch von Antennenmast (1St); Entsorgung, Deponiegebühren	1.624,44 m² BGF	32	**0,02**	
	• Herstellen (Kosten: 99,7%) Stammleitungsverteiler (11St), Koaxialkabel (750m), BK-Antennendosen (26St)	1.624,44 m² BGF	10.071	**6,20**	
457	**Datenübertragungsnetze**	1.624,44 m² BGF	25.914	**15,95**	53,0
	• Herstellen (Kosten: 100,0%) Kommunikationsverteiler (11St), LAN-Kabel Cat7 (1.100m), Datenanschlussdosen Cat6a (72St), Anschlussmodule Cat6a (94St), LAN-Verbinder Cat6a (8St)	1.624,44 m² BGF	25.914	**15,95**	
510	**Erdbau**				**100,0**
511	**Herstellung**	82,12 m³ EBR	17.274	**210,35**	100,0
	• Herstellen (Kosten: 100,0%) Bodenaushub BK 3-4, mit Bauschutt durchmischt, abfahren (42m³), Grabenaushub BK 3-5, t bis 1,54m, lagern, verfüllen (36m²), abfahren (4m³)	82,12 m³ EBR	17.274	**210,35**	
520	**Gründung, Unterbau**				**100,0**
524	**Abdichtungen und Bekleidungen**	1,44 m²	65	**44,80**	100,0
	• Herstellen (Kosten: 100,0%) Schottertragschicht, d=30cm, für Rampe, Treppe, L-Steine (1m²)	1,44 m²	65	**44,80**	
530	**Oberbau, Deckschichten**				**100,0**
531	**Wege**	14,75 m²	5.389	**365,34**	14,4
	• Wiederherstellen (Kosten: 88,9%) Mosaikpflaster aufnehmen, lagern, neu verlegen (13m²)	12,65 m²	4.791	**378,76**	
	• Herstellen (Kosten: 11,1%) Trittplatten 35x60x4cm (2m²)	2,10 m²	597	**284,46**	

KG	Kostengruppe	Menge Einheit	Kosten €	€/Einheit	%
533	**Plätze, Höfe, Terrassen**	58,40 m²	28.245	**483,65**	75,7
	• Abbrechen (Kosten: 9,0%) Aufnehmen und Lagern von Ziegelpflaster (36m²), Abbruch von Ziegelpflaster (22m²); Entsorgung, Deponiegebühren	57,99 m²	2.547	**43,92**	
	• Herstellen (Kosten: 91,0%) Feinplanum, Schottertragschicht, d=30cm, Splittbett, d=4cm, Betonpflaster (50m²), Ziegelpflaster, Lagermaterial (8m²), Randeinfassungen, Betonpflaster (44m), Ziegelpflaster (16m), Betonbordsteine (8m)	58,40 m²	25.698	**440,04**	
539	**Sonstiges zur KG 530**	73,15 m² BFF	3.682	**50,34**	9,9
	• Herstellen (Kosten: 100,0%) Kiestraufe 8/16mm, b=30cm (7m²), Betonbordsteine (24m)	60,50 m² BFF	3.682	**60,87**	
540	**Baukonstruktionen**				**100,0**
543	**Wandkonstruktionen**	2,00 m²	1.018	**509,17**	26,9
	• Herstellen (Kosten: 100,0%) Beton-Winkelstützwände, h=40-60cm (2m²)	2,00 m²	1.018	**509,17**	
544	**Rampen, Treppen, Tribünen**	1,44 m²	2.770	**1.923,88**	73,1
	• Herstellen (Kosten: 100,0%) Betonblockstufen, b=90cm (3St), Ortbetonrampe C20/25, 90x70cm (1St)	1,44 m²	2.770	**1.923,88**	
550	**Technische Anlagen**				**100,0**
551	**Abwasseranlagen**	161,15 m² AF	42.039	**260,87**	100,0
	• Herstellen (Kosten: 100,0%) PVC-Rohre DN110-200, Formstücke, Sandbett (45m), Rückstau-Hebeanlage, PE-Schacht LW1.000 (1St), PE-Druckrohre DN80, Formstücke (5m), PP-Schacht DN600, t=1,50m, Schachtabdeckung (1St), Entwässerungsrinnen, Polymerbeton, l=1m, Stegroste (2St), Hofablauf (1St)	161,15 m² AF	42.039	**260,87**	
570	**Vegetationsflächen**				**100,0**
571	**Vegetationstechn. Bodenbearbeitung**	54,30 m²	5.466	**100,65**	78,8
	• Herstellen (Kosten: 100,0%) Oberboden liefern, auftragen, d=30cm (16m³)	54,30 m²	5.466	**100,65**	
573	**Pflanzflächen**	–	1.472	**–**	21,2
	• Abbrechen (Kosten: 100,0%) Roden von Vegetation (psch); Entsorgung, Deponiegebühren	–	1.472	**–**	
590	**Sonstige Maßnahmen für Außenanlagen und Freiflächen**				**100,0**
591	**Baustelleneinrichtung**	161,15 m² AF	3.896	**24,18**	100,0
	• Herstellen (Kosten: 100,0%) Baustelleneinrichtungen (3St)	161,15 m² AF	3.896	**24,18**	

6100-1733
Mehrfamilienhaus
(11 WE)

Instandsetzung

Kostenkennwerte für Leistungsbereiche nach STLB (Kosten des Bauwerks nach DIN 276)

LB	Leistungsbereiche	Kosten €	€/m² BGF	€/m³ BRI	% an 3+4
000	Baustellen-, Sicherheitseinr. inkl. 001, 089	215.409	132,60	35,10	4,9
002	Erdarbeiten	48.913	30,10	8,00	1,1
006	Spezialtiefbauarbeiten inkl. 005	–	–	–	–
009	Entwässerungskanalarbeiten inkl. 011	4.910	3,00	0,80	0,1
010	Drän- und Versickerarbeiten	–	–	–	–
012	Mauerarbeiten	127.942	78,80	20,80	2,9
	Wiederherstellen	25.193	15,50	4,10	0,6
	Herstellen	102.749	63,30	16,70	2,3
013	Betonarbeiten	52.361	32,20	8,50	1,2
014	Natur-, Betonwerksteinarbeiten	21.836	13,40	3,60	0,5
	Wiederherstellen	17.816	11,00	2,90	0,4
	Herstellen	4.019	2,50	0,65	< 0,1
016	Zimmer- und Holzbauarbeiten	140.681	86,60	22,90	3,2
	Wiederherstellen	34.201	21,10	5,60	0,8
	Herstellen	106.480	65,50	17,30	2,4
017	Stahlbauarbeiten	39.146	24,10	6,40	0,9
	Wiederherstellen	16.838	10,40	2,70	0,4
	Herstellen	22.308	13,70	3,60	0,5
018	Abdichtungsarbeiten	56.213	34,60	9,20	1,3
	Wiederherstellen	40.700	25,10	6,60	0,9
	Herstellen	15.513	9,50	2,50	0,4
019	Kampfmittelräumarbeiten	–	–	–	–
020	Dachdeckungsarbeiten	29.344	18,10	4,80	0,7
021	Dachabdichtungsarbeiten	113.036	69,60	18,40	2,6
022	Klempnerarbeiten	84.398	52,00	13,70	1,9
	Wiederherstellen	798	0,49	0,13	< 0,1
	Herstellen	83.600	51,50	13,60	1,9
	Rohbau	**934.189**	**575,10**	**152,10**	**21,3**
	Wiederherstellen	135.546	83,40	22,10	3,1
	Herstellen	798.643	491,60	130,00	18,2
023	Putz- und Stuckarbeiten, Wärmedämmsysteme	583.061	358,90	94,90	13,3
	Wiederherstellen	196.807	121,20	32,00	4,5
	Herstellen	386.254	237,80	62,90	8,8
024	Fliesen- und Plattenarbeiten	73.504	45,20	12,00	1,7
025	Estricharbeiten	19.877	12,20	3,20	0,5
026	Fenster, Außentüren inkl. 029, 032	271.617	167,20	44,20	6,2
	Wiederherstellen	94.430	58,10	15,40	2,2
	Herstellen	177.187	109,10	28,80	4,0
027	Tischlerarbeiten	246.412	151,70	40,10	5,6
	Wiederherstellen	99.150	61,00	16,10	2,3
	Herstellen	147.262	90,70	24,00	3,4
028	Parkett-, Holzpflasterarbeiten	117.953	72,60	19,20	2,7
	Wiederherstellen	35.116	21,60	5,70	0,8
	Herstellen	82.837	51,00	13,50	1,9
030	Rollladenarbeiten	12.027	7,40	2,00	0,3
031	Metallbauarbeiten inkl. 035	438.867	270,20	71,40	10,0
034	Maler- und Lackiererarb. - Beschicht. inkl. 037	318.593	196,10	51,90	7,3
	Wiederherstellen	62.953	38,80	10,20	1,4
	Herstellen	255.639	157,40	41,60	5,8
036	Bodenbelagarbeiten	50.412	31,00	8,20	1,2

LB	Leistungsbereiche	Kosten €	€/m² BGF	€/m³ BRI	% an 3+4
038	Vorgehängte hinterlüftete Fassaden	26.959	16,60	4,40	0,6
039	Trockenbauarbeiten	228.383	140,60	37,20	5,2
	Ausbau	**2.387.666**	**1.469,80**	**388,70**	**54,5**
	Wiederherstellen	488.457	300,70	79,50	11,1
	Herstellen	1.899.209	1.169,10	309,20	43,3
040	Wärmeversorgungsanl. - Betriebseinr. inkl. 041	244.052	150,20	39,70	5,6
042	Gas- u. Wasseranl. - Leitung., Armat. inkl. 043	81.559	50,20	13,30	1,9
044	Abwasseranl. - Leitungen, Abläufe, Armaturen	39.758	24,50	6,50	0,9
045	Gas, Wasser, Entwässerung - Ausstattung inkl. 046	40.169	24,70	6,50	0,9
047	Dämm- und Brandschutzarb. an techn. Anlagen	36.301	22,30	5,90	0,8
049	Feuerlöschanlagen, Feuerlöschgeräte	–	–	–	–
050	Blitzschutz-/Erdungsanlagen, Überspannungssch.	3.243	2,00	0,53	< 0,1
053	Niederspannungsanl. - Kabel inkl. 052, 054	204.643	126,00	33,30	4,7
055	Sicherheits- u. Ersatzstromversorgungsanl.	–	–	–	–
057	Gebäudesystemtechnik	–	–	–	–
058	Leuchten und Lampen inkl. 059	20.047	12,30	3,30	0,5
060	Such, Signal, Zeit, Anten., akust. Anl. inkl. 064	22.949	14,10	3,70	0,5
061	Kommunikations- u. Übertragungsnetze inkl. 063	25.914	16,00	4,20	0,6
069	Aufzüge	–	–	–	–
070	Gebäudeautomation	–	–	–	–
075	Raumlufttechnische Anlagen inkl. 078	16.688	10,30	2,70	0,4
	Gebäudetechnik	**735.323**	**452,70**	**119,70**	**16,8**
084	Abbruch, Rückbau, Schadstoffsanierung	272.210	167,60	44,30	6,2
	Abbrechen	272.210	167,60	44,30	6,2
	Abbrucharbeiten	**272.210**	**167,60**	**44,30**	**6,2**
	Abbrechen	272.210	167,60	44,30	6,2
	Sonstige Leistungsbereiche	**53.442**	**32,90**	**8,70**	**1,2**
	Wiederherstellen	36.246	22,30	5,90	0,8
	Herstellen	17.196	10,60	2,80	0,4

6100-1744
Mehrfamilienhaus
(12 WE)

Kostenkennwerte für die Kosten des Bauwerks (Kostengruppen 300+400 nach DIN 276)

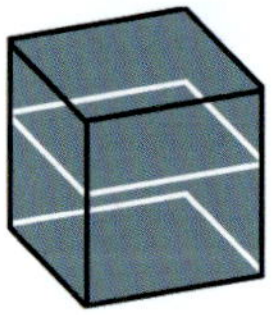

BRI 688 €/m³

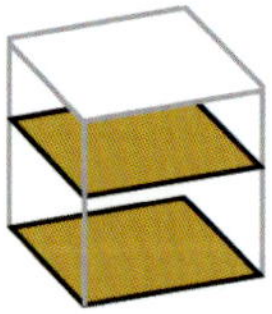

BGF 2.085 €/m²

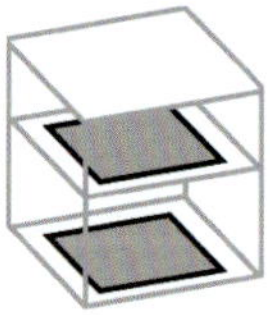

NUF 3.580 €/m²

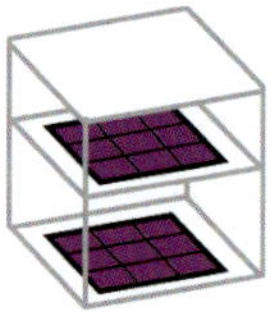

NE 3.609 €/NE

NE: Wohnfläche

Objekt:
Kennwerte: 1.Ebene DIN 276
BRI: 4.843 m³
BGF: 1.597 m²
NUF: 930 m²
Bauzeit: 74 Wochen
Bauende: 2023
Standard: mittel
Bundesland: Hessen
Kreis: Kassel, Stadt

Architekt*in:
Christoph Harney
Architekt
Wasserweg 4a
34131 Kassel

Bauherr*in:
Kassel im Wandel e.G.
Sophie-Junghans-Straße 14
34128 Kassel

© Fa. Lorenz

© Fa. Lorenz

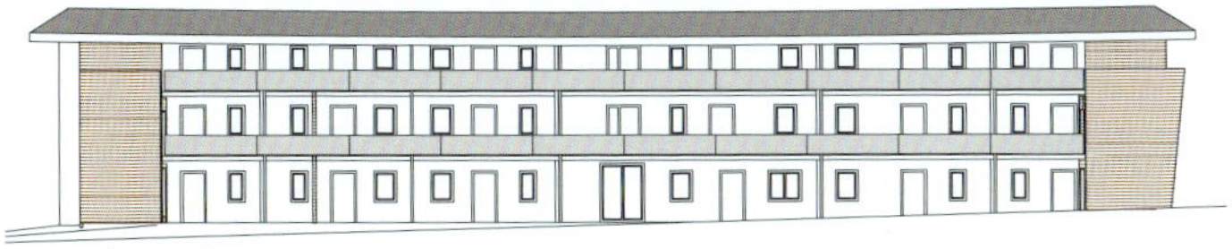

Ansicht Nord

Ansicht Ost

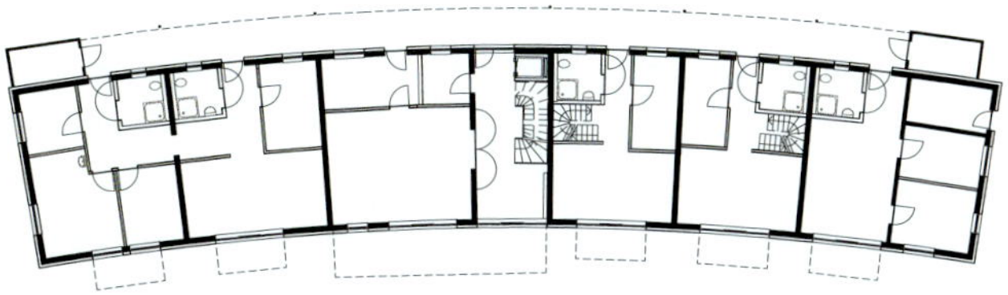

Erdgeschoss

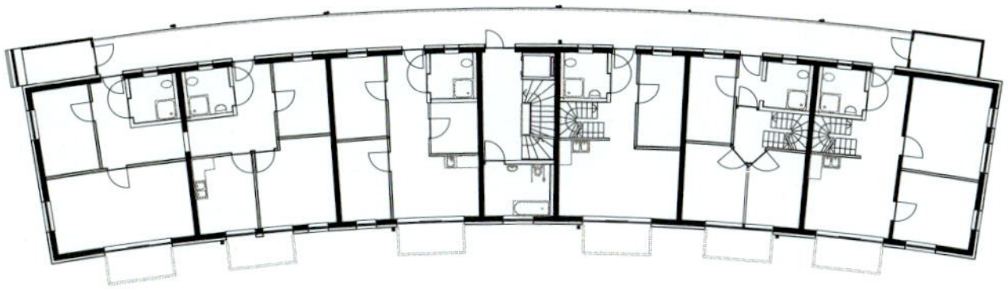

Obergeschoss

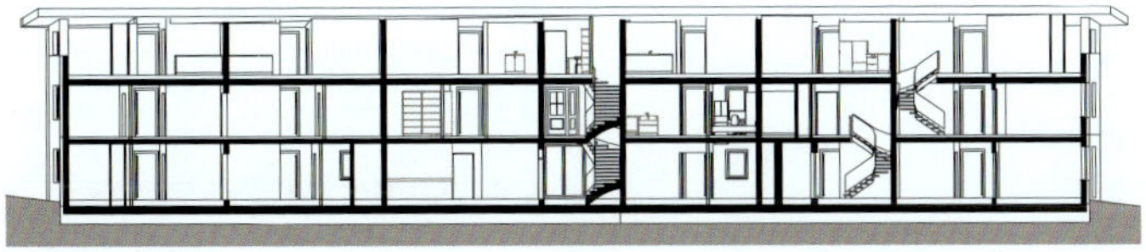

Längsschnitt

Ansicht Süd

Ansicht West

Objektbeschreibung

Allgemeine Objektinformationen

Das Wohnhaus zeichnet sich durch horizontal und vertikal teilbare und zusammenschaltbare Wohnungen aus. Ein genossenschaftliches Modellprojekt des Landes Hessen für ein "Gemeinschaftliches Wohnen für Menschen mit und ohne Geld" ermöglicht es erstmals, dass Sozialwohnungen und freifinanzierte Wohnungen zusammengeschaltet werden können. Nachträglich herausnehmbare Treppen lassen Reihenhäuser und Maisonette-Wohnungen wieder zu Einzelwohnungen werden. Die Wohnungen lassen sich somit sowohl horizontal als auch vertikal verbinden und wieder trennen.

Nutzung

1 Erdgeschoss
Wohnräume, Wohn-Essräume, Küchen, Schlafräume, Bäder, Gemeinschaftsflächen: Küche, Waschküche, Versammlungsraum, Terrassen, Hausanschlussraum

1 Obergeschoss
Wohnräume, Wohn-Essräume, Küchen, Schlafräume, Bäder, Gemeinschaftsflächen: Gemeinschaftsbad, Gruppenraum, Abstellräume, Balkone, Hausanschlussraum, Laubengänge

1 Dachgeschoss
Wohn-Essräume mit Küchen, Schlafräume, Bäder, Gemeinschaftsflächen: Besprechungsraum, Laubengänge, Dachterrassen

Nutzeinheiten

Wohneinheiten: 12
Wohnfläche: 923 m²

Grundstück

Bauraum: Freier Bauraum
Neigung: Geneigtes Gelände
Bodenklasse: BK 1 bis BK 7

Besonderer Kosteneinfluss Grundstück
Bodenklasse 7 ist nur in Teilbereichen vorhanden.

Markt

Hauptvergabezeit: 4. Quartal 2021
Baubeginn: 4. Quartal 2021
Bauende: 2. Quartal 2023
Konjunkturelle Gesamtlage: über Durchschnitt
Regionaler Baumarkt: Durchschnitt

Baukonstruktion

Das Gebäude wurde im EG und OG in Hybridbauweise aus Mauerwerk und Stahlbeton gefertigt. Das DG ist in Holzrahmenbauweise mit Strohballenwänden erstellt, die mit Kalk- sowie Lehmputz bekleidet sind. Das Besondere an der elementierten Holz-Strohbauweise ist das hohe Maß an Vorfertigung, verbunden mit den feuchteregulierenden Baustoffen Stroh und Lehm. Hierdurch entsteht ein Holzbau mit Masse im Raum, der ohne Dampfbremsen auskommt. Im Bereich des Mauerwerks ist ein WDVS angebracht, die Strohballenwände wurden mit einer hinterlüfteten, gedämmten Lärchenholzfassade bekleidet. Die Holzfenster sind mit einer Dreifachverglasung ausgestattet. Als Bodenbeläge kamen Linoleum, Parkett und Bodenfliesen zur Ausführung.

Technische Anlagen

Das Gebäude wird über Nahwärme eines Biogas-Heizkraftwerks beheizt, die Verteilung erfolgt über eine Fußbodenheizung. Aufgrund der oben beschriebenen Bauweise war keine Lüftungsanlage erforderlich.

Sonstiges

Die Baustoffe Holz, Stroh, Lehm und Kalkputz sind frei von Schadstoffen und verhindert durch seine Alkalität die Bildung von Schimmel. Damit wird ein entscheidender Beitrag zur Wohngesundheit geleistet. Das Gebäude entspricht dem KfW 55 Standard.

Energetische Kennwerte

Gesetzliche Grundlage: EnEV 2013
Gebäudenutzfläche: 1.117,60 m²
Gebäudevolumen: 3.492,50 m³
A/V_e-Verhältnis (Kompaktheit): 0,54 m^{-1}
Hüllfläche des beheizten Volumens: 1.888,62 m²
Spez. Transmissionswärmeverlust: 0,31 W/(m²·K)
Spez. Jahresprimärenergiebedarf: 8,29 kWh/(m²·a)
CO_2-Emissionen: 6,00 kg/(m²·a)
Anlagenaufwandszahl: 0,17

Energetische Angaben zu Außenbauteilen

Bodenplatte

U-Wert: 0,16 W/(m²·K)

Gesamtdicke: 58,00 cm	d [cm]	λ [W/(m·K)]
Estrich	7,00	1,400
Dämmung	3,00	0,040
Dämmung	18,00	0,035
Stahlbeton	30,00	2,000

Außenwand Ziegel

U-Wert: 0,14 W/(m²·K)

Gesamtdicke: 43,50 cm	d [cm]	λ [W/(m·K)]
Innenputz	1,50	0,700
Ziegel	24,00	0,100
Dämmung	16,00	0,035
Außenputz	2,00	0,380

Außenwand Lehm/Stroh

U-Wert: 0,14 W/(m²·K)

Gesamtdicke: 41,00 cm	d [cm]	λ [W/(m·K)]
Lehmputz	3,50	0,250
Dämmung Strohballen	34,00	0,049
Holz	34,00	0,130
Holzfaserplatte	3,50	0,045

Dach

U-Wert: 0,14 W/(m²·K)

Gesamtdicke: 39,23 cm	d [cm]	λ [W/(m·K)]
GK-Platte	1,20	0,250
Luftschicht ruhend	6,00	0,375
Holz	6,00	0,130
Dampfsperre	0,03	0,017
Dämmung	28,00	0,040
Holz	28,00	0,130
Holzfaserplatte	4,00	0,045

Planungskennwerte für Flächen und Rauminhalte nach DIN 277

Flächen des Grundstücks		Menge Einheit	% an GF
BF	Bebaute Fläche	428,40 m²	21,9
UF	Unbebaute Fläche	1.530,60 m²	78,1
GF	Grundstücksfläche	1.959,00 m²	100,0

Grundflächen des Bauwerks		Menge Einheit	% an NUF	% an BGF
NUF	Nutzungsfläche	930,20 m²	100,0	58,2
TF	Technikfläche	14,59 m²	1,6	0,9
VF	Verkehrsfläche	325,74 m²	35,0	20,4
NRF	Netto-Raumfläche	1.270,53 m²	136,6	79,6
KGF	Konstruktions-Grundfläche	326,53 m²	35,1	20,4
BGF	Brutto-Grundfläche	1.597,06 m²	171,7	100,0

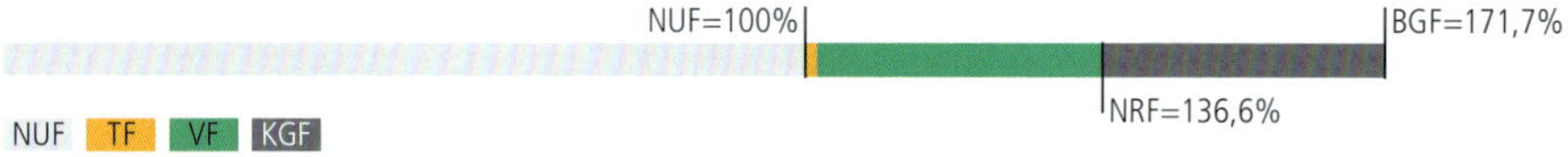

Brutto-Rauminhalt des Bauwerks		Menge Einheit	BRI/NUF (m)	BRI/BGF (m)
BRI	Brutto-Rauminhalt	4.842,73 m³	5,21	3,03

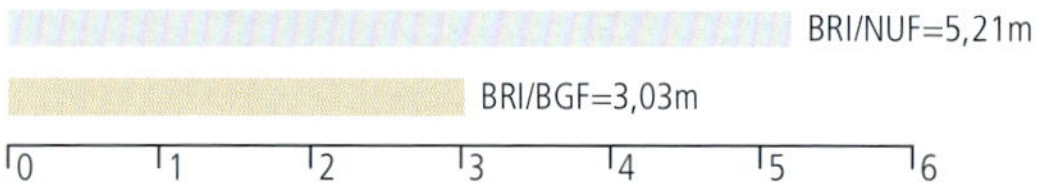

Kostenkennwerte für die Kostengruppen der 1.Ebene DIN 276

KG	Kostengruppen (1.Ebene)	Einheit	Kosten €	€/Einheit	€/m² BGF	€/m³ BRI	% 300+400
100	Grundstück	m² GF	–	–	–	–	–
200	Vorbereitende Maßnahmen	m² GF	–	–	–	–	–
300	Bauwerk – Baukonstruktionen	m² BGF	2.676.825	1.676,10	1.676,10	552,75	80,4
400	Bauwerk – Technische Anlagen	m² BGF	653.336	409,09	409,09	134,91	19,6
	Bauwerk 300+400	**m² BGF**	**3.330.161**	**2.085,18**	**2.085,18**	**687,66**	**100,0**
500	Außenanlagen und Freiflächen	m² AF	232.121	151,65	145,34	47,93	7,0
600	Ausstattung und Kunstwerke	m² BGF	–	–	–	–	–
700	Baunebenkosten	m² BGF	–	–	–	–	–
800	Finanzierung	m² BGF	–	–	–	–	–

KG	Kostengruppe	Menge Einheit	Kosten €	€/Einheit	%
3+4	**Bauwerk**				**100,0**
300	**Bauwerk – Baukonstruktionen**	1.597,06 m² BGF	2.676.825	**1.676,10**	80,4

Baugrubenaushub; Stb-Fundamentplatte, Heizestrich, Linoleum, Betonwerkstein, Parkett, Bodenfliesen, Abdichtung, Kiesfilterschicht, Dämmung; Mauerwerkswände, Holzrahmenwände mit Strohballendämmung (DG), Stb-Stützen, Holzfenster, Dreifachverglasung, WDVS (EG und OG), Wärmedämmung, hinterlüftete Lärchenholzfassade (DG), Gipsfaser-Bekleidung, teilw. Lehmputz, teilw. Kalkputz, teilw. textiler Sonnenschutz; Innenmauerwerk, GK-Wände, Wandfliesen; Stb-Decken, teilw. Sichtbeton, Stb-Fertigteilbalkone, Stb-Treppen in Sichtbeton, Stahltreppen, Heizestrich, Linoleum, Betonwerkstein, Parkett, Bodenfliesen, teilw. Schallschutzdecken, Stahlgeländer, Treppengeländer; Holzbalkendach, Oberlichter, Dämmung, Abdichtung, extensive Dachbegrünung, außenliegende Entwässerung, GK-Decke; Einbauküchen

400	**Bauwerk – Technische Anlagen**	1.597,06 m² BGF	653.336	**409,09**	19,6

Gebäudeentwässerung, Kalt- und Warmwasserleitungen, Sanitärobjekte; Fernwärmeversorgung, Fußbodenheizung; Elektroinstallation, teilw. Beleuchtung, Blitzschutzanlage; Datenübertragungsanlage, Fernseh- und Antennenanlagen, Rauchmelder; Personenaufzug

500	**Außenanlagen und Freiflächen**	1.530,60 m² AF	232.121	**151,65**	7,0

Oberbodenarbeiten, Bodenarbeiten; Geotextilien; Wege, Terrassen, Stellplätze; Winkelstützmauern, Rampen; Fahrradständer; Oberbodenauftrag, Bodenverbesserung, Böschungssicherungen, Gehölze, Stauden, Rasen, Fertigstellungspflege

6200-0122
Seniorenwohnanlage
(27 WE)
TG (15 STP)

Kostenkennwerte für die Kosten des Bauwerks (Kostengruppen 300+400 nach DIN 276)

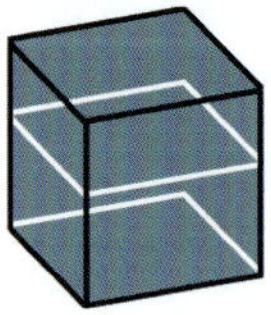

BRI 736 €/m³

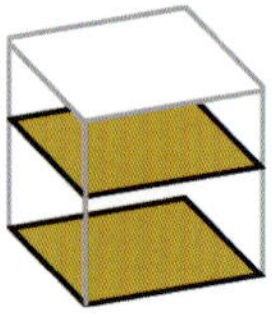

BGF 2.245 €/m²

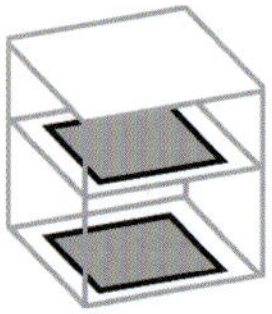

NUF 3.480 €/m²

Objekt:
Kennwerte: 1.Ebene DIN 276
BRI: 9.367 m³
BGF: 3.071 m²
NUF: 1.981 m²
Bauzeit: 78 Wochen
Bauende: 2022
Standard: mittel
Bundesland: Nordrhein-Westfalen
Kreis: Krefeld, Stadt

Architekt*in:
Brechtel Architekten
PartG mbB
Kamekestraße 19
50672 Köln

Ansicht West

Ansicht Süd

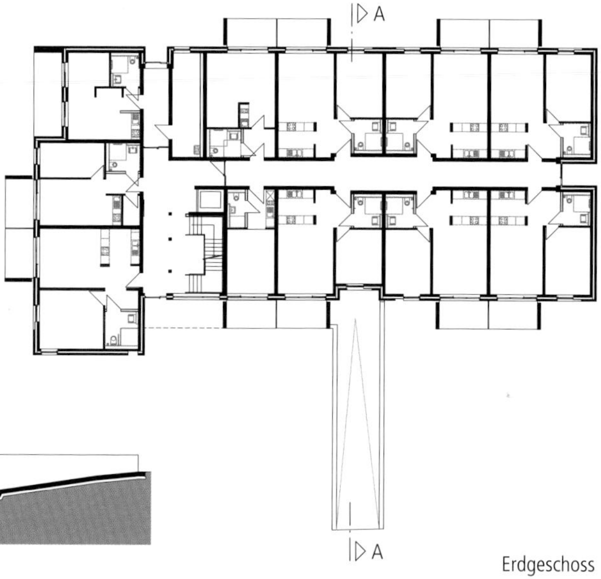

Erdgeschoss

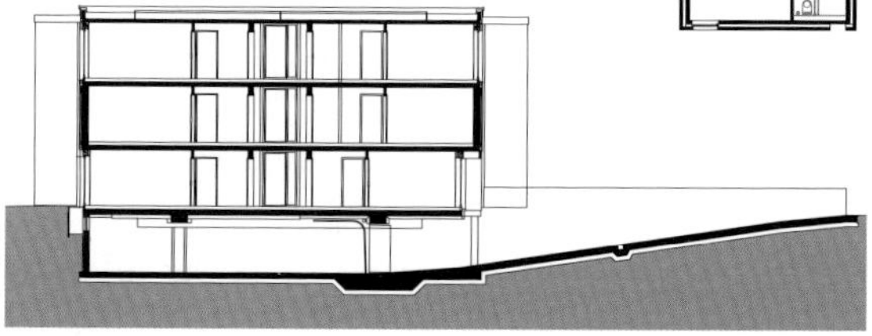

Schnitt A-A

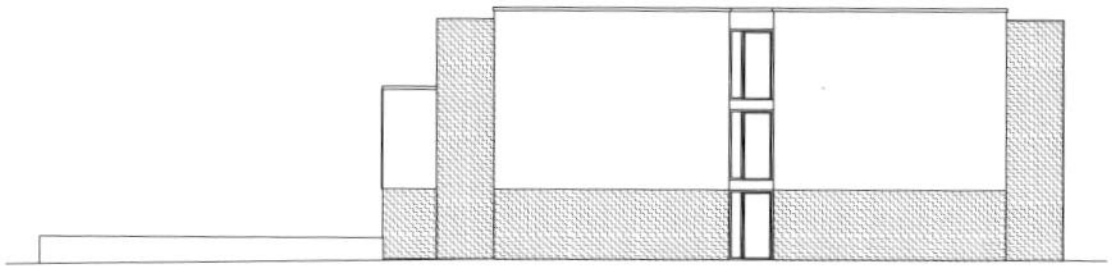

Ansicht Nord

Ansicht Ost

Objektbeschreibung

Allgemeine Objektinformationen

Auf dem Areal entstanden Service-Wohnungen für Senioren und eine Tiefgarage. Der Entwurf zeichnet sich durch eine gut durchdachte Gebäudestruktur aus, sodass Kosten und Bauzeit von Beginn an effizient gestaltet werden konnten. Ein wichtiges Augenmerk liegt auf einer klaren Erschließungsstruktur mit geringen Verkehrsflächen, welche durch Aufweitungen der Flure und Sichtachsen mit Tageslicht für die Bewohner attraktiv gestaltet wurde.

Nutzung

1 Untergeschoss
Mieterkeller, Tiefgarage, Fahrradabstellraum, Technik, Schleuse, Aufzug

1 Erdgeschoss
zehn Wohnungen, Büro, Wäscheraum, Aufzug

1 Obergeschoss
zehn Wohnungen, Wäscheraum, Aufzug

1 Dachgeschoss
sieben Wohnungen, Wäscheraum, Aufzug

Nutzeinheiten

Stellplätze: 15
Wohneinheiten: 27
Wohnfläche: 1.387 m^2

Grundstück

Bauraum: Freier Bauraum
Neigung: Ebenes Gelände
Bodenklasse: BK 3 bis BK 5

Markt

Hauptvergabezeit: 1. Quartal 2021
Baubeginn: 1. Quartal 2021
Bauende: 3. Quartal 2022
Konjunkturelle Gesamtlage: über Durchschnitt
Regionaler Baumarkt: Durchschnitt

Baukonstruktion

Das Kellergeschoss wurde in wasserundurchlässiger Bauweise als „weiße Wanne" ausgebildet und gründet auf Stb-Streifenfundamenten und Bodenplatte. Der Rohbau erfolgte durch eine Massivbauweise mit Außenwänden aus Porenbeton- bzw. Kalksandstein in Kombination mit Stb-Elementdecken. Das Fassadenbild staffelt sich von einer zweischaligen Klinkerfassade im Erdgeschoss zu einem einschalig, verputzten Wandaufbau in den oberen Geschossen. Es wurden Kunststofffenster mit Dreifachverglasung eingebaut, die mit Rollläden verdunkelt werden können. Nach oben hin schließt der Bau mit einem Flachdach ab. Die Treppenläufe sowie Balkone wurden als Fertigteile ausgebildet. Die Böden sind mit Vinyl und Fliesen belegt.

Technische Anlagen

Das Gebäude wurde an das Fernwärmenetz angeschlossen und wird so mit Heizwärme und einer zentralen Wasseraufbereitung versorgt. Die Verteilung der Wärme wird über eine Fußbodenheizung reguliert. Ein zentraler Aufzug im Eingangsbereich sorgt für eine rollstuhlgerechte Erschließung aller Wohneinheiten in den oberen Geschossen.

Sonstiges

Der Neubau entspricht dem KfW 55 Standard.

Energetische Kennwerte

Gesetzliche Grundlage: GEG 2020
Gebäudenutzfläche: 1.894,80 m^2
Gebäudevolumen: 6.508,60 m^3
A/V_e-Verhältnis (Kompaktheit): 0,40 m^{-1}
Hüllfläche des beheizten Volumens: 2.586,80 m^2
Spez. Transmissionswärmeverlust: 0,27 $W/(m^2 \cdot K)$
Spez. Jahresprimärenergiebedarf: 17,50 $kWh/(m^2 \cdot a)$
Spez. Jahresendenergiebedarf: 53,50 $kWh/(m^2 \cdot a)$
Spez. Jahresheizwärmebedarf: 30,33 $kWh/(m^2 \cdot a)$
CO_2-Emissionen: 3,30 $kg/(m^2 \cdot a)$
Anlagenaufwandszahl: 0,41

Energetische Angaben zu Außenbauteilen

Kellerdecke

U-Wert: 0,17 W/(m²·K)

Gesamtdicke: 50,52 cm	d [cm]	λ [W/(m·K)]
Estrich	6,00	1,400
PE-Folie	0,02	0,200
Trittschalldämmung	2,00	0,040
Stahlbeton	25,00	2,100
Dämmung	16,50	0,035
Holzfaserplatte	1,00	0,035

Außenwand Klinker hinterlüftet

U-Wert: 0,21 W/(m²·K)

Gesamtdicke: 33,00 cm	d [cm]	λ [W/(m·K)]
Innenputz	1,50	0,700
Kalksandstein	17,50	0,990
Dämmung	14,00	0,032

Außenwand

U-Wert: 0,20 W/(m²·K)

Gesamtdicke: 39,50 cm	d [cm]	λ [W/(m·K)]
Innenputz	1,00	0,700
Porenbeton	36,50	0,080
Dämmputz	2,00	0,070

Dach gegen Außenluft

U-Wert: 0,12 W/(m²·K)

Gesamtdicke: 49,30 cm	d [cm]	λ [W/(m·K)]
Innenputz	1,00	0,550
Bitumenbahn	0,30	0,170
Stahlbeton	18,00	2,100
Bitumenanstrich	0,20	0,170
Dämmung	12,00	0,035
Dämmung	12,00	0,025
Bitumenbahn	0,30	0,170
Bitumenanstrich	0,20	0,170
Bitumenbahn	0,30	0,170
Kiesschüttung	5,00	1,400

Planungskennwerte für Flächen und Rauminhalte nach DIN 277

Flächen des Grundstücks		Menge Einheit	% an GF
BF	Bebaute Fläche	822,30 m²	42,1
UF	Unbebaute Fläche	1.131,64 m²	57,9
GF	Grundstücksfläche	1.953,94 m²	100,0

Grundflächen des Bauwerks		Menge Einheit	% an NUF	% an BGF
NUF	Nutzungsfläche	1.981,19 m²	100,0	64,5
TF	Technikfläche	25,51 m²	1,3	0,8
VF	Verkehrsfläche	627,89 m²	31,7	20,4
NRF	Netto-Raumfläche	2.634,59 m²	133,0	85,8
KGF	Konstruktions-Grundfläche	436,56 m²	22,0	14,2
BGF	Brutto-Grundfläche	3.071,15 m²	155,0	100,0

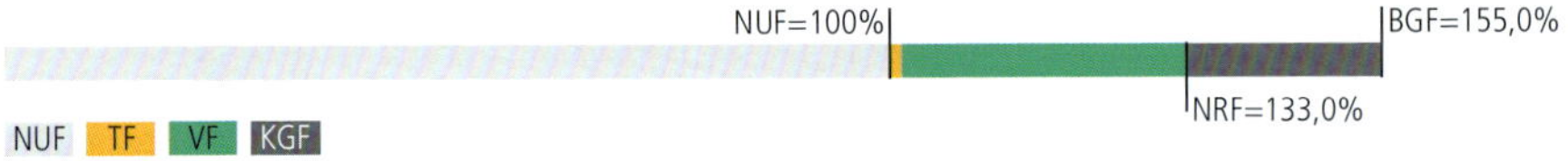

Brutto-Rauminhalt des Bauwerks		Menge Einheit	BRI/NUF (m)	BRI/BGF (m)
BRI	Brutto-Rauminhalt	9.367,20 m³	4,73	3,05

Kostenkennwerte für die Kostengruppen der 1. Ebene DIN 276

KG	Kostengruppen (1. Ebene)	Einheit	Kosten €	€/Einheit	€/m² BGF	€/m³ BRI	% 300+400
100	Grundstück	m² GF	–	–	–	–	–
200	Vorbereitende Maßnahmen	m² GF	133.773	68,46	43,56	14,28	1,9
300	Bauwerk – Baukonstruktionen	m² BGF	4.838.191	1.575,37	1.575,37	516,50	70,2
400	Bauwerk – Technische Anlagen	m² BGF	2.057.177	669,84	669,84	219,61	29,8
	Bauwerk 300+400	**m² BGF**	**6.895.368**	**2.245,21**	**2.245,21**	**736,12**	**100,0**
500	Außenanlagen und Freiflächen	m² AF	360.769	–	117,47	38,51	5,2
600	Ausstattung und Kunstwerke	m² BGF	–	–	–	–	–
700	Baunebenkosten	m² BGF	–	–	–	–	–
800	Finanzierung	m² BGF	–	–	–	–	–

KG	Kostengruppe	Menge Einheit	Kosten €	€/Einheit	%
200	**Vorbereitende Maßnahmen**	1.953,94 m² GF	133.773	**68,46**	1,9

Abbruch von Kirchengebäude

KG	Kostengruppe	Menge Einheit	Kosten €	€/Einheit	%
3+4	**Bauwerk**				**100,0**
300	**Bauwerk – Baukonstruktionen**	3.071,15 m² BGF	4.838.191	**1.575,37**	70,2

Baugrubenaushub; Stb-Fundamentplatten in WU-Beton, Beschichtung, Betonwerkstein, Sauberkeitsschicht; Stb-Wände in WU-Beton, Porenbeton-Mauerwerk, KS-Mauerwerk, Kunststofffenster, Dreifachverglasung, Alu-Außentüren, Dämmung, Verblendmauerwerk, Innenputz, Beschichtung, Rolläden; Stb-Wände, KS-Mauerwerk, GK-Wände, Stb-Stützen, Feuerschutz-, Rauchschutztüren, Innenputz, Tapeten, Beschichtung, Wandfliesen, Kellertrennwände; Stb-Decken, Stb-Treppen, Stb-Fertigteilbalkone, Dämmung, Heizestrich, Vinylbeläge, Bodenfliesen, Betonwerkstein, Treppengeländer, Stb-Balkonbrüstungen; Stb-Flachdach, Gefälledämmung, Abdichtung, Dachentwässerung

KG	Kostengruppe	Menge Einheit	Kosten €	€/Einheit	%
400	**Bauwerk – Technische Anlagen**	3.071,15 m² BGF	2.057.177	**669,84**	29,8

Gebäudeentwässerung, Hebeanlage, Schmutzwasserpumpe, Kalt- und Warmwasserleitungen, Löschwasserleitungen, Sanitärobjekte; Fernwärme, Fußbodenheizung; Elektroinstallation, Sicherheitsbeleuchtung, Blitzschutz; Multimedia- und Breitbandkabelanschlüsse; Personenaufzug

KG	Kostengruppe	Menge Einheit	Kosten €	€/Einheit	%
500	**Außenanlagen und Freiflächen**	–	360.769	**–**	5,2

Wege Betonsteinpflaster, Verbundsteinpflaster, Müll- und Fahrradstellplätze, Terrassenbeläge, Pkw-Stellplätze, Sandflächen für Spielplatz; Muldenentwässerung, Außenbeleuchtung; Pflanzflächen, Bepflanzung, Bäume, Rasenflächen

6200-0129
Hospiz
(12 Betten)

Kostenkennwerte für die Kosten des Bauwerks (Kostengruppen 300+400 nach DIN 276)

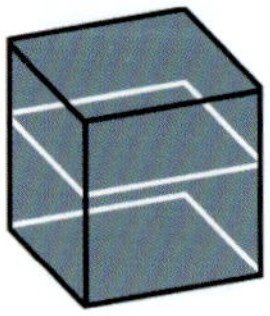

BRI **1.204 €/m³**

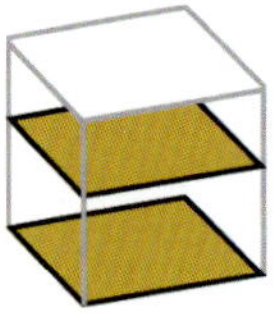

BGF **4.074 €/m²**

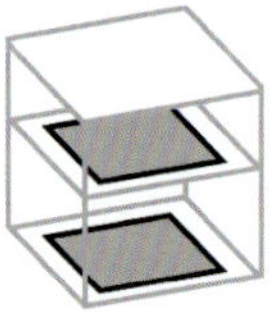

NUF **6.268 €/m²**

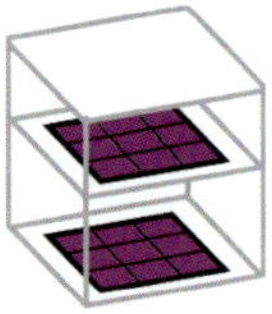

NE **673.461 €/NE**

NE: Pflegeplätze

Objekt:
Kennwerte: 1. Ebene DIN 276
BRI: 6.712 m³
BGF: 1.984 m²
NUF: 1.289 m²
Bauzeit: 78 Wochen
Bauende: 2023
Standard: mittel
Bundesland: Schleswig-Holstein
Kreis: Dithmarschen

Architekt*in:
Planungsring
Mumm + Partner GbR
Krim 2
24896 Treia

Bauherr*in:
Hospiz Dithmarschen gGmbH
Heseler Weg 3a
25704 Meldorf

© Planungsring Mumm + Partner

© Planungsring Mumm + Partner

© Planungsring Mumm + Partner

© Planungsring Mumm + Partner

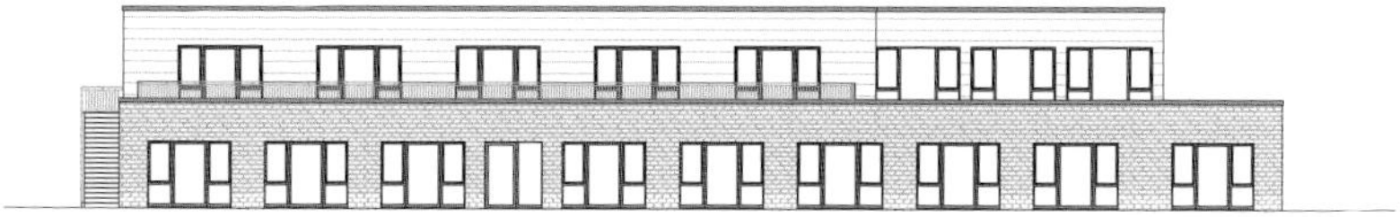

Ansicht Nord

Ansicht Ost

Erdgeschoss

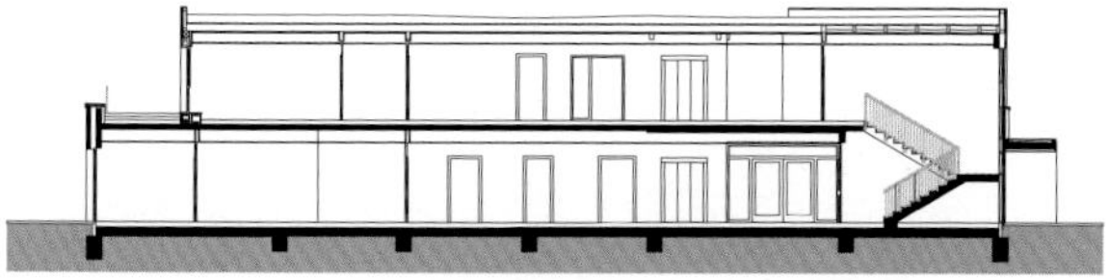

Schnitt A-A

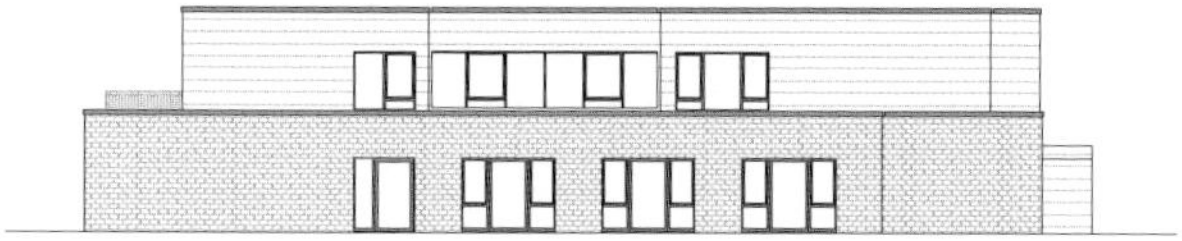

Ansicht West

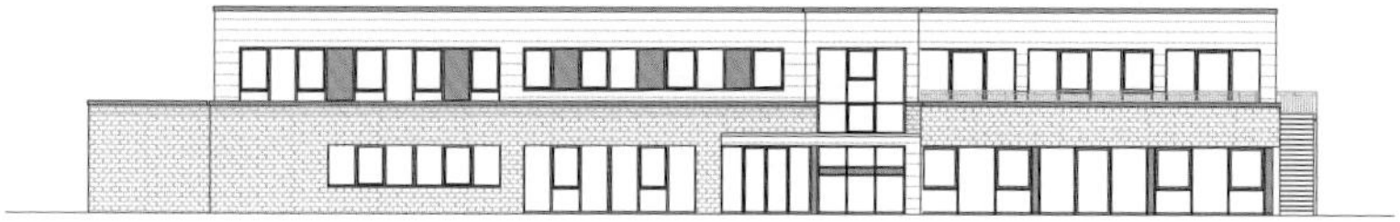

Ansicht Süd

Objektbeschreibung

Allgemeine Objektinformationen

Bei dem Neubau handelt es sich um einen zweigeschossigen Solitärbau. Das Obergeschoss wurde als Staffelgeschoss mit Terrassen ausgebildet.

Nutzung

1 Erdgeschoss
Empfangshalle, Zimmer mit Bädern, Küche, Vorbereitungsraum, Hospiz-Café, Raum der Stille, Büros, Personalraum, Hausanschlussraum, Wohlfühlbad, WCs, Abstellräume, Lagerräume, Treppenhaus, Aufzug, Terrassen

1 Obergeschoss
Kinder-Trauergruppenräume, Multifunktionsraum, Angehörigenräume mit Bad, Besprechungsraum, Schulungsraum, Teeküche, Aufenthaltsraum, Büros, Personalraum, Umkleideräume, EDV-Raum, Bäder, WCs, Abstellräume, Lager, Treppenhaus, Aufzug, Dachterrassen

Nutzeinheiten

Pflegeplätze: 12

Grundstück

Bauraum: Freier Bauraum
Neigung: Ebenes Gelände
Bodenklasse: BK 1 bis BK 4

Markt

Hauptvergabezeit: 4. Quartal 2021
Baubeginn: 1. Quartal 2022
Bauende: 3. Quartal 2023
Konjunkturelle Gesamtlage: Durchschnitt
Regionaler Baumarkt: unter Durchschnitt

Baukonstruktion

Der Neubau zeichnet sich durch eine hybride Bauweise aus, in dem das Erdgeschoss in Massivbauweise und das Staffelgeschoss in Holzbauweise realisiert wurden. Die Fassade wurde im Erdgeschoss mit Vollmauerziegeln verblendet, während im Obergeschoss eine Faserzementfassade Anwendung fand. Die Erschließung erfolgt mittels Treppe aus Stahlbetonläufen mit Betonwerksteinstufen. Die Böden sind mit PVC und Bodenfliesen belegt.

Technische Anlagen

Die benötigte Gebäudeheizung und Warmwasserbereitung wurden zentral über das öffentliche Fernwärmenetz unter Verwendung eines Erdbeckenspeichers realisiert. Die Verteilung der Heizwärme erfolgt über Fußbodenheizung. Als zusätzliche Maßnahme zur nachhaltigen Energiegewinnung wurde auf dem Flachdach eine Photovoltaik-Anlage mit einer Kapazität von 65,6kWp installiert. Die Integration eines Bettenaufzugs im Inneren des Gebäudes trägt zur effizienten vertikalen Mobilität bei. Um die Sicherstellung einer optimalen Raumluftqualität zu gewährleisten wurden dezentrale Abluftanlagen eingebaut.

Sonstiges

Die Architektur dieses Hospizes soll Wärme ausstrahlen, Ruhe vermitteln und eine Atmosphäre des Respekts für das Leben schaffen. Hierbei waren das Farb- und Materialkonzept für die Inneneinrichtung sowie das Lichtkonzept von entscheidender Bedeutung.

Energetische Kennwerte

Gesetzliche Grundlage: GEG 2020
Gebäudenutzfläche: 2.054,90 m^2
Gebäudevolumen: 6.421,61 m^3
A/V_e-Verhältnis (Kompaktheit): 0,52 m^{-1}
Hüllfläche des beheizten Volumens: 3.319,46 m^2
Spez. Transmissionswärmeverlust: 0,31 $W/(m^2 \cdot K)$
Spez. Jahresprimärenergiebedarf: 7,94 $kWh/(m^2 \cdot a)$
Spez. Jahresendenergiebedarf: 51,81 $kWh/(m^2 \cdot a)$

Energetische Angaben zu Außenbauteilen

Bodenplatte

U-Wert: 0,37 W/(m²·K)

Gesamtdicke: 45,50 cm	d [cm]	λ [W/(m·K)]
Estrich	7,00	1,400
Dämmung	8,00	0,035
Bitumenbahn	0,50	0,170
Stahlbeton	30,00	2,100

Außenwand EG

U-Wert: 0,16 W/(m²·K)

Gesamtdicke: 50,50 cm	d [cm]	λ [W/(m·K)]
Innenputz	1,50	0,350
Kalksandstein	17,50	0,560
Dämmung	18,00	0,035
Luftschicht ruhend	2,00	0,118
Ziegel	11,50	0,500

Dach EG

U-Wert: 0,15 W/(m²·K)

Gesamtdicke: 81,60 cm	d [cm]	λ [W/(m·K)]
Dämmung	20,00	0,035
Stahlbeton	20,00	2,000
Luftschicht ruhend	40,00	2,222
Holzfaserplatte	1,60	0,045

Außenwand OG

U-Wert: 0,17 W/(m²·K)

Gesamtdicke: 28,25 cm	d [cm]	λ [W/(m·K)]
GK-Platte	1,25	0,250
OSB-Platte	1,50	0,130
Holz	24,00	0,130
Dämmung	24,00	0,035
OSB-Platte	1,50	0,130

Dach

U-Wert: 0,14 W/(m²·K)

Gesamtdicke: 67,90 cm	d [cm]	λ [W/(m·K)]
Dämmung	20,00	0,035
Holz	2,80	0,130
Holz	22,00	0,130
Luftschicht ruhend	22,00	1,375
OSB-Platte	1,50	0,130
Luftschicht ruhend	20,00	1,111
Holz	1,60	0,045

Planungskennwerte für Flächen und Rauminhalte nach DIN 277

Flächen des Grundstücks		Menge Einheit	% an GF
BF	Bebaute Fläche	1.178,54 m²	32,3
UF	Unbebaute Fläche	2.469,46 m²	67,7
GF	Grundstücksfläche	3.648,00 m²	100,0

Grundflächen des Bauwerks		Menge Einheit	% an NUF	% an BGF
NUF	Nutzungsfläche	1.289,26 m²	100,0	65,0
TF	Technikfläche	16,08 m²	1,2	0,8
VF	Verkehrsfläche	380,72 m²	29,5	19,2
NRF	Netto-Raumfläche	1.686,06 m²	130,8	85,0
KGF	Konstruktions-Grundfläche	297,74 m²	23,1	15,0
BGF	Brutto-Grundfläche	1.983,80 m²	153,9	100,0

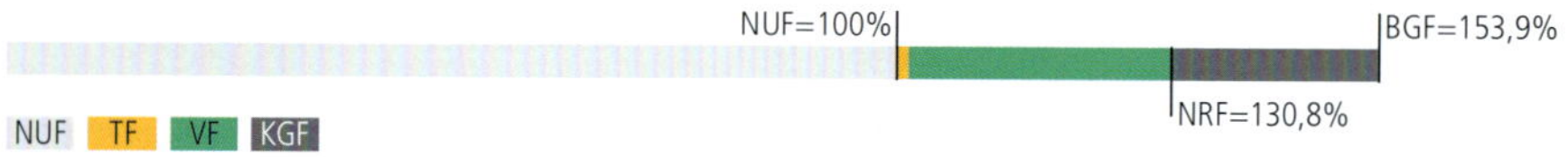

Brutto-Rauminhalt des Bauwerks		Menge Einheit	BRI/NUF (m)	BRI/BGF (m)
BRI	Brutto-Rauminhalt	6.711,52 m³	5,21	3,38

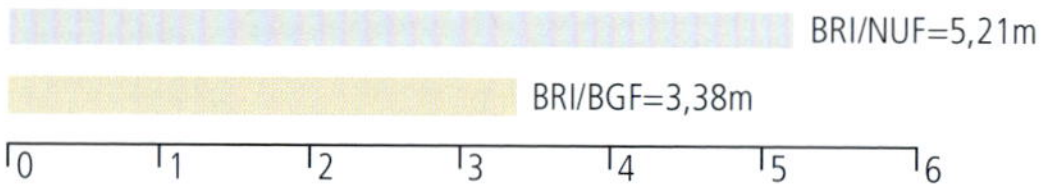

Kostenkennwerte für die Kostengruppen der 1. Ebene DIN 276

KG	Kostengruppen (1. Ebene)	Einheit	Kosten €	€/Einheit	€/m² BGF	€/m³ BRI	% 300+400
100	Grundstück	m² GF	–	–	–	–	–
200	Vorbereitende Maßnahmen	m² GF	157.255	43,11	79,27	23,43	1,9
300	Bauwerk – Baukonstruktionen	m² BGF	5.785.666	2.916,46	2.916,46	862,05	71,6
400	Bauwerk – Technische Anlagen	m² BGF	2.295.862	1.157,31	1.157,31	342,08	28,4
	Bauwerk 300+400	**m² BGF**	**8.081.528**	**4.073,76**	**4.073,76**	**1.204,13**	**100,0**
500	Außenanlagen und Freiflächen	m² AF	686.485	–	346,05	102,28	8,5
600	Ausstattung und Kunstwerke	m² BGF	–	–	–	–	–
700	Baunebenkosten	m² BGF	–	–	–	–	–
800	Finanzierung	m² BGF	–	–	–	–	–

KG	Kostengruppe	Menge Einheit	Kosten €	€/Einheit	%
200	**Vorbereitende Maßnahmen**	3.648,00 m² GF	157.255	**43,11**	1,9

Erschließung, Hausanschlüsse

KG	Kostengruppe	Menge Einheit	Kosten €	€/Einheit	%
3+4	**Bauwerk**				**100,0**
300	**Bauwerk – Baukonstruktionen**	1.983,80 m² BGF	5.785.666	**2.916,46**	71,6

Baugrubenaushub; Stb-Fundamente, Stb-Bodenplatte, Pfahlgründung, Heizestrich, Vinylboden, Bodenfliesen, Abdichtung, Dämmung; Mauerwerkswände, Stb-Wände im EG, Holzrahmenwände im OG, Alu-Pfosten-Riegelfassade, Alufenster, Dreifachverglasung, Wärmedämmung, Ziegelfassade, Faserzementfassade, Sonnenschutz-Jalousien, Motorantrieb; Innenmauerwerk, Stb-Wände, GK-Wände, Holztüren, verglast, Wandfliesen, Beschichtung, mobile Trennwände, Glastrennwände; Stb-Elementdecken, Stb-Treppen, Stahlaußentreppen, Heizestrich, Vinyl, Bodenfliesen, abgehängte GK-Decken, abgehängte Schallschutzdecken, Stahlgeländer, Treppengeländer; Holzbalkendach, Stb-Elementdach, Gefälledämmung, Abdichtung, extensive Dachbegrünung, Dachentwässerung, abgehängte GK-Decken, Schallschutzdecken, Vordach; Moduleinbauschränke, Küchen

KG	Kostengruppe	Menge Einheit	Kosten €	€/Einheit	%
400	**Bauwerk – Technische Anlagen**	1.983,80 m² BGF	2.295.862	**1.157,31**	28,4

Gebäudeentwässerung, Kalt- und Warmwasserleitungen, Sanitärobjekte; Fernwärmeversorgung, Fußbodenheizung; dezentrale Abluftanlagen; PV-Anlagen (313m²), Elektroinstallation, Beleuchtung, Sicherheitsleuchten, Blitzschutzanlage; Cat7-Datenverkabelung, Telefonanlage, Lichtrufanlage, Fernseh- und Antennenanlage, Brandmeldeanlage; Bettenaufzug; Gebäudeautomation

KG	Kostengruppe	Menge Einheit	Kosten €	€/Einheit	%
500	**Außenanlagen und Freiflächen**	–	686.485	–	8,5

Oberbodenarbeiten, Bodenarbeiten; Wege, Terrassen; Quellsteinbrunnen; Oberbodenauftrag, Gehölze, Stauden, Rasen

6200-0131
Wohnanlage
für Menschen mit
Behinderung (32 WE)

Kostenkennwerte für die Kosten des Bauwerks (Kostengruppen 300+400 nach DIN 276)

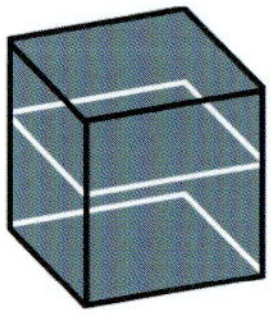

BRI 1.209 €/m³

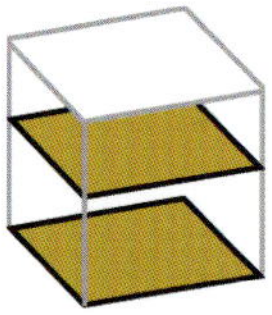

BGF 4.064 €/m²

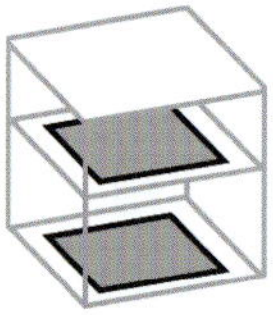

NUF 6.913 €/m²

Objekt:
Kennwerte: 1. Ebene DIN 276
BRI: 10.168 m³
BGF: 3.025 m²
NUF: 1.778 m²
Bauzeit: 104 Wochen
Bauende: 2022
Standard: mittel
Bundesland: Niedersachsen
Kreis: Osterholz

Architekt*in:
consilio pro
Kleinbahnweg 2
59519 Möhnesee-Günne

Bauherr*in:
Lilienthaler
Diakonie gGmbH
Moorhauser Landstraße 3a
28865 Lilienthal

© Helen Abraham

© Helen Abraham

Ansicht Süd-Ost

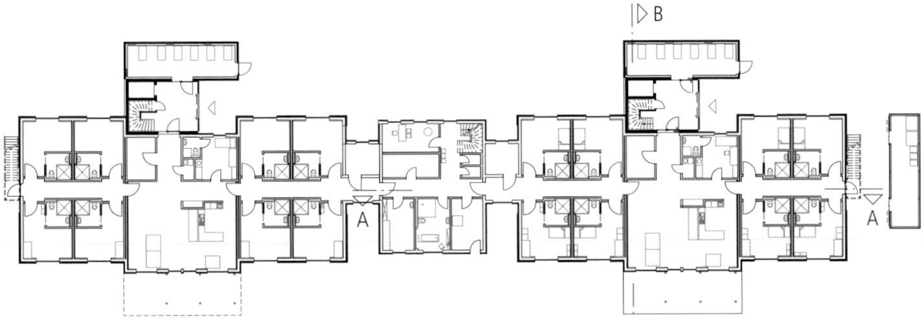

Erdgeschoss

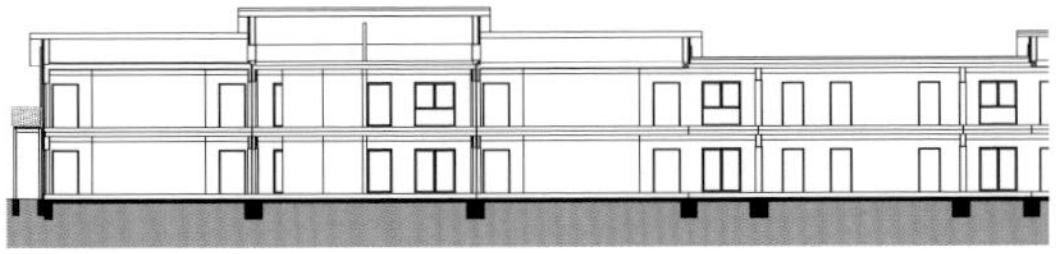

Schnitt A-A

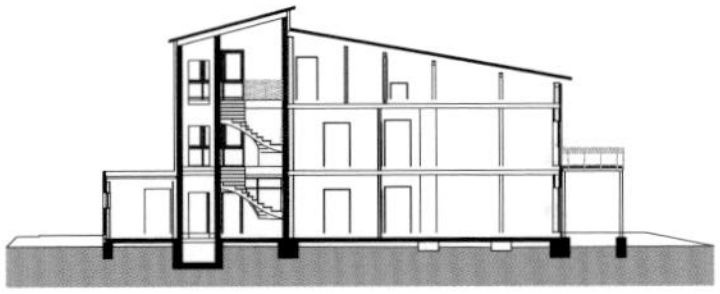

Schnitt B-B

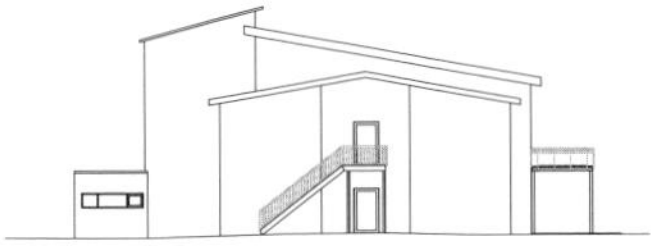

Ansicht Süd-West

Ansicht Nord-Ost

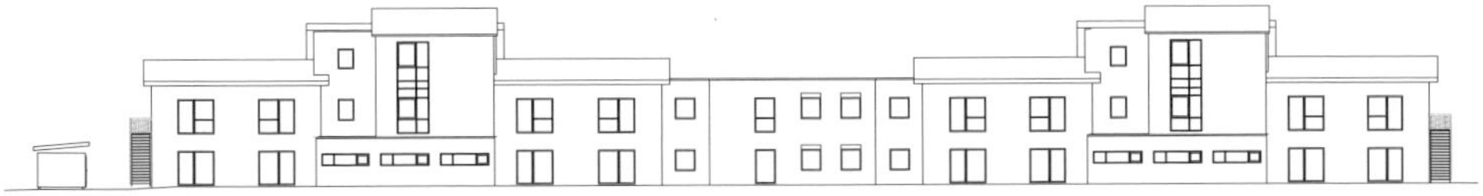

Ansicht Nord-West

Objektbeschreibung

Allgemeine Objektinformationen

Die neue Wohnanlage gliedert sich in zwei baugleiche zweigeschossige Baukörper, die ausschließlich dem Wohnen zugeordnet sind und durch einen Funktionsbaukörper verbunden sind. Pro Gebäude sind jeweils zwei Wohngruppen mit acht Bewohnern untergebracht. Jedes Zimmer ist mit einer rollstuhlgerechten Nasszelle ausgestattet. Die Bewohnerzimmer sind zu kleinen Raumgruppen von jeweils vier Personen zusammengeschlossen. Je Geschoss befindet sich zentral ein Wohnbereich mit Küche, an den jeweils rechts und links eine Wohngruppe mit vier Zimmern angeschlossen ist. Ziel ist es, den Menschen ein selbstbestimmtes und eigenständiges Leben zu ermöglichen und so viel Privatsphäre wie möglich zu bieten. Im eingeschobenen Gebäudezwischenteil sind die für die Betreuung und Versorgung notwendigen Funktionsräume untergebracht.

Nutzung

1 Erdgeschoss
Bewohnerzimmer, Bäder, Gemeinschaftsräume, Personalräume, Dienstzimmer, Sanitärräume, Wäscheraum, Abstellräume, Treppenhäuser, Aufzüge, Garage (E-Rollies)

1 Obergeschoss
Bewohnerzimmer, Bäder, Gemeinschaftsräume, Personalräume, Wäscheraum, Abstellräume, Treppenhäuser, Aufzüge

1 Dachgeschoss
Abstellräume, Dachboden, Technik, Treppenhäuser, Aufzüge

Nutzeinheiten

Stellplätze: 11
Zimmer: 32

Grundstück

Bauraum: Freier Bauraum
Neigung: Ebenes Gelände
Bodenklasse: BK 3 bis BK 4

Markt

Hauptvergabezeit: 1. Quartal 2020
Baubeginn: 1. Quartal 2020
Bauende: 1. Quartal 2022
Konjunkturelle Gesamtlage: Durchschnitt
Regionaler Baumarkt: Durchschnitt

Baukonstruktion

Die Gründung erfolgte durch eine Stb-Bodenplatte auf Streifenfundamenten. Die darüberliegenden Baukörper wurden überwiegend in Holzrahmenbauweise errichtet. Lediglich die vorgelagerten Erschließungs- und Eingangsbereiche sind aus brandschutztechnischen Gründen in Massivbauweise ausgeführt. Die Fassaden erhielten hinterlüftete Vorsatzschalen aus Klinker oder einen Außenputz. Die Kunststofffenster können mit Rollläden oder Raffstores verschattet werden. Die Massivholzdächer sind im Zwischenbau als Flachdach, über den Wohnbereichen als Satteldach mit Pultdachkombination ausgeführt. Die Balkone wurden als Stahl-Fertigelemente vorgesetzt.

Technische Anlagen

Für die Wärmeversorgung sind die Gebäude an das vorhandene Fernwärmenetz angeschlossen. Fußbodenheizungen verteilen die Wärme in den Gebäuden. Eine zentrale Lüftungsanlage mit Wärmerückgewinnung versorgt sämtliche Räume der Gebäude vom Dachgeschoss aus mit Frischluft. Alle Zimmer sind mit rollstuhlgerechten Bädern ausgestattet. Außerdem stehen Pflegebäder mit Badewannen zur Verfügung. Zwei Aufzüge ermöglichen die barrierefreie Erschließung aller Geschosse. Die Gebäude sind mit einer Brandmeldeanlage und einer Notrufanlage ausgestattet. Die Wohnanlage verfügt über eine Photovoltaikanlage auf dem Flachdach.

Energetische Kennwerte

Gesetzliche Grundlage: EnEV 2013
Gebäudenutzfläche: 1.932,60 m^2
Gebäudevolumen: 8.552,80 m^3
A/V_e-Verhältnis (Kompaktheit): 0,49 m^{-1}
Hüllfläche des beheizten Volumens: 4.193,50 m^2
Mittlerer U-Wert (opake Bauteile): 0,14 $W/(m^2 \cdot K)$
Mittlerer U-Wert (transparente Bauteile): 0,92 $W/(m^2 \cdot K)$
Spez. Jahresprimärenergiebedarf: 495,10 $kWh/(m^2 \cdot a)$

Energetische Angaben zu Außenbauteilen

Bodenplatte

U-Wert: 0,21 W/(m²·K)

Gesamtdicke: 42,50 cm	d [cm]	λ [W/(m·K)]
Estrich	6,50	1,400
Dämmung	16,00	0,035
Stahlbeton	20,00	2,300

Außenwand

U-Wert: 0,15 W/(m²·K)

Gesamtdicke: 36,10 cm	d [cm]	λ [W/(m·K)]
Faserzementplatte	1,20	0,580
OSB-Platte	1,20	0,130
Luftschicht ruhend	6,00	0,045
Holz	6,00	0,130
OSB-Platte	1,50	0,130
Dämmung	24,00	0,045
Holz	24,00	0,130
Holzfaserplatte	2,20	0,045

Außenwand Porenbeton

U-Wert: 0,20 W/(m²·K)

Gesamtdicke: 39,50 cm	d [cm]	λ [W/(m·K)]
Innenputz	1,00	0,700
Porenbeton	36,50	0,080
Dämmung	2,00	0,090

Decke gegen unbeheizt

U-Wert: 0,13 W/(m²·K)

Gesamtdicke: 34,57 cm	d [cm]	λ [W/(m·K)]
GK-Platte	1,25	0,210
Luftschicht ruhend	2,50	0,045
Holz	2,50	0,130
Dampfsperre	0,02	0,200
Dämmung	28,00	0,035
Holz	28,00	0,130
Holz	2,80	0,130

Flachdach

U-Wert: 0,14 W/(m²·K)

Gesamtdicke: 43,25 cm	d [cm]	λ [W/(m·K)]
GK-Platte	1,25	0,210
Luftschicht ruhend	2,50	0,045
Holz	2,50	0,130
Holz	22,00	0,130
Dämmung	17,00	0,035
Bitumenbahn	0,25	0,170
Bitumenbahn	0,25	0,170

Pultdach

U-Wert: 0,14 W/(m²·K)

Gesamtdicke: 31,97 cm	d [cm]	λ [W/(m·K)]
GK-Platte	1,25	0,210
Luftschicht ruhend	2,50	0,045
Holz	2,50	0,130
Dampfsperre	0,02	0,200
Dämmung	28,00	0,035
Holz	28,00	0,130
Dachdichtungsbahn	0,20	0,170

Planungskennwerte für Flächen und Rauminhalte nach DIN 277

Flächen des Grundstücks		Menge Einheit	% an GF
BF	Bebaute Fläche	1.463,00 m²	24,3
UF	Unbebaute Fläche	4.548,00 m²	75,7
GF	Grundstücksfläche	6.011,00 m²	100,0

Grundflächen des Bauwerks		Menge Einheit	% an NUF	% an BGF
NUF	Nutzungsfläche	1.778,27 m²	100,0	58,8
TF	Technikfläche	189,17 m²	10,6	6,3
VF	Verkehrsfläche	472,43 m²	26,6	15,6
NRF	Netto-Raumfläche	2.439,87 m²	137,2	80,7
KGF	Konstruktions-Grundfläche	584,77 m²	32,9	19,3
BGF	Brutto-Grundfläche	3.024,64 m²	170,1	100,0

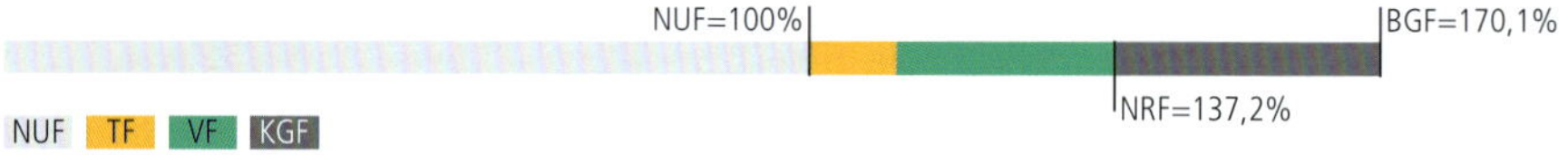

Brutto-Rauminhalt des Bauwerks		Menge Einheit	BRI/NUF (m)	BRI/BGF (m)
BRI	Brutto-Rauminhalt	10.168,13 m³	5,72	3,36

Kostenkennwerte für die Kostengruppen der 1. Ebene DIN 276

KG	Kostengruppen (1. Ebene)	Einheit	Kosten €	€/Einheit	€/m² BGF	€/m³ BRI	% 300+400
100	Grundstück	m² GF	–	–	–	–	–
200	Vorbereitende Maßnahmen	m² GF	–	–	–	–	–
300	Bauwerk – Baukonstruktionen	m² BGF	9.350.659	3.091,49	3.091,49	919,60	76,1
400	Bauwerk – Technische Anlagen	m² BGF	2.942.531	972,85	972,85	289,39	23,9
	Bauwerk 300+400	**m² BGF**	**12.293.190**	**4.064,35**	**4.064,35**	**1.208,99**	**100,0**
500	Außenanlagen und Freiflächen	m² AF	–	–	–	–	–
600	Ausstattung und Kunstwerke	m² BGF	–	–	–	–	–
700	Baunebenkosten	m² BGF	–	–	–	–	–
800	Finanzierung	m² BGF	–	–	–	–	–

KG	Kostengruppe	Menge Einheit	Kosten €	€/Einheit	%
3+4	**Bauwerk**				**100,0**
300	**Bauwerk – Baukonstruktionen**	3.024,64 m² BGF	9.350.659	**3.091,49**	76,1

Bodenarbeiten; Stb-Streifenfundamente, Stb-Bodenplatte, Dämmung, Heizestrich, Fliesen, Linoleum, Perimeterdämmung; Stb-Wände, Holzrahmenwände, KVH, OSB, Dämmung, Kunststofffenster, Dreifachverglasung, Alu-Eingangselemente, hinterlüftete Klinkerfassade, WDVS, GFP-Vorsatzschalen, Gipsfaserplatten, Wandfliesen, Beschichtung, Vorsatzrollläden, Raffstores; Holzrahmen-Innenwände, KVH, OSB, Dämmung, Gipsfaserplatten, Holztüren, Brandschutztüren, Beschichtung, Wandfliesen; Massivholzdecken, Stb-Treppen, Schüttung, TS-Dämmung, Heizestrich, Bodenfliesen, vorgehängte Stahlbalkone, Stahl-Fluchttreppen; Sparren-Satteldächer, Sparren-Pultdach, Massivholz-Flachdach, Gefälledämmung, Abdichtung, Lattung, Ziegeldeckung, Dachentwässerung, abgehängte GFP-Decken

KG	Kostengruppe	Menge Einheit	Kosten €	€/Einheit	%
400	**Bauwerk – Technische Anlagen**	3.024,64 m² BGF	2.942.531	**972,85**	23,9

Gebäudeentwässerung, Regenwasserspeicher, Kalt- und Warmwasserleitungen, Sanitärobjekte, rollstuhlgerechte Bewohnerbäder; Fernwärmeversorgung, Fußbodenheizung; zentrale Lüftungsanlage mit WRG; PV-Anlage, Elektroinstallation, Beleuchtung, Sicherheitsleuchten, Blitzschutz; Telekommunikation, Schwesternrufanlage, Brandmeldeanlage; Personenaufzüge

6400-0120
Jugendfreizeitstätte
(3 Gruppen)
(100 Kinder)

Kostenkennwerte für die Kosten des Bauwerks (Kostengruppen 300+400 nach DIN 276)

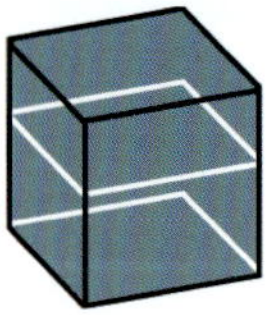
BRI 805 €/m^3

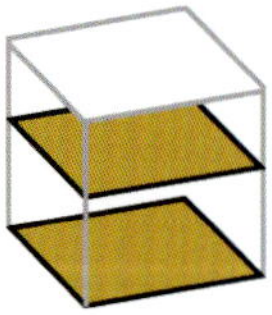
BGF 3.346 €/m^2

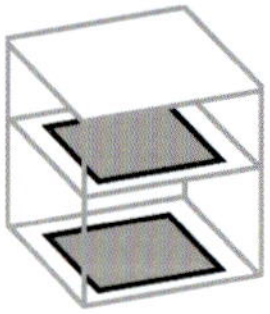
NUF 5.118 €/m^2

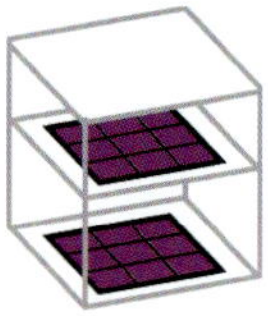
NE 26.594 €/NE
NE: Kinder

Objekt:
Kennwerte: 3. Ebene DIN 276
BRI: 3.304 m^3
BGF: 795 m^2
NUF: 520 m^2
Bauzeit: 43 Wochen
Bauende: 2021
Standard: mittel
Bundesland: Bayern
Kreis: Schweinfurt, Stadt

Architekt*in:
brück.jordan
architekten ingenieure
PartGmbB
Landwehrstraße 31
97070 Würzburg

Bauherr*in:
Stadt Schweinfurt
Markt 1
97421 Schweinfurt

© Tom Bauer

© Tom Bauer

© Tom Bauer

© Tom Bauer

© Tom Bauer

© Tom Bauer

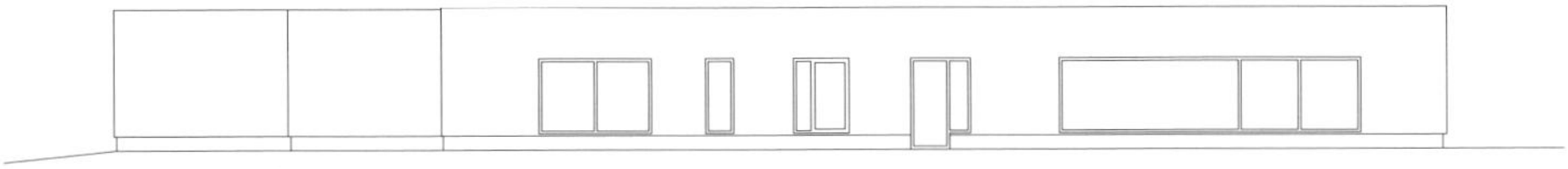

Ansicht Nord-West

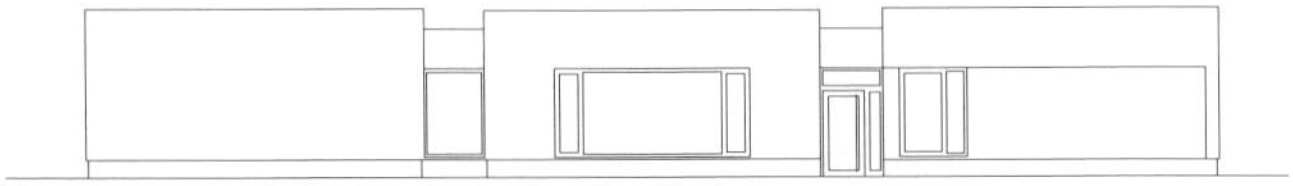

Ansicht Nord-Ost

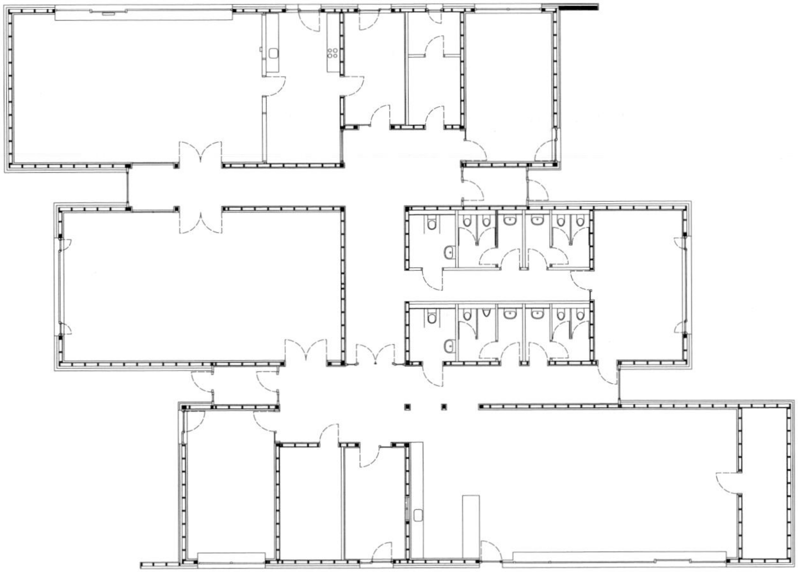

Erdgeschoss

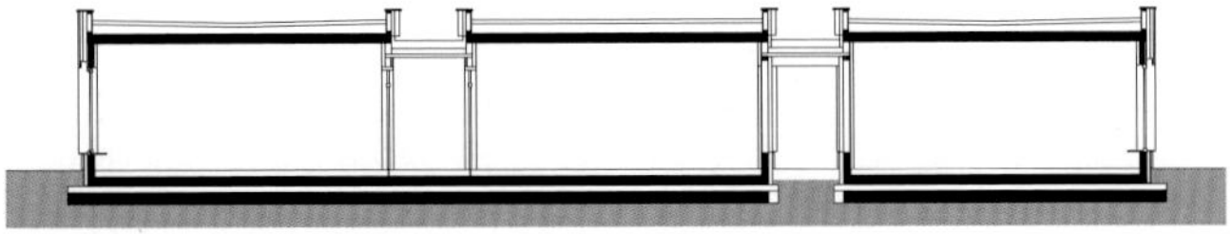

Querschnitt

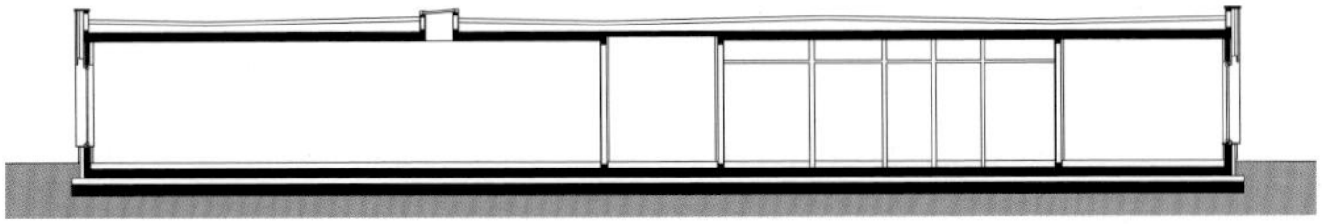

Längsschnitt

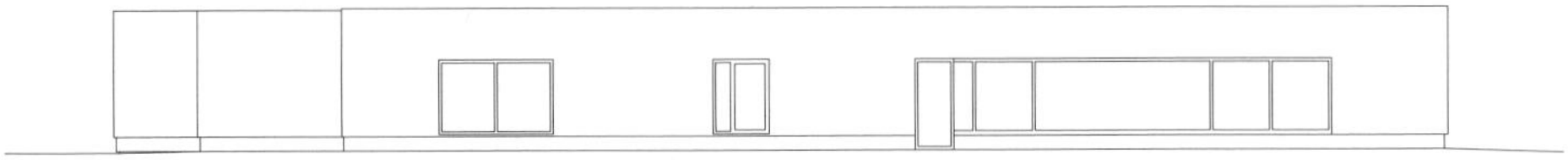

Ansicht Süd-Ost

6400-0120
Jugendfreizeitstätte
(3 Gruppen)
(100 Kinder)

Objektbeschreibung

Allgemeine Objektinformationen

Die neue Jugendfreizeitstätte befindet sich auf einem ebenen Grundstück mit altem Baumbestand, das von bestehenden Wegen umschlossen ist. Die drei Nutzungseinheiten für Jugendliche, Kinder und zur gemeinschaftlichen Nutzung können zusammen und getrennt voneinander genutzt werden. Dem Konzept entsprechend ist der eingeschossige Baukörper in drei Gebäudeteile gegliedert, die seitlich zueinander versetzt angeordnet sind. Ihre Innenbereiche sind großzügig und offen gestaltet.

Nutzung

1 Erdgeschoss
Gruppenräume (2St), Begegnungsräume (2St), Multifunktionsraum, Werkstatt, Küche, Sanitärräume, Büros (2St), Abstellräume (2St), Windfang (2St), Flure (3St), Technikraum, Putzraum

Nutzeinheiten

Gruppen: 3
Kinder: 100

Grundstück

Bauraum: Freier Bauraum
Neigung: Ebenes Gelände
Bodenklasse: BK 3 bis BK 5

Markt

Hauptvergabezeit: 2. Quartal 2020
Baubeginn: 2. Quartal 2020
Bauende: 2. Quartal 2021
Konjunkturelle Gesamtlage: Durchschnitt
Regionaler Baumarkt: Durchschnitt

Baukonstruktion

Das nicht unterkellerte Gebäude gründet auf einer tragenden, unterseitig gedämmten Stahlbetonbodenplatte. Die tragenden und aussteifenden Wände wurden als Holzrahmenbau mit gedämmter Holzständerkonstruktion mit innen- und außenseitig vorgesetzter Holzbekleidung ausgeführt. Die Außenfassade ist mit einer hinterlüfteten Holzfassade aus sägerauen Lärchenleisten unterschiedlicher Breite ummantelt. Die zueinander in der Höhe versetzten Flachdächer sind aus Brettsperrholz mit Folienabdichtung und extensiver Dachbegrünung ausgeführt. Im Multifunktionsraum wurde ein festverglastes Oberlicht eingebaut. Die Innenwandbekleidungen bestehen aus Fichte-Dreischichtplatten, die mit einer pigmentieren Lasur behandelt wurden. Die oberen Wandbereiche sind mit akustisch wirksamen Bekleidungen ausgestattet. Als Fußbodenbeläge wurden Linoleum und keramische Fliesen gewählt.

Technische Anlagen

Die Wärmeversorgung der Jugendfreizeitstätte wird über einen Fernwärmeanschluss gewährleistet. Jede der drei Nutzungseinheiten besitzt eine eigene Lüftungsanlage mit Wärmerückgewinnung. In die unbehandelten Massivholzdecken sind deckenbündig LED-Linienleuchten integriert worden. Das Dachniederschlagswasser wird in Rigolen gesammelt und versickert.

Energetische Kennwerte

Gesetzliche Grundlage: EnEV 2013
Gebäudenutzfläche: 682,00 m^2
Gebäudevolumen: 2.182,80 m^3
Hüllfläche des beheizten Volumens: 2.025,50 m^2
Spez. Transmissionswärmeverlust: 0,20 W/(m^2·K)
Mittlerer U-Wert (opake Bauteile): 0,10 W/(m^2·K)
Mittlerer U-Wert (transparente Bauteile): 0,82 W/(m^2·K)
Spez. Jahresprimärenergiebedarf: 58,52 kWh/(m^2·a)
Spez. Jahresendenergiebedarf: 78,69 kWh/(m^2·a)
Differenzdruck-Messverfahren: 0,53 h^{-1}

Energetische Angaben zu Außenbauteilen

Bodenplatte

U-Wert: 0,14 W/(m²·K)

Gesamtdicke: 55,00 cm	d [cm]	λ [W/(m·K)]
Estrich	5,00	1,400
Trittschalldämmung	2,00	0,040
Dämmung	8,00	0,035
Stahlbeton	24,00	2,500
Dämmung	16,00	0,039

Außenwand

U-Wert: 0,15 W/(m²·K)

Gesamtdicke: 27,80 cm	d [cm]	λ [W/(m·K)]
OSB-Platte	1,80	0,130
Holz	16,00	0,130
Dämmung	16,00	0,035
Holzfaserplatte	10,00	0,035

Dach

U-Wert: 0,11 W/(m²·K)

Gesamtdicke: 44,40 cm	d [cm]	λ [W/(m·K)]
Holz	24,00	0,170
Bitumenbahn	0,40	0,170
Dämmung	14,00	0,026
Dämmung	6,00	0,026

Planungskennwerte für Flächen und Rauminhalte nach DIN 277

Flächen des Grundstücks		Menge Einheit	% an GF
BF	Bebaute Fläche	794,87 m^2	50,2
UF	Unbebaute Fläche	787,13 m^2	49,8
GF	Grundstücksfläche	1.582,00 m^2	100,0

Grundflächen des Bauwerks		Menge Einheit	% an NUF	% an BGF
NUF	Nutzungsfläche	519,58 m^2	100,0	65,4
TF	Technikfläche	15,95 m^2	3,1	2,0
VF	Verkehrsfläche	128,71 m^2	24,8	16,2
NRF	Netto-Raumfläche	664,24 m^2	127,8	83,6
KGF	Konstruktions-Grundfläche	130,63 m^2	25,1	16,4
BGF	Brutto-Grundfläche	794,87 m^2	153,0	100,0

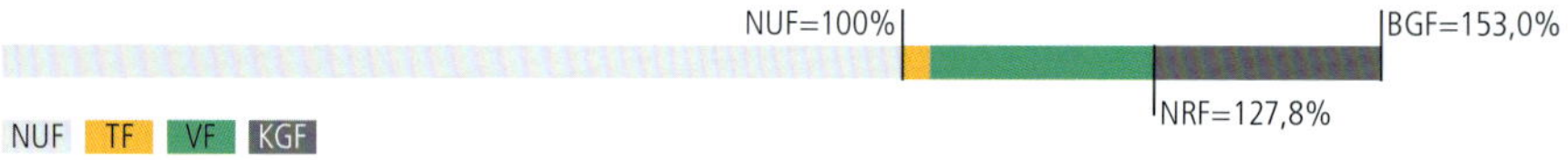

Brutto-Rauminhalt des Bauwerks		Menge Einheit	BRI/NUF (m)	BRI/BGF (m)
BRI	Brutto-Rauminhalt	3.304,49 m^3	6,36	4,16

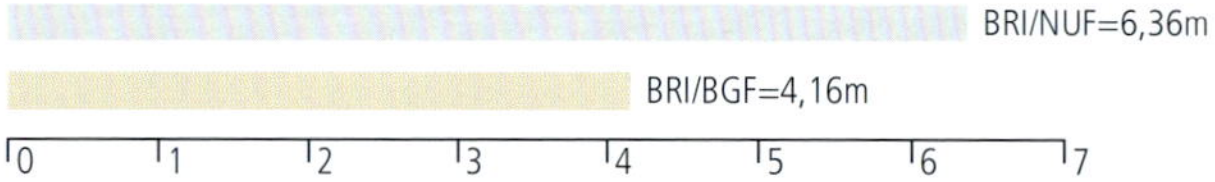

KG	Kostengruppen (2. Ebene)	Menge Einheit	Menge/NUF	Menge/BGF
310	Baugrube / Erdbau	767,14 m^3 BGI	1,48	0,97
320	Gründung, Unterbau	694,88 m^2 GRF	1,34	0,87
330	Außenwände/Vertikale Baukonstruktionen, außen	641,93 m^2 AWF	1,24	0,81
340	Innenwände/Vertikale Baukonstruktionen, innen	662,75 m^2 IWF	1,28	0,83
350	Decken/Horizontale Baukonstruktionen	–	–	–
360	Dächer	805,56 m^2 DAF	1,55	1,01

Kostenkennwerte für die Kostengruppen der 1. Ebene DIN 276

KG	Kostengruppen (1. Ebene)	Einheit	Kosten €	€/Einheit	€/m² BGF	€/m³ BRI	% 300+400
100	Grundstück	m² GF	–	–	–	–	–
200	Vorbereitende Maßnahmen	m² GF	28.191	17,82	35,47	8,53	1,1
300	Bauwerk – Baukonstruktionen	m² BGF	1.972.698	2.481,79	2.481,79	596,98	74,2
400	Bauwerk – Technische Anlagen	m² BGF	686.726	863,95	863,95	207,82	25,8
	Bauwerk 300+400	**m² BGF**	**2.659.424**	**3.345,73**	**3.345,73**	**804,79**	**100,0**
500	Außenanlagen und Freiflächen	m² AF	81.952	103,56	103,10	24,80	3,1
600	Ausstattung und Kunstwerke	m² BGF	12.532	15,77	15,77	3,79	0,5
700	Baunebenkosten	m² BGF	–	–	–	–	–
800	Finanzierung	m² BGF	–	–	–	–	–

KG	Kostengruppe	Menge Einheit	Kosten €	€/Einheit	%
200	**Vorbereitende Maßnahmen**	1.582,00 m² GF	28.191	**17,82**	1,1

Sichern von Versorgungsleitungen, Abbruch von Betonfundamenten, Grundstück freimachen, Gehölze roden, Oberbodenarbeiten; Asphaltfläche erneuern; Entsorgung, Deponiegebühren

KG	Kostengruppe	Menge Einheit	Kosten €	€/Einheit	%
3+4	**Bauwerk**				**100,0**
300	**Bauwerk – Baukonstruktionen**	794,87 m² BGF	1.972.698	**2.481,79**	74,2

Bodenaushub; Stb-Flachgründung, Abdichtung, Heizestrich, Linoleum, Bodenfliesen, Epoxidharzbeschichtung, Perimeterdämmung; Holzrahmenwände, Stb-Wände, Holzrahmenattika, Stahlstützen, Holzfenster, hinterlüftete Holzfassade, Holzmehrschichtbekleidung, offene Holzleistenschalung, Wandfliesen, Sonnenschutz; GK-Wände, Holztüren, WC-Trennwände; Brettsperrholz-Flachdach, Oberlicht, Dachbegrünung, Dachentwässerung, GK-Decken, Beschichtung; Einbaumöbel, Einbauküchen; Schließanlage

KG	Kostengruppe	Menge Einheit	Kosten €	€/Einheit	%
400	**Bauwerk – Technische Anlagen**	794,87 m² BGF	686.726	**863,95**	25,8

Gebäudeentwässerung, Kalt- und Warmwasserleitungen, Sanitärobjekte; Fernwärmeanschluss, Heizungsrohre, Heizkörper, Fußbodenheizung; Lüftungsgeräte mit WRG, Elektroinstallation, Beleuchtung, Erdung; Telefonverkabelung, Sprechanlagen, Rufsignalanlagen, Antennenanlage, Branderkennungsanlage, Brandmelder, EDV-Verkabelung; Feuerlöscher; Gebäudeautomation

KG	Kostengruppe	Menge Einheit	Kosten €	€/Einheit	%
500	**Außenanlagen und Freiflächen**	791,35 m² AF	81.952	**103,56**	3,1

Bodenarbeiten; Versickerungsrigolen, Geländeentwässerung

KG	Kostengruppe	Menge Einheit	Kosten €	€/Einheit	%
600	**Ausstattung und Kunstwerke**	794,87 m² BGF	12.532	**15,77**	0,5

Sanitärausstattung

Kostenkennwerte für die Kostengruppen der 2. Ebene DIN 276

KG	Kostengruppe	Menge Einheit	Kosten €	€/Einheit	%
200	**Vorbereitende Maßnahmen**				**100,0**
210	**Herrichten**	1.582,00 m² GF	5.752	**3,64**	20,4
	Sichern von Versorgungsleitungen (14m) * Abbruch von Betonfundamenten (6m³) * Grundstück freimachen, Vegetation, Gehölze roden (84m²), Oberboden abtragen (81m³); Entsorgung, Deponiegebühren				
220	**Öffentliche Erschließung**	1.582,00 m² GF	22.439	**14,18**	79,6
	Asphaltfläche aufbrechen, entsorgen, Asphaltfläche wieder herstellen (207m²)				
300	**Bauwerk – Baukonstruktionen**				**100,0**
310	**Baugrube / Erdbau**	767,14 m³ BGI	45.973	**59,93**	2,3
	Baugrubenaushub, lösen, lagern, entsorgen (667m³), lösen, verfüllen (100m³)				
320	**Gründung, Unterbau**	694,88 m² GRF	328.653	**472,96**	16,7
	Stb-Bodenplatte (695m²), Streifenfundamente (2m³) * Bitumenabdichtung, EPS-Wärmedämmung, EPS-Trittschalldämmung, Calciumsulfat-Heizestrich (658m²), Linoleum (604m²), Bodenfliesen (42m²), Epoxidharzbeschichtung (16m²), Sauberlaufmatten (7m²) * Schottertragschicht (218m³), Ausgleichsschicht, Brechsand (806m²), Perimeterdämmung (761m²), Bitumendickbeschichtung (104m²), Sockeldämmung (48m²)				
330	**Außenwände/Vert. Baukonstrukt., außen**	641,93 m² AWF	581.912	**906,50**	29,5
	Holzrahmenwände (316m²), Stb-Wände (65m²) * Holzrahmenattika (145m²) * Stahlstützen (36m) * Holzfenster, teilweise Festverglasungen (101m²), Türelemente (15m²) * hinterlüftete Lärchenbekleidung (487m²), Holzmehrschichtplatten (44m²), Alu-Sockelbekleidung (66m²), offene Holzleistenschalung (19m²) * Holzmehrschichtplatten (487m²), GK-Bekleidung (61m²), Beschichtung (53m²), Wandfliesen (8m²) * Sonnenschutz (89m²)				
340	**Innenwände/Vert. Baukonstrukt., innen**	662,75 m² IWF	334.277	**504,38**	16,9
	Holzrahmenwände (374m²) * GK-Wände (163m²) * Holztüren (59m²), mit Festverglasungen (32m²), Holzfenster, Festverglasung (20m²), Schiebefenster (1m²) * Holzmehrschichtplatten (321m²), GK-Bekleidung (178m²), GK-Vorsatzschalen (46m²), Beschichtung (310m²), Wandfliesen (82m²), Wandspiegel, fliesenbündig (4m²)* WC-Trennwände, Türen (14m²)				
360	**Dächer**	805,56 m² DAF	445.697	**553,28**	22,6
	Brettsperrholz-Flachdach, Unterseite Sichtqualität (802m²) * Oberlicht (4m²) * Abdichtung (733m²), Gefälledämmung (733m²), Wurzelschutz (735m²), Drän-/Filterschicht (726m²), extensive Dachbegrünung (446m²), Betontrittplatten (6m²), Kies (204m²), Attikablechabdeckungen (70m²), Kiesfangleisten (280m), Dachabläufe (13St), Notüberläufe (11St), Regenfallrohre (14m) * GK-Decken, Beschichtung (41m²), Holzmehrschichtplatten (39m²) * Absturzsicherung (1St), Anschlagpunkte (24St)				

KG	Kostengruppe	Menge Einheit	Kosten €	€/Einheit	%
380	**Baukonstruktive Einbauten**	794,87 m²BGF	104.718	**131,74**	5,3
	Multifunktions-Einbauschränke (8St), Sideboards (2St), Küchenzeilen (5St), Tresen (1St), Oberschränke (3St), Hochschränke (2St), Kochfeld (2St), Backofen (2St), Dunstabzüge (2St), Kühl-/Gefriergeräte (2St), Geschirrspüler (2St), Spüle (2St), Mülltrenner (2St), Getränkekühler (1St), Waschmaschine (1St), Raumteiler (4St), TV-Board (1St), Schreibtische (4St) * WC-Piktogramme (6St) * Briefkasten (1St)				
390	**Sonst. Maßnahmen für Baukonstrukt.**	794,87 m²BGF	131.469	**165,40**	6,7
	Baustelleneinrichtungen (5St), Baustraße (657m²), Bauzaun (401m), WC-Container (1St), Lagerfläche (198m²), Baustrom (psch), Bauwasser (psch) * Fassadengerüst (585m²) * Schutzabdeckungen (744m²), Baureinigung, Bodenbeläge (1.271m²), Fenster, Türen (142m²), Innentüren (24St), Küchenzeilen (2St), Technische Anlagen (psch), Bauheizung (3St) * Schließanlage, Profilzylindern (26St), Schlüssel (60St), Transponder (15St)				
400	**Bauwerk – Technische Anlagen**				**100,0**
410	**Abwasser-, Wasser-, Gasanlagen**	794,87 m²BGF	103.358	**130,03**	15,1
	KG-Rohre (376m), PP-Rohre (95m) * Metallverbundrohre (157m), Edelstahlrohre (17m), Hauswasserstation, Wasserzähler (1St), Hygienespülungen (3St), Waschtische (7St), Wand-Tiefspül-WCs, Spülautomatik (7St), für Kinder (2St), Urinal, Spülautomatik (1St), Stützklappgriffe (4St), Rückenstütze (2St), Spülbecken (1St), Durchlauferhitzer (4St), Außenarmaturen (2St) * Montageelemente (17St)				
420	**Wärmeversorgungsanlagen**	794,87 m²BGF	123.365	**155,20**	18,0
	Fernwärmeübergabestation, Regelung, Schaltschrank (1St), Umwälzpumpen (psch), Ausdehnungsgefäß (1St), Füllstation (1St), Enthärtungsarmatur (1St), Wasserzähler (1St) * Mehrschichtverbundrohre (650m), Stahlrohre (62m), Differenzdruckregler (7St), Absperrventile (7St), Umwälzpumpen (3St), Thermometer (6St) * Flachheizkörper (21St), Konverter (5St), Fußbodenheizung (31m²), Heizkreisverteiler (1St)				
430	**Raumlufttechnische Anlagen**	794,87 m²BGF	140.689	**177,00**	20,5
	Zu-/Abluftgeräte, Wärmerückgewinnung (3St), Wickelfalzrohre (114m), Alu-Flexrohre (13m), Rechteckkanäle (41m²), CO_2-Sensoren (3St), Schalldämpfer (41St), Drosselklappen (22St), Jalousieklappen (2St), Luftdurchlässe (12St), Weitwurfdüsen (9St), Lüftungsgitter (7St), Dachhauben (6St)				
440	**Elektrische Anlagen**	794,87 m²BGF	207.399	**260,92**	30,2
	Verteilerschrank (1St), LS-Schalter (55St), FI-Schalter (15St), Steuereinheiten (4St), Anschlussschrank (1St), Mantelleitungen (6.173m), Steckdosen (112St), Schalter/Taster (90St), Bewegungs-/Präsenzmelder (21St) * Anbauleuchten (77St), Pendelleuchten (20St), Lichtleisten (19St), Downlights (12St), Feuchtraumleuchten (8St), Rettungszeichenleuchten (7St) * Fundamenterder (216m), Ringerder (178m), Fangstangen (14St), Installationsleitungen (210m)				
450	**Kommunikationstechnische Anlagen**	794,87 m²BGF	44.164	**55,56**	6,4
	Fernmeldeleitungen (1.112m) * Türsprechanlagen (2St), Ruf-Kompaktset (2St) * Sat-Antennenanlage (1St), Koaxialkabel (498m), Antennendosen (5St), Audiokabel (15m) * Branderkennungsanlage (1St), Brandmelder (36St) * Wandschrank (1St), Datenkabel (1.440m), Patchkabel (52St), HDMI-Kabel (16St), Datenanschlussdosen (29St), Patchpanel Cat6 (3St)				

KG	Kostengruppe	Menge Einheit	Kosten €	€/Einheit	%
470	**Nutzungsspez. u. verfahrenstechn. Anl.**	794,87 m²BGF	761	**0,96**	0,1
	Feuerlöscher (3St)				
480	**Gebäude- und Anlagenautomation**	794,87 m²BGF	66.991	**84,28**	9,8
	Automationsstation (1St), Anzeige-/Bediengerät (1St), Switch (1St), Patchkabel (3St), Netzgeräte (2St), Überspannungsschutz (2St), Transformator (1St), Kommunikationsschnittstelle (1St), Ein-/Ausgabemodule (12St), Temperatur-Messwertgeber (11St), Druck-Messwertgeber (1St), Stellantriebe (13St) * Schaltschrank (1St), Einspeisung, Hauptschalter, Sicherung (1St), Steuerspannungstrafo (1St), Überspannungsschutz (1St), Meldemodule (79St), Netzwerksteckmodule (4St), Anschlusskabel (67St)				
500	**Außenanlagen und Freiflächen**				**100,0**
510	**Erdbau**	606,40 m³EBR	37.207	**61,36**	45,4
	Grabenaushub, lösen, lagern (477m³), Schachtaushub (29m³), verfüllen, Lagermaterial (258m³), Rigolenaushub, lagern (100m³), entsorgen (45m³)				
550	**Technische Anlagen**	791,35 m²AF	44.746	**56,54**	54,6
	Versickerungsrigolen (49St), Frontgitter (90St), Filtervlies (138m²), Filterkies (2m³), Sandbett (23m³), Betonschächte (5St), PE-Schacht (1St), Sandfang (1St), Schmutzfänger (1St), Regenwasserabläufe (5St)				
600	**Ausstattung und Kunstwerke**				**100,0**
610	**Allgemeine Ausstattung**	794,87 m²BGF	12.532	**15,77**	100,0
	WC-Bürstengarnituren (9St), WC-Papierrollenhalter (7St), Seifenspender (7St), Papierhandtuchspender (7St), Desinfektionsspender (7St), Hygieneabfallbehälter (4St)				

Kostenkennwerte für die Kostengruppen 300 der 2. und 3. Ebene DIN 276 (Übersicht)

KG	Kostengruppe	Menge Einheit	Kosten €	€/Einheit	% an 3+4
300	**Bauwerk – Baukonstruktionen**	**794,87 m² BGF**	**1.972.698,04**	**2.481,79**	**74,2**
310	**Baugrube / Erdbau**	**767,14 m³ BGI**	**45.973,32**	**59,93**	**1,7**
311	Herstellung	767,14 m³ BGI	45.973,32	59,93	1,7
312	Umschließung	–	–	–	–
313	Wasserhaltung	–	–	–	–
314	Vortrieb	–	–	–	–
319	Sonstiges zur KG 310	–	–	–	–
320	**Gründung, Unterbau**	**694,88 m² GRF**	**328.652,50**	**472,96**	**12,4**
321	Baugrundverbesserung	–	–	–	–
322	Flachgründungen und Bodenplatten	694,88 m²	142.143,87	204,56	5,3
323	Tiefgründungen	–	–	–	–
324	Gründungsbeläge	668,13 m²	101.594,71	152,06	3,8
325	Abdichtungen und Bekleidungen	798,44 m²	84.913,93	106,35	3,2
326	Dränagen	–	–	–	–
329	Sonstiges zur KG 320	–	–	–	–
330	**Außenwände/Vert. Baukonstrukt., außen**	**641,93 m² AWF**	**581.911,71**	**906,50**	**21,9**
331	Tragende Außenwände	380,56 m²	97.073,94	255,08	3,7
332	Nichttragende Außenwände	145,25 m²	21.749,37	149,74	0,8
333	Außenstützen	36,05 m	4.100,05	113,73	0,2
334	Außenwandöffnungen	116,12 m²	94.565,73	814,38	3,6
335	Außenwandbekleidungen, außen	614,98 m²	211.592,67	344,06	8,0
336	Außenwandbekleidungen, innen	546,65 m²	119.027,33	217,74	4,5
337	Element. Außenwandkonstruktionen	–	–	–	–
338	Lichtschutz zur KG 330	88,58 m²	33.802,61	381,61	1,3
339	Sonstiges zur KG 330	–	–	–	–
340	**Innenwände/Vert. Baukonstrukt., innen**	**662,75 m² IWF**	**334.277,04**	**504,38**	**12,6**
341	Tragende Innenwände	374,17 m²	80.394,08	214,86	3,0
342	Nichttragende Innenwände	163,49 m²	20.488,05	125,32	0,8
343	Innenstützen	–	–	–	–
344	Innenwandöffnungen	111,51 m²	117.220,59	1.051,21	4,4
345	Innenwandbekleidungen	716,83 m²	107.744,50	150,31	4,1
346	Elementierte Innenwandkonstruktionen	13,58 m²	8.429,83	620,75	0,3
347	Lichtschutz zur KG 340	–	–	–	–
349	Sonstiges zur KG 340	–	–	–	–
350	**Decken/Horizontale Baukonstruktionen**	**–**	**–**	**–**	**–**
351	Deckenkonstruktionen	–	–	–	–
352	Deckenöffnungen	–	–	–	–
353	Deckenbeläge	–	–	–	–
354	Deckenbekleidungen	–	–	–	–
355	Elementierte Deckenkonstruktionen	–	–	–	–
359	Sonstiges zur KG 350	–	–	–	–
360	**Dächer**	**805,56 m² DAF**	**445.696,96**	**553,28**	**16,8**
361	Dachkonstruktionen	802,00 m²	194.911,52	243,03	7,3
362	Dachöffnungen	3,56 m²	2.442,35	686,05	< 0,1
363	Dachbeläge	794,43 m²	225.611,65	283,99	8,5
364	Dachbekleidungen	79,53 m²	14.127,42	177,64	0,5
365	Elementierte Dachkonstruktionen	–	–	–	–
366	Lichtschutz zur KG 360	–	–	–	–
369	Sonstiges zur KG 360	805,56 m² DAF	8.604,01	10,68	0,3
370	**Infrastrukturanlagen**	**–**	**–**	**–**	**–**
380	**Baukonstruktive Einbauten**	**794,87 m² BGF**	**104.717,71**	**131,74**	**3,9**
390	**Sonst. Maßnahmen für Baukonstrukt.**	**794,87 m² BGF**	**131.468,80**	**165,40**	**4,9**

6400-0120
Jugendfreizeitstätte
(3 Gruppen)
(100 Kinder)

Kostenkennwerte für die Kostengruppen 400 der 2. und 3. Ebene DIN 276 (Übersicht)

KG	Kostengruppe	Menge Einheit	Kosten €	€/Einheit	% an 3+4
400	**Bauwerk – Technische Anlagen**	**794,87 m² BGF**	**686.726,13**	**863,95**	**25,8**
410	**Abwasser-, Wasser-, Gasanlagen**	**794,87 m² BGF**	**103.357,78**	**130,03**	**3,9**
411	Abwasseranlagen	794,87 m² BGF	48.607,88	61,15	1,8
412	Wasseranlagen	794,87 m² BGF	48.154,36	60,58	1,8
413	Gasanlagen	–	–	–	–
419	Sonstiges zur KG 410	794,87 m² BGF	6.595,54	8,30	0,2
420	**Wärmeversorgungsanlagen**	**794,87 m² BGF**	**123.364,82**	**155,20**	**4,6**
421	Wärmeerzeugungsanlagen	794,87 m² BGF	30.527,43	38,41	1,1
422	Wärmeverteilnetze	794,87 m² BGF	59.169,20	74,44	2,2
423	Raumheizflächen	794,87 m² BGF	33.668,20	42,36	1,3
424	Verkehrsheizflächen	–	–	–	–
429	Sonstiges zur KG 420	–	–	–	–
430	**Raumlufttechnische Anlagen**	**794,87 m² BGF**	**140.688,58**	**177,00**	**5,3**
431	Lüftungsanlagen	794,87 m² BGF	140.688,58	177,00	5,3
432	Teilklimaanlagen	–	–	–	–
433	Klimaanlagen	–	–	–	–
434	Kälteanlagen	–	–	–	–
439	Sonstiges zur KG 430	–	–	–	–
440	**Elektrische Anlagen**	**794,87 m² BGF**	**207.398,88**	**260,92**	**7,8**
441	Hoch- und Mittelspannungsanlagen	–	–	–	–
442	Eigenstromversorgungsanlagen	–	–	–	–
443	Niederspannungsschaltanlagen	–	–	–	–
444	Niederspannungsinstallationsanlagen	794,87 m² BGF	118.217,17	148,73	4,4
445	Beleuchtungsanlagen	794,87 m² BGF	66.058,61	83,11	2,5
446	Blitzschutz- und Erdungsanlagen	794,87 m² BGF	23.123,10	29,09	0,9
447	Fahrleitungssysteme	–	–	–	–
449	Sonstiges zur KG 440	–	–	–	–
450	**Kommunikationstechnische Anlagen**	**794,87 m² BGF**	**44.163,90**	**55,56**	**1,7**
451	Telekommunikationsanlagen	794,87 m² BGF	3.804,58	4,79	0,1
452	Such- und Signalanlagen	794,87 m² BGF	8.112,93	10,21	0,3
453	Zeitdienstanlagen	–	–	–	–
454	Elektroakustische Anlagen	–	–	–	–
455	Audiovisuelle Medien- u. Antennenanl.	794,87 m² BGF	3.951,60	4,97	0,1
456	Gefahrenmelde- und Alarmanlagen	794,87 m² BGF	14.483,18	18,22	0,5
457	Datenübertragungsnetze	794,87 m² BGF	13.811,63	17,38	0,5
458	Verkehrsbeeinflussungsanlagen	–	–	–	–
459	Sonstiges zur KG 450	–	–	–	–
460	**Förderanlagen**	**–**	**–**	**–**	**–**
461	Aufzugsanlagen	–	–	–	–
462	Fahrtreppen, Fahrsteige	–	–	–	–
463	Befahranlagen	–	–	–	–
464	Transportanlagen	–	–	–	–
465	Krananlagen	–	–	–	–
466	Hydraulikanlagen	–	–	–	–
469	Sonstiges zur KG 460	–	–	–	–
470	**Nutzungsspez. u. verfahrenstechn. Anl.**	**794,87 m² BGF**	**761,12**	**0,96**	**< 0,1**
480	**Gebäude- und Anlagenautomation**	**794,87 m² BGF**	**66.991,04**	**84,28**	**2,5**
490	**Sonst. Maßnahmen für techn. Anlagen**	**–**	**–**	**–**	**–**

Kostenkennwerte für die Kostengruppen der 3.Ebene DIN 276

KG	Kostengruppe	Menge Einheit	Kosten €	€/Einheit	%
210	**Herrichten**				**100,0**
211	**Sicherungsmaßnahmen**	1.582,00 m² GF	261	**0,16**	4,5
	Sichern von Versorgungsleitungen (14m)				
212	**Abbruchmaßnahmen**	1.582,00 m² GF	845	**0,53**	14,7
	Abbruch von Betonfundamenten (6m³); Entsorgung, Deponiegebühren				
214	**Herrichten der Geländeoberfläche**	1.582,00 m² GF	4.647	**2,94**	80,8
	Grundstück freimachen, Vegetation, Gehölze roden (84m²), Oberboden abtragen, d=30cm (81m³); Entsorgung, Deponiegebühren				
220	**Öffentliche Erschließung**				**100,0**
227	**Verkehrserschließung**	1.582,00 m² GF	22.439	**14,18**	100,0
	Asphaltfläche einschneiden (311m), Asphaltfläche aufbrechen, laden, entsorgen, Asphaltfläche wieder herstellen, d=25-30cm (207m²), Fugenverguss (234m)				
310	**Baugrube / Erdbau**				**100,0**
311	**Herstellung**	767,14 m³ BGI	45.973	**59,93**	100,0
	Baugrubenaushub, d=1,00m, lösen, lagern, entsorgen (667m³), lösen, verfüllen (100m³), Planum (806m²)				
320	**Gründung, Unterbau**				**100,0**
322	**Flachgründungen und Bodenplatten**	694,88 m²	142.144	**204,56**	43,3
	Stb-Bodenplatte C25/30, d=25cm, Schalung, Bewehrung (695m²), Streifenfundamente C20/25 (2m³)				
324	**Gründungsbeläge**	668,13 m²	101.595	**152,06**	30,9
	Bitumenabdichtung, EPS-Wärmedämmung WLG 040, d=55-80mm, EPS-Trittschalldämmung WLG 040, d=15-20mm, Calciumsulfat-Heizestrich, d=50-64mm (658m²), Spachtelung, Linoleum (604m²), Holzsockel (298m), Bodenfliesen 30x60cm (42m²), Fliesensockel (27m), Epoxidharzbeschichtung, d=3mm (16m²), Sauberlaufmatten, Rahmen (7m²)				
325	**Abdichtungen und Bekleidungen**	798,44 m²	84.914	**106,35**	25,8
	Schottertragschicht 0/56mm, d=30cm (218m³), Ausgleichsschicht, Brechsand 2/4mm, d=3cm (806m²), XPS-Perimeterdämmung, d=160mm (761m²), Bitumendickbeschichtung (104m²), XPS-Sockeldämmung, d=80mm (48m²)				
330	**Außenwände/Vertikale Baukonstruktionen, außen**				**100,0**
331	**Tragende Außenwände**	380,56 m²	97.074	**255,08**	16,7
	Holzrahmenwände, KVH 6-10x16cm, h=2,80-3,00m, innen OSB-Platten, d=18mm, Mineralwolldämmung WLS 032, d=16cm (316m²), Unterzüge, BSH 16x30-45cm (1m³), Vertikalstützen, KVH 12-16x12-16cm (1m³), Stb-Wände C25/30, d=16cm, Schalung, Bewehrung (65m²)				
332	**Nichttragende Außenwände**	145,25 m²	21.749	**149,74**	3,7
	Holzrahmenattika, KVH 6x12cm, h=50cm, innen OSB-Platten, d=15mm, Mineralwolldämmung WLS 032, d=12cm (145m²), Unterzüge, BSH 12x48-60cm (3m³)				

KG	Kostengruppe	Menge Einheit	Kosten €	€/Einheit	%
333	**Außenstützen**	36,05 m	4.100	**113,73**	0,7
	Stahlstützen 100x100x10mm, beschichtet (30m), 70x70x5mm, l=2,15m, Kopf-/Fußplatten (6m)				
334	**Außenwandöffnungen**	116,12 m²	94.566	**814,38**	16,3
	Holzfenster, Uw=0,85W/m²K, Dreifach-Isolierverglasung, teilweise Festverglasung, dreiteilig (38m²), zweiteilig (30m²), sechsteilig (23m²), einteilig (10m²), Türelemente, dreiteilig (11m²), einteilig (4m²), Obentürschließer (psch), Milchglasfolie (psch), Fensterbänke außen, Alu (44m), innen, Holz, mit Lüftungsschlitzen, Beschichtung (44m)				
335	**Außenwandbekleidungen, außen**	614,98 m²	211.593	**344,06**	36,4
	Holzunterkonstruktion, d=60mm, Holzfaserdämmung WLS 043, d=100mm, hinterlüftete Lärchenbekleidung, senkrecht, beschichtet (487m²), Laibungen (47m), Holzmehrschichtplatten, d=22mm (44m²), Laibungen (9m), Insektenschutzgitter (500m), Alu-Sockelbekleidung, XPS-Dämmung, d=80mm (66m²), offene Holzleistenschalung, Unterkonstruktion Douglasie (19m²)				
336	**Außenwandbekleidungen, innen**	546,65 m²	119.027	**217,74**	20,5
	Holzunterkonstruktion, d=56mm, Holzmehrschichtplatten, d=19mm, Beschichtung (400m²), als Akustikplatten (51m²), Laibungen (13m²), an Oberlicht, Holzunterkonstruktion, d=26mm (36m²), GK-Bekleidung, einlagig (51m²), GK-Vorsatzschalen, d=22cm, einseitig doppelt beplankt (10m²), Dispersionsbeschichtung (53m²), Wandfliesen 30x60cm (8m²)				
338	**Lichtschutz zur KG 330**	88,58 m²	33.803	**381,61**	5,8
	Textiler Sonnenschutz, Motorantrieb, Führungsschienen (89m²), Sonnenschutzzentrale, Wetterstation (1St)				
340	**Innenwände/Vertikale Baukonstruktionen, innen**				**100,0**
341	**Tragende Innenwände**	374,17 m²	80.394	**214,86**	24,1
	Holzrahmenwände, KVH 6-10x14cm, h=3,00-3,50m, innen OSB-Platten, d=15mm, Mineralwolldämmung WLG 040, d=14cm (374m²), Unterzüge, BSH 14x30-45cm (2m³)				
342	**Nichttragende Innenwände**	163,49 m²	20.488	**125,32**	6,1
	GK-Metallständerwände, d=10-12,5cm, beidseitig doppelt beplankt, Mineralwolldämmung WLG 040, d=60mm (163m²)				
344	**Innenwandöffnungen**	111,51 m²	117.221	**1.051,21**	35,1
	Holztüren, Vollspan, Oberfläche HPL, Blockzargen (59m²), mit Seitenteil/Oberlicht Festverglasungen (32m²), Holzfenster, Uw=0,85W/m²K, Dreifach-Isolierverglasung, Festverglasung, dreiteilig (11m²), einteilig (5m²), zweiteilig (4m²), als Schiebefenster (1m²), Türstopper (10St), Panikbeschläge (4St)				
345	**Innenwandbekleidungen**	716,83 m²	107.745	**150,31**	32,2
	Holzunterkonstruktion, d=26mm, Holzmehrschichtplatten, d=19mm, Beschichtung (271m²), als Akustikplatten (50m²), GK-Bekleidung, einlagig (178m²), GK-Vorsatzschalen, d=22cm, einseitig doppelt beplankt (46m²), Dispersionsbeschichtung (310m²), Wandfliesen 30x60cm (82m²), Wandspiegel, fliesenbündig (4m²)				
346	**Elementierte Innenwandkonstruktionen**	13,58 m²	8.430	**620,75**	2,5
	WC-Trennwände, HPL-Verbundelemente, d=30mm, h=2,15m, zwei Türen (12m²), eine Tür (2m²)				

KG	Kostengruppe	Menge Einheit	Kosten €	€/Einheit	%
360	**Dächer**				**100,0**
361	**Dachkonstruktionen**	802,00 m²	194.912	**243,03**	43,7
	Brettsperrholzdach, d=24cm, Nadelholz, Unterseite Sichtqualität (681m²), d=8cm (97m²), d=14cm (24m²)				
362	**Dachöffnungen**	3,56 m²	2.442	**686,05**	0,5
	Pfosten-Riegel-Oberlicht 475x75cm, Dreifachverglasung, Uw=0,85W/m²K, Festverglasung (4m²)				
363	**Dachbeläge**	794,43 m²	225.612	**283,99**	50,6
	Bitumenabdichtung, Dampfsperre (733m²), vertikal (112m), PIR-Dämmung WLS 023, d=140mm, PIR-Gefälledämmung, d=20-100mm (733m²), vertikal (44m²), Dachabdichtung, Wurzelschutz (735m²), vertikal (329m), Drän-/Filterschicht (726m²), vertikal (341m), extensive Dachbegrünung, d=10cm (446m²), Betontrittplatten (6m²), Kies (204m²), Attikablechabdeckungen, b=30cm (70m²), Kiesfangleisten, b=9cm (280m), Dachabläufe (13St), Notüberläufe (11St)				
364	**Dachbekleidungen**	79,53 m²	14.127	**177,64**	3,2
	GK-Decken, d=12,5mm, Abhängehöhe 50cm, Dispersionsbeschichtung (41m²), Holzmehrschichtplatten, d=22mm, Holzunterkonstruktion, Abhängehöhe 24-60cm (39m²)				
369	**Sonstiges zur KG 360**	805,56 m² DAF	8.604	**10,68**	1,9
	Absturzsicherung, Seil-/Gurtsystem (1St), Anschlagpunkte (24St)				
380	**Baukonstruktive Einbauten**				**100,0**
381	**Allgemeine Einbauten**	794,87 m² BGF	103.394	**130,08**	98,7
	Multifunktions-Einbauschrank, l=725cm, zwölffach, Schranktüren, teilweise Sicherheitsspiegel, Einlegeböden (1St), l=120 bis 260cm (7St), Sideboards (2St), Raumteiler (4St), TV-Board (1St), Schreibtische (4St), Küchenzeilen, HPL-Arbeitsplatten (5St), Tresen (1St), Oberschränke, l=220 bis 495cm (3St), Hochschränke (2St), Kochfeld (2St), Backofen (2St), Dunstabzüge (2St), Kühl-/Gefriergeräte (2St), Geschirrspüler (2St), Spüle (2St), Mülltrenner (2St), Getränkekühler (1St), Waschmaschine (1St)				
386	**Orientierungs- und Informationssysteme**	794,87 m² BGF	341	**0,43**	0,3
	WC-Piktogramme (6St)				
389	**Sonstiges zur KG 380**	794,87 m² BGF	983	**1,24**	0,9
	Edelstahlbriefkasten 235x425x80mm, wetterfest, eloxiert (1St)				
390	**Sonstige Maßnahmen für Baukonstruktionen**				**100,0**
391	**Baustelleneinrichtung**	794,87 m² BGF	90.205	**113,48**	68,6
	Baustelleneinrichtung, Hauptgewerk (1St), Nebengewerke (4St), Baustraße (657m²), Lagerfläche (198m²), Bauzaun, h=2,00m, Tor (401m), WC-Container (1St), Baustrom (psch), Bauwasser (psch)				
392	**Gerüste**	794,87 m² BGF	18.868	**23,74**	14,4
	Fassadengerüst, Lastklasse 3 (585m²), Seitenschutz (197m)				

KG	Kostengruppe	Menge Einheit	Kosten €	€/Einheit	%
397	**Zusätzliche Maßnahmen**	794,87 m2 BGF	16.687	**20,99**	12,7
	Schutzabdeckungen, Vlies, Kartonage (640m2), Folie (104m2), Baureinigung von Linoleum (1.214m2), Fliesen (41m2), Bodenbeschichtung (16m2), Fenster, Türen (142m2), Innentüren (24St), Küchenzeilen (2St), Technischen Anlagen (psch), Bauheizung (3St)				
398	**Provisorische Baukonstruktionen**	794,87 m2 BGF	722	**0,91**	0,5
	Provisorische Regenentwässerungen (3St)				
399	**Sonstiges zur KG 390**	794,87 m2 BGF	4.987	**6,27**	3,8
	Schließanlage mit Profil-Doppelzylindern (24St), digital, freidrehend (2St), Gruppenschlüssel (30St), Generalschlüssel (30St), Transponder (15St), Schlüsselschrank (1St)				
410	**Abwasser-, Wasser-, Gasanlagen**				**100,0**
411	**Abwasseranlagen**	794,87 m2 BGF	48.608	**61,15**	47,0
	KG-Rohre DN100-125, Formstücke, Sandbett (376m), PP-Rohre DN56-100, Rohrdämmung (95m), Grundleitungsanschlüsse DN100-150 (15St), Siphons (16St)				
412	**Wasseranlagen**	794,87 m2 BGF	48.154	**60,58**	46,6
	Metallverbundrohre DN12-25, Formstücke, Rohrdämmung (157m), Edelstahlrohre DN10-32 (17m), Hauswasserstation, Wasserzähler (1St), Hygienespülungen (3St), Waschtische (5St), barrierefrei (2St), Wand-Tiefspül-WCs, Spülautomatik (5St), barrierefrei (2St), für Kinder (2St), Urinal, Spülautomatik (1St), Stützklappgriffe (4St), Rückenstütze (2St), Spülbecken (1St), Durchlauferhitzer (4St), Außenarmaturen (2St), Armaturen				
419	**Sonstiges zur KG 410**	794,87 m2 BGF	6.596	**8,30**	6,4
	Montageelemente für WCs (7St), barrierefrei (2St), für Waschtische (4St), barrierefrei (2St), für Urinal (1St), für Ausgussbecken (1St)				
420	**Wärmeversorgungsanlagen**				**100,0**
421	**Wärmeerzeugungsanlagen**	794,87 m2 BGF	30.527	**38,41**	24,7
	Fernwärmeübergabestation, Regelung, Schaltschrank (1St), Umwälzpumpen (psch), Ausdehnungsgefäß 50l (1St), Füllstation (1St), Enthärtungsarmatur (1St), Wasserzähler (1St)				
422	**Wärmeverteilnetze**	794,87 m2 BGF	59.169	**74,44**	48,0
	Mehrschichtverbundrohre DN12-25, Formstücke, Rohrdämmung (650m), Stahlrohre DN15-32 (62m), Differenzdruckregler DN20-25 (7St), Absperrventile DN20-25 (7St), Umwälzpumpen (3St), Thermometer (6St)				
423	**Raumheizflächen**	794,87 m2 BGF	33.668	**42,36**	27,3
	Flachheizkörper (21St), Konverter (5St), Fußbodenheizung (31m2), PE-Xa-Rohre (199m), Heizkreisverteiler, Verteilerschrank (1St)				

KG	Kostengruppe	Menge Einheit	Kosten €	€/Einheit	%
430	**Raumlufttechnische Anlagen**				**100,0**
431	**Lüftungsanlagen**	794,87 m²BGF	140.689	**177,00**	100,0
	Zu-/Abluftgeräte 1.320-1.800m³/h, Wärmerückgewinnung (3St), Wickelfalzrohre DN100-250, Formstücke, Dämmung (114m), Alu-Flexrohre DN100-250 (13m), Rechteckkanäle (41m²), CO_2-Sensoren (3St), Schalldämpfer (41St), Drosselklappen (22St), Jalousieklappen (2St), Luftdurchlässe (12St), Weitwurfdüsen (9St), Lüftungsgitter (7St), Dachdurchführungen, Dachhauben (6St)				
440	**Elektrische Anlagen**				**100,0**
444	**Niederspannungsinstallationsanlagen**	794,87 m²BGF	118.217	**148,73**	57,0
	Verteilerschrank (1St), LS-Schalter (55St), FI-Schalter (15St), Lasttrennschalter (4St), Steuereinheiten (4St), NH-Trenner (1St), Anschlussschrank, Zählerfeld, Verteilerfeld, Mediafeld, anschlussfertig, abschließbar (1St), Mantelleitungen NYM (5.399m), Steuerleitungen (774m), Leerrohre (337m), Steckdosen (110St), CEE-Steckdosen (2St), Schalter/Taster (90St), Bewegungs-/Präsenzmelder (21St), Notausschalter (2St), Dachdurchführung (1St)				
445	**Beleuchtungsanlagen**	794,87 m²BGF	66.059	**83,11**	31,9
	Anbauleuchten (77St), Pendelleuchten (20St), Lichtleisten (19St), Downlights (12St), Feuchtraumleuchten (8St), Rettungszeichenleuchten (7St)				
446	**Blitzschutz- und Erdungsanlagen**	794,87 m²BGF	23.123	**29,09**	11,1
	Fundamenterder, Edelstahl, D=10mm (216m), Ringerder (178m), Fangleitungen (345m), Ableitungen (79m), Fangstangen (14St), Installationsleitungen (210m), Leitungshalter (351St), Klemmen (104St), Verbinder (39St), Potenzialausgleichsschienen (4St)				
450	**Kommunikations-, sicherheits- und informationstechnische Anlagen**				**100,0**
451	**Telekommunikationsanlagen**	794,87 m²BGF	3.805	**4,79**	8,6
	Fernmeldeleitungen (1.069m), erdverlegt (43m)				
452	**Such- und Signalanlagen**	794,87 m²BGF	8.113	**10,21**	18,4
	Türsprechanlagen, Ruftaster, Hausnummern (2St), Ruf-Kompaktset für barrierefreie WCs, Alarmgeber (2St)				
455	**Audiovisuelle Medien- u. Antennenanl.**	794,87 m²BGF	3.952	**4,97**	8,9
	Sat-Antennenanlage (1St), Flachdachständer, Mast, l=1,20m (1St), Koaxialkabel (498m), Antennendosen (5St), Audiokabel (15m)				
456	**Gefahrenmelde- und Alarmanlagen**	794,87 m²BGF	14.483	**18,22**	32,8
	Branderkennungsanlage, 64 Melder, Display (1St), Funk-Brandmelder (34St), Handmelder (2St),				
457	**Datenübertragungsnetze**	794,87 m²BGF	13.812	**17,38**	31,3
	Wandschrank (1St), Datenkabel (1.440m), Patchkabel (52St), HDMI-Kabel (16St), Datenanschlussdosen (29St), Patchpanel Cat6 (3St)				
470	**Nutzungsspezifische und verfahrenstechnische Anlagen**				**100,0**
474	**Feuerlöschanlagen**	794,87 m²BGF	761	**0,96**	100,0
	Feuerlöscher (3St)				

KG	Kostengruppe	Menge Einheit	Kosten €	€/Einheit	%
480	**Gebäude- und Anlagenautomation**				**100,0**
481	**Automationseinrichtungen**	794,87 m²BGF	50.644	**63,71**	75,6
	Automationsstation (1St), Anzeige-/Bediengerät (1St), Switch (1St), Patchkabel Cat7 (3St), Netzgeräte (2St), Überspannungsschutz (2St), Transformator (1St), Kommunikationsschnittstelle (1St), Ein-/Ausgabemodule (12St), Temperatur-Messwertgeber (11St), Druck-Messwertgeber (1St), Stellantriebe (13St)				
482	**Schaltschränke, Automation**	794,87 m²BGF	16.347	**20,57**	24,4
	Schaltschrank beleuchtet (1St), Sichtfenster, Türdisplay (1St), Einspeisung, Hauptschalter, Sicherung (1St), Steuerspannungstrafo (1St), Überspannungsschutz (1St), Meldemodule (79St), Netzwerksteckmodule (4St), Anschlusskabel (67St)				
510	**Erdbau**				**100,0**
511	**Herstellung**	606,40 m³EBR	37.207	**61,36**	100,0
	Grabenaushub, t bis 1,25m, lösen, lagern (477m³), Schachtaushub (29m³), verfüllen, Lagermaterial (258m³), Rigolenaushub, lösen, lagern (100m³), aufnehmen, entsorgen (45m³)				
550	**Technische Anlagen**				**100,0**
551	**Abwasseranlagen**	791,35 m²AF	44.746	**56,54**	100,0
	Versickerungsrigolen 80x80x66cm (49St), Frontgitter (90St), Filtervlies (138m²), Filterkies 2/5mm (2m³), Sandbett, d i.M. 10cm (23m³), Betonschächte, D=1,00m, Abdeckungen (5St), PE-Schacht 80x80x66cm, Abdeckung (1St), Sandfang (1St), Schmutzfänger (1St), Regenwasserabläufe (5St)				

Kostenkennwerte für Leistungsbereiche nach STLB (Kosten des Bauwerks nach DIN 276)

LB	Leistungsbereiche	Kosten €	€/m² BGF	€/m³ BRI	% an 3+4
000	Baustellen-, Sicherheitseinr. inkl. 001, 089	116.263	146,30	35,20	4,4
002	Erdarbeiten	81.530	102,60	24,70	3,1
006	Spezialtiefbauarbeiten inkl. 005	–	–	–	–
009	Entwässerungskanalarbeiten inkl. 011	–	–	–	–
010	Drän- und Versickerarbeiten	–	–	–	–
012	Mauerarbeiten	–	–	–	–
013	Betonarbeiten	167.148	210,30	50,60	6,3
014	Natur-, Betonwerksteinarbeiten	–	–	–	–
016	Zimmer- und Holzbauarbeiten	379.369	477,30	114,80	14,3
017	Stahlbauarbeiten	4.100	5,20	1,20	0,2
018	Abdichtungsarbeiten	75.646	95,20	22,90	2,8
019	Kampfmittelräumarbeiten	–	–	–	–
020	Dachdeckungsarbeiten	–	–	–	–
021	Dachabdichtungsarbeiten	191.347	240,70	57,90	7,2
022	Klempnerarbeiten	60.105	75,60	18,20	2,3
	Rohbau	**1.075.508**	**1.353,10**	**325,50**	**40,4**
023	Putz- und Stuckarbeiten, Wärmedämmsysteme	–	–	–	–
024	Fliesen- und Plattenarbeiten	21.360	26,90	6,50	0,8
025	Estricharbeiten	39.953	50,30	12,10	1,5
026	Fenster, Außentüren inkl. 029, 032	118.358	148,90	35,80	4,5
027	Tischlerarbeiten	405.815	510,50	122,80	15,3
028	Parkett-, Holzpflasterarbeiten	–	–	–	–
030	Rollladenarbeiten	33.803	42,50	10,20	1,3
031	Metallbauarbeiten inkl. 035	–	–	–	–
034	Maler- und Lackiererarb. - Beschicht. inkl. 037	10.726	13,50	3,20	0,4
036	Bodenbelagarbeiten	35.341	44,50	10,70	1,3
038	Vorgehängte hinterlüftete Fassaden	194.250	244,40	58,80	7,3
039	Trockenbauarbeiten	47.733	60,10	14,40	1,8
	Ausbau	**907.338**	**1.141,50**	**274,60**	**34,1**
040	Wärmeversorgungsanl. - Betriebseinr. inkl. 041	117.049	147,30	35,40	4,4
042	Gas- u. Wasseranl. - Leitung., Armat. inkl. 043	20.297	25,50	6,10	0,8
044	Abwasseranl. - Leitungen, Abläufe, Armaturen	29.432	37,00	8,90	1,1
045	Gas, Wasser, Entwässerung - Ausstattung inkl. 046	34.185	43,00	10,30	1,3
047	Dämm- und Brandschutzarb. an techn. Anlagen	22.871	28,80	6,90	0,9
049	Feuerlöschanlagen, Feuerlöschgeräte	761	0,96	0,23	< 0,1
050	Blitzschutz-/Erdungsanlagen, Überspannungssch.	23.123	29,10	7,00	0,9
053	Niederspannungsanl. - Kabel inkl. 052, 054	118.217	148,70	35,80	4,4
055	Sicherheits- u. Ersatzstromversorgungsanl.	–	–	–	–
057	Gebäudesystemtechnik	66.991	84,30	20,30	2,5
058	Leuchten und Lampen inkl. 059	66.059	83,10	20,00	2,5
060	Such, Signal, Zeit, Anten., akust. Anl. inkl. 064	12.065	15,20	3,70	0,5
061	Kommunikations- u. Übertragungsnetze inkl. 063	32.099	40,40	9,70	1,2
069	Aufzüge	–	–	–	–
070	Gebäudeautomation	–	–	–	–
075	Raumlufttechnische Anlagen inkl. 078	126.642	159,30	38,30	4,8
	Gebäudetechnik	**669.791**	**842,60**	**202,70**	**25,2**
084	Abbruch, Rückbau, Schadstoffsanierung	–	–	–	–
	Abbrucharbeiten	**–**	**–**	**–**	**–**
	Sonstige Leistungsbereiche	**6.787**	**8,50**	**2,10**	**0,3**

Kostenkennwerte für die Kosten des Bauwerks (Kostengruppen 300+400 nach DIN 276)

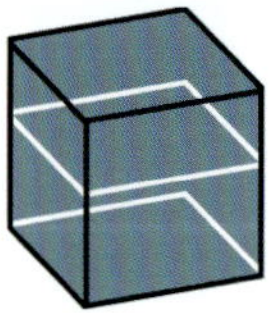

BRI 1.307 €/m³

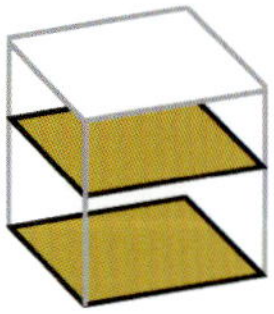

BGF 6.070 €/m²

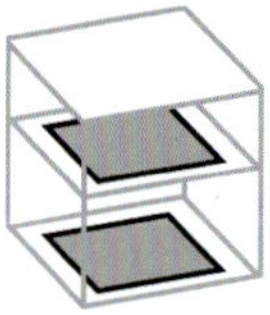

NUF 8.467 €/m²

Objekt:
Kennwerte: 1.Ebene DIN 276
BRI: 925 m³
BGF: 199 m²
NUF: 143 m²
Bauzeit: 61 Wochen
Bauende: 2023
Standard: mittel
Bundesland: Hamburg
Kreis: Hamburg, Stadt

Architekt*in:
Hormann Architektur
www.janhormann.de

Bauherr*in:
Bezirksamt Hamburg Altona
Jessenstraße 1-3
22767 Hamburg

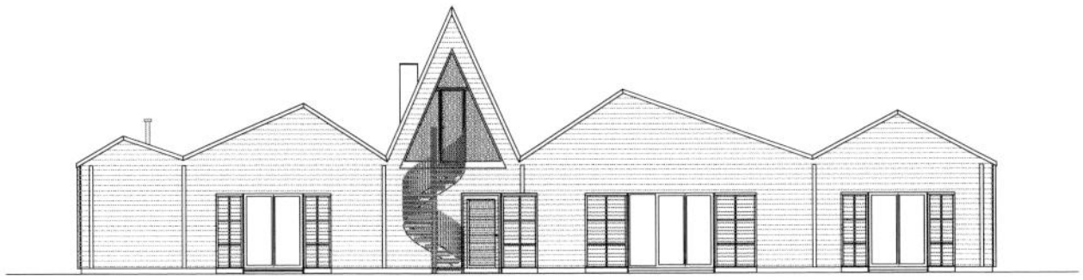

Ansicht Nord

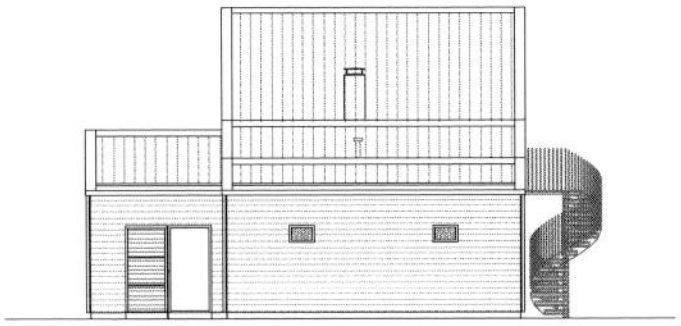

Ansicht Ost

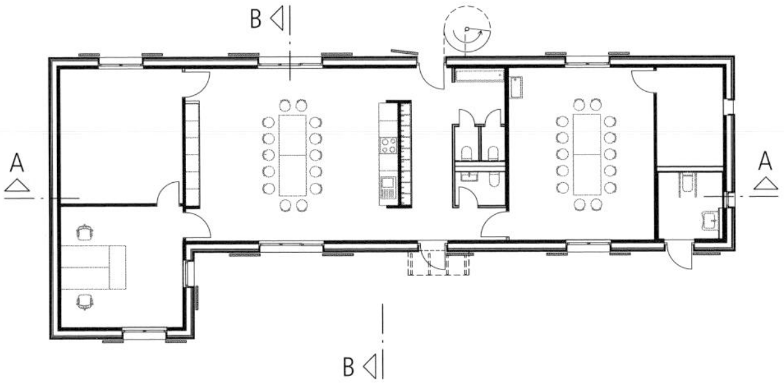

Erdgeschoss

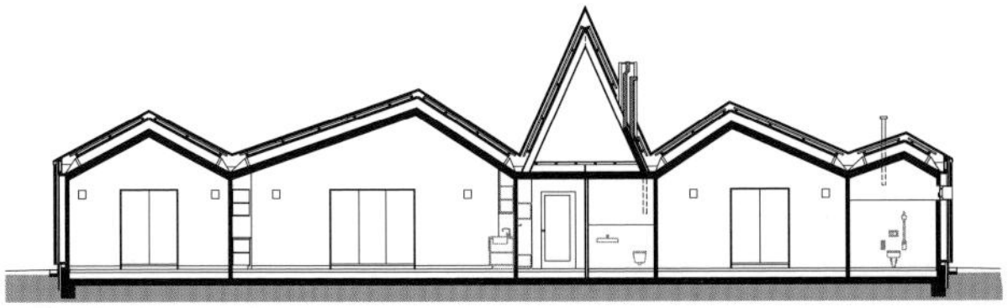

Schnitt A-A

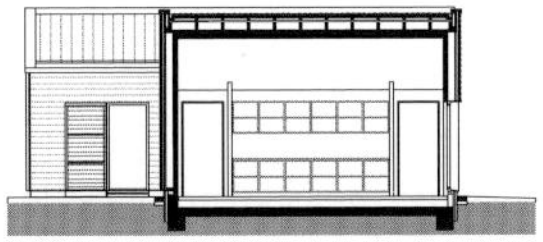

Schnitt B-B

Ansicht Süd

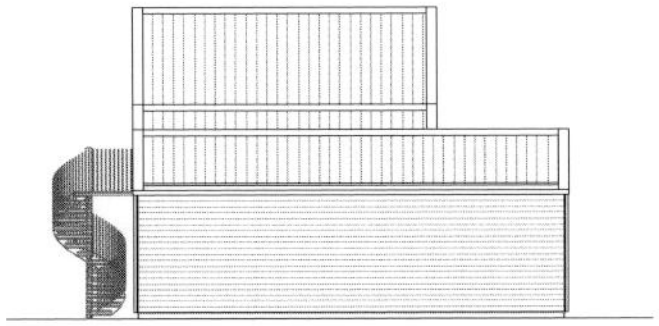

Ansicht West

Objektbeschreibung

Allgemeine Objektinformationen

Im Zuge der Neustrukturierung eines Grünzugs erhielt der Bauspielplatz mitten in einem innerstädtischen Park ein neues Zuhause mit großem Außenbereich. Das Bauspielhaus beherbergt die Gruppenräume, in denen Kinder unter Betreuung spielen und werken können. Der Raum im DG dient den Kindern als überdachte Terrasse.

Nutzung

1 Erdgeschoss
Gemeinschaftsraum mit Küche, Multifunktionsraum, Werkstatt, Büro, WCs, Hausanschlussraum

1 Dachgeschoss
Überdachte Terrasse im Spitzboden

Grundstück

Bauraum: Freier Bauraum
Neigung: Ebenes Gelände
Bodenklasse: BK 1 bis BK 3

Markt

Hauptvergabezeit: 1. Quartal 2022
Baubeginn: 1. Quartal 2022
Bauende: 2. Quartal 2023
Konjunkturelle Gesamtlage: über Durchschnitt
Regionaler Baumarkt: über Durchschnitt

Baukonstruktion

Die Baumaterialien spiegeln die Nutzung wider. Die Konstruktion besteht aus Massivholzwänden und -dächern, die im Innenraum sichtbar sind. Außen befindet sich die Dämmebene mit einer Ständerkonstruktion und Mineralwolldämmung. Die Lärchenbretter für die Stülpschalung wurden von der Bezirksförsterei mit Holz aus dem bezirkseigenen Forst hergestellt. Die Baukosten dafür wurden auf Marktpreise hochgerechnet. Der Raum im DG wurde als Dachterrasse mit Gefälledämmung, Abdichtung und Holzbelag auf Balkenlage ausgeführt.

Technische Anlagen

Das Haus ist als „LowTech" -Gebäude mit möglichst wenig technischer Ausstattung konzipiert. Die bestehende Infrastruktur eines ehemaligen WC-Gebäudes an selbiger Stelle wurde für die Wasser, Abwasser und für die Gaszentralheizung reaktiviert. Raumweise angeordnete Wandlüfter mit Wärmerückgewinnung unterstützen die Heizung als regeneratives Element und sorgen für einen kontinuierlichen Luftaustausch.

Sonstiges

Der Baukörper wird durch die Dachabwicklung in seine Nutzungsbereiche strukturiert. Die Interpretation der Typologie klassischer Satteldachhäuser verleiht dem Gebäude ein Gesicht und macht es zum Identifikationsobjekt für Kinder und Parkbesucher.

Energetische Kennwerte

Gesetzliche Grundlage: GEG 2020
Gebäudenutzfläche: 165,00 m^2
Gebäudevolumen: 680,00 m^3
Hüllfläche des beheizten Volumens: 637,00 m^2
Mittlerer U-Wert (opake Bauteile): 0,13 $W/(m^2 \cdot K)$
Mittlerer U-Wert (transparente Bauteile): 1,06 $W/(m^2 \cdot K)$
Spez. Jahresprimärenergiebedarf: 109,80 $kWh/(m^2 \cdot a)$

Energetische Angaben zu Außenbauteilen

Bodenplatte

U-Wert: 0,18 W/(m²·K)

Gesamtdicke: 46,30 cm	d [cm]	λ [W/(m·K)]
Estrich	8,00	0,870
Dämmung	18,00	0,035
Abdichtung	0,30	0,170
Beton	20,00	1,510

Außenwand hinterlüftet

U-Wert: 0,16 W/(m²·K)

Gesamtdicke: 32,00 cm	d [cm]	λ [W/(m·K)]
Holz	10,00	0,130
Holz	18,00	0,130
Dämmung	18,00	0,035
Holzfaserplatte	4,00	0,047

Decke gegen kalten Dachraum

U-Wert: 0,16 W/(m²·K)

Gesamtdicke: 38,80 cm	d [cm]	λ [W/(m·K)]
Holz	16,00	0,130
Holz	20,00	0,130
Dämmung	20,00	0,035
Holz	2,80	0,130

Dach hinterlüftet

U-Wert: 0,14 W/(m²·K)

Gesamtdicke: 42,00 cm	d [cm]	λ [W/(m·K)]
Holz	18,00	0,130
Holz	20,00	0,130
Dämmung	20,00	0,035
Holzfaserplatte	4,00	0,047

Planungskennwerte für Flächen und Rauminhalte nach DIN 277

Flächen des Grundstücks		Menge Einheit	% an GF
BF	Bebaute Fläche	199,00 m²	18,9
UF	Unbebaute Fläche	856,00 m²	81,1
GF	Grundstücksfläche	1.055,00 m²	100,0

Grundflächen des Bauwerks		Menge Einheit	% an NUF	% an BGF
NUF	Nutzungsfläche	142,66 m²	100,0	71,7
TF	Technikfläche	9,08 m²	6,4	4,6
VF	Verkehrsfläche	14,83 m²	10,4	7,5
NRF	Netto-Raumfläche	166,57 m²	116,8	83,7
KGF	Konstruktions-Grundfläche	32,43 m²	22,7	16,3
BGF	Brutto-Grundfläche	199,00 m²	139,5	100,0

Brutto-Rauminhalt des Bauwerks		Menge Einheit	BRI/NUF (m)	BRI/BGF (m)
BRI	Brutto-Rauminhalt	924,50 m³	6,48	4,65

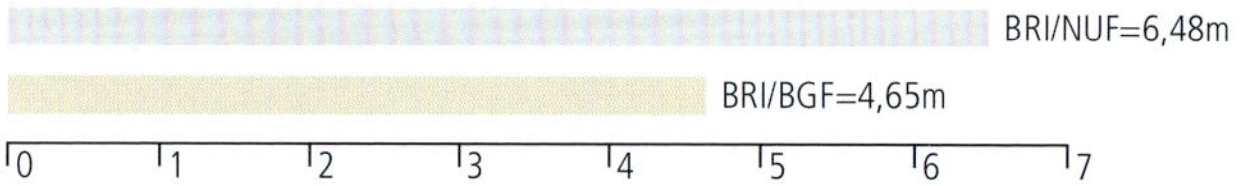

Kostenkennwerte für die Kostengruppen der 1.Ebene DIN 276

KG	Kostengruppen (1. Ebene)	Einheit	Kosten €	€/Einheit	€/m² BGF	€/m³ BRI	% 300+400
100	Grundstück	m² GF	–	–	–	–	–
200	Vorbereitende Maßnahmen	m² GF	–	–	–	–	–
300	Bauwerk – Baukonstruktionen	m² BGF	941.116	4.729,23	4.729,23	1.017,97	77,9
400	Bauwerk – Technische Anlagen	m² BGF	266.782	1.340,61	1.340,61	288,57	22,1
	Bauwerk 300+400	**m² BGF**	**1.207.898**	**6.069,84**	**6.069,84**	**1.306,54**	**100,0**
500	Außenanlagen und Freiflächen	m² AF	–	–	–	–	–
600	Ausstattung und Kunstwerke	m² BGF	–	–	–	–	–
700	Baunebenkosten	m² BGF	–	–	–	–	–
800	Finanzierung	m² BGF	–	–	–	–	–

KG	Kostengruppe	Menge Einheit	Kosten €	€/Einheit	%
3+4	**Bauwerk**				**100,0**
300	**Bauwerk – Baukonstruktionen**	199,00 m² BGF	941.116	**4.729,23**	77,9

Baugrubenaushub; Stb-Fundamente, Stb-Bodenplatte, Estrich geschliffen, Bodenfliesen, Abdichtung, Kiesschicht, Perimeterdämmung; Massivholzwände, Sichtqualität, Stahlstützen Wettersegel, Holzfenster, Wärmedämmung, Lärchenholz-Stülpschalung, Stahl-Holz-Fensterläden, Sonnen/Wettersegel; Massivholz-Innenwände, GK-Wände, Wandfliesen; Massivholzdecke, Außen-Stahltreppe, Gefälledämmung, Balkenlage mit Holzterrassendielen, Abdichtung, Treppengeländer; Massivholzdach, teilw. Holzbalkendach, Dämmung, Faserzementplatten, Abdichtung, Attika, Dachentwässerung; Einbauküche, Garderobe, Einbauregale

KG	Kostengruppe	Menge Einheit	Kosten €	€/Einheit	%
400	**Bauwerk – Technische Anlagen**	199,00 m² BGF	266.782	**1.340,61**	22,1

Gebäudeentwässerung, Kalt- und Warmwasserleitungen, Sanitärobjekte; Gas-Brennwerttherme, Plattenheizkörper; kontrollierte dezentrale Be- und Entlüftung mit Wärmerückgewinnung; Elektroinstallation, Beleuchtung; Telefon- und Datenleitungen; Rauchmelder

6400-0124
Bürgerhaus
(120 Sitzplätze)
Remise

Kostenkennwerte für die Kosten des Bauwerks (Kostengruppen 300+400 nach DIN 276)

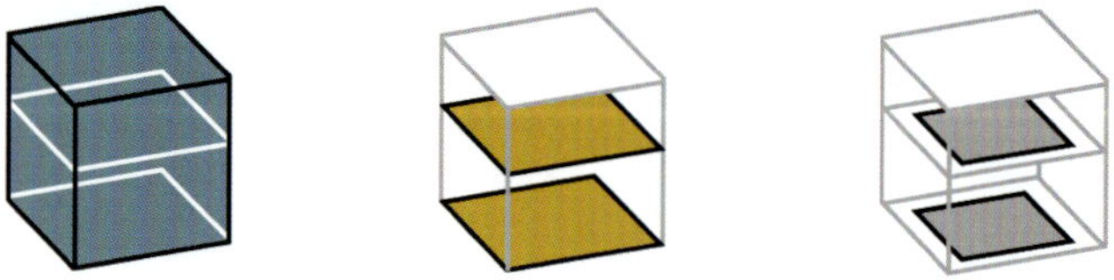

BRI 770 €/m³ | BGF 4.107 €/m² | NUF 5.484 €/m²

Objekt:
Kennwerte: 1. Ebene DIN 276
BRI: 2.227 m³
BGF: 418 m²
NUF: 313 m²
Bauzeit: 126 Wochen
Bauende: 2022
Standard: hoch
Bundesland: Bayern
Kreis: Straubing-Bogen

Architekt*in:
querluft architekten GmbH
Wittelsbacher Straße 12
94315 Straubing

Bauherr*in:
Gemeinde Rain
Schloßplatz 2
94369 Rain

© querluft architekten

© querluft architekten

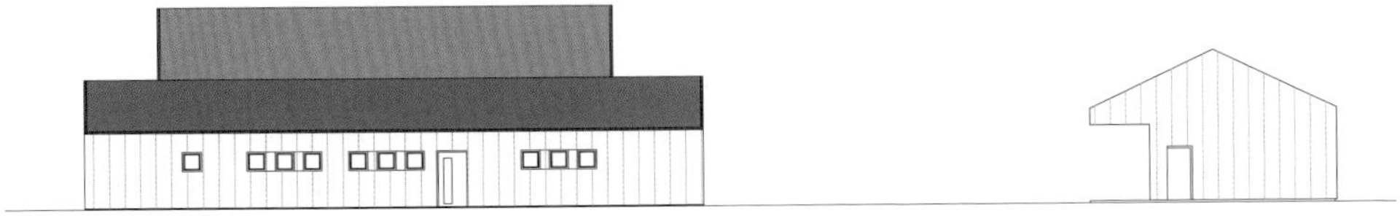

Ansicht Nord

Ansicht West

Ansicht Ost

Erdgeschoss

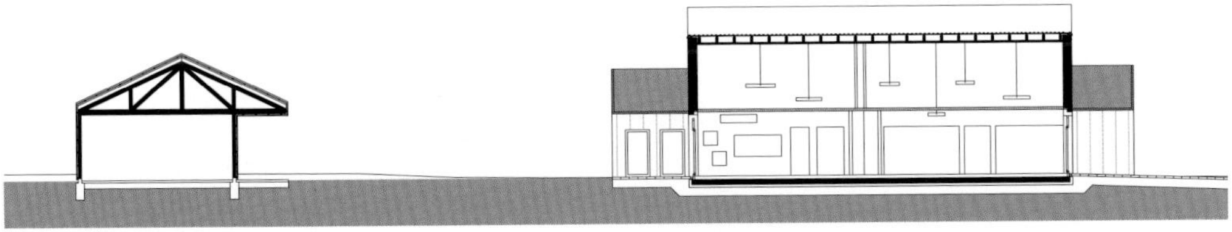

Schnitt A-A

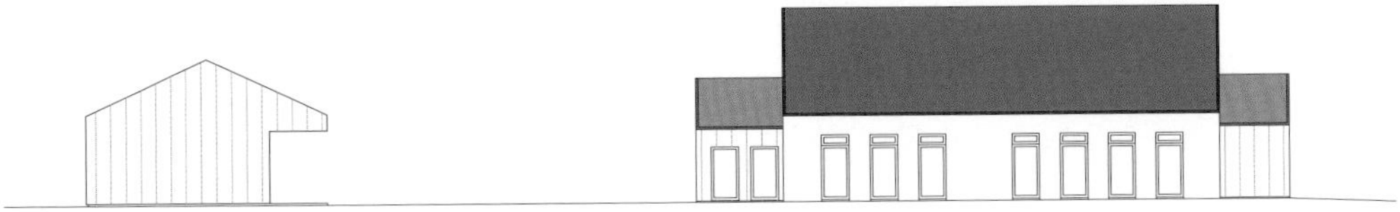

Ansicht Süd

Objektbeschreibung

Allgemeine Objektinformationen

Der eingeschossige Neubau ist ebenerdig zugänglich und besteht aus Saalbau und Nebengebäude. Die unterschiedlich gestalteten Baukörper orientieren sich an der Hofstruktur der örtlich traditionellen Bebauung und erhielten deshalb zwei Satteldächer. Der Saalbau dominiert das Ensemble und dient als multifunktionaler Veranstaltungsraum für ca. 120 Personen. Die Nebenräume sind im niedrigeren Gebäudeteil untergebracht. Zusätzlich gibt es eine Remise, die als Lagerfläche und Unterstand dient.

Nutzung

1 Erdgeschoss
Foyer, Saal, Küche, Gemeinschaftsraum, WCs, Abstellräume, Technikraum

Nutzeinheiten

Sitzplätze: 120

Grundstück

Bauraum: Freier Bauraum
Neigung: Ebenes Gelände
Bodenklasse: BK 1 bis BK 4

Markt

Hauptvergabezeit: 2. Quartal 2020
Baubeginn: 2. Quartal 2020
Bauende: 4. Quartal 2022
Konjunkturelle Gesamtlage: über Durchschnitt
Regionaler Baumarkt: unter Durchschnitt

Baukonstruktion

Die beiden Gebäudeteile sind in Massivbauweise errichtet. Die Bodenplatten wurden in Stahlbeton hergestellt. Der höhere Saalbau wurde verputzt, das Nebengebäude erhielt eine gedämmte Holzfassade. Die Dachkonstruktion ist ein Sparrendach, das auf einem umlaufenden Ringanker aufliegt und sich selbst aussteift. Das Dach über dem Saal wurde mit Ziegeln gedeckt, über den Nebenräumen erhielt das Satteldach eine Blechdeckung. Die dreifachverglasten Holz-Alufenster wurden mit außenliegenden Raffstores ausgestattet. Die Innenwände sind zum Teil in Sichtbeton errichtet, die Wände im Saal sind mit einer waagerechten Akustikbekleidung ausgestattet. Die Böden wurden mit Parkett und großflächigen Fliesen belegt. Die Remise ist eine reine Holzkonstruktion mit Holzfassade und Pfettendach; es wurde mit Ziegeln eingedeckt.

Technische Anlagen

Das Bürgerhaus wird mittels Fernwärme beheizt. Die Verteilung der Wärme erfolgt über eine Fußbodenheizung. Eine Lüftungsanlage mit Wärmerückgewinnung im Saal sorgt für frische Raumluft. Die Nebenräume werden durch dezentrale Hygrostat-Einzellüfter entlüftet. Eine PV-Anlage befindet sich auf dem Dach der Remise, die ansonsten technisch nicht ausgestattet ist. Sie wird nicht beheizt und erhielt nur eine einfache Elektroinstallation.

Sonstiges

Das Gebäude erreicht den KfW 55 Standard.
Inspiriert wurde die Planung von Bauernhöfen, bei denen es auch traditionell üblich war, dass ein gemauertes Wohnhaus neben einem Stall in Holzbauweise steht.

Energetische Kennwerte

Gebäudenutzfläche: 336,00 m^2
Gebäudevolumen: 1.050,00 m^3
Hüllfläche des beheizten Volumens: 1.079,00 m^2
Mittlerer U-Wert (opake Bauteile): 0,18 W/(m^2·K)
Mittlerer U-Wert (transparente Bauteile): 0,91 W/(m^2·K)
Spez. Jahresprimärenergiebedarf: 55,69 kWh/(m^2·a)

Energetische Angaben zu Außenbauteilen

Bodenplatte

U-Wert: 0,16 W/(m²·K)

Gesamtdicke: 63,07 cm	d [cm]	λ [W/(m·K)]
Fliesen	1,50	1,300
Estrich	6,50	1,400
PE-Folie	0,02	0,330
Dämmung	3,00	0,035
Dämmung	5,00	0,035
Stahlbeton	30,00	2,500
PE-Folie	0,03	0,330
Dämmung	12,00	0,035
Beton	5,00	1,200
PE-Folie	0,03	0,330

Außenwand hinterlüftet

U-Wert: 0,25 W/(m²·K)

Gesamtdicke: 41,50 cm	d [cm]	λ [W/(m·K)]
Innenputz	1,50	0,700
Ziegel	24,00	0,450
Holz	16,00	0,130
Dämmung	16,00	0,040

Außenwand Saal

U-Wert: 0,18 W/(m²·K)

Gesamtdicke: 46,00 cm	d [cm]	λ [W/(m·K)]
Innenputz	1,50	0,700
Dämmziegel	42,50	0,080
Außenputz	2,00	1,000

Dach Nebengebäude

U-Wert: 0,23 W/(m²·K)

Gesamtdicke: 26,70 cm	d [cm]	λ [W/(m·K)]
GK-Platte	1,25	0,250
Holz	3,00	0,130
Luftschicht ruhend	3,00	1,875
OSB-Platte	1,50	0,130
Holz	18,00	0,130
Dämmung	18,00	0,040
Holz	2,70	0,130
PP-Folie	0,25	0,250

Dach Saal hinterlüftet

U-Wert: 0,20 W/(m²·K)

Gesamtdicke: 40,45 cm	d [cm]	λ [W/(m·K)]
Holzfaserplatte	3,00	0,070
Holz	5,00	0,130
Luftschicht ruhend	5,00	1,875
Holz	16,00	0,170
PP-Folie	0,20	0,250
Holz	16,00	0,130
Dämmung	16,00	0,040
PP-Folie	0,25	0,250

6400-0124
Bürgerhaus
(120 Sitzplätze)
Remise

Planungskennwerte für Flächen und Rauminhalte nach DIN 277

Flächen des Grundstücks		Menge Einheit	% an GF
BF	Bebaute Fläche	417,50 m²	20,4
UF	Unbebaute Fläche	1.627,50 m²	79,6
GF	Grundstücksfläche	2.045,00 m²	100,0

Grundflächen des Bauwerks		Menge Einheit	% an NUF	% an BGF
NUF	Nutzungsfläche	312,70 m²	100,0	74,9
TF	Technikfläche	10,60 m²	3,4	2,5
VF	Verkehrsfläche	40,80 m²	13,0	9,8
NRF	Netto-Raumfläche	364,10 m²	116,4	87,2
KGF	Konstruktions-Grundfläche	53,40 m²	17,1	12,8
BGF	Brutto-Grundfläche	417,50 m²	133,5	100,0

Brutto-Rauminhalt des Bauwerks		Menge Einheit	BRI/NUF (m)	BRI/BGF (m)
BRI	Brutto-Rauminhalt	2.227,00 m³	7,12	5,33

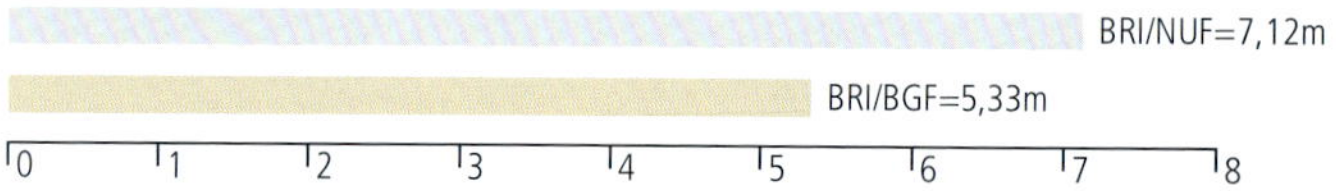

Kostenkennwerte für die Kostengruppen der 1.Ebene DIN 276

KG	Kostengruppen (1.Ebene)	Einheit	Kosten €	€/Einheit	€/m² BGF	€/m³ BRI	% 300+400
100	Grundstück	m² GF	–	–	–	–	–
200	Vorbereitende Maßnahmen	m² GF	77.568	37,93	185,79	34,83	4,5
300	Bauwerk – Baukonstruktionen	m² BGF	1.383.705	3.314,26	3.314,26	621,33	80,7
400	Bauwerk – Technische Anlagen	m² BGF	331.141	793,15	793,15	148,69	19,3
	Bauwerk 300+400	**m² BGF**	**1.714.846**	**4.107,41**	**4.107,41**	**770,02**	**100,0**
500	Außenanlagen und Freiflächen	m² AF	–	–	–	–	–
600	Ausstattung und Kunstwerke	m² BGF	–	–	–	–	–
700	Baunebenkosten	m² BGF	–	–	–	–	–
800	Finanzierung	m² BGF	–	–	–	–	–

KG	Kostengruppe	Menge Einheit	Kosten €	€/Einheit	%
200	**Vorbereitende Maßnahmen**	2.045,00 m² GF	77.568	**37,93**	4,5
	Abbruch von Bestandgebäude; Überprüfung auf Schadstoffe				
3+4	**Bauwerk**				**100,0**
300	**Bauwerk – Baukonstruktionen**	417,50 m² BGF	1.383.705	**3.314,26**	80,7
	Bürgerhaus: Stb-Bodenplatte, Abdichtung, Dämmung, Heizestrich, Sportboden, Feinsteinzeug, Perimeterdämmung; Stb-Wände, HLz-Mauerwerk, Holz-Alufenster, Alutüren, Putz, Beschichtung, Dämmung, Holzverschalung, Akustik-Holzbekleidung, Innenputz, Wandfliesen, Beschichtung; Stb-Innenwände, GK-Wände, Holztüren, Sichtbetonoberflächen, Putz, GK-Vorsatzschalen, Wandfliesen, Beschichtung, Faltwand, verglaste Trennwand, WC-Trennwände; Holz-Satteldach, Oberlichter, Dämmung, Ziegeldeckung, Blechdeckung, Dachentwässerung; Einbauküche, Einbauschränke Remise: Kiesfilterschicht, Pflasterbelag; Holz-Außenwände, Holztore, Holztüre, Dämmung, Holzschalung; Pfettendachstuhl, Abdichtung, Ziegeldeckung, Dachentwässerung				
400	**Bauwerk – Technische Anlagen**	417,50 m² BGF	331.141	**793,15**	19,3
	Bürgerhaus: Gebäudeentwässerung, Kalt- und Warmwasserleitungen, Sanitärobjekte; Fernwärmeanschluss, Fußbodenheizung; Lüftungsanlage mit WRG, Einzelraumlüfter; Elektroinstallation, Erdung, Beleuchtung, Sicherheitsleuchten, Datenverkabelung mit zentralem WLAN, Internetanschluss Remise: PV-Anlage, Elektroinstallation				

6500-0057
Kurparkpavillon
Café (50 Sitzplätze)

Kostenkennwerte für die Kosten des Bauwerks (Kostengruppen 300+400 nach DIN 276)

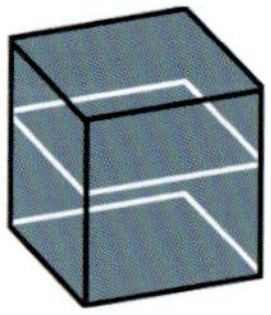

BRI 915 €/m³

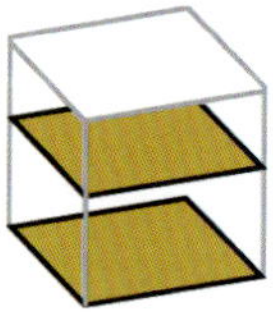

BGF 3.778 €/m²

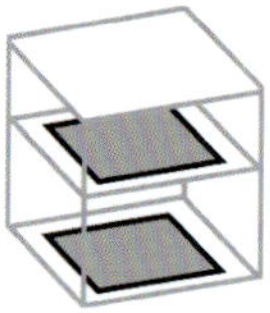

NUF 4.385 €/m²

Objekt:
Kennwerte: 1. Ebene DIN 276
BRI: 695 m³
BGF: 168 m²
NUF: 145 m²
Bauzeit: 30 Wochen
Bauende: 2021
Standard: hoch
Bundesland: Nordrhein-Westfalen
Kreis: Soest

Architekt*in:
dh bauplanung
& betreuung GmbH
Grandweg 37
59494 Soest

Bauherr*in:
Gemeinde Bad Sassendorf
Eichendorffstraße 1
59505 Bad Sassendorf

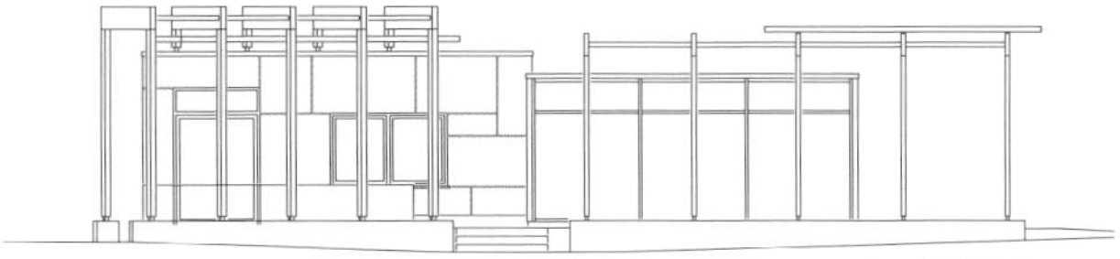

Ansicht Ost

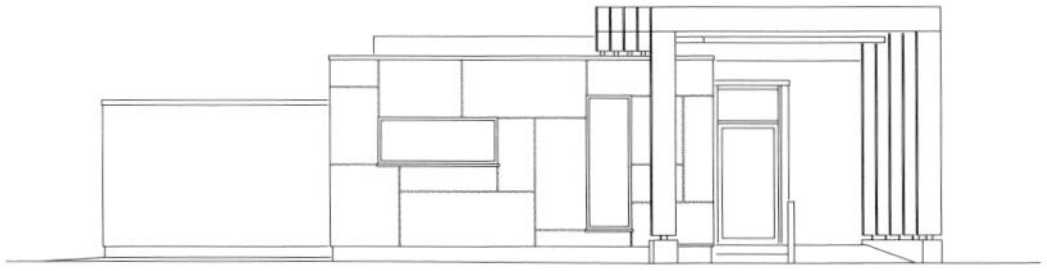

Ansicht Nord

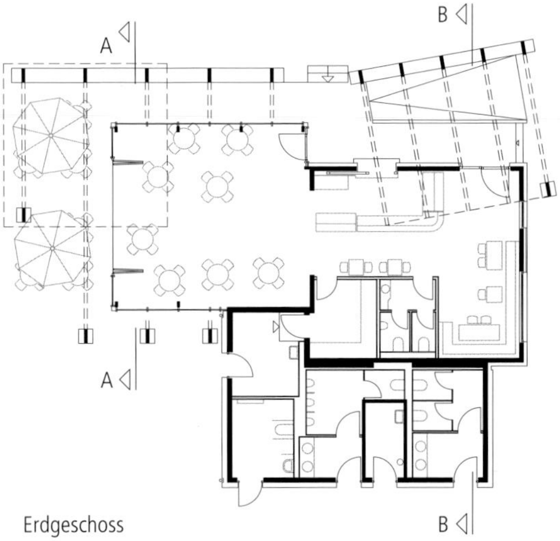

Erdgeschoss

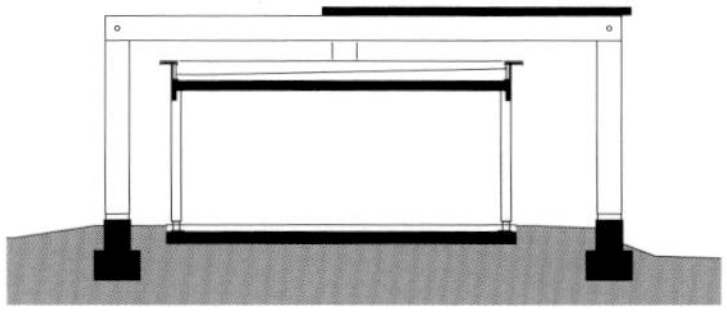

Schnitt A-A

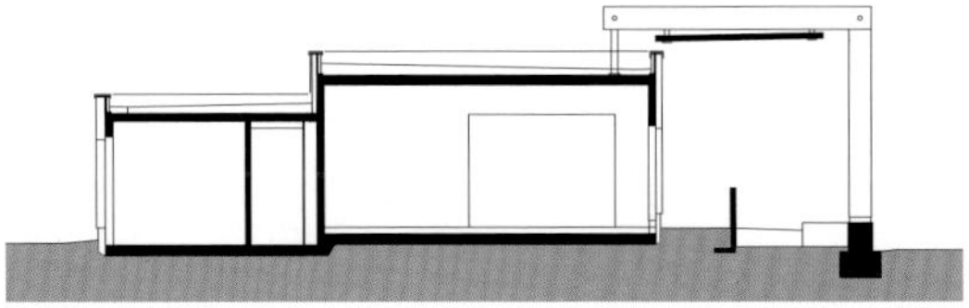

Schnitt B-B

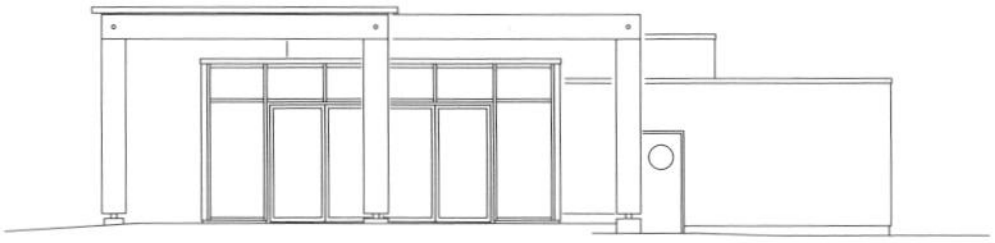

Ansicht Süd

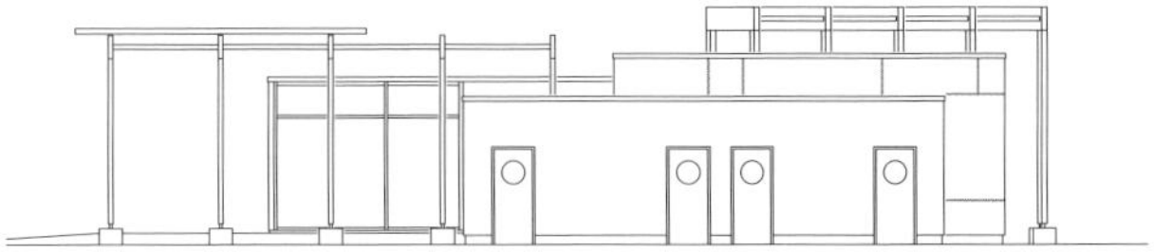

Ansicht West

6500-0057
Kurparkpavillon
Café (50 Sitzplätze)

Objektbeschreibung

Allgemeine Objektinformationen

Der Pavillon wurde im Zuge der kompletten Umgestaltung des Kurparks errichtet. Darin finden eine öffentliche WC-Anlage, ein kleines Café, sowie die Ausgabestation der anliegenden Adventure-Golf-Anlage Platz. Um diese Nutzungszonen ablesbar zu zeigen, wurde der Pavillon in drei unterschiedlichen Kuben gestaltet. Im massiven Kubus befindet sich der WC-Trakt, der Kubus in Holzmassivbauweise beherbergt die Ausgabestation, der Gastraum hingegen ist mit einer offenen Glasfassade gestaltet. Zusammengefasst werden die Kuben mit einer frei überspannten Pergola aus Leimbindern.

Nutzung

1 Erdgeschoss
Café, öffentliche WC-Anlage, Abstellraum, Technik

Nutzeinheiten

Sitzplätze: 50

Grundstück

Bauraum: Freier Bauraum
Neigung: Ebenes Gelände
Bodenklasse: BK 1 bis BK 4

Markt

Hauptvergabezeit: 3. Quartal 2020
Baubeginn: 1. Quartal 2021
Bauende: 3. Quartal 2021
Konjunkturelle Gesamtlage: Durchschnitt
Regionaler Baumarkt: unter Durchschnitt

Baukonstruktion

Der WC-Kubus ist in herkömmlicher Massivbauweise erstellt und gründet auf einer Stahlbetonbodenplatte. Das Außenmauerwerk wurde in Kalksandstein mit einem Wärmedämmverbundsystem erstellt. Der Gebäudeteil des Cafés ist in Holzmassivbauweise mit schlankeren Holztafeln errichtet. Durch die höheren Dämmeigenschaften der massiven Holzbauteile konnten die Dämmstoffstärken reduziert werden. Die Fassade der Holzkonstruktion wurde als Vorhangfassade mit HPL-Platten bekleidet. Der WC-Trakt erhielt ein Wärmedämmverbundsystem. Eine großflächige Alu-Pfosten-Riegelkonstruktion bringt viel natürliches Licht ins Gebäude. Das Dach der öffentlichen WC-Anlage ist begrünt. Um das Gebäude ist eine großzügige Terrasse mit Betonpflaster angelegt.

Technische Anlagen

Die Beheizung des Gebäudes erfolgt über eine Gas-Brennwerttherme. Über eine Fußbodenheizung wird die Wärme verteilt. Die Sanitärobjekte der WC-Anlage sind in normalem Standard ausgeführt.

Energetische Kennwerte

Gesetzliche Grundlage: EnEV 2013
Gebäudevolumen: 505,21 m^3
A/V_e-Verhältnis (Kompaktheit): 1,01 m^{-1}
Hüllfläche des beheizten Volumens: 509,57 m^2
Spez. Transmissionswärmeverlust: 0,35 W/(m^2·K)
Spez. Jahresprimärenergiebedarf: 52,61 kWh/(m^2·a)
Spez. Jahresendenergiebedarf: 180,57 kWh/(m^2·a)
CO_2-Emissionen: 34,28 kg/(m^2·a)

Energetische Angaben zu Außenbauteilen

Bodenplatte

U-Wert: 0,38 W/(m²·K)

Gesamtdicke: 39,22 cm	d [cm]	λ [W/(m·K)]
Fliesen	1,00	1,000
Estrich	5,00	1,400
Dämmung EPS	8,00	0,035
Dampfsperre	0,02	0,300
Abdichtung	0,20	0,170
Stahlbeton	25,00	2,100

Außenwand Stahlbeton

U-Wert: 0,21 W/(m²·K)

Gesamtdicke: 36,00 cm	d [cm]	λ [W/(m·K)]
Innenputz	1,00	1,000
Stahlbeton	17,50	2,100
Dämmung PS	16,00	0,035
Außenputz	1,50	0,700

Außenwand Kalksandstein

U-Wert: 0,20 W/(m²·K)

Gesamtdicke: 36,00 cm	d [cm]	λ [W/(m·K)]
Innenputz	1,00	1,000
Kalksandstein	17,50	0,990
Dämmung PS	16,00	0,035
Außenputz	1,50	0,700

Außenwand

U-Wert: 0,23 W/(m²·K)

Gesamtdicke: 28,00 cm	d [cm]	λ [W/(m·K)]
Holz	16,00	0,130
Dämmung MW	12,00	0,035
Holz	12,00	0,130

Flachdach Stahlbeton

U-Wert: 0,18 W/(m²·K)

Gesamtdicke: 35,06 cm	d [cm]	λ [W/(m·K)]
Stahlbeton	16,00	2,100
Bitumenbahn	0,52	0,170
Dämmung PUR	18,00	0,035
Bitumenbahn	0,04	0,170
Bitumenbahn	0,50	0,170

Flachdach Holz

U-Wert: 0,15 W/(m²·K)

Gesamtdicke: 38,92 cm	d [cm]	λ [W/(m·K)]
Holz	20,00	0,130
Bitumenbahn	0,52	0,170
Dämmung PUR	18,00	0,035
Abdichtung	0,40	0,170

6500-0057
Kurparkpavillon
Café (50 Sitzplätze)

Planungskennwerte für Flächen und Rauminhalte nach DIN 277

Flächen des Grundstücks		Menge Einheit	% an GF
BF	Bebaute Fläche	168,24 m²	2,5
UF	Unbebaute Fläche	6.503,76 m²	97,5
GF	Grundstücksfläche	6.672,00 m²	100,0

Grundflächen des Bauwerks		Menge Einheit	% an NUF	% an BGF
NUF	Nutzungsfläche	144,95 m²	100,0	86,2
TF	Technikfläche	4,36 m²	3,0	2,6
VF	Verkehrsfläche	–	–	–
NRF	Netto-Raumfläche	149,31 m²	103,0	88,7
KGF	Konstruktions-Grundfläche	18,93 m²	13,1	11,3
BGF	Brutto-Grundfläche	168,24 m²	116,1	100,0

Brutto-Rauminhalt des Bauwerks		Menge Einheit	BRI/NUF (m)	BRI/BGF (m)
BRI	Brutto-Rauminhalt	694,78 m³	4,79	4,13

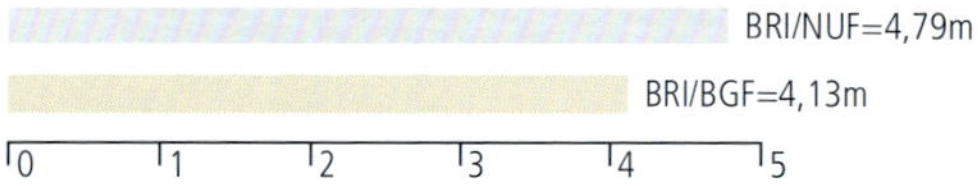

Kostenkennwerte für die Kostengruppen der 1. Ebene DIN 276

KG	Kostengruppen (1. Ebene)	Einheit	Kosten €	€/Einheit	€/m² BGF	€/m³ BRI	% 300+400
100	Grundstück	m² GF	–	–	–	–	–
200	Vorbereitende Maßnahmen	m² GF	–	–	–	–	–
300	Bauwerk – Baukonstruktionen	m² BGF	567.318	3.372,07	3.372,07	816,54	89,2
400	Bauwerk – Technische Anlagen	m² BGF	68.338	406,19	406,19	98,36	10,8
	Bauwerk 300+400	**m² BGF**	**635.656**	**3.778,27**	**3.778,27**	**914,90**	**100,0**
500	Außenanlagen und Freiflächen	m² AF	79.510	94,09	472,60	114,44	12,5
600	Ausstattung und Kunstwerke	m² BGF	–	–	–	–	–
700	Baunebenkosten	m² BGF	–	–	–	–	–
800	Finanzierung	m² BGF	–	–	–	–	–

KG	Kostengruppe	Menge Einheit	Kosten €	€/Einheit	%
3+4	**Bauwerk**				**100,0**
300	**Bauwerk – Baukonstruktionen**	168,24 m² BGF	567.318	**3.372,07**	89,2

Stb-Streifenfundamente, Stb-Bodenplatte, Dämmung, Zementestrich, Bodenfliesen; KS-Wände, Stb-Wand, Massivholzwände, Holz-Außenstützen, Kunststofffenster, Alu-Außentüren, Mineralwolldämmung, hinterlüftete Melaminharzfassade, WDVS, Innenputz, Wandfliesen, Beschichtung, sichtbare Massivholzwände, Alu-Pfosten-Riegelfassade; Massivholz-Innenwände, GK-Wände, Holz-Innenstützen, Holztüren, Beschichtung, Wandfliesen, WC-Trennwände; Stb-Flachdach, Massivholz-Flachdach, Leimbinder, Gefälledämmung, Abdichtung, extensive Dachbegrünung, Attikableche verzinkt, abgehängte Holzpaneeldecke, Dachentwässerung, Holzpergola

KG	Kostengruppe	Menge Einheit	Kosten €	€/Einheit	%
400	**Bauwerk – Technische Anlagen**	168,24 m² BGF	68.338	**406,19**	10,8

Gebäudeentwässerung, Kalt- und Warmwasserleitungen, Sanitärobjekte; Gas-Brennwerttherme, Warmwasserspeicher, Fußbodenheizung; Lüftungsanlagen WCs; Elektroinstallation, Beleuchtung; Netzwerkverkabelung

KG	Kostengruppe	Menge Einheit	Kosten €	€/Einheit	%
500	**Außenanlagen und Freiflächen**	845,00 m² AF	79.510	**94,09**	12,5

Frostschutzschichten, Terrassenpflaster; Oberbodenarbeiten

6500-0061
Klostergaststätte
(303 Sitzplätze)
TG (21 STP)

Kostenkennwerte für die Kosten des Bauwerks (Kostengruppen 300+400 nach DIN 276)

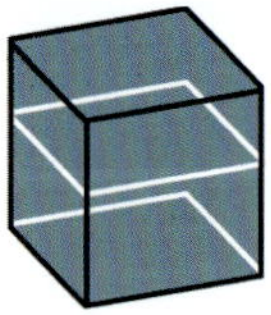
BRI 772 €/m^3

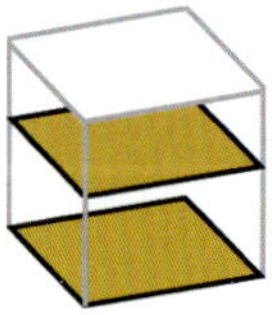
BGF 2.865 €/m^2

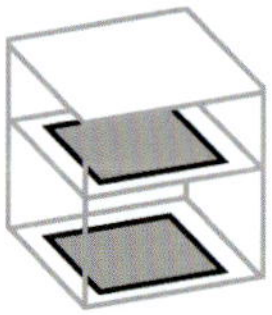
NUF 6.169 €/m^2

Objekt:
Kennwerte: 1. Ebene DIN 276
BRI: 5.585 m^3
BGF: 1.506 m^2
NUF: 699 m^2
Bauzeit: 69 Wochen
Bauende: 2022
Standard: hoch
Bundesland: Rheinland-Pfalz
Kreis: Ahrweiler

Architekt*in:
fries architekten GmbH
Rheinstraße 103
56179 Vallendar

Bauherr*in:
Vereinigung der Benediktiner
zu Maria Laach e.V.
Benediktiner Abtei
56653 Maria Laach

© fries architekten

© fries architekten

© fries architekten

© fries architekten

Kostenstand: 2. Quartal 2026, Bundesdurchschnitt, **inkl. 19% MwSt.**

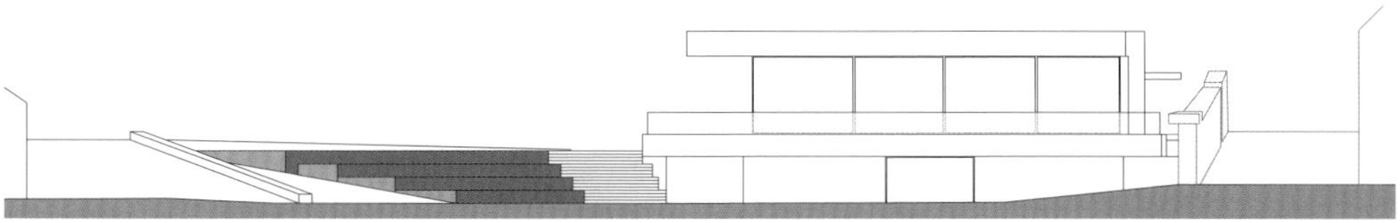

Ansicht Ost

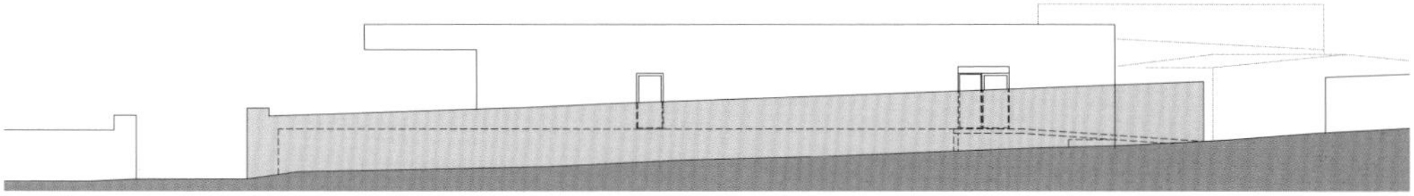

Ansicht Nord

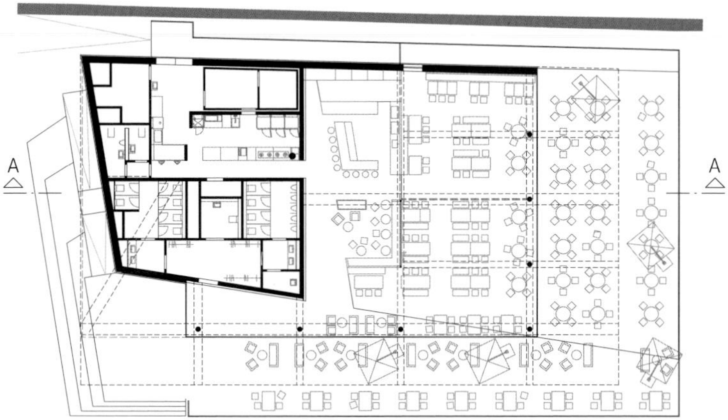

Erdgeschoss

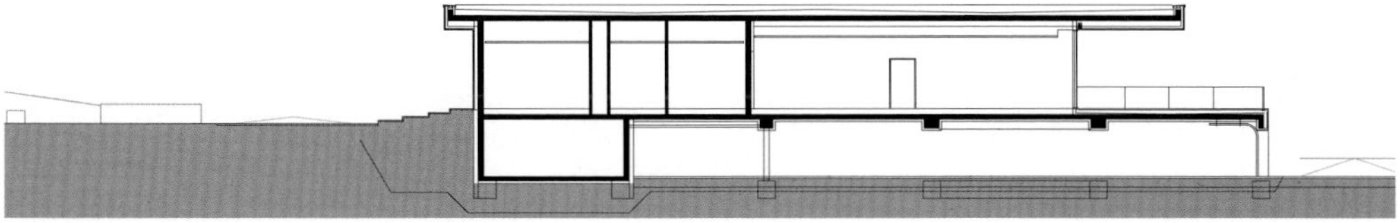

Schnitt A-A

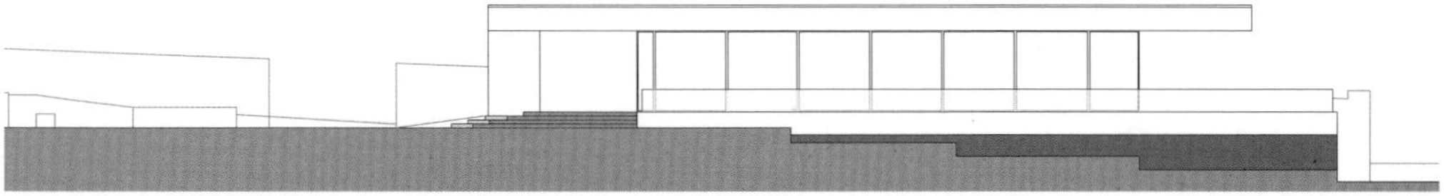

Ansicht Süd

6500-0061
Klostergaststätte
(303 Sitzplätze)
TG (21 STP)

Objektbeschreibung

Allgemeine Objektinformationen

Die neue Klostergaststätte fügt sich mit ihrer klaren und transparenten Architektur harmonisch und selbstbewusst in das hochmittelalterliche Klosterensemble ein. Die Öffnung der alten Klausurmauer, die zuvor die Abtei von dem Hotelgebäude abgrenzte, sorgt nun für einen barrierefreien Zugang zur neuen Gaststätte. Die Neugestaltung der Außenanlagen bietet Platz zum Verweilen und Staunen und Spaß für die Kleinen.

Nutzung

1 Untergeschoss
offene Tiefgarage, Techniträume, Abstellraum

1 Erdgeschoss
Eingangsbereich, Garderobe, WCs, Gastraum, Küche, Kühlzellen, Lager, Barbereich

Nutzeinheiten

Sitzplätze: 303
Stellplätze: 21

Grundstück

Bauraum: Freier Bauraum
Neigung: Hanglage
Bodenklasse: BK 1 bis BK 4

Markt

Hauptvergabezeit: 4. Quartal 2020
Baubeginn: 4. Quartal 2020
Bauende: 1. Quartal 2022
Konjunkturelle Gesamtlage: Durchschnitt
Regionaler Baumarkt: unter Durchschnitt

Baukonstruktion

Der Neubau präsentiert sich als zweigeschossiger kubischer Baukörper in Stahlbeton mit vorgehängter, hinterlüfteter Betonwerksteinfassade. Gegründet auf einer Stahlbetonbodenplatte mit Streifen- und Einzelfundamenten in WU-Beton, schmiegen sich die Stahlbetonwände in den Hang ein. Die deckenhohen Alu-Glas-Fassadenelemente sind dreifachverglast. Die offene, großzügige Terrasse wird von einem auskragenden Flachdach vor der Witterung geschützt. Im Innenraum sind Sichtbetonwände und Akustikdecken die wesentlichen Oberflächen. Die Böden sind mit Parkett und Fliesen belegt.

Technische Anlagen

Durch ein intelligentes Haustechnikkonzept mit Wärmepumpen, Wärmerückgewinnung und Photovoltaikanlage wird in Verbindung mit Dämmung und Gebäudekonstruktion, ein 0-Energiehaus über die Jahresbilanz erzielt. Die beheizte oder gekühlte Zuluft der Lüftungsanlage wird über Deckenauslässe in der Küche und im Gastraum eingeblasen, die Abluft wird über Abzugshauben in der Küche und über Schattenfugen im Gastraum abgesaugt. Die Abluft der Küche wird mit einer UV-C Technologie behandelt. Diese verhindert ein Auftreten von Geruchsemissionen im angrenzenden öffentlichen Raum.

Sonstiges

Die deckenhohen Glas-Fassadenelemente besitzen eine innenliegende Vogelschutzfolie, da die Klostergaststätte inmitten eines Vogelschutzgebietes liegt. Die großformatigen Betonplatten der Fassade sind an den Fassadenton des in der Klosteranlage verbauten Tuffs angelehnt. Dem Beton sind keine Farbpigmente beigemischt.

Energetische Kennwerte

Gebäudenutzfläche: 505,00 m^2
Gebäudevolumen: 2.690,00 m^3
Hüllfläche des beheizten Volumens: 1.517,00 m^2
Mittlerer U-Wert (opake Bauteile): 0,11 $W/(m^2 \cdot K)$
Mittlerer U-Wert (transparente Bauteile): 0,90 $W/(m^2 \cdot K)$
Spez. Jahresprimärenergiebedarf: 221,50 $kWh/(m^2 \cdot a)$
Spez. Jahresendenergiebedarf: 123,08 $kWh/(m^2 \cdot a)$

Energetische Angaben zu Außenbauteilen

Bodenplatte UG

U-Wert: 0,16 W/(m²·K)

Gesamtdicke: 70,03 cm	d [cm]	λ [W/(m·K)]
Beschichtung	0,01	0,170
Beton	20,00	1,350
PE-Folie	0,02	0,330
Dämmung	10,00	0,024
Schaumlava	40,00	0,220

Außenwand gegen Erdreich

U-Wert: 0,16 W/(m²·K)

Gesamtdicke: 47,00 cm	d [cm]	λ [W/(m·K)]
Innenputz	1,50	1,000
Beton	25,00	1,350
Dämmung	20,00	0,035
Bitumenanstrich	0,50	0,170

Außenwand UG

U-Wert: 0,16 W/(m²·K)

Gesamtdicke: 47,00 cm	d [cm]	λ [W/(m·K)]
Innenputz	0,50	1,000
Beton	25,00	1,350
Dämmung	20,00	0,035
Außenputz	1,50	1,000

Decke gegen Außenluft unten

U-Wert: 0,11 W/(m²·K)

Gesamtdicke: 56,56 cm	d [cm]	λ [W/(m·K)]
Plattenbelag	3,00	2,300
Dämmung	14,00	0,024
Bitumenbahn	0,06	0,170
Estrich	6,00	1,400
Beton	22,00	1,350
Dämmung	10,00	0,035
Außenputz	1,50	1,000

Bodenplatte EG

U-Wert: 0,12 W/(m²·K)

Gesamtdicke: 91,52 cm	d [cm]	λ [W/(m·K)]
Fliesen	1,50	1,300
Estrich	6,00	1,400
Dämmung	6,50	0,032
Dämmung	12,00	0,032
Bitumenbahn	0,50	0,170
Beton	25,00	1,350
PE-Folie	0,02	0,330
Schaumlava	40,00	0,220

Außenwand

U-Wert: 0,19 W/(m²·K)

Gesamtdicke: 51,50 cm	d [cm]	λ [W/(m·K)]
Innenputz	1,50	0,510
Beton	25,00	1,350
Dämmung	16,00	0,035
Luftschicht ruhend	3,00	0,139
Naturstein	6,00	0,850

Dach

U-Wert: 0,13 W/(m²·K)

Gesamtdicke: 47,40 cm	d [cm]	λ [W/(m·K)]
Innenputz	1,50	0,510
Beton	25,00	1,350
Bitumenbahn	0,50	0,170
Dämmung	20,00	0,028
Verbundfolie	0,40	80,000

Planungskennwerte für Flächen und Rauminhalte nach DIN 277

Flächen des Grundstücks		Menge Einheit	% an GF
BF	Bebaute Fläche	–	–
UF	Unbebaute Fläche	–	–
GF	Grundstücksfläche	–	–

Grundflächen des Bauwerks		Menge Einheit	% an NUF	% an BGF
NUF	Nutzungsfläche	699,38 m²	100,0	46,4
TF	Technikfläche	128,36 m²	18,4	8,5
VF	Verkehrsfläche	552,86 m²	79,1	36,7
NRF	Netto-Raumfläche	1.380,60 m²	197,4	91,7
KGF	Konstruktions-Grundfläche	125,15 m²	17,9	8,3
BGF	Brutto-Grundfläche	1.505,75 m²	215,3	100,0

Brutto-Rauminhalt des Bauwerks		Menge Einheit	BRI/NUF (m)	BRI/BGF (m)
BRI	Brutto-Rauminhalt	5.584,78 m³	7,99	3,71

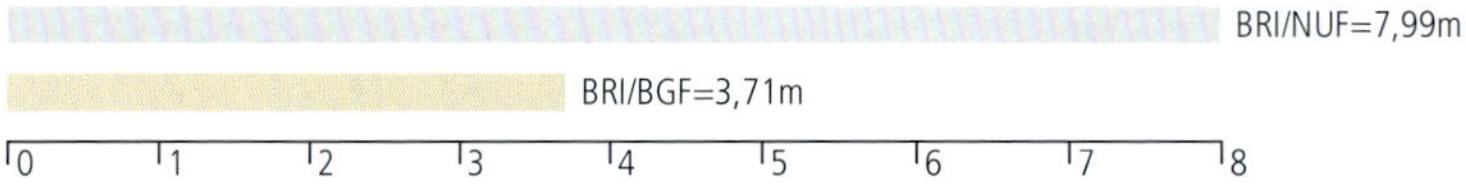

Kostenkennwerte für die Kostengruppen der 1.Ebene DIN 276

KG	Kostengruppen (1. Ebene)	Einheit	Kosten €	€/Einheit	€/m² BGF	€/m³ BRI	% 300+400
100	Grundstück	m² GF	–	–	–	–	–
200	Vorbereitende Maßnahmen	m² GF	–	–	–	–	–
300	Bauwerk – Baukonstruktionen	m² BGF	2.796.982	1.857,53	1.857,53	500,82	64,8
400	Bauwerk – Technische Anlagen	m² BGF	1.517.207	1.007,61	1.007,61	271,67	35,2
	Bauwerk 300+400	**m² BGF**	**4.314.190**	**2.865,14**	**2.865,14**	**772,49**	**100,0**
500	Außenanlagen und Freiflächen	m² AF	–	–	–	–	–
600	Ausstattung und Kunstwerke	m² BGF	–	–	–	–	–
700	Baunebenkosten	m² BGF	–	–	–	–	–
800	Finanzierung	m² BGF	–	–	–	–	–

KG	Kostengruppe	Menge Einheit	Kosten €	€/Einheit	%
3+4	**Bauwerk**				**100,0**
300	**Bauwerk – Baukonstruktionen**	1.505,75 m² BGF	2.796.982	**1.857,53**	64,8

Baugrubenaushub; Stb-Einzelfundamente, Stb-Streifenfundamente, Stb-Fundamentplatte WU, Dämmung, Heizestrich, Bodenfliesen, Parkett, Abdichtung, Bodenbeschichtung, Perimeterdämmung; Stb-Wände, Sichtbeton, Stb-Stützen, Alufenster, Dreifachverglasung mit Vogelschutz, Alutüren, hinterlüftete Betonwerksteinfassade, Pfosten-Riegel-Fassaden, Textilscreens; Stb-Wände, teilw. Fertigbeton, Sichtbeton, GK-Wände, Stb-Stützen, Holztüren, GK-Bekleidung, Beschichtung, mobile Trennwand, WC-Trennwände; Stb-Decken, Stb-Fertigteiltreppen, Colorbeton, Dämmung, Heizestrich, Parkett, Bodenfliesen; Stb-Flachdach, Gefälledämmung, Abdichtung, Dachentwässerung, Terrassenbeläge: Werksteinplatten auf Stelzlager, Glasgeländer

KG	Kostengruppe	Menge Einheit	Kosten €	€/Einheit	%
400	**Bauwerk – Technische Anlagen**	1.505,75 m² BGF	1.517.207	**1.007,61**	35,2

Gebäudeentwässerung, Kalt- und Warmwasserleitungen, Sanitärobjekte; Luft-Wasser-Wärmepumpe, Fußbodenheizung; Lüftungsanlage mit Wärmerückgewinnung, adiabatische Kühlung; Photovoltaikanlage, Elektroinstallation, Beleuchtung, Sicherheitsleuchten, Blitzschutz; Rauchmelder, Gebäude- und Anlagenautomation

6600-0038
Gästehaus
Seminarhotel
(28 Betten)

Holz-Raumzellen

Kostenkennwerte für die Kosten des Bauwerks (Kostengruppen 300+400 nach DIN 276)

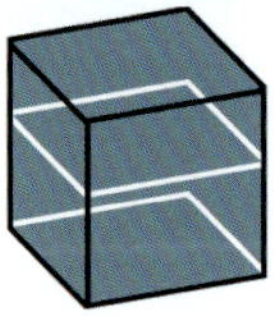

BRI 881 €/m³

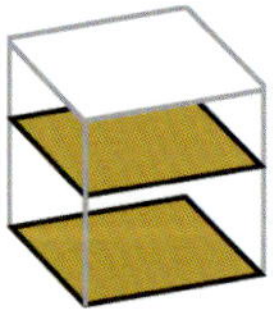

BGF 2.796 €/m²

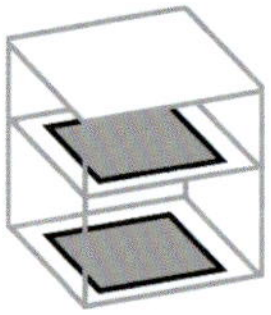

NUF 3.814 €/m²

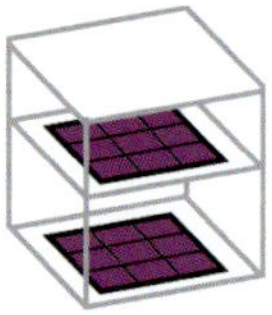

NE 77.510 €/NE

NE: Betten

Objekt:
Kennwerte: 1.Ebene DIN 276
BRI: 2.463 m³
BGF: 776 m²
NUF: 569 m²
Bauzeit: 22 Wochen
Bauende: 2024
Standard: mittel
Bundesland: Hessen
Kreis: Rheingau-Taunus-Kreis

Architekt*in:
A-Z Architekten BDA
Schwalbacher Str. 93
65183 Wiesbaden

Bauherr*in:
Caroline Engel
Schulstraße 4
65388 Schlangenbad

© A-Z Architekten BDA

© A-Z Architekten BDA

© A-Z Architekten BDA

© A-Z Architekten BDA

Ansicht Nord

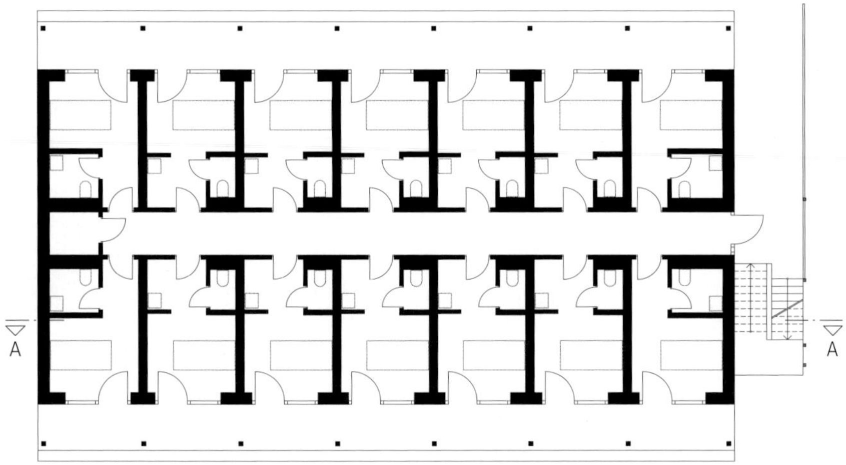

Erdgeschoss

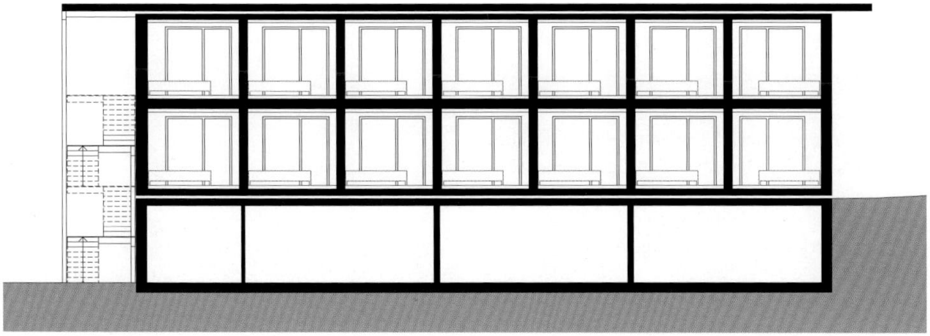

Schnitt A-A

6600-0038
Gästehaus
Seminarhotel
(28 Betten)

Objektbeschreibung

Allgemeine Objektinformationen

Das nachhaltige Gästehaus mit 28 Betten aus vorgefertigten Holzmodulen ist eine Erweiterung des langjährig genutzten Seminarhauses und bietet nun ausreichend Platz für Interessierte. Die Wirtschaftlichkeit der Vorfertigung machte sich bei diesem Projekt besonders bemerkbar. Innerhalb weniger Monate konnte der gesamte Neubau fertiggestellt werden.

Nutzung

1 Untergeschoss
Duschen, WCs, Waschraum, Lagerräume, Hausanschlussraum

1 Erdgeschoss
Gästezimmer mit Bädern, Hauswirtschaftsraum, Terrassen

1 Obergeschoss
Gästezimmer mit Bädern, Hauswirtschaftsraum, Balkone

Nutzeinheiten

Betten: 28

Grundstück

Bauraum: Beengter Bauraum
Neigung: Geneigtes Gelände
Bodenklasse: BK 5

Markt

Hauptvergabezeit: 4. Quartal 2022
Baubeginn: 3. Quartal 2023
Bauende: 1. Quartal 2024
Konjunkturelle Gesamtlage: unter Durchschnitt
Regionaler Baumarkt: unter Durchschnitt

Baukonstruktion

Das Gebäude wurde im UG mit Beton-Fertigteilen errichtet, die auf der Baustelle fertig montiert wurden. Die aufgehenden Geschosse sind in Holzmodulbauweise errichtet, bei der jeweils zwei Einzelzimmer pro Modul errichtet wurden. Die Holzmodule wurden in der Werkhalle vorgefertigt, auf der Baustelle montiert und angeschlossen.

Technische Anlagen

Das Gebäude wird mit einer Luft-Wasser-Split-Wärmepumpe beheizt. Zusätzlich wurde eine PV-Anlage mit 35,64 kWp (88 Module) ausgeführt, ein Energiespeicher, ein Batteriespeicher, eine Fußbodenheizung sowie ein Gas-Brennwertgerät zur Unterstützung bei der Warmwasserbereitung.

Sonstiges

Durch die Vorfertigung der Module war es nach zweiwöchiger Montage vor Ort möglich, alle Elektro- und Sanitärarbeiten zu erledigen. Die gesamte Möblierung, die sanitären Anlagen und Leerrohre für Elektro und Sanitär wurden ebenfalls mit den Modulen aus der Werkstatt an die Baustelle transportiert und mussten vor Ort lediglich installiert werden.

Energetische Kennwerte

Gesetzliche Grundlage: GEG 2020
Gebäudenutzfläche: 485,00 m^2
Gebäudevolumen: 1.515,04 m^3
A/V_e-Verhältnis (Kompaktheit): 0,63 m^{-1}
Hüllfläche des beheizten Volumens: 947,40 m^2
Mittlerer U-Wert (opake Bauteile): 0,15 $W/(m^2 \cdot K)$
Mittlerer U-Wert (transparente Bauteile): 0,95 $W/(m^2 \cdot K)$
Mittlerer U-Wert (Glasdächer, etc.): 1,10 $W/(m^2 \cdot K)$
Spez. Jahresprimärenergiebedarf: 86,64 $kWh/(m^2 \cdot a)$

Energetische Angaben zu Außenbauteilen

Bodenplatte

U-Wert: 0,19 W/(m²·K)

Gesamtdicke: 26,55 cm	d [cm]	λ [W/(m·K)]
OSB-Platte	1,50	0,130
Dampfbremse	0,05	0,500
Dämmung	25,00	0,040
Holz	25,00	0,130

Außenwand

U-Wert: 0,18 W/(m²·K)

Gesamtdicke: 29,05 cm	d [cm]	λ [W/(m·K)]
GK-Platte	1,25	0,250
GK-Platte	1,25	0,250
Dämmung	5,00	0,035
Holz	5,00	0,130
Dampfbremse	0,05	0,500
OSB-Platte	1,50	0,130
Dämmung	15,00	0,040
Holz	15,00	0,130
Holzfaserplatte	4,00	0,045
Außenputz	1,00	1,000

Dach

U-Wert: 0,15 W/(m²·K)

Gesamtdicke: 38,00 cm	d [cm]	λ [W/(m·K)]
GK-Platte	1,25	0,250
Luftschicht ruhend	6,00	1,875
GK-Platte	1,25	0,250
GK-Platte	1,25	0,250
Dämmung	7,00	0,035
Holz	7,00	0,130
Dampfbremse	0,05	0,500
Dämmung	20,00	0,035
Holz	20,00	0,130
OSB-Platte	1,20	0,130

Planungskennwerte für Flächen und Rauminhalte nach DIN 277

Flächen des Grundstücks		Menge Einheit	% an GF
BF	Bebaute Fläche	306,19 m²	6,7
UF	Unbebaute Fläche	4.234,01 m²	93,3
GF	Grundstücksfläche	4.540,20 m²	100,0

Grundflächen des Bauwerks		Menge Einheit	% an NUF	% an BGF
NUF	Nutzungsfläche	568,96 m²	100,0	73,3
TF	Technikfläche	28,59 m²	5,0	3,7
VF	Verkehrsfläche	62,64 m²	11,0	8,1
NRF	Netto-Raumfläche	660,19 m²	116,0	85,1
KGF	Konstruktions-Grundfläche	115,96 m²	20,4	14,9
BGF	Brutto-Grundfläche	776,15 m²	136,4	100,0

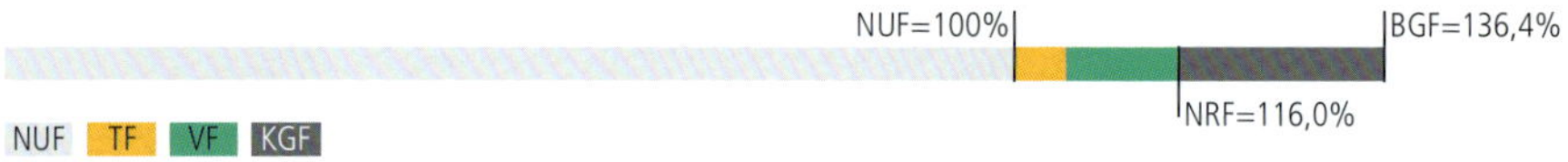

Brutto-Rauminhalt des Bauwerks		Menge Einheit	BRI/NUF (m)	BRI/BGF (m)
BRI	Brutto-Rauminhalt	2.463,00 m³	4,33	3,17

Kostenkennwerte für die Kostengruppen der 1.Ebene DIN 276

KG	Kostengruppen (1.Ebene)	Einheit	Kosten €	€/Einheit	€/m² BGF	€/m³ BRI	% 300+400
100	Grundstück	m² GF	–	–	–	–	–
200	Vorbereitende Maßnahmen	m² GF	–	–	–	–	–
300	Bauwerk – Baukonstruktionen	m² BGF	1.940.705	2.500,42	2.500,42	787,94	89,4
400	Bauwerk – Technische Anlagen	m² BGF	229.584	295,80	295,80	93,21	10,6
	Bauwerk 300+400	**m² BGF**	**2.170.288**	**2.796,22**	**2.796,22**	**881,16**	**100,0**
500	Außenanlagen und Freiflächen	m² AF	–	–	–	–	–
600	Ausstattung und Kunstwerke	m² BGF	–	–	–	–	–
700	Baunebenkosten	m² BGF	–	–	–	–	–
800	Finanzierung	m² BGF	–	–	–	–	–

KG	Kostengruppe	Menge Einheit	Kosten €	€/Einheit	%
3+4	**Bauwerk**				**100,0**
300	**Bauwerk – Baukonstruktionen**	776,15 m² BGF	1.940.705	**2.500,42**	89,4

Baugrubenaushub, Baugrubenverbau, Wasserhaltung; Baugrundverbesserung, Stb-Stützenfundamente, Stb-Fundamentplatte WU-Beton, Beschichtung, Abdichtung, Kiesfilterschicht, Perimeterdämmung, Dränage; Stb-Wände in WU-Sichtbeton (KG), Holzmodulbau-Wände, Stahlstützen, Alufenster, Dreifachverglasung, teilw. Schallschutzverglasung, Wärmedämmung, Putzfassade, hinterlüftete Lärchenholzfassade, Gipsfaserbekleidung, teilw. textiler Sonnenschutz; Stb-Wände in Sichtbeton (KG), Holzmodulbau-Trennwände, GK-Wände, Wandfliesen; Stb-Decke in Sichtbeton (KG), Holz-Brettstapel-Modulbau-Decken, Stahl-Außentreppen, Estrich, Heizestrich, Natursteinbelag (Treppen), Parkett, Teppichboden, Bodenfliesen, Holzbelag (Balkone), Stahlgeländer, Treppengeländer; Holz-Brettstapel-Moduldach, Dämmung, Abdichtung, Attika, Dachentwässerung, Eingangsüberdachung; Einbauschränke, Garderoben, Einbauregale

KG	Kostengruppe	Menge Einheit	Kosten €	€/Einheit	%
400	**Bauwerk – Technische Anlagen**	776,15 m² BGF	229.584	**295,80**	10,6

Gebäudeentwässerung, Kalt- und Warmwasserleitungen, Sanitärobjekte; Gas-Brennwerttherme, Luft-Wasser-Wärmepumpe, Fußbodenheizung; Einzelraumlüfter, kontrollierte Be- und Entlüftung mit Wärmerückgewinnung; Elektroinstallation, Beleuchtung, Sicherheitsleuchten; Rauchmelder; Feuerlöscher, elektronische Zugangskontrolle mit Chipkarten

Gewerbegebäude

7

7600-0099
Feuerwehrgerätehaus
(5 Fahrzeuge)

Kostenkennwerte für die Kosten des Bauwerks (Kostengruppen 300+400 nach DIN 276)

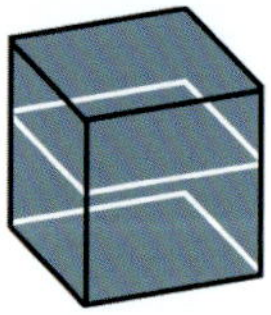

BRI 686 €/m³

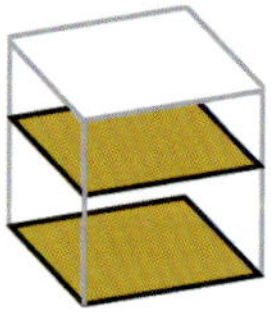

BGF 4.402 €/m²

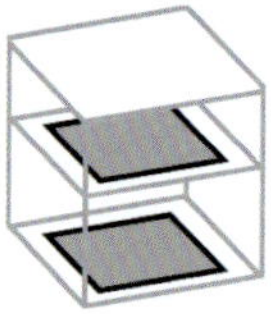

NUF 5.824 €/m²

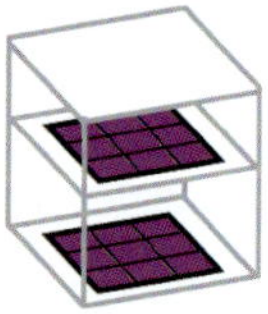

NE 1.366.519 €/NE
NE: Fahrzeugstellplätze

Objekt:
Kennwerte: 1. Ebene DIN 276
BRI: 9.962 m³
BGF: 1.552 m²
NUF: 1.173 m²
Bauzeit: 74 Wochen
Bauende: 2023
Standard: mittel
Bundesland: Nordrhein-Westfalen
Kreis: Rhein-Sieg-Kreis

Architekt*in:
ZACHARIAS
PLANUNGSGRUPPE GbR
Grüner Weg 17
53757 Sankt Augustin

Bauherr*in:
Stadt Hennef
Der Bürgermeister
Frankfurter Straße 97
53773 Hennef

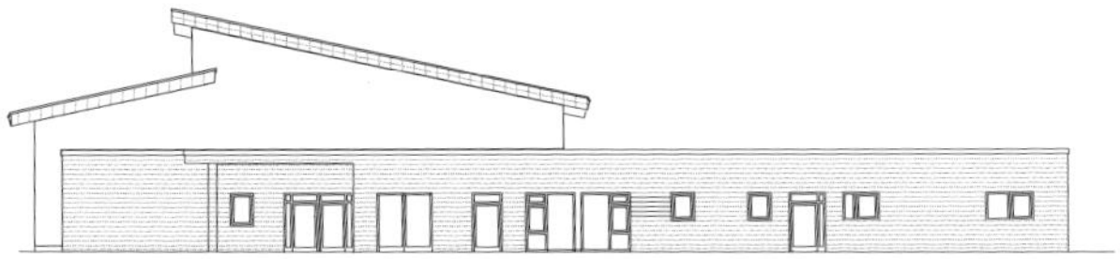

Ansicht Nord-Ost

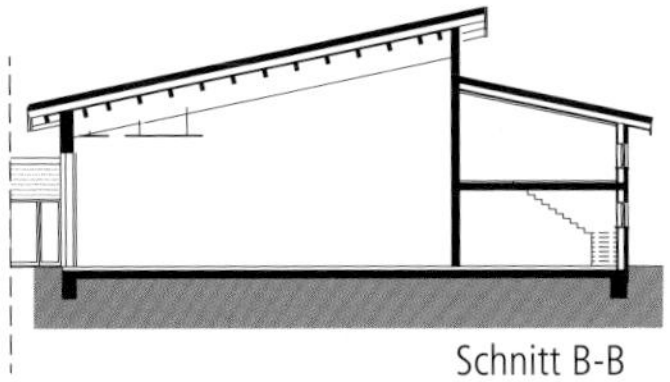

Schnitt B-B

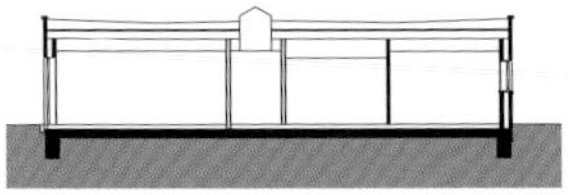

Schnitt A-A

Erdgeschoss

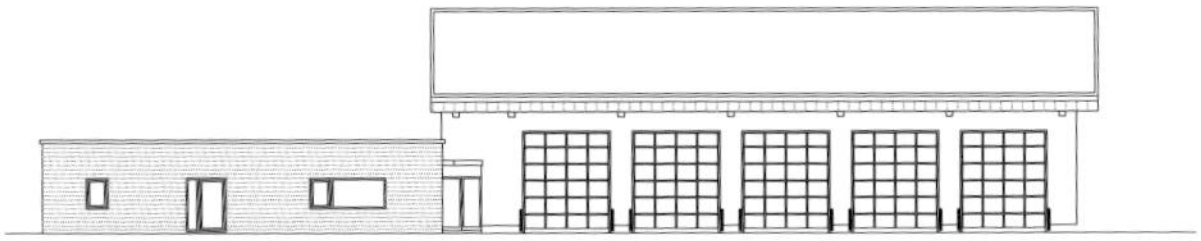

Ansicht Nord-West

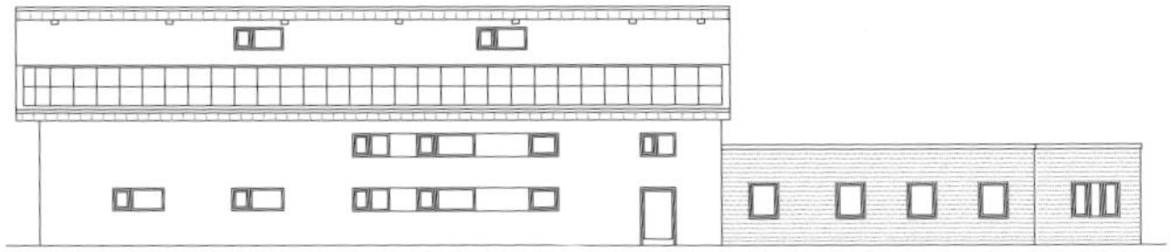

Ansicht Süd-Ost

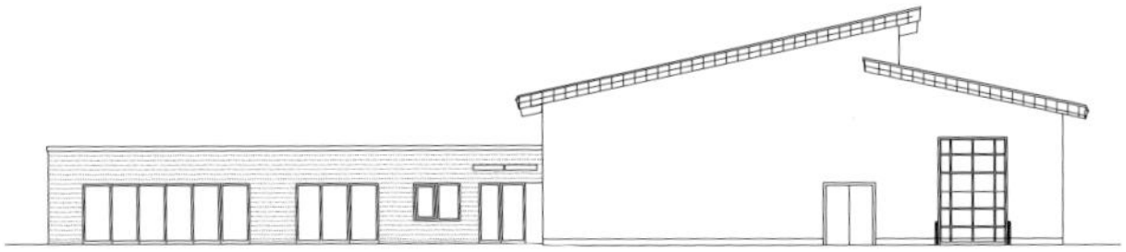

Ansicht Süd-West

Objektbeschreibung

Allgemeine Objektinformationen

Das Objekt ist in nachhaltiger Gebäudestruktur in Holzrahmenbauweise geplant und ausgeführt. Es bietet Platz für fünf Einsatzfahrzeuge. Im eingeschossigen Gebäudeteil wurden Umkleideräume für 45 Herren und 13 Damen sowie für 20 Jugendliche der Jugendfeuerwehr untergebracht. Es bestehen Erweiterungsmöglichkeiten sowohl für die Fahrzeughalle als auch für den Sozialtrakt.

Nutzung

1 Erdgeschoss
Fahrzeughalle, Lager, Werkstatt, Wasch- u. Trockenraum, Technikraum, Umkleide Herren, Umkleide Damen, Umkleide Jugend, Sanitärräume, Übungsraum, Fitnessraum, Besprechung, Büroräume, Stuhllager, Schulungsraum, Küche, Ausgabentheke, Kühlraum, Garderobe

1 Obergeschoss
Technikraum, Lager

Nutzeinheiten

Fahrzeugstellplätze: 5

Grundstück

Bauraum: Freier Bauraum
Neigung: Ebenes Gelände
Bodenklasse: BK 1 bis BK 4

Markt

Hauptvergabezeit: 3. Quartal 2021
Baubeginn: 3. Quartal 2021
Bauende: 1. Quartal 2023
Konjunkturelle Gesamtlage: Durchschnitt
Regionaler Baumarkt: Durchschnitt

Baukonstruktion

Gegründet wurde das Gebäude auf einer 30cm dicken Stahlbetonbodenplatte. Statische und aussteifende Wände sind in Holzrahmenbauweise erstellt. Das Dach der Fahrzeughalle ist in Holzbinderbauweise mit Koppelpfetten als versetztes Pultdach errichtet. Das Dach des Sozialtraktes wurde als Flachdach aus Brettholzstapelelementen erstellt. Die Fenster in Alu-Rahmenkonstruktion erhielten eine Dreifachverglasung. Die Fassade der Fahrzeughalle erhielt einen Putz, der Sozialtrakt wurde mit Lärchenholz bekleidet. Das Dach wurde begrünt. Die Böden sind mit Fliesen, Rüttelboden in der Halle oder textilen Bodenbelägen belegt.

Technische Anlagen

Die Wärmeerzeugung erfolgt Mithilfe von Geothermie. Zwei Wärmepumpen mit je 28,8kW Leistung werden aus zehn Erdbohrungen á 100m Tiefe gespeist. Die Wärmeverteilung erfolgt über Fußbodenheizung. Es wurde eine Lüftungsanlage mit Wärmerückgewinnung eingebaut. Auf dem Dach wurde eine PV-Anlage mit 24,6kWp installiert, dessen Strom in einem 22kW Stromspeicher eingespeist wird. Somit wird ein großer Teil der Stromproduktion eigenverwendet.

Sonstiges

Das Feuerwehrhaus wurde in Anlehnung an den KfW 55 Standard errichtet. Im Außenbereich wurde ein 120.000l großer Wasserspeicher eingebaut.

Energetische Kennwerte

Gesetzliche Grundlage: GEG 2020
Gebäudenutzfläche: 1.396,27 m²
Gebäudevolumen: 8.062,86 m³
A/V_e-Verhältnis (Kompaktheit): 0,48 m^{-1}
Hüllfläche des beheizten Volumens: 3.850,68 m²
Spez. Transmissionswärmeverlust: 0,29 W/(m²·K)
Mittlerer U-Wert (opake Bauteile): 0,13 W/(m²·K)
Mittlerer U-Wert (transparente Bauteile): 1,00 W/(m²·K)
Jahresprimärenergie: 30.537,22 kWh/a
Spez. Jahresprimärenergiebedarf: 25,39 kWh/(m²·a)
Jahresendenergiebedarf: 77.507,60 kWh/a
Spez. Jahresendenergiebedarf: 64,46 kWh/(m²·a)
CO_2-Emissionen: 11,52 kg/(m²·a)
PV-Anlage: 15,00 kWp

Energetische Angaben zu Außenbauteilen

Bodenplatte Halle

U-Wert: 0,24 W/(m²·K)

Gesamtdicke: 60,80 cm	d [cm]	λ [W/(m·K)]
Fliesen	1,50	1,000
Estrich	15,30	1,400
PE-Folie	1,00	0,230
Dämmung	3,00	0,035
Stahlbeton	30,00	2,100
Dämmung	10,00	0,035

Bodenplatte Aufenthaltsräume

U-Wert: 0,21 W/(m²·K)

Gesamtdicke: 49,20 cm	d [cm]	λ [W/(m·K)]
Estrich	7,70	1,200
PE-Folie	1,00	0,230
Dämmung	5,00	0,035
Bitumenbahn	0,50	0,170
Stahlbeton	25,00	2,100
Dämmung	10,00	0,035

Bodenplatte Technik

U-Wert: 0,22 W/(m²·K)

Gesamtdicke: 56,80 cm	d [cm]	λ [W/(m·K)]
Fliesen	1,50	1,000
Estrich	9,70	1,400
PE-Folie	1,00	0,230
Dämmung	4,00	0,035
Bitumenbahn	0,60	0,170
Stahlbeton	30,00	2,100
Dämmung	10,00	0,035

Außenwand Halle Stahlbeton

U-Wert: 0,20 W/(m²·K)

Gesamtdicke: 49,50 cm	d [cm]	λ [W/(m·K)]
Beton	30,00	2,100
Dämmung	18,00	0,039
Außenputz	1,50	1,000

Außenwand Halle Holzständer

U-Wert: 0,19 W/(m²·K)

Gesamtdicke: 33,80 cm	d [cm]	λ [W/(m·K)]
OSB-Platte	1,80	0,150
PE-Folie	0,50	0,230
Holz	24,00	0,130
Dämmung	24,00	0,039
Holzfaserplatte	6,00	0,090
Außenputz	1,50	1,000

Außenwand

U-Wert: 0,15 W/(m²·K)

Gesamtdicke: 32,60 cm	d [cm]	λ [W/(m·K)]
GF-Platte	1,50	0,320
Holz	20,00	0,130
Dämmung	20,00	0,039
OSB-Platte	1,50	0,150
Holz	8,00	0,130
Dämmung	8,00	0,035
Holzfaserplatte	1,60	0,070

Flachdach Brettstapel

U-Wert: 0,13 W/(m²·K)

Gesamtdicke: 49,20 cm	d [cm]	λ [W/(m·K)]
Holz	24,00	0,150
Bitumenbahn	0,60	0,170
Dämmung	24,00	0,039
Bitumenbahn	0,60	0,170

Gründach

U-Wert: 0,14 W/(m²·K)

Gesamtdicke: 45,30 cm	d [cm]	λ [W/(m·K)]
GF-Platte	1,25	0,320
PE-Folie	0,05	0,230
Holz	26,00	0,130
Dämmung	26,00	0,035
Holz	2,00	0,150
Bitumenbahn	5,00	0,170
Dämmung	6,00	0,035
Dachdichtungsbahn	5,00	0,230

Pultdach

U-Wert: 0,14 W/(m²·K)

Gesamtdicke: 34,00 cm	d [cm]	λ [W/(m·K)]
Holz	2,40	0,150
Bitumenbahn	5,00	0,170
Dämmung	26,00	0,039
Bitumenbahn	0,60	0,170

Planungskennwerte für Flächen und Rauminhalte nach DIN 277

Flächen des Grundstücks		Menge Einheit	% an GF
BF	Bebaute Fläche	–	–
UF	Unbebaute Fläche	–	–
GF	Grundstücksfläche	–	–

Grundflächen des Bauwerks		Menge Einheit	% an NUF	% an BGF
NUF	Nutzungsfläche	1.173,27 m²	100,0	75,6
TF	Technikfläche	61,98 m²	5,3	4,0
VF	Verkehrsfläche	99,04 m²	8,4	6,4
NRF	Netto-Raumfläche	1.334,29 m²	113,7	86,0
KGF	Konstruktions-Grundfläche	217,89 m²	18,6	14,0
BGF	Brutto-Grundfläche	1.552,18 m²	132,3	100,0

Brutto-Rauminhalt des Bauwerks		Menge Einheit	BRI/NUF (m)	BRI/BGF (m)
BRI	Brutto-Rauminhalt	9.962,30 m³	8,49	6,42

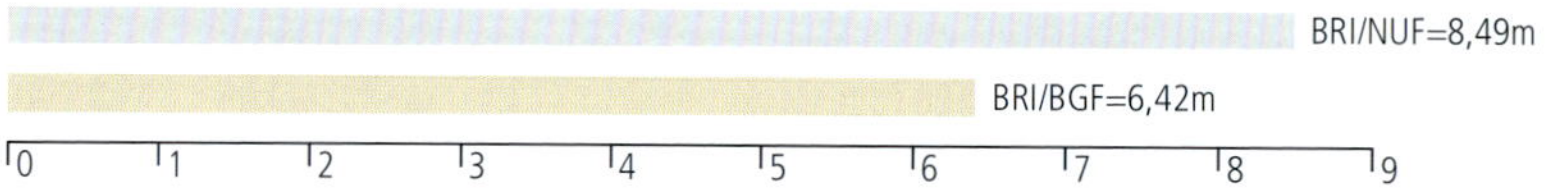

Kostenkennwerte für die Kostengruppen der 1.Ebene DIN 276

KG	Kostengruppen (1.Ebene)	Einheit	Kosten €	€/Einheit	€/m² BGF	€/m³ BRI	% 300+400
100	Grundstück	m² GF	–	–	–	–	–
200	Vorbereitende Maßnahmen	m² GF	–	–	–	–	–
300	Bauwerk – Baukonstruktionen	m² BGF	5.063.313	3.262,07	3.262,07	508,25	74,1
400	Bauwerk – Technische Anlagen	m² BGF	1.769.283	1.139,87	1.139,87	177,60	25,9
	Bauwerk 300+400	**m² BGF**	**6.832.596**	**4.401,94**	**4.401,94**	**685,85**	**100,0**
500	Außenanlagen und Freiflächen	m² AF	–	–	–	–	–
600	Ausstattung und Kunstwerke	m² BGF	–	–	–	–	–
700	Baunebenkosten	m² BGF	–	–	–	–	–
800	Finanzierung	m² BGF	–	–	–	–	–

KG	Kostengruppe	Menge Einheit	Kosten €	€/Einheit	%
3+4	**Bauwerk**				**100,0**
300	**Bauwerk – Baukonstruktionen**	1.552,18 m² BGF	5.063.313	**3.262,07**	74,1

Bodenarbeiten; Stb-Streifenfundamente, Stb-Bodenplatte, Abdichtung, Dämmung, Heizestrich, Bodenfliesen, Natursteinbeläge, Teppich, Rüttelboden mit Bodenfliesen (Fahrzeughalle), Glasschaumschotter; Holzrahmenbauweise, Holzständerwände, Alufenster, Dreifachverglasung, Alutüren, Oberlichter, Sektionaltore, Holzbrettfassadenbekleidung sibirischer Lärche, Dämmung, mineralischer Oberputz; Holzständerwände, GK-Wände, Innentüren, OSB-/GK-Bekleidung, Beschichtung; Holzbalkendecke, Treppe, Treppengeländer; Holz-Pultdach mit Brettschichtholzbinder, Koppelpfetten, Lichtkuppel, Zwischensparrendämmung, Flachdach mit Brettholzstapeldecken, Dämmung, extensive Dachbegrünung, Kiesrandstreifen, Attikaabdeckung, Dachentwässerung, Schrankensystem

KG	Kostengruppe	Menge Einheit	Kosten €	€/Einheit	%
400	**Bauwerk – Technische Anlagen**	1.552,18 m² BGF	1.769.283	**1.139,87**	25,9

Gebäudeentwässerung, Kalt- und Warmwasserleitungen, Sanitärobjekte; Geothermie, Wärmepumpe, Fußbodenheizung; Klimaanlagen, Klimasplitgeräte für Kühl- und Tiefkühlraum, RWA-Anlage, Lüftungsanlage mit Wärmerückgewinnung; PV-Anlage, Elektroinstallation, Beleuchtung, Sicherheitsbeleuchtung, Blitzschutzanlage; Zeiterfassungsanlage, elektronische Zugangskontrolle, Videoüberwachung, Fernmelde-, Datenübertragungsanlage, Fernseh-, Antennenanlage, Rauchmelder; Küchentechnik, Teilsprinkleranlage

7600-0101
Feuerwehrgerätehaus
(2 Fahrzeuge)

Kostenkennwerte für die Kosten des Bauwerks (Kostengruppen 300+400 nach DIN 276)

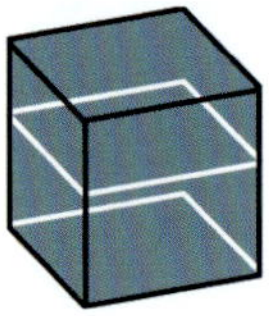

BRI 1.126 €/m³

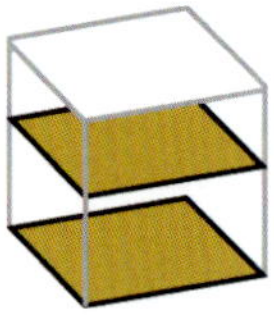

BGF 4.957 €/m²

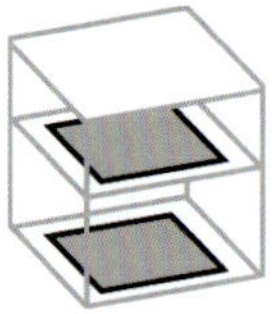

NUF 6.771 €/m²

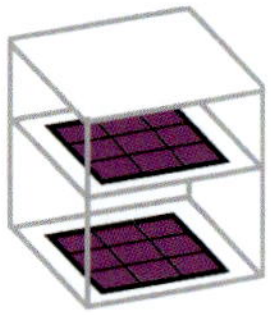

NE 1.094.960 €/NE

NE: Fahrzeugstellplätze

Objekt:
Kennwerte: 1. Ebene DIN 276
BRI: 1.944 m³
BGF: 442 m²
NUF: 323 m²
Bauzeit: 61 Wochen
Bauende: 2022
Standard: hoch
Bundesland: Niedersachsen
Kreis: Hannover, Region

Architekt*in:
architekten schäfer
krause schulz mbB
Seestraße 12
30171 Hannover

Bauherr*in:
Stadt Hemmingen
Rathausplatz 1
30966 Hemmingen

© architekten schäfer krause schulz mbB

© architekten schäfer krause schulz mbB

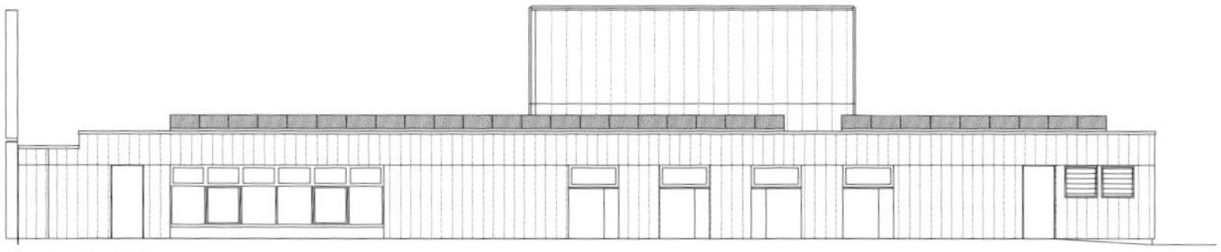

Ansicht Süd

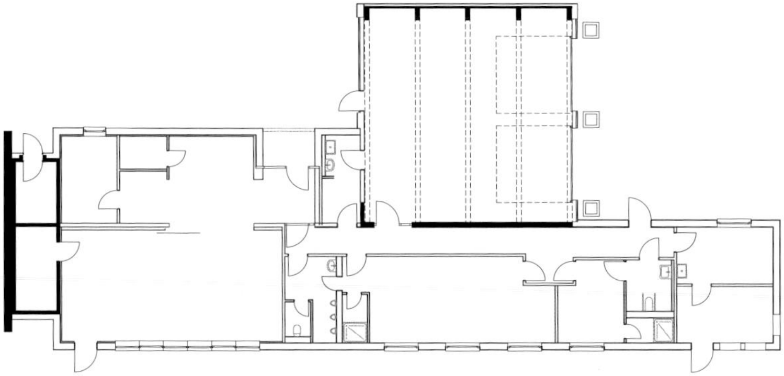

Erdgeschoss

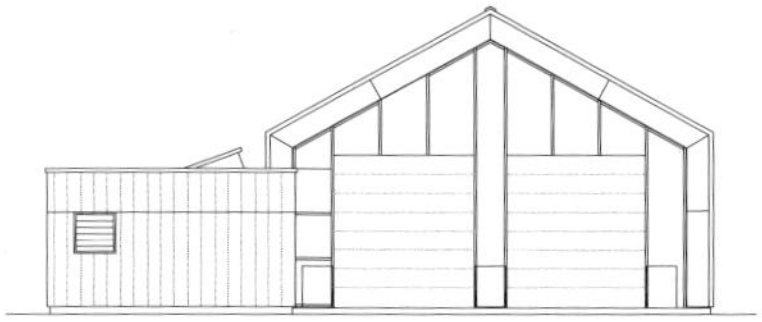

Ansicht Ost

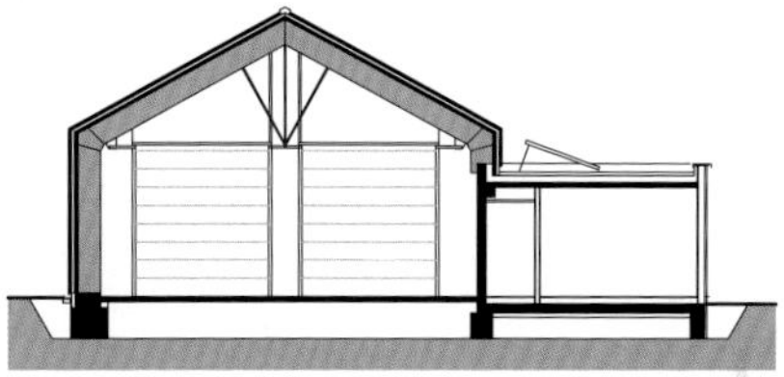

Schnitt A-A

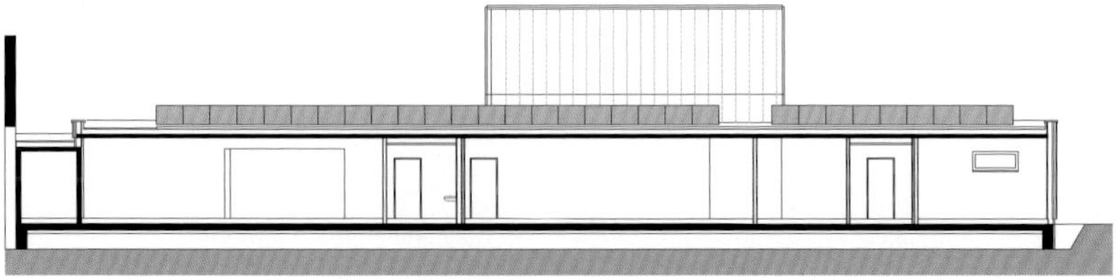

Schnitt B-B

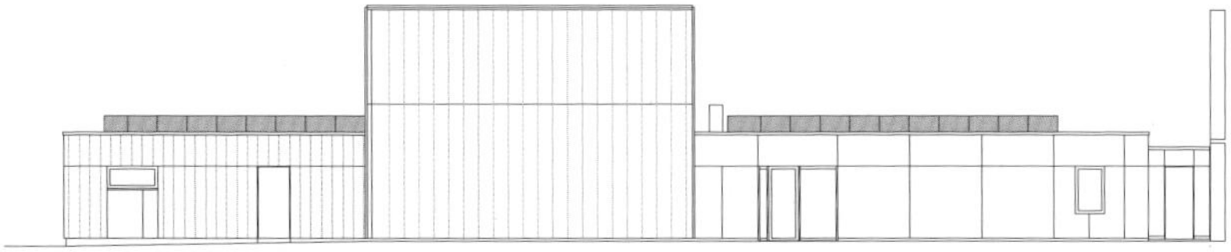

Ansicht Nord

Objektbeschreibung

Allgemeine Objektinformationen

Das Feuerwehrgerätehaus entstand in Holzbauweise und ersetzt den in die Jahre gekommenen Altbau. Die neue Fahrzeughalle wurde mit einem Satteldach ausgeführt, durch das sich das Gebäude harmonisch in das dörflich geprägte Umfeld einfügt. Im angrenzenden Flachdachbau sind die Umkleide- und Schulungsräume, sowie eine Werkstatt mit Lagerräumen untergebracht.

Nutzung

1 Erdgeschoss
Foyer, Fahrzeughalle, Büro, Werkstatt, Schulungsraum, Lager, Umkleiden, Duschen, WCs, Technikraum

Nutzeinheiten

Fahrzeugstellplätze: 2

Grundstück

Bauraum: Beengter Bauraum
Neigung: Ebenes Gelände
Bodenklasse: BK 3 bis BK 4

Markt

Hauptvergabezeit: 1. Quartal 2021
Baubeginn: 2. Quartal 2021
Bauende: 2. Quartal 2022
Konjunkturelle Gesamtlage: über Durchschnitt
Regionaler Baumarkt: Durchschnitt

Baukonstruktion

Die Gründung des Gebäudes wurde mittels einer Stahlbetonbodenplatte mit Streifenfundamenten ausgeführt. Die tragenden Brettschichtholzbinder der Fahrzeughalle lagern auf einem Stahlbetonsockel. Der Boden der Fahrzeughalle ist auf tragfähigem Unterbau als Pflasterfläche ausgebildet. Die Wand- und Dachflächen der Halle wurden innenseitig aus Brettsperrholztafeln gebildet, die außenseitig mineralisch gedämmt und mit gefalzten Alu-Blechen bekleidet sind. Die Giebelseiten wurden großflächig verglast und mit roten Sektionaltoren ausgestattet. Die Tragkonstruktion des restlichen Gebäudes wurde in Holztafelbauweise mit Brettsperrholzdecken ausgeführt. Die Fassaden wurden hinterlüftet und mit senkrechtem Douglasienholz und Faserzementtafeln bekleidet. Die Böden im Innenbereich sind mit Linoleum und Feinsteinzeug belegt. Die transparenten Bauteile wurden als Türen-, Fenster- oder Pfosten-Riegelkonstruktion in Aluminium ausgeführt.

Technische Anlagen

Die Fahrzeughalle wird mittels Wärmepumpe und angebundener Luftheizung beheizt. Die Beheizung von Büro- und Schulungsbereich sowie Umkleiden wird über eine separate und entsprechend größer dimensionierte Luft-Wasser-Wärmepumpe mit Innenaufstellung gewährleistet. Die Wärmeverteilung erfolgt über eine Fußbodenheizung. Über dachseitige PV-Module wird der benötigte Strom für die Wärmepumpen generiert. Das Gebäude kann größtenteils natürlich belüftet werden. In den Umkleidebereichen ist zur Feuchteabfuhr eine Unterdruck-Lüftungsanlage installiert. Alle Stellplätze in der Fahrzeughalle besitzen Anschlüsse zur Versorgung mit Druckluft und Wechselstrom. Eine zentrale Lüftungsanlage dient der Abführung von Dieselmotor-Emissionen. Vorrichtungen zur Notstromeinspeisung sind fassadenseitig vorgesehen.

Energetische Kennwerte

Gesetzliche Grundlage: EnEV 2013
Gebäudenutzfläche: 380,00 m²
Gebäudevolumen: 1.944,00 m³
Hüllfläche des beheizten Volumens: 1.286,00 m²
Mittlerer U-Wert (opake Bauteile): 0,21 W/(m²·K)
Mittlerer U-Wert (transparente Bauteile): 0,95 W/(m²·K)
Spez. Jahresprimärenergiebedarf: 67,99 kWh/(m²·a)

Energetische Angaben zu Außenbauteilen

Bodenplatte

U-Wert: 0,16 W/(m²·K)

Gesamtdicke: 52,00 cm	d [cm]	λ [W/(m·K)]
Estrich	6,50	1,400
Dämmung	2,00	0,035
Dämmung	6,00	0,035
Bitumenanstrich	0,50	0,170
Stahlbeton	25,00	2,000
Dämmung	12,00	0,035

Außenwand hinterlüftet

U-Wert: 0,15 W/(m²·K)

Gesamtdicke: 25,50 cm	d [cm]	λ [W/(m·K)]
OSB-Platte	1,50	0,130
Dämmung	18,00	0,035
Holzfaserplatte	6,00	0,045

Dach

U-Wert: 0,14 W/(m²·K)

Gesamtdicke: 47,00 cm	d [cm]	λ [W/(m·K)]
Holz	14,00	0,240
Bitumenbahn	1,00	0,170
Dämmung	20,00	0,035
Bitumenbahn	2,00	0,170
Blähsplitt	10,00	0,160

Planungskennwerte für Flächen und Rauminhalte nach DIN 277

Flächen des Grundstücks		Menge Einheit	% an GF
BF	Bebaute Fläche	442,00 m²	25,0
UF	Unbebaute Fläche	1.323,00 m²	75,0
GF	Grundstücksfläche	1.765,00 m²	100,0

Grundflächen des Bauwerks		Menge Einheit	% an NUF	% an BGF
NUF	Nutzungsfläche	323,41 m²	100,0	73,2
TF	Technikfläche	19,75 m²	6,1	4,5
VF	Verkehrsfläche	37,69 m²	11,7	8,5
NRF	Netto-Raumfläche	380,85 m²	117,8	86,2
KGF	Konstruktions-Grundfläche	60,96 m²	18,8	13,8
BGF	Brutto-Grundfläche	441,81 m²	136,6	100,0

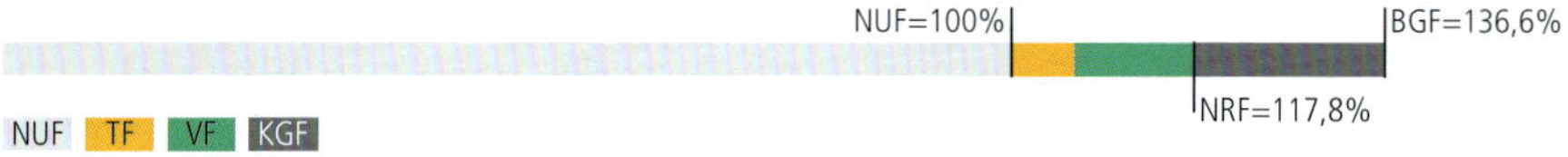

Brutto-Rauminhalt des Bauwerks		Menge Einheit	BRI/NUF (m)	BRI/BGF (m)
BRI	Brutto-Rauminhalt	1.944,19 m³	6,01	4,40

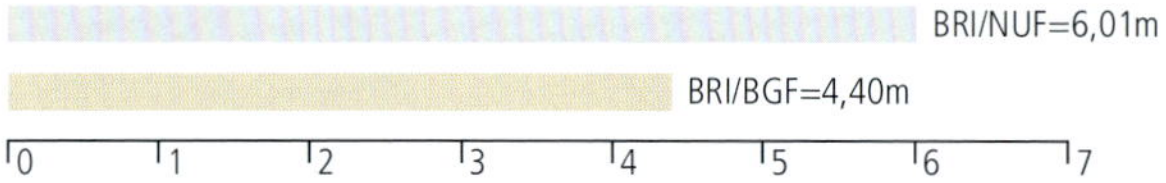

Kostenkennwerte für die Kostengruppen der 1. Ebene DIN 276

KG	Kostengruppen (1. Ebene)	Einheit	Kosten €	€/Einheit	€/m² BGF	€/m³ BRI	% 300+400
100	Grundstück	m² GF	–	–	–	–	–
200	Vorbereitende Maßnahmen	m² GF	–	–	–	–	–
300	Bauwerk – Baukonstruktionen	m² BGF	1.681.399	3.805,71	3.805,71	864,83	76,8
400	Bauwerk – Technische Anlagen	m² BGF	508.521	1.150,99	1.150,99	261,56	23,2
	Bauwerk 300+400	**m² BGF**	**2.189.919**	**4.956,70**	**4.956,70**	**1.126,39**	**100,0**
500	Außenanlagen und Freiflächen	m² AF	516.722	390,57	1.169,56	265,78	23,6
600	Ausstattung und Kunstwerke	m² BGF	–	–	–	–	–
700	Baunebenkosten	m² BGF	–	–	–	–	–
800	Finanzierung	m² BGF	–	–	–	–	–

KG	Kostengruppe	Menge Einheit	Kosten €	€/Einheit	%
3+4	**Bauwerk**				**100,0**
300	**Bauwerk – Baukonstruktionen**	441,81 m² BGF	1.681.399	**3.805,71**	76,8

Baugrubenaushub, Wasserhaltung; Baugrundverbesserung, Stb-Fundamente, Stb-Bodenplatte, WU-Beton, Heizestrich, Linoleum, Bodenfliesen, Pflasterbelag (Fahrzeughalle), Abdichtung, Perimeterdämmung; Holzrahmenwände, Brettschichtholzbinder, Brettsperrholzplatten, Alu-Pfosten-Riegel-Fassade, Alu-Fenster, Dreifachverglasung, Sektionaltore, Wärmedämmung, hinterlüftete Faserzement-Fassade, Douglasienholzfassade, Alu-Blechschare, teilw. textiler Sonnenschutz; Holzrahmenbauwände, Innenmauerwerk, Stb-Wand in Sichtbeton, GK-Wände, Wandfliesen, mobile Trennwand; Brettsperrholzdach, Brettschichtholzbinder, Oberlichter, Dämmung, Alu-Blechdeckung, Abdichtung, Attika, extensive Dachbegrünung, außenliegende Entwässerung, abgehängte GK-Decke, Schallschutzdecke; Empfangstresen mit Küchenfunktion, Garderobe, Einbauregal

KG	Kostengruppe	Menge Einheit	Kosten €	€/Einheit	%
400	**Bauwerk – Technische Anlagen**	441,81 m² BGF	508.521	**1.150,99**	23,2

Gebäudeentwässerung, Hebeanlage, Kalt- und Warmwasserleitungen, Sanitärobjekte; Luft-Wasser-Wärmepumpen (2St), Fußbodenheizung, Luftheizung (Fahrzeughalle); Unterdruck-Abluftanlage (Sanitär); Elektroinstallation, PV-Anlage (60m²), Beleuchtung, Sicherheitsleuchten, Anbindepunkt für Dieselgenerator zur Notstromversorgung, Blitzschutzanlage; Datenübertragungsanlage, Rauchmelder; Feuerlöscher, elektronische Zugangskontrolle im Alarmweg

KG	Kostengruppe	Menge Einheit	Kosten €	€/Einheit	%
500	**Außenanlagen und Freiflächen**	1.323,00 m² AF	516.722	**390,57**	23,6

Oberbodenarbeiten, Bodenarbeiten, Erdbaumaßnahmen; Unterbaumaßnahmen, Bodenaustausch; Wege, Stellplätze; Zäune, Tore, Schutzgitter; Abwasser, Wasserversorgungsleitungen, Außenbeleuchtungsanlagen; Fahrradständer, Abfallbehälter, Müllplatzeinhausung; Oberbodenauftrag, Bodenverbesserung, Schotterrasen, Fertigstellungspflege

Kulturgebäude

9

- **9100 Gebäude für kulturelle und musische Zwecke**
- 9200 Empfangsgebäude bei Verkehrsanlagen
- 9300 Gebäude für Tierhaltung
- 9400 Gebäude für Pflanzenhaltung
- 9500 Schutzbauwerke, Schutzbauten
- 9600 Justizvollzugsanstalten
- 9700 Friedhofsanlagen
- 9900 Gebäude sonstiger Art

9100-0217
Stadtarchiv (7 AP)

Kostenkennwerte für die Kosten des Bauwerks (Kostengruppen 300+400 nach DIN 276)

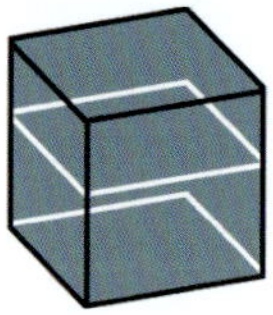

BRI 1.096 €/m³

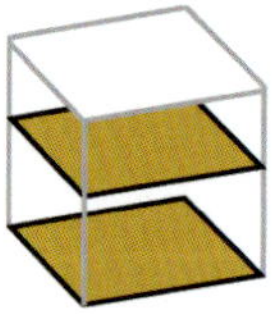

BGF 4.880 €/m²

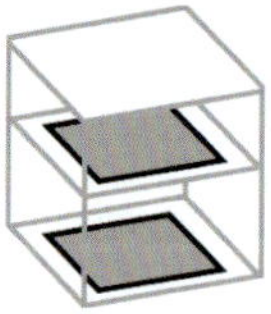

NUF 8.123 €/m²

Objekt:
Kennwerte: 1. Ebene DIN 276
BRI: 9.570 m³
BGF: 2.149 m²
NUF: 1.291 m²
Bauzeit: 152 Wochen
Bauende: 2020
Standard: mittel
Bundesland: Mecklenburg-Vorpommern
Kreis: Vorpommern-Greifswald

Architekt*in:
CODE UNIQUE
Architekten GmbH
Katharinenstraße 5
01099 Dresden

Bauherr*in:
Universitäts- und Hansestadt Greifswald
Der Oberbürgermeister
17461 Greifswald

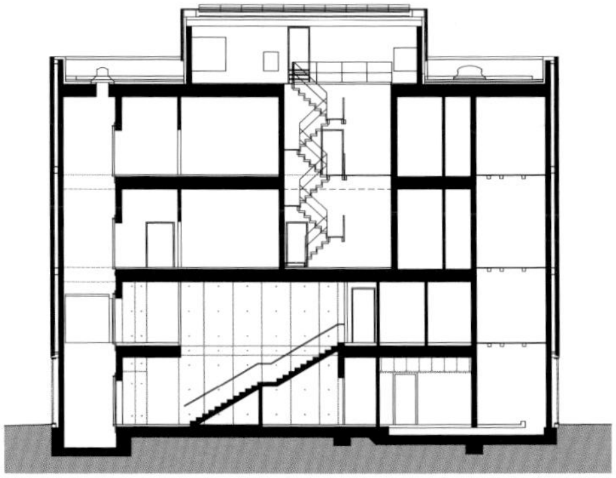

Schnitt A-A

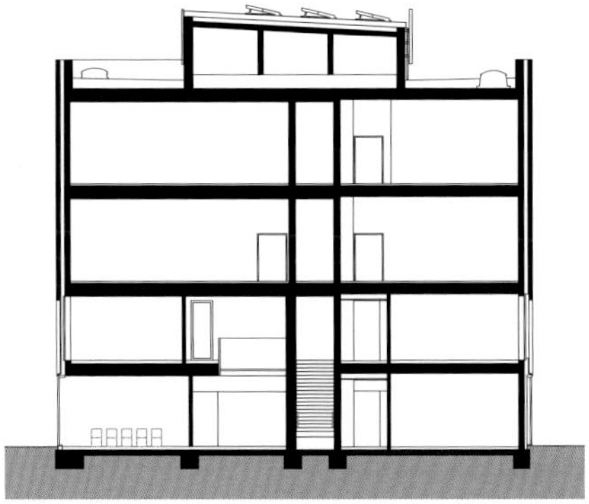

Schnitt B-B

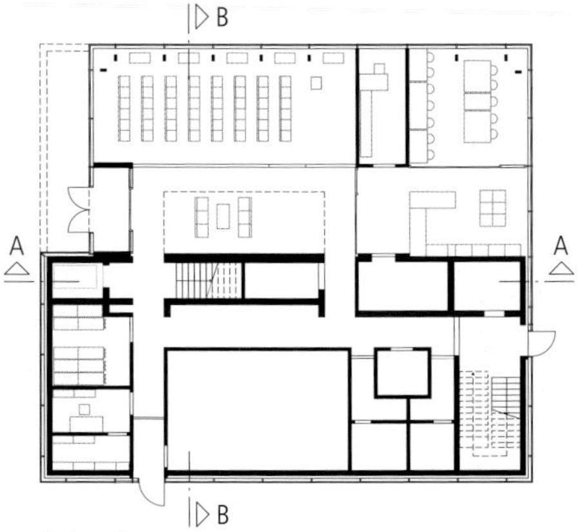

Erdgeschoss

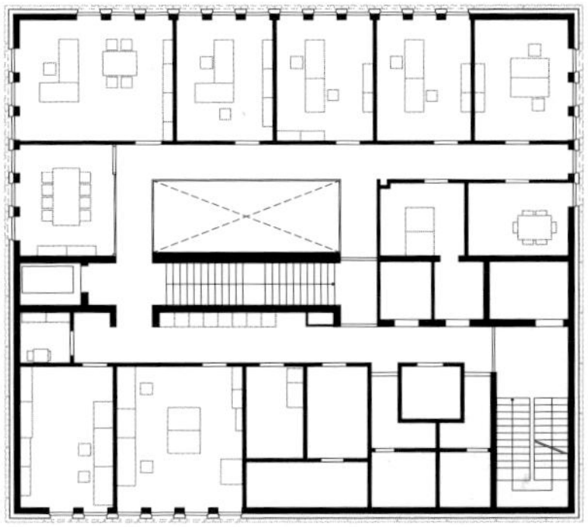

1. Obergeschoss

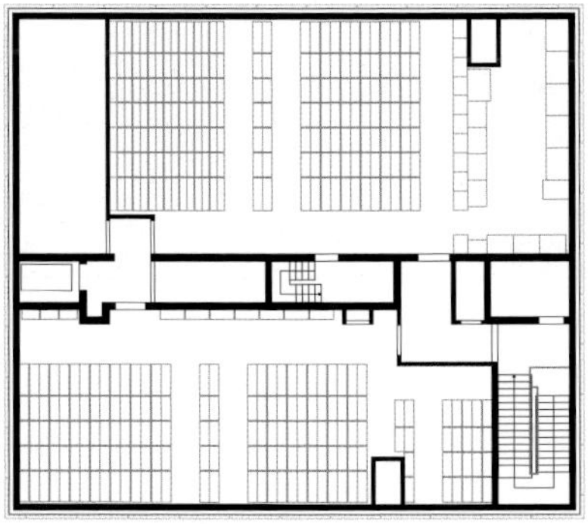

2. Obergeschoss

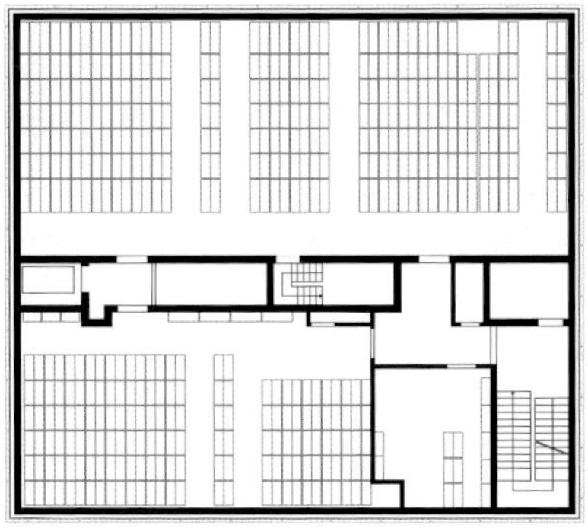

3. Obergeschoss

Objektbeschreibung

Allgemeine Objektinformationen

Der viergeschossige Baukörper bildet eine besondere Landmarke und ergänzt die Stadtsilhouette von Greifswald. Als Pendant zu den typisch norddeutschen Speichergebäuden wird das neue Stadtarchiv als eine Art „Wissensspeicher" interpretiert.

Nutzung

1 Erdgeschoss
Empfang, Anmeldung, Archiv, Büros, Vortragsraum, WCs, Büros, Treppen, Aufzug

3 Obergeschosse
Büros, Archive, Technik, WCs, Treppen, Aufzug

Nutzeinheiten

Arbeitsplätze: 7

Grundstück

Bauraum: Freier Bauraum
Neigung: Ebenes Gelände
Bodenklasse: BK 3

Markt

Hauptvergabezeit: 1. Quartal 2018
Baubeginn: 4. Quartal 2017
Bauende: 3. Quartal 2020
Konjunkturelle Gesamtlage: Durchschnitt
Regionaler Baumarkt: Durchschnitt

Baukonstruktion

Der Baukörper wurde als Stahlbetonbau mit Stahlbetondecken und aussteifenden Stahlbetonwänden errichtet. Die Gründung erfolgt über 80m tiefe Rüttelpfostensäulen. Die Erdgeschossfassade zeigt sich als umlaufende Pfosten-Riegel-Fassade, die über teilweise geschlossene Flächen läuft. Ab dem 1. OG wurde die Fassade als vorgehängte und hinterlüftete Fassade ausgebildet. Großformatige Betonfertigteilelemente bilden die äußere sichtbare Schale. Holzeinbauten und Holzböden im Erdgeschoss vermitteln Behaglichkeit und stehen in spannungsvollem Kontrast zum Beton.

Technische Anlagen

Zur Beheizung des Gebäudes dient eine Sole-Wärmepumpe, welche als Wärmequelle das Erdreich mithilfe Erdwärmesonden nutzt. Die Wärmeverteilung erfolgt über Heizkörper und Fußbodenheizung. Mit insgesamt vier Lüftungsanlagen werden die unterschiedlichen Bereiche der Archive und Büros versorgt, wobei die Archive ausschließlich über die Belüftung beheizt werden, da aus Sicherheitsaspekten keinerlei wasserführende Leitungen in diesen Bereichen verlegt werden durften. Auf dem Dach wurde eine PV-Anlage mit einer Leistung von insgesamt 9kWp installiert. Es wurden eine Brandmeldeanlage, eine Einbruchmeldeanlage sowie ein Gaslöschsystem und ein Brandvorhang ausgeführt. Alle technischen Einbauten werden über Gebäudeautomation gesteuert.

Sonstiges

Der städtebauliche Leitgedanke des Entwurfs ist die Wahrnehmung des neuen Stadtarchivs vom Seeweg kommend in Richtung Hafen. Der rote Solitär fügt sich in die vorhandene Umgebung ein und knüpft regionale Bezüge.

Energetische Kennwerte

Gebäudenutzfläche: 2.737,00 m^2
Gebäudevolumen: 8.553,00 m^3
Hüllfläche des beheizten Volumens: 2.401,00 m^2
Mittlerer U-Wert (opake Bauteile): 0,16 W/(m^2·K)
Mittlerer U-Wert (transparente Bauteile): 0,90 W/(m^2·K)
Spez. Jahresprimärenergiebedarf: 31,53 kWh/(m^2·a)

Energetische Angaben zu Außenbauteilen

Bodenplatte

U-Wert: 0,27 W/(m²·K)

Gesamtdicke: 90,00 cm	d [cm]	λ [W/(m·K)]
Stahlbeton	70,00	2,500
Dämmung	10,00	0,032
Sauberkeitsschicht	10,00	1,150

Außenwand

U-Wert: 0,16 W/(m²·K)

Gesamtdicke: 40,00 cm	d [cm]	λ [W/(m·K)]
Porenbeton	24,00	0,160
Dämmung	16,00	0,035

Außenwand zweischalig

U-Wert: 0,17 W/(m²·K)

Gesamtdicke: 55,00 cm	d [cm]	λ [W/(m·K)]
Stahlbeton	25,00	2,500
Dämmung	18,00	0,032
Stahlbeton	12,00	2,500

Decke gegen Außenluft unten

U-Wert: 0,19 W/(m²·K)

Gesamtdicke: 58,60 cm	d [cm]	λ [W/(m·K)]
Dämmung	2,60	0,035
Trittschalldämmung	2,00	0,045
Stahlbeton	45,00	2,500
Dämmung	9,00	0,025

Dach

U-Wert: 0,17 W/(m²·K)

Gesamtdicke: 50,00 cm	d [cm]	λ [W/(m·K)]
Stahlbeton	30,00	2,500
Dämmung	20,00	0,035

Planungskennwerte für Flächen und Rauminhalte nach DIN 277

Flächen des Grundstücks		Menge Einheit	% an GF
BF	Bebaute Fläche	520,00 m^2	20,6
UF	Unbebaute Fläche	2.000,00 m^2	79,4
GF	Grundstücksfläche	2.520,00 m^2	100,0

Grundflächen des Bauwerks		Menge Einheit	% an NUF	% an BGF
NUF	Nutzungsfläche	1.291,00 m^2	100,0	60,1
TF	Technikfläche	154,00 m^2	11,9	7,2
VF	Verkehrsfläche	348,00 m^2	27,0	16,2
NRF	Netto-Raumfläche	1.793,00 m^2	138,9	83,4
KGF	Konstruktions-Grundfläche	356,00 m^2	27,6	16,6
BGF	Brutto-Grundfläche	2.149,00 m^2	166,5	100,0

Brutto-Rauminhalt des Bauwerks		Menge Einheit	BRI/NUF (m)	BRI/BGF (m)
BRI	Brutto-Rauminhalt	9.570,00 m^3	7,41	4,45

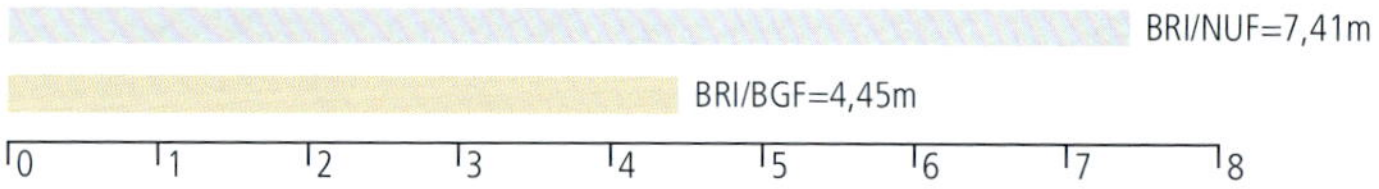

Kostenkennwerte für die Kostengruppen der 1. Ebene DIN 276

KG	Kostengruppen (1. Ebene)	Einheit	Kosten €	€/Einheit	€/m² BGF	€/m³ BRI	% 300+400
100	Grundstück	m² GF	–	–	–	–	–
200	Vorbereitende Maßnahmen	m² GF	–	–	–	–	–
300	Bauwerk – Baukonstruktionen	m² BGF	8.085.115	3.762,27	3.762,27	844,84	77,1
400	Bauwerk – Technische Anlagen	m² BGF	2.402.148	1.117,80	1.117,80	251,01	22,9
	Bauwerk 300+400	**m² BGF**	**10.487.264**	**4.880,07**	**4.880,07**	**1.095,85**	**100,0**
500	Außenanlagen und Freiflächen	m² AF	–	–	–	–	–
600	Ausstattung und Kunstwerke	m² BGF	–	–	–	–	–
700	Baunebenkosten	m² BGF	–	–	–	–	–
800	Finanzierung	m² BGF	–	–	–	–	–

KG	Kostengruppe	Menge Einheit	Kosten €	€/Einheit	%
3+4	**Bauwerk**				**100,0**
300	**Bauwerk – Baukonstruktionen**	2.149,00 m² BGF	8.085.115	**3.762,27**	77,1

Erdarbeiten; Bodenaustausch, Stb-Streifenfundamente, Stb-Bodenplatte WU, Rüttelstopfsäulen (160St), Dämmung, Heizestrich, Holzdielen, Bodenfliesen, Epox-Beschichtung, Perimeterdämmung, Sauberkeitsschicht; Stb-Wände, Sichtbeton innen, Alufenster, Sonnenschutzverglasung, Alutüren, vorgehängte, hinterlüftete Betonfertigteil-Fassade, Beschichtung, Alu-Pfosten-Riegelfassade, Raffstores; Stb-Wände, Sichtbeton, GK-Wände, Stb-Stützen, Holztüren, Rohrrahmentüren, Verglasungen, Beschichtung, Wandfliesen, Sanitärtrennwände, Feuerschutzvorhänge; Stb-Decken, Stb-Treppen, Dämmung, Heizestrich, Zementestrich, Holzdielen, textile Beläge, Bodenfliesen, Epox-Beschichtung, abgehängte Decken, Treppengeländer, Flachstahlbrüstungen; Stb-Flachdach, Stahlträger, Alu-Sandwichelemente, RWA-Kuppeln, Gefälledämmung, Abdichtung, Dachbegrünung, Dachentwässerung; Schließanlage

KG	Kostengruppe	Menge Einheit	Kosten €	€/Einheit	%
400	**Bauwerk – Technische Anlagen**	2.149,00 m² BGF	2.402.148	**1.117,80**	22,9

Gebäudeentwässerung, Kaltwasserleitungen, Druckerhöhungsanlage, Warmwasserbereiter, Sanitärobjekte; Wärmepumpe mit Geothermienutzung zur Kühlung und Heizung, Pufferspeicher, Fußbodenheizung, Heizkörper; RLT-Anlagen mit WRG, Klimaanlagen (Archive), Lüftungsleitungen; PV-Anlage (30 Module), Zentralbatterieanlage, Elektroinstallation, Beleuchtung, Sicherheitsbeleuchtung, Blitzschutz, BMA, EMA; Daten- und Telekommunikationsanlage, Gegensprech-, Klingelanlage, Zeiterfassung, Antennenanlage, Brandmeldeanlage, Einbruchmeldeanlage, Fluchttürsteuerung, Videoüberwachung, Datenübertragungsnetze; Personenaufzug; Gaslöschsystem; Gebäudeautomation

9100-0219
Musikschule

Kostenkennwerte für die Kosten des Bauwerks (Kostengruppen 300+400 nach DIN 276)

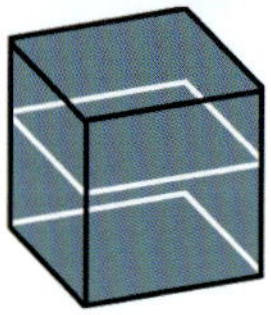

BRI 826 €/m³

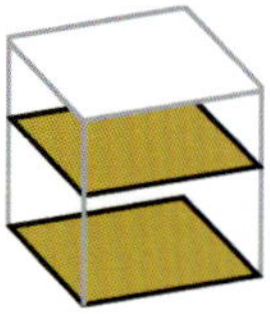

BGF 3.502 €/m²

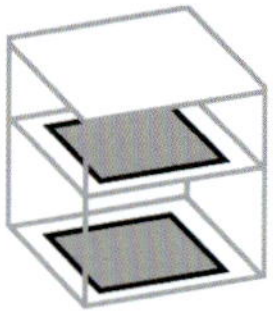

NUF 5.077 €/m²

Objekt:
Kennwerte: 1.Ebene DIN 276
BRI: 1.019 m³
BGF: 240 m²
NUF: 166 m²
Bauzeit: 78 Wochen
Bauende: 2022
Standard: hoch
Bundesland: Nordrhein-Westfalen
Kreis: Bielefeld, Stadt

Architekt*in:
SIEKER ARCHITEKTEN
Siechenmarschstraße 8
33615 Bielefeld

Bauherr*in:
Musicus e.V.
Mühlheimer Straße 18
33649 Bielefeld

© Daniel Sieker

© Daniel Sieker

© Daniel Sieker

© Daniel Sieker

Kostenstand: 2. Quartal 2026, Bundesdurchschnitt, **inkl. 19% MwSt.**

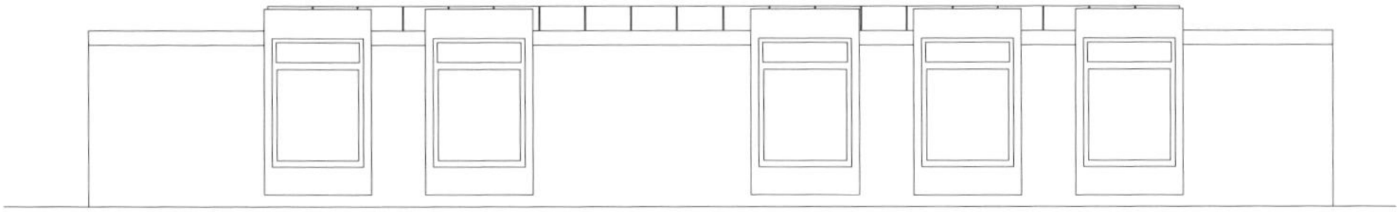

Ansicht Süd-West

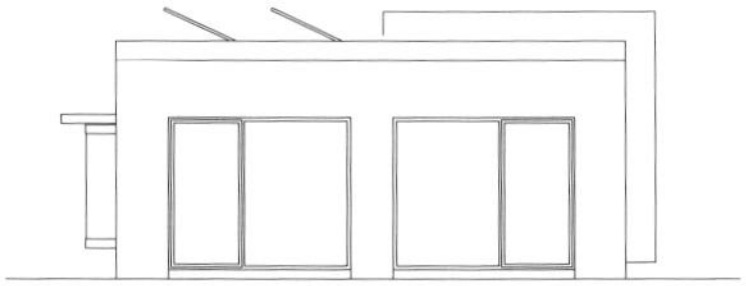

Ansicht Nord-West

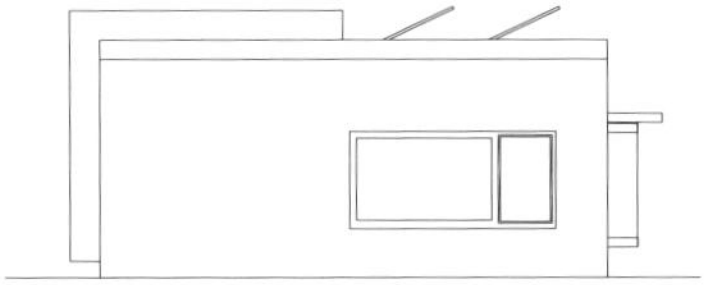

Ansicht Süd-Ost

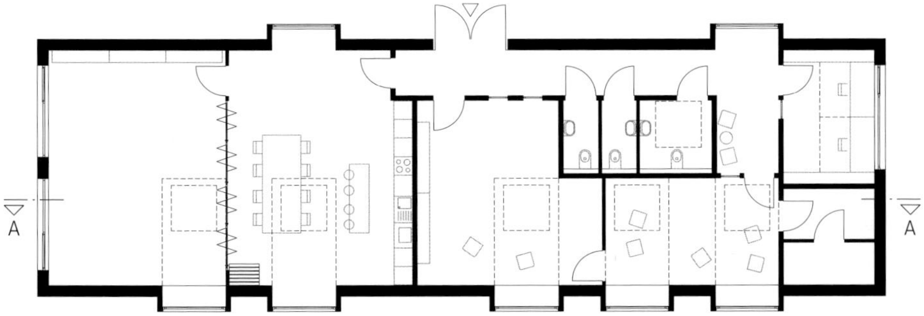

Erdgeschoss

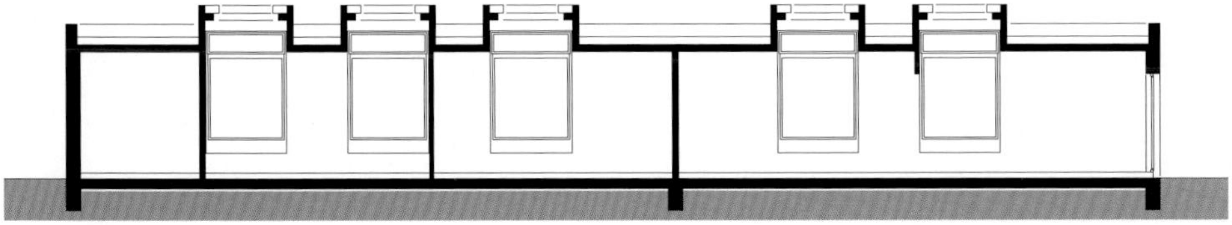

Schnitt A-A

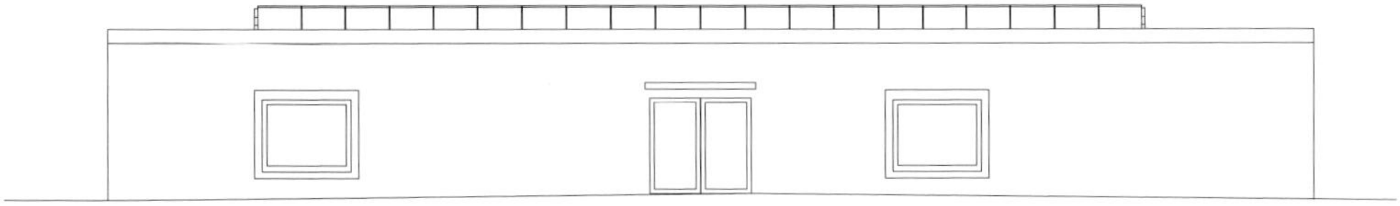

Ansicht Nord-Ost

Objektbeschreibung

Allgemeine Objektinformationen

Das energieautarke Schulgebäude besticht durch seine barrierefreien, lichtdurchfluteten Unterrichtsräume und eine hervorragende Akustik.

Nutzung

1 Erdgeschoss
Eingang, Flur, Büro, Veranstaltungsraum, Treff/Küche, Musikräume, WCs, Abstellen, Technik

Grundstück

Bauraum: Beengter Bauraum
Neigung: Ebenes Gelände
Bodenklasse: BK 1 bis BK 4

Markt

Hauptvergabezeit: 2. Quartal 2021
Baubeginn: 2. Quartal 2021
Bauende: 4. Quartal 2022
Konjunkturelle Gesamtlage: über Durchschnitt
Regionaler Baumarkt: über Durchschnitt

Baukonstruktion

Der eingeschossige Neubau gründet auf Stb-Streifenfundamenten und einer Stb-Bodenplatte. Die hochwärmegedämmten Außenwände in Holzrahmenbauweise sind mit Lärche bekleidet. Die Holzfenster wurden mit einer Dreifachverglasung ausgestattet. Das Flachdach ist auf der Gefälledämmung mit einer Abdichtung und einer extensiven Dachbegrünung ausgeführt. Sämtliche Zugänge und Räume sind barrierefrei hergestellt. Ein mobiles Trennwandsystem bietet hohe Variabilität in der Nutzung. Ein eingebauter Schwingboden mit elektrischen Schallkopplern ermöglicht selbst Menschen mit Gehöreinschränkungen Musik zu erspüren.

Technische Anlagen

Die Beheizung erfolgt mittels einer Luft-Wärmepumpe in Kombination mit einer Fußbodenheizung. Es wurde eine aufgeständerte Photovoltaikanlage mit Batteriespeicher installiert. Die Elektrotechnik ist mit einem KNX-Bus-System ausgestattet.

Sonstiges

Die Musikschule gehört zu einer Kunstschule zur Förderung von Menschen mit Behinderung.

Energetische Kennwerte

Gesetzliche Grundlage: GEG 2020
Gebäudenutzfläche: 308,66 m^2
Gebäudevolumen: 964,56 m^3
Hüllfläche des beheizten Volumens: 829,00 m^2
Mittlerer U-Wert (opake Bauteile): 0,14 W/(m^2·K)
Mittlerer U-Wert (transparente Bauteile): 0,90 W/(m^2·K)
Mittlerer U-Wert (Vorhangfassade): 0,90 W/(m^2·K)
Mittlerer U-Wert (Glasdächer, etc.): 0,90 W/(m^2·K)
Spez. Jahresprimärenergiebedarf: 61,00 kWh/(m^2·a)

Energetische Angaben zu Außenbauteilen

Bodenplatte

U-Wert: 0,19 W/(m²·K)

Gesamtdicke: 46,50 cm	d [cm]	λ [W/(m·K)]
Fliesen	1,50	1,000
Estrich	6,50	1,400
Trittschalldämmung	3,50	0,040
Dämmung	9,00	0,035
Stahlbeton	20,00	2,100
Dämmung	6,00	0,040

Außenwand hinterlüftet

U-Wert: 0,15 W/(m²·K)

Gesamtdicke: 32,25 cm	d [cm]	λ [W/(m·K)]
GK-Platte	1,25	0,250
Holz	6,00	0,130
Dämmung	6,00	0,038
OSB-Platte	1,50	1,300
Holz	20,00	0,130
Dämmung	20,00	0,040
Holzfaserplatte	3,50	0,047

Decke gegen Außenluft unten - Erker

U-Wert: 0,26 W/(m²·K)

Gesamtdicke: 19,10 cm	d [cm]	λ [W/(m·K)]
OSB-Platte	1,50	0,130
Holz	16,00	0,130
Dämmung	16,00	0,040
Faserzementplatte	1,60	0,350

Außenwand - Erker

U-Wert: 0,28 W/(m²·K)

Gesamtdicke: 18,25 cm	d [cm]	λ [W/(m·K)]
GK-Platte	1,25	0,250
OSB-Platte	1,50	0,130
Holz	12,00	0,130
Dämmung	12,00	0,040
Holz	3,50	0,047

Decke gegen Außenluft oben - Erker

U-Wert: 0,24 W/(m²·K)

Gesamtdicke: 22,85 cm	d [cm]	λ [W/(m·K)]
GK-Platte	1,25	0,210
Holz	3,00	0,130
Luftschicht ruhend	3,00	0,156
Bitumenbahn	0,20	0,170
Holz	16,00	0,130
Dämmung	16,00	0,038
Holz	2,40	0,130

Dach

U-Wert: 0,11 W/(m²·K)

Gesamtdicke: 59,15 cm	d [cm]	λ [W/(m·K)]
GK-Platte	1,25	0,210
Holz	2,50	0,130
Luftschicht ruhend	2,50	0,156
Holz	24,00	0,130
Luftschicht ruhend	24,00	1,875
Holz	2,40	0,130
Bitumenbahn	0,20	0,170
Dämmung	20,00	0,035
Gefälledämmung	8,00	0,035
Bitumenbahn	0,30	0,170
Bitumenbahn	0,50	0,170

Planungskennwerte für Flächen und Rauminhalte nach DIN 277

Flächen des Grundstücks		Menge Einheit	% an GF
BF	Bebaute Fläche	–	–
UF	Unbebaute Fläche	–	–
GF	Grundstücksfläche	–	–

Grundflächen des Bauwerks		Menge Einheit	% an NUF	% an BGF
NUF	Nutzungsfläche	165,66 m²	100,0	69,0
TF	Technikfläche	4,02 m²	2,4	1,7
VF	Verkehrsfläche	23,16 m²	14,0	9,6
NRF	Netto-Raumfläche	192,84 m²	116,4	80,3
KGF	Konstruktions-Grundfläche	47,37 m²	28,6	19,7
BGF	Brutto-Grundfläche	240,21 m²	145,0	100,0

Brutto-Rauminhalt des Bauwerks		Menge Einheit	BRI/NUF (m)	BRI/BGF (m)
BRI	Brutto-Rauminhalt	1.018,86 m³	6,15	4,24

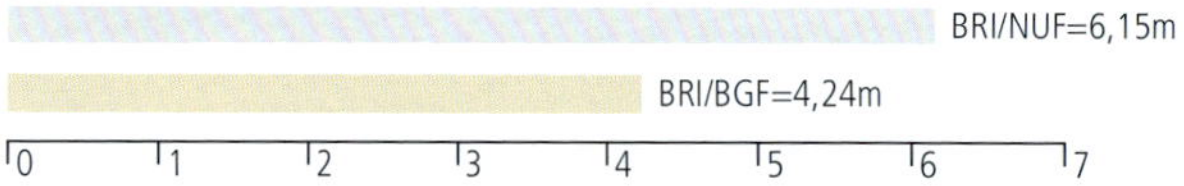

Kostenkennwerte für die Kostengruppen der 1. Ebene DIN 276

KG	Kostengruppen (1. Ebene)	Einheit	Kosten €	€/Einheit	€/m² BGF	€/m³ BRI	% 300+400
100	Grundstück	m² GF	–	–	–	–	–
200	Vorbereitende Maßnahmen	m² GF	–	–	–	–	–
300	Bauwerk – Baukonstruktionen	m² BGF	651.471	2.712,09	2.712,09	639,41	77,5
400	Bauwerk – Technische Anlagen	m² BGF	189.663	789,57	789,57	186,15	22,5
	Bauwerk 300+400	**m² BGF**	**841.135**	**3.501,66**	**3.501,66**	**825,56**	**100,0**
500	Außenanlagen und Freiflächen	m² AF	–	–	–	–	–
600	Ausstattung und Kunstwerke	m² BGF	–	–	–	–	–
700	Baunebenkosten	m² BGF	–	–	–	–	–
800	Finanzierung	m² BGF	–	–	–	–	–

KG	Kostengruppe	Menge Einheit	Kosten €	€/Einheit	%
3+4	**Bauwerk**				**100,0**
300	**Bauwerk – Baukonstruktionen**	240,21 m² BGF	651.471	**2.712,09**	77,5

Baugrubenaushub; Stb-Streifenfundamente, Stb-Bodenplatte, Abdichtung, Dämmung, Heizestrich, Schwingboden, Vinylboden, Bodenfliesen; Holzrahmen-Außenwände, Holzfenster, Holztüren, Dreifachverglasung, hinterlüftete Holzbekleidung, Einblasdämmung, OSB-Platten, GK-Platten, Wandbeschichtung, Raffstores; Holzständerwände, GK-Wände, Holz-Innentüren, Wandfliesen, Wandbeschichtung, mobiles Trennwandsystem; Holzbalkenlage, Gefälledämmung, Abdichtung, extensive Dachbegrünung, Attikaabdeckung, Dachentwässerung, GK-Bekleidung, Rasterdecke; Einbauschränke, Garderoben, Einbauküche

KG	Kostengruppe	Menge Einheit	Kosten €	€/Einheit	%
400	**Bauwerk – Technische Anlagen**	240,21 m² BGF	189.663	**789,57**	22,5

Gebäudeentwässerung, Kalt- und Warmwasserleitungen, Sanitärobjekte; Luft-Wasser-Wärmepumpe, Heizungsrohre, Fußbodenheizung; Abluftanlage für innenliegende Sanitärräume; Photovoltaikanlage, Batteriespeicher, Elektroinstallation, LED-Beleuchtung, Einbauleuchten, Telefonanschluss, Rauchmelder, Brandmeldeanlage, Datenübertragungsnetz; KNX-Bus-System

9100-0228
Kammermusiksaal
(80 Sitzplätze)

Erweiterung

Kostenkennwerte für die Kosten des Bauwerks (Kostengruppen 300+400 nach DIN 276)

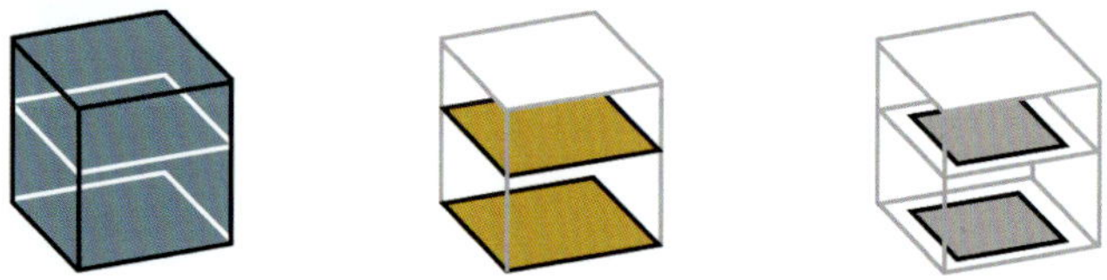

BRI 2.716 €/m³ **BGF 12.715 €/m²** **NUF 24.549 €/m²**

Objekt:
Kennwerte: 1.Ebene DIN 276
BRI: 1.175 m³
BGF: 251 m²
NUF: 130 m²
Bauzeit: 70 Wochen
Bauende: 2023
Standard: hoch
Bundesland: Rheinland-Pfalz
Kreis: Mainz, Stadt

Architekt*in:
mamuth I
Dipl.Ing. Timm Helbach I
freier Architekt dwb BDA
Gartenfeldplatz 4
55118 Mainz

Bauherr*in:
Kalkof-Rose Stiftung
Geschwister-Scholl-Straße 2
55131 Mainz

© Seweryn Zelazny

© Jochen Veith

© Seweryn Zelazny

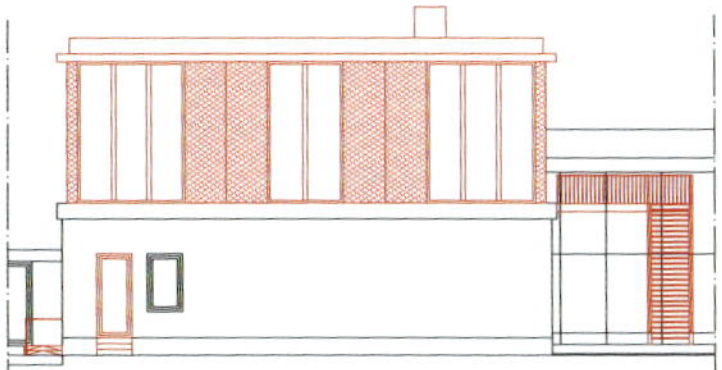

Ansicht Süd

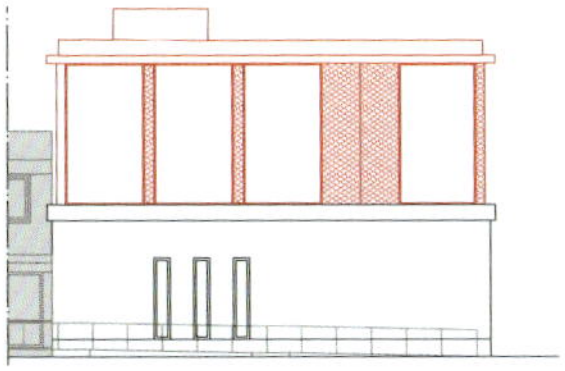

Ansicht West

Ansicht Ost

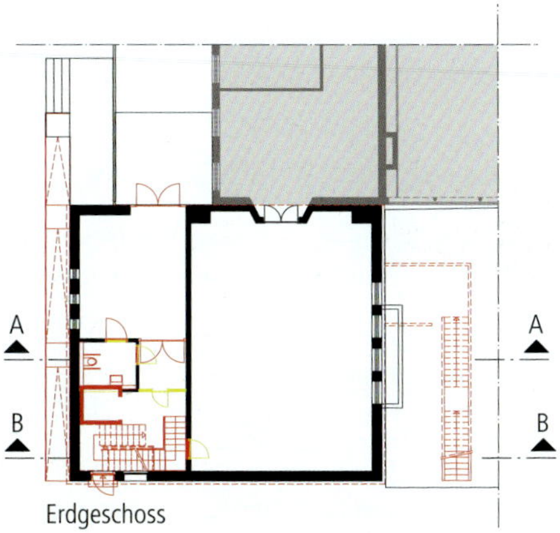

Erdgeschoss

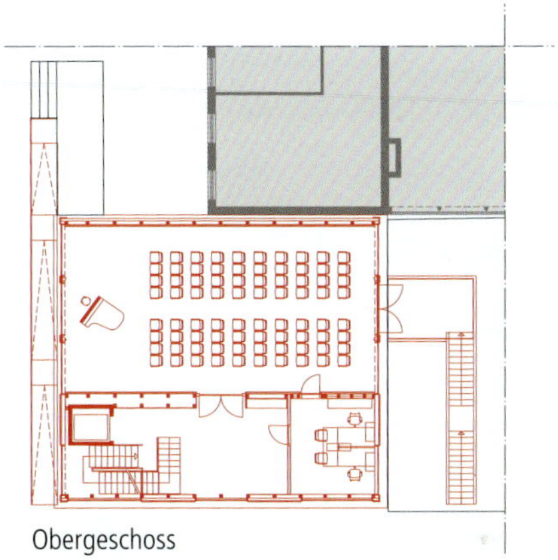

Obergeschoss

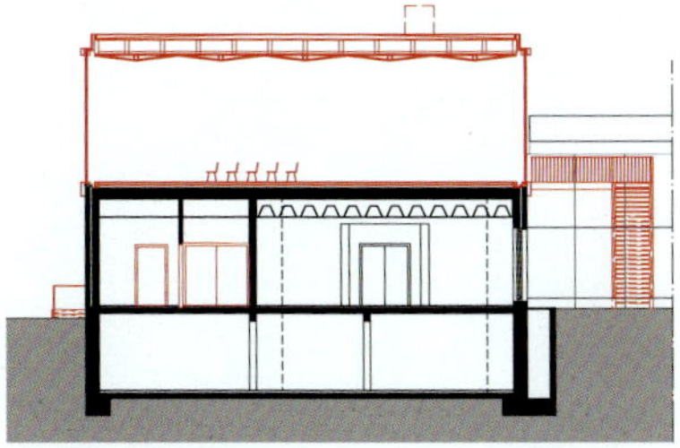

Schnitt A-A

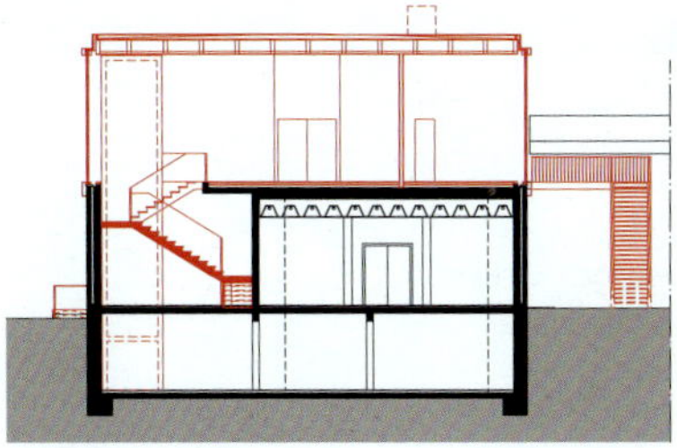

Schnitt B-B

Objektbeschreibung

Allgemeine Objektinformationen

Mit der Aufstockung wurde Deutschlands erster Kammermusiksaal in Holzbauweise realisiert. Noch nie wurde ein Musiksaal in Deutschland auch konstruktiv in Holzbau umgesetzt – darüber hinaus als Aufstockung eines bestehenden Ensembles. Hierbei mussten die architektonischen Gesetze der Konzerthausarchitektur grundsätzlich neu gedacht und entwickelt werden. Speziell entwickelte Akustikpaneele garantieren ein einmaliges Klangerlebnis.

Nutzung

1 Untergeschoss
Bestand

1 Erdgeschoss
Bestand: Eingang, WC, Aufzug, Treppe

1 Obergeschoss
Kammermusiksaal, Büro, Foyer, Aufzug, Treppe

Nutzeinheiten

Zuschauerplätze: 80

Grundstück

Bauraum: Freier Bauraum
Neigung: Ebenes Gelände
Bodenklasse: BK 1 bis BK 3

Markt

Hauptvergabezeit: 2. Quartal 2021
Baubeginn: 1. Quartal 2022
Bauende: 3. Quartal 2023
Konjunkturelle Gesamtlage: Durchschnitt
Regionaler Baumarkt: Durchschnitt

Baubestand

Baujahr: 1960
Bauzustand: mittel
Aufwand: mittel
Grundrissänderungen: wenige
Tragwerkseingriffe: einige
Nutzungsänderung: nein
Nutzung während der Bauzeit: ja

Baukonstruktion

Die Außenwände der aufgestockten Etage sind als Holzrahmenwände errichtet. Die Fenster als Alu-Pfosten-Riegelfassade sind mit einer Dreifachverglasung ausgestattet. Die Fassade ist gedämmt und mit hinterlüfteten Blechelementen bekleidet. Im Inneren sind die maßgeschneiderten Wand- und Deckenpaneele eigens für das Projekt konzipiert worden und bilden eine ideale, diffuse Oberfläche für diesen Kulturort. Gleichzeitig mussten höchste Anforderungen an die akustische Trennung vom Außenraum realisiert werden. Das Holzbalken-Flachdach ist mit einer Stehfalzdeckung gedeckt.

Technische Anlagen

Technisch ist der Neubau an das bestehende Gebäude angeschlossen. Die Raumbelüftung erfolgt durch Quellluftauslässe im Bühnenbereich, Während des Konzertbetriebs schiebt sich kontinuierlich eine Frischluftwelle durch den Raum. Eine der schallgedämmten Abluft vorgelagerte Pufferkammer verhindert Zugluftterscheinungen und technische Störgeräusche.

Sonstiges

Die bauliche Umsetzung des Projekts erfolgte bei uneingeschränkt laufendem Akademiebetrieb mit lokalen Unternehmen.

Energetische Kennwerte

Gesetzliche Grundlage: GEG 2020
Gebäudenutzfläche: 159,20 m^2
Hüllfläche des beheizten Volumens: 505,20 m^2
Mittlerer U-Wert (opake Bauteile): 0,20 W/(m^2·K)
Mittlerer U-Wert (transparente Bauteile): 1,00 W/(m^2·K)

Energetische Angaben zu Außenbauteilen

Außenwand

U-Wert: 0,17 W/(m²·K)

Gesamtdicke: 30,87 cm	d [cm]	λ [W/(m·K)]
Dampfsperre	0,03	2,300
GK-Platte	1,25	0,320
GK-Platte	1,25	0,320
Holz	24,00	0,130
Dämmung	24,00	0,035
Dampfsperre	0,04	0,170
OSB-Platte	1,80	0,130
GK-Platte	1,25	0,320
GK-Platte	1,25	0,320

Dach Konzertsaal

U-Wert: 0,20 W/(m²·K)

Gesamtdicke: 22,27 cm	d [cm]	λ [W/(m·K)]
Dampfsperre	0,03	2,300
OSB-Platte	2,20	0,130
Holz	20,00	0,130
Dämmung	20,00	0,035
Dampfsperre	0,04	0,170

Dach Vorraum

U-Wert: 0,18 W/(m²·K)

Gesamtdicke: 34,72 cm	d [cm]	λ [W/(m·K)]
GK-Platte	1,25	0,320
Holz	3,00	0,130
Luft	3,00	0,156
Dampfsperre	0,04	0,170
Holz	14,00	0,130
Dampfsperre	0,03	2,300
Dämmung	16,00	0,040
Bitumenbahn	0,40	0,170

9100-0228
Kammermusiksaal
(80 Sitzplätze)

Planungskennwerte für Flächen und Rauminhalte nach DIN 277

Flächen des Grundstücks		Menge Einheit	% an GF
BF	Bebaute Fläche	1.861,00 m²	24,5
UF	Unbebaute Fläche	5.728,00 m²	75,5
GF	Grundstücksfläche	7.589,00 m²	100,0

Erweiterung

Grundflächen des Bauwerks		Menge Einheit	% an NUF	% an BGF
NUF	Nutzungsfläche	130,00 m²	100,0	51,8
TF	Technikfläche	14,00 m²	10,8	5,6
VF	Verkehrsfläche	55,00 m²	42,3	21,9
NRF	Netto-Raumfläche	199,00 m²	153,1	79,3
KGF	Konstruktions-Grundfläche	52,00 m²	40,0	20,7
BGF	Brutto-Grundfläche	251,00 m²	193,1	100,0

Brutto-Rauminhalt des Bauwerks		Menge Einheit	BRI/NUF (m)	BRI/BGF (m)
BRI	Brutto-Rauminhalt	1.175,00 m³	9,04	4,68

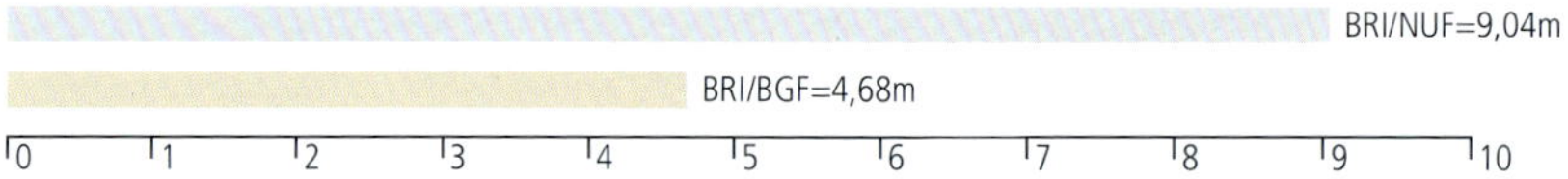

Kostenkennwerte für die Kostengruppen der 1. Ebene DIN 276

KG	Kostengruppen (1. Ebene)	Einheit	Kosten €	€/Einheit	€/m² BGF	€/m³ BRI	% 300+400
100	Grundstück	m² GF	–	–	–	–	–
200	Vorbereitende Maßnahmen	m² GF	28.840	3,80	114,90	24,54	0,9
300	Bauwerk – Baukonstruktionen	m² BGF	2.669.252	10.634,47	10.634,47	2.271,70	83,6
400	Bauwerk – Technische Anlagen	m² BGF	522.169	2.080,36	2.080,36	444,40	16,4
	Bauwerk 300+400	**m² BGF**	**3.191.422**	**12.714,83**	**12.714,83**	**2.716,10**	**100,0**
500	Außenanlagen und Freiflächen	m² AF	–	–	–	–	–
600	Ausstattung und Kunstwerke	m² BGF	–	–	–	–	–
700	Baunebenkosten	m² BGF	–	–	–	–	–
800	Finanzierung	m² BGF	–	–	–	–	–

KG	Kostengruppe	Menge Einheit	Kosten €	€/Einheit	%
200	**Vorbereitende Maßnahmen**	7.589,00 m² GF	28.840	**3,80**	0,9

- Abbrechen
  Rückbau PV-Anlage; Abbruchmaßnahmen bestehender Dachfläche; Entsorgung, Deponiegebühren

KG	Kostengruppe	Menge Einheit	Kosten €	€/Einheit	%
3+4	**Bauwerk**				**100,0**
300	**Bauwerk – Baukonstruktionen**	251,00 m² BGF	2.669.252	**10.634,47**	83,6

- Herstellen
  Abdichtung, Holztreppe, Dämmung, Fließestrich, Bodenfliesen, Parkett, Holz-Treppenbeläge, Perimeterdämmung, Terrassendielen, Treppengeländer; Holzrahmenwände, Stahlstützen, Alufenster, Dreifachverglasung, Sonnenschutzverglasung, Wärmedämmung, hinterlüftete Blechfassade, Akustikelemente, Alu-Pfosten-Riegelfassade, textiler Sonnenschutz; Stb-Wände, Holzrahmenwände, Holz-Stützen, Holztüren, Wandfliesen, Akustik-Wandelemente; Holzbalkendach, Dämmung, Stehfalzdeckung, Dachentwässerung, Akustik-Deckenelemente

KG	Kostengruppe	Menge Einheit	Kosten €	€/Einheit	%
400	**Bauwerk – Technische Anlagen**	251,00 m² BGF	522.169	**2.080,36**	16,4

- Herstellen
  Gebäudeentwässerung, Kalt- und Warmwasserleitungen, Sanitärobjekte; Anschluss an bestehende Fußbodenheizung; Lüftungsanlage mit adiabater Kühlung (Verdunstungskühlung); Elektroinstallation, Beleuchtung; Datenverkabelung, Brandmeldeanlage; Personenaufzug

Kostenkennwerte 3. Ebene DIN 276
für die Kostengruppen 200 bis 600

Kostenkennwerte für die Kostengruppen 200 der 3. Ebene DIN 276

KG	Kostengruppe	Menge Einheit	Kosten €	€/Einheit	%
211	**Sicherungsmaßnahmen**				
	4400-0333 Kindertagesstätte (3 Gruppen, 35 Kinder)				
		1.414,00 m² GF	2.309	**1,63**	22,9
	Rohrgrabenbereich: Bitumenbelag und Unterbau abbrechen, entsorgen, Asphalttragschicht einbauen (10m²)				
	6100-1500 Mehrfamilienhaus (16 WE)				
	• Herstellen (Kosten: 100,0%)	1.571,00 m² GF	179	**0,11**	7,3
	Baumschutz mit Brettern (2St)				
	6100-1587 Mehrfamilienhaus (9 WE)				
		1.000,00 m² GF	1.979	**1,98**	6,0
	Suchschachtungen (3St)				
	6400-0120 Jugendfreizeitstätte (3 Gruppen, 100 Kinder)				
		1.582,00 m² GF	261	**0,16**	4,5
	Sichern von Versorgungsleitungen (14m)				
212	**Abbruchmaßnahmen**				
	1300-0330 Bürogebäude (15 AP)				
		–	1.715	–	100,0
	Abbruch von Rohrleitungen bis DN200 (28m), Trennschnitte (12St); Entsorgung				
	1300-0341 Bürogebäude (10 AP)				
		–	13.523	–	78,4
	Aufnehmen und Lagern von Feldsteinen (265t), Abbruch von Abwassergrube (16m³), Wandscheibe, d=24cm, h=2m (5m²); Entsorgung, Deponiegebühren				
	4400-0357 Kinderhaus (4 Gruppen, 74 Kinder)				
		1.278,00 m² GF	1.737	**1,36**	100,0
	Abbruch von Asphaltfläche (100m²); Entsorgung, Deponiegebühren				
	6100-1587 Mehrfamilienhaus (9 WE)				
		1.000,00 m² GF	24.844	**24,84**	75,2
	Abbruch von Gebäude mit Keller, Sohle und Fundamenten (psch), Entkernung und Separierung der anfallenden Materialien (psch), Schadstoffsanierung (psch); Entsorgung, Deponiegebühren				
	6100-1636 Mehrfamilienhaus (10 WE)				
	• Abbrechen (Kosten: 100,0%)	1.156,00 m² GF	827	**0,72**	100,0
	Abbruch von bitumenhaltiger Befestigung (18m²), Trennschnitte (13m); Entsorgung, Deponiegebühren				

KG	Kostengruppe	Menge Einheit	Kosten €	€/Einheit	%
	6100-1672 Einfamilienhaus				
		4.316,00 m²GF	33.436	**7,75**	98,0
	Abbruch von Wohnhaus (411m³), Gartenhaus (43m³), Dachdeckung (273m²), Betonplatten (80m²); Entsorgung, Deponiegebühren				
	6100-1726 Mehrfamilienhaus (11 WE)				
		1.034,00 m²GF	33.202	**32,11**	66,1
	Abbruch von Wohnhaus, Garage, Mauern (1.250m³), Pflasterflächen (150m²), Inventar (10t); Entsorgung, Deponiegebühren				
	6400-0120 Jugendfreizeitstätte (3 Gruppen, 100 Kinder)				
		1.582,00 m²GF	845	**0,53**	14,7
	Abbruch von Betonfundamenten (6m³); Entsorgung, Deponiegebühren				
214	**Herrichten der Geländeoberfläche**				
	1300-0332 Bürogebäude (10 AP), Doppelgarage				
		1.587,00 m²GF	11.308	**7,13**	100,0
	Oberboden abtragen, lagern (274m³), Grundstück mähen (1.587m²)				
	4400-0333 Kindertagesstätte (3 Gruppen, 35 Kinder)				
		1.414,00 m²GF	7.793	**5,51**	77,1
	Oberboden abtragen, d=30cm, in Mieten lagern (1.427m²), Bäume fällen, Wurzelstöcke roden, beseitigen (3St)				
	6100-1500 Mehrfamilienhaus (16 WE)				
	• Herstellen (Kosten: 100,0%)	1.571,00 m²GF	2.272	**1,45**	92,7
	Oberboden abtragen, abfahren (7m³)				
	6100-1587 Mehrfamilienhaus (9 WE)				
		1.000,00 m²GF	966	**0,97**	2,9
	Oberboden abtragen, d=30cm, in Mieten aufsetzen (395m³)				
	6100-1672 Einfamilienhaus				
		4.316,00 m²GF	689	**0,16**	2,0
	Erdtank verfüllen (3m³), Bäume fällen, Wurzelstöcke roden (2St)				
	6100-1726 Mehrfamilienhaus (11 WE)				
		1.034,00 m²GF	17.064	**16,50**	33,9
	Oberboden abtragen, d=35cm, entsorgen (300m³), Wurzelstöcke entfernen (10St), Bäume, Gehölz roden, entsorgen (psch)				
	6400-0120 Jugendfreizeitstätte (3 Gruppen, 100 Kinder)				
		1.582,00 m²GF	4.647	**2,94**	80,8
	Grundstück freimachen, Vegetation, Gehölze roden (84m²), Oberboden abtragen, d=30cm (81m³); Entsorgung, Deponiegebühren				

KG	Kostengruppe	Menge Einheit	Kosten €	€/Einheit	%
215	**Kampfmittelräumung**				
	6100-1587 Mehrfamilienhaus (9 WE)				
		1.000,00 m²GF	5.258	**5,26**	15,9

Boden umsetzen im Bereich von Kampfmittelverdachtsflächen (1St), GPS-gestützte Absteckung oder Endaufmaß der Kampfmittelsondierflächen (1St), Bericht, Dokumentation und Freigabe erstellen (psch)

KG	Kostengruppe	Menge Einheit	Kosten €	€/Einheit	%
216	**Kulturhistorische Funde**				
	1300-0341 Bürogebäude (10 AP)				
		–	3.716	**–**	21,6

Archäologische Dokumentation (2d)

Kostenkennwerte für die Kostengruppen 200 der 3.Ebene DIN 276

KG	Kostengruppe	Menge Einheit	Kosten €	€/Einheit	%
222	**Wasserversorgung**				
	6100-1587 Mehrfamilienhaus (9 WE)				
		1.000,00 m²GF	27.173	**27,17**	100,0

Kopfloch, t bis 1,60m (1St), Hausanschluss Wasser (1St), Wasserleitung mit Horizontalpressgerät verlegen (14m), Kopfloch für Regenwasseranschluss (1St), Aushub

KG	Kostengruppe	Menge Einheit	Kosten €	€/Einheit	%
227	**Verkehrserschließung**				
	6400-0120 Jugendfreizeitstätte (3 Gruppen, 100 Kinder)				
		1.582,00 m²GF	22.439	**14,18**	100,0

Asphaltfläche einschneiden (311m), Asphaltfläche aufbrechen, laden, entsorgen, Asphaltfläche wieder herstellen, d=25-30cm (207m²), Fugenverguss (234m)

Kostenkennwerte für die Kostengruppen 200 der 3. Ebene DIN 276

KG	Kostengruppe	Menge Einheit	Kosten €	€/Einheit	%
232	**Wasserversorgung**				
	1300-0332 Bürogebäude (10 AP), Doppelgarage	1.587,00 m² GF	6.075	**3,83**	69,8
	Hausanschluss Wasser (psch)				
	6100-1726 Mehrfamilienhaus (11 WE)	1.034,00 m² GF	1.933	**1,87**	8,2
	Hausanschluss Wasser (1St)				
233	**Gasversorgung**				
	6100-1726 Mehrfamilienhaus (11 WE)	1.034,00 m² GF	223	**0,22**	0,9
	Hausanschluss Gas (1St)				
235	**Stromversorgung**				
	1300-0332 Bürogebäude (10 AP), Doppelgarage	1.587,00 m² GF	2.623	**1,65**	30,2
	Hausanschluss Strom (psch)				
	6100-1726 Mehrfamilienhaus (11 WE)	1.034,00 m² GF	21.546	**20,84**	90,9
	Hausanschluss Strom (1St)				

Kostenkennwerte für die Kostengruppen 300 der 3.Ebene DIN 276

KG	Kostengruppe	Menge Einheit	Kosten €	€/Einheit	%
311	**Herstellung**				
	1300-0319 Amtsverwaltung (36 AP)	166,64 m³BGI	21.449	**128,72**	100,0
	Erdaushub (34m³), Hinterfüllungen mit Lieferkies (85m³), Rohrgrabenaushub, t=60-90cm, lagern, verfüllen (57m³)				
	1300-0330 Bürogebäude (15 AP)	174,35 m³BGI	14.868	**85,28**	100,0
	Baugrubenaushub, d bis 55cm (44m³), Bodenabtrag, Sand, Kies, Böschungsbereiche (20m³), Aushub laden, fördern, lagern (158m³), Arbeitsraum verfüllen, Kies-Sand-Gemisch (52m³), Rohrgrabenaushub, t bis 125cm, lagern, verfüllen (16m³), Planum (85m²)				
	1300-0332 Bürogebäude (10 AP), Doppelgarage	332,72 m³BGI	21.010	**63,15**	100,0
	Bodenaushub BK 2-4, t=80cm, abfahren (333m³)				
	1300-0338 Bürogebäude (89 AP)	787,16 m³BGI	65.110	**82,71**	92,6
	Baugrubenaushub BK 3-5, lagern (732m³), Rohrgrabenaushub, t bis 2m (55m³), Planum (704m²)				
	1300-0341 Bürogebäude (10 AP)	194,01 m³BGI	41.467	**213,73**	100,0
	Baugrubenaushub BK 1-4, abfahren (194m²), Verfüllungen mit Kies (146m³), mit Naturschotter (77m³)				
	4400-0333 Kindertagesstätte (3 Gruppen, 35 Kinder)	1.330,62 m³BGI	46.750	**35,13**	99,4
	Oberboden abfahren (282m³), Baugrubenaushub BK 3-5, lagern (569m³), lagern, abfahren (369m³), Rohrgrabenaushub BK 3-5, t=1,25-3,00m (104m³), Handaushub (6m³), Rohrgraben auffüllen, Liefermaterial (39m³), Verfüllungen, Quarzsand, d=35cm, zweilagig (247m³), Planum (783m²)				
	4400-0357 Kinderhaus (4 Gruppen, 74 Kinder)	1.532,00 m³BGI	35.694	**23,30**	100,0
	Baugrubenaushub BK 3-4, t bis 4,00m, laden, entsorgen (1.532m³), Planum (430m²), Rohrgrabenaushub BK 3-5, t bis 1,25m, wieder verfüllen (23m³)				
	6100-1500 Mehrfamilienhaus (16 WE)				
•	Herstellen (Kosten: 100,0%)	–	28.374	**–**	100,0
	Baugruben im Gebäude, t bis 80cm (20St), Handschachtung für Ringerder (25m), Kopflöcher für Tiefenerder (2St)				

KG	Kostengruppe	Menge Einheit	Kosten €	€/Einheit	%
	6100-1536 Mehrfamilienhaus (12 WE)				
	• Herstellen (Kosten: 100,0%)	11,25 m³ BGI	3.273	**290,95**	100,0
	Außenwände freilegen, Bodenaushub BK 3-5, t bis 30cm, lagern, wieder verfüllen, verdichten (11m³)				
	6100-1587 Mehrfamilienhaus (9 WE)				
		526,81 m³ BGI	31.799	**60,36**	64,6
	Baugrubenaushub BK 3-4, laden, entsorgen (527m³), Oberboden, lagernd, laden, entsorgen (113t), belasteten Boden Z2, lagernd, laden entsorgen (78m³), Schürfen, t bis 1,00m (5St), Hinterfüllung, Lagermaterial (165m³), Planum (360m²)				
	6100-1636 Mehrfamilienhaus (10 WE)				
	• Herstellen (Kosten: 100,0%)	114,83 m³ BGI	12.243	**106,62**	100,0
	Außenwände freilegen, Bodenaushub BK 3-4, Bauschutt, t bis 1,50m, lagern, laden, abfahren (83m³), Baugrubenaushub BK 3-4, Bauschutt, t=1,70m, lagern, laden, entsorgen (32m³), Hinterfüllungen mit Frostschutzkies, Liefermaterial (15m³), mit Boden BK 3-4, Liefermaterial (15m³), Planum (79m²)				
	6100-1672 Einfamilienhaus				
		99,98 m³ BGI	2.918	**29,19**	100,0
	Baugrubenaushub BK 3-5, abfahren (90m³), Rohrgrabenaushub BK 3-5, t bis 1m, lagern, verfüllen (10m³)				
	6100-1726 Mehrfamilienhaus (11 WE)				
		1.742,20 m³ BGI	88.875	**51,01**	90,3
	Baugrubenaushub BK 4-5, t bis 3,75m, laden, entsorgen (1.725m³), Planum (500m²), Hinterfüllung mit Sand, Liefermaterial (438m³), Grabenaushub, t=40cm, laden, entsorgen (10m³), Rohrgrabenaushub, b=30cm, t bis 0,80m, lagern, verfüllen (7m³)				
	6100-1733 Mehrfamilienhaus (11 WE)				
	• Herstellen (Kosten: 100,0%)	111,03 m³ BGI	34.622	**311,82**	100,0
	Aushub im Gebäude, BK 3-5, t=73-113cm, für Gräben/Schächte, lagern, verfüllen (63m³), t=10cm, für Bodenplatte, abfahren (38m³), Planum, im Gebäude (251m²), Baugrubenaushub BK 3-5, lagern (11m³)				
	6400-0120 Jugendfreizeitstätte (3 Gruppen, 100 Kinder)				
		767,14 m³ BGI	45.973	**59,93**	100,0
	Baugrubenaushub, d=1,00m, lösen, lagern, entsorgen (667m³), lösen, verfüllen (100m³), Planum (806m²)				
312	**Umschließung**				
	4400-0333 Kindertagesstätte (3 Gruppen, 35 Kinder)				
		36,00 m²	304	**8,46**	0,6
	Rohrgrabenverbau, h bis 3,00m (36m²)				

KG	Kostengruppe	Menge Einheit	Kosten €	€/Einheit	%
	6100-1587 Mehrfamilienhaus (9 WE)				
		53,79 m²	17.415	**323,77**	35,4
	Trägerbohlenwand, h bis 3,00m (54m²), Träger wieder ziehen, Autokran (psch)				
313	**Wasserhaltung**				
	1300-0338 Bürogebäude (89 AP)				
		787,16 m³	5.238	**6,65**	7,4
	Pumpensümpfe DN1.000 (2St), Tauchpumpe (20d)				
	6100-1726 Mehrfamilienhaus (11 WE)				
		1.742,20 m³	9.521	**5,46**	9,7
	Offene Wasserhaltung, abpumpen Dränagewasser (psch), Absetzbecken, DN1.000mm, t=1,50m (1St), Sickerleitung DN100 (50m)				

Kostenkennwerte für die Kostengruppen 300 der 3.Ebene DIN 276

KG	Kostengruppe	Menge Einheit	Kosten €	€/Einheit	%
321	**Baugrundverbesserung**				
	4400-0333 Kindertagesstätte (3 Gruppen, 35 Kinder)				
		–	5.932	**–**	2,3
	Hydraulisches Bindemittel, Zement/Kalk, in Lagen verteilen (18t)				
	4400-0357 Kinderhaus (4 Gruppen, 74 Kinder)				
		343,00 m²	13.615	**39,69**	7,1
	Bodenaustausch, t=50cm, Auffüllung Kiessand, Bodengruppe GW (273m³), Gründungssohle verdichten (430m²), Geotextil (434m²)				
	6100-1587 Mehrfamilienhaus (9 WE)				
		636,50 m²	5.696	**8,95**	3,5
	Sand-Kies-Gemisch, d=50cm, in Schichten einbauen, verdichten (191m³)				
	6100-1726 Mehrfamilienhaus (11 WE)				
		347,00 m²	17.941	**51,70**	9,7
	Bodenaustausch, t bis 3,75m, Kiessand 0/32mm (288m³)				
322	**Flachgründungen und Bodenplatten**				
	1300-0319 Amtsverwaltung (36 AP)				
		838,15 m²	254.565	**303,72**	55,4
	Stb-Streifenfundamente C20/25, 85x80cm, Schalung, Bewehrung (112m³), 90-120x50cm (73m³), Stb-Bodenplatte C25/30, d=18cm (827m²), Stb-Aufzugsunterfahrt C25/30, WU, d=25-40cm, Wandhöhe 120cm (11m²), Mehrspartenhauseinführung (1St), Rohrdurchführungen (16St)				
	1300-0330 Bürogebäude (15 AP)				
		296,14 m²	94.138	**317,88**	74,4
	Fundamentaushub, fördern, lagern (186m³), Verfüllung mit Mineralgemisch (98m³), Planum (174m²), Stb-Einzel/Streifenfundamente C25/30, Schalung, Bewehrung (34m³), Stb-Bodenplatte C25/30, d=22cm (126m²)				
	1300-0332 Bürogebäude (10 AP), Doppelgarage				
		270,00 m²	51.603	**191,12**	30,8
	Stb-Bodenplatte C25/30, d=22cm, Schalung, Bewehrung (270m²), Stb-Streifenfundamente 50x60cm (22m³), Fundamentaushub (2m³), Stb-Einzelfundamente 50x50x80cm (4St), Mehrspartenhauseinführung (1St)				
	1300-0338 Bürogebäude (89 AP)				
		542,25 m²	152.073	**280,45**	43,4
	Stb-Fundamentplatte, d=40cm, Schalung, Bewehrung (537m²), Stb-Aufzugsunterfahrt, t=60cm (5m²), Mehrspartenhauseinführung (1St)				

KG	Kostengruppe	Menge Einheit	Kosten €	€/Einheit	%
	1300-0341 Bürogebäude (10 AP)	190,92 m²	31.524	**165,12**	20,7
	Stb-Fundamentplatte C25/30, d=22cm, Schalung, Bewehrung (191m²), Frostschürzen C20/25, d=20cm (16m³), Viersparten-Hauseinführungen (2St)				
	4400-0333 Kindertagesstätte (3 Gruppen, 35 Kinder)	602,52 m²	95.669	**158,78**	36,6
	Stb-Bodenplatte, d=25cm, Schalung, Bewehrung (603m²), Magerbetonauffüllungen für Tiefergründung, unbewehrt (13m³), Einzelfundamente 2,50x0,40x0,60m (2m³), Mehrspartenhauseinführung (1St), Rohrdurchführungen (12St), Gebäudeeinführungen (4St)				
	4400-0357 Kinderhaus (4 Gruppen, 74 Kinder)	367,36 m²	100.232	**272,84**	52,6
	Fundamentaushub BK 3-5, t=1,35m (72m³), Stb-Streifenfundamente C25/30, 40x78cm (29m), 40x1,00m (20m), 65x50cm (17m), Einzelfundament C25/30 (4m³), Stb-Bodenplatte C25/30, WU, d=25cm, Schalung, Bewehrung (364m²), Oberfläche flügelglätten (119m²), Aufzugsunterfahrt, t=1,35m (13m²), Pumpensumpf in Bodenplatte (1St), Bodendurchführungen DN400 (2St)				
	4400-0389 Kindertagesstätte (6 Gruppen, 100 Kinder)	1.504,55 m²	177.526	**117,99**	12,0
	Fundamentaushub, BK 3-4 (447m³), Stb-Streifenfundamente, Schalung, Bewehrung (101m³), Stb-Bodenplatte, d=20cm, Randschalung, Bewehrung (1.505m²)				
	6100-1500 Mehrfamilienhaus (16 WE)				
	• Abbrechen (Kosten: 13,3%)	19,13 m²	3.415	**178,50**	6,0
	Abbruch von Betonbodenplatten (19m²), Fundamenten (2m³); Entsorgung, Deponiegebühren				
	• Herstellen (Kosten: 86,7%)	57,02 m²	22.319	**391,42**	39,5
	Stb-Streifenfundamente, Schalung, Bewehrung (2m³), Stb-Bodenplatten, d=20cm (57m²), Betonschwellen (6h)				
	6100-1587 Mehrfamilienhaus (9 WE)	296,09 m²	74.301	**250,94**	45,9
	Stb-Bodenplatte C20/25, WU, d=30cm, Schalung, Bewehrung (135m²), d=25cm (161m²), Streifenfundamente C20/25, WU (12m³), Einzelfundamente (8St), Fundamentaushub (12m³), Sohlendurchführungen (10St)				
	6100-1636 Mehrfamilienhaus (10 WE)				
	• Abbrechen (Kosten: 40,9%)	–	2.898	–	7,1
	Abbruch von Betonfundamenten (psch); Entsorgung, Deponiegebühren				
	• Herstellen (Kosten: 59,1%)	7,52 m²	4.181	**555,97**	10,2
	Stb-Fundamentplatte C25/30, WU, d=40cm, Schalung, Bewehrung (4m²), d=20cm (3m²)				

KG	Kostengruppe	Menge Einheit	Kosten €	€/Einheit	%
	6100-1672 Einfamilienhaus				
		126,74 m²	28.204	**222,53**	45,5
	Stb-Fundamentplatte C25/30, WU, d=25cm, Schalung, Bewehrung (127m²), Mehrspartenhausanschluss (1St)				
	6100-1726 Mehrfamilienhaus (11 WE)				
		347,00 m²	79.278	**228,47**	42,7
	Fundamentaushub, lösen, lagern (20m³), Stb-Fundamente C25/30 (10m³), Stb-Bodenplatten C25/30, d=30cm, Schalung, Bewehrung (340m²), Stb-Aufzugunterfahrt C25/30, WU, d=25cm, t=64cm (7m²)				
	6100-1733 Mehrfamilienhaus (11 WE)				
	• Herstellen (Kosten: 100,0%)	263,33 m²	40.645	**154,35**	32,1
	Betonbodenplatten C20/25, d=15cm (251m²), Bodendurchführungen DN100 (14St), Fundamentaushub BK 3-5, t=1,00m (28m³), Stb-Einzelfundamente, Schalung, Bewehrung (12m³)				
	6400-0120 Jugendfreizeitstätte (3 Gruppen, 100 Kinder)				
		694,88 m²	142.144	**204,56**	43,3
	Stb-Bodenplatte C25/30, d=25cm, Schalung, Bewehrung (695m²), Streifenfundamente C20/25 (2m³)				
324	**Gründungsbeläge**				
	1300-0319 Amtsverwaltung (36 AP)				
		792,57 m²	155.498	**196,20**	33,8
	Bitumenabdichtung (827m²), EPS-Dämmung WLG 035, d=40mm, Zementestrich, d=80mm (782m²), Spachtelung, PVC-Bodenbelag (289m²), PVC-Sockel (165m), Teppich (267m²), Teppichsockel (249m), Bodenfliesen 60x30cm (196m²), 10x10cm (33m²), Fliesensockel (127m), Bodenbeschichtung (8m²)				
	1300-0330 Bürogebäude (15 AP)				
		108,66 m²	21.460	**197,49**	17,0
	Bitumenabdichtung (117m²), EPS-Dämmung WLG 035, d=40mm, Zement-Heizestrich, d=65mm (109m²), Vinyl (95m²), Holzsockel (63m), Abdichtung, Bodenfliesen 60x60cm (9m²), Fliesensockel (9m)				
	1300-0332 Bürogebäude (10 AP), Doppelgarage				
		228,39 m²	59.691	**261,36**	35,6
	Bitumenabdichtung (185m²), Zementestrich, d=65mm (228m²), Kugelgarnteppich (217m²), Kunststoff-Kernsockel (238m), Abdichtung, Bodenfliesen (11m²), Fliesensockel (9m)				
	1300-0338 Bürogebäude (89 AP)				
		480,84 m²	86.805	**180,53**	24,8
	Bitumenabdichtung, EPS-Trittschalldämmung WLG 035, d=40mm, Calciumsulfat-Fließestrich (481m²), Hochkant-Lamellenparkett, Eiche (258m²), Epoxidharzbeschichtung, Acrylversiegelung (210m²), Sauberlaufmatte (9m²), Abdichtung, Bodenfliesen (4m²)				

KG	Kostengruppe	Menge Einheit	Kosten €	€/Einheit	%
	1300-0341 Bürogebäude (10 AP)	165,11 m²	55.550	**336,44**	36,6
	Hohlböden, h=185mm, Trockenestrich, d=25mm (164m²), Linoleum (122m²), Linoleumsockel (89m), Holzsockel (11m), Abdichtung, Entkoppelungsmatten, Bodenfliesen (41m²), Fliesensockel (33m), Sauberlaufmatten (3m²)				
	4400-0333 Kindertagesstätte (3 Gruppen, 35 Kinder)	558,79 m²	100.248	**179,40**	38,3
	Bitumenabdichtungsbahnen (554m²), EPS-Dämmung, WLG 035, d=100mm (540m²), d=70mm (9m²), d=130mm (5m²), Calciumsulfat-Heizestrich CA-C35-F5, d=65mm (415m²), Zementheizestrich CT-C35-F5, bewehrt, d=65mm (130m²), d=70cm (9m²), Massivholzparkett, Eiche, d=8mm, geölt, gewachst (318m²), Holzsockel (111m), Linoleum, d=2,5mm (111m²), Holzsockel, lasiert (69m), Bodenfliesen 60x30cm (66m²), 30x30cm (64m²), Fliesensockel (79m), Fußabstreifer 200x200cm (2St)				
	4400-0357 Kinderhaus (4 Gruppen, 74 Kinder)	222,08 m²	40.476	**182,26**	21,3
	Bitumenabdichtung (207m²), PU-Dämmung, WLS 024, d=60mm, EPS-TSD, d=30mm, Heizestrich, d=70mm (212m²), Linoleum (196m²), Abdichtung, Bodenfliesen (18m²), Fluchtstufe, Holz 1,00x0,30x0,20m (1St), Gefällerampe für Pelletlager, Dreischichtplatte, 40 Grad Neigung (2m²), Epoxidharzbeschichtung, Sauberlaufmatte, Alurahmen (8m²)				
	4400-0389 Kindertagesstätte (6 Gruppen, 100 Kinder)	1.368,12 m²	1.124.891	**822,22**	75,8
	Bitumenabdichtung, EPS-Dämmung, d=100mm (1.593m²), Brettsperrholz-Modulböden, d=8cm, Schwellen, d=2cm (972m²), Ausgleichsdämmung, d=100mm (397m²), TSD, d=20-30mm, Estrich, d=60-65mm (1.368m²), Linoleum (1.238m²), Abdichtung, Bodenfliesen (130m²)				
	6100-1500 Mehrfamilienhaus (16 WE)				
	• Abbrechen (Kosten: 7,5%)	50,79 m²	2.295	**45,18**	4,1
	Abbruch von Holzdielen, Lagerhölzer, Sand/Schutt, d=3cm (51m²), Sockelfliesen, Trennschnitte (3m)				
	• Wiederherstellen (Kosten: 15,3%)	–	4.698	**–**	8,3
	Sockelleisten demontieren, schadhafte Dielen abbrechen, Lagerhölzer reinigen, ergänzen, Hohlräume mit Blähglasgranulat füllen, neue Dielung verlegen, Sockelleisten wieder montieren (8m²), Unebenheiten im Estrich ausgleichen (14h), Bodenfliesen ergänzen (psch)				
	• Herstellen (Kosten: 77,2%)	204,18 m²	23.717	**116,16**	42,0
	XPS-Dämmung, d=60-100mm (54m²), PIR-Dämmung, d=40mm, Gefälleestrich (25m²), Grundierung, Epoxidharzbeschichtung (200m²), als Sockel (250m), Abdichtung, Bodenfliesen (2m²), Glasmosaik (2m²), Sockelleisten, Holz (52m)				
	6100-1536 Mehrfamilienhaus (12 WE)				
	• Herstellen (Kosten: 100,0%)	15,60 m²	1.071	**68,64**	100,0
	Holzboden einbauen: KVH 10x10cm (61m), OSB, d=22mm (16m²)				

KG	Kostengruppe	Menge Einheit	Kosten €	€/Einheit	%
	6100-1587 Mehrfamilienhaus (9 WE)				
		265,12 m^2	35.064	**132,26**	21,7
	Flächenabdichtung (200m^2), Glaswolldämmung WLS 032, d=20mm (164m^2), Zementheizestrich CTF-F5, d=64mm (162m^2), Zementestrich CT-C30-F5, d=45mm (2m^2), Dreischichtparkett, d=10mm (130m^2), Hochkant-Lamellenparkett, d=10mm (26m^2), Holzsockel (90m), Spachtelung, Fußbodenbeschichtung (101m^2), Sockelstrich, h=10cm (92m), Bodenfliesen (5m^2), Linoleum (2m^2)				
	6100-1636 Mehrfamilienhaus (10 WE)				
•	Abbrechen (Kosten: 1,3%)	10,44 m^2	427	**40,91**	1,0
	Abbruch von Estrich (10m^2); Entsorgung, Deponiegebühren				
•	Wiederherstellen (Kosten: 3,7%)	23,43 m^2	1.188	**50,69**	2,9
	Terrazzobelag reinigen, polieren, imprägnieren (9m^2), Kellerboden ausbessern, Risse verpressen (14m^2)				
•	Herstellen (Kosten: 95,0%)	91,46 m^2	30.404	**332,43**	74,0
	Bitumenabdichtung, Dämmschüttung, d=20-40mm, PU-Dämmung, d=50mm, PE-TSD, Zementestrich, d=35-50mm, faserarmiert (75m^2), Vinylbelag (61m^2), Sockelleisten (45m), Verbundestrich, Epoxidharzbeschichtung (10m^2), Abdichtung, Bodenfliesen (5m^2), Fliesensockel (4m), Terrazzoplatten (3m^2), Sauberlaufmatte 80x60cm (1St), Sockelleisten (16m), Loggia: Zement-Verbundestrich, d=50mm, Abdichtung, Bodenfliesen (12m^2), Fliesensockel (15m)				
	6100-1672 Einfamilienhaus				
		112,78 m^2	14.392	**127,61**	23,2
	Bitumenabdichtung (113m^2), EPS-Dämmung WLG 040, d=50mm (108m^2), XPS-Dämmung WLG 040, d=80mm (5m^2), Zement-Heizestrich, d=70-75mm, Trocknungsbeschleuniger (113m^2), Linoleum (92m^2), Linoleumsockel (53m), Bodenbeschichtung, Sockel (14m^2), Abdichtung, Bodenfliesen 60x60cm (5m^2)				
	6100-1726 Mehrfamilienhaus (11 WE)				
		295,75 m^2	70.642	**238,86**	38,1
	Bitumenabdichtung (345m^2), EPS-Dämmung WLG 035, d=80mm (236m^2), d=50mm (60m^2), Zementestrich, d=55mm (236m^2), Zement-Heizstrich, d=75mm, bewehrt (63m^2), PU-Bodenbeschichtung (121m^2), Abdichtung, Bodenfliesen 60x60cm (99m^2), Fliesensockel (112m), Dreischicht-Parkett, Eiche, geölt (41m^2), Holzsockel (33m), Sauberlaufmatte 1,60x1,20m (2m^2)				
	6100-1733 Mehrfamilienhaus (11 WE)				
•	Abbrechen (Kosten: 20,4%)	240,69 m^2	15.386	**63,92**	12,1
	Abbruch von Ziegelpflaster (132m^2), Estrich/Terrazzo, d=8cm (105m^2), Dielenboden (100m^2), Lagerhölzer (24m^2), Schüttung (5m^3), Bodenfliesen (3m^2); Entsorgung, Deponiegebühren				
•	Herstellen (Kosten: 79,6%)	263,29 m^2	59.960	**227,73**	47,3
	Bitumenabdichtung (154m^2), EPS-Dämmung WLG 035, d=80-100mm (160m^2), Zement-Heizestrich, d=60-65mm (182m^2), Linoleum (149m^2), Holzsockel (164m), Epoxidharzbeschichtung, Versiegelung (77m^2), Abdichtung, Bodenfliesen (33m^2), Fliesensockel (33m), Sauberlaufmatten (5m^2), Blockstufen (4St)				

KG	Kostengruppe	Menge Einheit	Kosten €	€/Einheit	%
	6400-0120 Jugendfreizeitstätte (3 Gruppen, 100 Kinder)				
		668,13 m²	101.595	**152,06**	30,9
	Bitumenabdichtung, EPS-Wärmedämmung WLG 040, d=55-80mm, EPS-Trittschalldämmung WLG 040, d=15-20mm, Calciumsulfat-Heizestrich, d=50-64mm (658m²), Spachtelung, Linoleum (604m²), Holzsockel (298m), Bodenfliesen 30x60cm (42m²), Fliesensockel (27m), Epoxidharzbeschichtung, d=3mm (16m²), Sauberlaufmatten, Rahmen (7m²)				
325	**Abdichtungen und Bekleidungen**				
	1300-0319 Amtsverwaltung (36 AP)				
		211,25 m²	49.486	**234,25**	10,8
	PE-Folie, XPS-Perimeterdämmung WLG 035, d=120mm (655m²), Bitumenbeschichtung, XPS-Perimeterdämmung WLG 035, d=140mm, senkrecht (24m²)				
	1300-0330 Bürogebäude (15 AP)				
		340,65 m²	8.301	**24,37**	6,6
	Filterschicht, Kies-Sandgemisch, d=15cm, PE-Folie (85m²), Bitumendickbeschichtung, XPS-Perimeterdämmung, Dränmatte, vertikal (37m²)				
	1300-0332 Bürogebäude (10 AP), Doppelgarage				
		270,00 m²	56.458	**209,10**	33,7
	Geotextil (349m²), Mineralschottergemisch 0/32mm (779t), Sauberkeitsschicht, Noppenfolie (270m²)				
	1300-0338 Bürogebäude (89 AP)				
		602,25 m²	111.263	**184,75**	31,8
	Gründungspolster (770m³), Splittbett, Perimeterdämmung, d=240mm (542m²), Bitumendickbeschichtung, Perimeterdämmung, d=240mm, vertikal (60m²)				
	1300-0341 Bürogebäude (10 AP)				
		265,51 m²	63.849	**240,48**	42,0
	Schaumglasschotter WLG 040, d=20cm (46m³), Sauberkeitsschicht C12/15, d=5cm (162m²)), Bitumenabdichtung (241m²), Stb-Winkelstützelemente, als Sockel und Geländestabilisierung (75m²), Magerbetonaufkantungen C12/15, 22x31cm (26m), Schaumglasdämmung WLS 036, d=14cm, vertikal (62m²), Hohlkehle (67m)				
	4400-0333 Kindertagesstätte (3 Gruppen, 35 Kinder)				
		632,23 m²	53.209	**84,16**	20,3
	Geotextil 150-200g/m², Glasschaumschotter 10/75mm, d=30cm, PE-Folie, Sauberkeitsschicht C12/15, d=5cm (705m²), PE-Folie (603m²), vertikal, Perimeterdämmung WLG 035, d=60mm (30m²)				
	4400-0357 Kinderhaus (4 Gruppen, 74 Kinder)				
		390,10 m²	36.145	**92,65**	19,0
	Sauberkeitsschicht C8/10, d=5cm (390m²), XPS-Dämmung WLG 035, d=200mm, PE-Folie (374m²), vertikal an Fundamenten (118m²)				

KG	Kostengruppe	Menge Einheit	Kosten €	€/Einheit	%
	4400-0389 Kindertagesstätte (6 Gruppen, 100 Kinder)				
		2.122,45 m²	181.282	**85,41**	12,2
	Geotextil (1.455m²), KFT-Schotter 0/45mm, d=20cm (323m³), Sauberkeitsschicht C8/10, d=5cm (1.233m²), PE-Folie (1.428m²), XPS-Dämmung WLS 039, d=240mm (1.428m²), d=140mm, unter Fundamenten (126m²), vertikal (618m²), Noppenbahn (518m²)				
	6100-1587 Mehrfamilienhaus (9 WE)				
		306,78 m²	24.578	**80,12**	15,2
	Sauberkeitsschicht C8/10, d=5cm (307m²), XPS-Perimeterdämmung WLG 035, d=160mm (176m²), PE-Folie (584m²)				
	6100-1636 Mehrfamilienhaus (10 WE)				
	• Herstellen (Kosten: 100,0%)	10,35 m²	1.256	**121,32**	3,1
	Kies-Schottertragschicht 8/32mm, d=30cm (6m³), Sauberkeitsschicht C8/10, d=5cm (9m²), XPS-Dämmung WLG 040, d=100mm (8m²), vertikal (3m²)				
	6100-1672 Einfamilienhaus				
		133,98 m²	16.480	**123,00**	26,6
	Geotextil (210m²), Schaumglasschotter (172m³), PE-Folie (137m²), Bitumendickbeschichtung, Perimeterdämmung WLS 037, d=120mm, Armierung, Sockelputz, Dichtschlämme, Beschichtung, vertikal (7m²)				
	6100-1726 Mehrfamilienhaus (11 WE)				
		374,00 m²	11.689	**31,25**	6,3
	Sauberkeitsschicht, Noppenbahn (210m²), XPS-Perimeterdämmung WLG 034, d=120mm (140m²), Bitumendickbeschichtung, XPS-Perimeterdämmung WLG 035, d=100mm, Noppenbahn, vertikal (27m²)				
	6100-1733 Mehrfamilienhaus (11 WE)				
	• Wiederherstellen (Kosten: 11,6%)	36,16 m²	1.252	**34,63**	1,0
	Fundamente aus Bruchsteinmauerwerk reinigen, Fugen ausbessern, Fehlstellen schließen (36m²)				
	• Herstellen (Kosten: 88,4%)	299,49 m²	9.497	**31,71**	7,5
	PE-Folie (251m²), Sauberkeitsschicht C20/25, d=5cm, unter Fundamenten (12m²), Ausgleichsputz, Füllspachtelung, Bitumendickbeschichtung, vertikal (36m²), Noppenbahn (48m²)				
	6400-0120 Jugendfreizeitstätte (3 Gruppen, 100 Kinder)	798,44 m²	84.914	**106,35**	25,8
	Schottertragschicht 0/56mm, d=30cm (218m³), Ausgleichsschicht, Brechsand 2/4mm, d=3cm (806m²), XPS-Perimeterdämmung, d=160mm (761m²), Bitumendickbeschichtung (104m²), XPS-Sockeldämmung, d=80mm (48m²)				
326	**Dränagen**				
	1300-0330 Bürogebäude (15 AP)				
		296,14 m² GRF	2.635	**8,90**	2,1
	Dränrohre DN100 (41m), Ummantelung, Splitt 11/16mm (8m³), Filtervlies (46m²)				

KG	Kostengruppe	Menge Einheit	Kosten €	€/Einheit	%
	1300-0341 Bürogebäude (10 AP)				
		190,92 m²GRF	1.051	**5,50**	0,7
	Dränvlies (180m²)				
	4400-0333 Kindertagesstätte (3 Gruppen, 35 Kinder)				
		602,52 m²GRF	6.474	**10,75**	2,5
	Dränagerohre DN100, Sickerpackung, Kies 16/32mm, Vlies (122m), Spül-Kontrollschächte DN315 (4St), Anschluss an bestehenden Kanal (1St)				
	6100-1587 Mehrfamilienhaus (9 WE)				
		296,09 m²GRF	22.196	**74,96**	13,7
	PVC-Dränrohre DN100, Formstücke (62m), Filterpackung (15m), Filtervlies (50m), Kontrollschächte DN315 (2St), Beton-Pumpenschacht DN1.000, Anschlüsse Dränage, Druckleitung (1St), Hebeanlage Dränage: Tauchmotorpumpen 6,5m³/h (2St), Tauchschalterpaket (1St), Steuergerät für Doppelanlage, mit Alarm (1St), Rückschlagklappen (2St), Druckrohrleitungen (6St)				
	6100-1636 Mehrfamilienhaus (10 WE)				
	• Wiederherstellen (Kosten: 31,1%)	23,43 m²GRF	222	**9,49**	0,5
	Dränleitungen spülen, Schwemmmaterial entsorgen (75m)				
	• Herstellen (Kosten: 68,9%)	95,56 m²GRF	492	**5,15**	1,2
	Sickerpackung, Kies 8/16mm (6m³)				
	6100-1672 Einfamilienhaus				
		126,74 m²GRF	2.940	**23,19**	4,7
	PVC-Dränrohre DN100, Formstücke (138m)				
	6100-1726 Mehrfamilienhaus (11 WE)				
		347,00 m²GRF	6.081	**17,52**	3,3
	Drängrabenaushub, t=0,50m, abfahren (25m³), Dränrohre DN150, Formstücke, Geotextil (90m), Dränschicht, Kiessand 2/8mm (25m³), Kontrollschächte DN300, h=3,25m (2St), h=1,00m (1St)				

Kostenkennwerte für die Kostengruppen 300 der 3. Ebene DIN 276

KG	Kostengruppe	Menge Einheit	Kosten €	€/Einheit	%
331	**Tragende Außenwände**				
	1300-0319 Amtsverwaltung (36 AP)				
		565,30 m²	249.190	**440,81**	18,3
	Stb-Wände C25/30, d=24cm, Schalung, Bewehrung (372m²), Stb-Über-/Unterzüge C25/30, d=24cm (194m²)				
	1300-0330 Bürogebäude (15 AP)				
		266,49 m²	100.270	**376,26**	19,6
	Stb-Wandsockel C25/30, d=20cm, h=50cm, Schalung, Bewehrung (20m²), Wanddurchführungen (7St), Holzrahmenwände, d=27cm, KVH 8x24cm, außen MDF-Schalung, d=16mm, innen OSB-Schalung, d=15mm, Mineralwolldämmung WLG 035, d=240mm (246m²), Aussteifungsrahmen HEB180, h=2,89m, b=3,08m (1St)				
	1300-0332 Bürogebäude (10 AP), Doppelgarage				
		192,19 m²	46.394	**241,40**	19,7
	Porenbeton-Mauerwerk, d=36,5cm (192m²)				
	1300-0338 Bürogebäude (89 AP)				
		653,39 m²	142.924	**218,74**	15,1
	Stb-Elementwände, d=24cm, Schalung, Bewehrung (653m²)				
	1300-0341 Bürogebäude (10 AP)				
		427,86 m²	190.427	**445,07**	37,0
	Massivholzwände, d=17,5-18,5cm (29m²), einseitig Sichtqualität (399m²), BSH-/KVH-Träger (1m³)				
	4400-0333 Kindertagesstätte (3 Gruppen, 35 Kinder)				
		267,26 m²	54.710	**204,71**	14,8
	Holzrahmenwände, d=17,5cm, KVH 6/16cm, Zellulosedämmung WLG 040, d=160mm, OSB-Schalung, d=15mm (224m²), d=11,5cm (43m²), Holzschwellen 10x16cm (110m), 10x12cm (9m)				
	4400-0357 Kinderhaus (4 Gruppen, 74 Kinder)				
		480,27 m²	158.130	**329,25**	21,2
	Brettsperrholzwände, d=12cm, dreilagig, Industriequalität (321m²), Brettsperrholzstürze, h=32-40cm (29m), Unterzüge 20x28cm (17m), Vertikalrippen 12x12cm, l bis 4,40m (14St), Stb-Wände C25/30, WU, d=25cm, Schalung, Bewehrung (70m²), Sichtbeton (60m²), d=20cm (30m²)				

KG	Kostengruppe	Menge Einheit	Kosten €	€/Einheit	%
	6100-1500 Mehrfamilienhaus (16 WE)				
•	Abbrechen (Kosten: 1,2%)	–	809	–	< 0,1
	Abbruch von Ziegelmauerwerk, für Nischen (9h); Entsorgung, Deponiegebühren				
•	Wiederherstellen (Kosten: 90,9%)	–	59.103	–	6,2
	Horizontalsperren, Bohrlochinjektionen, Niederdruckverfahren (64m), Schwammsanierung Mauerwerk: Bohrlochtränkung (58m²), Wandflächen abflammen, fluten (85m²), Stahlstürze freilegen, ersetzen durch IPE100, wieder ausmauern (55m), instandsetzen, Rostschutzbeschichtung (43m), Risssanierung mit Spiralanker (19m)				
•	Herstellen (Kosten: 7,8%)	2,65 m²	5.091	**1.921,05**	0,5
	Wandöffnungen schließen (2m²), Sockelmauerwerk (1m²), Betonbalken (1St)				
	6100-1536 Mehrfamilienhaus (12 WE)				
•	Herstellen (Kosten: 100,0%)	4,21 m²	1.975	**469,13**	0,3
	KS-Mauerwerk an Fensterbrüstungen, d=24cm (4m²)				
	6100-1587 Mehrfamilienhaus (9 WE)				
		558,76 m²	132.535	**237,19**	25,9
	Holzrahmenwände, d=234mm, KVH 60x200mm, außen Weichfaserplatte 22mm, Holzfaserdämmung WLG 040, innen OSB-3-Beplankung 12mm (460m²), Stb-Elementwände C20/25, d=30cm, Bewehrung (99m²)				
	6100-1636 Mehrfamilienhaus (10 WE)				
•	Herstellen (Kosten: 100,0%)	127,75 m²	79.258	**620,41**	13,3
	Stb-Wände C25/30, d=24cm, Schalung, Bewehrung (73m²), Fensteröffnungen herstellen in Mauerwerk, d=30cm, Trennschnitte, Auflagertaschen, Ziegel-/Stahlstürze, beschichtet (13m²), Stahlstürze IPB260, l bis 4m (2St), Holzrahmenwände, d=24cm, KVH 6x20cm, Holzfaserdämmung WLG 035, d=200mm, innen OSB-Schalung, d=15mm, außen Holzfaser-Unterdeckplatten WLS 047, d=40mm (42m²)				
	6100-1672 Einfamilienhaus				
		119,26 m²	21.662	**181,63**	20,2
	Holzrahmenwände, KVH/BSH 6x16cm, Holzfaserdämmung, d=160mm, innenseitig OSB-Schalung, d=15mm (94m²), Stb-Sockelaufkantung C25/30, d=14cm, h=35cm, Schalung, Bewehrung (25m²)				
	6100-1726 Mehrfamilienhaus (11 WE)				
		655,70 m²	137.725	**210,04**	18,2
	Stb-Wände C25/30, d=24cm, WU, Schalung, Bewehrung (182m²), KS-Mauerwerk, d=17,5cm (443m²), d=24cm (19m²), Stb-Ringanker C25/30, 17,5x25cm (46m), EPDM-Mauerkragen (9St)				

KG	Kostengruppe	Menge Einheit	Kosten €	€/Einheit	%
	6100-1733 Mehrfamilienhaus (11 WE)				
	• Wiederherstellen (Kosten: 51,6%)	–	30.361	–	3,4
	Horizontalabdichtung, Druckinjektionen, Mauerwerk, d=42cm (115m), Brüstungen anpassen (37m), Mauerwerk ausbessern (psch)				
	• Herstellen (Kosten: 48,4%)	82,54 m²	28.496	**345,24**	3,2
	HLz-Mauerwerk, d=24cm (44m²), Stb-Ringanker (38m), Holzrahmenwände, KVH 6-10x16cm, Holzfaserdämmung, d=16cm, außen OSB-Schalung, d=15mm (35m²), BSH-Riegel 16x16/32cm (8m), Mauerwerksöffnung vergrößern, Ziegelstürze einbauen (4m²)				
	6400-0120 Jugendfreizeitstätte (3 Gruppen, 100 Kinder)	380,56 m²	97.074	**255,08**	16,7
	Holzrahmenwände, KVH 6-10x16cm, h=2,80-3,00m, innen OSB-Platten, d=18mm, Mineralwolldämmung WLS 032, d=16cm (316m²), Unterzüge, BSH 16x30-45cm (1m³), Vertikalstützen, KVH 12-16x12-16cm (1m³), Stb-Wände C25/30, d=16cm, Schalung, Bewehrung (65m²)				
332	**Nichttragende Außenwände**				
	1300-0319 Amtsverwaltung (36 AP)	60,19 m²	23.431	**389,29**	1,7
	Stb-Attika C25/30, d=24cm, Schalung, Bewehrung (60m²)				
	1300-0332 Bürogebäude (10 AP), Doppelgarage	32,80 m²	21.454	**654,09**	9,1
	Betonattika, h=40cm, Randschalung (33m²)				
	6100-1500 Mehrfamilienhaus (16 WE)				
	• Abbrechen (Kosten: 100,0%)	15,14 m²	866	**57,20**	< 0,1
	Abbruch von Balkonwänden (14m²), Mauerwerksbrüstung (1m²); Entsorgung, Deponiegebühren				
	6100-1636 Mehrfamilienhaus (10 WE)				
	• Abbrechen (Kosten: 25,5%)	22,07 m²	5.161	**233,85**	0,9
	Abbruch von Mauerwerksbrüstungen, d=15-35cm, Trennschnitte (13m²), Glasbausteinen (9m²); Entsorgung, Deponiegebühren				
	• Wiederherstellen (Kosten: 16,1%)	–	3.261	–	0,5
	Fensterbankhöhen abstemmen, aufbetonieren (45h)				
	• Herstellen (Kosten: 58,4%)	58,68 m²	11.806	**201,19**	2,0
	Abseitenwände, KVH 16x16cm, einseitig OSB-Schalung (33m²), Holzrahmenwand, d=11,5cm (7m²), HLz-Mauerwerk, d=30cm (19m²), Öffnungen schließen, HLz-Mauerwerk, d=30cm (2m²), Heizkörpernischen ausmauern (3m²)				
	6100-1672 Einfamilienhaus	21,48 m²	7.077	**329,47**	6,6
	Massivholzattika, d=16cm, h=40cm (21m²)				

KG	Kostengruppe	Menge Einheit	Kosten €	€/Einheit	%
	6100-1726 Mehrfamilienhaus (11 WE)				
		78,54 m²	18.873	**240,30**	2,5
	KS-Attiken/-Brüstungen, d=17,5cm (46m²), Stb-Ringanker C25/30, 17,5x25cm, Schalung, Bewehrung (135m)				
	6100-1733 Mehrfamilienhaus (11 WE)				
	• Abbrechen (Kosten: 100,0%)	–	1.527	–	0,2
	Aufnehmen und Lagern von Attika, Klinkermauerwerk (16h)				
	6400-0120 Jugendfreizeitstätte (3 Gruppen, 100 Kinder)				
		145,25 m²	21.749	**149,74**	3,7
	Holzrahmenattika, KVH 6x12cm, h=50cm, innen OSB-Platten, d=15mm, Mineralwolldämmung WLS 032, d=12cm (145m²), Unterzüge, BSH 12x48-60cm (3m³)				
333	**Außenstützen**				
	1300-0319 Amtsverwaltung (36 AP)				
		89,60 m	22.032	**245,89**	1,6
	Stb-Stützen C25/30, 20-30x24cm, Schalung, Bewehrung (90m)				
	1300-0330 Bürogebäude (15 AP)				
		31,67 m	14.537	**459,01**	2,8
	V-Stützen HEB160 (17m), Stahlstützen HEB140 (9m), HEB100 (3m), Zugstäbe (4St), Holzstütze, KVH 16x16cm (3m)				
	1300-0332 Bürogebäude (10 AP), Doppelgarage				
		6,00 m	751	**125,09**	0,3
	Stahlstützen, D=10cm (6m)				
	1300-0341 Bürogebäude (10 AP)				
		12,18 m	1.556	**127,78**	0,3
	Überdachung: Stahlstützen 12x12cm (12m)				
	4400-0333 Kindertagesstätte (3 Gruppen, 35 Kinder)				
		7,35 m	468	**63,64**	0,1
	Holzstützen 16x16cm (7m), Stahlprofil-Stützenfüße (3St)				
	4400-0357 Kinderhaus (4 Gruppen, 74 Kinder)				
		86,01 m	29.358	**341,33**	3,9
	Stahlstützen, Quadratrohr 100x100mm, h=3,38m, feuerverzinkt (60m), Stahlverbundstützen 100x100mm, h=3,38m, F30- Betonverguss C30/37 (26m)				
	6100-1726 Mehrfamilienhaus (11 WE)				
		10,65 m	3.340	**313,61**	0,4
	Stb-Stützen C25/30, 17,5x25cm, Schalung, Bewehrung (11m)				

KG	Kostengruppe	Menge Einheit	Kosten €	€/Einheit	%
	6100-1733 Mehrfamilienhaus (11 WE)				
	• Herstellen (Kosten: 100,0%)	3,25 m	952	**293,02**	0,1
	Stahlstütze F90, HEB100, einbetoniert C25/30, 19x19cm, Schalung (3m)				
	6400-0120 Jugendfreizeitstätte (3 Gruppen, 100 Kinder)	36,05 m	4.100	**113,73**	0,7
	Stahlstützen 100x100x10mm, beschichtet (30m), 70x70x5mm, l=2,15m, Kopf-/Fußplatten (6m)				
334	**Außenwandöffnungen**				
	1300-0319 Amtsverwaltung (36 AP)	333,33 m²	328.813	**986,45**	24,2
	Kunststofffenster/-türen, Uw=0,9W/m²K, Dreifachverglasung, mehrteilig, 79 Festverglasungen, 71 Drehkippflügel, 55 Kunststoff-Verbundpaneele (333m²), Fensterbänke außen, Alu (165m), innen, Naturstein (105m), Durchwurfbriefkasten (1St)				
	1300-0330 Bürogebäude (15 AP)	98,80 m²	167.095	**1.691,25**	32,6
	Holzfenster/-Fenstertüren, Uw=1,25W/m²K, Drehkipp, fest (73m²), mit VSG (7m²), Holz-Glastüren, Ug=1,1W/m²K, Seitenteil (15m²), ohne Seitenteil (4m²), digitale Schließzylinder (4St), Fensterbänke innen, Holz (34m), außen, Alu (33m)				
	1300-0332 Bürogebäude (10 AP), Doppelgarage	68,94 m²	91.908	**1.333,16**	39,0
	Alu-Fensterelemente, Uw=1,2W/m²K, Schiebetüren, Fest (22m²), Drehkipp, Fest (16m²), Alu-Eingangselement, Uw=1,3W/m²K, Seitenverglasungen (7m²), Kunststofffenster, Uw=1,2W/m²K (22m²), Kunststoff-Nebeneingangstür, Uw=1,3W/m²K (2m²), Fensterbänke außen, Aluminium (psch)				
	1300-0338 Bürogebäude (89 AP)	267,39 m²	271.723	**1.016,21**	28,7
	Holz-Alufenster, ein-/zweiteilig, Festverglasungen (172m²), Drehkipp (43m²), Fensterbänke innen, Holz, t=35cm (84m), außen, Alu (83m), Alu-Rohrrahmentüren, zwei-/dreiteilig, einflüglig, Seitenteil, VSG (29m²), geschlossen (15m²), zweiflüglig, geschlossen (9m²)				
	1300-0341 Bürogebäude (10 AP)	63,23 m²	122.234	**1.933,17**	23,8
	Holzfenster, U=0,9W/m²K, dreiteilig, Drehkipp, Ober-/Unterlicht (26m²), vierteilig, Sonnenschutzverglasung, Fest (8m²), einteilig, Drehkipp (7m²), zweiflüglig, Dreh (7m²), Fensterfalzlüfter (6St), Holz-Eingangstüren, Glasausschnitt (8m²), mit Oberlicht, dreiteilig (5m²), Holztür (2m²), Panikschloss (1St), Laibungsbekleidungen, Holz (142m), Fensterbänke innen, Holz (31m), außen, Alu (29m)				

KG	Kostengruppe	Menge Einheit	Kosten €	€/Einheit	%
	4400-0333 Kindertagesstätte (3 Gruppen, 35 Kinder)				
		19,67 m²	17.332	**881,12**	4,7

Holz-Alu-Fenster Ug=0,7W/m²K, einflüglig, Drehkipp (10m²), festverglast (4m²), Rahmentüren (5m²), Fensterbänke, Multiplex, b=8-15cm, innen (7m), Alu, außen (9m), Laibungsbretter, Multiplex, innen (10m)

KG	Kostengruppe	Menge Einheit	Kosten €	€/Einheit	%
	4400-0357 Kinderhaus (4 Gruppen, 74 Kinder)				
		258,78 m²	277.138	**1.070,94**	37,2

Holz-Alu-Fensterelemente, Festverglasungen, Drehkipptüren (249m²), Holz-Alu-Türelemente, Festverglasung, Türflügel mit Oberlicht (10m²), Alu-Fensterbänke (23m), Klingel-/Sprechanlage, flächenbündig, in Paneelfeld (1St)

6100-1500 Mehrfamilienhaus (16 WE)

- Abbrechen (Kosten: 3,7%) — 262,31 m² — 10.622 — **40,50** — 1,1

Abbruch von Kunststofffenstern (232m²), Holzfenstern (29m²), Kellerfenstern (2m²); Entsorgung, Deponiegebühren

- Wiederherstellen (Kosten: 15,4%) — 92,25 m² — 43.642 — **473,09** — 4,6

Holzfenster außenseitig überarbeiten, lose Beschichtung entfernen, Fehlstellen ausbessern, schleifen, neu beschichten (74m²), innenseitig (6h), Deckleisten außen erneuern (35m), Holzrahmen ausbessern (1St), Fensterdichtungen erneuern (14m), Holzfenster warten, Beschläge nachjustieren, Bänder ölen (52St), Holz-Brüstungspaneele, Fensterinnenfutter, Fensterbänke ausbauen, entsorgen, Fenster abdichten, Hohlräume ausdämmen, neue Elemente montieren (5St), Fensterinnenfutter schleifen, neu beschichten (26m²), Garagentore beidseitig überarbeiten, schleifen, Beschichtung erneuern, Beschläge gangbar machen, Treibriegel erneuern, Dichtung einbauen, einen Gangflügel erneuern (12m²), Haustürelement instandsetzen, schleifen, fehlende Ornamente ergänzen, Scheiben austauschen, Beschläge gangbar machen, OTS ergänzen, Sperrriegel, Drücker, Trittbrett erneuern (6m²)

- Herstellen (Kosten: 80,9%) — 269,02 m² — 229.328 — **852,44** — 24,2

Kunststoff-Fensterelemente, Uw=0,9W/m²K, R'wR=32dB, Drehkipp-/Drehflügel, drei- bis siebenteilig (197m²), ein- bis zweiteilig (22m²), als Fenstertüren, ein- bis dreiteilig (13m²), Holz-Fensterelemente, Uw=1,6W/m²K, R'w=37dB, Drehkipp-/Drehflügel, zwei- bis fünfteilig (29m²), Falzlüfter (79St), Fensterinnenfutter, Brüstungsbekleidung, nach historischem Vorbild (23m), Zierleisten (212m), Fensterbänke außen, Alu (100m), Naturstein (4m), innen, MDF (5m), Balkonaustritte, Alu (11m), Holztüren, einflüglig (4m²), Stahltür, zweiflüglig (4m²), Drehflügeltorantriebe, Zahnschienen, Lichtschranke (2St)

6100-1536 Mehrfamilienhaus (12 WE)

- Abbrechen (Kosten: 7,9%) — 175,00 m² — 19.740 — **112,80** — 3,1

Abbruch von Holz-Außenfenstern (175m²), Innenfensterbänken (18m); Entsorgung, Deponiegebühren

- Herstellen (Kosten: 92,1%) — 166,96 m² — 230.264 — **1.379,16** — 36,3

Kunststofffenster, Uw=0,9W/m²K, ein-zweiflüglig, festverglaste Seitenteile, Wärmeschutzverglasung (114m²), Festverglasung 4,50x5,00m, zwei Dreh-Kipp-Felder (23m²), Haustüranlage, festverglaste Seitenelemente (10m²), Fensterbänke innen, Naturstein, b=25-30cm (5m²), außen, Titanzink (64m)

KG	Kostengruppe	Menge Einheit	Kosten €	€/Einheit	%
	6100-1587 Mehrfamilienhaus (9 WE)				
		152,96 m²	172.639	**1.128,66**	33,7
	Holzfenster und Fenstertüren, Lärche, Drehkipp- und Drehflügel, Farbbeschichtung, zweifarbig, Sonnenschutzverglasung, Ug=0,4W/m²K, Fenstertüren mit barrierefreier Schwelle, Fensterfalzlüftungen (149m²), Ausführung Fenstertüren als Falttür mit barrierefreier Schwelle (25m²), Haustürelement mit Seitenteil, Wärmeschutzverglasung, Ug=0,6W/m²K, Griffstange (4m²), Fensterbänke außen, Alu (59m), Fensterbänke innen, Leimholz Eiche, geölt (39m), Fichte, lackiert (18m)				
	6100-1636 Mehrfamilienhaus (10 WE)				
	• Abbrechen (Kosten: 12,6%)	85,06 m²	14.088	**165,62**	2,4
	Abbruch von Kunststofffenstern (82m²), Kellerfenstern (3m²); Entsorgung, Deponiegebühren				
	• Herstellen (Kosten: 87,4%)	142,06 m²	97.585	**686,93**	16,3
	Kunststofffenster/-türen, Uw<0,75W/m²K, einteilig, Drehkipp, teilw. Schallschutzverglasung (103m²), zweiteilig, Drehkipp/fest, VSG (31m²), Dreh/Drehkipp (4m²), Kunststoff-Kellerfenster, UW<1,3W/m²K, einteilig, Drehkipp (4m²), Fensterfalzlüfter (91St), Fensterbänke außen, Alu (70m), Titanzink (4m), innen, HPL (60m), Türbleche (5m)				
	6100-1672 Einfamilienhaus				
		42,67 m²	32.077	**751,74**	29,9
	Holz-Alu-Fenstertüren, Uw=0,8W/m²K, zweiteilig, Drehkipp, Festverglasung (27m²), einteilig, Festverglasung (6m²), Drehkipp (2m²), Holzeingangstüren, U=1,3W/m²K, außenseitig Aluschale (5m²), mit Glasausschnitt (2m²)				
	6100-1726 Mehrfamilienhaus (11 WE)				
		214,98 m²	172.135	**800,70**	22,7
	Kunststofffenster, Dreifachverglasung, Uw=0,7W/m²K, SSK3 (9m²), bodentief bis fünfteilig (194m²), Alufensterbänke (56m), Steinfensterbänke (6m), Alu-Eingangselement, Seitenteil dreiteilig, Festverglasung, Briefkastenelement (6m²), Alu-Nebeneingangstür, Seitenteil feststehend (5m²)				

KG	Kostengruppe	Menge Einheit	Kosten €	€/Einheit	%
	6100-1733 Mehrfamilienhaus (11 WE)				
	• Abbrechen (Kosten: 0,8%)	35,28 m²	2.121	**60,12**	0,2
	Abbruch von Holzfenstern (24m²); Entsorgung, Deponiegebühren, Ausbauen und Lagern von Holz-/Kunststofffenstern (12m²)				
	• Wiederherstellen (Kosten: 35,9%)	61,78 m²	95.228	**1.541,41**	10,6
	Holzkastenfenster denkmalgerecht aufarbeiten, mehrteilig, Dreh-/Kippflügel: Beschichtung entfernen, Schadstellen ausbessern, Flügel gangbar machen, neu lackieren, Oliven aufarbeiten (23m²), defekte Einfachgläser austauschen (12m²), Holzeingangstüren denkmalgerecht aufarbeiten, ein-/zweiflüglig, mit Zarge: Beschichtung entfernen, Schadstellen ausbessern, Türblätter gangbar machen, Schlösser erneuern, Dichtung ergänzen, neu lackieren (12m²), mit Oberlicht (8m²), Wechselgarnituren erneuern (2St), Kellerfenster prüfen, einstellen (19m²), Fensterbänke erneuern (2St)				
	• Herstellen (Kosten: 63,4%)	94,75 m²	168.272	**1.775,95**	18,8
	Holzfensterelemente, denkmalgerecht, Uw=1,1W/m²K, zwei-/dreiflüglig, Drehkipp/Dreh, teilweise Oberlichter, mit Stichbogen (46m²), als Fenstertüren, mit glasteilenden Sprossen (29m²), einflüglig (6m²), Fenstergriffe (84St), Holzfenstertüren, Uw=1,1W/m²K, ein-/zweiflüglig, Festverglasungen (17m²), Fensterbänke innen, Holz (47m), außen, Zink (8m), denkmalgerecht (44m), Balkonaustritte, Granit (10m)				
	6400-0120 Jugendfreizeitstätte (3 Gruppen, 100 Kinder)	116,12 m²	94.566	**814,38**	16,3
	Holzfenster, Uw=0,85W/m²K, Dreifach-Isolierverglasung, teilweise Festverglasung, dreiteilig (38m²), zweiteilig (30m²), sechsteilig (23m²), einteilig (10m²), Türelemente, dreiteilig (11m²), einteilig (4m²), Obentürschließer (psch), Milchglasfolie (psch), Fensterbänke außen, Alu (44m), innen, Holz, mit Lüftungsschlitzen, Beschichtung (44m)				
335	**Außenwandbekleidungen, außen**				
	1300-0319 Amtsverwaltung (36 AP)	668,22 m²	454.959	**680,85**	33,4
	Mineralwolldämmung WLG 035, d=180mm (567m²), Sockelabdichtung, Perimeterdämmung (99m²), Verblendmauerwerk, d=11,5cm, hinterlüftet, Dübelanker (666m²), Fensteranschlüsse, Abdichtung, Dämmung (436m), FT-Stürze (175m), Konsolanker (172m), Sockeldämmsteine (148m), Dämmung, Faserzementbekleidung (2m²)				
	1300-0330 Bürogebäude (15 AP)	365,03 m²	148.378	**406,48**	29,0
	Bitumendickbeschichtung (20m²), Dränmatte (6m²), Fassadenbahn, Holzunterkonstruktion, vertikale Lattenbekleidung 5x3cm, Holzlasur (307m²), Holzunterkonstruktion, Faserzementbekleidung (52m²), in Laibungen (231m), Laibungsdämmung WLG 035, d=30mm (151m), Abdeckprofile, Alu (170m), Lüftungsgitter (145m), Verbundblechsockel (78m)				
	1300-0332 Bürogebäude (10 AP), Doppelgarage	220,00 m²	42.722	**194,19**	18,1
	Kalkzement-Leichtputz, Armierungsgewebe, Silikonharzputz, Beschichtung (220m²), in Laibungen (111m)				

KG	Kostengruppe	Menge Einheit	Kosten €	€/Einheit	%
	1300-0338 Bürogebäude (89 AP)				
		793,84 m²	444.988	**560,55**	47,0

Mineralwolldämmung WLG 035, d=220mm, Verdübelung (280m²), d=280mm (174m²), EPS-Lisenen WLG 035, d=340/280mm (276m²), Armierungsputz, Klinkerriemchen (763m²), an Lisenen (198m), in Laibungen (487m), Alu-Stehfalzbekleidung (23m²), hinterlüftete Alu-Vorhangfassade (8m²), Briefkastenanlage 86x68cm (1St), 42x90cm (1St)

KG	Kostengruppe	Menge Einheit	Kosten €	€/Einheit	%
	1300-0341 Bürogebäude (10 AP)				
		428,52 m²	152.724	**356,40**	29,7

Dampfbremse, Holzfaserdämmung WLS 036, d=100mm, Holzfaser-Unterdeckplatten, WLG 040, d=35mm, hinterlüftete Holzbekleidung (410m²), in Laibungen (170m), Titanzink-Abdeckungen, b=40cm (29m), Schaumglas-Perimeterdämmung WLG 040, d=100mm (19m²), Alu-Sockelabdeckungen (78m)

KG	Kostengruppe	Menge Einheit	Kosten €	€/Einheit	%
	4400-0333 Kindertagesstätte (3 Gruppen, 35 Kinder)				
		286,93 m²	92.271	**321,58**	24,9

Holzfaserdämmung WLG 040, d=80mm (252m²), Fassadenbahn (267m²), Konterlattung 3x5cm, Sparschalung, d=3cm, Lärche-Schindelbekleidung, zweilagig (192m²), Holzunterkonstruktion, zweilagig, HPL-Bekleidung, d=6mm (77m²), Perimeterdämmung WLG 035, d=60mm (18m²), Sockelverwahrungen, Edelstahl (118m)

KG	Kostengruppe	Menge Einheit	Kosten €	€/Einheit	%
	4400-0357 Kinderhaus (4 Gruppen, 74 Kinder)				
		542,67 m²	221.684	**408,51**	29,8

Holzfaserdämmung, d=6cm, Holzunterkonstruktion, d=20cm, Zelluloseeinblasdämmung WLG 040, Fassadenbahn (335m²), hinterlüftete Holzfassade aus drei verschiedene Lattenformaten, b=110/70/30mm, Weißtanne (294m²), als offene Bekleidung Außentreppe (109m²), als Laibungsbekleidungen, t bis 240mm (157m), t=300mm (18m), als Dachrandbekleidung, h=60cm (19m), Fassadennischen 14x20cm, für Fallleitungen (36m), Sockelabschluss (39m), Perimeterdämmung, d=140mm (75m²), d=200mm (64m²)

KG	Kostengruppe	Menge Einheit	Kosten €	€/Einheit	%
	6100-1500 Mehrfamilienhaus (16 WE)				
•	Abbrechen (Kosten: 11,3%)	519,38 m²	50.749	**97,71**	5,4
	Abbruch von Beschichtung mit Abbeizpaste (519m²), Gesimsen (68m); Entsorgung, Deponiegebühren				
•	Wiederherstellen (Kosten: 28,6%)	270,31 m²	128.322	**474,72**	13,5
	Schadhafte Ziegel ausstemmen, Ziegel in Sonderanfertigung herstellen, einsetzen, 12-24x11x5x5,5cm (800St), Ziegel ausstemmen, auf Pilzbefall untersuchen, neue Ziegel einsetzen (30St), Fugen ausräumen, erneuern im Schlämmverfahren, Sichtmauerwerk imprägnieren (101m²), Stuckfassade instandsetzen, lose Stuckteile/-elemente entfernen, erneuern (580h), Tympanon in historischem Stil nachbilden (80h), Bossenfugen schneiden (120h), Kellerwände begradigen, neu verputzen (25h)				
•	Herstellen (Kosten: 60,1%)	1.366,90 m²	269.887	**197,44**	28,5
	Bitumendickbeschichtung (32m²), Dichtungskehle (27m), XPS-Perimeterdämmung, Noppenbahn (12m²), WDVS, Steinwolldämmung WLS 035, d=160mm, Glattputz, Silikatbeschichtung (1.068m²), in Laibungen (445m), Sockelprofile (64m), Anschlüsse an Nachbargebäude (35m), Beschichtung auf Klinkerfassade (286m²), auf Fensterumrahmungen (105m), in Laibungen (246m), Dichtschlämme, Beschichtung, auf Fensterbänken (135m), Sockel: Spachtelung, Beschichtung (68h)				
	6100-1536 Mehrfamilienhaus (12 WE)				
•	Abbrechen (Kosten: 9,0%)	903,70 m²	33.958	**37,58**	5,4
	Abbruch von Fassadenbekleidung, asbesthaltig, Unterkonstruktion, Mineralwolldämmung (904m²); Entsorgung, Deponiegebühren				
•	Herstellen (Kosten: 91,0%)	1.052,92 m²	343.016	**325,78**	54,1
	EPS-Dämmplatten WLG 035, d=240mm, verklebt, Putz, Kratzputzstruktur, armiert, Beschichtung (643m²), in Laibungen, b=24cm (159m), Brandriegel (294m), hinterlüftete HPL-Bekleidung, waagerechte Deckung, Unterkonstruktion, Mineralwolldämmung WLG 035, d=200mm (200m²), Feuchteschutzanstrich, Dämmplatten, d=200mm, b=90cm, Sockelputz, armiert, Beschichtung (75m²), Feinputz, Beschichtung (125m²), Sockelabschlussprofile (148m), Alu-Lüftungsprofil (176m), Kantprofile, Tropfprofile (88m), Bitumenabdichtung, Noppenbahn (24m²), Kantenschutzprofil (32m), Dämmung, Wandschutzprofil (10m²)				
	6100-1587 Mehrfamilienhaus (9 WE)				
		584,68 m²	124.733	**213,34**	24,4
	XPS-Perimeterdämmung WLG 040, d=160mm, Noppenbahn (120m²), Fassadenschalung Douglasie, Unterkonstruktion, Leistenbreite 120mm (357m²), Leistenbreite 70mm (108m²), Lasurbeschichtung (465m²), Blechlaibungen, farbig beschichtet, Abwicklung 20cm (272m)				

KG	Kostengruppe	Menge Einheit	Kosten €	€/Einheit	%
	6100-1636 Mehrfamilienhaus (10 WE)				
•	Wiederherstellen (Kosten: 2,2%)	–	5.260	–	0,9
	Wandoberfläche ausbessern, Putzfehlstellen schließen (36h)				
•	Herstellen (Kosten: 97,8%)	992,26 m²	228.554	**230,34**	38,3
	Bitumendickbeschichtung (79m²), XPS-Perimeterdämmung WLG 040, d=160-180mm (41m²), Noppenbahn (69m²), XPS-Sockeldämmung WLG 035, d=160mm (32m²), Mineralwolldämmung WLG 035, d=160mm, Verdübelung (766m²), Gewebespachtelung, Silikonharzputz, Beschichtung (795m²), in Laibungen (268m), Außenputz (12m²), Holz-UK, Mineralwolldämmung WLG 035, d=180mm (93m²), Holzfassade, lasiert (121m²), in Laibungen (39m), Schalung, Titanzinkbekleidung (24m²), in Laibungen (8m)				
	6100-1672 Einfamilienhaus				
		156,79 m²	31.937	**203,69**	29,8
	Fassadenbahn, Holzfaserdämmung, d=60mm, Holz-UK, Nut-/Federschalung, Lärche (132m²), in Laibungen (51m), Flüssigkunststoffabdichtung (20m), Bitumendickbeschichtung, Perimeterdämmung WLS 037, d=120mm (19m²), Armierung, Sockelputz, Dichtschlämme, Beschichtung (25m²), in Laibungen (6m)				
	6100-1726 Mehrfamilienhaus (11 WE)				
		894,12 m²	350.435	**391,93**	46,3
	Bitumendickbeschichtung, XPS-Perimeterdämmung, Noppenbahn (220m²), EPS-Dämmplatten WLS 034, d=160mm, verdübelt, Flächenarmierung, Keramik-Klinkerriemchen (606m²), an Balkonen (30m²), an Sockeln (37m²), in Laibungen (357m), Brandriegel (286m), Schwerlastkonsolen (12St), Mineralwolldämmung WLS 032, d=120mm, Unterkonstruktion, Faserzementbekleidung, d=8mm (33m²)				
	6100-1733 Mehrfamilienhaus (11 WE)				
•	Abbrechen (Kosten: 0,8%)	235,60 m²	3.618	**15,36**	0,4
	Abbruch von Fassadenbewuchs (236m²), Pflanzbeet (psch); Entsorgung, Deponiegebühren				
•	Wiederherstellen (Kosten: 26,3%)	120,00 m²	111.822	**931,85**	12,5
	Fassade reinigen (120m²), Klinkerfassade überarbeiten, Fugen öffnen, schlämmen, Klinkerflächen nachreinigen, hydrophobieren (95m²), Klinkersteine austauschen/reparieren (34St), Fehlstellen farblich nacharbeiten (17h), Stuckornamente ausbessern, Risse schließen, lose Teile nachdübeln, fehlende Teile ergänzen (psch), Putz ausbessern, Risse schließen (psch), Farbfassung von Putzflächen/Stuckelementen überarbeiten (psch), Fensterbänke/Gesimse aus Klinker überarbeiten (29m)				
•	Herstellen (Kosten: 72,9%)	925,62 m²	310.217	**335,14**	34,6
	Ausgleichsputz, Füllspachtelung, Bitumendickbeschichtung (11m²), Noppenbahn (14m²), Sockeldämmung WLG 035, d=60-120mm (94m²), Armierung, Sockelputz (64m²), Dichtschlämme (46m²), Mineralwolldämmung WLG 035, d=60-120mm, Verdübelung, Armierung, mineralischer Oberputz (792m²), in Laibungen (227m), Silikatbeschichtung (857m²), in Laibungen (244m), Holzfaserdämmung WLS 046, d=60mm, HPL-Bekleidung (36m²), Faserzementbekleidung (4m²), Laibungsbekleidung, Porenbeton, d=2-6cm, t=22cm (186m), Blechabdeckungen (29m)				

KG	Kostengruppe	Menge Einheit	Kosten €	€/Einheit	%
	6400-0120 Jugendfreizeitstätte (3 Gruppen, 100 Kinder)	614,98 m²	211.593	**344,06**	36,4

Holzunterkonstruktion, d=60mm, Holzfaserdämmung WLS 043, d=100mm, hinterlüftete Lärchenbekleidung, senkrecht, beschichtet (487m²), Laibungen (47m), Holzmehrschichtplatten, d=22mm (44m²), Laibungen (9m), Insektenschutzgitter (500m), Alu-Sockelbekleidung, XPS-Dämmung, d=80mm (66m²), offene Holzleistenschalung, Unterkonstruktion Douglasie (19m²)

KG	Kostengruppe	Menge Einheit	Kosten €	€/Einheit	%
336	**Außenwandbekleidungen, innen**				
	1300-0319 Amtsverwaltung (36 AP)	523,83 m²	60.883	**116,23**	4,5

Gipsputz Q3 (524m²), Spachtelung Q3 (450m²), GK-Verkofferungen (139m²), GK-Stützenbekleidung (20m²), Vliestapete, Dispersionsbeschichtung (524m²), in Laibungen (416m)

	1300-0330 Bürogebäude (15 AP)	268,56 m²	52.220	**194,44**	10,2

XPS-Dämmung WLG 035, d=30mm (24m²), Vakuumdämmung, d=40mm (4m²), GK-Bekleidung (260m²), in Laibungen (275m), GK-Vorsatzschalen (16m²), GK-Verkofferungen (16m²), Spachtelung Q3, Dispersionsbeschichtung (260m²), in Laibungen (158m), Brandschutzbeschichtung auf Stahlstützen (6m²), Wandfliesen 30x60cm (3m²)

	1300-0332 Bürogebäude (10 AP), Doppelgarage	155,00 m²	9.695	**62,55**	4,1

Gips-Kalkputz (155m²), Spachtelung, Silikatbeschichtung (153m²), in Laibungen (111m), Abdichtung, Wandfliesen (2m²)

	1300-0338 Bürogebäude (89 AP)	624,72 m²	9.345	**14,96**	1,0

Ausbesserung Betonoberflächen, Reinigung (625m²)

	1300-0341 Bürogebäude (10 AP)	326,53 m²	11.665	**35,72**	2,3

UV-Schutzbeschichtung (308m²), Wandfliesen 20x50cm (18m²)

	4400-0333 Kindertagesstätte (3 Gruppen, 35 Kinder)	256,50 m²	35.876	**139,87**	9,7

Gipsfaserplatten-Bekleidung, d=12,5mm (243m²), GK-Vorsatzschalen, einseitig, zweilagig beplankt, d=7,5cm, Mineralwolldämmung, d=40mm (37m²), Dispersionssilikat-Beschichtung (200m²), Dreischichtplatten-Bekleidung, Decklage Weißtanne, d=20mm (47m²), Wandfliesen (9m²)

	4400-0357 Kinderhaus (4 Gruppen, 74 Kinder)	171,33 m²	19.197	**112,04**	2,6

Holz-Vorsatzschalen, d=12mm, oberflächenfertig (164m²), Wandfliesen 10x10cm (8m²)

KG	Kostengruppe	Menge Einheit	Kosten €	€/Einheit	%
	6100-1500 Mehrfamilienhaus (16 WE)				
	• Abbrechen (Kosten: 5,5%)	137,61 m²	6.176	**44,88**	0,7
	Abbruch von Wandputz (138m²), Holz-Laibungsbekleidungen (12h); Entsorgung, Deponiegebühren				
	• Wiederherstellen (Kosten: 67,5%)	–	76.456	–	8,1
	Holz-Laibungsbekleidungen, b bis 100cm, t=20-30cm, ausbauen, lagern, nach Fenstereinbau wieder einbauen (378m), schleifen, neu beschichten (103h), anpassen (4h), Unebenheiten in Fensterlaibungen glattziehen (456m), Haken, Dübel entfernen, Löcher schließen (23h), Putz ausbessern (18h), Beschichtung erneuern (32h), Tapete entfernen, beschichten (8h)				
	• Herstellen (Kosten: 27,1%)	316,30 m²	30.663	**96,94**	3,2
	Spritzbewurf, Wärmedämmputz, d=20mm, Armierung (83m²), Kalkoberputz (143m²), Spachtelung, Malervlies (33m²), Silikatbeschichtung (173m²), Holz-Laibungsbekleidungen, b=17-22cm, t=14-20cm, Lackbeschichtung (19m)				
	6100-1536 Mehrfamilienhaus (12 WE)				
	• Herstellen (Kosten: 100,0%)	4,86 m²	580	**119,26**	< 0,1
	Kalkzementputz, anputzen an Bestand (5m²), Hartschaumplatte aufdoppeln (1St)				
	6100-1587 Mehrfamilienhaus (9 WE)	477,58 m²	71.480	**149,67**	14,0
	Installationsebene, Holzfaserdämmung WLG 040, d=60mm (430m²), GK-Beplankung, Spachtelung Q3, Silikatbeschichtung (305m²), OSB-Beplankung, d=15mm, Lehmbauplatten, Armierung, Spachtelung, Lehmfarbe (130m²), Innenputz, Silikatbeschichtung (37m²), Wandfliesen (7m²), GK-Laibungen, t=20cm (100m)				
	6100-1636 Mehrfamilienhaus (10 WE)				
	• Abbrechen (Kosten: 4,2%)	–	2.602	–	0,4
	Abbruch von Laibungsputz (psch); Entsorgung, Deponiegebühren				
	• Wiederherstellen (Kosten: 42,3%)	475,82 m²	26.060	**54,77**	4,4
	Putzflächen überarbeiten, Fehlstellen ausbessern, Risse aufschneiden, armieren (103h), Wandflächen spachteln, neu beschichten (476m²)				
	• Herstellen (Kosten: 53,5%)	102,56 m²	32.962	**321,39**	5,5
	GK-Bekleidung (50m²), in Laibungen (249m), Gipsputz (27m²), in Laibungen (46m), Kalkzementputz, in Laibungen (165m), Mineralschaumdämmung WLG 040, d=100mm, Armierung, Kalkzementputz (15m²), Trägerbekleidung F90 (5m²), Beschichtung (78m²), Abdichtung, Wandfliesen (25m²), in Laibungen (17m), Abschlussprofile, Edelstahl (7m)				
	6100-1672 Einfamilienhaus	103,93 m²	11.063	**106,45**	10,3
	GK-Installationsebene, doppelt beplankt, Dämmung, d=40mm, Spachtelung Q3 (104m²), in Laibungen (70m), über Fenstern (15m), Dispersions-Silikatbeschichtung (70m²), in Laibungen (52m), Wandfliesen 60x30cm (2m²)				
	6100-1726 Mehrfamilienhaus (11 WE)	576,39 m²	43.573	**75,60**	5,8
	Gipsputz, Q3 (496m²), in Laibungen (99m), Kalkzementputz (84m²), in Laibungen (12m), Lehmfarbbeschichtung (564m²), Wandfliesen 60x120cm (25m²)				

KG	Kostengruppe	Menge Einheit	Kosten €	€/Einheit	%
	6100-1733 Mehrfamilienhaus (11 WE)				
	• Abbrechen (Kosten: 8,6%)	718,40 m²	10.614	**14,77**	1,2
	Abbruch von Leimfarbbeschichtung (402m²), Wandputz (276m²), Laibungsputz (85m), Dämmtapete (40m²); Entsorgung, Deponiegebühren				
	• Wiederherstellen (Kosten: 5,9%)	42,62 m²	7.345	**172,33**	0,8
	Schwammsanierung Mauerwerk: Putz entfernen, Fugen auskratzen, Mauerwerk abflammen, Myzel entfernen, Bohrlochinjektage, Oberfläche fluten (43m²)				
	• Herstellen (Kosten: 85,5%)	1.148,24 m²	105.622	**91,99**	11,8
	Armierungsgewebe (42m²), Kalkzementputz (403m²), auf Kleinflächen (18St), in Laibungen (174m), Kalk-Zement-Pinselputz (19m²), in Laibungen (53m), GK-Vorsatzschalen (69m²), GK-Bekleidung (66m²), Spachtelung Q3 (1.130m²), in Laibungen (87m), Malervlies (22m²), Dispersionsbeschichtung (956m²), in Laibungen (85m), Silikatbeschichtung (154m²), in Laibungen (36m), Abdichtung, Wandfliesen 30x60cm (38m²)				
	6400-0120 Jugendfreizeitstätte (3 Gruppen, 100 Kinder)				
		546,65 m²	119.027	**217,74**	20,5
	Holzunterkonstruktion, d=56mm, Holzmehrschichtplatten, d=19mm, Beschichtung (400m²), als Akustikplatten (51m²), Laibungen (13m²), an Oberlicht, Holzunterkonstruktion, d=26mm (36m²), GK-Bekleidung, einlagig (51m²), GK-Vorsatzschalen, d=22cm, einseitig doppelt beplankt (10m²), Dispersionsbeschichtung (53m²), Wandfliesen 30x60cm (8m²)				
337	**Elementierte Außenwandkonstruktionen**				
	1300-0319 Amtsverwaltung (36 AP)				
		58,79 m²	100.345	**1.706,84**	7,4
	Alu-Pfosten-Riegelfassaden, Uw=0,9W/m²K, Dreifachverglasung, 14 Festverglasungen, vier Eingangstüren, zwei Drehkippflügel, zwei Alu-Verbundpaneele (36m²), zweifach abgewinkelt, acht Festverglasungen, 13 Alu-Verbundpaneele, eine Automatik-Schiebetür, zweiflüglig (23m²)				
	4400-0333 Kindertagesstätte (3 Gruppen, 35 Kinder)				
		87,49 m²	138.063	**1.578,04**	37,3
	Holz-Alu-Pfosten-Riegel-Fassaden, Festverglasungen, teilweise farbig, Brüstungsverglasungen, Drehkippflügel, zweiteilige Hebeschiebetüren, barrierefrei, Ug=0,7W/m²K, VSG (83m²), Haustürelement, Holz-Alu-Eingangstür mit Glasausschnitt, Drehtür-Automatik, seitliche Festverglasung (4m²)				
	6100-1636 Mehrfamilienhaus (10 WE)				
	• Herstellen (Kosten: 100,0%)	26,55 m²	57.695	**2.173,05**	9,7
	Alu-Pfosten-Riegelfassade, Uw<1,3W/m²K, Dreifachverglasung, innen VSG (24m²), Öffnungsflügel, Drehkipp, Alu-Fensterbank (1St), Alu-Glasrahmentür, Uw<1,7W/m²K, VSG (3m²)				
338	**Lichtschutz zur KG 330**				
	1300-0319 Amtsverwaltung (36 AP)				
		170,10 m²	119.393	**701,90**	8,8
	Alu-Lamellenraffstores, Motorantrieb, Schienenführung, Alukästen (170m²), Alu-Sturzblenden (165m)				

KG	Kostengruppe	Menge Einheit	Kosten €	€/Einheit	%
	1300-0330 Bürogebäude (15 AP)				
		28,24 m²	10.385	**367,73**	2,0
	Alu-Außenraffstores, Motorantrieb (28m²), U-Blenden (13m)				
	1300-0332 Bürogebäude (10 AP), Doppelgarage				
		–	22.973	–	9,7
	Raffstores (psch), Senkrechtmarkisen (18m²)				
	1300-0338 Bürogebäude (89 AP)				
		264,20 m²	70.475	**266,75**	7,4
	Senkrechtmarkisen, Führungsschienen, Motorantrieb (230m²), Kassettenmarkisen, Ausladung 3m (34m²)				
	1300-0341 Bürogebäude (10 AP)				
		50,38 m²	28.329	**562,30**	5,5
	Blendschutzrollos, innen (21m²), Markisoletten, außen, Motorantrieb (17m²), Verdunklungsrollos, innen, Motorantrieb (13m²)				
	4400-0333 Kindertagesstätte (3 Gruppen, 35 Kinder)				
		86,00 m²	26.785	**311,45**	7,2
	Fassaden-Markisen, Motorantriebe (86m²), Sonnenschutzzentrale mit Messwertgebern (1St), USV-Anlage (1St)				
	4400-0357 Kinderhaus (4 Gruppen, 74 Kinder)				
		105,07 m²	32.213	**306,59**	4,3
	Fenstermarkisen, seitliche Seilführungen, Motorantriebe (105m²), Textilscreenkästen 15x18cm (34m)				
	6100-1500 Mehrfamilienhaus (16 WE)				
•	Herstellen (Kosten: 100,0%)	7,20 m²	5.440	**755,53**	0,6
	Markise 360x200cm (7m²)				
	6100-1587 Mehrfamilienhaus (9 WE)				
		17,52 m²	4.773	**272,43**	0,9
	Wabenplissees, lichtdurchlässig, raumseitig (18m²)				
	6100-1636 Mehrfamilienhaus (10 WE)				
•	Herstellen (Kosten: 100,0%)	50,45 m²	14.312	**283,69**	2,4
	Aufsatzrollläden, Kunststoff (27m²), Vorbaurollläden, Kunststoff (11m²), Senkrechtmarkisen, Alublende (12m²)				
	6100-1726 Mehrfamilienhaus (11 WE)				
		27,64 m²	14.154	**512,08**	1,9
	Außenraffstores, bis dreiteilig, motorbetrieben (28m²)				

KG	Kostengruppe	Menge Einheit	Kosten €	€/Einheit	%
	6100-1733 Mehrfamilienhaus (11 WE)				
	• Herstellen (Kosten: 100,0%)	16,62 m²	12.027	**723,67**	1,3
	Vorbautextilscreens (17m²)				
	6400-0120 Jugendfreizeitstätte (3 Gruppen, 100 Kinder)	88,58 m²	33.803	**381,61**	5,8
	Textiler Sonnenschutz, Motorantrieb, Führungsschienen (89m²), Sonnenschutzzentrale, Wetterstation (1St)				
339	**Sonstiges zur KG 330**				
	1300-0319 Amtsverwaltung (36 AP)	1.017,61 m² AWF	2.464	**2,42**	0,2
	Handläufe, Edelstahl, D=40mm (9m)				
	1300-0330 Bürogebäude (15 AP)	365,29 m² AWF	19.303	**52,84**	3,8
	Faserzement-Umrahmung von Zugang, Stahlhohlprofil-UK 40x40mm, Laibungen 1,40x2,50m, Dach 1,40x1,60m (1St), Glasabsturzsicherungen 1,87x0,55m (5St), 1,25x0,55m (1St)				
	1300-0338 Bürogebäude (89 AP)	920,78 m² AWF	8.061	**8,75**	0,9
	Glas-Brüstungsgeländer, h=62,5cm (5m²), h=45cm (2m²)				
	1300-0341 Bürogebäude (10 AP)	491,09 m² AWF	7.181	**14,62**	1,4
	Vordach, zwei Holzstützen 12x12cm, Holzdachkonstruktion 12x10cm, Schalung, Bitumenabdichtung, Blechabdeckungen (3m²)				
	4400-0333 Kindertagesstätte (3 Gruppen, 35 Kinder)	374,42 m² AWF	5.131	**13,70**	1,4
	Briefkastenanlage, Edelstahl (1St), Gitterrost (1St)				
	4400-0357 Kinderhaus (4 Gruppen, 74 Kinder)	739,05 m² AWF	6.429	**8,70**	0,9
	Stb-Lichtschacht C30/37, WU, 120x180x80cm, Gitterrost, befahrbar (1St), 120x110x80cm (1St), Schachtleiter als Notausstieg (1St)				

KG	Kostengruppe	Menge Einheit	Kosten €	€/Einheit	%
	6100-1500 Mehrfamilienhaus (16 WE)				
	• Abbrechen (Kosten: 17,4%)	781,69 m² AWF	5.242	**6,71**	0,6
	Abbruch von Sichtschutzwänden (12m²), Stahlkonstruktion auf Loggia (psch), Brüstungsabdeckungen, Spaltklinker (28m)				
	• Wiederherstellen (Kosten: 19,9%)	362,56 m² AWF	5.980	**16,49**	0,6
	Außentreppe überarbeiten: Putz und Risse an Stufenkanten abstemmen (13m²), unterseitige Stahlträger freilegen, entrosten, Rostschutz aufbringen, wieder verschließen (9m), Fehlstellen ausbessern (4m²), lose Untermauerung abbrechen, neu aufmauern (9h), Klinkerbelag abbrechen, Natursteinabdeckungen einbauen (1m²)				
	• Herstellen (Kosten: 62,7%)	1.635,92 m² AWF	18.831	**11,51**	2,0
	Sichtschutzwände, U-Profile, VSG-Verglasung, 180x170cm (5St), Natursteinbelag, Trittstufen 164x35x3cm (4St), Setzstufen 164x14x3cm (4St), 160x14x1cm (1St), Abdeckplatten 56x65x3cm (2St)				
	6100-1536 Mehrfamilienhaus (12 WE)				
	• Wiederherstellen (Kosten: 50,5%)	6,00 m² AWF	2.014	**335,70**	0,3
	Haustürüberdachung instandsetzen, Gefälledämmung, Abdichtung, Verwahrungen entfernen, erneuern (6m²)				
	• Herstellen (Kosten: 49,5%)	1.219,88 m² AWF	1.973	**1,62**	0,3
	Handlauf Edelstahl, h=90cm (1St)				
	6100-1587 Mehrfamilienhaus (9 WE)				
		711,72 m² AWF	5.627	**7,91**	1,1
	Stb-Lichtschächte, ohne Boden (3St), Absturzsicherung, Flachstahlgeländer, h=90cm, Ober-, Untergurt, vertikale Stäbe (1m²)				
	6100-1636 Mehrfamilienhaus (10 WE)				
	• Abbrechen (Kosten: 7,9%)	107,13 m² AWF	1.441	**13,45**	0,2
	Abbruch von Lichtschächten (3St); Entsorgung, Deponiegebühren				
	• Herstellen (Kosten: 92,1%)	1.160,87 m² AWF	16.884	**14,54**	2,8
	Stb-Fertigteil-Vordach C25/30, WU, 1,00x3,32m, Schalung, Bewehrung, Kunststoffabdichtung, Verbundblechabdeckung (1St), tragende Wärmedämmelemente (3St), Absturzsicherungen, Vierkantprofile (10m), Fertigteil-Lichtschacht 1,25x0,60x1,40m, Gitterrost (1St), Lichtschachtabdeckungen, Aufsetzrahmen, Gitterrost (2St)				
	6100-1672 Einfamilienhaus				
		183,41 m² AWF	3.434	**18,73**	3,2
	Ganzglasvordach 1,50x1,00m, VSG, freitragend (1St)				
	6100-1726 Mehrfamilienhaus (11 WE)				
		949,22 m² AWF	16.613	**17,50**	2,2
	Kunststofflichtschächte 1,25x1,30x0,60m, Rost begehbar (7St), Glas-Brüstungsgeländer, h=86cm (3St)				

KG	Kostengruppe	Menge Einheit	Kosten €	€/Einheit	%
	6100-1733 Mehrfamilienhaus (11 WE)				
	• Abbrechen (Kosten: 35,5%)	753,68 m² AWF	2.662	**3,53**	0,3
	Ausbauen und Lagern von Fenstergittern (6St), Abbruch von Außentreppe, Ziegelmauerwerk (2m²), Fenstergitter (1St); Entsorgung, Deponiegebühren				
	• Herstellen (Kosten: 64,5%)	1.242,99 m² AWF	4.828	**3,88**	0,5
	Brüstungsabdeckung, Zink (9m), Simsabdeckungen, Titanzink (8m)				

Kostenkennwerte für die Kostengruppen 300 der 3.Ebene DIN 276

KG	Kostengruppe	Menge Einheit	Kosten €	€/Einheit	%
341	**Tragende Innenwände**				
	1300-0319 Amtsverwaltung (36 AP)	893,63 m2	201.139	**225,08**	22,5
	KS-Mauerwerk, d=20-24cm (657m2), KS-Fertigteilstürze (79m), Stb-Wände C25/30, d=20cm, Schalung, Bewehrung (237m2), Kernbohrungen (181St)				
	1300-0330 Bürogebäude (15 AP)	82,14 m2	21.819	**265,64**	16,1
	Holzrahmenwände, d=14cm, KVH 6-8x14cm, beidseitig OSB-Schalung, d=15mm, Faserdämmung WLG 040, d=120mm (82m2), Aussteifungsrahmen HEB180, h=2,89m, b=3,50m (1St)				
	1300-0332 Bürogebäude (10 AP), Doppelgarage	240,00 m2	24.588	**102,45**	22,8
	KS-Mauerwerk (240m2)				
	1300-0338 Bürogebäude (89 AP)	656,61 m2	141.252	**215,12**	28,6
	Stb-Elementwände, d=24cm, Schalung, Bewehrung (617m2), Stb-Wände, d=20-30cm (40m2)				
	1300-0341 Bürogebäude (10 AP)	134,09 m2	65.006	**484,79**	27,3
	Massivholzwände, d=18,5cm (9m2), beidseitig Sichtqualität (99m2), d=12,5cm, beidseitig Sichtqualität (26m2), BSH-/KVH-Träger (1m3)				
	4400-0333 Kindertagesstätte (3 Gruppen, 35 Kinder)	613,59 m2	95.340	**155,38**	27,3
	Holzrahmenwände, d=11,5cm, KVH 6/10cm, Zellulosedämmung WLG 040, d=100mm, OSB-Schalung, d=15mm (199m2), d=13,5cm (95m2), d=17,5cm (49m2), Dreischicht-Brettsperrholzwände, d=10cm (271m2)				
	4400-0357 Kinderhaus (4 Gruppen, 74 Kinder)	577,99 m2	179.068	**309,81**	39,2
	Brettsperrholzwände, d=12cm (246m2), Stb-Wände C25/30, d=20cm, Sichtbeton, Schalung, Bewehrung (263m2), d=15cm (69m2), Ankerschienen (18St), Kernbohrungen (6St)				

KG	Kostengruppe	Menge Einheit	Kosten €	€/Einheit	%
	6100-1500 Mehrfamilienhaus (16 WE)				
•	Abbrechen (Kosten: 11,4%)	–	5.876	–	1,5
	Abbruch von Mauerwerk (7m³); Entsorgung, Deponiegebühren				
•	Wiederherstellen (Kosten: 6,3%)	18,85 m²	3.242	**171,98**	0,8
	Ausmauern von Fehlstellen bis 1,00m² (19m²)				
•	Herstellen (Kosten: 82,3%)	95,74 m²	42.366	**442,51**	10,6
	Ziegelmauerwerk, d=24cm (26m²), Stb-Ringbalken (8m), Öffnungen schließen, Ziegelmauerwerk (24m²), Türöffnungen herstellen, Ziegelmauerwerk, d=22cm, Trennschnitte, Sturzträger 2xHEB100 (14m²), d=44cm, Sturzträger 4xHEB100 (2m²), Türöffnungen ändern (12m²), Stahlträger HEA102, l=2,20m (2St), Rohrdurchführungen schließen (96St)				
	6100-1587 Mehrfamilienhaus (9 WE)				
		264,00 m²	73.474	**278,31**	18,3
	Wohnungstrennwände als Holzrahmenwände, d=345mm, zweiteilig, KVH 60x120mm, beidseitig GK-Beplankung 2x12,5mm, OSB-Beplankung 18mm, Holzfaserdämmung, d=2x120mm, gedämmte Fuge 20mm (125m²), Holzrahmenwände, d=175mm, KVH 60x120mm, beidseitig GK-Beplankung 18mm, OSB-Beplankung 18mm, Holzfaserdämmung, d=120mm (94m²), KS-Mauerwerk, d=24cm (23m²), d=20cm (22m²)				
	6100-1636 Mehrfamilienhaus (10 WE)				
•	Herstellen (Kosten: 100,0%)	111,23 m²	39.842	**358,19**	15,2
	Ziegelmauerwerk, d=24cm, Anschluss an Bestandsmauerwerk (95m²), Ziegelstürze (3m), Maueranschlussschienen (27m), Öffnungen schließen, Mauerwerk, d=36,5cm (1m²), Türöffnungen herstellen, in Mauerwerk, d=24cm, Trennschnitte, Auflagertaschen, Stahlstürze (15m²)				
	6100-1672 Einfamilienhaus				
		59,10 m²	6.508	**110,11**	33,3
	Massivholzwände, d=6cm (59m²)				
	6100-1726 Mehrfamilienhaus (11 WE)				
		908,71 m²	154.170	**169,66**	29,6
	Stb-Wände C25/30, d=24cm, Schalung, Bewehrung (90m²), KS-Mauerwerk, d=24cm (481m²), d=17,5cm (325m²), Fertigteilstürze, b=88,5-101m (16St), Stb-Ringanker C25/30, 17,5x12,5cm (100m)				
	6100-1733 Mehrfamilienhaus (11 WE)				
•	Abbrechen (Kosten: 51,2%)	200,33 m²	43.413	**216,71**	5,5
	Abbruch von Mauerwerk, verputzt, d=18-42cm (200m²); Entsorgung, Deponiegebühren				
•	Wiederherstellen (Kosten: 6,3%)	–	5.346	–	0,7
	Horizontalabdichtung, Druckinjektionen, Mauerwerk, d=24-39cm (34m)				
•	Herstellen (Kosten: 42,5%)	121,78 m²	36.043	**295,97**	4,5
	HLz-Mauerwerk, d=17,5-24cm (62m²), d=36-42cm (7m²), Stb-Ringanker (34m), Öffnungen schließen, HLz-Mauerwerk, d=24-42cm (21m²), Nische schließen, HLz-Mauerwerk, d=30cm (3m²), Öffnungen herstellen, Mauerwerk, d=17,5-24cm, Laibungen aufmauern, Betonstürze (20m²), d=32-42cm (7m²), Nischen in Mauerwerk herstellen, 70x33x20cm (1m²)				

KG	Kostengruppe	Menge Einheit	Kosten €	€/Einheit	%
	6400-0120 Jugendfreizeitstätte (3 Gruppen, 100 Kinder)				
		374,17 m²	80.394	**214,86**	24,1
	Holzrahmenwände, KVH 6-10x14cm, h=3,00-3,50m, innen OSB-Platten, d=15mm, Mineralwolldämmung WLG 040, d=14cm (374m²), Unterzüge, BSH 14x30-45cm (2m³)				
342	**Nichttragende Innenwände**				
	1300-0319 Amtsverwaltung (36 AP)				
		766,05 m²	90.272	**117,84**	10,1
	GK-Wände F30, d=15cm, beidseitig doppelt beplankt, Mineralwolldämmung, d=80mm, Rw=56dB (671m²), d=24cm, Mineralwolldämmung, d=60mm, Rw=58dB (31m²), Revisionsklappen (3St), KS-Mauerwerk, d=11,5cm (64m²)				
	1300-0330 Bürogebäude (15 AP)				
		213,39 m²	29.887	**140,06**	22,1
	GK-Metallständerwände, d=10cm, beidseitig doppelt beplankt, Mineralwolldämmung, d=40mm (200m²), GK-Doppelständerwände F30, d=30cm, beidseitig doppelt beplankt, Mineralwolldämmung, d=80mm (15m²), Flankendämmung (39m)				
	1300-0338 Bürogebäude (89 AP)				
		801,33 m²	118.078	**147,35**	23,9
	GK-Metallständerwände, d=10-12,5cm, beidseitig doppelt beplankt, Mineralwolldämmung, d=50mm (467m²), als Sicherheitswand, mit Stahleinlage (11m²), GK-Schallschutzwände F30, R'w=53-55dB, d=10-15cm, beidseitig doppelt beplankt, Mineralwolldämmung, d=50mm (138m²), einseitig Wandfläche gelocht (46m²), GK-Installationswände, d=15-35cm, beidseitig doppelt beplankt, Mineralwolldämmung, d=80mm (90m²), GK-Schachtwände (50m²)				
	1300-0341 Bürogebäude (10 AP)				
		188,97 m²	40.352	**213,53**	16,9
	Lehmbauplatten-Montagewände, d=10-15cm, beidseitig einfach beplankt, Holzfaserdämmung, d=40-100mm (166m²), d=30cm, Holzfaserdämmung, d=240mm (13m²), Verstärkungen mit Zementbauplatten (40m²), Lehmbauplatten-Schachtwände, d bis 49cm, beidseitig einfach beplankt, Holzfaserdämmung, d=40-60mm (10m²)				
	4400-0333 Kindertagesstätte (3 Gruppen, 35 Kinder)				
		81,62 m²	12.782	**156,60**	3,7
	GK-Metallständerwände, d=15cm, Mineralwolldämmung, d=60mm, beidseitig doppelt beplankt (46m²), d=12,5cm (10m²), als Installationswände, d=30-37cm, Mineralwolldämmung, d=40mm, beidseitig doppelt beplankt (21m²), Abmauerung Brausewannen, Bimsplatten, d=6-8cm (4m²)				
	4400-0357 Kinderhaus (4 Gruppen, 74 Kinder)				
		164,29 m²	28.214	**171,73**	6,2
	GK-Metallständerwände, d=10cm, Mineralwolldämmung, beidseitig doppelt beplankt (110m²), als Installationswand, d=15-25cm (39m²), KS-Abmauerung, d=11,5cm (13m²), Trennwände, Fichte (2St)				

KG	Kostengruppe	Menge Einheit	Kosten €	€/Einheit	%
	6100-1500 Mehrfamilienhaus (16 WE)				
	• Abbrechen (Kosten: 8,6%)	47,32 m²	3.121	**65,96**	0,8
	Abbruch von Ziegelmauerwerk (38m²), Gasbetonwänden (9m²); Entsorgung, Deponiegebühren				
	• Herstellen (Kosten: 91,4%)	120,98 m²	33.177	**274,25**	8,3
	Ziegelmauerwerk, d=11,5cm (40m²), Öffnungen schließen, Ziegelmauerwerk (43m²), Türöffnungen herstellen, Ziegelmauerwerk, d=11cm, Trennschnitte, Sturzträger HEB100 (24m²), Türöffnungen ändern (8m²), Rohrdurchführungen schließen (73St), GK-Wand F90, d=12,5cm, beidseitig doppelt beplankt (7m²)				
	6100-1536 Mehrfamilienhaus (12 WE)				
	• Abbrechen (Kosten: 13,3%)	0,81 m²	622	**768,27**	2,6
	Abbruch von Mauerwerk, d=24cm (1m²); Entsorgung, Deponiegebühren				
	• Herstellen (Kosten: 86,7%)	4,92 m²	4.062	**825,67**	17,0
	Porenbeton-Mauerwerk, d=24cm (5m²)				
	6100-1587 Mehrfamilienhaus (9 WE)				
		622,50 m²	139.100	**223,45**	34,6
	Wohnungstrennwände als Holzrahmenwände, d=240mm, zweiteilig, KVH 60x100mm und 60x60mm, beidseitig GK-Beplankung, Holzfaserdämmung, d=100mm und 60mm, Luftfuge 30mm (217m²), Holzrahmenwände, d=95mm, KVH 60x60mm, beidseitig GK-Beplankung, Holzfaserdämmung, d=60mm (247m²), als F90 (10m²), GK-Installationswände, d=165mm, GK-Beplankung, Holzfaserdämmung, d=120mm (64m²), d=185mm (39m²), GK-Steigeschächte (46m²)				
	6100-1636 Mehrfamilienhaus (10 WE)				
	• Herstellen (Kosten: 100,0%)	159,28 m²	40.660	**255,28**	15,5
	GK-Wände F30, d=12,5cm, beidseitig doppelt beplankt, Mineralwolldämmung (231m²), d=25cm (14m²), Türöffnungen (13St), Nischen (8St), HLz-Mauerwerk, d=11,5cm (44m²), Ziegelsturz (1m)				
	6100-1672 Einfamilienhaus				
		18,52 m²	2.057	**111,09**	10,5
	GK-Wände, d=10-15cm, beidseitig doppelt beplankt, Dämmung, d=40mm, Spachtelung Q3 (19m²)				
	6100-1726 Mehrfamilienhaus (11 WE)				
		501,81 m²	81.110	**161,63**	15,5
	Porenbeton-Mauerwerk, d=11,5cm (440m²), Stürze, l=0,885m (30St), Stb-Ringanker C25/30, 11,5x25cm (16m), Holztrennwände, b=0,78-1,98m, KVH 60x120mm, senkrecht auf Stahlkonstruktion, raumhoch, beschichtet (58m²)				

KG	Kostengruppe	Menge Einheit	Kosten €	€/Einheit	%
	6100-1733 Mehrfamilienhaus (11 WE)				
	• Abbrechen (Kosten: 16,3%)	153,28 m²	19.921	**129,96**	2,5
	Abbruch von Mauerwerk, verputzt, d=12-15cm (136m²), Holzständerwand, verputzt (17m²); Entsorgung, Deponiegebühren				
	• Herstellen (Kosten: 83,7%)	498,47 m²	102.662	**205,95**	12,9
	GK-Metallständerwände Q3, d=12-15cm, beidseitig doppelt beplankt, Mineralwolldämmung, d=80mm (280m²), d=15cm, als Installationswand (88m²), GK-Metallständerwände, d=10cm, beidseitig einfach beplankt, Mineralwolldämmung, d=80mm (32m²), GF-Holzständerwände, d=13cm, beidseitig einfach beplankt, Holzwolledämmung, d=100mm (26m²), Öffnungen schließen, HLz-Mauerwerk, d=15cm (38m²), HLz-Mauerwerk, d=11,5cm, Kleinflächen (34m²)				
	6400-0120 Jugendfreizeitstätte (3 Gruppen, 100 Kinder)	163,49 m²	20.488	**125,32**	6,1
	GK-Metallständerwände, d=10-12,5cm, beidseitig doppelt beplankt, Mineralwolldämmung WLG 040, d=60mm (163m²)				
343	**Innenstützen**				
	1300-0319 Amtsverwaltung (36 AP)	19,00 m	5.645	**297,09**	0,6
	Stb-Stützen C25/30, 20x24cm, Schalung, Bewehrung (16m), D=20cm (3m)				
	1300-0330 Bürogebäude (15 AP)	16,65 m	1.010	**60,66**	0,7
	Holzstützen, KVH 14x14cm (17m)				
	1300-0341 Bürogebäude (10 AP)	2,74 m	144	**52,50**	< 0,1
	BSH-Stütze, Sichtqualität (3m)				
	6100-1726 Mehrfamilienhaus (11 WE)	2,60 m	2.326	**894,78**	0,4
	Stb-Stütze C25/30, 25x40cm, Schalung, Bewehrung (3m)				
	6100-1733 Mehrfamilienhaus (11 WE)				
	• Herstellen (Kosten: 100,0%)	14,35 m	1.526	**106,36**	0,2
	KS-Pfeiler 36,5x30cm (11m), Holzstütze, KVH 10x16cm (3m)				
344	**Innenwandöffnungen**				
	1300-0319 Amtsverwaltung (36 AP)	259,64 m²	270.221	**1.040,75**	30,3
	Holztüren, Vollspaneinlage, Rw=32dB, Oberfläche HPL, Stahlzargen, Beschichtung (142m²), Röhrenspaneinlage, Rw=27dB (37m²), T30 RS, Rw=32dB (21m²), Türantrieb (1St), Alu-Glas-Brandschutztüren T30 RS, einflüglig, Seitenteil, Oberlicht (39m²), Feststellanlagen (4St), Alu-Festverglasung (24m²), Alu-Glastürelemente, zweiflüglig, Oberlicht (14m²), Innenfenster (3m²)				

KG	Kostengruppe	Menge Einheit	Kosten €	€/Einheit	%
	1300-0330 Bürogebäude (15 AP)	28,42 m²	48.113	**1.692,94**	35,6
	Glastüren, VSG, Holzzargen (17m²), Holztüren, ein-/zweiflüglig, Vollspaneinlage, Oberfläche CPL, Holz-/Stahlzarge (8m²), T30 (2m²), Holztür, Röhrenspaneinlage, Oberfläche HPL, Stahlzarge (2m²), digitale Schließzylinder (10St), OTS (3St), Türstopper (13St)				
	1300-0332 Bürogebäude (10 AP), Doppelgarage	30,65 m²	44.241	**1.443,42**	41,0
	Holztüren, Oberfläche lackiert, Stahlzargen, lackiert (31m²)				
	1300-0338 Bürogebäude (89 AP)	166,52 m²	148.297	**890,56**	30,0
	Vollspantüren, Oberfläche HPL, Stahlzargen (60m²), mit Seitenteil, VSG (30m²), Alu-Rohrrahmentüren, teilweise T30, Seitenteile, Oberlichter, VSG (67m²), Stahltüren, Stahlzargen (9m²)				
	1300-0341 Bürogebäude (10 AP)	38,92 m²	63.416	**1.629,38**	26,6
	Holztüren, Vollspaneinlage, Oberfläche HPL, Blockzargen (26m²), Holzrahmentüren, Oberfläche HPL, VSG-Füllungen, Blockzargen (9m²), Glasschiebetür (4m²)				
	4400-0333 Kindertagesstätte (3 Gruppen, 35 Kinder)	74,29 m²	108.150	**1.455,78**	31,0
	Holz-Fensterelement, dreiteilig, zwei Hebeschiebetüren, barrierefrei, Festverglasung (14m²), Holz-Alu-Pfosten-Riegel-Konstruktionen, dreiteilig, Blockrahmentür mit Glasausschnitt, zwei Festverglasungen (11m²), drei Schiebetüranlagen, je vier Schiebetüren, MDF-Platten, HPL-beschichtet (29m²), Holz-Schiebetürelement, vor Wand laufend, HPL-beschichtet (2m²), Fingerschutztürelemente, Röhrenspaneinlage, HPL-beschichtet (15m²), T30, HPL-beschichtet (2m²), Festverglasungen, VSG (2m²); Stahlumfassungszargen, VSG				
	4400-0357 Kinderhaus (4 Gruppen, 74 Kinder)	97,75 m²	153.504	**1.570,38**	33,6
	Holztüren, Fichte, Blockzargen flächenbündig, Rw=32dB, mit beidseitiger Festverglasung, Oberlicht, OTS (29m²), mit Glasausschnitt, teilweise Oberlichter (46m²), Edelstahl-Drückergarnituren (29St), Festverglasung, Sicherheitsglas, Rw=47 dB (6m²), als Durchreiche (3m²), Stahlblechtüren, verzinkt (15m²), Fingerklemmschutz (15St), Panikbeschläge (2St)				

KG	Kostengruppe	Menge Einheit	Kosten €	€/Einheit	%
	6100-1500 Mehrfamilienhaus (16 WE)				
	• Abbrechen (Kosten: 3,6%)	52,84 m²	2.781	**52,63**	0,7
	Abbruch von Holztüren, Zargen (38m²), Stahltüren (4m²), Innenfenstern, Stahl (6m²), Holz (5m²); Entsorgung, Deponiegebühren				
	• Wiederherstellen (Kosten: 31,5%)	145,52 m²	24.299	**166,98**	6,1
	Wohnungseingangstüren einseitig überarbeiten, schleifen, spachteln, beschichten, Beschläge gangbar machen, als Kassettentüren, mit Sopraporte (49m²), als Blatttüren (27m²), Holztüren neu beschichten (21m²), Windfangtür, zweiflüglig, Oberlicht, beidseitig neu beschichten (5m²), Stoßgriffe brünieren (9St), Holzinnenfenster lichthofseitig überarbeiten, lose Beschichtung entfernen, Fehlstellen ausbessern, schleifen, Kit erneuern, neu beschichten (43m²), gebrochene Sprosse reparieren (4h), defekte Scheiben austauschen (4St)				
	• Herstellen (Kosten: 64,9%)	47,49 m²	50.091	**1.054,74**	12,5
	Stahltüren (21m²), T30-RS, OTS (26m²), Revisionsklappen 50x50cm (2St), OTS für Wohnungseingangstüren (15St), Profilzylinder (27St), Drückergarnituren (9St), Spione (3St), Griffschalen (2St), Stoßgriff (1St)				
	6100-1536 Mehrfamilienhaus (12 WE)				
	• Herstellen (Kosten: 100,0%)	7,00 m²	12.758	**1.822,55**	53,4
	T30-Rauchschutztüren, Zargen, Obentürschließer (7m²)				
	6100-1587 Mehrfamilienhaus (9 WE)				
		99,66 m²	100.807	**1.011,51**	25,1
	Holztüren, Röhrenspan, Oberfläche HPL, Stahlzargen (58m²), Massivholz-Brandschutztüren, Oberfläche HPL, Stahlzargen, beschichtet (4m²), Massivholztüren (5m²), als Wohnungseingangstüren, RwP 47db (19m²), RS/SD (3m²), Schiebetüren (5m²), Oberlichter, Holzrahmen festverglast, Sprossen (2m²), Holzinnenfenster, festverglast, anteilig Klarglas, farbiges Glas, beidseitiger Spiegel (3m²), Gleitschienenschließer (13St), Edelstahlgarnituren				
	6100-1636 Mehrfamilienhaus (10 WE)				
	• Herstellen (Kosten: 100,0%)	98,98 m²	59.262	**598,73**	22,7
	Holztüren, Röhrenspan, Holzumfassungszargen, Oberfläche CPL (66m²), als Schiebetür (4m²), Vollholztüren, Oberfläche HPL, R'w=27dB (13m²), R'w=37dB (6m²), T30 RS (2m²), RS (2m²), Stahltüren T30, Stahlzargen, Beschichtung (7m²)				
	6100-1672 Einfamilienhaus				
		8,89 m²	2.793	**314,21**	14,3
	Holztüren, Oberfläche lackiert, Umfassungszargen (9m²)				
	6100-1726 Mehrfamilienhaus (11 WE)				
		128,64 m²	86.246	**670,45**	16,5
	Wohnungseingangstüren, 42dB, Bodendichtung (24m²), Holztüren, Röhrenspaneinlagen, Umfassungszargen (66m²), Schiebetüren, in Wand (13m²), Schiebetüren, vor Wand (4m²), Stahltüren T30-RS, Stahlzargen (16m²), Holz-Oberlichtverglasungen, VSG, Kunststein-Fensterbänke (6m²)				

KG	Kostengruppe	Menge Einheit	Kosten €	€/Einheit	%
	6100-1733 Mehrfamilienhaus (11 WE)				
	• Abbrechen (Kosten: 2,9%)	61,06 m^2	6.342	**103,86**	0,8
	Abbruch von Holztüren (55m^2), Holzlattentüren (6m^2); Entsorgung, Deponiegebühren				
	• Wiederherstellen (Kosten: 46,7%)	83,33 m^2	102.762	**1.233,19**	12,9
	Holztüren aufarbeiten, prüfen, gangbar machen, Schadstellen ausbessern, Schlösser tauschen, Beschichtung erneuern: zweiflüglig (25m^2), einflüglig, teilweise mit Oberlicht (25m^2), als Falttür, sechs Türblätter, vier Glasausschnitte (12m^2), als Wohnungseingangstüren, mit Glasfüllungen (10m^2), als Schiebetür, zweiflüglig (7m^2), Drückergarnituren aufarbeiten (10St), erneuern (3St), Türblätter umarbeiten (7St), defekte Verglasungen erneuern (4St), Füllungen reparieren (2St), Glasfüllung durch Holzfüllung ersetzen (1St), Sockelstücke ergänzen (14St), Holzaufsatz überarbeiten (1St), Holztür originalgetreu restaurieren, mit Supraporte (4m^2)				
	• Herstellen (Kosten: 50,4%)	69,77 m^2	111.052	**1.591,69**	14,0
	Holztüren, Röhrenspan, Oberfläche HPL, Holzumfassungszargen (29m^2), Holz-Wohnungseingangstüren nach historischem Vorbild, mit Holzfüllungen, Holzzargen (19m^2), Kassettentüren, formgepresst, Röhrenspan, Holz-Profilzargen (17m^2), Blendrahmen (psch), Stahltüren T30 RS, Stahlzargen (5m^2), OTS (10St), Wechsel-Türbeschläge (8St), Zimmer-/WC-Türbeschläge (31St)				
	6400-0120 Jugendfreizeitstätte (3 Gruppen, 100 Kinder)	111,51 m^2	117.221	**1.051,21**	35,1
	Holztüren, Vollspan, Oberfläche HPL, Blockzargen (59m^2), mit Seitenteil/Oberlicht Festverglasungen (32m^2), Holzfenster, U_w=0,85W/m^2K, Dreifach-Isolierverglasung, Festverglasung, dreiteilig (11m^2), einteilig (5m^2), zweiteilig (4m^2), als Schiebefenster (1m^2), Türstopper (10St), Panikbeschläge (4St)				
345	**Innenwandbekleidungen**				
	1300-0319 Amtsverwaltung (36 AP)	2.971,25 m^2	248.686	**83,70**	27,9
	Gipsputz Q3 (1.965m^2), Spachtelung Q3 (1.689m^2), GK-Vorsatzschalen, doppelt beplankt, Mineralwolldämmung, d=40mm (138m^2), GK-Verkofferungen (21m^2), Vliestapeten, Dispersionsbeschichtung (2.405m^2), mit Akzentbildern (509m^2), Wandfliesen 10x10cm (49m^2), Spiegel, flächenbündig (8m^2)				
	1300-0330 Bürogebäude (15 AP)	559,24 m^2	34.293	**61,32**	25,4
	GK-Bekleidung (203m^2), GK-Installationsebene (72m^2), Spachtelung Q3, Dispersionsbeschichtung (546m^2), Wandfliesen 30x60cm (6m^2), Brandschutzbeschichtung auf Stahlstützen (7m^2)				
	1300-0332 Bürogebäude (10 AP), Doppelgarage	480,00 m^2	29.184	**60,80**	27,1
	Gips-Kalkputz (480m^2), Spachtelung, Silikatbeschichtung (470m^2), in Laibungen (102m), GK-Vorsatzschale, Abdichtung, Wandfliesen (10m^2)				

KG	Kostengruppe	Menge Einheit	Kosten €	€/Einheit	%
	1300-0338 Bürogebäude (89 AP)				
		2.073,08 m²	33.549	**16,18**	6,8
	GK-Vorsatzschalen, d=15-24,5cm, doppelt beplankt, Mineralwolldämmung, d=40mm (65m²), Dispersionsbeschichtung (1.256m²), Ausbesserung Betonoberflächen, Reinigung (736m²), Abdichtung, Wandfliesen (76m²), Spiegel, flächenbündig (4m²)				
	1300-0341 Bürogebäude (10 AP)				
		646,95 m²	65.591	**101,39**	27,5
	Zementbauplatten, zweilagig (182m²), als Verkofferung, einlagig (13m), Holzfaserbekleidung (37m²), Lehmbauplatten-Vorsatzschalen (30m²), Armierung, Lehmspachtelung, Lehmfarbbeschichtung (319m²), Lehmfeinputz in Laibungen (17m), UV-Schutzbeschichtung (260m²), Verbundplatten-Aufdopplung, d=6mm (34m²), Abdichtung, Wandfliesen 20x50cm (68m²)				
	4400-0333 Kindertagesstätte (3 Gruppen, 35 Kinder)				
		1.031,09 m²	122.963	**119,26**	35,3
	Gipsfaserplatten-Bekleidung, d=12,5mm, Q3 (573m²), GKF-Schallschutz-Vorsatzschalen, d=10,5cm, zweilagig beplankt, Mineralwolldämmung, d=60mm (201m²), GK-Vorsatzschale, zweilagig beplankt, d=7,5cm, Mineralwolldämmung, d=40mm (23m²), GK-Beplankung (27m²), Dispersionssilikat-Beschichtung (697m²), Dreischichtplatten-Bekleidung, Decklage Weißtanne, d=20mm (230m²), Wandfliesen 15x15cm (71m²), Spiegel 265x90cm, fliesenbündig (2m²), Acrylharzbeschichtung (18m²), Lasur (13m²)				
	4400-0357 Kinderhaus (4 Gruppen, 74 Kinder)				
		848,79 m²	96.566	**113,77**	21,1
	GK-Vorsatzschalen, d=24mm, Mineralwolldämmung, doppelt beplankt (394m²), selbsttragend vor Installationswand (54m²), einfach beplankt (32m²), Dreischichtplatten, d=18mm, Fichte, Nut-/Feder, Mineralwolldämmung, d=20mm (170m²), d=12mm (105m²), GK-Verkofferungen (54m²), GK-Ummantelung, Stahlstützen, 10x10cm zweiseitig (57m), Holz-Ummantelung, Stahlstützen, 10x10cm, zweiseitig (5m), Dispersionsbeschichtung (152m²), Wandfliesen 10x10cm (66m²), Revisionstüren 40x40cm (3St)				
	6100-1500 Mehrfamilienhaus (16 WE)				
•	Abbrechen (Kosten: 22,6%)	573,63 m²	50.574	**88,17**	12,6
	Abbruch von Beschichtung, Spezialreinigungsverfahren (406m²), Wandputz (144m²), Wandfliesen (24m²), Tapete (13h), GK-Vorsatzschale (2h); Entsorgung, Deponiegebühren				
•	Wiederherstellen (Kosten: 22,4%)	–	50.095	**–**	12,5
	Schadstellen spachteln, schleifen (421m²), Haken, Dübel entfernen, Löcher schließen (42h), Putz ausbessern, Unebenheiten spachteln (214h), Beschichtung erneuern (136h), Tapete entfernen, beschichten (10h), Holzvertäfelung instandsetzen (9h), Bekleidung entfernen, Vorsatzschale aufmauern (8h), Wandfliesen erneuern (3m²)				
•	Herstellen (Kosten: 55,0%)	1.753,86 m²	122.902	**70,07**	30,7
	Steinwolldämmung WLS 035, d=60mm, Armierungsschicht (79m²), Kalkzementputz (338m²), Kalkputz (167m²), in Laibungen (242m), Schlitze schließen (294m), Spachtelung Q3, Tapete (100m²), Silikatbeschichtung (1.754m²), Dispersionsbeschichtung (102m²), Wandfliesen (38m²), GK-Vorsatzschalen (114h), Vormauerungen, Porenbeton (10h)				

KG	Kostengruppe	Menge Einheit	Kosten €	€/Einheit	%
	6100-1536 Mehrfamilienhaus (12 WE)				
•	Wiederherstellen (Kosten: 13,7%)	11,83 m²	885	**74,80**	3,7
	Gewebespachtelung auf Wandoberflächen, malerfertig gefilzt (12m²)				
•	Herstellen (Kosten: 86,3%)	56,11 m²	5.553	**98,96**	23,3
	Mineralwolldämmung WLG 035, d=40mm, an Wandflächen, 50cm ab UK Decke (56m²), Türlaibungen verputzt (psch)				
	6100-1587 Mehrfamilienhaus (9 WE)				
		1.418,40 m²	82.594	**58,23**	20,5
	GK-Beplankungen, d=18mm (579m²), Wandfliesen (98m²), GK-Vorwandinstallation (67m²), Spachtelung Q3, Silikatbeschichtung (1.320m²)				
	6100-1636 Mehrfamilienhaus (10 WE)				
•	Abbrechen (Kosten: 0,8%)	–	959	–	0,4
	Abbruch von Beschichtung (14h); Entsorgung, Deponiegebühren				
•	Wiederherstellen (Kosten: 30,5%)	725,65 m²	35.360	**48,73**	13,5
	Putzflächen überarbeiten, Fehlstellen ausbessern, Risse aufschneiden, armieren (135h), Wandflächen spachteln (624m²), neu beschichten (726m²)				
•	Herstellen (Kosten: 68,7%)	699,56 m²	79.547	**113,71**	30,4
	Gipsputz (192m²), Kalkzementputz (141m²), GK-Vorsatzschalen (214m²), als Schachtwand, Rw=36dB (34m²), Trägerbekleidung F90 (22m²), Mineralschaumdämmung WLG 040, d=100mm, Armierung, Kalkzementputz (14m²), Holzwolle-Mehrschichtdämmung WLG 040, d=100mm (9m²), Beschichtung (550m²), Abdichtung, Wandfliesen (126m²), Abschlussprofile, Edelstahl (34m), EPS-Dämmung WLG 035, d=100mm (23m²)				
	6100-1672 Einfamilienhaus				
		118,30 m²	8.200	**69,32**	41,9
	GK-Bekleidung, Spachtelung Q3 (118m²), GK-Vorsatzschale (1m²), GK-Verkofferung (1m²), Dispersions-Silikatbeschichtung (100m²), Abdichtung, Wandfliesen (15m²), Abmauerung Badewanne (1St)				
	6100-1726 Mehrfamilienhaus (11 WE)				
		2.479,84 m²	189.755	**76,52**	36,4
	Gipsputz Q3 (1.693m²), in Laibungen (351m), Kalkzementputz (599m²), in Laibungen (22m), GK/OSB-Vorsatzschalen, Steinwolldämmung, Vliestapeten (117m²), GK-Verkofferungen (11m), Brandschutzbekleidung, zweiseitig (13m), Lehmfarbbeschichtung (2.323m²), Abdichtung, Wandfliesen 60x120cm (86m²), Innendämmung WLG 035, d=100mm, Gipsputz (71m²)				

KG	Kostengruppe	Menge Einheit	Kosten €	€/Einheit	%
	6100-1733 Mehrfamilienhaus (11 WE)				
	• Abbrechen (Kosten: 6,8%)	1.720,14 m²	23.576	**13,71**	3,0
	Abbruch von Leimfarbbeschichtung (840m²), Wandputz (576m²), Laibungsputz (47m), Tapete (250m²), GK-Bekleidung, Unterkonstruktion (25m²), GK-Verkofferung, b=25cm (16m²), Wandfliesen (11m²), Holzbekleidung (2m²); Entsorgung, Deponiegebühren				
	• Wiederherstellen (Kosten: 5,9%)	70,46 m²	20.611	**292,52**	2,6
	Historische Wandbekleidung zerlegen, schadhafte Bauteile profilgleich erneuern (35m²), vier Füllleisten ergänzen, 22 Schwundrisse ausleimen, Holzschäden reparieren, 15 Zierkappen ergänzen (35m²)				
	• Herstellen (Kosten: 87,3%)	3.331,84 m²	303.852	**91,20**	38,2
	Armierungsgewebe (88m²), Kalkzementputz (1.079m²), auf Kleinflächen (48St), in Laibungen (32m), Kalk-Zement-Pinselputz (38m²), in Laibungen (111m), Installationsschlitze schließen (377m), GK-Vorsatzschalen (260m²), seitlicher Abschluss (122m), Spachtelung Q3 (3.016m²), in Laibungen (40m), Malervlies (61m²), Dispersionsbeschichtung (2.633m²), in Laibungen (50m), Silikatbeschichtung (505m²), in Laibungen (36m), Abdichtung, Wandfliesen 30x60cm (194m²)				
	6400-0120 Jugendfreizeitstätte (3 Gruppen, 100 Kinder)	716,83 m²	107.745	**150,31**	32,2
	Holzunterkonstruktion, d=26mm, Holzmehrschichtplatten, d=19mm, Beschichtung (271m²), als Akustikplatten (50m²), GK-Bekleidung, einlagig (178m²), GK-Vorsatzschalen, d=22cm, einseitig doppelt beplankt (46m²), Dispersionsbeschichtung (310m²), Wandfliesen 30x60cm (82m²), Wandspiegel, fliesenbündig (4m²)				
346	**Elementierte Innenwandkonstruktionen**				
	1300-0319 Amtsverwaltung (36 AP)	71,22 m²	71.793	**1.008,05**	8,0
	WC-Trennwände, Holzwerkstoff, Oberfläche HPL, vier Türen (43m²), mobile Trennwand, d=11,5cm, R=48dB, sechs Elemente, Alurahmen, Spanplattenbeplankung, Oberfläche HPL, Deckenführungsschiene (17m²), Alu-Glaswandelement, Automatik-Schiebetür, zweiflüglig, Oberlichter (11m²)				
	1300-0332 Bürogebäude (10 AP), Doppelgarage	12,53 m²	9.763	**779,16**	9,1
	Glastrennwand, ESG 10mm, Edelstahlprofile, Türblatt, Oberlicht, zwei Festfelder (13m²)				
	1300-0338 Bürogebäude (89 AP)	53,29 m²	41.244	**773,95**	8,3
	WC-Trennwände, Vollspanplatten, d=30mm, Melaminharzbeschichtung, 14 Türen (25m²), mobile Trennwand, schallgedämmt (15m²), Glastrennwand, Glasrahmentür, zweiflüglig (13m²)				
	1300-0341 Bürogebäude (10 AP)	9,92 m²	3.880	**391,14**	1,6
	WC-Trennwände, zwei Türen (10m²)				

KG	Kostengruppe	Menge Einheit	Kosten €	€/Einheit	%
	4400-0333 Kindertagesstätte (3 Gruppen, 35 Kinder)				
		21,72 m²	6.727	**309,71**	1,9
	WC-Trennwandanlagen, Vollspanplatten, d=40mm, HPL-Schichtstoff, mit Frontwänden, Mittelwänden, drei Türen, h=2,00m (13m²), h=1,50m (8m²)				
	6100-1500 Mehrfamilienhaus (16 WE)				
	• Abbrechen (Kosten: 1,7%)	6,09 m²	118	**19,30**	< 0,1
	Abbruch von Holzwänden (6m²); Entsorgung, Deponiegebühren				
	• Herstellen (Kosten: 98,3%)	48,57 m²	6.947	**143,04**	1,7
	Kellertrennwände, Stahllamellen (49m²), Türen (8St)				
	6100-1587 Mehrfamilienhaus (9 WE)				
		56,56 m²	6.266	**110,78**	1,6
	Holz-Lattenverschläge, h=2,06m, sechs Lattentüren, Hängeschlösser (57m²)				
	6100-1636 Mehrfamilienhaus (10 WE)				
	• Herstellen (Kosten: 100,0%)	74,98 m²	5.982	**79,79**	2,3
	Keller-Systemtrennwände, Holzprofile an verzinkten Winkeleisen, Systemhöhe 2,20m, zehn Türen, zehn Oberlichter (75m²)				
	6100-1726 Mehrfamilienhaus (11 WE)				
		83,56 m²	8.112	**97,08**	1,6
	Holz-Lattenverschläge, h=2,20m, Holzprofile 19x55mm auf Winkeleisen 28x22mm (38m), Lattentüren 80x195cm (12St)				
	6100-1733 Mehrfamilienhaus (11 WE)				
	• Abbrechen (Kosten: 0,7%)	6,00 m²	130	**21,64**	< 0,1
	Abbruch von WC-Trennwänden, zwei Türen (6m²); Entsorgung, Deponiegebühren				
	• Herstellen (Kosten: 99,3%)	79,69 m²	17.368	**217,95**	2,2
	Kellertrennwände, neun Türen (67m²), Glaswände, eine Tür (13m²)				
	6400-0120 Jugendfreizeitstätte (3 Gruppen, 100 Kinder)				
		13,58 m²	8.430	**620,75**	2,5
	WC-Trennwände, HPL-Verbundelemente, d=30mm, h=2,15m, zwei Türen (12m²), eine Tür (2m²)				
349	**Sonstiges zur KG 340**				
	1300-0319 Amtsverwaltung (36 AP)				
		1.990,54 m² IWF	4.563	**2,29**	0,5
	Handläufe, Edelstahl, D=40mm (16m)				
	1300-0338 Bürogebäude (89 AP)				
		1.677,75 m² IWF	12.265	**7,31**	2,5
	Handläufe, Edelstahl (65m), Holz (7m), Lüftungsgitter 120x35cm (1St)				
	4400-0333 Kindertagesstätte (3 Gruppen, 35 Kinder)				
		791,22 m² IWF	2.800	**3,54**	0,8
	Handlauf, Eiche (1St)				

KG	Kostengruppe	Menge Einheit	Kosten €	€/Einheit	%
	6100-1500 Mehrfamilienhaus (16 WE)				
	• Wiederherstellen (Kosten: 38,4%)	–	1.665	**–**	0,4
	Holzhandlauf schleifen, beschichten, neun Endstücke ergänzen (37m)				
	• Herstellen (Kosten: 61,6%)	972,99 m² IWF	2.671	**2,75**	0,7
	Eckschutzschienen, Holz, l=180cm (11St)				

Kostenkennwerte für die Kostengruppen 300 der 3. Ebene DIN 276

KG	Kostengruppe	Menge Einheit	Kosten €	€/Einheit	%
351	**Deckenkonstruktionen**				
	1300-0319 Amtsverwaltung (36 AP)	827,15 m2	208.820	**252,46**	48,3
	Stb-Decken C25/30, d=22cm, Sichtschalung, Bewehrung (802m2), Stb-Fertigteiltreppen C25/30, Laufbreite 150cm, 19 Stg, zweiläufig, Zwischenpodest (14m2), Laufbreite 140cm (12m2)				
	1300-0330 Bürogebäude (15 AP)	296,14 m2	82.091	**277,20**	42,9
	Holzbalkendecke, KVH (11m3), BSH (6m3), Abbund (580m), Mineralwoll-Zwischenbalkendämmung WLG 035, d=220mm (161m2), d=140mm (116m2), OSB-Schalung, d=25mm (289m2), Holzwangentreppe, 18 Stg, Laufbreite 1,60m, Stahl-/OSB-Wangen, OSB-Tritt-/Setzstufen (7m2), Stahlträger U200 (8m), U160 (4m), HEB120 (6m), Gitterroste (7m2)				
	1300-0338 Bürogebäude (89 AP)	1.581,30 m2	381.493	**241,25**	62,4
	Stb-Elementdecken, d=22-28cm, Schalung, Bewehrung (1.410m2), Stb-Decke, d=22cm (136m2), Stb-Fertigteiltreppen, Laufbreite 1,40m, 6x7 Steigungen, Podeste (27m2), Stahltreppe, Laufbreite 1,00m, 21 Steigungen, Podest (8m2)				
	1300-0341 Bürogebäude (10 AP)	136,65 m2	72.436	**530,09**	55,8
	Brettstapeldecke, d=16cm, Sichtqualität (129m2), Einlegebretter (110m), BSH-/KVH-Unterzüge (1m3), Stb-FT-Faltwerktreppe C30/37, Laufbreite 110cm, neun Steigungen, h=35cm, Zwischenpodest, neun Vollholzblockstufen, h=17,5cm (8m2)				
	4400-0333 Kindertagesstätte (3 Gruppen, 35 Kinder)	21,36 m2	8.167	**382,37**	27,4
	Dreischicht-Brettsperrholzdecke, d=10cm (21m2), Stahlrahmen mit Stahlstütze für Galerie (1St)				
	4400-0357 Kinderhaus (4 Gruppen, 74 Kinder)	576,74 m2	212.621	**368,66**	47,8
	Brettsperrholzdecken, d=26cm, fünflagig (148m2), d=18cm (119m2), d=30cm (55m2), als Brettsperrholzbalkone, d=12cm, 2% Gefälle, b=1,40m (79m2), BSH-Unterzüge 20x36cm (17m), BSH-Plattformen (21m2), Stb-Decken C25/30, d=20cm, Schalung, Bewehrung (116m2), d=25cm (14m2), Stb-Treppen C25/30, b=1,96m, 18+21 Steigungen, einläufig mit Podest, sandgestrahlt (25m2), Stb-Stürze C25/30, d=20cm, h=16-22cm (8m), h=44cm (3m), Stahlträger HEA200 (10m), HEA140 (2m), UPE220 (32m), Stahlwinkel 150x150mm (18m), 130x65mm (29m)				

KG	Kostengruppe	Menge Einheit	Kosten €	€/Einheit	%
	6100-1500 Mehrfamilienhaus (16 WE)				
•	Abbrechen (Kosten: 15,2%)	66,76 m²	8.470	**126,87**	1,9
	Abbruch von Holzdielen, Einschübe, Lehm/Schutt/Sand, d bis 6cm, Lattung (50m²), Deckenbalken 12x24cm (25m), Decke, Treppenpodest (12m²), Stb-Treppen (5m²); Entsorgung, Deponiegebühren				
•	Wiederherstellen (Kosten: 47,2%)	63,19 m²	26.326	**416,62**	5,8
	Schwammsanierung Holzbalkendecke: geschädigte Holzteile ersetzen, Bohrlochimprägnierung, Holzschutz (55m²), Stahlträger tauschen (18m), Balkonträger freilegen, entrosten, Korrosionsschutz aufbringen, mit Reparaturmörtel auffüttern (25m), Stb-Balkone instandsetzen, nicht tragfähige Betonteile abstemmen, sandstrahlen, Bewehrung entrosten, Korrosionsschutz, Betoninstandsetzungsmörtel aufbringen, Oberfläche spachteln, Stirnkanten (11m), Untersichten (8m²)				
•	Herstellen (Kosten: 37,6%)	–	20.990	–	4,6
	Deckenbalken 12x24cm (35m), Einschubebene, Lattung, Sand, d=6cm (42m²), Holzdielen (50m²), Deckendurchbrüche schließen (66St), Betonschwellen (4h)				
	6100-1587 Mehrfamilienhaus (9 WE)				
		579,63 m²	161.470	**278,57**	36,3
	Holzbalkendecken, KVH 8x24cm und 10x24cm, OSB-Beplankung auf nicht sichtbarer Balkenlage, Holzfaserdämmung WLG 040, d=80mm (452m²), Weitspannträgersystem aus Hauptträger 2xUA150, Auflagerung auf tragenden Wänden, Spannweite max. 5m, Nebenträger CD-Tragprofil (psch), vorgesetzte Balkone mit Holzbalkenlage, Schalung, Holzstützen (17m²), Stb-Elementdecke C25/30, d=20cm, Schalung, Bewehrung (111m²), Stb-Unterzug, 20x30cm (3m), Stb-Balken, 18x22cm (68m)				
	6100-1636 Mehrfamilienhaus (10 WE)				
•	Wiederherstellen (Kosten: 10,9%)	–	1.562	–	0,6
	Risse verharzen (11h)				
•	Herstellen (Kosten: 89,1%)	7,31 m²	12.722	**1.740,36**	5,1
	Stb-Decken C25/30, d=16cm, Schalung, Bewehrung (5m²), Kragstufen einspannen, Stahlbeton (2m²)				
	6100-1726 Mehrfamilienhaus (11 WE)				
		974,40 m²	328.483	**337,11**	45,8
	Stb-Elementdecken C25/30, d=22cm, Schalung, Bewehrung (923m²), Stb-Fertigbalkone, d=22cm (37m²), Stb-Fertigteiltreppen, b=1,10m, t=17cm, einläufig, 18 Stg (9m²), 17 Stg (5m²), Stb-Fertigteilvordach 1,96x1,76m (3m²)				

KG	Kostengruppe	Menge Einheit	Kosten €	€/Einheit	%
	6100-1733 Mehrfamilienhaus (11 WE)				
	• Abbrechen (Kosten: 10,9%)	154,17 m²	15.673	**101,66**	1,5
	Aufnehmen und Lagern von Dielung, Schüttung, Fehlböden (64m²), Abbruch von Dielung, Schüttung, Fehlböden (60m²), Ziegel-Kappendecke (22m²), Balkon (6m²), Stahlträgern (14m), Holztreppe (2m²); Entsorgung, Deponiegebühren				
	• Wiederherstellen (Kosten: 41,0%)	–	58.758	–	5,7
	Stahlträger entrosten, Korrosionsschutz aufbringen (20m), Deckenbalken verstärken mit U180 (41m), mit U140 (19m), Fehlstellen in Dielung ergänzen (29m²), Schwammsanierung Holzbalkendecke: Dielenboden absaugen, aufnehmen, Schüttung entfernen (22m²), anhaftendes Myzel entfernen (15m²), geschädigte Holzbalken gesund schneiden, ersetzen (29m), Schnittflächen chemisch schützen (2m²), Balkenköpfe anschuhen, luftumspülte Auflager herstellen (11St), neue Schüttung einbauen, Blindboden verlegen (25m²)				
	• Herstellen (Kosten: 48,1%)	–	68.977	–	6,7
	Holzbalkendecke, KVH (4m³), OSB-Schalung (68m²), Schüttung, Lagermaterial (64m²), Fehlböden, Dielen (123m²), Ziegel-Einhangdecke, d=18cm, Aufbeton C25/30, d=3cm (22m²), Stb-Decke C25/30, d=20cm, Schalung, Bewehrung (3m²), Stahlunterzüge HEB120-160, l=1,50-2,43m (25St), IPE180-240, l=2,70-3,66m (6St), Holzunterzug 14x20cm, l=4,5m (1St)				
352	**Deckenöffnungen**				
	1300-0338 Bürogebäude (89 AP)	0,98 m²	1.239	**1.264,62**	0,2
	Bodeneinschubtreppe 70x140cm (1m²)				
	6100-1500 Mehrfamilienhaus (16 WE)				
	• Abbrechen (Kosten: 100,0%)	5,04 m²	211	**41,78**	< 0,1
	Abbruch von Deckenfenster, Einfachverglasung, Holzrahmen (5m²); Entsorgung, Deponiegebühren				
	6100-1587 Mehrfamilienhaus (9 WE)	0,64 m²	3.792	**5.924,55**	0,9
	Begehbarer Glasboden in Deckenöffnung, Edelstahlrahmen 80x80cm, VSG-Verglasung, d=32mm (1m²)				
353	**Deckenbeläge**				
	1300-0319 Amtsverwaltung (36 AP)	744,63 m²	127.866	**171,72**	29,6
	EPS-Dämmung WLG 035, d=40mm, Zementestrich, d=65mm (749m²), Abstellwinkel, L180x100 (22m), Teppich (477m²), Teppichsockel (383m), Spachtelung, PVC-Bodenbelag (193m²), PVC-Sockel (179m), Bodenfliesen 60x30cm (33m²), 10x10cm (26m²), 60x10cm, auf Tritt-/Setzstufen, Treppensockel (15m²), Fliesensockel (48m)				
	1300-0330 Bürogebäude (15 AP)	259,51 m²	41.699	**160,69**	21,8
	EPS-Dämmung WLG 035, d=40mm, Zement-Heizestrich, d=65mm, Vinyl (252m²), GK-Trockenestrich, Vinyl, Trittstufen (8m²), Setzstufen (5m²), Holzsockel (209m), Gitterrostbelag (7m²)				

KG	Kostengruppe	Menge Einheit	Kosten €	€/Einheit	%
	1300-0338 Bürogebäude (89 AP)				
		962,74 m²	160.076	**166,27**	26,2
	EPS-Trittschalldämmung WLG 035, d=30-50mm, Calciumsulfat-Fließestrich (955m²), Hochkant-Lamellenparkett, Eiche (423m²), Teppich (412m²), Epoxidharzbeschichtung, Acrylversiegelung (120m²), Holz-Treppenbelag (8m²)				
	1300-0341 Bürogebäude (10 AP)				
		116,53 m²	43.086	**369,74**	33,2
	Hohlböden, h=185mm, Trockenestrich, d=25mm (114m²), Linoleum (107m²), Linoleumsockel (103m), Holzsockel (21m), Abdichtung, Entkoppelungsmatten, Bodenfliesen (7m²), Fliesensockel (3m), Epoxidharzbeschichtung, auf neun Stufen (3m²)				
	4400-0357 Kinderhaus (4 Gruppen, 74 Kinder)				
		464,37 m²	98.183	**211,43**	22,1
	Schüttung, d=80mm, Trennlage (321m²), PU-Dämmung WLS 024, d=60mm (71m²), d=50mm (22m²), EPS-Trittschalldämmung, d=30mm, Heizestrich CT-C30-F5, d=65mm (415m²), Linoleum, d=2,5mm (376m²), Abdichtung, Bodenfliesen (47m²), Fliesensockel (35m), Trockenestrich (20m²), Korkunterlage, d=2mm (66m²), Laubengang: Abdichtung auf Holz, Betonterrassenplatten 30x30cm (50m²)				
	6100-1500 Mehrfamilienhaus (16 WE)				
	• Abbrechen (Kosten: 9,9%)	282,97 m²	6.714	**23,73**	1,5
	Abbruch von Teppich (104m²), Bodenfliesen (91m²), Linoleum (22m²), auf Stufen (42m²), auf Podesten (24m²), Estrich (38m²); Entsorgung, Deponiegebühren, Ausbauen und Lagern von Sockelleisten (56m)				
	• Wiederherstellen (Kosten: 44,1%)	131,61 m²	29.950	**227,56**	6,6
	Holztreppenstufen schneiden, schleifen, Fehlstellen ausbessern (62St), Holztreppe schleifen, spachteln, lackieren, Trittstufen (41m²), Podeste (24m²), Setzstufen (133St), Steingutbelag mit Drahtbürste reinigen, Fehlstellen schließen, imprägnieren (36m²), Parkett erneuern, zerschnittene Stäbe austauschen, schleifen, versiegeln (27m²), Holzsockelleisten erneuern (34m), schleifen, lackieren (57m), Ausbrüche in Betontreppe ausbessern (3m²)				
	• Herstellen (Kosten: 46,0%)	119,70 m²	31.204	**260,69**	6,9
	Sisal-Treppenläufer, b=90cm (80m²), auf Podesten (22m²), Treppenläuferstangen, l=100cm (141St), Sauberlaufmatten (9m²), Estrich, Bodenfliesen (8m²), Holzstufen 90x20x18cm (3St), Holzschwelle (2m), Holzsockelleisten (17m)				
	6100-1536 Mehrfamilienhaus (12 WE)				
	• Abbrechen (Kosten: 38,5%)	90,61 m²	2.318	**25,59**	4,2
	Abbruch von Betonplatten 50x50cm (91m²); Entsorgung, Deponiegebühren				
	• Wiederherstellen (Kosten: 61,5%)	–	3.707	**–**	6,7
	Anarbeiten Estrich an Terrassentüren, d=60mm (13m)				

KG	Kostengruppe	Menge Einheit	Kosten €	€/Einheit	%
	6100-1587 Mehrfamilienhaus (9 WE)				
		508,53 m²	144.934	**285,01**	32,6
	Ausgleich-, Schallschutzschüttung, d=50mm (387m²), d=110mm (20m²), GK-Schalung, d=9,5mm (407m²), Glaswolldämmung WLS 032, d=20mm (492m²), Zementheizestrich CTF-F5, d=64-67,5mm (454m²), Zementestrich CT-C30-F5, d=45mm (38m²), Dreischicht-parkett, d=10mm (406m²), Holzsockel (375m), Abdichtung, Bodenfliesen (44m²), Fliesen-sockel (26m), Linoleum (41m²), Sauberlaufmatte 180x120cm (1St), Holz-Balkondielen, UK, Gefälledämmung (17m²)				
	6100-1636 Mehrfamilienhaus (10 WE)				
•	Wiederherstellen (Kosten: 3,0%)	45,90 m²	5.144	**112,06**	2,1
	Terrazzobelag reinigen, polieren, imprägnieren (46m²)				
•	Herstellen (Kosten: 97,0%)	694,45 m²	164.170	**236,40**	66,1
	EPS-Dämmung, d=10-50mm, TSD, OSB-Trockenestrich (257m²), Dämmschüttung, d=20-40mm (402m²), PE-TSD, Zementestrich, d=35-50mm, faserarmiert (235m²), Zement-Dünnestrich, d=10-12mm, faserarmiert (202m²), Vinylbelag (611m²), Sockel-leisten (524m), Abdichtung, Bodenfliesen (48m²), Fliesensockel (43m), Terrazzoplatten (25m²), Sockelleisten (45m), Balkone: Zement-Verbundestrich, d=50mm, Abdichtung, Bodenfliesen (10m²), Fliesensockel (13m), Kastenrinnen (15m), Fallrohre (6m)				
	6100-1726 Mehrfamilienhaus (11 WE)				
		826,84 m²	235.157	**284,40**	32,8
	EPS-Dämmung WLG 035, d=20-50mm (580m²), d=80mm (24m²), Zement-Heizestrich, d=85mm, bewehrt (740m²), Zementestrich, d=55mm (44m²), Dreischicht-Parkett, Eiche, geölt (581m²), Holzsockel (465m), Abdichtung, Bodenfliesen 60x60-120cm (203m²), Mosaik 5x5cm (4m²), Fliesensockel (148m), Stufenfliesen 30/20x110cm (24m²), Balkon-abdichtung, Bodenfliesen 60x40cm, Stelzlager (30m²), Terrassenrinnen (15m)				
	6100-1733 Mehrfamilienhaus (11 WE)				
•	Abbrechen (Kosten: 1,6%)	132,86 m²	3.514	**26,45**	0,3
	Abbruch von Parkett (54m²), Linoleum/PVC (41m²), Ausgleichsmassen (14m²), Holzpodesten (8m²), Bodenfliesen (4m²), Fliesensockel (10m), Holzschwelle (1m²); Entsorgung, Deponie-gebühren, Aufnehmen und Lagern von Dielenboden (7m²)				
•	Wiederherstellen (Kosten: 27,1%)	418,85 m²	60.488	**144,41**	5,9
	Parkett aufarbeiten, Schadstellen herauslösen, mit Altparkett ergänzen (33m²), Dielung schleifen, Parkett ergänzen (23m²), Parkett schleifen, versiegeln (295m²), Holztreppe überarbeiten, schleifen, neu beschichten von Trittstufen (17m²), von Setzstufen (8m²), von Wangen (56m), von Holzsockeln (38m), Marmortreppe instandsetzen (6m²), Schadstellen aufarbeiten (15St), Risse verschließen (16St), Setzstufe erneuern (1m²), Tritt-/Setzstufen reinigen, schleifen, imprägnieren (10m²), Silikonfugen ergänzen (53m)				
•	Herstellen (Kosten: 71,4%)	506,93 m²	159.460	**314,56**	15,5
	EPS-Dämmung WLG 035, d=20-30mm (89m²), Trittschalldämmung (311m²), Zementestrich, d=50mm (81m²), Trockenestrich (227m²), Dünnestrich (90m²), Ausgleichsschüttung, d=5-25cm (38m²), Dreischichtparkett, geölt (306m²), Linoleum (105m²), auf Podesten (15m²), auf Trittstufen (14m²), Holzsockel (625m), Massivholzschwellen (14St), Abdich-tung, Bodenfliesen (60m²), im Gefälle (6m²), Fliesensockel (62m)				

KG	Kostengruppe	Menge Einheit	Kosten €	€/Einheit	%
354	**Deckenbekleidungen**				
	1300-0319 Amtsverwaltung (36 AP)	751,13 m²	74.308	**98,93**	17,2
	Mineralfaser-Rasterdecken, Abhängehöhe 10cm (315m²), GK-Akustikdecken, Abhängehöhe 96cm (155m²), GK-Friese, b=35-50cm (80m²), Langfeld-Metalldecken, Abhängehöhe 90cm (74m²), GK-Decken, Abhängehöhe 40cm (58m²), Dispersionsbeschichtung (362m²)				
	1300-0330 Bürogebäude (15 AP)	276,28 m²	41.375	**149,76**	21,6
	Fassadenbahn, Holzunterkonstruktion, Lattenbekleidung 5x3cm, Holzlasur (161m²), Dampfbremse (116m²), MDF-Bekleidung, GK-Bekleidung F30, einlagig (123m²), Spachtelung Q3, Dispersionsbeschichtung (107m²), Brandschutzbeschichtung auf Stahlträgern (7m²)				
	1300-0338 Bürogebäude (89 AP)	538,32 m²	67.111	**124,67**	11,0
	Akustikdeckensegel 120x60cm, Glaswolle, beschichtet, Abhängehöhe bis 50cm (419m²), GK-Decke, Abhängehöhe bis 75cm, Beschichtung (106m²), abgehängte Alu-Decke (7m²), Beschichtung Treppenstufen (6m²)				
	1300-0341 Bürogebäude (10 AP)	176,28 m²	5.196	**29,47**	4,0
	UV-Schutzbeschichtung (176m²), Deckenrandbekleidung (5m)				
	4400-0357 Kinderhaus (4 Gruppen, 74 Kinder)	303,93 m²	81.623	**268,56**	18,3
	Holzwolle-Akustikdecken, d=25mm, Abhängehöhe 16-35cm, Akustikauflagen (290m²), Holzbekleidung, hinterlüftet, b=120mm, Weißtanne (14m²), Revisionsklappen 40x40cm (4St), Vorhangschienen, deckenbündig, Fries, b=15cm (42m), GK-Bekleidung F30, an Stahlträgern, dreiseitig (53m), Lüftungsgitter, b=60cm (64m), Leuchtenausschnitte (52St)				
	6100-1500 Mehrfamilienhaus (16 WE)				
	• Abbrechen (Kosten: 14,9%)	–	12.426	–	2,7
	Abbruch von Putz (96m²), Beschichtung, Spezialreinigungsverfahren (73m²), Tapete (52m²), Rohrputzdecke, Schalung (19m²); Entsorgung, Deponiegebühren				
	• Wiederherstellen (Kosten: 34,8%)	169,05 m²	28.960	**171,31**	6,4
	Treppen-/Deckenuntersichten instandsetzen, Fehlstellen spachteln, schleifen, neu beschichten (92m²), Treppenwangen überarbeiten, lose Teile entfernen, spachteln, schleifen, neu beschichten (36m), losen Deckenputz erneuern, Fehlstellen spachteln, schleifen (76m²), historische Stuckprofile abnehmen, nachformen, wieder anbringen (7St), als Stäbe (77m)				
	• Herstellen (Kosten: 50,3%)	500,91 m²	41.873	**83,59**	9,2
	Kellerdeckendämmung WLS 035, d=120mm, verdübeln (251m²), GK-Decke (26m²), Lichtvouten (4m), Schalung, Schilfrohrmatten, Kalkputz (20m²), Spachtelung Q3 (52m²), Malervlies (122m²), Silikatbeschichtung (159m²), auf Treppenuntersichten (92m²), auf Stuckprofile (160m)				

KG	Kostengruppe	Menge Einheit	Kosten €	€/Einheit	%
	6100-1536 Mehrfamilienhaus (12 WE)				
	• Herstellen (Kosten: 100,0%)	199,92 m²	16.968	**84,87**	30,9
	Mineralwolldämmung WLG 035, d=80mm, verklebt (200m²)				
	6100-1587 Mehrfamilienhaus (9 WE)				
		505,66 m²	66.893	**132,29**	15,1
	Mineralwoll-Mehrschichtplatten WLG 035, d=150mm, als Kellerdeckendämmung (100m²), GK-Bekleidung, d=2x12,5mm, Spachtelung Q3, Silikatbeschichtung (364m²), GK-Bekleidung, d=12,5mm, Dreischichtplatte, d=19mm, Lärche, Holzlasur (53m²)				
	6100-1636 Mehrfamilienhaus (10 WE)				
	• Wiederherstellen (Kosten: 35,7%)	558,85 m²	15.379	**27,52**	6,2
	Risse schließen, armieren (16h), Bestandsdecken spachteln (461m²), neu beschichten , Beschichtung erneuern (559m²)				
	• Herstellen (Kosten: 64,3%)	252,59 m²	27.726	**109,77**	11,2
	EPS-Dämmung WLG 035, d=100mm (78m²), HWL-Dämmung WLG 040, d=100mm (30m²), GK-Decken, Abhängehöhe 15-70cm, Beschichtung (196m²), Balkonuntersicht: Zementbauplatten, Abhängehöhe 70cm, Stirnbekleidung (8m²), Silikatbeschichtung (19m²)				
	6100-1726 Mehrfamilienhaus (11 WE)				
		795,91 m²	64.864	**81,50**	9,0
	Elementdecken beispachteln (578m²), abgehängte GK-Decken (25m²), Vliestapeten, Lehmfarbbeschichtung (603m²), Holzwolledämmung (119m²), Silikonharz-Kratzputz (45m²), Mineralwolldämmung WLG 035, d=160mm, Glattputz, Silikatbeschichtung (29m²)				
	6100-1733 Mehrfamilienhaus (11 WE)				
	• Abbrechen (Kosten: 2,9%)	451,10 m²	6.309	**13,99**	0,6
	Abbruch von Leimfarbbeschichtung (386m²), GK-Bekleidung (40m²), GK-Decke (21m²), Holzbekleidung (3m²); Entsorgung, Deponiegebühren				
	• Wiederherstellen (Kosten: 53,9%)	309,08 m²	118.685	**384,00**	11,5
	Stuckelemente sanieren, prüfen, reinigen, Farbschichten entfernen, Fehlstellen ergänzen, Risse schließen, neu beschichten: umlaufende Stuckfriese (225m), Stuckrosetten (7St), Friese nachbilden (24m), Stuckrosetten nachbilden (3St), schadhaften Deckenputz ausbessern (32m²)				
	• Herstellen (Kosten: 43,2%)	969,16 m²	95.070	**98,10**	9,2
	GK-Decken, Abhängehöhe 25-50cm (339m²), GK-Verkofferung (23m²), Wärmedämmung WLG 035 (117m²), Spachtelung Q3 (969m²), Malervlies (370m²), Dispersionsbeschichtung (827m²), Silikatbeschichtung (142m²)				
355	**Elementierte Deckenkonstruktionen**				
	4400-0333 Kindertagesstätte (3 Gruppen, 35 Kinder)				
		5,26 m²	17.678	**3.360,82**	59,3
	Treppenanlage: 14Stg 17x26cm, zweiläufig mit Zwischenpodest, Treppenstufen, Eiche Massiv, Treppenwangen und Brüstungsplatte, Dreischichtplatte mit HPL-Bekleidung, unter Podest zwei Schiebetüren, auf Gegenseite eine Drehtüre, auf Galerie eine Drehtüre in Brüstungshöhe (5m²)				

KG	Kostengruppe	Menge Einheit	Kosten €	€/Einheit	%
	4400-0357 Kinderhaus (4 Gruppen, 74 Kinder)				
		9,44 m²	25.021	**2.650,57**	5,6
	Stahlwangentreppe, ein Podest, 19 Steigungen, b=1,20m, l=7,87m, Gitterroststufen 20/10mm, Geländer beidseitig, Flachstahl 15x12mm, Handlauf DN30 (1St)				
	6100-1500 Mehrfamilienhaus (16 WE)				
	• Abbrechen (Kosten: 1,0%)	4,90 m²	1.685	**343,81**	0,4
	Abbruch von Holztreppen, 16 Steigungen (2St); Entsorgung, Deponiegebühren				
	• Herstellen (Kosten: 99,0%)	72,02 m²	171.842	**2.385,97**	37,7
	Stahl-Spindeltreppe, feuerverzinkt, D=180cm, Laufbreite 76,5cm, 93 Steigungen, Standrohr, D=121mm, h=18,99m, Pressroststufen, vier Austrittspodeste, drei Anschlusslaufstege, zwei Zwischenpodeste, Stahlgeländer, Pfosten, Handlauf, senkrechte Füllstäbe (22m²), zwei Balkonanlagen als Turm mit drei Balkonen, 3,30x2,30x12,00m, einbrennlackiert, Rahmen HEB140, Zwischenträger HEA140, Stützen HEB140, Alu-Wanne, Riffelbohlenbelag (46m²), wärmegedämmte Tragelemente, Auflager (18St), Stahlwangentreppen, feuerverzinkt, Laufbreite 100cm, sieben Steigungen 18/27cm, Lochblechstufen, beidseitig Stahlgeländer, h=90cm, Pfosten, Füllsegmente (4m²)				
	6100-1587 Mehrfamilienhaus (9 WE)				
		20,07 m²	50.589	**2.520,63**	11,4
	Holzwangentreppen mit Treppen- und Brüstungsgeländern, einläufig, gerade, Laufbreite 110cm, 17 Steigungen, Haupttreppe im Treppenhaus (10m²), als Wohnungstreppe in Maisonettewohnungen, viertelgewendelt, Laufbreite 85cm, 16 Steigungen (10m²)				
	6100-1733 Mehrfamilienhaus (11 WE)				
	• Wiederherstellen (Kosten: 2,4%)	2,63 m²	8.248	**3.136,27**	0,8
	Holztreppe demontieren, Geländer bergen, säubern, aufgesattelte Holztreppe entsprechend Bestand herstellen, einbauen, Geländer montieren (3m²)				
	• Herstellen (Kosten: 97,6%)	113,97 m²	337.250	**2.959,11**	32,7
	Stahl-Fluchttreppen-/Balkonanlage, Quadratrohrstützen 12x12cm, Kastenprofilrahmen 10x20cm, Tragriegel 20x12cm, Holzbelag, Gitterroststufen, Flachstahlwangen (114m²)				
359	**Sonstiges zur KG 350**				
	1300-0319 Amtsverwaltung (36 AP)				
		827,15 m² DEF	21.082	**25,49**	4,9
	Treppen-/Brüstungsgeländer, Stahl, h=110cm, Pfosten 60x8mm, Ober-/Untergurte, vertikale Füllstäbe 40x10mm, Beschichtung, Handlauf D=40mm (89m)				
	1300-0330 Bürogebäude (15 AP)				
		296,14 m² DEF	26.012	**87,84**	13,6
	Glas-Treppen-/Brüstungsgeländer, h=1,00m, Edelstahl-Handläufe (12m), Stahlgeländer, h=1,12m, Stahlhandläufe, Lattenfüllungen (8m)				
	1300-0338 Bürogebäude (89 AP)				
		1.582,28 m² DEF	1.858	**1,17**	0,3
	Absturzsicherung 2,00x1,44m, Gitterrost, bündig UK-Decke (3m²)				

KG	Kostengruppe	Menge Einheit	Kosten €	€/Einheit	%
	1300-0341 Bürogebäude (10 AP)				
		136,65 m2DEF	8.991	**65,80**	6,9
	Treppengeländer, Flachstahl 50x20mm, Pulverbeschichtung (8m2)				
	4400-0333 Kindertagesstätte (3 Gruppen, 35 Kinder)				
		26,62 m2DEF	3.957	**148,66**	13,3
	Glas-Absturzsicherung, Brüstung (psch)				
	4400-0357 Kinderhaus (4 Gruppen, 74 Kinder)				
		586,18 m2DEF	27.461	**46,85**	6,2
	Balkongeländer, Flachstahl 50x12mm, verzinkt, h=1,00m, Füllstäbe D=15mm (27m), Handlauf, Fichte, D=40mm (24m)				
	6100-1500 Mehrfamilienhaus (16 WE)				
	• Abbrechen (Kosten: 4,1%)	287,87 m2DEF	3.059	**10,63**	0,7
	Abbruch von Stahltreppengeländer, lagern (30m)				
	• Wiederherstellen (Kosten: 31,6%)	176,91 m2DEF	23.613	**133,47**	5,2
	Stahl-Balkongeländer überarbeiten, h=90-110cm, Ober-/Untergurt, senkrechte Füllstäbe, Verzierungen aufarbeiten, lose Farbschichten entfernen, reinigen, Fehlstellen entrosten, neu beschichten (23m2), Treppengeländer überarbeiten, kürzen, Handlauf erneuern, Edelstahl, D=25mm (22m)				
	• Herstellen (Kosten: 64,3%)	572,93 m2DEF	48.138	**84,02**	10,6
	Stahl-Balkongeländer, feuerverzinkt, Pfosten Quadratrohr Q40x5mm, h=90-110cm, Geländersegmente, Obergurt Quadratrohr Q40x5mm, Füllstäbe Quadratstab 10x10mm (46m), Stabgeländer, h=95cm, mit Zierelementen, Pfosten Quadratrohr Q40x4mm (18m)				
	6100-1536 Mehrfamilienhaus (12 WE)				
	• Wiederherstellen (Kosten: 100,0%)	–	31.967	**–**	58,2
	Balkongeländer demontieren, Ausfachungen entsorgen, Pfosten kürzen, lackieren, neue HPL-Platten, t=8mm, einspannen, wieder montieren (74m2)				
	6100-1587 Mehrfamilienhaus (9 WE)				
		600,34 m2DEF	16.704	**27,82**	3,8
	Stahl-Balkongeländer, Ober-, Untergurt, Füllstabe 50x10mm, verzinkt, beschichtet (16m2), Stirnseitenbekleidung für Balkone, dreiseitig, Alublech 3mm (18m)				
	6100-1636 Mehrfamilienhaus (10 WE)				
	• Wiederherstellen (Kosten: 21,9%)	579,85 m2DEF	4.766	**8,22**	1,9
	Stahl-Treppengeländer schleifen, reinigen, lackieren (42h), Handlauf reinigen, Stäbe einharzen (4h)				
	• Herstellen (Kosten: 78,1%)	694,45 m2DEF	16.976	**24,44**	6,8
	Sicherungsnetz, Edelstahl, Spanner (32m2), Treppengeländer, h=1m (2m2), Balkongeländer: Stahl-Quadratrohre-UK (15m), Holzlamellenfüllung, KVH 40x40mm, l=1,18-1,84m (175m)				

KG	Kostengruppe	Menge Einheit	Kosten €	€/Einheit	%
	6100-1726 Mehrfamilienhaus (11 WE)				
		974,40 m² DEF	89.157	**91,50**	12,4
	Ganzglas-Balkongeländer, h=1,20m (17m²), Brüstungsgeländer, senkrechte Flachstahlstäbe, b=50mm, h=0,90m (15m), als Treppengeländer (15m), Handlauf, Edelstahl (29m), Balkontrennwand 2,76x2,20m (1St)				
	6100-1733 Mehrfamilienhaus (11 WE)				
•	Wiederherstellen (Kosten: 3,2%)	421,48 m² DEF	3.136	**7,44**	0,3
	Defekte Holz-Geländerstäbe ersetzen (3St), Baluster mit Schnitzwerk ersetzen (1St), Holz-Treppengeländer neu beschichten (20m)				
•	Herstellen (Kosten: 96,8%)	1.083,13 m² DEF	95.862	**88,50**	9,3
	Stahl-Fluchttreppen-/Balkongeländer, Quadratrohr-Pfosten/Ober-/Untergurte 40x40mm, Handlauf, Rundrohr 42mm, Flachstahlfüllung 60x5mm (105m)				

Kostenkennwerte für die Kostengruppen 300 der 3. Ebene DIN 276

KG	Kostengruppe	Menge Einheit	Kosten €	€/Einheit	%
361	**Dachkonstruktionen**				
	1300-0319 Amtsverwaltung (36 AP)	865,77 m^2	193.303	**223,27**	31,3
	Stb-Flachdächer C25/30, d=22cm, Sichtschalung, Bewehrung (866m^2)				
	1300-0330 Bürogebäude (15 AP)	288,58 m^2	51.043	**176,88**	29,1
	Holz-Flachdach, BSH (8m^3), KVH (6m^3), Abbund (744m), OSB-Schalung, d=22mm (289m^2)				
	1300-0332 Bürogebäude (10 AP), Doppelgarage	305,00 m^2	78.600	**257,70**	43,2
	Stb-Elementflachdach, d=20cm, Schalung, Bewehrung (286m^2), Stb-Vordach (19m^2), Dämmelemente, tragend (29m)				
	1300-0338 Bürogebäude (89 AP)	618,03 m^2	75.281	**121,81**	32,3
	Walmdachkonstruktion, KVH (29m^3), BSH (10m^3), Abbund (1.333m), Holzfaser-Zwischensparrendämmung WLS 038, d=240mm (618m^2), Rauspundschalung (147m^2)				
	1300-0341 Bürogebäude (10 AP)	269,30 m^2	86.218	**320,16**	39,6
	Brettstapel-Satteldach, d=12cm, Sichtqualität (221m^2), Einlegebretter (190m), BSH-/KVH-Balken (4m^3), Schalung auf Kehlbalken (20m^2), Überdachung: Stahlträger IPE200 (57m), Flachstahlwinkel (6St), Trapezblech (48m^2)				
	4400-0333 Kindertagesstätte (3 Gruppen, 35 Kinder)	686,25 m^2	210.020	**306,04**	35,3
	Sechseckiges Holz-Walmdach, abbinden, aufstellen, Sparren 10x26cm, Zellulosedämmung WLG 040, d=260mm, OSB-Schalung, d=18mm, unter Sparren (686m^2)				
	4400-0357 Kinderhaus (4 Gruppen, 74 Kinder)	391,62 m^2	138.592	**353,90**	31,4
	Brettsperrholzdach, d=18cm, dreilagig, Neigung 10-15° (222m^2), d=12cm (143m^2), BSH-Träger 18x118cm (20m), 12x32-40cm (31m), Stb-Satteldach C25/30, d=25cm, Gefälle 20%, Schalung, Bewehrung (27m^2), Stahlträger HEA200 (23m), Stahlwinkel 130x65mm (29m)				
	6100-1500 Mehrfamilienhaus (16 WE)				
	• Abbrechen (Kosten: 100,0%)	19,00 m^2	433	**22,81**	0,7
	Abbruch von Schalung (19m^2); Entsorgung, Deponiegebühren				

KG	Kostengruppe	Menge Einheit	Kosten €	€/Einheit	%
	6100-1587 Mehrfamilienhaus (9 WE)				
		295,24 m2	64.815	**219,53**	23,4
	Holzbalkendach, KVH 8x24cm und 10x24cm, OSB-Beplankung 22mm auf nicht sichtbarer Balkenlage, Holzfaserdämmung WLG 040, d=80mm (290m2), Glattkantbretter 21x143mm, als Stirnbrett (60m), Ortgangunterschlag, Profilholz 19mm (35m2), Weitspannträgersystem aus Hauptträger 2xUA150 á 50cm, Auflagerung auf tragenden Wänden, Spannweite max. 5m, Nebenträger CD-Tragprofil á 40cm (psch), Holzbalkenlage als Vordach, Schalung, Holzstützen (5m2)				
	6100-1636 Mehrfamilienhaus (10 WE)				
	• Abbrechen (Kosten: 0,6%)	–	286	–	0,1
	Abbruch von Holzbalken 10x12cm, l=5,00m (2m3); Entsorgung, Deponiegebühren				
	• Wiederherstellen (Kosten: 34,0%)	–	16.633	–	8,2
	Sparrenköpfe kürzen, l=40cm, aufdoppeln 10x7,4cm, l=35cm (45St), First-/Mittelpfetten unterstützen, mit Pfetten 16x12cm (18m), mit Holzstützen 16x16cm (12m), Ortgang aufdoppeln 7,5x10cm (87m), Schubhölzer ergänzen (40m), Windsogbefestigungen erneuern (psch)				
	• Herstellen (Kosten: 65,4%)	261,95 m2	32.026	**122,26**	15,7
	Dachsparren abschneiden, Kragsparren rückverankern, für Dacheinschnitte (14St), Koppelbalken 10x10-15cm (9m), Auswechslungen (26m), Aufschieblinge (5St), Gauben-Flachdächer, Sparren 10x16cm, l=2,00m, Schalung, d=24mm (42m2), Holzfaser-Zwischensparrendämmung WLG 035, d=160mm (220m2), d=80mm (35m2), Stb-Flachdach C25/30, d=20cm, Schalung, Bewehrung (7m2), Stb-Attiken C25/30 (1m3)				
	6100-1672 Einfamilienhaus				
		126,19 m2	23.691	**187,74**	29,6
	Brettsperrholz-Flachdach, d=16cm (126m2)				
	6100-1726 Mehrfamilienhaus (11 WE)				
		357,00 m2	95.442	**267,35**	27,0
	Stb-Elementflachdächer C25/30, d=22cm, Schalung, Bewehrung (345m2)				
	6100-1733 Mehrfamilienhaus (11 WE)				
	• Abbrechen (Kosten: 30,2%)	201,21 m2	24.061	**119,58**	6,6
	Abbruch von Pultdach, Holzkonstruktion, Schalung (75m2), Holzschalung (126m2); Entsorgung, Deponiegebühren				
	• Wiederherstellen (Kosten: 28,8%)	284,49 m2	22.939	**80,63**	6,3
	Sparren aufdoppeln, KVH 4x22cm (11m), fäulnisgeschädigte Gauben-Eckpfosten ersetzen (4St), Schalung reinigen, entnageln, nachnageln (276m2), Schalung ergänzen (8m2), Schwammsanierung Sparrendach: geschädigte Holzbalken gesund schneiden, ersetzen (14m), Schnittflächen chemisch schützen (1m2)				
	• Herstellen (Kosten: 41,0%)	141,79 m2	32.648	**230,25**	9,0
	Holzbalken-Flachdach, KVH (5m3), OSB-Schalung (108m2), Rauspundschalung, Dachüberstände (34m2), Mineralwoll-Zwischensparrendämmung WLG 035, d=200mm (50m2)				

KG	Kostengruppe	Menge Einheit	Kosten €	€/Einheit	%
	6400-0120 Jugendfreizeitstätte (3 Gruppen, 100 Kinder)				
		802,00 m²	194.912	**243,03**	43,7
	Brettsperrholzdach, d=24cm, Nadelholz, Unterseite Sichtqualität (681m²), d=8cm (97m²), d=14cm (24m²)				
362	**Dachöffnungen**				
	1300-0319 Amtsverwaltung (36 AP)				
		1,56 m²	5.244	**3.361,44**	0,8
	Dachausstieg 1,25x1,25m (2m²)				
	1300-0338 Bürogebäude (89 AP)				
		2,78 m²	7.044	**2.533,79**	3,0
	RWA-Kunststoffdachfenster, Motorantrieb (2m²), Holz-Dachausstiegsfenster (1m²)				
	1300-0341 Bürogebäude (10 AP)				
		2,23 m²	6.682	**2.996,24**	3,1
	Dachflächenfenster, Uw=1,0W/m²K, Schwingflügel, Motorantrieb, Sensorsteuerung (1m²), mit Sonnenschutzrollo (1m²)				
	4400-0333 Kindertagesstätte (3 Gruppen, 35 Kinder)				
		6,08 m²	22.474	**3.696,31**	3,8
	Oberlichtband, Uw=1,0W/m²K, VSG, drei Module, ein Rauchabzugsoberlicht 1,00x1,60m, Motorantrieb, zwei feststehende Module 0,75x1,60m, drei innenliegende Sonnenschutz-Rollos, Motorantrieb, Alu-Eindeckrahmen, Holzunterkonstruktion (4m²), Flachdachfenster 1,20x1,20m, Uw=1,2W/m²K, Isolierglasscheibe, VSG, Acrylglaskuppel, Kunststoff-Aufsetzkranz, Motorantrieb (1m²), festverglast (1m²), Aufsetzkranzerhöhungen (2St)				
	4400-0357 Kinderhaus (4 Gruppen, 74 Kinder)				
		2,00 m²	19.523	**9.761,49**	4,4
	Lichtkuppeln 100x100cm, Kupferaufsatzkranz, Motorantriebe (2St), Dachausstieg (1St)				
	6100-1536 Mehrfamilienhaus (12 WE)				
	• Abbrechen (Kosten: 3,0%)	1,23 m²	178	**144,48**	< 0,1
	Abbruch von Dachausstieg mit Einschiebeleiter 0,85x1,45m (1St); Entsorgung, Deponiegebühren				
	• Herstellen (Kosten: 97,0%)	1,23 m²	5.808	**4.721,72**	3,2
	Flachdachausstieg 85x145cm, Scherentreppe (1m²)				
	6100-1587 Mehrfamilienhaus (9 WE)				
		2,56 m²	10.319	**4.030,73**	3,7
	Flachglas-Oberlichter 80x80cm, fest verglast (3St), mit Motorantrieb (1St)				
	6100-1636 Mehrfamilienhaus (10 WE)				
	• Abbrechen (Kosten: 2,3%)	2,00 m²	434	**216,89**	0,2
	Abbruch von Dachflächenfenstern (2St); Entsorgung, Deponiegebühren				
	• Herstellen (Kosten: 97,7%)	4,67 m²	18.708	**4.005,90**	9,2
	Dachflächenfenster, Uw=1,0W/m²K, 66x118cm, Alu-Eindeckrahmen (5St), als RWA (1St)				

KG	Kostengruppe	Menge Einheit	Kosten €	€/Einheit	%
	6100-1726 Mehrfamilienhaus (11 WE)				
		1,66 m²	18.378	**11.071,16**	5,2
	Flachdachausstieg 120x90cm, Acryl-Lichtkuppel (1m²), Tageslichtspots, DN35, Acryl-Lichtkuppeln (3St)				
	6100-1733 Mehrfamilienhaus (11 WE)				
	• Herstellen (Kosten: 100,0%)	0,64 m²	4.051	**6.330,09**	1,1
	Lichtkuppel (1St)				
	6400-0120 Jugendfreizeitstätte (3 Gruppen, 100 Kinder)				
		3,56 m²	2.442	**686,05**	0,5
	Pfosten-Riegel-Oberlicht 475x75cm, Dreifachverglasung, Uw=0,85W/m²K, Festverglasung (4m²)				
363	**Dachbeläge**				
	1300-0319 Amtsverwaltung (36 AP)				
		931,71 m²	346.907	**372,33**	56,1
	Bitumendampfsperre, EPS-Gefälledämmung WLG 035, d=140-300mm (911m²), Steinwolle-Gefälledämmung WLG 035, d=140-300mm (200m²), PUR-Dämmung WLG 030, d=100mm, h=40cm, vertikal (183m), Bitumenabdichtung, zweilagig (932m²), Randbohle, Alu-Attikaabdeckungen (168m), Wasserfangkästen, Attikaabläufe (14St), Notabläufe (14St), Fallrohre, Titanzink (77m), Standrohre (14St), Dunstrohre (4St), Flachdachentlüfter (4St)				
	1300-0330 Bürogebäude (15 AP)				
		291,19 m²	84.531	**290,29**	48,2
	Dampfsperre, EPS-Gefälledämmung WLG 035, d i.M. 200mm, Kunststoffabdichtung (276m²), Attikabohle 10x17cm, Attikaabdichtung, Verbundblechanschluss (73m), Flachdachdurchführungen (3St), Attikaabläufe (2St), Notabläufe (2St), Regenfallrohre DN70, Stahl (12m)				
	1300-0332 Bürogebäude (10 AP), Doppelgarage				
		294,61 m²	98.439	**334,13**	54,1
	Voranstrich, EPS-Gefälledämmung WLG 035, d i.M. 184mm, Bitumenabdichtung (258m²), EPS-Dämmung WLG 035, d=120mm, Bitumenabdichtung, vertikal (82m), Alu-Attikaabdeckung, b=44cm (36m²), Attikaabläufe (3St), Notabläufe (3St), Wasserfangkästen, Fallrohre, Zink (3St)				
	1300-0338 Bürogebäude (89 AP)				
		622,56 m²	127.352	**204,56**	54,6
	Unterspannbahn (594m²), Dachabdichtung (55m²), Lattungen (546m²), Solar-Dachdeckung, integrierte PV-Zellen (586m²), Rinnenkästen, b=37cm, Alu-Abdeckbleche (98m), Alu-Kastenrinnen, Begleitheizung (108m), Fallrohre, Stahl (46m), Alu (4m), Standrohre (4St)				

KG	Kostengruppe	Menge Einheit	Kosten €	€/Einheit	%
	1300-0341 Bürogebäude (10 AP)				
		283,80 m²	96.451	**339,86**	44,3

Dampfbremse, Holzfaserdämmung WLS 036, d=120mm, Holzfaser-Unterdeckplatten, WLG 040, d=35mm (221m²), Lattungen, Ziegeldeckung (236m²), Trockenfirst (26m), Ortgänge (18m), Insektenschutzgitter (284m), Traufbohlen, Kastenrinnen, Titanzink (54m), Fallrohre DN100, Titanzink, Formstücke (33m), Titanzink-Abdeckungen, b=63cm (52m), Überdachung: Dachbegrünung (48m²)

	4400-0333 Kindertagesstätte (3 Gruppen, 35 Kinder)				
		716,38 m²	232.066	**323,94**	39,1

Holzfaserdämmung WLG 045, d=80mm, Unterspannbahn (683m²), Konterlattung, Dachschalung (687m²), Traufschalung (14m²), Vlies, Kunststoff-Dachabdichtung (716m²), Schubschwellen (189m), Dränmatten (379m²), Wasserspeicher-/Dränschicht, Filtervlies, Vegetationssubstrat, d=6cm (252m²), Systemerde, d=10cm (352m²), Bewässerungs-/Schutzmatten (631m²), Hydraulische Nassansaat (589m²), Ziegelbruch 8/16mm, b=30cm (32m²), Traufprofil, Edelstahl (107m), Dachrinnen, Titanzink (107m), Regenfallrohre DN100, Titanzink (17m)

	4400-0357 Kinderhaus (4 Gruppen, 74 Kinder)				
		431,42 m²	225.788	**523,36**	51,2

Unterspannbahn, dreilagig, Holzfaserplatte WLG 045, d=60mm, Zellulosedämmung WLG 040, d=200mm, Tragriegel 6x20cm, Lattung, Schalung, d=24mm (385m²), Aufdopplung ungedämmte Dachfläche (58m²), Doppelstehfalzdeckung, Kupfer, d=0,7mm (431m²), Kastenrinnen 15x10cm, Kupfer (85m), Schneefangrohre, D=32mm (75m), Eisstopper (138St), Dachabläufe DN70 (2St), Regenfallrohre DN70, Kupfer (7m)

	6100-1500 Mehrfamilienhaus (16 WE)				
	• Abbrechen (Kosten: 17,4%)	77,43 m²	9.860	**127,34**	16,2

Abbruch von Bitumenabdichtung (77m²), Estrich (18m²), Regenfallrohren (64m), Dachrinnen (9m); Entsorgung, Deponiegebühren

	• Wiederherstellen (Kosten: 4,2%)	15,12 m²	2.378	**157,26**	3,9

Estrich im Randbereich von Dachterrassen erneuern, b=20cm (15m²), Regenrinne reinigen (4h)

	• Herstellen (Kosten: 78,5%)	73,65 m²	44.588	**605,42**	73,2

Kunststoffabdichtung, PMMA-Beschichtung, Versiegelung (39m²), PIR-Gefälledämmung WLG 025, d=90-150mm, Bitumenabdichtung, zweilagig (23m²), TSF-Gummigranulatmatte, d=10mm, Riffelbohlen 140x24mm, Unterkonstruktion (19m²), Glattstrich, Bodenfliesen (15m²), Kastenrinnen (16m), Regenfallrohre, Formstücke (5m), Standrohr DN100 (1St), Trittschutzbleche (9m)

KG	Kostengruppe	Menge Einheit	Kosten €	€/Einheit	%
	6100-1536 Mehrfamilienhaus (12 WE)				
	• Abbrechen (Kosten: 20,4%)	400,00 m²	35.623	**89,06**	19,4
	Abbruch von Dachkies, d=5cm, Bitumenabdichtung, vierlagig, EPS-Dämmung, d=60mm (400m²), Dachblechen, b=15cm (110m), Attikabohlen 6x25cm (110m); Entsorgung, Deponiegebühren				
	• Herstellen (Kosten: 79,6%)	422,46 m²	138.605	**328,09**	75,6
	Dachüberstand, b=50cm, Holzwerkstoffplatten, d=30mm mit Randbohlen befestigt (106m), PIR Wärmedämmung WLS 024, d=80mm, EPS-Gefälledämmung WLG 035, d=300-400mm, Bitumenabdichtung, zweilagig (422m²), Traufbleche, Einlaufbleche (110m), Stirnbrett (106m), Hängedachrinnen, kastenförmig, Zink (110m), Regenfallrohre, quadratisch (64m)				
	6100-1587 Mehrfamilienhaus (9 WE)	301,41 m²	134.574	**446,48**	48,6
	Dampfsperre (330m²), Holzweichfaserdämmung, d=240mm (201m²), Flachdachabdichtung (312m²), Kastenrinne in Abdichtung (19m), Schutz-/Speichervlies (62m²), Wasserspeicherelement (54m²), Extensivsubstrat (39m²), Kiesstreifen (18m²), Holz-Terrassendielen, UK, Gefälledämmung (33m²), Alu-Attikaabdeckung (43m), Fallrohre, Titanzink (38m), Dunstrohre (6St), Flachdachabläufe (4St), Gefälledämmung 20-50mmm, Bitumenabdichtung (5m²)				
	6100-1636 Mehrfamilienhaus (10 WE)				
	• Abbrechen (Kosten: 10,3%)	325,00 m²	9.818	**30,21**	4,8
	Abbruch von Betonsteindeckung (325m²), Dachrinnen (38m), Fallrohren (37m), Verwahrungen (psch); Entsorgung, Deponiegebühren				
	• Herstellen (Kosten: 89,7%)	307,57 m²	85.890	**279,25**	42,2
	Aufsparrendämmung WLG 045, d=100mm, Holzfaser (180m²), WLS 036, Steinwolle (15m²), Unterspannbahn (95m²), Lattungen (200m²), Trauf-/Ortgangschalung (74m²), Betonsteindeckung (250m²), Kunststoffabdichtung (57m²), PUR-Dämmung WLS 024, d=100mm, TSD, Betonplatten (14m²), EPS-Gefälledämmung WLG 035, d i.M. 160mm, Kies (5m²), Attikaabdeckungen, Verbundblech (44m), Entwässerungsrinne (5m), Notüberläufe (9St), Dachabläufe (2St), Dachrinnen, Titanzink (36m), Fallrohre, Titanzink (50m)				
	6100-1672 Einfamilienhaus	132,23 m²	49.757	**376,29**	62,2
	Dampfsperre, PIR-Gefälledämmung WLS 023, d i.M. 164mm (118m²), Linienentwässerungskeile (4St), Bitumenabdichtung, zweilagig (146m²), Schutzvlies, Drän-/Speicherelemente, Extensivsubstrat, Trockensaat (75m²), Kiesrandstreifen 16/32mm, b=50cm (27m²), Ortgangschalung, Attikaabdeckung, Edelstahl (56m), Dachabläufe (2St), Notüberläufe (2St), Fallrohre, Edelstahl (8m), Standrohre (2St)				

KG	Kostengruppe	Menge Einheit	Kosten €	€/Einheit	%
	6100-1726 Mehrfamilienhaus (11 WE)				
		377,36 m²	227.516	**602,91**	64,3
	Bitumenbahn (323m²), EPS-Gefälledämmung WLG 035, i.M. 293mm (240m²), PUR-Gefälledämmung WLS 023, i. M. 148mm (84m²), Bitumenabdichtung, zweilagig (324m²), Holzbohlen, Alu-Attikaabdeckungen, b=38cm (41m²), Bautenschutzmatten, Bitumendickbeschichtung, Terrassenplatten (87m²), Attikaabläufe (7St), Regenfallrohre DN100 (57m), Terrassenrinnen (18m)				
	6100-1733 Mehrfamilienhaus (11 WE)				
	• Abbrechen (Kosten: 23,9%)	383,12 m²	51.650	**134,81**	14,3
	Abbruch von Bitumenabdichtung, vierlagig (383m²), vertikal (52m), Bitumenschindeln (88m²), Wandanschlüssen (53m), Dachrinnen, Trauf-/Tropfblechen (42m), Fallrohren (42m), Blechabdeckungen (26m)				
	• Herstellen (Kosten: 76,1%)	416,55 m²	164.294	**394,42**	45,4
	Dampfsperre (455m²), PU-Dämmung WLS 023, d=140mm (347m²), d=60mm, an Attika (81m), EPS-Gefälledämmung, d i.M. 8cm (35m²), Bitumenabdichtung, zweilagig (382m²), beschiefert (35m²), Attikaabdichtung (63m), Attikaabdeckungen, Titanzink (66m), Anschlussbleche, Titanzink (65m), Walzblei (29m), Sanitärlüfter (9St), Traufbleche, Dachrinnen, Titanzink (69m), Regenfallrohre, Titanzink (66m), Dachrandprofile, Alu (16m), Faserzementdeckung (84m²)				
	6400-0120 Jugendfreizeitstätte (3 Gruppen, 100 Kinder)				
		794,43 m²	225.612	**283,99**	50,6
	Bitumenabdichtung, Dampfsperre (733m²), vertikal (112m), PIR-Dämmung WLS 023, d=140mm, PIR-Gefälledämmung, d=20-100mm (733m²), vertikal (44m²), Dachabdichtung, Wurzelschutz (735m²), vertikal (329m), Drän-/Filterschicht (726m²), vertikal (341m), extensive Dachbegrünung, d=10cm (446m²), Betontrittplatten (6m²), Kies (204m²), Attikablechabdeckungen, b=30cm (70m²), Kiesfangleisten, b=9cm (280m), Dachabläufe (13St), Notüberläufe (11St)				
364	**Dachbekleidungen**				
	1300-0319 Amtsverwaltung (36 AP)				
		778,47 m²	54.404	**69,89**	8,8
	Mineralfaser-Rasterdecken, Abhängehöhe 10cm (315m²), Langfeld-Metalldecken, Abhängehöhe 90cm (80m²), GK-Friese, b=35cm (58m²), GK-Decken, Abhängehöhe 40cm (31m²), Dispersionsbeschichtung (296m²)				
	1300-0330 Bürogebäude (15 AP)				
		265,89 m²	39.828	**149,79**	22,7
	GK-Bekleidung F30, einlagig (203m²), Akustikbekleidung, Mineralplatten (63m²), Spachtelung Q3, Dispersionsbeschichtung (260m²), Holzlasur auf Holzbalken (89m²)				
	1300-0332 Bürogebäude (10 AP), Doppelgarage				
		234,44 m²	4.775	**20,37**	2,6
	Elementdecken schleifen, Plattenanschlussfugen spachteln (234m²)				

KG	Kostengruppe	Menge Einheit	Kosten €	€/Einheit	%
	1300-0338 Bürogebäude (89 AP)				
		618,30 m²	23.379	**37,81**	10,0
	Dampfbremse (618m²), Holzfaserdämmung WLS 044, d=80mm (595m²)				
	1300-0341 Bürogebäude (10 AP)				
		139,91 m²	22.869	**163,46**	10,5
	Traglattung (406m), Holzfaserbekleidung, Armierung, Lehmspachtelung, Lehmfarbbeschichtung (102m²), UV-Schutzbeschichtung (37m²), Laibungsbekleidung (4m)				
	4400-0333 Kindertagesstätte (3 Gruppen, 35 Kinder)				
		637,36 m²	127.450	**199,96**	21,5
	Holzlattenkonstruktion 30x98mm (208m²), Holztragkonstruktion (104m²), Dreischichtplatten, d=33mm, Decklage Weißtanne (111m²), Akustik-Brettsperrholz-Elemente, d=33mm, Weißtanne, Sichtqualität (97m²), GK-Decken, abgehängt, gelocht (99m²), glatt (84m²), GKF-Decken F30, Mineralwolldämmung, d=40mm (42m²), GK-Bekleidung (110m²), Dispersionssilikat-Beschichtung (359m²), Holzunterkonstruktion, zweilagig, HPL-Bekleidung, d=6mm, außen (71m²)				
	4400-0357 Kinderhaus (4 Gruppen, 74 Kinder)				
		285,95 m²	52.817	**184,71**	12,0
	Holzwolle-Akustikdecken, d=25mm, Abhängehöhe 16-35cm, Akustikauflagen (219m²), GK-Decke (5m²), vertikale Schallschutzelemente, h=30cm, l=300cm, Achsabstand 60cm (41m²), GK-Bekleidung F30, an Stahlträgern, dreiseitig (31m), GK-Verkofferung 60x62cm (33m), Leuchtenausschnitte (28St), Revisionsklappen 40x40cm (4St), Begleitheizung Dachrinnen, 18-36 W/m (134m)				
	6100-1500 Mehrfamilienhaus (16 WE)				
•	Herstellen (Kosten: 100,0%)	14,97 m²	3.643	**243,33**	6,0
	WDVS, Mineralschaumdämmung WLG 045, d=140mm, Armierung, Oberputz (15m²)				
	6100-1587 Mehrfamilienhaus (9 WE)				
		236,00 m²	39.708	**168,26**	14,4
	GK-Bekleidung 12,5mm, Dreischichtplatte, d=19mm, Lärche, Holzlasur (161m²), Spachtelung Q3, Silikatbeschichtung (75m²)				
	6100-1636 Mehrfamilienhaus (10 WE)				
•	Wiederherstellen (Kosten: 2,8%)	–	885	–	0,4
	Holzbalken schleifen, reinigen, lasieren (10h)				
•	Herstellen (Kosten: 97,2%)	178,95 m²	30.709	**171,60**	15,1
	Dampfsperre (250m²), Mineralwolldämmung WLS 032, d=40mm, GK-Bekleidung, Beschichtung (166m²), in Laibungen (52m), WDVS, Mineralwolldämmung WLG 035, d=80mm, Verdübelung, Armierungsspachtelung, Oberputz (10m²), Lasur Sparrenköpfe (45St)				
	6100-1672 Einfamilienhaus				
		99,74 m²	6.591	**66,09**	8,2
	GK-Bekleidung, Spachtelung, Dispersions-Silikatbeschichtung (100m²)				

KG	Kostengruppe	Menge Einheit	Kosten €	€/Einheit	%
	6100-1726 Mehrfamilienhaus (11 WE)				
		296,97 m²	11.377	**38,31**	3,2
	Elementdecken spachteln, Vliestapeten, Lehmfarbbeschichtung (309m²)				
	6100-1733 Mehrfamilienhaus (11 WE)				
	• Abbrechen (Kosten: 16,7%)	158,44 m²	10.259	**64,75**	2,8
	Abbruch von Putz, Schilfrohrmatten, Sparschalung (158m²); Entsorgung, Deponiegebühren				
	• Wiederherstellen (Kosten: 21,5%)	–	13.267	–	3,7
	Holztraufkasten schleifen, neu beschichten (20m), Gesimskasten nach historischem Vorbild erneuern (11m), Zierbretter erneuern, beschichten (20m)				
	• Herstellen (Kosten: 61,8%)	323,51 m²	38.054	**117,63**	10,5
	GK-Decken, Abhängehöhe 25-50cm (214m²), GK-Bekleidung (48m²), Spachtelung Q3 (257m²), Malervlies (370m²), Dispersionsbeschichtung (239m²), Silikatbeschichtung (28m²), Holzlasur (56m²)				
	6400-0120 Jugendfreizeitstätte (3 Gruppen, 100 Kinder)				
		79,53 m²	14.127	**177,64**	3,2
	GK-Decken, d=12,5mm, Abhängehöhe 50cm, Dispersionsbeschichtung (41m²), Holzmehrschichtplatten, d=22mm, Holzunterkonstruktion, Abhängehöhe 24-60cm (39m²)				
366	**Lichtschutz zur KG 360**				
	4400-0333 Kindertagesstätte (3 Gruppen, 35 Kinder)				
		1,44 m²	655	**454,66**	0,1
	Wabenplissee, Motorantrieb (1m²)				
	6100-1636 Mehrfamilienhaus (10 WE)				
	• Herstellen (Kosten: 100,0%)	1,56 m²	2.256	**1.445,96**	1,1
	Markisetten 66x118cm, Motorantrieb (2St)				
369	**Sonstiges zur KG 360**				
	1300-0319 Amtsverwaltung (36 AP)				
		933,27 m² DAF	18.509	**19,83**	3,0
	Flachdach-Absturzsicherung (psch), Sekuranten (24St)				
	1300-0338 Bürogebäude (89 AP)				
		625,34 m² DAF	231	**0,37**	< 0,1
	Einzel-Dachtritt (1St)				
	1300-0341 Bürogebäude (10 AP)				
		286,03 m² DAF	5.708	**19,95**	2,6
	Schneefanggitter (31m), Einschubtreppen 70x140cm (3St), Edelstahl-Anschlagpunkt (1St)				
	4400-0333 Kindertagesstätte (3 Gruppen, 35 Kinder)				
		722,46 m² DAF	1.466	**2,03**	0,2
	Schneefanggitter (10m)				

KG	Kostengruppe	Menge Einheit	Kosten €	€/Einheit	%
	4400-0357 Kinderhaus (4 Gruppen, 74 Kinder)				
		393,62 m²DAF	4.657	**11,83**	1,1
	Seilsicherungssystem (psch), persönliche Schutzausrüstung (1St)				
	6100-1536 Mehrfamilienhaus (12 WE)				
	• Herstellen (Kosten: 100,0%)	423,69 m²DAF	3.009	**7,10**	1,6
	Absturzsicherungen (12St), Sicherungsset (1St)				
	6100-1587 Mehrfamilienhaus (9 WE)				
		297,80 m²DAF	27.267	**91,56**	9,9
	Stahl-Attikageländer, Ober-, Untergurt, Füllstabe 60x10mm, verzinkt, beschichtet (22m²), Handlaufrahmen auf Attikageländer, Ober-, Untergurt, Zwischenstäbe 60x10mm, verzinkt, beschichtet (5m), Seilsicherungssystem, acht Anschlagpunkte (psch)				
	6100-1636 Mehrfamilienhaus (10 WE)				
	• Herstellen (Kosten: 100,0%)	312,24 m²DAF	6.083	**19,48**	3,0
	Schneefanghaken (500St), Trittroste (12St), Sicherheitsdachhaken (3St), Flachstahlhandläufe (6m)				
	6100-1726 Mehrfamilienhaus (11 WE)				
		377,36 m²DAF	1.308	**3,47**	0,4
	Sekuranten (4St)				
	6100-1733 Mehrfamilienhaus (11 WE)				
	• Abbrechen (Kosten: 3,6%)	383,12 m²DAF	28	**0,07**	< 0,1
	Abbruch von Schneefanggitter (9m); Entsorgung, Deponiegebühren				
	• Herstellen (Kosten: 96,4%)	417,19 m²DAF	742	**1,78**	0,2
	Absturzsicherungen (2St), Sicherheitsdachhaken (6St)				
	6400-0120 Jugendfreizeitstätte (3 Gruppen, 100 Kinder)				
		805,56 m²DAF	8.604	**10,68**	1,9
	Absturzsicherung, Seil-/Gurtsystem (1St), Anschlagpunkte (24St)				

Kostenkennwerte für die Kostengruppen 300 der 3.Ebene DIN 276

KG	Kostengruppe	Menge Einheit	Kosten €	€/Einheit	%
381	**Allgemeine Einbauten**				
	1300-0319 Amtsverwaltung (36 AP)				
		1.790,04 m² BGF	16.677	**9,32**	100,0
	Einbauküche, Ober-/Unterschränke, Hochschrank, Kochfeld, Dunstabzug, Backofen, Mikrowelle, Spüle (1St), Teeküche, Ober-/Unterschränke, Hochschrank, Kochfeld, Dunstabzug, Spüle (1St)				
	1300-0330 Bürogebäude (15 AP)				
		436,34 m² BGF	4.500	**10,31**	83,4
	Schranktüren, MDF, 35x230cm (1St), 75x230cm, gelocht (2St)				
	1300-0332 Bürogebäude (10 AP), Doppelgarage				
		270,77 m² BGF	15.822	**58,43**	100,0
	Einbauküche, Arbeitsplatte, Kochfeld, Backofen, Mikrowelle, Kühlschrank, Geschirrspüler, Spüle, Beleuchtung, Abfallsammler (1St), Einbauschrank 300x260x30cm, Garderobenstange, Einlegeböden (1St), Tischplatte, Ablage (1St)				
	1300-0341 Bürogebäude (10 AP)				
		366,72 m² BGF	19.682	**53,67**	100,0
	Einbau-Teeküchen, Ober-/Unterschränke, Arbeitsplatte 165x60cm, zwei Mikrowellen, Geschirrspüler, Kühl-/Gefrierschrank, Spüle, Abfallsammler (2St)				
	4400-0333 Kindertagesstätte (3 Gruppen, 35 Kinder)				
		644,98 m² BGF	55.830	**86,56**	92,6
	Spielpodest 2,25x1,74m, Birke-Multiplex, mit Geländerwange, d=40 mm, drei Stufen, Eiche massiv, unter Podest, Schublade, Box für Bällebad (1St), Sitzbank, rund, Birke-Multiplex, Linoleumbelag (1St), Nischenbekleidung, Birke-Multiplex, HPL-beschichtet (1St), Schlafkojen für 120-140er bauseitige Matratzen, Birke-Multiplex, beschichtet (4St), Schlafkojen oben, vordere Klappe mit Fangschutznetz (4St), Leiter (1St), offene Regale, eingepasst (2St), Garderoben, Sitzbank, Schuhablage, Oberteil, Dreierelemente (12St), Zweierelemente (3St)				
	4400-0357 Kinderhaus (4 Gruppen, 74 Kinder)				
		1.009,00 m² BGF	263.004	**260,66**	95,0
	Einbauschränke 3,50x0,60x2,10m, mit Küche, Computerarbeitsplatz, Aufstiegsmöglichkeit (2St), Einbauküche, Küchengeräte (1St), Spülschrank, Gewerbekühlschrank (1St), Durchschubspülmaschine (1St), Einbauschränke, h=3,13m (41m), Wickelkommode (1St), Garderobeninseln (2St), Anziehinseln, D=2,00m, drei Podesthöhen (2St), Spielplattformen (2St), Garderobe, 26 Fächer, Sitzbank (1St), Arbeitsschränke 160x60x90cm (6St), Pinnwandelemente (22St), Sicherheitsnetze, h=1,80m (9m)				

KG	Kostengruppe	Menge Einheit	Kosten €	€/Einheit	%
	6100-1500 Mehrfamilienhaus (16 WE)				
	• Abbrechen (Kosten: 8,1%)	3.124,00 m² BGF	1.242	**0,40**	8,0
	Abbruch von Einbauküche (3m³), Einbauschrank (1St), Kellerregalen (9h); Entsorgung, Deponiegebühren				
	• Wiederherstellen (Kosten: 5,4%)	3.124,00 m² BGF	823	**0,26**	5,3
	Küchenzeile ausbauen, nach Flaschnerarbeiten anpassen, wieder einbauen (7h), Schrankschiebetüren gangbar machen (2h)				
	• Herstellen (Kosten: 86,5%)	3.124,00 m² BGF	13.202	**4,23**	84,7
	Fahrradhängeparker (14St), Blumenkastenhalterungen (16St)				
	6100-1726 Mehrfamilienhaus (11 WE)	1.484,00 m² BGF	132.120	**89,03**	100,0
	Einbauküchen (11St), Kochinsel (1St)				
	6100-1733 Mehrfamilienhaus (11 WE)				
	• Abbrechen (Kosten: 0,5%)	1.624,44 m² BGF	288	**0,18**	0,5
	Abbruch von Metallbriefkästen (7St), Holzregalen (2St), Holzarbeitsplatte (1St), Hängeschrank (1St); Entsorgung, Deponiegebühren				
	• Herstellen (Kosten: 99,5%)	1.624,44 m² BGF	53.001	**32,63**	99,5
	Einbauküchen, mit Spülmaschine, Herd, Kühlschrank (4St), Briefkastenanlage, elf Briefkästen, ein Mitteilungskasten (1St)				
	6400-0120 Jugendfreizeitstätte (3 Gruppen, 100 Kinder)	794,87 m² BGF	103.394	**130,08**	98,7
	Multifunktions-Einbauschrank, l=725cm, zwölffach, Schranktüren, teilweise Sicherheitsspiegel, Einlegeböden (1St), l=120 bis 260cm (7St), Sideboards (2St), Raumteiler (4St), TV-Board (1St), Schreibtische (4St), Küchenzeilen, HPL-Arbeitsplatten (5St), Tresen (1St), Oberschränke, l=220 bis 495cm (3St), Hochschränke (2St), Kochfeld (2St), Backofen (2St), Dunstabzüge (2St), Kühl-/Gefriergeräte (2St), Geschirrspüler (2St), Spüle (2St), Mülltrenner (2St), Getränkekühler (1St), Waschmaschine (1St)				
382	**Besondere Einbauten**				
	4400-0357 Kinderhaus (4 Gruppen, 74 Kinder)	1.009,00 m² BGF	9.375	**9,29**	3,4
	Boulderwand 6,46x3,16m, Fichte, Griffe (1St)				
386	**Orientierungs- und Informationssysteme**				
	1300-0330 Bürogebäude (15 AP)	436,34 m² BGF	897	**2,06**	16,6
	Folienbeschriftungen (9St)				
	1300-0338 Bürogebäude (89 AP)	2.091,70 m² BGF	1.803	**0,86**	100,0
	Fluchtwegpiktogramme, langnachleuchtend (18St)				

KG	Kostengruppe	Menge Einheit	Kosten €	€/Einheit	%
	4400-0333 Kindertagesstätte (3 Gruppen, 35 Kinder)				
		644,98 m²BGF	4.472	**6,93**	7,4
	Infosäule, MDF-Platte, beschichtet, mit Sitzbank, Birke-Multiplex, 2/3-Kreis, Sitzfläche mit Linoleum belegt (1St), Schriftzug "STROMBOLI" (1St)				
	4400-0357 Kinderhaus (4 Gruppen, 74 Kinder)				
		1.009,00 m²BGF	4.426	**4,39**	1,6
	Fluchtwegschilder (22St), Hinweisschilder (6St), Beschriftung an Fassade (16St), an Fenster (2St), an Türen (2St), an Klingel (2St)				
	6100-1500 Mehrfamilienhaus (16 WE)				
	• Herstellen (Kosten: 100,0%)	3.124,00 m²BGF	320	**0,10**	2,1
	Fluchtwegschilder (7St)				
	6400-0120 Jugendfreizeitstätte (3 Gruppen, 100 Kinder)				
		794,87 m²BGF	341	**0,43**	0,3
	WC-Piktogramme (6St)				
389	**Sonstiges zur KG 380**				
	6100-1587 Mehrfamilienhaus (9 WE)				
		1.016,97 m²BGF	3.169	**3,12**	100,0
	Edelstahl-Standbriefkasten 70x160x43,5cm, neun Einheiten, pulverbeschichtet (1St)				
	6400-0120 Jugendfreizeitstätte (3 Gruppen, 100 Kinder)				
		794,87 m²BGF	983	**1,24**	0,9
	Edelstahlbriefkasten 235x425x80mm, wetterfest, eloxiert (1St)				

Kostenkennwerte für die Kostengruppen 300 der 3. Ebene DIN 276

KG	Kostengruppe	Menge Einheit	Kosten €	€/Einheit	%
391	**Baustelleneinrichtung**				
	1300-0319 Amtsverwaltung (36 AP)	1.790,04 m²BGF	221.118	**123,53**	59,3

Baustelleneinrichtungen (psch), Sanitärcontainer, zwei WCs (1St), Baustromanschluss (1St), Baustromverteiler (3St), Bauwasseranschluss (1St), Baubeleuchtung (psch), Verkehrssicherung (psch), Bauzaun (270m), Schnurgerüst (psch), Absturzsicherungen (39m), Öffnungen abdecken (13St), Bauschilder (2St), Bautür (1St)

	1300-0330 Bürogebäude (15 AP)	436,34 m²BGF	28.148	**64,51**	57,5

Baustelleneinrichtungen, Hauptgewerke (2St), Nebengewerke (13St), Verkehrssicherung (10m), Baustellen-WC (12Wo), Baustrom (psch), Bautür (1St), Bautreppe (1St), Absturzsicherung (1St)

	1300-0332 Bürogebäude (10 AP), Doppelgarage	270,77 m²BGF	10.430	**38,52**	40,9

Baustelleneinrichtung, Hauptgewerk (1St), Nebengewerk (1St), Autokran (11h), Schnurgerüst (psch), Baustrom (12Wo)

	1300-0338 Bürogebäude (89 AP)	2.091,70 m²BGF	278.859	**133,32**	79,0

Baustelleneinrichtung (psch), Kran (1St), Bauleitungs-/Besprechungscontainer (2St), Sanitärcontainer (1St), Magazincontainer (1St), Mannschaftscontainer (1St), Baustraße (psch), Bauzaun (150m), Tor (1St), Bauwasser (psch), Baustrom (psch), Baubeleuchtung (psch), Schnurgerüst (1St), Meterrisse (45St), Schutzgeländer (330m), Absturzsicherungen Aufzugsschacht (3St), Bauschild, beleuchtet (1St)

	1300-0341 Bürogebäude (10 AP)	366,72 m²BGF	37.050	**101,03**	53,1

Baustelleneinrichtung (psch), Kran (76h), Bautreppe, neun Holzstufen, Geländer (1St), Baustellen-WC (1St), Bauwasser (psch)

	4400-0333 Kindertagesstätte (3 Gruppen, 35 Kinder)	644,98 m²BGF	34.590	**53,63**	71,2

Baustelleneinrichtung (psch), Bauzaun (126m), Schnurgerüst (1St), Baustellenzufahrt, d=35cm (112m³), Baustrom-, Bauwasseranschluss (psch), Baustellen-Trocken-WC (1St), Feuchtraumleuchten (2St)

	4400-0357 Kinderhaus (4 Gruppen, 74 Kinder)	1.009,00 m²BGF	42.874	**42,49**	43,3

Baustelleneinrichtungen (2St), Baustellen-WC (1St), Baustrom, Anschlussschrank, Endverteilerschrank (1St), Gummischlauchleitungen (284m), Baustellenbeleuchtung, Feuchtraumwannenleuchten (10St), Bauschild (1St), Bautür (1St)

KG	Kostengruppe	Menge Einheit	Kosten €	€/Einheit	%
	6100-1500 Mehrfamilienhaus (16 WE)				
•	Herstellen (Kosten: 100,0%)	3.124,00 m²BGF	77.058	**24,67**	22,6
	Baustelleneinrichtungen (5St), Baustellen-WCs (2St), Baustellen-WC, Waschtisch (1St), Kran (1St), Autokran (4h), Bauzaun (45m), Bautor (1St), Bautüren (2St), Bauwasser (psch), Baustromverteiler (4St), Fassadenreinigung: Wasserauffangwanne (43m), Schwermetallfällungs-/Neutralisationsanlage (1St), Verkehrssicherung: Verkehrszeichen, Baken, Warnleuchten (539d), Schutzgitter, h=1,00m, Schranke (192m), Fahrbahnmarkierungen (180m), Wartungsfahrten (76St)				
	6100-1536 Mehrfamilienhaus (12 WE)				
•	Herstellen (Kosten: 100,0%)	1.550,80 m²BGF	7.139	**4,60**	13,7
	Baustelleneinrichtung (psch), Baustrom, Bauwasser, Sanitärkabine (1St), Bauzaun (98m)				
	6100-1587 Mehrfamilienhaus (9 WE)				
		1.016,97 m²BGF	90.275	**88,77**	67,7
	Baustelleneinrichtung, Hauptgewerk (1St), Nebengewerke (5St), Baukran (1St), Baustellen-WC (1St), Baustraße (97m²), Bauzaun (38m), Bautreppen (5St), Bauwasser, Baustrom				
	6100-1636 Mehrfamilienhaus (10 WE)				
•	Herstellen (Kosten: 100,0%)	1.239,53 m²BGF	60.310	**48,66**	48,5
	Baustelleneinrichtungen, Hauptgewerk (1St), Nebengewerke (8St), Kran (1St), Chemietoilette (1St), Absturzsicherungen (4St), Baustrom (psch), Schnurgerüst (psch), Meterrisse (10St), Bautür (1St)				
	6100-1672 Einfamilienhaus				
		132,23 m²BGF	16.584	**125,42**	80,7
	Baustelleneinrichtung (psch), Kran (1St), Schnurgerüst (1St), Baustromanschluss (1St), Baustellen-WC (1St), Bauzaun (39m), Zufahrtsrampe, Frostschutzkies (34m²)				
	6100-1726 Mehrfamilienhaus (11 WE)				
		1.484,00 m²BGF	110.999	**74,80**	55,7
	Baustelleneinrichtung, Hauptgewerk (1St), Nebengewerke (3St), Baustraße (400m²), Lagercontainer (2St), Bauwagen (1St), WC-Container (1St), Mobil-WCs (23St), Baustrom, Baubeleuchtung, Bauwasser (psch), Bautür (1St), Bauzaun, h=2,00m (140m), Bauschild, 1,50x1,60m (1St)				
	6100-1733 Mehrfamilienhaus (11 WE)				
•	Herstellen (Kosten: 100,0%)	1.624,44 m²BGF	118.867	**73,17**	46,5
	Baustelleneinrichtungen, Hauptgewerk (1St), Nebengewerke (7St), Baustellen-WCs (3St), Bauzaun (28m), Verkehrssicherung (psch), Schrägaufzug (1St), Bauwasseranschluss (psch), Baustellenleuchten (36St), Schotterfläche (31m²)				
	6400-0120 Jugendfreizeitstätte (3 Gruppen, 100 Kinder)				
		794,87 m²BGF	90.205	**113,48**	68,6
	Baustelleneinrichtung, Hauptgewerk (1St), Nebengewerke (4St), Baustraße (657m²), Lagerfläche (198m²), Bauzaun, h=2,00m, Tor (401m), WC-Container (1St), Baustrom (psch), Bauwasser (psch)				

KG	Kostengruppe	Menge Einheit	Kosten €	€/Einheit	%
392	**Gerüste**				
	1300-0319 Amtsverwaltung (36 AP)	1.790,04 m² BGF	83.590	**46,70**	22,4
	Arbeitsgerüst, Lastklasse 4 (1,371m²), Konsolen, b=64cm (474m), Überbrückung (6m), Treppentürme (2St), Raumgerüste, Treppenhäuser (8St), Schachtgerüst (1St)				
	1300-0330 Bürogebäude (15 AP)	436,34 m² BGF	10.210	**23,40**	20,9
	Fassadengerüst, Lastklasse 3 (483m²), Lastklasse 4 (107m²), Aufstandsflächenbefestigung (31m²), Konsolverbreiterungen, b=70cm (74m), Überbrückungen (6m), Rollgerüst (psch)				
	1300-0332 Bürogebäude (10 AP), Doppelgarage	270,77 m² BGF	7.401	**27,33**	29,0
	Fassadengerüst, Lastklasse 3 (360m²)				
	1300-0338 Bürogebäude (89 AP)	2.091,70 m² BGF	55.304	**26,44**	15,7
	Fassadengerüst, Lastklasse 3 (2.017m²), innenliegender Seitenschutz (886m), Konsolverbreiterungen (590m), Treppenturm (1St), Gitterträger (6m)				
	1300-0341 Bürogebäude (10 AP)	366,72 m² BGF	18.552	**50,59**	26,6
	Fassadengerüst, Lastklasse 3 (666m²), Konsolverbreiterungen, b bis 30cm (212m), Dachfanggerüst (53m), Raumgerüst (49m³), Überbrückungen (12m), Rollgerüste (2St)				
	4400-0333 Kindertagesstätte (3 Gruppen, 35 Kinder)	644,98 m² BGF	9.207	**14,27**	19,0
	Fassadengerüst, Lastklasse 3 (359m²), Dachfanggerüst (160m), Fahrgerüst (1St)				
	4400-0357 Kinderhaus (4 Gruppen, 74 Kinder)	1.009,00 m² BGF	42.252	**41,88**	42,6
	Fassadengerüst (1.219m²), Fahrgerüste bis 5,00m (2St), Montagegerüst, h=5,30m (psch), Flächengerüst über Treppe (psch)				
	6100-1500 Mehrfamilienhaus (16 WE)				
	• Herstellen (Kosten: 100,0%)	3.124,00 m² BGF	195.565	**62,60**	57,4
	Arbeitsgerüst, Lastklasse 3 (2.250m²), Konsolverbreiterungen, b=30cm (1.560m²), b bis 100cm (535m²), Planen (1.598m²), Schutznetze (1.560m²), Gitterträger (100m), Dachreiter, l=15,00m (psch), Treppenturm (1St), Innengerüste (psch), Rollgerüste (2St)				
	6100-1536 Mehrfamilienhaus (12 WE)				
	• Herstellen (Kosten: 100,0%)	1.550,80 m² BGF	41.973	**27,07**	80,6
	Fassadengerüst, Lastklasse 3 (1.104m²), Konsolverbreiterungen (560m), Treppenaufgang, h=9,50 m (1St)				

KG	Kostengruppe	Menge Einheit	Kosten €	€/Einheit	%
	6100-1587 Mehrfamilienhaus (9 WE)				
		1.016,97 m² BGF	31.911	**31,38**	23,9
	Fassadengerüst (psch)				
	6100-1636 Mehrfamilienhaus (10 WE)				
	• Herstellen (Kosten: 100,0%)	1.239,53 m² BGF	45.177	**36,45**	36,3
	Fassadengerüst, Lastklasse 4, b=90-120cm (746m²), Arbeitsgerüst (176m²), Konsolverbreiterungen, b=30cm (313m), Dachfanggerüst (72m), Treppenturm (11m), Gerüstplanen (800m²)				
	6100-1672 Einfamilienhaus				
		132,23 m² BGF	3.210	**24,28**	15,6
	Fassadengerüst, Lastklasse 3 (240m²), Dachfanggerüst (57m)				
	6100-1726 Mehrfamilienhaus (11 WE)				
		1.484,00 m² BGF	63.521	**42,80**	31,9
	Fassadengerüst, Lastklasse 3 (1.016m²), Konsolverbreiterung (360m), Fußgängertunnel (36m), Auffangnetze (315m²), Rollgerüste (4m²), Treppenturm (psch)				
	6100-1733 Mehrfamilienhaus (11 WE)				
	• Herstellen (Kosten: 100,0%)	1.624,44 m² BGF	74.171	**45,66**	29,0
	Standgerüste, Lastklasse 4 (905m²), Lastklasse 3 (207m²), Gerüstüberbauung (18m²), Gerüstverbreiterungen (159m), Dachfanggerüst (10m), Dachstuhlgerüst (1St), Gerüsttreppen (12m), Leiterturm (12m), Gitterträger (18m), Staubnetz (150m²), Geländer (42m), Absturzsicherung Penthouse (psch), Raumgerüste (238m³), in Treppenhäusern (3St)				
	6400-0120 Jugendfreizeitstätte (3 Gruppen, 100 Kinder)				
		794,87 m² BGF	18.868	**23,74**	14,4
	Fassadengerüst, Lastklasse 3 (585m²), Seitenschutz (197m)				
393	**Sicherungsmaßnahmen**				
	6100-1500 Mehrfamilienhaus (16 WE)				
	• Herstellen (Kosten: 100,0%)	3.124,00 m² BGF	2.540	**0,81**	0,7
	Deckenabfangungen für Schimmelsanierung (psch), Absicherung Stemmarbeiten: Holzbalken 300x20x8cm (2St), Drehsteifen (6St)				
394	**Abbruchmaßnahmen**				
	6100-1500 Mehrfamilienhaus (16 WE)				
	• Abbrechen (Kosten: 100,0%)	3.124,00 m² BGF	2.632	**0,84**	0,8
	Abbruch von Balkonplatte, Fliesenbelag, Stützen, Geländer, Treppe (psch); Entsorgung, Deponiegebühren				
396	**Materialentsorgung**				
	1300-0319 Amtsverwaltung (36 AP)				
		1.790,04 m² BGF	721	**0,40**	0,2
	Container für Baumischabfälle (1t); Entsorgung, Deponiegebühren				

KG	Kostengruppe	Menge Einheit	Kosten €	€/Einheit	%
	1300-0338 Bürogebäude (89 AP)				
		2.091,70 m²BGF	15.645	**7,48**	4,4
	Container für Holzabfälle (40m³), für Bauschutt (33m³), für Mischabfälle (33m³), für Verbrennungsabfälle (6m³); Entsorgung, Deponiegebühren				
	6100-1500 Mehrfamilienhaus (16 WE)				
	• Herstellen (Kosten: 100,0%)	3.124,00 m²BGF	11.848	**3,79**	3,5
	Entsorgung von Müll, Bauschutt (43m³), Sperrmüll (16m³)				
	6100-1536 Mehrfamilienhaus (12 WE)				
	• Herstellen (Kosten: 100,0%)	1.550,80 m²BGF	1.825	**1,18**	3,5
	Bauschutt (4m³); Entsorgung, Deponiegebühren				
	6100-1726 Mehrfamilienhaus (11 WE)				
		1.484,00 m²BGF	678	**0,46**	0,3
	Entsorgung Baumischabfälle (psch)				
	6100-1733 Mehrfamilienhaus (11 WE)				
	• Herstellen (Kosten: 100,0%)	1.624,44 m²BGF	5.021	**3,09**	2,0
	Entsorgen von Schutt, Baumaterialien (16m³), Altholz (1m³), Sperrmüll (psch), lagernden Glaselementen (12St)				
397	**Zusätzliche Maßnahmen**				
	1300-0319 Amtsverwaltung (36 AP)				
		1.790,04 m²BGF	67.292	**37,59**	18,1
	Schließen von Fensteröffnungen mit Folie (373m²), Schutzabdeckungen mit Folie (1.308m²), mit Hartfaserplatten (255m²), Bauteilabklebungen (3.005m), Bauendreinigung (psch), Ersatzlieferung Fensterbänke (62m)				
	1300-0330 Bürogebäude (15 AP)				
		436,34 m²BGF	10.572	**24,23**	21,6
	Witterungsschutz mit Plane (300m²), Folienabklebungen (231m²), Schutzabdeckungen von Bodenflächen (62m²), von Glasbrüstungen (13m), Reservefliesen (9St), Reserve-Faserzementplatten (3m²), Baureinigung von Wand-Bodenflächen (369m²), Glasflächen (128m²), Fassaden (60m²), Raffstores (35m²), Treppe (13m²), Türen (15St), Fensterbänken (74m)				
	1300-0332 Bürogebäude (10 AP), Doppelgarage				
		270,77 m²BGF	7.673	**28,34**	30,1
	Bautrocknung (psch), Schutzabdeckung von Heizleitungen mit Mehrschichtplatten (psch)				
	1300-0338 Bürogebäude (89 AP)				
		2.091,70 m²BGF	3.391	**1,62**	1,0
	Schutzabklebungen von Fenstern, Einbauteilen (731m), Schutzabdeckungen (psch)				

KG	Kostengruppe	Menge Einheit	Kosten €	€/Einheit	%
	1300-0341 Bürogebäude (10 AP)				
		366,72 m2 BGF	13.149	**35,86**	18,9
	Witterungsschutz mit Planen (605m2), Schutzabdeckungen mit Folien (150m2), Bauendreinigung (psch), Bauheizung 15kW (42d), Raumluftentfeuchter (42d)				
	4400-0333 Kindertagesstätte (3 Gruppen, 35 Kinder)				
		644,98 m2 BGF	4.617	**7,16**	9,5
	Witterungsschutz Holzbauteile (psch), Linoleumbelag mit Tetrapack schützen (96m2), Folienabdeckungen (133m2), Bautrockner für Estrich (7Wo)				
	4400-0357 Kinderhaus (4 Gruppen, 74 Kinder)				
		1.009,00 m2 BGF	13.991	**13,87**	14,1
	Schutzfolien auf Dachflächen (125m2), Bodenbelägen (50m2), Sperrholzabdeckung auf Sichtbetontreppenstufen (39St), Absturzsicherungen (52m), Bauendreinigung (psch)				
	6100-1500 Mehrfamilienhaus (16 WE)				
•	Herstellen (Kosten: 100,0%)	3.124,00 m2 BGF	46.698	**14,95**	13,7
	Schutzfolien für Fenster (462m2), Bodenabdeckungen mit Malervlies (343m2), Staubwände (49m2), Schutz von angrenzenden Bauteilen (24h), Schutzabdeckungen für Möbel (psch), Möbel umräumen (164h), zwei bis vier Bautrockner (306d), Wärmestrahler (120d)				
	6100-1536 Mehrfamilienhaus (12 WE)				
•	Herstellen (Kosten: 100,0%)	1.550,80 m2 BGF	830	**0,54**	1,6
	Schutzabdeckungen mit Folien (21m2), Fensterreinigung, Treppenhaus (psch)				
	6100-1587 Mehrfamilienhaus (9 WE)				
		1.016,97 m2 BGF	11.255	**11,07**	8,4
	Baureinigung (psch), Schutzabdeckung Boden, Abdeckkarton (563m2), Bauheizung mit Heizlüftern 3,3kW (6St)				
	6100-1636 Mehrfamilienhaus (10 WE)				
•	Herstellen (Kosten: 100,0%)	1.239,53 m2 BGF	16.089	**12,98**	12,9
	Bauteilabklebungen (349m2), Hartfaserabdeckungen auf Terrazzostufen (70St), Schutzabdeckungen, Folie, Papier, Vlies (psch), Grobreinigung (17h), Feinreinigung (psch)				
	6100-1672 Einfamilienhaus				
		132,23 m2 BGF	761	**5,76**	3,7
	Baureinigung von Linoleum (92m2), Fliesen (24m2), Fenstern (41m2), Sanitärobjekten (psch), Türen (5St), Technik-/Abstellraum (14m2)				
	6100-1726 Mehrfamilienhaus (11 WE)				
		1.484,00 m2 BGF	17.183	**11,58**	8,6
	Schutzabdeckungen mit Planen (528m2), mit Pappe (622m2), Baureinigung (psch), mobiles Heizgerät (15d)				

KG	Kostengruppe	Menge Einheit	Kosten €	€/Einheit	%
	6100-1733 Mehrfamilienhaus (11 WE)				
	• Herstellen (Kosten: 100,0%)	1.624,44 m2 BGF	54.373	**33,47**	21,3
	Schutzabdeckungen (1.722m2), Witterungsschutz mit Planen (276m2), OSB-Abdeckung von Stufen (6m2), Notdächer (3St), Öffnungen mit Folie schließen (10St), Baureinigung (psch), Innenhof beräumen (18h)				
	6400-0120 Jugendfreizeitstätte (3 Gruppen, 100 Kinder)				
		794,87 m2 BGF	16.687	**20,99**	12,7
	Schutzabdeckungen, Vlies, Kartonage (640m2), Folie (104m2), Baureinigung von Linoleum (1.214m2), Fliesen (41m2), Bodenbeschichtung (16m2), Fenster, Türen (142m2), Innentüren (24St), Küchenzeilen (2St), Technischen Anlagen (psch), Bauheizung (3St)				
398	**Provisorische Baukonstruktionen**				
	1300-0341 Bürogebäude (10 AP)				
		366,72 m2 BGF	985	**2,69**	1,4
	Provisorische Regenfallrohre (50m)				
	4400-0333 Kindertagesstätte (3 Gruppen, 35 Kinder)				
		644,98 m2 BGF	135	**0,21**	0,3
	Provisorische Fallrohranschlüsse, Kunststoffschläuche (6St)				
	6100-1500 Mehrfamilienhaus (16 WE)				
	• Herstellen (Kosten: 100,0%)	3.124,00 m2 BGF	4.192	**1,34**	1,2
	Provisorische Regenfallrohre (5St)				
	6100-1536 Mehrfamilienhaus (12 WE)				
	• Herstellen (Kosten: 100,0%)	1.550,80 m2 BGF	279	**0,18**	0,5
	provisorische Dachentwässerung (psch)				
	6100-1636 Mehrfamilienhaus (10 WE)				
	• Herstellen (Kosten: 100,0%)	1.239,53 m2 BGF	172	**0,14**	0,1
	Fallrohrprovisorium, Schlauchfolie (50m)				
	6100-1733 Mehrfamilienhaus (11 WE)				
	• Herstellen (Kosten: 100,0%)	1.624,44 m2 BGF	704	**0,43**	0,3
	Provisorisches Regenfallrohr (1St)				
	6400-0120 Jugendfreizeitstätte (3 Gruppen, 100 Kinder)				
		794,87 m2 BGF	722	**0,91**	0,5
	Provisorische Regenentwässerungen (3St)				
399	**Sonstiges zur KG 390**				
	6100-1636 Mehrfamilienhaus (10 WE)				
	• Herstellen (Kosten: 100,0%)	1.239,53 m2 BGF	2.546	**2,05**	2,0
	Schließanlage, Doppelzylinder, drei Schlüssel (16St), Zylinderverlängerungen (49St), Blindzylinder (1St), Generalhauptschlüssel (1St), Gruppenschlüssel (5St)				

KG	Kostengruppe	Menge Einheit	Kosten €	€/Einheit	%
	6100-1726 Mehrfamilienhaus (11 WE)				
		1.484,00 m²BGF	7.004	**4,72**	3,5
	Schließanlage (1St)				
	6100-1733 Mehrfamilienhaus (11 WE)				
	• Herstellen (Kosten: 100,0%)	1.624,44 m²BGF	2.354	**1,45**	0,9
	Schließanlage, Zylinder (16St), Schlüssel (45St)				
	6400-0120 Jugendfreizeitstätte (3 Gruppen, 100 Kinder)				
		794,87 m²BGF	4.987	**6,27**	3,8
	Schließanlage mit Profil-Doppelzylindern (24St), digital, freidrehend (2St), Gruppenschlüssel (30St), Generalschlüssel (30St), Transponder (15St), Schlüsselschrank (1St)				

Kostenkennwerte für die Kostengruppen 400 der 3. Ebene DIN 276

KG	Kostengruppe	Menge Einheit	Kosten €	€/Einheit	%
411	**Abwasseranlagen**				
	1300-0319 Amtsverwaltung (36 AP)	1.790,04 m²BGF	23.163	**12,94**	24,7
	PP-Rohre DN50-110, Formstücke, Rohrdämmung (111m), PVC-Kondensatleitungen 25-32mm (106m), KG-Rohre DN100, Formstücke (51m), Rohrschotts (16St), Dachentlüftungshauben (4St), Geruchsverschlüsse (14St)				
	1300-0330 Bürogebäude (15 AP)	436,34 m²BGF	8.875	**20,34**	30,2
	PVC-Rohre DN100, Formstücke, Sandbett (64m), PP-Rohre DN50-110, Formstücke, Rohrdämmung (33m), Siphon (1St)				
	1300-0332 Bürogebäude (10 AP), Doppelgarage	270,77 m²BGF	3.271	**12,08**	22,1
	KG-Rohre DN100, Formstücke (21m), PP-Rohre DN50-90, Formstücke (11m), Duschrinne, Edelstahl, l=1,00m, Ablaufgehäuse DN50 (1St)				
	1300-0338 Bürogebäude (89 AP)	2.091,70 m²BGF	39.705	**18,98**	28,0
	PP-Rohre DN50-100, Formstücke, Rohrdämmung (140m), KG-Rohre DN100-125, Formstücke (137m), Edelstahlrohre DN25, Formstücke (10m), Rückstauklappe (1St), Rohrschotts (14St), Bodenabläufe (2St), Geruchsverschlüsse (21St)				
	1300-0341 Bürogebäude (10 AP)	366,72 m²BGF	12.371	**33,74**	20,0
	KG-Rohre DN100, Formstücke (43m), Siphons (7St)				
	4400-0333 Kindertagesstätte (3 Gruppen, 35 Kinder)	644,98 m²BGF	26.791	**41,54**	26,1
	KG-Rohre DN100-200, Formstücke (242m), Kontrollschächte DN1.000, t=1,75-2,75m (2St), Mehrschichtverbundrohre DN50-125, Formstücke, Rohrdämmung (168m), Bodenabläufe (2St), Edelstahlrinne (1St)				
	4400-0357 Kinderhaus (4 Gruppen, 74 Kinder)	1.009,00 m²BGF	45.333	**44,93**	34,9
	KG-Rohre DN100-200, Formstücke (132m), PE-Rohre DN100, Formstücke (32m), PP-Rohre DN50-100, hochschallgedämmt, Formstücke (93m), Brandschutzmanschetten (111St), Bodenabläufe DN100 (4St), Schmutzwasserpumpen (2St), Steueranlage (1St), Revisionsschacht DN1.000, h=1,75m (1St), h=2,00m (1St), Liefermaterial, Riesel (48m³)				

KG	Kostengruppe	Menge Einheit	Kosten €	€/Einheit	%
	6100-1500 Mehrfamilienhaus (16 WE)				
•	Abbrechen (Kosten: 2,7%)	3.124,00 m²BGF	3.404	**1,09**	1,1
	Abbruch von Abwasserrohren bis DN100 (22m), Bodenabläufen (3St), Strangentlüftung (psch), Standrohre freistemmen (12h); Entsorgung, Deponiegebühren				
•	Wiederherstellen (Kosten: 41,5%)	3.124,00 m²BGF	51.933	**16,62**	16,3
	Schlauchlinersanierung DN100-150 (97m), Vorabreinigung (11h), Wurzelbeseitigung (15h), Anbindungen an Gerinne (12St), Abzweige öffnen (10St), Kamerabefahrungen (22St)				
•	Herstellen (Kosten: 55,7%)	3.124,00 m²BGF	69.708	**22,31**	21,9
	PP-Rohre DN50-100, Formstücke (290m), KG-Rohre DN100, Formstücke (8m), Anbindungen (73St), Anschlüsse an Grundleitung (25St), Brandschutzmanschetten (55St), Rückstauautomaten (2St), Bodenabläufe mit Rückstau (6St), Kernbohrungen, D=130mm (48St), Deckendurchbrüche (45St)				
	6100-1536 Mehrfamilienhaus (12 WE)				
•	Herstellen (Kosten: 100,0%)	1.550,80 m²BGF	3.903	**2,52**	100,0
	KG-Rohre, Formstücke (psch), Dunstrohre über Dach (7St)				
	6100-1587 Mehrfamilienhaus (9 WE)				
		1.016,97 m²BGF	19.997	**19,66**	14,5
	PP-Rohre DN50-125, Formstücke (232m), Schmutzwasserhebeanlage (1St), Brandschutzmanschetten (24St)				
	6100-1636 Mehrfamilienhaus (10 WE)				
•	Abbrechen (Kosten: 1,5%)	1.239,53 m²BGF	557	**0,45**	0,4
	Abbruch von Betonrohren (1m³); Entsorgung, Deponiegebühren				
•	Herstellen (Kosten: 98,5%)	1.239,53 m²BGF	37.287	**30,08**	26,6
	PP-Schallschutzrohre DN50-100, Formstücke (psch), Brandschutzmanschetten (psch), Bodenabläufe (4St), Röhrensiphons (12St), Ablaufgarnituren (8St)				
	6100-1672 Einfamilienhaus				
		132,23 m²BGF	7.530	**56,95**	44,3
	PP-Grundleitungen DN100-150, Formstücke (57m), PP-Schalldämmrohre DN50-100, Formstücke, Rohrdämmung (9m)				
	6100-1726 Mehrfamilienhaus (11 WE)				
		1.484,00 m²BGF	59.768	**40,27**	20,7
	PE-Rohre DN50-110, schallgedämmt, Formstücke, Rohrdämmung (253m), KG-Rohre DN200, Formstücke (50m), Hebeanlage (1St), Duschrinnen (11St), Bodenabläufe DN50 (3St), PP-Siphons (22St), Rohrschotts (18St)				
	6100-1733 Mehrfamilienhaus (11 WE)				
•	Herstellen (Kosten: 100,0%)	1.624,44 m²BGF	57.393	**35,33**	29,4
	PVC-Rohre DN110, Formstücke, Sandbett (85m), PP-Rohre DN50-100, schalloptimiert, Formstücke (207m), Brandschotts (29St), Bodenabläufe (2St), Ablaufrinnen, Duschelemente (11St), Designroste (4St), Siphons (31St)				

KG	Kostengruppe	Menge Einheit	Kosten €	€/Einheit	%
	6400-0120 Jugendfreizeitstätte (3 Gruppen, 100 Kinder)				
		794,87 m2 BGF	48.608	**61,15**	47,0
	KG-Rohre DN100-125, Formstücke, Sandbett (376m), PP-Rohre DN56-100, Rohrdämmung (95m), Grundleitungsanschlüsse DN100-150 (15St), Siphons (16St)				
412	**Wasseranlagen**				
	1300-0319 Amtsverwaltung (36 AP)				
		1.790,04 m2 BGF	64.182	**35,86**	68,4
	Edelstahlrohre DN12-25, Formstücke, Rohrdämmung (216m), Brandschotts (7St), Automatik-Rückspülfilter (1St), Druckminderer (1St), Ventile (5St), Hygienespülungen (3St), WCs (6St), barrierefrei (1St), Handwaschbecken (8St), barrierefrei (1St), Urinale, Spülautomatik (2St), Ausgussbecken (1St), Elektro-Durchlauferhitzer 3,5kW (9St), 13,2kW (3St), Außenarmaturen, Einbauschränke, zwei Steckdosen (2St), Armaturen				
	1300-0330 Bürogebäude (15 AP)				
		436,34 m2 BGF	18.298	**41,94**	62,3
	Mehrschichtverbundrohre DN12-20, gedämmt, Formstücke (30m), Hausanschluss (1St), Hauswasserstation (1St), Wasserzähler (1St), Systemtrenner (1St), Probenahmeventile (2St), Wand-WC (1St), barrierefrei (1St), Waschtisch (1St), barrierefrei (1St), Durchlauferhitzer 4,4kW (1St), Warmwasserspeicher 5l (1St), Geräte-Wasseranschlüsse (2St)				
	1300-0332 Bürogebäude (10 AP), Doppelgarage				
		270,77 m2 BGF	9.819	**36,26**	66,3
	Mehrschichtverbundrohre DN15-20, Formstücke, Rohrdämmung (82m), Hauswasserstation (1St), Wand-WCs (2St), Waschtische (2St), Urinal (1St), Brausebatterie (1St), Außenarmatur (1St), Durchlauferhitzer 21kW (1St), 5,7kW (1St)				
	1300-0338 Bürogebäude (89 AP)				
		2.091,70 m2 BGF	92.882	**44,40**	65,5
	Edelstahlrohre DN15-32, Formstücke, Rohrdämmung (310m), Rohrschotts (12St), Hygienespülungen (2St), Automatikfilter (1St), Rückflussverhinderer (1St), Absperrventile (11St), Wasserzähler (1St), Wand-WCs (15St), barrierefrei (1St), Urinale (3St), Waschtische (5St), barrierefrei (1St), Doppelwaschtische (4St), Ausgussbecken (2St), Brause-Thermostat (1St), Durchlauferhitzer 6,5kW (13St), 13,5kW (9St)				
	1300-0341 Bürogebäude (10 AP)				
		366,72 m2 BGF	44.436	**121,17**	71,9
	Edelstahlrohre DN12-32, Formstücke, Rohrdämmung (249m), Automatikfilter, Druckminderer (1St), Absperrventile (9St), Funk-Wasserzähler (4St), Durchlauferhitzer 6,5kW (4St), 13,5 kW (2St), Wand-WCs (6St), Waschtische (6St), Sensor-Waschtischarmaturen (6St), Duschwannen, Brausegarnituren, Duschabtrennungen, Pendeltüren, Acrylglas (4St), Brausebatterien (4St), Urinale (3St), Ausgussbecken (1St)				

KG	Kostengruppe	Menge Einheit	Kosten €	€/Einheit	%
	4400-0333 Kindertagesstätte (3 Gruppen, 35 Kinder)	644,98 m²BGF	65.404	**101,40**	63,6

Edelstahlrohre DN12-40, Formstücke, Rohrdämmung (274m), Mehrschichtverbundrohre DN12-20, Formstücke, Rohrdämmung (224m), Flexschläuche (10m), Zirkulationspumpe (1St), Rückspülfilter, Druckminderer (1St), Tiefspül-WCs (2St), für Kinder (3St), für Baby (1St), barrierefrei, WC-Steuerung, Funk (1St), Waschtische (2St), mit Griffmulden (7St), Duschwanne 80x80cm, Brausegarnitur (1St), Ausgussbecken (1St), Sicherheitsthermostate (12St), Waschtisch-Elektronik-Batterien (11St), Spültischarmatur (1St), Außenarmaturen (2St), Stützklappgriffe (2St)

	4400-0357 Kinderhaus (4 Gruppen, 74 Kinder)	1.009,00 m²BGF	79.895	**79,18**	61,6

Edelstahlrohre DN15-35, Formstücke, Rohrdämmung (99m), Mehrschichtverbundrohre DN16-20, Formstücke, Rohrdämmung (205m), Außentresore Wasser, Strom (2St), Enthärtungsanlage (1St), Tiefspül-WCs (9St), Fernauslösungen, WC-Steuerung (2St), Stütz-Klappgriffe (2St), Spiel- und Waschlandschaft (1St), Speicher, 15l (1St), Waschtische (3St), barrierefrei (1St), Ausgussbecken (1St), Handwasch-Ausgussbecken-Kombination (1St), Duschwanne (1St), Säuglingspflegebecken (1St), Werkraumbecken (1St)

6100-1500 Mehrfamilienhaus (16 WE)

	• Abbrechen (Kosten: 4,6%)	3.124,00 m²BGF	8.784	**2,81**	2,8

Abbruch von Trinkwasserleitungen DN32-50 (834m), WC (1St); Entsorgung, Deponiegebühren

	• Wiederherstellen (Kosten: 6,9%)	3.124,00 m²BGF	13.094	**4,19**	4,1

Trinkwasserleitung ändern, Steigstränge absperren, Kellerverteilung entleeren, Leitung austauschen, wieder befüllen (psch), Sanitärobjekte abbrechen, ersetzen: WCs (4St), Spülkästen (2St), Handwaschbecken (2St), Ab-/Überlaufgarnitur (1St), Armatur (1St)

	• Herstellen (Kosten: 88,5%)	3.124,00 m²BGF	168.975	**54,09**	53,0

Kupferrohre DN15-35, Formstücke, Rohrdämmung (855m), DN42-54 (250m), Anbindungen, l bis 4,50m (18St), Wasserzähler (30St), Schrägsitzventile DN20-50 (30St), Regulierventile (16St), Rückflussverhinderer (1St), Brandschutzdurchführungen (70St), Kernbohrungen, D=80-120mm (94St), Deckendurchbrüche (24St), Ausgussbecken (3St), Außenzapfstellen (4St), Warmwasserspeicher 5l (1St)

	6100-1587 Mehrfamilienhaus (9 WE)	1.016,97 m²BGF	111.628	**109,77**	80,9

Edelstahlrohre DN12-40, Formstücke, Rohrdämmung (456m), Mehrschichtverbundrohre DN12-15, Rohrdämmung (282m), Hauswasserstation (1St), Rückspülautomatik (1St), Ventile (24St), Wasserzähler-Montageblöcke (24St), Regenwassernutzungsanlage, Hauswasserautomat, Saug-, Druckschlauch (1St), Waschtische (10St), Handwaschbecken (3St), Ausgussbecken (2St), Tiefspül-WCs (13St), Badewannen (4St), Duschrinnen, Brausegarnituren (5St), WM-Anschlüsse (9St), Spülenanschlüsse (9St), Armaturen

KG	Kostengruppe	Menge Einheit	Kosten €	€/Einheit	%
	6100-1636 Mehrfamilienhaus (10 WE)				
	• Abbrechen (Kosten: 2,4%)	1.239,53 m2 BGF	2.291	**1,85**	1,6
	Abbruch von Sanitäranlagen (psch); Entsorgung, Deponiegebühren				
	• Herstellen (Kosten: 97,6%)	1.239,53 m2 BGF	94.704	**76,40**	67,6
	Edelstahlrohre, Formstücke, Rohrdämmung, Zirkulationssystem (psch), Rohrschotts (psch), Wasserzähler (11St), Waschtische (12St), Wand-WCs (12St), Stahl-Badewannen (8St), Brausearmaturen (12St), Außenarmatur (1St)				
	6100-1672 Einfamilienhaus				
		132,23 m2 BGF	8.946	**67,66**	52,6
	Edelstahlrohre DN12-25, Formstücke, Rohrdämmung (40m), Systemtrenner (1St), Zähleranschlussgarnitur (1St), Rückspülfilter (1St), Schrägsitzventile (3St), Mischventil (1St), Tiefspül-WC (1St), Waschtisch mit Möbel (1St), Badewanne (1St), Brausegarnitur (1St), Außenarmatur (1St), Geräteventil (1St)				
	6100-1726 Mehrfamilienhaus (11 WE)				
		1.484,00 m2 BGF	226.124	**152,37**	78,4
	Metallverbundrohre DN16-50, Formstücke, Rohrdämmung (720m), Frischwasserstation (1St), Zirkulationspumpe (1St), Hauswasserstation (1St), Sicherheitsgruppe (1St), Wasserzähler (11St), Zirkulations-Regulierventile (4St), Enthärtungsanlage (1St), WCs (17St), Waschtische (11St), Doppelwaschtische (6St), Duscharmaturen (11St), Ausgussbecken (1St), Wasseranschlüsse (27St), Außenarmaturen (5St)				
	6100-1733 Mehrfamilienhaus (11 WE)				
	• Abbrechen (Kosten: 1,7%)	1.624,44 m2 BGF	2.164	**1,33**	1,1
	Abbruch von Wasserleitungen (psch), WCs (6St), Spülkästen (5St), Waschbecken (5St), Badewannen (2St), Boilern (2St), Duschwanne (1St); Entsorgung, Deponiegebühren				
	• Herstellen (Kosten: 98,3%)	1.624,44 m2 BGF	128.582	**79,15**	65,9
	Edelstahlrohre DN12-32, Formstücke, Rohrdämmung (394m), Mehrschichtverbundrohre DN12-25, Formstücke, gedämmt (385m), Kernbohrungen (32St), Hauswasserstation (1St), Freistromventile (11St), Regulierventile (5St), Wasserzählerblöcke (15St), Wand-WCs (14St), Möbelwaschtische (14St), Spülen (4St), Badewannen (3St), Brausebatterien (11St), Brausesets (8St), Ausgussbecken (1St), Außenarmatur (1St), Armaturen				
	6400-0120 Jugendfreizeitstätte (3 Gruppen, 100 Kinder)				
		794,87 m2 BGF	48.154	**60,58**	46,6
	Metallverbundrohre DN12-25, Formstücke, Rohrdämmung (157m), Edelstahlrohre DN10-32 (17m), Hauswasserstation, Wasserzähler (1St), Hygienespülungen (3St), Waschtische (5St), barrierefrei (2St), Wand-Tiefspül-WCs, Spülautomatik (5St), barrierefrei (2St), für Kinder (2St), Urinal, Spülautomatik (1St), Stützklappgriffe (4St), Rückenstütze (2St), Spülbecken (1St), Durchlauferhitzer (4St), Außenarmaturen (2St), Armaturen				
413	**Gasanlagen**				
	6100-1500 Mehrfamilienhaus (16 WE)				
	• Abbrechen (Kosten: 100,0%)	3.124,00 m2 BGF	2.810	**0,90**	0,9
	Abbruch von Stahlrohren (506m); Entsorgung, Deponiegebühren				

KG	Kostengruppe	Menge Einheit	Kosten €	€/Einheit	%
419	**Sonstiges zur KG 410**				
	1300-0319 Amtsverwaltung (36 AP)	1.790,04 m² BGF	6.517	**3,64**	6,9
	Montageelemente für Waschbecken (8St), barrierefrei (1St), für Wand-WCs (4St), barrierefrei (1St), für Stützgriffe (2St), für Urinale (2St), für Ausgussbecken (1St), Traverse (1St)				
	1300-0330 Bürogebäude (15 AP)	436,34 m² BGF	2.197	**5,03**	7,5
	Installationselemente für WCs (2St), für Waschtische (2St)				
	1300-0332 Bürogebäude (10 AP), Doppelgarage	270,77 m² BGF	1.721	**6,36**	11,6
	Montageelemente für Wand-WCs (2St), für Waschtische (2St), für Urinal (1St)				
	1300-0338 Bürogebäude (89 AP)	2.091,70 m² BGF	9.141	**4,37**	6,4
	Montageelemente für WCs (16St), für Waschtische (4St), für Urinale (3St), für Ausgussbecken (2St), für Dusche (1St)				
	1300-0341 Bürogebäude (10 AP)	366,72 m² BGF	5.029	**13,71**	8,1
	Montageelemente für Wand-WCs (6St), für Waschtische (6St), für Urinale (3St), für Ausgussbecken (1St)				
	4400-0333 Kindertagesstätte (3 Gruppen, 35 Kinder)	644,98 m² BGF	10.583	**16,41**	10,3
	Installations-Montagewände, raumhoch (42m²), Montageelemente für Waschtisch (1St), barrierefrei (8St), für WCs (6St), barrierefrei (1St), für bodenstehendes WC (1St), für Stützklappgriffe (2St)				
	4400-0357 Kinderhaus (4 Gruppen, 74 Kinder)	1.009,00 m² BGF	4.540	**4,50**	3,5
	Montageelemente für Kinder-WCs (3St), für Wand-WCs (6St), für Waschtisch (1St)				
	6100-1587 Mehrfamilienhaus (9 WE)	1.016,97 m² BGF	6.284	**6,18**	4,6
	Montageelemente für WCs (13St), für Waschtische (13St), für Ausgussbecken (1St)				
	6100-1636 Mehrfamilienhaus (10 WE)				
	• Herstellen (Kosten: 100,0%)	1.239,53 m² BGF	5.309	**4,28**	3,8
	Montageelemente für WCs (12St)				
	6100-1672 Einfamilienhaus	132,23 m² BGF	523	**3,96**	3,1
	Montageelement für WC (1St)				

KG	Kostengruppe	Menge Einheit	Kosten €	€/Einheit	%
	6100-1726 Mehrfamilienhaus (11 WE)				
		1.484,00 m²BGF	2.396	**1,61**	0,8
	Montageelemente für Waschtische (6St)				
	6100-1733 Mehrfamilienhaus (11 WE)				
	• Herstellen (Kosten: 100,0%)	1.624,44 m²BGF	7.115	**4,38**	3,6
	Montageelemente für Wand-WCs (14St), für Waschtische (12St)				
	6400-0120 Jugendfreizeitstätte (3 Gruppen, 100 Kinder)				
		794,87 m²BGF	6.596	**8,30**	6,4
	Montageelemente für WCs (7St), barrierefrei (2St), für Waschtische (4St), barrierefrei (2St), für Urinal (1St), für Ausgussbecken (1St)				

KG	Kostengruppe	Menge Einheit	Kosten €	€/Einheit	%
421	**Wärmeerzeugungsanlagen**				
	1300-0319 Amtsverwaltung (36 AP)	1.790,04 m² BGF	114.863	**64,17**	43,0
	Luft-Wasser-Wärmepumpen 40kW (2St), Warmwassermodul DN50 (1St), Masterregler (1St), Pufferspeicher 1.000l (1St), Tauchheizkörper 6kW (4St), differenzdruckloser Verteiler (1St), Umwälzpumpen DN32 (2St), Durchfluss-Schalter DN50 (2St), PE-Xa-Rohre DN50, gedämmt, Formstücke (60m), Stahl-Flexrohre DN25, gedämmt (7m)				
	1300-0330 Bürogebäude (15 AP)	436,34 m² BGF	17.522	**40,16**	30,9
	Nahwärmeübergabestation (1St), Wärmemengenzähler (1St), Membranausdehnungsgefäß 25l (1St), Regulierventile (5St), Kugelhähne (5St), Sicherheitsventil (1St)				
	1300-0332 Bürogebäude (10 AP), Doppelgarage	270,77 m² BGF	24.160	**89,23**	41,8
	Luft-Wasser-Wärmepumpe 9,2kW (1St), Hydraulikstation (1St), Heizungsregler (1St), Membran-Ausdehnungsgefäß 50l (1St), Schlammabscheider (1St), Enthärterstation (1St), Salzreduzierkartusche (1St)				
	1300-0341 Bürogebäude (10 AP)	366,72 m² BGF	12.188	**33,23**	18,0
	Warmwasserspeicher 300l, Elektro-Heizeinsatz 2-6kW (1St), Temperatur-Differenzregelung (1St), Sicherheitscenter (1St), Ausdehnungsgefäß 50l (1St), Wärmemengenzähler (5St), Heizungsfüllarmatur (1St), Motorkugelhahn (1St), Umwälzpumpe (1St), Schlammabscheider (1St)				
	4400-0333 Kindertagesstätte (3 Gruppen, 35 Kinder)	644,98 m² BGF	99.469	**154,22**	58,0
	Sole-Wasser-Wärmepumpe 6-24kW (1St), Speicher 300l (1St), Pufferspeicher 1.000l (1St), Ausdehnungsgefäß 150l (1St), Pumpen (2St), Solarstation (1St), Solarregler (1St), Solarvorschaltgefäß 35l (1St), Solar-Ausdehnungsgefäße 80l (2St), Mischergruppe (1St), Erdsolespeicher: Registermatten, Heiz-/Kühlkreise möglich, PE-RT-Rohre, Formstücke (482m²), Glykol-Wasser-Gemisch (1St), Soleverteiler (4St), Flachkollektoren 2,15x1,25x0,80m, 2kW (8St), Regelung, Fernzugriff (2St), Visualisierung				
	4400-0357 Kinderhaus (4 Gruppen, 74 Kinder)	1.009,00 m² BGF	32.439	**32,15**	25,6
	Pelletkessel, 12,0-45,0kW, vollautomatisch (1St), Absaugsystem (1St), Schichtpufferspeicher, Isolierung (1St), Druckausdehnungsgefäß (1St)				

KG	Kostengruppe	Menge Einheit	Kosten €	€/Einheit	%
	6100-1500 Mehrfamilienhaus (16 WE)				
	• Abbrechen (Kosten: 5,9%)	3.124,00 m²BGF	2.864	**0,92**	1,8
	Abbruch von Hausstation, Heizungspumpe (1St), Warmwasserbereiter 400l, Wärmetauscher (1St), Ausdehnungsgefäßen 350l (4St), Stahlrohren DN25-50, Rohrdämmung (20m); Entsorgung, Deponiegebühren				
	• Wiederherstellen (Kosten: 1,4%)	3.124,00 m²BGF	670	**0,21**	0,4
	Defektes Sicherheitsventil erneuern (1St)				
	• Herstellen (Kosten: 92,7%)	3.124,00 m²BGF	45.077	**14,43**	28,8
	Fernwärme-Kompaktstation, drei Heizkreise (1St), Speicherladesystem 500l (1St), Füllkombination (1St), Ausdehnungsgefäß 800l (1St), Trinkwasser-Temperaturregler (1St), Umwälzpumpen (2St), Entlüfter (8St), Stahlrohre DN25-50, Rohrdämmung (28m)				
	6100-1536 Mehrfamilienhaus (12 WE)				
	• Abbrechen (Kosten: 6,6%)	1.550,80 m²BGF	2.785	**1,80**	2,6
	Abbruch von Öltank 9.500l, Tankraumklappe (1St); Entsorgung, Deponiegebühren				
	• Herstellen (Kosten: 93,4%)	1.550,80 m²BGF	39.620	**25,55**	37,2
	Pelletkessel, 35kW, vollautomatisch (1St), Pellets-Saugsystem (1St), Befüllsystem, Effizienzpumpe (1St), Pufferspeicher 750l (1St), Anlegefühler, l=4,00m (4St)				
	6100-1587 Mehrfamilienhaus (9 WE)				
		1.016,97 m²BGF	105.913	**104,15**	48,6
	Sole-Wasser-Wärmepumpe 26kW, Pufferspeicher 300l, Heizwasserverteiler (1St), TW-Pufferspeicher 1.000l, zwei Einschraubheizkörper 7,5kW, Frischwasserstation (1St), Heizkreis-Pufferspeicher 957l, Kompressor, Steuereinheit für Nieder- und Hochtemperaturregelung (1St), passive Kühlstation, Kühllast 25kW, Wärmetauscher (1St), passiver Kühlregler (1St), Soleleitung DN50, gedämmt (19m), Heizkreisverteilung (1St), Pumpen (2St), Wasserzähler (1St), Füllwasserenthärter (1St)				
	6100-1636 Mehrfamilienhaus (10 WE)				
	• Abbrechen (Kosten: 7,8%)	1.239,53 m²BGF	6.039	**4,87**	3,4
	Abbruch von Ölheizungsanlage (psch), Öltank (psch); Entsorgung, Deponiegebühren				
	• Herstellen (Kosten: 92,2%)	1.239,53 m²BGF	70.926	**57,22**	40,0
	Pelletkessel 48kW, Zubehör (1St), Pufferspeicher 800l (2St), Pelletbunker (psch)				
	6100-1672 Einfamilienhaus				
		132,23 m²BGF	26.701	**201,92**	80,2
	Luft-Wasser-Wärmepumpe, Heizleistung 2,3-6,5kW (1St), Multifunktionsspeicher 830l (1St), Pumpenbaugruppe (1St), Sicherheitsgruppe (1St), Umschaltventil (1St), Luft-Schlammabscheider (1St)				

KG	Kostengruppe	Menge Einheit	Kosten €	€/Einheit	%
	6100-1726 Mehrfamilienhaus (11 WE)				
		1.484,00 m²BGF	80.382	**54,17**	30,1
	Luft-Wasser-Wärmepumpe 16,6kW (1St), Gas-Brennwertgerät 45kW (1St), Hocheffizienzpumpe (1St), Ausdehnungsgefäße 25-80l (4St), Energiespeicher 500l (1St), 210l (1St), hydraulische Weichen (2St), Kältemittelleitungsset (15m), Wärmemengenzähler (1St), Dreiwege-Umschaltventile (2St), Schlammabscheidesets (2St), Temperaturfühler (8St), Zweiwege-Zonenventil (1St), Kleinverteiler (3St), Mischergruppen (2St), Anschlussgruppe (1St), Pumpengruppe (1St), Kupfer-Gasrohre DN28, Formstücke (9m), Gasströmungswächter, Gaszähler (1St)				
	6100-1733 Mehrfamilienhaus (11 WE)				
	• Abbrechen (Kosten: < 0,1%)	1.624,44 m²BGF	97	**0,06**	< 0,1
	Abbruch von Wandheizgerät (psch); Entsorgung, Deponiegebühren				
	• Herstellen (Kosten: 99,9%)	1.624,44 m²BGF	97.562	**60,06**	33,0
	Gas-Brennwertkessel 69kW (1St), Pufferspeicher 965l (1St), Ausdehnungsgefäß 250l (1St), Heizkreisverteiler, drei Heizkreise (1St), Frischwasserstation (1St), Systemregler (1St), Nachspeisestation (1St), Zirkulationspumpe (1St), Flachdachkollektoren (24m²), Solarstation (1St), Reglermodul (1St), Vorschaltgefäß 40l (1St), Ausdehnungsgefäß 140l (1St), Kupfer-Solarrohre DN20-25, Formstücke, Rohrdämmung (85m), Gas-Edelstahlrohre, Formstücke (9m)				
	6400-0120 Jugendfreizeitstätte (3 Gruppen, 100 Kinder)				
		794,87 m²BGF	30.527	**38,41**	24,7
	Fernwärmeübergabestation, Regelung, Schaltschrank (1St), Umwälzpumpen (psch), Ausdehnungsgefäß 50l (1St), Füllstation (1St), Enthärtungsarmatur (1St), Wasserzähler (1St)				
422	**Wärmeverteilnetze**				
	1300-0319 Amtsverwaltung (36 AP)				
		1.790,04 m²BGF	69.102	**38,60**	25,9
	Edelstahlrohre DN15-40, Formstücke, Rohrdämmung (272m), Brandschotts (14St), Umwälzpumpen (2St), Luftgefäße (9St), Druckausdehnungsgefäße 50l (2St), Kugelhähne (18St), Ventile (6St), Schlammabscheider (2St), Messdosen für Leckwarnsystem (2St), Wasserzähler (1St), Enthärtungsarmatur (1St)				
	1300-0330 Bürogebäude (15 AP)				
		436,34 m²BGF	13.618	**31,21**	24,0
	Mehrschichtverbundrohre DN15-20, gedämmt, Formstücke (145m)				
	1300-0332 Bürogebäude (10 AP), Doppelgarage				
		270,77 m²BGF	6.301	**23,27**	10,9
	Edelstahlrohre DN25-32, Formstücke, Rohrdämmung (58m), PE-Xa-Doppelrohre 2x DN32, gedämmt, Formstücke (12m)				
	1300-0341 Bürogebäude (10 AP)				
		366,72 m²BGF	20.191	**55,06**	29,8
	Kupferrohre DN12-32, Formstücke, Rohrdämmung (162m), Edelstahlrohre DN12, Formstücke (11m), Absperrventile (3St)				

KG	Kostengruppe	Menge Einheit	Kosten €	€/Einheit	%
	4400-0333 Kindertagesstätte (3 Gruppen, 35 Kinder)				
		644,98 m²BGF	34.892	**54,10**	20,3
	Edelstahlrohre DN25-50, Formstücke, Rohrdämmung (159m), Edelstahlsolarleitungen DN12-25, Formstücke, Rohrdämmung (227m), Lufttöpfe DN65-80 (4St), Kontrollschacht für Wärmepumpenleitungen DN1.500 (1St)				
	4400-0357 Kinderhaus (4 Gruppen, 74 Kinder)				
		1.009,00 m²BGF	43.021	**42,64**	34,0
	Kupferrohre DN15-42, Formstücke, Rohrdämmung (224m), Dreiwegeventile (2St), Entleerungsventile (15St), Heizungsverteiler (1St), Kugelhähne (18St), Zeigerthermometer (9St)				
	6100-1500 Mehrfamilienhaus (16 WE)				
	• Abbrechen (Kosten: 3,1%)	3.124,00 m²BGF	2.647	**0,85**	1,7
	Abbruch von Stahlrohren DN15-80, Rohrdämmung (180m), Steigsträngen DN25 (3St); Entsorgung, Deponiegebühren				
	• Herstellen (Kosten: 96,9%)	3.124,00 m²BGF	83.990	**26,89**	53,7
	Kupferrohre DN12-35, Formstücke, Rohrdämmung (460m), DN42-54 (55m), Vorlauf-Entlüftungsleitung (psch), Brandschutzdurchführungen DN22-35 (36St), Strangregulierventile DN20-25 (28St), Anschlüsse an Bestand (82St), Schnelllüfter (1St), Kernbohrungen, D=130-240mm (100St)				
	6100-1536 Mehrfamilienhaus (12 WE)				
	• Herstellen (Kosten: 100,0%)	1.550,80 m²BGF	55.388	**35,72**	52,1
	Stahlrohre DN28, Formstücke, Rohrdämmung (56m), Kupferrohre DN15-22 (7m), Ausdehnungsgefäß 200l (1St), Heizkreisverteiler, vierfach (3St), Thermostatköpfe (39St), Ventilunterteile (43St), Strangregulierventile (12St), Einrohrverteiler (54St), Dreiwegemischer, Stellmotor (1St)				
	6100-1587 Mehrfamilienhaus (9 WE)				
		1.016,97 m²BGF	28.500	**28,02**	13,1
	Stahlrohre DN15-54, Formstücke, Rohrdämmung (321m), Strangabsperrventile (6St), Strangregulierventile (6St), Wärmemengenzähler, bauseits (12St)				
	6100-1636 Mehrfamilienhaus (10 WE)				
	• Herstellen (Kosten: 100,0%)	1.239,53 m²BGF	32.609	**26,31**	18,4
	Heizungsrohre, Formstücke, Rohrdämmung, Brandschotts (psch), Kugelhähne (11St), Schlammabscheider (1St), Druckausdehnungsgefäß (1St), Kesselanschlussgruppe (1St), Ventile (2St), Entlüfter (4St), Kernbohrungen, D=70-100mm (800cm)				
	6100-1672 Einfamilienhaus				
		132,23 m²BGF	1.293	**9,78**	3,9
	Stahlrohre DN12-25, Formstücke, Rohrdämmung (37m), Strangabsperrventil (1St), Kugelhahn (1St)				
	6100-1726 Mehrfamilienhaus (11 WE)				
		1.484,00 m²BGF	48.612	**32,76**	18,2
	Kupferrohre DN22-54, Formstücke, Dämmung (220m), Strangabsperrventile (12St)				

KG	Kostengruppe	Menge Einheit	Kosten €	€/Einheit	%
	6100-1733 Mehrfamilienhaus (11 WE)				
	• Abbrechen (Kosten: 1,1%)	1.624,44 m² BGF	831	**0,51**	0,3
	Abbruch von Heizungsrohren, Dämmung, Messtechnik, Verteilern (psch); Entsorgung, Deponiegebühren				
	• Herstellen (Kosten: 98,9%)	1.624,44 m² BGF	75.109	**46,24**	25,4
	Stahlrohre DN12-50, Formstücke, Rohrdämmung (645m), Kernbohrungen (12St), Schlitze (35m), Absperr-/Regulierventile (18St)				
	6400-0120 Jugendfreizeitstätte (3 Gruppen, 100 Kinder)	794,87 m² BGF	59.169	**74,44**	48,0
	Mehrschichtverbundrohre DN12-25, Formstücke, Rohrdämmung (650m), Stahlrohre DN15-32 (62m), Differenzdruckregler DN20-25 (7St), Absperrventile DN20-25 (7St), Umwälzpumpen (3St), Thermometer (6St)				
423	**Raumheizflächen**				
	1300-0319 Amtsverwaltung (36 AP)	1.790,04 m² BGF	83.349	**46,56**	31,2
	Fußbodenheizung, EPS-Tackerplatten WLG 035, d=30mm (1.479m²), PB-Rohre 15mm (5.766m), Heizkreisverteiler, sieben bis zwölf Heizkreise, Verteilerschränke (8St), Differenzdruckregler (8St), Stellantriebe (76St), Raumthermostate (56St), Einzelraumregelungen (8St), Luftschleieranlage, Heizleistung 18,6kW, Volumenstrom 3.600m³/h (1St), Frostschutzthermostat (1St), Absperrventil (1St), Raumtemperatursensor (1St), Magnet-Türkontakt (1St)				
	1300-0330 Bürogebäude (15 AP)	436,34 m² BGF	25.548	**58,55**	45,1
	Fußbodenheizung, EPS-Dämmrollplatte WLG 035, d=30mm, PE-Xa-Rohre (365m²), Heizkreisverteiler, acht-/neunfach, Verteilerschränke (3St), Stellantriebe (45St), Regelklemmleisten (3St)				
	1300-0332 Bürogebäude (10 AP), Doppelgarage	270,77 m² BGF	27.326	**100,92**	47,3
	Fußbodenheizung, EPS-Dämmung WLG 035, d=100mm, Noppen-Systemplatten, Alu-Verbundrohre 16x2mm (228m²), Edelstahlverteiler, acht Heizkreise, Verteilerschränke (3St)				
	1300-0338 Bürogebäude (89 AP)	2.091,70 m² BGF	390	**0,19**	100,0
	Konvektor 1,5kW (1St)				
	1300-0341 Bürogebäude (10 AP)	366,72 m² BGF	35.393	**96,51**	52,2
	Fußbodenheizung, EPS-Verlegeplatten, d=25mm (271m²), Wärmeleitlamellen (1.373St), Mehrschichtverbundrohre (1.800m), Verteiler, sechs bis acht Heizkreise, Verteilerschränke (4St), Thermoantriebe (31St), Regulierventile (4St), hydraulischer Abgleich (1St), Röhrenheizkörper, Thermostatventile (2St)				

KG	Kostengruppe	Menge Einheit	Kosten €	€/Einheit	%
	4400-0333 Kindertagesstätte (3 Gruppen, 35 Kinder)				
		644,98 m²BGF	37.223	**57,71**	21,7
	Fußbodenheizung, EPS-Dämmplatte WLG 040, d=30-2mm (554m²), Fußbodenheizregister (247St), PE-RT-Rohre (920m), Heizkreisverteiler, sieben-elf Heizkreise (4St), Verteilerschränke (4St), Anschlussgruppen für Sole- oder Heizkreis (4St), Raumthermostate (15St), Raumtemperaturregler (6St), Ventilantriebe (35St), hydraulischer Abgleich (1St)				
	4400-0357 Kinderhaus (4 Gruppen, 74 Kinder)				
		1.009,00 m²BGF	41.510	**41,14**	32,8
	Fußbodenheizung, Verlegeplatten, PE-Xc Rohre (621m²), Heizkreisverteiler, Verteilerschränke, Wohnungsstationen (4St), Stellantriebe (41St), Schaltzentralen (4St), Kompaktheizkörper (2St), Raumthermostate (23St)				
	6100-1500 Mehrfamilienhaus (16 WE)				
	• Abbrechen (Kosten: 8,6%)	3.124,00 m²BGF	1.821	**0,58**	1,2
	Abbruch von Heizkörpern (22St); Entsorgung, Deponiegebühren				
	• Wiederherstellen (Kosten: 44,4%)	3.124,00 m²BGF	9.424	**3,02**	6,0
	Thermostatventile austauschen (42St)				
	• Herstellen (Kosten: 47,0%)	3.124,00 m²BGF	9.970	**3,19**	6,4
	Flachheizkörper, Anschluss an Bestand (11St)				
	6100-1587 Mehrfamilienhaus (9 WE)				
		1.016,97 m²BGF	83.339	**81,95**	38,3
	EPS-Ausgleichsdämmung, d=20mm, für Fußbodenheizung (635m²), Hohlkammerplatte mit Klettvlies, d=3mm, PE-X-Klettrohre DN17, gebundene Schüttung (685m²), Anbindeleitungen unter Dämmung (76St), Verteilerschränke (10St), Heizkreisverteiler (12St), Stellantriebe (63St), Raumthermostate heizen/kühlen (46St), PE-X-Rohre DN16-25 (104m), Rohrdämmung (90m), Badheizkörper (9St)				
	6100-1636 Mehrfamilienhaus (10 WE)				
	• Herstellen (Kosten: 100,0%)	1.239,53 m²BGF	59.711	**48,17**	33,7
	Profilheizkörper (45St), Badheizkörper (10St)				
	6100-1672 Einfamilienhaus				
		132,23 m²BGF	5.313	**40,18**	16,0
	Fußbodenheizung, Tackersystem, PS-Dämmung WLS 045, d=30-35mm (108m²), PE-X-Rohre 17x2mm (800m), Edelstahlverteiler, elf Heizkreise, Verteilerschrank (1St), Stellantriebe (8St), Kugelhahn (1St)				
	6100-1726 Mehrfamilienhaus (11 WE)				
		1.484,00 m²BGF	134.249	**90,46**	50,3
	Fußbodenheizung, Verlegeplatten (810m²), Heizkreisverteiler, fünf bis zehn Heizkreise, Verteilerschränke (12St), Wärmemengenzähler (12St), Anschlussmodule (12St), Stellantriebe (88St), Thermostate (77St), Kugelhähne (24St), Designheizkörper (9St), Heizkörper, elektrisch (4St)				

KG	Kostengruppe	Menge Einheit	Kosten €	€/Einheit	%
	6100-1733 Mehrfamilienhaus (11 WE)				
	• Abbrechen (Kosten: 5,0%)	1.624,44 m² BGF	4.837	**2,98**	1,6
	Abbruch von Heizkörpern (16St), Kachelöfen (6St), Ofen (1St); Entsorgung, Deponiegebühren				
	• Herstellen (Kosten: 95,0%)	1.624,44 m² BGF	91.619	**56,40**	30,9
	Badheizkörper (14St), Ventilheizkörper (34St), Fußbodenheizung, EPS-Klettplatten WLS 032, d=25mm (192m²), PE-Xa-Rohre 16x2mm (1.026m), Verteiler, sechs Heizkreise (3St), Thermoantriebe (15St), EPS-Systemverlegeplatten, d=25mm (61m²), Alu-Wärmeleitlamellen (293St), PE-Xa-Rohre 14x2mm (307m)				
	6400-0120 Jugendfreizeitstätte (3 Gruppen, 100 Kinder)	794,87 m² BGF	33.668	**42,36**	27,3
	Flachheizkörper (21St), Konverter (5St), Fußbodenheizung (31m²), PE-Xa-Rohre (199m), Heizkreisverteiler, Verteilerschrank (1St)				
429	**Sonstiges zur KG 420**				
	4400-0357 Kinderhaus (4 Gruppen, 74 Kinder)	1.009,00 m² BGF	9.582	**9,50**	7,6
	Schornstein 39x39cm, einzügig (12m), Aufsatzkranz (1St), Kaminverwahrung (1St)				
	6100-1536 Mehrfamilienhaus (12 WE)				
	• Abbrechen (Kosten: 13,1%)	1.550,80 m² BGF	1.130	**0,73**	1,1
	Abbruch von Schornstein, Schornsteinhaube (1St); Entsorgung, Deponiegebühren				
	• Herstellen (Kosten: 86,9%)	1.550,80 m² BGF	7.478	**4,82**	7,0
	Abgasrohr (1St), Schornsteinpaket, Edelstahl DN150mm (10m), Reinigungselement (1m), Energiesparzugregler (1St), Schornsteinkopf (1St)				
	6100-1636 Mehrfamilienhaus (10 WE)				
	• Herstellen (Kosten: 100,0%)	1.239,53 m² BGF	8.134	**6,56**	4,6
	Kaminanlage, Rauchrohranlage, Zubehör (psch), Kaminbekleidung, Titanzink (7m²)				
	6100-1726 Mehrfamilienhaus (11 WE)	1.484,00 m² BGF	3.506	**2,36**	1,3
	Abgasanschluss, Dachdurchführung, Erweiterungssatz (1St), PP-Rohre DN110 (5m), Stahlrohr DN160/110 (1m)				
	6100-1733 Mehrfamilienhaus (11 WE)				
	• Abbrechen (Kosten: 82,6%)	1.624,44 m² BGF	21.490	**13,23**	7,3
	Abbruch von Schornsteinen (19m³); Entsorgung, Deponiegebühren				
	• Herstellen (Kosten: 17,4%)	1.624,44 m² BGF	4.514	**2,78**	1,5
	Abgassystem für Gas-Brennwertkesselanlage (1St), Abgasrohre, D=110mm (19m)				

Kostenkennwerte für die Kostengruppen 400 der 3. Ebene DIN 276

KG	Kostengruppe	Menge Einheit	Kosten €	€/Einheit	%
431	**Lüftungsanlagen**				
	1300-0319 Amtsverwaltung (36 AP)	1.790,04 m² BGF	257.947	**144,10**	84,2

Kompaktlüftungsgeräte mit WRG, Volumenstrom 1.100m³/h (3St), 500m³/h, dezentral (3St), 185-235m³/h, Wandmontage, Vorheizung, Bedienelement (2St), Motorabsperrklappen (6St), Nachheizregister (6St), CO_2-Fühler (9St), Kondensatpumpen (8St), Stahl-Rechteckkanäle, Formstücke, Dämmung (141m²), Wickelfalzrohre DN80-315, Formstücke, Rohrdämmung (59m), Stahl-Ovalrohre, Formstücke, Rohrdämmung (54m), Alu-Flexrohre DN80-250 (18m), Brandschotts (7St), Schalldämpfer (38St), Dralldurchlässe (14St), Luftventile (14St), Lüftungsgitter (3St), Wetterschutzgitter (13St), Fassadenauslässe (4St), Dachhauben (4St), Einzelraumlüfter (11St)

KG	Kostengruppe	Menge Einheit	Kosten €	€/Einheit	%
	1300-0330 Bürogebäude (15 AP)	436,34 m² BGF	46.513	**106,60**	100,0

Dezentrale Zu-/Abluftgeräte, Volumenstrom 200-500m³/h, mit WRG (2St), Raumbedieneinheit (1St), Einzelraumlüfter, Volumenstrom 13-44m³/h, mit WRG (1St)

KG	Kostengruppe	Menge Einheit	Kosten €	€/Einheit	%
	1300-0338 Bürogebäude (89 AP)	2.091,70 m² BGF	415.014	**198,41**	98,5

Zu-/Abluftgerät, Volumenstrom 10.000m³/h, mit WRG (1St), Volumenstrom 900m³/h (1St), Heizregister 15kW (3St), 6kW (1St), Temperaturregelsysteme (3St), Rechteckkanäle, Formstücke, Kanaldämmung (1.450m²), Wickelfalzrohre DN80-250, Formstücke, Rohrdämmung (169m), Alu-Flexrohre DN100-200 (48m), Rohrschalldämpfer (78St), Kulissenschalldämpfer (12St), Brandschutzklappen (32St), Volumenstromregler (8St), Jalousieklappen (4St), Lüftungsgitter (114St), Tellerventile (42St), Abluftventilator, Volumenstrom 300m³/h (1St), Zeitschaltuhr (1St), Revisionsschalter (1St)

KG	Kostengruppe	Menge Einheit	Kosten €	€/Einheit	%
	1300-0341 Bürogebäude (10 AP)	366,72 m² BGF	6.874	**18,74**	11,4

Einzelraumlüfter 60m³/h (4St), Wickelfalzrohre DN80-160, Formstücke, Rohrdämmung (22m), Alu-Flexrohre DN80 (4m), Dachdurchführung, Lamellenhaube (1St)

KG	Kostengruppe	Menge Einheit	Kosten €	€/Einheit	%
	4400-0333 Kindertagesstätte (3 Gruppen, 35 Kinder)	644,98 m² BGF	52.196	**80,93**	100,0

Zu-/Abluftgerät, Volumenstrom 1.350m³/h, Deckenmontage (1St), Hydraulikeinheit (1St), Spiralfalzrohre DN100-315, Formstücke (167m), Alu-Flexrohre DN100-125 (41m), Stahl-Formteile, Kanaldämmung (35m²), Rohrschalldämpfer (28St), Kanalschalldämpfer (1St), Drosselklappen (31St), Tellerventile DN100-125 (36St), Wetterschutzgitter 40x60cm (2St)

KG	Kostengruppe	Menge Einheit	Kosten €	€/Einheit	%
	4400-0357 Kinderhaus (4 Gruppen, 74 Kinder)				
		1.009,00 m² BGF	162.566	**161,12**	100,0

Lüftungsgerät, Volumenstrom 1.305m³/h, Rotationswärmeübertrager (1St), Lüftungsgerät, Volumenstrom 575m³/h, Plattenwärmetauscher (1St), Volumenstromregler (12St), Stellantriebe (2St), Heizregister (1St), Stahlkanäle, b=35-100cm, Dämmung (222m²), Kanalschalldämpfer (8St), Wickelfalzrohre DN100-400, Formstücke, Rohrdämmung (261m), Schalldämpfer DN100-160 (28St), Lüftungsrohre DN100-125, Kautschukdämmung (70m), Brandschutzklappen (10St), Kanalrauchmelder (4St), Deckendrallauslässe (16St), Wandschlitzauslässe (18m), Lüftungsgitter (9St)

KG	Kostengruppe	Menge Einheit	Kosten €	€/Einheit	%
	6100-1500 Mehrfamilienhaus (16 WE)				
•	Herstellen (Kosten: 100,0%)	3.124,00 m² BGF	33.346	**10,67**	100,0

Einzelraumlüfter, Schalter (22St), Wickelfalzrohre DN100-160, Formstücke (138m), Alu-Flexrohre DN80 (20m), Rohrschalldämpfer DN100-160 (20St), Brandschotts DN100-160 (28St), Kondensatanschlüsse (5St), Kernbohrungen, D=130-400mm (60St)

KG	Kostengruppe	Menge Einheit	Kosten €	€/Einheit	%
	6100-1536 Mehrfamilienhaus (12 WE)				
•	Herstellen (Kosten: 100,0%)	1.550,80 m² BGF	76.019	**49,02**	100,0

Wandventilatoren, d bis 74cm, schallgedämmt, Innenblenden (44St), Abluft-Ventilatoren (6St), Regler (12St), Wetterschutzhauben (42St), Wandeinbauhülsen (36St), Rückschlagklappen (6St), Kernbohrungen DN22 (41St)

KG	Kostengruppe	Menge Einheit	Kosten €	€/Einheit	%
	6100-1587 Mehrfamilienhaus (9 WE)				
		1.016,97 m² BGF	17.642	**17,35**	100,0

Badentlüfter (4St), mit Feuchteregelung (12St), Kleinraumventilator, automatische Kellerentfeuchtung (1St), Rohreinschubventilator (1St), Wickelfalzrohre DN80-150, Formstücke (80m), Flexrohre DN80 (16m), Telefonieschalldämpfer (1St), Lüftungsventile (3St), Brandschutzschotts (8St), Brandschutzklappe (1St), Flachdachhauben (6St)

KG	Kostengruppe	Menge Einheit	Kosten €	€/Einheit	%
	6100-1636 Mehrfamilienhaus (10 WE)				
•	Herstellen (Kosten: 100,0%)	1.239,53 m² BGF	6.788	**5,48**	100,0

Einzelraumlüfter (10St), mit WRG (2St)

KG	Kostengruppe	Menge Einheit	Kosten €	€/Einheit	%
	6100-1672 Einfamilienhaus				
		132,23 m² BGF	621	**4,70**	100,0

Einzelraumlüfter 100m³/h, Außenwandhülse (1St)

KG	Kostengruppe	Menge Einheit	Kosten €	€/Einheit	%
	6100-1726 Mehrfamilienhaus (11 WE)				
		1.484,00 m² BGF	41.036	**27,65**	100,0

RWA-Anlage (1St), Einzelraumlüfter (34St), Wickelfalzrohre DN100-140, Formstücke, Rohrdämmung (67m), Brandschutzschotts (17St), Wetterschutzgitter (2St)

KG	Kostengruppe	Menge Einheit	Kosten €	€/Einheit	%
	6100-1733 Mehrfamilienhaus (11 WE)				
•	Herstellen (Kosten: 100,0%)	1.624,44 m² BGF	20.380	**12,55**	100,0

Einzelraumlüfter (13St), Wickelfalzrohre DN80-125, Formstücke (57m), Alu-Flexrohre DN80 (14m), Rohrschalldämpfer (13St), Brandschotts (12St), Kondensatleitungen DN15 (3St)

KG	Kostengruppe	Menge Einheit	Kosten €	€/Einheit	%
	6400-0120 Jugendfreizeitstätte (3 Gruppen, 100 Kinder)				
		794,87 m²BGF	140.689	**177,00**	100,0

Zu-/Abluftgeräte 1.320-1.800m³/h, Wärmerückgewinnung (3St), Wickelfalzrohre DN100-250, Formstücke, Dämmung (114m), Alu-Flexrohre DN100-250 (13m), Rechteckkanäle (41m²), CO_2-Sensoren (3St), Schalldämpfer (41St), Drosselklappen (22St), Jalousieklappen (2St), Luftdurchlässe (12St), Weitwurfdüsen (9St), Lüftungsgitter (7St), Dachdurchführungen, Dachhauben (6St)

KG	Kostengruppe	Menge Einheit	Kosten €	€/Einheit	%
432	**Teilklimaanlagen**				
	1300-0319 Amtsverwaltung (36 AP)				
		1.790,04 m²BGF	48.568	**27,13**	15,8

Multi-Split-Klimageräte, Kühlleistung 8,0kW, Heizleistung 9,6kW, Wandmontage (1St), Kühlleistung 4,0kW, Heizleistung 4,4kW (1St), Umweltschutzwannen (2St), Heizblöcke (2St), Reparaturschalter (2St), Single-Split-Klimageräte, Kühlleistung 2,5kW, Heizleistung 3,2kW, in Rasterdecken, Fernbedienungen (3St), Kühlleistung 2,0kW, Heizleistung 2,5kW, Wandmontage, Fernbedienungen (2St), Kältemittelleitungen 1/4-3/8", Kupfer, gedämmt (302m), Brandschotts (3St)

KG	Kostengruppe	Menge Einheit	Kosten €	€/Einheit	%
433	**Klimaanlagen**				
	1300-0338 Bürogebäude (89 AP)				
		2.091,70 m²BGF	6.309	**3,02**	1,5

Split-Klimagerät, Außeneinheit, Volumenstrom 1.788m³/h, Nennkühlleistung 3,5kW, Nennheizleistung 4kW (1St), Inneneinheit (1St), Reparaturschalter (1St), Brandschott (1St)

KG	Kostengruppe	Menge Einheit	Kosten €	€/Einheit	%
	1300-0341 Bürogebäude (10 AP)				
		366,72 m²BGF	53.480	**145,83**	88,6

Split-Klimageräte, Außengeräte 15,5kW (1St), 2,5kW (1St), Kassetten-Innengeräte 2,8kW (2St), 1,7kW (2St), Wand-Innengeräte 7,1kW (1St), 3,6kW (1St), 2,5kW (1St), Fernbedienungen (7St), Kältemittelleitungen 6-16x1mm, gedämmt (180m), Edelstahl-Kondensatleitungen DN20 (54m)

Kostenkennwerte für die Kostengruppen 400 der 3.Ebene DIN 276

KG	Kostengruppe	Menge Einheit	Kosten €	€/Einheit	%
442	**Eigenstromversorgungsanlagen**				
	1300-0319 Amtsverwaltung (36 AP)				
		1.790,04 m²BGF	513.222	**286,71**	52,7
	Photovoltaikanlage, Nennleistung 375Wp, 255 Module 176x104cm, Aufständerung (psch), Wechselrichter (2St), Wandlerzählerschrank (1St), Stromspeicher 50kW (1St), Solarkabel (1.000m), Starkstromkabel (75m)				
	1300-0338 Bürogebäude (89 AP)				
		2.091,70 m²BGF	176.449	**84,36**	34,3
	Photovoltaikanlage 73,71kWp, in Solardach integriert (psch), Stromspeicher 22kWh (1St)				
	6100-1587 Mehrfamilienhaus (9 WE)				
		1.016,97 m²BGF	28.792	**28,31**	19,2
	Photovoltaikanlage 18,5kWp (1St)				
	6100-1672 Einfamilienhaus				
		132,23 m²BGF	8.742	**66,11**	20,0
	Photovoltaikanlage 4,05kWp, ballastiert, zwölf Module (20m²), Wechselrichter (1St), Solarkabel (200m)				
	6100-1733 Mehrfamilienhaus (11 WE)				
	• Herstellen (Kosten: 100,0%)	1.624,44 m²BGF	14.045	**8,65**	5,2
	Vorbereitung für Photovoltaikanlage, Trägerschienen, Ständer (psch)				
444	**Niederspannungsinstallationsanlagen**				
	1300-0319 Amtsverwaltung (36 AP)				
		1.790,04 m²BGF	328.977	**183,78**	33,8
	Wandlerschränke (3St), Zählerschränke (3St), Drehstromzähler (2St), Hauptverteiler (2St), Unterverteiler (4St), Sicherungslastschaltleisten (2St), Lasttrenner 630A (1St), Trenn-/Schutzschalter (157St), Sicherungen (179St), Kombiableiter (6St), Mantelleitungen (9.923m), Starkstromkabel (288m), Installationskabel (1.329m), Fernsprech-Außenkabel (39m), Leerrohre (501m), Brüstungskanäle (236m), Brandschutzkanäle (68m), Unterflurkanäle (20m), Brandschotts (47St), Steckdosen (378St), Schalter/Taster (172St), Bodentanks (10St), Präsenzmelder (32St)				
	1300-0330 Bürogebäude (15 AP)				
		436,34 m²BGF	68.534	**157,06**	51,9
	NS-Hauptverteiler, bestückt (1St), Drehstromzähler (1St), Stromwandler (3St), Kombiableiter (1St), Überspannungsableiter (1St), Lasttrenner (1St), FI-Schalter (8St), Neozed-Sicherungen (12St), Zeitschaltuhr (1St), Dämmerungsschalter (1St), Mantelleitungen NYM (2.070m), Gummischlauchleitung H05RN (200m), Installationskabel J-Y(ST)Y (150m), Starkstromkabel NYY (75m), Leerrohre (180m), Unterflurkanäle (74m), Kabelkanäle (14m), Steigtrassen (15m), Kabelrinnen (9m), Bodentanks (23St), Steckdosen (101St), CEE-Dosen (2St), Schalter (2St)				

KG	Kostengruppe	Menge Einheit	Kosten €	€/Einheit	%
	1300-0332 Bürogebäude (10 AP), Doppelgarage	270,77 m²BGF	44.044	**162,66**	61,4

Zähleranlage, bestückt (1St), Mantelleitungen NYM (1.859m), Leerrohre (1.100m), Brüstungskanäle (12m), Schalter, Steckdosen (93St), Anschluss Wärmepumpe (psch)

	1300-0338 Bürogebäude (89 AP)	2.091,70 m²BGF	254.547	**121,69**	49,4

Zählerschrank (1St), Wandlerschrank (1St), Unterverteiler (10St), Steigleitungsverteiler (1St), Überspannungsableiter (1St), Mantelleitungen NYM (4.730m), Steuerleitungen (1.603m), Installationskabel J-Y(ST)Y (600m), Starkstromkabel NYY (30m), Leerrohre (2.350m), Kabelrinnen (170m), Brüstungskanäle (12m), Brandschotts (6St), Steckdosen (260St), Herdanschlussdosen (10St), Bodentanks (7St), Präsenzmelder (39St), Helligkeitssensoren (9St), Schalter/Taster (9St)

	1300-0341 Bürogebäude (10 AP)	366,72 m²BGF	56.592	**154,32**	50,2

Zählerschränke (2St), FI/LS-Schalter (58St), LS-Schalter (2St), Kombiableiter (2St), Mantelleitungen NYM (1.523m), Starkstromkabel NYY (45m), Installationskabel J-Y(ST)Y (30m), A-2Y(L)Y (15m), Leerrohre (psch), Brandschott (1St), Steckdosen (49St), Unterflurdosen, bestückt (22St), Schalter (3St), Anschlüsse Heizung, Klimaanlage, Dachfenster, Sonnenschutz, Durchlauferhitzer (psch)

	4400-0333 Kindertagesstätte (3 Gruppen, 35 Kinder)	644,98 m²BGF	68.934	**106,88**	52,2

Zählerschrank (1St), Verteilerschrank (1St), Kleinverteiler (2St), Drehstromzähler (3St), Schutzschalter (82St), Schütze (4St), Blitzstrom-Kombi-Ableiter (1St), Jahresuhr (1St), Dämmerungsschalter (1St), Kabelrinnen (24m), Installationskanäle (29m), Mantelleitungen (5.041m), Fernmeldeleitungen (1.083m), Gummischlauchleitungen (428m), Steuerleitungen (61m), Erdkabel (86m), Steckdosen (175St), CEE-Steckdosen (4St), Schalter/Taster (243St), Jalousieschalter (1St), Präsenzmelder (18St), DALI-Potentiometer (2St), Automatikschalter (1St), Herdanschlussdose (1St)

	4400-0357 Kinderhaus (4 Gruppen, 74 Kinder)	1.009,00 m²BGF	157.899	**156,49**	65,5

Zählerschrank, Hauptverteiler, bis 250A, 80x80x27cm (1St), Messschrank, Überspannungsschutzgerät, Zählerwechselplatte (1St), Verteilerschrank 195x80x20cm (1St), Überspannungsschutzgerät (1St), Kleinverteiler (1St), Sonnenschutzzentrale (1St), FI-Schutzschalter (104St), Leitungsschutzschalter (43St), Lasttrennschalter (2St), Mantelleitungen NHXMH (6.665m), J-H (1.355m), NYY (455m), Steuerleitungen A05RN-F (561m), Außenkabel A-2Y (65m), Kabelrinnen (89m), Ausleger (477St), Leerrohre (671m), Steckdosen (167St), Schalter/Taster (53St), Abzweigdosen (462St), Jalousieschalter (15St), Präsenzmelder (13St)

KG	Kostengruppe	Menge Einheit	Kosten €	€/Einheit	%
	6100-1500 Mehrfamilienhaus (16 WE)				
	• Abbrechen (Kosten: 5,3%)	3.124,00 m²BGF	4.526	**1,45**	3,8
	Abbruch von Zählern (21St), Verteilern (18St); Entsorgung, Deponiegebühren				
	• Herstellen (Kosten: 94,7%)	3.124,00 m²BGF	80.118	**25,65**	67,2
	Zählerschränke, bestückt (3St), Kleinverteiler, Zuleitungen (18St), Mantelleitungen NYM (psch), Leerrohre (106m), Kabelkanäle I90 (18m), Kabelrinnen (6m), Schalter/Taster (97St), Klingelschalter (14St), Steckdosen, doppelt (21St), einfach (4St), Autoladestationen (2St), Treppenlichtautomat (1St)				
	6100-1536 Mehrfamilienhaus (12 WE)				
	• Herstellen (Kosten: 100,0%)	1.550,80 m²BGF	50.996	**32,88**	90,0
	FI-Schutzschalter, vierpolig (13St), Steuerleitungen (300m), Mantelleitungen NYM, Schutzrohr (70m), Steckdosen (12St), Außensteckdosen (12St), Schalter/Taster (27St), Jalousienschalter (39St), Regler für Lüftungsanlage (12St), Taster, Leitungen für Flurverkabelung (psch), Arbeitsaufwand (442h)				
	6100-1587 Mehrfamilienhaus (9 WE)				
		1.016,97 m²BGF	108.639	**106,83**	72,3
	Zählerschränke, bestückt (2St), Allgemeinverteiler, bestückt (1St), Wohnungsverteiler, bestückt (9St), Mantelleitungen (5.465m), Mikro-Leerrohre (218m), Kunststoffpanzerrohre (66m), Profilschiene, Bügelschellen (18m), Kabeltrasse (9m), Kabelanschlusskästen (2St), Ringraumdichtung (1St), Steckdosen (467St), Schalter, Taster (185St), Dimmer (4St), Präsenzmelder (5St), Jalousietaster (1St), Herdanschlussdosen (11St), Geräte-Brandschutzdosen (149St)				
	6100-1636 Mehrfamilienhaus (10 WE)				
	• Abbrechen (Kosten: 11,2%)	1.239,53 m²BGF	7.848	**6,33**	10,3
	Abbruch von Zähleranlage (psch), Elektroinstallation (psch); Entsorgung, Deponiegebühren				
	• Herstellen (Kosten: 88,8%)	1.239,53 m²BGF	62.215	**50,19**	82,0
	Wandschränke 140x130/80x21cm (2St), Zählerfelder (4St), Verteilerfeld (1St), SHU-Schalter (11St), Sicherungsverteiler, bestückt (10St), FI-Schalter (1St), LS-Schalter (8St), FI/LS-Schalter (7St), Mantelleitungen NYM (3.182m), Starkstromkabel NYY (138m), Leerrohre (639m), Kabelrinnen (21m), Kabelkanäle (18m), Brandschutzbandagen (16m), Steckdosen (441St), Herdanschlüsse (6St), Schalter/Taster (114St), Bewegungsmelder (20St), Kernbohrungen, D=100mm (240cm)				
	6100-1672 Einfamilienhaus				
		132,23 m²BGF	24.815	**187,67**	56,9
	Zählerkasten (1St), Unterverteiler (1St), FI-LS-Kombischalter (2St), LS-Schalter (2St), Zeitschalter (1St), Flachbandkabel (197m), Mantelleitungen NYM (77m), Solarkabel (44m), Leerrohre (33m), Kabelkanal (4m), Steckdosen (36St), Bodendose (1St), Dimmer (9St), Schalter (6St), Raumthermostate (5St), Bewegungsmelder (1St)				

KG	Kostengruppe	Menge Einheit	Kosten €	€/Einheit	%
	6100-1726 Mehrfamilienhaus (11 WE)	1.484,00 m²BGF	232.037	**156,36**	88,2

Hauptverteilerschrank, bestückt (1St), Zählerplätze (13St), Unterverteiler (13St), Stromkreiszuleitungen NYM (125St), Verkabelung von Steckdosen (520St), Schalter/Taster (211St), Herdanschlussdosen (11St), Decken/Wandauslässen (230St), Rauchmelder (33St), Netzwerkanschlussdosen (46St), Internetbuchsen RJ45 (40St), Brandschutzschotts (5St), Zeitschaltuhr (1St)

KG	Kostengruppe	Menge Einheit	Kosten €	€/Einheit	%
	6100-1733 Mehrfamilienhaus (11 WE)				
	• Abbrechen (Kosten: 0,6%)	1.624,44 m²BGF	1.299	**0,80**	0,5

Abbruch von Elektroleitungen, Installationsgeräten (psch); Entsorgung, Deponiegebühren

KG	Kostengruppe	Menge Einheit	Kosten €	€/Einheit	%
	• Herstellen (Kosten: 99,4%)	1.624,44 m²BGF	229.359	**141,19**	85,5

Zählerschrank (1St), Kleinverteiler (12St), SLS-Schalter (12St), Kombiableiter (1St), FI-Schalter (3St), Sicherungen (36St), Astroschaltuhr (1St), Mantelleitungen NYM (7.557m), Starkstromkabel NYY (37m), Leerrohre (100m), Kabelrinnen (33m), Schlitze (749m), Durchbohrungen (231St), Steckdosen (461St), Schalter/Taster (207St), Lichtauslässe (156St), Herdanschlussdosen (12St), Raumthermostate (11St)

KG	Kostengruppe	Menge Einheit	Kosten €	€/Einheit	%
	6400-0120 Jugendfreizeitstätte (3 Gruppen, 100 Kinder)	794,87 m²BGF	118.217	**148,73**	57,0

Verteilerschrank (1St), LS-Schalter (55St), FI-Schalter (15St), Lasttrennschalter (4St), Steuereinheiten (4St), NH-Trenner (1St), Anschlussschrank, Zählerfeld, Verteilerfeld, Mediafeld, anschlussfertig, abschließbar (1St), Mantelleitungen NYM (5.399m), Steuerleitungen (774m), Leerrohre (337m), Steckdosen (110St), CEE-Steckdosen (2St), Schalter/Taster (90St), Bewegungs-/Präsenzmelder (21St), Notausschalter (2St), Dachdurchführung (1St)

KG	Kostengruppe	Menge Einheit	Kosten €	€/Einheit	%
445	**Beleuchtungsanlagen**				
	1300-0319 Amtsverwaltung (36 AP)	1.790,04 m²BGF	115.563	**64,56**	11,9

LED-Einlegeleuchten 62,5x62,5cm (55St), dimmbar (32St), 120x30cm (21St), Stehleuchten, Licht-/Präsenzmelder (31St), Einbauleuchten (15St), LED-Aufbauleuchten (12St), LED-Spiegelleuchten (9St), Aufbaustrahler (4St), Lichtbänder, l=5,50m (4St), l=2,00m (4St), l=7,3m (3St), l-förmig, l=10,70m (1St), l=6,15m (1St), LED-Einbaudownlights (2St), Außenleuchte (1St), Rettungszeichenleuchten (18St), Sicherheitsleuchten (8St), BUS-Überwachungszentrale (1St), Fernmeldetableau (1St)

KG	Kostengruppe	Menge Einheit	Kosten €	€/Einheit	%
	1300-0330 Bürogebäude (15 AP)	436,34 m²BGF	50.135	**114,90**	37,9

LED-Anbauleuchten (50St), LED-Downlights (14St), LED-Außenleuchten (5St), Anbauleuchten (13St), Feuchtraum-Wannenleuchte (1St), Einzelbatterie-Sicherheitsleuchten (14St), Einzelbatterie-Rettungszeichenleuchten (6St), Einzelbatterie-Überwachungssystem (1St), Notlichteinbauelemente (4St)

KG	Kostengruppe	Menge Einheit	Kosten €	€/Einheit	%
	1300-0332 Bürogebäude (10 AP), Doppelgarage	270,77 m²BGF	24.130	**89,12**	33,6
	LED-Downlights (39St), LED-Pendelleuchten, Seilabhängungen (2St) LED-Anbauleuchten (2St), LED-Einzelbatterie-Notleuchten (6St)				
	1300-0338 Bürogebäude (89 AP)	2.091,70 m²BGF	76.670	**36,65**	14,9
	LED-Einbaudownlights (68St), LED-Anbauleuchten (23St), LED-Lichtbänder (72m), Stromschienen (96m), Stromschienen-Lichteinsätze (51St), Seilabhängungen, l bis 1m (18St), LED-Einzelbatterie-Sicherheitsleuchten (11St), Einzelbatterie-Überwachungssystem (1St)				
	1300-0341 Bürogebäude (10 AP)	366,72 m²BGF	55.963	**152,60**	49,6
	Stromschienen-Spots (76St), Stromschienen-Linearleuchten (33St), Stromschienen (91m), Anbauleuchten (17St), Pendelleuchten (22St), Lichtleiste (1St), Feuchtraumleuchte (1St)				
	4400-0333 Kindertagesstätte (3 Gruppen, 35 Kinder)	644,98 m²BGF	48.783	**75,63**	37,0
	Feuchtraum-Anbauleuchten (6St), Anbauleuchten (2St), Einbau-Tiefstrahler (10St), Lichtkanäle, Anbau (47m), Einbau (2m), Pendel (10m), DALI-Lichtkanäle (78m), Notleuchten, selbstüberwachend (4St), Sicherheitsleuchten (2St), Spots (3St)				
	4400-0357 Kinderhaus (4 Gruppen, 74 Kinder)	1.009,00 m²BGF	66.476	**65,88**	27,6
	LED-Einbauleuchten, 36W (24St), LED-Hängeleuchten (36St), LED-Decken-Einbaudownlights (14St), Wannenleuchten, l=1,57m (12St), Spiegelleuchten (5St), Außenleuchten (psch)				
	6100-1500 Mehrfamilienhaus (16 WE)				
	• Abbrechen (Kosten: 3,4%)	3.124,00 m²BGF	653	**0,21**	0,5
	Abbruch von Beleuchtungsanlage (psch); Entsorgung, Deponiegebühren				
	• Herstellen (Kosten: 96,6%)	3.124,00 m²BGF	18.698	**5,99**	15,7
	LED-Wannenleuchten (36St), Deckenanbauleuchten (14St), LED-Sicherheitsleuchten (9St), LED-Fassadenleuchten (8St), Scheinwerfer (7St)				
	6100-1536 Mehrfamilienhaus (12 WE)				
	• Wiederherstellen (Kosten: 22,6%)	1.550,80 m²BGF	1.055	**0,68**	1,9
	Demontage der Kellerbeleuchtung, Leitungen verlängern, Wiedermontage Beleuchtung nach Dämmung der Kellerdecke (psch)				
	• Herstellen (Kosten: 77,4%)	1.550,80 m²BGF	3.605	**2,32**	6,4
	Außenwandleuchten, Teleskopträger (12St), Deckenleuchte (1St)				
	6100-1587 Mehrfamilienhaus (9 WE)	1.016,97 m²BGF	8.044	**7,91**	5,4
	LED-Deckenleuchten (22St), LED-Wandleuchten (10St), LED-Wannenleuchten (4St), LED-Hausnummernleuchte (1St), LED-Downlight (1St)				

KG	Kostengruppe	Menge Einheit	Kosten €	€/Einheit	%
	6100-1636 Mehrfamilienhaus (10 WE)				
	• Herstellen (Kosten: 100,0%)	1.239,53 m²BGF	4.856	**3,92**	6,4
	LED-Rundleuchten (16St), LED-Außenwandleuchten (12St), LED-Einbaustrahler (11St), LED-Badleuchten (10St), LED-Wannenleuchten (6St), LED-Strahler (3St)				
	6100-1672 Einfamilienhaus	132,23 m²BGF	7.330	**55,44**	16,8
	LED-Lichtbänder (50m), Aluprofile, l=2,50-4,40m (12St), Schaltnetzteile (8St), Außenwandleuchten (5St), Feuchtraum-Wannenleuchten (3St)				
	6100-1726 Mehrfamilienhaus (11 WE)	1.484,00 m²BGF	30.936	**20,85**	11,8
	Beleuchtung (psch)				
	6100-1733 Mehrfamilienhaus (11 WE)				
	• Abbrechen (Kosten: 1,8%)	1.624,44 m²BGF	368	**0,23**	0,1
	Abbruch von Leuchtstoffröhren (13St), Deckenleuchten (7St), Rasterdeckenleuchten (4St); Entsorgung, Deponiegebühren				
	• Herstellen (Kosten: 98,2%)	1.624,44 m²BGF	20.047	**12,34**	7,5
	LED-Decken-/Wandleuchten (21St), LED-Außenwandleuchten (18St), Pendelleuchte, fünfflammig (1St), LED-Ovalleuchten (4St), LED-Lichtprofile, l=3m (4St)				
	6400-0120 Jugendfreizeitstätte (3 Gruppen, 100 Kinder)	794,87 m²BGF	66.059	**83,11**	31,9
	Anbauleuchten (77St), Pendelleuchten (20St), Lichtleisten (19St), Downlights (12St), Feuchtraumleuchten (8St), Rettungszeichenleuchten (7St)				
446	**Blitzschutz- und Erdungsanlagen**				
	1300-0319 Amtsverwaltung (36 AP)	1.790,04 m²BGF	16.364	**9,14**	1,7
	Fundamenterder, Bandstahl 30x3,5mm (315m), Fangleitungen, Alu, D=8mm (200m), Ableitungen V4A, D=10mm (189m), Alu, D=8mm (129m), Anschlussfahnen (34St), Potenzialausgleichsschienen (3St), Mantelleitungen (145m), Klemmen (94St), Schellen (22St), Fangstangen (13St), Überbrückungen (9St)				
	1300-0330 Bürogebäude (15 AP)	436,34 m²BGF	13.462	**30,85**	10,2
	Ringerder 30x3,5mm, Edelstahl (125m), Stahl (53m), Alu-Fangleitungen, D=8mm (150m), Verbinder (56St), Anschlüsse (62St), Fangstangen (9St), Fangspitzen (10St), Erdungsschellen (10St), Potenzialausgleichsschiene (1St), Mantelleitungen (120m)				
	1300-0332 Bürogebäude (10 AP), Doppelgarage	270,77 m²BGF	3.582	**13,23**	5,0
	Ringerder, Flachstahl 30x3,5mm, feuerverzinkt (100m), Edelstahl (5m), Klemmen (60St), Potenzialausgleichsschienen (2St), Erdungsanschlüsse (4St), Mantelleitungen (25m)				

KG	Kostengruppe	Menge Einheit	Kosten €	€/Einheit	%
	1300-0338 Bürogebäude (89 AP)				
		2.091,70 m²BGF	7.388	**3,53**	1,4
	Blitzschutz, Erdung (psch), Banderdungsschellen (20St), Potenzialausgleichsschienen (5St), Mantelleitungen NYM (252m)				
	1300-0341 Bürogebäude (10 AP)				
		366,72 m²BGF	204	**0,56**	0,2
	Potenzialausgleichsschiene (1St), Banderdungsschellen (7St)				
	4400-0333 Kindertagesstätte (3 Gruppen, 35 Kinder)				
		644,98 m²BGF	14.271	**22,13**	10,8
	Fundamenterder, Bandstahl (131m), Edelstahl, D=10mm (195m), Anschlussfahnen (37St), Erdeinführungen (6St), Ableitungen Alu/PVC, hinter Fassade (41m), Alu-Auffangleitungen, D=8mm (107m), Alu-Fangstangen, l=2,00m (5St), Klemmen (110St), Potenzialausgleichsschienen (2St)				
	4400-0357 Kinderhaus (4 Gruppen, 74 Kinder)				
		1.009,00 m²BGF	16.646	**16,50**	6,9
	Fundamenterder, Bandstahl (396m), Anschlussfahnen (25St), Überspannungs-Ableiter, vierpolig (11St), Alu-Fangleitung, D=8mm (49m), Alu-Fangstangen, D=16mm (2St), Potenzialausgleichsschienen (2St), Mantelleitungen NHXMH (372m)				
	6100-1500 Mehrfamilienhaus (16 WE)				
•	Herstellen (Kosten: 100,0%)	3.124,00 m²BGF	15.184	**4,86**	12,7
	Alu-Fangleitungen, D=8mm (277m), Ringerder, D=10mm (55m), Tiefenerder (18m), Klemmen (89St), Alu-Fangstangen (12St), Alu-Fangspitzen (8St), VA-Erdeinführungsstangen, l=1,50m (7St), Potenzialausgleichsschienen (2St), Potenzialausgleichsleitung NYY-J (10m), Leerrohre (12m)				
	6100-1536 Mehrfamilienhaus (12 WE)				
•	Herstellen (Kosten: 100,0%)	1.550,80 m²BGF	1.005	**0,65**	1,8
	Erdung Heizraum (psch)				
	6100-1587 Mehrfamilienhaus (9 WE)				
		1.016,97 m²BGF	4.695	**4,62**	3,1
	Fundamenterder (105m), Ringerder, Edelstahl (114m), Anschlussfahnen, Edelstahl (8m), Potenzialausgleichschiene (1St), Mantelleitungen (26m)				
	6100-1636 Mehrfamilienhaus (10 WE)				
•	Herstellen (Kosten: 100,0%)	1.239,53 m²BGF	931	**0,75**	1,2
	Ringerder, Edelstahl, D=10mm (16m), Klemmen (5St), Potenzialausgleichsschienen (3St), Erdungskabel (28m)				
	6100-1672 Einfamilienhaus				
		132,23 m²BGF	2.745	**20,76**	6,3
	Fundamenterder V4A (66m), verzinkt (60m), Verbinder (36St), Erdungsschiene (1St), Anschlussfahne (1St), Mantelleitungen NYM (16m)				

KG	Kostengruppe	Menge Einheit	Kosten €	€/Einheit	%
	6100-1733 Mehrfamilienhaus (11 WE)				
	• Herstellen (Kosten: 100,0%)	1.624,44 m²BGF	3.243	**2,00**	1,2
	Tiefenerder V4A (1St), Haupterdungsschiene (1St), Schutzausgleichsverbindung Heizung (psch)				
	6400-0120 Jugendfreizeitstätte (3 Gruppen, 100 Kinder)				
		794,87 m²BGF	23.123	**29,09**	11,1
	Fundamenterder, Edelstahl, D=10mm (216m), Ringerder (178m), Fangleitungen (345m), Ableitungen (79m), Fangstangen (14St), Installationsleitungen (210m), Leitungshalter (351St), Klemmen (104St), Verbinder (39St), Potenzialausgleichsschienen (4St)				

KG	Kostengruppe	Menge Einheit	Kosten €	€/Einheit	%
451	**Telekommunikationsanlagen**				
	6100-1636 Mehrfamilienhaus (10 WE)				
	• Herstellen (Kosten: 100,0%)	1.239,53 m² BGF	1.005	**0,81**	4,8
	Telefonverteilerkasten 60x60x20cm (1St), Telefonkabel (374m)				
	6400-0120 Jugendfreizeitstätte (3 Gruppen, 100 Kinder)	794,87 m² BGF	3.805	**4,79**	8,6
	Fernmeldeleitungen (1.069m), erdverlegt (43m)				
452	**Such- und Signalanlagen**				
	1300-0319 Amtsverwaltung (36 AP)	1.790,04 m² BGF	13.875	**7,75**	11,4
	Sprechanlage, Türstation, Standsäule (1St), Innensprechanlage mit Gegensprechfunktion (1St), Notruf für barrierefreies WC (1St), Signalleuchte (1St), Zugraster (2St), Abstelltaster (1St), USV-Modul (1St), Installationskabel (47m)				
	1300-0330 Bürogebäude (15 AP)	436,34 m² BGF	661	**1,52**	3,4
	Ruf-Kompaktset für barrierefreie WCs (2St)				
	1300-0332 Bürogebäude (10 AP), Doppelgarage	270,77 m² BGF	2.138	**7,90**	9,2
	Gegensprechanlage (1St)				
	1300-0338 Bürogebäude (89 AP)	2.091,70 m² BGF	11.291	**5,40**	12,6
	Gegensprechanlagen, Wandeinbau, sechs Teilnehmer (1St), ein Teilnehmer (1St), Innensprechstellen, Monitore (6St), Notruf-Kompaktset (1St)				
	1300-0341 Bürogebäude (10 AP)	366,72 m² BGF	3.398	**9,27**	21,1
	Videosprechanlage, Türlautsprecher, Tasten, Videoverteiler, Kamera, Dome-Kamera (1St)				
	4400-0333 Kindertagesstätte (3 Gruppen, 35 Kinder)	644,98 m² BGF	2.659	**4,12**	8,3
	Schwachstromverteilerkasten (1St), LSA-Anschlussleisten (8St), Ruf-Kompakt-Set für barrierefreies WC (1St), Ruftaster mit Beruhigungslampe (1St), Einbaulautsprecher (1St), Innenstationen, Freisprechen (3St), Steuergerät (1St), Fernmeldeleitungen (35m)				
	4400-0357 Kinderhaus (4 Gruppen, 74 Kinder)	1.009,00 m² BGF	4.379	**4,34**	13,0
	Sprechanlage (1St), Netzgerät, Notrufset, Telefon-Gateway (1St), DECT-Repeater (2St)				

KG	Kostengruppe	Menge Einheit	Kosten €	€/Einheit	%
	6100-1500 Mehrfamilienhaus (16 WE)				
	• Abbrechen (Kosten: 1,0%)	3.124,00 m²BGF	320	**0,10**	0,8
	Abbruch von Klingelanlage (psch); Entsorgung, Deponiegebühren				
	• Herstellen (Kosten: 99,0%)	3.124,00 m²BGF	31.777	**10,17**	79,3
	Sprechanlage, Türstation, CCD-Videokamera, 17 Klingeltaster, Lichttaster, Türlautsprecher (1St), Video-Innenstationen (18St), Bus-Steuergerät (1St), Bus-Video-Verteiler (18St), Installationsleitungen J-Y(ST)Y (185m)				
	6100-1536 Mehrfamilienhaus (12 WE)				
	• Herstellen (Kosten: 100,0%)	1.550,80 m²BGF	14.990	**9,67**	58,3
	Klingelanlage, freistehend, zwölf Briefkästen, Audiomodul, Sprachmodul (1St)				
	6100-1587 Mehrfamilienhaus (9 WE)				
		1.016,97 m²BGF	5.635	**5,54**	31,7
	Busleitungen (347m), Wohnungsstationen für Türsprechanlage (11St), Einbautürlautsprecher, Ruftastenbeleuchtung, für Briefkastenanlage (1St), Klingeltaster (9St)				
	6100-1636 Mehrfamilienhaus (10 WE)				
	• Herstellen (Kosten: 100,0%)	1.239,53 m²BGF	5.701	**4,60**	27,4
	Audio-Sprechanlage, Türstation, zehn Innenstationen (1St)				
	6100-1672 Einfamilienhaus				
		132,23 m²BGF	402	**3,04**	8,1
	Klingeltaster, Sprechstelle (1St), Rufgenerator (1St), Funkmodul (1St)				
	6100-1726 Mehrfamilienhaus (11 WE)				
		1.484,00 m²BGF	24.436	**16,47**	74,3
	Video-Gegensprechanlage, Verkabelung, 11 WE (1St), Türöffneranlage (1St)				
	6100-1733 Mehrfamilienhaus (11 WE)				
	• Herstellen (Kosten: 100,0%)	1.624,44 m²BGF	12.878	**7,93**	26,3
	Sprechanlage, elf Wohnungsstationen, zwei Türstationen, elf Etagenrufe (1St), Installationskabel J-Y(ST)Y (400m)				
	6400-0120 Jugendfreizeitstätte (3 Gruppen, 100 Kinder)				
		794,87 m²BGF	8.113	**10,21**	18,4
	Türsprechanlagen, Ruftaster, Hausnummern (2St), Ruf-Kompaktset für barrierefreie WCs, Alarmgeber (2St)				
454	**Elektroakustische Anlagen**				
	1300-0319 Amtsverwaltung (36 AP)				
		1.790,04 m²BGF	3.328	**1,86**	2,7
	Bluetooth-Receiver (1St), Radio (1St), Decken-Einbaulautsprecher (6St), Installationskabel (82m)				

KG	Kostengruppe	Menge Einheit	Kosten €	€/Einheit	%
	4400-0333 Kindertagesstätte (3 Gruppen, 35 Kinder)				
		644,98 m2 BGF	8.532	**13,23**	26,5
	Deckenlautsprecher (6St), Installationsverstärker, Überträger (3St), Überträger, zweikanalig (2St), Audio-Kabel (50m), Cinch-Audiokabel (97m), Audio-Anschlussdosen (4St)				
	6100-1587 Mehrfamilienhaus (9 WE)				
		1.016,97 m2 BGF	1.006	**0,99**	5,7
	Lautsprecherkabel (59m), Lautsprechersteckdosen (10St)				
455	**Audiovisuelle Medien- und Antennenanlagen**				
	1300-0319 Amtsverwaltung (36 AP)				
		1.790,04 m2 BGF	824	**0,46**	0,7
	Feuerwehr-Antenne (psch)				
	6100-1536 Mehrfamilienhaus (12 WE)				
	• Herstellen (Kosten: 100,0%)	1.550,80 m2 BGF	10.743	**6,93**	41,7
	Sat-Anlage, D=85cm (1St), BDA-Koaxialleitung (540m), Antennensteckdosen (12St), Spannungsversorgung-Multischalter (1St)				
	6100-1587 Mehrfamilienhaus (9 WE)				
		1.016,97 m2 BGF	4.531	**4,46**	25,5
	Koaxialkabel (616m), Antennensteckdosen (27St), Antennen-Abzweiger, zwei-achtfach (9St), HDMI-Kabel (5m), HDMI-Anschlussdosen (2St)				
	6100-1636 Mehrfamilienhaus (10 WE)				
	• Herstellen (Kosten: 100,0%)	1.239,53 m2 BGF	3.412	**2,75**	16,4
	Sat-Antennenanlage, Parabolspiegel 85cm, Dachhalterung, Multischalter (1St), Koaxialkabel (776m), Antennenanschlussdosen (20St)				
	6100-1672 Einfamilienhaus				
		132,23 m2 BGF	3.287	**24,85**	66,3
	Sat-Anlage (1St), Antennenanschlussdosen (5St)				
	6100-1726 Mehrfamilienhaus (11 WE)				
		1.484,00 m2 BGF	8.437	**5,69**	25,7
	Multimediaverteiler, verkabelt (11St)				
	6100-1733 Mehrfamilienhaus (11 WE)				
	• Abbrechen (Kosten: 0,3%)	1.624,44 m2 BGF	32	**0,02**	< 0,1
	Abbruch von Antennenmast (1St); Entsorgung, Deponiegebühren				
	• Herstellen (Kosten: 99,7%)	1.624,44 m2 BGF	10.071	**6,20**	20,6
	Stammleitungsverteiler (11St), Koaxialkabel (750m), BK-Antennendosen (26St)				
	6400-0120 Jugendfreizeitstätte (3 Gruppen, 100 Kinder)				
		794,87 m2 BGF	3.952	**4,97**	8,9
	Sat-Antennenanlage (1St), Flachdachständer, Mast, l=1,20m (1St), Koaxialkabel (498m), Antennendosen (5St), Audiokabel (15m)				

KG	Kostengruppe	Menge Einheit	Kosten €	€/Einheit	%
456	**Gefahrenmelde- und Alarmanlagen**				
	1300-0319 Amtsverwaltung (36 AP)	1.790,04 m² BGF	19.367	**10,82**	15,9
	Einbruchmeldezentrale (1St), 2-Meldergruppenmodule (6St), Erweiterungsmodule, 16 Meldergruppen (2St), LCD-Bedienteil (1St), IP-Übertragungsgerät (1St), Türmodul (1St), Auswerteeinheit (1St), Bewegungsmelder (4St), Zutrittsleser (3St), Rauchmelder (2St), Reedkontakte (2St), Riegelschaltkontakte (2St)				
	1300-0332 Bürogebäude (10 AP), Doppelgarage	270,77 m² BGF	150	**0,55**	0,6
	Rauchmelder (12St)				
	1300-0338 Bürogebäude (89 AP)	2.091,70 m² BGF	21.558	**10,31**	24,0
	Brandmeldezentrale (1St), Alarmmodul (1St), Ein-/Ausgabemodule (2St), Notstromakkus (2St), Sicherungsverteiler (1St), Rauchmelder, Signalsockel (19St), Handfeuermelder (6St), Brandmeldekabel (360m)				
	1300-0341 Bürogebäude (10 AP)	366,72 m² BGF	3.653	**9,96**	22,7
	Rauchmelder, Funkmodule (25St)				
	4400-0333 Kindertagesstätte (3 Gruppen, 35 Kinder)	644,98 m² BGF	12.764	**19,79**	39,7
	Rauchabzugszentrale (1St), Wind-/Regensensor (1St), RWA-Haupt-/Nebenbedienstellen (3St), Rauchwarnmelder, Funkmodul (32St), Funkhandtaster (3St), optische Brandmelder (3St)				
	4400-0357 Kinderhaus (4 Gruppen, 74 Kinder)	1.009,00 m² BGF	21.345	**21,15**	63,1
	Brandmeldezentrale (1St), Multisensormelder, Meldesockel (37St), Blitzleuchte, Überspannungsschutz (1St), Druckknopfmelder (14St), Brandmeldekabel (918m)				
	6100-1587 Mehrfamilienhaus (9 WE)	1.016,97 m² BGF	1.984	**1,95**	11,1
	Rauchwarnmelder (2St)				
	6100-1672 Einfamilienhaus	132,23 m² BGF	225	**1,70**	4,5
	Rauchmelder (5St)				
	6400-0120 Jugendfreizeitstätte (3 Gruppen, 100 Kinder)	794,87 m² BGF	14.483	**18,22**	32,8
	Branderkennungsanlage, 64 Melder, Display (1St), Funk-Brandmelder (34St), Handmelder (2St),				

KG	Kostengruppe	Menge Einheit	Kosten €	€/Einheit	%
457	**Datenübertragungsnetze**				
	1300-0319 Amtsverwaltung (36 AP)	1.790,04 m²BGF	84.464	**47,19**	69,3

19"-Verteilerschränke (2St), Patchpanels (16St), 19"-Rangierfelder (3St), Datenkabel, duplex (5.791m), simplex (1.523m), LWL-Kabel (143m), Datenanschlussdosen RJ45 (381St)

	1300-0330 Bürogebäude (15 AP)	436,34 m²BGF	18.680	**42,81**	96,6

Netzwerkschrank 42HE (1St), Schranklüfter, Temperaturregler, Leuchte (1St), 19"-Modulträger (5St), 19"-Rangierfelder (3St), RJ-45-Module (88St), Datenkabel Cat7 (1.199m), Datenanschlussdosen (53St)

	1300-0332 Bürogebäude (10 AP), Doppelgarage	270,77 m²BGF	21.007	**77,58**	90,2

Netzwerkschrank 42HE, bestückt (1St), Internetgateway, Netzwerkrouter, Switch, Controller für WLAN, Videoüberwachung, Telefonanlage (psch), Datenkabel Cat7 (750m), LWL-Kabel (35m), Datenanschlussdosen 2xRJ45 (24St)

	1300-0338 Bürogebäude (89 AP)	2.091,70 m²BGF	56.905	**27,21**	63,4

Server (psch), Datenkabel Cat7 (1.224m), Datenanschlussdosen 2xRJ45 (88St), HDMI (3St)

	1300-0341 Bürogebäude (10 AP)	366,72 m²BGF	9.033	**24,63**	56,2

Wandverteiler (2St), Patchfelder (4St), Datenkabel (320m), Datendoppeldosen Cat 6a (41St)

	4400-0333 Kindertagesstätte (3 Gruppen, 35 Kinder)	644,98 m²BGF	8.192	**12,70**	25,5

Netzwerkschrank 21HE (1St), Patchfelder 24 Ports (2St), Steckdosen (6St), C6A-Module (76St), Datenanschlussdosen mit Abdeckplatte, 2xRJ45 (4St), Datenanschlussdosen 2xRJ45 (13St), Datenleitungen (1.062m), HDMI-Anschlussdosen (2St), HDMI-Kabel (10m)

	4400-0357 Kinderhaus (4 Gruppen, 74 Kinder)	1.009,00 m²BGF	8.077	**8,01**	23,9

Medienschrank, DSL-Router, Repeater (1St), Datenkabel Cat7 (1.044m), Module Cat6 (26St), Datenanschlussdosen Cat6 (14St), Telefonanschlussdosen (3St)

	6100-1500 Mehrfamilienhaus (16 WE)				
•	Herstellen (Kosten: 100,0%)	3.124,00 m²BGF	7.966	**2,55**	19,9

Datenanschlussdosen 2xRJ45, LWL-Kabel (18St)

	6100-1587 Mehrfamilienhaus (9 WE)	1.016,97 m²BGF	4.637	**4,56**	26,1

Datenkabel Cat7 (487m), Datenanschlussdosen Cat6, einfach (35St), zweifach (6St), Switch (1St), Patchkabel (5St)

KG	Kostengruppe	Menge Einheit	Kosten €	€/Einheit	%
	6100-1636 Mehrfamilienhaus (10 WE)				
	• Herstellen (Kosten: 100,0%)	1.239,53 m²BGF	10.696	**8,63**	51,4
	Medienverteiler, bestückt (10St), Datenkabel Cat7 (494m), Datenanschlussdosen (30St)				
	6100-1672 Einfamilienhaus	132,23 m²BGF	1.046	**7,91**	21,1
	Patchfeld (1St), Datenanschlussdosen (6St)				
	6100-1733 Mehrfamilienhaus (11 WE)				
	• Herstellen (Kosten: 100,0%)	1.624,44 m²BGF	25.914	**15,95**	53,0
	Kommunikationsverteiler (11St), LAN-Kabel Cat7 (1.100m), Datenanschlussdosen Cat6a (72St), Anschlussmodule Cat6a (94St), LAN-Verbinder Cat6a (8St)				
	6400-0120 Jugendfreizeitstätte (3 Gruppen, 100 Kinder)	794,87 m²BGF	13.812	**17,38**	31,3
	Wandschrank (1St), Datenkabel (1.440m), Patchkabel (52St), HDMI-Kabel (16St), Datenanschlussdosen (29St), Patchpanel Cat6 (3St)				

Kostenkennwerte für die Kostengruppen 400 der 3.Ebene DIN 276

KG	Kostengruppe	Menge Einheit	Kosten €	€/Einheit	%
461	**Aufzugsanlagen**				
	1300-0319 Amtsverwaltung (36 AP)				
		1.790,04 m2 BGF	76.631	**42,81**	100,0
	Personenaufzug, barrierefrei, Tragkraft 630kg, acht Personen, Förderhöhe 3,41m, zwei Haltestellen (1St), RWA-Schachtentrauchung (1St)				
	1300-0338 Bürogebäude (89 AP)				
		2.091,70 m2 BGF	47.262	**22,59**	100,0
	Personenaufzug, drei Haltestelle (psch)				
	4400-0357 Kinderhaus (4 Gruppen, 74 Kinder)				
		1.009,00 m2 BGF	66.489	**65,90**	100,0
	Aufzugsanlage, Nutzlast 630 kg, Förderhöhe 6,25m, drei Haltestellen, Kabinenmaß 1,10x1,40x2,20m (1St)				
	6100-1500 Mehrfamilienhaus (16 WE)				
	• Abbrechen (Kosten: < 0,1%)	3.124,00 m2 BGF	175	**0,06**	< 0,1
	Abbruch von Speiseaufzug (1St); Entsorgung, Deponiegebühren				
	• Herstellen (Kosten: 99,9%)	3.124,00 m2 BGF	338.573	**108,38**	99,9
	Glas-Personenaufzug, Tragkraft 375kg, fünf Haltestellen, Hydraulikantrieb, Fahrkorbmaße 162x69x240cm (1St), Schachtgerüst, Winkelkonstruktion, Verglasung mit Rahmen (psch), Fensterfolien (psch), Natursteinbelag (psch), LED-Lichtdecke (psch), Programmierung TFT-Bildschirm (psch)				
	6100-1636 Mehrfamilienhaus (10 WE)				
	• Herstellen (Kosten: 100,0%)	1.239,53 m2 BGF	61.284	**49,44**	100,0
	Personenaufzug, Tragkraft 630kg, acht Personen, vier Haltestellen, getriebelos mit Permanentmagnet, Traggurte (1St), Terrazzobelag (2m2)				
	6100-1726 Mehrfamilienhaus (11 WE)				
		1.484,00 m2 BGF	51.184	**34,49**	100,0
	Personenaufzug, Tragkraft 630kg, acht Personen, Förderhöhe 8,48m (1St)				

Kostenkennwerte für die Kostengruppen 400 der 3. Ebene DIN 276

KG	Kostengruppe	Menge Einheit	Kosten €	€/Einheit	%
474	**Feuerlöschanlagen**				
	6400-0120 Jugendfreizeitstätte (3 Gruppen, 100 Kinder)				
		794,87 m2 BGF	761	**0,96**	100,0

Feuerlöscher (3St)

Kostenkennwerte für die Kostengruppen 400 der 3. Ebene DIN 276

KG	Kostengruppe	Menge Einheit	Kosten €	€/Einheit	%
481	**Automationseinrichtungen**				
	1300-0319 Amtsverwaltung (36 AP)	1.790,04 m²BGF	13.662	**7,63**	59,7
	KNX-Wetterstation, Mast (1St), KNX-Jalousieaktoren (62St)				
	1300-0330 Bürogebäude (15 AP)	436,34 m²BGF	28.600	**65,54**	94,1
	Miniserver (1St), Erweiterungseinheiten (11St), Wetterstation, Standrohr (1St), Präsenzmelder (18St), Rauchmelder (17St), Fünf-Punkt-Taster mit Raumklimasensor (16St), Raumtemperatursensoren (2St), Tauchtemperatursensoren (3St), Tauchtemperatur-Sicherheitswächter (1St), Bedientableau (1St)				
	1300-0332 Bürogebäude (10 AP), Doppelgarage	270,77 m²BGF	19.791	**73,09**	87,5
	KNX-Glastaster (11St), Dali-Gateways (2St), KNX-Fernwartungsmodul (1St), KNX-Binäreingänge (3St), Funkschaltuhr (1St), Stellantriebe für Heizkreisverteiler (25St), KNX-Heizungsaktoren (4St), KNX-Jalousieaktoren (2St), KNX-Schaltaktoren (2St), KNX-Präsenzmelder (8St), Bewegungsmelder (3St)				
	1300-0338 Bürogebäude (89 AP)	2.091,70 m²BGF	21.064	**10,07**	20,0
	Feldgeräte (psch), KNX-Glastaster (28St), KNX-Taster (5St), Energie-Verbrauchszähler (4St), Energiezähler (2St), KNX-Wetterstation (1St)				
	1300-0341 Bürogebäude (10 AP)	366,72 m²BGF	40.210	**109,65**	80,0
	KNX-Bedienpanels (3St), Raumtemperatur-Bedienpanels (6St), KNX-Regelbausteine (7St), Dali-Gateways (4St), Telefonwählgerät (1St), KNX-Wetterstation (1St), KNX-Taster (30St), Leckagesensor (4St), Jalousieaktoren (3St), Schaltaktoren (3St), Dimmaktor (1St), Heizungsaktor (1St), Binäreingang (1St), LED-Signalleuchte (1St)				
	6400-0120 Jugendfreizeitstätte (3 Gruppen, 100 Kinder)	794,87 m²BGF	50.644	**63,71**	75,6
	Automationsstation (1St), Anzeige-/Bediengerät (1St), Switch (1St), Patchkabel Cat7 (3St), Netzgeräte (2St), Überspannungsschutz (2St), Transformator (1St), Kommunikationsschnittstelle (1St), Ein-/Ausgabemodule (12St), Temperatur-Messwertgeber (11St), Druck-Messwertgeber (1St), Stellantriebe (13St)				
482	**Schaltschränke, Automationsschwerpunkte**				
	1300-0319 Amtsverwaltung (36 AP)	1.790,04 m²BGF	7.039	**3,93**	30,8
	KNX-Dali-Gateways, Spannungsversorgung (2St), Logikmodule (2St), Binäreingänge, achtfach (2St), Schaltaktoren, vierfach (3St), Handumschaltung (1St)				

KG	Kostengruppe	Menge Einheit	Kosten €	€/Einheit	%
	1300-0338 Bürogebäude (89 AP)	2.091,70 m² BGF	69.173	**33,07**	65,7
	Schaltschränke (psch), Dali-Steuerung (psch), Spannungsversorgungen (9St), KNX-Interfaces (8St), KNX-Jalousieaktoren, zwei- bis achtfach (12St), KNX-Schaltaktoren, 2-24-fach (8St), KNX-Dimmaktoren, zwei- bis vierfach (9St), Aufsteck-Stromwandler (6St), Energie-Überwachungssystem (psch)				
	1300-0341 Bürogebäude (10 AP)	366,72 m² BGF	5.754	**15,69**	11,5
	Server (1St), Spannungsversorgungen (4St), Sicherheitsbaustein (1St), Linienkoppler (3St), USB-Schnittstellen (2St)				
	6400-0120 Jugendfreizeitstätte (3 Gruppen, 100 Kinder)	794,87 m² BGF	16.347	**20,57**	24,4
	Schaltschrank beleuchtet (1St), Sichtfenster, Türdisplay (1St), Einspeisung, Hauptschalter, Sicherung (1St), Steuerspannungstrafo (1St), Überspannungsschutz (1St), Meldemodule (79St), Netzwerksteckmodule (4St), Anschlusskabel (67St)				
483	**Automationsmanagement**				
	1300-0338 Bürogebäude (89 AP)	2.091,70 m² BGF	3.486	**1,67**	3,3
	Bedien-/Managementeinrichtung (psch)				
484	**Kabel, Leitungen und Verlegesysteme**				
	1300-0319 Amtsverwaltung (36 AP)	1.790,04 m² BGF	2.184	**1,22**	9,5
	EIB-Busleitungen (567m)				
	1300-0341 Bürogebäude (10 AP)	366,72 m² BGF	804	**2,19**	1,6
	Mantelleitungen NYM (120m)				
485	**Datenübertragungsnetze**				
	1300-0330 Bürogebäude (15 AP)	436,34 m² BGF	1.790	**4,10**	5,9
	Installations-/Datenkabel (400m)				
	1300-0332 Bürogebäude (10 AP), Doppelgarage	270,77 m² BGF	2.838	**10,48**	12,5
	KNX-Busleitungen (300m)				
	1300-0338 Bürogebäude (89 AP)	2.091,70 m² BGF	11.541	**5,52**	11,0
	KNX-Busleitungen (1.500m), Datenkabel LIYCY (500m)				
	1300-0341 Bürogebäude (10 AP)	366,72 m² BGF	3.468	**9,46**	6,9
	Kommunikationskabel (322m), KNX-Busleitungen (207m)				

Kostenkennwerte für die Kostengruppen 400 der 3. Ebene DIN 276

KG	Kostengruppe	Menge Einheit	Kosten €	€/Einheit	%
491	**Baustelleneinrichtung**				
	1300-0341 Bürogebäude (10 AP)				
		366,72 m² BGF	975	**2,66**	32,2
	Krankosten für Klima-Außengeräte (1St)				
	6100-1726 Mehrfamilienhaus (11 WE)				
		1.484,00 m² BGF	17.570	**11,84**	96,7
	Baustelleneinrichtung (psch)				
492	**Gerüste**				
	1300-0330 Bürogebäude (15 AP)				
		436,34 m² BGF	1.812	**4,15**	90,7
	Rollgerüst (1St), Fahrsteiger, h bis 8m (1St)				
	1300-0341 Bürogebäude (10 AP)				
		366,72 m² BGF	2.048	**5,58**	67,8
	Innengerüst für Leuchtenmontage (psch)				
	4400-0333 Kindertagesstätte (3 Gruppen, 35 Kinder)				
		644,98 m² BGF	1.182	**1,83**	24,7
	Fahrgerüste (psch)				
	6100-1636 Mehrfamilienhaus (10 WE)				
	• Herstellen (Kosten: 100,0%)	1.239,53 m² BGF	449	**0,36**	100,0
	Montagegerüst (1St)				
495	**Instandsetzungen**				
	1300-0319 Amtsverwaltung (36 AP)				
		1.790,04 m² BGF	42.618	**23,81**	92,9
	Hochdruck-Rohrreinigung (51m)				
	6100-1500 Mehrfamilienhaus (16 WE)				
	• Wiederherstellen (Kosten: 100,0%)	3.124,00 m² BGF	2.021	**0,65**	55,8
	Beschädigte Rohre reparieren (8St)				
	6100-1587 Mehrfamilienhaus (9 WE)				
		1.016,97 m² BGF	1.727	**1,70**	100,0
	Kamerabefahrung, Fräsarbeiten an verstopfter Grundregenwasserleitung (1St), anschließend Rohrbruch Brauchwasseranschluss beseitigen (1h), defekte Bauwasserleitung reparieren (2h), defekten, eingefrorenen Bauwasseranschluss reparieren, Heizband einbauen, isolieren (16h)				
496	**Materialentsorgung**				
	6100-1536 Mehrfamilienhaus (12 WE)				
	• Herstellen (Kosten: 100,0%)	1.550,80 m² BGF	1.368	**0,88**	100,0
	Baustellenabfall (psch), Altöl aus Tanks (1.500l); Entsorgung, Deponiegebühren				

KG	Kostengruppe	Menge Einheit	Kosten €	€/Einheit	%
	6100-1726 Mehrfamilienhaus (11 WE)				
		1.484,00 m²BGF	594	**0,40**	3,3
	Bauschuttentsorgung (psch)				
497	**Zusätzliche Maßnahmen**				
	1300-0330 Bürogebäude (15 AP)				
		436,34 m²BGF	186	**0,43**	9,3
	Baureinigung von Leuchten (71St), Rettungszeichenleuchten (6St), WCs (2St), Waschtischen (2St), Haustechnik (psch)				
	1300-0338 Bürogebäude (89 AP)				
		2.091,70 m²BGF	1.425	**0,68**	100,0
	Schutzabdeckungen von Lüftungsbauteilen (psch)				
	4400-0333 Kindertagesstätte (3 Gruppen, 35 Kinder)				
		644,98 m²BGF	3.355	**5,20**	70,0
	Elektroheizmobil für Estrichaufheizung, Leihgebühr (2St)				
498	**Provisorische technische Anlagen**				
	1300-0319 Amtsverwaltung (36 AP)				
		1.790,04 m²BGF	3.244	**1,81**	7,1
	Provisorischer Verteileranschluss (1St), provisorischer Datenanschluss (1St)				
	4400-0333 Kindertagesstätte (3 Gruppen, 35 Kinder)				
		644,98 m²BGF	254	**0,39**	5,3
	Provisorische Anschluss Dachkuppel für Lüftungszwecke, Parametrierung, Programmierung bauseitiges Bediengerät (1St)				
	6100-1500 Mehrfamilienhaus (16 WE)				
	• Herstellen (Kosten: 100,0%)	3.124,00 m²BGF	1.601	**0,51**	44,2
	Provisorische Inbetriebnahme der Heizung (psch)				

Kostenkennwerte für die Kostengruppen 500 der 3. Ebene DIN 276

KG	Kostengruppe	Menge Einheit	Kosten €	€/Einheit	%
511	**Herstellung**				
	1300-0319 Amtsverwaltung (36 AP)	24,35 m³EBR	7.556	**310,30**	100,0
	Rohrgrabenaushub, lagern, verfüllen (24m³)				
	1300-0330 Bürogebäude (15 AP)	93,60 m³EBR	12.428	**132,77**	100,0
	Aushub einbauen, verdichten (94m³), Böschungsprofilierung (224m²)				
	1300-0332 Bürogebäude (10 AP), Doppelgarage	–	15.540	–	100,0
	Bodenaushub BK 2-4, t=80cm, abfahren (49m³), Rohrgrabenaushub BK 2-4, lagern, verfüllen (256m)				
	1300-0338 Bürogebäude (89 AP)	55,00 m³EBR	4.318	**78,51**	100,0
	Rohrgrabenaushub, t bis 2m (55m³)				
	1300-0341 Bürogebäude (10 AP)	118,66 m³EBR	12.198	**102,80**	96,8
	Grubenaushub BK 1-4, abfahren (194m²), Verfüllung mit Naturschotter (44m³), Rohrgrabenaushub BK 1-4, t=60cm, lagern, verfüllen (42m³)				
	4400-0357 Kinderhaus (4 Gruppen, 74 Kinder)	5,00 m³EBR	152	**30,49**	100,0
	Rohrgrabenaushub, t bis 1,25 m (5m³)				
	6100-1500 Mehrfamilienhaus (16 WE)				
•	Herstellen (Kosten: 100,0%)	74,51 m³EBR	9.153	**122,86**	100,0
	Rohrgrabenaushub, t bis 2,40m, lagern, wieder verfüllen (62m³), Bodenaushub, lagern (3m²), Füllboden, Liefermaterial (9m³)				
	6100-1587 Mehrfamilienhaus (9 WE)	–	17.132	–	100,0
	Aushub Zisterne (20m³), Rohrgräben (190m), Kopfloch, Gehwegplatten aufnehmen, wieder verlegen (1St)				
	6100-1636 Mehrfamilienhaus (10 WE)				
•	Herstellen (Kosten: 100,0%)	84,65 m³EBR	7.529	**88,94**	100,0
	Kabelgrabenaushub BK 3-5, t bis 1,25m, lagern, verfüllen (85m³)				
	6100-1726 Mehrfamilienhaus (11 WE)	48,24 m³EBR	11.380	**235,90**	100,0
	Rohrgrabenaushub, t bis1,20m (48m³), Schutzwall herstellen (psch)				

KG	Kostengruppe	Menge Einheit	Kosten €	€/Einheit	%
	6100-1733 Mehrfamilienhaus (11 WE)				
	• Herstellen (Kosten: 100,0%)	82,12 m^3 EBR	17.274	**210,35**	100,0
	Bodenaushub BK 3-4, mit Bauschutt durchmischt, abfahren (42m^3), Grabenaushub BK 3-5, t bis 1,54m, lagern, verfüllen (36m^2), abfahren (4m^3)				
	6400-0120 Jugendfreizeitstätte (3 Gruppen, 100 Kinder)	606,40 m^3 EBR	37.207	**61,36**	100,0
	Grabenaushub, t bis 1,25m, lösen, lagern (477m^3), Schachtaushub (29m^3), verfüllen, Lagermaterial (258m^3), Rigolenaushub, lösen, lagern (100m^3), aufnehmen, entsorgen (45m^3)				
513	**Wasserhaltung**				
	1300-0341 Bürogebäude (10 AP)	–	398	–	3,2
	Pumpensumpf (psch)				

Kostenkennwerte für die Kostengruppen 500 der 3. Ebene DIN 276

KG	Kostengruppe	Menge Einheit	Kosten €	€/Einheit	%
521	**Baugrundverbesserung**				
	4400-0357 Kinderhaus (4 Gruppen, 74 Kinder)	1.081,16 m^2	19.131	**17,69**	63,4
	Bodenaustausch, t=50cm, Auffüllung Kiessand, Bodengruppe GW (541m^3), Geotextil (106m^2)				
522	**Gründungen und Bodenplatten**				
	1300-0319 Amtsverwaltung (36 AP)	8,10 m^2	1.069	**131,97**	100,0
	Stb-Fundamentplatte C25/30, d=25cm, Schalung, Bewehrung (8m^2)				
	1300-0332 Bürogebäude (10 AP), Doppelgarage	63,41 m^2	14.511	**228,84**	50,0
	Stb-Bodenplatte C25/30, d=20cm, Schalung, Bewehrung (47m^2), Fundamentaushub (41m^3), Stb-Streifenfundamente 50x60cm, für Mauer (9m^3), für Garage (6m^3)				
	4400-0357 Kinderhaus (4 Gruppen, 74 Kinder)	6,30 m^2	10.339	**1.641,10**	34,3
	Fundamentaushub BK3-5, t=1,35m (39m^3), Stb-Streifenfundamente C25/30, 0,70x9,00m, Schalung, Bewehrung (6m^2)				
	6100-1500 Mehrfamilienhaus (16 WE)				
	• Abbrechen (Kosten: 100,0%)	9,36 m^2	2.674	**285,73**	100,0
	Abbruch von Betonbodenplatte (9m^2); Entsorgung, Deponiegebühren				
523	**Gründungsbeläge**				
	1300-0332 Bürogebäude (10 AP), Doppelgarage	40,38 m^2	6.326	**156,65**	21,8
	Bitumenabdichtung, EPS-Dämmung WLG 035, d=120mm, Zementestrich, d=65mm (40m^2)				
524	**Abdichtungen und Bekleidungen**				
	1300-0332 Bürogebäude (10 AP), Doppelgarage	46,51 m^2	8.178	**175,83**	28,2
	Geotextil (51m^2), Mineralschottergemisch 0/32mm (114t)				
	4400-0357 Kinderhaus (4 Gruppen, 74 Kinder)	10,50 m^2	693	**65,95**	2,3
	Sauberkeitsschicht C8/10, d=5cm, XPS-Perimeterdämmung, d=30mm (10m^2)				
	6100-1733 Mehrfamilienhaus (11 WE)				
	• Herstellen (Kosten: 100,0%)	1,44 m^2	65	**44,80**	100,0
	Schottertragschicht, d=30cm, für Rampe, Treppe, L-Steine (1m^2)				

Kostenkennwerte für die Kostengruppen 500 der 3. Ebene DIN 276

KG	Kostengruppe	Menge Einheit	Kosten €	€/Einheit	%
531	**Wege**				
	6100-1536 Mehrfamilienhaus (12 WE)				
	• Herstellen (Kosten: 100,0%)	13,92 m²	3.066	**220,24**	15,9
	Schottertragschicht 0/32mm, d=15cm, Betonrechteckpflaster 21x10x8cm (14m²)				
	6100-1726 Mehrfamilienhaus (11 WE)				
		266,00 m²	47.632	**179,07**	47,9
	Unterbau, Pflaster (198m²), Anarbeiten an Straße (68m²), an Einfahrt (psch), Kleinpflaster (52m)				
	6100-1733 Mehrfamilienhaus (11 WE)				
	• Wiederherstellen (Kosten: 88,9%)	12,65 m²	4.791	**378,76**	12,8
	Mosaikpflaster aufnehmen, lagern, neu verlegen (13m²)				
	• Herstellen (Kosten: 11,1%)	2,10 m²	597	**284,46**	1,6
	Trittplatten 35x60x4cm (2m²)				
533	**Plätze, Höfe, Terrassen**				
	1300-0319 Amtsverwaltung (36 AP)				
		76,60 m²	4.404	**57,50**	100,0
	Betonpflaster, Lagermaterial (77m²)				
	1300-0332 Bürogebäude (10 AP), Doppelgarage				
		411,00 m²	68.841	**167,50**	100,0
	Mineralschottergemisch 0/32mm (260t), Betonpflaster 20x10x8cm (410m²), Betonbordsteine 8x25x100cm (223m)				
	6100-1500 Mehrfamilienhaus (16 WE)				
	• Herstellen (Kosten: 100,0%)	–	1.737	–	100,0
	Mineralschottergemisch als Abstellfläche (7m³)				
	6100-1536 Mehrfamilienhaus (12 WE)				
	• Abbrechen (Kosten: 25,8%)	61,15 m²	2.111	**34,52**	11,0
	Abbruch von Verbundpflaster (61m²), Schnittkante Pflaster (19m); seitlich lagern				
	• Herstellen (Kosten: 74,2%)	53,23 m²	6.074	**114,10**	31,5
	Schottertragschicht, d=20cm (5m³), Verbundpflaster verlegen, Lagermaterial (53m²)				
	6100-1587 Mehrfamilienhaus (9 WE)				
		59,81 m²	29.688	**496,38**	100,0
	Terrassen mit Unterkonstruktion herstellen, im Kiesbett, Belag Holz-Terrassendielen (60m²)				
	6100-1636 Mehrfamilienhaus (10 WE)				
	• Abbrechen (Kosten: 100,0%)	342,87 m²	11.761	**34,30**	100,0
	Abbruch von bitumenhaltiger Befestigung (343m²), Trennschnitte (62m); Entsorgung, Deponiegebühren, Aufnehmen und Lagern von Frostschutzschicht, d=30-50cm (28m²), Naturbordsteinen (19m)				

KG	Kostengruppe	Menge Einheit	Kosten €	€/Einheit	%
	6100-1726 Mehrfamilienhaus (11 WE)				
		47,25 m²	28.538	**603,98**	28,7
	Unterbau, Terrassenplatten (47m²), Bordsteine in Beton (92m), Terrasseneinfassung in Beton (35m), Großpflaster (10m)				
	6100-1733 Mehrfamilienhaus (11 WE)				
	• Abbrechen (Kosten: 9,0%)	57,99 m²	2.547	**43,92**	6,8
	Aufnehmen und Lagern von Ziegelpflaster (36m²), Abbruch von Ziegelpflaster (22m²); Entsorgung, Deponiegebühren				
	• Herstellen (Kosten: 91,0%)	58,40 m²	25.698	**440,04**	68,9
	Feinplanum, Schottertragschicht, d=30cm, Splittbett, d=4cm, Betonpflaster (50m²), Ziegelpflaster, Lagermaterial (8m²), Randeinfassungen, Betonpflaster (44m), Ziegelpflaster (16m), Betonbordsteine (8m)				
534	**Stellplätze**				
	6100-1726 Mehrfamilienhaus (11 WE)				
		126,00 m²	18.468	**146,57**	18,6
	Unterbau, Pflaster (126m²), Betonbordsteine (50m)				
539	**Sonstiges zur KG 530**				
	6100-1536 Mehrfamilienhaus (12 WE)				
	• Herstellen (Kosten: 100,0%)	67,15 m² BFF	8.019	**119,42**	41,6
	Rasenkantensteine 25x5cm (80m), Kies für Traufstreifen b=30cm, t=10cm (64m), Drainagematte (12m)				
	6100-1726 Mehrfamilienhaus (11 WE)				
		313,25 m² BFF	4.878	**15,57**	4,9
	Traufstreifen, Kies (45m)				
	6100-1733 Mehrfamilienhaus (11 WE)				
	• Herstellen (Kosten: 100,0%)	60,50 m² BFF	3.682	**60,87**	9,9
	Kiestraufe 8/16mm, b=30cm (7m²), Betonbordsteine (24m)				

Kostenkennwerte für die Kostengruppen 500 der 3. Ebene DIN 276

KG	Kostengruppe	Menge Einheit	Kosten €	€/Einheit	%
541	**Einfriedungen**				
	4400-0357 Kinderhaus (4 Gruppen, 74 Kinder)	30,28 m²	27.202	**898,36**	27,2
	Zaun, h=1,20m feuerverzinkt, pulverbeschichtet, Flachstahl 50x12mm, Füllstäbe DN15 (26m), Toranlagen 1,10x1,20m, einflüglig (2St), Briefkasten, Klingelanlage (1St)				
	6100-1500 Mehrfamilienhaus (16 WE)				
	• Abbrechen (Kosten: 6,7%)	–	855	–	2,7
	Aufnehmen und Lagern von Gartenzaun (10h)				
	• Herstellen (Kosten: 93,3%)	–	11.889	–	37,0
	Pfeilersockel 40x40x50cm, Mauerpfeiler 36x36x100cm, Kapitelle 40x40cm bis 45x45cm, h=15cm, Abdeckplatten 50x50cm bis 56x56cm (4St)				
	6100-1726 Mehrfamilienhaus (11 WE)	72,70 m²	9.896	**136,12**	17,8
	Doppelstabmattenzaun, h=1,83m (54m²), h=1,04m (19m²)				
543	**Wandkonstruktionen**				
	1300-0332 Bürogebäude (10 AP), Doppelgarage	66,00 m²	35.892	**543,81**	30,1
	Stb-Winkelstützmauer, h=80cm (69m²), KS-Mauerwerk, d=24cm (66m²), Betonstütze/-ringbalken (39m), Mauerabdeckung, pulverbeschichtet (34m)				
	4400-0357 Kinderhaus (4 Gruppen, 74 Kinder)	33,66 m²	12.806	**380,44**	12,8
	Stb-Wand C35/45, d=20cm, Sichtbeton, Schalung, Bewehrung (34m²), Mauerabdeckung, Kupfer, b=50cm (9m)				
	6100-1500 Mehrfamilienhaus (16 WE)				
	• Abbrechen (Kosten: 2,7%)	3,19 m²	202	**63,17**	0,6
	Abbruch von Trennwand 290x110x26cm (3m²); Entsorgung, Deponiegebühren				
	• Wiederherstellen (Kosten: 8,6%)	–	649	–	2,0
	Gartenwand reinigen, Putzrisse aufweiten, mit Reparaturmörtel schließen (7h)				
	• Herstellen (Kosten: 88,8%)	13,44 m²	6.723	**500,25**	20,9
	Stb-Stützwände, d=20cm, Sichtbeton, Schalung, Bewehrung (13m²)				
	6100-1636 Mehrfamilienhaus (10 WE)				
	• Herstellen (Kosten: 100,0%)	13,50 m²	7.884	**583,97**	100,0
	Stützwandbekleidung: Holz-UK, Kanthölzer 60x60mm (32m), Geländer, h=1,00m, Quadratrohr, Mauerabdeckung (4m), Holzlamellenbekleidung, KVH 60x40mm, l=0,98-3,35m (210m), Alu-Sockelblech (4m)				
	6100-1726 Mehrfamilienhaus (11 WE)	62,20 m²	28.164	**452,79**	50,6
	Winkelstützelemente, b=1,00m, h=1,25-1,50m (23m²), h=2,50-3,00m (15m²), h=1,00m (4m²), L-Winkelsteine, b=0,60-1,00m (21m²)				

KG	Kostengruppe	Menge Einheit	Kosten €	€/Einheit	%
	6100-1733 Mehrfamilienhaus (11 WE)				
	• Herstellen (Kosten: 100,0%)	2,00 m²	1.018	**509,17**	26,9
	Beton-Winkelstützwände, h=40-60cm (2m²)				
544	**Rampen, Treppen, Tribünen**				
	6100-1500 Mehrfamilienhaus (16 WE)				
	• Abbrechen (Kosten: 29,9%)	–	3.525	–	11,0
	Abbruch von Außentreppen (38h); Entsorgung, Deponiegebühren				
	• Herstellen (Kosten: 70,1%)	–	8.259	–	25,7
	Beton-Außentreppe (49h), Beton-Winkelstufen (7St)				
	6100-1536 Mehrfamilienhaus (12 WE)				
	• Abbrechen (Kosten: 22,4%)	–	2.199	–	22,4
	Abbruch von Treppenanlage (psch); Entsorgung, Deponiegebühren				
	• Herstellen (Kosten: 77,6%)	5,95 m²	7.618	**1.280,42**	77,6
	Betonblockstufen 35x15x100cm (17m), Betonpalisaden 15x12cm (8m)				
	6100-1726 Mehrfamilienhaus (11 WE)				
		16,90 m²	17.595	**1.041,10**	31,6
	Stb-Außentreppe C25/30, b=1,40m, vier Stufen 17x29cm, Podest, Rampe (13m²), Stb-Blockstufen C25/30, b=1,00m (4m²)				
	6100-1733 Mehrfamilienhaus (11 WE)				
	• Herstellen (Kosten: 100,0%)	1,44 m²	2.770	**1.923,88**	73,1
	Betonblockstufen, b=90cm (3St), Ortbetonrampe C20/25, 90x70cm (1St)				
545	**Überdachungen**				
	1300-0332 Bürogebäude (10 AP), Doppelgarage				
		46,51 m²	83.357	**1.792,24**	69,9
	Garage: Porenbeton-Mauerwerk, d=24cm (66m²), Stb-Sturz (6m), Sektionaltor (11m²), Alutür (3m²), Kalkzementputz, Armierung, Silikonharzputz, Beschichtung (68m²), Kalkzementputz (60m²), Stb-Elementdecke (47m²), Gefälledämmung WLG 035, d=20-160mm, Abdichtung (38m²), Dämmung WLG 035, d=80mm, Abdichtung, vertikal (26m), Alu-Attikaabdeckung, b=23cm (7m²), Attikaablauf (1St), Notablauf (1St), Wasserfangkasten, Fallrohr, Zink (1St)				
	4400-0357 Kinderhaus (4 Gruppen, 74 Kinder)				
		29,75 m²	60.180	**2.022,86**	60,1
	Nebengebäude: Stahlkonstruktion 8,75x3,67m, h=2,74m, aus Quadratstahlrohren 60x60x5mm (1St), Holzfassade 27x110mm, h=2,35m, Weißtanne (38m²), Türflügel 1,08x2,20m (2St), Brettsperrholzdach, d=10cm, dreilagig, Abdichtung (30m²), BSH-Träger 16x46cm (15m), Stahlwinkel 100x65x7mm (9m), Attika, KVH 6x16m (15m), 12x120cm (9m), extensive Dachbegrünung (17m²), Rollkiesschüttung 16/32mm, d=10cm (15m²), Kiesrandstreifen 16/32, b=40cm, Alu-Kiesrandleiste (24m), Dachablauf DN80 (1St), Fallrohre DN80, Formstücke (3m), Wasserspeier (1St)				

Kostenkennwerte für die Kostengruppen 500 der 3. Ebene DIN 276

KG	Kostengruppe	Menge Einheit	Kosten €	€/Einheit	%
551	**Abwasseranlagen**				
	1300-0330 Bürogebäude (15 AP)	–	2.683	–	24,5
	PVC-Rohre DN100, Formstücke, Begleitheizung, Sandbett (10m)				
	1300-0332 Bürogebäude (10 AP), Doppelgarage	336,51 m² AF	22.365	**66,46**	58,9
	KG-Rohre DN100-150, Formstücke (150m), Kontrollschächte (3St), Entwässerungsrinnen (9m), Hofabläufe (2St)				
	1300-0338 Bürogebäude (89 AP)	–	4.603	–	100,0
	KG-Rohre DN150-200, Formstücke (17m), Kontrollschacht DN1.000 (1St)				
	1300-0341 Bürogebäude (10 AP)	–	15.596	–	84,5
	Stb-Abwassersammelgruben 24m³, Schachtdeckel (2St), Flanschrohre DN110 (12St), Alarmmelder (1St), Sickerschächte DN1.000, t bis 2,50m (2St)				
	6100-1500 Mehrfamilienhaus (16 WE)				
	• Wiederherstellen (Kosten: 100,0%)	941,00 m² AF	433	**0,46**	4,0
	Ablaufroste demontieren, Rinne reinigen, Roste wieder montieren (psch), Hofablauf reinigen (1St)				
	6100-1536 Mehrfamilienhaus (12 WE)				
	• Herstellen (Kosten: 100,0%)	–	3.681	–	100,0
	KG-Rohre DN110-125, Formstücke, Sandbett (17m)				
	6100-1587 Mehrfamilienhaus (9 WE)	707,50 m² AF	18.550	**26,22**	18,1
	KG-Rohre DN100-150, Sandbett (213m), Kontrollschächte (2St), PVC-Kontrollschacht DN400/600 (1St)				
	6100-1636 Mehrfamilienhaus (10 WE)				
	• Herstellen (Kosten: 100,0%)	897,00 m² AF	2.630	**2,93**	31,3
	PP-Rohre DN100-125, Formstücke (55m)				
	6100-1672 Einfamilienhaus	1.125,00 m² AF	2.254	**2,00**	36,7
	Beton-Absetzschacht DN1.000, t=3,25m, Schachtabdeckung (1St)				
	6100-1726 Mehrfamilienhaus (11 WE)	639,00 m² AF	55.926	**87,52**	78,1
	PVC-Rohre DN150, Formstücke (116m), KG-Rohre (29m), PE-Hebeanlage, t=2,20m, zwei Motorpumpen, Druckleitung DN40 (1St), Kontrollschächte DN1.000, t=2,00m (3St), DN400 (3St), Hofabläufe (4St), Entwässerungsrinnen (7St), Regenwasserdrossel (1St)				

KG	Kostengruppe	Menge Einheit	Kosten €	€/Einheit	%
	6100-1733 Mehrfamilienhaus (11 WE)				
	• Herstellen (Kosten: 100,0%)	161,15 m²AF	42.039	**260,87**	100,0
	PVC-Rohre DN110-200, Formstücke, Sandbett (45m), Rückstau-Hebeanlage, PE-Schacht LW1.000 (1St), PE-Druckrohre DN80, Formstücke (5m), PP-Schacht DN600, t=1,50m, Schachtabdeckung (1St), Entwässerungsrinnen, Polymerbeton, l=1m, Stegroste (2St), Hofablauf (1St)				
	6400-0120 Jugendfreizeitstätte (3 Gruppen, 100 Kinder)	791,35 m²AF	44.746	**56,54**	100,0
	Versickerungsrigolen 80x80x66cm (49St), Frontgitter (90St), Filtervlies (138m²), Filterkies 2/5mm (2m³), Sandbett, d i.M. 10cm (23m³), Betonschächte, D=1,00m, Abdeckungen (5St), PE-Schacht 80x80x66cm, Abdeckung (1St), Sandfang (1St), Schmutzfänger (1St), Regenwasserabläufe (5St)				
552	**Wasseranlagen**				
	1300-0330 Bürogebäude (15 AP)	–	2.578	–	23,5
	Mehrschichtverbundrohre DN20, Formstücke, Begleitheizung (10m)				
	1300-0341 Bürogebäude (10 AP)	–	1.572	–	8,5
	Trinkwasserleitung, Sandbett (60m)				
	6100-1587 Mehrfamilienhaus (9 WE)	707,50 m²AF	10.262	**14,50**	10,0
	Retentionszisterne 7.500l, Retention 3.000l, Nutzvolumen 4.500l, Domschacht (1St), Trinkwasserleitung, Schutzrohr, Hauseinführung (psch)				
554	**Wärmeversorgungsanlagen**				
	1300-0319 Amtsverwaltung (36 AP)	–	28.861	–	19,0
	Fernwärmeleitungen DN25-40, gedämmt, Formstücke, Sandbett (118m)				
	1300-0330 Bürogebäude (15 AP)	–	5.694	–	52,0
	C-Stahlrohre DN50, Formstücke, Rohrdämmung, Begleitheizung (5m)				
	6100-1587 Mehrfamilienhaus (9 WE)	707,50 m²AF	61.048	**86,29**	59,5
	Erdsondenanlage 26,7kW, sechs Bohrungen, t=95m, PE-Erdwärmesonde mit Ethylenglycol-Wasser-Gemisch, mit wärmeleitender Ton-, Zementsuspension verpressen (570m), Verteilerschacht (1St), Bohrgut entsorgen (psch)				

KG	Kostengruppe	Menge Einheit	Kosten €	€/Einheit	%
556	**Elektrische Anlagen**				
	1300-0319 Amtsverwaltung (36 AP)	–	114.825	–	75,6
	Außenschrankverteiler 130x114x32cm (1St), CEE-Einspeisesteckdose (1St), Kombiableiter (17St), Kabelschächte 60x80cm (2St), Starkstromkabel (1.443m), Autoladestationen (3St), Alu-Standsäulen (2St), Fahrradladestationen, drei Steckdosen (2St), LED-Pollerleuchten (25St), LED-Mastleuchten, h=3m (3St), LED-Wandleuchten (2St), LED-Strahler (1St), Bewegungsmelder (2St)				
	1300-0332 Bürogebäude (10 AP), Doppelgarage	336,51 m²AF	15.618	**46,41**	41,1
	Starkstromkabel NYY (250m), Fernmelde-Außenkabel A-2YF(L)2Y (150m), Datenaußenkabel Cat7 (50m), Leerrohre (106m), Scheinwerfer (5St), Garage: Unterverteiler, bestückt (1St), Mantelleitungen NYM (60m), Steckdosen (8St), Schalter (2St), Anbauleuchten (3St)				
	1300-0341 Bürogebäude (10 AP)	–	1.288	–	7,0
	PE-Kabelschutzrohre DN110, Sandbett (50m)				
	4400-0333 Kindertagesstätte (3 Gruppen, 35 Kinder)	–	16.367	–	100,0
	Pollerleuchtenrohr, h=1,15m, mit drei Steckdosen, fünf CEE-Steckdosen, FI-Schalter, acht Sicherungen (1St), h=0,875m, mit Bewegungssensor (3St), mit Notlicht (1St), Pollerleuchtenköpfe (5St), Erdstücke (5St), Erdkabel (89m)				
	4400-0357 Kinderhaus (4 Gruppen, 74 Kinder)	808,00 m²AF	15.355	**19,00**	100,0
	LED-Kompaktstrahler, Traverse (12St), Alu-Lichtmasten, h=4m (4St), Mantelleitungen NYY (42m)				
	6100-1500 Mehrfamilienhaus (16 WE)				
	• Herstellen (Kosten: 100,0%)	941,00 m²AF	10.457	**11,11**	96,0
	Einbauleuchten (6St), Anbauleuchten (5St), Pollerleuchte (4St)				
	6100-1587 Mehrfamilienhaus (9 WE)	707,50 m²AF	12.782	**18,07**	12,5
	Pollerleuchten (8St), LED-Wandleuchten (6St), Leerrohre (psch), Kabelschutzrohre DN50-110 (136m), Erdkabel NYY (21m)				
	6100-1636 Mehrfamilienhaus (10 WE)				
	• Herstellen (Kosten: 100,0%)	897,00 m²AF	5.762	**6,42**	68,7
	Außenschrankverteiler 112x115x32cm (1St), Erdkabel NYY (85m), Lichtmasten, h=4m (3St)				

KG	Kostengruppe	Menge Einheit	Kosten €	€/Einheit	%
	6100-1672 Einfamilienhaus				
		1.125,00 m²AF	3.890	**3,46**	63,3
	Sprechanlage, Türstation (psch), Ladestation 11kW (1St), Außenkabel (52m), Kabelschutzrohre DN50 (50m)				
	6100-1726 Mehrfamilienhaus (11 WE)				
		639,00 m²AF	15.718	**24,60**	21,9
	Leerrohre, Elektroverteilung im Erdreich (psch), Vorverkabelung für E-Ladestation (psch)				
557	**Kommunikations-, sicherheits- und informationstechnische Anlagen, Automation**				
	1300-0319 Amtsverwaltung (36 AP)				
		–	8.150	**–**	5,4
	Patchfeld (1St), EIB-Busleitungen (795m), LWL-Kabel (155m), Daten-Außenkabel, simplex (144m)				

Kostenkennwerte für die Kostengruppen 500 der 3. Ebene DIN 276

KG	Kostengruppe	Menge Einheit	Kosten €	€/Einheit	%
561	**Allgemeine Einbauten**				
	1300-0332 Bürogebäude (10 AP), Doppelgarage				
		336,51 m2 AF	4.796	**14,25**	100,0
	Briefkastenanlage (1St)				
	6100-1500 Mehrfamilienhaus (16 WE)				
	• Herstellen (Kosten: 100,0%)	941,00 m2 AF	28.333	**30,11**	100,0
	Digitale Paket- und Briefkastenanlage, Briefkasten, 30x16,5x38,5cm, sieben Paketkästen 30-67x11-77x45cm, Steuereinheit mit Touchscreen, 18 digitale Namensschilder (psch)				
563	**Orientierungs- und Informationssysteme**				
	6100-1726 Mehrfamilienhaus (11 WE)				
		639,00 m2 AF	337	**0,53**	100,0
	Verkehrsschild versetzen (psch)				

Kostenkennwerte für die Kostengruppen 500 der 3. Ebene DIN 276

KG	Kostengruppe	Menge Einheit	Kosten €	€/Einheit	%
571	**Vegetationstechnische Bodenbearbeitung**				
	1300-0332 Bürogebäude (10 AP), Doppelgarage				
		720,00 m²	11.868	**16,48**	51,2
	Oberboden liefern, auftragen, d=10cm (720m²), Vegetationsfläche fräsen (605m²)				
	6100-1536 Mehrfamilienhaus (12 WE)				
	• Herstellen (Kosten: 100,0%)	–	3.991	–	82,4
	Oberboden liefern, auftragen (1m³)				
	6100-1733 Mehrfamilienhaus (11 WE)				
	• Herstellen (Kosten: 100,0%)	54,30 m²	5.466	**100,65**	78,8
	Oberboden liefern, auftragen, d=30cm (16m³)				
573	**Pflanzflächen**				
	1300-0332 Bürogebäude (10 AP), Doppelgarage				
		85,00 m²	1.834	**21,58**	7,9
	Geotextil, Rindenmulch (85m²)				
	6100-1536 Mehrfamilienhaus (12 WE)				
	• Herstellen (Kosten: 100,0%)	2,00 m²	851	**425,72**	17,6
	Bepflanzung liefern, pflanzen (2m²), Rindenmulch liefern (1m³)				
	6100-1726 Mehrfamilienhaus (11 WE)				
		308,85 m²	31.708	**102,66**	100,0
	Pflanzflächen herstellen, Bepflanzungen (psch)				
	6100-1733 Mehrfamilienhaus (11 WE)				
	• Abbrechen (Kosten: 100,0%)	–	1.472	–	21,2
	Roden von Vegetation (psch); Entsorgung, Deponiegebühren				
579	**Sonstiges zur KG 570**				
	1300-0332 Bürogebäude (10 AP), Doppelgarage				
		720,00 m² PSF	9.472	**13,16**	40,9
	Mähkante (158m)				

Kostenkennwerte für die Kostengruppen 500 der 3. Ebene DIN 276

KG	Kostengruppe	Menge Einheit	Kosten €	€/Einheit	%
591	**Baustelleneinrichtung**				
	1300-0319 Amtsverwaltung (36 AP)				
		–	2.227	–	35,6
	Baustelleneinrichtung (1St)				
	1300-0332 Bürogebäude (10 AP), Doppelgarage				
		336,51 m²AF	1.141	**3,39**	100,0
	Baustelleneinrichtung (psch), Schnurgerüst (1St)				
	6100-1733 Mehrfamilienhaus (11 WE)				
	• Herstellen (Kosten: 100,0%)	161,15 m²AF	3.896	**24,18**	100,0
	Baustelleneinrichtungen (3St)				
593	**Sicherungsmaßnahmen**				
	6100-1500 Mehrfamilienhaus (16 WE)				
	• Herstellen (Kosten: 100,0%)	941,00 m²AF	1.702	**1,81**	47,1
	Abstützung Gartenwand (psch)				
594	**Abbruchmaßnahmen**				
	1300-0319 Amtsverwaltung (36 AP)				
		–	4.025	–	64,4
	Aufnehmen und Lagern von Betonpflaster (77m²)				
	4400-0357 Kinderhaus (4 Gruppen, 74 Kinder)				
		808,00 m²AF	3.160	**3,91**	100,0
	Abbruch von Streifenfundamenten 30x50cm (3m³); Entsorgung, Deponiegebühren				
	6100-1500 Mehrfamilienhaus (16 WE)				
	• Abbrechen (Kosten: 100,0%)	941,00 m²AF	825	**0,88**	22,8
	Abbrechen und Lagern von Metallzaun, Büsche ausgraben, Baum schneiden (14h); Entsorgung Grüngut				
	6100-1726 Mehrfamilienhaus (11 WE)				
		639,00 m²AF	3.455	**5,41**	88,2
	Abbruch von Bestandsmauern (40m), Gehweg (psch); Entsorgung, Deponiegebühren				
596	**Materialentsorgung**				
	6100-1500 Mehrfamilienhaus (16 WE)				
	• Herstellen (Kosten: 100,0%)	941,00 m²AF	763	**0,81**	21,1
	Entsorgung von Sperrmüll (8m³)				
	6100-1536 Mehrfamilienhaus (12 WE)				
	• Herstellen (Kosten: 100,0%)	–	2.174	–	100,0
	Bauschutt, Stahlschrott (5m³); Entsorgung, Deponiegebühren				

KG	Kostengruppe	Menge Einheit	Kosten €	€/Einheit	%
597	**Zusätzliche Maßnahmen**				
	6100-1500 Mehrfamilienhaus (16 WE)				
	• Herstellen (Kosten: 100,0%)	941,00 m²AF	324	**0,34**	9,0
	Gartengegenstände umräumen (4h)				
	6100-1726 Mehrfamilienhaus (11 WE)				
		639,00 m²AF	463	**0,73**	11,8
	Provisorische Entwässerung (5h)				

Kostenkennwerte für die Kostengruppen 600 der 3.Ebene DIN 276

KG	Kostengruppe	Menge Einheit	Kosten €	€/Einheit	%
642	**Künstlerische Gestaltung des Bauwerks**				
	6100-1500 Mehrfamilienhaus (16 WE)				
	• Wiederherstellen (Kosten: 100,0%)	3.124,00 m²BGF	40.087	**12,83**	100,0

Wand- und Deckenmalereien restaurieren: bildhafte Motive freilegen, 1,20x1,50m, kitten, retuschieren, Firnis auftragen (6St), 0,40x1,50m (4St), obere Rahmen, Wand-, Sockelflächen spachteln, schleifen, beschichten (psch), Decken-Kassettenfelder mit Skalpell und Mikrodampf freilegen, Fehlstellen ergänzen (3St), Farbfassungen von Stuck- und Deckenrandbereichen überarbeiten (psch)

Anhang

Verzeichnis der Architektur- und Planungsbüros

Verzeichnis der Architektur- und Planungsbüros	Obj.-Nr.
A | CB Architektur; Ratzeburg	1300-0332
A-Z Architekten BDA; Wiesbaden	6600-0038
AAg Architekten GmbH; Heidelberg mit Stadt Heidelberg - Hochbauamt; Heidelberg	4400-0389
Ahola Architekten Halle; Halle	6100-1733
Architekten PETER + PASCHEN GmbH; Hamburg	6100-1706
architekten schäfer krause schulz mbB; Hannover	7600-0101
Architektengruppe Rosengart + Partner BDA; Bremen	4100-0229
Architekturbüro Griebel; Lensahn	6100-1726
Architekturbüro Huber; Kempten	6100-1730
Architekturbüro Obereisenbuchner; Pfaffenhofen	4400-0378
Architektur- und Ingenieurbüro Siegmund Bölke und Partner mbB; Treuenbrietzen	1300-0341
Arge: Goergens Miklautz Partner GmbB (LPH 1-5); München dreier + Lauterbach architekten und ingenieure GmbH (LPH 6-9); München	4100-0257, 4400-0419
Arge: Matthias Wegner (LPH 1-5); Potsdam SWP schäferwenningerprojekt GmbH (LPH 6-8); Berlin	6100-1635
BKSA Hamburg GmbH; Hamburg	4400-0387
brack Architekten; Kempten	6100-1651, 6100-1672
Brechtel Architekten PartG mbB; Köln	6200-0122
brück.jordan architekten Ingenieure PartGmbB; Würzburg	6400-0120
Christoph Harney Architekt; Kassel	6100-1744
CODE UNIQUE Architekten GmbH; Dresden	9100-0217
consilio pro; Möhnesee-Günne	6200-0131
cubus plan GmbH; Berlin	4400-0398
DIESSBACHER ARCHITEKTUR GmbH; Traunstein	6100-1611
dh bauplanung & betreuung GmbH; Soest	6500-0057
ELZ Architekten BDA; Potsdam	4100-0234
Fountis Jeschonnek Gesellschaft von Architekten mbH; Berlin	6100-1687
fries architekten GmbH; Vallendar	6500-0061
goldbrunner + hrycyk Architekten; München	4400-0357
hehnpohl architektur bda; Münster	1300-0338
Heiderich Architekten; Lünen	6100-1608
Hormann Architektur www.janhormann.de	6400-0123
Ingenieurbüro Gerdom; Bad Essen	6100-1536
JF Architekten + Techniker Dycker und Abt eGbR; Husum	4100-0261
kmg Architekten und Ingenieure Kablitz-Meinel-Guderian PartG mbB; Wittenberg	6100-1689
mamuth I Dipl.Ing. Timm Helbach I freier Architekt dwb BDA; Mainz	9100-0228
MZ Architektur Meier + Zeug; Rostock	6100-1688
Neumeier Architekten PartGmbB; Tittling	6100-1636
Neustadtarchitekten; Hamburg	6100-1634
Numrich Albrecht Klumpp Gesellschaft von Architekten mbH; Berlin	4200-0042
Ostermann Architekten; Hamburg	6100-1500
.pg1 Architekten BDA; Kaiserslautern	6100-1682
pier7 architekten GmbH; Düsseldorf	1300-0330
Plan-R-Architektenbüro Martin Brüdigam; Hamburg	6100-1587
Planungsring Mumm + Partner GbR; Treia	1300-0319, 4400-0394, 6200-0129
Praeger Richter Architekten BDA; Berlin	6100-1691
querluft architekten GmbH; Straubing	6400-0124
raum-z architekten gmbh; Frankfurt am Main	4400-0399
RENNER HAINKE WIRTH ZIRN ARCHITEKTEN GMBH; Hamburg	6100-1662
RSE+ Architekten Ingenieure GmbH; Kassel	1300-0316

Verzeichnis der Architektur- und Planungsbüros	Obj.-Nr.
schmitt roggel architekten PartGmbB; Fulda	4100-0232
SCHNEEWEISS ARCHITEKTEN; Saarbrücken	6100-1619
SIEKER ARCHITEKTEN; Bielefeld	9100-0219
Sieckmann Walther Architekten; Hamburg	6100-1592
Steinwender Architekten GmbH; Lohe-Rickelshof	1300-0307
sunder plaßmann . noll plan+bau GmbH; Kassel	6100-1698
Wandel Lorch Götze Wach GmbH; Frankfurt am Main	6100-1649
Wendling Architektur; Köln-Deutz	6100-1630, 6100-1631
Wolfgang Helmle Freier Architekt; Ellwangen	4400-0333
ZACHARIAS PLANUNGSGRUPPE GbR; Sankt Augustin	7600-0099

Der Herausgeber dankt den genannten Büros für die zur Verfügung gestellten Objektdaten.

Nutzen Sie die Vorteile Ihrer Projekt-Veröffentlichung in den BKI-Produkten:
- Dokumentierte Kosten Ihres Projektes nach DIN 276
- Ausbau und Erweiterung Ihrer bürointernen Baukostendaten für Folgeprojekte
- Dokumentationsunterlagen als Referenz für Ihre Projekt-Akquise
- Aufwandsentschädigung von bis zu 700,- €
- Aufnahme Ihrer Bürodaten in die Liste der BKI Architekt*innen und Planer*innen
- Kostenloses Fachbuch

Weitere Informationen unter www.bki.de/bki-verguetung.html

Anhang

Regionalfaktoren

Regionalfaktoren Deutschland

Diese Faktoren geben Aufschluss darüber, inwieweit die Baukosten in einer bestimmten Region Deutschlands teurer oder günstiger liegen als im Bundesdurchschnitt. Sie können dazu verwendet werden, die BKI Baukosten an das besondere Baupreisniveau einer Region anzupassen.
Hinweis: Alle Angaben wurden durch Untersuchungen des BKI weitgehend verifiziert. Dennoch können Abweichungen zu den angegebenen Werten entstehen. In Grenznähe zu einem Land-/Stadtkreis mit anderen Baupreisfaktoren sollte dessen Baupreisniveau mit berücksichtigt werden, da die Übergänge zwischen den Land-/Stadtkreisen fließend sind. Die Besonderheiten des Einzelfalls können ebenfalls zu Abweichungen führen.
Für die größeren Inseln Deutschlands wurden separate Regionalfaktoren ermittelt. Dazu wurde der zugehörige Landkreis in Festland und Inseln unterteilt. Alle Inseln eines Landkreises erhalten durch dieses Verfahren den gleichen Regionalfaktor. Der Regionalfaktor des Festlandes erhält keine Inseln mehr und ist daher gegenüber früheren Ausgaben verringert.

Land- / Stadtkreis / Insel	Bundeskorrekturfaktor
Aachen, Städteregion	0,926
Ahrweiler	0,982
Aichach-Friedberg	1,077
Alb-Donau-Kreis	1,015
Altenburger Land	0,852
Altenkirchen (Westerwald)	0,985
Altmarkkreis Salzwedel	0,833
Altötting	0,973
Alzey-Worms	0,983
Amberg, Stadt	1,100
Amberg-Sulzbach	1,023
Ammerland	0,794
Amrum, Insel	1,288
Anhalt-Bitterfeld	0,815
Ansbach	1,032
Ansbach, Stadt	1,068
Aschaffenburg	1,124
Aschaffenburg, Stadt	1,093
Augsburg	1,098
Augsburg, Stadt	1,265
Aurich, Festlandanteil	0,735
Aurich, Inselanteil	1,199
Bad Dürkheim	0,983
Bad Kissingen	1,045
Bad Kreuznach	0,963
Bad Tölz-Wolfratshausen	1,216
Baden-Baden, Stadtkreis	1,063
Baltrum, Insel	1,199
Bamberg	1,048
Bamberg, Stadt	1,160
Barnim	0,879
Bautzen	0,894
Bayreuth	1,077
Bayreuth, Stadt	1,042
Berchtesgadener Land	1,131
Bergstraße	1,008
Berlin, Stadt	1,141
Bernkastel-Wittlich	1,022
Biberach	1,020
Bielefeld, Stadt	0,870
Birkenfeld	1,033
Bochum, Stadt	0,912
Bodenseekreis	0,990
Bonn, Stadt	0,920
Borken	0,901
Borkum, Insel	1,100
Bottrop, Stadt	0,794
Brandenburg an der Havel, Stadt	0,969
Braunschweig, Stadt	0,726
Breisgau-Hochschwarzwald	1,117
Bremen, Stadt	0,921
Bremerhaven, Stadt	0,946
Burgenlandkreis	0,930
Böblingen	1,083
Börde	0,877
Calw	1,032
Celle	0,834
Cham	0,887
Chemnitz, Stadt	0,878
Cloppenburg	0,784
Coburg	1,016
Coburg, Stadt	1,155
Cochem-Zell	1,065
Coesfeld	0,943
Cottbus, Stadt	1,030
Cuxhaven	0,758
Dachau	1,228
Dahme-Spreewald	0,925
Darmstadt, Stadt	1,066
Darmstadt-Dieburg	1,017
Deggendorf	0,978

Delmenhorst, Stadt	0,774
Dessau-Roßlau, Stadt	0,860
Diepholz	0,791
Dillingen a.d.Donau	1,054
Dingolfing-Landau	0,942
Dithmarschen	1,033
Donau-Ries	0,993
Donnersbergkreis	0,919
Dortmund, Stadt	0,757
Dresden, Stadt	0,911
Duisburg, Stadt	0,949
Düren	0,950
Düsseldorf, Stadt	0,983
Ebersberg	1,361
Eichsfeld	0,906
Eichstätt	1,065
Eifelkreis Bitburg-Prüm	0,961
Elbe-Elster	0,842
Emden, Stadt	0,703
Emmendingen	1,146
Emsland	0,794
Ennepe-Ruhr-Kreis	0,875
Enzkreis	1,003
Erding	1,118
Erfurt, Stadt	0,926
Erlangen, Stadt	1,101
Erlangen-Höchstadt	1,026
Erzgebirgskreis	0,918
Essen, Stadt	0,839
Esslingen	1,035
Euskirchen	0,859
Fehmarn, Insel	1,164
Flensburg, Stadt	0,808
Forchheim	1,126
Frankenthal (Pfalz), Stadt	0,888
Frankfurt (Oder), Stadt	0,871
Frankfurt am Main, Stadt	1,019
Freiburg im Breisgau, Stadtkreis	1,120
Freising	1,105
Freudenstadt	1,033
Freyung-Grafenau	0,980
Friesland, Festlandanteil	0,775
Friesland, Inselanteil	1,442
Fulda	1,039
Föhr, Insel	1,288
Fürstenfeldbruck	1,216
Fürth	0,993
Fürth, Stadt	1,076
Garmisch-Partenkirchen	1,268
Gelsenkirchen, Stadt	0,891
Gera, Stadt	0,906
Germersheim	1,002
Gießen	1,010
Gifhorn	0,848
Goslar	0,752
Gotha	0,876
Grafschaft Bentheim	0,792
Greiz	0,925
Groß-Gerau	1,058
Göppingen	0,998
Görlitz	0,893
Göttingen	0,856
Günzburg	1,054
Gütersloh	0,872
Hagen, Stadt	0,884
Halle (Saale), Stadt	0,709
Hamburg, Freie und Hansestadt	1,106
Hameln-Pyrmont	0,829
Hamm, Stadt	0,866
Hannover, Region	0,904
Harburg	0,904
Harz	0,819
Havelland	0,999
Haßberge	1,131
Heidekreis	0,862
Heidelberg, Stadtkreis	1,119
Heidenheim	1,032
Heilbronn	1,023
Heilbronn, Stadtkreis	1,011
Heinsberg	0,920
Helgoland, Insel	1,410
Helmstedt	0,834
Herford	0,871
Herne, Stadt	0,922
Hersfeld-Rotenburg	0,985
Herzogtum Lauenburg	0,975
Hiddensee, Insel	1,126
Hildburghausen	0,882
Hildesheim	0,794
Hochsauerlandkreis	0,895
Hochtaunuskreis	1,063
Hof	1,152
Hof, Stadt	1,123
Hohenlohekreis	1,034
Holzminden	0,766
Höxter	0,867
Ilm-Kreis	0,860
Ingolstadt, Stadt	1,093
Jena, Stadt	1,088
Jerichower Land	0,813
Juist, Insel	1,199

Kaiserslautern	0,970
Kaiserslautern, Stadt	0,977
Karlsruhe	0,953
Karlsruhe, Stadtkreis	1,098
Kassel	1,019
Kassel, Stadt	0,933
Kaufbeuren	1,160
Kelheim	0,982
Kempten (Allgäu)	1,140
Kiel, Stadt	1,209
Kitzingen	1,077
Kleve	0,915
Koblenz, Stadt	0,938
Konstanz	1,025
Krefeld, Stadt	0,836
Kronach	1,108
Kulmbach	1,130
Kusel	0,956
Kyffhäuserkreis	0,891
Köln, Stadt	0,936
Lahn-Dill-Kreis	1,014
Landau in der Pfalz, Stadt	1,000
Landsberg am Lech	1,130
Landshut	0,967
Landshut, Stadt	1,039
Langeoog, Insel	1,052
Leer, Festlandanteil	0,743
Leer, Inselanteil	1,100
Leipzig	0,941
Leipzig, Stadt	0,859
Leverkusen, Stadt	0,805
Lichtenfels	1,006
Limburg-Weilburg	0,980
Lindau (Bodensee)	1,071
Lippe	0,903
Ludwigsburg	1,037
Ludwigshafen am Rhein, Stadt	1,033
Ludwigslust-Parchim	0,911
Lörrach	0,992
Lübeck, Hansestadt	0,921
Lüchow-Dannenberg	0,850
Lüneburg	0,851
Magdeburg, Stadt	0,851
Main-Kinzig-Kreis	0,996
Main-Spessart	1,104
Main-Tauber-Kreis	1,027
Main-Taunus-Kreis	1,005
Mainz, Stadt	0,938
Mainz-Bingen	1,032
Mannheim, Stadtkreis	1,049
Mansfeld-Südharz	0,882
Marburg-Biedenkopf	1,031
Mayen-Koblenz	0,972
Mecklenburgische Seenplatte	0,879
Meißen	0,891
Memmingen	1,016
Merzig-Wadern	0,951
Mettmann	0,869
Miesbach	1,306
Miltenberg	1,180
Minden-Lübbecke	0,848
Mittelsachsen	0,902
Märkisch-Oderland	0,890
Märkischer Kreis	0,873
Mönchengladbach, Stadt	0,895
Mühldorf a.Inn	1,047
Mülheim an der Ruhr, Stadt	0,905
München	1,340
München, Stadt	1,546
Münster, Stadt	0,863
Neckar-Odenwald-Kreis	1,074
Neu-Ulm	1,059
Neuburg-Schrobenhausen	1,064
Neumarkt i.d.OPf.	0,944
Neumünster, Stadt	0,906
Neunkirchen	0,975
Neustadt a.d.Aisch-Bad Windsheim	1,037
Neustadt a.d.Waldnaab	1,047
Neustadt an der Weinstraße, Stadt	0,915
Neuwied	0,949
Nienburg (Weser)	0,740
Norderney, Insel	1,199
Nordfriesland, Festlandanteil	1,163
Nordfriesland, Inselanteil	1,288
Nordhausen	0,820
Nordsachsen	0,893
Nordwest-Mecklenburg, Inselanteil	1,224
Nordwestmecklenburg, Festlandanteil	0,947
Northeim	0,874
Nürnberg, Stadt	1,037
Nürnberger Land	1,165
Oberallgäu	1,107
Oberbergischer Kreis	0,898
Oberhausen, Stadt	0,852
Oberhavel	1,024
Oberspreewald-Lausitz	0,889
Odenwaldkreis	0,995
Oder-Spree	0,968
Offenbach	0,958
Offenbach am Main, Stadt	0,970
Oldenburg	0,853
Oldenburg (Oldb), Stadt	0,815
Olpe	0,968
Ortenaukreis	1,024

Osnabrück	0,828
Osnabrück, Stadt	0,760
Ostalbkreis	1,075
Ostallgäu	1,051
Osterholz	0,833
Ostholstein, Festlandanteil	0,957
Ostholstein, Inselanteil	1,164
Ostprignitz-Ruppin	0,939
Paderborn	0,888
Passau	0,971
Passau, Stadt	1,007
Peine	0,815
Pellworm, Insel	1,288
Pfaffenhofen a.d.Ilm	1,082
Pforzheim, Stadtkreis	0,976
Pinneberg, Festlandanteil	0,973
Pinneberg, Inselanteil	1,410
Pirmasens, Stadt	0,961
Plön	1,027
Poel, Insel	1,224
Potsdam, Stadt	1,007
Potsdam-Mittelmark	0,973
Prignitz	0,803
Rastatt	1,024
Ravensburg	0,960
Recklinghausen	0,889
Regen	0,901
Regensburg	1,044
Regensburg, Stadt	1,063
Rems-Murr-Kreis	1,057
Remscheid, Stadt	0,860
Rendsburg-Eckernförde	0,922
Reutlingen	0,984
Rhein-Erft-Kreis	0,914
Rhein-Hunsrück-Kreis	1,023
Rhein-Kreis Neuss	0,924
Rhein-Lahn-Kreis	1,005
Rhein-Neckar-Kreis	1,062
Rhein-Pfalz-Kreis	0,988
Rhein-Sieg-Kreis	0,927
Rheingau-Taunus-Kreis	1,010
Rheinisch-Bergischer Kreis	0,896
Rhön-Grabfeld	1,133
Rosenheim	1,207
Rosenheim, Stadt	1,252
Rostock	0,941
Rostock, Stadt	1,001
Rotenburg (Wümme)	0,744
Roth	1,073
Rottal-Inn	0,960
Rottweil	0,991
Rügen, Insel	1,126
Saale-Holzland-Kreis	0,821
Saale-Orla-Kreis	0,940
Saalekreis	0,874
Saalfeld-Rudolstadt	0,918
Saarbrücken, Regionalverband	0,923
Saarlouis	0,944
Saarpfalz-Kreis	0,945
Salzgitter, Stadt	0,770
Salzlandkreis	0,841
Schaumburg	0,799
Schleswig-Flensburg	0,901
Schmalkalden-Meiningen	0,966
Schwabach, Stadt	1,061
Schwalm-Eder-Kreis	0,962
Schwandorf	0,993
Schwarzwald-Baar-Kreis	0,903
Schweinfurt	1,069
Schweinfurt, Stadt	1,042
Schwerin, Stadt	1,119
Schwäbisch Hall	0,928
Segeberg	0,940
Siegen-Wittgenstein	0,934
Sigmaringen	0,976
Soest	0,847
Solingen, Stadt	0,878
Sonneberg	0,877
Speyer, Stadt	1,049
Spiekeroog, Insel	1,052
Spree-Neiße	0,744
St. Wendel	0,944
Stade	0,808
Starnberg	1,361
Steinburg	0,952
Steinfurt	0,885
Stendal	0,728
Stormarn	0,921
Straubing, Stadt	1,223
Straubing-Bogen	1,051
Stuttgart, Stadtkreis	1,114
Suhl, Stadt	0,880
Sylt, Insel	1,288
Sächsische Schweiz-Osterzgebirge	0,951
Sömmerda	0,875
Südliche Weinstraße	1,041
Südwestpfalz	0,954
Teltow-Fläming	0,961
Tirschenreuth	1,059
Traunstein	1,133
Trier, Stadt	1,066
Trier-Saarburg	1,063
Tuttlingen	1,061
Tübingen	1,029

Uckermark	0,895
Uelzen	0,844
Ulm, Stadtkreis	1,120
Unna	0,898
Unstrut-Hainich-Kreis	0,805
Unterallgäu	0,980
Usedom, Insel	1,060
Vechta	0,855
Verden	0,761
Viersen	0,918
Vogelsbergkreis	0,949
Vogtlandkreis	0,948
Vorpommern-Greifswald, Festlandanteil	0,981
Vorpommern-Greifswald, Inselanteil	1,060
Vorpommern-Rügen, Festlandanteil	0,972
Vorpommern-Rügen, Inselanteil	1,126
Vulkaneifel	0,975
Waldeck-Frankenberg	0,950
Waldshut	1,049
Wangerooge, Insel	1,442
Warendorf	0,890
Wartburgkreis	0,958
Weiden i.d.OPf., Stadt	1,003
Weilheim-Schongau	1,156
Weimar, Stadt	1,187
Weimarer Land	0,902
Weißenburg-Gunzenhausen	1,007
Werra-Meißner-Kreis	0,956
Wesel	0,904
Wesermarsch	0,808
Westerwaldkreis	0,994
Wetteraukreis	0,971
Wiesbaden, Stadt	0,985
Wilhelmshaven, Stadt	0,858
Wittenberg	0,758
Wittmund, Festlandanteil	0,804
Wittmund, Inselanteil	1,052
Wolfenbüttel	0,821
Wolfsburg, Stadt	0,817
Worms, Stadt	1,019
Wunsiedel i.Fichtelgebirge	1,125
Wuppertal, Stadt	0,832
Würzburg	1,095
Würzburg, Stadt	1,158
Zingst, Insel	1,126
Zollernalbkreis	1,000
Zweibrücken, Stadt	1,055
Zwickau	0,918

Regionalfaktoren Österreich

Bundesland	Korrekturfaktor
Burgenland	1,006
Kärnten	1,092
Niederösterreich	0,924
Oberösterreich	1,044
Salzburg	1,091
Steiermark	1,014
Tirol	1,095
Vorarlberg	1,083
Wien	1,153

Regionalfaktoren für den Europa-Raum

Land	Korrekturfaktor
Albanien	0,345
Belgien	0,616
Bosnien und Herzegowina	0,317
Bulgarien	0,446
Dänemark	0,833
Deutschland	1,000
Estland	0,518
Finnland	0,826
Frankreich	0,783
Griechenland	0,477
Irland	0,664
Island	0,785
Italien	0,562
Kroatien	0,368
Lettland	0,544
Litauen	0,500
Luxemburg	0,859
Malta	0,584
Mazedonien	0,359
Montenegro	0,356
Niederlande	0,823
Norwegen	0,838
Österreich	1,081
Polen	0,466
Portugal	0,440
Rumänien	0,385
Schweden	0,937
Schweiz	1,042
Serbien	0,371
Slowakei	0,500
Slowenien	0,473
Spanien	0,540
Tschechien	0,507
Türkei	0,357
Ungarn	0,462
Zypern	0,491